"十二五"普通高等教育本科国家级规划教材

# MODERN GENETICS
## Analysis from Gene to Phenotype

# 现代遗传学教程
## ——从基因到表型的剖析
### （第3版）

贺竹梅　编著

高等教育出版社·北京

内容提要

本书系统论述了现代遗传学的基本原理，整合了遗传学领域的最新研究进展，特别是将表观遗传学的研究进展融入相关的章节内容，从基因到表型进行了全面的剖析。

第3版在保持"遗传与变异""基因型+环境＝表型"和"基因的结构与功能"等遗传学基本内容与框架的同时，适度凝练经典遗传学内容，进一步增加了分子遗传学、基因组学和表观遗传学等遗传学发展的新内容与新动向，力求给读者展示一个"经典遗传学"与"现代遗传学"在更高层次上的融合与平衡、传承与发展的动态关系。全书共分15章，始终以遗传信息的结构、功能、传递和表达为主线展开，从基本的遗传现象深入到分子基础、从核内遗传到核外遗传、从原核生物到真核生物的遗传分析等，全面阐释了遗传学的发展历史、遗传学的基本原理和研究内容、遗传学的基础研究与实际应用、遗传学的研究现状和发展趋势等，使学生在群体、个体、细胞、基因和表观遗传水平的不同层次上对遗传学有较为完整的认识。

第3版配套数字课程（http://abook.hep.com.cn/45775）包含书中各章的拓展内容、科学史话等资源，对纸质教材进行扩展和补充。

本书内容全面，视角新颖，插图丰富，反映了学科的最新动态，可作为高等院校本科生的遗传学课程教材及研究生、相关专业教师和科研工作者的参考书。

图书在版编目（CIP）数据

现代遗传学教程：从基因到表型的剖析/贺竹梅编著.
—3版. — 北京：高等教育出版社，2017.2（2019.6重印）
 ISBN 978-7-04-045775-9

Ⅰ. ①现… Ⅱ. ①贺… Ⅲ. ①遗传学–高等学校–教材
Ⅳ. ①Q3

中国版本图书馆CIP数据核字（2016）第162996号

Xiandai Yichuanxue Jiaocheng

| 策划编辑 | 高新景 | 责任编辑 | 高新景 | 封面设计 | 姜 磊 | 胡朝志 | 责任印制 | 毛斯璐 |

出版发行　高等教育出版社　　　　　　　网　　址　http://www.hep.edu.cn
社　　址　北京市西城区德外大街4号　　　　　　　　http://www.hep.com.cn
邮政编码　100120　　　　　　　　　　　网上订购　http://www.hepmall.com
印　　刷　高教社（天津）印务有限公司　　　　　　　http://www.hepmall.com.cn
开　　本　889mm×1194mm　1/16　　　　　　　　　http://www.hepmall.cn
印　　张　26.75　　　　　　　　　　　　版　　次　2002年3月第1版
字　　数　750千字　　　　　　　　　　　　　　　　2017年2月第3版
购书热线　010-58581118　　　　　　　　印　　次　2019年6月第3次印刷
咨询电话　400-810-0598　　　　　　　　定　　价　47.00元

本书如有缺页、倒页、脱页等质量问题，请到所购图书销售部门联系调换
版权所有　侵权必究
物　料　号　45775-00

数字课程（基础版）

# 现代遗传学教程
## （第3版）

贺竹梅　编著

**登录方法：**

1. 电脑访问 http://abook.hep.com.cn/45775，或手机扫描下方二维码、下载并安装 Abook 应用。
2. 注册并登录，进入"我的课程"。
3. 输入封底数字课程账号（20位密码，刮开涂层可见），或通过 Abook 应用扫描封底数字课程账号二维码，完成课程绑定。
4. 点击"进入学习"，开始本数字课程的学习。

课程绑定后一年为数字课程使用有效期。如有使用问题，请发邮件至：
lifescience@pub.hep.cn

现代遗传学教程（第3版）

现代遗传学教程数字课程与纸质教材一体化设计，紧密配合。数字课程包含书中各章的拓展内容、科学史话等资源，不定期更新。充分运用多种形式媒体资源，丰富了遗传学知识的呈现形式，拓展了教材内容。在提升课程教学效果同时，为学生学习提供思维与探索的空间。

## http://abook.hep.com.cn/45775

扫描二维码，下载 Abook 应用

# 前 言

遗传学是现代生命科学的支撑和前沿学科，也是农学、医学和林学等专业的重要专业基础课之一。为培养更多具有扎实遗传学基础和能迅速把握生命科学前沿方向的专业人才，《现代遗传学教程》第3版在前两版的基础上再次进行了较大幅度的修订，现将在修订过程中的想法和感想记下，是为前言。

虽然本书先后被列为普通高等教育"十一五"和"十二五"国家级规划教材及广东省精品教材建设项目，是对该书前两版的肯定，也对该书的再版起到了极大的鼓励作用，但同时也对作者提出了更高的要求。第3版怎样在学科系统性的基础上反映学科进展及写出特色，是作者在这两年的修订过程中所不断思考和实践的。

对于像遗传学这样一个基础与应用并重且快速发展的学科而言，基础性、应用性和前瞻性内容均须全面权衡考虑。基础性内容是遗传学成为生命科学核心学科的灵魂所在，需要重点阐述，而基础研究成果转化所导致的遗传学应用，如各种育种方法、生物制药、遗传（基因）诊断、各种生物技术等，正是公众对遗传学产生浓厚兴趣的原因之所在。高龄产妇为什么会有更高遗传病患儿的风险，食物及环境怎样影响后代的健康，有高血压家族史的人为什么更易患高血压，癌症会不会遗传，第二胎与第一胎相比胎儿患遗传病的风险会否增加，转基因食品是否安全，等等，遗传学家们一直都在致力于回答这些问题，本书当然也尽所能将目前所知的答案或线索飨于读者。故第3版仍致力于对遗传学原理的解析和遗传学应用的实例展示，体现遗传学基础性和应用性都极强的特点。

现代遗传学发展日新月异，遗传学教材在维护其系统性与完整性的前提下应及时进行知识更新与内容调整。为此，第3版在保持"遗传与变异""基因型+环境=表型"和"基因的结构与功能"等遗传学基本内容与框架的同时，进一步增加了分子遗传学、基因组学和表观遗传学等遗传学发展的新内容与新动向，在体现学科前瞻性的同时，力求给读者展示一个"经典遗传学"与"现代遗传学"在更高层次上的融合与平衡、传承与发展的动态关系。

遗传学的研究范畴很广，从经典遗传学到分子遗传学、基因组学和表观遗传学，时空不同，发展各异。但作为教材，让学生从学科的发展历程中系统了解遗传学的变化和发展，这对于学生的学习是有帮助的。第3版将第2版中的第14章"群体基因结构和进化遗传学"拆分成两章即"群体遗传分析"（第5章）和"遗传与进化"（第15章），即是基于此考虑。前者反映地是研究的先驱性和在遗传学中的"基础与经典"地位，后者反映地是"应用与扩展"特点。同时，因篇幅所限，将经典遗传学的内容进一步精练，并酌情充实了学科发展对经典内容所产生的新理解。

对于像遗传学这样一门容易引起伦理争议的学科来说，我们更应该强调，知识内容对人类社会发展的重要程度并非仅以其出现的历史阶段早晚和所研究对象的重要性为判断依据，而更应该以其是否有利于自然生态及人类社会的有序、可持续和健康发展为前提，即重要与否不应只看知识的新旧，利弊与否不应只考虑眼前与人类自身。因此，在组织教学内容时，重视学科完整知识体系的构建和知识点来龙去脉的介绍，以及培养学生健康的科学道德观同样显得非常重要。

真理无绝对，任何科学理论均在发展，并在发展中不断补充和纠正。因此第3版尽可能对各种研究结果、理论和观点进行全面与辩证的介绍和讨论，以引导和培养学生自主分析和理解的能力。

第3版配套数字课程，以拓展纸质教材内容，作者还会不定期地更新数字课程资源。本版的另一特色是在每章前增加了与其内容相关的最主要科学家的照片及其研究的"科学史话"，以倡导尊敬科学先驱，增加阅读的亲切感。特别是在进一步跟踪阅读数字课程资源中对相关科学家的介绍后，读者既可以了解相关科学家的贡献，又能更系统地了解遗传学事件的来龙去脉。

"问题精解"是本书的保留特色，第3版更新并丰富了部分内容，使其可读性更强。"思考题"也进行了针对性地增加。在此，特别感谢北京师范大学梁前进教授、吉林师范大学程焉平教授和中山大学李刚副教授无私奉献了大量习题。

遗传学作为一门高年级的专业必修课程，同学们已具备了一定的专业基础，因此，同学们对在所介绍的某个历史研究年代的事件中，所插入的某些后来的知识时，并不会感到太陌生。本书虽然在知识点的介绍过程中尽量以年代为主线，但不可避免地会有前后交叉的概念和事件，这时，作者尽量在交叉点上列出知识点所在的章节，以便同学们阅读。书后的索引也是一种方便的学习工具。

第3版的修订得到中山大学生命科学学院和"国家基础生物学人才培养基地"项目的大力支持。在本版第二次修改后，以乔守怡教授为代表的来自全国近20所高校的一线遗传学教学专家们参加了审稿会，他们对该版的修订提出了许多建设性意见，在此表示衷心的感谢。此外，还要感谢陈婉庄女士对书中插图、胡朝志博士对封面设计，以及高新景编辑对编校的贡献，使得本书在内容呈现上也有了较大改进。

本次修订在文字、语句和前后连贯等方面进行了反复斟酌，但仍会有所欠缺，恳请广大读者斧正，不胜感谢。

感谢各位读者多年来给予本书的厚爱与鼓励，并期盼您一如既往地支持和鞭策。热诚希望与广大读者多多交流。您可以通过作者信箱（lsshezm@ mail. sysu. edu. cn）反馈您的宝贵意见和建议，也可以扫描左侧的现代遗传学教程微信公众号二维码，或登录作者博客（http：//blog. sina. com. cn/geneticshezhumei），就一些遗传学方面的教学与科研体会进行互动，获取更多相关资源与信息。

2016 全国高校遗传学课程建设与教学经验交流会资料

贺竹梅

2017-1-13

于广州康乐园

# 目 录

第1章 遗传学导论 ……………………………… 1
  1.1 遗传学以遗传信息为研究中心 ……… 2
  1.2 遗传学的主要发展阶段 ……………… 3
    1.2.1 经典遗传学发展阶段 ……………… 4
    1.2.2 分子遗传学发展阶段 ……………… 4
    1.2.3 基因组遗传学发展阶段 …………… 4
  1.3 遗传学是生命科学的核心 …………… 5
  1.4 遗传学的应用 ………………………… 6
  1.5 遗传学永远充满活力 ………………… 7
  1.6 遗传学相关伦理思考 ………………… 7
  问题精解 …………………………………… 9
  思考题 …………………………………… 10

第2章 遗传学三大基本定律 …………………… 11
  2.1 孟德尔杂交实验及孟德尔定律 ……… 12
    2.1.1 杂交概念及孟德尔所用豌豆杂交性状 …………………………… 12
    2.1.2 遗传学第一定律 …………………… 14
    2.1.3 遗传学第二定律 …………………… 15
  2.2 遗传学数据的统计学处理 …………… 18
    2.2.1 概率及遗传比率的计算 …………… 18
    2.2.2 适合度检验 ………………………… 19
  2.3 孟德尔定律的扩展 …………………… 21
    2.3.1 等位基因间的相互作用 …………… 21
    2.3.2 非等位基因间的相互作用 ………… 25
    2.3.3 基因相互作用的机制 ……………… 30
  2.4 遗传的染色体学说 …………………… 31
    2.4.1 染色质和染色体 …………………… 31
    2.4.2 细胞分裂中的染色体行为 ………… 32
    2.4.3 染色体周史 ………………………… 33
    2.4.4 遗传染色体学说的提出 …………… 34
    2.4.5 遗传染色体学说的证明 …………… 35
  2.5 遗传学第三定律 ……………………… 38
    2.5.1 连锁遗传现象的发现 ……………… 38
    2.5.2 完全连锁与不完全连锁 …………… 39
    2.5.3 交换和重组值 ……………………… 40
  2.6 遗传基本定律在遗传学发展中的作用 ………………………………… 42
  问题精解 …………………………………… 43
  思考题 …………………………………… 43

第3章 性别决定与性相关遗传 ………………… 47
  3.1 简单性别决定系统 …………………… 48
    3.1.1 酵母的性别决定 …………………… 48
    3.1.2 蜜蜂的性别决定 …………………… 49
  3.2 性染色体性别决定系统 ……………… 50
    3.2.1 XY 型性别决定 …………………… 50
    3.2.2 ZW 型性别决定 …………………… 55
    3.2.3 植物的性别决定 …………………… 56
  3.3 环境对性别决定的影响 ……………… 57
  3.4 性相关遗传 …………………………… 59
    3.4.1 伴性遗传 …………………………… 59
    3.4.2 限性遗传 …………………………… 60
    3.4.3 从性遗传 …………………………… 61
  3.5 剂量补偿效应 ………………………… 62
  问题精解 …………………………………… 67
  思考题 …………………………………… 67

## 第4章 数量性状与多基因遗传 ·········· 69
### 4.1 从基因型到表型：环境对表型作用的影响 ·········· 70
### 4.2 数量性状遗传的规律 ·········· 72
#### 4.2.1 数量性状遗传遵循孟德尔定律 ····· 72
#### 4.2.2 数量性状与质量性状的关系 ········ 74
#### 4.2.3 数量性状变异的组成 ·········· 75
### 4.3 分析数量性状遗传的基本统计学方法 ·········· 76
### 4.4 遗传力的估算及其应用 ·········· 79
#### 4.4.1 广义遗传力的计算 ·········· 79
#### 4.4.2 狭义遗传力的计算 ·········· 80
#### 4.4.3 遗传力的应用 ·········· 84
### 4.5 数量性状基因的定位 ·········· 85
### 4.6 杂种优势 ·········· 88
### 问题精解 ·········· 89
### 思考题 ·········· 90

## 第5章 群体遗传分析 ·········· 93
### 5.1 群体、基因库和基因频率 ·········· 94
### 5.2 哈迪-温伯格遗传平衡定律 ·········· 95
#### 5.2.1 遗传平衡定律的描述 ·········· 95
#### 5.2.2 遗传平衡定律的应用 ·········· 96
### 5.3 群体遗传平衡的影响因素 ·········· 99
#### 5.3.1 突变对群体基因频率的影响 ········ 99
#### 5.3.2 自然选择对群体基因频率的影响 ·········· 100
#### 5.3.3 在突变与自然选择联合作用下的群体平衡 ·········· 104
#### 5.3.4 随机遗传漂变对群体平衡的影响 ·········· 105
#### 5.3.5 迁移对群体平衡的影响 ·········· 108
#### 5.3.6 近亲繁殖对基因频率的影响 ········ 108
#### 5.3.7 群体遗传平衡影响因素小结 ······· 112
### 5.4 群体的遗传多态性 ·········· 112
### 问题精解 ·········· 114
### 思考题 ·········· 115

## 第6章 核外遗传分析 ·········· 117
### 6.1 细胞质遗传 ·········· 118
#### 6.1.1 叶绿体遗传 ·········· 118
#### 6.1.2 线粒体遗传 ·········· 120
#### 6.1.3 感染遗传 ·········· 123
#### 6.1.4 禾谷类作物的雄性不育 ·········· 124
### 6.2 细胞质遗传的检测 ·········· 127
### 6.3 母体影响 ·········· 128
### 问题精解 ·········· 130
### 思考题 ·········· 130

## 第7章 染色体畸变 ·········· 132
### 7.1 染色体结构的改变与遗传 ·········· 133
#### 7.1.1 缺失 ·········· 134
#### 7.1.2 重复 ·········· 135
#### 7.1.3 倒位 ·········· 137
#### 7.1.4 易位 ·········· 140
### 7.2 染色体数目的改变与遗传 ·········· 143
#### 7.2.1 染色体数目改变的起因 ·········· 144
#### 7.2.2 整倍体及其遗传表现 ·········· 144
#### 7.2.3 非整倍体及其遗传表现 ·········· 147
### 7.3 人类染色体疾病 ·········· 148
### 问题精解 ·········· 151
### 思考题 ·········· 153

## 第8章 遗传图的制作和基因定位 ·········· 154
### 8.1 基因定位的基本方法 ·········· 155
#### 8.1.1 两点测交 ·········· 155
#### 8.1.2 三点测交 ·········· 156
#### 8.1.3 干涉和并发系数 ·········· 157
### 8.2 遗传标记、物理图谱与遗传图谱 ······ 159
#### 8.2.1 遗传标记与遗传图谱 ·········· 159
#### 8.2.2 遗传图谱与物理图谱的关联 ······· 160
### 8.3 人类基因定位的基本方法 ·········· 162
#### 8.3.1 家系连锁分析法 ·········· 162
#### 8.3.2 体细胞杂交定位 ·········· 165
#### 8.3.3 核酸杂交技术 ·········· 167
#### 8.3.4 人类基因定位的影响 ·········· 168
### 8.4 真菌类生物的遗传分析 ·········· 169

- 8.4.1 顺序四分子分析 ·········· 170
- 8.4.2 非顺序四分子分析 ······· 173
- 8.5 有丝分裂交换与基因定位 ······· 177
  - 8.5.1 有丝分裂交换现象的发现 ··· 177
  - 8.5.2 有丝分裂交换用于基因定位 ··· 178
- 8.6 细菌的基因定位 ················ 182
  - 8.6.1 转化与基因定位 ············ 182
  - 8.6.2 接合与遗传物质转移 ······· 185
  - 8.6.3 高频重组和性导 ············ 187
  - 8.6.4 中断杂交作图 ··············· 189
  - 8.6.5 重组作图 ······················ 192
  - 8.6.6 转导作图 ······················ 194
- 8.7 噬菌体的遗传分析与作图 ······· 198
  - 8.7.1 用于作图的常用表型特征 ··· 198
  - 8.7.2 遗传重组与作图 ············ 199
  - 8.7.3 噬菌体遗传图的特征 ······· 200
- 问题精解 ······························ 202
- 思考题 ································ 205

## 第9章 基因的分子基础与遗传学中心法则 ······ 209
- 9.1 遗传物质本质研究的历史回顾 ··· 210
- 9.2 DNA复制 ······························ 211
  - 9.2.1 DNA的基本性质 ············ 211
  - 9.2.2 DNA复制的特点 ············ 213
  - 9.2.3 DNA复制中的表观遗传调控 ··· 216
  - 9.2.4 DNA复制中的末端隐缩问题 ··· 217
  - 9.2.5 定向DNA复制技术 ········ 220
- 9.3 基因功能与基因精细结构的发现 ··· 221
  - 9.3.1 一基因一酶假说 ············ 221
  - 9.3.2 基因内重组的发现 ········· 223
  - 9.3.3 顺反子与互补试验 ········· 225
- 9.4 基因的分子结构 ···················· 227
  - 9.4.1 基因的不连续性 ············ 228
  - 9.4.2 基因的侧翼序列 ············ 229
  - 9.4.3 重叠基因 ······················ 232
  - 9.4.4 RNA基因 ······················ 233
  - 9.4.5 基因概念的发展 ············ 233
- 9.5 遗传信息的传递与表达 ············ 235
  - 9.5.1 转录 ····························· 235
  - 9.5.2 遗传密码 ······················ 238
  - 9.5.3 核糖体和tRNA ·············· 239
  - 9.5.4 蛋白质在核糖体上的装配 ··· 242
  - 9.5.5 蛋白质合成中的错误 ······· 243
  - 9.5.6 蛋白质翻译后的修饰 ······· 244
- 9.6 遗传学中心法则 ···················· 247
- 问题精解 ······························ 250
- 思考题 ································ 251

## 第10章 基因表达的调控机制 ············ 254
- 10.1 基因表达调控的多水平性 ······ 255
- 10.2 原核基因的表达调控 ············ 256
  - 10.2.1 乳糖操纵子 ·················· 256
  - 10.2.2 色氨酸操纵子 ··············· 259
  - 10.2.3 原核生物的其他基因表达调控方式 ··· 262
- 10.3 真核基因的表达调控 ············ 263
  - 10.3.1 染色质结构与基因表达调控 ··· 263
  - 10.3.2 DNA结构对基因表达的影响 ··· 264
  - 10.3.3 基因数目及其重排方式调控基因表达 ··· 264
  - 10.3.4 调控序列和调控蛋白调控 ··· 265
  - 10.3.5 非编码RNA调控 ·········· 267
  - 10.3.6 选择性剪接 ·················· 268
  - 10.3.7 RNA编辑 ······················ 270
  - 10.3.8 mRNA稳定性与基因表达调控 ··· 271
  - 10.3.9 蛋白质修饰在基因表达调控中的作用 ··· 272
- 10.4 表观遗传调控和表观遗传学 ··· 272
  - 10.4.1 表观遗传学概述 ············ 272
  - 10.4.2 DNA甲基化对基因表达的影响 ··· 273
  - 10.4.3 染色质重塑调控基因表达 ··· 274
  - 10.4.4 组蛋白修饰对基因表达的影响 ··· 275
  - 10.4.5 核糖开关调控基因表达 ··· 276
- 问题精解 ······························ 277
- 思考题 ································ 279

## 第11章 基因突变和表观遗传变异 ······ 282
### 11.1 基因突变的类型 ······ 283
### 11.2 突变的分子基础 ······ 285
#### 11.2.1 自发突变的分子基础 ······ 286
#### 11.2.2 诱发突变的分子基础 ······ 290
### 11.3 DNA定点诱变 ······ 294
### 11.4 反向遗传学 ······ 296
### 11.5 诱变剂的检测 ······ 298
### 11.6 基因突变的防护与修复 ······ 299
#### 11.6.1 DNA损伤的防护机制 ······ 299
#### 11.6.2 基因突变的修复 ······ 299
### 11.7 基因突变的检出 ······ 302
#### 11.7.1 传统遗传学检出方法 ······ 302
#### 11.7.2 分子遗传学检出方法 ······ 304
### 11.8 表观遗传变异 ······ 306
#### 11.8.1 副突变 ······ 307
#### 11.8.2 转基因沉默 ······ 308
#### 11.8.3 基因组印记 ······ 309
### 问题精解 ······ 313
### 思考题 ······ 313

## 第12章 遗传重组 ······ 315
### 12.1 遗传重组的类型 ······ 316
### 12.2 同源重组 ······ 317
#### 12.2.1 基因转变 ······ 318
#### 12.2.2 同源重组和基因转变的分子基础 ······ 320
### 12.3 位点专一性重组 ······ 323
### 12.4 异常重组——转座遗传因子 ······ 326
#### 12.4.1 *Ac-Ds* 系统 ······ 326
#### 12.4.2 原核生物中的转座因子 ······ 328
#### 12.4.3 果蝇中的转座子 ······ 332
#### 12.4.4 人类中的转座子 ······ 335
#### 12.4.5 转座的遗传学效应 ······ 336
#### 12.4.6 转座的表观遗传调控 ······ 338
#### 12.4.7 转座子的利用 ······ 339
### 12.5 遗传重组的应用——基因工程 ······ 339
### 问题精解 ······ 341
### 思考题 ······ 342

## 第13章 基因组水平上的遗传学 ······ 343
### 13.1 基因组及基因组学的概念 ······ 344
#### 13.1.1 基因组及基因组学 ······ 344
#### 13.1.2 "组学"开创遗传学研究新纪元 ······ 345
### 13.2 基因组的序列组织 ······ 346
#### 13.2.1 基因组的复杂性 ······ 346
#### 13.2.2 基因家族 ······ 347
#### 13.2.3 重复序列DNA ······ 349
#### 13.2.4 重复序列的遗传学功能 ······ 351
#### 13.2.5 非编码DNA ······ 352
### 13.3 基因组测序及人类基因组计划 ······ 354
#### 13.3.1 基因组测序的策略 ······ 354
#### 13.3.2 人类基因组计划简介 ······ 355
#### 13.3.3 人类基因组计划的影响 ······ 355
### 13.4 生物信息学和数据库在基因组研究中的应用 ······ 356
### 13.5 染色体外基因组 ······ 357
#### 13.5.1 质粒 ······ 358
#### 13.5.2 线粒体基因组 ······ 358
#### 13.5.3 叶绿体基因组 ······ 360
### 13.6 基因组多态性 ······ 362
#### 13.6.1 RFLP标记 ······ 362
#### 13.6.2 微卫星标记和小卫星标记 ······ 364
#### 13.6.3 SNP标记 ······ 365
### 13.7 表观基因组学 ······ 367
### 问题精解 ······ 368
### 思考题 ······ 368

## 第14章 发育的遗传控制 ······ 371
### 14.1 真核生物的细胞全能性 ······ 372
#### 14.1.1 植物细胞的全能性 ······ 372
#### 14.1.2 动物细胞的全能性 ······ 372
### 14.2 细胞命运定向 ······ 374
#### 14.2.1 细胞命运定向的概念 ······ 374
#### 14.2.2 控制细胞命运定向的机制 ······ 375
### 14.3 表观遗传对发育的调控 ······ 377
#### 14.3.1 DNA甲基化与发育 ······ 378
#### 14.3.2 组蛋白修饰与发育 ······ 378

- 14.4 线虫是细胞命运定向研究的模式生物 ……………………………… 379
- 14.5 胚胎发育的基因基础 …………… 381
  - 14.5.1 母源效应基因 ……………… 381
  - 14.5.2 分节基因 …………………… 382
  - 14.5.3 同源异型基因 ……………… 384
- 14.6 发育遗传学的新兴模式动物——斑马鱼 ……………………………… 386
- 问题精解 ………………………………… 386
- 思考题 …………………………………… 387

## 第15章 遗传与进化 …………………… 388
- 15.1 物种形成机制 …………………… 389
- 15.2 进化理论 ………………………… 390
  - 15.2.1 拉马克获得性状遗传学说 … 391
  - 15.2.2 达尔文自然选择学说 ……… 392
  - 15.2.3 分子进化的中性学说 ……… 392
- 15.3 分子进化 ………………………… 394
  - 15.3.1 多基因家族进化 …………… 395
  - 15.3.2 内含子的起源 ……………… 396
  - 15.3.3 序列进化 …………………… 398
- 15.4 分子系统学与分子系统树 ……… 403
- 15.5 分子定向进化 …………………… 406
- 问题精解 ………………………………… 407
- 思考题 …………………………………… 407

主要参考书目 …………………………… 409

索引 ……………………………………… 410

# 第 1 章

# 遗传学导论

1.1 遗传学以遗传信息为研究中心
1.2 遗传学的主要发展阶段
1.3 遗传学是生命科学的核心
1.4 遗传学的应用
1.5 遗传学永远充满活力
1.6 遗传学相关伦理思考

**内容提要：** 1900 年，孟德尔定律的重新发现标志着遗传学的诞生，使遗传学研究纳入了科学的轨道。遗传学是研究遗传与变异规律的科学，是以基因、环境和表型为中心命题，围绕遗传信息和生物体性状变化规律而展开的一门自然科学。遗传学是一门理论和应用性都很强的学科，已渗透生命科学的每一个领域，并已成为现代生命科学的核心。根据遗传学的特点，遗传学的发展大致分为经典遗传学、分子遗传学和基因组遗传学 3 个阶段，且相互重叠与交叉。在遗传学研究领域作出杰出贡献而获得诺贝尔奖的科学家层出不穷，遗传学的发展日新月异，在后基因组和表观遗传学研究时代的今天，遗传学研究富有更大的挑战性，是一门充满永恒活力的自然科学。随着遗传学的深入发展，对于赋予社会责任感和历史使命感的大学生们来说，遗传伦理问题也是值得认真思考的。

**重要概念：** 遗传学 遗传 变异 基因 遗传信息 模式生物 遗传伦理学

科学史话

遗传与变异是生命的基本现象。性状是怎样一代传一代的，变异又是如何产生的，基因是怎样组织的，基因在个体中是怎样工作的，相同的基因组在不同的组织中为什么有不同的表达，基因与基因之间是怎样联系的，基因表达与环境之间有什么样的关系，环境影响可否在后代中遗传，细胞如何决定何时进行分裂和分化，基因在群体和进化中又是怎样表现的，DNA 序列是不是遗传的唯一信息，非 DNA 序列信息又是怎样遗传的等，这些都是从事生命科学研究的人感兴趣的问题。这些问题的聚合就组成了生命科学中的一门重要学科——遗传学（Genetics）。

## 1.1 遗传学以遗传信息为研究中心

我们身体的每一个细胞，都有一半的基因来自母亲，另一半的基因来自父亲（图 1-1），也就是说，我们继承了父母的遗传物质。推而广之，父母继承了祖父母的遗传物质，祖父母继承了曾祖父母的遗传物质……现在所有生物体的基因都是从它们的祖先那里继承来的。生物就是这样一代一代地将遗传物质往下传递，一代一代地进行着使其后代与自己相似的繁殖，这就是所谓的"种瓜得瓜，种豆得豆"。但父母在给你遗传物质的时候，每个人只是给了一半，而且因为遗传物质的重组和变异，这一半的遗传物质与父或母的遗传物质还不完全相同，加上环境因子作用于基因后的影响，导致在生物的繁衍过程中，代与代之间只是相似，而绝不会相同，这也就是所谓的"母生九子，九子各别"。遗传学试图解释为什么生物特征与双亲相像或不相像，相像就是遗传（heredity），不相像就是变异（variation），也就是说遗传学是研究生物遗传与变异的科学。

图 1-1　我们的遗传物质一半来自父亲，一半来自母亲

深究其本质，遗传学实际上是以基因为中心，研究基因的结构、表达、变异、传递及其对环境的响应等问题（图 1-2）。从孟德尔的遗传因子到 DNA 的精细结构、从基因组学到表观遗传学，遗传学都是围绕基因的研究在发展。基因及基因外含有大量的信息，能在代与代之间传递，控制着生物的生长与发育，这称为遗传信息（genetic information）。因此，现代遗传学可以

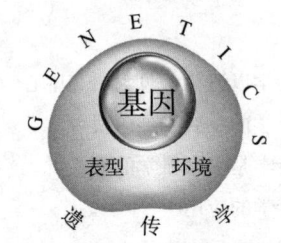

图 1-2　遗传学是以基因为中心，以"基因型＋环境＝表型"为中心命题的科学

定义为研究遗传信息的组织与结构、功能与变异、传递与表达规律的一门自然科学。当然，遗传学除了研究代与代之间遗传物质和性状的传递外，也研究多细胞生物细胞分裂过程中从细胞到细胞的遗传信息传递。

基因（gene）作为遗传学中的专业术语和研究中心，其概念的每一步发展都意味着遗传学乃至整个生命科学的一次革命和突破。现代基因的概念通常是指 DNA（deoxyribonucleic acid，脱氧核糖核酸）分子上具有特定功能的（或具有一定遗传效应的）核苷酸序列，它是遗传单位（unit of heredity）及发送给细胞生化指令指导蛋白质（表现性状的物质）或 RNA（ribonucleic acid，核糖核酸）合成的基本单位。在经典遗传学时代，研究对象通常是一个或少数几个基因，而随着对基因组（genome）研究的深入，我们可以同时研究许多基因的相互作用，这使得我们对基因的作用有了更加全面的了解。

虽然基因在决定表型的过程中扮演着重要的角色，但必须强调的是，此过程是基因与生物体所经历的

环境共同作用的结果。在我们的许多性状中，有些性状是只由基因控制而遗传的，如眼睛的颜色；有些性状却是仅由环境影响的，如孩提时说的本地语言；然而，大部分性状是由遗传和环境相互作用产生的，如人的身高和衰老，除遗传因素决定外，环境因素如营养成分、睡眠、体育活动等也起决定性的作用。特别是目前表观遗传学（Epigenetics）的兴起与迅速发展，使遗传学在研究基因传递与变异的同时，也越来越重视环境对基因和性状的影响。在这里需要强调的是，遗传学的中心命题——"基因型+环境=表型"是遗传学研究的永恒主题（图1-2）。因此本书所涉及的内容都是围绕这一中心命题而展开的。

视频：遗传学中心命题 1-1

## 1.2 遗传学的主要发展阶段

对遗传和变异机制的探讨和争执，长期以来一直为人们所关注。在19世纪早期，关于遗传和变异的机制流行着一种"融合遗传"（blending inheritance）的观点。这种观点认为：双亲的遗传特性在子代中表现为类似混杂的液体那样，它们互相溶合在一起而不可分，就好像红色和蓝色染料混在一起，变成了紫色，而原来的红色和蓝色永远消失。到19世纪60年代，由于这种"融合遗传"的观点无法解释突变的性状能够遗传的事实而遭到强烈反对，一些生物学家从各自的工作立场出发，纷纷提出颗粒遗传学说（particulate inheritance theory）。如当时达尔文（C. R. Darwin，1809—1882）为了解释包括获得性状遗传在内的种种遗传现象，提出了"泛生论"（pangenesis）假说：生物的各种性状，都是以微粒——"泛粒子"状态通过血液循环或导管汇集到生殖细胞中，在受精卵发育过程中，泛粒子又不断地流入不同的细胞中，控制细胞的分化，从而完成性状的遗传。但事实上，在血液里找不到这种微粒，也得不到细胞学的证明，这种理论对复杂的遗传变异现象更是无法做出科学的解释。虽然如此，达尔文学说的产生促使人们重视对遗传学和育种学的深入研究，为遗传学的诞生起到了积极的推动作用。

遗传粒子科学概念的真正建立，当首推孟德尔（G. J. Mendel，1822—1884）的工作。他进行了为期8年的豌豆杂交实验，通过对亲本单一性状或两对及两对以上性状杂交后代的观察，应用统计学方法分析后代表型的比例，发现后代的遗传具有相对稳定性和粒子性的遗传特征。孟德尔所发现的分离定律和自由组合定律是遗传学上的重大突破，但遗憾的是他的论文直到发表35年后的1900年才被重新发现。因此，一般认为遗传学成为一门独立的学科是1900年，孟德尔被称为遗传学之父。

孟德尔简介 1-2

在孟德尔定律重新发现后的半个世纪里，发现了遗传学三大基本定律，提出了遗传的染色体学说，以及建立了数量遗传学、群体遗传学的基本概念和理论，发现了染色体畸变和诱发基因突变等现象，这一阶段称经典遗传学（classical genetics）阶段；1953年DNA双螺旋结构的发现使得遗传学研究进入了分子遗传学（molecular genetics）阶段；到1990年，随着人类基因组计划的实施，大量生物基因组序列公布，生物信息学和各种组学技术飞速发展，遗传学的研究进入基因组遗传学（genomic genetics）时代（图1-3）。

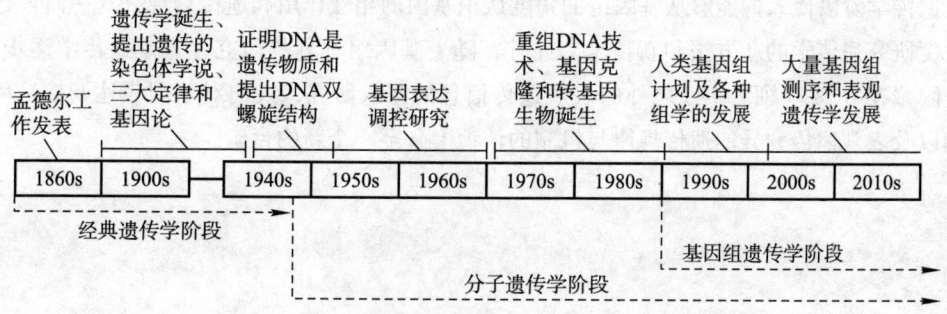

**图1-3 遗传学发展的主要阶段和事件**

### 1.2.1 经典遗传学发展阶段

经典遗传学发展阶段主要指 1940 年以前的工作。这一时期，研究工作的主要特征是从个体水平进展到细胞水平，并建立了遗传的染色体学说。

19 世纪末，工业的发展和科学仪器的改进，特别是显微镜的发明，促进了细胞学和胚胎学的发展。对有丝分裂、减数分裂、受精现象以及染色体行为的研究，为遗传学研究提供了有力的证据，开拓了细胞遗传学的发展方向。通过对细胞遗传学的研究，人们不仅扩展了对遗传规律的认识，同时加深了对遗传物质基础的理解，使遗传学从只观察研究生物性状外部表现的个体水平进展到细胞水平。在这一阶段较为突出的工作是孟德尔定律的重新发现和摩尔根（T. H. Morgan，1866—1945）及他的三大弟子 A. Sturtevant、C. Bridges、H. J. Muller 创立的连锁遗传定律，并证实了基因在染色体上的线性排列。

在这一时期，建立了遗传学的三大基本定律，由这三大基本定律所奠定的遗传学被称为经典遗传学（即染色体的基因理论）。

### 1.2.2 分子遗传学发展阶段

这一发展阶段是指从 20 世纪 40 年代至今仍在发展的遗传学阶段。这一阶段有两个主要特征：一是以微生物代替了过去常用的动、植物为主要研究对象，采用生物化学的方法探索遗传物质的本质及其功能；二是从分子水平上研究基因的本质，包括基因的组织结构与功能、遗传信息的传递、基因的突变、基因的表达调控等。这一阶段的形成和发展与微生物遗传学和生物化学有密切的关系。重大成果包括：一基因一酶概念的建立，确定 DNA 是遗传物质，发现 DNA 双螺旋结构，建立乳糖操纵子模型，破译遗传密码，理解转录和翻译，发现跳跃基因、断裂基因等基因结构及基因突变的分子机制，提出分子进化，建立重组 DNA 技术，对真核生物基因表达调控展开了大量研究等。

在这一时期，科学工作者在分子水平上大量开展了基因功能的研究，使基因概念得到了极大的丰富，使人类对遗传本质的认识进入了分子水平，开创了遗传学的新纪元。

### 1.2.3 基因组遗传学发展阶段

基因组遗传学发展阶段主要指自 1990 年人类基因组计划开展以来，在基因组水平上的遗传学研究阶段。这一阶段的主要特征是大量开展了不同生物的基因组测序和对序列数据的解析，发展了各种组学技术如基因组学、比较基因组学、转录组学、蛋白质组学、代谢物组学等，生物信息学获得飞速发展并被广泛应用，人类第一次合成生命成功。基因组遗传学的研究注重基因与基因间的相互作用网络和不同组织的基因表达差异，以及不同物种的基因组进化比较等。基因组遗传学的研究将对复杂性状和复杂疾病如癌症、糖尿病、心血管病等的基因作用网络和机理的阐明及生物进化提供更多的认识。

基因组遗传学阶段使人们能够从基因组的角度认识基因的相互作用和遗传规律，这一阶段建立了大量从基因组角度研究遗传学的新方法和新技术。此外，随着基因组计划的研究，表观遗传学逐步发展起来。通过对大量隐藏在 DNA 序列之中或之外的表观遗传信息的深入研究，人们对基因表达调控、环境因素对遗传的影响以及表观遗传变异的遗传规律与机制的认识上升至一个新的台阶。

## 1.3 遗传学是生命科学的核心

遗传与变异向来是生物学家们密切关注的生命现象之一。自遗传学诞生以来，随着围绕孟德尔遗传因子所不断揭示的遗传规律和遗传本质，它的每一个发展都带动生命科学及其相关学科的发展。虽然每个学科都在迅速发展，但没有一个学科像遗传学这样发展迅猛，这从诺贝尔奖获奖名单可以有更深刻的认识。自 1933 年摩尔根第一个在遗传学领域获得该奖以来，至今为止已有 80 多位科学家获得与遗传学研究相关的诺贝尔奖。只要你关注那些正在进行的遗传研究，你会发觉每天都有新的技术和新的发现产生，这些新技术和新发现直接或间接地影响着我们当代社会的每一个方面，特别是生命科学、医学和农学。

图 1-6 遗传学领域的诺贝尔奖

遗传学研究所使用的材料遍及整个生物界，包括动物、植物、真菌、细菌、病毒、藻类及我们人类自身。从微生物到人，遗传物质都是核酸，除少数是 RNA 外，绝大多数是 DNA。DNA 构成了基因，遗传密码在整个生物界是通用的，基因的突变和重组机制、蛋白质的合成过程、遗传规律等在生物界都没有原则上的区别。这一切都说明，要揭示生命活动的本质和阐明生命起源的机制都不能离开遗传学。

遗传与生物进化有着不可分割的关系。遗传学是研究生物上、下代或少数几代的遗传和变异，进化论则是研究生物千万代或更多代数的遗传和变异，所以进化论必须以遗传学为基础。随着分子遗传学和基因组遗传学的发展，我们对于各种生物在进化史上的亲缘关系及生物进化的遗传机制有了更多的认识。因此，分子遗传学的出现足以与达尔文的进化论相比拟，可以说是生命科学中又一次巨大的变革。分子进化遗传学和基因组进化遗传学开创了分子进化的全新研究领域，表观遗传学研究的深入将对进化理论提供新的补充和完善。

发育是生物学中的核心问题之一。无论是个体发育还是种系发育问题的彻底解决都要从遗传信息的传递与表达入手，都离不开遗传学。个体发育过程是指一系列基因按一定时空程序被激活和抑制的过程；生物的系统发育是遗传物质逐渐变化，以及在此基础上蛋白质、核糖体和 tRNA 等变化的结果，只有通过对这些变化的深入了解才能对生物种系发育有更加本质的了解。

自 20 世纪 60 年代以来，由于分子生物学的发展，使得细胞生物学、生物化学及遗传学等学科在研究对象、研究问题及研究手段上趋于同化，对细胞的结构与功能、生长与分化、衰老与死亡、细胞信号转导等的了解，也都要从基因的结构与功能及其活动中寻找答案。

80 年代以来，神经科学已进入分子神经科学时期，洞悉脑的工作原理，同样成为分子遗传学面临的挑战。诸如遗传因子与脑神经回路和神经网络的形成及其与分析神经回路网络工作原理之间的关系，大脑皮质神经元的连接在多大范围内由遗传机制所限定，智能的本质等问题无一不涉及遗传学。于 2013 年在美国开启的、被认为与人类基因组计划相媲美的"推进创新神经技术脑研究计划"（简称"脑计划"）与遗传学也有密切的关系，脑神经的活动离不开基因的表达调控，脑研究与遗传学研究的结合将对阿尔茨海默病、抑郁症和精神分裂症等人类顽固疾病的认识和治疗起到重要的促进作用。最近关于不同区域大脑基因表达图谱的绘制，对科学家们揭示大脑功能和大脑遗传疾病机制有重要作用。

基因工程产品已进入大众的日常生活，它与社会发展和国民经济建设有密切关系，这正是遗传学自诞生以来对人类影响最为深远的应用。遗传学是在生物化学、细胞生物学和统计学的基础上发展起来的，但它已涉及生命科学的各个领域甚至一些社会科学如心理学、社会学、犯罪学等，而成为现代生命科学的核心。实际上，这一点自从遗传学诞生之日起直至今天从未发生过动摇。

克隆羊的成功证明高等哺乳动物分化的细胞核同样具有全能性，它的遗传信息是完整的。人造生命的诞生说明我们对遗传信息的理解和操控能力达到了前所未有的程度。这些技术看似与发育生物学及细胞生物学有关，但实际上它涉及一系列的遗传学问题，如遗传信息的完整性和可逆转性、基因表达及其调控、细胞核与细胞质对发育的影响等。

以遗传学基本原理为基础所完成的人类基因组计划，使我们对疾病和人类进化的认识上一个新的台阶。随着后基因组计划和表观遗传学的迅速发展，遗传学本身的内容及其研究方法等正得到飞速的发展，这同样也影响着许多生命科学相关学科的发展。

总之，在一个多世纪以来，遗传学不断创造新的生长点，不断带动生命科学其他学科的发展，它在生命科学中的核心地位也正在越来越巩固。

## 1.4 遗传学的应用

遗传学的发展首先是从杂交试验开始的。在过去的100多年中，育种工作除自然选择以外都是以遗传学为依据的人工培育。随着遗传学的发展，育种手段日益增多，诸如杂交、诱变、细胞工程、基因工程和分子定向进化等。从20世纪20年代开始就已将杂种优势应用于玉米育种；我国培育的杂交水稻、小黑麦等大大地提高了产量和品质；在动物育种方面，数量遗传学和群体遗传学知识为成功培育出家畜、家禽、水产动物等优良新品种做出了重要贡献。基因工程技术的发展，更是开辟了遗传学应用于实践的新纪元。

许多重大人类疾病如肿瘤、心血管疾病、遗传病和某些病毒感染疾病（如艾滋病、埃博拉病毒、SARS、禽流感等）等都与遗传学有密切的关系。病毒感染虽不是由人类自身基因所引起的，但要想获得有效的防治方法，必须首先搞清这些病毒基因组的结构及其复制和表达规律，才能针对性地制定防治方法。目前已发现控制单基因遗传病的基因超过3 000种（http://omim.org），加上控制多基因疾病的基因，与人类疾病相关的基因就有近4 000种，也就是说在1/5的人类编码基因上发现了可引起疾病的突变，加上基因的互作，可以说每个编码基因都与人类的疾病相关，因此，在如何控制遗传病、提高人口素质中就必然要涉及遗传学。肿瘤的本质是癌基因突变或表达失调造成细胞内信息传递紊乱，癌症患病存在遗传倾向性；心血管疾病有的也具有遗传性；基因检测可为疾病的诊断、治疗和预防提供客观依据；基因治疗可将正常基因替换缺陷基因，从而治疗遗传性疾病及癌症等；基于药物遗传学的个体对药物敏感性差异的研究将导致医学的革命；通过基因工程途径可大量生产具有医用价值的多肽和蛋白质分子。上述事例都说明遗传学与医学有密切的关系。

在法学和身份识别中，DNA指纹（DNA fingerprinting）使这一问题的解决有了革命性的突破，从嫌疑犯和犯罪现场得到的样本与DNA的数据库比较，能容易地证明或排除嫌疑人有罪。许多大型自然灾害或公共安全事故发生后，传统的身份鉴别如性别、身高、发型、牙齿、疤痕等无法辨识个人身份，此时DNA鉴定成为辨识身份的唯一方法。此外，DNA指纹还可以用于农业和畜牧业，如鉴定种子的纯度和真伪等。

遗传学在工业和环境保护等方面亦有重要作用。在工业方面和遗传学关系密切的有生物制药、化学工业、食品工业和发酵工业等。20世纪40年代，人工诱变用于微生物及高产菌种的选育，推动了抗生素工业的发展；70年代，由于基因调控原理的阐明及其在微生物发酵工业中的应用，大大推进了氨基酸和核苷酸的生产；重组的生物制品现已发展成为一项支柱产业，干扰素、胰岛素、白细胞介素、乙肝疫苗等重组产品已大量投入市场；利用工程菌可以水解植物的茎秆产生乙醇，或通过厌氧发酵使工业废水产生沼气，提供能源；利用遗传工程技术设法培育一些特殊的菌种，使人们可以从废物、矿渣和海水中回收贵重金属及用于处理"三废"，保护环境；遗传学研究为致癌物质的检测提供了一系列方法，在环境污染日益严重的今天，这对环境质量的监控有着重要的作用。

分子遗传学和基因组遗传学的研究对防治核武器、化学武器及生物武器对人类的损伤必不可少。此外，当今社会遗传学已涉及社会的方方面面，如法律上的亲子鉴定、考古中的DNA鉴定、体育中的人才选拔等。我们相信，随着对遗传学的深入研究，粮食、家畜、家禽、水产品、药物等的生产将会更能满足人类的需求，食品安全、环境污染和人类健康问题能得到更好的解决。

## 1.5 遗传学永远充满活力

自遗传学诞生的一个多世纪以来，其概念在不断发展，特别是近60年来，将孟德尔的遗传因子概念发展为DNA作为遗传的化学基础，将遗传学从研究遗传因子与生物性状的关系发展为研究细胞内基因信息的表达与传递，从仅依赖经典遗传学的分析方法发展为现代分子技术与经典遗传技术相结合的分析方法，从单个或少数几个基因的研究模式发展为在基因组水平上同时对许多基因相互作用和环境与基因相互作用进行研究的研究模式，以及从以DNA序列为基础的编码遗传信息发展为大量隐藏在DNA序列之中或之外的遗传信息，遗传学的发展日新月异。

对生命世界的理解离不开遗传学，它同时也影响着我们的日常生活。动物、植物、微生物的改良需要遗传学原理的指导；优生学（healthy birth）实际上是遗传学原理在人类繁殖上的应用；现代许多重大疾病的防治离不开遗传学，临床上，遗传学正在迅速成为"核心要素"，如基因治疗是基于分子遗传学针对人类遗传病治疗的新方法；基因工程是采用工程方法进行的人为遗传重组，其中，转基因食品已进入我们的日常生活；分子定向进化是在实验室中模拟自然进化机制，定向选择出人们所期望的具有特定性质的基因、蛋白质、RNA甚至物种等。

21世纪，在对广泛生物界基因组解读的基础上，遗传学的发展将进入一个新的阶段，同时也将改变我们对生命整体的认识，并已开启了对未来生命科学、生物技术、医学、工业和农业等领域的空前挑战。在后基因组（post-genome）研究的推动下，转基因技术、克隆技术、基因诊断、器官移植、环境保护、药物设计、重大疾病防治及精准医学等领域的研究将获得飞速的发展。另外，表观遗传学的迅速发展，将对生物体的基因表达调控、发育的遗传控制和生物进化等领域产生重大影响。

由于对基因和遗传信息流的深入研究，如今的遗传学已变得非常复杂，有的甚至超出了科学的疆界。例如，维系自由社会的一些基本前提，如："我们每个人都是独立的个体"，"每个人都拥有私生活"，"在法律面前人人平等"等都将可能因为遗传学的深入研究而发生变化；更有研究发现，母爱可以改变孩子的遗传信息表达，这可能改变我们的行为方式。一个多世纪以来，遗传学由兴起并取得主流科学地位直至今天对社会的广泛影响，它为人类解决了许多攸关生命的难题。我们有理由相信，通过对遗传与变异规律的深入认识，人类能动地改造生物包括人类自己的能力将会越来越强。

总之，遗传学是一门充满活力的学科，这不仅是由于它本身不断发展而充满活力，而且它也能使你的生活更加丰富多彩。

## 1.6 遗传学相关伦理思考

虽然考古学证据表明，人类在14 000年前就开始了动物的驯养（狗是人类驯化的第一种动物），但真正自觉的动植物遗传改良始于遗传学诞生之后。随着遗传学的发展，特别是20世纪70年代重组DNA技术的出现，人类对生物的遗传改良进入了一个能动的时代（图1-4）。同其他科学技术的发展一样，现代遗传学的应用触及到了政治、法律、经济、社会等领域，使得我们在进行遗传学研究的同时，还需要更多地考虑对与错、利益与风险、公平与效率、对环境和生物多样性的影响等问题，这就是所谓的遗传伦理学（genethics）。

遗传学诞生于对生物遗传规律的发现，发展于对遗传物质本质的认知，兴盛于对遗传物质结构的改造，论争于遗传研究所产生的伦理问题。因其与人类自身的种族、尊严、健康、环境、伦理等息息相关，遗传学及其应用历来都是生命科学中最富有伦理争议的领域。

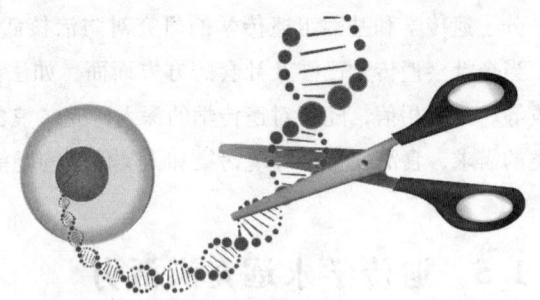

图1-4 DNA重组技术的发展使人类对生物的遗传改良和工程产物的生产进入了一个能动的时代，但与此同时，也出现了许多与之相关的伦理学问题

与遗传学相关的生命伦理问题于20世纪70年代起一直引起国际社会的广泛关注，这些问题主要包括：①广泛的遗传操作使自然进化赋予生命的秩序与尊严面临挑战；②人类遗传学研究长期面临人权及种族歧视问题；③医学遗传学及其技术对人类健康、繁育和人类群体进化的影响；④与转基因技术相关的生物安全及其生命伦理问题；⑤遗传信息开发与应用的掌控问题；⑥遗传学研究成果的公平与公正应用问题；⑦公众对遗传研究与应用的知情同意权是否得到基本尊重等。

在生命起源与进化的漫长历程中，生物形成了稳定的遗传、生长、发育、生态等复杂多样但却井然有序的相互关系，这种自然进化积淀而成的客观秩序就是生命伦理。遗传学及其技术的研究与应用不可避免地会影响生命固有的遗传秩序，如对基因的诱变和重组、对基因表达的干预、基因组编辑、辅助生殖手段的发展等。在遗传学学习中，我们既要懂得生命遗传的规律及其如何造福人类，同时也需兼顾自然遗传伦理。因此，我们需要有更多的思考：谁有权拥有和控制人的遗传信息？转基因生物的安全性如何？是否可对生物体申请专利？遗传学发展是否会带来新的歧视？新的遗传操作和繁殖技术会产生什么样的伦理和社会问题？等等。

目前对于遗传学相关伦理问题的认识主要有以下几种情况：①科技至上，对基因技术盲目推崇；②进退两难，既希望遗传学造福人类，又担忧其失控而适得其反；③伦理至上，一味反对遗传科技发展与应用的客观必然性；④一般公众难以知情或遗传学知识普及不够，无法做出理性判断。下面以转基因生物为例，抛砖引玉，以期引起同学们更多的遗传学伦理思考。

随着生物技术的不断发展，科学家们可以进行更精准的种质改良，并且，人们对于转基因知识的了解也在不断增加，然而，转基因农作物的大量种植一直都在引发伦理学的思考与批评。虽然生态安全研究表明存在某些作物/转基因组合的潜在风险，如种内以及种间的转基因漂流、转基因对非目标生物的影响等。然而，人们对于转基因植物生物安全的担忧，与其实际的风险来说，实际上目前已经到了一个不成比例的水平。在过去的20年里，大量种植的转基因作物和没有破坏生物安全的任何负面报道表明，转基因生物技术没有带来立即的和重大的风险，因此，这样一种能为人类解决资源匮乏和人口增长压力等问题的新技术是否需要大力发展，就摆在了我们面前。要消除大众对转基因食品的担忧，科学家们需要有更长时间和更多的研究证据，提供客观的研究结果，与此同时，科学家们也有责任对研究结果特别是那些与风险和潜在好处相关的结果，与大众进行有效沟通，此外，这种技术中所有利益相关者都需要有更为有效的对话，以便更好地理解在采用或不采用农业生物技术时所带来的风险和利益。

不论功过是非，"基因革命"的浪潮已势不可当。任何科学技术永远都是"双刃剑"，任何盲目的支持或反对都无济于事。遗传学的持续发展将不断产生相关伦理学问题，生命伦理问题的发生固然给遗传学研究带来诸多困惑，但如能理性认识并处理好其与遗传学发展之间"相辅相成"的辩证关系，将会成为遗传学健康发展的基本保障。遗传学自身的发展及其应用必须自觉遵循生命伦理的基本原则：尊重、行善与无害、公平与诚信。

对于目前正在学习的学生，首要的是，全面系统地了解和认知所有与遗传学理论与技术相关的知识体系，力求尽早做到通过自身的思辨来权衡遗传科学与技术对人类持续健康发展的利弊，而非"人云亦云"或"妄下论断"；其次，作为学习生命科学及相关专业的学生，均应学会从"自然进化"与"文化进化"的双重视角来审视基因技术应用的"时空范围与程度"，理性分析和对待科学的发展及与之相应的伦理问题。作为学生，从"当下之所学"到"日后如何做"，绝非简单的线性关系，遗传学及其相关基因技术的发展日新月异，其可能引发的安全与伦理问题也必将不断出现，只有那些能将所学知识升华为自身对客观世界全面深刻认识的人，才有可能自如应对日后"瞬息万变"的科学和社会发展。

## 问题精解

◆ 遗传学研究为什么依赖模式生物（model organism）？在遗传学家眼中，用于遗传学研究的生物具有什么样的特征？

答：遗传学作为一门实验科学，实验生物非常重要，而这一点往往被同学们所忽略。有同学可能会问：遗传学家为什么花那么多的时间，研究一些无用的生物如果蝇、线虫、脉孢霉等？这些生物就是我们常说的模式生物。对于遗传学研究来说，选择少数的模式生物来进行研究至少有以下理由：一是我们已经清楚在大多数生物中遗传的机制是相同的，用少数模式生物可以得到同样的遗传规律；二是这些模式生物具有某些特别适合遗传研究的特征（见下），通过模式生物的研究便于获得对某一遗传现象的深入认识；第三，使用这类多数研究者都使用的生物使得研究者之间更易于交流；第四，利用这些模式生物进行研究容易被伦理学所接受。

那么在遗传学家眼中，遗传学实验所用的生物应具有什么样的特征？虽然没有一种典型的实验生物，但由于杂交是遗传学研究最常用的手段之一，因此，生活周期短、后代多和突变性状容易获得是常要考虑的因素。具体要求如下：体型小、易于饲养、生活周期短、繁殖力强、易于发生突变、有较大的后代群体、基因组小或染色体形态易于区分、对复杂的发育过程可用遗传学分析等。

小型生物占用空间小、易于饲养、易于统一实验基准，因而像果蝇、线虫、细菌、真菌、拟南芥等就较适合作为基础遗传学原理的研究材料，大肠杆菌和噬菌体更是分子遗传学研究的常用材料。遗传学家要研究生物的遗传与变异，就必须要求生物在每一代都产生大量的后代便于统计学分析，以及要求生物体的生活周期要短以便连续观察多代之间的遗传现象，在这一点上植物、微生物等就比哺乳动物优越；对于遗传学家来说，他们喜欢大的染色体和小的基因组，这有利于细胞水平和分子水平上的遗传学研究。随着遗传规律的不断探明，遗传学家逐步将注意力转移到发育的遗传控制上，线虫、果蝇、斑马鱼、拟南芥等就成了相关发育遗传学研究的模式生物；当然，由于遗传学的发展已经具有相当长的历史，对某些生物已经进行了大量的研究，积累了相当多的资料和具有丰富的突变体，因而遗传学家常会选用这样的生物，如果蝇、玉米等。

用于遗传学研究的主要实验生物有噬菌体、细菌、脉孢霉、酵母、果蝇、线虫、小鼠、拟南芥和玉米等。当然遗传学研究的重要落脚点在人，它能解决人类的疾病与健康问题，因而以人为对象的基因组研究和基因功能研究对于遗传学来说也是非常重要的。从基因组研究也可以看出，具有重要经济价值的生物如水稻、小麦、猪及具有生物进化意义的一些生物如猴、猩猩、斑马鱼、鸡和蟾蜍等也都是遗传学家选择的对象。随着研究的发展，一些新的模式生物还会不断加入。

## 思考题

1. 遗传学研究的内容是什么？为什么要学习遗传学？
2. 在遗传学研究中哪些生物体是常用的实验研究对象？
3. 遗传学发展的几个主要阶段和重要事件是什么？
4. 试述遗传学的地位及其与其他学科的关系。
5. 为什么说遗传学是生命科学的基础学科和带头学科？
6. 遗传学的应用前景如何？
7. 你认为遗传学在21世纪会有哪些重要发展？
8. 为什么遗传学研究中有那么多科学家获得诺贝尔奖？
9. 请思考模式生物与人类疾病研究的关系。
10. 某对夫妇因为女方的子宫中有一良性肿瘤而使得他们不能生育孩子，然而女方能产生健康的卵子。他们打算拥有一个遗传上与他们有关的孩子，于是他们利用体外受精的办法让另一位代孕母亲代孕。在孩子出生前的一个月，这对夫妇在一次飞机失事中丧生，于是代孕母亲打算独立抚养孩子，因为她认为遗传上的双亲已不在人世，将不会产生法律上的问题。可是，遗传双亲中男方的姐姐告上法庭要求获得对孩子的抚养权。你认为法院应将孩子判给谁呢？

# 第 2 章

# 遗传学三大基本定律

Thomas H. Morgan

2.1 孟德尔杂交实验及孟德尔定律
2.2 遗传学数据的统计学处理
2.3 孟德尔定律的扩展
2.4 遗传的染色体学说
2.5 遗传学第三定律
2.6 遗传基本定律在遗传学发展中的作用

**内容提要：** 分离定律、自由组合定律和连锁与交换定律是遗传学的三大基本定律，是生物学历史上最重要的发现之一和现代遗传学的基石。等位基因间及非等位基因间的相互作用补充和扩展了孟德尔定律，非等位基因间的相互作用结果使孟德尔比例发生改变。孟德尔所创立的测交是一种重要的遗传学研究方法，可用来测定未知个体的基因型。

遗传的染色体学说是现代遗传学发展的重要基础，掌握细胞分裂过程中染色体的变化规律有益于分析遗传学事件。

在减数分裂时，同源染色体之间的交换导致遗传重组的发生。根据基因之间的重组可估计所发生交换的频率，重组值的大小可反映基因间距离的远近，这是制作遗传图的重要基础。

遗传学数据经常需要运用统计学方法处理，其中卡平方测验是评估所获实验数据是否与一个遗传理论的预期值相符的一种常用数理统计学方法，它经常用于遗传学的数据处理。

**重要概念：** 基因型 表型 测交 纯合体 杂合体 遗传因子 等位基因 复等位基因 拟等位基因 显性 共显性 隐性 亲组合 重组合 连锁 上位效应 显性上位 隐性上位 抑制基因 一因多效 遗传的染色体学说 染色体不分离 重组值

科学史话

人们认识到生物性状能一代一代相传的特性已有数千年的历史，农民留下最好的种子来求得来年更好的收成，或选用最壮的家畜配种以获得更好的动物来饲养，但是没有人理解这些性状是怎样遗传的。直到孟德尔长达8年的豌豆杂交实验，才揭示了这些性状是如何传递的规律。

遗憾的是，孟德尔遗传定律直到35年后的1900年才被重新发现。孟德尔定律重新发现后，有大量的杂交实验证明他的理论是正确的，这迫使人们进一步去思考和研究孟德尔的遗传因子究竟是什么，它在细胞的什么位置等。在孟德尔的工作被重新发现后不久的1903年，W. Sutton和T. Boveri各自独立地认识到，染色体从一代到一代的传递方式与基因从一代到一代的传递方式有着密切的平行关系。于是他们提出了基因位于染色体上的假设，即遗传的染色体学说（chromosome theory of heredity）。遗传学发展的重要里程碑正是由于接受了这一概念。

当然，在重新发现孟德尔定律后的大量杂交实验中，有许多情况是与孟德尔定律不相符的，即两对非等位基因并不总是能进行独立分配及自由组合，而更多时候是作为一个共同单位传递，从而表现为另一种遗传现象，即连锁遗传（linkage）。1910年，美国学者摩尔根通过对果蝇遗传的大量研究，发现了连锁遗传定律，这是继孟德尔两条定律之后遗传学第三条基本定律。摩尔根还创立了基因论（the theory of the gene），提出了基因在染色体上呈直线排列的假说，对整个遗传学的发展起到了重要的作用。

直到今天，遗传学的三大基本定律及遗传的染色体学说仍然是遗传分析最本质的部分。本章作为我们学习遗传学的入门，同时，我们也将从中了解到一些科学研究的方法和精神。

## 2.1　孟德尔杂交实验及孟德尔定律

### 2.1.1　杂交概念及孟德尔所用豌豆杂交性状

孟德尔出生于奥地利，21岁时做了一名修道士，46岁时当选为修道院终身院长。有意思的是，他作为一名神父，仍然对自然科学特别是育种有非常浓厚的兴趣，以致成为现代遗传学的奠基者。

从1856年到1863年，孟德尔通过多代的杂交对24 034棵豌豆植株进行了分类、观察、对比，并统计分析了豌豆7对相对性状连续各代的表现。从后代中一致的性状比例，他推测出植物可能传递"遗传因子"（element），并提出了两种假设来解释遗传性状是如何传递的。他于1865年宣读了《植物杂交的实验》（*Experiments in Plant Hybridization*）论文并于次年在当地的一个医学协会（Brno Medical Society）杂志上发表。虽然在1881年德国学者编写的一本植物学杂交论文目录中，孟德尔的论文很幸运地被列入，然而遗憾的是，直到1900年该论文才被3位不同国家的科学家重新发现，他们分别是荷兰的H. De Vries、德国的C. Correns和奥地利的E. Von Tschermak。正是这篇论文，使遗传研究纳入了科学的轨道，奠定了遗传学的基础。

☞ 2-1
孟德尔的研究长时间被埋没的原因

杂交是遗传学中最基本的技术，孟德尔的实验就是从杂交开始的，在学习遗传定律之前，掌握下列有关杂交的常用概念非常必要（图2-1）。

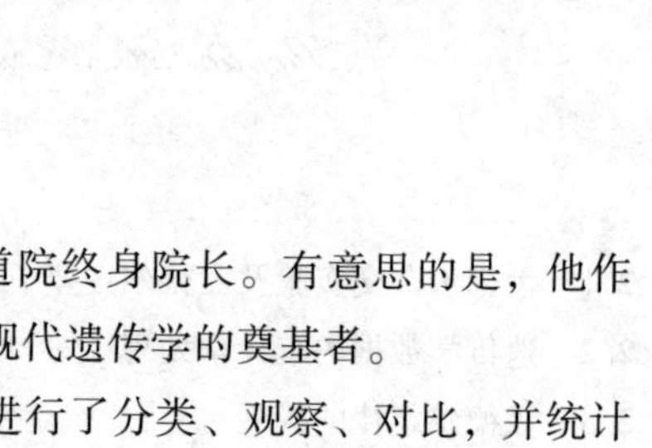

（1）亲代（parent generation）：相对于后代而言，两个杂交的生物体叫亲代，记作P。

（2）子一代（first filial generation）：亲代杂交所产生的下一代，记作$F_1$。

（3）子二代（second filial generation）：$F_1$自交或$F_1$个体互相交配所产生的子代叫子二代，用$F_2$表示。

图2-1　常用杂交概念示意图

（4）正反交（reciprocal crosses）：由一对相对概念正交和反交组成。用甲乙两种具有不同遗传特性的亲本杂交时，如以甲作母本，乙作父本的杂交为正交；而以乙作母本，甲作父本的杂交为反交。在两个亲本间既做正交又做反交的一类杂交就叫正反交。

（5）自交（self cross）：雌雄同体的生物，同一个体上的雌雄配子结合。一般用于植物。

（6）回交（back cross）：子一代与亲本之一相交配的一种杂交方法。

（7）测交（test cross）：杂交产生的子一代个体与隐性纯合体交配，用来测定子代个体基因型的方法。

孟德尔在进行豌豆（*Pisum sativum*）杂交实验前，他先在市场上购买了34个不同的豌豆品种，两年试种后，最后他选出了7对区别非常明显的相对性状用于他的遗传实验（图2-2）。

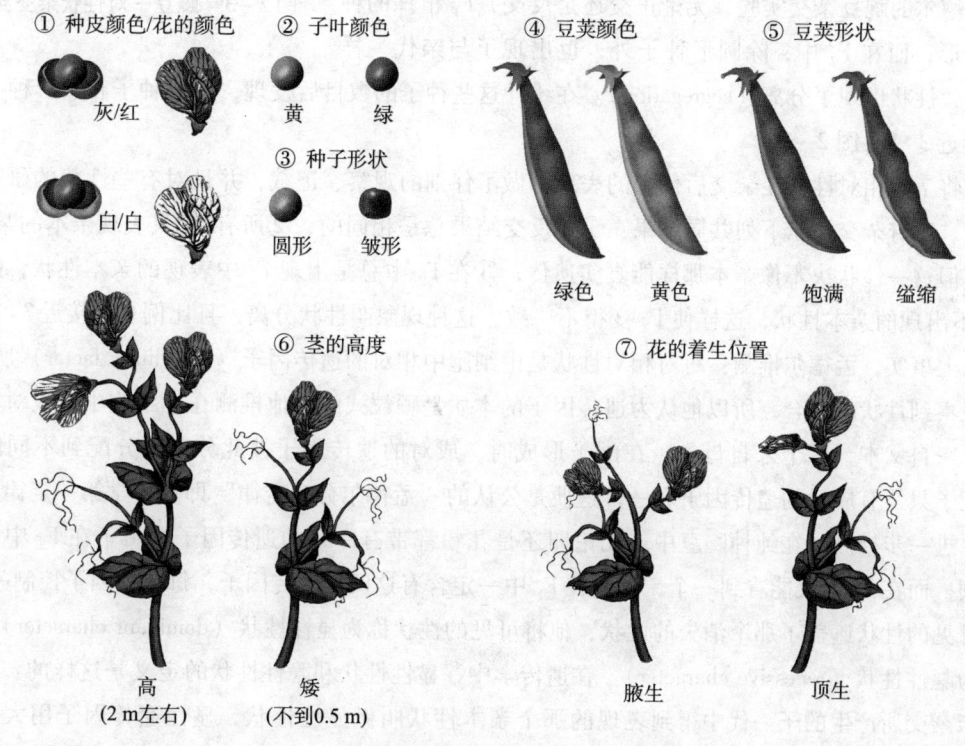

**图2-2　孟德尔豌豆杂交实验中所用的7对相对性状**

目前，已有种子形状（*R*）、茎的长度（*Le*）、子叶颜色（*I*）和花的颜色（*A*）4对性状的基因被克隆；未成熟豆荚颜色（*Gp*）、花的着生位置（*Fa*）和豆荚形状（*V*）的基因已被定位在各自的连锁群上（图2-36）。高茎和矮茎是由于赤霉素-3-氧化酶（GA3ox）基因的表达差异造成的，正常的这个基因能使植株产生赤霉素，促进植物茎的伸长生长；种子的圆形和皱形是由淀粉分支酶（SBE1）基因（*rugosus*）决定的，突变使淀粉总含量大幅减少且显著改变了直链淀粉与支链淀粉之间的比例，随着种子的成熟，皱粒基因型种子比圆粒基因型种子失水快，从而表现为皱形，进一步研究发现，这是由于一个0.8 kb的DNA片段的插入造成*rugosus*基因产生不正常RNA转录物所造成的；种子的颜色由一叫*sgr*的基因所控制，突变体不能降解叶绿素，在水稻、玉米、拟南芥等植物中都存在类似的"常绿"突变体；花的颜色是由花色素苷在花瓣中的积累产生的，花色素苷是一种黄酮类化合物，查尔酮合酶（CHS）是黄酮类化合物合成的关键酶，豌豆中该酶由*CHS*基因家族的3个基因决定，豌豆中*A*基因编码的bHLH转录因子是调控*CHS*基因家族基因时空表达的一个关键调控因子。

## 2.1.2 遗传学第一定律

豌豆是自花授粉且是闭花受精植物,孟德尔的实验过程是在严格控制传粉的条件下进行的,并同时采用了正交和反交进行比较。孟德尔意识到纯种(true breeding)的重要性,他从市场上购回的种子经两年的试种后才用于研究。所谓纯种是指相对于某一或某些性状而言在自交后代中不分离而可真实遗传的品种。

下面以结圆形种子的植株和结皱形种子的植株为亲本杂交为例,说明孟德尔的豌豆杂交实验。无论正交还是反交,$F_1$ 植株的种子全部为圆形;而在 $F_2$ 中,除圆形种子外,也出现了与亲代一样的皱形种子,性状出现了分离(segregation)。在统计这些种子的数目后发现,圆形种子和皱形种子之比为 2.96:1,接近 3:1(图 2-3)。

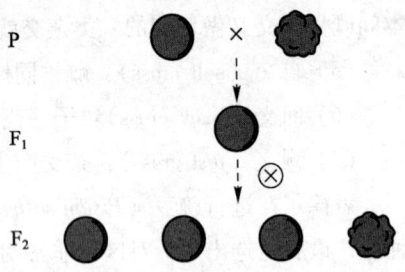

图 2-3 豌豆一对性状杂交实验结果

孟德尔的豌豆 7 对性状杂交结果统计表

孟德尔将 7 对相对性状在杂交后代中的表现都做了仔细的观察、记载,并且对有些性状的研究一直进行到第 7 代。所有杂交显示下列共同结果:①正反交结果总是相同的;②所有 $F_1$ 只表现亲本的某个性状,整齐一致,但这一性状决不像亲本那样能真实遗传;③在 $F_2$ 中总是出现 $F_1$ 中表现的亲本性状,同时也出现在 $F_1$ 中不出现的亲本性状,这样使 $F_2$ 变得不一致,这种现象叫性状分离,且比例总是接近 3:1。

根据以上事实,孟德尔推测:每对相对性状是由细胞中相对的遗传因子(hereditary factor)所控制的。因为没有观察到性状的混合,所以他认为遗传因子的本质是颗粒式的。他推测在体细胞中,成对存在的遗传因子一个来自父本,一个来自母本,在配子形成时,成对的遗传因子彼此分离,分配到不同的配子中去,每个配子只具有成对的遗传因子之一,这便是公认的"孟德尔分离定律"即遗传学第一定律。

孟德尔进一步推测,在纯种豌豆中,无论卵还是花粉都带有一致的遗传因子。由于在 $F_2$ 中两个性状都可以看到,而在 $F_1$ 中仅能看到一个,因此在 $F_1$ 中一定含有这两种遗传因子,每一种因子控制一种性状,并且那个可见的性状遮盖了那个消失的性状,他将可见的性状称为显性性状(dominant character),被遮盖的性状称为隐性性状(recessive character)。在遗传学中,显性性状和隐性性状的定义是这样的:具有相对性状的双亲杂交所产生的子一代中得到表现的那个亲本性状叫做显性性状,显性遗传因子用大写字母表示,如决定圆形种子的显性遗传因子用 $R$ 表示;而没有表现的那个亲本性状就叫隐性性状,隐性遗传因子用小写字母表示,如用 $r$ 代表决定皱形种子的隐性遗传因子。这样我们就可以将上述杂交用符号表示如图 2-4 所示。

孟德尔所称的遗传因子现在通称为"基因",是 1909 年由丹麦遗传学家 W. Johannsen 提出的。

孟德尔在提出分离定律的过程中,已清楚地将决定特征的遗传因子(基因型或遗传型)与特征本身(表型)区分开了。所谓基因型(genotype)是指研究性状所对应的有关遗传因子的组成;表型(phenotype)则指在特定环境下所研究的基因型的性状表现。表型相同的个体基因型不一定相同,如在上面的例子中,$F_1$ 的圆形种子和亲代的圆形种子,其表型是相同的,但基因型却分别是 $Rr$ 和 $RR$。在科学文献中,基因型或基因用斜体表示。

在二倍体生物中,两个遗传因子可以相同或不同。由两个相同遗传因子结合而成的个体叫纯合体(homozygote),如 $RR$ 或 $rr$;相反,由两个不同遗传因子结合而成的个体叫杂合体(heterozygote),如 $Rr$。

孟德尔为了进一步验证他的假设,进行了测交和自交试验。他所设计的测交试验在现在的遗传学研究中仍是非常有用的手段。因为隐性纯合类型所产生的配子,只带有隐性基因,它能使在 $F_1$ 中被遮盖的基因完全表现出来。因此,根据测交后代的性状表现,便可测知 $F_1$ 产生的配子中含有什么样的基因(图 2-5)。同样,孟德尔也曾以 $F_2$ 植株自交产生 $F_3$ 植株,然后根据 $F_3$ 的性状表现来证实他所设想的 $F_2$ 遗传型。实验结果与他的设想完全一致。

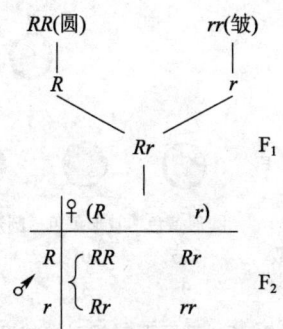

图 2-4 用遗传因子表示圆形种子植株和皱形种子植株杂交的结果

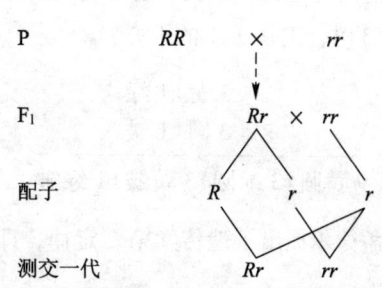

图 2-5 孟德尔分离定律的测交验证

孟德尔在豌豆中发现的分离现象在生物界是普遍存在的。例如，人类有一种叫做白化病（albinism，也称天老或羊白头）的隐性遗传病，基因型 $aa$ 的个体表现白化病，而杂合体 $Aa$ 为致病基因携带者但表现正常，如果近亲结婚则发病概率大为增加。现在已知，白化病是由于患者细胞中位于第 11 号染色体上编码酪氨酸酶（转化酪氨酸为黑色素）的基因发生突变所致。通过家系调查发现人的许多性状（如有无耳垂、能否卷舌、食指长短等）存在明显的显隐性关系和分离现象。

孟德尔分离定律是遗传学中最基本的定律，指在配子形成过程中，成对的遗传因子相互分离，结果在杂合体中，半数的配子带有其中的一个遗传因子，另一半的配子带有另一个遗传因子。成对的遗传因子即等位基因（alleles），所谓等位基因是指一对同源染色体上某一给定位点的成对遗传因子，如 $R$ 和 $r$。等位基因这一概念原来只在真核生物中运用，但目前此概念已扩展为由一个基因突变所产生的多种基因形式。

需要注意的是，宏观上呈显隐性关系的相对性状，即在杂合体时显性性状表达而隐性性状不表达，但在分子水平上却可能呈共显性关系，即二者的基因都表达，只是产生两种不同的蛋白质而已。

分离定律与我们的生活有密切的关系，列举两例加以说明：

（1）有些农作物的某些抗病性是由显性基因控制的，如果抗病与不抗病的个体杂交，虽然后代中出现抗病的植株较多，因为 $RR$ 和 $Rr$ 都表现抗病。然而，$Rr$ 则会继续分离，所以须将选得的抗病植株自交后加以考查，看其后代是否分离，只有选出 $RR$ 纯合的植株才能保证它们的后代是抗病且不分离的。

（2）我国婚姻法中关于直系血亲和 3 代以内旁系血亲不准婚配的规定就是根据分离定律和隐性遗传病的特点作出的。凡血缘关系近的男女，由于他们的多数基因来自同一祖先，这就有可能使原来处于杂合状态的两个致病隐性基因在后代中出现纯合而致病。例如隐性遗传病先天性聋哑，如果发现一对正常夫妇生出先天性聋哑患儿，表明这对夫妇可能是致病基因（$d$）的携带者，按照分离定律，这对夫妇所生的每个子女，都有 1/4 的可能患病性（$dd$）。

### 2.1.3 遗传学第二定律

孟德尔将注意力集中在一对相对性状上发现分离定律后，接下来他对两对或两对以上的相对性状同时进行了研究。如用圆形黄色种子和皱形绿色种子的纯种豌豆做亲本进行杂交，$F_1$ 种子全为圆形黄色，这说明圆形、黄色是显性性状；$F_1$ 自交，$F_2$ 出现 4 种不同的表型，除原来亲本类型圆形黄色和皱形绿色外，还出现了皱形黄色与圆形绿色，$F_2$ 表型的比例接近 9:3:3:1（图 2-6）。在这里，亲本原有的性状组合叫做亲组合（parental combination），亲本品种原来所没有的性状组合叫做重组合（recombination）。

如果就每一对相对性状单独进行分析，我们可以看出：每一对相对性状的分离比例都接近 3:1，这说明上述两对相对性状的遗传分别由两对等位基因所控制，它们的传递符合分离定律。

如果把这两对性状联系在一起分析，F₂表型的分离比例为9:3:3:1，正是3:1的平方：

$$\begin{array}{r} 3\ 黄:1\ 绿 \\ \times\quad 3\ 圆:1\ 皱 \\ \hline 9\ 黄圆:3\ 绿圆:3\ 黄皱:1\ 绿皱 \end{array}$$

于是，孟德尔提出了遗传学第二定律，即自由组合定律。

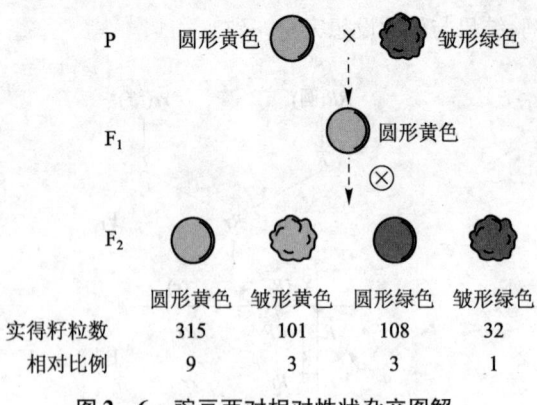

图2-6 豌豆两对相对性状杂交图解

现以 Y 和 y 分别代表控制子叶黄色和绿色的基因，以 R 和 r 分别代表控制种子圆形和皱形的基因。这样两个亲本的基因型是 RRYY 和 rryy。根据分离规律，RRYY 在亲本形成配子时，同源染色体上的等位基因分离，即 R 与 R，Y 与 Y 分离，独立分配到配子中去，只形成一种配子 RY；同样，rryy 分离也只组合成一种配子 ry。杂交后，RY 和 ry 结合形成 RrYy 的 F₁，表现为黄色圆形。F₁ 自交，在产生配子的时候，等位基因分离，各自独立分配到配子中去，而两对非等位基因以同等的机会自由组合。这样雌雄配子就都有了4种类型：RY、Ry、rY 和 ry，且它们的数量是相等的，于是在 F₂ 中就产生了16种组合的9种基因型的合子，表现为4种表型，比例为9:3:3:1（图2-7）。

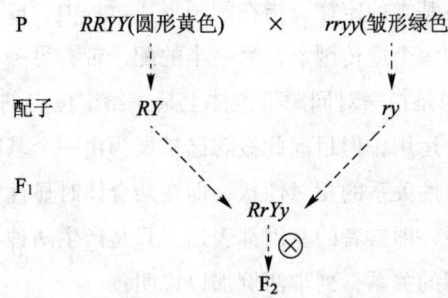

| 雌配子＼雄配子 | RY | ry | Ry | rY |
|---|---|---|---|---|
| RY | RRYY 圆形黄色 | RrYy 圆形黄色 | RRYy 圆形黄色 | RrYY 圆形黄色 |
| ry | RrYy 圆形黄色 | rryy 皱形绿色 | Rryy 圆形绿色 | rrYy 皱形黄色 |
| Ry | RRYy 圆形黄色 | Rryy 圆形绿色 | RRyy 圆形绿色 | RrYy 圆形黄色 |
| rY | RrYY 圆形黄色 | rrYy 皱形黄色 | RrYy 圆形黄色 | rrYY 皱形黄色 |

图2-7 豌豆两对相对性状杂交中的两对基因的独立分离和自由组合

由上可以看出，自由组合定律的实质在于形成配子时等位基因分离、非等位基因以同等的机会在配子形成过程中自由组合，这样，通过不同基因型配子之间的随机结合，就形成了 F₂ 的表型比例。

孟德尔根据实验结果，用遗传因子的自由组合对性状的自由组合进行了合理的解释，但由于遗传因子仅是一个理论的、抽象的概念，其正确性同样也应得到实验的验证。

(1) 测交验证：就两对相对性状而言，按照分离与独立分配原则，F₁ 应该产生4种类型的配子，由于与之测交的隐性亲本只产生一种具有隐性基因的配子，因此，所得4种测交后代的表型比例应为 1:1:1:1。

(2) 自交验证：从理论上分析，全部的 F₂ 组合可以分成3类：

① 全部纯合类，如 YYRR、yyRR、YYrr、yyrr 自交后不再发生分离；

② 一对等位基因纯合而另一对杂合，如 *YyRR*、*Yyrr*、*YYRr*、*yyRr*：自交后一对性状稳定，另一对以 3∶1 分离；

③ 两对基因都是杂合的，如 *YyRr*：自交后的 $F_3$ 将按 9∶3∶3∶1 分离。

孟德尔通过测交和自交所获得的实验结果与推断完全相符，这有力地证明了推断的正确性和自由组合定律的真实性。

自由组合定律的发现为我们解释生物的多样性提供了理论基础。生物变异的原因很多，其中基因的自由组合是出现生物多样性的重要原因之一。假如一个生物有 20 种性状，每种性状由一对基因控制，它的基因型数目就有 $3^{20}$，约 34 亿，表型数目为 $2^{20}$，超过 100 万，而实际上的生物性状远远超过 20 种。

自由组合定律在育种实践中具有重要的指导意义。人们可以通过有目的地选择、选配杂交亲本，通过杂交育种将多个亲本的目标性状集合到一个品种中；或者对受多对基因控制的性状进行育种选择；同时还可以通过预测杂交后代分离群体的基因型和表型结构，确定适当的杂种后代群体种植规模，提高育种效率。假设我们手上有两个番茄品种，一个是抗病红果肉（*SSRR*），另一个是感病黄果肉（*ssrr*）。如果我们想培育出一个抗病黄果肉品种（*SSrr*），根据遗传规律我们可以预测到，$F_1$ 不会表现出这样两个性状，$F_2$ 出现这种类型（*S_rr*）的概率是 3/16，但在这 3/16 中，仅 1/3 是纯合体（*SSrr*），另有 2/3 是杂合体（*Ssrr*），这从表型上是无法区别的，

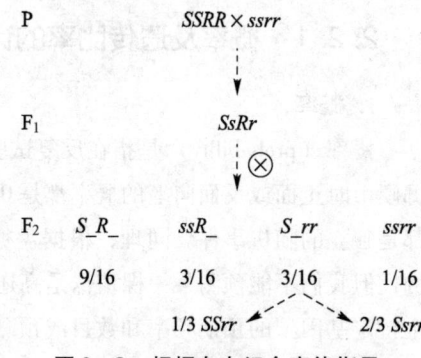

图 2-8 根据自由组合定律指导育种的一个例子

需种到 $F_3$ 再选择，纯合体（*SSrr*）在 $F_3$ 不分离，杂合体（*Ssrr*）则继续分离。如果想要得到 10 株抗病黄果肉纯合体个体（*SSrr*），那么最少需要 30 株 $F_3$，也就是说 $F_2$ 群体至少要有 160 株［30÷(3/16)］（图 2-8）。

在实际育种工作中，两个亲本性状的差异往往不止两个，性状的差异越多，$F_2$ 性状重组合的数目就越大，$F_2$ 的群体也必须相应增大，这样才有可能使各种性状组合都表现出来，为选择创造条件。以小麦、水稻来说，$F_2$ 群体一般要求在 2 000～10 000 株。

孟德尔所提出的分离定律和自由组合定律在真核生物中具有普遍性，人们用不同的动、植物所做的遗传实验都得到了相同的结果，而且在人类的遗传中亦表现出同样的规律性，3 000 种以上的人类单基因遗传病（single gene diseases）的遗传都遵守这些规律。人类常见的常染色体显性遗传病有：亨廷顿舞蹈症、多囊肾病、多趾/指症、多发性家族性结肠息肉癌等；常见的常染色体隐性遗传病有：囊性纤维化、半乳糖血症、苯丙酮尿症、白化病、黑尿病等。人类常见的 X 染色体显性遗传病有：抗维生素 D 佝偻病、遗传性肾炎、色素失调症等；常见的 X 染色体隐性遗传病有：血友病、红绿色盲、葡糖-6-磷酸脱氢酶缺乏症、无汗性外胚层发育不良症等。从人类孟德尔遗传性状和疾病数据库（online mendelian inheritance in man，OMIM）可以查找目前已发现的各种人类孟德尔遗传病。

孟德尔学说在遗传学中占有重要的地位，其意义在于：

（1）首次明确提出了遗传因子的概念，并强调控制不同性状的遗传因子的独立性或颗粒性，彼此间并不"融合"或"稀释"。这些结论或概念打破了长期以来人们对生物性状遗传的错误认识。

（2）遗传因子成对存在，只在形成单倍体生殖细胞时才分离。这合理地解释了性状遗传的规律，并可预测规律控制下的组合，为后来人们寻找和确定遗传因子提供了有益的启示。

（3）孟德尔所提出的实验方法后经证明是科学有效的遗传学研究方法，即选定相应性状，进行系列杂交实验，对后代性状表现进行分析，提出假设并实验验证。他所创立的测交方法对于人们分析生物体的基因型起到了重要的作用。

## 2.2 遗传学数据的统计学处理

孟德尔用结饱满豆粒的豌豆植株与结皱缩豆粒的豌豆植株杂交，得到253棵$F_1$植株，共结7 324粒$F_2$种子，其中5 474粒是饱满的，1 850粒是皱缩的，相当接近3:1，但从每个$F_1$植株分别计算$F_2$的分离时，其性状比波动很大。孟德尔意识到3:1、1:1、9:3:3:1等分离比例必须在子代个体数较多的条件下才较接近。那么我们如何利用统计学上的一些方法来处理和分析遗传学中的数据呢？

### 2.2.1 概率及遗传比率的计算

**1. 概率**

概率（probability）是指在反复试验中各种结果发生的经常程度的多少，是长期观察某一事件的结果。掷硬币时正面或反面向上的概率都是0.5，但我们不能准确预测某一次的结果是怎样的，因为每次掷硬币都是独立的随机事件。同理，根据孟德尔遗传规律，我们可以预测某次杂交后代中高、矮植株所占的比例，但我们不能预测某一棵植株是高还是矮。在遗传学中，概率理论使我们可以计算在某一杂交后代中某个特定基因型的预期频率和数目或预测某一群体中某个特定基因型的频率等。

某事件发生的概率（$P$）就是该事件在群体中出现的次数（$a$）与群体中的个数或测试次数（$n$）之比，即$P=a/n$。$0 \leq P \leq 1$，小概率（$P$接近0）的事件很少发生，大概率（$P$接近1）的事件则经常发生。$P$可以直接测定或从事件本身的性质推得，如我们可以从大量的出生婴儿调查中得出，新生儿中女孩的概率是0.49；从掷骰子本身的特点可推出得到3的概率为1/6等。

概率统计中常用的法则有加法法则和乘法法则，可分别用于不同遗传现象的分析。

加法法则应用于互斥事件，即不可能同时发生的事件，如掷骰子时2和6都同时向上。出现互斥事件A和B的概率等于它们各自出现的概率之和，例如掷骰子得到2或6向上的概率是$P_{(2或6)} = 1/6 + 1/6 = 1/3$。

乘法法则应用于独立事件，即两个或两个以上互不影响的事件。如第一次掷骰子得到6向上，第二次也可能得到6向上或其他的数字向上，但结果丝毫不受第一次结果的影响，相互独立。独立事件A和B同时发生的概率等于它们分别出现的概率的乘积。例如，两个带苯丙酮尿症隐性基因的杂合子个体婚配，如果他们有3个孩子，那么3个孩子均患病的概率可以这样计算：对于此隐性等位基因而言，一个孩子纯合的概率是1/4，则3个孩子均患病的概率$P = 1/4 \times 1/4 \times 1/4 = 1/64$。

对于组合事件，即在两个或两个以上的事件中既有独立事件也有互斥事件，这时可以将加法法则和乘法法则一起使用。如两个带苯丙酮尿症隐性基因的杂合子个体婚配，他们的3个孩子中1个患病（A）、2个正常（N）的概率可以这样计算：因为得病的孩子可能是第一个（ANN），也可能是第二个（NAN）或第三个（NNA），共有3种排列方式，这时$P = P_{(ANN)} + P_{(NAN)} + P_{(NNA)} = (1/4 \times 3/4 \times 3/4) + (3/4 \times 1/4 \times 3/4) + (3/4 \times 3/4 \times 1/4) = 27/64$。

**2. 遗传比率的计算**

在遗传学研究中，我们可以通过概率来推算遗传比率，从而分析和判断该比率发生的真实性和可靠性。常用的计算遗传比率的方法有两种。

（1）棋盘法（punnett square）：如要计算杂合子$Aa$自交后代的基因型和表型的比率，用棋盘法时，将每一亲本的配子放在一边，注上各自的概率，如图2-9所示。

如果要考虑两对以上的基因时，用棋盘法来计算预期比率就显得很繁琐，如3对基因将产生$2^3 = 8$种配子，用棋盘法将有 $8 \times 8 = 64$ 个棋盘格；4 对基因将产生 $2^4 = 16$ 种配子，有 $16 \times 16 = 256$ 个棋盘格，这时我们可以考虑另一种更为简便的方法即分枝法。

（2）分枝法（forked-line method）：分枝法就是将每对基因分开考虑，然后用分枝的方法来推算，例如基因型为 $DdGgRr$（高茎、绿色豆荚、圆形种子）的豌豆 $F_1$ 自交，

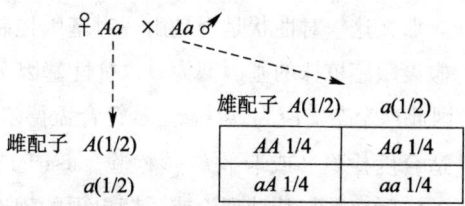

图 2-9 用棋盘法计算遗传比率

我们可以先考虑 $Dd \times Dd$，应该得 $DD:Dd:dd = 1:2:1$，用同样的方法依次再考虑 $Gg \times Gg$ 和 $Rr \times Rr$，然后获得图 2-10 的分枝图。

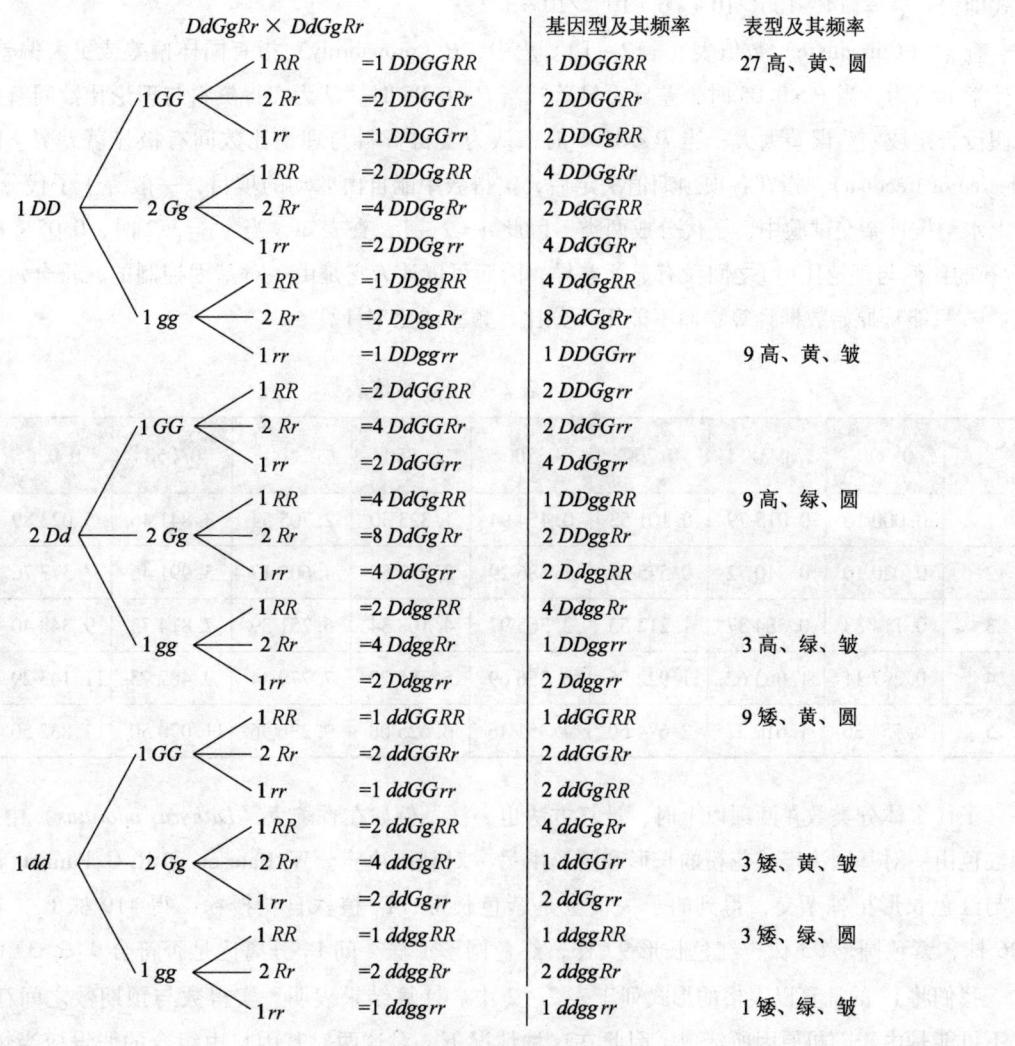

图 2-10 三因子杂交的分枝展开图

## 2.2.2 适合度检验

在遗传学研究中经常会遇到实验所得结果与理论计算值相符合程度的问题，也就是说实验所得结果是否可根据某个理论比数来判断，还是必须舍弃这个理论比数。在实验过程中有许多不确定的随机因素可能造成实验误差，使得实验所得结果与理论计算值不相一致，特别是当实验所得的后代个体数不够多时，偏差的程度就会更加明显。那么，怎样的实验结果才被认为符合理论比数呢？

假如抗白叶枯病水稻植株与敏感植株杂交共获得 20 株子代植株，其中 14 株为抗性植株，6 株为敏感

植株。那么这一对性状是否是由一对基因控制,它们的遗传是否符合孟德尔定律?

假设敏感植株的基因型为 $ss$,抗性基因 $S$ 对 $s$ 为显性,由于 $F_1$ 中出现了分离现象,故亲代抗性株应为 $Ss$,因此这个杂交应为 $Ss \times ss$。若符合孟德尔定律,则 $F_1$ 中抗性与敏感植株的理论比应为 $1:1$。

适合度检验(或卡平方 $\chi^2$ 检验, test for goodness-of-fit)是一种统计学检验方法,它是指测验或观察中出现的实际次数与某种理论或预期出现的理论次数是否相符合,当假设成立时,它能告诉我们随机得到的观察结果的概率。适合度检验的定义式为:

$$\chi^2 = \sum[(实得数 - 预期数)^2/预期数]$$

在上述例子中,共得 20 株子代。如果按 1:1 的假设,预期数应为 10:10,而实得 14:6,将数据代入上式即得:$\chi^2 = (14-10)^2/10 + (6-10)^2/10 = 3.2$。

查 $\chi^2$(Chi-square)数值表(表 2-1)。表中, $P$(probability)指有同样偏差或更大偏差的积加概率。统计学上认为,当 $P > 0.05$ 时,差异不显著;当 $P < 0.05$ 时,认为实得资料与理论比数间有显著差异,应将假设否定或实验误差太大;当 $P < 0.01$ 时,认为实得资料与理论比数间有极显著差异。$n$ 表示自由度(degree of freedom),指在各项预期值决定后,实得数中能自由变动的项目,一般等于子代分类数减 1,在以上水稻抗性杂交试验中,子代分成两类,因此 $n = 2 - 1$。查表知,当 $\chi^2 = 3.2$ 时,$0.05 < P < 0.1$,说明 14:6 的比例与理论比 1:1 之间没有显著差异,因而可以认为它是由一对基因控制的,符合孟德尔定律。注意:$\chi^2$ 只能从原始数据计算,而不能用百分比、频率或比率计算。

表 2-1 $\chi^2$ 数值表

| $P$ \ $n$ | 0.990 | 0.900 | 0.750 | 0.500 | 0.250 | 0.100 | 0.050 | 0.025 | 0.010 |
|---|---|---|---|---|---|---|---|---|---|
| 1 | 0.000 16 | 0.015 79 | 0.101 53 | 0.454 94 | 1.323 30 | 2.705 54 | 3.841 46 | 5.023 89 | 6.634 90 |
| 2 | 0.020 10 | 0.210 72 | 0.575 36 | 1.386 29 | 2.772 59 | 4.605 17 | 5.991 46 | 7.377 76 | 9.210 34 |
| 3 | 0.114 83 | 0.584 37 | 1.212 53 | 2.365 97 | 4.108 34 | 6.251 39 | 7.814 73 | 9.348 40 | 11.344 87 |
| 4 | 0.297 11 | 1.063 62 | 1.922 56 | 3.356 69 | 5.385 27 | 7.779 44 | 9.487 73 | 11.143 29 | 13.276 70 |
| 5 | 0.554 30 | 1.610 31 | 2.674 60 | 4.351 46 | 6.625 68 | 9.236 36 | 11.070 50 | 12.832 50 | 15.086 27 |

子代个体分类数在两项以上时,计算方法也一样。例如在香豌豆(*Lathyrus odoratus*)中,花冠的紫色和红色由一对基因决定,花粉的长形和圆形由另一对基因决定。W. Bateson 和 R. C. Punnett 将紫色圆形植株与红色长形植株杂交,得到的子一代全是紫色长形;$F_1$ 植株自花授粉,得 419 株 $F_2$,其中紫色长形 226 株,紫色圆形 95 株,红色长形 97 株,红色圆形 1 株。问 $F_2$ 分离比是否符合 9:3:3:1?

我们将 $\chi^2$ 的计算以表格的形式列于表 2-2 中。计算结果表明,实得数与预期数之间存在显著差异,它不可能是由于随机原因所造成,因此在这种情况下,对这两对基因自由组合的假设应当怀疑。事实上,这是自由组合定律第一次出现的明显例外,这一点将在以后详加讨论。

应该注意的是,单凭 $\chi^2$ 检验来肯定或否定一个假设的正确性是不够的,应该根据重复试验或别种试验以及科学上已知的其他论据来全面分析,$\chi^2$ 检验结果只能视为科学的论据之一。如果重复试验中一再出现这种异常现象,则应提出新的理论或假设来加以合理解释并设计新的实验来验证假设的正确性。

表 2-2　香豌豆紫色圆形 × 红色长形所得 $F_2$ 资料的 $\chi^2$ 检验

|  | 紫长 | 紫圆 | 红长 | 红圆 | 合计 |
| --- | --- | --- | --- | --- | --- |
| 实得数 | 226 | 95 | 97 | 1 | 419 |
| 按 9:3:3:1 预期数 | 235.69 | 78.56 | 78.56 | 26.19 | 419 |
| $\dfrac{(实得数-预期数)^2}{预期数}$ | 0.40 | 3.44 | 4.33 | 24.23 | 32.40 |

$$\chi^2 = 32.40 \quad n = 3 \quad P < 0.01$$

## 2.3　孟德尔定律的扩展

孟德尔在植物杂交实验中所观察的 7 对性状都具有完全的显隐性关系，杂合体与显性纯合体在表型上完全不能区别，即两个不同的遗传因子同时存在时，只完全表现其中的显性因子，这是一种最简单的等位基因间相互作用，即完全显性（complete dominance）。另外，这 7 对不同等位基因之间的作用是独立的，没有相互影响。但事实上生物体内的情况并非总是如此，许多杂交后代的表型比例与预期的孟德尔比例不符。通过大量实验后人们发现，虽然预期比例不是孟德尔式，但孟德尔定律仍然是正确的，这些遗传数据是对孟德尔定律的扩展。

实际上，每种生物都含有许多基因，如人类基因组含有 20 000 多个编码基因，其中大多数基因是相互作用的。下面就以简单的基因相互作用现象作一介绍，以使大家初步认识基因的作用并不是孤立的。

### 2.3.1　等位基因间的相互作用

等位基因间的相互作用是最基本的基因间相互作用，它主要表现为显隐性关系和并显性关系。

**1. 显隐性关系的相对性**

在完全显性中，杂合体 $Cc$ 与显性纯合体 $CC$ 在性状上几乎完全不能区别。但孟德尔杂交实验后，人们发现在有些相对性状中，显隐性现象是不完全的，或显隐性关系可以随所依据标准的不同而改变。

（1）不完全显性（incomplete dominance）：将紫茉莉（*Mirabilis jalapa*）开红花的纯系品种（$CC$）与开白花的纯系品种（$cc$）杂交，$F_1$ 杂合体（$Cc$）的花为粉红色，是双亲的中间型。$F_1$ 杂合体自交，$F_2$ 中有 1/4 红花，2/4 粉红花，1/4 白花，红花基因（$C$）与白花基因（$c$）在 $F_2$ 又分离了，白花基因 $c$ 在杂合体 $Cc$ 中没有被"污染"。$F_1$ 杂合体与亲本纯合体在表型上是不同的，杂合体的表型介于纯合体显性与纯合体隐性之间，这种现象叫做不完全显性，也叫做半显性或部分显性（semidominance or partial dominance）。在 $F_2$ 中有红花、粉红花、白花 3 种植株，其比例为 1:2:1，分别对应基因型 $CC$、$Cc$ 和 $cc$，与孟德尔分离定律的基因型比率是一致的。人的天然卷发（curl）也是由一对不完全显性基因决定的，其中卷发基因 $W$ 对直发基因 $w$ 不完全显性，$Ww$ 个体呈现波浪发（wavy）。

（2）共显性（codominance）：一对等位基因的两个成员在杂合体中都表达的遗传现象叫做共显性遗传，也叫做并显性遗传。红细胞上的不同抗原，称不同的血型。就 MN 血型而言，它的遗传是由一对等位基因 $L^M$ 和 $L^N$ 决定的。M 型个体（$L^M L^M$）的红细胞上有 M 抗原，N 型个体（$L^N L^N$）的红细胞上有 N 抗原，MN 型个体（$L^M L^N$）的红细胞上既有 M 抗原又有 N 抗原（图 2-11）。MN 血型这种现象表明 $L^M$ 与 $L^N$ 这一对等位基因的两个成员分别控制不同的抗原物质，它们在杂合体中同时表现出来，互不遮盖。主要组织相容性抗原是由主要组织相容性复合体（major histocompatibility complex，MHC）基因家族的基因所编码的，

MHC（人类的称为 HLA）复合体为共显性遗传，即每对等位基因都能编码抗原，共同表达于细胞膜上，它不形成 ABO 血型系统中的隐性基因现象，这就大大增加了 HLA 抗原系统的复杂性和多态性。

（3）超显性（overdominance）：杂合体 Aa 的性状表现超过纯合显性 AA 的现象即为超显性。例如，人镰状细胞贫血症（sickle cell anemia）由一对等位基因决定，杂合子有比任一纯合子更强的抵抗疟疾的能力。

以上各种显隐性的相对关系用图解方式说明如图 2-12。

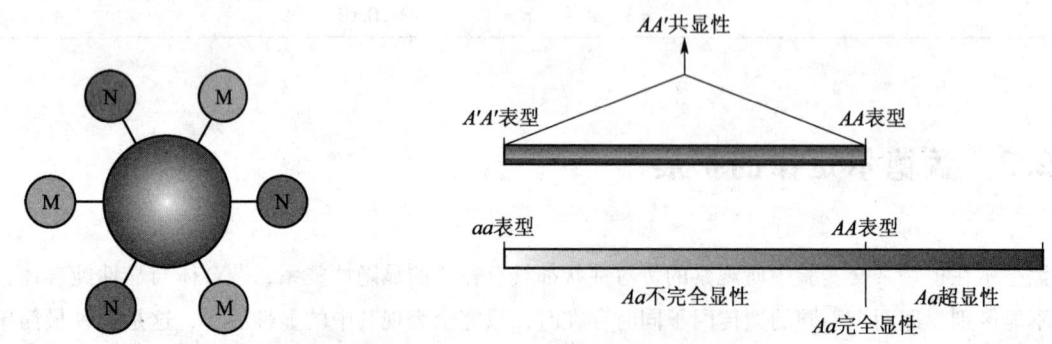

图 2-11　人 MN 血型是共显性遗传的　　　　图 2-12　显隐性关系相对性图解

（4）嵌镶显性（mosaic dominance）：瓢虫是许多农作物害虫的主要天敌之一。异色瓢虫的鞘翅斑纹常见有 3 种类型：浅色黄底型（ss）和黑色的四窗型和二窗型，此外群体中还存在罕见的黑缘型（$S^A$）、均色型（$S^E$）和横条型（$S^T$）等多种斑纹类型。我国著名遗传学家谈家桢教授从 20 世纪 30 年代起就对瓢虫鞘翅色斑的遗传进行了深入的研究，于 1946 年提出了嵌镶显性的遗传理论。所谓嵌镶显性指的是纯种双亲的性状在后代同一个体的不同部位表现出来的现象。例如，在遗传上，鞘翅色斑的黄色为隐性，黑色为显性，双亲的黑色部分在杂交子代个体上都表现出来的现象就是嵌镶显性。具体如，黄色底前缘呈黑色的黑缘型（$S^A S^A$）与黄色底后缘为黑色的均色型（$S^E S^E$）杂交，$F_1$ 后代（$S^A S^E$）为同时具有双亲特点的新类型，即鞘翅的前后缘都呈黑色，$F_1$ 自交产生的 $F_2$ 有 3 种表型类型，即 1 黑缘型（$S^A S^A$）：2 $F_1$ 新类型（$S^A S^E$）：1 均色型（$S^E S^E$）。

镶嵌显性与共显性的不同之处是，前者主要是指在一个个体的不同部位或不同细胞中表现出不同的显性性状，而后者则是指在同一细胞中共同显示出两种显性性状。

（5）显隐性关系随所依据标准的不同而发生改变：镰状细胞贫血症是由于珠蛋白 β 链上的第 6 个带电荷的亲水性的谷氨酸被疏水性的缬氨酸取代所引起的，在遗传上通常由一对隐性基因 $Hb^S Hb^S$ 控制。在显微镜下观察患者（$Hb^S Hb^S$）的血细胞，不使其接触氧气，全部红细胞都变成镰刀形；杂合体的人（$Hb^A Hb^S$）在表型上是完全正常的，没有任何病症，但是将杂合体人的血液放在显微镜下检验，不使其接触氧气，也有一部分红细胞变成镰刀形。从这个例子可以看出（表 2-3），显隐性关系随所依据的标准不同而有所不同，从临床角度来看，$Hb^S$ 是隐性，显隐性完全；从细胞水平看，$Hb^S$ 是隐性，显隐性可以完全也可以不完全；从镰刀形血红蛋白 $Hb^S$ 含量来看，$Hb^S$ 为不完全显性；从分子水平上看，$Hb^A$ 和 $Hb^S$ 呈共显性。

**2. 致死基因**

致死基因（lethal gene）是指那些使生物体不能存活的等位基因。致死基因之所以能够在群体中保留并被观察到，一方面是因为在杂合体中一个基因的失活有时可以耐受的，因而得以保存；另一方面是因为致死基因的作用可在个体的不同发育阶段表现，如在成体阶段致死的，就能将致死基因传代，如亨廷顿舞蹈症（Huntington disease）是一种致命性的但在中年才开始发病的疾病。另外，致死效应的表达往往与个体的生理状态及所处的环境有关。引起人类流产的原因之一可能就是由于致死基因的表达。

表 2-3 镰状细胞贫血症显隐性关系的相对性

| 基因型 | 表型 | | | |
|---|---|---|---|---|
| | 临床表现 | 红细胞 | $Hb^S$ 含量 | 蛋白质电泳 |
| $Hb^A Hb^A$ | 正常 | 正常 | 0 | 一条带 $Hb^A$ |
| $Hb^A Hb^S$ | 正常 | 部分镰状 | 20%~40% | 两条带 $Hb^A/Hb^S$ |
| $Hb^S Hb^S$ | 患病 | 全部镰状 | 90% | 一条带 $Hb^S$ |
| 结论 | 显隐性完全，$Hb^S$ 隐性 | 细胞形状：$Hb^S$ 完全显性 | $Hb^S$ 不完全显性 | 共显性 |
| | | 细胞数目：$Hb^S$ 不完全显性 | | |

第一次发现致死基因是在 1904 年，法国 L. Cuenot 在研究中发现黄色皮毛的小鼠品种不能真实遗传。小鼠（*Mus musculus*）杂交实验结果如下：

$$黄鼠 \times 黑鼠 \rightarrow 黄鼠\ 2\ 378：黑鼠\ 2\ 398$$

$$黄鼠 \times 黄鼠 \rightarrow 黄鼠\ 2\ 396：黑鼠\ 1\ 235$$

在上述杂交中，黑色小鼠能真实遗传。从第一个交配看，子代分离比为 1:1，黄鼠很可能是杂合体，如果这样，根据孟德尔遗传原理分析，则第二个杂交黄鼠×黄鼠的子代分离比应该是 3:1，可是实验结果却是 2:1。以后的研究发现，每窝黄鼠×黄鼠的子代数比黄鼠×黑鼠的子代数少 1/4 左右，这就表明有一部分小鼠在胚胎期死亡了（图 2-13）。设黄鼠的基因型为 $A^Y a$，黑鼠的基因型为 $aa$，则上述杂交可写成：

黄鼠×黑鼠：$A^Y a \times aa \rightarrow 1 A^Y a$（黄鼠）：$1 aa$（黑鼠）

黄鼠×黄鼠：$A^Y a \times A^Y a \rightarrow 1 A^Y A^Y：2 A^Y a$（黄鼠）：$1 aa$（黑鼠）

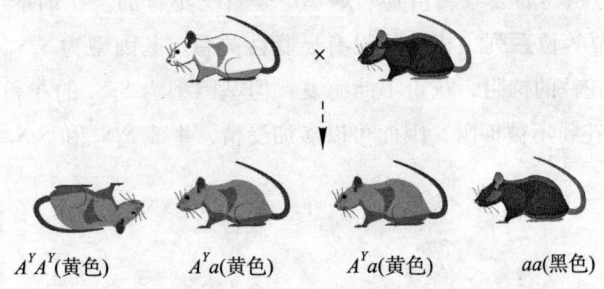

$A^Y A^Y$(黄色)　$A^Y a$(黄色)　$A^Y a$(黄色)　$aa$(黑色)

图 2-13　隐性致死基因使小鼠总数减少

纯合体 $A^Y A^Y$ 就是缺少的部分，它们在胚胎期就死亡了，这里 $A^Y$ 就是致死基因。黄鼠基因 $A^Y$ 影响两个性状：毛皮颜色和生存能力。$A^Y$ 在体色上呈显性效应，对黑鼠基因 $a$ 为显性，杂合体 $A^Y a$ 的表型是黄鼠；但黄鼠基因 $A^Y$ 在致死作用方面呈隐性效应，即只有当黄鼠基因有两份，即为 $A^Y A^Y$ 纯合体时，才引起小鼠的死亡。

墨西哥无毛狗的毛色遗传与上述小鼠的遗传相同。无毛基因（$H$）对有毛基因（$h$）在毛色上是显性的，但在致死性上是隐性的，$HH$ 致死，$Hh$ 表现为无毛，$hh$ 表现为有毛。人镰状细胞贫血基因（$Hb^s Hb^s$）和植物的白化基因也都是隐性致死的。

除隐性致死基因外，还有一类致死基因属于显性致死，即在杂合体状态下就表现致死效应。由显性基因 $Rb$ 引起的视网膜母细胞瘤是一种眼科致死性遗传病，常在幼年发病，患者通常因肿瘤长入单侧或双侧眼内玻璃体，晚期向眼外蔓延，最后可全身转移而死亡。亨廷顿舞蹈症是由于受到显性等位基因 $H$ 的作用，属于延迟显性，杂合子个体（$Hh$）通常在 30~50 岁才发病，患这种病的人总有双亲之一早亡。

### 3. 复等位基因

上面讲述的等位基因总是一对一对的，如红花基因与白花基因、MN血型基因等，其实一个基因在一个群体中可以有很多的等位形式，如 $a_1$、$a_2 \cdots a_n$，但就每一个二倍体细胞来讲，最多只能有两个，并且都是按孟德尔定律进行分离和自由组合的。像这样，一个基因存在很多等位形式，称为复等位现象或多态性（polymorphism），这组基因就叫做复等位基因（multiple alelles）。按遗传学上的概念，复等位基因是指在群体中占据某同源染色体同一座位上的两个以上的、决定同一性状的基因群。一般而言，$n$ 个复等位基因的基因型数目为 $n + \frac{n(n-1)}{2}$，其中纯合体为 $n$ 个，杂合体为 $\frac{n(n-1)}{2}$ 个。

控制ABO血型的基因是较为常见的复等位基因。所有人都可分为A型、B型、AB型和O型，ABO血型由3个复等位基因 $I^A$、$I^B$ 和 $i$ 决定。$I^A$ 和 $I^B$ 并显性，$I^A$ 和 $I^B$ 对 $i$ 显性，所以由 $I^A$、$I^B$ 和 $i$ 组成6种基因型 $I^A I^A$、$I^B I^B$、$ii$、$I^A i$、$I^B i$、$I^A I^B$，显示4种表型。该等位基因定位于人的第9号染色体长臂远端，$I^A$ 控制合成N-乙酰半乳糖转移酶，此酶能将 α-N-乙酰半乳糖分子连接到糖蛋白上产生A抗原决定簇；$I^B$ 基因控制合成半乳糖转移酶，此酶能将 α-N-半乳糖分子连接到糖蛋白上产生B抗原决定簇；$i$ 基因为缺陷型，既不能合成A抗原也不能合成B抗原。

假设一个A型男人和一个O型女人结婚，那么他们所生子女会是什么样的血型呢？O型的基因型肯定是 $ii$，而A型男人的基因型可以是 $I^A I^A$ 或 $I^A i$，如果是 $I^A I^A$，那么他们的子女的血型肯定是A型（$I^A i$），如果是 $I^A i$，则他们的子女的血型可以是A型（$I^A i$）也可以是O型（$ii$）。从这里看，子女的血型是像父或像母的，所以ABO血型的鉴定有时也可作为亲子鉴定及排除嫌疑犯的依据之一。但实际上子女的血型不一定跟父母亲是相同的；相反，如果子女的表型与父亲或母亲相同，那也不一定就能肯定是他们的子女。请试着推算一个AB型的丈夫和一个O型的妻子，能否生出一个O型的孩子？

另一复等位现象是植物的自交不亲和（self-incompatibility）。大多数高等植物是雌雄同株的，其中有些能正常自花授粉，但有部分植物如芸薹属植物、烟草等是自交不育的。在烟草中至少有15个自交不亲和基因 $S_1$、$S_2 \cdots S_{15}$ 构成一个复等位系列，相互间没有显隐性关系。基因型为 $S_1 S_2$ 的植株的花粉会受到具有相同基因型 $S_1 S_2$ 的植株的花柱的抑阻，花粉不能萌发，但基因型为 $S_1 S_2$ 的花粉落在 $S_2 S_3$ 的柱头上时，$S_2$ 的花粉受到抑阻，而 $S_1$ 的花粉不被抑阻，因而可以参加受精，生成 $S_1 S_2$ 和 $S_1 S_3$ 的合子（图2-14）。

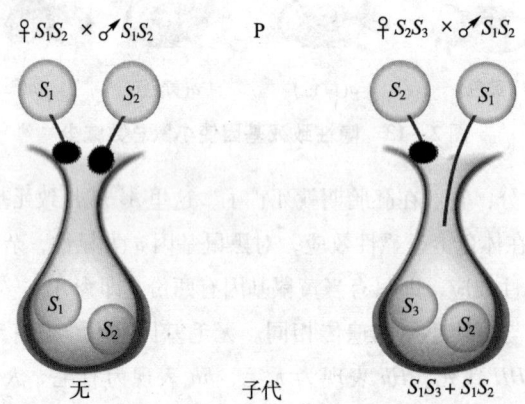

图2-14　植物自交不亲和图解——单倍体花粉与二倍体花柱细胞间的相互作用

由于自交不亲和性，在生产实践中会产生这样的问题，很多果树如苹果、梨、桃等都是通过扦插或嫁接营养繁殖产生的，它们的基因型是相同的，如果这些果树是自交不亲和的，那么整个果园的结实率就很低，在这种情况下，通过在果园里添种一些不同基因型系列的授粉植物来供应合适基因型的花粉，可促使正常结实。

人类主要组织相容性复合体（HLA）是由一群紧密连锁的基因所编码的，这些基因位于第 6 号染色体短臂上大约 4 000 kb 范围内。HLA 复合体是迄今已知的人体最复杂的基因体系，编码 HLA 的基因群主要有 3 类（图 2-15）：Ⅰ类基因区域主要包括 HLA-A、B、C 3 个位点及 E、F、G、H、K 和 L 位点；Ⅱ类基因区域是结构最为复杂的一个区，主要由 DR、DQ、DP 3 个亚区构成，每个亚区又有若干个位点；Ⅲ类基因区含有编码补体成分 C2、C4、B 因子及 TNF、热休克蛋白和 21 羟化酶的基因。HLA 复合体Ⅰ类和Ⅱ类基因位点多为复等位基因，如在人群中可检出 $A$ 基因约 27 种，$B$ 基因约 50 种，$C$ 基因约 10 种，$DR$ 基因 20 多种等。上面提到的瓢虫鞘翅色斑遗传也是由上百个复等位基因控制的。

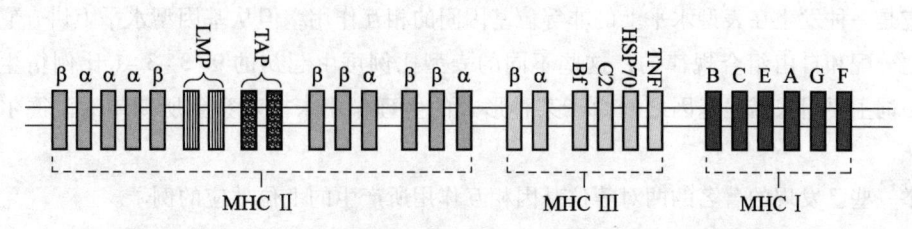

图 2-15 人体 HLA 复合体基因簇（第 6 号染色体）结构示意图

这里顺便提一下另外一个相似的概念即拟等位基因（pseudoalleles），它是指表型效应相似、功能密切相关、在染色体上的位置又紧密连锁的基因，它们像是等位基因，而实际上不是等位基因，可经重组而分开（详见 9.3.3）。

**4. 一因多效**

一个基因可以影响到若干性状，这叫一因多效（pleiotropy）或基因的多效性（gene pleiotropism）。例如人类成骨不全显性遗传病，一个座位上的基因发生改变，使患者可以同时有多发性骨折、蓝色巩膜和耳聋 3 种不同的病症，当然由于表现度的差异，也可能只有其中一种或两种临床表现（图 4-2）。有一种翻毛鸡，羽毛是反卷的，翻毛鸡与正常鸡交配，$F_1$ 轻度翻毛，$F_2$ 1/4 翻毛，2/4 轻度翻毛，1/4 正常。由此可以初步看出，翻毛鸡与正常鸡是由一对基因的差别造成的，且翻毛对非翻毛是不完全显性；另外，$F_1$ 与正常的非翻毛鸡回交，子代得 1/2 轻度翻毛，1/2 正常，这更支持了一对基因的解释。但翻毛鸡与正常鸡在许多性状上如体温、代谢、心跳、血流量、脾大小、食量和繁殖能力等方面存在差别。果蝇的残翅基因不仅使翅膀大大缩小，而且也使平衡棍的第三节大为缩小，使某些刚毛竖起和生殖器官的某些部分改变形状，甚至影响它的寿命和幼虫的生活力等。产生一因多效的原因是由于生物体发育中的各种生理生化过程都是相互联系、相互制约的，基因通过生理生化过程而影响性状。

### 2.3.2 非等位基因间的相互作用

在孟德尔豌豆杂交实验中，圆形黄色豆粒（$RRYY$）是由两对独立的基因控制两种不同的性状。然而，在遗传学第二定律中两对基因的自由组合并不意味着它们在作用上没有关系。当两对非等位基因影响同一性状时，假如孟德尔实验的这两个位点都影响种子颜色，会出现什么样的情况呢？这时 $F_2$ 就会出现与孟德尔 9∶3∶3∶1 比例不同的分离比例。在这种情况下，两种以上的基因产物影响着同一表型，这些产物的作用可能具有复杂的层次关系。实际上任何时候当两对不同的基因作用于同一表型时，其影响不仅仅是相加作用。

上位效应（epistasis）最初由英国遗传学家 W. Bateson 于 1909 年定义，指一个基因的表型效应被位于另一位点的另一个基因（非等位基因）的表型效应所遮盖的现象。起遮盖作用的基因称为上位基因（epistatic gene），被遮盖的基因称为下位基因（hypostic gene）。与显隐性作用发生在同一对等位基因的两个成员之间不同，上位作用发生于两对不同的等位基因之间。

尽管一些研究人员试图将所有这种两对基因的上位相互作用关系给以特定的名称，但直至今天这些名称仍很少使用。其原因之一是因为"显性"和"隐性"这些术语已经是用于描述单个等位基因影响的最好术语了，给予更多的描述名词没有实质性意义；此外，上位效应并不局限于只是发生在两对基因间的相互作用，实际上在下面所有的情况下都会发生上位效应：

- 当两个或两个以上位点的基因相互作用产生新的表型时；
- 当一个位点的等位基因遮盖位于另一个或多个其他位点的等位基因的效应时；
- 当一个位点的等位基因修改位于另一个或多个其他位点的等位基因的效应时。

上位效应是一种发生在表型水平上的非等位基因间的相互作用，但从基因型水平上讲，它们的基因仍然是遵循独立分配和自由组合规律的，这些不同的表型比例可由起初的9∶3∶3∶1比例衍生而来。现在"epistasis"一词主要用来描述基因之间由于某种形式的生理作用未能观察到所期望的孟德尔表型比例的情况。

下面列举一些已发现的著名的两对等位基因相互作用所产生的上位效应的例子。

**1. 基因互补产生新性状**

不同对等位基因间相互作用，出现新的性状，这种情况也叫互补作用（complementary action）。在这种情况下，$F_2$也出现9∶3∶3∶1的分离比例，但与孟德尔定律中出现的性状组合不同。例如，鸡冠的形状很多，除常见的单冠外，还有胡桃冠、玫瑰冠和豌豆冠等（图2-16），它们都能稳定遗传而成为品种的特征之一。如果把玫瑰冠的鸡跟豌豆冠的鸡交配，$F_1$的鸡冠是胡桃冠，它不像任何一个亲体，而是一种新的类型；$F_1$个体间相互交配得$F_2$，它们的鸡冠有胡桃冠、豌豆冠、玫瑰冠和单冠，其比例接近9∶3∶3∶1，但它与孟德尔的两对性状自由组合所产生的9∶3∶3∶1的性状组合比是完全不同的，$F_2$出现了两种新的类型——胡桃冠和单冠。

W. Bateson和R. C. Punnett在1905年前后对这种遗传现象进行了深入研究。从$F_2$有4种表型和其大体上接近9∶3∶3∶1的比例可以看出，鸡冠的形状是由两对基因控制的。假定控制玫瑰冠的基因是$R$，控制豌豆冠的基因是$P$，而且都是显性的，那么玫瑰冠的鸡没有显性豌豆冠基因，所以基因型是$RRpp$；与之相反，豌豆冠的鸡没有显性玫瑰冠基因，所以基因型是$rrPP$。$F_1$的基因型是$RrPp$，由于$P$与$R$的互补，出现了胡桃冠。$F_1$的公鸡和母鸡都形成$RP$、$rP$、$Rp$和$rp$的4种配子，数目相等。根据自由组合定律，$F_2$的基因型可以分为4类：$R\_P\_$、$rrP\_$、$R\_pp$和$rrpp$，比数为9∶3∶3∶1，这正好与$F_2$中出现的4种表型胡桃冠、玫瑰冠、豌豆冠和单冠的比数9∶3∶3∶1相同，故可以认为胡桃冠的形成是由于$P$与$R$的互补，而1份单冠是由于$p$与$r$互补的结果（图2-16）。因此，$R$与$P$互补，$r$与$p$互补，这两个互补的基因就叫互补基因（complementary gene）。现已知道，控制豌豆冠的基因$P$位于第1号染色体上，控制玫瑰冠的基因$R$位于第2号染色体上。

P  　　　　$RRpp$(玫瑰冠) × $rrPP$(豌豆冠)

F$_1$  　　　　　　$RrPp$(胡桃冠)

F$_2$  　$R\_P\_$(胡桃冠)  $R\_pp$(玫瑰冠)  $rrP\_$(豌豆冠)  $rrpp$(单冠)

　　　　　　9　　　　　　3　　　　　　3　　　　　　1

**图2-16　鸡冠形状的遗传——互补作用**

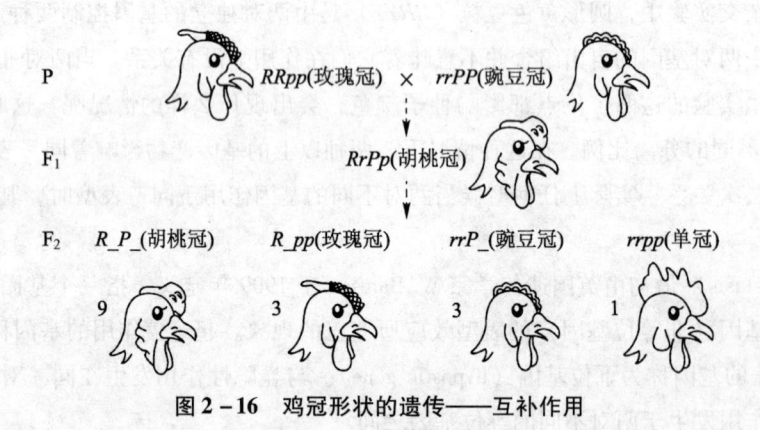

### 2. 产生9:7分离比例

W. Bateson 和 R. C. Punnett 于1909年报道了另一个香豌豆的双因子杂交实验结果。香豌豆白花品种A及白花品种B分别与普通红花品种杂交时，$F_1$都是红花，$F_2$的红花与白花之比均为3:1。如果白花品种A和白花品种B的基因型相同，它们的杂交后代$F_1$的表型应该全是白花，可得到的却全是红花，且$F_2$出现一个新的比数，红花与白花之比为9:7（图2-17）。

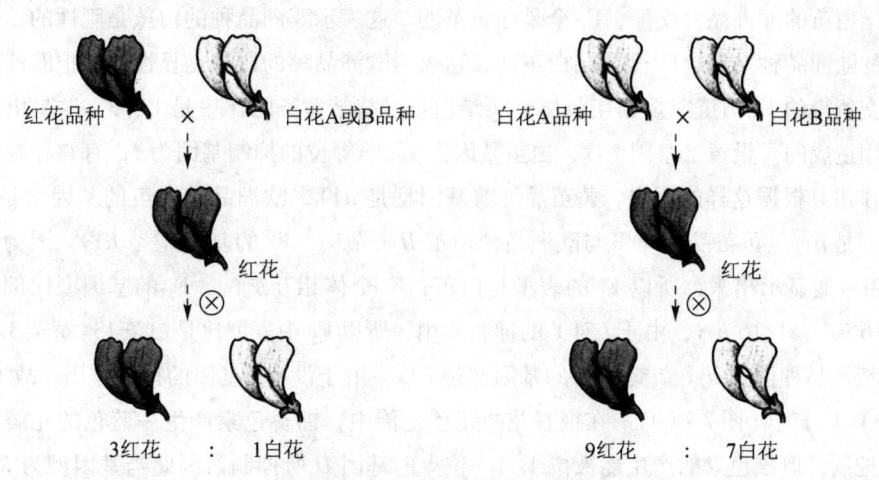

红花品种 × 白花A或B品种    白花A品种 × 白花B品种

↓                          ↓

红花                        红花

⊗                          ⊗

3红花 : 1白花              9红花 : 7白花

**图2-17 香豌豆花色的遗传**

从$F_1$的表型分析，白花品种A与B在基因型上肯定不同；又因为它们与普通红花品种杂交时，子一代都是红花，故两个白花品种都由不同的隐性基因决定。假定品种A有隐性基因 *rr*，品种B有隐性基因 *cc*，那么品种A的基因型应是 *CCrr*，品种B的基因型应是 *ccRR*。两个品种杂交，$F_1$的基因型是 *CcRr*。$F_1$自交，$F_2$中9/16 *C_R_* 在表型上是红花，其余7/16都是白花，从这里可看出，只要是 *cc* 或 *rr* 基因型，花就表现为白色，这种现象叫重复隐性上位（duplicate recessive epistasis）。上述杂交用基因型图式表示为图2-18。

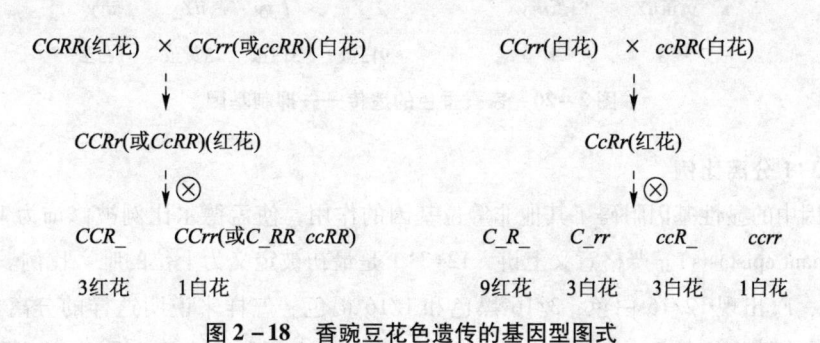

*CCRR*(红花) × *CCrr*(或*ccRR*)(白花)　　　*CCrr*(白花) × *ccRR*(白花)

↓                                              ↓

*CCRr*(或*CcRR*)(红花)　　　　　　　　　　　*CcRr*(红花)

⊗                                              ⊗

*CCR_*　*CCrr*(或*C_RR ccRR*)　　　　*C_R_*　*C_rr*　*ccR_*　*ccrr*

3红花　　1白花　　　　　　　　　　　9红花　3白花　3白花　1白花

**图2-18 香豌豆花色遗传的基因型图式**

1991年人们发现，这些基因主要通过控制花青素等色素合成的酶来控制花的颜色。在香豌豆中，通过至少两步化学反应生成花青素（图2-19），如果某一步缺失功能，将不会产生红色而显现白色，因此，*cc*或 *pp* 基因型只产生白色花。

聋人相互结婚时，子女中有全聋的也有全不聋的，有人推测这是因为听力是由一对以上的基因所控制的。设其中一类聋人的基因型为 *aaBB*，隐性基因型 *aa* 引起耳聋；另一类聋人可能是另一对基因的不正常引起，基因型为 *AAbb*。当相同基因型的聋人结婚时，后代的基因型没有变化，亦表现为耳聋；但若上述两类不同基因型的聋人结婚，后代的基因型为 *AaBb*，这样的人表现为不聋。带有 *AaBb* 基因型的人相互结婚，其后代

　　　C　　　　　　R
前体 ---→ 中间产物 ---→ 花青素

**图2-19 香豌豆中控制花色的花青素合成途径**

中有 9/16 不聋（$A\_B\_$），7/16 表现耳聋（3/16 $A\_bb$，3/16 $aaB\_$，1/16 $aabb$）。

**3. 产生 13∶3 分离比例**

有些基因本身并不能独立地表现任何可见的表型效应，但可以完全抑制其他非等位基因的表型效应，这种基因称为抑制基因（suppression gene）。只有抑制基因不存在时，被抑制的基因对才能得以表现。例如，家蚕有结黄茧的和结白茧的，这是品种的特征之一，其中结白茧的又分为亚洲品种和欧洲品种。将结黄茧的品种跟结白茧的亚洲品种交配，$F_1$ 全是结黄茧的，这表示亚洲品种的白茧是隐性的；但把结黄茧的品种跟结白茧的欧洲品种交配，$F_1$ 全是结白茧的，这表明欧洲品种的白茧是显性的。把欧洲显性白茧品种与黄茧品种杂交所得的 $F_1$ 白茧家蚕相互杂交，$F_2$ 结白茧的与结黄茧的比率是 13∶3。这是由另一个非等位抑制基因的作用造成的。设黄茧基因为 $Y$，白茧基因为 $y$，非等位的抑制基因为 $I$，有它存在时，可以抑制黄茧基因 $Y$ 的作用。根据这样的假定，黄茧品种的基因型是 $iiYY$，欧洲品种白茧的基因型是 $IIyy$，亚洲品种白茧的基因型是 $iiyy$。黄茧品种 $iiYY$ 与欧洲品种白茧 $IIyy$ 杂交，$F_1$ 的基因型是 $IiYy$，因为 $I$ 对 $Y$ 的抑制作用，$Y$ 的作用不能显示出来，所以 $F_1$ 的表型是白茧；$F_1$ 个体相互交配，$F_2$ 的基因型比例是 9/16 $I\_Y\_$，3/16 $I\_yy$，3/16 $iiY\_$，1/16 $iiyy$，由于 $I$ 对 $Y$ 的抑制作用，所以 $F_2$ 中表型比是白茧 13∶黄茧 3（$iiY\_$）。当黄茧品种 $iiYY$ 与亚洲品种白茧 $iiyy$ 杂交，$F_1$ 的基因型是 $iiYy$，由于没有 $I$ 基因的抑制作用，故 $F_1$ 的表型是黄茧，$F_2$ 按正常 3∶1 分离（图 2-20）。在报春花的花色遗传中，锦葵色素产生一蓝色的花瓣，锦葵色素的产生由基因 $K$ 控制，但该色素的产生能被位于另一位点的基因 $D$ 所抑制。因此当基因型为 $KkDd$ 的植株杂交，其后代的分离比为 13∶3（$K\_dd$）。

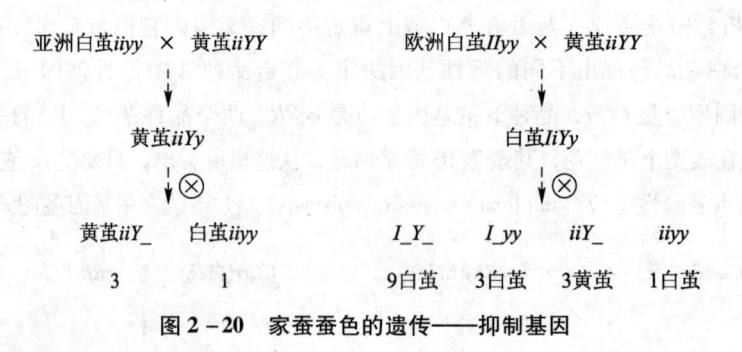

```
亚洲白茧iiyy × 黄茧iiYY          欧洲白茧IIyy × 黄茧iiYY
        ↓                                ↓
      黄茧iiYy                         白茧IiYy
        ↓⊗                              ↓⊗
  黄茧iiY_   白茧iiyy        I_Y_    I_yy    iiY_    iiyy
     3         1             9白茧   3白茧   3黄茧   1白茧
```

图 2-20　家蚕蚕色的遗传——抑制基因

**4. 产生 12∶3∶1 分离比例**

由于一对基因中的显性基因阻碍了其他非等位基因的作用，使孟德尔比例被修饰为 12∶3∶1，这叫做显性上位（dominant epistasis）。严格意义上讲，12∶3∶1 是最初被定义为上位的唯一比例。褐色狗和白色狗杂交，$F_1$ 为白色，$F_2$ 出现 12/16 白色，3/16 黑色和 1/16 褐色。怎样来说明这样的分离比呢？因为在 $F_2$ 中，白色狗与非白色狗之比是 3∶1，在非白色狗内部，黑色狗和褐色狗之比也是 3∶1，所以可以假定，这里包括两对基因之差：其中一对是 $I$ 和 $i$，分别控制白色和非白色；另一对是 $B$ 和 $b$，分别控制黑色和褐色。只要有一个显性基因 $I$ 存在，不管有没有显性基因 $B$ 存在，都一样表现为白色。如果没有显性基因 $I$ 存在，就由是否有 $B$ 基因存在而表现为黑色还是褐色：有显性基因 $B$ 存在时，表现为黑色，没有 $B$ 存在时，表现为褐色（图 2-21）。上述结果说明显性基因 $I$ 遮盖了属于它的下位基因 $B$ 和 $b$ 的作用。因此，在有 $I$ 基因存在时，由于其上位作用而产生白色狗，而与 $I$ 独立分离的 $B$ 基因，只有当 $I$ 不存在时才在 $F_2$ 中表现作用而产生非白色狗，当两对基因为隐性纯合时，不存在上位和显性作用，才产生出褐色狗。又如影响西葫芦的显性白皮基因（$W$）对显性黄皮基因（$Y$）有显性上位作用，$W$ 基因的存在能遮盖 $Y$ 的作用，使西葫芦表现为白色；当缺少 $W$ 时，$Y$ 表现其黄色作用；如果 $W$ 和 $Y$ 都不存在，则 $y$ 基因得到表现，西葫芦表现为绿色。

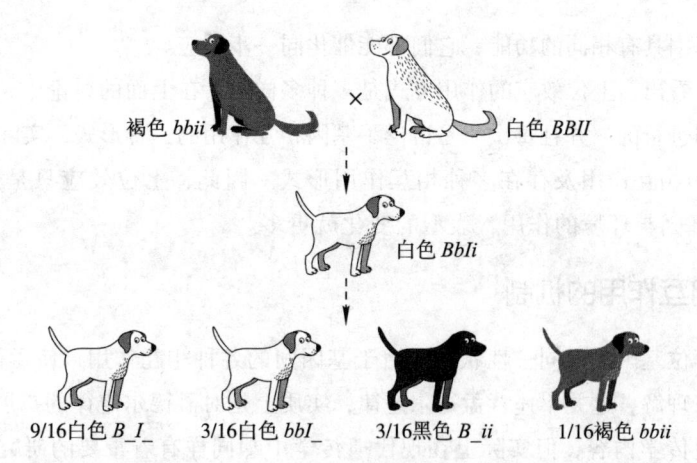

图 2-21 狗毛色的显性上位遗传

### 5. 产生 9:3:4 分离比例

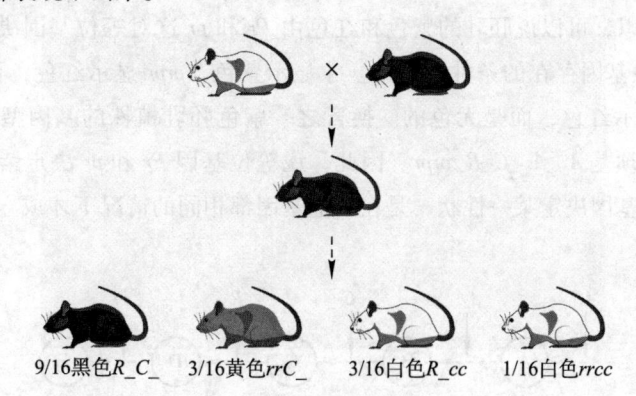

有时候一对隐性基因能使其他显性基因不能表达，使孟德尔比例被修饰为 9:3:4。这种一对隐性基因对另一对基因起阻碍的作用叫隐性上位 (recessive epistasis)。例如，黑色家鼠 (*RRCC*) 与白化家鼠 (*rrcc*) 杂交，$F_1$ 为黑色 (*RrCc*)，$F_1$ 互交，$F_2$ 出现 9/16 黑色 (*R_C_*)，3/16 淡黄色 (*rrC_*) 和 4/16 白化 (*R_cc*, *rrcc*) 的分离比（图 2-22）。在 $F_2$ 中，有色个体与白色个体之比是 3:1；而在有色个体内部，黑色个体和淡黄色个体之比也是 3:1，所以也可以假定这里包括两对基因之差：其中一对是 *C* 和 *c*，每一个体至少有一个显性基因 *C* 存在时，才能显示出颜色；另一对是 *R* 和 *r*，但只当显性基因 *C* 存在时，才能显示作用，也就是说，当显性基因 *C* 存在时，基因型 *RR* 或 *Rr* 表现为黑色，*rr* 表现为淡黄色；当显性基因 *C* 不存在时，即在 *cc* 个体中，不论是 *RR*、*Rr* 还是 *rr*，都表现为白色。这里，基因 *C* 可能是决定黑色素的形成，而 *R* 和 *r* 控制黑色素在毛内的分布，没有黑色素的存在，就谈不上黑色素的分布，所以在纯合体 *cc* 中，基因 *R* 和 *r* 的作用都表现不出来。

图 2-22 家鼠毛色隐性上位遗传

### 6. 产生 15:1 分离比例

在两对或两对以上的多基因系统中，当基因对性状产生相同的影响时，这些基因中只要有一个显性存在，性状即表达，称为基因的叠加作用 (duplicate effect)，只有全部是隐性的个体才表现为另一性状，两对基因的 $F_2$ 表型的孟德尔比例为 15:1。例如，荠菜 (*Capsella bursapastoris*) 中常见的植株是结三角形角果，极少数植株结卵形角果，它们由两对基因控制 ($A_1-a_1$, $A_2-a_2$)，将两种纯合体植株杂交，$F_1$ 全部结三角形角果，$F_1$ 自交后代 $F_2$ 的分离比为 15 三角形角果:1 卵形角果 ($a_1a_1a_2a_2$)；又如，小麦粒色有红、白之分，受 3 对基因 ($R_1-r_1$、$R_2-r_2$、$R_3-r_3$) 控制，只要有一个 *R* 基因则表现为红色籽粒（不管红色的深浅）。因此，杂合体 $R_1r_1R_2r_2R_3r_3$ 自交后代的表型分离比为 63 红粒:1 白粒 ($r_1r_1r_2r_2r_3r_3$)。产生叠加作用是因为这些非等位基因具有相同的功能，它们都能催化同一步反应。

从上面的分析可以看出，上位效应的作用方式是多种多样的。在上面的讨论中，我们主要是以两对非等位基因间的相互作用进行的，并且每次只是讨论了基因相互作用的一种形式，实际上，很多性状的表现往往涉及更多对基因的相互作用及存在多种相互作用形式。因此，上位效应只是这种相互作用复杂性的来源之一，若加上基因与环境的作用，表型的变化就更多。

### 2.3.3 基因相互作用的机制

当两对或多对非等位基因决定同一性状时，由于基因间的各种相互作用，使孟德尔比例发生了修饰。从遗传学发展的角度来理解，这并不违背孟德尔定律，实质上是对孟德尔定律的扩展。从表面上看，基因相互作用是很经典的遗传学内容，但实际上在现代遗传学中却同样有着重要的研究价值。在未来的研究中，基因相互作用特别是基因产物之间的相互作用对于遗传分析来说仍将是一个很重要的研究内容。

我们知道孟德尔遗传因子的实质是一种颗粒，从上面各种各样的等位基因或非等位基因之间的相互作用可以发现，不同的遗传因子之间不管形成什么样的组合，它们彼此之间仍然保持其完整性，并且在遗传传递过程中仍能分离出来决定其原有性状。这种颗粒式遗传（particulate inheritance）是孟德尔遗传定律的精髓，也是现代遗传学发展的指导思想。

然而，生物体内基因作用的表达是一个非常复杂的生化反应过程，在这个复杂体系中，某个基因所编码的蛋白质的活性可能因另一基因编码产物的作用而发生改变，这就可能导致了上位表型的产生，其相互作用的强度取决于编码发生相互作用的每种蛋白质的特殊基因，如基因 1 的 $A$ 等位基因可改变基因 2 的 $Y$ 等位基因的活性，但是基因 1 的 $B$ 等位基因对这个 $Y$ 等位基因可能不产生作用。虽然目前人们已从基因组水平研究基因间相互作用，但到目前为止，人们对基因间相互作用的复杂网络仍知之甚少。

在玉米糊粉层颜色表达的基因相互作用中，$A_1-a_1$ 和 $A_2-a_2$ 都决定花青素的有无；$C-c$ 和 $R-r$ 决定糊粉层颜色的有无；……当 $A_1\_A_2\_C\_R\_$ 4 个显性基因都存在时，胚乳是红色的，这时当另一显性基因 $Pr$ 存在时，胚乳为紫色。所以，可以说胚乳的紫色和红色由 $Pr$ 和 $pr$ 这对等位基因决定，但这有个条件，即在 $A_1$、$A_2$、$C$、$R$ 4 个显性基因存在的条件下，$Pr\_$ 才显示紫色，$prpr$ 显示红色，否则即使 $Pr$ 存在，它既不会显示紫色，也不会显示红色，而是无色的。换言之，紫色胚乳植株的基因型必须是 $A_1\_A_2\_C\_R\_Pr\_$，红色胚乳植株的基因型必须是 $A_1\_A_2\_C\_R\_prpr$。因此，说等位基因 $Pr$ 和 $pr$ 决定紫色和红色只是一种简单化了的说法。我们说某对基因决定某一性状，是在其他基因都相同的情况下才成立的。下图示上述例子中出现这种现象的机制。

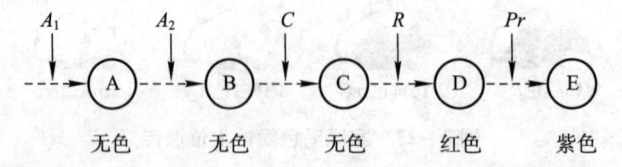

$$A_1 \quad\quad A_2 \quad\quad C \quad\quad R \quad\quad Pr$$
$$\downarrow \quad\quad \downarrow \quad\quad \downarrow \quad\quad \downarrow \quad\quad \downarrow$$
$$\text{-->} (A) \text{-->} (B) \text{-->} (C) \text{-->} (D) \text{-->} (E)$$
$$\text{无色} \quad\text{无色} \quad\text{无色} \quad\text{红色} \quad\text{紫色}$$

上图说明了产生胚乳颜色所需的一系列化合物的产生过程，即由 A 物质转变成 B 物质，由 B 物质转变成 C 物质等，A、B、C 这 3 种物质是无色的，D 是红色的，而 E 是紫色的。反应过程的每一步都需要酶的作用，而且隐性纯合体不能合成酶。这方面的例子还有很多，如玉米叶绿素的合成与 50 多个显性基因有关，其中任何一个发生变化，都会引起叶绿素合成异常；果蝇中至少有 40 个不同位置的基因影响果蝇眼的颜色等。

上面所介绍的生化途径只是简单的链式反应，此外还有很多反应途径是更为复杂的过程，涉及多个分支，如在 12∶3∶1 比例的例子中，可能是由于两种酶竞争同一种底物，不同的酶产生不同的产物并且两种酶与底物的亲和性存在显著的差异，以至于只有当没有高活性的酶存在时，另一种酶才能起作用（图 2-

23A）；在叠加作用的15∶1或63∶1比例的例子中，如果相互作用的两（或三）个基因都是有活性的，前体物质的转换将依赖于活性等位基因的数目多少，如果都没有活性，将产生无色的表型（图2－23B）；在13∶3的抑制基因作用中，抑制基因 *I* 的产物可能作用于 *Y* 基因的产物甚至是基因 *Y* 本身，而使得基因 *Y* 失去活性（图2－23C）。

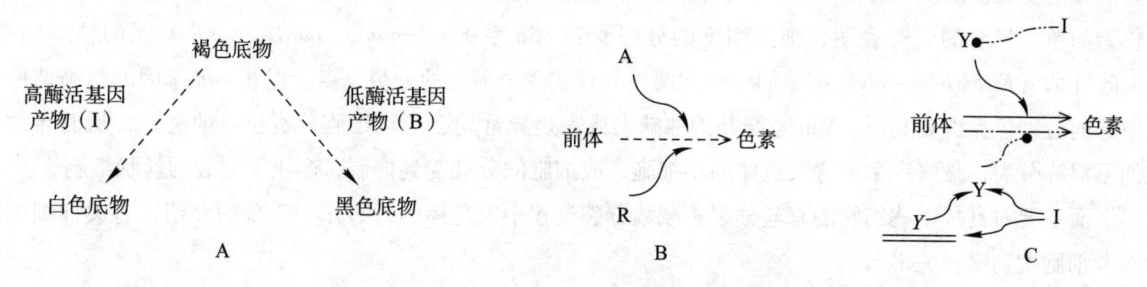

**图2－23 基因间相互作用的复杂生化控制途径**

## 2.4 遗传的染色体学说

在孟德尔提出遗传定律的时候，并不知道颗粒式的遗传物质在什么地方和怎样活动。但现在我们知道，遗传物质的载体是染色体，染色体随着细胞的分裂而均等地分配到子细胞中，在此基础上形成的遗传的染色体学说已成为现代遗传学发展的重要基础。另外，现代研究认为染色体在基因表达中起着重要的作用。

### 2.4.1 染色质和染色体

染色质（chromatin）和染色体（chromosome）是真核生物遗传物质存在的两种不同形态，仅反映它们处于细胞分裂周期的不同阶段，不存在成分上的差异。染色质是存在于真核生物分裂间期细胞核内的一种易被碱性染料着色的无定形物质，是伸展开的 DNA 蛋白质纤维，每一条染色质由一条线性的双螺旋 DNA 分子加上围绕它的蛋白质所组成。染色体则是染色质在细胞分裂过程中经过紧密缠绕、折叠、凝缩、精巧包装而成的具有固定形态的存在形式，是高度螺旋化的 DNA 蛋白质纤维。

染色质上的蛋白质由组蛋白（histone）和非组蛋白（nonhistone）组成，其中组蛋白在数量上占绝对优势。然而，组蛋白仅有5种类型：H1、H2A、H2B、H3 和 H4，它们是一类具有高比例精氨酸和赖氨酸的小分子蛋白质。染色质含有的非组蛋白类型超过1 000种。染色质上的蛋白质涉及一系列功能，如影响染色质稳定、DNA 复制、基因表达等。

绝大多数高等生物的每一体细胞中含有两套同样的染色体——同源染色体（homologous chromosome）。染色体在复制后，含有纵向并列的两条染色单体（chromatid），由着丝粒（centromere）连在一起。在细胞分裂过程中，着丝粒与纺锤体相连，任何失去着丝粒的染色体片段将不能在细胞分裂结束时准确地分配到子细胞中去。每一染色单体的骨架是一条连续的 DNA 大分子，细胞分裂中期时看到的染色单体就是由一条 DNA 蛋白质纤丝重复折叠而成的。每一条染色体或染色单体的末端都有一特殊的端粒（telomere）结构，端粒 DNA 由简单的高度重复 DNA 序列组成，其主要功能有：①保护染色体不被核酸酶降解；②防止染色体相互融合；③为端粒酶（telomerase）提供底物，保证染色体的完全复制（详见9.2.4）。

现在，染色体这一概念除了指真核生物细胞分裂中期具有一定形态特征的染色质外，已扩大为包括原核生物、病毒及细胞器在内的基因载体的总称。

### 2.4.2 细胞分裂中的染色体行为

细菌、蓝藻等生物的染色体位于细胞内的核区，核区外面没有核膜，称为原核生物（prokaryote）。其体细胞和生殖细胞不分，细胞的分裂就是个体的增殖。大部分原核生物的染色体形态比较简单，只是一条裸露的或与少数蛋白质结合的 DNA 双链分子。大多数原核生物都以二分裂方式进行细胞分裂，其分裂过程较为简单。目前的研究表明，细菌细胞的分裂受到 Min 系统——*minC*、*minD*、*minE* 基因的精细调控。在大肠杆菌（*Escherichia coli*）细胞的中部和两极共存在 3 个潜在的分裂位点，但在 *min* 基因的精细调控下仅中部的分裂位点得到利用。Min 系统基因的缺失或表达异常均会影响细胞分裂位点的决定，从而导致细胞的不对称分裂，最终产生不含染色体的小细胞，或细胞的分裂受到抑制，产生不分裂的丝状细胞。

下面主要对真核生物细胞的有丝分裂和减数分裂过程中染色体的行为作一简单的介绍，有关详细机制请参考细胞生物学相关书籍。

**1. 染色体在有丝分裂中的行为**

高等生物是通过单个细胞即合子（zygote）一分为二的细胞分裂发育而成具有亿万个细胞组成的个体（如人具有 $10^{14}$ 个细胞），其细胞的增殖通过有丝分裂（mitosis）而实现。有丝分裂过程的结果是将一个细胞的整套染色体均等地分向两个子细胞，所以新形成的两个子细胞在遗传物质上跟原来的细胞是相同的。在核物质进行均等分配的同时，细胞质进行随机的胞质分裂。

有丝分裂是一个连续的过程，通常将其分为前期、中期、后期和末期 4 个时期（只是为了说明方便）。在两次有丝分裂中间的间期，细胞核中一般看不到染色体结构，DNA 在间期进行复制合成，因而以 DNA 为主体的染色体也由原来的一条成为两条并列的染色单体。间期又可细分为 3 个时期：①合成前期（$G_1$）；②合成期（S），DNA 开始合成，即染色体开始复制；③合成后期（$G_2$）。间期结束后，进入分裂期（M）。细胞从一次分裂结束到下一次分裂结束的过程称为细胞周期（cell cycle）。进入有丝分裂的前期（prophase），间期核内的染色质细丝开始螺旋化，缩短变粗，组蛋白 H3 的第 10 位丝氨酸磷酸化；中期（metaphase）开始时，核膜崩解，纺锤丝（spindle fibers）与染色体的着丝粒区域连接，染色体向赤道面移动，这时最为容易计算染色体的数目；进入后期（anaphase），每一条染色体的着丝粒已分裂为二，相互离开，这时染色体又是单条了，也叫做子染色体；最后是末期（telophase）和胞质分割（cytokinesis），这时染色体结构逐渐消失，出现核和细胞的重建过程。有丝分裂前期时，每个染色体的两条染色单体在体积和形态上一模一样，所以末期时两个子细胞内的染色体在数目和形态上也完全一样。由于这个缘故，有丝分裂保证了细胞内染色体精确地分配到子细胞，这是有丝分裂的主要特点，即细胞分裂一次，染色体复制一次，两个子细胞中的遗传物质保持不变。

在有丝分裂过程中染色体的变迁是这样的：从间期的 S 期→前期→中期，每个染色体具有两条染色单体（即具有两条完整的 DNA 双链）；从后期→末期→下一个细胞周期的 $G_1$ 期，所谓的染色体实质上只有一条染色单体（即只有一条 DNA 双链）。

**2. 染色体在减数分裂中的行为**

减数分裂（meiosis）是在配子形成过程中发生的一种特殊方式的细胞分裂，包括两次连续的细胞分裂但染色体只复制一次，因而在形成的 4 个子细胞核中，每个核只含有单倍数的染色体，即染色体数减少一半，所以叫减数分裂。两次连续的细胞分裂分别称为减数第一次分裂（减数分裂Ⅰ）和减数第二次分裂（减数分裂Ⅱ），在两次减数分裂中都能区分出前期、中期、后期和末期。在减数分裂Ⅰ，两条同源染色体分开，分别向两极移动，每一条染色体有两条染色单体，在着丝粒区相连（相当于有丝分裂前期的一条染色体）。这样，每一极得到一套染色体（*n* 条），即在后期Ⅰ时染色体数目减半。双价体中哪一条染色体移向哪一极，是完全随机的。因此，到减数分裂末期Ⅰ时染色体只有一套，但每个染色体具有两条染色单体。注意：有丝分裂末期的染色体数为 2n，每个染色体只有一条染色单体。在减数分裂 I 后，许多生物没有间期，后期染色体直接进入第二次减数分裂的晚前期，染色体仍旧保持原来的浓缩状态。不过无论有没有间期，在两次减数分裂之间都没有 DNA 的合成及染色体的复制。减数分裂 II 的情况和有丝分裂过程完全一样，也是每一条染色体具有两条染色单体，所不同的是染色体在第一次分裂过程中已经减半，只有单倍染色体数了。

减数分裂过程中染色体的变迁是：①前期 I→中期 I，染色体数为 2n，由于同源染色体联会，来自父母双方的每条具两条染色单体的染色体配对；②后期 I→中期 II，由于配对的同源染色体分开，进入子细胞中的染色体数目由 2n 变成 n，但每条染色体仍保持有两条染色单体；③后期 II→末期 II，在后期 II，每个着丝粒一分为二，随后每条染色体的单体分开，进入每个子细胞的只是一条染色单体（n）。

减数分裂具有重要的遗传学意义：

（1）染色体及其 DNA 只复制一次，而细胞分裂却有两次，因而每个子细胞中的染色体数目减少了一半，这就保证了通过有性生殖配子结合后物种染色体的数目保持不变。

（2）"减数"不是随机的，它是同源染色体分离，这是有性生殖的生物保持种族遗传物质恒定性的机制；同源染色体的分离决定了等位基因的准确分离，为非同源染色体随机重组提供条件。

（3）在前期 I，非姐妹染色单体间通常发生同源区域的交换。发生过交换的位置处在双线期可见的交叉结。遗传物质的交换在先，细胞学上可见的交叉在后，故交叉是交换的有形结果。分开来的染色体不再是联会前的染色体，由于交换事件的发生，导致遗传物质的非随机重组，增加了遗传的变异性。

### 2.4.3 染色体周史

在所有以有性生殖繁殖的生物的生活史中，都会经历二倍体和单倍体的循环，只是它们在生活史中所占据的时间长短因生物的不同而异（图 2-24）。

图 2-5 人的染色体周史

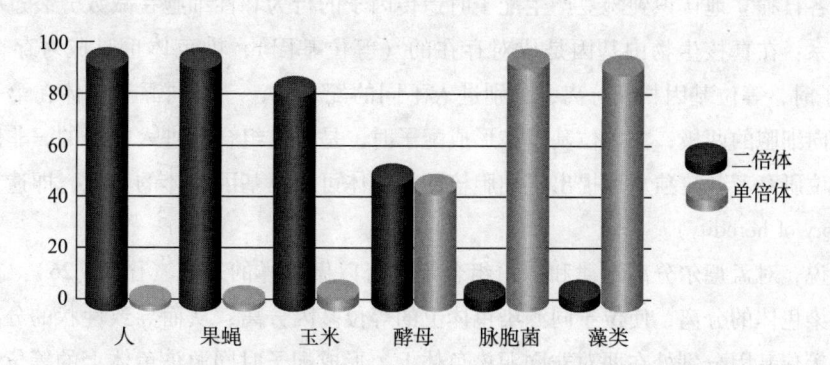

**图 2-24 不同生物生活史中单倍体世代和二倍体世代所占的比例**

在高等生物如动、植物中，绝大部分的生活周期是以二倍体的形式，即以 2n 存在，仅在减数分裂形成配子的阶段才存在单倍体，而在低等生物中，大部分的生活周期是以单倍体的形式，即 n 存在

被子植物的大部分生活史处在二倍体阶段，叫做孢子体（sporophyte），而只有一小部分是在单倍体阶段，叫做配子体（gametophyte）。被子植物的染色体周史请参见数字课程。

图 2-6 被子植物的染色体周史

真菌的生活史是单倍体世代占优势，二倍体世代时间较短。脉孢霉（*Neurospora crassa*）有两种繁殖方式（图 2-25）：一种是无性繁殖，当无性孢子（n）或菌丝落在营养物上，孢子萌发，菌丝生长形成菌丝体（n）；另一种是有性繁殖，需要两个不同交配型（mating type）的菌丝体参与，一个交配型的单倍体核（n）通过另一相对交配型的子实体的受精丝进入子实体中，核融合形成 2n 核（A/a），脉孢霉只有在这个短暂时间内是二倍体世代。随后每个二倍体核很快进行减数分裂，产生 4 个单倍体核（n），再经一次有丝分裂，出现了 8 个核（n），最后这些核成为子囊孢子。子囊孢子在适宜环境中萌发，通过连续的有丝分裂，产生新的菌丝体。

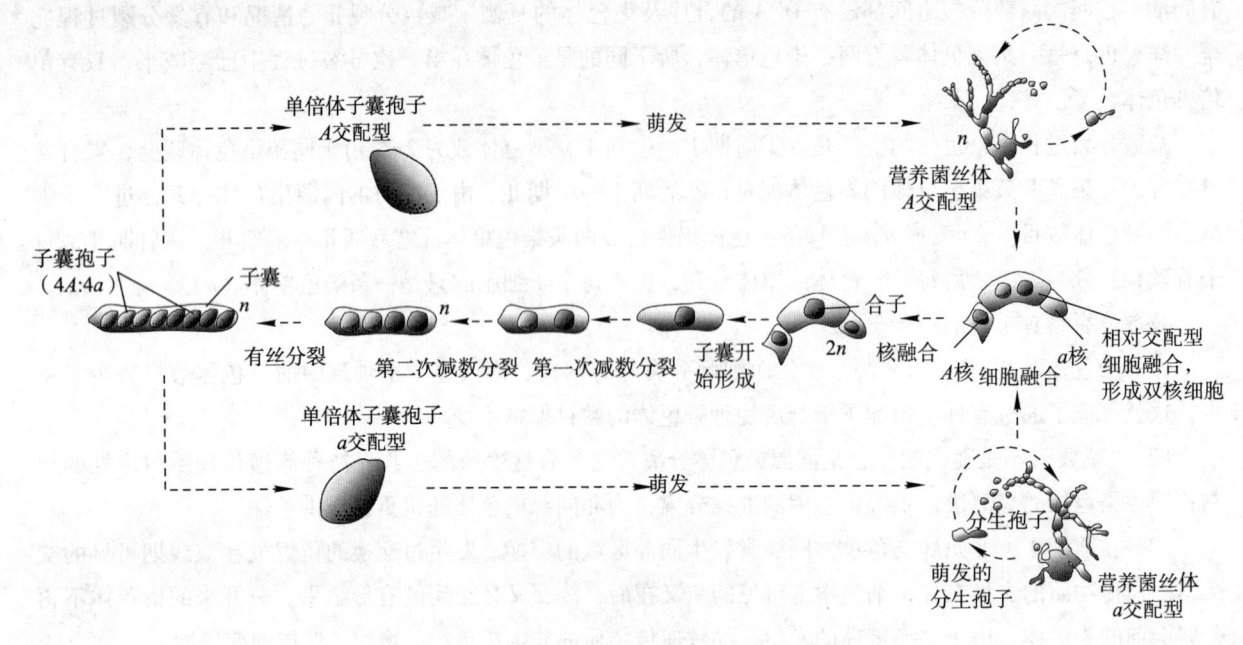

图 2-25　脉孢霉的生活周期及染色体周史

### 2.4.4　遗传染色体学说的提出

1900 年，孟德尔定律的重新发现引起了人们对遗传规律研究的极大兴趣。1902 年，美国 W. S. Sutton 和德国 T. Boveri 各自独立地认识到豌豆产生配子时遗传因子的行为和性细胞在减数分裂过程中的染色体行为有着平行的关系：在真核生物中基因是成对存在的（等位基因），染色体也是成对存在的（同源染色体）；在形成配子时，等位基因相互分离，分别进入不同的配子中，一对同源染色体在第一次减数分裂时也相互分离，移向细胞的两极；非等位基因在形成配子时，是自由组合地进入配子的，非同源染色体亦是如此。因此，两位研究者各自独立地提出了细胞核的染色体可能是基因载体的学说，即遗传的染色体学说（chromosome theory of heredity）。

按照这个学说，对孟德尔分离定律和自由组合定律可以做这样的理解（图 2-26）：在第一次减数分裂中，由于同源染色体的分离，使位于同源染色体上的等位基因分离，从而导致性状的分离；由于决定不同性状的两对非等位基因分别处在两对非同源染色体上，形成配子时同源染色体上的等位基因分离，非同源染色体上的非等位基因以同等的机会在配子内自由组合，导致基因的自由组合，从而实现性状的自由组合。

当时，Sutton 和 Boveri 的这个假设引起了广泛的注意，因为它不仅圆满地解释了孟德尔的遗传定律，而且染色体是细胞中可见的具体结构。虽然大多数人也认为这一假说极为合理，但并不是所有的生物学家都相信染色体上含有遗传信息，因为它缺乏真正的证据。要进一步证实，自然要把某一特定基因与特定染色体联系起来，将基因行为与在细胞分裂中染色体行为的平行关系转变为基因与染色体的从属关系。摩尔根在果蝇伴性遗传方面的发现及其基因理论的提出，以及他的学生 C. B. Bridges 的一系列工作使这一问题得到了圆满的解决。

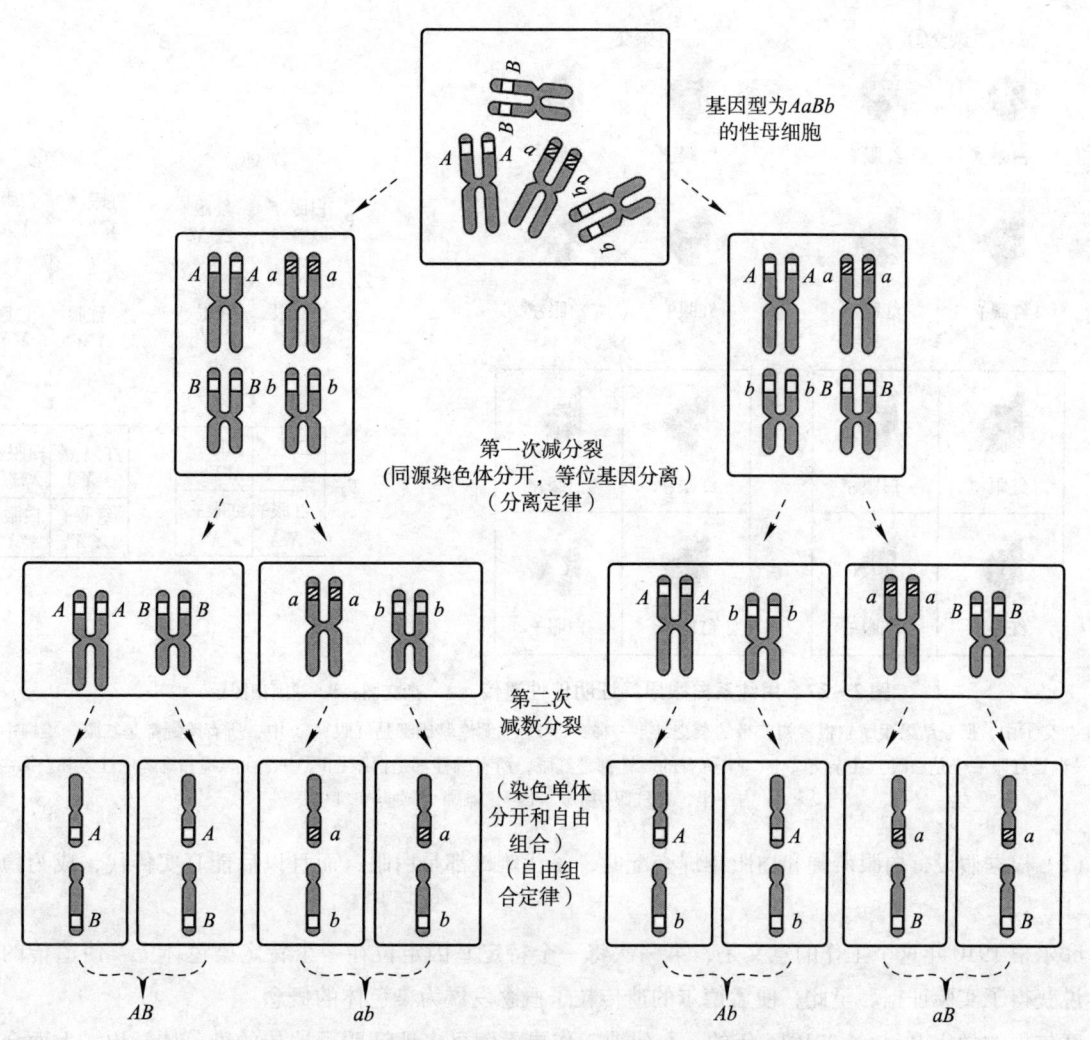

图 2-26 用染色体学说图解孟德尔分离定律和自由组合定律

### 2.4.5 遗传染色体学说的证明

野生型果蝇的眼都是红眼，1910 年摩尔根发现一只白眼雄蝇，他将这只白眼雄蝇与正常红眼雌蝇杂交，$F_1$ 无论雌雄都是红眼，说明红眼对白眼是显性。在 $F_2$ 中，红眼：白眼 = 3：1，符合孟德尔比数，但与一般孟德尔比数的不同之处在于白眼全是雄蝇。

摩尔根进一步通过使 $F_2$ 近交获得白眼果蝇纯系，然后他进行了如下两组杂交（图 2-27）：①白眼雄蝇与红眼雌蝇杂交；②白眼雌蝇与红眼雄蝇杂交。摩尔根注意到这种白眼突变性状遗传方式的特殊性，这种白眼性状只从母亲传给儿子而决不会从父亲传给儿子，它与 X 染色体的遗传方式相同。于是摩尔根提出：控制果蝇眼睛颜色的基因位于 X 染色体上，而且 Y 染色体上不含有它的等位基因。这样，最初发现的那只白眼雄蝇的基因型是 $X^wY$，跟这只雄蝇交配的红眼雌蝇是显性基因的纯合体，即 $X^+X^+$。

摩尔根根据他的假设对实验结果获得了圆满的解释，于是他又设计了以下新的杂交实验来验证他的假设，实验结果跟预期完全相符。实验是这样设计的：

（1）在图 2-27 杂交①中，根据假设，$F_2$ 雌蝇虽然都是红眼，但基因型有两种，半数是 $X^+X^+$，半数是 $X^+X^w$。所以 $F_2$ 雌蝇与白眼雄蝇做单对交配时，应当半数 $F_2$ 雌蝇所产的后裔全部是红眼，半数 $F_2$ 雌蝇则与 $F_1$ 雌蝇回交一样，所产的后裔之比是红眼雌蝇：白眼雌蝇：红眼雄蝇：白眼雄蝇 = 1：1：1：1（图 2-27 杂交②）。

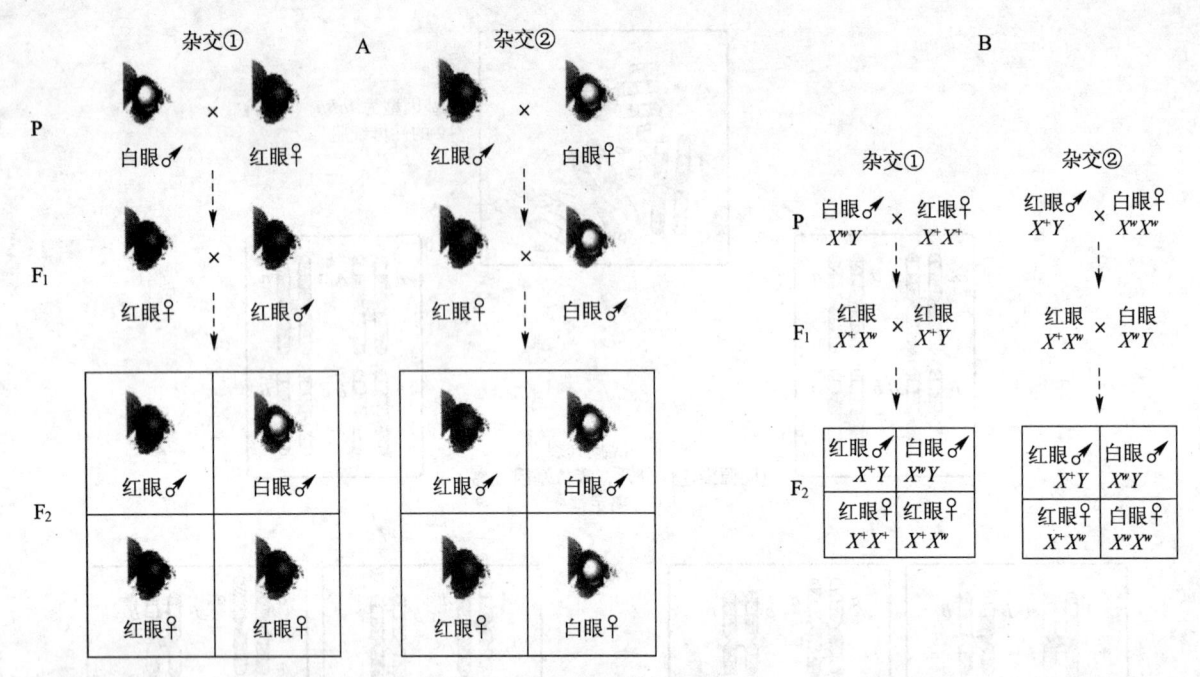

图 2-27 用纯系白眼果蝇证明伴性遗传（A. 杂交图；B. 基因型图示）

在杂交①中，所获结果跟摩尔根最初获得的杂交结果一样，即 $F_1$ 中无论雌雄都是红眼；$F_2$ 中，所有雌蝇都是红眼，雄蝇中一半是红眼一半是白眼。在杂交②中，$F_1$ 所有的雌性都是红眼，所有雄性都是白眼；$F_2$ 中，在雌蝇和雄蝇中红眼和白眼各占一半，即红眼:白眼=1:1，雌蝇:雄蝇=1:1

（2）根据假设，白眼雌蝇和白眼雄蝇交配时，子代雌雄都是白眼，而且以后能真实传代，成为稳定的品系。

摩尔根1910年这个工作的意义是，第一次将一个特定基因定位在一个特定染色体上，使遗传的染色体学说获得了实验证据。至此，使孟德尔的遗传粒子概念发展为染色体的概念。

摩尔根的学生 Bridges 在1916年的一个经典工作更无懈可击地证明了遗传的染色体学说。上面介绍了用白眼雌蝇和红眼雄蝇所做的交配实验，获得的子代雌蝇是红眼，雄蝇是白眼（图2-27 杂交②）。Bridges 做了许多这样的交配后，发现有极少数例外，大约每2000个子代个体中，有一个白眼雌蝇和一个红眼雄蝇。这些例外子代的表型跟它们同一性别的亲本一样，所以雌蝇是偏母的，雄蝇是偏父的（图2-28）。这些例外子代叫做初级例外子代。

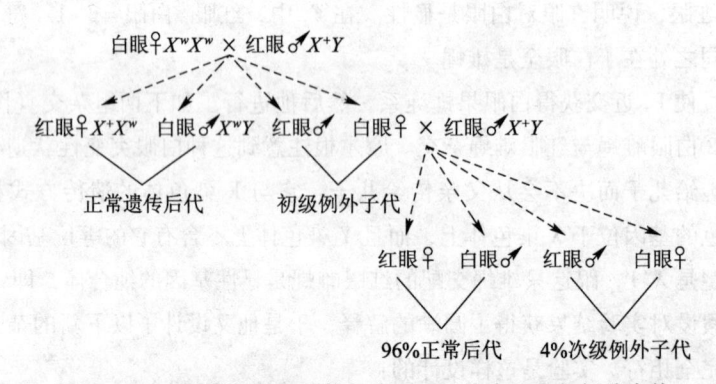

图 2-28 白眼雌蝇和红眼雄蝇交配，子代出现少数例外个体

为了解释这种现象，Bridges 假设它是由于在减数分裂过程中染色体的不分离所引起的。在正常情况下，同源染色体在减数第一次分裂或姐妹染色单体在减数第二次分裂的后期必须移到相对的两极（图2-29A），当这一过程发生错误的时候，就会导致染色体的不分离现象（图2-29B，C）。

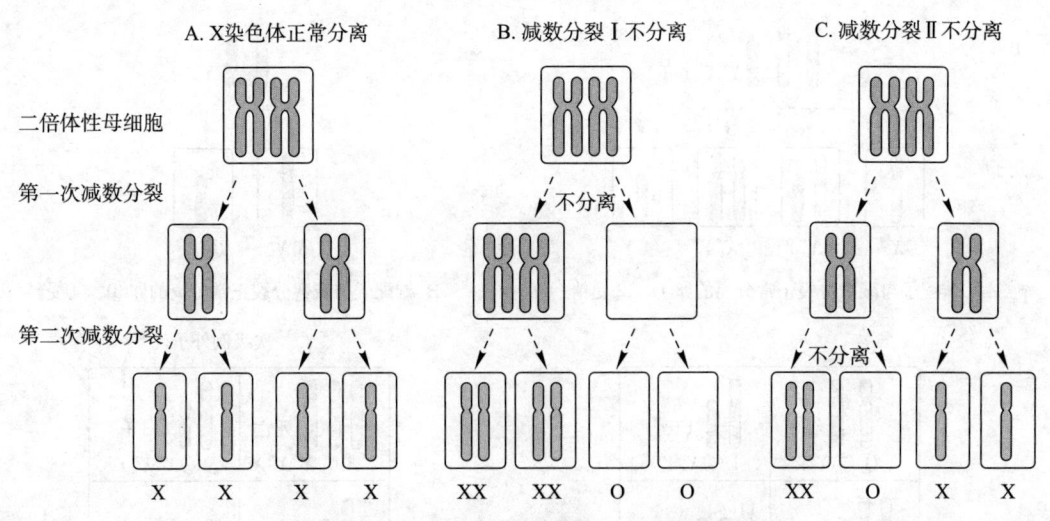

A. X染色体正常分离　　　　B. 减数分裂Ⅰ不分离　　　　C. 减数分裂Ⅱ不分离

二倍体性母细胞

第一次减数分裂

第二次减数分裂

X　X　X　X　　　XX　XX　O　O　　　XX　O　X　X

图2-29　减数分裂染色体的不正常分离示意图

就上面的例子来说，偶尔两个 X 染色体不分离，这样就产生了两种类型的例外卵细胞：带有两个 X 染色体的及不带 X 染色体的，它们的频率是相等的（图 2-29）。当它们与 $X^+/Y$ 雄蝇产生的 $X^+$ 和 Y 精子受精后，可产生 4 种类型的合子：$X^wX^wX^+$、$X^wX^wY$、$X^+O$、$YO$（图 2-30）。其中有两种类型是不能存活的：$YO$，因为没有 X，而 X 染色体上有一些编码细胞必需功能的基因；$X^wX^wX^+$，因为有 3 个 X，X 剂量过大而不能产生正常功能，至少在标准培养条件下如此。能存活的两种类型是红眼 $X^+O$ 雄蝇（在果蝇中 XO 产生不育的雄性表型）和白眼 $X^wX^wY$ 雌蝇。这种雄蝇的红眼性状是因为它从父亲那里获得了 $X^+$ 染色体，白眼的雌蝇是因为它们从母亲那里得到了两个 $X^w$ 染色体，这个结果是不正常的，因为正常的应该是儿子从母亲那里获得 X 染色体，女儿从父亲和母亲处各获得一条 X 染色体。

P　　　$X^wX^w$ ♀ × $X^+Y$ ♂

配子　　$X^wX^w$　　O　　　　$X^+$

$F_1$　$X^wX^wX^+$(死亡)　$X^wX^wY$ ♀　$X^+$ ♂　Y(死亡)

初级例外子代

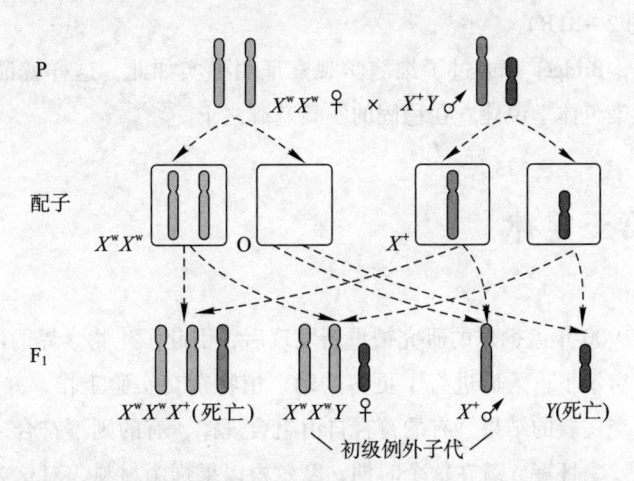

图2-30　对白眼雌蝇和红眼雄蝇交配对中子代出现极少数例外个体的解释

Bridges 的假设通过细胞学方法得到证实，细胞学检查也证明 $F_1$ 的白眼雌蝇确实是 XXY。为了进一步证实他的假设，他用这种初级例外的 $X^wX^wY$ 白眼雌蝇和正常的 $X^+Y$ 红眼雄蝇杂交（图 2-28，图 2-31）。在 $X^wX^wY$ 中，根据同源染色体分离原理，预期结果应该是 2 个 X 染色体分离到不同的配子中：一个配子是 $X^w$，另一个配子是 $X^wY$，与带有 $X^+$ 的精子受精后应该产生 $X^+X^w$ 和 $X^+X^wY$ 后代，表现均应为红眼雌性；如果与带 Y 的精子受精，则都为白眼雄性，$X^wY$ 和 $X^wYY$（图 2-31A）。但在这个杂交中又再一次出现了例外：少量的红眼雄蝇和白眼雌蝇。这些初级例外雌蝇的例外子裔称作次级例外子代（图 2-28，图 2-31B）。

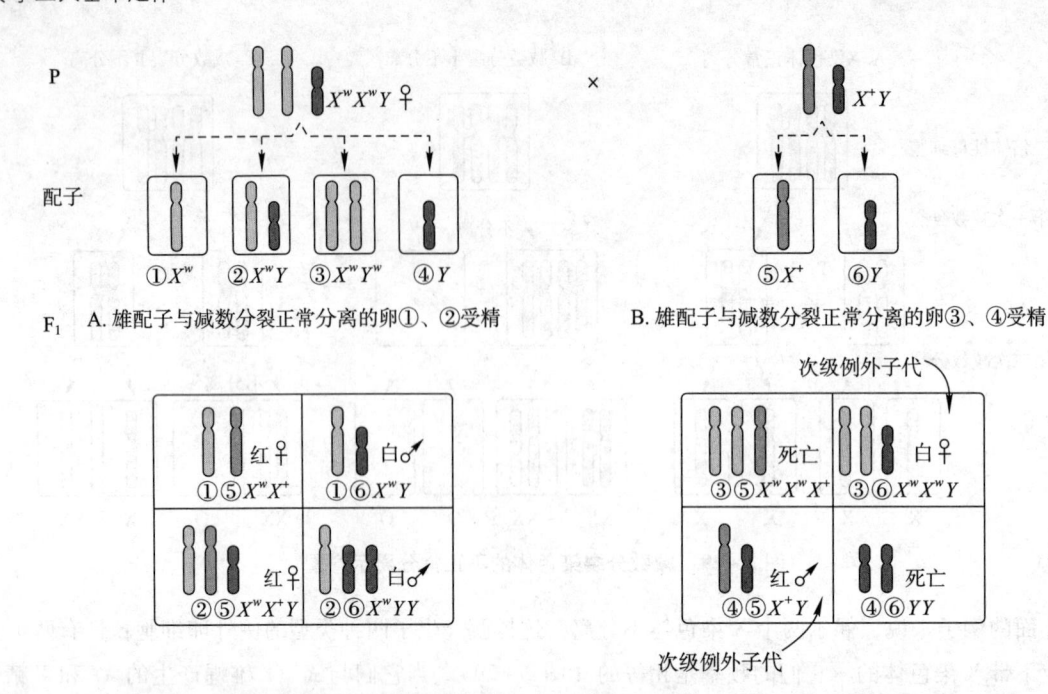

**图 2-31　初级例外子代白眼雌蝇 $X^wX^wY$ 与正常红眼雄蝇 $X^+Y$ 杂交产生次级例外子代**

圆圈数字代表配子序号及配子的组合

为了解释这些不正常的次级例外子代表型，Bridges 假设 $X^wX^wY$ 雌蝇在减数分裂中除了以正常方式发生分离，产生 $X^w$ 和 $X^wY$ 卵子外，实际上这种类型占 92%（图 2-31A），还产生另外一种不正常的情况（即 8% 的部分），发生了 X 的不分离现象，使得两个 X 移向一极，而 Y 移向另一极，结果产生 $X^wX^w$ 和 Y 两种卵子，当它们受精时，产生的 4 种类型的合子中有两种死亡（$X^wX^wX^+$ 和 YY），剩下的即是两种次级例外，即 $X^+Y$ 和 $X^wX^wY$（图 2-31B）。

对于所有的这些例外，Bridges 都通过了细胞学观察证明确实如此，这样就证明了 w 基因确实位于 X 染色体上，从而使遗传的染色体学说建立在稳固的实验基础之上。

## 2.5　遗传学第三定律

从历史的发展来看，1900 年孟德尔的研究被重新发现后，引起了生物学界的广泛重视。在孟德尔杂交实验的理论和分析方法的启示下，人们进行了更多的动、植物杂交实验工作，并获得了大量的遗传资料。其中两对相对性状遗传杂交实验的结果，有的符合自由组合规律，有的则不符合，因此有些学者对孟德尔所揭示的遗传规律曾一度发生怀疑。就在这个时期，摩尔根以果蝇为材料，对这方面的问题进行了深入细致的研究，除了我们上面介绍的他第一次把一个特定基因安插在一个特定染色体上外，他揭示的基因连锁与互换规律成为遗传学的第三大基本定律，使遗传学形成了一套完整的经典理论体系，从而揭开了遗传学发展史上新的一页。

**2-7 摩尔根简介**

摩尔根（T. H. Morgan）生于 1866 年，即孟德尔发表《植物杂交的实验》那一年。由于他在遗传学上的成就，于 1933 年荣获诺贝尔奖，他是第一位由于遗传学研究而获此殊荣的科学家。

### 2.5.1　连锁遗传现象的发现

下面我们先看看 1906 年 W. Bateson 和 R. C. Punnett 的香豌豆杂交实验。香豌豆的花有紫花（P）与红花（$p$），紫花为显性；花粉粒的形状有长形（$L$）与圆形（$l$），长花粉粒为显性。将紫花长花粉粒与红花圆花粉粒的植株作亲本杂交，获得如图 2-32 所示的结果。虽然 $F_2$ 也出现了 4 种类型的表型，但其比例与自由组合的 9∶3∶3∶1 比例相差悬殊，两个亲本组合（紫长和红圆）的实际个体数大于理论数，而重组合（紫圆和红长）的实际个体数又比理论数少得多。用 $\chi^2$ 检验时，$\chi^2$ 值非常之大，约等于 3 372，这也充分说明实得数与预期的理论数差异显著，它不可能是由于随机原因所造成的，可以认为这一结果不符合自由组合定律。

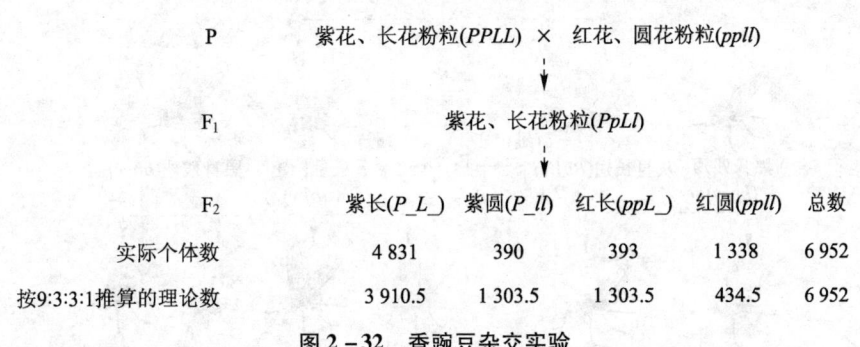

P　　　　　　　紫花、长花粉粒($PPLL$) × 红花、圆花粉粒($ppll$)

F₁　　　　　　　　　　紫花、长花粉粒($PpLl$)

F₂　　　　　紫长($P\_L\_$)　紫圆($P\_ll$)　红长（$ppL\_$）　红圆($ppll$)　总数
实际个体数　　　　4 831　　　　390　　　　393　　　　1 338　　　6 952
按9∶3∶3∶1推算的理论数　3 910.5　　1 303.5　　1 303.5　　434.5　　6 952

图 2-32　香豌豆杂交实验

科学的态度应是在提出新的理论或假设之前进行重复实验，于是研究者又调换了性状，改用紫花圆花粉粒的个体与红花长花粉粒的个体作亲本进行杂交。实验结果与第一个实验基本相同，仍然是两个亲组合（紫圆和红长）的实际个体数大于理论数值，而两个重组合（紫长和红圆）的实际个体数又少于理论数值，也不符合自由组合 9∶3∶3∶1 的比例，其 $\chi^2$ 值已在 2.2.2 一节中计算过。这是在自由组合方面第一次出现的显著例外。

上面这组实验结果有一个共同特点：亲本所具有的两个性状，在 $F_2$ 中常常联系在一起而遗传，这种现象叫做连锁遗传（linkage inheritance）。以上是通过杂交遗传实验第一次发现连锁遗传现象，可惜的是实验者未能提出正确的解释。

### 2.5.2　完全连锁与不完全连锁

摩尔根用果蝇做实验时发现，在黑腹果蝇中，灰体（$B$）和黑体（$b$）、长翅（$V$）和残翅（$v$）各自的遗传都符合孟德尔定律。摩尔根用灰身长翅（$BBVV$）和黑身残翅（$bbvv$）果蝇杂交，$F_1$ 都是灰身长翅（$BbVv$）。

如果让 $F_1$ 的雄果蝇与黑身残翅（$bbvv$）的雌果蝇进行测交，按照自由组合定律应该出现灰身残翅、黑身长翅、灰身长翅、黑身残翅 4 种比率为 1∶1∶1∶1 的类型。但实际上只出现了和亲本完全相同的两种类型：灰身长翅（$BbVv$）和黑身残翅（$bbvv$），其数量各占 50%（图 2-33 测交 1）。

如果让 $F_1$ 的雌果蝇与黑身残翅（$bbvv$）的雄果蝇进行测交，后代中出现了灰身长翅、黑身长翅、灰身残翅和黑身残翅 4 种类型，但比例不是 1∶1∶1∶1，而是 0.42∶0.08∶0.08∶0.42（图 2-33 测交 2）。这一结果同 W. Bateson 等的结果一样，亲组合多于理论数，重组合少于理论数。摩尔根认为这是由于基因 $B$ 和 $V$ 位于同一条染色体上，基因 $b$ 和 $v$ 位于相应的另一同源染色体上，两个亲本都是纯合体，杂交后 $F_1$ 的这一对染色体分别携带着灰身长翅和黑身残翅基因（图 2-34）。杂合的 $F_1$ 雄蝇与隐性纯合类型的雌蝇测交，在配子形成过程中，$BV$、$bv$ 分别是一对同源染色体上的两个非等位基因——连锁基因，它们作为一个整体分配到配子中去。因此，雄果蝇只形成两种类型的精子，即 $BV$ 和 $bv$，雌果蝇只形成一种类型的卵子即 $bv$，受精后，产生上述两种类型的合子，各占 50%。雄果蝇中同一条染色体上的基因是 100% 联系在一起的，不发生交换，这种现象摩尔根称之为完全连锁（complete linkage）（图 2-34 测交 1）。在果蝇中雄蝇是完全连锁的，另外在雌家蚕中也发现有同样的完全连锁现象。至于完全连锁的机制，目前还不清楚。

在测交2中，用$F_1$雌果蝇与黑身残翅（$bbvv$）雄果蝇进行测交，后代中有数目不等的4种表型，亲组合多而重组合少，摩尔根将这种遗传现象称为不完全连锁（incomplete linkage）（图2-34 测交2）。不完全连锁是指位于同一染色体上的两个或两个以上的非等位基因，不总是作为一个整体传递到子代的现象。

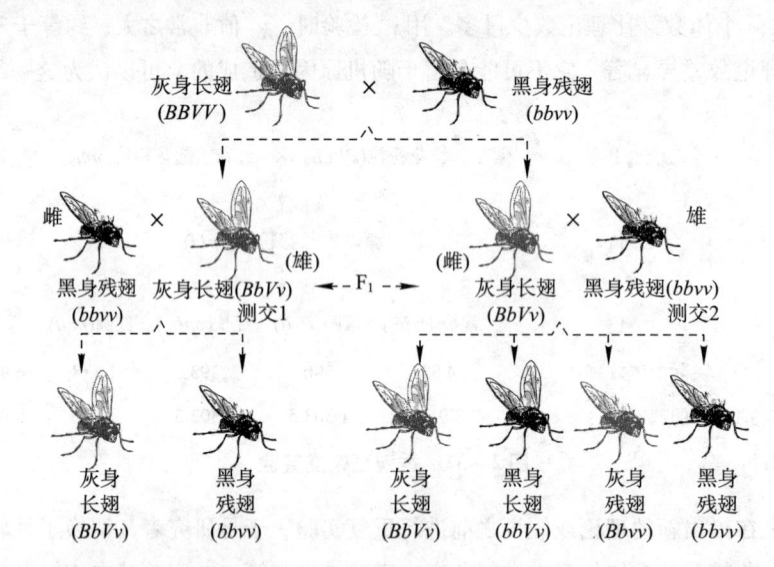

图2-33 果蝇的完全连锁与不完全连锁

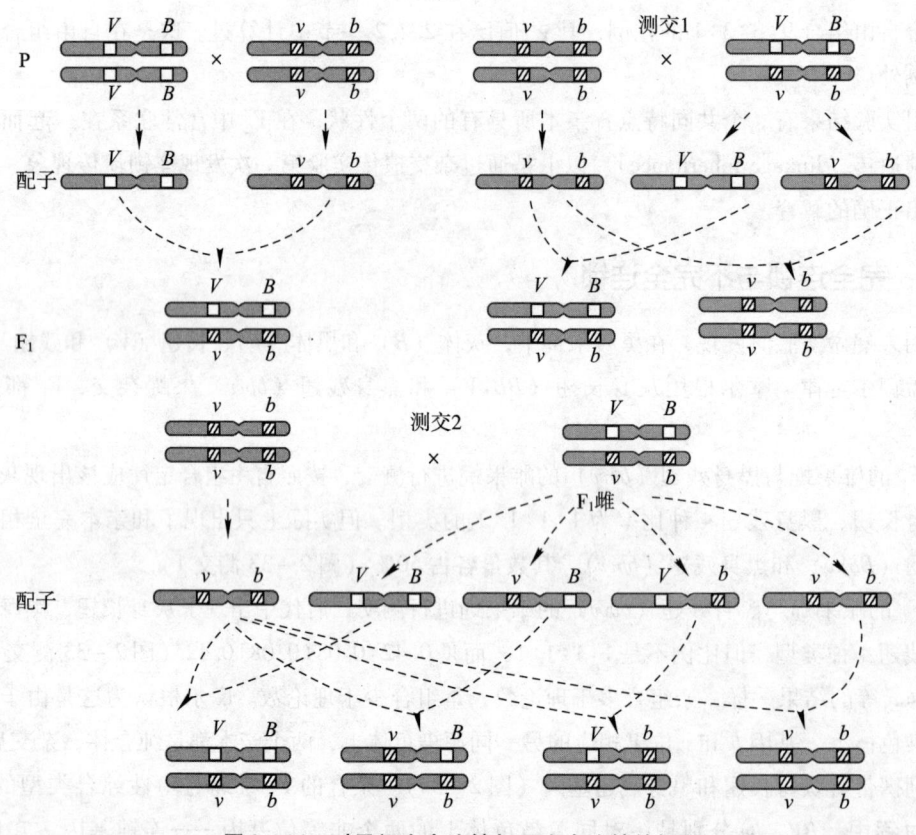

图2-34 对果蝇完全连锁与不完全连锁的解释

### 2.5.3 交换和重组值

上述不完全连锁中新类型的产生是由于同源染色体上不同对等位基因之间重新组合的结果，这种现象称为重组（recombination）。之所以发生重组类型是因为杂合的 $F_1$ 在形成配子时，两条同源染色体上的等位基因之间发生了交换（crossing-over）。我们知道，生物在形成配子的过程中，都要经过减数分裂，在减数第一次分裂的前期，同源染色体配对，形成四分体，它是由4条染色单体组成的，染色单体之间会发生交换，图2-35是发生交换的模式图。

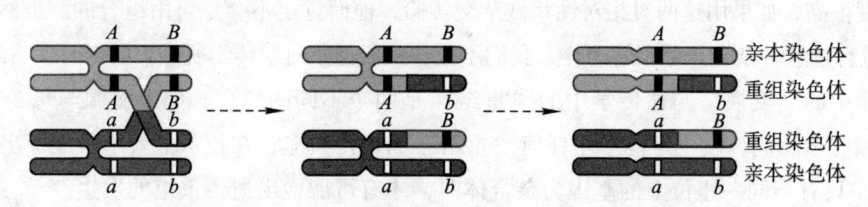

**图2-35 交换是产生基因重组的基础——交换模式图**

在配子形成过程中，并不是所有的性母细胞在两个基因之间都发生交换。一般是两个基因在染色体上的距离越远，其交换的比率越大，距离越近，交换率越小，因此交换值（crossing-over value）的大小可以用来表示基因间距离的长短。交换值无法直接测定，但根据基因之间的重组所获得的重组类型所占总后代的比例，可以估计所发生交换的频率。重组值（recombination value）的计算公式为：

重组值 = [重组合/(亲本组合 + 重组合)] × 100%

重组值从0到50%，当两个基因距离非常近时，交换率很低，或不能发生交换。当没有交换，即交换率为0时，为完全连锁；交换率若达到50%，则4种配子成1:1:1:1的比例，也就是自由组合了。大量实验表明，两个基因之间的重组值是相对恒定的，不同基因之间的重组值却不同，这表明生物体的各个基因在染色体上的位置是相对恒定的。摩尔根曾于1911年提出设想，重组值的大小反映基因座在染色体上距离的远近。他们便将交换的百分率直接定为染色体上基因座之间的相对距离单位，这样人们就有可能根据交换率来确定基因在染色体上的相对位置。这样就产生了一个基本概念——图距（map distance）。图距指两个基因在染色体图上距离的数量单位，它是以重组值去掉"%"表示基因在染色体上的一个距离单位（map unit, mu）。后人为了纪念现代遗传学的奠基人摩尔根，将图距单位称为"厘摩"（centimorgan, cM）。在前面的果蝇实验中，通过这种方式计算出的黑身和残翅基因的重组值为17%，即这两个基因相距17个图距单位（17 cM）。

由于测交后代出现的总类型数即反映了 $F_1$ 所形成的总配子类型数，出现的新类型即反映了重组合配子的数目，所以我们可用某种生物杂交后所得的 $F_1$ 与双隐性亲本测交，然后根据公式就可以求出交换值。下面以玉米 sh-c 的连锁为例来说明重组值的计算：用结有色饱满种子的植株（ShC/ShC）与结无色凹陷种子的植株（shc/shc）杂交，$F_1$ 用双隐性植株（shc/shc）测交得 $F_2$，假设 $F_1$ 植株的性母细胞在减数分裂时，有6%在 sh-c 间形成一个交叉，表明有一半的染色单体在 sh-c 间发生过交换，所以在形成的配子中，有3%是亲代没有的重组合。根据这一结果，也就是说 $F_2$ 中有3%重组合，97%亲组合，即重组值为3%。

孟德尔通过豌豆杂交实验发现了自由组合定律，那么他所研究的7对等位基因一定位于7对同源染色体上（豌豆的单倍体染色体数目正好是7条）吗？后来的研究发现，这7对等位基因只坐落在4条染色体上（图2-36）。对于分别位于第Ⅴ和第Ⅶ染色体上的豆荚形状和

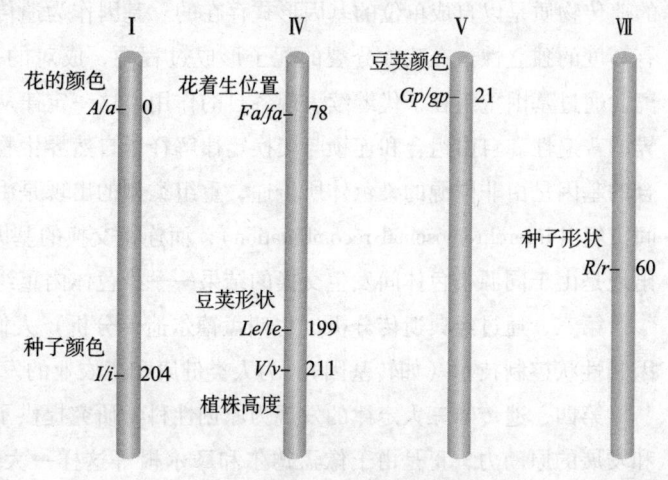

I　　　　Ⅳ　　　　Ⅴ　　　　Ⅶ

花的颜色　花着生位置　豆荚颜色
A/a - 0　　Fa/fa - 78　　Gp/gp - 21

种子形状
R/r - 60

豆荚形状
Le/le - 199

种子颜色　　　　　　V/v - 211
I/i - 204　　　　　植株高度

**图2-36 孟德尔豌豆杂交实验中所用7对性状相对应基因的染色体定位**

种子颜色基因确实应该是自由组合的。然而，对于Ⅰ号染色体上的 A/a（花色）和 I/i（种子颜色）这两对基因，虽位于同一条染色体上，其间的图距单位高达204，应用作图函数推算，重组率竟高达49%，几乎已接近自由组合了；同样，对于第Ⅳ染色体上的花的着生位置与豆荚形状或植株高度之间的图距也很大，也已接近自由组合了。但对于 Le/le（植株高矮）和 V/v（豆荚形状）两对等位基因，它们之间的遗传图距只有12，连锁程度很高，如果用这两对相对性状做杂交实验，他们肯定不会是自由组合的。虽然我们已无法知道孟德尔是否进行过这种杂交，但不管怎样，我们不应怀疑孟德尔对遗传学所做出的划时代贡献。

细胞遗传学中的"交换"与遗传学中的"重组"是两个不同的概念。如果父源与母源染色体的某座位上的等位基因完全相同，就不可能产生任何"重组"的遗传效应，在技术上就不可能检出可能发生过的"交换"。因此，只有当同一座位上的基因为杂合体时，才有可能检出遗传重组的发生。

下面总结一下连锁与交换定律的基本内容：连锁与交换定律是指处在同一染色体上的两个或两个以上基因遗传时，联合在一起的频率大于重新组合的频率；在配子形成过程中，同源染色体的非姐妹染色单体间发生局部交换的结果导致重组类型的产生；通过重组值的计算可用来估计同一染色体上基因间距离的远近。

## 2.6 遗传基本定律在遗传学发展中的作用

摩尔根的连锁与交换定律与孟德尔的分离定律和自由组合定律并称遗传学的三大基本定律，它们是现代遗传学和现代生命科学发展的基础。

第一，遗传学的三大定律为基因和基因组的深入研究奠定了坚实的科学基础。由遗传学三大定律所奠定的遗传学被称为经典遗传学，即染色体的基因理论。从孟德尔提出遗传因子概念到摩尔根等将基因定位到染色体上，再到 O. T. Avery 等证实基因的本质是 DNA，解决了"基因是什么的问题"；从"一基因一酶"学说、"中心法则"再到"操纵子学说"等解决了"基因怎样决定性状"的问题；从遗传基本定律到遗传学图绘制和基因组测序，解决了从单一基因研究到多基因研究的策略等，这些经典性的研究使基因概念不断得到完善，带动了遗传学及整个生物学的发展。正如我们在本书开头所讲的，遗传学已渗透到对生命世界任何角度的理解之中。

第二，遗传学的三大定律阐明了生物遗传性状多样性的基础。分离定律从本质上阐明了控制生物性状的遗传物质是以自成单位的基因形式存在的。基因作为遗传单位在体细胞中是成对存在的，它在遗传上具有高度的独立性，在减数分裂的配子形成过程中，成对的基因在杂种细胞中能够彼此互不干扰、独立分离，通过基因重组在子代继续表现各自的作用。这一定律从理论上说明了生物界由于杂交和分离所出现变异的普遍性。自由组合和连锁与交换定律解释了自然界生物发生变异的基本来源，二者的差别在于自由组合的基因是由非同源的染色体所传递，重组类型的出现是由于非同源染色体间的自由重新组合——染色体间重组（interchromosomal recombination），而连锁交换的基因则是由同一对同源染色体所传递，重组类型的出现是由于同源染色体间发生交换的结果——染色体内重组（intrachromosomal recombination）。

第三，通过经典遗传分析（也叫孟德尔遗传分析）人们发现了大量的遗传疾病基因、重要农业性状基因和性状控制技术（如转基因），为人类健康和工农业的发展做出了重要贡献。

第四，遗传学三大定律的发现为原创性科学研究提供了成功的典范。原创性实验研究是一门学科形成和发展的原动力，正是由于像孟德尔和摩尔根等这样一大批科学家所从事的富有想象的、长期的科学研究，极大地推动了遗传学的形成和发展，同时带动了生命科学的发展。他们的研究充分体现了遗传学原创科学研究的特点及原创性思想在科学研究中的核心地位，没有思想的研究是盲目和无结果的研究。

## 问题精解

◆ 现有两个真实遗传的小鼠品系，其隐性纯合个体体表毛的形成均受到抑制，其中一个品系是全身无毛（naked），另一品系是少毛（hairless）。将这两个品系杂交，其子代的表型都是野生型，即体表具有正常的毛。$F_1$ 互交，在 $F_2$ 的 **200** 个个体中有 **115** 个野生型鼠和 **85** 个突变型鼠。请问这两个突变是等位基因吗？怎样解释 $F_2$ 中野生型和突变型的分离？

答：这两个突变不是等位基因，因为 $F_1$ 杂种的表型全是野生型，所以无毛和少毛是两对等位基因突变。首先用符号表示突变型和野生型等位基因，即 $n$（naked）：无毛突变基因；$N$：相对于 $n$ 的野生型基因；$h$（hairless）：少毛突变基因；$H$：相对于 $h$ 的野生型基因。因此，两个亲本品系的基因型为 $nnHH$（无毛）和 $NNhh$（少毛）。$F_1$ 的基因型为 $NnHh$。$F_1$ 互交时，在 $F_2$ 中将预期出现不同类型的基因型，然而当某个隐性基因纯合时，体表毛的生成受到抑制，因此仅基因型为 $N\_H\_$ 时才表现为野生型，而其他所有类型都不能发育正常的体表毛。如果无毛基因和少毛基因是自由组合的，我们就能预期野生型和突变型的频率比为 9:7。在 200 个 $F_2$ 样品中，预期野生型鼠为 $200 \times (9/16) = 112.5$，突变型鼠为 $200 \times (7/16) = 87.5$。观察到的实验结果与预期数十分接近，这意味着这两个突变是两对独立分配的等位基因的假设是正确的。如有必要，可用卡平方进一步检验。

◆ 分离得到两株脯氨酸利用效果不同的突变菌株：突变株 *put-1020* 使细胞组成型地高水平表达 *putP* 基因，然而突变株 *put-1222* 则阻止 *putP* 基因的表达。为了弄清楚这两个突变株是影响不同的"调节途径"还是影响同一个"调节途径"，构建了双突变菌株 *put-1020 put-1222*，双突变株的表型为组成型表达 *putP* 基因。请对此结果给出一个简单的解释。如果这两种突变影响的是不同的途径，预期结果会怎样？

答：最简单的解释是这两个突变株影响相同的调节途径，*put-1020* 对 *put-1222* 上位。如果这两个突变株影响各自独立的调节途径，那么双突变株的表型很可能是介于从单个突变中所观察到的两个极端表型之间的中间类型，即 *putP* 基因的表达水平居中。

## 思考题

1. 某个人类常见遗传性状的家系图见右。

（1）这个遗传性状是显性基因作用的结果还是隐性基因作用的结果？

（2）写出这个家系中每个成员的基因型。

2. 能品尝苯硫脲是一种常染色体显性表型，不能品尝出该化合物的表型是隐性的。一位妇女的父亲是非品尝者，而自己具有品尝能力。一位男子有过一个无品味能力的女儿，若这两人结婚，则：

（1）他们的头两个孩子均为品尝者的概率有多大？

（2）他们的第一个孩子为①一个无品味能力的女儿；②一个有品味能力的孩子；③一个有品味能力的儿子的概率各有多大？

3. 在西红柿中，红色果实对黄色果实是显性，双子房果实对多子房果实是显性，高蔓对矮蔓是显性。一位育种者有两个纯种品系：红色、双子房、矮蔓和黄色、多子房、高蔓。由此他想培育出一种新的纯种品系：黄色、双子房、

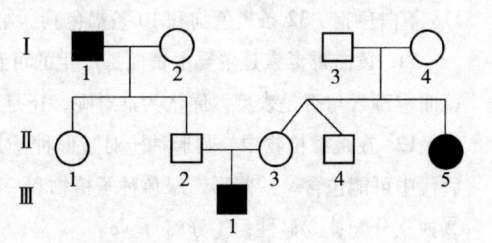

高蔓。他应当怎么办？（写明杂交是如何进行的，及指明在每一次杂交后应取多少后代作为样本？）

4. 假设孟德尔用有色种皮植株（$CC$）与白色种皮植株（$cc$）杂交得 $F_1$ 杂种（$Cc$）为有色种皮，$F_1$ 与白色种皮亲本（$cc$）回交，请问：

(1) 回交后代的基因型及其表型；

(2) 在 1 000 个回交后代中各种基因型的百分比为多少？

5. 一长椭圆形（oblong）、红色果实的番茄品系与一圆形、黄色果实的品系杂交，$F_1$ 互交得 $F_2$ 如下：椭圆、红色 60；椭圆、黄色 180；圆形、红色 20；圆形、黄色 60。请解释这些性状的遗传。

6. 在孟德尔的三因子杂交中，圆形、黄色种子、灰色种皮（$RRYYGG$）的豌豆同皱缩、绿色种子、白色种皮（$rryygg$）杂交，$F_1$ 自交，对 $F_2$ 进行分析，孟德尔的结果如下表所示。孟德尔得出结论认为，这些结果与预期的 27∶9∶9∶9∶3∶3∶3∶1 的比例是相符的。请用卡平方测验判断孟德尔的结论是否正确？

| $F_2$ 表型 | 数目 | $F_2$ 表型 | 数目 |
|---|---|---|---|
| 圆形、黄色、灰色 | 269 | 皱缩、黄色、灰色 | 88 |
| 圆形、黄色、白色 | 98 | 皱缩、黄色、白色 | 34 |
| 圆形、绿色、灰色 | 86 | 皱缩、绿色、灰色 | 30 |
| 圆形、绿色、白色 | 27 | 皱缩、绿色、白色 | 7 |

总数：639

7. 某个一年生的植物群体，其基因型均为 $aa$，有一年，洪水冲来了许多 $AA$ 和 $Aa$ 的种子，不久群体的基因型频率变为 55% $AA$、40% $Aa$ 和 5% $aa$。由于这一地区没有给这种植物传粉的昆虫，所有植株一般都是自花传粉的。计算在 3 代自交后，群体中 $AA$、$Aa$、$aa$ 的频率是多少？

8. 带有如下基因型的两个亲本杂交：$AaYY \times aaYy$。

(1) 第一个子代具有 $aaYy$ 基因型的概率有多大？

(2) 前面两个子代都具有 $aaYy$ 基因型的概率有多大？

9. 在孟德尔的双因子杂交中，如果随机选取 5 粒 $F_2$ 种子，那么出现下列几种情况的概率各是多少？

(1) 全部为 $RrYy$；

(2) 全部为 $RRYY$；

(3) 第 1 粒是 $RrYy$，第 2 粒是 $RRYY$，第 3 粒是 $rrYY$，第 4 粒是 $rryy$，第 5 粒是 $rrYy$；

(4) 前 3 粒都是 $RrYy$，第 4 粒是 $RRYY$，第 5 粒是 $rrYY$。

10. 一条真实遗传的褐色狗和一条真实遗传的白色狗交配，所有 $F_1$ 的表型都是白色的。$F_1$ 自交得到的 $F_2$ 中有 118 条白色狗、32 条黑色狗和 10 条褐色狗。给出这一结果的遗传学解释。

11. 黄曲霉毒素是主要由黄曲霉产生的可致癌毒素。有人认为黄曲霉毒素致癌与否是表型，有人认为黄曲霉产生黄曲霉毒素与否是表型，你认为谁对呢，还是都正确？

12. 在豌豆植物中，圆形种子对皱形种子是显性的，黄色种子对绿色种子是显性的。当圆形、黄色植株杂交时，后代中可能包含一些圆形、绿色种子植物和一些皱形、绿色种子植物。这一现象说明了哪个遗传概念：①基因突变；②独立分配；③显性；④分离。

13. 基因型为 $WwCc$ 的玉米品系与基因型为 $wwcc$ 的玉米品系测交，后代的基因型及其数目如下表所示：

| 基因型 | $WwCc$ | $wwCc$ | $Wwcc$ | $wwcc$ | 总数 |
|---|---|---|---|---|---|
| 数目 | 125 | 118 | 129 | 106 | 478 |

请用卡平方测验分析这些数据，这两对基因是否是自由组合的？

14. 下图表示的是在一个家庭中一种非常罕见的人类病症的家系图。

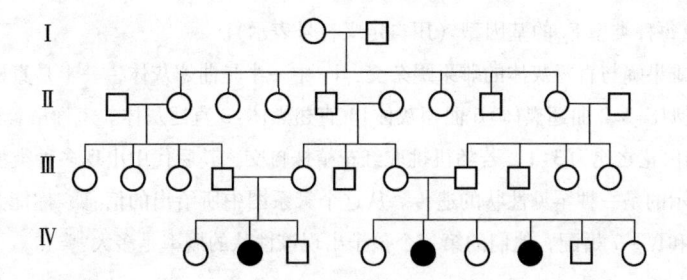

(1) 这种病症是显性的还是隐性的?

(2) 个体Ⅱ-2，Ⅱ-5，Ⅲ-4，以及Ⅲ-7的基因型是什么?

(3) 如果Ⅳ-3和Ⅳ-4结婚，他们的第一个孩子患该病的概率是多大?

15. 在一三因子杂交中，长形（oblong）、红色种子及白色种皮的大豆品系（OORRWW）与一圆形、灰色种子及光亮种皮的品系（oorrww）杂交，$F_1$自交，所得$F_2$分类如下。利用卡平方测验判断这些结果是否与预期的孟德尔比例相符。

| $F_2$ 表型 | 实得数 |
| --- | --- |
| 长形、红色种子及白色种皮 | 1 130 |
| 长形、红色种子及光亮种皮 | 378 |
| 长形、灰色种子及白色种皮 | 349 |
| 圆形、红色种子及白色种皮 | 351 |
| 圆形、灰色种子及白色种皮 | 102 |
| 圆形、红色种子及光亮种皮 | 111 |
| 长形、灰色种子及光亮种皮 | 109 |
| 圆形、灰色种子及光亮种皮 | 30 |
| 总数 | 2 560 |

16. 一种粉红花、黑茎的牵牛花与一白花、浅色茎的植株杂交，$F_1$互交，$F_2$结果如下：

| $F_2$ 表型 | 所占比例 | $F_2$ 表型 | 所占比例 |
| --- | --- | --- | --- |
| 粉红花，黑茎 | 3/16 | 粉红花，浅色茎 | 1/16 |
| 蓝色花，黑茎 | 6/16 | 蓝色花，浅色茎 | 2/16 |
| 白色花，黑茎 | 3/16 | 白色花，浅色茎 | 1/16 |

(1) 这些性状是由多少对基因控制的? 每个基因有多少个等位基因?

(2) $F_1$的表型是什么?

17. 一对夫妇的3个孩子的血型如下：孩子1为M型，孩子2为MN型，孩子3为N型。请问这对夫妇的基因型是什么?

18. 一种长形果南瓜与盘状果南瓜杂交，$F_1$全为盘状果，$F_2$的表型分布如下：盘状93；圆形60；长形11。请问：

(1) 在这一杂交中，有多少对基因分离?

(2) 发生了什么样的基因相互作用?

(3) 亲本植物的基因型是什么?

19. 白羽鸡与黑羽品系杂交，$F_1$全是棕色的（正常羽毛颜色），$F_2$中9/16棕色，3/16黑色，4/16白色。请问：

(1) 这一杂交中共涉及多少对等位基因?

(2) 基因间发生了什么样的相互作用?

（3）写出亲本、$F_1$ 及每种类型 $F_2$ 的基因型（用自定义符号表示）。

20. 几只曲翅黑体的雄果蝇与直翅灰体的雌果蝇杂交，$F_1$ 中一半是曲翅灰体，一半是直翅灰体。$F_1$ 的曲翅雌雄果蝇相互杂交，其后代的表型比为 2 曲翅黑体：6 曲翅灰体：1 直翅黑体：3 直翅灰体。怎样解释这一比例的产生？

21. $F_2$ 植株中红花和白花之比为 3∶1，若随机挑取红花植株自交，其后代中出现多种类型植株的概率是多少？

22. 下面的家系图表示的是一种罕见性状的遗传。从这个家系图中所给出的信息，你能判断这个性状的遗传方式是怎样的吗？如果Ⅳ-4 和Ⅳ-7 婚配，他们的第一个孩子出现该性状的概率是多大？

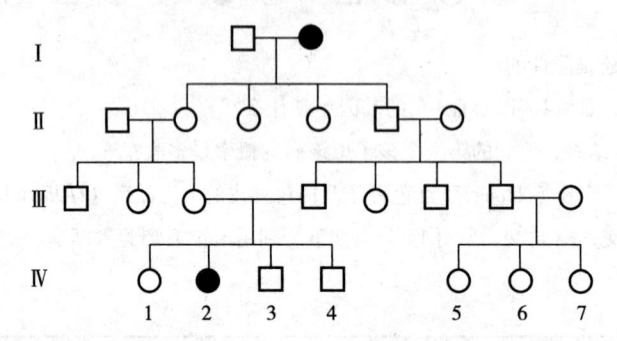

23. 已知某二倍体昆虫物种的酸性磷酸酶由一组（7 个）复等位基因编码。假使纯合子可罹患相应的代谢病，请问最大患病概率是多少？

24. 遗传学的生命伦理问题大多集中在：基因操作的理论与应用，遗传与优生，遗传疾病的筛查与治疗，遗传学对人类行为的解释等方面。那么遗传学的基础研究是否也会涉及生物安全与生命伦理问题？

# 第 3 章

# 性别决定与性相关遗传

*Clarence Erwin McClung*

3.1 简单性别决定系统
3.2 性染色体性别决定系统
3.3 环境对性别决定的影响
3.4 性相关遗传
3.5 剂量补偿效应

科学史话

**内容提要**：性别是高等生物中一种比其他性状更为复杂的表型。生物的性别决定在有性生殖生物中是一个普遍过程。性别决定系统可分为基因型性别决定系统和环境性别决定系统。

不同生物的性别决定方式不同。在果蝇中，性别决定由 X 染色体与常染色体套数的比例决定，它们的相互作用为一系列基因的激活提供信号。Y 染色体在人类和哺乳动物的性别决定中起关键作用。鸟类、家蚕、两栖类、爬行类等生物的性别决定属于 ZW 型，其决定机制仍不完全清楚。酵母和蜜蜂等生物的性别由单个基因位点决定，属于简单的性别决定系统。

性相关遗传包括伴性遗传、从性遗传和限性遗传，三者互相关联而又有差别。

剂量补偿效应是使 XY 性别决定机制生物中的性连锁基因，在不同性别中有相等或近乎相等的有效剂量的遗传效应，是一种典型的表观遗传现象。果蝇和线虫是通过调节 X 染色体的转录速率而实现的，人类及哺乳动物则是雌性通过一个 X 染色体的失活而获得。研究提示，X 染色体失活不只是 X 染色体的剂量补偿机制，也可能是生物体的一种保护机制。分子遗传学和表观遗传学的深入研究，为 X 染色体失活机制的阐明提供了新的信息。反过来，X 染色体失活机制的深入研究将为表观遗传学、基因组印记、癌症和干细胞研究提供一个模式系统。

**重要概念**：性别决定　酵母交配型位点　剂量补偿效应　伴性遗传　从性遗传　限性遗传　Barr 小体　Lyon 假说

地球上包括真菌、动物及植物在内的绝大多数生物都是有性别的，两性细胞结合后产生受精卵，进而发育成个体。因此，性别是几乎所有后生生物（metazoa）的共同特征。性别是高等生物的一种重要性状，在很多生物中性别决定与染色体有密切关系，当然，它比一般的性状要复杂得多。例如，就人类不同性别的染色体长度而言，女性单套染色体的遗传长度为 4 460 cM，而男性只有 2 591 cM（均不计性染色体），女性比男性长 72%，因而女性比男性更易发生重组。越是高等的生物，性别差异越是明显。

1902 年，在 C. E. McClung 等发现决定性别的染色体后，人们就自然而然地将性别决定与性染色体（sex chromosome）联系在一起，逐步形成了性染色体决定性别的学说。所谓性染色体是指与性别决定有明显直接关联的染色体，性染色体以外的所有染色体叫做常染色体（autosomes）。性别决定（sex determination）是指决定生物性别特征的方式。与染色体或基因型有关的性别决定系统称为性染色体性别决定系统（sex-chromosomal sex determination system）或基因型性别决定系统（genotypic sex determination system）；除此以外，性别也受环境因素的影响甚至可由环境因素决定（环境性别决定系统，environmental or phenotypic sex determination system），但归根结底都与基因的调节控制有关。

## 3.1　简单性别决定系统

### 3.1.1　酵母的性别决定

单细胞真核生物如酵母、脉孢霉等真菌和衣藻（*Chlamydomonas*）具有简单性别决定系统，虽然它们并没有精确区分雌性和雄性，但确实存在性别差异，这种性别差异通常称为正性别和负性别。此系统中不存在高等生物的性染色体，它们的性别由染色体上一个小的区域控制，这个区域称为交配型位点（mating type locus，*MAT*）。

酿酒酵母（*Saccharomyces cerevisiae*）能够以稳定的单倍体和二倍体形式存在，在其第 3 染色体上的 *MAT* 座位上有两个等位基因 *a* 和 *α* 决定酵母的交配型。由于酿酒酵母生活周期的大部分时间都是以单倍体形式存在，其细胞只有 *a* 基因座或 *α* 基因座，只有带有不同基因（*a* 或 *α*）的两个酵母细胞才可以融合形成二倍体。二倍体可以通过有丝分裂无限期生长，但在碳源和氮源不足的情况下，二倍体细胞经减数分裂产生 4 个单倍体孢子，即产生 2∶2 的 *a* 和 *α* 子囊孢子。

在 *MAT* 座位的两侧各有一个重复的基因座，左侧的为 *HMLα*，右侧的为 *HMRa*。酵母的交配型经常可以发生转换，即 *a* 转换为 *α* 或 *α* 转换为 *a*，在交配型转换中，酵母细胞从两侧的座位中制造一个等位基因拷贝，*α* 或 *a*，并将之插入 *MAT*。在接受新的拷贝插入之前，*MAT* 座位上原有的 DNA 被位点特异的内切核酸酶（HO）切除，但 *HMLα* 和 *HMRa* 座位的 DNA 不会被切除。在 3 个等位基因座中，只有 *MAT* 能决定细胞是 *α* 交配型或是 *a* 交配型，因为 *MAT* 座位左右两侧的基因转录被 *SIR*（silent information regulator）基因产物所抑制，所以它们不会转录，但能够进行复制，为 *MAT* 座位的基因转换提供拷贝。*MAT* 座位的 *a* 或 *α* 被取代后，使 *HML*、*MAT*、*HMR* 3 个位点的基因发生重排，从而使交配型发生改变（图 3-1）。细胞交配型的表达与保持依赖于 *MAT* 基因，但交配型的转换需要 *HO* 基因的表达。如果想要获得一个稳定接合型的细胞，通过构建一个不含 HO 内切核酸酶基因的突变株，使之失去切开 *MAT* 位点的能力即可。

通过对布拉克须霉（*Phycomyces blakesleeanus*）的研究发现，无论正负性别，它们都用同一个基因来编码 HMG 蛋白

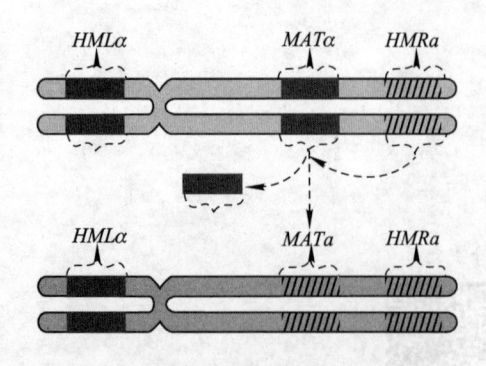

图 3-1　酵母交配型位点及交配型转换

(high-mobility group protein，高迁移率蛋白），该蛋白质通过一种未知途径来调控性别差异。并且发现，这种蛋白质与人类 Y 染色体上的主要性别调控基因 *SRY*（sex-determining region Y）编码的蛋白质极其类似，SRY 蛋白含有一个 HMG 中典型的 DNA 结合结构域。依此，科学家猜测，HMG 位点蛋白也许是真菌性别进化的开端，再加上由于真菌性别决定的遗传序列比高等生物性别决定的染色体小得多，真菌这样一种简单的性别决定可能是研究人类及复杂高等生物性别进化的合适模式。

### 3.1.2 蜜蜂的性别决定

在动物中，有 20% 的个体是单倍体，未受精的卵发育为雄性，受精卵发育成雌性。早在 1845 年，J. Dzierzon 就报道了蜜蜂（*Apis mellifera*）的性别决定是由卵是否受精所决定的。蜂皇是可育的雌蜂，蜂皇和雄蜂交配后，雄蜂即死亡，蜂皇得到足够一生生育的精子。后来的研究发现，蜂皇染色体数目为 $2n = 32$，经正常减数分裂产生的卵的染色体数目为 $n = 16$，在每窝卵中有少数是不受精的，它们发育成为雄蜂，故雄蜂的染色体数目为 $n = 16$。雄蜂的减数分裂十分特殊，第一次减数分裂时出现单极纺锤体（monopolar spindle），所有染色体全部移向一极，两个子细胞中一个正常，含 16 个染色体，而另一个是无核的细胞质芽体。正常子细胞经第二次减数分裂产生两个单倍体（$n = 16$）的精细胞，进而发育成精子。卵和精子结合形成 $2n = 32$ 的合子，合子可发育成可育的雌蜂（蜂皇）和不育的雌蜂（工蜂）。以前人们认为染色体倍性是性别决定因子（图 3-2）。目前，已知蜜蜂是没有性染色体的，并且在近交条件下发现了二倍体雄蜂，这意味着蜜蜂的性别决定既不是由受精过程也不是由染色体倍性决定。由于这种二倍体雄蜂的出现与近亲繁殖有关，科学家们提出了一种称为补偿性别决定机制（complementary sex determination，CSD）假说，认为单个性别决定位点（single sex determination locus，SDL）决定雄性。这个位点在群体中有多个等位基因，如果这个基因位点是杂合的，就发育成雌性，如果只有一个拷贝或两个一样的拷贝（纯合体）就发育成雄性（图 3-3）。*SDL* 纯合的雄性是致死的，二倍体雄性从卵中孵化不久即被工蜂吃掉。*SDL* 的进一步分离导致 *csd* 基因被鉴定，该基因编码一潜在的剪接因子（splicing factor），该剪接因子是雌性发育所必需，其作用靶标为 *fem*（feminzer）基因。在雌性和雄性中，*fem* 转录物被不同地剪接，因此，只有在雌性细胞中有正常功能的 FEM 产物，在雄性细胞中，由于剪接使得 *fem* 基因的编码序列中含有一终止密码子而不能产生正确的基因产物。

每群蜜蜂中只有一个蜂皇，工蜂和蜂皇在遗传结构上并无差别，都是 $2n = 32$，但由于工蜂所吃的蜂王浆在质和量上都远比蜂皇差，所以发育成不可育的工蜂。蜂皇和工蜂不仅在外表形态上差异巨大，而且具有截然不同的生殖能力、悬殊的生命期限以及相差甚远的行为方式。R. Kucharski 等于 2008 年首次从分子水平上阐释了蜜蜂生殖状况的这种营养调控的原因。他们发现，幼虫发育过程中 DNA 甲基转移酶 Dnmt3 的沉默导致了蜂皇的发育，这意味着 DNA 甲基化可能被用于贮藏表观遗传信息，从而改变营养物质的摄取方式并导致蜂皇表型的发育。更有意思的是，2012 年发现工蜂和蜂皇之间的 DNA 甲基化水平并无明显差异，而护士工蜂和采花工蜂之间的 DNA 甲基化水平倒是存在显著差异，如果将采花工蜂转变成护士工蜂后，DNA 甲基化水平在大多数基因上重新建立。这一研究的有趣之处在于第一次建立了 DNA 甲基化与动物行为的关系。

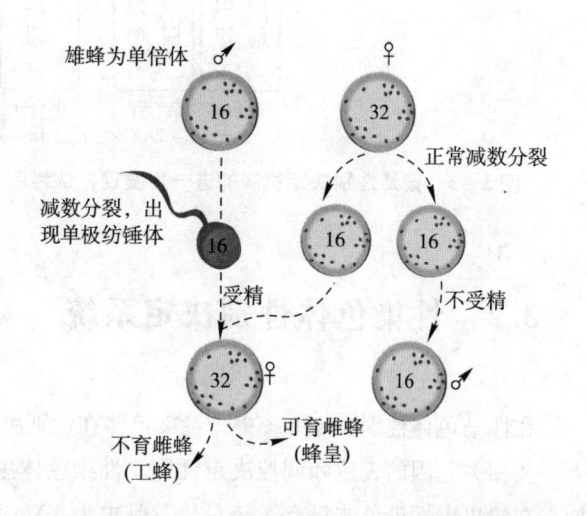

图 3-2 最初认为蜜蜂的性别决定方式是染色体倍数

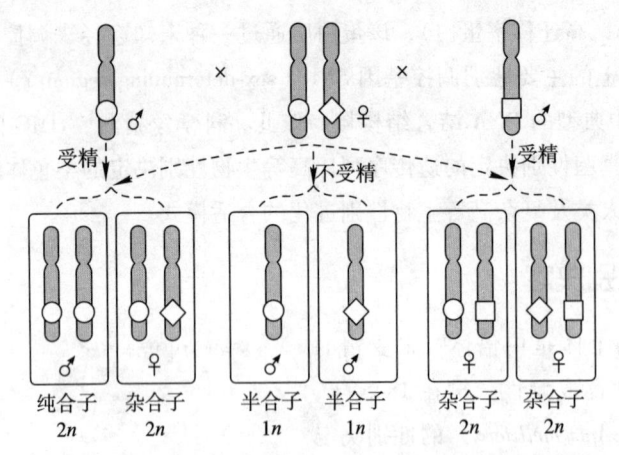

**图 3-3** 蜜蜂性别决定机制的进一步发现，认为单个位点或位点纯合体决定雄性，位点杂合体决定雌性

## 3.2 性染色体性别决定系统

在性染色体性别决定系统中，性染色体在性别决定及遗传中起着关键性作用，其本质是位于性染色体上一些相关基因的表达和调控决定性别。性染色体主要有 4 种类型：XY 型、XO 型、ZW 型和 ZO 型。例如，在蝗虫中性染色体只有 X 染色体，雌虫为 XX，而雄虫的体细胞内却只有一条性染色体 X（用 XO 表示），所以蝗虫的性染色体类型为 XO 型；秀丽线虫（*Caenorhabditis elegans*）有两种性别，一种是拥有两个 X 染色体的两性体，另一种是拥有一个 X 染色体的雄性体（XO）。下面我们将重点用 3 个例子来介绍 XY 型和 ZW 型性染色体性别决定系统：果蝇（XY 型，用于遗传学研究的经典材料，也是用于研究伴性遗传的第一种材料）、人（XY 型，我们自身）和鸡（ZW 型，常见家禽）。另外，在最后简要介绍植物的性别决定系统。

### 3.2.1 XY 型性别决定

全体哺乳动物包括人都是 XY 型，此外很多昆虫如果蝇及某些鱼也是 XY 型。在 XY 型性别决定中，雄性是异配性别（heterogametic sex），XY，可以产生两种不同配子 X 和 Y；雌性是同配性别（homogametic sex），XX，只能产生一种配子 X。

**1. 果蝇的性别决定**

果蝇有 4 对染色体，其中 3 对为常染色体，1 对为性染色体，正常情况下雌蝇有两条 X 染色体，雄蝇有一条 X 染色体和一条 Y 染色体（图 3-4）。性别决定不是由于 Y 染色体的存在与否，实际上，Y 染色体对果蝇的性别决定不起作用，Y 染色体只是与精子的发生有关。缺乏 Y 染色体的果蝇（XO）仍为雄性，XO 型雄性果蝇常有发生，但这种雄蝇往往不育。另外，如 XXY 型果蝇是雌性。大量的研究表明，果蝇的 X 染色体上含有雌性决定因子，果蝇的性别是由 X 染色体的数目和常染色体的套数之比例（性指数，sex index）决定的，这种性别决定的方式叫做性染色体-常染色体平衡决定系统（X chromosome-autosome balance system of sex determination）。从表 3-1 可以看出果蝇 X 染色体与常染色体决定性别的关系：当 X 染色体与常染色体套数之比大于或等于 1.00 时，果蝇将发育成雌性；当 X 染色体与常染色体套数之比小于或等于 0.50 时，果蝇将发育成雄性；当比例在 0.50 与 1.00 之间时，果蝇将是间性不育的；极端比例如 0.33 和 1.5 时，虽然它们的性别是确定的，超雄或超雌，但发育不良。

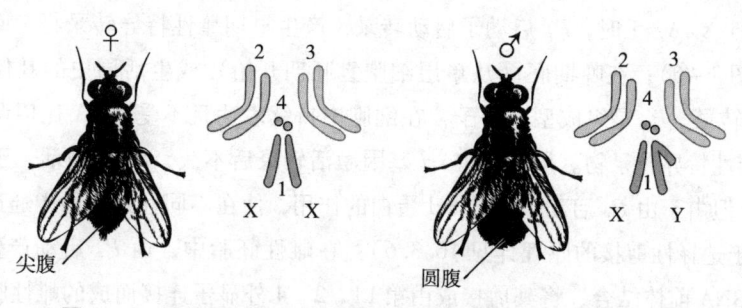

图 3-4 果蝇不同性别的染色体组成雌性为 XX，雄性为 XY

表 3-1 果蝇性染色体 - 常染色体决定性别

| 性染色体组成/常染色体组成（A*） | X：A 比值 | 性别 |
| --- | --- | --- |
| XX/AA | 1.00 | 雌性 |
| XY/AA | 0.50 | 雄性 |
| XXX/AA | 1.50 | 超雌性（metafemale），不育 |
| XXY/AA | 1.00 | 雌性 |
| XXX/AAAA | 0.75 | 间性（intersex）**，不育 |
| XXXX/AAA | 1.33 | 超雌性（metafemale），不育 |
| XX/AAA | 0.67 | 间性（intersex），不育 |
| X/AA | 0.50 | 雄性，不育 |
| X/AAA | 0.33 | 超雄（metamale），不育 |

*A 表示一套完整的单倍体染色体数目；**间性指既非雄性也非雌性，这类果蝇在外形上有很大变异，通常其外形及外生殖器是雌雄性混合体。

从以上性别决定的性染色体 - 常染色体平衡决定系统可以看出，雌性发育的基因集中在 X 染色体，雄性发育的基因集中在常染色体。在秀丽线虫中也存在类似的 X：A 基因平衡机制调控性别决定。

X：A 比值是决定果蝇性别的第一步。性指数决定性别的机制在于卵巢和早期合子中表达的 X 染色体上的基因产物和常染色体上的基因产物的相互作用，这种相互作用为雌性化基因——*sxl* 基因（sex-lethal）的激活提供信号。这里涉及一系列基因和基因间的"级联"反应。X：A 比值高时，*sxl* 基因在卵受精后最初 2 h 内被激活，使胚胎启动朝向雌性发育的途径；XX 胚胎中如果 *sxl* 基因失去功能，则胚胎出现雄性表型；X：A 比值低时，在胚胎发育早期 *sxl* 基因是关闭的（图 3-5）。

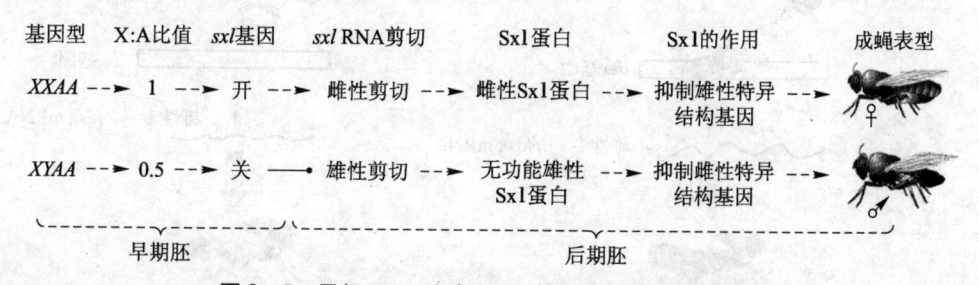

图 3-5 果蝇 X：A 比率和 *sxl* 基因的性决定开关模式

当 X：A=1.0 时，合子中的 *sxl* 基因打开，导致合子发育成雌性；X：A=0.5 时，*sxl* 基因关闭，合子发育成雄性

*sxl* 基因具有两个启动子，第一个启动子（$P_E$）仅在早期胚（precellular embryo）中有短暂活性，属于调节型启动子，它的表达受 X：A 比值的调节（有研究认为，实际上可能是受位于 X 染色体上的母源效应

基因的作用），当雌性 X：A = 1 时，$P_E$ 启动子启动转录，产生早期雌性特异转录物，而雄性 X：A = 0.5 时 $P_E$ 启动子不启动（图 3-6）；在晚期胚（从单层细胞囊胚期开始）或生活周史的其他时间由第二个启动子（$P_L$）启动 sxl 的转录，$P_L$ 是组成型启动子，在细胞中持续表达且不受 X：A 比值调控，产生后期雌性特异转录物和后期雄性特异转录物。早期胚中 sxl 基因激活转录后不久，$P_L$ 被激活，于是在雌性和雄性胚胎里都可进行转录，但由于由 $P_E$ 启动产生的 Sxl 蛋白的作用，使在不同性别胚胎中通过选择性剪接产生不同的 sxl mRNA（关于选择性剪接的原理详见 10.3.6）：在雌性胚胎中，由 $P_E$ 启动产生的 Sxl 蛋白可与由 $P_L$ 启动产生的 sxl mRNA 前体结合，将其剪接成由第 L1、2、4 外显子连接而成的雌性胚胎 sxl mRNA，进而产生正常的后期雌性 Sxl 蛋白（图 3-6A）；而在雄性胚胎中，由于早期时 sxl 基因的启动是失活的，没有前期 Sxl 蛋白，因此在发育后期雄性胚胎中由 $P_L$ 启动所新合成的 sxl 转录物的第 3 外显子不能被剪切，而被加工成由第 L1、2、3、4 外显子连接而成的雄性胚胎 sxl mRNA，由于第 3 个外显子的第 48 个密码子是一个翻译终止密码子，蛋白质合成提前终止，因而在雄性胚胎中产生的是一个无功能的 Sxl 蛋白（图 3-6B）。

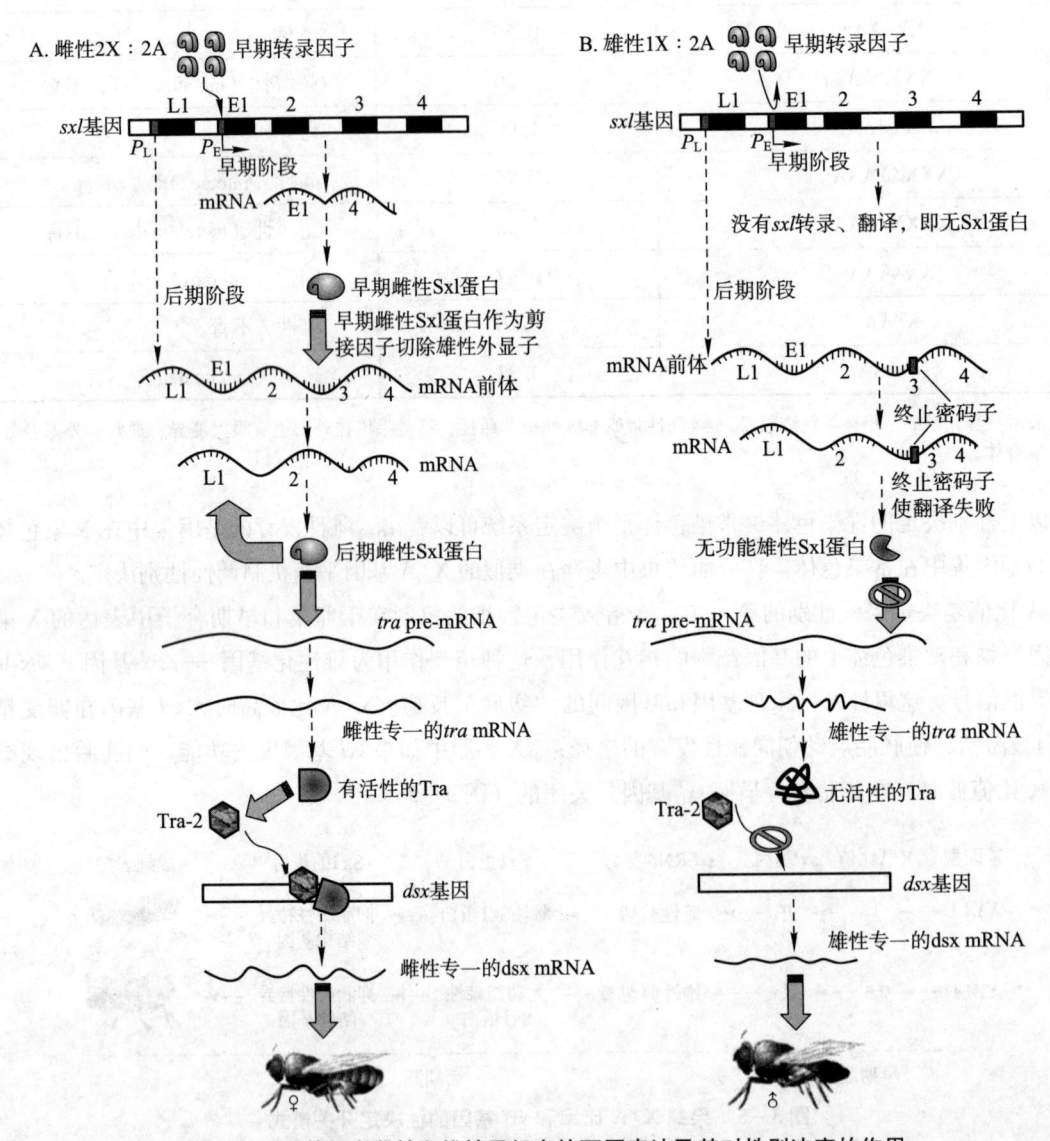

图 3-6  sxl 基因在雌性和雄性果蝇中的不同表达及其对性别决定的作用

由 $P_L$ 启动产生的雌性专一 sxl mRNA 编码由 354 个氨基酸组成的 RNA 结合蛋白，可以同两种 RNA 分子结合，一种是 sxl 自身的 mRNA 前体，另一种是决定雌性发育途径中的 sxl 下游基因——性别转换基因

*tra*（transformer）的 mRNA 前体，只有在 Sxl 蛋白存在的情况下，*tra* 基因的转录物才能经剪切产生有活性 Tra 蛋白的 mRNA。这样就造成了在雌性和雄性胚胎中 *tra* 基因的转录物也不相同，在雌性胚胎中有雌性专一的 *tra* mRNA。此外，在雌性和雄性胚胎中还都有非专一的 *tra* mRNA，在少数几个密码子后就有一个终止密码子，所以编码的是没有功能的蛋白质。雌性专一的 Tra 蛋白与 Tra-2 协同作用以产生雌性表型。Tra-2 在有雌性专一的 Tra 蛋白存在的条件下，作用于双重性别（double sex）基因 *dsx*，使之产生雌性专一的转录物，抑制雄性发育。如果没有 Tra 蛋白，则 *dsx* 基因转录物剪接成雄性专一的 mRNA，编码的蛋白质将抑制雌性性状而促进雄性性状（图3-6）。如果胚胎的 *dsx* 基因缺失，不产生任何一种转录物，则雄性和雌性的生殖器同时发育而产生雌雄间性生殖器。

综上所述，在果蝇胚囊形成前或形成时，通过对性指数的计量决定是否打开 *sxl* 基因（图3-5），性别决定的"级联"反应最后落实在 *dsx* 基因产生何种转录物（图3-6）。如果 X：A 转录因子浓度达到一定时（X：A=1.0），*sxl* 基因处于"开"的状态，则 *sxl* 基因生成雌性专一的转录物，使 *tra* 基因的转录物也剪接成雌性专一的，其蛋白质产物与 Tra-2 相互作用，使 *dsx* mRNA 的前体剪接成雌性专一的 mRNA。如果 *dsx* 转录物不按这种方式剪接，就产生另一种雄性专一的 mRNA，无法翻译出有功能的蛋白质。不同性别果蝇各有许多种性别专一的蛋白质，如雌性的卵黄蛋白和卵壳蛋白。现已证明，雄性和雌性的 *dsx* 基因产物都能结合在卵黄蛋白基因增强子序列中的3个位点上。雄性专一的 *dsx* 产物的作用是抑制卵黄蛋白基因的转录，同时还促进雄性性梳（sex comb）的分化；雌性专一的 *dsx* 产物的作用正好相反，它活化卵黄蛋白基因的转录。在雄体中 X：A=0.5，转录因子未能达到一定的阈值，*sxl* 基因处于关闭状态。

**2. 人类的性别决定**

现代人类细胞遗传学始于1956年，首次确定了人类染色体的数目为46条（23对），其中一对为性染色体（X 和 Y）。人和果蝇虽然都是 XY 型性别决定，但与果蝇不同，在人类及哺乳动物中，雌雄性别是由参与受精的精细胞中是否带有 Y 染色体决定的，当 Y 染色体存在时，为男性；当 Y 染色体缺少时，则为女性。表3-2进一步说明了 Y 染色体对人类性别决定的重要性（表中"巴氏小体"在本章稍后再作介绍），其中异常比例性染色体的产生是由于减数分裂时性染色体不正常分离的结果。

表3-2 人类 Y 染色体对性别决定的重要性

| 染色体组成 | 个体特征 | 巴氏小体 |
| --- | --- | --- |
| 46, XX | 女性，正常 | 1 |
| 46, XY | 男性，正常 | 0 |
| 45, X | 女性，先天性卵巢发育不全 | 0 |
| 47, XXX | 女性，X 三体综合征 | 2 |
| 48, XXXX | 女性，X 四体综合征 | 3 |
| 47, XXY | 男性，先天性睾丸发育不全 | 1 |
| 48, XXXY | 男性，先天性睾丸发育不全 | 2 |
| 48, XXYY | 男性，先天性睾丸发育不全 | 1 |
| 47, XYY | 男性，XYY 综合征 | 0 |

从表3-2可以得出以下结论：

（1）Y 染色体有强烈的男性化作用。有 Y 染色体存在时，性别分化就趋向男性，即使有5条 X 染色体而只有一条 Y 染色体的个体（XXXXXY）也是男性；而没有 Y 染色体时，性别的分化就趋向女性。性染色体与常染色体的比例对性别决定没有影响。

（2）性染色体数目的增减，常使性腺发育不全，失去生育能力。少一个性染色体的影响比多一个性染色体的影响要大些，所以 XO 个体远比 XXY 个体少见。

Y 染色体的长度只有 X 染色体的 1/3。虽然 Y 染色体较短且其上所含编码基因的数目（143 个，但大多是假基因和重复序列）较 X 染色体（813 个）上少，但目前的研究表明，Y 染色体上含有重要遗传功能的基因或区段，其中少数与 X 染色体上的同源，大多数不同源。Y 染色体两端叫做假常染色体区（pseudoautosomal regions，PAR）的区段与 X 染色体上的区段具有同源性，在减数分裂时与 X 染色体发生联会与重组。这样的配对区段在雄配子发生过程中对于 X 染色体和 Y 染色体的分离起着关键性作用。Y 染色体的其余区域（约占 95%）长期以来被认为不会发生重组，这部分被称为非重组区（non-recombining region of the Y，NRY），这一区域包括含有功能基因的常染色质区（euchromatic region）和没有基因的异染色质区（heterochromatic region）（图 3-7）。根据基因组 DNA 分析发现，在所谓的 NRY 区域，除去异染色质外，在常染色质部分由于存在大量高度重复序列和回文结构，也可以进行内部重组，因此有人建议将 NRY 区称为男性特异区（man-specific region，MSR）。Y 染色体的这种内部重组机制，对于 Y 染色体基因的修复和阻滞 Y 染色体退化具有重要意义。

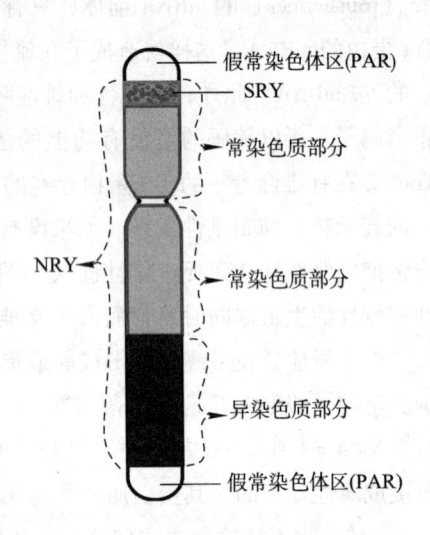

图 3-7 人类 Y 染色体的假常染色体区和非重组区

Y 染色体对人类性别决定之所以重要，是因为人及哺乳动物的 Y 染色体上有编码睾丸决定因子（testis-determining factor，TDF）的基因。TDF 基因可引导性腺原始细胞发育成睾丸而不是卵巢，凡有 Y 染色体短臂而没有 Y 染色体长臂的个体是男性；反之，即使有 Y 染色体长臂而缺失短臂的个体是女性。进一步研究揭示 TDF 位于 Y 染色体短臂假常染色体端前面长约 35 kb 的区域，在这个区域里，分离出一段男性的 DNA 序列，它编码 204 个氨基酸的多肽，这段 DNA 序列称为 SRY（sex region of the Y）基因（图 3-8），SRY 基因定位于 Yp11.23。通过对某些个体中该基因存在与否的研究，SRY 基因对雄性的决定作用得到了进一步的证明，如在人群中，XY 或 XX 男性都有 SRY 基因，XX 或 XY 女性则都没有 SRY 基因，虽然有些 XY 女性中有 SRY 基因，但这些基因是发生了点突变或移码突变的（图 3-8）。此外，通过转基因鼠的研究也进一步证明 SRY 基因对雄性的决定作用，当将仅含有小鼠 SRY 基因的 DNA 注射入正常 XX 鼠的卵细胞中，结果大部分后代发育成雄性。SRY 涉及性别决定已有至少 1.3 亿年了，在目前所有被分析的哺乳动物（包括有袋类动物）的 Y 染色体上都能找到原始性别决定基因 SRY，当然不同物种哺乳动物的 SRY 基因片段的 DNA 碱基序列和同源程度存在差别。

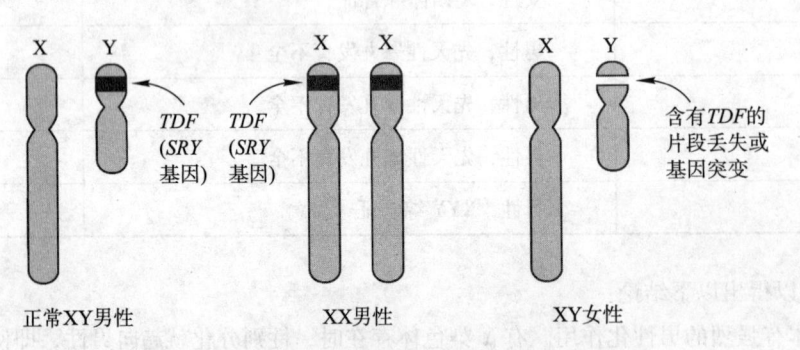

图 3-8 人类睾丸决定因子对男性决定作用的证明

虽然 SRY 基因是哺乳类性别决定的中心主控基因，它的存在启动胚胎向雄性方向发育，它的缺乏则使胚胎向雌性方向分化，然而多年来的研究发现性别决定的调控网络并非如此简单，它涉及一个多基因的复杂调控过程，正常性别的完整发育还需要其他基因的参与和共同决定，这些基因包括 SOX9、SOX3、DMRT1、DAX1、AMH、SF1、MIS、WT1 和 WNT4 等。譬如说，SRY 蛋白的功能之一是与牟勒氏体抑制物基因 MIS（mulerlla inhibiting substance）的启动子区域结合，调控 MIS 蛋白的产生，从而诱导牟勒氏管退化，使性腺向睾丸分化，如果 MIS 基因变异或表达异常，未分化性腺将发育成卵巢。因此，人和哺乳动物性别决定的调控可能是以 SRY 基因为主导的一系列基因参与协调表达的过程，如 SRY 蛋白对性别决定具有高度敏感的剂量效应，不足剂量的 SRY 蛋白不能调控雄性性腺分化。同样，在 SRY 下游的基因对于性腺分化的调控具有剂量效应，基因的过度表达或不足都可能引起性别的异常分化，目前人们对这一复杂网络的分子机制还不是十分清楚。

### 3.2.2 ZW 型性别决定

这一类型的性别决定方式刚好与 XY 型相反，在 ZW 型性别决定中，雌性是异配性别 ZW，雄性是同配性别 ZZ，所以子代的性别是由卵细胞决定的（图 3-9）。像其他性染色体一样，鸟类性染色体也被认为是从一对常染色体祖先进化而来。ZW 型性别决定方式见于鸟类、家蚕、两栖类（如青蛙等）、爬行类（如蛇、鳄、乌龟）等。这一类型的性别决定机制还不太清楚，按照一般的推测，W 染色体上可能携带有和雌性发育有关的基因或带有抑制雄性发育的基因，但到目前为止在 W 染色体上尚未发现卵巢决定基因存在的证据，也未在禽类性染色体上发现像哺乳动物中那样的 SRY 基因。Z 染色体上的 DMRT1 是睾丸发育的关键基因，但不是鸟类睾丸发育的开关基因，鸟类性别决定的开关基因尚未找到。

视频 3-2

人类探索睾丸决定因子的进程

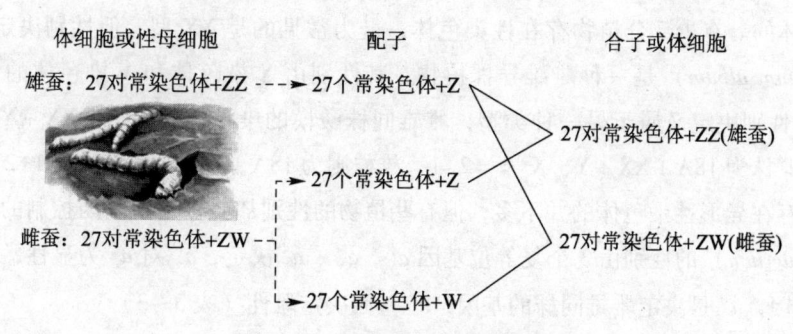

图 3-9 家蚕的 ZW 型性别决定

虽然雌雄禽正常性染色体均遵从以上所说的 ZZ、ZW 性别决定规律，但在禽类群体中发现的一些畸型性别使人们怀疑 Z 和 W 染色体未必就是决定禽类性别的全部。例如，人们在调查家鸡整倍体和非整倍体与性别的关系时发现，染色体组成为 AAZZ（A 为常染色体组）或 AAAZZZ 的个体是雄性，而 AAAZZW 和 AAZZW 等 ZZW 型三倍体的个体为间性，这似乎说明禽类的性别只和 A 与 Z 的比例有关，而与 W 染色体无关。如果能找到 ZO 型单倍体为雌性的例子，就能说明 W 染色体与性别决定无关。然而，遗憾的是，目前还没有关于 ZO 型单倍体的报道，这说明性染色体配对对个体的生存至关重要。大量研究表明，常染色体数目的增加使性染色体/常染色体的平衡趋于雄性，在禽类的常染色体上可能载有某些与性别相关的基因。

最近在鸟类中关于细胞自主性性别决定（cell autonomous sex determination）的证据已引起科学家们的浓厚兴趣。两侧性雌雄嵌性小鸡（gynandromorphic chicken，其身体的一半是雄性，另一半是雌性）的出现不可能是由于性激素引起，因为激素产生后会同时运输到身体两侧。进一步的研究发现其雄性侧主要由 ZZ 细胞组成，而雌性侧则大部分由 ZW 细胞组成。由此，人们提出鸟类的性别决定是细胞自主产生的，即每一个细胞根据自身的染色体组成都"知道"自己的性别。因此，这些鸟的性腺并非 ZZ 和 ZW 细胞的直接外在表现，而反映的是在个体器官之中这两种细胞的相对贡献。虽然这种性别决定以及性别分化主要受细胞自主的遗传因素控制，这与性染色体的遗传性一致，然而通过对芳香酶的抑制或性腺切除手术来控制激素水平，也可以导致鸡发生完全的性别反转，这说明激素因素也在鸡的性表型形成中起到了至关重要的作用。

在性别决定中，另外一个值得一提的现象是性别比例问题。按照分离和自由组合定律，无论XY型性别决定系统还是ZW型性别决定系统，雌雄性的比例应该是1:1，然而在人类的调查中却发现这一比例存在偏差，出生时男性略多于女性。这一比例在死亡胎儿中也是如此。对这一现象怎样解释呢？首先我们必须对理论比例所基于的以下假设进行检查：①根据分离定律，男性应产生相等数量的X精子和Y精子；②每种精子在女性生殖道中应有相等的存活能力和运动能力；③卵细胞表面对X精子和Y精子应具有相同的接受能力。事实上，并没有直接证据与上述任何假设是相矛盾的。人们推测这种现象的产生可能是由于人Y染色体较X染色体小，因此带Y染色体的精子的质量较带X染色体的精子的质量轻，这样Y精子具有比X精子更大的能动性。当然可能还有更为复杂的机制如进化机制在起作用，只是我们目前还不知道而已。

### 3.2.3 植物的性别决定

在植物界，配子体世代可分为雄性和雌性，而与之相交替的孢子体世代是无性的，带有孢子。与动物相比，植物雌雄间的差别较不明显，大多数种子植物，雌雄配子体着生在同一植株（孢子体）上，甚至着生在同一朵花内（雌雄同花植物）。在许多情况下，雌蕊和雄蕊着生在同一植株的不同花内，称作雌雄同株（monoecious）雌雄异花植物，如玉米。对于雌雄同株植物，它们不存在性别决定问题，并且在许多情况下，同一种植物可能有多种不同的性别表现形式，如雌株、雄株、雌雄同株、雌雄同花等，因此大部分植物是没有性染色体的。有少部分植物存在性染色体，最为常见的是XY型，但性别决定方式有所不同，如女娄菜（*Melandrium album*）是一种雌雄异株植物，其性别由X染色体和Y染色体的比例决定；酸模（*Rumex acetosa*）的性别决定又属于另一种类型，雌雄同株酸模的染色体为18A + XX + YY，X:Y = 1:1；雌雄异株酸模中，雌株为18A + XX + Y，X:Y = 2:1，雄株则为18A + X + YY，X:Y = 1:2。

虽然在植物中存在异形性染色体的并不多，但有些植物的性别却明显是由基因控制的。如葫芦科植物喷瓜（*Ecballium elaterium*）的性别由3个复等位基因$a^D$、$a^+$、$a^d$决定，$a^D$对$a^+$为显性，$a^+$对$a^d$为显性。$a^D$是决定雄性的基因，$a^+$是决定雌雄同株的基因，$a^d$基因决定雌性（表3-3）。

表3-3 喷瓜的性别决定

| 基因型 | $a^D a^+$ | $a^D a^d$ | $a^+ a^+$ | $a^+ a^d$ | $a^d a^d$ |
|---|---|---|---|---|---|
| 性别表型 | 雄性植株 | 雄性植株 | 两性植株 | 两性植株 | 雌性植株 |

表3-3中没有$a^D a^D$纯合子，因为它不可能由两个雄性杂交产生。由上可见，这种植物既可以是雌雄同株也可以是雌雄异株。

玉米（*Zea mays*）的雌雄性别由两对非等位基因决定。由表3-4可知，*Ba*基因只控制叶腋是否长花序，*Ts*显性时顶端长雄花序，隐性时顶端长雌花序。

表3-4 玉米的性别决定

| 基因型 | 表型 | 基因型 | 表型 |
|---|---|---|---|
| BaBaTsTs | ♂♀，顶端长雄花序，叶腋长雌花序 | babaTs_ | ♂，顶端长雄花序，叶腋不长花序 |
| Ba_ tsts | ♀，顶端和叶腋都长雌花序 | babatsts | ♀，顶端长雌花序，叶腋不长花序 |

## 3.3 环境对性别决定的影响

有些动物的性别分化在很大程度上取决于环境条件。这种环境因素起主要作用的性别决定模式叫做环境性别决定系统，其中最经典的例子是海生蠕虫后螠虫（*Bonellia viridis*）（图3-10）。自由游泳的幼虫为中性，没有性别分化；如果它落入海底，就发育为雌虫，雌虫长约5 cm，有一根很长的吻部；如果幼虫附着到成年雌性的吻上，它就会分化成为雄虫，寄居到雌体的子宫内。因此，螠虫的性别分化并不是受精时由遗传成分决定，而是直接由环境因素所控制的。不过也有人认为幼虫是落入海底还是附着在雌虫身上，是有其遗传基础的。也有研究表明，雌虫口吻组织里存在导致幼虫雄性化的类似激素的化学物质，不过这些还都有待于进一步研究。

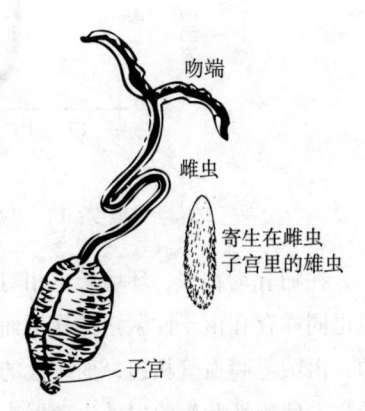

图3-10 雌、雄后螠虫示意图

环境对性别决定的影响除了上面所讲的环境性别决定系统外，我们知道，任何表型都是基因型与环境相互作用的结果，既然性别也是一种表型，它同样也是基因型与环境相互作用的结果，它的表现也受到环境的影响，只不过是这种作用更为复杂。

线虫的性别虽然由X染色体决定，但其雌雄性别比例会根据它们所感知的食物量的情况而发生变化。在两性幼虫太小还没有显现出性别特征的时候，如果有足够的食物使其成长达到性别成熟，大量具有XX染色体的幼虫将会放弃一条X染色体，长成雄性线虫；如果食物紧缺，它们就会保留XX染色体，长成两性线虫。

在脊椎动物胚胎发育的早期，原始性腺是中性的，具有分化为卵巢和精巢的双向潜能。一系列的环境因素诸如性激素处理、温度、pH、盐度和群体密度等都可以引起表型性别的改变。在鸟类、爬行类等动物中已经证实，在性腺发育的某些时期温度可以影响性腺的分化途径。在有些爬行动物中，包括所有的鳄鱼、大多数龟和部分蜥蜴，其性别决定是根据卵的培养温度不同而异的，如当扬子鳄（*Alligator sinensis*）的卵在30℃及以下时就发育为雌体，在34℃及以上时就发育为雄体，在30~34℃时雌雄均有；乌龟的卵在23~27℃的温度下发育为雄性，在32~33℃时发育为雌性。

目前已知温度性别决定有3种明显不同的类型（图3-11）。第一种类型是在低温下产生100%的雄性个体，而在高温下产生100%的雌性个体；第二种类型则与第一种类型刚好相反；第三种类型是在低温和高温下都产生100%的雌性个体，而在中间温度下则产生不同比例的雌雄性个体。值得注意的是，无论哪一种类型，在某一特定的中间温度下，都产生雌性和雄性个体，但是其间的转换温度（关键温度，pivotal temperature）都是很窄的。

这种环境温度影响性别分化的原因还不清楚，可能是由于在不同温度下两栖和爬行动物所合成的类固醇特别是雌激素的相对或绝对含量不同，从而影响性别的决定与分化。实验结果表明，温度对控制雌激素、雄激素和抑制因子合成的酶具有影响，而这些激素或抑制因子对于卵巢和睾丸的分化具有重要作用。如细胞色素P450芳香化酶是性腺性别分化中的关键酶，其功能是催化雄激素（睾酮）转化为雌激素（雌二醇），其低转化率生成雄性个体，高转化率生成雌性个体。芳香化酶基因（*CYP19*）及其上调或下调基因（如*SOX9*、*AMH*、*DAX*、*WT*、*SF1*等）的表达情况则根本上控制着性腺性别分化的方向。温度可能通过影响芳香化酶基因或其调节基因的表达从而影响基因产物的活性，因而最终影响性腺性别分化。

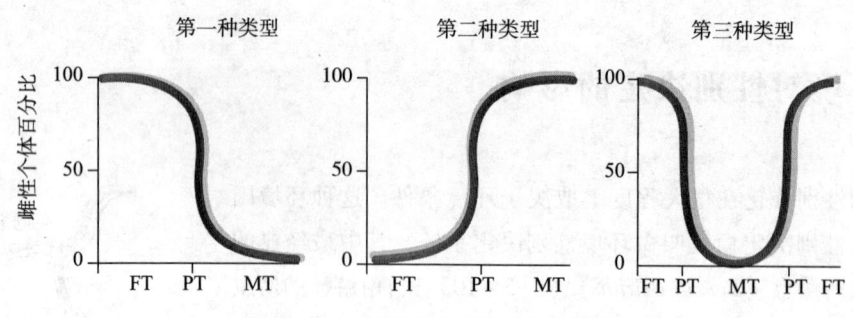

图 3-11　温度性别决定的 3 种类型

PT：关键温度；FT：决定雌性温度；MT：决定雄性温度；每种类型中的温度从左至右由低到高

在哺乳动物中，环境影响相对来说没有那么明显，因为它毕竟是在一个相对很稳定的环境中发育的，但也同样存在由于性激素的作用而影响性别分化的现象。如在一雌一雄的双胎牛中，由于两个胎盘是共通的，由绒毛膜血管相连，而雄性的睾丸是先分化的，由睾丸所产生的雄性激素通过绒毛膜血管，流向雌性胎牛，使雌性胎牛的内外生殖器表现为雄性，但无睾丸，呈间性。在人类中，由于异卵双生由两个胎盘将胎儿分隔开，因而一男一女的异卵双生在人类中是正常的，并不存在牛中的那种干扰现象。

植物的性别决定也受许多环境因素如内源或外源植物生长调节剂、温度、光周期、水分和营养等的作用。例如，赤霉素可通过抑制黄瓜雌花的形成而诱导出大量雄花，而乙烯或矮壮素可使植株雌性化。

在生物界中有一种被称为性反转（sex reversal）的现象也很有意思，所谓性反转是指生物从一种性别转变成另一种性别的现象。红海中生活的紫红笛鲷（*Lutjanus argentimaculatus*）20 条左右为一群，其中只有 1 条雄鱼，其余全都是雌鱼。一旦这条雄鱼死去，在剩余的雌鱼中，身体最强壮的一尾便发生体态变化，内部器官也随之发生变化，成为彻头彻尾的雄鱼。黄鳝（*Monopterus albus*）是一种常见的雌雄同体硬骨鱼类，染色体数目为 $2n=24$，未发现异形性染色体的存在，它在个体发育过程中产生自然性反转：$2^+$ 龄前皆为雌性，$3^+$ 龄转变为雌雄间体，卵巢逐渐退化，精巢逐渐形成，$6^+$ 龄全部反转为雄性。此外，在欧洲鳗鲡（*Anguilla anguilla*）、红鲈鱼（*Sacura margafacd*）及石斑鱼（*Epinephelus* sp.）等的生活史中也发现有性反转现象。值得注意的是，医学上所称的"性反转综合征"（sex reverse syndrome）与上面所讲的性反转在本质上是不同的，主要指如 46XX 男性、45X 男性、47XXX 男性和 46XY 女性，这是由于 *SRY* 基因以及相关基因异常所引起的。性反转是一个十分复杂而又有趣的现象，它既受性染色体的决定，也受外部条件或生理、病理条件改变的影响。

性别是生物的一种特殊表型，各种类型生物的生殖方式并不遵循一个共同的机制，性别决定基因在各物种间也千差万别，即使近缘物种甚至在同一物种内，性别决定的方式和关键基因也可能不同。随着对生物性别决定经典模式的继续研究，人们又发现了一些新的性别决定基因，如 2006 年 Parma 等在人中发现了一个新的基因 *R-spondin1*，在没有 *SRY* 存在的情况下，却使得 XX 染色体的个体表现为男性，这种基因还与皮肤分化和肿瘤等有关。随着功能基因组学的迅速发展，特别是基因芯片、测序等高通量技术和生物信息学的广泛应用，将会有越来越多的性别决定基因被发现，生物性别决定机制将得到更深入的阐述。随着越来越多的关键基因及其表达规律的发现，性别决定的经典模式显然已经不具有普遍适用性，新规律的发现无疑将为了解自然界有性繁殖的机制提供有价值的线索，所以寻找具有更普遍适用性或特异性的性别决定机制是未来发展的一个趋势。

## 3.4 性相关遗传

在不同性别中，大多数性状如毛皮颜色、耳垂等有相同的表现。然而，有些性状在不同性别中的表现是不同的。我们把与性别相关联的遗传现象叫性相关遗传（sex-related inheritance）。性相关遗传包括伴性遗传、从性遗传和限性遗传，三者各有特点。

### 3.4.1 伴性遗传

通过对果蝇眼色遗传的研究，我们知道控制果蝇眼色的基因位于 X 染色体上，因此果蝇眼色性状的遗传与性别有着密切的关系。遗传学上，将位于性染色体上的基因所控制性状的遗传方式叫做伴性遗传（sex-linked inheritance）或性连锁遗传，其遗传特征决定于性染色体的传递规律。

**1. 人的伴性遗传**

根据人类雄性个体的性染色体（XY）在减数分裂时染色体配对行为和性染色体在结构功能上的差异，可以将性染色体分为同源区域和非同源区域（图 3-12）。位于不同源部分的基因往往仅存在于两个不同性染色体中的一个，仅存在于 X 差别部分的基因表现为 X 连锁遗传，而仅坐落在 Y 差别部分的基因表现为 Y 连锁遗传。

（1）X 连锁遗传：根据性染色体传递的特点，父亲 X 染色体上的基因不能传给儿子而只能并一定传给女儿，遗传学上将这种男性所拥有的来自母系的 X 连锁基因将来只能传给他的女儿的遗传现象称为交叉遗传（criss-cross inheritance）。目前已知有 400 多种 X 连锁遗传病，其中最典型的有红绿色盲（red-green color blindness）、血友病（haemophilia）和 Duchenne 型肌营养不良症（Duchenne muscular dystrophy）等。

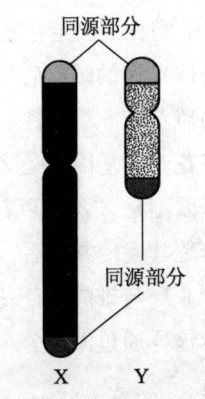

**图 3-12 人类性染色体 X 和 Y 的差异区域和同源区域**

X 连锁隐性遗传的共同特点是不同性别的发病率存在明显差异，隐性致病基因往往以杂合状态存在于女性中。按照群体遗传学理论计算（详见第 5 章），如果男性发病率为 $q$，则致病基因的频率为 $q$，女性发病率为 $q^2$，在人群中男性患者的频率明显高于女性，而且致病基因的频率愈低，女性患者在群体中愈少见。据全国普查结果表明，我国男性红绿色盲发病率为 5.8%，女性红绿色盲发病率为 0.3%。

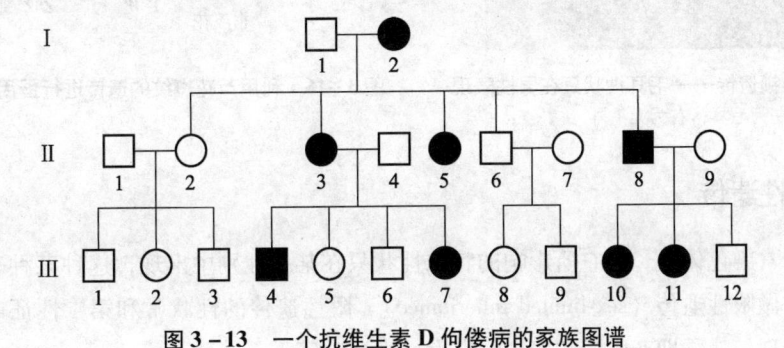

对于 X 连锁的显性遗传病，因为女性中两条 X 染色体上的任何一条携带有致病基因都会致病，而男性只有一条 X 染色体，因此 X 连锁的显性遗传病女性的发病率明显高于男性（见 5.2.2），然而男性患者的病情通常比女性患者严重。从一个抗维生素 D 佝偻病（vitamin D resistant rickets）的系谱图（图 3-13）可以看出：①每代都有患者，且女性患者多于男性；②男性患者的女儿都为患者，男性患者的儿子都不是

**图 3-13 一个抗维生素 D 佝偻病的家族图谱**

患者，而女性患者的子女不论男女患病概率均为 1/2。该病的致病基因（*HPDR*）已定位于 Xp22，推测此基因编码循环的体液因子，调节肾对钙和磷的共转运。此外，X 连锁显性遗传病还有如色素失调症（incontinentia pigmenti）、先天性全身多毛症（congenital generalized hypertrichosis，CGH，又称狼人综合征）（图 3 - 14）等。

（2）Y 连锁遗传：由于 Y 染色体仅存在于男性，因而由 Y 差别区段上的基因所决定的性状仅由父亲传给儿子，而不传给女儿，如毛耳（hairy ears）（图 3 - 15）。由于 Y 染色体是男性化所必需的，因此某种形式的男性化基因也可能位于 Y 差别区段上。

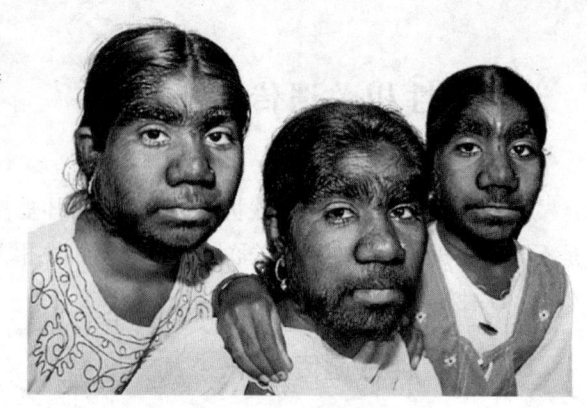

**图 3 - 14　先天性全身多毛症**
发现于印度中部一个小村庄的患有这种罕见 X 染色体显性遗传病的三姐妹

**2. 鸡的伴性遗传**

在 ZW 型性别决定生物中，位于 Z 染色体上的基因的行为类似于 X 连锁基因的遗传，例如 Z 连锁隐性基因纯合体雄性的雌性后代一定表现这一隐性特征。

鸡的芦花与非芦花性状由位于 Z 染色体上的一对等位基因决定，芦花基因 *B* 对非芦花基因 *b* 显性。这样，雌芦花鸡的基因型是 $Z^BW$，雄芦花鸡的基因型是 $Z^BZ^B$ 或 $Z^BZ^b$，雌非芦花鸡的基因型是 $Z^bW$，雄非芦花鸡的基因型是 $Z^bZ^b$。芦花鸡羽毛在雏鸡阶段的绒羽为黑色且头上有黄色斑点，成羽才变成黑白相间的横纹。在清楚其遗传方式后，人们可以设计在雏鸡阶段就准确无误地将雌、雄鸡区别开来。例如，用雌的芦花鸡（$Z^BW$）与雄的非芦花鸡（$Z^bZ^b$）交配，得到的子一代中，雄的都是芦花鸡，雌的都是非芦花鸡（图 3 - 16）。这样通过淘汰公鸡，多饲养母鸡，有益于蛋用鸡的生产。

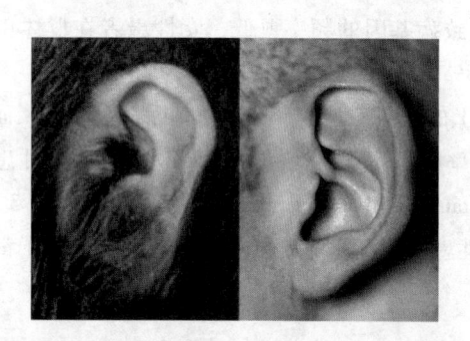

**图 3 - 15　Y 连锁遗传——毛耳性状只在男性表现**
左为毛耳，右为无毛耳

**图 3 - 16　利用芦花斑纹的遗传进行蛋用鸡的雌雄性选育**

### 3.4.2　限性遗传

有些基因位于常染色体上，但它所影响的特殊性状只在某一性别中出现，这种某种表型只局限于一种性别的遗传方式叫做限性遗传（sex-limited inheritance）。限性遗传的性状常和第二性征或性激素有关，如隐睾症只在男性表现，哺乳期产乳量的多少只在女性中反映等。

雄鸡和母鸡在羽毛的结构上存在差别。通常雄鸡具有细、长、尖且弯曲的羽毛，这种特征的羽毛叫做雄羽，只有雄鸡才具有；而母鸡的羽毛是宽、短、纯且直的，叫做母羽。所有的母鸡都是母羽的，但雄鸡也可以是母羽。用 $F_1$ 杂合的母羽雄鸡与杂合的雌鸡杂交，所有 $F_2$ 的母鸡都为母羽，而雄鸡则呈现母羽：雄羽 = 3：1 的比例。对这一现象的解释是：控制羽毛性状的基因位于常染色体上，母羽基因（$h^+$）为显性，雄羽基因（$h$）为隐性，$F_1$ 杂合的母羽雄鸡与杂合雌鸡的基因型为 $h^+h$，在 $F_2$ 中雄鸡和母鸡均有 $h^+h^+$、$h^+h$、$hh$ 3 种基因型，但纯合子 $hh$ 只在雄鸡中表达，而在母鸡中不表达（图 3-17）。雄羽性状是限雄遗传的，这表明性别作为一种内部的环境因素可以影响基因的表达。更进一步的实验表明，与皮肤的遗传组成相关的两性性激素的差异决定了鸡的羽毛特征。

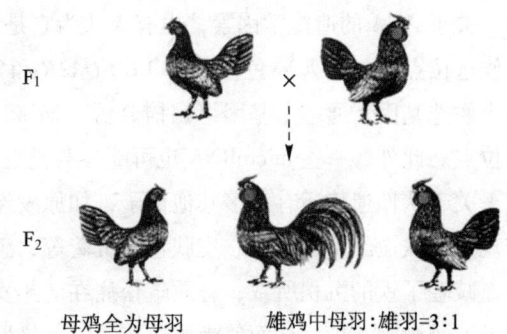

| 基因型及比例 | 表型 母鸡 | 表型 雄鸡 |
| --- | --- | --- |
| 1 $h^+h^+$ | 母羽 | 母羽 |
| 2 $h^+h$ | 母羽 | 母羽 |
| 1 $hh$ | 母羽 | 雄羽 |

图 3-17　鸡羽毛的限性遗传

### 3.4.3　从性遗传

有些基因虽然位于常染色体上，但由于受到性激素等的作用，使得它在不同性别中的表达不同，这种遗传现象称为从性遗传（sex-influenced inheritance）。从性遗传性状虽可在两性中表现，但在两性中的发生频率及杂合子基因型在不同性别中的表现是不同的。

雄激素源性秃发（androgenetic alopecia，AGA）是人类最为常见的一种秃发，其病因至今尚未明确，其中遗传因素和雄激素是致病的两大因素。关于 AGA 的遗传方式，目前仍存在争议，但人们普遍接受 AGA 是常染色体显性遗传。该性状由位于常染色体上的一对等位基因 $b^+$ 和 $b$（脱发基因）控制，基因型为 $bb$ 的个体不论男女均为秃发，基因型为 $b^+b^+$ 的个体则均表型正常，但杂合体 $b^+b$ 在男女不同性别中呈现表型差异，男性表现为秃发表型，而女性则表现为正常表型。换句话说，在男性中 $b$ 基因为显性（从性显性），而在女性中 $b$ 基因为隐性（图 3-18A）。它的表现形式受个体雄激素的影响。从两个杂合体婚配的后代可以看出：3/4 的女儿是正常的，秃发的只有 1/4，而在儿子中则有 3/4 是秃发的，仅 1/4 为正常表型（图 3-18B）。这种遗传方式也就解释了为什么秃发在男性中的出现频率远高于女性的现象。然而，目前并没有明确鉴定出 $b$ 基因。

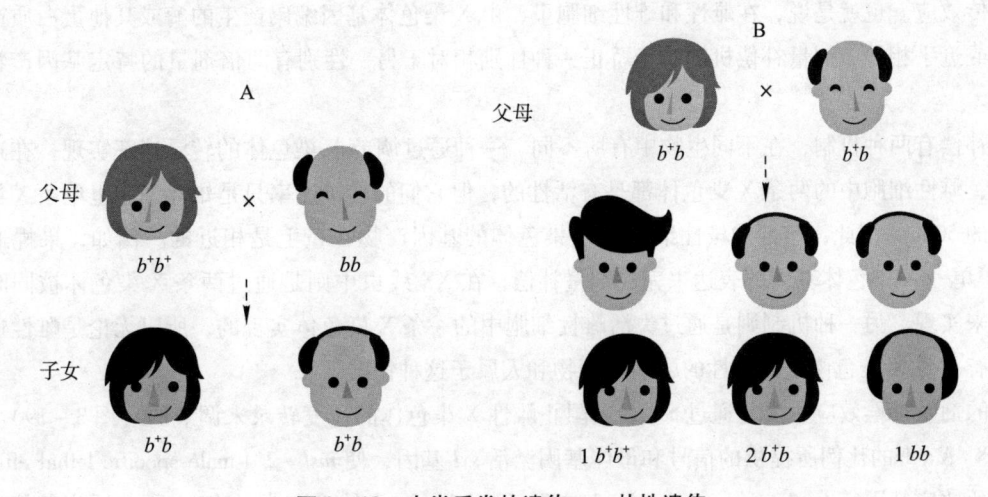

图 3-18　人类秃发的遗传——从性遗传

关于 AGA 的遗传学因素，也有人认为它是 X 连锁隐性遗传病或复杂的多基因病。首先被鉴定出的两个候选位点是位于 X 染色体上的 *AR/EDA2R* 和 20 号染色体上的 *PAX1/FOXA*，7 号染色体上的 *HDAC9* 是第三个候选基因。通过全基因组扫描分析，2q35、3q25.1、3q26、5q33.3、12p12.1、20p11 等也是重要的风险位点。此外，一些 microRNA 也可能参与秃发过程。

关于从性遗传还有很多其他例子，如原发性血红蛋白病主要是由于人体器官中沉积多余的铁而使患者表现为高铁血红蛋白血症、皮肤色素沉着等，患者男性高于女性，这是因为女性在月经、妊娠等过程中的失血减轻了铁的沉积所致；骨质疏松症在老年女性中的比例较老年男性多且更严重，主要是因为女性绝经后导致雌激素减少，从而使骨质快速丢失；雄性鸟类如孔雀的羽毛比雌性更艳丽，这也是由于雄性激素作用于基因的结果。

现将性相关遗传的 3 种方式总结如表 3-5 中。

表 3-5 性相关遗传 3 种方式的比较

| 遗传方式 | 相关基因与染色体的关系 | 遗传特征 | 例子 |
| --- | --- | --- | --- |
| 伴性遗传 | 基因位于常/性染色体上 | 基因的表达不受性激素影响，常呈交叉遗传 | 镰状细胞贫血、色盲、芦花鸡 |
| 限性遗传 | 基因位于常染色体上 | 仅限于某一性别 | 鸡羽毛形状、人毛耳、隐睾症 |
| 从性遗传 | 基因位于常染色体上 | 杂合体在不同性别中表现不同 | 人秃发、骨质疏松症等 |

## 3.5 剂量补偿效应

在性染色体决定性别的生物中，雄性和雌性个体的细胞内含有两份同样拷贝的常染色体，而性染色体则含量不同，如 XY 型性别决定中，雌性含有两份 X，而雄性则只有一份 X。在哺乳动物中，常染色体数目增加的个体常常是致死的，而性染色体数目的增加则大多只影响个体的正常发育，譬如说带有 1、2、3 甚至 4 个拷贝 X 染色体的人仍然是可以存活的（见表 3-2），也就是说，可能存在一种机制可以补偿 X 染色体的超量，这种机制称为剂量补偿效应（dosage compensation）。早在 1903 年，H. J. Muller 在研究果蝇 X 连锁基因部分缺失突变个体的眼睛色素水平时就发现，只有一份 $w^a$ 剂量的雄性和有两份 $w^a$ 剂量的雌性中色素的含量相当，他认为一定存在一种调节机制来补偿果蝇中 X 染色体连锁基因在雌雄性中的差异。所谓剂量补偿效应指的是在 XY 性别决定机制的生物中，使性连锁基因在两种性别中有相等或近乎相等的有效剂量的遗传效应。也就是说，在雌性和雄性细胞里，由 X 染色体基因编码产生的酶或其他蛋白质产物在数量上相等或近乎相等。剂量补偿机制对于矫正一种性别相对于另一性别有两倍剂量的特定基因产物的状况是必需的。

剂量补偿有两种机制，在不同生物中有所不同。一种通过调节 X 染色体的转录速率实现，在这种机制的生物中，雌性细胞中的两条 X 染色体都是有活性的，但它们的转录速率只是雄性细胞里单条 X 染色体的转录速率的 50%，因此，雌性和雄性细胞里 X 染色体的基因产物在量上是相近的。例如，果蝇通过上调 XY 个体中单一 X 染色体基因的表达来完成剂量补偿，在 XX 线虫中则是通过两条 X 染色体被同时下调一半的模式来实现。另一种机制则是通过失活雌性细胞中的一条 X 染色体实现的，所以无论是雌性还是雄性细胞都只有一条 X 染色体是有活性的，哺乳动物和人属于这种情况。

果蝇的剂量补偿效应主要是通过 Sxl 蛋白阻止雌性 X 染色体的过度转录来调节的（图 3-19）。在雌性果蝇中，X:A=1 的比例所提供的信号和母体基因激活 *sxl* 基因，使 *msl-2* [male-specific lethal effect，为 4 个雄性致死效应基因 *msl-1*、*msl-2*、*msl-3*、*mle*（maleless）中的 1 个] 的 RNA 不能适当剪接，结果产生无效的 Msl-2 蛋白，从而不能使其他的 msl 基因激活，这样 X 染色体就以基础水平转录；而在雄性中，X∶A=0.5，sxl 基因关闭，这时 msl-2 可不受干扰从而正确剪接，产生有活性的 Msl-2 蛋白，从而进一步激活其他的 msl 基因，使 X 染色体高水平转录，这样雄果蝇虽然只有一条 X 染色体，但表达的量与雌果蝇两条 X 染色体表达的量相近，达到剂量平衡。由于 msl-1、msl-2、msl-3 基因位于 2 号染色体上，mle 位于 3 号染色体上，当常染色体套数增加时，Msls 的产量也随之增加，对 X 染色体表达的促进作用也更强，因此超雄（1X∶3A）X 染色体的活性比正常雄性（1X∶2A）的更高。

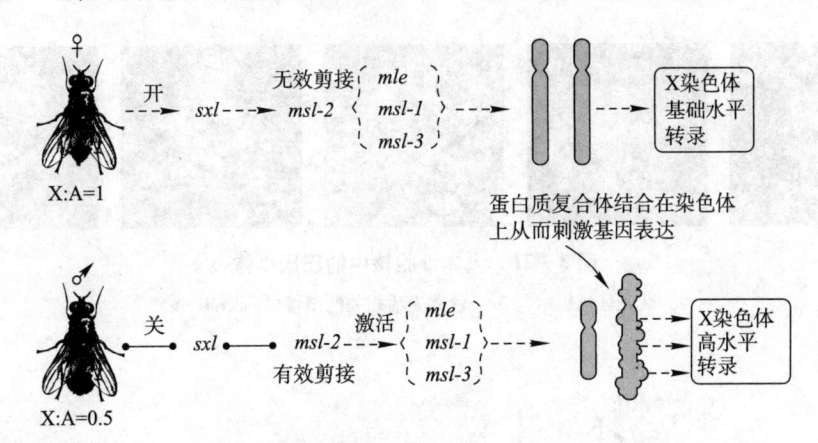

图 3-19 在果蝇中通过 sxl 基因对剂量补偿进行调控

哺乳动物的剂量补偿效应则是通过全面沉默正常雌性细胞中的一条 X 染色体实现的（图 3-20）。早在 1949 年，M. Barr 等发现在雌猫的神经细胞间期核中有一个染色很深的染色质小体，而雄猫中没有。后来在大部分正常女性口腔表皮颊膜、羊水等许多组织的间期核中也找到一个特征性的、浓缩的染色质小体，而正常男性无。由于这种染色质小体与性别及 X 染色体数目有关，所以称为性染色质体（sex-chromatin body），又名巴氏小体（Barr body），这是一种高度浓缩的、惰性的、X 染色体异染色质化的小体（图 3-21），也就是失活的 X 染色体。细胞学研究发现，Barr 小体的数目正好是 X 染色体数目减 1（见表 3-2）。从人的口腔内刮取少许上皮细胞或取头发的发根，经染色处理后即可在显微镜下观察到巴氏小体的数目和形态，其直径约为 1 μm。通过巴氏小体检查可确定胎儿性别和查出性染色体异常的患者，如克氏（Klinefelter's）综合征患者外貌为男性，但有一个巴氏小体，可判定患者的核型是 47，XXY；而外

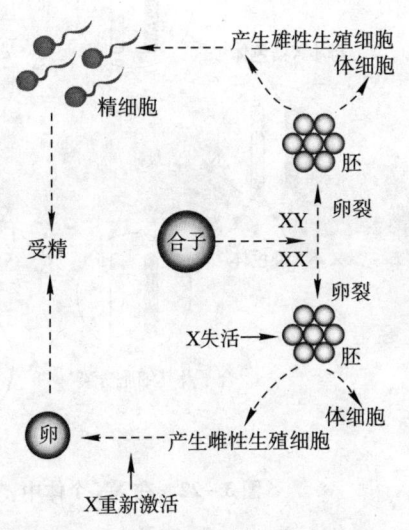

图 3-20 哺乳动物中 X 染色体的失活和重新激活示意图

表为女性的特纳氏（Turner's）综合征患者却无巴氏小体，故判断患者的核型是 45，XO。

由上可见，在所有超过一条 X 染色体的个体体细胞中，只有一条 X 染色体是有活性的。M. Lyon 于 1961 年在解释个别雌性小鼠中可变混合毛色（嵌合体）的遗传形式时提出，在每个雌性细胞中，两条雌性 X 染色体中的一条在发育早期稳定地失活。因此，这一概念也称为 Lyon 假说（Lyon hypothesis），X 染色体失活的过程称为莱昂化（lyonization）。

Lyon 假说得到一些证据的有力支持。在雌性杂合体玳瑁猫中，位于 X 染色体上的黑色皮毛基因 $B$ 是橙色皮毛基因 $b$ 的一个显性等位基因，由于雌性杂合玳瑁猫（$X^BX^b$）的 X 染色体在发育早期细胞中随机失活，$X^B$ 染色体失活细胞的有丝分裂后代细胞产生橙色皮毛斑点，而 $X^b$ 染色体失活则呈现黑色皮毛斑点，而且玳瑁猫的毛皮上出现这种黑色和橙色斑块的几乎总是雌性杂合体（图 3-22）。人类有一种 X 连锁的

隐性遗传病叫做无汗性外胚层发育不良症（anhidrotic ectodermal dysplasia），这是一种以汗腺、毛发及牙齿等外胚层起源的组织发育缺陷为主要特征的遗传性疾病，其致病基因定位于Xq12.2~13.1，主要表现为毛发稀少、牙齿发育异常、无汗或少汗以及表皮异常。杂合女人表现出有齿和无齿颚区的嵌镶以及有汗腺和无汗腺皮肤的嵌镶。这两种嵌镶的位置在个体之间明显不同，这是由于发育期一条X染色体随机失活所致。人的红绿色盲也是X连锁的隐性遗传病，男性患者在所有视网膜细胞中都是全色盲的，然而杂合子女性的视网膜是嵌合体的，即部分是色盲的，部分是正常的，这也进一步说明了Lyon假说的正确性。

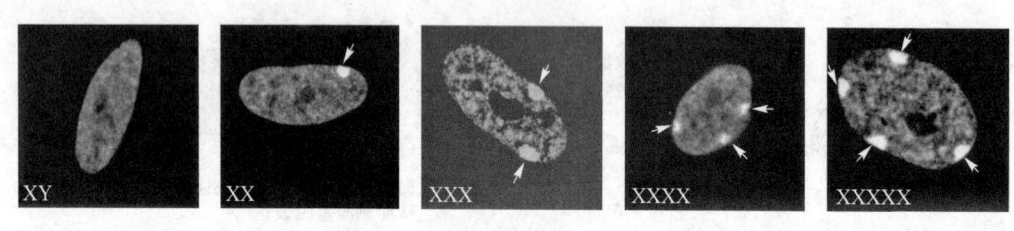

图3-21 人体细胞核中的巴氏小体

荧光区域指示与X染色体失活相关的组蛋白macroH2A

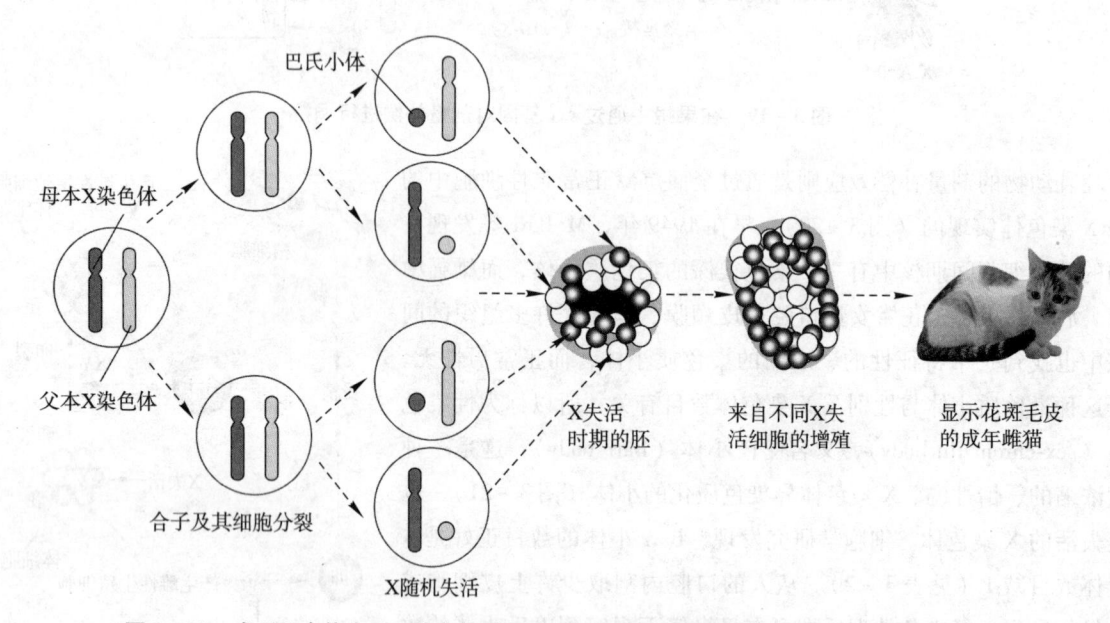

图3-22 在XX个体中，X染色体随机失活，由于X的随机失活使雌猫呈现花斑皮毛

支持Lyon假说的生物化学证据首先来自对葡糖-6-磷酸脱氢酶（G-6-PD）在杂合性妇女的皮肤成纤维细胞培养中表达的研究。G-6-PD基因位于X染色体上，G-6-PD的活性在男女中是相同的。G-6-PD有A、B两种类型，二者仅相差一个氨基酸，可通过电泳区分，它们由一对等位基因 $Gd^A$ 和 $Gd^B$ 所编码。当取自 $Gd^A/Gd^B$ 杂合妇女的皮肤细胞原始培养物时，电泳图谱上出现A、B两种条带，而当检测单个细胞的培养物时（克隆培养），每个克隆只出现一条电泳带，或者完全表现为A型条带，或者完全为B型条带（图3-23）。这个实验一方面证明了女性中发生了X染色体的失活，另一方面说明了这种失活状态从一代细胞到下一代细胞是可遗传的。

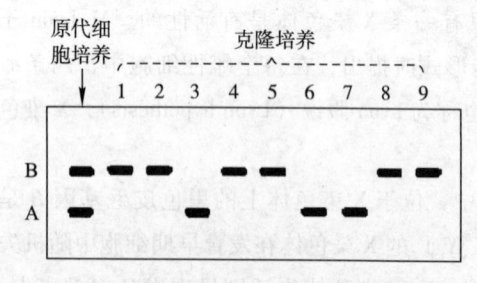

图3-23 G-6-PD杂合体女性的电泳图，示X染色体失活造成X连锁基因失活

X染色体失活是发育过程中独特的调节机制，该机制调

节着整个X染色体上基因的表达。自这一现象被发现以来，科学家们通过遗传分析、分子遗传学和表观遗传学的研究，得出以下结论：

(1) 巴氏小体是遗传上失活（或大部分失活）的X染色体。

(2) 失活通常是随机的。在同一哺乳动物体内，有些细胞是父源的X染色体失活，而另一些细胞则是母源的X染色体失活，父源或母源X染色体失活的概率是相等的。然而研究发现，在含有X染色体畸变的核型中，X染色体失活的随机性出现例外。例如，当患者的一条X染色体发生不平衡型结构异常如有缺失、重复和等臂染色体时，失活的总是这条结构异常的X染色体；另外，在X/常染色体易位中也经常可见非随机X失活；更有研究发现，X染色体失活时倾向于使携带有发生突变的等位基因的染色体失活。这些都暗示，X染色体失活不只是X染色体的剂量补偿机制，也可能是生物体的一种保护机制。

(3) 失活受发育的调控。早期受精卵中两条X染色体都是有活性的，失活是发生在胚胎发育早期的细胞分化过程中，例如人类，在胚胎发育第16天时（合子细胞增殖到5 000~6 000个细胞时）发生失活。某个细胞的某条X染色体一旦失活，这个细胞的所有后代细胞中的该X染色体均处于失活状态。

(4) 杂合体雌性在伴性基因的作用上表现为嵌合体（mosaic）——某些细胞中来自父方的伴性基因表达，某些细胞中来自母方的伴性基因表达，这两类细胞随机地镶嵌存在（图3-22）。研究发现，在失活的X染色体（Xi）上，大多数X连锁基因在胚胎早期发育过程中表现为稳定的转录失活，但并非整条X染色体上的所有基因均失活。这样也就合理地解释了为什么XXX和XO的女性虽都只有一条X染色体有活性，但其表型会出现异常。目前的研究表明，人类X染色体大约有15%的基因是逃避X染色体失活的。X染色体上的这种逃避失活的基因与失活基因穿插排列，意味着失活基因转录的关闭不是由它们所在的区域决定的，而是与某些位点有关。

(5) X失活中心的作用。通过人类和小鼠的遗传分析表明，失活起始于X染色体长臂的某一位点，然后向染色体的两端扩展，这个起始位点即所谓的X失活中心（X-inactivation center，XIC）（图3-24）。XIC位于Xq13，长约1 Mb（$10^6$碱基对），内含4个基因，其中一个叫 Xist 的基因（X-inactive specific transcript）起着关键性的作用，这个基因仅在Xi上有特异性表达（即X染色体失活特异转录物），在有活性的X染色体（Xa）上是不表达的（图3-25）。Xist 基因的表达有以下4个特点：①Xist RNA是从Xi染色体上表达而来的；②它编码一种非常大的非编码RNA，人类 XIST 转录物为17 kb，小鼠是15 kb，它不编码蛋白质，是一种非编码DNA；③该基因只在有Xi染色体的细胞中表达，且随Xi染色体数目的增加表达量增加（图3-25B）；④这个RNA只局限在细胞核内并特异性地从转录位点开始积累在Xi染色体上的特定区域，因此，X染色体的失活是顺式作用的（cis-acting）。研究发现，在所有X染色体上 Xist 在起始时都有低水平转录，但随着失活过程的开始，仅在Xi上转录增加，因此，有人推测X染色体失活是由 Xist 基因的特异转录物所引起的。然而，X染色体失活状态的维持并不需要 Xist 基因的持续表达，Xist RNA对于X染色体的失活是必需且是足够的，它进一步募集不同的失活阻碍因子（蛋白质）到失活的X染色体上。2013年的一个研究发现，那些"逃逸"失活的基因可存在于 Xist 云状结构中，也存在于云状结构之外。

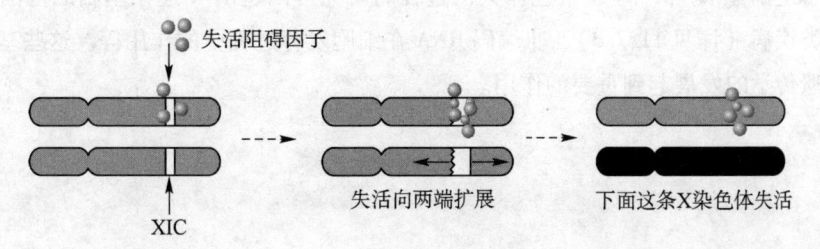

图3-24 X染色体失活机制，示自X失活中心开始向染色体两端扩展失活的过程

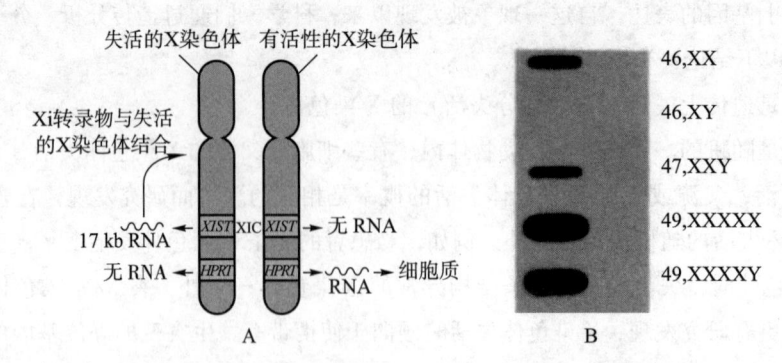

**图 3-25　*XIST* 基因在失活的 X 染色体上表达**

A. 标记基因 *HPRT*（次黄嘌呤磷酸核糖基转移酶）在 Xa 上表达，而在 Xi 上不表达；
B. 具不同 X 染色体数目个体的 *Xist* 转录物表达情况

（6）*Tsix* 的表达对于起相反作用的 *Xist* 对 X 染色体的进一步失活是必需的。XIC 中的另一非编码 RNA 基因 *Tsix*（40 kb，*Tsix* 与 *Xist* 二基因是重叠的，却反向转录，故反向拼写取名）在 *Xist* 基因的表达调控中也起到关键性作用。跟 *Xist* 一样，*Tsix* 只作用于它所产生的染色体。然而二者之间却具有相反的表达方式：当 *Tsix* 在一条染色体上的转录减少时，*Xist* 在同一染色体上的表达增加并导致这一染色体的失活；相反，*Tsix* 的过表达可以阻止 *Xist* 表达的增加并且阻止同一 X 染色体的失活。

（7）Xi 上伴随有一系列的表观遗传修饰，包括组蛋白 H3 的甲基化和去乙酰化、组蛋白 H4 的去乙酰化、macroH2A 的积聚和 DNA 甲基化等，如 Xi 染色体上的 *Xist* 基因是去甲基化的，而 Xa 染色体上的 *Xist* 基因是高度甲基化的。整条染色体的沉默涉及招募许多特化的因子如组蛋白变异体和染色质修饰剂等，不同发育时期的表观遗传修饰不同。

（8）在形成生殖细胞时，失活的 X 染色体被重新激活（见图 3-20），*Xist* RNA 表达的减少可能是失活 X 染色体再激活的基础。

X 染色体失活的研究已超过半个世纪，近年来，随着分子遗传学和表观遗传学相关领域的研究进展，人们对 X 染色体失活的分子机制有了更多的了解，但仍有许多问题不清楚。例如，在多个 X 染色体的胚胎早期，细胞是如何正确计数它的 X 染色体的数目呢？最新研究发现，在 *Xist* 结构中出现了 DNase I 敏感性（一种与转录活性联系在一起的特征），以及在 *Xist* 结构外发现了失活基因，都表明染色体上基因调控的作用方式，比仅仅只是开关这种模式要复杂得多，那么 X 染色体的沉默是如何在分子水平上实现和维护的？为什么非编码 RNA 在 X 染色体失活中发挥如此大的作用？*Xist* RNA 的作用本质及其云状结构的功能是什么？一些重要基因如何设法逃离 *Xist* RNA 在失活 X 染色体上无处不在的影响力的？沉默的蔓延过程和失活 X 染色体的再激活是怎样的？能否利用这些 RNA 发现作为治疗和药物研发的靶标，等等，进一步的研究将是令人兴奋的挑战。

通过 X 染色体失活的研究还可以洞察癌症生物学，因为已经发现在许多人类乳腺癌和卵巢肿瘤细胞中有两个活跃的 X 染色体。此外，对 X 染色体失活过程的研究可以超出 X 连锁基因的范围，如包括印记基因在内的许多人类疾病（详见 11.7.3）、非编码 RNA 在细胞发育过程中的作用等。这些基因表达调控机制的研究将对整个遗传学的发展起到重要的作用。

## 问题精解

◆ 自毁容貌综合征（Lesch-Nyhan syndrome）是一种严重的代谢疾病，在人类中，约 **50 000** 名男性中有一名患者。嘌呤类分子在神经组织中的积累与该病有关。这种生化异常是由于缺乏次黄嘌呤鸟嘌呤磷酸核糖基转移酶（hypoxanthine-guanine phosphoribosyl transferase, HG-PRT）所引起的，编码该酶的基因位于 X 染色体上。缺乏该酶的个体不能控制他们的行为，不自觉地进行一些自毁行为如咬伤、抓伤自己。已知在该家系图中标记为Ⅳ-5 和Ⅳ-6 的男性个体患有此病，那么Ⅴ-1 和Ⅴ-2 遗传该病的概率有多大？

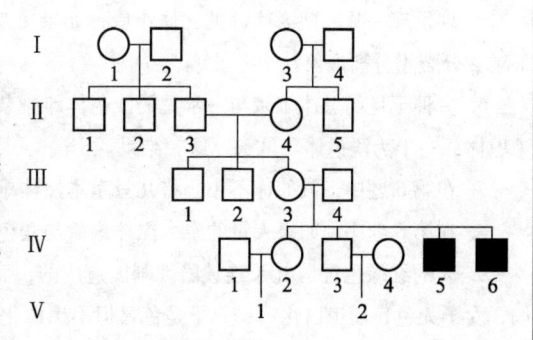

答：在家系图中，方框和圆圈分别代表男性和女性。因为Ⅳ-5 和Ⅳ-6 的男性个体患有此病，而Ⅲ-3 自身表型正常，故她一定是携带突变等位基因 h 的杂合体（H/h）。她有 1/2 的机会将突变基因传给她的女儿（Ⅳ-2），如果这样，Ⅳ-2 也将有 1/2 的机会将这个突变基因传给她的孩子（Ⅴ-1），那么Ⅴ-1 得到这个突变基因的概率是 1/2×1/2=1/4，如果Ⅴ-1 是女性则不发病，如果Ⅴ-1 是男性则可能发病，但因为Ⅴ-1 是男性的概率只有 1/2，故在Ⅴ-1 发病的概率为 1/4×1/2=1/8。对于Ⅴ-2 来说，遗传该病的概率基本上为 0，因为这个孩子的父亲不是携带者，孩子的母亲来自别的家族，她几乎不可能携带这个突变基因，因为这个性状在人群中是异常罕见的。

## 思考题

1. 白眼、黑檀体（ebony）雌果蝇与野生型（红眼、灰体）雄蝇杂交，在 $F_1$ 中，所有雌蝇都是红眼、灰体，而所有雄蝇都是白眼、灰体。$F_1$ 互交得 $F_2$，在 384 个 $F_2$ 中有如下分类结果：

| 眼色 | 体色 | 雄蝇数 | 雌蝇数 |
| --- | --- | --- | --- |
| 白眼 | 黑檀体 | 20 | 21 |
| 白眼 | 灰体 | 70 | 73 |
| 红眼 | 黑檀体 | 28 | 25 |
| 红眼 | 灰体 | 76 | 71 |

你怎样解释眼色和体色的遗传？（提示：眼色基因是 X 连锁的，体色基因位于常染色体上）

2. 男性性染色体来自其祖父辈中的哪个个体？（请选择）

X 染色体来自：外祖母，外祖父，祖母，祖父。

Y 染色体来自：外祖母，外祖父，祖母，祖父。

3. 下列哪种方式是典型的伴性显性遗传？

(1) 具该性状的雄性→100% 的具该性状的子代。

(2) 具该性状的雌性是具该性状的雄性的两倍。

(3) 具该性状的雄性→50% 的具该性状的雄性后代。

4. 在一个果蝇实验中，大量白眼、野生型灰体的雌蝇（ww；++）与朱红眼（vermilion）、黑体雄蝇（vY；bb）杂交，$F_1$ 中有极少量的具白眼、野生型灰体的雌蝇。这些雌蝇与亲本雄蝇（vY；bb）回交。

(1) 这些 $F_1$ 雌蝇的基因型和染色体组成是什么?

(2) 回交后代的基因型和表型如何?

5. 现发现一基因型为 $AAa$ 的三体小鼠,如果父亲的基因型是 $Aa$,母亲的基因型是 $aa$,那么在哪一个亲本中发生了减数分裂不分离现象?

6. 一种罕见的黑体雄蛾与一常见的浅色体雌蛾杂交,$F_1$ 为黑体。$F_1$ 互交,$F_2$ 所有雄蛾都是黑体,而雌蛾中一半为黑体,一半为浅色体。试解释这一结果。

7. 在第 6 题中,假如你不小心将几只亲本黑体雄蛾与 $F_1$ 雄蛾混在一起,你用什么办法可将它们分开呢?

8. 在第 6 题中,如果大量的亲本黑体雄蛾与浅色雌蛾杂交,你观察到在后代中有极少的浅色雌蛾,怎样解释?

9. 人的红绿色盲是由 X 连锁隐性基因造成的,而白化病是由常染色体上一隐性基因造成的。现有一对纯合体夫妇,女子无色盲而患白化病,男子是色盲但不患白化病,他们的后代表型如何?

10. 果蝇中,短翅($vg$)对正常长翅($vg^+$)是隐性,此对基因位于常染色体上。决定白眼的基因位于 X 染色体上。现有一纯合白眼、长翅的雌果蝇与一纯合白眼、短翅雄果蝇杂交,请问:

(1) $F_1$ 的表型及其比例。

(2) $F_2$ 的表型及其比例。

11. 试述伴性遗传、限性遗传和从性遗传的特点和差别。

12. 一个色盲妇女和一个正常视力男人有一个色盲的儿子,后者的核型为 47,XXY,表现 Klinefelter's 综合征的性状。问:

(1) 卵和精子里具有什么样的性染色体在结合后才产生这样一个儿子?

(2) 若对儿子和双亲进行巴氏小体检验,则儿子的是像来自母亲的细胞,还是像来自父亲的细胞?

(3) 若这对夫妇有另外一个正常核型的儿子(46,XY),则其患色盲的概率是多少?

13. 秃顶有时能在早年表现出来。一个非秃顶红绿色盲的男人同一个非秃顶的视觉正常的女人(其母是秃顶,父亲是红绿色盲)结婚。他们下列孩子的各种表型的概率各是多少?

(1) 秃顶女儿。

(2) 秃顶、正常视觉的儿子。

(3) 非秃顶儿子。

(4) 每种性别色盲的孩子。

14. 为什么说 X 染色体失活可能是生物体的一种保护机制?

15. 一天,在全国遗传学教师 QQ 群展开了关于人类秃发遗传的讨论,提示此类遗传现象的复杂性。有的研究指出秃发的伴 X 遗传特性,有的则推测出伴 Y 遗传类型,也有从性遗传等特征的常染色体基因遗传的秃发类型。试根据相关研究进展,结合教材内容,论述人类秃发遗传的复杂性。

16. 鸟类雄性的性染色体组成是 ZZ,而雌性的性染色体组成是 ZW;对于雏鸡的存活,至少需要有一条 Z 染色体。曾经有人记载鸟类也可以进行孤雌生殖,火鸡的未受精卵曾孵出小火鸡,这是一种自然孤雌发育现象。从遗传学角度看,可能的机制有 3 种。第一种是减数分裂异常——雌火鸡体内存留了二倍体的卵细胞;第二种是卵细胞偶尔与极体融合而"受精";最后一种是卵细胞中的染色体因为未知的原因发生了加倍现象,染色体数目倍增。请根据以上推测,分析每一种情况中火鸡所产子代的性别及其比例问题。

17. 人类的"性别比例"已出现不平衡,有报道说,目前中国婚龄人口(25 岁左右)的男女比例相差数千万,将会引发婚姻、升学、就业甚至社会安定等与"性别歧视"相关的一系列社会问题。如果人为控制出生性别以希望达到"性别比例"重新恢复平衡,是否违背生命伦理?

# 第 4 章

# 数量性状与多基因遗传

*Herman Nilsson-Ehle*

4.1 从基因型到表型：环境对表型作用的影响
4.2 数量性状遗传的规律
4.3 分析数量性状遗传的基本统计学方法
4.4 遗传力的估算及其应用
4.5 数量性状基因的定位
4.6 杂种优势

**内容提要**：生物的许多性状是连续变异的，与质量性状明显不同。数量遗传学就是研究这些连续变异的、由多基因控制的数量性状的遗传规律的领域。一个数量性状的表型受到多个不同等位基因的作用，每个基因对表型的贡献是微效的，加上环境对表型的影响，因此，数量性状的变异由遗传变异和非遗传变异组成。虽然数量性状的遗传遵循孟德尔定律，但对数量性状的分析通常要用数理统计的方法。本章重点介绍了环境在从基因型到表型中的作用、数量性状遗传的规律、遗传力、数量性状基因定位及杂种优势等。

遗传力是指亲代传递其遗传特性的能力，为遗传变异占总变异的百分数。根据遗传力估算中所包含的成分不同，遗传力可分为广义遗传力和狭义遗传力。遗传力在动植物育种和数量性状的遗传分析中具有重要意义。

对数量性状的遗传变异起作用的基因称为数量性状基因座（QTL），利用分子标记及一些复杂的统计学方法可以对 QTL 进行定位，QTL 定位是目前数量遗传学研究的热点领域。

**重要概念**：数量性状 质量性状 表型模写 外显率 表现度 QTL 遗传力 广义遗传力 狭义遗传力 平均显性度 育种值 现实遗传力 加性遗传方差 杂种优势

科学史话

前面所涉及的性状差异大多是明显而不连续的，且大部分是一对一的，例如豌豆的红花与白花、果蝇的红眼与白眼、玉米胚乳的糯性与非糯性、人的 ABO 血型等。这类性状在表面上都显示质的差别，所以叫做质量性状（qualitative character）。对于质量性状，表型与基因型之间的关系较为简单，在大多数情况下每个基因型产生一种表型，也就是说每种表型是由单个基因型控制的，即使发生基因间的相互作用及上位效应等，可能几种不同的基因作用于同一表型时，基因与性状之间的关系仍然是较为简单的。质量性状的遗传可以比较容易地由经典遗传学三大定律来分析，通过对亲代与子代表型的研究，我们可以推测出基因型。

研究者们在利用不同性状或物种进行大量杂交试验后发现，有些性状并不符合质量性状的遗传方式，杂交子代并不能按表型分成明显的几类或具有一定的表型比例，这些性状的变异呈连续状态，没有明显的界限，如鸟嘴的大小、人的身高、水稻的粒重等，这类性状叫做数量性状（quantitative character）。对数量性状遗传规律的研究叫做数量遗传学（quantitative genetics）。数量性状除了基因型的作用外，环境因素对表型的分布也产生显著影响。

数量遗传学研究在基础生物学和应用生物学中起着重要的作用，如在农业方面，作物产量、乳产量、棉花纤维长度、水果大小等性状都是用数量遗传学来研究的；在心理学方面，经常运用数量遗传学的方法来研究一些复杂的行为特征，如 IQ、学习能力、记忆力、个性等；在医学方面，如血压、指纹、寿命、身高、体重及许多疾病等也离不开数量遗传学。

## 4.1　从基因型到表型：环境对表型作用的影响

人类基因组计划揭示，每个人的基因组之间存在有 0.1% 的核苷酸差异，这微小的差异就决定了我之为我而非你也。从这个意义上讲，"基因决定论"有它的物质基础，不管你相不相信命运，基因确实决定了许多东西，譬如说你身体的某些特征、功能是无法人为改变的。黑色的眼睛不可能变成棕色或蓝色；血型不会随环境和营养的改变而发生改变；如果你母亲有色盲，那么你这个家庭中的男孩就无法摆脱患色盲的命运；犟牛般的性格也许遗传自你父母的顽固。从前面我们所学的遗传规律也知道，虽然有些性状父母没有，但你却有，这可能还是由于遗传的作用，因为基因有显隐性之分等。

但是，你为什么会卓有成就或一无所有？同样的水稻品种，为什么不同的管理会有不同的产量？这说明"基因决定论"只是相对的。一般地，在生物体的一生中基因型是恒定不变的，但有些表型是可以改变的。生物性状的表现，不只受基因的控制，也受环境的影响。也就是说，任何性状的表现都是基因型和内外环境条件相互作用的结果，你的卓有成就或碌碌无为，是你的基因型与社会环境、家庭环境、个人努力等共同作用的结果。现代遗传学证明，像糖尿病、心脏病、高血压等疾病的发生，基因型仅仅是一部分原因。对一个成年人而言，其健康或疾病状态即表型，是通过生活环境作用于基因型来决定的，他所吃喝的、呼吸的、周围的环境、所受的压力、所参加的活动或所受的伤害、感染、炎症等所有这些因素都会改变基因表达，而成为影响健康或疾病状态的重要因素。

下面我们列举两个例子来说明基因型与环境的相互作用关系。

**例 1**　玉米中的隐性基因 $a$ 使叶内不能形成叶绿体，造成白化苗；显性等位基因 $A$ 是叶绿体形成的必要条件。在有光照的条件下，无论 $AA$、$Aa$ 个体都表现绿色，$aa$ 个体表现白色；而在无光照的条件下，3 种基因型都表现白色。这说明，在同一环境条件下，不同基因型可产生相同的表型；另一方面，同一基因型个体在不同条件下也可发育成不同的表型。这也正反映了"外因是变化的条件，内因是变化的根本，外因通过内因而起作用"的唯物辩证观点，在这里外因是光线，内因是基因型。我们所看到的表型实际上是基因型与环境相互作用的结果。这样我们就有了一个重要的结论：对于一个好的品种，要获得理想的结果，还必须有合适的生活条件，那我们也就知道了为什么在南方好的品种，在北方就可能是一个差的品种了，因为那里的环境条件不适合这个品种基因型的表现。

**例2** 温度效应：暹罗猫（siamese cats）的某些部位可产生深色皮毛的表型，但产生深色体毛的酶是温度敏感的，该酶的最佳作用是在低于猫正常体温的温度下。因此，它的耳朵、鼻子、尾巴及所有比正常体温低的区域都显示深色（图4-1）。如果将猫腹部的毛剃掉并放上一个冰袋，置换的毛将是深色的。同样，将剃掉毛的尾部保持在比正常体温高的温度下，尾部将迅速被淡色毛皮所覆盖。然而，这种改变只是暂时的，除非永远保留冰袋和热源。有一种叫月见草（evening primrose）的植物，当生长在23℃时开红花，生长在18℃时开白花。这两个例子告诉我们，环境因素温度通过酶起作用，这也反映了从基因型到表型的复杂关系。

**图4-1 暹罗猫的毛色变化受环境温度的影响**

事实上，基因型、表型和环境三者间的相互作用关系是复杂的，这也正是遗传学永恒的研究主题。

以下几个常用的基本概念对于研究和理解这三者的相互关系是有益的：

（1）表型模写（phenocopy）：我们有时会遇到这样的情况，基因型改变，表型随之改变；环境改变，有时表型也随之改变，环境改变所引起的表型改变，有时与由某基因引起的表型变化很相似，这叫表型模写。模写的表型性状是不能遗传的。上述例1中描述的在黑暗条件下 AA 和 Aa 型植株的表型与 aa 型植株相同，这实际上是一种表型模写。如将孵化后4~7天的黑腹果蝇的野生型（红眼、长翅、灰体、直刚毛）的幼虫经35~37℃处理6~24 h（正常培养温度为25℃），获得了一些翅形、眼形与某些突变型（如残翅 vgvg）表型一样的果蝇，但是这些果蝇的后代仍然是野生型的长翅。实验说明，某些环境因素（如温度）影响生物体幼体的特定发育阶段的某些生化反应速率，这些环境因素的变化使幼体发生了类似于突变体表型的变化，但其基因型是不变的。

（2）外显率（penetrance）：外显率是指某一基因型个体显示其预期表型的比率，它是基因表达的另一变异方式。例如，玉米形成叶绿素的基因型 AA 或 Aa，在有光的条件下，应该100%形成叶绿体，基因 A 的外显率是100%，外显率为100%时叫完全外显（complete penetrance）；而在无光的条件下，则不能形成叶绿体，我们就可以说在无光的条件下，基因 A 的外显率为0。在黑腹果蝇中，隐性的间断翅脉基因 i 的外显率只有90%，也就是说90%的 ii 基因型个体有间断翅脉，而其余10%的个体是野生型，但它们的遗传组成仍然都是 ii。人类中的多指被认为由一显性基因 P 控制，正常五指的基因型为 pp，然而有些杂合个体（Pp）不显示多指的表型，其外显率低于70%。这种不能提供完全预期表型即外显率低于100%的情况称为不完全外显（incomplete penetrance）。

（3）表现度（expressivity）：另外还有一种现象就是基因的表达在程度上存在一定的差异，即基因的表型效应会有各种变化，我们将个体间这种基因表达的变化程度叫表现度。表现度的不同等级往往形成一个从极端的表现过渡到"无外显"的连续系列。因此，外显率是指一个基因效应的表达或不表达，而不管表达的程度如何；而表现度则是描述基因表达的程度。人类成骨不全（osteogenesis imperfecta）是一种显性遗传病，杂合体患者可以同时有多发性骨折（骨骼发育不良、骨质疏松）、蓝色巩膜（眼球壁后部最外面的一层纤维膜呈白色）和耳聋等症状，也可能只有其中一种或两种临床表现，所以说其基因的表现度很不一致（图4-2）。另外，如人类中的短食指（第二指）以简单的显性遗传方式遗传，然而，具有相同基因型 Aa 人的第二指的短小程度有很大差异，有些人指骨很短，而另一些人则只稍许短些。

环境因素和遗传背景对基因不完全外显和可变表现度具有明确的影响，因此在个体发育过程中一个基因的外显率和表现度可通过环境因素如温度、湿度、营养等改变而发生变化。例如，在带有糖尿病基因的孪生子中只有那些食用更多糖类的个体才会发病。由于基因-基因、基因-环境相互作用机制相当复杂，因此，遗传学家和医生们经常借助经验风险衍生曲线（empirically derived risk figures）为患者及其亲属所关心的复杂遗传病患病风险进行疑难解答。

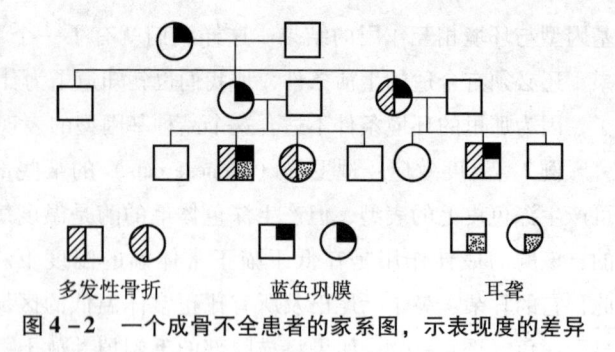

图 4-2 一个成骨不全患者的家系图，示表现度的差异

多发性骨折　　蓝色巩膜　　耳聋

另外，现代遗传学研究表明，基因表达模式在细胞世代或代与代之间的可遗传性并不完全取决于基因的序列信息，这种不涉及 DNA 序列改变的基因表达和调控的可遗传变化称为表观遗传（epigenetic）。环境因素对表观遗传有着重要的影响，如我们所摄取的营养、所暴露的环境等都会影响基因的表达和改变表达模式，从而产生表型的改变。这种表观遗传变异的产生无疑使数量性状的遗传规律更加复杂化。有关表观遗传方面的内容，我们将在以后的章节中作进一步讨论。

## 4.2 数量性状遗传的规律

### 4.2.1 数量性状遗传遵循孟德尔定律

由上可知，基因的表达或表型受环境的影响。虽然质量性状遗传也受环境的作用，但 $F_1$ 的质量性状分布绝大多数与亲本之一相似，$F_2$ 具有明显的表型分类，如 3∶1，9∶3∶3∶1；而在数量性状的遗传中，$F_1$ 的性状分布表现为中间表型，$F_2$ 显示连续的表型分布（图 4-3）。

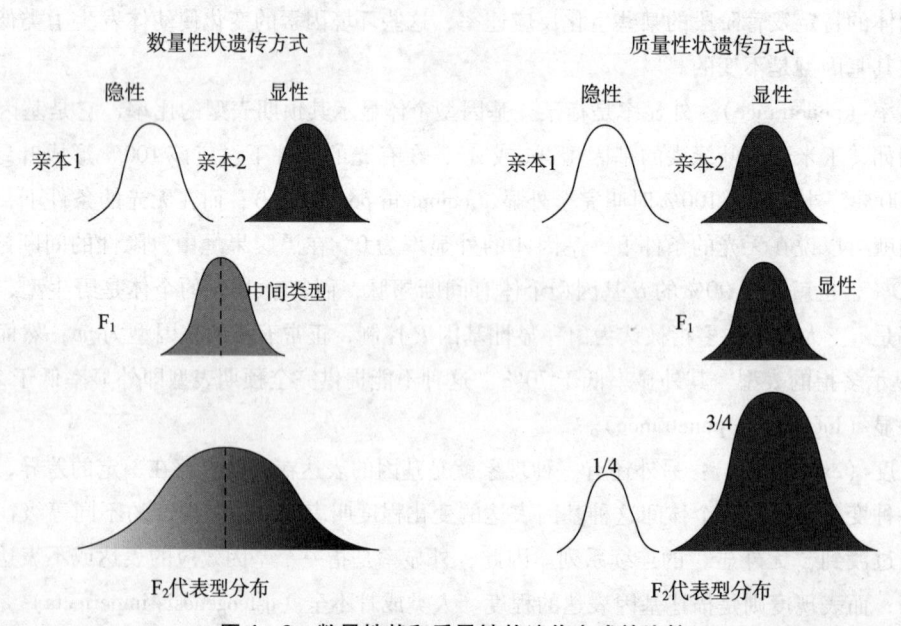

图 4-3 数量性状和质量性状遗传方式的比较

因为数量性状在 $F_2$ 中表现连续分布，而不表现为不连续的表型特征，因此数量性状的遗传似乎不能直接用孟德尔定律来分析。1901 年至 1918 年，关于数量性状遗传是否遵循孟德尔定律是一个热点的争论话题。在这段时间内，通过大量的遗传研究证明，数量性状也是由孟德尔遗传因子所控制的，但它由多个

基因控制，也就是说数量性状的表型是由许多对非等位基因的相互作用决定的。这类性状的遗传，在本质上与孟德尔式遗传完全一致。H. Nilsson-Ehle 在 1909 年通过小麦（*Triticum aestivum*）的杂交实验有力地证明了这一结论。Nilsson-Ehle 用红色麦粒和白色麦粒的纯种杂交，$F_1$ 的颜色表现为中间性状，这一现象并不排除不完全显性，然而当 $F_1$ 自交得 $F_2$ 时，并未出现深红：粉红：白色 = 1：2：1 的分离比，而是白色与红色比例为 1/64：63/64，红色籽粒的颜色深浅也是不同的（图 4-4）。他注意到这个 1/64：63/64 的比例是三因子杂交的 $F_2$ 预期比例，在这里隐性纯合体为白色，其余具有至少一个产生颜色的显性基因的个体为红色。由此他得出结论认为麦粒颜色是多基因（polygenic）性状，他所采用的白色亲本为隐性纯合体（$r_1r_1r_2r_2r_3r_3$），红色亲本为显性纯合体（$R_1R_1R_2R_2R_3R_3$），这样也就说明了数量性状可用孟德尔定律来分析。

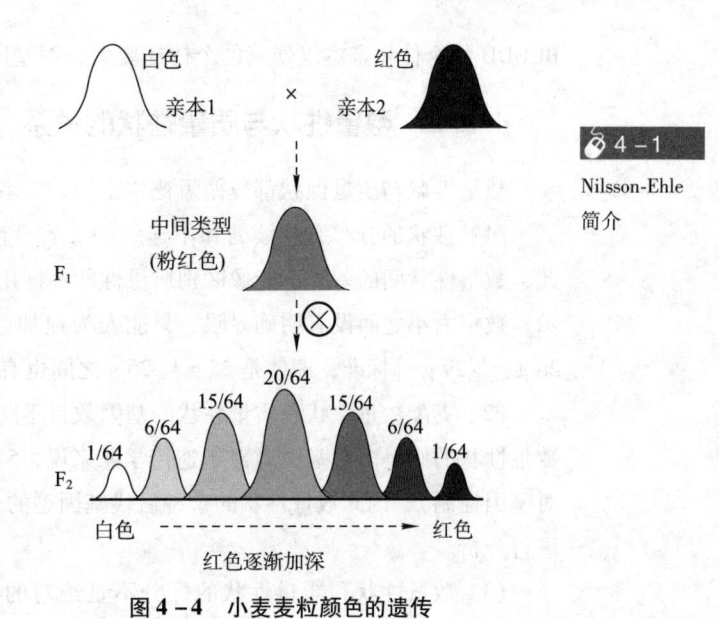

图 4-4 小麦麦粒颜色的遗传

在 Nilsson-Ehle 的杂交中，麦粒颜色仅涉及 3 对等位基因，因而可以将 $F_2$ 分成几个类型的表型。如果涉及 4 对、5 对或更多对等位基因，$F_2$ 的表型分类数就更多。表型分类数越多，每类之间的颜色差别就越小，因而就很难进行类与类之间的区分，从而表现为连续分布（图 4-5）。因此，数量性状有时也称为多基因性状（polygenic traits）。

由于每一个数量性状是由许多基因共同作用的结果，其中每一个基因的单独作用较小，并且由于环境影响也会使得相同基因型的个体出现微小的表型差异，这样就使得由于基因型的差异所造成的表型差异与由于环境影响所造成的表型差异差不多，因此各种基因型所表现的表型差异就成为连续的数量了；如果环境对某一性状有较大的影响，即使控制某一性状的等位基因数较少，它的后代也会成为连续分布（图 4-5）。

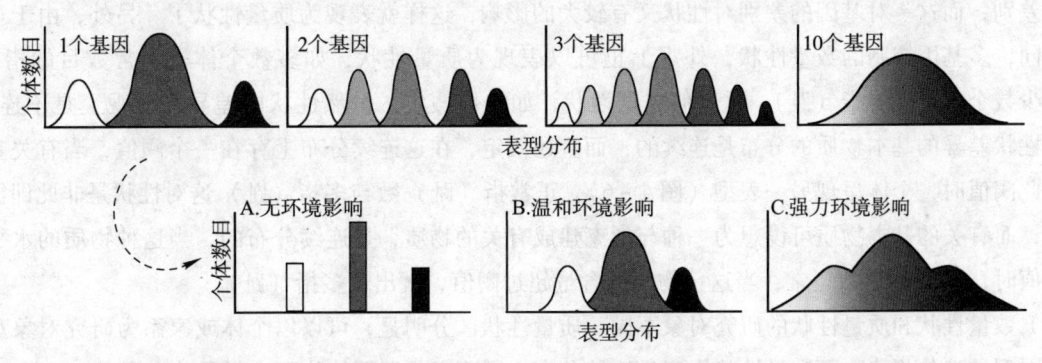

图 4-5 不同对基因作用的 $F_2$ 群体表型分布（上排）及不同环境因素影响下一对基因的 $F_2$ 表型分布（下排）

综合各方面的研究结果，数量性状遗传的一般特征是：①两个纯合亲本杂交，$F_1$ 的表型一般为双亲的中间型，但有时可能倾向于其中的一个亲本。②$F_2$ 与 $F_1$ 的表型平均值大致相等，但 $F_2$ 的变异幅度远远超过 $F_1$。在 $F_1$ 植株中，虽然基因型彼此全都相同（如两对基因的 *AaBb*、三对基因的 *AaBbCc* 等），但由于环境的影响，也呈表型差异。而 $F_2$ 与 $F_1$ 不同，除了环境差异之外，还有基因型差异，所以 $F_2$ 总的变化范围要比 $F_1$ 大。③杂种后代中有可能分离出高于高值亲本或低于低值亲本的类型，这种现象称为超亲遗传，这被认为是由于杂交亲本并不代表在所有组合的基因型中的极端值，例如基因型是 *AABBCCdd* 的汉堡鸡与基因型是 *aabbccDD* 的乌骨鸡杂交，$F_1$ 鸡是一致的杂合体 *AaBbCcDd*，体重居中，但在 $F_2$ 中基因型为 *AAB-*

BCCDD 的个体比亲本汉堡鸡的个体还要大，而基因型是 aabbccdd 的个体比亲本乌骨鸡还要小。

### 4.2.2 数量性状与质量性状的关系

数量性状与质量性状都遵循孟德尔定律，二者之间既有联系又有区别：

(1) 性状的分布有连续的和不连续的。质量性状表现为不连续分布，数量性状表现为连续分布。因此，数量性状间的差异不能像区别质量性状一样用文字描述，它只能用数字加上计量单位如克、厘米等表示，数字大小之间没有明确界限，只能人为地加以分组，如水稻千粒重可分为 <24 g、25 g、26 g、27 g、28 g、>29 g 等标准，即使是 25 g 与 26 g 之间也有许多类型，只能人为地四舍五入进行分组。

(2) 支配数量性状和质量性状的基因数目不同。支配质量性状的一般是单对或少数几对基因，而支配数量性状的则是多对基因（对于遗传学家来说，5~20 对基因算是少的，许多数量性状由上百对甚至数百对基因控制），因此数量性状的杂种后代基因型的分离比例较复杂，需用数量统计方法从基因的总效应上进行分析。

(3) 数量性状和质量性状的区分不是绝对的。如上面的实验中，小麦的籽粒有红色和白色，红色籽粒的红色程度随显性基因数目的多少而有差别，因此，红粒与白粒杂交，$F_2$ 分离为红粒与白粒。如果在区分性状时，采用非红即白的办法，可以认为麦粒颜色是质量性状；如测定性状时采用定量的方法，发现红色麦粒从深红到淡红间有一系列变化，就表现出数量性状的特点。又如植株的高矮，一般多表现为数量性状，但是孟德尔的豌豆杂交试验中所用的高植株和矮植株就是界限分明的质量性状。为什么同一个性状如植株的高度，可以表现为数量性状或质量性状呢？这是因为虽然性状本身由多对基因决定，应表现为数量性状，但如果用于交配的两亲本就这一性状而言只有一对基因的差别，而这一对基因的差别对性状又有较大的影响，这样就表现为质量性状了。另外，由于观察的层次不同，多基因控制的数量性状，外观上也可以表现为质量性状，如多数个体有正常数目的指（趾）数，但少数个体出现多指（趾），这看似质量性状，如我们假定，虽然性状的差异在外观上是不连续的，而导致性状差异的基本物质的分布是连续的，而且还假定，在这连续分布上存在一个阈值，当有关基本物质低于此阈值时，个体呈现另一表型（图 4-6）。正常指（趾）数与多指（趾）这对性状是非此即彼、不连续的，而有关的基本物质可设想为一种与形态建成有关的物质，是连续分布的，当这种物质的水平低于某一阈值时，指（趾）数正常，当这一物质的含量超过阈值，就出现多指（趾）。

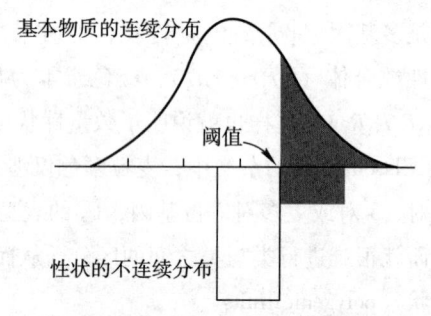

图 4-6 由多基因控制的性状，其基本物质可能是连续分布的，而外观上表现为质量性状

(4) 数量性状和质量性状的研究对象不同。质量性状区分明显，可以以个体或家系为研究对象观察表型和基因型的遗传规律；而数量性状由于呈连续分布，因而必须以群体为研究对象才有意义。

数量性状和质量性状的比较如表 4-1 所示。

表 4-1 数量性状和质量性状的比较

| 比较类别 | 质量性状 | 数量性状 |
| --- | --- | --- |
| 性状类型 | 特征性状如 ABO 血型 | 量化性状如生长量 |
| 性状分布 | 不连续变异 | 连续变异 |
| 遗传基础 | 单个或少数主基因 | 微效多基因 |
| 表型和基因型 | 可根据表型规律推断基因型 | 难以根据表型规律推断基因型 |

续表

| 比较类别 | 质量性状 | 数量性状 |
|---|---|---|
| 环境影响 | 不敏感 | 敏感 |
| 记录方式 | 描述 | 度量 |
| 研究对象 | 个体或家系 | 群体 |
| 统计方法 | 概率 | 生物统计 |

### 4.2.3 数量性状变异的组成

根据一般实际经验，比如说，水稻穗选时选穗重而谷粒多的，其后代穗的平均质量也大些。这是我们选种中最普通的常识。有时穗选的效果很明显，产量有很大的提高，可有时穗选的效果不显著，产量未能有所提高，这又是什么原因呢？

1909 年，W. Johannsen 用从市场上买来的菜豆（*Phaseolus*）做实验，这些菜豆的质量参差不齐，从 0.15 g 到 0.9 g 不等。他从轻重不一的 19 粒菜豆出发，经自交多代后（菜豆是高度自花授粉植物），建立了 19 个纯系。不同纯系间的平均粒重有明显差异，而在一个纯系内，豆粒也有轻有重，且呈连续分布，但其平均粒重与亲代几乎没有差异。所以 Johannsen 认为：① 一个纯系内仍然有变化说明环境对由遗传所控制的性状的表达有影响，纯系内粒重的变异是不遗传的；② 不同纯系间的变异至少有一部分是可遗传的，在连续 6 年内，他选出纯系内最大的种子和最小的种子分别种下，后代种子的平均质量始终都一样，没有什么区别（表 4-2，图 4-7）。

表 4-2 Johannsen 在一个菜豆纯系内选择的实验结果

| 年份 | 纯系种子平均质量/g | | 子代种子平均质量/g | |
|---|---|---|---|---|
| | 轻的种子 | 重的种子 | 来自轻的种子 | 来自重的种子 |
| 第 1 年 | 0.30 | 0.40 | 0.36 | 0.35 |
| 第 2 年 | 0.25 | 0.42 | 0.40 | 0.41 |
| 第 3 年 | 0.31 | 0.43 | 0.31 | 0.33 |
| 第 4 年 | 0.27 | 0.39 | 0.38 | 0.39 |
| 第 5 年 | 0.30 | 0.46 | 0.38 | 0.40 |
| 第 6 年 | 0.24 | 0.47 | 0.37 | 0.37 |

Johannsen 的这个菜豆试验清楚地表明：性状的连续变异是遗传变异和非遗传变异（环境）共同作用的结果。由于在一个自花授粉植物的单粒种子后代（纯系）内，基因型是一致的，变异只是环境影响的结果，是不遗传的，因此在纯系内进行选择是无效的。

数量性状的遗传变异由多基因控制，这种多基因理论包括以下几点：
① 每个基因位点可以是被加性基因（additive alleles）或非加性基因（nonadditive）所占据；
② 基因位点分散在整个基因组中，它们是以加性作用方式（additive way）起作用的；
③ 加性基因对数量性状的表型有贡献，而非加性基因没有；
④ 每个加性基因对数量性状的贡献是微小而相等的；
⑤ 贡献给某一数量性状的所有加性基因可产生一个显著的表型变异。

从这个理论可以看出，对于数量性状表型的贡献主要是加性基因的作用。所谓加性基因，是指对于控制同一性状的多个非等位基因而言，每一个基因却只是起部分作用，其对表型的效应是累加的，它们不产生互作效应如显性效应和上位效应（详见 4.2.2）。假设玉米产量由 2 个等位基因（实际不止 2 个）控制，并假设每个位点的基因编码 2 种不同的蛋白，位点 1 的等位基因 A 和 a 分别产生 200 公斤/亩和 100 公斤/亩的贡献，位点 2 的等位基因 B 和 b 分别产生 150 公斤/亩和 50 公斤/亩的贡献。由于基因的加性作用，基因型 AABb 的玉米产量将是 200 + 200 + 150 + 50 = 600 公斤/亩。

每个数量性状基因位点也可以被非加性基因所占据。非加性基因包括显性基因和上位基因（或发生基因相互作用的基因）。在显隐性关系的等位基因中，AA 和 Aa 都只表现 A 的作用，只有在 aa 中才表现 a 的作用，例如，上述玉米产量中 A_B_ 的 4 种基因型都产生 800 公斤/亩的表型，aabb 基因型产生最小数量的表型譬如 250 公斤/亩。在上位作用的基因中，基因的作用效果也是非加性的，如人类头发颜色基因和秃头基因所控制的性状都在头顶显示，即使头发颜色的基因使你的头发非常漂亮，但是占上位的秃头基因的表现使你表现出来的性状只是皮肤，因而对漂亮头发的表现是没有作用的。

总之，数量性状由遗传变异和非遗传变异组成，遗传变异主要由加性基因的作用造成。

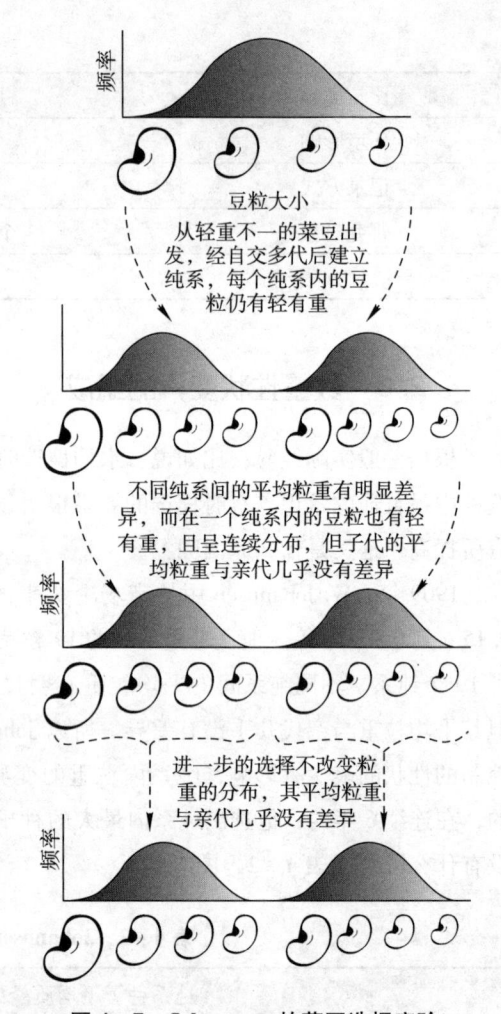

**图 4-7　Johannsen 的菜豆选择实验**

## 4.3　分析数量性状遗传的基本统计学方法

Johannsen 的实验说明表型是由基因型和环境两个组分所决定的。在多基因方式作用下的数量性状遗传，不同基因型在环境的影响下，其表型是连续分布的，这种表型的分布一方面有可能反映内在的基因型分布，另一方面也有可能是二者之间没有对应关系，而主要由环境因素所造成。例如，一个个体的基因型中有许多使该个体高度增加的基因，可是在一个不良的生长环境中这个个体可能长得不高；而另一个体的基因型中使它的高度增加的基因很少，可是在一个合适的环境中它可以长得相当高。因此，表型和基因型的对应程度要看遗传与环境的相对作用而定。环境对性状的作用越大，表型分布和基因型分布的对应关系就越不可靠。

由于这些复杂的情况，利用常用于质量性状分析的方法来进行数量性状的分析就显得不够。针对数量性状的特点，在分析数量性状的遗传时，需应用统计学方法。数量性状遗传研究的统计分析方法很多，在这里不进行详细介绍，只介绍最基本的几个统计参数的概念和计算方法。现以玉米穗长遗传为例说明：

有两个玉米品系，一个是短果穗（5~8 cm），另一个是长果穗（13~21 cm）。短果穗 $P_1$ 品系与长果穗 $P_2$ 品系杂交得 $F_1$，$F_1$ 自交得 $F_2$，将 $P_1$、$P_2$、$F_1$、$F_2$ 种于同一块地内，表 4-3 列出了两亲本品系以及 $F_1$、$F_2$ 各种长度的玉米果穗分布情况。

表 4-3 玉米短果穗品种和长果穗品种的杂交统计结果

| 穗长/cm | 5 | 6 | 7 | 8 | 9 | 10 | 11 | 12 | 13 | 14 | 15 | 16 | 17 | 18 | 19 | 20 | 21 |
|---|---|---|---|---|---|---|---|---|---|---|---|---|---|---|---|---|---|
| $P_1$（穗数） | 4 | 21 | 24 | 8 | | | | | | | | | | | | | |
| $P_2$（穗数） | | | | | | | | | 3 | 11 | 12 | 15 | 26 | 15 | 10 | 7 | 2 |
| $F_1$（穗数） | | | | | 1 | 12 | 12 | 14 | 17 | 9 | 4 | | | | | | |
| $F_2$（穗数） | | | | 1 | 10 | 19 | 26 | 47 | 73 | 68 | 68 | 39 | 25 | 15 | 9 | 1 | |

从表 4-3 可知，两个亲本品系和子一代的变异范围都比较小，$F_1$ 的平均数据在两个亲本平均数的中间；$F_2$ 的平均数差不多与 $F_1$ 的平均数一样，但变异范围大得多，最短的与短穗亲本近似，最长的与长穗亲本相近。数量性状的遗传试验结果大都如此。

**1. 平均数**

平均数（mean）是某一性状几个观察数的平均值，它为我们提供了某数量性状样本分布的中心位点。如在表 4-3 中，共测量了 69 个 $F_1$ 玉米短穗的长度，其中 1 个是 9 cm，12 个是 10 cm 等。所以它们的平均数是（1×9 + 12×10 + 12×11 + 14×12 + 17×13 + 9×14 + 4×15）/69 = 12.116 cm。

假设在一个鸟群体中，$AA$ 和 $Aa$ 基因型鸟的嘴长都是 1 cm，$aa$ 个体的嘴长都是 0.5 cm。当 $A$ 和 $a$ 基因的频率各为 50% 时，那么这个群体中鸟的平均嘴长为（3/4×1 + 1/4×0.5）= 0.875 cm；如果这个群体中 $A$ 基因的频率变为 75% 时，则嘴长的平均数就变成（9/16 + 6/16）×1 + 1/16×0.5 = 0.969 cm 了。

**2. 方差**

从上面的例子可以看出，仅从平均数并不能反映数量性状的全貌，因为它仅反映群体的平均表现，至于群体内的变异情况，即个体间的差异是反映不出来的。上例中 $F_2$ 穗长的平均数差不多与 $F_1$ 穗长的平均数一样，但 $F_2$ 中穗长的变异范围比 $F_1$ 大得多。所以要分析 $F_1$ 和 $F_2$ 的资料，除了计算平均数外，还要计算它们的变异程度，这通常用方差（variance）来表示。方差反映个体测量值与平均值的偏差程度，它能反映表型分布的关键信息。

方差的计算公式为：

$$S^2 = \frac{f_1(x_1 - \bar{x})^2 + f_2(x_2 - \bar{x})^2 + \cdots + f_n(x_n - \bar{x})^2}{n - 1} = \frac{\sum f(x_i - \bar{x})^2}{n - 1}$$

式中：$x$ 为变数，表示表型的变化；$\bar{x}$ 为平均数；$f$ 为频数，表示某个表型的个体数；$n$ 为总观察数；$n-1$ 为自由度。现以 $F_1$ 穗长的数据为例，说明方差的计算过程（表 4-4）。

表 4-4 $F_1$ 玉米穗长方差的计算

| 变数（$x$） | 9 | 10 | 11 | 12 | 13 | 14 | 15 |
|---|---|---|---|---|---|---|---|
| 频数（$f$） | 1 | 12 | 12 | 14 | 17 | 9 | 4 |
| $x - \bar{x}$ | -3.116 | -2.116 | -1.116 | -0.116 | 0.884 | 1.884 | 2.884 |
| $(x - \bar{x})^2$ | 9.709 | 4.477 | 1.245 | 0.013 | 0.781 | 3.549 | 8.317 |
| $f(x - \bar{x})^2$ | 9.709 | 53.724 | 14.94 | 0.182 | 13.277 | 31.941 | 33.268 |

$\sum f(x - \bar{x})^2 = 157.041$，所以 $S^2 = 157.041/(69-1) = 2.31$。用同样的方法可算出 $P_1$ 穗长的方差为 0.67，$P_2$ 为 3.56，$F_2$ 为 5.07。从这里可以看出，观察数与平均数的偏差大，方差就大；观察数与平均数的偏差小，方差就小。所以方差可以用来测量变异的程度。

上面计算的方差，是就样本中个体观察值来说的，表明了各个观察值与平均值的偏差程度。方差愈大，表明这组资料的变异程度愈大，观察值的集中性愈差，其平均数的代表性愈小。例如一个水稻品系在产量上有较大的方差，这说明该品系可能还没有纯合稳定，因而还不能被推广应用。除了个体观察值可以作为取得的一个样本外，平均数也可看做是从很多平均数中取得的一个样本，所以也有它自己的方差。如果我们对2018年出生的中国城市婴儿的身高进行统计，选取20个城市，每个城市调查100个出生婴儿的身高，我们可以就样本中的个体观察值来计算方差，这表明每个调查个体与平均值的偏差程度，然而我们也可以用各个城市的平均数来计算方差。显而易见，平均数的方差要比个体观察数的方差来得小。在统计学上，平均数的方差是个体观察数的方差的$1/n$，计算的公式是：$S_{\bar{x}}^2 = S^2/n$。

**3. 标准差和标准误**

方差虽能反映样本的变异范围，但它是经过平方后得出的数值，因此其单位和个体量的单位意义已不同。为使变异范围的单位和个体量度范围相同，人们将方差开方，方根以 $S$ 表示。$S = \pm \sqrt{\dfrac{\sum(x_i - \bar{x})^2}{n-1}}$，这个数值就叫做标准差（standard deviation，SD）。标准差小说明样本变量的分布比较密集在平均数附近，否则说明样本的分布比较离散。在遗传学统计中，大多是平均数的方差，即 $S_{\bar{x}}^2 = S^2/n$，也即常用到的是平均数的标准差，这称为平均数的标准误（standard error of mean，简称标准误）。标准误的公式为：$S_{\bar{x}} = \pm \sqrt{\dfrac{S^2}{n}}$。如在玉米穗长的例子中，$F_1$ 穗长的标准误是 $S = \pm \sqrt{\dfrac{2.31}{69}} = \pm 0.18$。

在一般生物学资料中，单注明平均数往往是不够的，应该加上标准误，以表明平均数的可能变异范围，所以 $F_1$ 玉米穗长的例子可写作 $\bar{x} \pm S_{\bar{x}} = 12.116 \pm 0.18$。

标准误的差值大，表示平均数的变动范围大，如果重复试验，则每次试验的平均数之间将有较大差异，因此反映数据的精确度不高；标准误的差值小，表示平均数的变动范围小，如果重复试验，则每次试验的平均数之间的差异小，表明试验数据的精确度高。

**4. 协方差**

标准差和方差一般是用来描述一个性状的变异程度，但我们常常遇到多个性状变异程度的关联问题需要解决。由于存在基因连锁、遗传相关及一因多效等作用，同一遗传群体的不同数量性状之间常会存在不同程度的相互关联，因此，研究数量性状的遗传学家经常发现，他们必须同时考虑两种或两种以上的表型特征。例如，在进行家禽育种时，经常会考虑母鸡体重和产蛋量之间的关系，重体重的个体是否会产更多的蛋呢？这时协方差（covariance）这一统计概念就可以用来描述两种数量性状之间共同变异的程度。

协方差的公式表示为：$COV_{XY} = \dfrac{\sum[(X_i - \bar{X})(Y_i - \bar{Y})]}{n-1}$

将协方差标准化后称为相关系数（$r$，correlation coefficient）。$r = COV_{XY}/S_X S_Y$。

这里 $S_X$ 和 $S_Y$ 分别是第一个性状 X 和第二个性状 Y 的标准差，$r$ 值的范围从 $-1$ 到 $+1$。负值代表负相关，正值代表正相关，协方差为 0 的两个随机变量为不相关变量。

在上述家禽例子中，如果更重的母鸡倾向于产更多的蛋，那么可以预期 $r$ 值为正；如果 $r$ 值为负，说明更多的鸡蛋可能来自于体重轻的鸡。利用协方差可以进行实验设计，如我们想研究黄曲霉毒素合成量与黄曲霉菌丝生物量之间是否关联，这时我们可以使用不同物理因子（如温度）和化学因子（不同化合物）进行处理并测量各种处理下的毒素合成量和菌丝生物量，进而进行协方差分析，从而观察二者间的相关性。

当然，我们必须注意的是，即使有意义的 $r$ 值（接近 $+1$ 或 $-1$）也并不能说明二者间的因果关系，相关性只是简单地告诉我们一种数量性状变异与另一种数量性状变异的相关程度。

## 4.4 遗传力的估算及其应用

我们已经知道，表型变异由遗传变异和环境变异两部分组成。遗传变异来自分离中的基因及其与其他基因的相互作用，环境变异是由于环境对基因型的作用造成的。若以 P 表示表型，G 表示基因型，E 表示环境作用，则 P = G + E。

例如，15℃时基因型为 *AABBcc* 的植株平均高度为 40 cm，而基因型为 *aaBBCC* 的植株仅有 35 cm 高；但是在 30℃时，*AABBcc* 植株的平均高度为 55 cm，而 *aaBBCC* 型为 60 cm。同一基因型在不同温度下表型不同，这一变异是由环境引起的，所产生的方差为环境方差（$V_E$）；在同样的环境条件（如同一温度）下，不同基因型个体的高度不同，这一表型变异是由遗传因子的差异所引起的，所产生的方差称为遗传方差（$V_G$）。另外，我们也注意到两种基因型在 30℃与在 15℃产生的变异是不对应增加的，即 *aaBBCC* 基因型植株在 30℃增加更多，因而，这里还有一个基因型与环境的相互作用关系，我们将其记作 $V_{G\times E}$（genotype-by-environment interaction variance）。由于方差可用来测量变异的程度，所以各种变异可用方差来表示，因此，表型、基因型和环境三者的关系用方差表示为：$V_P = V_G + V_E + V_{G\times E}$。但通常认为 $V_{G\times E}$ 非常小，并且它是在一特定群体、特定范围的一个不固定的数值，可以忽略不计或计入 $V_E$ 中。

那么在某个表型的变异中起主要作用的究竟是遗传因素还是环境因素呢？遗传力概念的引入解答了这一问题。所谓遗传力（heritability）是指某一特定性状在一定时间和某一群体中由于基因的作用所造成的表型变异百分率，即亲代传递其遗传特性的能力。它可用遗传率来表示，通常指遗传变异占总变异的百分数，其值介于 0 和 1 之间，为 0 时表明表型变异完全由环境影响所造成，为 1 时表明表型变异完全由遗传因素所决定。表 4-5 示人类一些性状的遗传力。这里需要提醒大家注意的是，某个性状的遗传力如体重 0.78 并不意味着你的体重 78% 是由你的基因所决定的，而只是反映在取样群体中，所有体重变异中有 78% 可以用基因型的差异来解释。

根据遗传力估值中包含的成分不同，遗传力可分为广义遗传力（broad-sense heritability）和狭义遗传力（narrow-sense heritability）。

表 4-5　人类一些性状的遗传力

| 性状 | 遗传力 | 性状 | 遗传力 | 性状 | 遗传力 |
| --- | --- | --- | --- | --- | --- |
| 身高 | 0.81 | 理科天赋 | 0.34 | 先天性幽门狭窄 | 0.75 |
| 体重 | 0.78 | 文史天赋 | 0.45 | 抑郁症 | 0.45 |
| 口才 | 0.68 | 哮喘 | 0.80 | 早发型糖尿病 | 0.35 |
| IQ（Binet） | 0.68 | 先天性心脏病 | 0.35 | 迟发型糖尿病 | 0.70 |
| 拼写能力 | 0.53 | 胃溃疡 | 0.37 | 高血压 | 0.62 |
| 数学天赋 | 0.12 | 唇裂 | 0.76 | 冠状动脉病 | 0.65 |

### 4.4.1　广义遗传力的计算

遗传变异占表型总变异的百分数即为广义遗传力，用 $H^2$ 表示，因此：

$$H^2 = \frac{V_G}{V_P} \times 100\% = \frac{V_G}{V_G + V_E} \times 100\%$$

遗传力（率）常用百分数表示。从上述公式可以看出，如果环境方差小，遗传力就高，表型变异大都是可遗传的；反之，环境方差大，遗传力就低，该表型变异大都是不能遗传的。

**1. 环境方差 $V_E$ 的估算**

图 4-8 示表型方差、遗传方差和环境方差三者的关系及利用基因型一致的 $P_1$、$P_2$ 及 $F_1$ 进行环境方差（$V_E$）的计算。$V_E$ 的估算有 3 种方法：

（1）利用纯合基因型群体（亲本）估算环境方差。由于用作亲本的都是纯种，每个亲本的遗传型都是一致的。因此，遗传变异等于零，所以说亲本的表型变异完全来自环境变异。$V_E$ 可从两个亲本的表型方差来估算，即：$V_E = (V_{P_1} + V_{P_2})/2$。

（2）利用基因型一致的 $F_1$ 群体估算环境方差。由于杂交亲本都是纯种，杂种 $F_1$ 的遗传型是一致的，因此可以认为 $F_1$ 的表型变异也是完全来自环境变异。所以 $V_E$ 可以直接从 $F_1$ 的表型方差来估算，即：$V_E = V_{F_1}$。

（3）环境方差也可以从两个亲本和 $F_1$ 的表型方差合计来估算，即：$V_E = (V_{P_1} + V_{P_2} + V_{F_1})/3$。

以上 3 种方法有不同的精确度，最好能充分利用资料，第三种方法所提供的信息量较大，因此用该方法作为 $V_E$ 估值较好。

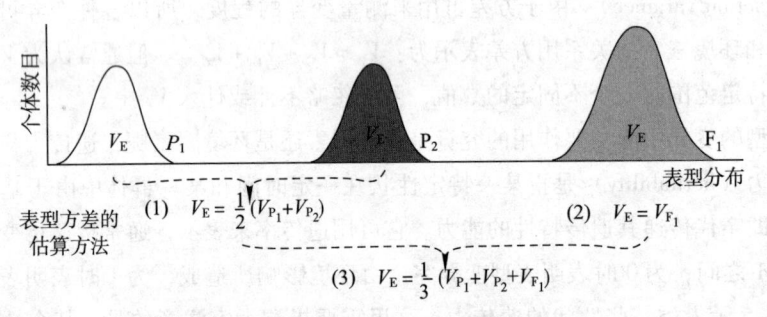

**图 4-8　环境方差的 3 种计算方法图解**

**2. 遗传方差 $V_G$ 的估算**

当用于杂交的两个亲本都是纯种时，杂种 $F_1$ 的基因型是一致的，基因型方差等于零，即 $V_E = V_{F_1}$。代入公式 $V_{F_2} = V_G + V_E$ 就可得到遗传方差 $V_G = V_{F_2} - V_{F_1}$。因此，

$$\text{广义遗传率}（H^2）= \frac{V_G}{V_G + V_E} \times 100\% = \frac{V_{F_2} - V_{F_1}}{V_{F_2}} \times 100\%$$

现还以玉米穗长的遗传为例来说明广义遗传力的估算。从前面方差一节中已算出，$V_{F_1} = 2.31$，$V_{F_2} = 5.07$，代入上式：$H^2 = [(5.07 - 2.31)/5.07] \times 100\% = 54\%$。这个结果说明玉米穗长的变异大约 54% 是由于遗传差异引起的，46% 是由于环境差异引起的。

广义遗传力也可以通过亲本的表型方差来计算。

$$V_E = (V_{P_1} + V_{P_2})/2 \text{ 或 } (V_{P_1} + V_{P_2} + V_{F_1})/3$$

代入公式，即：$H^2 = \dfrac{V_G}{V_P} \times 100\% = \dfrac{V_{F_2} - V_E}{V_{F_2}} \times 100\% = \dfrac{V_{F_2} - \frac{1}{2}(V_{P_1} + V_{P_2})}{V_{F_2}} \times 100\%$

在上述玉米杂交资料中，$V_{P_1} = 0.67$ cm，$V_{P_2} = 3.56$ cm，$V_{F_2} = 5.07$ cm，因此得 $H^2 = 58\%$。用此法求得的广义遗传力和用 $F_1$ 求得的值大致相近。

### 4.4.2　狭义遗传力的计算

从基因作用方面进行分析，遗传组分可以分为 3 种：加性遗传组分（additive genetic component）、显性遗传组分（dominant genetic component）和基因相互作用组分（gene interaction component）。因此，我们可

以将遗传方差（$V_G$）也分解为相应的3个组成部分：加性遗传方差（additive genetic variance，$V_A$）、显性遗传方差（dominant genetic variance，$V_D$）和互作遗传方差（interactive genetic variance，$V_I$）。因此，遗传方差可以表示为：$V_G = V_A + V_D + V_I$。

加性遗传方差是由等位基因间和非等位基因间的加性效应引起的变异量，基因相互之间无显隐性，如 $Aa$ 表型介于 $AA$ 和 $aa$ 表型之间，性状的数量效应由有效基因个数累加而积累。加性效应只和基因有关，而和基因型无关，比如 $A_1a_1A_2a_2$、$A_1A_1a_2a_2$、$a_1a_1A_2A_2$ 3种基因型是等效的，这个量可以在上、下代间进行传递。例如，松树的针叶长度最长为16 cm，最短为4 cm，若该性状由两对基因控制，$A_1A_1A_2A_2 = 16$ cm，$a_1a_1a_2a_2 = 4$ cm，基因 $A$ 的作用值为：$A = (16-4)/4 = 3$ cm，则 $A_1A_1a_2a_2 = a_1a_1A_2A_2 = A_1a_1A_2a_2 = 3 \times 2 + 4 = 10$ cm，$A_1a_1a_2a_2 = 3 \times 1 + 4 = 7$ cm。$V_A$ 可以被可靠地传递给子代，使得人工选择后的结果可以被预测，所以加性方差又称为育种值（breeding value）。

显性遗传方差是由同一座位上的等位基因间的显性效应所引起的变异量。若 $A_1$ 对 $a_1$ 完全显性，则 $Aa = AA$，在上例中，则有 $A_1A_1 = A_1a_1 = 6$ cm。因此，$A_1\_A_2\_ = 6 + 6 + 4 = 16$ cm，$A_1\_a_2a_2$ 和 $a_1a_1A_2\_ = 6 + 4 = 10$ cm。若呈部分显性效应，即 $F_1$ 性状倾向某一亲本，$Aa$ 杂合时，其数量效应小于 $AA$ 纯合状态，$AA$ 效应 > $Aa$ 效应 > 累加效应，即有 $AA = 6$ cm，4 cm < $Aa$ < 6 cm，$aa = 4$ cm。

互作遗传方差则是由非等位基因间的相互作用即上位效应所引起的变异量，也称为上位方差（epistatic variance），主要有显性互补作用。假设 $A_1\_A_2\_$ 时，$A_1$ 和 $A_2$ 互作可增加针叶长度至12 cm，则 $A_1A_1A_2A_2 = 16$ cm，而 $A_1\_a_2a_2$ 或 $a_1a_1A_2\_$ 同 $a_1a_1a_2a_2$ 一样均为4 cm。互作遗传方差较为复杂，并且对于某一性状来说不一定都发生，因而常常被省略。

显性遗传方差和互作遗传方差这两部分的变异量又统称为非加性遗传方差。加性效应与非加性效应的区别在于：加性效应是基因间累加效应，可在自交纯合过程中保存并传递给子代，是可以通过选择加以固定的遗传效应；非加性效应的表现依赖于等位基因间杂合状态或非等位基因间的特定组合形式，不能在自交过程中保持，如显性遗传组分在杂合体表现显性，但隐性等位基因也可同等地传给子代，子代中的表达依赖于从另一亲本传来的等位基因，因此这个变异在亲代和子代中的联系并不十分密切；又如在互作遗传效应中，另一基因座上的 $BB$、$Bb$ 或 $bb$ 会使 $AA$、$Aa$ 或 $aa$ 的表达不同，这些基因通常是独立遗传的，亲代的组合在配子发生时被打破，新的组合在子代中重新形成，其相互作用不是原封不动地从亲代传给子代。显性方差和互作方差这两部分在纯合态时均消失，故由基因的这两种效应所表现的变异在选择上是不可能有效果的，唯有加性遗传部分是可固定的遗传。

广义遗传力是这3种方差之和占总方差的百分数，而狭义遗传力只是指可固定遗传的加性遗传方差占总方差的百分比，它比广义遗传力更准确。育种中，广义遗传力值的大小表示从表型选择基因型的可靠程度；而狭义遗传力值的大小则表示从表型选择基因型中加性效应的可靠程度。因为加性效应是可以遗传的，所以根据狭义遗传力进行选择比广义遗传力更有效。狭义遗传力的计算公式为：

$$\text{狭义遗传力}(h^2) = \frac{V_A}{V_P} \times 100\% = \frac{V_A}{V_D + V_A + V_E} \times 100\%$$

现以一对基因 $A/a$ 的遗传实验为模型来分析基因的效应，并估算 $V_D$ 和 $V_A$。由于这对基因在 $F_2$ 的分离，从而构成 $AA$、$Aa$、$aa$ 3种基因型，假定这3种基因型的平均效应是：$AA$，$a$；$Aa$，$d$；$aa$，$-a$。用图表示如下：

图中O为两亲本的中间值即平均值，是测量一对基因不同基因组合效应的起点，$aa$ 在O点左方，偏

差为 $-a$，$AA$ 在 O 点右方，偏差为 $a$，故两个纯合体亲本的中点是 $[a+(-a)]\div 2=0$，它们之间的距离是 $2a$，表示两个纯合体亲本 $AA$ 和 $aa$ 在同一环境条件下表型上的差异。杂合体 $Aa$ 在 O 点右方，表明更像 $AA$，是部分显性。$Aa$ 离开两亲中点的显性偏差为 $d$。若 $d=0$，表明无显性效应，遗传变异完全由相加效应造成；若 $d=a$，则为完全显性；如 $d>a$，则表示超显性，若 $d<0$，则表示 $Aa$ 更像 $aa$。如用数字代替符号，假设 $AA$、$Aa$、$aa$ 的平均值分别是 20、17、10，则 $a=(20-10)/2=5$，$d=17-15=2$。我们知道，在 $F_2$ 中 $AA:Aa:aa$ 的分离比为 $1/4:1/2:1/4$，下面我们来计算 $F_2$ 的方差（表4-6）。

**表4-6 $F_2$ 平均值和遗传方差的计算**

| 基因型 | 频率 $f$ | 观察值 $\bar{x}$ | $\bar{x}$ | $x-\bar{x}$ | $f(x-\bar{x})^2$ |
|---|---|---|---|---|---|
| $AA$ | $\frac{1}{4}$ | $a$ | | $a-\frac{1}{2}d$ | $\frac{1}{4}(a-\frac{1}{2}d)^2$ |
| $Aa$ | $\frac{1}{2}$ | $d$ | $\frac{1}{2}d$ | $\frac{1}{2}d$ | $\frac{1}{2}(\frac{1}{2}d)^2$ |
| $aa$ | $\frac{1}{4}$ | $-a$ | | $-a-\frac{1}{2}d$ | $\frac{1}{4}(-a-\frac{1}{2}d)^2$ |
| 合计 | $n=1$ | | | | $\Sigma f(x-\bar{x})^2=\frac{1}{2}a^2+\frac{1}{4}d^2$ |

根据上面的假设 $a=5$，$d=2$，代入公式，得 $F_2$ 的遗传方差 $V_{GF_2}=\frac{1}{2}(5)^2+\frac{1}{4}(2)^2=13.5$。

如果控制同一性状的基因有 $A$，$a$；$B$，$b$；……$N$，$n$ 等 $n$ 对，假定这些基因彼此间不连锁及不存在相互作用，则 $F_2$ 的遗传方差为：$V_{GF_2}=\left(\frac{1}{2}a_1^2+\frac{1}{2}a_2^2+\frac{1}{2}a_3^2+\cdots+\frac{1}{2}a_n^2\right)+\left(\frac{1}{4}d_1^2+\frac{1}{4}d_2^2+\frac{1}{4}d_3^2+\cdots+\frac{1}{4}d_n^2\right)=\frac{1}{2}\Sigma a^2+\frac{1}{4}\Sigma d^2$。

这里并未考虑环境方差，实际上只是遗传方差，其中 $\frac{1}{2}\Sigma a^2$ 是加性方差（$V_A$），即由基因的相加效应所产生的方差的总和；$\frac{1}{4}\Sigma d^2$ 是显性方差（$V_D$），即由基因在杂合态时的显性效应所产生的方差的总和。如果同时考虑环境方差 $V_E$，则 $F_2$ 的表型方差是：$V_{F_2}=\frac{1}{2}\Sigma a^2+\frac{1}{4}\Sigma d^2+V_E$。

要计算狭义遗传力，首先必须获得加性方差 $V_A$ 或 $1/2\Sigma a^2$，这可以通过 $F_1$ 个体与两个亲本回交后得到的子代个体的遗传方差来获得。

设 $F_1$ $Aa$ 回交 $AA$ 亲本的子代为 $B_1$，则 $B_1$ 的遗传方差为 $\frac{1}{4}(a-d)^2$（表4-7）。在 $B_1$ 的遗传方差中，有 $ad$ 项存在，表示 $a$ 和 $d$ 两个成分是不能分割的。

又设 $F_1$ $Aa$ 回交 $aa$ 亲本的子代为 $B_2$，则可按同样方式计算 $B_2$ 的遗传方差为 $\frac{1}{4}(a+d)^2$（表4-7），同样也有 $ad$ 项存在，可见 $a$ 和 $d$ 两个成分也不能分割。但如果把 $B_1$ 的遗传方差和 $B_2$ 的遗传方差加在一起，求平均值则得：$\left[\frac{1}{4}(a-d)^2+\frac{1}{4}(a+d)^2\right]\div 2=\frac{1}{4}(a^2+d^2)=1/4\Sigma a^2+1/4\Sigma d^2$。

现在 $a$ 和 $d$ 两个成分分割开来了，可用加法计算。假设控制同一性状的基因有很多对，这些基因相互不连锁，而且各对基因对之间没有相互作用，再考虑到环境对基因型的影响，则回交一代的平均表型方差可以写成 $\frac{1}{2}(V_{B_1}+V_{B_2})=\frac{1}{4}\Sigma a^2+\frac{1}{4}\Sigma d^2+V_E$。

表4-7  F₁回交后代 B₁ 和 B₂ 的平均数和遗传方差的计算

| 回交后代 | 基因型 | $f$ | $x$ | $\bar{x}$ | $x-\bar{x}$ | $f(x-\bar{x})^2$ |
|---|---|---|---|---|---|---|
| B₁ | AA | $\frac{1}{2}$ | $a$ | $\frac{1}{2}(a+d)$ | $\frac{1}{2}a-\frac{1}{2}d$ | $\frac{1}{2}\left(\frac{1}{2}a-\frac{1}{2}d\right)^2$ |
|  | Aa | $\frac{1}{2}$ | $d$ |  | $\frac{1}{2}d-\frac{1}{2}a$ | $\frac{1}{2}\left(\frac{1}{2}d-\frac{1}{2}a\right)^2$ |
|  | 合计 | 1 |  |  |  | $\Sigma f(x-\bar{x})^2=\frac{1}{4}(a-d)^2$ |
| B₂ | Aa | $\frac{1}{2}$ | $d$ | $\frac{1}{2}(d-a)$ | $\frac{1}{2}a+\frac{1}{2}d$ | $\frac{1}{2}\left(\frac{1}{2}a+\frac{1}{2}d\right)^2$ |
|  | aa | $\frac{1}{2}$ | $-a$ |  | $-\frac{1}{2}a-\frac{1}{2}d$ | $\frac{1}{2}\left(-\frac{1}{2}a-\frac{1}{2}d\right)^2$ |
|  | 合计 | 1 |  |  |  | $\Sigma f(x-\bar{x})^2=\frac{1}{4}(a+d)^2$ |

现仍以小麦抽穗期为例说明公式的运用（表4-8）。表中 $V_{F_2}$、$V_{B_1}$、$V_{B_2}$ 等可以通过直接测量而获得，但这里没有详细列出原始数据，仅注明了各有关项目的平均数和方差。

表4-8  小麦抽穗期的遗传学分析基本数据

| 世代 | 平均抽穗日期（从某一选定日期开始） | 表型方差（实验值） |
|---|---|---|
| P₁（早抽穗品种） | 13.0 | 11.04 |
| P₂（晚抽穗品种） | 27.6 | 10.32 |
| F₁（P₁×P₂） | 18.5 | 5.24 |
| F₂（F₁×F₁） | 21.2 | 40.35 |
| B₁（F₁×P₁） | 15.6 | 17.35 |
| B₂（F₁×P₂） | 23.4 | 34.29 |

$$V_{F_2}=\frac{1}{2}\Sigma a^2+\frac{1}{4}\Sigma d^2+V_E=40.35 \tag{1}$$

$$\frac{1}{2}(V_{B_1}+V_{B_2})=\frac{1}{4}\Sigma a^2+\frac{1}{4}\Sigma d^2+V_E=\frac{1}{2}(17.35+34.29)=25.82 \tag{2}$$

用（1）式减去（2）式得：$V_{F_2}-\frac{1}{2}(V_{B_1}+V_{B_2})=\frac{1}{4}\Sigma a^2=40.35-25.82=14.53$。

所以：

$$h^2=\frac{V_A}{V_P}\times 100\%=\frac{\frac{1}{2}\Sigma a^2}{\frac{1}{2}\Sigma a^2+\frac{1}{4}\Sigma d^2+V_E}\times 100\%=\frac{\frac{1}{2}\Sigma a^2}{V_P}\times 100\%=\frac{2\times 14.53}{40.35}\times 100\%=72\%$$

可见，小麦抽穗期的遗传影响还是相当大的。

加性方差是群体中两种纯合体（AA 和 aa）之间的平均差异所形成的，显性方差由基因杂合作用产生。因此，我们可以利用上面求得的一些数据，进一步获得衡量显性效应大小的参数平均显性度（mean degree of dominance）。所谓平均显性度是指杂合子基因型值与显性纯合子基因型值的比值或显性方差 $V_D$ 与加性

方差 $V_A$ 的比值的平方根。如果所有基因都没有显性，则平均显性度等于0；如显性完全，则平均显性度等于1；如不完全显性，则平均显性度介于0和1之间；如平均显性度大于1，则表示该性状为超显性遗传，这时，$F_1$ 具有明显的杂种优势（见5.9），可在育种中加以利用，培育杂交品种。根据定义，平均显性度 $=\sqrt{\dfrac{V_D}{V_A}}$ 或 $=\dfrac{d}{a}$。计算方式如下：

$$V_{F_2} = \frac{1}{2}\sum a^2 + \frac{1}{4}\sum d^2 + V_E = 40.35 \tag{3}$$

$$V_E = \frac{1}{3}(V_{P_1} + V_{P_2} + V_{F_1}) = \frac{1}{3}(11.04 + 10.32 + 5.24) = 8.87 \tag{4}$$

又因为：$V_A = \frac{1}{2}\sum a^2 = 2 \times \frac{1}{4}\sum a^2 = 2 \times 14.53 = 29.06 \tag{5}$

将（4）、（5）式代入（3）式得，$\frac{1}{4}\sum d^2 = 2.42 = V_D$，

所以：

$$\text{平均显性度} = \sqrt{\frac{V_D}{V_A}} = \sqrt{\frac{2.42}{29.06}} = 0.29$$

我们也可以直接从表4-8中所给的数据出发来计算平均显性度，两亲的中间值为 $(13.0 + 27.6) \div 2 = 20.3$，$F_1$ 的平均值是18.5，故 $a = 7.3$，$d = -1.8$。平均显性度 $= \dfrac{d}{a} = -0.25$。以上两种计算方法都说明有不完全显性效应的存在。从平均显性度及子一代的平均值（18.5）低于两亲的中间值（20.3）可以看出，早抽穗为不完全显性。这也进一步说明通过杂交育种的方法很难改善早抽穗这一性状。

### 4.4.3 遗传力的应用

**1. 遗传力与育种**

分清基因型作用和环境作用在表型中所占的比重即进行遗传力的估算，对育种工作来说具有重要的意义，能更有效地改进和提高某些数量性状。

依据性状的不同，遗传力的变化很大，有些性状的遗传力很高如水稻和玉米的株高、猪背脂厚度等，有的则很低如玉米产量、水稻穗数等。遗传力特别是狭义遗传力高的性状，选择较易；反之，选择难度大一些。一般来说，凡是遗传力较高的性状，在杂种的早期世代进行选择，收效比较显著；遗传力较低的性状，在杂种后期世代进行选择才能收到较好的效果。在杂交育种时，使饲养方式或栽培条件一致从而降低环境变异，可以加速育种的进度。

从选择后的结果反过来所求得的遗传力叫现实遗传力（realized heritability）。现实遗传力是评估育种子代是否具有进一步选择潜力的指标，在育种上经常用于预测选择效果。假设某个随机群体，其均值为 $X_1$，从中筛选一部分符合某种需要（如长穗）的个体，这些个体的均值为 $P$，用于形成下一代，下一代的均值为 $X_2$，上下代平均值的增加值即选择响应 $R = X_2 - X_1$，选择差 $S = P - X_1$。现实遗传力 $H^2 = R/S$，那么 $R = H^2 \times S$。选择差 $S$ 是可以实际度量的，遗传力 $H^2$ 越大，选择响应 $R$ 就越大，选择效果越好。

**2. 遗传力在人类数量性状分析中的应用**

诸如身高、体重、皮肤颜色等生理性状受遗传因素和环境因素共同作用的结论毫无争议，然而，对于像精神分裂症或智力（IQ）等有关人类心理和行为特征的性状却很少有一致的结论。对于像智力这样的人类心理学问题，人们并不怀疑基因型的影响，问题是基因型在多大程度上影响这些性状。在大部分人的心目中，人们的行为大部分是受环境影响的，也就是说行为的异常主要是由于童年的经历和社会的影响所引

起的,而与基因型关系不大。由于进行人类行为的数量遗传学研究存在相当大的困难,譬如说不太可能进行包括控制人类婚配在内的大规模实验,而且也不可能对人群的环境进行控制。然而,对在不同环境下长大的具有同一基因型(即同卵孪生)的人进行研究是可能的。多年来,科学家们以孪生子为对象进行了大量的研究以确定基因型对智力的贡献。原理上同卵孪生子(monozygotic twins)在行为特征上的所有差异,都将来自环境的影响,通过对大量分开成长的孪生子的智力测定可以计算其遗传力。然而,对于这样的研究存在大量的实际问题,譬如说首先很难确切地知道这些孪生子是否一直分开成长,其次是智力的测定方法问题,大多数研究使用标准化IQ测试,但是对这样的测试还存在相当大的争议,通过这样的测试是否能测出真正的智力差异还存在疑问。尽管如此,我们还是可以通过对人类孪生子IQ的研究作为估算人类遗传力的例子。

3位遗传学家 H. H. Newman(1937)、J. Shields(1962)和 N. Juel-Nielsen(1965)对早期就分开单独成长的孪生子进行了研究,他们使用不同的IQ测试(Dominoes测试、Standford-Binet测试、Wais测试)。例如在Dominoes IQ测试中,$V_G=214.20$,$V_P=264.69$,因而遗传力 $V_G/V_P=214.20/264.69=81\%$。这表明,在这孪生子人群中,81%的表型方差来自遗传方差,即意味着在这一人群中决定IQ差异的最大因素是基因型差异。而在不同的测试中,可能会有不同的结果,如在Standford-Binet测试中,$H^2$是68%。从上述研究结果可以看出,遗传型变异在IQ的遗传中起了重要的作用。S. Farber对至1980年为止的主要有关孪生子的研究进行了总结,认为人类IQ的$H^2$范围为75%~80%。

表4-3 3种不同方法测试孪生子IQ遗传力的数据

这里再次强调,遗传力是一个统计学概念,是针对群体而言的,如人IQ的遗传力是75%~80%,并不是说某一个体的IQ有75%~80%是由遗传控制的,这只是表明,在人IQ的总变异中,75%~80%与遗传差异有关,其余20%~25%与环境因素的差异有关。也就是说,群体中IQ变异的75%~80%是由其成员中的遗传差异造成的。这些研究也提示,从遗传学的角度出发,对能力不同的群体采用不同类型的教育对于充分利用教育资源和提高个体的能力是有一定依据的。

虽然通过对同卵孪生子的研究发现,环境因素对于表型的发展有积极的作用,但是生长在同一环境中的同卵孪生子也会表现出非常不同的表型。如有的同卵孪生子在X连锁的肾上腺脑白质营养不良基因(ald)上有相同的突变,然而其中一个体表现失明、不能平衡、大脑缺少髓磷脂等典型的致死神经发育疾病特点,而另一个体则表现非常健康;精神分裂症也有类似的情况。最新的表观遗传变异研究为解决这一类现象提供了解释(详见10.4和11.7)。在个体发育中,表观遗传型展示出一定的可塑性,加上环境等因素的影响,我们就不难理解,遗传型相同的同卵孪生子在同一环境中会有不同的表型效应。最新的研究发现,即使在同卵双胞胎之间,由于胎盘和脐带等特定组织的不同,可导致新生儿出生时的表观遗传学图谱存在广泛差异,并且随着年龄的增加,二者间表观遗传修饰的差异越来越大。因此,孪生子对于数量性状遗传的研究同样提供了一个非常好的模型,它可以进一步揭示环境因素或表观遗传因素对于同卵孪生子所发生的这些表型差异的实质。

## 4.5 数量性状基因的定位

传统的数量遗传学主要集中在对遗传力的研究,即遗传差异在性状的表型变异中所占的比例,而对于控制数量性状的基因知之甚少,如这一性状到底由多少基因控制,它们位于什么地方,或者这些基因产生的蛋白质是怎样作用的等。然而,这些研究对于数量性状基因的鉴定具有重要的实际意义。在高等生物中,许多重要的农艺性状、生理性状及复杂疾病都是数量性状,这些复杂性状受多个基因和环境因素的控制。假如我们知道了控制水稻、玉米、番茄等作物产量的基因,这将有助于我们加速其产量育种的进程;

若我们知道了控制人血压的基因，我们就可以更好地预防和治疗与血压有关的疾病。因此，数量性状基因的定位、克隆及其表达调控机制的研究已成为数量性状研究的热点。

对于数量性状基因数目的估计，我们可以根据 $F_2$ 极端类型出现的频率进行估算。按照遗传基本规律，当性状受 1 对、2 对、3 对和 $n$ 对基因支配时，$F_2$ 极端类型出现的频率分别为 1/4、1/16、1/64 和 $(1/2)^{2n}$。如果实际测得的极端类型出现频率为 $1/a$，即 $1/a = (1/2)^{2n}$，则 $n = \lg a/(2 \times \lg 2)$。这只是一种粗略的估算，在实际运用中，由于影响数量性状的基因数目很多，加上环境因子的影响，极端类型的获得并不容易，所以上述估算方法存在很大的局限性，而需要运用更为复杂的数理统计方法，感兴趣的同学可参阅有关数量遗传的书籍。

基因定位的概念和详细方法将在第 8 章论述。早在 1923 年，K. Sax 就对菜豆（*Phaseolus vulgaris*）种子大小（数量性状）与种皮色素（单基因性状）之间的遗传关联进行了研究。种皮紫色的菜豆种子较大，种皮白色的种子较小。杂交后，在 $F_2$ 中，紫色比白色为 3:1，$F_2$ 紫色个体自交得 $F_3$，其中 1/3 不分离，2/3 作 3:1 分离，所以紫色和白色是由一对基因控制的。但种子大小是呈连续变异的，其遗传符合多基因理论。如把子二代植株先按 $PP$、$Pp$ 和 $pp$ 分成 3 类，则这 3 类中，每一类的种子平均大小是不同的（表 4-9）。由此可见，控制种子质量的多基因中，有一部分与 $P$，$p$ 基因是连锁的，进而可将这一部分基因定位到某一染色体上。这是关于数量性状基因定位的最早报道。

表 4-9 菜豆种子质量的遗传与种皮颜色基因型的关系

| 子二代植株数目 | 种皮颜色及基因型 | 种子平均质量/g |
| --- | --- | --- |
| 45 | （紫色）$PP$ | 0.307 |
| 80 | （紫色）$Pp$ | 0.283 |
| 41 | （白色）$pp$ | 0.264 |

数量遗传学是基于微效多基因假设发展起来的，即影响数量性状的基因很多且每个基因的作用是微效的。在微效多基因假说的基础上，我们只能将所有微效基因作为一个整体或部分整体来看待，借助数理统计方法，用平均值和方差来表示数量性状的遗传特征，但无法区别单个数量性状基因座（quantitative trait loci，QTL）的效应、位置及相互作用。随着分子遗传学的发展，人们逐渐认识到，很多数量性状存在效应较大的主效基因（major gene）。在认识到数量性状的主效基因后，通过数理统计学的方法可以剖析描述 QTL 的遗传特征，并识别其基因型，从而使我们对数量性状主效基因的选择就可以像对质量性状的选择一样，只针对某一主效基因进行选择，这样就大大提高了育种效率。为了有效地研究多基因控制的复杂性状，在 20 世纪 90 年代以后，数量遗传学与分子遗传学和基因组学的相互渗透和融汇促进了分子数量遗传学的建立和迅速发展，QTL 分析技术得到快速发展，并已将控制数量性状的众多主效基因定位在相应的染色体上。

数量性状基因座为一特定染色体片段，是对某一数量性状有一定决定作用的单个基因或微效多基因簇（cluster）。利用杂交及一些复杂的统计学方法，可以对控制数量性状遗传的基因进行定位。数量性状基因的定位也和质量性状基因的定位一样，连锁是 QTL 定位（QTL mapping）的遗传基础，因此，QTL 定位必须使用遗传标记，运用在作图群体双亲间存在多态性的分子标记构建高密度遗传连锁图谱，是进行 QTL 定位分析的首要条件。人们通过寻找遗传标记与感兴趣的数量性状之间的联系，将一个或多个 QTL 定位到位于同一染色体上的遗传标记旁。只要有了许多已知染色体位置的遗传标记，我们就能够进行 QTLs 的鉴定。目前，QTL 研究所采用的分子标记主要有基于分子杂交的 RFLP，基于 PCR 扩增的 RAPD、SSR、AFLP，以及 SNP、EST 等。关于基因定位和分子标记的详细内容分别见第 8 章和第 13 章，下面仅就数量性状基因定位的研究思路作一简单介绍。

如果能将多基因性状分解成若干单一的遗传组分，则可实现用研究单基因的方法去研究 QTLs，将 QTLs 定位在遗传图谱上，确定 QTLs 与遗传标记间的距离，并进而定位乃至克隆 QTLs。目前，QTLs 定位的方法多种多样，根据采用的标记数量的不同，可分为单标记、双标记和多标记方法；根据采用的统计分析方法的不同，可分为方差与均值分析法、回归及相关分析法、最大似然法等；根据标记区间数可分为零区间作图、单区间作图和多区间作图；此外，还有将不同方法结合起来的综合分析方法，如 QTL 复合区间作图（CIM）、Bayes 法、多区间作图（MIM）、多 QTL 作图、多性状作图（MTM）等。

建立在标记与数量性状之间相互关联基础上的关联分析方法主要有两类：基于性状的分析方法（trait-based analysis，TBA）和基于标记的分析方法（marker-based analysis，MBA）。

（1）TBA 法利用分离群体的两极端表型个体，分析标记与 QTL 的连锁关系，检验标记基因型在两极端类型内的分离比例是否偏离孟德尔规律。混合分组分析法（bulked segregation analysis）是 TBA 法中一种简单的方法，它是将目标性状在 $F_2$ 的高、低两组极端表型个体的 DNA 分别混合成两个 DNA 池，然后用相关标记在两池中进行标记与性状间的共分离分析，确定是否连锁及彼此间的遗传距离从而进行基因定位。

（2）MBA 法假定某标记与 QTL 连锁，该标记与 QTL 在一定程度上共分离，则不同标记基因型的表型值存在差异，分析这种差异，即可推测标记与 QTL 的连锁关系。MBA 主要有单一标记定位法、区间作图法、复合区间作图法、多区间作图法等。①单一标记定位法：该方法因每次定位只考虑一个标记座位而得名。其原理是根据分离群体中标记基因型间的数量性状平均值的差异来分析确定该标记所在区域有无 QTL，如上面所说的菜豆实验。由于该法不能确定某标记究竟与一个还是多个 QTL 连锁，不能确定 QTL 的可靠位置以及不能分辨 QTL 效应和重组率等，致使其检测效率不高。②区间作图法（interval mapping）：该方法于 1989 年由 E. S. Lander 和 D. Bostein 提出，即通过利用相邻的一对遗传标记来检验该遗传连锁区间与数量性状观测值之间的相关是否显著。该法能支持区间推断 QTL 的可能位置，但由于该方法假定一条染色体上只存在一个效应较大的 QTL，而当一条染色体上存有两个或多个效应近似的 QTL 时，区间作图法难以逐一分辨 QTL 的效应，致使 QTL 定位不准确甚至有误。Lander 和 Bostein 意识到这个问题，提出对多个区间上的多个 QTL 进行同步检测的策略，但这种检测涉及多维空间，在参数估计和模型鉴别上存在一些困难。O. Martinez 等于 1992 年则提出用 3 个或更多的标记进行回归分析，但这样势必要增加样本容量和计算难度。③复合区间作图法（composite interval mapping）：F. Rodolphe 等于 1993 年提出了一种利用整个基因组上的标记进行全局检测的多标记模型。该法克服了区间作图法的上述缺陷以及能利用多个遗传标记的信息，提高了多个连锁 QTL 的辨别能力及其相应位置和效应估计的准确性。由于染色体的结构是线性的，当不存在连锁干扰和基因互作时，一个标记基因型值的偏回归系数只受与其相邻区间内的基因的影响，与其他区域内的基因无关。虽然连锁干扰和基因互作可能存在并对作图会有影响，但这种影响较小。在此基础上，将多元回归分析引入区间作图法，即可实现同时利用多个遗传标记的信息对基因组的多个区间进行多个 QTLs 的同步检验。近年来，连锁不平衡分析方法也被用于 QTL 的定位（见 8.3.1）。

随着分子遗传学技术的发展，定位的 QTL 越来越多。通过诸如 DNA 序列分析、限制性位点多态性及蛋白质电泳等技术已经揭示了大量的遗传变异，许多覆盖全基因组的含有数以百计的分子遗传标记的详尽遗传图谱已经构建；用于分析复杂数据的强有力的计算机程序得到了发展；基于那些有高密度分子标记物种的回交或互交的作图策略已经形成。因此，找到 QTL 与基因组的分子标记区域的关联是完全可行的。目前，QTL 作图已成功地应用到许多性状，例如，H. D. Bradshaw 等分析杨属（*Populus*）植物与茎生长相关的 QTL 后，发现有几个 QTL 位点簇生于 E 染色体和 O 染色体上（图 4-9）。

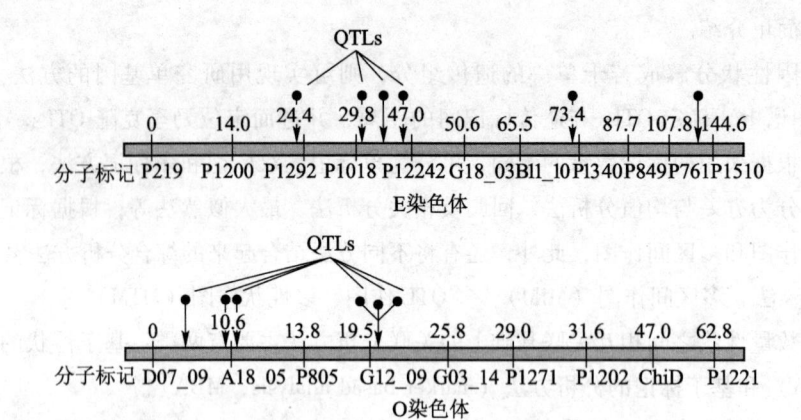

图4-9 杨属两个染色体上与茎生长相关的QTLs

## 4.6 杂种优势

基因型不同的亲本杂交产生的杂种一代，在生长势、生活力、繁殖力、抗逆性或产量和品质等一个或多个方面超过双亲的现象称为杂种优势（hybrid vigor or heterosis）。"杂种优势"一词1908年由C. H. Shall 首先提出，它所涉及的性状多为数量性状。杂种优势可以发生在种间，其中人们最熟悉的例子是骡，它是马（$Equus\ caballus$）和驴（$Equus\ asinus$）的种间杂种。但更多的是见于种内不同品种间的$F_1$，如玉米自交系杂种$F_1$、水稻品种间杂种$F_1$，与其双亲相比，往往表现为植株较高、有效分蘖力增强、单株生产力提高等。当然，生物是复杂的，在极少数生物中还可以看到杂种的生存能力反而比亲本减退的现象，这种现象称为杂种劣势（hybrid weakness）。

杂种优势在生产实践中所带来的经济效益和社会效益相当惊人，杂交水稻和杂交玉米的巨大成功表明，杂种优势利用成为全球数十亿美元农业产业的基础，对满足全球数十亿人的生存起到重要作用。但遗憾的是，由于分离的产生，杂种优势往往只在$F_1$表现；许多杂种品系是不育的，即使那些可育的品系其后代也表现产量下降等劣势性状。因此，杂种的获得必须每次由原来的杂交亲本杂交来产生。

由于杂种优势遗传基础的复杂性以及研究方法的局限性，对于其遗传理论研究则一直落后于杂种优势在生产实践中的应用。大量研究表明，杂种优势的遗传基础十分复杂，既有加性、显性和上位性的作用，也有它们与环境的复杂互作。

显性假说（dominance hypothesis）认为杂种优势是由于双亲的显性基因全部聚集在杂种中所引起的互补作用。比如，有两个玉米自交系，假定它们有5对互为显隐性关系的基因，其基因型分别为$AAbbCCDDee$ 和 $aaBBccddEE$，杂交子一代的基因型是 $AaBbCcDdEe$，在$F_1$杂种中，所有隐性基因都被相对的显性基因所遮盖，显性的有利基因集合起来发挥综合的效应，从而使$F_1$出现明显的优势。

超显性假说（overdominance hypothesis）认为杂合等位基因（$a_1a_2$）的两个成员在生理、生化反应能力以及适应性等方面均优于任何一种纯合类型（$a_1a_1$ 或 $a_2a_2$）。假定纯合等位基因 $a_1a_1$ 能支配一种代谢功能，另一对纯合等位基因 $a_2a_2$ 能支配另一种代谢功能，杂合等位基因 $a_1a_2$ 将能同时支配两种代谢功能，因而杂种的生长将优于任一亲本。另外，杂合体可以合成适量的重要活性物质，例如抗原的合成，由于 $a_1$ 基因活性不足，纯合体 $a_1a_1$ 合成的抗原太少；$a_2$ 基因活性太大，纯合体 $a_2a_2$ 产生抗原过多，这都会影响正常生理活动；而 $a_1a_2$ 的活性适中，产生适量的抗原，从而在某些性状上优于双亲。

上述两种假说都是基于等位基因相互作用去分析产生杂种优势的原因，二者各有一定的实践依据，也各有所侧重，但杂种优势的表现往往体现在诸多方面如生长、发育、分化、成熟等，因而它除涉及等位基因间的相互作用外，还涉及非等位基因之间的相互作用即上位（epistasis，上位性基因的作用指当两对基因在一起相互作用时，其基因型值偏离二者相加之值）。上位性假说是第三个用于解释杂种优势产生原因的假说，它强调非等位基因之间的相互作用对杂种优势的贡献。

上述杂种优势理论都是基于遗传学的单（或少）基因理论，仅针对生物性状的最终表现，而涉及杂种优势的诸多性状均是一些受微效多基因控制的数量性状，因此，杂种优势的研究与数量性状基因（QTL）的研究密不可分。然而，在不同的研究中，由于所研究作物和观察性状的不同，显性效应、超显性效应、上位性效应有不同的体现。如有人通过对水稻幼苗活力和玉米产量等性状的 QTL 进行分析，认为超显性是作物杂种优势的基础；有人则认为显性是水稻杂种优势的基础；有人在研究水稻抽穗期数量性状基因座间的作用时发现上位性是杂种优势的遗传基础；有人对水稻生物学及谷物产量的 QTL 分析后认为超显性和上位性同是近交衰退和杂种优势的遗传基础。虽然大量利用数量遗传学方法的研究结果极大地发展和完善了目前基因学说关于植物杂种优势的遗传基础理论，但到目前为止，尚未克隆到真正与杂种优势有关的 QTL。

杂种优势是一系列生长、发育过程的最终产物，涉及各种生理代谢之间以及基因与环境之间的相互作用。虽然基因型的杂合性是杂种优势的遗传学基础，但可以说杂种优势是父母本基因型杂合所构成的一个全新的基因表达调控下所呈现的外在表现，它并不是双亲基因型的简单组合。表观遗传修饰（见 10.4）所造成的复杂网络调控机制可能在杂种优势的表现中发挥重要作用。有研究表明，玉米杂交种中的甲基化程度低于双亲且基因表达活性与 DNA 甲基化存在显著的负相关，由此认为，杂交使基因表达得到了增强，从而导致杂种优势的形成；但水稻杂种中的总体 DNA 甲基化程度与杂种优势并不相关，只是在某些特异性位点上甲基化程度增强或减弱对杂种优势有显著效应。此外，人们从小分子 RNA 和组蛋白修饰等方面也研究了杂种优势的形成机制，不过，目前关于杂种优势的表观遗传调控机制还有待于进一步研究。但我们相信，随着人们对复杂基因组之间相互作用认识的深入，对包括杂种优势在内的许多未解的遗传现象将会有更好的解释和利用。

杂种优势的另一机制可能是由于选择对杂合子的生存有利，即所谓的杂合子优势（heterozygote advantage）。在杂合子优势存在时，每一代中杂合子比纯合子产生更多的子代，因此，两个等位基因均不能通过选择而被除去。虽然在自然群体或亚群中，杂合子优势没有普遍性选择形式，但是有几个典型的例子，如人类镰状细胞贫血，在某些人群中人的血红蛋白基因有 3 种基因型 $Hb^A/Hb^A$、$Hb^A/Hb^s$、$Hb^s/Hb^s$，患者是隐性基因纯合子，往往死于这种疾病，选择对他们是不利的，而在疟疾流行地区，杂合体的适应性优于两种纯合体，很显然这种杂合体具有抵抗这种环境的能力，或者说他们的红细胞不能维持疟原虫的生存，因此这种基因型可以抵抗疟疾，这样其适应值就高于 $Hb^A/Hb^A$ 的人，结果使疟疾流行地区的 $Hb^s$ 基因在群体中建立起一种平衡。

---

### 问题精解

◆ 两个果蝇近交品系具有不同的腹部刚毛数量，对这两个品系杂交后的 $F_1$ 和 $F_2$ 的分析表明：$F_1$ 的平均刚毛数为 25，标准误为 2；$F_2$ 的平均刚毛数也是 25，但标准误为 3。请计算这个数量性状的 $V_G$、$V_E$ 和 $H^2$。

答：因为杂种 $F_1$ 的遗传型是一致的，因此对于 $F_1$ 来说，$V_G=0$，又因为 $F_1$ 的表型方差 $V_{F_1}=S^2=$

$2^2=4$，也即环境方差 $V_E=4$。

对于 $F_2$ 来说，$V_{F_2}=3^2=9$，因此 $V_G=V_{F_2}-V_E=9-4=5$。广义遗传力 $H^2=5/9=0.56$。

◆ **生物遗传多样性的保存重要吗？**

答：在现代农业中，人们关心的一个重要问题是用于产生现代农作物品种的选择、近交技术和转基因作物的种植是否正在引起遗传多样性的大量丢失。过去，人们依赖 3 000～5 000 种植物作为营养，但今天人们主要依赖谷类、豆类和土豆 3 大作物的约 15 个种植物来提供营养。现代植物育种特别是转基因技术在增加产量和满足人类需求的植物特征的改良方面取得了巨大的成功，然而，也伴随着遗传多样性的减少。例如，在西半球有 300 个以上不同的玉米品种（race），而仅有 6 个品种用在商用农业上，所有现代大田玉米品系（line）都来自于单个的品种。现在农业公司所用的品系相对于某种作物的整个群体来说，仅含有少部分的等位基因，进一步的近交和选育将导致品系更加纯合化和丢失更多的等位基因。转基因大豆的大量引进正在使我国野生大豆资源逐步减少，我们正在抛弃传统品种，这样，巨大的遗传多样性正在逐步丧失。

遗传多样性的减少将带来非常大的危害。病虫害不断进化的机制将克服植物的防御，对于大面积遗传成分单一的植物群体来说，进化了的可有效攻击这些植物的病原物迅速在群体内扩散，将引起巨大的损失。事实上，19 世纪中期爱尔兰的马铃薯病害和 20 世纪 70 年代美国的玉米病害已经很严重。自然群体含有许多能抵抗病害的基因，如果这些基因对育种者来说具有负面作用，那么它们就会被淘汰，只要那种病害不存在就能产生一个超级品系。然而，如果病害侵蚀，这个品系就没有抵抗能力。另外，正如在实验群体中所观察到的，农业群体最终将达到选育的极限。当这种情况发生的时候，继续改良这一品种的唯一方法是与具有不同等位基因的新群体进行杂交。

许多国家已经意识到这种具有潜在价值的等位基因正在逐步被丢失的状况，并开始在种子库中保存各种多样性群体。这一努力的目标是保存尽可能广泛的品系并分类描述其特征以及它们所含有的许多等位基因。这些资源可以被那些寻找新的等位基因加入到现代农作物中去的育种工作者所利用，或被那些寻找影响植物生长和发育的不同等位基因的遗传学家所利用，也可被正在寻找特殊基因的分子生物学家所利用。随着世界工业化进程的加快，我们未来的农业工业（agricultural industry）将会由于这样一个非常小的脆弱的遗传基础而停留下来。因此，生物多样性的保存是非常重要的。

# 思考题

1. 质量性状和数量性状的区别在哪里，这两类性状的分析方法有何异同？
2. 对于下面所列的每一种性状，你认为它们是数量性状还是质量性状，为什么？
   (1) 猪的体重；　　　　(2) 人的皮肤颜色；
   (3) 玫瑰的红花和白花；　(4) 小鼠的生长速率。
3. 下列哪种性状不是数量性状？
   (1) 水稻穗长；　(2) 人的身高；　(3) 烟草叶片的大小；　(4) 人的智力；　(5) 人的眼睛颜色。
4. 下面是对某班大学男生身高的随机抽样数据（单位：cm）：165，166，170，168，175，163，171，169，174，176。计算这一组数据的平均身高、表型方差和标准误。
5. 下表是对某实验地中生长的玉米株高（cm）的统计。请计算：(1) 平均高度；(2) 方差；(3) 标准误。

| 植株数 | 20 | 60 | 90 | 130 | 180 | 120 | 70 | 50 | 40 |
|---|---|---|---|---|---|---|---|---|---|
| 高度 | 100 | 110 | 120 | 130 | 140 | 150 | 160 | 170 | 180 |

6. 假设在旱金莲中由 3 对基因控制花的长度，这 3 对基因的作用相等并具有相加效应。一个完全纯合的亲本花长 10 mm，与另一花长 30 mm 的纯合亲本杂交，$F_1$ 植株的花长为 20 mm。$F_2$ 植株的花长在 10 到 30 mm 范围内。$F_2$ 中花长 10 mm 和 30 mm 的植株各占 1/64。预计在 $F_1$ 植株与花长 30 mm 亲本回交的后代中花长分布将如何？

7. 测量矮脚鸡和芦花鸡的成熟公鸡和它们的杂种的体重，得到下表的平均体重和表型方差。请计算显性程度、广义遗传力和狭义遗传力。

|  | 矮脚鸡 | 芦花鸡 | $F_1$ | $F_2$ | $B_1$ | $B_2$ |
|---|---|---|---|---|---|---|
| 平均值/斤 | 1.4 | 6.6 | 3.4 | 3.6 | 2.5 | 4.8 |
| 方差 | 0.1 | 0.5 | 0.3 | 1.2 | 0.8 | 1.0 |

8. 两个不同种子重量的纯系大豆品种杂交，亲本、$F_1$、$F_2$ 种子的平均质量及方差如下表。

|  | 平均质量 | 方差 |
|---|---|---|
| $P_1$ | 45.9 | 1.7 |
| $P_2$ | 50.2 | 2.1 |
| $F_1$ | 48.1 | 2.0 |
| $F_2$ | 48.0 | 4.1 |

（1）对于这一性状来说，环境方差（$V_E$）是多少？

（2）$F_2$ 群体的遗传方差（$V_G$）是多少？

9. 如果给你两个菜豆品系，这两个品系对某一遗传性状来说是有差别的。你怎样证明这个性状是数量性状还是质量性状？

10. 两个蚕豆纯系杂交，对于植物高度这一性状来说，$F_1$ 的标准误为 2.2，$F_2$ 的标准误为 4.44。请计算对于蚕豆植株高度性状的 $H^2$ 值。

11. 设亲本植株 AA 的高度是 20，aa 的高度是 10，$F_1$ 植株的高度是 17。计算 $F_2$ 植株的平均高度和方差。

12. 已知人类眼睛颜色由 4 对基因控制，有效基因数与表型的关系见下表。假定 A 先生的眼睛是深褐色，而他的妻子的眼睛是淡蓝色的，请问：

| 有效基因数 | 0 | 1 | 2 | 3 | 4 | 5 | 6 | 7 | 8 |
|---|---|---|---|---|---|---|---|---|---|
| 表型 | 淡蓝 | 蓝 | 深蓝 | 灰 | 绿 | 红褐 | 淡褐 | 褐 | 深褐 |

（1）A 先生和他妻子的基因型是怎样的？（用假定的符号表示）

（2）他们的孩子有哪些可能的表型？

13. 在高和矮的两个纯自交系植物间杂交，$F_1$ 全部表现为中间高度。在 451 个 $F_2$ 中，有 107 个是高的，110 个是矮的。假设这是一种最简单的遗传情况，有多少对等位基因控制该性状？

14. 有些人认为家庭对年轻人具有最重要的影响，而另一些人认为朋友的影响最重要。那么，你同意哪个观点呢？试举例支持你的看法。

15. 对于下列突变，已分离到纯合的品系并获得一个群体的个体样品，请问每种突变的外显率是多少？

（1）拟南芥短茎突变中：短茎 62；长茎 38。

（2）果蝇曲翅突变中：曲翅 81；直翅 19。

(3) 小鼠棕色体毛突变中：棕色 73；刺豚鼠皮毛（agouti） 27。

(4) 玉米皱缩种子突变中：皱缩 67；饱满 33。

16. 什么是 QTL，对 QTL 基因进行定位需要分子标记吗？

17. 在水稻的高秆品种群体中，出现几株矮秆植株。如何鉴定这种变异属于可遗传的变异，还是不可遗传的变异？如何鉴定矮秆品种是显性变异还是隐性变异？

18. 奶牛品种 A 的泌乳量比品种 B 高 12%，而品种 B 的乳中奶油含量比奶牛品种 A 高 30%。假设泌乳量和奶油含量的差异大约各由 10 个基因位点控制，且没有显隐性关系。请分析在品种 A 和 B 的杂交中，$F_2$ 中有多少比例个体的泌乳量和品种 A 一样高，而乳中奶油含量和品种 B 一样高？

19. 如果在某城市的人群中发现了比其他城市中人群中显著更高的兔唇畸形新生儿，你如何判断这是由于遗传的因素引起的还是环境因素引起的？请列出 3 种判断的方法，并简要说明。

20. 人类智能行为属多基因遗传，其研究的主要争议在于：智力主要是由"遗传决定"还是取决于"后天教养"。其相关研究是否涉及伦理问题，有哪些伦理问题？

# 第 5 章

# 群体遗传分析

*Godfrey Harold Hardy & Wilhelm Weinberg*

5.1 群体、基因库和基因频率
5.2 哈迪-温伯格遗传平衡定律
5.3 群体遗传平衡的影响因素
5.4 群体的遗传多态性

**内容提要**：生物以群体的形式存在于自然界。遗传学上的群体概念强调杂交性和杂交的可育性，一个孟德尔群体是一群能够相互繁殖的个体，它们享有一个共同的基因库。群体遗传学是研究群体遗传变异分布及基因频率和基因型频率的维持或变化规律的科学。基因频率和基因型二者在理想群体中的相互关系可用哈迪-温伯格遗传平衡定律描述。

突变、自然选择、遗传漂变和迁移可以改变群体的基因频率，在大多数自然群体中，这些因子的组合效应和相互作用决定了基因库中遗传变异的方式。

非随机交配可能导致基因型频率明显偏离哈迪-温伯格预期值，但等位基因频率不受影响。近交是非随机交配的最普遍形式，常用近交系数衡量近交程度。

由于不同的进化压力如选择、遗传漂变、基因流、非随机交配等，等位基因频率的差异积累导致群体的遗传多态性广泛存在，如表型多态性、染色体多态性、蛋白质和DNA序列多态性等。

**重要概念**：群体　基因库　基因频率　基因型频率　哈迪-温伯格遗传平衡定律　随机交配　近交　近交系数　近交衰退　自然选择　遗传漂变　奠基者效应　瓶颈效应　适合度　选择系数　遗传负荷　群体的遗传多态性

科学史话

# 第 5 章 群体遗传分析

在一个半世纪以前，达尔文的《物种起源》告诉我们，群体和物种不是固定不变的，但在当时，达尔文并不能解释这种变化的机制。当今，禽流感、艾滋病等病毒仍然在很猖獗地危害人类健康，但它们在不同人群或个体中的传播能力是存在差异的，为什么？葡糖-6-磷酸脱氢酶缺乏症是一种伴X染色体的遗传性溶血性疾病，分布于世界各地，但不同地区、不同民族之间的发病率相差很大，为什么？对这些问题的回答只有通过对群体中的遗传变异进行研究才有可能。事实上，遗传分析很多时候是在群体水平上进行的，如在孟德尔研究豌豆杂交时就发现，只有在子代个体数较多的情况下分离比例才能更接近预期值；再如在上一章中，我们也已知道，对数量性状遗传的理解需要在群体水平。

由于生物体并不以单独的个体生活，那么基因在群体水平上的活动是怎样的呢？这就是我们在这一章中所要学习的。研究群体的遗传变异分布及基因和基因型频率的维持或变化规律的学科叫群体遗传学（population genetics），它涉及群体中遗传变异的产生方式，以及这些方式的改变和进化等，其研究对象是群体。

## 5.1 群体、基因库和基因频率

群体遗传学上"群体"的概念与生态学上"群体"的概念有着本质的差别：生态学上的群体指某一空间内生物个体数的总和，这些生物既可以是同种的，也可以是不同种的；但群体遗传学上的群体则并不是许多个体的简单集合，而是一种特定的孟德尔群体（mendelian population），即一群相互交配的个体，其基因的传递遵循孟德尔定律，它强调的是杂交性和杂交的可育性。在群体遗传学中，将群体中所有个体的全部基因称为一个基因库（gene pool）。因此，一个孟德尔群体是一群能够相互繁殖的个体，它们享有一个共同的基因库。不言而喻，在有性繁殖的生物中，一个物种就是一个最大的孟德尔群体，因为按照通常的规律，在种与种之间的遗传不连续性是绝对的。换句话说，在某一区域孟德尔群体中所产生的突变只能在种内部扩散，而不会越过种的界线进行转移，这也是生物学上"种"概念（biological species concept）的基础，它不同于分类学上的"种"概念（typological species concept），后者主要是以形态学上的相似性如形态、解剖结构等为基础的。另外，分布于同一地区的同一物种个体间可以进行基因的自由交流，即可以被认为组成了单一的孟德尔群体，但是由于某种自然或人为的限制条件妨碍其中个体间基因的自由交流，使它们各自保持着各自不同的基因库，这时就会有同一地区共存几个孟德尔群体的情况，如1994年种族隔离制度废除之前南非的白人和黑人，由于社会的限制，相互不能通婚，无法进行基因交流。

对于无性繁殖的生物，群体则是指由共同亲本来源的个体的集合。

群体遗传学的目的是研究孟德尔群体的遗传组成及其变化机制。要研究孟德尔群体的遗传组成，首先必须对基因库进行定量描述，这通常用基因型频率（genotypic frequency）和等位基因频率（allelic frequency）的计算来完成。所谓基因型频率，指群体中某特定基因型个体的数目占个体总数目的比率；等位基因频率是指在一个二倍体生物的某特定基因座上，某一个等位基因占该座位上等位基因总数的比率，也称为基因频率（gene frequency）。任何一个基因座上的全部等位基因频率的总和等于1。

假设在一个由 $N$ 个个体所组成的群体中有一对等位基因 $A/a$ 位于常染色体上，在可能的3种基因型中，有 $n_1$ 个 $AA$，$n_2$ 个 $Aa$，$n_3$ 个 $aa$ 个体，此3种基因型的频率及 $A$ 和 $a$ 的基因频率可总结于表5-1。在不同群体中，基因型频率和基因频率是有差异的，如在 MN 血型中，我国北方民族的 $L^M$ 基因频率高于南方民族。

在群体遗传学中，基因频率比基因型频率更常用、更重要，这是因为：①等位基因数总是较基因型数少，因此使用基因频率就可以用较少的参数来描述基因库，如一个座位有3个等位基因，那么就需用6种

*5-1 中国不同民族人群 MN 血型的分布*

基因型频率来描述基因库，但只需用 3 种基因频率就可以了；②在有性繁殖的生物形成配子时，配子只含等位基因而无基因型，在世代相传过程中只有等位基因是连续的，基因库的进化是通过等位基因频率的改变来实现的。

**表 5-1　以一对等位基因为例，说明基因型频率和基因频率的计算及二者的关系**

| 基因型频率 | $P = f(AA) = n_1/N$ <br> $H = f(Aa) = n_2/N$ <br> $Q = f(aa) = n_3/N$ | $P + H + Q = 1$ |
|---|---|---|
| 基因频率 | $p = f(A) = (2n_1 + n_2)/2N = P + \frac{1}{2}H$ <br> $q = f(a) = (2n_3 + n_2)/2N = Q + \frac{1}{2}H$ | $p + q = 1$ |

## 5.2　哈迪-温伯格遗传平衡定律

### 5.2.1　遗传平衡定律的描述

在有性生殖生物中，一种性别的任一个体有同样的机会和相对性别的个体交配的方式称为随机交配（random mating），其结果是所有的基因型都是由孟德尔式分离所产生的配子随机结合而形成的。如果知道在一个随机交配的群体中某一给定位点上的等位基因频率，我们就很容易计算出这个群体的预期基因型频率。这一事实最早于 1908 年由英国数学家 G. Hardy 和德国医生 W. Weinberg 在各自的论文中得到证明，这就是我们现在所说的哈迪-温伯格定律（Hardy-Weinberg principle）。

哈迪-温伯格定律是群体遗传学中最重要的原理，其内容是：在一个不发生突变、迁移和选择的无限大的随机交配群体中，基因频率和基因型频率在一代一代的繁殖传代中保持不变，即在没有进化影响下当基因一代一代传递时，群体的基因频率和基因型频率将保持不变，因此，哈迪-温伯格定律也称为遗传平衡定律（law of genetic equilibrium）。如果一个群体达到了这种状态，它就是一个遗传平衡的群体，否则就是一个遗传不平衡的群体。遗传不平衡的群体只需随机杂交一代后即可达到遗传平衡。

假设一个群体中有一对等位基因 $A/a$，$A$ 的频率为 $p$，$a$ 的频率为 $q$，$p + q = 1$，如果这个群体中 3 种基因型的频率是：$AA = p^2$，$Aa = 2pq$（$A$ 或 $a$ 可以来自母方，也可来自父方，故有 $pq$ 和 $qp$ 两种情况），$aa = q^2$（图 5-1），那么这就是一个平衡群体。为什么这样说呢，因为 3 种基因型的产生是雌雄配子随机组合的结果，这 3 种基因型所产生的两种配子的频率保持在：

$$A = p^2 + \frac{1}{2}(2pq) = p^2 + pq = p(p+q) = p$$

$$a = \frac{1}{2}(2pq) + q^2 = pq + q^2 = (p+q)q = q$$

因为根据假设，个体间的交配是随机的，所以配子间的结合也是随机的，因此配子的随机结合也可以用图 5-1 表示，3 种基因型 $AA$、$Aa$、$aa$ 的频率与上一代完全一样。因此我们可以说，就这对基因而言，群体已经平衡了，该频率就是基因型的平衡频率。从上面也可以看出，不论亲代中基因型的频率是多少，配子随机结合后形成的子一代群体中的各基因型频率将达到（$p^2, 2pq, q^2$）的平衡。

综上所述，哈迪-温伯格定律的要点是：

（1）在一个无穷大的随机交配的孟德尔群体中，若没有进化压力（突变、迁移和自然选择），基因频率世代相传保持不变。

图 5-2　哈迪、温伯格简介

(2) 无论群体的起始成分如何，经过一个世代的随机交配后，群体的基因型频率将保持（$p^2$，$2pq$，$q^2$）的平衡，即群体的基因型频率决定于它的基因频率。

(3) 只要随机交配系统得以保持，基因型频率将保持上述平衡状态而不会改变。

从上述要点的第一点可以看出，哈迪－温伯格定律的成立是有条件的，除随机交配外，这个群体是无穷大的，若一个群体的大小有限，可能导致基因频率和预期的比例发生偏差。所谓的无穷大完全是一个设想的模式，在实际应用中只要群体不至于太小即可。此外，第三个条件是没有进化压力，这在后面我们会进一步讨论。上面这些条件在自然界是不可能存在的，所以称具备这些条件的群体为"理想群体"。

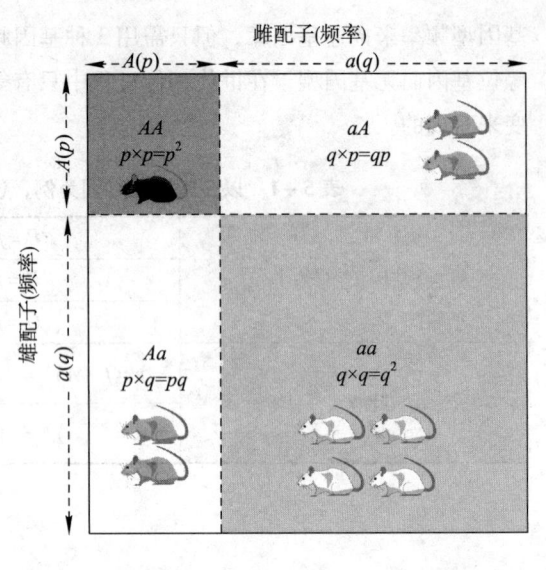

图5-1 配子随机组合所产生的平衡群体

另外需要说明的是，哈迪－温伯格定律所要求的随机交配并不是针对所有的性状。如果这样，那么人类群体就无法符合这一定律的要求，因为人类择偶并不是完全随机的，虽然如此，但对某些性状并没有要求而是随机的，如大部分人对血型等并无要求。因此，哈迪－温伯格定律要求的随机性是指诸如血型这样的一些性状，而不是那种非随机性状的座位。

根据哈迪－温伯格定律，当一个座位上有两个等位基因，在群体达到平衡时，基因型频率将分别是$p^2$、$2pq$和$q^2$，它等于等位基因频率之和的平方$(p+q)^2$。同样，对于3个复等位基因$a_1$、$a_2$、$a_3$来说，若它们的频率分别为$p$、$q$、$r$（$p+q+r=1$），在平衡时基因型的频率也等于等位基因频率之和的平方，即：

$$(p+q+r)^2 = p^2 + q^2 + r^2 + 2pq + 2pr + 2qr$$
$$= p^2(a_1a_1) + q^2(a_2a_2) + r^2(a_3a_3) + 2pq(a_1a_2) + 2pr(a_1a_3) + 2qr(a_2a_3)$$

### 5.2.2 遗传平衡定律的应用

哈迪－温伯格定律作为群体遗传学中的重要定律，它有许多重要的应用，下面列举几例加以说明。

**1. 用来估算某个群体中的等位基因频率**

假设在某个人群中，苯丙酮尿症（phenylketonuria，PKU）的频率是1/10 000，即 $aa$ 的频率是0.000 1，由于基因型 $AA$ 和 $Aa$ 在表型上不能区分，因而等位基因频率不能直接计算出来。然而，我们可以通过哈迪－温伯格定律反求出等位基因的频率，因为 $f(aa) = q^2 = 0.000\ 1$，则 $a$ 的频率是0.01，因此 $A$ 的频率为 $1-0.01 = 0.99$。由此，我们就可以计算出这个群体中基因型的频率：$f(AA) = p^2 = 0.99^2 = 0.980\ 1$，$f(Aa) = 2pq = 2 \times 0.99 \times 0.01 = 0.019\ 8$。由此可见，杂合子中PKU基因的数目比隐性纯合子中的大200倍，大量的有害隐性PKU基因隐藏在杂合子中。如果企图通过阻止 $aa$ 个体的生育来降低这个等位基因的频率将是不可行的，因为这个计划只是针对PKU基因的一小部分。

在人类历史上曾经爆发过多次由鼠疫杆菌（*Yersinia pestis*）所引起的鼠疫（又称黑死病），造成大规模人口死亡。但据文献记载，有部分族群可以不受这些致命病菌的威胁，因此，科学家猜想这是由特定基因型所造就的免疫功能能够阻挡致病原的入侵所致。那么这样的基因型在不同人群中的分布频率如何呢？下面以人趋化因子受体CCR5（C-C chemokine receptor-5）基因型频率的估算加以说明。

CCR5主要表达于T淋巴细胞、巨噬细胞、树突状细胞等的细胞膜上，是人类HIV（艾滋病病毒）入侵机体细胞的主要辅助受体之一。研究发现，CCR5基因 Δ32 突变（该基因中一段特定的32 bp序列缺失）

纯合子（Δ32/Δ32）不但拥有正常免疫功能和炎症反应，同时还能抵抗 HIV-1 的感染及抑制感染后疾病的进展；而 Δ32 突变携带者（Δ32/+）则对 HIV-1 的感染敏感，但感染后的疾病进展较野生型纯合子（+/+）慢。在一个群体中，79 个个体的基因型为 +/+，20 个为 Δ32/+，1 个为 Δ32/Δ32。那么，我们就可以计算出在这个群体中 + 和 Δ32 的频率，它们分别是 0.89 和 0.11。大量研究表明，CCR5Δ32 的分布存在较明显的地域和种族差异。

**2. 判断一个群体是否是一个平衡群体**

在红-黑田鼠（*Clethrionomys gapperi*）的血红蛋白基因座上有两个共显性等位基因 M 和 J 组成的 3 种基因型：MM、MJ 和 JJ。1976 年，在加拿大西北部发现一个田鼠群体，群体中有 12 只 MM 型，53 只 MJ 型，12 只 JJ 型。这是否为一平衡群体呢？为此我们可以先算出它们的基因频率：

$$p = \frac{2 \times 纯合子 + 杂合子}{2 \times 总的个体数（N）} = f(M) = \frac{(2 \times 12) + 53}{2 \times 77} = 0.50; \qquad q = f(J) = 1 - 0.50 = 0.50$$

卡平方测验的计算结果如表 5-2 所示。

表 5-2　以红-黑田鼠血红蛋白基因型为基础的平衡群体卡平方检验

| 基因型 | MM | MJ | JJ |
|---|---|---|---|
| 预期值 e | $p^2 \times N = 0.5^2 \times 77 = 19.3$ | $2pq \times N = 0.5 \times 77 = 38.3$ | $q^2 \times N = 0.5^2 \times 77 = 19.3$ |
| 实际值 o | 12 | 53 | 12 |
| 差值 d = e - o | 7.3 | -14.5 | 7.3 |
| $d^2$ | 53.29 | 210.25 | 53.29 |
| $d^2/e$ | 2.76 | 5.46 | 2.76 |
| $x^2 = \sum (d^2/e)$ | | 10.98 | |

查卡平方表，当自由度为 1（因为计算 3 种基因型频率时是从两种基因频率 p、q 中获得的），卡平方值为 10.98 时，P 值远小于 0.05，表明观测值与预期值之间存在明显差异，也就是说上述红-黑田鼠群体并不是一个平衡群体，还存在有其他因素的干扰。当用同样的方法计算上面关于 CCR5 的例子时说明，这是一个平衡群体。

**3. 对复等位基因进行分析**

决定 ABO 血型的 3 个复等位基因是 $I^A$、$I^B$、$i$，假设在由 500 个个体所组成的群体中，有如下的血型分布：A 型：195；B 型：70；AB 型：25；O 型：210。

人类血型性状属于随机交配类型，不会有明显的其他影响因素，可以认为这是一个平衡群体。设 $I^A$、$I^B$、$i$ 的频率分别为 p、q、r，则基因型频率可表示为：

| $(p+q+r)^2 =$ | $p^2 + 2pr$ | $+ r^2$ | $+ 2pq$ | $+ 2qr + q^2$ | $= 1$ |
|---|---|---|---|---|---|
| 基因型 | $I^A I^A$　$I^A i$ | $ii$ | $I^A I^B$ | $I^B i$　$I^B I^B$ | |
| 表型 | A 型 | O 型 | AB 型 | B 型 | |
| 基因型频率 | 195/500 = 0.39 | 210/500 = 0.42 | 25/500 = 0.05 | 70/500 = 0.14 | |

由此我们可以计算出这 3 个复等位基因的频率分布：

① $r^2 = f(O) = 0.42$，$r = 0.65$；

② A 型和 O 型的频率相加为：$p^2 + 2pr + r^2 = (p+r)^2 = 0.39 + 0.42 = 0.81$；

结合①式和②式得：$p = 0.25$；

∵ $p + q + r = 1$，∴ $q = 0.1$。

在知道基因型频率分布的基础上，利用下式可以计算出任意3个复等位基因（$A_1$、$A_2$、$A_3$）频率：

$$p = f(A_1) = [(2 \times A_1A_1) + (A_1A_2) + (A_1A_3)]/(2 \times 个体总数)$$

$$q = f(A_2) = [(2 \times A_2A_2) + (A_1A_2) + (A_2A_3)]/(2 \times 个体总数)$$

$$r = f(A_3) = [(2 \times A_3A_3) + (A_1A_3) + (A_2A_3)]/(2 \times 个体总数)$$

**4. 在X连锁等位基因分析中的应用**

计算X连锁座位上的基因频率相对要复杂一些，因为雄性只有来自母亲的单个X连锁等位基因，因此X染色体上的等位基因在群体中是不等分布的，雌性占总数的2/3，雄性占1/3。因为雄性只带有一个拷贝的等位基因，通常不管它是显性还是隐性，它都可以表达，因此，在雄性中X连锁基因的频率与基因型的频率是一致的。根据男性群体的某调查结果，发现色盲患者为7%，即$q = 0.07$，由于女性X染色体上有两个等位基因，因此女性色盲患者的预期频率应为$q^2 = 0.0049$。这意味着在10 000个男性中有700个患者，而在10 000个女性中仅49个患者。在男性和女性中X连锁隐性性状的预期频率的比较见表5-3。

表5-3 男性和女性中X连锁隐性性状的预期频率比较

| 男性中的频率 | 5/10 | 1/10 | 7/100 | 1/100 | 1/1 000 |
|---|---|---|---|---|---|
| 女性中的频率 | 25/100 | 1/100 | 49/10 000 | 1/10 000 | 1/1 000 000 |

对于伴X隐性性状，可用下式表示其关系，即男性发病率∶女性发病率 $= q : q^2 = 1 : q$。$q$值越小，雄性个体所占比例越大。如最常见的血友病等位基因的频率是0.000 1，因此预期血友病在男性中的发病率比女性中高$1/0.0001 = 10 000$倍。对于伴X显性性状来说，男性发病率∶女性发病率 $= p : (p^2 + 2pq) = 1 : (p + 2q)$，女性发病率高于男性。

前面已经讲过，在一个群体中发生随机交配时，位于常染色体上的等位基因在交配一代后就能达到基因型频率的平衡。然而，如果等位基因是X连锁且在不同性别中的基因频率是不同的，也就是说，这个群体未达到平衡，这时需要经过连续多代才能接近平衡。因为男性仅从他们的母亲那儿接受X染色体，母亲的基因频率将决定下一代儿子的基因频率；而女儿从父母双方各继承一条X染色体，因而它们的基因频率是父母基因频率的平均数。虽然群体中的所有基因频率是恒定的，但在每一代中两性的基因频率是来回摆动而呈振荡式的，且以每一代减少一半的差异直到平衡（图5-2）。达到平衡的速度视其差异的程度而

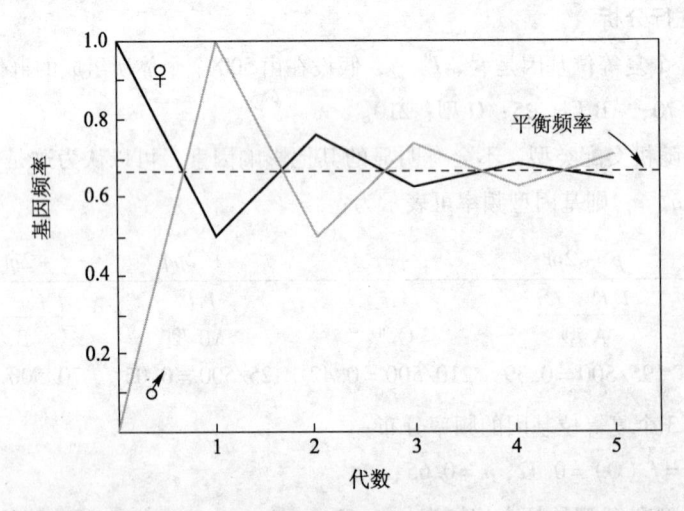

图5-2 在每一代中两性X连锁基因频率是来回摆动而呈振荡式逐渐接近平衡的

假设起始时，X连锁基因频率男性为0，XY；女性为1，$X^aX^a$，因此群体中该等位基因的初始频率为$1 \times 2/3 = 0.67$，经随机婚配几代后两性在该性连锁基因座上的等位基因频率逐步接近0.67这一数值

异，即某等位基因在雄性中的频率 $P_x$ 与在雌性中的频率 $P_{xx}$ 间的差异越大，实现平衡所需的时间就越长。虽然在每一种性别的个体中，基因频率一代一代发生变化，但所有雌雄个体的混合基因频率在所有世代中保持不变。

## 5.3 群体遗传平衡的影响因素

遗传平衡定律是对基因在理想群体中遗传行为的阐述，严格来说，自然界不存在这样的理想群体，正像气体定律中的"理想气体"不存在一样。在自然界的生物群体中，妨碍按照这个定律达到预期平衡状态的各种因素在不断起作用，其结果是导致群体的遗传组成发生改变，从而引起生物进化。当然，对于每一种改变平衡的动力总是有另一种使平衡回复的相反动力与之抗衡，因此一个活的群体永远处在这两种相反力量的抗衡之中。

### 5.3.1 突变对群体基因频率的影响

基因突变是所有遗传变异的最终来源，但由于它的发生频率非常之低，它对群体遗传结构的改变非常缓慢。可以说，如果仅有突变改变遗传结构，那么生物的进化基本可以忽略。话虽如此，突变作为群体遗传结构稳定的破坏者，在群体遗传中还是起着重要作用的，它可使群体的某等位基因从无到有或失而复得。

在群体引入突变的情况下，我们仍旧假定这是一个无限大的随机交配群体和没有自然选择。假设常染色体上有一对等位基因 $A_1$ 和 $A_2$，$A_1$ 基因的频率为 $p_0$，每代 $A_1$ 突变为 $A_2$ 的突变率为 $u$。那么一代后 $A_1$ 的频率 $p_1 = p_0 - up_0 = p_0(1-u)$；二代后 $A_1$ 的频率 $p_2 = p_1 - up_1 = p_0(1-u)^2$；$t$ 代后 $A_1$ 的频率将是 $p_t = p_0(1-u)^t$。由于 $1-u$ 小于 $1$，因此随着 $t$ 的增加，$p_t$ 值越来越小。当这一过程无限延续下去时，则基因 $A_1$ 的频率最终变成 0。

尽管如此，这种变化的频率是非常低的。例如，以真核生物典型的突变率 $u = 10^{-5}$ 为例，基因 $A_1$ 的频率从 1.00 变为 0.99 需经历 1 000 代，从 0.50 到 0.49 需经历 2 000 代，而从 0.10 到 0.09 则需经历 10 000 代。通常，$A_1$ 的频率越小，使其频率降低某一确定数值（如上面的 0.01）所需的时间越长。

然而，基因突变经常是可逆的。假设 $A_2$ 回复突变成 $A_1$ 的回复突变率为 $v$，在基因 $A_1$ 的频率为 $p_0$ 时，基因 $A_2$ 的频率为 $q_0$，那么繁殖一代后，基因 $A_1$ 的频率变为：$p_1 = p_0 - up_0 + vq_0$。

如果基因 $A_1$ 的频率改变用 $\Delta p$ 表示，则：$\Delta p = p_1 - p_0 = vq_0 - up_0$。

在这种情况下，每一代中共有 $p_0u$ 的 $A_1$ 突变为 $A_2$，有 $q_0v$ 的 $A_2$ 突变为 $A_1$。若 $p_0u > q_0v$，则基因 $A_2$ 的频率增加；若 $p_0u < q_0v$，则基因 $A_1$ 的频率增加；若 $p_0u = q_0v$，即 $\Delta p$ 等于 0 时，正向突变和反向突变之间存在一种平衡，如果用 $\hat{p}$ 和 $\hat{q}$ 代表平衡等位基因的频率，则 $u\hat{p} = v\hat{q}$。这个结果表示当等位基因 $A_1$ 改变成为等位基因 $A_2$ 的数目与由 $A_2$ 改变成为 $A_1$ 的数目相等时，等位基因的频率处于平衡状态，由于 $\hat{p} + \hat{q} = 1$，故在平衡时有：

$$u\hat{p} = v(1-\hat{p}), \quad \hat{p} = \frac{v}{u+v}$$

$$u(1-\hat{q}) = v\hat{q}, \quad \hat{q} = \frac{u}{u+v}$$

因此，平衡值 $\hat{p}$ 或 $\hat{q}$ 只决定于正反两个方向的突变率，而与初始的基因频率 $p_0$ 或 $q_0$ 无关，从任何起始的 $p_0$ 或 $q_0$ 值（包括 0 和 1）都可以达到平衡点。虽然平衡是一个动态过程，但它也是恒定的。以一个实际数字来表示，假设突变率 $u = 10^{-5}$，$v = 10^{-6}$，则：

$$\hat{p} = \frac{v}{u+v} = \frac{10^{-6}}{10^{-5}+10^{-6}} = \frac{1}{11} = 0.09$$

$$\hat{q} = \frac{u}{u+v} = \frac{10^{-5}}{10^{-5}+10^{-6}} = \frac{10}{11} = 0.91$$

在平衡时，等位基因 $A_2$ 是 $A_1$ 的 10 倍。但是由于从 $A_1$ 到 $A_2$ 的突变也是从 $A_2$ 到 $A_1$ 的突变的 10 倍，因此每个方向的突变总数是相同的。更进一步地说，当 $\hat{p} < 0.09$ 时，尽管 $u$ 是 $v$ 的 10 倍，基因 $A_1$ 的频率还是增加的，这是因为 $\Delta p = vq_0 - up_0$，即在未达到平衡时，基因频率既与初始基因频率有关，也与突变率有关。

由上可见，突变对基因频率的改变是一个独立的因素，只要知道了突变率，就能预知其引起等位基因频率改变的方向和速率。由于相反方向所导致的平衡只依赖于突变率而与起始基因频率无关，这与哈迪-温伯格定律不同。

在这里有两点需要强调：第一点是当正向和回复突变都存在时，比起仅有一个方向的突变，基因频率的改变要更慢一些，这再次强调了通过突变本身来达到基因频率大的改变是一个相当长的过程，群体很少能达到突变的平衡；第二点是另外一些因素如自然选择对基因频率的影响比突变要大得多，如人类软骨发育不全（achondroplasia）是常染色体显性性状，虽然它是一种频发突变（recurrent mutation），但人群中这种疾病的发生频率是由突变压和自然选择的相互作用所决定的。

### 5.3.2 自然选择对群体基因频率的影响

突变可以改变基因频率，但这种改变是否增加或减少生物体对环境的适应却是随机的。所谓适应，是指通过性状的演化使生物体更加适应环境的过程。自然选择（natural selection）过程是与生物的适应和高度的组织化特性相关联的，因而自然选择是最重要的进化过程。进化不仅是各种生物体的发生和灭绝，更重要的是生物与其生存环境相适应的过程，因为具有与环境适合较好的表型的个体在竞争中会有更多的生存机会，从而留下较多的后代。根据这一事实，自然选择作用是指不同遗传变异体的差别的生活力（viability）和（或）差别的生殖力（fertility）。从遗传学上讲，自然选择的本质是一个群体中不同基因型的个体对后代基因库作出不同的贡献，即带有某些基因型的个体比另一些基因型的个体具有更多的后代，这些基因在下一代中的频率得到增加。通过自然选择，对生存和繁殖有利的性状逐代增加，这样就使群体的基因频率发生定向改变，从而产生新的生物类型。

**1. 自然群体中的选择作用**

在自然群体中关于选择的一个经典例子是与工业污染相关的黑色蛾子的形成，也叫工业黑化现象（industrial melanism）。在 19 世纪初叶，欧洲许多地区逐渐工业化，在工业城市的近郊，许多不同属和不同种的黑色型鳞翅目昆虫个体的频率逐渐上升。现以棕色桦尺蠖（*Biston betularia*，也称椒花蛾）为例说明如下。

1848 年，在英国工业城市曼彻斯特（Manchester）附近第一次发现了一只黑色椒花蛾，在这之前捕获到的椒花蛾都是灰白色的。但从此以后，在所有工业地区，黑色型频率稳步上升。到 1880 年，曼彻斯特周围黑蛾的比例已超过 90%，而在没有受到工业污染的农业地区，则仍以浅色型为主。很明显，黑蛾的高频率是与工业区相关联的。黑色型蛾是由突变产生的，杂交试验表明，黑色突变型（*DD*）对灰白色（*dd*）为显性。前面讲了，突变对基因频率的影响是非常缓慢的，但在短短的 30 年时间里，黑色型蛾的基因型频率为什么上升如此之快呢？这主要是由于自然选择的结果。对椒花蛾颜色多态性的研究表明，蛾栖息的树皮颜色对鸟类捕食的蛾体颜色具有很强的选择性。椒花蛾是在夜间活动，白天则停歇在树干上，鸟类常常在白天捕食这些蛾子。在未污染地区，树皮上大多长满地衣，椒花蛾栖息在上面时，浅色型与背景颜色极其相近，而黑色型很明显（图5-3A）。在某一未污染地区的树林中释放等量的浅色型和黑色型个体，观察鸟类捕食情况，结果有164个黑色型个体被捕食，而在同一时间内只有26个浅色型个体被捕食。在污染地区，工业废气使地衣不能生长，结果树皮裸露而呈黑褐色，因此浅色型很显著，而黑色型不明显（图5-3B）。鸟类捕食试验中，浅色型有43个被捕食，而黑色型只有15个被捕食。由于这个关系，黑色型就在大工业区里得到发展，浅色型逐渐消失。

**图5-3 在不同地区的灰白色和黑色椒花蛾**
A. 在未污染地区黑色蛾很明显，而灰白色蛾与背景颜色相近；B. 在污染地区情况正好相反

随着工业区对环境污染的控制，蛾类不同颜色的表型比例也出现了反向的变迁，如英国工业区在1959年的黑色型蛾所占的比例为93.3%，而到1965年就下降到了90.2%。

以上工业黑化现象说明，自然选择在群体基因型频率和基因频率变化中起到了重要的作用。那么，自然选择是如何作用的呢？假设在一由100个个体组成的群体中，等位基因 $A$ 和 $a$ 的频率都是0.5，并且该群体是经过随机交配后产生的，也就是说这是一个平衡群体，那么 $AA$、$Aa$ 和 $aa$ 的频率分别为0.25、0.5和0.25，个体数分别是25、50和25。假设由于自然选择的作用，不同基因型个体的生存能力不同，$AA$ 个体能全部存活并繁殖后代，$Aa$ 和 $aa$ 分别只有90%和80%可以生存并繁育，又假设每个个体贡献2个配子给新的基因库，这时我们发现，存活群体基因库中等位基因的频率发生了改变，$A$ 由0.5变成了0.53，而 $a$ 则由0.5变成了0.47。

**2. 适合度和选择系数**

适合度（fitness）是度量自然选择作用的重要参数，它是用来描述在某个群体中一个已知基因型的个体相对于其他基因型个体将其基因传递到其后代基因库中去的相对能力，即该基因型个体的相对适合值（relative fitness value）。相对适合值是一个统计学概念，表示一种基因型个体在某种环境下相对的繁殖效率或生殖有效性的度量，通常用 $W$ 表示，适合值介于0~1。具有最高生殖效能的基因型的适合值为1，在成熟前死亡或不留下后代的基因型的适合值为0。至于个体的体力即生活力，只是决定其适合值的变异因素之一，一种基因型的拥有者，不管他们自身如何健壮，若因某些原因没有留下后代，其适合值仍为0；但另一方面，一个等位基因若能使其携带者的平均寿命减少10%，而繁殖力增加一倍的话，它仍将比其他等位基因的适合度高。

如果已知每种基因型所产生的后代数目，便可计算各种基因型的适合度。具体方法为：先算出每种基因型所生下一代的平均后代数，再用每种基因型的平均后代数除以最适合（生殖率最高）的子代平均数。假设基因型 $AA$、$Aa$、$aa$ 分别平均产生10、5和2个后代，说明 $AA$ 基因型具有最高繁殖效率，它的适合度 $W_{AA}=10/10=1.00$，$Aa$ 基因型的适合度 $W_{Aa}=5/10=0.50$，而 $W_{aa}=2/10=0.20$。对于一个群体来说，其全部个体的平均适合度就是该群体的适合度，即平均适合度（mean fitness of the population）等于各种基因型的频率与其对应适合度的乘积之和，如表5-4中3种基因型的平均适合度 $\overline{W}=(80/180)\times1+(90/180)\times$

$0.9 + (10/180) \times 0.5 = 0.92$。

某个调查显示：在人群中软骨发育不全患者108人中生育了27个子女，为了估计他们的相对生育率，以他们的457个正常同胞共生育了582个子女的生育率为对照，则这个群体中患者的相对生育率为：$W = (27/108)/(582/457) = 0.2$。即软骨发育不全的适合度为0.2，这意味着与每个正常人平均能留下1个子女相比，患者平均只能留下0.2个后代。

影响个体生殖率的因素是多方面的，因此，适合度由不同成分组成，包括生存力、发育速率、交配成功率和能育性等。另外，基因型的适合度与环境有密切关系，由于环境的改变，一个基因型的适合度在不同的亚群体间或在同一亚群体的不同世代间是不同的，如前面所讲的工业黑化现象，在工业区，深色椒花蛾（$DD$和$Dd$）的适合度大于浅色蛾（$dd$），而在非工业区则相反；又如，镰状细胞贫血致病基因携带者在疟疾地区的适合度高于正常人（3种基因型$Hb^A/Hb^A$、$Hb^A/Hb^s$、$Hb^s/Hb^s$在疟疾流行地区的适应值分别为0.8、1.0和0.2），而在非疟疾地区则没有这种现象。

根据适合度，我们可以知道自然选择对一种基因型作用的大小。而与适合度相对的参数叫选择系数（selective coefficient），记作$S$，是指在选择作用下降低的适合度，即$S = 1 - W$，也就是说，它表示某一基因型在群体中不利于生存和繁殖的相对程度。适合度和选择系数的计算方法见表5-4。

表5-4 适合度和选择系数的计算

|  | 群体中不同基因型及交配个体数 |  |  |
|---|---|---|---|
|  | $AA$, 40 | $Aa$, 50 | $aa$, 10 |
| 该基因型所生下一代个体数 | 80 | 90 | 10 |
| 每个个体所生平均后代数 | 80/40 = 2 | 90/50 = 1.8 | 10/10 = 1 |
| 适合度（相对生殖率） | 2/2 = 1 | 1.8/2 = 0.9 | 1/2 = 0.5 |
| 选择系数 | 1 - 1 = 0 | 1 - 0.9 = 0.1 | 1 - 0.5 = 0.5 |

**3. 自然选择对基因频率的改变**

自然选择对遗传的影响是多方面的：有时可以剔除遗传变异，另一些时候它又可以维持遗传变异；它既可以改变基因频率，也可以阻止基因频率的改变；它既可以使群体产生遗传趋异（genetic divergence），也能维持群体的遗传一致性（uniformity）。究竟发生哪种作用主要取决于群体中基因型的相对适合度和等位基因的频率。

（1）选择对隐性基因的作用

假设一对等位基因$A/a$的3种基因型$AA$、$Aa$、$aa$处于哈迪-温伯格平衡状态下的频率分别为$p^2(AA) + 2pq(Aa) + q^2(aa)$，如果$A$对$a$完全显性，$AA$和$Aa$的表型相同，并假设它们均不受选择的作用，即适合度$W = 1$，而选择对$aa$是有作用的，设$aa$的适合度为$1 - S$，则3种基因型的频率及基因$a$在选择前后的改变如表5-5所示。

从表5-5可以看出，经过一代选择后，基因$a$的频率从$q$变成了$q(1 - Sq)/(1 - Sq^2)$。

因为$q < 1$，$S \leqslant 1$，即有$1 - Sq < 1 - Sq^2$，显然$q(1 - Sq)/(1 - Sq^2) < q$。即经过一代自然选择后，不利的基因$a$的频率减少了，其改变量为$\Delta q = -Sq^2(1 - q)/(1 - Sq^2)$，当$q$很小时，分母$1 - Sq^2$可视为1，这样由于选择压所造成的每代$q$的改变量可近似地表达为：$\Delta q \approx -Sq^2(1 - q)$（前面的负号表示减少）。由此可见，当$q$值小时，每代基因频率的改变量亦很小，此时，即使$S = 1$，即在十分严酷的选择作用下没有$aa$个体留下后代，$a$的基因频率每代也只减少$q^2(1 - q)$，即如果$q = 0.01$，每代也只减少$(1 - 0.01) \times 0.01^2 = 0.0001$，换一种说法，只是减少了$0.0001/0.01 = 1\%$。如果$S < 1$，则基因$a$的频率降低更加缓慢。

在人类社会中，$q$ 值往往较小。

表 5-5 在完全显性的情况下，选择对隐性纯合子不利时的基因频率及基因 $a$ 在选择前后的变化

| 基因型 | $AA$ | $Aa$ | $aa$ | 合计 |
|---|---|---|---|---|
| 基因型起始频率 | $p^2$ | $2pq$ | $q^2$ | 1 |
| 适合度 | 1 | 1 | $1-S$ | |
| 选择后的基因型频率 | $p^2$ | $2pq$ | $q^2(1-S)$ | $\overline{W}=1-Sq^2$ |
| 选择后的相对基因型频率 | $P'=\dfrac{p^2}{1-Sq^2}$ | $H'=\dfrac{2pq}{1-Sq^2}$ | $Q'=\dfrac{q^2(1-S)}{1-Sq^2}$ | 1 |
| 选择后的 $a$ 基因频率 | \multicolumn{4}{c}{$q'=Q'+\dfrac{1}{2}H'=\dfrac{q^2(1-S)}{1-Sq^2}+\dfrac{1}{2}\times\dfrac{2pq}{1-Sq^2}=\dfrac{q(1-Sq)}{1-Sq^2}$} |
| 选择前后 $a$ 基因频率的改变 | \multicolumn{4}{c}{$\Delta q=\dfrac{q(1-Sq)}{1-Sq^2}-q=\dfrac{-Sq^2(1-q)}{1-Sq^2}=\dfrac{-Spq^2}{1-Sq^2}$} |

如果起始的 $q$ 值较大，那么经过几代选择后其数值将迅速降低；而当 $q=2/3$ 时，$\Delta q$ 有最大值，也就是说，当 $q$ 等于或接近 2/3 时选择的效果最为明显，自然选择最有效（图 5-4）。

不同选择系数对隐性纯合体的作用也是明显的，当 $S<1$ 时是对隐性纯合体的不完全选择，当 $S=1$ 时则对隐性纯合体的选择是完全的，即所有 $aa$ 个体在其生殖年龄以前死亡或是不育，$aa$ 个体完全被淘汰。但不管在何种选择系数下，基因频率从 0.99 淘汰到 0.10 都比较快，可是基因频率的进一步降低就变得非常缓慢了（表 5-6）。例如，某地区人群中白化症等位基因频率为 0.01，假如让所有白化症患者绝育，以达到从这个人群中淘汰这个致病隐性基因的目的，经计算，需 100 代人的不懈努力才能使该等位基因的频率减少至目前的一半，要经过 9 900 代才能将它减少到 0.000 1，显然，采用这样的措施作为优生学的方法来降低人群中隐性致病基因的频率是十分低效的。

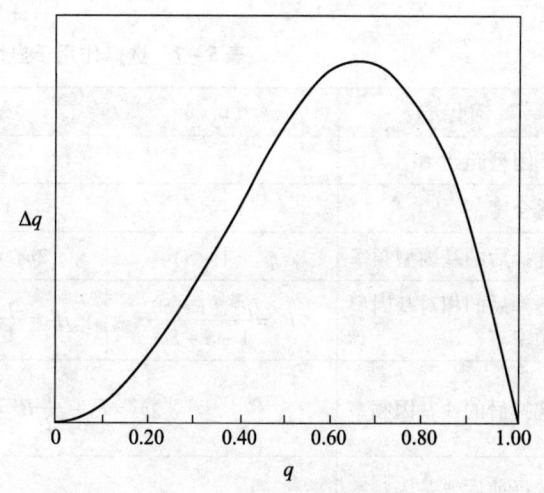

图 5-4 $S$ 值一定时，在对隐性纯合子的选择中随基因频率 $q$ 值的不同，基因频率的改变 $\Delta q$ 也不同，当 $q=2/3$ 时选择效果最明显，这时 $\Delta q$ 值最大

这种对稀有隐性个体选择较为无效的结果是容易被理解的，因为大多数隐性等位基因存在于杂合体中，自然选择对它们不起作用。例如 $q=0.01$ 时，在 10 000 个个体中，只有 1 个个体表现隐性性状，受到选择的作用，但却有 200 个个体带有这个隐性基因而表型正常，不受选择的作用。所以，某一隐性基因在群体中出现的频率愈低，它存在于杂合子中的概率相对也就愈高。

尽管选择对不利隐性基因频率的减少很缓慢，但这些隐性基因终究会从群体中消失，可是，实际上群体中隐性基因频率仍大致保持稳定。一种机制可能是每代新产生一些突变来补偿逐代消失的基因；另一种机制则可能是选择对杂合子的生存有利，即所谓的杂合优势（heterozygote advantage），从而使隐性基因以杂合子的形式在群体中保留，这已在 4.5 中讨论过了。

表 5-6 在不同选择系数对隐性纯合体的作用下，某一基因频率改变所需的代数

| 基因频率 q 的改变 | 不同 S 值所需的代数 ||||| 
|---|---|---|---|---|---|
| | $S=1$ | $S=0.5$ | $S=0.1$ | $S=0.01$ | $S=0.001$ |
| 从 0.99 到 0.50 | 1 | 11 | 56 | 559 | 5 585 |
| 从 0.50 到 0.10 | 8 | 20 | 102 | 1 020 | 10 198 |
| 从 0.10 到 0.01 | 90 | 185 | 924 | 9 240 | 92 398 |
| 从 0.01 到 0.001 | 900 | 1 805 | 9 023 | 90 231 | 902 314 |
| 从 0.001 到 0.000 1 | 9 000 | 18 005 | 90 023 | 900 230 | 9 002 304 |

（2）选择对显性基因的作用

因为显性等位基因在杂合子中与在纯合子中一样都是表达的，因而自然选择对显性基因的作用比对隐性基因的作用更加有效。如果带有显性等位基因的个体是致死的，那么一代之后它的频率就等于 0。如果对显性基因的选择系数减小，设对显性个体 AA，Aa 的选择系数为 S，则选择压对基因频率 p 的改变如表 5-7 所示。

表 5-7 选择作用于显性基因一代后基因频率的改变

| 基因型 | AA | Aa | aa | 合计 |
|---|---|---|---|---|
| 基因型起始频率 | $p^2$ | $2pq$ | $q^2$ | 1 |
| 适合度 | $1-S$ | $1-S$ | 1 | |
| 选择后的基因型频率 | $p^2(1-S)$ | $2pq(1-S)$ | $q^2$ | $\overline{W}=1-S+Sq^2$ |
| 选择后的相对基因型频率 | $P'=\dfrac{p^2(1-S)}{1-S+Sq^2}$ | $H'=\dfrac{2pq(1-S)}{1-S+Sq^2}$ | $Q'=\dfrac{q^2}{1-S+Sq^2}$ | 1 |
| 选择后的 A 基因频率 | | $p'=P'+\dfrac{1}{2}H'=\dfrac{p^2(1-S)}{1-S+Sq^2}+\dfrac{1}{2}\times\dfrac{2pq(1-S)}{1-S+Sq^2}=\dfrac{p(1-S)}{1-S+Sq^2}$ | | |
| 选择前后 A 基因频率的改变 | | $\Delta p=\dfrac{p(1-S)}{1-S+Sq^2}-p=\dfrac{-Spq^2}{1-S+Sq^2}$ | | |

关于选择对显性基因作用的计算与对隐性基因的作用一样，只不过是由于 AA 和 Aa 都受到选择作用，在相同选择系数 S 的作用下，显性基因的淘汰速度更快。

## 5.3.3 在突变与自然选择联合作用下的群体平衡

正如我们在前面所讨论的，不管是对显性基因、隐性基因还是对没有显隐性关系的等位基因的作用，自然选择的最终结果是减少有害等位基因的频率，但当基因的频率很低时，每代频率的改变也减小。当这种等位基因十分罕见时，基因频率的改变变得十分微弱。但由于突变使这些基因仍保留在群体中，由于这两种力量的相互作用，群体最终达到平衡。在此过程中，尽管选择和突变持续作用，只要不存在某些其他环境因子的影响，通过突变所引入新产生的等位基因的增量就可以精确地抗衡那些通过自然选择而丢失的等位基因的减量，从而获得平衡。

假设在一个群体中，自然选择对一个有害的隐性基因 a 不利，一代后 a 基因频率的改变为：$\Delta q = -Spq^2/(1-Sq^2)$（表 5-5）。经选择后由于 a 基因的频率非常之低，分母接近于 1，因此，由于选择作用

等位基因频率的改变为：$\Delta q \approx -Spq^2$。

然而，由于 $A$ 到 $a$ 的突变（突变率为 $u$）使基因 $a$ 的频率增加（由于 $a$ 的频率很低，因此从 $a$ 到 $A$ 的回复突变可以忽略不计）。当 $Spq^2 \approx up$，即由于自然选择使 $a$ 基因频率的减少与由于突变使 $a$ 基因频率的增加相同时，则在突变与选择之间达到一种平衡。

如果 $p$ 接近于 1，则 $Sq^2 \approx u$，$q \approx \sqrt{\dfrac{u}{S}}$，即达到平衡时 $a$ 基因的频率。

如果隐性纯合体致死或不育即 $S = 1$ 时，则达到平衡时 $a$ 基因的频率为 $q \approx \sqrt{u}$。

假设 $u = 10^{-5}$，在选择和突变达到平衡时，隐性纯合体是致死或不育的，隐性等位基因频率为 $q = \sqrt{10^{-5}} = 0.003$，这说明大部分隐性有害性状以一个很低的频率保留在群体中。如果当选择系数 $S$ 降低到 0.1，突变率不变时，则 $q = \sqrt{10^{-5}/10^{-1}} = 0.01$，后者是前者的 3 倍，这说明平衡时这种隐性有害基因的频率提高了。事实上，在一个大群体中，如果存在一个朝向隐性基因的频发突变，则隐性基因是不可能完全从群体中消失的。

如果一个群体中自然选择对显性基因 $A$ 不利，一代后 $A$ 基因频率的改变为：$\Delta p = -Spq^2/(1 - S + Sq^2)$（表 5 - 7）。如果突变以 $vq$ 的数量增加基因 $A$，经选择后由于 $A$ 基因的频率非常之低，因此从 $a$ 到 $A$ 的回复突变可以忽略不计，这时 $q$ 接近于 1，因而分母为 1。当 $Spq^2 \approx vq$，即由于自然选择使 $A$ 基因频率的减少与由于突变使 $A$ 基因频率的增加相同时，则在突变与选择之间达到一种平衡。

如果 $q$ 接近于 1，则 $p \approx v/S$，即达到平衡时 $A$ 基因的频率。如果带有显性基因的个体是致死或不育的，即 $S = 1$，则达到平衡时 $A$ 基因的频率为 $p \approx v$。这一点我们完全可以预期，因为原来的个体完全被淘汰，在群体中这样的等位基因仅是在该代中由于突变所新产生的。

假设 $v = 10^{-5}$，在选择和突变达到平衡时，致死或不育显性等位基因的频率为 $p = 10^{-5}$，与从隐性致死基因所获得的平衡频率 0.003 相比，相差 300 倍；如果当 $v = 10^{-5}$，选择系数降低到 $S = 0.1$ 时，则 $p = 10^{-5}/10^{-1} = 0.0001$，与隐性致死基因所获得的平衡频率 0.01 相比，相差 100 倍。由此说明在突变率和选择系数相同的情况下达到平衡时，显性基因的频率比隐性基因的频率低得多，这是因为选择对杂合状态下的隐性基因不起作用，仅对隐性纯合体起作用；而对显性基因，不论纯合体还是杂合体都起作用。正因为如此，有害显性等位基因一般都少于有害隐性等位基因。

软骨发育不全是人类群体中频率很低的常染色体显性遗传病，从正常等位基因 $a$ 突变为软骨发育不全等位基因 $A$ 的频率 $v = 5 \times 10^{-5}$，软骨发育不全的生育率仅为正常个体的 20%，即 $W = 0.2$，因此 $S = 0.8$，故这个等位基因的平衡频率为：$p = v/S = 5 \times 10^{-5}/0.8 = 6.25 \times 10^{-5}$。由于 $q$ 的频率接近于 1，因此杂合子的频率减少到只有 $2pq = 2 \times 6.25 \times 10^{-5} = 1.25 \times 10^{-4}$，即每 10 000 个出生婴儿中平均只有 1.25 个软骨发育不全基因的杂合体 $Aa$，这与实际观察到的频率相近。人群中预期软骨发育不全基因纯合子的频率应为 $(6.25 \times 10^{-5})^2 = 39 \times 10^{-10}$，即大约每 10 亿人中平均有 4 个软骨发育不全基因纯合体，但由于纯合体的症状极端严重，在胎儿期即死亡，所以该遗传病的患者基本上都是杂合体。

## 5.3.4　随机遗传漂变对群体平衡的影响

对于理论遗传比率如 3∶1、1∶2∶1、9∶3∶3∶1 等都以一个相对大的样本为基础，这种情况对于群体遗传学中基因频率和基因型频率的研究同样重要。之前所讨论的群体遗传平衡是基于一个大的群体而言，在大群体中，不同基因型的个体生育的子代数目虽有波动，但不会明显影响基因频率。但是如果在一个大小有限的群体，即在小的隔离群体中，基因频率会发生一种特殊的改变，这种改变与由突变、选择和迁移所引起的变化是完全不同的。在一个小群体中，基因频率的随机波动称为随机遗传漂变或遗传漂变（random genetic drift or genetic drift）。这是由群体遗传学家 S. Wright 于 1930 年提出的，所以又称之为莱特效应（Wright effect）。

由随机误差而产生的基因频率的改变在小的群体中是一种重要的进化力量。设想在某个岛上住着只有由 10 个人组成的人类最小群体，5 人绿色眼，5 人棕色眼，假设眼的颜色由单基因决定（实际上是多基因遗传），且绿色眼的等位基因 $b$ 对棕色眼的等位基因 $B$ 是隐性的，该群体中绿色眼等位基因的频率是 $q = 0.6$，眼色绝不会影响存活的概率。在一次台风袭击后，群体中 50% 即 5 人死于台风，正巧这死去的 5 人全是棕色眼，因此台风之后这个岛上绿眼基因的频率变为 1.0。在这次台风中绿色眼的人都得以幸存完全出于偶然，其群体中绿眼基因的频率从 0.6 变成 1.0 完全是机会所造成的。如果设想这个群体不是 10 人，而有 1 000 人，群体中绿色眼和棕色眼也各是 50%，同样一次台风袭击有一半人死于灾害，若死亡是随机的，那么在这个群体中，正好死亡的都是棕色眼的概率是极小的。这个例子说明了遗传漂变的一个重要特点：偶然因素只能在很小的群体中使基因频率发生较大的改变。

在自然群体中偶然产生的死亡率（如上面的台风）仅是产生遗传漂变途径中的一种。与预期配子和/或合子比例的偶然偏差也会导致遗传漂变的产生，例如将一个杂合子和一个纯合子杂交（$Aa \times aa$），预期后代中 $Aa:aa$ 为 1:1，但我们不能预期每次结果都是精确的 1:1。若后代的数目比较小，那么获得的实际比例可能和预期值产生较大的偏差。如果由于偶然性，后代的实际数与预期比例存在偏差，那么基因型频率可能就不符合哈迪-温伯格比例，基因频率就可能发生改变。

结果与预期比之间的随机偏差称为取样误差（sampling error 或 sampling variation）。遗传漂变是取样误差的一个特例，取样误差的程度与样本的大小成反比：样本愈小，基因频率的随机波动愈大；样本愈大，基因频率的随机波动愈小。需要注意的是，对于生物而言，有效群体大小（effective population size）是由能够产生下一代的亲本数目决定的，而不是群体内的个体总数，群体中生殖个体越少，遗传漂变引起等位基因频率的变化往往越大。

5-3 遗传漂变与掷硬币的差别

对于取样误差与样本大小的反比关系是容易理解的。图 5-5 表示 3 个不同大小的群体由于遗传漂变所造成基因频率变化的计算机模拟结果：各群体的起始基因频率都是 0.5，在有效群体大小 $N = 25$ 时，经过 42 代的随机交配，基因 $A$ 即固定下来，等位基因 $a$ 消失；如果在一个 $N = 250$ 的群体中，即使经过 100 多代的随机交配，基因 $A$ 和 $a$ 都不会固定，也没有消失；在 $N = 2\,500$ 的群体中，基因 $A$ 和 $a$ 的频率在每代中的波动都较小，等位基因 $A$ 和 $a$ 永远不会固定或消失。

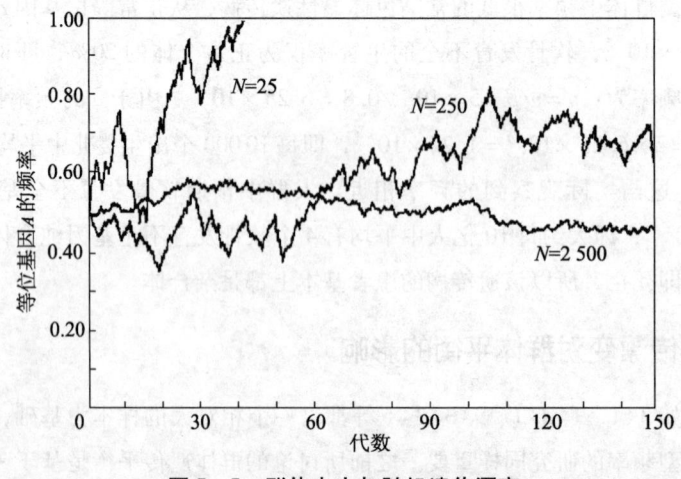

图 5-5 群体大小与随机遗传漂变

遗传漂变在小群体中特别有效，它可以掩盖甚至违背选择所起的作用，即使选择不利于一个等位基因，这个等位基因也会由漂变而建立和固定，只要它不是不利到导致携带者死亡。相反，选择对有利的等位基因在选择还没有充分表现出它的效应之前有可能会被漂变所淘汰。然而只要一个基因从群体中消失了（$p=0$）或是被固定了（$p=1$），在以后的世代中，除非由突变产生新的等位基因或由迁移重新引入，否则其基因频率不再发生变化。

当一个新的群体只由少数个体建立起来时，它们的基因频率就决定了其后代中的基因频率，这种效应称为奠基者效应（founder effect），虽然群体随后可以增大，但群体的基因库源自于最初建立时存在的基因。如在德裔犹太人中有近 1/27 的人为 Tay–Sachs 等位基因的携带者，新生儿发病率是其他群体的 100 倍，这可能就是由于奠基者效应所造成的。另一种称为瓶颈效应（bottleneck effect）的现象与奠基者效应相类似，它是指由于环境的剧烈变化使一个群体的大小发生戏剧性骤减，甚至面临灭绝，此时群体的等位基因频率发生急剧变化，某些基因甚至可能从基因库中消失，然后由存活的少数个体重新建立一个新的群体，这类似于群体通过"瓶颈"，这种由于群体数量消减而对遗传组成所造成的影响称为瓶颈效应，前面讲的由于台风使绿眼基因频率从 0.6 变成 1 就是这种情况。奠基者效应和瓶颈效应这两种情况都是由为数不多的个体所建立起来的新群体，是一种极端的遗传漂变作用（图 5-6）。

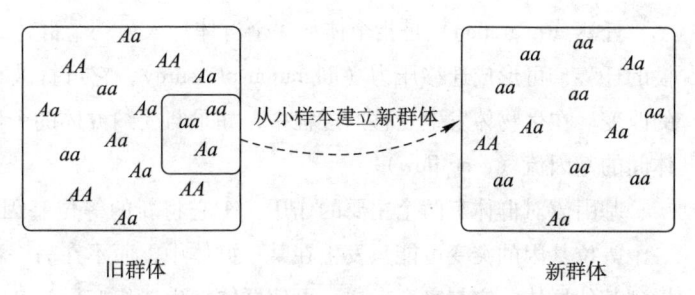

**图 5-6 奠基者效应和瓶颈效应图解**
由于小样本使新群体中的基因频率与旧群体中不同

现以大西洋南部一个非常小的 Tristan da Cunha 火山岛的人群为例，进一步说明上述两种效应。1817 年开始，苏格兰人 W. Glass 和他的家人到岛上居住，其后又有几个失事的水手和几个来自远处岛上的妇女与他们一起居住，但该岛保持着遗传隔离。1961 年，岛上火山爆发，岛上群体几乎 300 个居住者撤离到英格兰。在他们居住在英格兰的两年中，遗传学家对他们进行了研究并重构了这个群体的遗传史。这些研究揭示这个岛目前的基因库受到遗传漂变的强烈影响。岛上的群体在进化中发生了 3 种类型的遗传漂变：①奠基者效应：这发生在开始定居者中，到 1855 年这个群体由大约 100 人组成，但 26% 的基因是由 Glass 和他的妻子传下来的，甚至到了 1961 年火山爆发时这 300 人所组成的群体的全部基因中仍有 14% 来自这最初的两个定居者，这说明奠基者的特殊基因对以后群体基因库的重大影响。②瓶颈效应：在这个岛的历史上曾发生过两次剧烈的瓶颈效应，第一次是在 1856 年前后发生了两件事，即 Glass 的死亡和一个传教士的到来，这个传教士鼓励当地居民离开这个岛，当时很多岛民移居到了美国和南非，使这个群体从 1855 年底的 103 人急减到 1857 年的 33 人；第二次瓶颈效应发生在 1855 年，这个岛没有天然港，岛民们划着小船到海上的商船上进行贸易。1855 年 11 月 28 日，岛上划船出海的 15 名成年男人因翻船不幸全部丧生，遇难之后，岛上只余下 4 名成年男人，其中两位是老人、一位是精神病人，岛上很多寡妇与其子女在几年内先后离开了这个岛，使这个群体从 106 人锐减到 59 人。两次瓶颈效应对这个群体的基因库具有重要的影响。③岛上群体一直保持很小，因此取样误差持续存在。

从上面的分析可知，遗传漂变引起基因频率的改变，这些改变对群体的遗传结构有明显的作用。第一，遗传漂变导致基因频率的逐代改变而不是平衡，这从图 5-5 中可以看出。第二，通过遗传漂变减少了群体中的遗传变异。在基因漂变或固定的过程中，群体的杂合子数目逐代减少，当杂合性减小时等位基因逐渐被固定，群体便失去遗传变异，固定后群体的杂合子为 0。第三，通过遗传漂变使群体的基因频率发生歧化。例如在有效群体大小仅为 20 的 4 个群体中，经过几代后，群体间的基因频率由于遗传漂变的作用即可发生歧化，并且逐代加大，当所有群体中的一个等位基因或其相对的等位基因被固定时，基因频率的歧化达到最大值。

分子水平上的许多突变如中性突变（见 11.1）对生物的生存和繁殖没有影响，因而，自然选择对这些突变不起作用,它们在种群中的保存、扩散,甚至消失完全是随机的,这种现象也属于随机遗传漂变。

### 5.3.5 迁移对群体平衡的影响

迁移（migration）是指个体从一个群体迁入另一个群体或从一个群体迁出的过程。迁移,尤其是大规模的迁移,可形成迁移压力（migration pressure）,它可打破哈迪-温伯格平衡的作用,引起群体基因频率的改变。在生物体发生迁移的过程中,如果与受纳群体的个体发生杂交,基因也会发生流动,从而导致群体间的基因流（gene flow）。

基因流对群体有两个主要的作用:①它将新的等位基因导入群体中。突变一般是一很少发生的事件,一个等位基因的突变可能只发生在某一群体中,而不在另一群体中发生,基因流则可将独特的等位基因传播到其他群体,它与突变一样,可使群体发生遗传变异。②当迁入基因的频率和受纳群体的不同时,基因流改变了受纳群体的等位基因频率,通过基因交换,使群体间保持相似性,因此,迁移又是一种倾向于阻止群体发生变异的均化力量（homogenizing force）。

假设某周围群体（群体Ⅰ）中的个体以某一速率迁移到本地群体（群体Ⅱ）中,并与本地群体中的个体发生杂交,若迁入后本地群体的个体比例为1,其中每代新迁入个体的比例为$m$,则本地群体中原有个体的比例是$1-m$;又设群体Ⅰ中等位基因$A_1$的频率是$p_m$,群体Ⅱ中$A_1$的频率为$p_0$（图5-7）,则在混合的本地群体中$A_1$的频率$p_1$将是:

$$p_1 = (1-m)p_0 + mp_m = p_0 - m(p_0 - p_m)$$

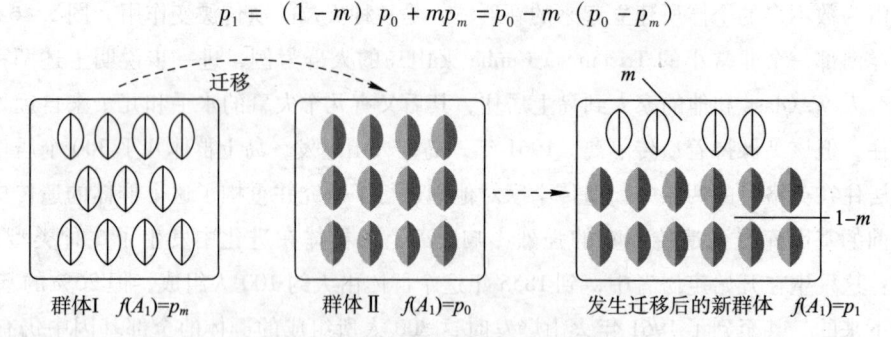

**图5-7 迁移导致基因频率的改变示意图**

因此迁入后与迁移前本地群体中等位基因$A_1$的频率变化为:

$$\Delta p = p_1 - p_0 = p_0 - m(p_0 - p_m) - p_0 = -m(p_0 - p_m)$$

由此可见,在一个有个体迁入的群体中,基因频率的变化取决于:①迁入率,即每代迁入个体（基因）的数量;②迁入群体与原群体之间基因频率的差异。当$m$等于0或$p_0 - p_m$等于0时,$\Delta p$等于0,因此除非迁移停止（$m=0$）,否则基因频率继续改变,直到本地群体与周围群体的基因频率相同（$p_0 - p_m = 0$）。对苯硫脲（PTC）尝味能力缺乏（味盲）是一种常染色体隐性遗传性状。在欧洲和西亚人中,患者的频率为36%,即$q^2=0.36$,味盲基因频率$q=0.60$;我国汉族人群中,PTC味盲者（$tt$）的频率$q^2=9\%$,味盲基因频率$q=0.30$;我国宁夏一带聚居的回族人群中,味盲者的频率$q^2=20\%$,味盲基因频率$q=0.45$。造成这种基因频率不同的原因可能是在唐代,欧洲和西亚人尤其是古代波斯人沿丝绸之路到长安进行贸易,以后又在宁夏附近定居,与汉族人通婚后所形成的基因流所致。

### 5.3.6 近亲繁殖对基因频率的影响

上面我们已经讨论了在自然选择、突变、随机遗传漂变和迁移的作用下,群体基因频率是如何发生改变的。哈迪-温伯格遗传平衡的第五假设是群体内个体的随机交配。虽然非随机交配（nonrandom mating）本身并不直接改变基因频率,然而,它改变一个群体的基因型频率,因而间接影响生物进化。

最重要的非随机交配方式是近亲繁殖，简称近交（inbreeding），它指由有近亲关系的个体相互交配或配子结合的一种繁殖方式，在一个小群体中，近交的机会明显增加。与近交相对应的杂交（crossbreeding）则是指亲缘关系较远的个体间的相互交配，简称远交（outbreeding）。从遗传性差异的程度来说，近交和远交并没有绝对的界限。

近交按亲缘关系的远近程度不同可以分为亲表兄妹（first cousin）交配、半同胞（half-sib，同父或同母的兄妹）交配、全同胞（full-sib，同父母的兄妹）交配、回交（子代与亲本）、自交等交配方式。

近交的一个重要特征是杂合体通过自交可以导致后代基因的分离，并使后代群体的遗传组成迅速趋于纯合化。从表5–8可以看出，$Aa$杂合体自交后，后代中一半是纯合体，一半是杂合体；如果继续自交，到第四代，杂合体的数目只有6%，而绝大部分（94%）是纯合体了。这样连续自交，其后代群体中杂合子按$(1/2)^n$的通式依自交代数的增加而减少，纯合体将按$1-(1/2)^n$的通式依自交代数的增加而相应增加，使自交群体的遗传组成趋于纯合化。但从理论上推论，不管自交多少代，在群体中仍然含有少量的$Aa$个体，也就是说，一个由杂合子$Aa$产生的群体，如果不经选择，即使自交很多世代，也不可能变成绝对纯的$AA$或$aa$纯合子群体。

自交后代纯合体增加的速度决定于等位基因的对数和自交的代数，如果各对基因是独立遗传的，而且各种基因型后代繁殖能力相同时，其后代群体中纯合率（即纯合子在群体中所占的百分比）$x$为：

$$x = \left(\frac{2^n - 1}{2^n}\right)^r \times 100\%$$

式中，$n$为分离的世代（第一分离世代是$F_2$，这时$n=1$）；$r$是杂合子中等位基因的对数。杂合体在同一自交世代中，等位基因对数越少，纯合子的比例越大；等位基因对数越多，纯合子的比例则越小。

杂合体通过自交可使遗传性状重组和稳定，使同一群体内出现多个不同组合的纯合基因型。例如，$AaBb$通过长期自交，就会出现$AABB$、$AAbb$、$aaBB$和$aabb$ 4种纯合基因型，表现4种不同的性状，而且逐代趋于稳定，这对于品种的保纯和物种的相对稳定具有重要意义。然而，像水稻和小麦这样的大田作物，虽说是自交植物，但也有一定比例的异花授粉，况且偶尔也会产生自发的遗传变异，因而即使是自交植物，在基因型上全然一致的情况也是很少的。

近交所产生的另一个重要特征是近交衰退（inbreeding depression），本来是杂交繁殖的生物，让其进行自交，随着纯合度的增加，机体的生活力不断下降，甚至出现畸形性状。事实上，生物界采用了许多不同的方式来减少近交或自交，如雌雄同体的动物往往卵巢与睾丸的成熟期不同，或必须与其他个体交配，互换生殖细胞，如蚯蚓等就是这样；大多数雌雄同花的显花植物以色彩、香气、花蜜等引诱昆虫，或雌雄蕊成熟期不同等，以保证异花授粉；还有一些生物，采用自交不亲和性来避免近交产生的衰退，如在烟草及报春花等自交不亲和的植物中，通过多个复等位基因控制（见图2–14）。当然并不是所有的生物种都存在近交衰退现象，典型的自花授粉蔬菜作物菜豆、豌豆和莴苣等似乎没有近交衰退现象，杂交种也无优势；小麦、大麦都是长期自交形成的自花授粉作物，迄今也未能在较大面积生产上应用杂交种。目前，对近交衰退的机制仍是不明的。

虽然近交导致衰退，但近交也有有利的一面，如自交或近交的后代纯合性高，性状较整齐一致，便于作物栽培管理。在经济作物中近1/3是自花授粉的，如水稻、小麦、大麦、豌豆、菜豆、马铃薯等，它们的近交不会影响后代的生活力，因为长期的选择已经基本上将有害基因剔除了。通过近交还成功地培育出了有名的牛、马、猪等，这说明只要合理地利用近交，剔除分离出来的有害基因，近交并不总是有害的。

以上主要就自交分析了基因频率的变化及所产生的遗传效应，下面就另一近交方式回交进行简要分析。回交与自交相类似，如连续多代回交，其后代群体的基因型将逐代趋于纯合化。连续回交可使后代的基因型逐代增加轮回亲本的基因成分，逐代减少非轮回亲本的基因成分，从而使轮回亲本的遗传组成替换

图5–4 回交的遗传学效应示意图

非轮回亲本的遗传组成，导致后代群体的性状逐渐趋于轮回亲本。由此可以看出，在轮回的情况下，子代基因型的纯合是定向的，它将逐渐趋近于轮回亲本的基因型，但在自交的情况下，子代基因型的纯合不是定向的，将出现多种多样的组合方式。回交在育种工作中具有重要意义，要想改良某一优良品种的一个或两个缺点，或把野生植物的抗病性、抗旱、多粒等性状转移给栽培品种时和转育雄性不育时，回交就成为不可缺少的育种措施。

因为近交导致等位基因的纯合化，如果一个群体中存在有害的隐性基因，这时就可能使群体的适合度降低。这种在一个群体中，有害基因的存在导致群体适合度降低的现象称为遗传负荷（genetic load 或 genetic burden）。它一般用群体中每个个体平均所带有的有害基因数目来衡量，数目越多，遗传负荷越大，群体的适合度就越小。不同群体具有不同的遗传负荷。遗传负荷有两个主要的来源：突变负荷（mutation load）和分离负荷（segregation load）。前者指由于基因突变产生有害基因，使群体适合度下降而给群体带来的负荷；后者指的是由于适合度较高的杂合子的基因分离而产生适合度较低的隐性纯合子，从而使群体平均适合度降低所带来的负荷，即近交衰退。

以上介绍的是近交导致的基因频率变化及近交的遗传学效应，那么怎样度量群体中个体近交的程度呢？这常用近交系数（inbreeding coefficient，$F$）来表示，所谓近交系数是指一个个体从它的某一祖先那里得到一对纯合的、等同的，即在遗传上是完全相同的基因的概率。同一基因座上的两个等位基因，如果分别来自无亲缘关系的两个祖先，尽管这两个等位基因在结构和功能上是相同的，仍不能视作遗传上是等同的，只有同一祖先基因座上的某一等位基因的两份拷贝，才算是遗传上等同的。得到这样一对遗传上等同基因的概率就是近交系数。近交系数在 0 和 1 之间，在一个群体中没有来自同一个祖先的基因的纯合个体时，$F=0$，也就是说没有近交；当在一个群体中的所有个体是从同一祖先来的纯合子，则 $F=1$，也就是说这个群体都是由近交所产生的个体所组成。

假设一个杂合体 $Aa$ 自交，所得纯合子 $AA$ 或 $aa$，不仅是纯合的，而且是遗传上等同的，因为纯合子的一对 $AA$（或 $aa$），就是其杂种亲本仅有的两个等位基因中的一个（$A$ 或 $a$）的两份拷贝。自交第一代个体中，纯合子占一半，就是带有遗传上等同的两个基因的个体所占比例，也就是近交系数 $F=0.5$。依此类推，$n$ 代自交后，$F=1-(1/2)^n$（表 5-8）。从表 5-8 可以看出，在一个群体中，只要所有基因型的交配次数相同，无论近交多少代其等位基因的频率是不变的。因此，尽管近交影响后代基因型的频率，但它并不会影响等位基因的频率。

表 5-8 一个群体中以 $Aa$ 杂合子起始的自交结果

| 自交代数 | 基因型频率 AA | 基因型频率 Aa | 基因型频率 aa | 杂合子频率 | $F$ 值 | 等位基因 $a$ 的频率 |
|---|---|---|---|---|---|---|
| 0 | 0 | 1 | 0 | 1 | 0 | 0.5 |
| $F_1$ | 1/4 | 1/2 | 1/4 | 1/2 | 1/2 | 0.5 |
| $F_2$ | 3/8 | 1/4 | 3/8 | 1/4 | 3/4 | 0.5 |
| $F_3$ | 7/16 | 1/8 | 7/16 | 1/8 | 7/8 | 0.5 |
| $F_4$ | 15/32 | 1/16 | 15/32 | 1/16 | 15/16 | 0.5 |
| $n$ | $\dfrac{1-(1/2)^n}{2}$ | $(1/2)^n$ | $\dfrac{1-(1/2)^n}{2}$ | $(1/2)^n$ | $1-(1/2)^n$ | 0.5 |

人类中，近交的发生与群体大小、移动性和社会风俗有关。下面以人类婚配为例来看看如何计算近交系数。设一对表兄妹（$B_1$、$B_2$）的祖父母（$P_1$、$P_2$）是没有亲缘关系的，祖父在某个基因座上的一对等位基因是 $A_1A_2$，祖母的两个相应等位基因是 $A_3A_4$（图 5-8A），要使 $B_1$、$B_2$ 结婚生下的子女 S 的基因型为

$A_1A_1$，共同祖先 $P_1$ 必须将 $A_1$ 基因传递 6 步（$P_1 \to C_1 \to B_1 \to S$ 3 步，$P_1 \to C_2 \to B_2 \to S$ 3 步）。因为每传递一步的概率是 1/2，所以通过所有 6 步的传递概率为 $(1/2)^6$。同样，S 是 $A_2A_2$、$A_3A_3$ 或 $A_4A_4$ 的概率也都是 $(1/2)^6$。那么这对表兄妹所生子女 S 的近交系数，即他/她具有共同祖先的某一特定等位基因的两份拷贝如 $A_1A_1$，$A_2A_2$，$A_3A_3$ 或 $A_4A_4$ 的概率即 F 值为 $4 \times (1/2)^6 = \dfrac{1}{16}$。

从上面的例子可以看出，基因传递每增加一步，F 值就降低一半。下面再分析两个例子：在图 5-8B 兄妹婚配中，要使 S 的基因型为 $A_1A_1$，共同祖先 P1 必须将 $A_1$ 基因传递 4 步（P1→B1→S 二步，P1→B2→S 二步）。因为每传递一步的概率是 1/2，所以通过所有 4 步的传递概率为 $(1/2)^4$；同样，S 是 $A_2A_2$、$A_3A_3$ 或 $A_4A_4$ 的概率也都是 $(1/2)^4$，所以，这对兄妹所生子女 S 的近交系数为 $4 \times (1/2)^4 = 1/4$。又如在图 5-8C 的姑侄婚配中，使 S 的基因型为 $A_1A_1$ 和 $A_2A_2$ 的概率都为 $(1/2)^2 \times (1/2)^3 = 1/32$，使 S 的基因型为 $A_3A_3$ 和 $A_4A_4$ 的概率都为 $(1/2)^2 \times (1/2)^3 + (1/2)^2 \times (1/2)^3 = 1/16$（因为有两种可能性将 $A_3$ 或 $A_4$ 传给 C），因此，S 的近交系数为 $1/32 + 1/32 + 1/16 + 1/16 = 3/16$。

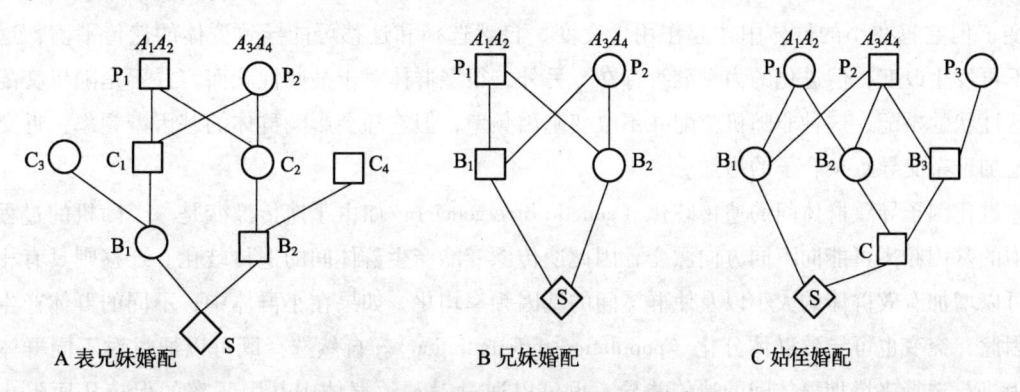

**图 5-8 不同婚配所生子代（S）的家系**

A 表兄妹婚配　　B 兄妹婚配　　C 姑侄婚配

对于 X 染色体上的基因，男性只有一个等位基因，女性则有两个。当父母是近亲结婚时，生下的儿子是半合子，没有纯合性也没有遗传上等同的问题。因此，在计算 X 连锁基因的近交系数时，只计算女儿的 F 值；在追溯 X 染色体上基因传递的步数时，不计算男性，而只计算女性的基因传递步数。

🎬 5-5 X 连锁基因的近交系数计算实例

对于群体如一个大的家族、村庄、民族甚至一个国家，怎样衡量群体内个体之间的血缘关系程度或近交流行程度呢？这可以用平均近交系数（mean of inbreeding coefficient，$\alpha$）作为指标，平均近交系数是指近亲婚配所生子女数同其 F 值的乘积的平均值，即 $\alpha = \dfrac{\sum F}{n}$。例如，在 100 个人的群体中，5 人是亲表兄妹所生，$F = 1/16$；7 人是第二代表兄妹所生，$F = 1/64$；其余人的父母无血缘关系，即 $F = 0$。则这个群体的平均近交系数 $\alpha$ 为：

$$\alpha = \dfrac{5 \times \dfrac{1}{16} + 7 \times \dfrac{1}{64}}{100} = 0.0042$$

平均近交系数与群体的隔离程度、婚俗习惯以及子女数目的多少等有关。

利用近交系数可对群体的基因杂合度进行检测。我们已经知道，一个群体中近交越多，杂合子的比例越少，因此近交系数与杂合子的频率成反比。近交系数又可定义为 $F = (2pq - H)/2pq$。式中 $2pq$ 是基于哈迪-温伯格平衡定律的预期杂合子频率；$H$ 代表群体中实际的杂合子基因型频率。可将此式改写成：$H = 2pq(1 - F)$。由此进一步可以看出，群体的近交系数越高，杂合基因型频率的减少越多。此外，我们知道，在哈迪-温伯格遗传平衡群体中，一对等位基因 $A/a$ 的基因型频率保持 $p^2 : 2pq : q^2$ 不变，但若群体存在某种程度的近交，则 $AA$ 和 $aa$ 的频率都会分别大于 $p^2$ 和 $q^2$，如果每代的近交系数 F 不变，则群体中的基

因型频率保持 $(p^2 + Fpq):(2pq - 2Fpq):(q^2 + Fpq)$ 的平衡。这就是 S. Wright 提出的著名的近亲繁殖平衡定律（Wright equilibrium），它阐述了基因在非随机交配群体中的遗传行为。因此，在近交群体中，各种基因型频率可按以下公式计算：

$$f(AA) = p^2(1-F) + pF = p^2 + Fpq$$
$$f(Aa) = 2pq(1-F) = 2pq - 2Fpq$$
$$f(aa) = q^2(1-F) + qF = q^2 + Fpq$$

当 $F=0$，即没有近交时，基因型频率与哈迪-温伯格定律相同；当 $F=1$ 时，群体全部由纯合体个体组成，其频率分别为 $p$ 和 $q$。然而，无论 $F$ 值大小，等位基因的频率保持 $p$ 和 $q$ 的数值不变。

### 5.3.7 群体遗传平衡影响因素小结

突变、自然选择、遗传漂变和迁移都具有改变群体基因频率的潜力。但每种因子的影响是有差别的，如由于发生突变的频率通常很低，突变对基因频率的改变微不足道；遗传漂变虽可产生大的基因频率改变，但它只在小的群体中才起作用。突变、自然选择和迁移可能导致群体的遗传平衡，这时基因频率虽不再发生改变，但进化的力量继续存在。另外，很多群体对于某些性状而言并不是随机交配的，如人类高矮性状的婚配，这种非随机交配并不改变基因频率，但它却会影响群体的基因型频率：近交导致纯合子的增加，杂交导致杂合子的增加。

有些进化因子导致群体间的遗传歧化（genetic divergence），如由于遗传漂变是一个随机的过程，在不同群体中的基因频率可能向不同方向漂变，因此遗传漂变能产生群体间的遗传歧化。迁移则具有相反的作用，它可以增加有效群体的大小以及使群体间的基因频率均化。如果在小群体中，不同的群体产生不同的突变，因此，突变也可导致群体分化（population differentiation）。自然选择既可以通过对不同群体的不同等位基因进行选择来增加群体间的遗传差异，也可以通过对一致群体中基因频率的保持从而阻止遗传歧化。非随机交配自身并不能产生群体间遗传差异，但它可以通过增加或减少有效群体的大小（如自交或近交不育、杂种优势等）对其他进化因子产生影响。

基因流和突变由于能够使基因库中产生新的等位基因，因而它们倾向于增加群体的遗传变异。遗传漂变则产生相反的效应，在一个小群体中通过等位基因的丢失使遗传变异减少。由于近交增加纯合性，它也可以减少群体间的遗传变异；由于杂交增加杂合性，相反它使群体间的遗传变异增加。自然选择可以增加或减少遗传变异，如果某个等位基因更有利，通过选择可使群体中的另一等位基因减少甚至消失，自然选择也可以通过超显性或其他形式的平衡选择使群体的遗传变异增加。

在实际中，这些进化因子并不是孤立地起作用的，而是以一种复杂的方式组合和相互作用起作用。在大多数自然群体中，是由这些因子的组合效应和它们的相互作用决定基因库中的遗传变异方式的。

## 5.4　群体的遗传多态性

遗传和变异是生物的基本特性，没有变异就没有生物的进化。生物的变异产生了生物的多样性，就遗传学上的群体而言，在大多数群体中，由于地理和生殖隔离，广泛存在表型、染色体、蛋白质序列以及 DNA 序列的多态性，这种多态性的产生实质上是在隔离群体间，由于不同的进化压力如选择、遗传漂变、基因流、非随机交配等，其等位基因频率的差异积累所造成的。

群体的遗传多态性对于分析群体遗传结构、群体分化、探讨选择作用和物种起源，以及进行群体改良研究等都具有重要作用，人类目前正在大力发展的个性化医疗的基础正是基于这种基因组的多态性。

(1) 表型多态性 (phenotypic polymorphism)：表型多态性包括一个群体中个体间的形态、生理、生化和行为特征等方面的多态性，它依赖于遗传多态性和环境因子的作用。譬如说，绵羊的角型由一对常染色体基因（$H/P$）和性染色体的上位作用控制，显示典型的从性遗传方式，$HH$ 公母羊均有角，$PP$ 均无角，$HP$ 则公羊有角，母羊无角，因此，进行无角品种或是有角品种的培育都并不困难。如果不对角型进行选择，则群体中公羊多有角、母羊多无角，种群间在程度或比例上的差别是由有限群体的随机遗传漂变所致。如果对一个纯合群体［有角母羊（$HHXX$）和无角公羊（$PPXY$）］进行人工选择，若选留无角公羊时，将明显增加后代无角羊的比例。在有些乌珠穆沁羊群体中，无角公羊的比例占 1/2 以上，如果继续选择，就会发展成无角羊种群了。据牧民观察，无角母羊较早熟、更耐寒、难产少，说明无角母羊的适合度高于有角母羊，这种自然选择作用也会增加无角基因型的频率。蒙古羊长期保持公羊多有角，母羊多无角的平衡态可能就是由于这种选择作用的结果。由于有角母羊都是纯合子，所以只要不是刻意淘汰，则有角母羊的比例就会提高，如阿拉善左旗北部的蒙古羊群中的有角母羊比例（15%）明显高于乌珠穆沁羊和苏尼特羊的有角母羊比例（3%），这是因为前者的有角母羊并没有被有意淘汰，而后者却常选留无角母羊。

表型多态性的表现可以是不连续的，也可以是连续的。前者如小花悬钩子（*Rubus spectabilis*）的果实，它可以表现为红色或橙色；后者如同一遗传型的绣球花品种的花色由于土壤酸性的差异，可以从紫罗兰色到粉红色都有；又如根据人的皮肤颜色可以分为白种人、黄种人和黑种人，但在同一人种中，皮肤颜色有深有浅，这与基因型和环境有关。

(2) 蛋白质多态性 (protein polymorphism)：蛋白质多态性是群体中普遍存在的现象，指群体中一种蛋白质存在多种不同的变型，这些变型的产生是由于同一基因位点内的突变，产生复等位基因，从而导致合成不同类型的蛋白质所致，它与物种及其地理分布有关，是基因多态性的直接反映。哺乳动物的血清运铁蛋白（Tf）具有较高的多态性。如人的 $Tf$ 基因已知有 30 多种变异类型，且具有明显的种族差异；欧美系统家猪中 $Tf^B$ 基因频率较高，$Tf^A$ 基因频率较低，一般极少或没有 $Tf^C$ 基因，而亚洲系统家猪中 $Tf^B$ 频率较欧美系统家猪为低，$Tf^A$ 频率也较低，可是 $Tf^C$ 频率却相对较高。研究表明，在人体中所研究的不同类型的酶中展示有 1/3 的多态性，如在 24 个氧化还原酶和 38 个水解酶中，分别有 7 个和 13 个显示多态性；人类白细胞抗原（HLA）基因是迄今发现的人类基因组中多态性最丰富的基因群。

(3) 染色体多态性 (chromosome polymorphism)：一个物种通常具有恒定的染色体数目和相似的基本结构，即具有一定的核型，但也存在各种恒定的微小差异，包括染色体长度、带纹宽窄、着色强度、随体的形态和大小等。这类恒定而微小的变异按照孟德尔方式遗传，通常没有明显的表型效应，称为染色体多态性。如群体中的不同个体，乃至同一个体的同源染色体的长度存在差异，较为显著的如 Y 染色体长臂的变异。染色体多态性通常只发生在异染色质区，因此对个体表型的影响很小，但越来越多的研究发现，这种多态性有临床效应，与一些疾病有联系，值得深入研究。

(4) DNA 序列多态性 (DNA sequence polymorphism)：指群体中不同个体基因组 DNA 等位序列之间的差异，包括长度多态、限制性酶切位点多态及单核苷酸多态（SNP）等。实质上，群体遗传多态性的主要基础就是 DNA 序列多态性，它决定了表型多态性和蛋白质多态性。DNA 多态性可以看做是分子水平上个体区别的遗传标志，这种标志不随组织和发育阶段而异，且不受环境因素的影响，其高分辨率能帮助研究者检测到多基因系统中微效基因的变化，从而解释选择前后群体的遗传差异。随着基因组学研究的深入，已经揭示群体个体间存在大量没有明显表型效应的 DNA 变异，这也正是基因组学研究给我们带来的惊喜。相关内容将在后面的章节中学习。

## 问题精解

◆ **在某一牧场里有100头公牛和400头母牛用以繁衍，请问其有效群体大小是多少？另一牧场用同一头公牛对500头母牛进行人工授精，其有效群体大小又是多少？这说明什么？**

答：有效群体大小（effective population size，$N_e$）概念由群体遗传学家 S. Wright 提出，通常指一个群体中贡献后代的个体数。从生态学意义上讲，有效群体大小可以简单地指成年个体数，而从群体遗传学的意义上来说，强调的是指在产生后代的时候，一个基因的两份拷贝被取样的机会。从这个意义上讲，有效群体大小实际上指的是一个理想群体的大小，在这个群体中具有相同的随机遗传漂变特性。因此，有效群体大小可以定义为与实际群体具有相同基因频率方差或相同杂合度衰减率的理想群体大小。

假设一个群体的大小为 $N$，则有 $2N$ 个基因。对于一个理论公式来说，当取得相同基因的两个副本的机会是 $(1/2)^2$ 时，这时的群体大小就是 $N_e$ 值。如果我们从某个群体中提出两个基因，我们可能会由于各种原因更容易得到同样基因的两份拷贝，而不是由群体大小的生态学测量所暗指。有效群体大小通常比生态学所观察到的群体大小要小。有效群体大小可用如下方程进行计算：

$$N_e = 4 N_m \times N_f / (N_m + N_f)$$

其中，$N_m$ 和 $N_f$ 分别为实际参与繁殖的雌、雄个体数目（$N_e \leq N_m + N_f$；如果 $N_m = N_f$，则 $N_e = N_m + N_f$）。

因此，本题中100头公牛和400头母牛的牧场牛群的有效大小为：

$$N_e = 4 N_m \times N_f / (N_m + N_f) = 4 \times 100 \times 400 / (100 + 400) = 320$$

而1头公牛和500头母牛的牧场牛群的有效大小为：

$$N_e = 4 N_m \times N_f / (N_m + N_f) = 4 \times 1 \times 500 / (1 + 500) = 4$$

这说明，种群的遗传多样性不仅与种群大小有关，而且还与性比有关。

在哈迪-温伯格遗传平衡定律中，我们知道一个理想的平衡群体是一个大的和随机交配的群体，因此，有效群体大小会从多方面影响群体遗传平衡和群体的遗传多样性。首先，有效群体大小影响选择差和选择强度。在理想群体中，每一繁殖个体提供给下一代的基因概率相等，但在实际群体特别是在实际育种过程中，亲代对子代所作的遗传贡献不一定有相同的概率，亲本的遗传贡献率与有效群体大小呈正相关，亲本的这种差异导致了群体个体之间的遗传多样性。其次，有效群体大小直接决定遗传漂变，当 $N_e$ 较小时，小群体倾向于近交的增加，加上选择的作用，群体的遗传变异会逐渐消失，造成在小群体选择中的"随机漂变"效应，群体越小，导致的遗传漂变就越严重。第三，有效群体大小反映了群体平均近交系数增量的大小以及群体遗传结构中基因的平均纯合度。当有效群体大小较小时，群体倾向于近交系数的增加，基因的杂合度也处于较低水平，因此，在小群体中容易出现近交衰退，随着有效群体大小的增加，基因杂合度也相对增加。

有效群体大小概念对于生物保护和育种有重要的指导作用。E. E. Soule 最早从生物保护的角度进行了研究，认为当 $N_e$ 为50时，种群每世代的近交系数低于1%。考虑到要使种群维持适当的遗传变异并保持长期的适应性，I. R. Franklin 提出了著名的"50/500准则"，即所需的种群个体数量为500，$N_e$ 为50。如果考虑遗传变异中的其他因素如隐性致死或半隐性致死等位基因以及基因突变等，群体最小 $N_e$ 应为5 000。如果需要维持更多的稀有等位基因时则需要更大的有效群体数量。

◆ **Eugenics 一词用于为了改良人种而进行的人类选择性婚配，它建议应禁止患严重遗传疾病的人生育，以降低后代中该疾病的频率。假设某一隐性遗传病在群体中的频率为 1/40 000，并且规定患者不**

能生育。那么经过 **10 代**也就是经过约 **250 年**后，该病患者的频率会有怎样的变化？从这一例子请判断通过 Eugenics 控制人类婚配能否达到消除隐性遗传病的目的呢？

答：首先要说明一点的是，Eugenics 一词由于其强烈的民族主义倾向，1998 年以后在科学文献中已禁止使用，也请读者注意不要将其与我国的优生学等同。

该病隐性基因的频率 $q_0 = \sqrt{1/40\,000} = 0.005$，如果禁止患者生育，从进化的意义上讲，相当于这种疾病是致死的，即适合度 $W = 0$，选择系数 $S = 1$。从表 5-5 可以算出，当经过一代选择后，$q_1 = q_0(1 - Sq_0)/(1 - Sq_0^2) = q_0(1 - q_0)/(1 - q_0^2) = q_0/(1 + q_0) = 0.005/1.005 = 0.004\,975$。经 10 代选择后，$q_{10} = q_0/(1 + 10q_0) = 0.005/1.05 = 0.004\,762$。这时隐性纯合个体的频率为 $(q_{10})^2 = 0.004\,762^2 = 0.000\,022\,68 = 1/44\,092$。也就是说，该疾病经过 10 代的禁止患者生育后，疾病的发生率只是从原来的 1/40 000 降至 1/44 000。由此可见其效果是非常有限的，因而，通过 Eugenics 控制人类婚配从而达到消除隐性遗传病的目的是没有科学根据的。

## 思考题

1. 血友病（hemophilia）是由一位于 X 染色体上的隐性基因引起的。在某个群体中，4 000 个男性中有 1 名患者。假设这是一个哈迪-温伯格遗传平衡群体，那么在这一群体中女性患者的频率是多少？

2. 在某一人类的群体中，100 人中有 75 人为血红蛋白等位基因 $A$ 的纯合体，25 人为等位基因 $A$ 和 $S$ 的杂合体，没有发现 $SS$ 纯合体。请计算这个群体中的基因型频率和等位基因 $A$、$S$ 的基因频率。

3. 下表是西非一个人群中血红蛋白基因型频率的分布情况。请说明这个群体中的血红蛋白基因型分布是否处于哈迪-温伯格遗传平衡状态。

| 基因型 | $AA$ | $AS$ | $SS$ | 总数 |
|---|---|---|---|---|
| 个体数 | 168 | 80 | 2 | 250 |
| 基因型频率 | 0.67 | 0.32 | 0.01 | 1.00 |

4. 在果蝇群体中发现乙醇脱氢酶基因（alcohol dehydrogenase，$Adh$）位点有 3 种基因型，对 1 110 只果蝇的样品统计结果如下（$Adh$ 等位基因的名称是根据其蛋白质产物的电泳行为命名的，$F$ 指 Fast，$S$ 指 Slow）：

| 基因型 | $FF$ | $FS$ | $SS$ | 总数 |
|---|---|---|---|---|
| 个体数 | 634 | 391 | 85 | 1 110 |

（1）计算基因型频率和基因频率。
（2）假设随机交配，计算预期的基因型频率和基因频率。
（3）利用卡平方测验判断这个群体是否符合哈迪-温伯格遗传平衡。

5. 在一个鸟的群体中，假设控制尾部颜色的两个等位基因：红色是隐性的，蓝色是显性的。1 000 只鸟中有 640 只红色尾和 360 只蓝色尾。如果群体处于哈迪-温伯格遗传平衡状态，请问：
（1）红色等位基因的频率是：①0.8；②0.64；③0.36；④0.2；⑤0.4？
（2）蓝色等位基因的频率是：①0.8；②0.64；③0.36；④0.2；⑤0.4？

(3) 这对控制尾部颜色的等位基因处于杂合状态的鸟所占的百分数是：①64%；②32%；③48%；④4%；⑤46%？

(4) 显性等位基因处于纯合状态的鸟所占的百分数是：①64%；②32%；③48%；④4%；⑤46%？

6. 在一个大的群体中包括基因型 AA、Aa 和 aa，它们的频率分别为 0.1、0.6 和 0.3。

(1) 这个群体中等位基因的频率是多少？

(2) 随机交配一代后，预期等位基因和基因型的频率是多少？

7. 当隐性纯合完全致死时，在群体中该隐性致死等位基因的最高频率可能是多少？当致死等位基因频率达到最高值时，群体的遗传组成是怎样的？

8. 在下列两个家系中，请计算近交系数。

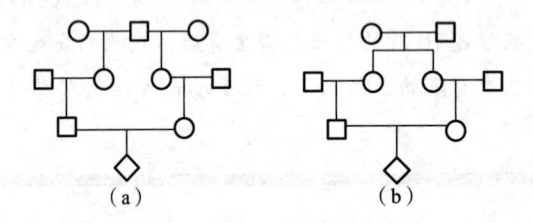

9. 一连续自交的群体，由一个杂合子开始，需要经过多少代才能得到大约 97% 的纯合子？

10. 人类的秃头是一种从性显性遗传（sex influenced dominance），秃头基因 b 位于常染色体上。在男性中它是显性的，即只要有一个秃头基因 b 就有秃头的性状；而在女性中则是隐性的，即需要在纯合状态（b/b）下才有秃头性状。秃头等位基因在人群中的频率是 0.3，假设随机婚配，那么在一个由 500 个男人和 500 个女人组成的群体中，预期男人和女人各有多少秃头患者？

11. 一群体由 AA、Aa 和 aa 3 种基因型组成，其比例分别为 1:1:1。由此群体产生的后代数目相应为 996、996 和 224 个。请问这 3 种基因型的选择系数是多少？

12. 观察在某一由 700 个个体组成的人群中，血型的分布如下：O 型 338 人，A 型 326 人，B 型 20 人，AB 型 16 人。

(1) 计算血型等位基因的频率。

(2) 基于以上所计算的等位基因的频率，所观察的表型分布是否与预期一致。

# 第 6 章

# 核外遗传分析

袁隆平

6.1 细胞质遗传
6.2 细胞质遗传的检测
6.3 母体影响

**内容提要**：核外遗传是研究细胞核以外的遗传物质及其所控制性状的传递规律的科学。母体影响和细胞质遗传说明了细胞质在遗传中的重要作用。在母体影响中，个体的表型不是由自己的基因型决定的，而由其母体的基因型决定，其本质是由于母源效应基因的作用。在细胞质遗传方面，遗传特性是由叶绿体、线粒体、卡巴粒等细胞质颗粒决定的。由于双亲对细胞器贡献的不同及其分离的不规则性，在高等真核生物中，这种非孟德尔式的遗传现象通常是由细胞器通过雌配子传递而产生，因此，由细胞器基因控制性状的遗传常呈现母体遗传方式。

细胞质在遗传中的重要作用，不单在于细胞质内具有类似核基因的细胞质基因，还在于细胞核和细胞质之间有着密切的相互作用。细胞质基因的突变同样导致遗传疾病的产生。

植物雄性不育在农作物育种中具有重要价值。

**重要概念**：细胞质遗传 母体影响 感染遗传 母系遗传 父系遗传 复制分离
线粒体 DNA 的异质性 线粒体 DNA 的阈值效应
雄性不育 质-核互作不育 三系二区制种

科学史话

科学发现往往是基于对例外情况的深入研究，如由于非等位基因位于同一染色体上而使得它们不遵循孟德尔自由组合定律，从而导致了连锁与交换定律的发现。早在 1909 年，遗传学家就发现了一些不符合孟德尔分离定律的例外，它们的遗传不按孟德尔方式进行，并且也不能将这些基因定位在核染色体上。现在我们知道，一个细胞内除了细胞核含有遗传物质外，细胞质内也含有能进行自主复制的遗传物质和表达系统，这种由染色体以外的遗传因子所决定的遗传现象叫核外遗传（extranuclear inheritance）或细胞质遗传（cytoplasmic inheritance）。核外遗传是非孟德尔遗传（non-Mendelian inheritance），这是由于细胞器的分离规律与核内染色体的分离规律不同所造成的。从第 13、14 章中我们将会知道，细胞质与细胞核有着相互依存的关系，细胞器中某些蛋白质的组成是由细胞器基因和细胞核基因共同编码的。因而在生物某些性状的遗传中，不但需要核基因的存在，而且还与细胞质因素有关，所以细胞质在遗传中也有着相当重要的作用。另外，即使我们在前面所学的由核内基因所控制的性状，它们的表现也都是要通过细胞质的，例如花冠的颜色是由染色体上基因所控制的，但花冠的颜色是色素反应，而色素是在细胞质中合成的。因此，核外遗传在遗传学中占有重要的地位。

随着人们对细胞质遗传认识的深入，细胞质遗传的应用也呈现多方面性，如细胞质除草剂抗性、雄性不育等在农业生产中的应用；线粒体基因突变在疾病诊断中的应用；花色、叶色变化和高光效在园林植物栽培及农作物品种改良中的应用；叶绿体和线粒体 DNA 多态性在群体遗传和进化系中的应用；叶绿体遗传转化技术在基因工程中的应用等。

在一般情况下，正交 ♀$AA$ × ♂$aa$ 或反交 ♀$aa$ × ♂$AA$，子代的基因型都是 $Aa$，所以在同一环境下，表型是一样的。而在核外遗传中，正反交的结果是不同的，核外基因通常表现单亲遗传（uniparental inheritance）现象，即所有的后代不论雌雄都显示某一亲本的某一表型，其中最典型的是在高等真核生物中，通常仅母体的性状在后代中表达，这是典型的细胞质遗传现象。细胞质遗传的形成是由于带有大量细胞质（因而具大量细胞器）的卵细胞和几乎不含细胞质（因而无细胞器）的精子结合，其合子的细胞质基本来自母体的结果。

## 6.1 细胞质遗传

细胞质遗传是由于细胞质中构成要素（细胞器）的作用，这些构成要素中的基因通过复制分离（replicative segregation）的过程经细胞质由一代传至另一代。所谓复制分离是指细胞器 DNA 在细胞分裂的同时也自律地进行复制，然后随机分配到新合成的细胞器中，再随机分配到子细胞中的过程。

在真核生物的有性繁殖过程中，卵细胞内除细胞核外，还有大量的细胞质及其所含的各种细胞器；精子内除细胞核外，没有或极少有细胞质，因而通常也就没有或极少有各种细胞器。所以在受精过程中，卵细胞不仅为子代提供其核基因，也为子代提供了它的全部或大部分细胞质基因；而精子则仅能为子代提供其核基因。其结果自然是：受细胞质基因控制的性状，其遗传信息大多只能通过卵细胞传给子代。因此，由细胞质基因决定的性状，大都会表现以下遗传特征：① 遗传方式是非孟德尔式的，杂交后代不出现一定比例的分离，且正交和反交的遗传表型不同；② $F_1$ 通常只表现母方的性状。

当然，生物现象是复杂的，通过大量植物质体遗传的研究后发现，在被子植物中存在 3 种基本的细胞质遗传方式，即母系遗传、双亲遗传和父系遗传，说明某些情况下雄性配子也能传递细胞质遗传因子。

### 6.1.1 叶绿体遗传

1909 年，德国植物学家 C. Correns（重新发现孟德尔定律的三个学者之一）首先注意到紫茉莉（*Mirabilis jalapa*）植株的绿白斑遗传。在同一植株上，有些枝条长出深绿色的叶子，有些枝条长出白色或极淡绿色的叶子，有些枝条则长出绿白相间的花斑叶（variegation），并且这3种类型的枝条都可以开花（图6-1）。用显微镜检查绿色叶子，或花斑叶的绿色部分，细胞中含有正常的叶绿体，而检查白色叶子或花斑叶的白色部分，则细胞中缺乏正常的叶绿体，而是一些败育的无色颗粒——白色体（leucoplasts）。从分子水平来说，白色体是由于叶绿体 DNA（cpDNA）发生了基因突变所致。

以不同枝条上的花朵相互授粉时，其后代的叶绿体种类完全决定于种子产生于哪一种枝条上，而与花粉来自哪一种枝条无关。来自深绿色枝条的种子必长成深绿色幼苗；来自白色枝条的种子必长成白色幼苗；来自花斑枝条的种子则长成3种幼苗：具有正常叶绿体的深绿色幼苗、具有败育叶绿体的白色幼苗，以及正常和败育叶绿体都有的花斑幼苗（表6-1）。

图6-1 在紫茉莉同一植株上，有些枝条长出白色或极淡绿色的叶子，有些枝条则长出绿白相间的花斑叶，有些枝条长出深绿色的叶子

表6-1 紫茉莉花斑植株杂交的实验结果

| 接受花粉的枝条的表型 | 提供花粉的枝条的表型 | 杂交后代植株的表型 |
| --- | --- | --- |
| 白色 | 白色 | 白色 |
|  | 绿色 |  |
|  | 花斑 |  |
| 绿色 | 白色 | 绿色 |
|  | 绿色 |  |
|  | 花斑 |  |
| 花斑 | 白色 | 白色、绿色、花斑 |
|  | 绿色 |  |
|  | 花斑 |  |

叶绿体来自细胞质中称为前质体（proplastid）的颗粒，能独立复制。细胞分裂时叶绿体大致上均等分离。至今对像紫茉莉这样的植物质体的母系遗传方式的机理开展了大量的研究，认为父系质体被排除，仅母系质体传递到下一代，是由于雄性细胞器在花粉发育过程中或受精过程中被排除或降解所致。R. Hagemann 等根据雄性质体在雄配子发生、发育不同时期或在受精过程中传递或被排除的情况，又将母系遗传划分为3种情况：①花粉生殖细胞一开始就不含质体，小孢子在第一次有丝分裂前由于细胞骨架的作用，使细胞质中的质体呈极性分布，导致细胞质分裂时的极性分配，使大多数的细胞器和全部的质体都被分配到营养细胞中，而生殖细胞不含质体。②质体衰退或 DNA 被降解，即雄性细胞器的排除是通过在细胞器结构上的衰退或 DNA 的降解而实现的。③质体在受精时被排除，即虽然精细胞含可遗传的细胞器，但在精细胞进入卵细胞之前脱掉整个细胞质，仅核与之融合。

高等植物质体的遗传除紫茉莉等植物中的母系遗传方式外，在不同植物类型中还表现为父系遗传（paternal inheritance）或双亲遗传（bi-parental inheritance）。在被子植物中，对600多个物种的质体 DNA 的遗传研究发现，大约80%表现为母系遗传特征，而20%的物种中存在双亲遗传现象，仅少数物种中获得了父系质体遗传的证据；大多数裸子植物的质体 DNA 则表现为单亲父系遗传特征，也存在极小频率的质体 DNA 双亲传递现象。高等植物中较低级植物的质体遗传一般为双亲遗传，有人认为遗传方式的进化路线是：双亲遗传→父系遗传为主，母系遗传为辅→母系遗传为主，父系遗传为辅。

叶绿体的遗传是一个复杂过程，通过下面关于玉米的埃型条斑遗传的例子，我们可以看出这种复杂性。在玉米的遗传研究中，人们发现一种与叶绿体遗传有关的埃型条斑（striped iojap trait），有关的基因（*ij*）位于玉米核基因组的第 7 号染色体上。*ij*/*ij* 纯合体的玉米植株或是不能成活的白化苗，或是在茎和叶上形成有特征性的白绿条斑。当这种植株作为父本给正常（+/+）绿色植株授粉时，条斑性状按孟德尔规律遗传（图 6-2A）。而当 *ij*/*ij* 玉米用作母本与绿色父本杂交时，$F_1$ 就出现绿、白或条斑型表型，$F_2$ 中也看不到典型的孟德尔分离比例（图 6-2B）。

埃型条斑一旦在纯合体 *ij*/*ij* 雌性植株中出现，就可以通过母体遗传下去，这一特性形成后就不再与 *ij* 基因有关，而显示出典型的细胞质遗传。这时不论植株的核基因型如何，甚至是在 *ij* 座位上替换了一个正常基因，使其核基因型为 +/+，也不足以把由原来 *ij* 核基因效应所造成的叶绿体 DNA 突变"矫正"过来。这一例子清楚地显示，叶绿体这种细胞器在遗传上一方面有其自主性，另一方面，叶绿体受核基因影响的效应可以发生改变。

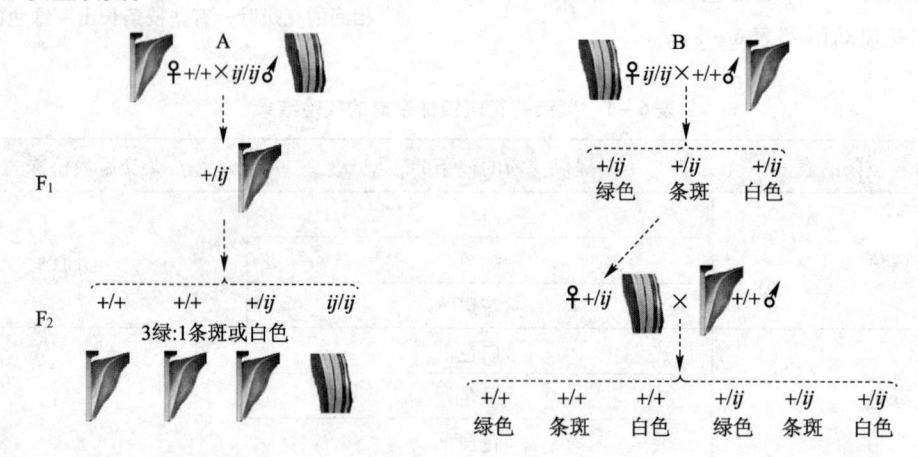

**图 6-2 玉米埃型条斑的遗传**

至于质体单亲父系遗传的实现，同样是在雄性质体得以保存和容许传递至卵细胞中的基础上，将母源质体及其 DNA 降解所致。

## 6.1.2 线粒体遗传

线粒体是真核生物的重要细胞器之一。线粒体 DNA（mtDNA）的全部基因参与线粒体内膜呼吸链复合体氧化磷酸化能量代谢过程，合成 ATP 为细胞提供能量。因此，线粒体是细胞中的代谢中心，是产生呼吸酶和其他酶系的地方，呼吸酶的缺少会影响细胞的生长，所以某些"生长迟缓"的突变，例如酿酒酵母（*S. cerevisiae*）的"小菌落"就跟线粒体有着密切的关系。

酵母与脉孢霉一样，也是一种子囊菌。除通过出芽进行无性繁殖外，还能通过不同交配型单倍体细胞的融合进行有性生殖，形成二倍体合子。与脉孢霉不同的是，二倍体合子经减数分裂仅形成 4 个单倍体子囊孢子而不是 8 个，这 4 个孢子成无规则排列，但它们代表减数分裂的 4 个产物，可以一一地分离培养，以用作遗传学分析。

1949 年，法国 B. Ephrussi 等发现，在正常通气情况下，从一个酵母细胞开始通过无性方法增殖获得的酵母群体中，大部分细胞长成的菌落大小相近，但有 1%~2% 的细胞长成的菌落，比其他菌落小得多，其直径是正常菌落的 1/3~1/2，被称为小菌落（petite colony）（图 6-3）。这是一种在糖类代谢中不能利用氧气的缺陷株，它们缺少细胞色素 a、b 以及细胞色素 c 氧化酶，所以在通气情况下，这些"小菌落"细胞比正常细胞生长得慢。用化学诱变剂如溴化乙啶、吖啶黄等处理正常酵母也可获得小菌落。实验表明，用正常菌落进行培养，可经常产生小菌落；但如用小菌落培养，则不再回复到正常菌落，只能产生小菌落。即：

正常菌落→正常菌落 + 小菌落（1%~2%）；　　小菌落→小菌落

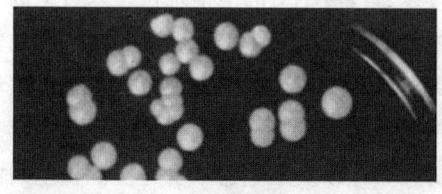

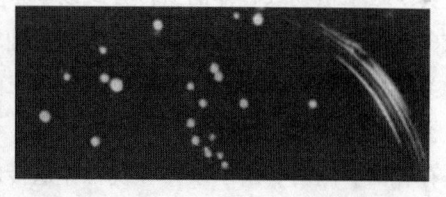

图 6-3　酵母的正常菌落与小菌落

把小菌落酵母（假设为交配型 A）与正常的酵母（假设为交配型 a）交配，全部产生正常的二倍体合子（Aa），将其减数分裂所得的 4 个单倍体后代分别培养，也都是正常的，不再分离出小菌落。可是染色体上的基因，例如交配型基因 A 和 a 还是像预期一样地分离，子囊中 4 个孢子出现 1:1 的比率，从而说明小菌落这个性状跟核基因没有直接关系，小菌落的遗传完全表现为细胞质遗传。因为小菌落酵母与正常酵母接合时，细胞质也都共同融合到二倍体合子中，细胞质中的线粒体自身能够复制，但不像核基因那样在减数分裂中有规律地分离，而是随细胞分裂随机分配到子细胞中去，这样每个子囊孢子都能获得部分正常的线粒体，因而由它们长成的菌落都是正常的。可见，酵母小菌落的遗传因子是存在于细胞质中的。

根据 CsCl 密度梯度离心，发现小菌落突变型中的 mtDNA 与大菌落的 mtDNA 显著不同，有时甚至测不出小菌落突变型有 mtDNA 的存在。这表明，小菌落突变使 mtDNA 大部分丢失或严重变异。用分子杂交和限制酶分析发现，在小菌落 mtDNA 全部缺失或严重变异的类型中，除了有一些片段多次重复以外，线粒体基因组中还有大片段的缺失。

mtDNA 一直被认为呈现严格的母系遗传，如对马驴杂交家系 mtDNA RFLP 的检测分析发现，马骡的 mtDNA 带型与马一致，驴骡的 mtDNA 带型与驴一致。2016 年在线虫中的最新研究发现，自噬过程（细胞通过形成双层膜的自噬小体以清除衰老、损坏或多余细胞组分的机制。日本学者 Y. Ohsumi 因发现细胞自噬机制而获得 2016 年诺贝尔奖）参与了受精卵中父系线粒体的选择性清除。父系线粒体主要位于精子进入受精卵的近细胞表面处，在这里汇集的大量自噬小体将父系线粒体逐步清除。然而，随着研究的深入，在人、小鼠、果蝇等多个物种的研究中相继发现了不同程度的父系遗传现象，因此，线粒体 DNA 的父系遗传方式近年来被研究者们所关注。有研究发现，某病人的肌肉样品中含有来自父亲的线粒体 DNA，而血液样品中的线粒体 DNA 却来自母亲，在人类中，父系遗传概率为 0.1%~1.5%；种间杂交的小鼠 $F_1$ 存在约 1/10 的父系 mtDNA，在 $F_2$ 则消失；克隆牛的 2 细胞期至囊胚期的胚胎中发现存在父系 mtDNA；蜜蜂受精卵中存在约 27% 的父系 mtDNA，但在以后的发育过程中逐渐减少，至孵化时父系 mtDNA 的存在极微。

目前认为 mtDNA 父系遗传可能存在两种机制：一种称为父系 mtDNA 渗漏机制。父系 mtDNA 可随同精子进入受精卵，但由于动物受精过程中存在某种机制限制细胞质中外源 DNA（如父系 mtDNA）的扩散，使得这类外源 DNA 逐渐减少至消失。有研究发现，小鼠精子线粒体在受精卵的 1 细胞期占全部线粒体的 80%，在 2 细胞期下降至 25%，4 细胞期下降至 9%，8 细胞期以后下降至 1% 甚至完全消失，但是在受精限制机制中，渗漏而保存下来的可能性也是存在的。第二种可能的机制是 mtDNA 的重组。研究发现，灵长类的人、黑猩猩和猫科动物核基因组中存在线粒体基因，它们以数十个拷贝呈串联重复序列的形式存在于核基因组中，尽管这些线粒体基因在核基因组中以假基因的形式存在而不发挥功能，但这些结果预示了mtDNA与核基因发生了重组，那么，这些核基因组中的线粒体基因转回到线粒体基因组的可能性也是存在的。另外，实际上在mtDNA之间也存在重组，而父系和母系mtDNA之间发生重组的可能性最大。

植物线粒体的遗传呈现多样化特征，并且质体和线粒体的遗传是相互独立的。例如，苜蓿、牵牛属、时钟花属、猕猴桃属等植物的质体为父系遗传，而线粒体为母系遗传，小果野蕉的线粒体为父系遗传，而质体为母系遗传。被子植物线粒体的遗传方式以单亲母系遗传占绝对的统治地位，只有少数物种的线粒体为双亲遗传或父系遗传，而在裸子植物中，不同物种之间的差别很大，松科、红豆杉科的线粒体多为母系遗传，而松杉类植物中的南洋杉科、杉科、柏科和三尖杉科的线粒体主要为父系遗传。虽然母体遗传是细胞质遗传的主要特征，但从上面的叙述中可以看出，母体遗传并不是细胞质遗传的全部内容，父系遗传和双亲遗传都是存在的。同时，由于质体和线粒体遗传的独立性以及细胞器本身还受到核基因的控制，因此细胞质遗传的机制是相当复杂的。

由于线粒体在人类中遗传的特点，一般只有女性能传递线粒体疾病，她们将突变传递给所有性别的后代（图6-4B）。在传递过程中，有些子细胞可能含有全部正常的mtDNA或全部突变的mtDNA，这称为纯质性（homoplasmy）；相对地，由于线粒体在细胞分裂中的无序性，因而使得携带mtDNA突变的线粒体的比例在各体细胞和组织中有所不同，从而产生线粒体疾病的多样性和组织特异性表型，这种个体含有不同遗传背景细胞质的现象叫做异质性（heteroplasmy）（图6-4）。引起特定组织器官功能障碍的突变mtDNA的最少数目称为mtDNA的阈值效应（threshold effect）。一般地说，缺失mtDNA引起的疾病阈值为60%，其他mtDNA突变类型引起的疾病阈值则为90%。mtDNA的异质性在不同世代交替间也存在着所谓的遗传瓶颈（genetic bottle neck）。人类每个卵细胞中大约有10万个mtDNA，但在产生成熟卵细胞时需要经历一个数量骤减的过程，只有极少一部分（2~200个）可以随机进入成熟的卵细胞而传给子代。因此，同一母系家族成员间甚至同卵双生子间的疾病表型表现出较大的差别。

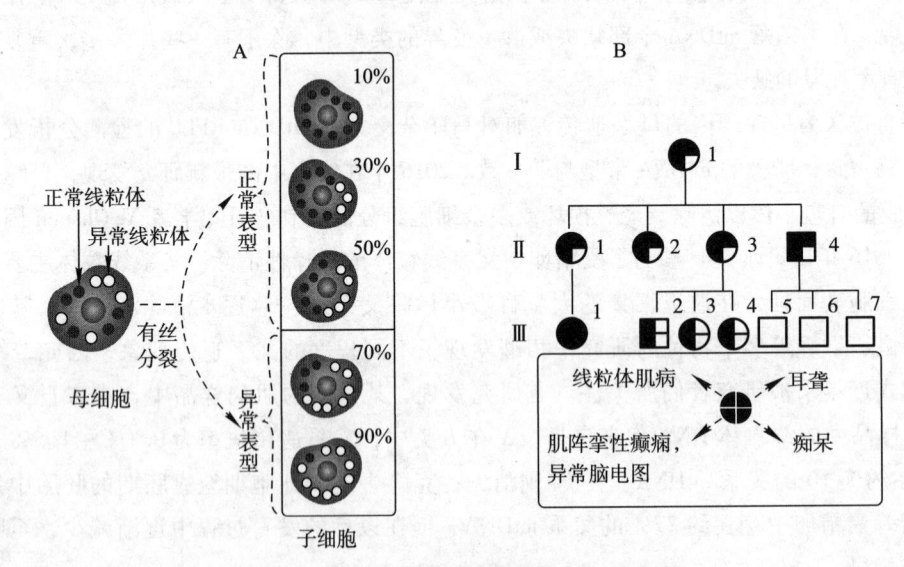

**图6-4 线粒体疾病的阈值效应和异质性**

A. mtDNA的阈值效应；B. 流行性红肌纤维线粒体脑肌病（MERRF）家系，受累成员间的差异性反映了线粒体遗传的异质性

由于各种组织对氧化磷酸化的依赖性不同，如心脏、骨骼肌和中枢神经系统对氧化磷酸化的依赖性最强，因此，线粒体病常以肌病和脑病为特征。此外，氧化磷酸化作用随年龄增长而下降，这或许与mtDNA突变的积累有关。因此，线粒体疾病的临床表现并不是只与mtDNA基因型相关，而是由核基因和线粒体

基因所决定的氧化磷酸化的遗传能力，以及体细胞中 mtDNA 突变的累积、异质性程度、氧化磷酸化的特异组织需要及年龄等因素决定。有关线粒体遗传的更多知识见 13.5.2。

在分析由 mtDNA 突变导致疾病的遗传方式时，需要考虑线粒体基因组的复制分离、纯质性与异质性、母系遗传 3 个特点。通过复制分离使 mtDNA 在子细胞中随机分配；由于纯质性与异质性，使得突变所产生的相关表型的表现取决于特异组织细胞中正常 mtDNA 和异常 mtDNA 的相对比例，因此，线粒体病的特点是外显率低，表现变异性和多效性。在母体遗传中需要注意的是，由于在卵子发生过程中 mtDNA 的限制和再扩增现象，即使携带较低比例致病 mtDNA 分子的女性仍有生育患病孩子的风险。

### 6.1.3 感染遗传

真核生物细胞质中除了叶绿体、线粒体等细胞器以外，细菌或病毒的共生也显示出核外遗传的特点，其遗传方式称为感染遗传（infectious inheritance）。

叶绿体和线粒体都是细胞质的构成要素，是细胞进行正常活动所不可缺少的。而在感染遗传中的有关颗粒，则不是细胞质的构成要素，因为并不是所有正常细胞都需要具有这种颗粒。研究发现，在许多动物或植物细胞的细胞质中可繁殖产生各种各样的寄生物（parasitic agent），如细菌、病毒、类病毒（viroid）、朊粒（prion，见 9.6）等，这些寄生物的存在可使宿主的表型发生改变，并且也能感染新的细胞或有机体，这些寄生物通常是伴随细胞质而遗传的。

草履虫（*Paramecium aurelia*）的放毒型遗传是感染遗传的经典例子。

1943 年，T. M. Sonneborn 发现有一个品系的草履虫能够产生一种叫草履虫素（paramecin）的物质，该物质对其自身无害，但对不同品系的草履虫却是毒素，作用时间一长，便能够将对方杀死。这种能产生草履虫素的个体称为放毒型（killer），而受害的个体称为敏感型（sensitive）。放毒型个体含有一种小的类似细菌的颗粒（bacteria-like entity），Sonneborn 称之为卡巴粒（kappa particle，κ）。每个草履虫细胞中含有超过 1 000 个卡巴粒，这种个体能够产生草履虫素并且能使宿主本身具有抗草履虫素的能力。通过对卡巴粒膜、染色体及卡巴粒的代谢和复制过程的研究表明，卡巴粒是一种共生的细菌，即它可能是在进化的某一时期进入草履虫内的细菌，经过若干代的相互适应后，它们之间建立起了一种特殊的共生关系。卡巴粒的直径大约为 0.2 μm，相当于一个小型细菌的大小，这种颗粒的外面有两层膜，外膜好像细胞壁，内膜是典型的细胞膜结构，卡巴粒内含有 DNA、RNA、蛋白质、糖类和脂质等，其分量与比例酷似细菌，卡巴粒的 rRNA 能和 *E. coli* DNA 杂交，但不能与草履虫 DNA 杂交，还有卡巴粒 DNA 碱基成分也与宿主的核 DNA 和 mtDNA 不同。

根据遗传学实验知道，草履虫的放毒型必须有两种因子同时存在：①细胞质因子即卡巴粒 κ；②核基因 *K*，这是一个显性基因。

如把纯合体放毒型 *KK* 与敏感型 *kk* 交配（即接合），正常情况下仅交换与遗传有关的小核而很少有细胞质交换。交换小核后，双方的基因型都成为 *K/k*，但其中一个有卡巴粒，能够产生草履虫素，是放毒型；另一个没有卡巴粒，不能产生草履虫素，仍然是敏感型。这两个个体以后各自形成一个系统，如果使它们自体受精，那么都产生 1/2 的 *K/K* 和 1/2 的 *k/k*，但原来是放毒型的，后代中有一半是放毒型，还有一半起初是放毒型，几代后，由于没有 *K* 基因，卡巴粒不能增殖，就成为敏感型；原来是敏感型的，虽然后代中有一半是 *K/K*，但因为没有卡巴粒，所以与 *k/k* 一样都是敏感型（图 6 - 5A）。

如延长放毒型与敏感型的接合时间，除小核交换外，细胞质也有交换，这样双方除了基因型都是 *K/k* 外，也都含有卡巴粒，所以都是放毒型。自体受精后，有一半的基因型是 *K/K*，细胞质中又有卡巴粒，所以是放毒型，另一半的基因型是 *k/k*，虽然起始是放毒型，但经过几次分裂后，卡巴粒的数量逐渐降低，最后消失而使草履虫成为敏感型（图 6 - 5B）。

🎬 6 - 1
草履虫的接合生殖过程

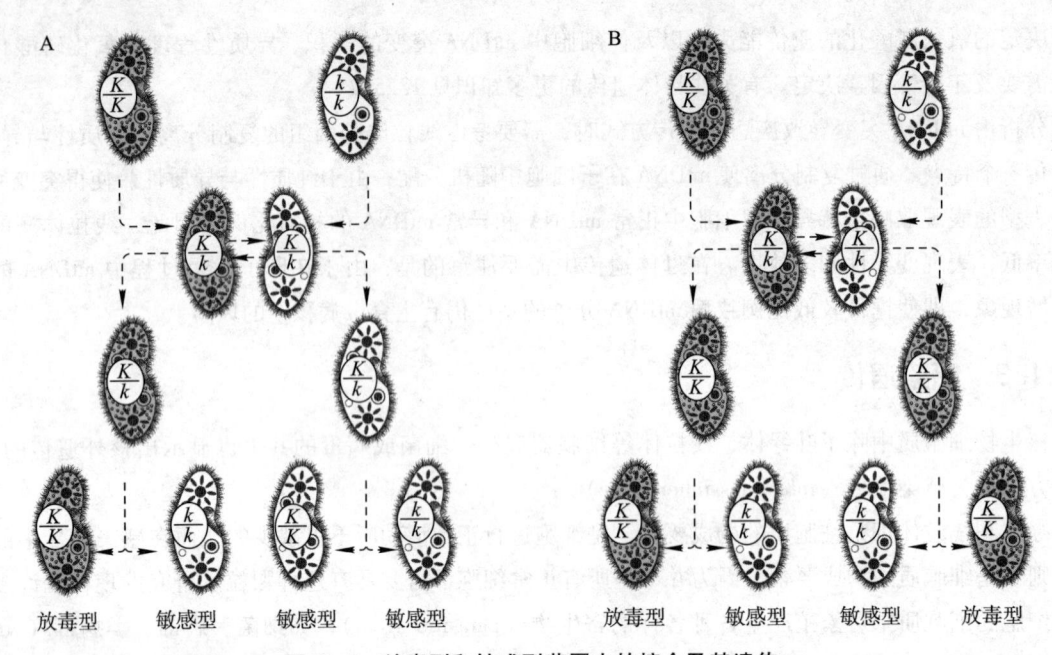

**图6-5 放毒型和敏感型草履虫的接合及其遗传**
A. 无细胞质交换但有核基因 $K$, $k$ 交换的情况；B. 有细胞质和核基因 $K$, $k$ 交换的情况

由以上实验可知，细胞质中卡巴粒的增殖依靠核基因 $K$ 的存在，但如果单有核基因 $K$，而细胞质中没有卡巴粒，也不能产生卡巴粒，从而仍然是敏感型。

卡巴粒可以人工用微注射法导入细胞质中，而且草履虫细胞本身有时也可摄入卡巴粒；反之，含有卡巴粒的草履虫在有利于迅速增殖的培养液中培养，也可使其丢失。卡巴粒还可用物理或化学因素如 X 射线、紫外线、高低温以及抑制蛋白质合成的抗生素如链霉素等消除。在草履虫中除卡巴粒外还发现有其他的放毒型颗粒，如 γ 粒、λ 粒、μ 粒等，同卡巴粒一样，它们也表现为与核基因共同作用的核外遗传特点。

不是所有草履虫的卡巴粒都有放毒能力，它有时可突变为非放毒型 π 粒。π 粒在形态和功能上不同于野生型卡巴粒，不能形成明亮的 R 体（R-body）。据研究，R 体跟病毒状颗粒有关。病毒状颗粒的 DNA 含量类似于 T 偶数噬菌体，所以可能是一种噬菌体，而 R 体或许就是这种噬菌体所编码的毒素蛋白质。由此看来，卡巴粒之所以能赋予它们的宿主以放毒能力，实际上是由于它们的颗粒中带有噬菌体，这种噬菌体编码一种放毒型毒素蛋白质，这种蛋白质成为折光率强的 R 体，释放到培养液中，即草履虫素。

感染遗传还有许多其他例子，如对 $CO_2$ 敏感果蝇中的 σ 病毒样颗粒能使果蝇具有对 $CO_2$ 敏感的表型，也是通过母体遗传的。

### 6.1.4 禾谷类作物的雄性不育

玉米、高粱和水稻等禾谷类作物的雄性不育（male sterility）是细胞质中遗传要素与核基因存在相互作用的另一例子，也是生产实践中一种十分重要的细胞质遗传性状。植物的雄性不育是指由于生理上或遗传上的原因造成植物花粉败育而雌蕊正常的特性。雄性不育现象在植物界相当普遍。由生理因素引起的雄性不育性一般不会遗传给后代，但由遗传因子决定的雄性不育性则会世代遗传。

雄性不育可自然发生，也可诱导产生。在可遗传的雄性不育中，根据雄性不育发生的遗传机制不同，又可分为核不育型和核-质互作不育型。

**1. 核不育型（genie male sterility，GMS）**

GMS 是一种由核内染色体上基因所决定的雄性不育类型，核不育型的败育过程发生于小孢子母细胞减数分裂期间,不能形成正常花粉。核不育型多属自然发生的变异,在水稻、小麦、玉米、番茄、洋葱等作物中均曾发现这类变异。遗传试验表明,多数核不育型均受简单的一对隐性基因 *ms* 所控制,纯合体 *ms/ms* 表现雄性不育,其不育性可被相对的显性基因 *Ms* 所恢复,其遗传符合孟德尔规律。当然,在目前发现的 70 多对水稻核雄性不育基因中也有显性核不育基因,此外,在小麦、棉花、马铃薯、亚麻、谷子、莴苣等植物中已发现了显性核不育。自然界还发现有由多对基因控制的核不育,如番茄中有 30 多对各自独立起作用的核不育基因。由于核不育后代 *Ms/ms* 呈孟德尔分离的特点,因此核不育类型的育性容易恢复而不易保持,对其利用受到了很大的限制。总的来说,目前发现的核不育现象还不多,且往往因为不能产生后代而被淘汰,仅有少数例外,它们能通过环境因素调节而恢复育性保存后代,如湖北的光敏核不育水稻、山西的太谷核不育小麦等。

**2. 核-质互作不育型(即细胞质雄性不育,cytoplasmic male sterility,CMS)**

CMS 是一种由细胞质基因和核基因互作控制的不育类型,雄性不育性只有在细胞质不育基因和相应的核基因同时存在时才能表现。这种不育类型花粉的败育多发生在减数分裂后小孢子形成期,如玉米、小麦、高粱等,但在有些植物如矮牵牛、胡萝卜等植物中,败育发生在减数分裂过程中或在此之前。核-质互作不育型的表型特征较核不育型复杂。

玉米中有一种雄性不育变异株,在长出雄穗的时候,花药自然地不显露,因此整个植株不能开花散粉,但其雌穗的发育却是正常的,可以接受来自其他植株的花粉,受精结实。如把雄性不育植株(雌)与雄性正常植株杂交,$F_1$ 与母本相同,也表现雄性不育,而且再用雄性正常的植株与它杂交,仍然表现雄性不育,连续重复这样的杂交,后代植株的雄花仍然是不育的(图 6-6)。这表明,雄性不育的特性是在特定的细胞质内,也可以说是由特定的细胞质基因控制的,因而表现为母系遗传。这种受细胞质控制的遗传特性,叫细胞质雄性不育。纯粹的细胞质不育型实际上属于核-质互作不育型,只不过暂时还未发现能使其恢复育性的核基因,所以现在将细胞质不育型和核-质互作不育型统称为细胞质雄性不育。

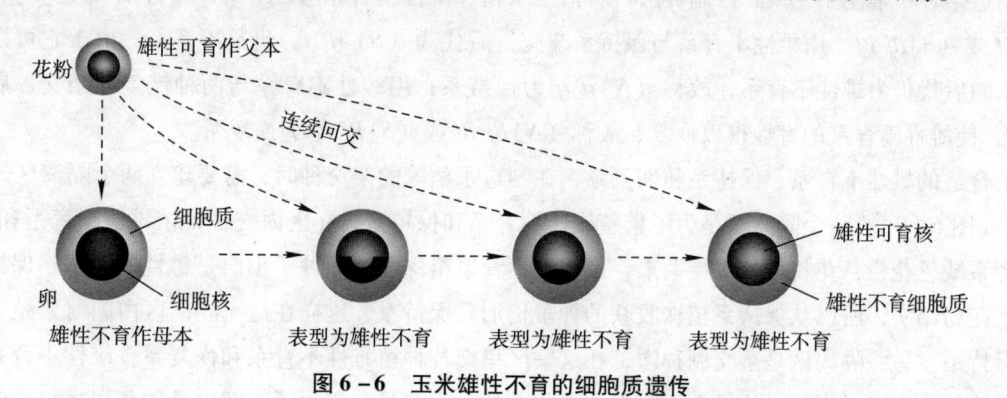

**图 6-6 玉米雄性不育的细胞质遗传**

玉米的 CMS 首先由 M. Rhoades 于 1933 年发现。在用细胞质传递的雄性不育植株所进行的许多不同杂交组合中,有时发现少数父本具有恢复雄性不育的作用,这种恢复作用大都由一个显性基因 *Rf*(restorer of fertility)控制。如以 *S* 代表雄性不育的细胞质基因,*N* 代表正常的细胞质基因,那么这一杂交可以写成:♀(*S*)*rfrf* × ♂(*N*)*RfRf*,$F_1$ 的基因型为(*S*)*Rfrf*,植株都能产生正常花粉,$F_1$ 自交得到的 $F_2$ 则按 3∶1 分离[(*S*)*RfRf*∶(*S*)*Rfrf*∶(*S*)*rfrf* = 1∶2∶1]。从这种分离现象可以看出,细胞质以母体方式遗传,细胞核基因则按孟德尔比例分离。表 6-2 总结了核基因与细胞质基因的相互关系。

由此可见,*Rf* 基因的存在,可使雄性不育恢复为产生正常花粉的性状。因此,雄性不育的性状是受细胞质基因和核基因共同控制的,是二者共同作用的结果。

根据恢复育性的核基因的不同,现在在玉米中已鉴定出 3 种不同类型的 CMS:CMS-S、CMS-T 和 CMS-C。CMS-T 由 *Rf1* 和 *Rf2* 两个基因恢复,CMS-S 和 CMS-C 则分别由 *Rf3* 和 *Rf4* 恢复。

表 6-2 核-质互作雄性不育中的核基因与细胞质基因的相互关系

| 细胞质基因 | 核基因 |||
|---|---|---|---|
| | *RfRf* | *Rfrf* | *rfrf* |
| 正常 N | N (*RfRf*) 可育 | N (*Rfrf*) 可育 | N (*rfrf*) 可育 |
| 不育 S | S (*RfRf*) 可育 | S (*Rfrf*) 可育 | S (*rfrf*) 不育 |

不育性可由一个细胞质基因与相对应的一对核基因共同决定,一个恢复基因就可恢复(单基因不育性),但有些不育系则由两对以上的核基因与相对应的细胞质基因共同决定,恢复基因间的关系则比较复杂(多基因不育性)。另外,环境条件也影响不育性及育性的恢复,特别是对于多基因控制的不育性。目前,对细胞质因子导致的雄性不育的产生机制,尤其是何种细胞质因子影响植物的育性尚无统一的看法,但有大量的研究结果表明线粒体基因组可能是细胞质育性因子的载体,其突变和重组与 CMS 有着更为直接的关系。有研究发现,玉米细胞质雄性不育与线粒体中的两个叫 S1 和 S2 的小分子附属 DNA(accessory DNA)有关,它们可与 mtDNA 发生重组;在另外一些玉米品系中,雄性不育似乎是由线粒体 DNA 自身的突变所引起的。另外,也有实验表明,不育品系与相应的可育品系在叶绿体 DNA 之间存在某种差异,这可能是导致雄性不育的基础。不管怎么说,随着分子遗传学的发展,对雄性不育的机制也将会有更深入的了解。

雄性不育是杂种优势利用的基础,雄性不育现象在制造杂种时非常有用。在杂交育种中存在的一个问题就是如何防止自花授粉,以免干扰杂交种子的产生,而雄性不育则自然地解决了这一问题,节约了人力,降低了成本,还可保证种子的纯度。目前,水稻、玉米、高粱、洋葱、蓖麻、甜菜、油菜、甜椒、棉花和苜蓿等作物已经利用雄性不育系进行杂交种子的生产。

在制造杂种中常使用三系二区制种法。所谓三系指:雄性不育系 (S)*rf rf*,保持系 (N)*rf rf*,恢复系 (N)*Rf Rf* 或 (S)*Rf Rf*。用雄性不育系与保持系杂交,后代为 (S)*rf rf*,仍是不育系,由于它可以保持雄性不育系的后代仍为雄性不育系,故称 (N)*rf rf* 为保持系;用雄性不育系与两种恢复系杂交,后代均为 (S)*Rf rf*,使雄性不育系的育性得以恢复,故称 (N)*Rf Rf* 或 (S)*Rf Rf* 为恢复系。

有了合适的雄性不育系、保持系和恢复系,在制造水稻等的杂交种时,需要建立两个隔离区(即所谓的二区)(图 6-7)。一个隔离区是为了繁殖雄性不育系和保持系,在区内交替种植雄性不育系和保持系。雄性不育系缺乏花粉,花粉可从保持系来,从雄性不育系植株收获的种子仍旧是雄性不育系;保持系植株依靠本系花粉结实,所以从保持系植株收获的种子仍旧是保持系,这样在这一隔离区内同时繁殖了雄性不育系和保持系。另一隔离区是杂交制种区,在这一区里交替种植雄性不育系和恢复系,雄性不育系植株没有花粉,花粉由恢复系提供。从雄性不育系植株收获的种子就是杂交种子,即由种子公司提供给农民直接大田种植的种子。恢复系植株依靠本系花粉结实,所以从恢复系植株收获的种子仍旧是恢复系。这样在这

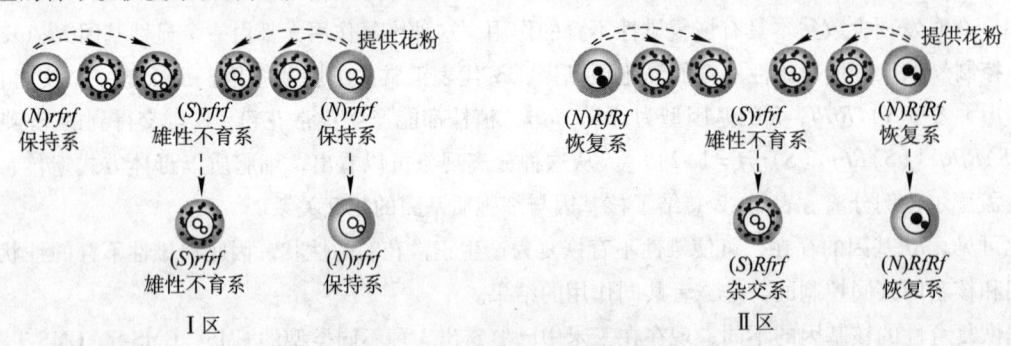

图 6-7 三系二区杂交制种法

一隔离区内制出了大量杂交种，同时也繁殖了恢复系。

袁隆平是世界杂交水稻之父。他于 1964 年率先在我国开展了水稻雄性不育的研究，于 1973 年实现了水稻的三系配套育种，1976 年开始在全国推广水稻三系杂交育种。目前，中国杂交水稻已在世界 30 多个国家和地区推广，并有"东方魔稻"之美称。

6-2 袁隆平简介

在水稻三系杂交育种成功后，水稻两系法杂交育种也获得成功。前面已经提到，在雄性不育中有少数例外，它们可通过环境因素的改变而使育性恢复。在大量"三系法"育种中，研究人员发现水稻中有一种特殊的雄性不育类型——光温敏核不育水稻，超过一定时间的光照或温度可导致水稻不育。每天少于某个光照时间（如 13.5 h）或在较低温度下，水稻抽穗的雄性可育，但超过这个日照时间或温度较高，则可使雄性花粉失去育性，这是由光温敏核基因控制的。利用这样的雄性株与雌株杂交配育良种，省去了水稻育种中的一个重要环节——保持系，从而从三系简化到两系。农垦 58S 是我国两系杂交水稻的典型代表，研究结果表明，控制农垦 58S 育性的核基因 *PMS3* 受光周期调控。*PMS3* 基因的正常表达对花粉发育至关重要，通过调节其甲基化程度可以改变 RNA 水平，从而影响育性。

## 6.2 细胞质遗传的检测

细胞质遗传具有独特的性质和应用价值，随着对细胞质遗传研究的深入，目前已发展了许多细胞质遗传的检测方法，这些方法主要有：经典遗传学杂交实验、电镜技术、DAPI（4′, 6-diamidino-2-phenylindole dihydrochloride）荧光显微技术、限制性片段长度多态性（RFLP）等分子标记技术、基因组序列分析等。

我们知道，细胞质遗传是非孟德尔式遗传，利用传统的遗传实验方法如正反交试验可以检测细胞质遗传特别是母系遗传。这是早期发现细胞质遗传的常用技术，在对一些叶色自然突变体或通过组织培养筛选到的抗生素抗性突变体的细胞质遗传分析方面起到了重要作用。通过该技术确定了植物细胞的质体遗传存在单亲母系和双亲遗传两种不同方式。但由于可以鉴别的细胞器 DNA 突变体非常有限，同时由于有些突变体如叶绿体功能异常突变体（白化体、黄化体等），本身在遗传传递过程中处于竞争劣势，或因光合作用异常致死而无法获得纯系等，这种方法对研究各种细胞质遗传的方式存在很大的局限性，并且无法对不同方式的细胞质遗传机理做出明确的解释。

自 20 世纪 60 年代起，通过电子显微镜观察细胞的超微结构，能明确质体和线粒体是否在生殖细胞与精细胞中存在，以及是否受精后能传递到合子中。这种方法能确定质体和线粒体遗传的传递方式以及细胞学水平上的遗传机理，使人们认识到母系遗传主要是由于雄性生殖细胞在发育的不同阶段或在受精时细胞器被排除的结果。然而，即使由电镜观察到质体和线粒体的存在，也并不能充分说明其细胞器遗传物质的存在。

DAPI 荧光显微技术的出现弥补了电镜技术的这一局限性。DNA 可以与多种荧光染料如吖啶橙、Hoechst33258、溴化乙啶、DAPI 和 YO-PRO-1 结合，进而借助于荧光显微镜直接观察到 DNA 的存在。其中 DAPI 是一种 DNA 特异结合的荧光染料，可以观察到极少量的 DNA。自 1979 年 D. H. Williamson 和 D. J. Fennell 以 DAPI 为荧光染料首次检测到酵母线粒体 DNA 开始，DAPI 被广泛应用于少量 DNA 的荧光检测。通过该方法可以快速而有效地检测雄性生殖细胞和/或精细胞的质体和线粒体中的 DNA 存在状况，从而明确区分母系遗传方式和双亲遗传方式。但是，DAPI 荧光显微技术难以准确识别质体或线粒体 DNA。DiOC（3, 3′-dihexyloxacabocyanine iodide）能对活细胞或固定细胞线粒体膜进行染色，从而使这一问题得到解决。利用 DAPI-DiOC 半薄切片双染色技术，能准确区分质体和线粒体及其 DNA 的存在状况。

20世纪80年代初期,限制性片段长度多态性(RFLP)技术(详见13.6.1)被应用于细胞质遗传的研究。当用同种限制性内切酶酶切杂种和亲本的细胞质DNA,如果酶切图谱和母本一样,与父本酶切图谱无关,那么可确定细胞质为母系遗传。同样,利用RFLP技术也可鉴定细胞质双亲遗传。该方法能灵敏检测到自然突变引起的DNA变化,从而克服经典遗传杂交分析必须选择突变性状的困难及核基因组对细胞质性状的影响,快速、准确地分析细胞质基因的遗传方式及遗传变异。J. L. Kermicle实验室(1979)首先利用该技术确定了玉米细胞器DNA的母系遗传方式,此后利用该技术验证了被子植物中具有线粒体和质体的父系遗传以及裸子植物中的质体父系遗传等。随着分子生物学技术的快速发展,越来越多的DNA分子标记应用于细胞质遗传研究,如PCR-RFLP、SSCP、微卫星、SSR和核酸测序分析等。

细胞器(叶绿体和线粒体)的基因组较小,目前已有很多细胞器基因组被测序,这为我们提供了一种直接从DNA序列来研究细胞质基因组的遗传和变异的策略和方法,如特异性引物的设计和基因扩增。制备细胞质基因组的方法很多,主要有密度梯度离心法、差速离心法和DNA酶法等。前两种方法的基本原理都是依据细胞核和细胞器的沉降系数差异,采用不同离心力或不同密度的介质将细胞核与细胞器分离,再进一步裂解细胞器获得cpDNA和mtDNA;第三种方法是依赖DNase I的消化作用去除核基因组,从而得到cpDNA和mtDNA。

总之,随着遗传学的发展,检测细胞质遗传的方法越来越灵敏和成熟,从而加速我们对在不同生物类群中细胞质遗传规律的认识和利用。

## 6.3 母体影响

虽然在有些情况下,同母体遗传一样,正反交后子代的表型不同,但它并不是由子代核外基因所控制的,而是由于受到母体基因型的影响所造成的,且表型并不与其母体的一定完全吻合。造成这种现象的原因是由于亲代核基因的某些产物积累在母体卵细胞的细胞质中,使子代的表型不是由它自己的基因型决定而决定于母体的基因型,这种个体表型受其母体基因控制的现象称为母体影响(maternal effects)。虽然母体影响讲的不是细胞质因子所控制性状的遗传,但它是由母体基因通过细胞质起作用所产生的一种独特的遗传现象,并且这种现象对于发育遗传学的研究具有重要意义。

母体影响最有名的例子是椎实螺(*Limnaea peregra*)外壳螺旋方向的遗传。椎实螺雌雄同体,繁殖时一般进行异体受精,两个个体相互交换精子,同时又各自产生卵子;但是单个饲养时,它们进行自体受精。

椎实螺外壳的旋转方向有右旋和左旋之分。如果拿一个螺壳,使螺壳的开口朝着自己,开口在你右边的,螺壳就是右旋,开口在你左边的,螺壳就是左旋(图6-8)。这种表型由一对基因控制,右旋(*D*)对左旋(*d*)显性,子代外壳的旋转方向由其母体的基因型决定,而与父体及它自己的基因型无关。如右旋雌性(*DD*)与左旋雄性(*dd*)交配,$F_1$(*Dd*)全为右旋,$F_1$相互杂交或自交得$F_2$,在$F_2$中虽然有3种基因型,但表型全都为右旋,跟右旋母体*Dd*的基因型表现一致,$F_2$相互杂交或自交得$F_3$,$F_2$的右旋*DD*和*Dd*雌性个体产生右旋的$F_3$,而$F_2$的右旋*dd*雌性个体则产生左旋的$F_3$(图6-8A)。在反交情况下,母体影响的效果更为明显,即亲代左旋雌性(*dd*)与右旋雄性(*DD*)交配(图6-8B),则$F_1$(*Dd*)全为左旋,并不因为左旋基因是隐性而不表现为左旋,它的性状表现只与母体基因型有关,$F_2$并不表现3:1分离,而全是右旋,因为上一代($F_1$)雌性亲本的基因型是*Dd*;$F_3$表现为3:1分离,这正是孟德尔定律中$F_2$的分离比例。

图6-3 测交中椎实螺外壳旋转方向的遗传

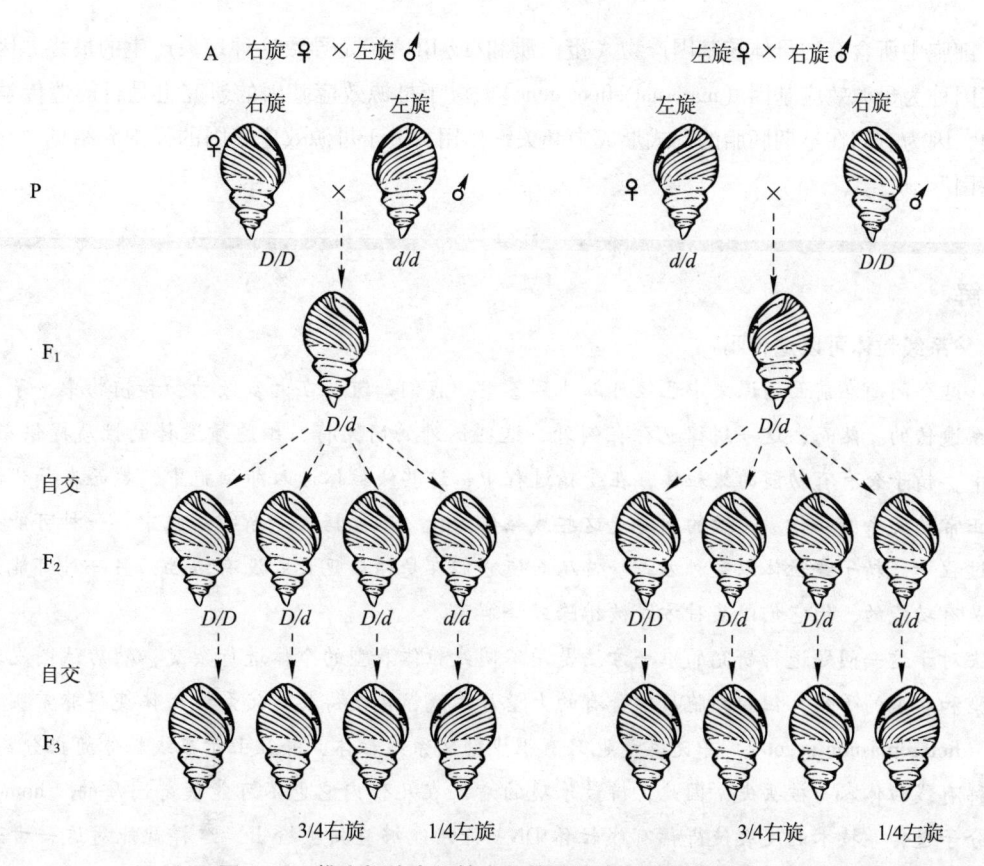

图6-8 椎实螺外壳旋转方向的遗传表现为母体影响

在细胞器遗传中不存在这种孟德尔分离比，因此母体影响实质上不属于细胞质遗传。从上面的实验也可以清楚地看出，在母体影响中表型的表现要延期一代。为什么会出现这种核基因的表达晚一代的现象？对于这个问题，我们不能单纯地从遗传学的角度来理解，而必须从发生学上来考虑。原来螺类的受精卵是螺旋式卵裂，它第一次卵裂的纺锤体排列方向不是垂直的，右螺旋的方向倾向于右侧约45°，左旋者，则倾向于左侧约45°，成体外壳的旋向取决于最初两次卵裂中纺锤体的方向（图6-9）。而纺锤体的方向决定于卵细胞质的特性，归根结底决定于母体染色体上的基因，子代的基因型不能对之再作更改。如果某雌性个体发生突变，由 $Dd$ 变成 $dd$，则其子代的表型也改变为左旋，但它自身的螺壳性质不变。

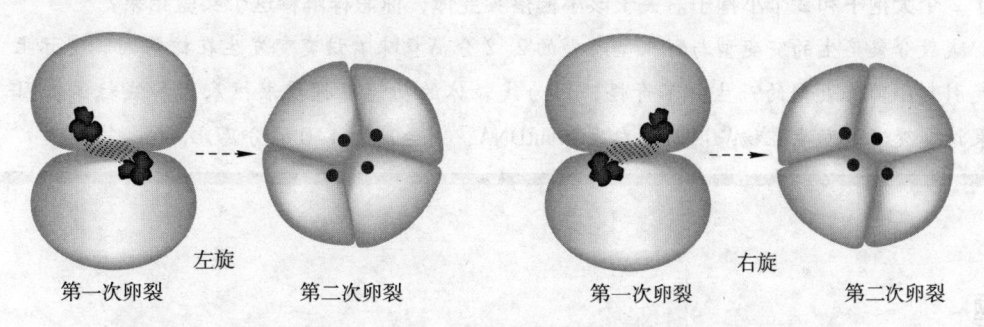

图6-9 导致外壳旋转方向表观为母体影响遗传现象的椎实螺卵裂方式

从上面的例子来看，卵细胞质的特性的确可以影响胚胎发育，尤其是早期发育，当然这种母体影响可以是终生的，一直持续到成体，如椎实螺的外壳旋转方向；但这种影响也可以是短暂的，仅影响子代个体的幼龄期，如麦粉蛾的幼虫皮肤由母体的基因型决定，但成虫时可能由于个体缺乏制造色素的基因，不能自己制造色素，因而随着个体的发育，色素逐渐消耗而退色。

合子细胞中所含有的母体核基因产物（蛋白质和/或 RNA）是导致这种现象产生的最终原因，起此类作用的基因称为母源效应基因（maternal effect gene）。对于母源效应基因的研究也是目前遗传学研究中的重要方向，因为它们在早期胚胎的图式形成中起关键作用。关于母源效应基因的详细介绍见"14.5.1 母源效应基因"。

**问题精解**

◆ 父系线粒体可以遗传吗？

答：这个问题在前面的课文中已经可以找到答案。我们知道，在大多数动物和植物中，子代的细胞器是母系遗传的，然而，这一规律也存在例外，这些例外的研究将对细胞质遗传的性质提供新的理解。在动物中，精子含有有功能的线粒体，在受精过程中，这些线粒体进入卵细胞中，然而在子代细胞中很少发现正常的父系线粒体。关键的问题是这些线粒体为什么不包括在受精卵细胞中。一种可能是，在精子成熟过程中，精子线粒体以某种方式修饰从而使它们在受精后死亡或没有活性；另一种可能是，精子线粒体是有功能的，但它们以某种方式被排除或降解了。

过去对于这一问题进行研究的唯一方法是用不同线粒体表型的个体进行杂交，然后试图发现具有父系基因型和表型的子代，但卵细胞质中含有的大量母系线粒体使得鉴定父系线粒体变得非常困难。在异质合子（heteroplasmic zygotes）中充其量也只有很少的父系线粒体，并且由于在线粒体随机分离过程中，父系的稀有线粒体容易被丢失，因此，持最乐观的看法在几代内它也不可能获得同质的（homoplasmic）子代。分子遗传学技术的发展使得稀有线粒体 DNA 标记能够直接被检出，这样就能对这一古老的问题进行研究。

在果蝇和小鼠中，从同种个体间杂交而来的子代中不存在父系线粒体。然而，从那些分离但亲缘关系较近的个体杂交的合子中，可以检查到父系线粒体，并且在其他种的种间杂交实验中，父系的贡献要大得多。例如，在海产蚌类（*Mytilus*）中有 50% 的子代是异质的。这些结果意味着雄性线粒体在合子中是发生作用的，只不过在通常情况下是被排除的。雄性线粒体本来具有种的特异性差异，但在种间杂交中，系统被混淆了，允许雄性线粒体经常能存活。总之，线粒体的母系遗传是由于精细的选择系统所致。

◆ 有一新分离到的酵母小菌落突变体（呼吸缺陷），当将它与一野生型菌株杂交并形成孢子时，发现产生了 2 个大孢子和 2 个小孢子。关于该小菌落突变体，你怎样解释这个实验结果？

答：减数分裂产生的突变型与野生型表型的 2∶2 分离意味着该突变发生在核基因。实际上，由于核基因突变引起小菌落表型的产生并不奇怪，因为线粒体的功能发挥要求核基因和线粒体基因二者的正常。如果该突变不是发生在核基因而是发生在 mtDNA，则会产生 4∶0 的分离比。

**思考题**

1. 核外遗传的特点是什么？请举例说明。
2. 两个椎实螺杂交，其中一个是右旋的，它们的后代再进行自交，产生的 $F_2$ 全部为左旋。请问亲代和 $F_1$ 的基因型应是怎样的？
3. 一个左旋蜗牛，自交时仅产生右旋后代，其基因型是什么？
4. 根据右边的家系图，请问：

(1) 该家系是线粒体遗传吗，为什么？

(2) 从该家系的遗传信息中，你认为还有别的遗传方式可以解释吗？

5. 一个抗链霉素（stm-r）和抗除草剂苯菌灵（benomyl, ben-r）的衣藻突变品系 $mt^+$ 与对链霉素和苯菌灵敏感的野生型品系 $mt^-$（stm-s 和 ben-s）杂交，对 20 个子代四分子的交配型和两种抗性进行了遗传分析，四分子可以分为下列 3 种类型：

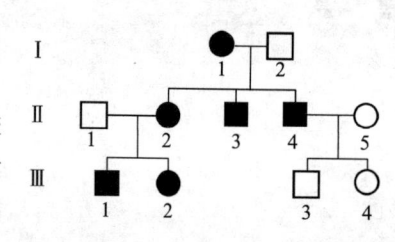

| 类型Ⅰ | 类型Ⅱ | 类型Ⅲ |
|---|---|---|
| $mt^+$ stm-r ben-r | $mt^+$ stm-r ben-s | $mt^+$ stm-r ben-r |
| $mt^+$ stm-r ben-r | $mt^+$ stm-r ben-s | $mt^+$ stm-r ben-s |
| $mt^-$ stm-r ben-s | $mt^-$ stm-r ben-r | $mt^-$ stm-r ben-r |
| $mt^-$ stm-r ben-s | $mt^-$ stm-r ben-r | $mt^-$ stm-r ben-s |
| 8 个 | 9 个 | 3 个 |

请问哪些性状是由核基因控制的，哪些性状是由细胞质基因控制的？

6. 有的果蝇对 $CO_2$ 十分敏感，用 $CO_2$ 来处理它们便可使其麻痹，敏感品系的果蝇胞质内有一种蛋白质，它具有许多病毒的特征。抗性品系是没有颗粒的。对 $CO_2$ 敏感显示了很强的母体遗传，下面两组杂交结果将如何？

(1) 敏感♀×抗性♂；　　　　(2) 敏感♂×抗性♀。

7. 把 $CO_2$ 敏感型果蝇的体液注射或器官移植到 $CO_2$ 抗性型的果蝇中，可使后者获得对 $CO_2$ 敏感的特性。问获得对 $CO_2$ 敏感特性的雌蝇将产生什么样的子代，为什么？

8. 草履虫的放毒型品系与敏感型品系接合，产生的 $F_1$ 是放毒者（Kk + Kappa）和敏感者（Kk）。在下述几种情况下预期的结果将如何：

(1) $F_1$ 中的两个放毒者之间接合；

(2) $F_1$ 中的放毒者与敏感者接合；

(3) $F_1$ 中敏感者自体受精；

(4) 由（3）中产生的 KK 敏感者与 $F_1$ 中的放毒者接合。

9. 如何区别性连锁遗传性状和细胞质遗传的性状？

10. 什么叫三系二区制种法？

11. 母体影响和核外遗传有何区别？

12. 在果蝇中，隐性基因 gs（grandchildless）的存在引起纯合子雌蝇不育，而对纯合子雄蝇则不会。请解释为什么这个基因的突变会影响雌蝇而不影响雄蝇？

13. 下列关于细胞质遗传与细胞核遗传的有关说法，正确的是：

(1) 细胞质遗传的遗传物质是 RNA、细胞核遗传的遗传物质是 DNA；

(2) 细胞质遗传和细胞核遗传均遵循基因的分离定律和基因的自由组合定律；

(3) 细胞质遗传和细胞核遗传的正交和反交产生的后代是相同的；

(4) 细胞质遗传和细胞核遗传的遗传物质均是 DNA 分子。

14. 亲本正反交在 $F_1$ 时往往结果不同，这可能是由于伴性遗传、细胞质遗传或者母性影响等造成的。如果正反交结果不同，怎样通过实验方法确定是哪种遗传方式导致的？

# 第 7 章

# 染色体畸变

*Jérôme Jean Louie Lejeune*

7.1 染色体结构的改变与遗传
7.2 染色体数目的改变与遗传
7.3 人类染色体疾病

**内容提要**：染色体是遗传物质的载体，在特定的物种中，通常有稳定的染色体数目和结构，但它们也会发生各种异常变化，染色体结构和数目的异常改变统称为染色体畸变。不同的染色体畸变导致生物产生不同的遗传学效应并导致许多人类疾病如染色体病和癌症的发生，与此同时，染色体畸变在生产实际中也有很大的应用价值。染色体畸变可用孟德尔遗传规律来进行分析。

染色体结构的改变主要有 4 种类型：缺失、重复、倒位和易位。染色体数目的改变包括整倍体变化和非整倍体变化两种类型。

人体细胞中染色体结构和数目的改变都将导致染色体病的发生，其中唐氏综合征是人类最常见的染色体疾病，目前医学上既无有效的预防措施，也无有效的治疗手段，因此，对它的深入研究有助于人类对染色体畸变疾病机理的认识和控制。

**重要概念**：染色体畸变　缺失　重复　倒位
易位　罗伯逊易位　结构纯合体　结构杂合体
整倍体　非整倍体　同源多倍体　异源多倍体
单体　缺体　三体　染色体病　假显性
稳定位置效应　花斑位置效应　等臂染色体
环状染色体　嵌合体

科学史话

在第 2 章关于遗传的染色体学说中，我们已经知道染色体是基因的载体，染色体的行为与性状的遗传有着密切的关系。在正常情况下，真核生物染色体的形态、结构和数目基本恒定，这对于保证基因和性状在传递过程中的稳定性有重要作用。与此同时，科学研究也发现，染色体结构和数量的任何改变（染色体畸变，chromosome aberrations）也将影响基因的数量、结构和功能，从而导致细胞和生物体正常功能的改变及引起相应遗传学效应的改变，如导致人类疾病。当然，事物总是一分为二的，染色体畸变对新物种的形成和生物进化也起着重要的作用，并且在生产实践中也有着重要的应用价值。

## 7.1　染色体结构的改变与遗传

染色体结构的改变是指染色体结构的不正常变化，它可以是自发的，但主要起因于诱变剂和放射线特别是 X 射线等电离辐射引起的染色体断裂及其后的重建。虽然染色体真正的末端（端粒）不会黏接到染色体的断裂端或其他染色体上，但染色体断裂后所产生的黏性末端有重新连接的倾向，并且它对于原来同一断裂的黏性末端无特别的亲和性，因而它可以与任何其他染色体断裂末端连接，这样就导致新染色体结构的产生。

染色体结构的改变，会使排列在染色体上的基因数目和排列顺序发生改变，从而导致性状的变异。如果这种重排发生在生殖细胞中，这样的生殖细胞就带有结构改变的染色体，从而在下一代中导致可遗传的变异。染色体结构变异主要可分为以下 4 种类型（图 7-1）：缺失（deletion）、重复（duplication）、倒位（inversion）、易位（translocation）。

染色体的缺失和重复导致基因数目的变化，缺失使基因数目减少，重复则使基因拷贝数增加；倒位和易位虽未导致基因数目的改变，但使基因的排列位置发生了改变，从而亦导致遗传学效应的改变。总之，染色体结构变异可能导致以下 5 种遗传效应：①染色体重排（chromosomal rearrangements）：基因排列顺序和邻接关系发生改变，从而影响基因表达；②改变核型：若发生改变的染色体进一步纯合化，成为纯合体，则会导致核型的改变；③形成新的连锁群；④染色体上遗传物质的数量发生改变；⑤导致表观遗传修饰的改变，从而导致基因表达的改变。

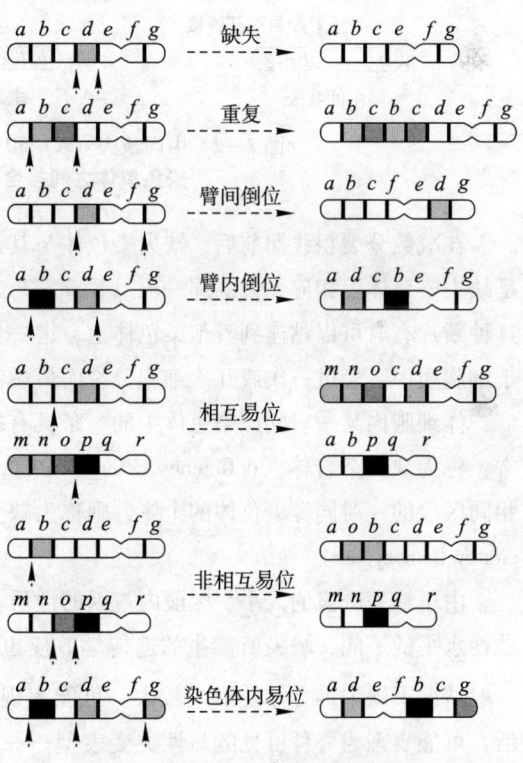

图 7-1　染色体结构变异的类型

染色体结构改变对于遗传学、医学、农学研究的重要性已被人们广泛认识，一方面，它提供了一种特殊的基因重排途径，通过研究染色体结构改变可以了解到更多关于染色体结构对基因功能的影响，能了解许多生物学与人类疾病的问题；另一方面，染色体结构改变和基因突变一样，并不总是有害的，我们也可能从中获得一些具有重要利用价值的材料，事实上染色体结构的改变有可能产生更好的表型为人类所利用。

### 7.1.1 缺失

缺失是指染色体上某一区段及其带有的基因一起丢失，从而引起变异的现象。缺失的区段如果发生在染色体两臂的内部，称为中间缺失（interstitial deficiency），这种情况比较稳定而常见；如果缺失的区段在染色体的一端，称为末端缺失（terminal deficiency）（图7-2）。由于端粒为染色体复制所必需，外端粒含有能阻止与其他染色体结合的束缚蛋白和环状核苷酸，如果产生末端缺失，它的另一断头可以和另一个染色体的断头接合，形成双着丝点染色体，也可能在两个姐妹染色单体之间接合，这样在细胞分裂后期由于着丝点向相反的两极移动，染色体被拉断，再次出现结构变异而不稳定（图7-2C），因此末端缺失较为少见。

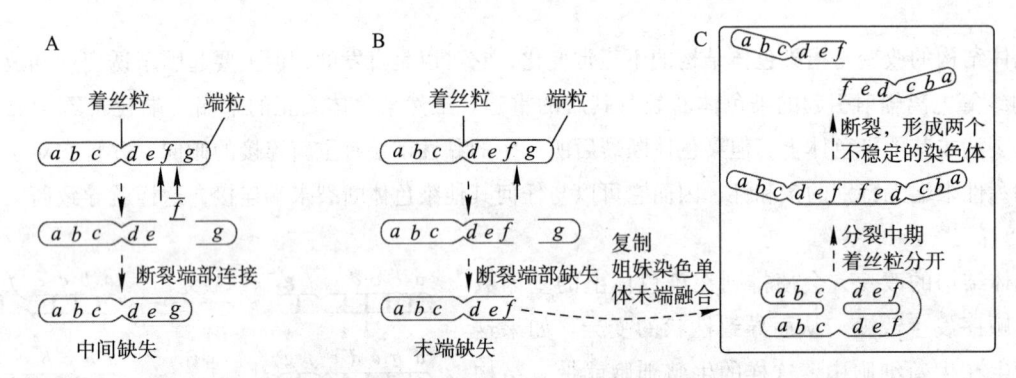

**图7-2 中间缺失（A）和末端缺失（B）的产生及末端缺失两个姐妹染色单体之间接合产生不稳定的染色体示意图（C）**

在减数分裂粗线期前后，缺失染色体与其正常同源染色体配对时，后者多出的一段或产生的一个结就是缺失染色体上相应失去的那一段（图7-3）。此外，最初发生缺失的细胞内常伴随有无着丝粒的断片，这种断片有时可以黏连到其他染色体上，进一步组合到子细胞核中，有时则以断片或小环的形式暂时存在于细胞质中，经过一次或几次细胞分裂而最后消失。

体细胞内某一对同源染色体中的一条具有缺失而另一条正常，称为缺失杂合体（deficiency heterozygote），而具有缺失了相同区段的一对同源染色体的个体，则称为缺失纯合体（deficiency homozygote）。

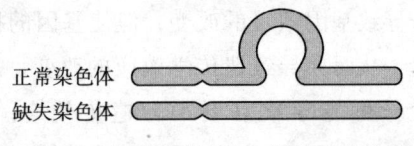

**图7-3 在减数分裂中，缺失杂合体在正常染色体上形成缺失环结构**

由于缺失区段的大小、区段内基因的性质和物种染色体倍数性水平的不同，缺失所产生的遗传学效应也有较大的差别。一般情况下缺失纯合体受影响较大，可能表现为致死、半致死或生活能力降低等。缺失杂合体一般能存活，可能表现为一种可见的显性突变表型——假显性（pseudodominance）。例如，玉米在第6对染色体长臂的外段存在与植株颜色有关的一对等位基因 $P$（紫色）和 $p$（绿色），$P$ 对 $p$ 显性，经X射线照射的紫株玉米花粉授粉给正常绿株玉米，可以发现在 $F_1$ 中出现个别绿苗，这是由于花粉内载有 $P$ 基因的第6染色体缺失了长臂的外段所致，缺失杂合体经减数分裂后产生两种类型的配子，一种带有一组正常染色体，产生紫色后代；一种带有缺失染色体，丢失了 $P$ 基因，因而从卵细胞中来的 $p$ 基因就表现为假显性（图7-4）。缺失还可能产生一种新的突变型，这可能是由于断裂点效应（breakpoint effects）所产生的。例如，当断裂发生在某一基因内部，这时可能消除基因产物的一部分或产生另外一种基因产物，当断裂发生在两个不同的基因中，当两末端连接时，一个基因的5′端区域与另一基因的3′端区域相连接产生一个杂种基因（hybrid gene），这个杂种基因可能具有新的特性，从而产生一个突变表型；也可能由于位置效应（position effect)而产生一新的突变型,染色体断裂及其后的末端连接使得染色体的两个不同区域连在一起,这样使一个基因移到了一个新的位置,特别是当基因被移到与异染色质区域相邻近时,就会产生位置效应,从而可能改变基因的表达。这种位置效应虽然并没有改变基因本身的序列,但由于基因表达的改变仍可产生一种突变的表型。

人类猫叫综合征(cat cry syndrome 或 cri-du-chat syndrome)是一种最常见的染色体缺失综合征,是由于5号染色体短臂缺失造成的,故又称为5p⁻综合征(图7-5)。由于患儿喉部发育不良,哭声似猫叫而得名。患者的身体与智能发育不全,通常在婴儿和幼儿期夭折。

有研究表明,人Y染色体微缺失是导致无精子症和严重少精子症的主要原因之一。另外,缺失导致许多癌症的发生,如视网膜母细胞瘤、神经母细胞瘤、黑色素瘤等。

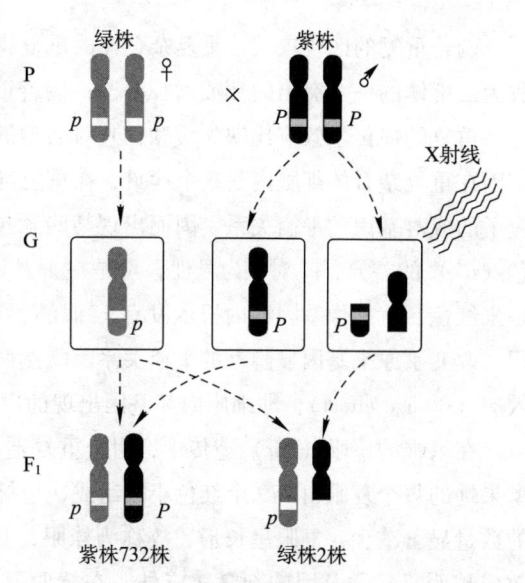

**图7-4 由于缺失造成玉米株色的假显性遗传**

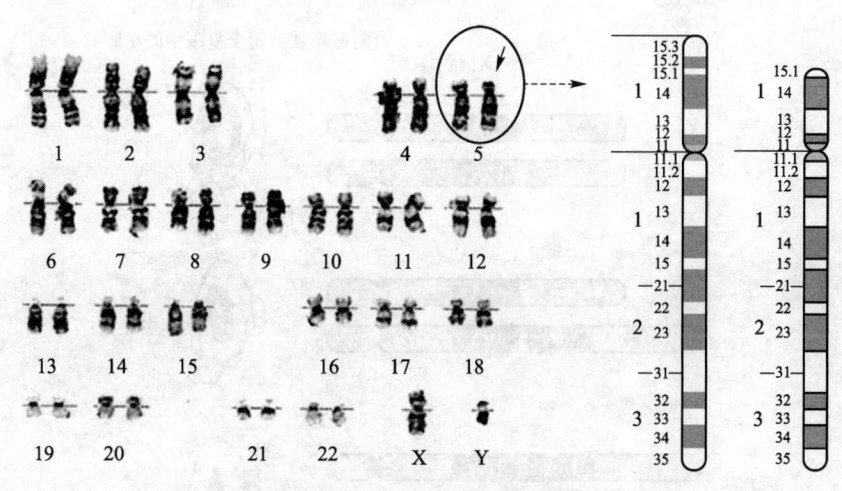

**图7-5 人类5号染色体短臂缺失而造成猫叫综合征**
箭头表示发生缺失的染色体部分

缺失常用来作为某些功能基因定位的一种研究手段,或用来探测某些调控元件和蛋白质结合位点等。典型的例子是黑腹果蝇X染色体上 fa (facet)基因的定位,利用人工方法使果蝇X染色体不同区段发生断裂,产生一系列缺失突变体,然后将缺失突变体——与待定位的X染色体某隐性基因的突变体进行杂交,如果在后代雌果蝇中有隐性基因的表现,则可将该基因定位在某缺失区段。

### 7.1.2 重复

染色体上增加与本身相同的某个区段,因而引起变异的现象称为重复。根据重复区段在染色体上的位置和排列方式可以分为3种类型:顺接重复(tandem duplication)、反接重复(reverse tandem duplication)和错位重复(displaced duplication)。当重复的染色体片段以相同的方向邻接到原来的位置上形成顺接重复;如果方向相反,就叫反接重复;当额外重复的染色体片段出现在同一染色体的其他地方,就叫错位重复(图7-6)。

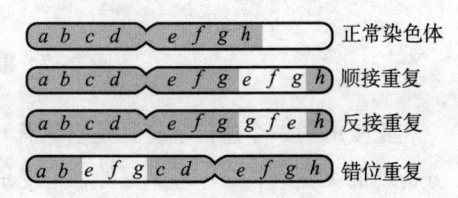

**图7-6 重复的3种类型**

倘若重复的区段较长，重复杂合体的重复染色体在和正常染色体联会时，重复区段就会被排挤出来，成为二价体的一个突出的环或增长一段；倘若重复的区段很短，则只能用染色体分带技术检出。

重复的遗传学效应比缺失缓和，它对表型的影响主要是扰乱基因的固有平衡体系。因为重复区段上的基因在重复杂合体细胞内是 3 个拷贝，在重复纯合体细胞内是 4 个拷贝，改变了生物在进化过程中长期适应了的成对基因的平衡关系，因而出现某些意想不到的表型效应。例如，果蝇的眼色有朱红色（$v$）和红色（$v^+$）的差异，$v^+$ 对 $v$ 为显性，可是一个基因型为（$v^+vv$）的重复杂合体，其眼色却与 $vv$ 基因型一样是朱红色，就好像基因型内根本没有 $v^+$ 似的，也就是说，两个隐性基因的作用超过了等位显性基因的作用，改变了原来基因显隐性的平衡关系。既然两个 $v$ 的作用比一个 $v$ 的作用显著，说明基因的作用有剂量效应（dosage effect），即细胞内某基因出现的次数越多，表型效应就越显著。

在果蝇的棒眼（bar）遗传中，由于重复造成的表型变异及基因作用的剂量效应表现非常明显。野生型果蝇的每个复眼由 779 个红色小眼组成，呈椭圆形，如果 X 染色体上的 16A 区段发生重复，则红色小眼的数量显著减少，复眼呈长形，故称为棒眼，且随着 16A 区段重复数目的增多，降低红色小眼数的剂量效应越明显。除基因的剂量效应外，在棒眼基因重复次数相同但位置不同时，也表现出不同的表型效果（图 7-7）。

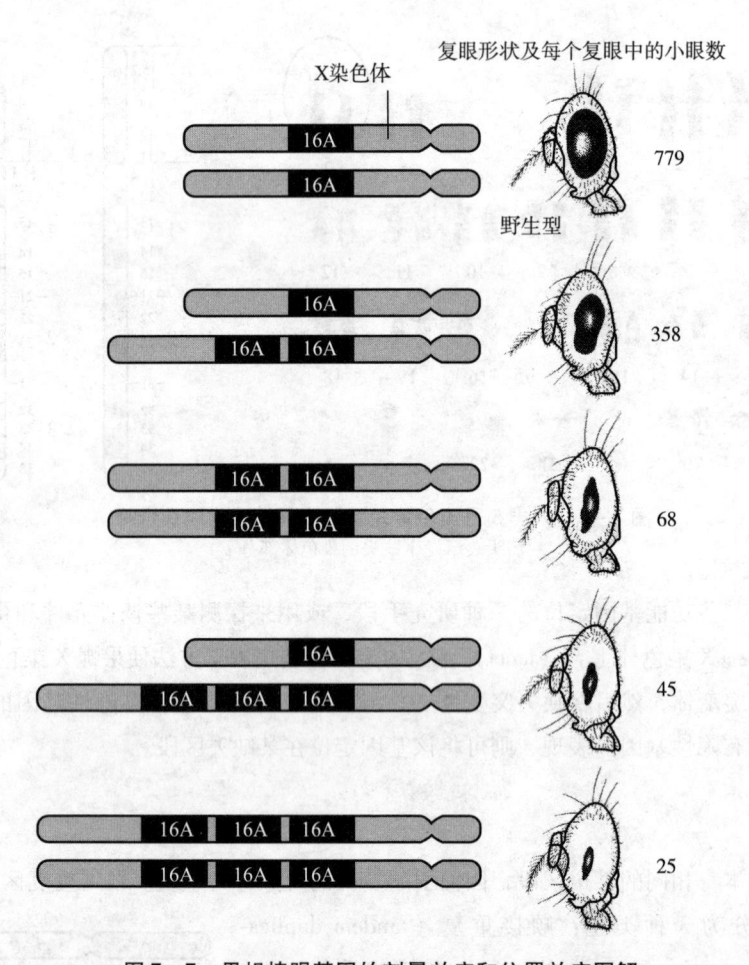

图 7-7 果蝇棒眼基因的剂量效应和位置效应图解

重复的另一个遗传学特征是它具有对隐性突变的抑制或互补能力。这种抑制突变表型的能力可被用来分析新的突变（图 7-8）。另外，重复是增加基因组含量和新基因的重要途径，这样有利于生物从简单到复杂的进化（见第 15 章）。

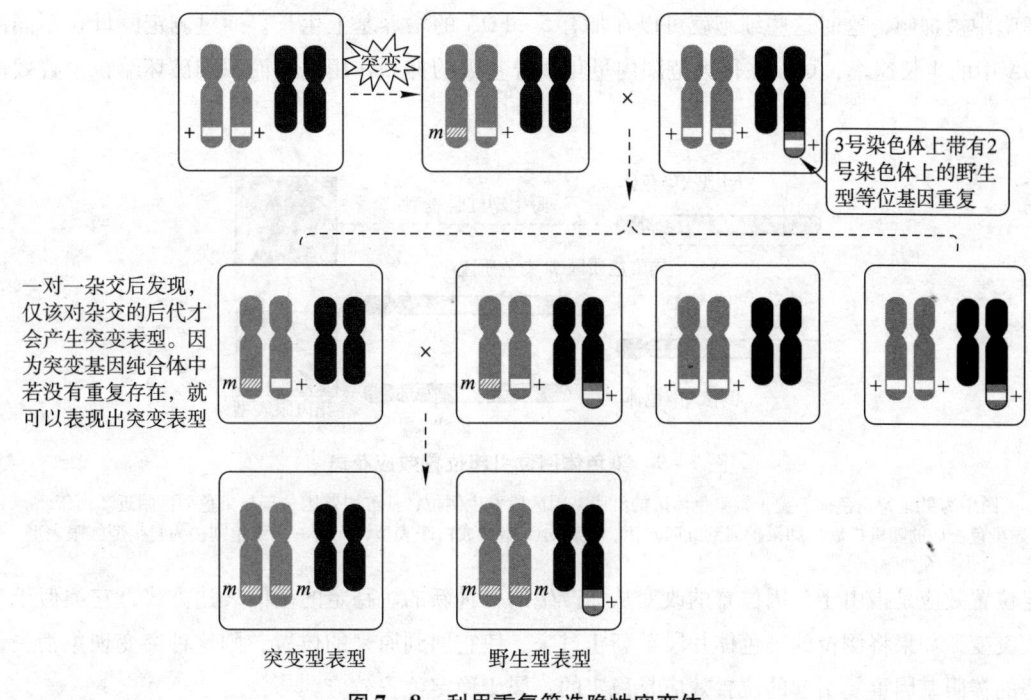

图 7-8　利用重复筛选隐性突变体

### 7.1.3　倒位

染色体上某一区段连同它带有的基因顺序发生 180° 倒转从而引起变异的现象称为倒位（inversion）。根据倒位区内是否含有着丝点而将其分成两类：臂内倒位（paracentric inversion），在着丝点一侧臂上的倒转；臂间倒位（pericentric inversion），包括着丝点在内带有两臂的各一个区段的倒转（见图 7-1）。

当减数分裂联会时，倒位杂合体中具有倒位区段的染色体通常在倒位的部分弯转成一个 360° 的环形，正常的一条染色体在相应的部位拱出，形成一个倒位环（inversion loop）（图 7-11）。当倒位区段较长，占据大部分染色体时，倒位的区段可能和正常染色体的相应部分联会，而非倒位部分不联会；如果倒位区段较短，则倒位部分可能不配对，其余区段配对正常；倒位区段很短时，则难于从细胞学上鉴别。

倒位造成基因的重排，但由于倒位不造成倒位区内基因的缺失，因而倒位通常仅影响断裂点及其邻近的那些基因，也就是说，倒位的表型效应主要是由断裂点的位置效应（position effect）引起的。位置效应可以分为两种类型：花斑位置效应（variegated position effect，也称 V 型位置效应）和稳定位置效应（stable position effect，又称 S 型位置效应）。

一个断裂端发生在异染色质区而另一端发生在常染色质区的倒位通常产生花斑位置效应，即倒位区内的一些基因，在某些体细胞内是失活的，而在另外一些体细胞内是正常活动的，这样使得这种个体表现出花斑的表型。到目前为止，被检测过的所有果蝇基因在染色体重排后都表现出异质性，凡是涉及臂间异染色质的染色体重排都能导致位置效应花斑（position-effect variegation，PEV）的发生（图 7-9）。PEV 现象存在于包括酵母、果蝇、植物和哺乳动物在内的许多物种中。目前，许多遗传学家认为 PEV 中的基因沉默是由于报告基因凝聚成异染色质而引起的，这种异染色质一旦开始形成就能够蔓延到周围区域，但具体机制还需要进一步的研究，它将为表观遗传学机制的研究如异染色质形成、基因沉默等提供素材。由于 PEV 是重要的一类表观遗传现象（更多表观遗传知识见第 10、11 章），现再举一例在酵母中观察到的类似现象，以使大家对它加深印象。酵母中 Ura3 蛋白可以将 5-氟乳清酸（5-FOA）转变成 5-氟尿嘧啶（5-FU），5-FU 是一种可导致细胞死亡的 DNA 合成抑制剂。当 Ura3 基因整合到异染色质区域时，Ura3 基因在部分细胞中被抑制，这时这些细胞就可以在加有 5-FOA 的培养基上生长。通过测定酵母在不同浓度梯度 5-FOA 中的生长速率，可以在很大范围内量化报告基因的抑制作用，从而识别破坏端粒位置效应的突变效果。

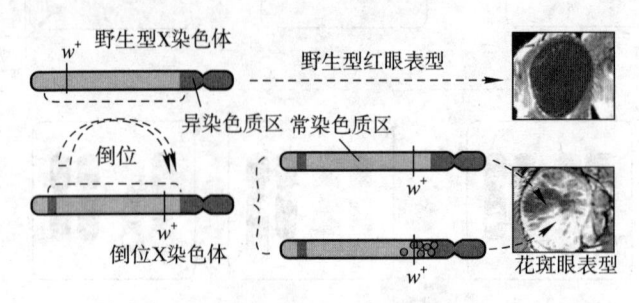

**图 7-9 染色体倒位引起位置效应花斑**

图中为果蝇 X 染色体，位于常染色体区的红眼基因区段发生倒位，使红眼基因位于异染色质区附近。由于异染色质区的随机扩展，如果扩展到红眼基因，使部分细胞变成白眼表型，而另一些细胞则仍为野生型红眼表型

稳定位置效应是指由于基因位置的改变从而产生的一种新的、稳定的基因表达方式，它类似于一个基因的永久突变，如果将倒位的染色体片段重新正过来，使它回到原来的位置，则这种突变现象消失，如前所说果蝇的棒眼基因重复引起的位置效应是稳定的，属于稳定位置效应。

倒位对减数分裂重组具有很大的影响，由于基因顺序的改变，导致这些基因在连锁群中的顺序发生改变，因而使得这些基因跟连锁群中其他基因的交换值也发生了改变。C. Bridges 分离了一系列表现为减数分裂重组的显性抑制突变体（dominant suppressors of meiotic recombination），当用这种重组抑制因子杂合体与隐性突变体测交时，重组子代的频率大幅度下降（图 7-10）。细胞遗传学分析表明，交换抑制突变（crossover suppressor mutations）是由于染色体倒位所造成的。

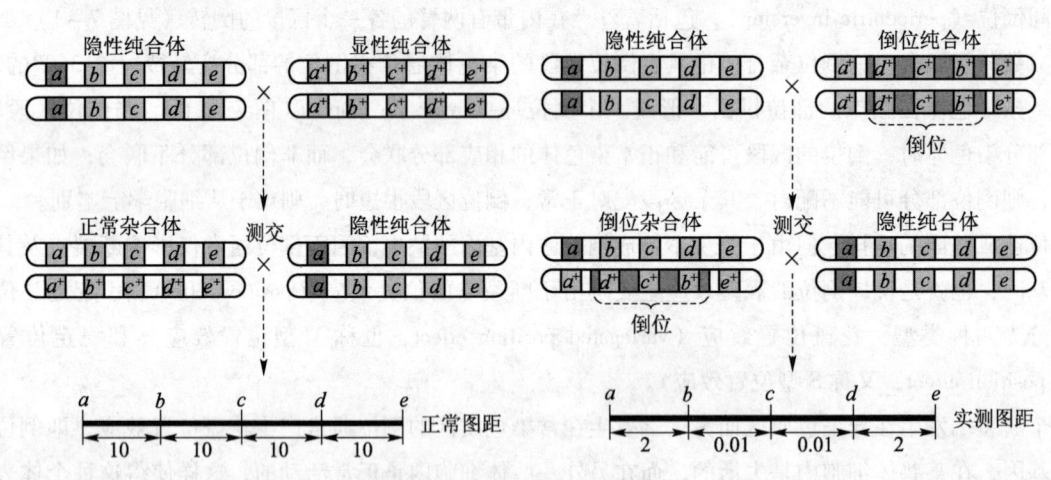

**图 7-10 倒位使交换值减少**

倒位抑制交换（交换值减少）是由染色体在第一次减数分裂时的配对行为所决定的，由于倒位杂合体在染色体配对的时候产生倒位环，在倒位环内，非姐妹染色单体间发生单交换的产物都带有缺失或重复（臂间倒位）（图 7-11A）；或要么两个着丝粒，要么没有着丝粒（臂内倒位）（图 7-11B）。含有这种重复和缺失的配子是没有功能的，这样在后代中就不会出现重组类型，因而好像交换被抑制了或相当程度地减少了杂合子中的重组，而实际上只是重组类型不能成活。这也是倒位所导致的一个显著的遗传学效应，这种现象被称为交换抑制（crossover repression）。含有染色体倒位的遗传单位被称为交换抑制因子（crossover repressor）或重组抑制因子（recombination repressor）。但是如果在倒位环内发生双交换，则会产生少

量重组子代，如图7-12所示的臂内倒位杂合体在倒位环内发生双交换后产生两个结构正常的重组染色体。

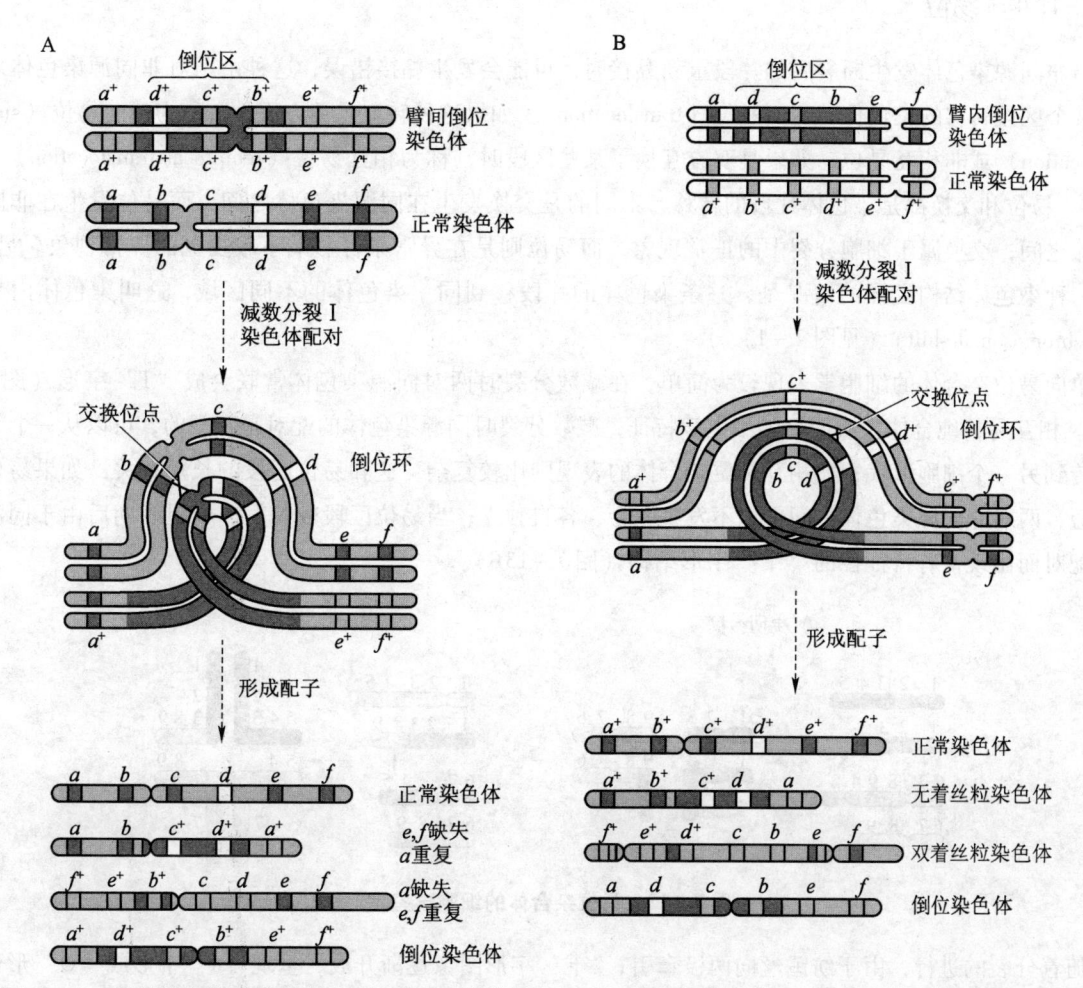

图7-11 倒位杂合体减数分裂时非姐妹染色单体间发生单交换的产物都带有缺失或重复（臂间倒位，A），或要么两个着丝粒，要么没有着丝粒（臂内倒位，B），含有这种重复和缺失的配子是没有功能的

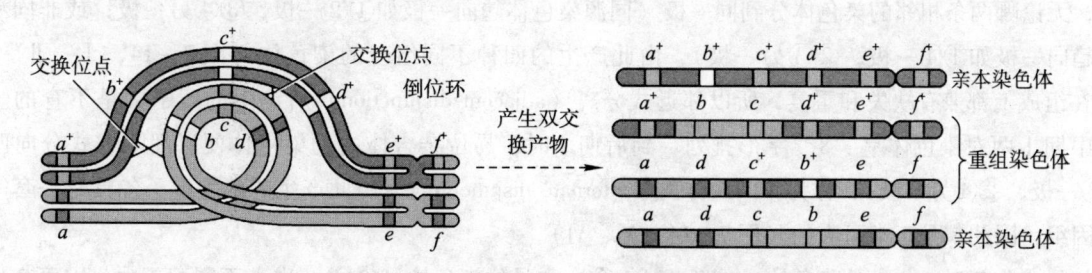

图7-12 臂内倒位杂合体在倒位环内发生双交换后产生结构正常的重组染色体

利用倒位的交换抑制效应可以保存带有致死基因的品系。由于致死基因的纯合个体是致死的，因而无法以通常的纯系形式进行保存。如果用分别位于一对同源染色体上的两个不同的致死基因来平衡，就能成功地将这些致死基因以杂合体状态长期保存，这种品系叫平衡致死系（balanced lethal system）或永久杂种（permanent hybrid）（见11.6.1）。但这有个条件，即这两个致死基因之间必须不发生交换，因为如果发生交换，就会产生++染色体，则后代中就会出现++/++个体，几代之后就会把这两个致死基因淘汰掉。利用倒位可以抑制交换发生的规律能够解决这一问题。

在人类 Y 染色体上发现了 4 个倒位区域,这些倒位使人类 Y 染色体的重组受到严重抑制。

### 7.1.4 易位

当非同源染色体发生断裂后的片段重新黏接时,可能会发生黏接错误,这种由两对非同源染色体之间发生某个区段转移的染色体畸变叫易位(translocation)。如果这种转移是单方面的,称为单向易位(simple translocation)或非相互易位;如果是双方互换了某些区段时,称为相互易位(reciprocal translocation)(图 7-1)。易位和交换都是染色体片段的转移,不同的是交换发生在同源染色体之间,而易位发生在非同源染色体之间;交换属于细胞分裂中的正常现象,而易位则是在异常条件影响下较少见的异常现象。另外,还有一种染色体结构变异的情况是,一条染色体的片段移到同一染色体的不同区域,这叫染色体内易位(intrachromosomal shift)(见图 7-1)。

单向易位杂合体的细胞学表现较为简单,在减数分裂时两对同源染色体常联会成"T"字形(图 7-13A)。相互易位纯合体没有明显的细胞学特征,减数分裂时同源染色体的配对是正常的,可以从一个细胞世代传到另一个细胞世代;而相互易位杂合体的表现则比较复杂,这和易位区段的长短有关,如果易位区段很短,两对非同源染色体之间可以不发生联会,各自独立;当易位区段较长时,则粗线期后由于同源部分的配对而出现富有特征性的"十"字形结构(图 7-13B)。

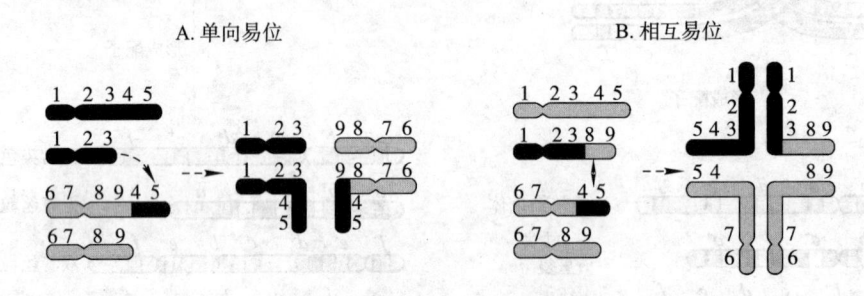

**图 7-13 易位杂合体的细胞学鉴定**

随着分裂的进行,由于纺锤丝向两极牵引,"十"字形图像逐渐开放,呈现"8"字形或"O"形四价体排列图形(图 7-14),随后到中期 I 时,这两对非同源染色体便由于在赤道部位的排列方式和分离情况的不同,对配子的育性和遗传表现有很大影响。当中期 I 两对染色体排列成"O"形环时,到后期 I 分离时,无论哪两条相邻的染色体分到同一极(同源染色体趋向一极如①②一极,③④另一极;或非同源染色体趋向一极如①④一极,②③另一极),由此产生的四种不同组合的染色体(图 7-14,Ⅰ、Ⅱ、Ⅲ、Ⅳ)在组成上都兼有缺失和重复,所以邻近式分离(adjacent disjunction)所产生的配子常是不育的。如果在中期 I 两对染色体呈"8"字形排列,到后期 I 时,易位杂合体内的染色体便以间隔方式分向两极(①③一极,②④另一极),称为相间式分离(alternate disjunction),由此产生的两种配子各具有一套完整的基因组,因此都是正常可育的(图 7-14,Ⅴ、Ⅵ)。

相间式分离时,非易位染色体(图 7-14①③)和易位染色体(②④)进入不同配子中,因而产生染色体正常的配子和平衡易位的配子。平衡易位虽有染色体的重排,但对整个配子而言基因组是完整的,没有重复和缺失,若无断裂点效应及位置效应,则配子是可育的。这种分离的结果是,非同源染色体上的基因间的自由组合受到严重抑制,易位染色体上的标记基因(图 7-14 中 $A$、$B$ 和 $l$、$k$)总是同时进入一个配子,其等位基因 $a$、$b$ 和 $L$、$K$ 又总是同时进入另一个配子,出现假连锁现象(pseudolinkage),这是易位产生的一个重要的遗传学效应。从图 7-14 可以看出,由自由组合产生的重组类型($ab$、$lk$ 及 $AB$、$LK$)只存在于邻近式分离中,而它们的配子又都是不育的,这样自由组合的类型都不会出现在后代中,只有相间式分离所产生的配子才可育,而 $AB$ 和 $lk$(或 $ab$ 和 $LK$)原本不连锁的基因总是同时出现在一个配子中,

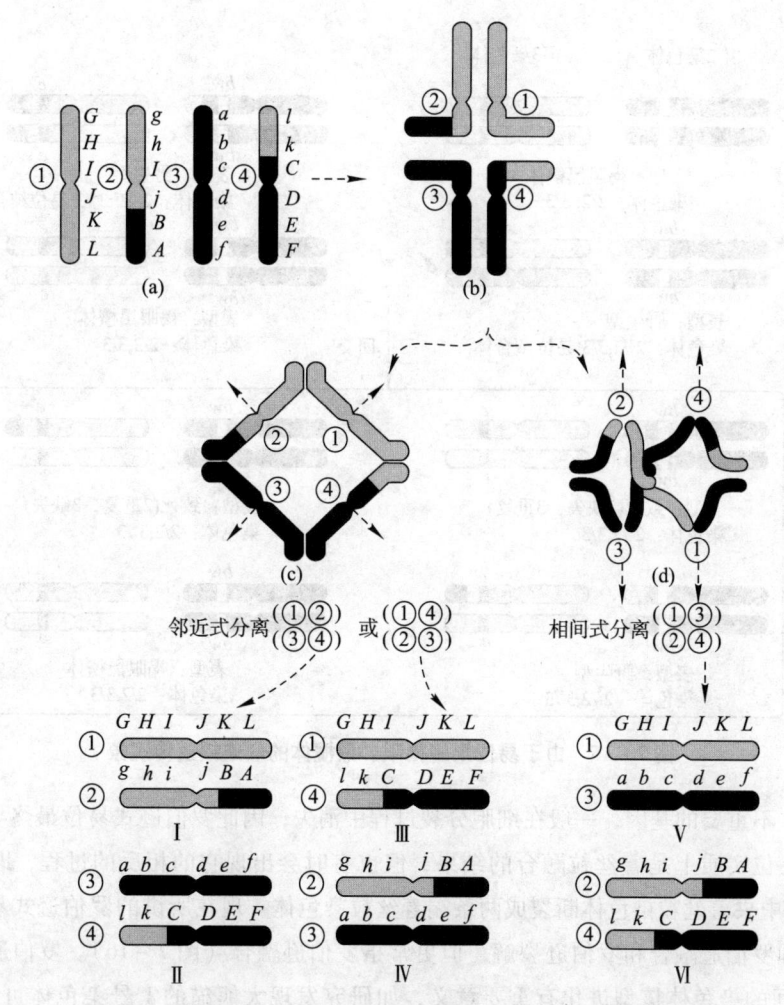

图 7-14 相互易位杂合子的联会及所产生配子的染色体组合

似乎是连锁的，即假连锁。这在果蝇雄体中尤其清楚，因为雄果蝇没有交换，是完全连锁的。例如，果蝇的第 2 染色体上带有褐眼基因 bw（brown eye），第 3 染色体上带有黑檀体基因 e（ebony body），当将第 2 和第 3 染色体的易位（2-3）杂合体雄蝇与纯合的隐性雌蝇回交时，理论上应得到 1∶1∶1∶1 的 4 种表型（图 7-15），但是由于相间式分离只产生野生型（bw/+，e/+）和双突变体（bw/bw，e/e），而单一突变型褐眼（bw/bw，e/+）和黑檀体（bw/+，e/e）都不会在子代中出现，这是因为它们有缺失和重复而不能存活，这就好像 bw 和 e 连锁，+ 和 + 连锁（图 7-15）。

此外，易位也产生与重复和倒位相类似的断裂点效应和位置效应突变表型。对于人类来说，由于易位的断裂/重黏位置效应的影响可以导致许多重要疾病特别是癌症的产生；易位还常引起各种家族性智力低下，据估计约有 5% 的先天愚型患者是由于易位所造成的。

易位还使基因的连锁群结构发生了改变，例如本来有两个基因是连锁的，当其中一个基因易位到另一条非同源染色体上后，它们不再连锁，而显示出自由组合了；反之，原来非连锁的基因易位后也可能表现出连锁的遗传现象。

最后，谈一下一种叫做罗伯逊易位（Robertsonian translocation）的易位方式，也称着丝粒融合（centric fusion）或整臂融合（whole-arm fusion）。这是一种交互非平衡易位。发生在两条近端着丝粒的非同源染色体之间，如人类的 13、14、15、21 和 22 号染色体，在各自的着丝粒部位或着丝粒附近部位发生断裂，二者的长臂进行着丝粒融合形成一条长的中央着丝粒染色体，二者的短臂也可能彼此连接成一条小的染色

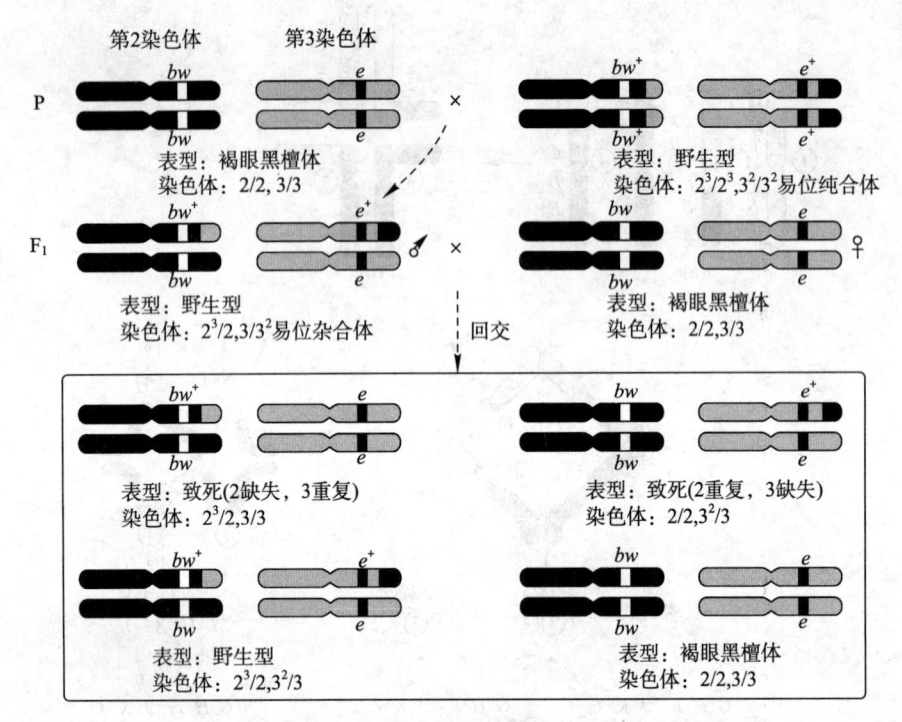

**图 7-15　由于易位果蝇褐眼、黑檀体的假连锁遗传现象**

体，含很少及一些不重要的基因，一般在细胞分裂过程中消失，因此罗伯逊式易位最终导致染色体数目的减少。罗伯逊式易位实质上是着丝粒融合的结果，但也有时会出现它的相反的过程，即发生着丝粒裂解（fission），由一条中央着丝粒染色体断裂成两条端着丝粒染色体。现在所讲的罗伯逊式易位实际上包括了以上两个内容，即罗伯逊融合和罗伯逊裂解，但更常指罗伯逊融合（图 7-16）。罗伯逊式易位研究对于解释物种内和种间的染色体核型进化有重要意义，如研究发现大熊猫的 1 号染色体可能是熊的 2、3 号染色体罗伯逊式易位的产物。同时，罗伯逊式易位可能是导致机体患各种病症或表型失常的原因之一，据不完全统计，由罗伯逊式易位直接或间接引起的人类疾病有十几种，如白血病、Angelman 综合征、Prader-Willi 综合征、血管瘤等。21-三体综合征中有 2.5% ~ 5% 存在 21 号染色体和 14 号染色体长臂易位（见 7.3）。

染色体结构的改变不仅在生物学基础研究、生物进化、医学等方面有重要价值，在农业生产中也具有重要的应用。例如，美国有一种优良葡萄品种，高产、糖分含量高、抗病力强，但果实较小。采用放射性处理其幼芽，使其产生易位，导致半不育，这样果实就会减少，相当于疏果作用，使果实变大，而其他性状保持不变。

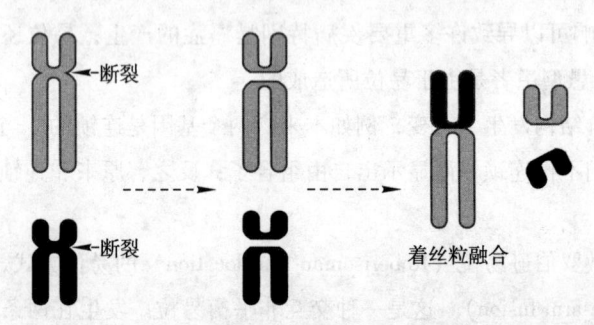

**图 7-16　罗伯逊式易位的产生过程示意图**

## 7.2 染色体数目的改变与遗传

对于同一物种来说，细胞内染色体数目是恒定的，如人46条、果蝇8条、猪38条、小鼠40条等，这是不同物种的重要特征之一，对于维持物种的遗传稳定性有着重要的意义。虽然有时两种生物会有相同的染色体数目，如鸡和狗都是78条，但两者的染色体在形态、大小、着丝粒位置以及基因结构和功能上都存在很大的差异。

图7-1 人染色体图

绝大多数高等生物细胞中有两套染色体，是二倍体（diploid，$2n$），它们的每一配子中只含有一套染色体，称为单倍体（haploid，$n$）。例如，人的体细胞中含有46条染色体，$2n=46$，可以分成相同的两组，配成23对，其正常配子中含有23条，$n=23$；又如多数微生物的营养体是单倍体，如链孢霉的单倍体染色体数是7（$n=7$）。通常，遗传学上将一个正常配子的染色体数称为染色体组（genome），但有时一个配子中含有不止一个染色体组，遗传学上将一个染色体组内含有的染色体数又称为基数，通常用 $x$ 表示，这是由于这个物种在进化过程中包含了若干个祖先种的染色体组。凡单倍体中只具有一个染色体组的个体称为一倍体（monoploid，$1x$）。大部分动植物单倍体和一倍体的染色体数是相同的，在这种情况下 $n$ 和 $x$ 可以交替使用，如玉米配子中有一个染色体组，由10条染色体组成，基数是10，即 $n=x=10$。但在多倍体高等植物的配子中就不只一套染色体（一个染色体组），这时 $n$ 和 $x$ 的含义不同，如普通小麦细胞中共有42条染色体，分为6个染色体组，因此它是六倍体，每组的染色体基数为7，则 $2n=6x=42$，但它所产生的配子（单倍体）是21条染色体，所以 $n=21=3x$。同理，含有两个染色体组的叫二倍体，如人 $2n=46$，有三个染色体组的叫三倍体，如三倍体西瓜 $3n=33$ 等，这种含有一套或多套完整染色体组的个体叫整倍体（euploid），超过两个染色体组的个体通称为多倍体（polyploid），即指三倍体、四倍体、五倍体等。这里要强调的是，$n$ 和 $x$ 是两个完全不同的概念，当然对于大多数高等生物都是二倍体，特别是动物界，几乎没有超过二倍体的有机体，因此 $2n$ 和 $2x$ 基本上是通用的。

虽然对于同一物种来说染色体数目是恒定的，但也可以通过自然或人为的方式使其发生改变。染色体数目的改变可以分为两类：一类是整倍体变化，即个体细胞内含有的完整染色体组数目的变化；另一类为染色体组内个别染色体数目的增减，使细胞内的染色体数目不成完整的染色体组倍数，这种类型叫非整倍体（aneuploid）。对于非整倍体的命名通常以二倍体（$2n$）染色体数作为基准，如 $2n-1$ 是单体，$2n-2$ 是缺体，$2n+1$ 是三体等。染色体数目变异的基本类型概括于表7-1中。

表7-1 染色体数目变异的基本类型

| 类别 | 名称 | | 染色体组（ABCD代表一个染色体组中的四个非同源染色体） |
|---|---|---|---|
| 整倍体 | 单倍体 $1n$ | 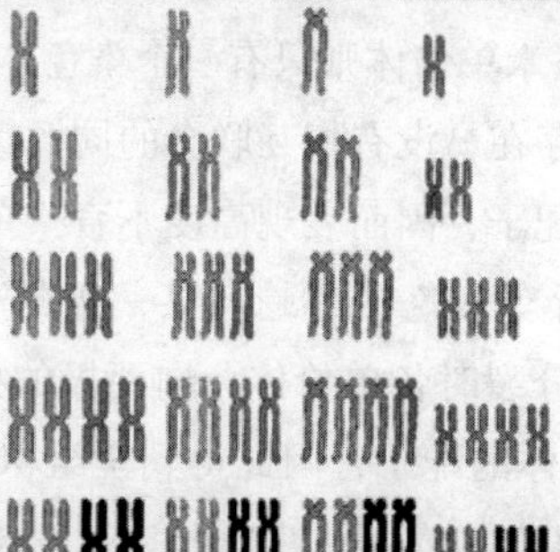 | (ABCD) |
| | 二倍体 $2n$ | | (ABCD)(ABCD) |
| | 三倍体 $3n$ | | (ABCD)(ABCD)(ABCD) |
| | 同源四倍体 $4n$ | | (ABCD)(ABCD)(ABCD)(ABCD) |
| | 异源四倍体 $4n$ | | (ABCD)(ABCD)(A′B′C′D′)(A′B′C′D′) |

| 类别 | 名称 | 染色体组 | 染色体组（ABCD 代表一个染色体组中的四个非同源染色体） |
|---|---|---|---|
| 非整倍体 | 单体 2n-1 | | (ABCD)(ABC_) |
| | 双单体 2n-1-1 | | (ABC_)(AB_D) |
| | 缺体 2n-2 | | (ABC_)(ABC_) |
| | 三体 2n+1 | | (ABCD)(ABCD)(A) |
| | 双三体 2n+1+1 | | (ABCD)(ABCD)(AB) |
| | 四体 2n+2 | | (ABCD)(ABCD)(AA) |

### 7.2.1 染色体数目改变的起因

我们知道人性染色体数目可以增加或减少，虽然如（47，XXX）、（48，XXXX）、（47，XYY）的个体会导致一些发育上的问题，但个体是可以生存的（表 3-2）；此外，我们在"遗传的染色体学说"一节中，也谈到在细胞减数分裂时，由于染色体的不分离从而导致果蝇杂交后代例外子代的产生。

以上这些染色体数目的改变都是由于在形成配子的过程中染色体分离时，一对同源染色体不分离而形成 $n-1$ 或 $n+1$ 的配子，由这些配子和正常配子 ($n$) 结合或由它们相互结合所产生的，这是非整倍体产生的主要原因（图 2-30）。至于多倍体的产生有多种途径，例如，由于在减数分裂过程中所有的染色体在减数Ⅰ或减数Ⅱ都不发生分离，如果这种配子存活并且与单倍体配子结合，或者偶然有两个精子与单倍体卵受精，这样产生的合子就是三倍体；通过二倍体与四倍体杂交也可以获得三倍体；如果母细胞的染色体进行了复制，但细胞没有分裂后就进入了减数分裂的中期，这样染色体的数目也就加倍了等，都会导致整倍体的产生。

### 7.2.2 整倍体及其遗传表现

因二倍体是大部分高等生物正常的染色体组成，故本节只是针对单倍体和多倍体进行讨论。

单倍体是指体细胞内具有本物种配子染色体数目 ($n$) 的个体，它可以是天然的，也可以是人工诱变或培育的。例如，苔藓植物配子体世代的植物体、雄蜂、雄蚁、脉孢霉菌丝体、通过花粉培养产生的单倍体植株等是单倍体。高等植物的单倍体与二倍体比较起来一般体形弱小，全株包括根、茎、叶、花等器官都较小，有时还出现白化苗等。因单倍体来源不同，某些单倍体可能含有不同数目的染色体组，如普通小麦的单倍体有三个染色体组，即 $n=3x=21$，而玉米单倍体则只有一个染色体组即 $n=x=10$。

单倍体在减数分裂时，由于染色体成单价体存在，没有相互联会的同源染色体，所以最后将无规律地分离到配子中去，结果绝大多数不能发育成有效配子，因而表现高度不育。单倍体进行减数分裂时，对于某一条染色体来说分向哪一极是随机的，因此所有染色体都趋向某一极的概率是 $(1/2)^n$（$n$ 为染色体数）。例如，玉米的单倍体有 10 条染色体，减数分裂时各单价体分向两极的概率各为 $(1/2)^{10}$，由于单价体的随机分离会形成含有 1~10 条不同数目染色体的配子，因此得到全组 10 条单价染色体的可孕雄配子的概率只有 $(1/2)^{10}+(1/2)^{10}=1/512$。另外，由于单价体在减数分裂过程中常存在落后现象，不能纳入子细胞的新核中，所以实际上获得可孕配子的概率比理论值更低。卵母细胞经过减数分裂只产生一个有效的雌配子，所以玉米形成可孕雌配子的概率是 $(1/2)^{10}=1/1\,024$。因此，从单倍体玉米通过有性过程而得到正常植株的概率低于 (1/512)×(1/1 024) = 1/524 288，这便是大部分单倍体表现高度不育的原因。

如果是来自同源多倍体的单倍体，因为具有相同的染色体组，同源染色体之间可以联会，因此有相当高的可育性，如马铃薯、紫苜蓿等。但来自异源多倍体的单倍体由于具有几个来源的染色体组，能否出现部分联会要由染色体组的性质决定，如小麦属、棉属、烟草属等作物的单倍体，一般在减数第一次分裂时不能联会形成二价体，或形成二价体的频率很低，所以大部分是不育的。

在遗传学上，单倍体可以作为基因突变、数量遗传等研究的基础材料。从育种的角度考虑，虽然单倍体本身并无直接利用价值，但通过染色体加倍处理获得加倍单倍体，即每对染色体都是纯合的二倍体，在遗传学上表现稳定，表型正常。与一般杂交育种方法比较，利用单倍体途径至少可以缩短 3~4 代的自交时间。从选择的效率来看，单倍体加倍比一般的二倍体优越，其基因型是纯合的，所需性状不会因后代分离而丢失。它对于筛选植物的某些隐性抗性突变十分方便，只要将单倍体细胞放在选择性培养基上就可筛选出抗性细胞，培养成单倍体植株后，用秋水仙碱适当处理使染色体加倍，便可以获得纯合的、具某种抗性的可育二倍体植株。

多倍体是具有三套或三套以上染色体的个体，通常表现为细胞体积增大。与二倍体相比，这种细胞体积的增大通常对应于生物体整个体积的增大和具更大的生长势。多倍体的这些特征对于人类来说具有很大的应用价值，因为它们通常产生更大的种子和果实，使农业获得更高的产量。小麦、咖啡、西瓜、马铃薯、香蕉、草莓、棉花等就是常见的多倍体作物，玫瑰、菊花、水仙、郁金香等园艺作物也是多倍体（图 7-17）。

**图 7-17　具有重要农业或园艺价值的多倍体植物**
从左至右依次为三倍体水仙、八倍体草莓、四倍体棉花和三倍体香蕉

从染色体组的来源分析，多倍体可分为同源多倍体（autopolyploids）和异源多倍体（allopolyploids）。

**1. 同源多倍体**

染色体已经复制而细胞质不分割可形成同源多倍体，未减数的配子结合、一个卵细胞与多个精细胞结合、同源四倍体与原来的二倍体杂交、六倍体与四倍体杂交等都可发育成同源多倍体。在同源多倍体中，所有的基因仍和原来的一样，只是增加了每一座位上的基因数而已。

由于在同源多倍体中同源染色体有 3 条或 3 条以上，减数分裂时染色体的配对和分离将会产生大量不平衡的配子，这样使得同源多倍体往往不育。如我国常见的观赏植物中国水仙（*Narcissus tazetta* L. var. *chinensis* Roem）为三倍体，$3x=30$，高度不育，故它只开花不结实，一般依靠鳞茎进行营养繁殖。凡倍性为奇数的个体都将因减数分裂时单价体分配的随机性而产生不育配子。在同源偶数多倍体中，有可能进行有规律的减数分裂，但也并非总是如此，关键要看每套染色体如何配对和分离（图 7-18）：有两条同源染色体相互配对的二价体，有三条配对的三价体和四条配对的四价体及一条不配对的单价体等。在四倍体中，两个二价体或一个四价体的配对可以产生正常的分离，如在四倍体曼陀罗和四倍体番茄中就是按 2-2 分离的，这样所有的配子都是有功能的，因而这样的四倍体是可育的。

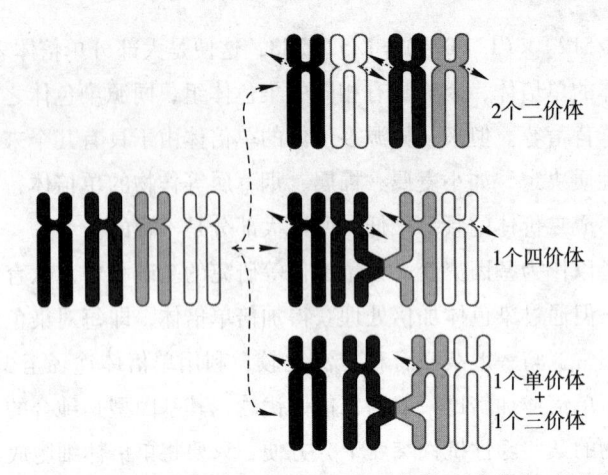

图 7-18 同源多倍体减数分裂时 4 条同源染色体可能的配对形式及分离

同源多倍体的遗传表现比二倍体显然复杂。现以可育四倍体为例，由于每个基因位点有相应的 4 份，对一对等位基因 A 和 a 来说，二倍体只有一种杂合体 Aa，四倍体中却存在三种杂合体 AAAa、AAaa、Aaaa，它们产生的配子类型和后代的分离情况也和二倍体不同，以 AAaa 为例，它将产生（1/6）AA、（4/6）Aa、（1/6）aa 比例的配子（图 7-19）。AAaa 自交，后代将出现（1/36）AAAA、（8/36）AAAa、（18/36）AAaa、（8/36）Aaaa、（1/36）aaaa 的基因型分离比例，如果 A 对 a 完全显性，表型分离比例为（35/36）A：（1/36）a，如果 A 对 a 不完全显性，表型的分离比例为（1/36）AAAA：（8/36）AAAa：（18/36）AAaa：（8/36）Aaaa：（1/36）aaaa。图 7-20 示四倍体曼陀罗（Datura stramonium L.）的花色遗传。

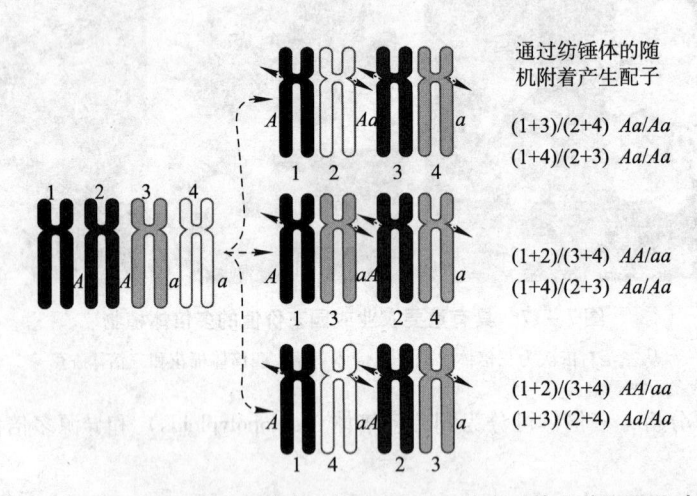

图 7-19 同源四倍体的基因分离，假设为 2-2 分离时的几种不同配对情况

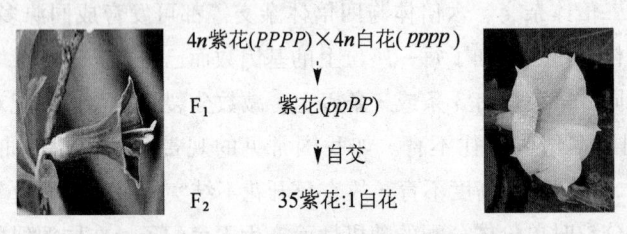

图 7-20 四倍体曼陀罗的花色遗传

由于同源多倍体产生更大的叶、花或果实，使得它备受植物育种工作者和消费者的喜爱。例如，许多多倍体花卉植物具有更大更艳的花，多倍体马铃薯、三倍体香蕉、三倍体西瓜等有名的经济作物都是同源多倍体。

**2. 异源多倍体**

异源多倍体是指加倍的染色体组来源于不同的物种。它可以通过不同种、属间个体杂交的杂种后代经自然或人为地使体细胞染色体加倍而得到，也可以由杂种不正常减数分裂所形成的极少数具有全部染色体（2n）的配子结合而成，此外，由两个不同种、属的同源四倍体类型杂交也可能产生异源四倍体。自然界中能够自繁的异源多倍体种都是偶倍数的，在被子植物中有30%～35%是异源多倍体物种，许多栽培作物如普通小麦、燕麦、棉花、烟草、苹果、梨以及大丽菊、水仙、郁金香等都属于异源多倍体种。

在偶倍数的异源多倍体细胞内，特别是异源四倍体内，由于每种染色体组都有两个，同源染色体是成对的，所以减数分裂时和二倍体相似，因而表现与二倍体相同的遗传规律。譬如，一对等位基因是杂合体的个体，其后代也表现为典型的孟德尔比例。

异源多倍体已被用作植物常规育种的材料。例如，八倍体小黑麦（Triticale）具有小麦高产和黑麦耐瘠耐寒的特点，是由普通小麦（Triticum aestivum, $2n=6x=42$）和黑麦（Secale cereale, $2n=2x=14$）杂交而成，因杂种种子不能萌发，通过组培和人工染色体加倍可获得可育杂种植物（图7-21）。

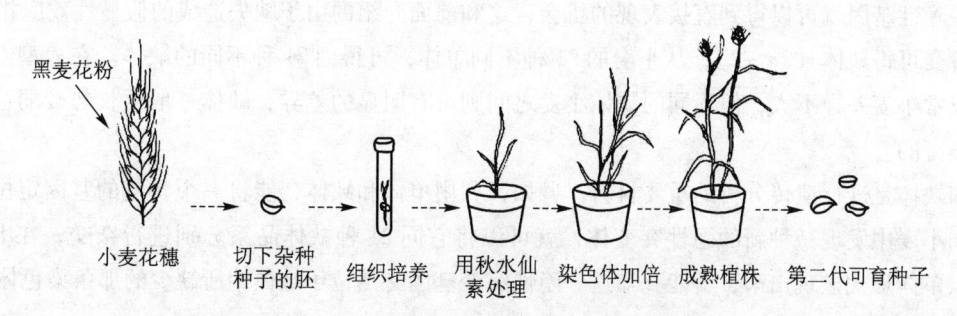

图7-21 八倍体小黑麦的培育过程示意图

多倍体植物是常见的，但多倍体动物则十分罕见，但也发现一些例子，如扁形虫、水蛭和海虾中都有发现，它们是通过孤雌生殖的方式繁殖的。在高等动物的鱼类、两栖类和爬行类动物中也都发现有多倍体。在人类中因细胞分裂发生差错，也可产生多倍体受精卵，但大部分在胚胎期即死亡，偶尔也会降生一个三倍体婴儿，但无一例成活，其原因主要是三倍体胎儿在胚胎发育过程的细胞有丝分裂中，会形成三极纺锤体（tripolar spindle）（图7-22），因而造成染色体在细胞分裂中期、后期时的分配紊乱，最终导致子细胞中染色体数目异常，从而严重干扰胚胎的正常发育。

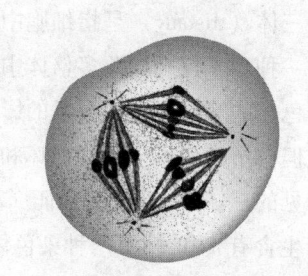

图7-22 三倍体胎儿的细胞在有丝分裂中形成三极纺锤体

### 7.2.3 非整倍体及其遗传表现

非整倍体（aneuploid）是指二倍体中缺少或额外增加一条或几条染色体的变异类型。所有类型的非整倍体在减数分裂时都会产生严重的后果，如单体应该产生两种类型的配子n和n-1，但由于无同源染色体联会而游离的单价体失去纺锤丝的牵引平衡，其行动往往是不规则的，这个单价体在后期Ⅰ时可能被丢失，因而产生的两个配子大都是n-1的。在大部分情况下，动物中的非整倍体是致死的，而在植物中非整倍体发生的频率较高。下面讨论几种常见的非整倍体。

**1. 单体和缺体**

二倍体中缺少一条染色体（2n-1）的叫单体（monosomy），缺失一对同源染色体（2n-2）的称为缺体（nullisomy）。

对于一般的二倍体生物来说，单体通常是不能成活的，甚而像玉米和番茄那样，虽然单倍体能够生活，但单体却不能存活，缺少单条染色体的影响比缺少一套染色体的影响还要大，说明遗传物质平衡的重要性。但也有少数二倍体生物中单体能够存活，例如果蝇中的 XO 雄蝇就是单体，它只影响生育能力，还有果蝇缺失一条第四染色体的单体也可以成活，但繁殖力很低，但第二和第三染色体单体都是致死的。

在人体中，由于单体造成基因组严重失衡，所以在常染色体单体中，即使是最小的 21、22 号染色体单体也难以存活。Turner 综合征是人类中单体病例的最典型例证，核型为 (45, X) 的女性性腺发育不全，多数不能形成生殖细胞，外生殖器不发育和缺乏副性征。虽然 Turner 综合征病例有极少数可以存活，但绝大多数 (98%) 在胚胎期流产。

在多倍体植物中单体较为常见，因为多倍体植物的一个染色体组内缺少个别染色体引起的基因不平衡，可以由完整的其他染色体组而起到补偿作用。例如，普通小麦有 21 对染色体，理论上可发生 21 种单体，事实上通过随机缺失一条染色体的单倍体母体和正常二倍体杂交获得了一整套 (21 种) 单体系统，这些单体各有特定的表型。由于单体使一条染色体失去了同源染色体而处于半合子 (semizygote) 状态，有关的一些隐性基因就可以得到直接表现的机会，这和前面介绍的由于缺失造成的假显性效应相似。

单体自交可得缺体 ($2n-2$)，从小麦的 21 种不同单体，可得到 21 种不同的缺体。在表型上，比如单体小麦与正常小麦差异不大，但不同的缺体小麦之间则可有明显的差异，缺体一般生长势较弱，经常有半数以上是不育的。

单体和缺体是进行遗传分析的重要材料。譬如，利用单体和缺体，能将一个特定的基因定位于某一染色体上，如小麦中发现一种新的隐性突变体，就可以将它同 21 种缺体品系分别进行杂交，在 $F_1$ 杂种中，突变性状以单体形式显现出来，就能查知这一隐性突变基因必然位于缺体中所缺少的那条染色体上。

**2. 三体**

三体 (trisomy) 是指细胞中多了某一条染色体 ($2n+1$) 的个体。在各种非整倍体中，三体是比较普遍的一种，不仅在异源多倍体中，而且在一般的二倍体动、植物中都有存活的三体，说明细胞中额外多一条染色体的影响要比缺一条的影响小。增加的这条染色体对生物体表型的影响会因物种及染色体的不同而异，但由于染色体平衡的破坏和基因产物剂量的增加，三体也显示出一些异常的表型特征，例如，在人类中常见的三体 Down 氏综合征 (21-三体)、Edward 综合征 (18-三体) 等。三体减数分裂时，理论上应该产生含有 $n$ 和 $n+1$ 两种染色体数的配子，而事实上因为多出来的一条染色体在后期 I 常有落后现象，致使 $n+1$ 型的配子通常少于 50%，并且一般情况下 $n+1$ 型的雄配子不易成活，很少能与雌配子结合，所以 $n+1$ 型配子大都是通过卵细胞遗传的。

下面我们来看看三体染色体上等位基因的分离情况。假设一对等位基因 $A$ 和 $a$，它们在三体中会出现四种形式的基因型：$AAA$、$AAa$、$Aaa$、$aaa$，其中 $AAA$ 和 $aaa$ 不会发生分离，只有杂合子 $AAa$ 和 $Aaa$ 会发生分离，以 $AAa$ 为例，雌配子类型及其比例是 $2A:1a:1AA:2Aa$，在雄配子中由于 $n+1$ 雄配子不育，故其雄配子的实际比例是 $2A:1a$。若 $A$ 对 $a$ 完全显性，则 $AAa$ 自交后代的预期表型比例为 $17A:1a$；若 $A$ 对 $a$ 为不完全显性，则 $AAa$ 自交后代的预期表型比例为 $2AAA:9AA:6A:1a$。

## 7.3 人类染色体疾病

如果人体的染色体数目不是 46 或存在染色体结构的重排等，都将会导致人类的染色体病 (chromosome disease)。1959 年，法国遗传学家 J. LeJeune 首次发现唐氏综合征是由于患者细胞中多出了一条小染色体，随后，多种染色体数目异常疾病被发现，如特纳氏综合征的女性是由于少了一条 X 染色体所致，克氏综合征的男性是由于多了一条 X 染色体的结果等。关于性染色体数目的改变，我们在第 3 章中已经学习。更有研究发现，染色体畸变是自然流产的主要原因之一。

出生后能存活的常染色体三体染色体病只有三种：21-三体，18-三体和 13-三体。这些常染色体三体均伴有生长迟缓、智力发育迟缓和多发性先天畸形等症状。下面对 21-三体进行重点介绍。21-三体又称唐氏综合征，对该类病人的细胞学检查发现，其体细胞比正常人细胞中多了一条 21 号染色体，记作 47，XX（XY），+21（图 7-23）。由于是由英国医生 J. L. Down 于 1866 年首先描述其症状，故称为唐氏综合征。21-三体综合征的发病率约占新生儿的 1/1 000，通常其表现为个矮（1.2 m 左右）、舌大、眼裂小、眼距宽、颈宽短、手及指粗短且具猴的皱折、智力迟钝。本病与单基因遗传病的一个重要区别就是，它是偶发的，每个孕妇都有生患儿的可能，并且人们很早就意识到，21-三体患儿的出生与母亲年龄有密切的关系，30 岁以后的母亲其子女患该病的概率迅速增加（表 7-2）。据大量资料分析表明，唐氏综合征中 92%~95% 的病例为 21-三体，这条多余的 21 号染色体大多来自于母亲（约占 88%）减数分裂不分离，尤其是发生在减数分裂 I（占 80%），8% 发生在父方的减数分裂 II 中，另有 3% 左右发生在受精后。从经验来看，对一对已有一个 21-三体患儿但核型正常的父母来说，其再发风险为 1%。

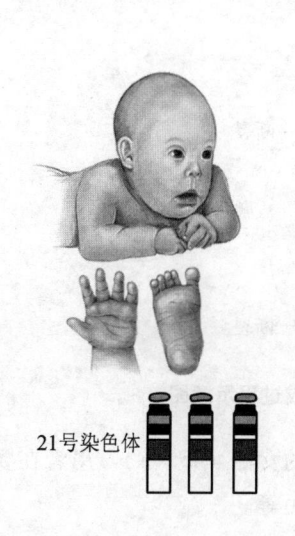

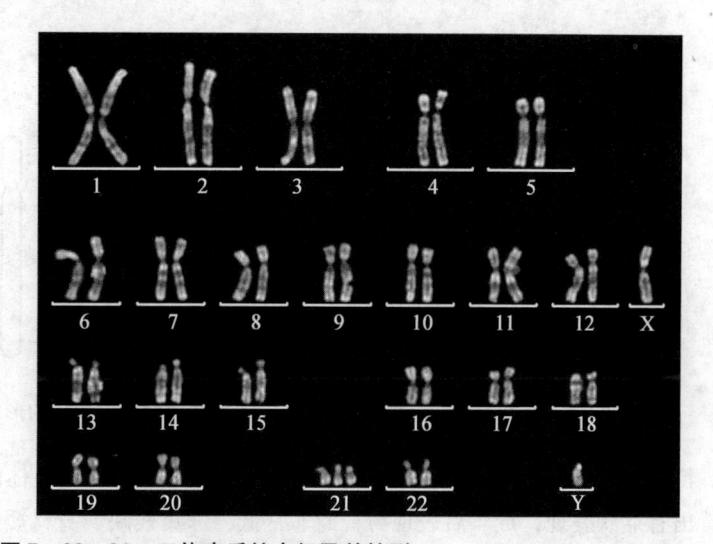

图 7-23　21-三体唐氏综合征及其核型

表 7-2　母亲年龄与 21-三体发生率的关系

| 母亲的年龄/岁 | <29 | 30~34 | 35~39 | 40~44 | 45~49 |
| --- | --- | --- | --- | --- | --- |
| 21-三体发生率 | 1/3 000 | 1/600 | 1/280 | 1/70 | 1/40 |

21 号染色体是人体中最小的染色体之一，只含有 310 个基因。通过对一些 21 号染色体部分三体患者的研究，认为只要 21 号染色体长臂远端 1/3，特别是 q21.2 至 q22.3 出现一个多余的拷贝就可引起唐氏综合征（图 7-24）。导致唐氏综合征的主要原因是多余 21 号染色体上基因的过表达。

在唐氏综合征中，除上面所讲的 21-三体外，还有少数病例是由以下几种染色体畸变引起的。

（1）罗伯逊易位：有 2%~4% 的唐氏综合征患者虽然是 46 条染色体，但其中一条为近端着丝粒染色体（通常是 14 号）的长臂与 21 号染色体长臂发生了罗伯逊易位，记作 46，XY（XX），t（14q21q）。这种易位型唐氏综合征与产妇年龄没有关系，若亲代特别是母方为易位携带者，则家系成员的再发风险相对增高。

（2）21 三体嵌合体（mosaic trisomy 21）：在 1%~2.5% 的唐氏综合征病例中，其身体部分细胞的核型是正常的，而另一部分细胞为 21 - 三体。嵌合体的产生主要由来自不同合子的细胞系发育而成，或由同一合子在发育的有丝分裂过程中产生不同核型的细胞系发育而成。历史上曾经有多起关于亲子鉴定的官司报道，就是因为嵌合体的缘故。

(3) 等臂染色体（isochromosome）：指染色体的两臂在基因种类、数量和排列等方面对称的畸变染色体，这是由于在精卵细胞发育过程中，两个同源染色体的长臂一起分离所致（图 7 - 25A）。

(4) 环状染色体（ring chromosome）：是一种非稳定的染色体结构畸变，早在 1968 年就报道了环状染色体 22 综合征。21 号环状染色体的形成可能是在双亲任何一方的配子形成过程中，1 条 21 号染色体在长、短臂末端附近同时发生断裂，带有着丝粒的两个黏性末端闭合成环，或在受精卵形成后至卵裂前期中，1 条 21 号染色体发生断裂后闭合成环（图 7 - 25B）。

除上面介绍的唐氏综合征、猫叫综合征等外，在人类中还发现有许多与染色体数目或结构变异有关的疾病，例如：

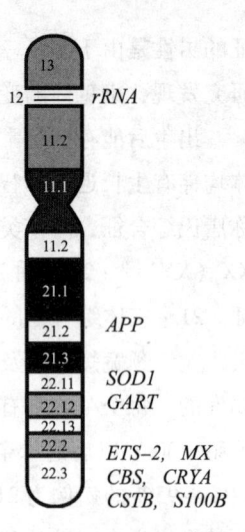

图 7 - 24 与唐氏综合征相关的 21 染色体

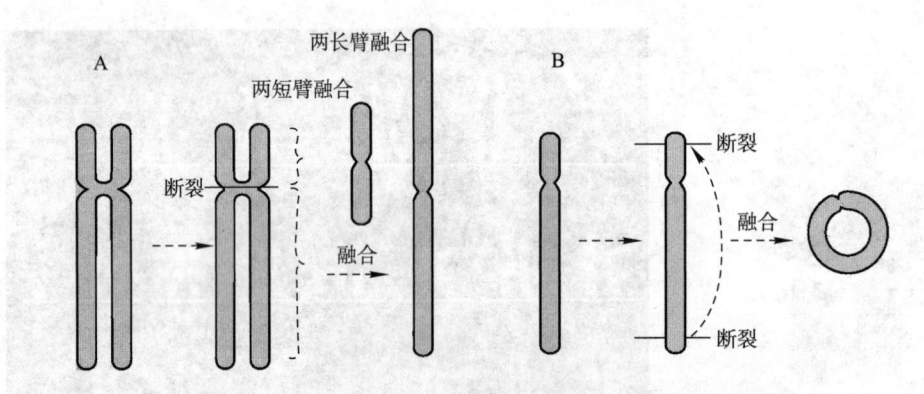

图 7 - 25 等臂染色体（A）和环状染色体（B）的形成过程示意图

(1) 特纳氏综合征（Turner's syndrome）：患者为缺少一条 X 染色体的女性（45，X）。患者在婴儿期往往不易看出有症状表现，成年后表现为智商非常低、卵巢残缺、身材矮短等。

(2) 克氏综合征（Klinefelter's syndrome）：患者较正常男人多一条 X 染色体（47，XXY）或甚至多两、三条以上的 X 染色体，其症状为智商低、睾丸发育不全等。

(3) 慢性骨髓性白血病（chronic myeloid leukemia）：为一种骨髓制造太多白细胞的疾病，由 G 组中某一染色体的长臂缺失一段所引起。

(4) 13（Patau）和 18（Edward）三体综合征（Trisomy 13 或 18 syndrome）：患者由于多了一条 13 号或 18 号染色体所引起，均表现不同的畸形病征，且往往夭折。

(5) 费城染色体（Ph″）：因首见于美国费城（Philadelphia）而命名，系由 22 号染色体部分长臂接到 9 号染色体长臂的一种易位引起。

(6) 染色体断裂综合征（chromosome breakage syndrome）：可见大量染色体断裂。如毛细血管扩张性共济失调症（ataxia telangiectasia）、Bloom 综合征、着色性干皮症（xeroderma pigmentosa）和 Fanconi 贫血等，病人染色体的断裂发生率增高。

染色体数目异常往往与癌症的发展有关，事实上，所有的人类癌症都存在异常染色体数目。现已证明，非整倍体或染色体结构的变化可导致癌症的发生。现代研究表明，染色体畸变可引起表观遗传修饰的改变，导致基因表达的改变，从而造成细胞机能的紊乱直至变成恶性细胞。同样，表观遗传修饰的改变也将可能导致发生染色体畸变。例如，有研究表明，组蛋白 H2B 添加泛素的过程能够促进着丝粒在细胞分裂前夕发生改变，可直接导致细胞出现染色体数目异常。因此，随着基因组水平的遗传学研究，染色体畸变这一经典的遗传学内容又变得活跃了。

## 问题精解

◆ 一个表型正常的男人携带有一个易位染色体，这个染色体含有 14 号染色体的完整长臂和部分短臂，以及大部分 21 号染色体（右图），这个人还有一正常 14 号染色体和正常 21 号染色体。如果他与一核型和表型正常的女人结婚，他们的子女会出现表型异常吗？

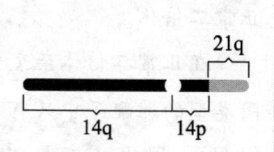

答：是的。核型不正常男人在减数分裂时染色体分离的结果会导致这对夫妇生育患 Down 氏综合征的孩子。在这个男人的减数分裂期间，易位染色体 T（14，21）将与 14 号和 21 号正常染色体联会形成一个三价体（trivalent），三价体的分离将产生 6 种不同类型的配子，其中 4 种是非整倍体（下图）。含有 14 号和 21 号染色体的卵细胞与任何一种非整倍体的精子受精都将产生一个非整倍体的合子。

| 分离 | A | | B | | C | |
|---|---|---|---|---|---|---|
| 精子 | 21 | 14, T | 14 | 21, T | 14, 21 | T |
| 合子 | 14, 21, 21 | 14, 14, T | 14, 14, 21 | 21, 21, 14, T | 14, 14, 21, 21 | 14, 21, T |
| 表型 | 14-单体，死亡 | 14-三体，死亡 | 21-单体，死亡 | 21-三体，唐氏 | 整倍体，正常 | 似整倍体，正常 |

14-单体、14-三体和 21-单体均不能存活，21-三体可以存活，但患唐氏综合征。

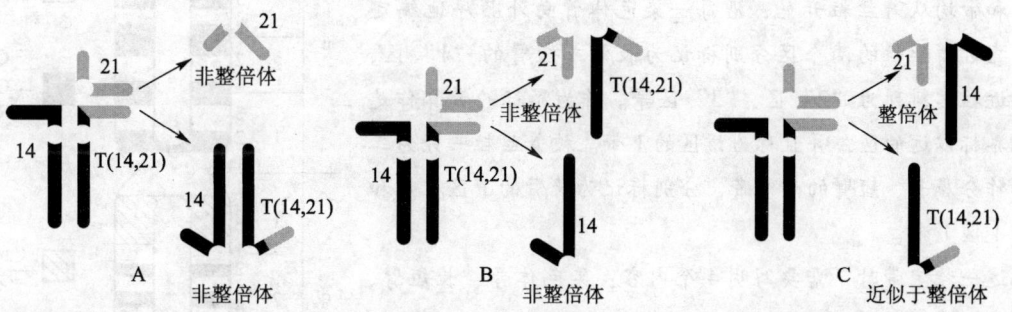

◆ 有一新的大豆隐性突变株为黄叶（$yy$，正常为绿叶 $Y\_$），利用它与三体（$2X+1$）杂交来进行基因定位。首先用黄株纯合体与一系列不同三体绿株纯合体进行杂交，$F_1$ 互交得 $F_2$，$F_2$ 的表型结果见下表。请从这些结果中分析黄色突变是位于哪一条染色体上？

| 三体染色体 | 黄色 | 绿色 | 三体染色体 | 黄色 | 绿色 |
|---|---|---|---|---|---|
| 1 | 10 | 38 | 11 | 18 | 49 |
| 2 | 11 | 35 | 12 | 15 | 49 |
| 3 | 15 | 41 | 13 | 11 | 36 |
| 4 | 10 | 36 | 14 | 19 | 49 |
| 5 | 10 | 35 | 15 | 18 | 46 |
| 6 | 13 | 40 | 16 | 15 | 44 |
| 7 | 16 | 48 | 17 | 16 | 47 |
| 8 | 12 | 44 | 18 | 13 | 38 |
| 9 | 2 | 43 | 19 | 16 | 49 |
| 10 | 14 | 48 | 20 | 14 | 42 |

答：在三体中，有一个染色体具有三个拷贝（假设为 A1、A2、A3），在绝大多数情况下，在形成雌配子的第一次减数分裂中期，其中两个染色体分配到一极，一个染色体分配到另一极，因此在雌配子

中，1/2 的减数分裂产物具有一条额外的染色体（X+1），1/2 为正常的单倍体（X）。但三体在形成雄配子的过程中，虽然其染色体在减数分裂中的分离行为与雌配子是一样的，但只有正常单倍体染色体的配子才能形成有功能的花粉。这样，三体植株间的杂交，是由 6 种不同类型的雌配子（A1A2、A1A2、A2A3、A1、A2、A3）和 3 种不同类型的雄配子（A1、A2、A3）结合产生的，其中 1/2 是三体，1/2 为正常二倍体。

在正常二倍体杂交中，$F_2$ 的表型比应为 3∶1，而在三体杂交中，表型比变为 17∶1，这是因为 6 种不同类型的雌配子中只有 1 种是带有隐性突变基因 $y$ 的（1/6），在 3 种不同类型的雄配子中只有 1 种是 $y$（1/3），因此 $yy$ 在 $F_2$ 中所占的比例只有 $1/6 × 1/3 = 1/18$。从上表的结果分析，9 号染色体三体的杂交符合这一比例，因此黄色基因位于 9 号染色体上。

◆ **在遗传学中一些常用于对染色体和核型分析的描述。**

答：界标（landmark）：是确认每一染色体上具有重要意义的、一个稳定的、有显著形态学特征的指标，它包括两臂的末端、着丝粒和某些带。

区（region）：是位于两相邻界标之间的区域。

带（band）：每一染色体都应看作是由一系列序贯的带组成，即没有非带区。它借其较亮（深）或较暗（浅）的着色强度，可清楚地与邻带相区别。

臂（arm）：每一染色体均以着丝粒为界标，区分出短臂（p）和长臂（q）。

区和带均从着丝粒开始，沿每一染色体臂向外顺序地编定号数。靠近着丝粒的两个区分别标记为长臂或短臂的"1"区，其次由近往远排列为"2"区、"3"区等。作为界标的带算作是属于此界标以远的区，并且称为该区的 1 带。被着丝粒一分为二的带算作分属长、短臂的两个带，分别标记为长臂的 1 区 1 带和短臂的 1 区 1 带。

记述一特定带时，需要写明 4 个内容：染色体号、长短臂、区的号序和带的号序。这些内容按顺序书写，不用间隔或加标点。例如 1p31 表示第一号染色体，短臂，3 区，1 带。如果某一个带被再细分，在原带号数后加一小数点，并注明亚带号数，其编号原则仍按从着丝粒往臂端序贯编号，如 1p31 带被分为三个亚带，应标为 1p31.1，1p31.2，1p31.3。其中 1p31.1 距着丝粒近，1p31.3 距着丝粒远。

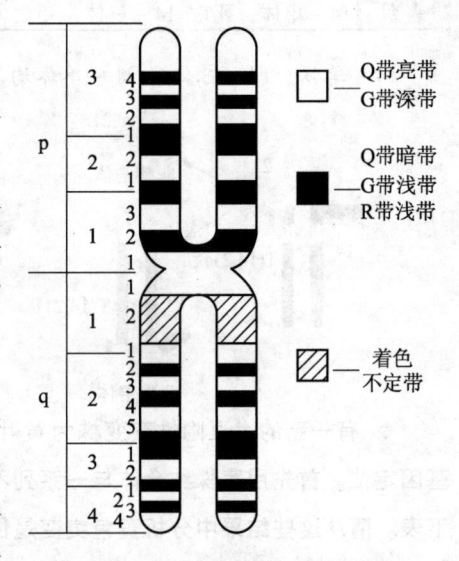

描述核型时，首先列出染色体总数，然后是性染色体组成，接着列出异常的染色体数目或形态。描述异常核型时用下表中的命名符号和缩写术语体系，以便统一。

| 符号 | 意义 | 符号 | 意义 |
| --- | --- | --- | --- |
| A—G | 染色体组的名称 | inv | 倒位 |
| 1—22 | 染色体编号 | t | 易位 |
| X，Y | 性染色体 | +/− | 在染色体符号前表示染色 |
| del | 缺失 | | 体增加或减少，在染色体 |
| der | 结构重排的衍生染色体 | | 符号后表示染色体多出或 |
| dup | 重复 | | 缺少一部分 |

如 45，XY，der（14；21）（q21；q14）表示一名 XY 男性有 45 条染色体，其正常的 14 号和 21 号染色体被 21 号染色体长臂与 14 号染色体长臂易位产生的衍生染色体替代，即发生了罗伯逊易位。又如 47，XY，+21 表示一名 XY 男性有 47 条染色体，包括一条额外的 21 号染色体，即唐氏综合征患者的核型。

## 思考题

1. 两个 21-三体的个体结婚，问他们的后代患唐氏综合征的比例有多大？（假设在 21-三体产生配子时不考虑 21 号染色体的丢失；$2n+2$ 的个体是致死的）

2. 通过着丝粒联结的染色单体叫：（1）同源染色体；（2）双价染色体；（3）姐妹染色单体；（4）非姐妹染色单体。

3. 试分析四倍体（1）$AAAa$，（2）$Aaaa$ 和（3）$AAaa$ 各形成哪些可能的基因型配子。

4. 下面是一对杂合倒位的同源染色体：

$$\underline{\quad\quad}\circ\underline{\;A\;B\;C\;D\;E\;F\;G\;}$$
$$\underline{\quad\quad}\circ\underline{\;a\;b\;f\;e\;d\;c\;g\;}$$

（1）这是什么类型的倒位？
（2）画出它们的联会图。
（3）若在 $e$ 和 $d$ 两座位间发生交换，指出减数分裂后所产生配子的类型，每种配子的可育性如何？

5. 果蝇可以是第 4 染色体三体并可育。请问 $bbb \times b^+b^+$ 的 $F_1$ 和 $F_2$ 的基因型如何？

6. 一个同源四倍体和一个异源四倍体的染色体数目都是 48，请问它们的连锁群数是否相同？如果不同，那么分别是多少？

7. 假设玉米中的三个基因 $a$、$b$、$c$ 虽连锁在一起但相互是分开的，通过测交实验 $abc/+++\times abc/abc$ 发现，它们只产生两种表型 $abc$ 和 $+++$，并且杂交获得的可育种子也比预期的少很多。请解释为什么没有其他的表型类型产生？为什么获得的可育性种子减少了？

8. 现有两个不同的玉米品种杂交，母本是 $gl\;gl\;Ws\;Ws$，父本是 $Gl\;Gl\;ws\;ws$，杂交后代中产生了一个三倍体的子代，其基因型为 $Gl\;Gl\;gl\;Ws\;ws\;ws$。请问：

（1）$2n$ 的配子是由哪个亲本产生的？
（2）是否还有其他的可能导致这种三倍体子代的产生？试解释。

9. 与二倍体植株相比，单倍体植株具有哪些主要特征？

10. 什么叫位置效应？哪些染色体结构变异会产生位置效应？

11. 试描述几种人类主要的染色体疾病？在临床上怎样发现这些疾病？

12. 什么叫近端着丝粒染色体（端着丝粒染色体）？

13. 假如要求你用两个二倍体物种 $AA$ 和 $BB$ 人工培育一个异源四倍体 $AABB$。请设计两种可能的方法。

14. 为什么在植物中比较容易获得多倍体，而在动物中很难获得多倍体？

15. 目前，已发现的人类遗传疾病已有数千种，为了预防遗传病流行，需要对许多遗传病患者进行检测、筛查等技术处理。但这样又必然会使遗传病患者的"个人信息"在一定范围内及某种程度上"泄密"，而为了防病，社会公众又需要了解"致病遗传因素"的相关信息。如何处理遗传信息的个体隐私权与公众知情权之间的伦理冲突？

# 第 8 章

# 遗传图的制作和基因定位

Alfred Henry Sturtevant

8.1 基因定位的基本方法
8.2 遗传标记、物理图谱与遗传图谱
8.3 人类基因定位的基本方法
8.4 真菌类生物的遗传分析
8.5 有丝分裂交换与基因定位
8.6 细菌的基因定位
8.7 噬菌体的遗传分析与作图

科学史话

**内容提要：** 遗传图的制作和基因定位是基因克隆、基因功能和基因组学研究的基础，进而促进了对基础生物学、致病途径、药物开发、遗传咨询和生物育种等的研究和应用。基因定位的基本方法有两点测交和三点测交。针对各类生物的特点，本章重点阐述了人类、真菌、细菌、病毒的基因定位方法和特点。

遗传重组大多发生在减数分裂时同源染色体间的交换，但在有丝分裂中也可发生遗传物质的交换——有丝分裂交换。双交换和干涉可影响遗传图谱的精确性。

家系连锁分析法是人类基因定位的经典方法，随着基因组和分子遗传学研究的深入，全基因组扫描、体细胞杂交、分子杂交等技术已广泛用于人类基因定位。人类基因定位已对医学的发展产生了重大影响。

真菌中特殊的四分子分析对遗传规律的认识有重要价值，也是本章学习的难点之一。细菌中遗传物质的交换有转化、接合和转导三种主要机制，各自发展出了多种细菌基因定位的方法。噬菌体特殊的染色体末端冗余和环状排列基因次序使得线状的染色体具有环状的遗传图谱。

遗传标记在遗传图谱的发展中具重要作用。

**重要概念：** 基因定位 遗传标记 遗传图 图距
两/三点测交 并发系数 家系连锁分析
全基因组扫描 连锁群 连锁不平衡 定位克隆
四分子分析 着丝粒作图 有丝分裂交换
准性生殖 转化 接合 转导 性导
中断杂交作图 部分二倍体

通过前面的学习，使我们认识到生物的性状通过基因的表达而得以实现。基因位于染色体上，那么基因与基因之间的空间排列关系是怎样的呢？对这种排列关系的研究有什么意义呢？这就是这一章我们要学习的内容。

通过基因定位方法可以将基因定位到染色体的基因座上，将不同基因确定于染色体的具体位置后，就可绘制出基因图（gene map）或遗传连锁图（genetic linkage map）。基因图可以帮助我们理解生物性状的遗传性质，特别是通过遗传连锁将一种性状的遗传与另一种性状或标记相联系，或者将表型差异与染色体结构的改变联系起来，在商业上可用于改良动植物性状、定位和克隆疾病基因及其他经济性状基因等。

自摩尔根的学生 A. H. Sturtevant 于1913年发表他的第一张果蝇遗传图以来，遗传连锁图不仅是遗传学研究中的重要内容，也是结构基因组学研究不可缺少的技术平台。从生物性状的遗传改良到功能基因组学研究，基因定位和遗传连锁图的制作都发挥着不可替代的重要作用。

🔊 8-1
Sturtevant 简介

## 8.1 基因定位的基本方法

我们知道，位于同一染色体上的基因不能进行独立分配，它们是随染色体作为一个共同的行动单位而传递的，即所谓的连锁。两个基因之间的距离可以通过交换值来计算，交换值又可以通过新组合在整个后代中的比率来计算。遗传图的制作就是通过杂交实验获得重组后代的比例，并以计算出的重组值为基础，以图谱的方式将基因排列在染色体的相对位置上。

基因定位的基本方法有两点测交和三点测交两种。

### 8.1.1 两点测交

两点测交（two-point testcross）是指每次只测定两个基因间的遗传距离，是基因定位的最基本方法。

例如，已知玉米粒糊粉层有色 $C$（或无色 $c$）、胚乳饱满 $Sh$（或凹陷 $sh$）、胚乳非糯性 $Wx$（糯性 $wx$）三对相对性状表现连锁遗传。利用两点测交法，每次就两对性状进行测定，通过三次杂交和三次测交就可以测定出这三个基因位点之间的距离和顺序。在这里要注意的是，用于测交的个体必须是双杂合体，否则无法检出重组。之所以用隐性纯合体进行测交，是因为隐性纯合体只产生一种配子，它们的基因型在后代中不干扰亲代配子的表达，亲代所产生配子的种类和比例在后代中能如实反映出来。下面先就 $C$ 和 $Sh$ 这两对基因的基因定位加以说明，首先将有色饱满粒的植株（$CSh/CSh$）与无色凹陷粒的植株（$csh/csh$）杂交，获得的双杂合体后代（$CSh/csh$）与双隐性纯合体（$csh/csh$）测交，结果如下：

$$CSh/CSh \quad \times \quad csh/csh$$
$$\downarrow$$
$$CSh/csh \quad \times \quad csh/csh$$
$$\downarrow$$

| $CSh/csh$ | $csh/csh$ | $Csh/csh$ | $cSh/csh$ |
|---|---|---|---|
| 4 032 | 4 035 | 149 | 152 |

根据测交后代各类型的数目，算出重组率为 $[(152 + 149)/(4\,032 + 4\,035 + 149 + 152)] \times 100\% = 3.6\%$，因此 $C$ 与 $Sh$ 之间的图距为 3.6 cM。

对于 $Wx$ 和 $Sh$，同样：

$$wxSh/Wxsh \quad \times \quad wxsh/wxsh$$
$$\downarrow$$

| $wxSh/wxsh$ | $Wxsh/wxsh$ | $wxsh/wxsh$ | $WxSh/wxsh$ |
|---|---|---|---|
| 5 885 | 5 991 | 1 531 | 1 488 |

交换率为20%，即 $Wx$ 与 $Sh$ 间的距离为 20 cM。

根据上面两个实验的结果，这三个基因的关系可有下列两种不同的排列方式：

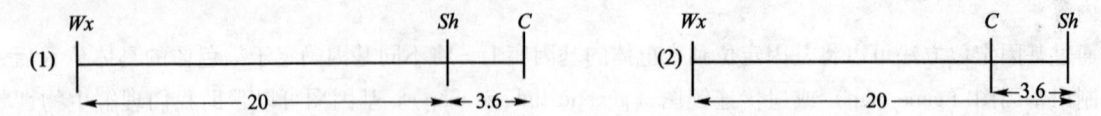

(1) $Wx$ ———————— $Sh$ — $C$  　　(2) $Wx$ ———————— $C$ — $Sh$
　　　←——— 20 ———→←3.6→　　　　　　　←——— 20 ———→←3.6→

那么 $Wx$ 和 $C$ 之间的图距应为（20+3.6）还是（20-3.6）呢？于是还需第三次杂交和测交才能确定。根据 $WxC/wxc$ 与 $wxc/wxc$ 的测交结果，算得交换率为22%。22更接近23.6而不是16.4，故认为第一种排列顺序更符合实际。至于为什么会存在差异，在后面将进一步讨论。

我们可以利用同样的方法将第4对，第5对基因定位到染色体上，但是我们也看到，要确定3个基因位点的排列顺序和遗传距离，需要进行3次杂交和3次测交，如要确定4对基因，则需6次杂交和6次测交，工作量非常大，并且由于环境或基因间的影响，使得测定结果会发生偏差；另外在两点测交中，对于双交换是无法检出的，因为在两个基因之间双交换的结果等于没交换（图8-1），于是就需要一种更为准确的办法即三点测交来进行基因定位。

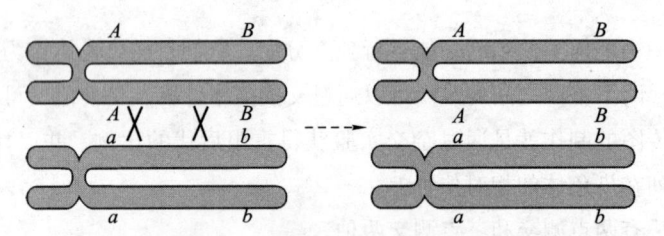

图 8-1　两个基因之间双交换的结果从表型上无法检出

## 8.1.2 三点测交

三点测交（three-point testcross）是指通过一次杂交和一次测交，同时确定三个基因位点的排列顺序和它们之间的遗传距离的方法。同样，在做三点测交时需要用这三个基因的杂合子（$abc/+++$，或 $ab+/++c$，或 $a++/+bc$ 等）同这三个基因的隐性纯合子（$abc/abc$）测交。下面还是以玉米的上述三个基因为例来说明，假如用于三点测交的两个亲本为：$+++/+++$ 和 $c\ sh\ wx/c\ sh\ wx$，则 $F_1$ 代的基因型为：$+++/c\ sh\ wx$，然后 $F_1$ 与三隐性纯合体 $c\ sh\ wx/c\ sh\ wx$ 测交，获得如表8-1所示的结果。

表8-1　玉米三对基因的三点测交结果

| $F_1$ 配子的基因型 | 实得籽粒数 |
| --- | --- |
| ＋　 ＋　 ＋ | 2 238 |
| $c$　 $sh$　 $wx$ | 2 198 |
| $c$　 ＋　 ＋ | 98 |
| ＋　 $sh$　 $wx$ | 107 |
| ＋　 ＋　 $wx$ | 672 |
| $c$　 $sh$　 ＋ | 662 |
| $c$　 ＋　 $wx$ | 39 |
| ＋　 $sh$　 ＋ | 19 |
| 总数 | 6 033 |

从表8-1可以看出，8种表型的实得籽粒数各不相等，且相差悬殊，说明它们是连锁的。下面我们先只考虑 $C-Sh$ 间的情况，计算出 $C-Sh$ 间的重组值为：$C-Sh=(98+107+39+19)/6\,033=4.36\%$。按照同样方法，$Sh-Wx$ 和 $C-Wx$ 间的交换值分别为：$Sh-Wx=(672+662+39+19)/6\,033=23.07\%$ 和 $C-Wx$

$= (98 + 107 + 672 + 662)/6\ 033 = 25.51\%$。

根据这三个数据我们可以将这三个基因做如下排列：

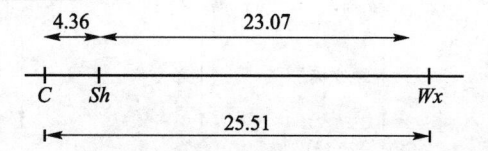

```
        4.36         23.07
       ├────┤├──────────────┤
       ├────┼──────────────┤
       C    Sh              Wx
       ├──────────────────┤
              25.51
```

很明显，$25.51 \neq 4.36 + 23.07$，跟前面的两点测交一样，$22 \neq 20 + 3.6$，这是为什么？刚才我们讲过，在两个基因之间如果发生双交换，从表型上是检测不出来的。现在我们再回到表 8-1，其中（39+19）个个体分别在计算 $C-Sh$ 和 $Sh-Wx$ 之间各用了一次，说明有（39+19）个个体是发生了双交换的，但是我们在计算 $C-Wx$ 间的图距时，没有将这个双交换值算进去，显然 $C-Wx$ 间的图距被缩小了，因此我们必须对这一结果进行校正。双交换值为：$(39+19)/6\ 033 = 0.96\%$。由于一次双交换实际上包含了二次单交换，所以在计算 $C-Wx$ 间图距时，应加上 2 倍双交换值，即 $C-Wx = 25.51 + 2 \times 0.96 = 27.43$。这样，27.43 就等于 $4.36+23.07$ 了。所以在这里特别要注意：在有双交换发生的时候，计算图距时一定要加上 2 倍双交换值。

从任何一个三点测交的结果，我们可以发现，在所得 $F_2$ 后代的 8 种可能的表型中，最多的 2 种是亲组合，最少的 2 种是双交换产物，中间数量的 4 种是单交换产物。根据这些规律，对于一个三点测交实验结果，在不计算重组值的情况下，一眼就能正确判断这三个基因的排列次序，即用双交换类型与亲本类型相比较，改变了位置的基因就是处于中间位置的基因。在上面的例子中：

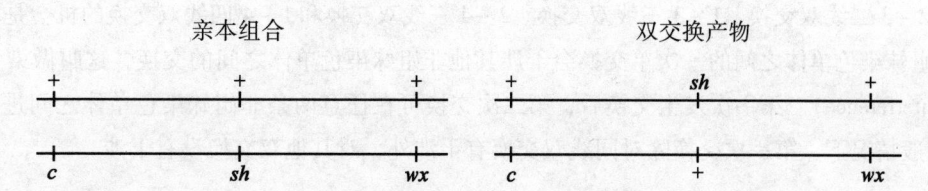

亲本组合                          双交换产物

```
  +       +       +             +       sh      +
├─┼───────┼───────┼─┤         ├─┼───────┼───────┼─┤
├─┼───────┼───────┼─┤         ├─┼───────┼───────┼─┤
  c       sh      wx            c       +       wx
```

只有当 $Sh$ 位于中间的时候，同时发生两个单交换后，才可能产生 $+sh+$ 或 $c+wx$ 的个体，所以这三个基因的顺序是 $c\text{-}sh\text{-}wx$。上面的结果用图 8-2 表示后就更为清晰。

用三点测交能测出双交换，因此它更能准确地反映出连锁基因间的相对距离。要注意的是，与两点实验一样，用三点实验必须要用三杂合体，因为如果不是杂合体，我们就无法判断是否发生了交换。

### 8.1.3 干涉和并发系数

根据概率知识，我们知道对于两个独立事件，它们同时发生的概率等于各自概率的乘积。对同一染色体上的三个基因来说，发生双交换的概率应该是两个单交换概率的乘积。在上面的例子中，理论上双交换率应为：$23.07\% \times 4.36\% = 1.0\%$，可是它的实际双交换值只有 $0.96\%$，实际双交换值小于理论双交换值。可见每发生一次单交换，它的邻近基因间也发生一次交换的机会减少了，这种现象称为干涉（interference）。干涉的程度通常用并发系数（coefficient of coincidence，$c$）表示：

并发系数（$c$）=（实际双交换值）÷（理论双交换值）

其中，理论双交换值为两个单交换百分率的乘积。

并发系数在 0~1 范围内。如果 $c=1$，说明两个单交换之间没有干涉；如果 $c=0$，则说明发生了完全干涉，也就是说第一个交换的发生完全干涉了第二个交换的发生，即没有双交换。在上面的例子中，并发系数 $=0.96/1.0=0.96$，干涉 $=1-0.96=0.04$。另外，在微生物发生基因转变的时候（见 12.2.1），并发系数可以大于 1，这表示存在负干涉（negative interference），即第一次交换的发生使第二次发生交换的频

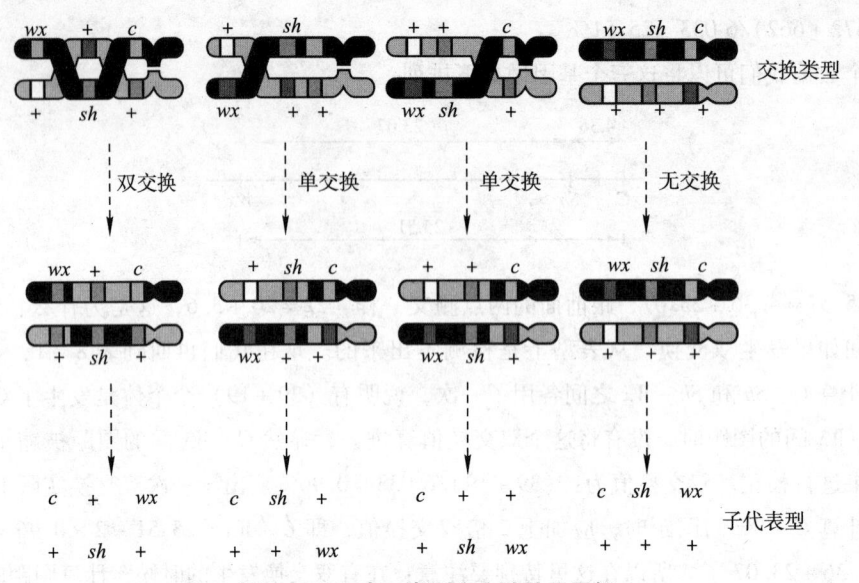

图8-2 玉米三点测交实验结果图解

率增加了。

以上讲的干涉是以一个完整的染色体为单位来说的，也叫染色体干涉（chromosomal interference）。我们知道，在减数分裂的前期，二价体由4条染色单体组成，交换并不限于某两条非姐妹染色单体之间，因而存在1-3、1-4、2-3、2-4各种不同形式的交换（图8-3），在2-3之间已发生了一次交换的基础上，再发生2-3二线双交换、1-3三线双交换、2-4三线双交换和1-4四线双交换的机会是均等的。如果在两条非姐妹染色单体之间的一次单交换会干涉其他非姐妹染色单体之间的交换，这叫做染色单体干涉（chromatid interference）。第一次发生交换后，第二次交换可在任意两条非姐妹染色单体之间进行（A、B、C或D）。一般情况下，第一次交换除对同线双交换有干涉外，对其他双交换没有干涉。

A. 2-3二线双交换
B. 1-3三线双交换
C. 2-4三线双交换
D. 1-4四线双交换

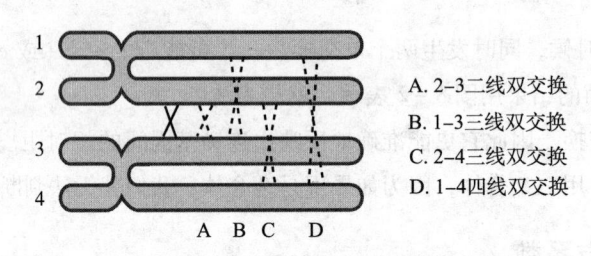

图8-3 染色单体干涉示意图
第一次交换发生后，第二次交换可在任意两条非姐妹染色单体（A、B、C、D）间进行

通过一系列的三点测交或二点测交，我们可以把一对同源染色体上各基因的次序及相对距离标定出来，这种依据基因之间的交换值（或重组值）所表示的连锁基因在染色体上相对位置的简单线性图叫遗传图（genetic map）或称基因连锁图（linkage map）或染色体图（chromosome map）。位于一对同源染色体上的所有基因的组合叫做一个连锁群（linkage group）。基因在遗传图上的位置叫做座位（locus）。在绘制遗传图时，一般以最先端的基因位置为0，如果发现有新基因在更先端的位置时，就把0点让给新基因，其余基因的位置亦作相应的移动。在前面我们已经讨论过，重组值介于0~50%，但在遗传图上我们可以看到超过50图距单位的（图8-4），这是因为在这两基因间发生了多次交换，但实际上这两基因间的重组值不会超过50%，所以由实验得到的重组值与图上的重组值不一定是一致的，因此要从图上知道基因间的重组值只限于邻近的基因座位间。

## 8.2 遗传标记、物理图谱与遗传图谱

### 8.2.1 遗传标记与遗传图谱

我们在上面所讲的遗传图的界标主要是一些表型性状，D. Botstein 等于 1980 年提出了现代遗传连锁图的概念，主要是将这些单纯的表型多态性界标换成以 DNA 序列的多态性作为界标。

在遗传图谱的建立和发展过程中，上面所讲的界标即遗传标记（genetic marker）起着重要的作用。所谓遗传标记是指能明确反映生物遗传多态性特征的标志，它可追踪染色体、染色体某一节段、某个基因座在家系中传递的遗传规律。遗传标记具有两个基本特征：可遗传性和可识别性。因此，生物任何有差异表型的基因突变型甚至是 DNA 本身的差异均可作为遗传标记。

在经典遗传学中，遗传作图是利用那些形态学特征不同的等位基因来确定基因间的连锁关系的，因此传统遗传图谱上的标记主要是一些表型标记或用电泳及免疫技术可以检出的蛋白标记，如 MN 血型、ABO 血型、果实形状或颜色、同工酶等。所以，经典遗传连锁分析只能应用于表型多态性基因位点的分析，它只能告诉我们两个或两个以上多态性性状基因在染色体上的相互关系（分离或连锁）及相对位置，利用这种经典的遗传图谱并不能分离得到包含这一基因位点的 DNA 序列的片段，此外，由于这些标记都只是遗传物质的间接表现，而不是遗传物质本身，容易受环境因素的影响，因而存在较大的局限性。然而，运用这些直观的标记研究质量性状的遗传简单方便，目前仍是一种有效的手段。

20 世纪 70 年代由于限制性内切酶的使用和核酸杂交技术的发明使经典遗传学与现代分子生物学有机地结合，及随着人类基因组计划的进行，人们不断发现一些新的标记，特别是 DNA 分子标记（详见 13.6）如 RFLP、某些重复序列、SNP 或者其他 DNA 的各种种群性变异等，使遗传图表现出新的活力。所谓 DNA 分子标记是指能反映生物个体或种群间基因组中某种差异特征的 DNA 片段，它能够稳定遗传，能代表个体或群体的遗传特征和直接反映基因组间 DNA 的差异。因此，在现代遗传学中，遗传多态性主要指的是基因组中基因或者染色体上已知位置的 DNA 序列的相对差异。

通过本章后面的学习，我们将会知道，在各类模式生物如细菌、脉孢霉、酵母、果蝇等物种中存在显示孟德尔遗传的形态学变异的极大群体，携带多个变异的品系可以繁殖并用于基因间直接作图，因而这些生物有较为完整的经典遗传图谱。前面讲到的两点测交和三点测交是经典遗传学中制作遗传图的常用方法，当然，随着现代分子生物学、基因组学和生物信息学的发展，制作遗传图谱的方法越来越多，但遗传标记仍起到非常重要的作用。除了对于人类基因组"遗传图"的建立，即使对于那些具有完整经典遗传图谱的生物的遗传图的完善，遗传标记越多、出现频率越高、各个标记的多态性越高也就越好。除此之外，作为遗传标记，还要求确定其在基因组中的位置，该座位上所有的等位基因就检测手段而言呈共显性，外显率都达 100%。分子标记（molecular marker）就具有以上这些特点。表 8-2 是常用于遗传作图中的遗传标记概括。

自 1913 年 Sturtevant 等利用果蝇中的形态学标记完成第一张遗传连锁图谱，特别是上世纪 80 年代 RFLP 等分子标记出现以来，遗传图谱在遗传学研究特别是基因组遗传学研究中发挥了重要作用。遗传图谱的发展经历了经典遗传图谱和现代遗传图谱两个阶段。现代遗传连锁图谱概念的精髓在于将单纯的表型研究深入到 DNA 分子的本质上去，即表型多样性对应于 DNA 分子的多样性。如果比较人群中的 10 个个体的常染色体非编码区域，就会发现每 200~400 个核苷酸就有一个核苷酸的差异，基因组变异极其丰富，分子标记的数量几乎是无限的，这些可变区域即是 DNA 多态性（DNA polymorphism）位点。

表 8-2 用于遗传作图的常用标记

| 标记 | 定义和应用 |
| --- | --- |
| 形态学表型 | 形态学表型变异（包括疾病等）。用于符合孟德尔遗传的形态学变异的作图。受显性关系复杂性、非等位基因相互作用和环境效应的影响，人类疾病基因一般是二态表型变异 |
| 细胞学标记 | 指染色体数目和形态的变异，主要包括：染色体核型和带型及缺失、重复、易位、倒位等 |
| 蛋白多态性 | 在电泳和等电聚焦时蛋白迁移率的差异。共显性和中等的多态性在数量上有限。很多蛋白的多态性不能通过电泳检测，因为有些氨基酸替代不改变蛋白的物理化学性质。同时，基因编码的多态性蛋白本身可能不被作图 |
| 限制性片段长度多态性（RFLP） | 等位 DNA 片段中限制性位点的差异。共显性且丰富，但常为二态性。如果变异位于限制性位点之外，很多顺序多态性不能被检测 |
| VNTR，STR | 由于不同个体串联重复序列的数目和位置不同所引起的片段长度差异。呈共显性和高度多态性。小卫星 DNA 组成的染色体座位具有丰富的多态性，即 VNTR 序列。微卫星 DNA（STR）在整个基因组中平均分布，可以用 PCR 快速测定基因型 |
| 随机扩增的多态性 DNA（RAPD） | 随机引物扩增的 DNA 片段。丰富，但并非总可以区分纯合和杂合基因型，有时重复性较差。主要用于植物基因组作图 |
| 单核苷酸多态性（SNP） | 基因组内某一特定核苷酸位置上的核苷酸差异。在人基因组中平均每 1 000 个核苷酸中有一个差别，数目多，覆盖密度大 |

由于这些多态性 DNA 标记具有多样性，它可以像构建遗传连锁图谱一样构建 DNA 标记的连锁图谱，即我们可以象研究等位基因一样研究"DNA 标记对"或"等位片段"的共遗传来决定 DNA 标记之间的遗传距离，也可以研究 DNA 标记与控制某个表型基因间的遗传距离。另外，由于这些标记的探针是根据克隆片段获得的，因此就比较容易知道这些标记在染色体上的位置。这些多态性 DNA 标记的物理位点就可以作为寻找某一专一基因的"界标（landmark）"。例如，如果从连锁图谱知道了控制某一表型的基因位于两个 DNA 标记之间，就可以知道该基因的序列就位于连接这两个 DNA 标记的物理位点的 DNA 片段上。因此，DNA 标记提供了连接基因组连锁图谱上的位点与物理位点的方法，即为搜寻所感兴趣的基因提供了切实可行的方法，使遗传图谱从直接可见的表型多样性标记向 DNA 分子本身多样性标记迈进。

总之，遗传图谱的发展经历了以形态学、细胞学和生物化学等传统标记来构建的经典遗传图谱和以分子标记为基础的现代遗传图谱两个阶段，而且在作图的生物种类、图谱的分辨率、饱和度和基因密度等方面不断提升，从而建立起了广泛生物的完整高密度遗传图谱，这对于遗传学研究和应用起到了重要的作用。

### 8.2.2 遗传图谱与物理图谱的关联

遗传图谱是某一物种的染色体图谱，显示的是已知基因和/或遗传标记的相对位置，而不是在每条染色体上特殊的物理位置。在 DNA 多态性技术未开发前，鉴定的连锁图很少，随着 DNA 多态性的开发，使得可利用的遗传标记数目迅速扩增。早期使用的多态性标记有 RFLP（限制性酶切片段长度多态性）、RAPD（随机引物扩增多态性 DNA）、AFLP（扩增片段长度多态性）；20 世纪 80 年代后出现的有 STR（短串联重复序列，又称微卫星）和 90 年代发展的 SNP（单个核苷酸的多态性）等（见 13.6）。

1911 年，当 Sturtevant 基于重组频率第一次创立遗传图谱的时候，他意识到当时没有办法将一个特定的基因与染色体上的物理位置相关联。然而，后来各种分子遗传学的实验证明遗传图谱能够精确描绘基因在染色体上的排列顺序（图 8-4）。

遗传图谱反映的是标记与标记之间的相对距离，它们之间的实际距离是通过物理图谱（physics map）来反映的。所谓物理图谱指的是以碱基对数目（碱基对 bp、或千碱基 kb、或兆碱基 Mb）为单位的描绘染

## 8.2 遗传标记、物理图谱与遗传图谱

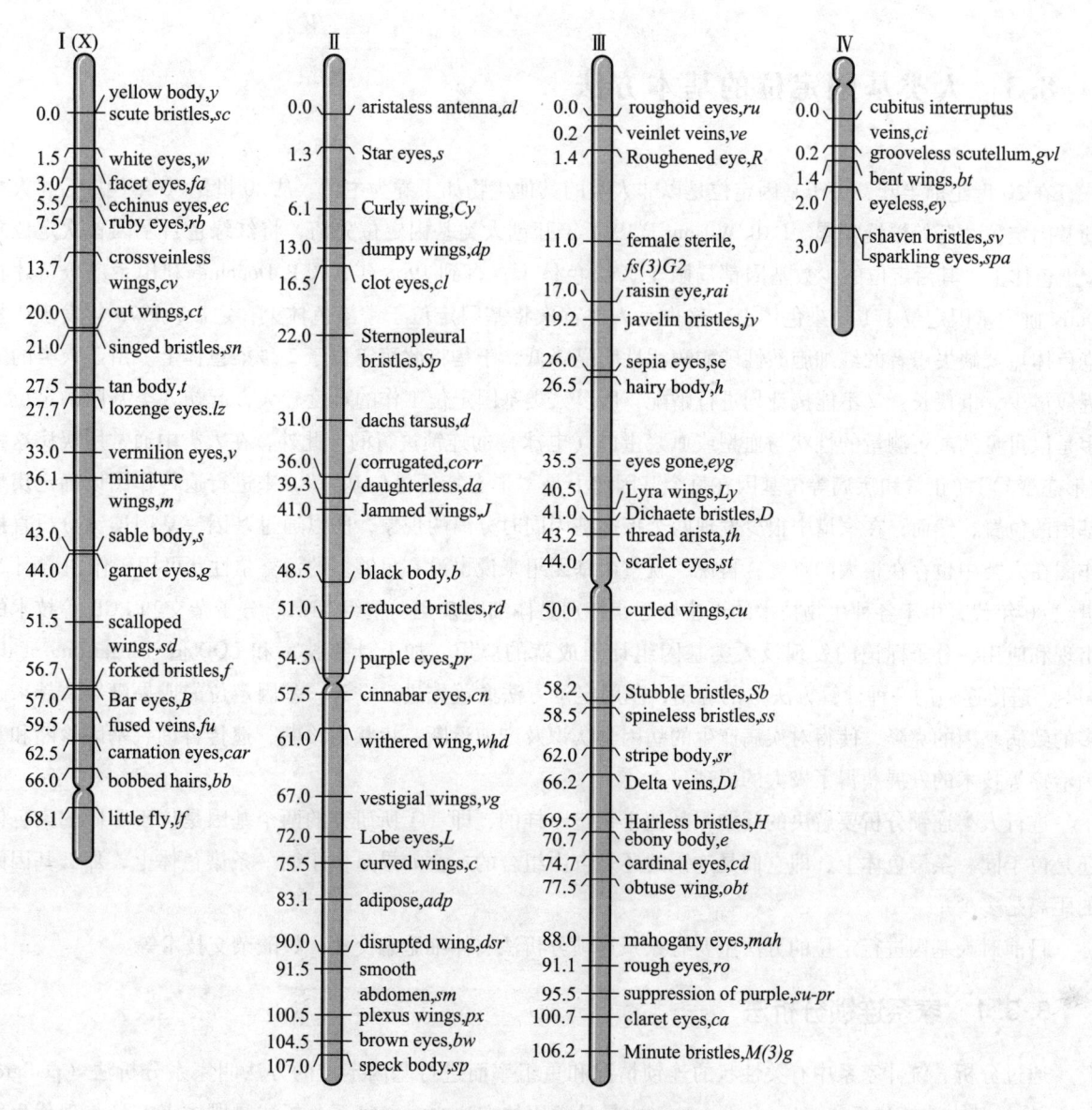

**图 8-4　果蝇的遗传图（遗传连锁图）**

色体 DNA 上可识别的标记位置和相互之间的距离。这些可以识别的标记包括限制性内切酶的酶切位点、基因等。最粗的物理图谱是染色体的条带染色模式，最精细的图谱是 DNA 的完整碱基序列。

然而，精确的物理图谱与遗传图谱之间并不总是精确相对应的。这主要是由于重组率与物理距离之间的关系较为复杂，其中特别是双交换、三交换甚至更多交换的发生造成了这种复杂性。当基因之间相距 1 cM 或更小时，双交换没有意义，因为双交换发生的概率非常小（0.01 × 0.01 = 0.0001），但是对于相距为 20、30 或 40 图距单位的基因时，双交换发生的概率就具有重要意义了；另一复杂性的原因是，在杂交中所观察到的重组频率受到 50% 的限制，而这种限制降低了用作染色体距离测量的重组频率的精确性，例如，在一条长的染色体上，不管两个基因相隔多远，重组率都不会超过 50%；还有一种复杂性来自于干涉，不同物种、不同染色体甚至染色体的不同部位，干涉率是存在差异的。

自从 Morgan, Sturtevant 和其他研究者开始作图以来，遗传学家们一直都在致力于创立一种称作定位函数（mapping function）的数学方程来补偿相对重组率与物理距离之间固有的不精确性，特别是用于校正大图距的不准确性。关于定位函数的具体内容请参见相关专业书籍。

图 8-2 人类染色体遗传图与物理图长度比较

## 8.3 人类基因定位的基本方法

在20世纪前半叶，关于基因定位是以非人类的其他生物如果蝇为主的。从20世纪50年代以后，人类的基因定位才开始慢慢积累。E. B. Wilson 于1911年开创人类基因定位先河，将红绿色盲基因首次定位到X染色体上，其后定位的少数基因都局限于X染色体上；直到1968年，R. P. Donohue 利用系谱分析才将Duffy 血型基因定位于1号染色体上，这也是人类首次将基因定位于常染色体上；之后，1973年发现2号染色体短臂缺失患者的红细胞酸性磷酸酶活性明显降低，于是将此酶定位于2号染色体上。由于人类的家庭成员少，世代长，又不能按计划进行婚配，所以人类基因定位工作的难度较大，起初人类基因的定位大多是以可见的或可测量的性状与血型或血浆蛋白（电泳）的连锁进行的。此外，在人类中通常用疾病这种"形态变异"（正常和疾病等位基因在每个基因座上是"形态特征等位基因"）来进行遗传作图以确定疾病基因的位置，然而，在家谱中很少发现两个疾病基因同时分离的现象，所以通过基因-基因连锁分析直接作图在人类中也存在很大的难度；再说，就整个基因组来说也没有足够多的孟德尔性状可用于作图。到20世纪80年代，由于各种生物技术的迅速崛起，特别是体细胞杂交、重组DNA、分子杂交和PCR等技术的出现和应用，分子标记的发现及人类基因组计划成就的应用，加上计算技术和LOD值（logarithm of the odds，遗传连锁的一种计算方法）的应用，基因定位方法愈益先进。今天，基因定位的成果已导致越来越多的致病基因的克隆，使得对疾病产生的病因学认识及产前诊断、症状前诊断、遗传咨询、基因诊断和基因治疗等技术的发展获得了极大的提高。

进行人类连锁分析要解决的问题跟其他生物是一样的，即：①所研究的两个基因是位于不同的染色体还是位于同一条染色体上，即它们是连锁的还是自由组合的；②如果是位于同一条染色体上，那么基因间的距离是多少。

目前对人基因进行定位的方法主要有家系连锁分析法、体细胞杂交法、核酸杂交技术等。

### 8.3.1 家系连锁分析法

通过分析、统计家系中有关性状的连锁情况和重组率而进行基因定位的方法叫家系分析法（pedigree method），其中连锁分析法（linkage analysis）是最常用的方法之一。家系分析法是既古老，又与现代生物技术相结合的重要基因定位方法。其理论和方法都较为成熟，早在20世纪30年代，通过家系分析法已将红绿色盲、G6PD（蚕豆病）、血友病A的基因定位在X染色体上。

连锁分析是应用被定位的基因与同一染色体上另一基因或遗传标记相连锁的特点进行基因定位的。用连锁分析法进行基因定位需要有遗传标记（genetic marker），有用的遗传标记应是按孟德尔方式遗传，且标记位点应是多态性（polymorphism）的。所谓多态性是指在一个（个体、细胞或分子）群体中，某一遗传特性存在若干种类型。如果某一基因如致病基因与某个标记非常接近，通过家系连锁分析，即可确定该基因在某一染色体甚至某一点上。遗传标记如能说明某一个体的一对等位基因中的哪一个传递给了子女中的哪一个，则这个遗传标记就是有信息的标记。

**1. 性连锁基因的定位**

性连锁分析是最常用的家系分析，主要是根据性染色体的传递特征与性状的关联而进行分析的。

下面以外祖父法（grandfather method）来说明X连锁基因的定位。对于X染色体上的基因来说，只需要知道母亲的基因型为双重杂合体（即两对基因都处于杂合状态），即可以根据双重杂合体的母亲所生儿子中有关性状的重组情况估计出重组率（因为Y染色体不含此基因，即相当于隐性），而母亲X染色体上的基因组成,可以由外祖父的表型得知,因此,这种基因定位的方法称为外祖父法。就 $Aa$、$Bb$ 两对连锁基因而言,母亲为双重杂合体时,存在两种连锁相(linkage phase):互引相(顺式相)$AB/ab$ 或互斥相(反式相)$Ab/aB$。现以人类 X 连锁的色盲基因($a$)和蚕豆病基因($g$)为例来说明外祖父法的原理(图 8-5)。

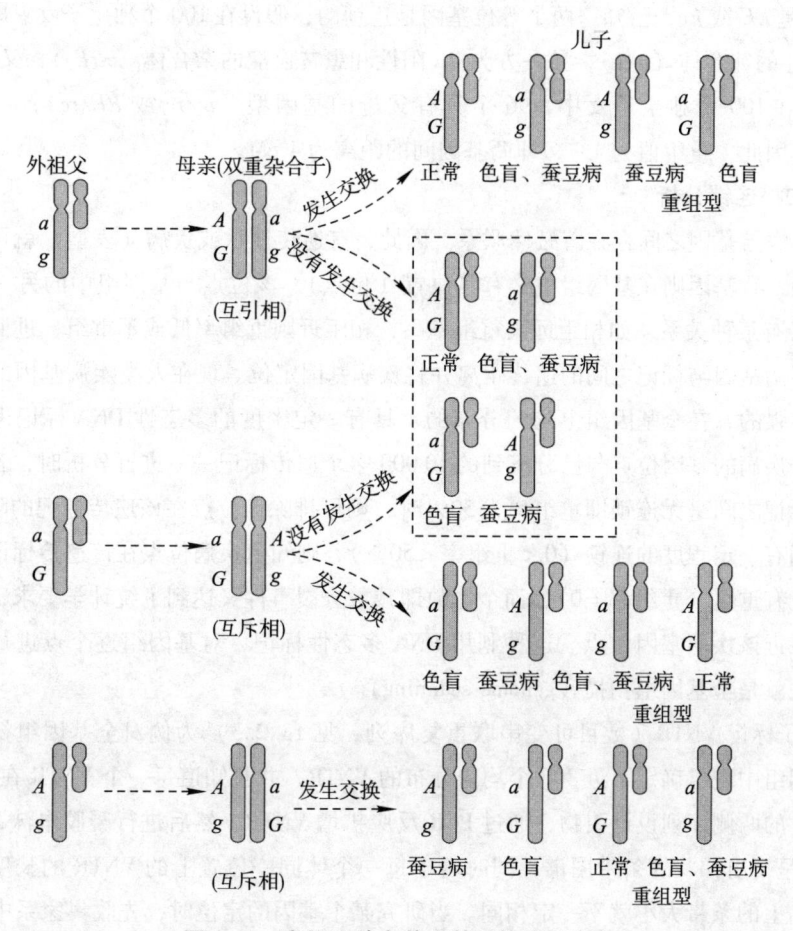

**图 8-5 定位 X 染色体上基因的外祖父法**

由外祖父的表型确定母亲双重杂合体的连锁相,根据儿子们的各种表型即可计算出两个基因间的重组率

(1)若 X 染色体没有发生重组交换,则不论母亲是顺式还是反式杂合体,其儿子们的 X 染色体都只有两种类型(图 8-5 虚线框)。

(2)若母亲 X 染色体上的两个基因间发生了交换。根据外祖父的表型(色盲+蚕豆病,蚕豆病或色盲)可以确定母亲双重杂合体的连锁相(反式或顺式),然后判断其儿子们的各种表型中哪种属于亲本型,哪种属于重组型(图 8-5),就可以计算出两个基因间的重组率,继而确定连锁基因间的相对距离。根据这种外祖父法测得色盲基因与 $G6PD$ 基因间的相对距离约为 5 cM(即平均每 20 个儿子中有一个重组体)。

**2. 常染色体上基因的定位**

当已知某常染色体上的某种标记与某基因间的连锁关系后,就可用家系分析法将该基因定位在这条染色体上并计算其重组率,血型 Duffy 基因就是用这种方法定位在人 1 号染色体上的。R. P. Donohue 在做染色体实验时发现自己的 1 号染色体长臂在靠近着丝粒区的地方变长了,通过对他自己家族染色体的观察发现,这一异常是遗传的,并将其作为 1 号染色体上的一个特定标记。随后发现这一标记与 Duffy 血型具有平行性,表明这种染色体异常结构同这一基因相连锁,因此将此血型基因定位于 1 号染色体上。

像这样能在常染色体上查到可遗传的明显结构异常是罕见的,因而很难采用这种方法进行基因的大量

🔎 8-3
人类遗传系谱符号

定位。因此，科学家们必须依赖像在果蝇中计算重组率那样的方法来进行基因定位，然而，对于人类来说不可能像果蝇一样有数以百计的后代来获取足够的连锁数据。尽管如此，我们可以收集许多不同家庭的信息来进行作图，譬如说，Rh 血型和遗传性椭圆形红细胞增多症（hereditary elliptocytosis，HE）基因的定位。HE 是一种红细胞膜先天缺陷的溶血性贫血，为常染色体显性遗传，Rh⁺ 表型的基因型是 *RR* 或 *Rr*，HE 表型的基因型是 *EE* 或 *Ee*，已知这两个等位基因是连锁的，假设在 100 个独生子女家庭中，父母一方是 Rh 阴性和无贫血症的纯合体（*rree*），另一方为 Rh 阳性和患贫血症的杂合体（*RrEe*），又假设 *R* 和 *E*（或 *r* 和 *e*）是连锁的，在 100 个独生子女中，96 个具有父母的基因型（*re/re* 或 *RE/re*），4 个表现为重组型（*Re/re* 或 *rE/re*），因此，重组值为 4%，即两基因间的距离为 4 cM。

### 3. 全基因组扫描连锁分析

研究发现，疾病与基因之间存在着必然联系。因此，有遗传性状或疾病（表型）就可以肯定在基因组中有该病症的基因，有基因则在基因组中必有其位置（位点），该位点与基因组中的另一位点（如多态性遗传标记）之间必有某种关系，如相距远则重组率高，相距近则重组率低或不重组，进而利用遗传连锁分析方法就可得到疾病基因与标记之间的遗传距离并将疾病基因定位。现在人类疾病基因的定位主要是通过使用一系列特征性强的、在全基因组上均匀分布的、具有一定密度的多态性 DNA 标记进行遗传连锁分析的。设想当将各种疾病的基因位点与已分离到的 10 000 多个遗传标记一一进行分析时，若发现家系中疾病位点与某个遗传标记之间毫无连锁即重组率为 50% 时，则可排除该位点在该遗传标记的附近；若发现它与某个遗传标记之间有一定程度的连锁（0 < 重组率 < 50%），则知道疾病位点在该遗传标记附近；若它与某个遗传标记之间没有重组（重组率 = 0），而个体数即减数分裂事件又达到了统计学要求，这时便可知该遗传标记已经非常靠近该疾病基因位点。这种利用 DNA 多态性标记，对基因组逐个点进行筛查，对疾病基因进行定位的方法就是全基因组扫描（genome scanning）。

现以 DNA 分子标记 VNTR（数目可变串联重复序列，见 13.2.3）为例对全基因组扫描连锁分析加以说明。在人类基因组中现已确定了近 300 个均匀分布的 VNTR，并且知道每一个 VNTR 在染色体上的位置。根据每一个 VNTR 的两侧序列设计引物，通过 PCR 反应扩增 VNTR，然后进行凝胶电泳，由于每一个 VNTR 的长度不一而呈现出梯状的条带图谱，同时由于每一个体同一位置上的 VNTR 的长度不一定相同，所以反映在电泳图谱上的条带大小就不一定相同。当研究某个基因的定位时，先收集家系中各个成员的 DNA 样品，对每个成员的 DNA 进行"基因组扫描"，比较不同个体的 VNTR 电泳图谱，如发现某种性状总是同某些 VNTR 电泳条带相连锁，就可在这些 VNTR 条带所在的染色体位置附近去寻找与这种性状相关的基因。在人类基因组扫描分析时，300 个左右的 VNTR 可使基因定位在 10 cM 左右的范围内。如果在这个区域内能发现一些密度更大的遗传标记，则可作进一步的精确定位。

虽然在进行家系遗传连锁分析时可以发现，某一性状（如疾病）与一些遗传标记呈连锁关系，但因为有遗传重组的作用，经若干代后，有些遗传标记的连锁关系不存在了，而只同其中一个或少数几个遗传标记仍保持连锁关系，这时我们就可以肯定决定该性状的基因应该是位于这种连锁紧密的遗传标记的附近。判断两基因位点是否连锁可用优势对数记分法（LOD），它是描述两位点间连锁可能性和不连锁可能性之间差异显著性的遗传学参数。当 LOD > 1 时，表示存在连锁；LOD > 3，即连锁的可能性是不连锁可能性的 1 000 倍以上时，两个基因可判断为一定连锁；LOD < −2，即相差 2 个数量级时，表示不存在连锁；在 3 和 −2 之间则不确定。关于 LOD 的具体算法，请参考相关文献。

运用基因组中的连锁不平衡现象能够绘制出更高分辨率的遗传图谱。如果各单体型中等位基因的频率与群体中该等位基因的频率相等，表明这些等位基因处于连锁平衡（linkage equilibrium）。所谓单体型又称单倍型或单元型（haplotype），是指由一条染色体或染色体一部分中的各个基因或遗传标记所构成的组合（见 13.6.3）。然而，人类基因组测序揭示，在整个基因组范围内交换绝不是均等发生的，对在不同群体个体间的 DNA 序列比较揭示，有些序列几乎总是一起遗传，比该群体中的预期频率更高。这种在某一群体中，不同座位上某两个等位基因出现在同一条单元型上的频率与预期的随机频率之间存在明显差异的现象称为连锁不平衡（linkage disequilibrium，LD），也叫等位基因关联（allele association）。假设一条染色体上的两个非常近的位点 1 和 2 各有两个等位标记基因 $A$、$a$ 和疾病基因 $D$、$d$，在某群体中带 $A$ 的染色体为 50%，带 $a$ 的染色体也为 50%，在第 2 位点上，带 $D$ 的染色体为 10%，带 $d$ 的染色体为 90%（图 8-6A）。在连锁平衡时，各单体型中等位基因的频率与群体中该等位基因的频率相等（图 8-6B）。假设带有 $D$ 等位基因的染色体同时也一定带有 $a$，而不带有 $A$，即群体中不存在 $A-D$ 单体型，那么 $D$ 和 $a$ 是强烈连锁的，称为完全连锁不平衡，而在其余单体型中等位基因 $A$、$a$、$D$、$d$ 的频率保持不变，只是分布在不同单体型中的频率不同而已（图 8-6C）。如果发生部分连锁不平衡，如假设 $A-D$ 单体型在群体中占 1%，那么 $A-D$ 单体型的这一频率比基于整个群体中 50% $A$ 所计算出的预期频率要低得多，$a-D$ 单体型又比预期的高得多（图 8-6D）。一旦当某个 DNA 标记与某基因相邻近以致其某一特定单倍型更多地与该基因一起出现时（LD），可以较肯定地说该基因就在标记的附近。例如，人白细胞抗原（human leukocyte antigen，HLA）不同基因座位的某些等位基因经常连锁在一起遗传，连锁的基因并非完全随机地组成单元型，有些基因总是较多地在一起出现，致使某些单元型在群体中呈现较高的频率，从而引起连锁不平衡。要注意的是，连锁不平衡与连锁是相关但完全不同的两个概念。连锁不平衡指的是群体内等位基因之间的相关，而连锁指的是位于同一条染色体上的基因联合传递的现象。紧密连锁可导致较高水平的 LD，但这种 LD 纯粹是由突变产生的等位基因出现后紧密连锁座位间所有重组事件的结果。

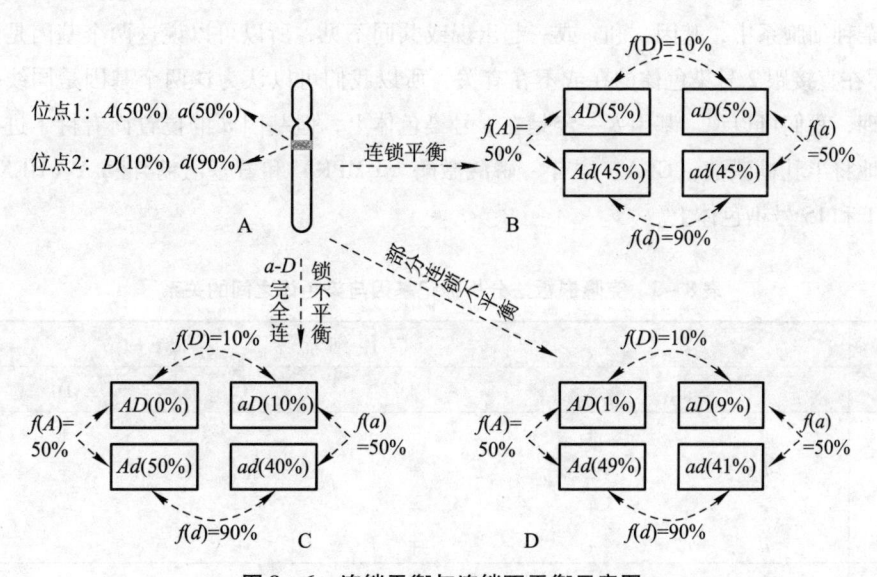

图 8-6 连锁平衡与连锁不平衡示意图

## 8.3.2 体细胞杂交定位

体细胞杂交定位是运用体细胞遗传学（somatic cell genetics）原理和体细胞杂交（somatic cell hybridization）技术，在离体条件下，把基因定位在染色体上及研究基因的分离、基因的连锁与交换等从而制作遗传图的方法。

细胞融合（cell fusion）是体细胞杂交定位的基础技术。在两个同种动物细胞杂交后形成的杂种细胞（hybrid cell）中，其细胞核一般保留双亲的染色体，但亲缘关系较远的杂种细胞往往会排除一种亲本细胞的染色体。如人和小鼠细胞融合后的杂种细胞，每分裂一次就排除人的一些染色体，经过若干次分裂后，杂种细胞在丢失了人的一部分染色体后达到相对稳定的状态，这时杂种细胞包含了小鼠的

图 8-4 人-鼠杂种细胞系用于基因定位图示

全套染色体和人的几条或一条染色体。实验证明，杂种细胞中一个亲本染色体的被排除是由不同亲本细胞的相对生长速率决定的，而不是由亲缘或进化关系决定的。例如，在人-鼠杂种细胞中一般排斥人的染色体，但当用快速分裂永久性的人体细胞和新鲜得到的小鼠细胞进行细胞融合，杂种细胞首先排除的是小鼠染色体。

人-鼠杂种细胞内含有 1~7 条不等的人染色体，人染色体是以随机方式丢失的，这样可以得到多种不同染色体组合的杂种细胞系（hybrid cell panel）。当然也有研究表明，人染色体的丢失可能是非随机的，有人认为，1、2 或 9 号染色体易于丢失，而 5、7、11、12、14、20 号染色体优先保留等。保留的染色体可用常规染色体显带技术（如 Giemsa 等）予以鉴定，也可用细胞的生化免疫特征、组织化学染色结合蔗糖电泳检测同工酶等方法来鉴定，这就给基因定位提供了前提。通过分析某基因产物与某人染色体是否共同存在就可以进行基因连锁分析和基因定位，如我们可以通过测定酶的活性来确定那些小鼠不含有而人类具有的酶的基因座位，以及小鼠为突变型而人类具有其野生型等位基因的酶的位点。例如，肽酶 C（peptidase C）是小鼠没有的，而人类可以产生此酶，若在杂种细胞系中除小鼠的全套染色体组外还留有一条人类 1 号染色体，同时又测得肽酶 C 的活性，那么就可以推断肽酶 C 基因位于人类 1 号染色体上。

在杂种细胞中保留的人类染色体常常并不只一条，这样就需要通过多个相关的杂种细胞系来加以比较分析。假如某人体细胞有一个或几个标记基因，通过检验不同杂种细胞系，把某一标记基因的在或不在与每一细胞中人的某一染色体的在或不在联系起来，即可推知某一基因是在某号染色体上。从表 8-3 可以看出，在不同杂种细胞系中，基因 $a$ 和 $c$ 或一起出现或共同不见，所以可以说这两个基因是连锁的；基因 $a$ 和 $c$ 的在或不在直接跟 2 号染色体的在或不在有关，所以我们可以认为这两个基因是同线的，都在 2 号染色体上。同理，我们可以说，基因 $b$ 一定是在 1 号染色体上，但基因 $d$ 的位置尚有待于进一步分析。通过此法已成功地将半乳糖激酶（GK）、尿苷-磷酸激酶（UMPK）和氨基己糖苷酶 A（HEXA）的基因分别定位在 17、1 和 15 号染色体上。

表 8-3 克隆嵌板法分析标记基因与染色体之间的关系

|  |  | 杂种细胞系 |  |  |  |  |
|---|---|---|---|---|---|---|
|  |  | A | B | C | D | E |
| 人体基因 | $a$ | + | − | − | + | − |
|  | $b$ | − | + | − | + | − |
|  | $c$ | + | − | − | + | − |
|  | $d$ | − | + | + | − | + |
| 人染色体 | 1 | − | + | − | + | − |
|  | 2 | + | − | − | + | − |
|  | 3 | − | − | + | + | + |

将某一基因定位于某一染色体之后，接下来的工作是确定这一基因的具体位置，即区域定位（regional assignment）。区域定位可利用染色体结构的改变如缺失、易位等进行，如人的某一蛋白质或酶在含有易位染色体的杂种细胞中表达，就可将编码此蛋白或酶的基因定位于染色体易位的区段。

应用杂种细胞进行基因定位时，一般采用人成纤维细胞或淋巴细胞来培育杂种细胞，而在这两种细胞中有许多基因是不表达的；另外，染色体定位和区域定位方法大都是依赖于检测细胞内的基因产物，但许多基因，如调节基因、某些疾病基因等并没有相应的或可鉴定的基因产物，因此，结合多种相互补充的基因定位方法是必要的。

### 8.3.3 核酸杂交技术

体细胞杂交定位只能将某个基因定位于某条染色体或染色体的某个大的区域，无法确定其具体的位置。随着重组DNA技术的发展，DNA重组技术与体细胞杂交技术的有机结合和巧妙应用，使定位基因的数量、定位的精确度、准确性和效率都大大提高。通过核酸杂交技术许多人的基因得到克隆。

**1. 克隆基因定位法**

克隆基因定位法是用已克隆基因的cDNA探针与（保留在杂种细胞内的）人染色体DNA进行分子杂交，来确定克隆基因所在的染色体的位置的方法。如要定位人白蛋白基因，首先以人白蛋白基因cDNA为探针，分别与经过HindⅢ酶切后的人体细胞和中国仓鼠卵巢细胞（CHO）的DNA杂交，杂交后的人体细胞DNA显示6.8 kb带型，CHO细胞的DNA显示3.5 kb带型。进一步分别用HindⅢ酶切各种人-CHO杂种细胞系的DNA，再与白蛋白基因的cDNA探针杂交，出现6.8 kb和3.5 kb带型者为阳性杂种细胞，而只显示3.5 kb带型为阴性细胞。由于人白蛋白基因cDNA探针的特异性，6.8 kb带型的杂交带只出现在含有人体4号染色体的杂种细胞中，而在不含4号染色体的杂种细胞中均不出现，因此可将人白蛋白基因定位在4号染色体上（表8-4）。

表8-4 以人体白蛋白基因cDNA为探针的克隆基因定位法定位结果

| 电泳条带大小 | 人 | CHO | 人-CHO杂种细胞 ||含人4号染色体的人-CHO杂种细胞 | 不含人4号染色体的人-CHO杂种细胞 |
|---|---|---|---|---|---|---|
| | | | 阳性细胞 | 阴性细胞 | | |
| 3.5 kb | | √ | √ | √ | √ | √ |
| 6.8 kb | √ | | √ | | √ | |

**2. 原位杂交法**

原位杂交法（in situ hybridization）是一种分子水平和染色体水平相结合的直接基因定位方法，以标记了同位素、生物素或荧光染料的待定位基因的特定DNA序列或该基因转录产生的RNA分子为探针，直接同变性后的中期染色体进行原位杂交，该探针就会同染色体DNA中与其互补的序列结合成双链，通过放射自显影或显色技术，就可确定探针在染色体上的位置，达到基因定位的目的。特别是以荧光标记发展起来的荧光原位杂交技术（fluorescence in situ hybridization，FISH），现已发展出自动化的分析技术。FISH可用于不同的研究，如已克隆基因或序列的染色体定位，或是未克隆基因或遗传标记的定位及染色体畸变的研究等。现以一个800 bp未知功能的DNA片段的定位为例说明原位杂交法的基本原理。首先将生物素、地高辛配基或其他方法修饰的核苷酸，用切口平移法或PCR技术掺入到800 bp的序列中，以用作探针，将含有人体中期染色体的标准显微制片放入RNase（RNA酶）液中1 h以除去RNA，并将染色体DNA变性，然后将变性探针加到染色体制片上，37℃保温过夜后，洗去过量的未结合的DNA，最后显色观察，统计荧光标记在几号染色体及哪一区，荧光原位杂交结果显示的荧光亮点处即表示探针与染色体上的相应结合处，即目标片段的位置（图8-7）。

DNA序列在染色体上的定位和分子图谱的构建是克隆目的基因的基础。FISH技术能直接完成基因在染色体上的定位，所以它对基于图谱的基因克隆具有重要意义。FISH技术可以直接确定空间位置紧密连锁的探针顺序，已成为一种最直接分析DNA序列在染色体或DNA分子上排列的分子细胞学技术，已被广泛地应用于基因组结构研究、DNA分子物理图谱构建和染色体畸变研究等，在基因定性、定量、整合、表达等方面的研究中颇具优势。FISH和细胞免疫化学技术结合，可以同时用多种不同颜色标记不同的核苷酸链和蛋白质，这样在单个细胞内可以同时找到基因的位点、转录和翻译产物，有助于了解基因结构及与基因表达之间的关系。

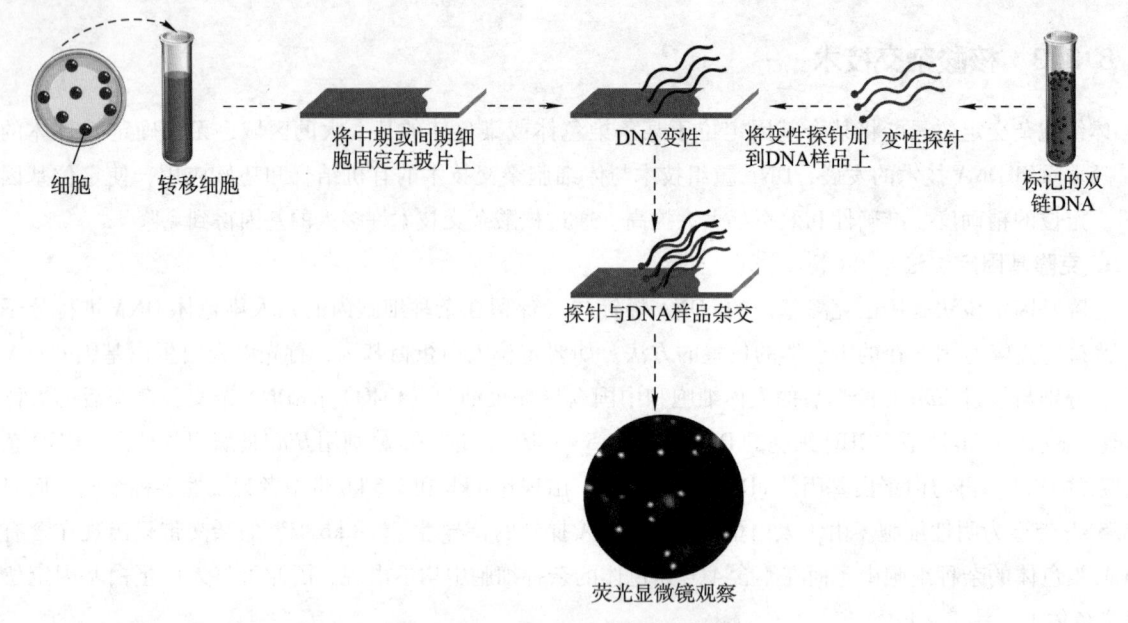

**图 8-7 FISH 的基本过程示意图**

在同一标本上，可同时应用几种不同探针，标记不同的颜色

### 8.3.4 人类基因定位的影响

基因定位和基因作图对遗传学、医学及生物进化的研究都有十分重要的意义。人类基因定位可提供对遗传病和其他疾病诊断的遗传信息，可以指导对这些疾病的致病基因的克隆和对病因的分析与认识。定位克隆（positional cloning）或图位克隆（map-based cloning）方法就是在先进行基因定位作图的基础上，根据基因定位图谱位置鉴定基因的。通过定位克隆方法已鉴定了几百种孟德尔遗传病的相关基因以及一些复杂遗传疾病的相关基因。

运用连锁分析与定位克隆得到的第一个人类疾病基因是发病率相对较高的致死性常染色体隐性遗传病——囊性纤维化（cystic fibrosis，CF）的基因。该突变基因在正常白种人中的频率为 2%~4%，发病率为 0.2%。该基因的成功克隆，使人们认识到了基因定位的重要意义以及疾病家系在基因克隆中的价值。下面以 CF 基因成功克隆为例对人类基因定位的影响作一介绍，以使大家对基因定位的意义和价值有一个较好的认识。

1985 年，通过家系连锁分析将 CF 相关基因定位于 7q31~7q32 的约 500 kb 的区域（图 8-8），连锁标记被直接用于产前诊断和携带者筛查。

1988 年，在 7 号染色体上发现 CF 的第一个突变 ΔF508，三个核苷酸的缺失导致 CFTR（CF 基因编码产物）第 508 位的苯丙氨酸缺失，该突变占全球 CF 的 2/3，在美国占到 CF 的 90%。

1989 年，J. R. Riordan 等定位克隆并鉴定了 CF 基因，全长 250 kb，共有 27 个外显子和 26 个内含子，cDNA 长 6 129 bp，编码一由 1 480 个氨基酸组成的蛋白质——囊性纤维化跨膜转运调节因子（cystic fibrosis transmembrance conductance regulator，CFTR）。基因突变使 CFTR 功能失活，导致具有外分泌功能的上皮组织出现结构缺陷或功能障碍。其基因突变谱立刻受到关注，基因突变分析立即被用于家系患者的诊断、产前诊断和携带者筛查。

同年，建立了 Cftr 基因突变数据库及其在不同种族中的分布频率，此后不

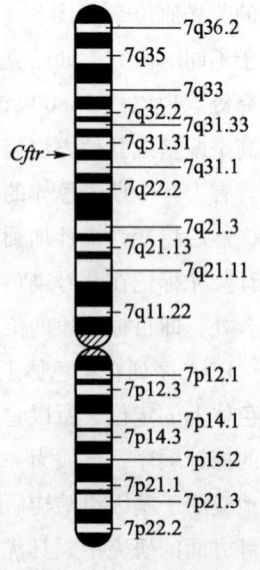

**图 8-8** Cftr 基因在 7 号染色体上的位置

断扩大，目前已报道 2 010 种 *Cftr* 突变等位基因形式（www.genet.sickkids.on.ca/cftr/），包括外显子、内含子和启动子在内的整个基因。发现了 CF 临床异质性如影响胰腺功能和导致先天性无输精管（至少 97% 的 CF 男性患者不育，但可借用辅助生殖）的遗传因素。

1992 年，CF 的胚胎植入前遗传学诊断成功；首次构建了携带 *Cftr* 突变基因的小鼠模型；发现降低温度（26-30℃）能恢复 CFTR ΔF508 的部分功能。

1994 年，首次尝试将正常 *Cftr* 基因转入肺上皮细胞治疗 CF 病（基因治疗）。

1997 年，在美国首先开展了对几十种 *Cftr* 杂合子的筛查。

2003 年，根据 *Cftr* 突变图谱研制开发治疗 CF 的药物取得初步进展。这些药物作用于 CFTR 蛋白的表达和功能及由 *Cftr* 基因突变所引起的离子和水分子的转运异常。

2005 年，影响 CF 肺部疾病程度的修饰基因被鉴定，从而揭示了 CF 致病途径的多变性和新的治疗方法。

2012 年，美国批准药物 ivacaftor 用于治疗 CFTR 基因发生了特定 G551D 突变的年龄不小于 6 岁的 CF 患者，这是针对缺陷 CFTR 蛋白的首个药物。

2015 年，Nature 报道 ΔF508 CFTR 蛋白可以同邻居细胞发生频繁交流，有 200 个蛋白可以与其发生相互作用，如果阻断这些蛋白与 ΔF508 CFTR 的相互作用后，ΔF508 CFTR 可以部分恢复正常功能，这可能为新型药物开发提供重要基础；另一研究发现中国人的 CFTR 基因表现与欧美存在较大差异，即基于欧美 CFTR 突变谱建立的 CF 筛查平台对中国裔患者可能并不适用。

对于 CF 的治疗和药物开发，新的研究还在不断进行。从上面的 CF 研究历史可以看出，通过对 CF 相关基因的定位，推动了 *Cftr* 的克隆和功能研究，进而促进了对 CF 的基础病理生理学、致病途径、动物模型、药物开发、治疗方案的研究和遗传咨询的分子诊断、产前诊断、携带者筛查及种族间 CF 发病率差异和不同种族基因组的特点的临床应用。从这里可以看出，基因定位对于疾病研究的重要价值。罕见经典遗传病基因克隆的意义不仅是对这一罕见疾病本身的研究、诊断与治疗有价值，更重要的是通过对这些基因的发现而发现更多的生物学意义，如着色性干皮病（xeroderma pigmentosum, XP）基因的克隆使我们获得了与 DNA 损伤修复有关的基因，从而揭示癌症发生奥秘并有可能找到有效的治疗途径；视网膜母细胞瘤（retinoblastoma, Rb）基因的成功克隆使我们得到了一个在细胞周期中起主要调控作用的基因；共济失调与毛细血管扩张综合征（ataxia telangiectasia syndrome, ATM）基因的克隆帮助我们认识到了抗辐射及抗癌机制；又例如，病因非常复杂的疾病老年性黄斑变性（age-related macular degeneration, AMD），一种发生在负责中心视力的部分视网膜处的进行性退行疾病，研究人员通过全基因组关联分析鉴定出与之强烈关联的 SNP，进而揭示了这些 SNP 与补体因子 H 基因中常见的编码 SNP 之间的 LD 以及导致 AMD 的补体因子 H 基因功能的变异体，这个发现转而促进了人们对其他引起或抑制 AMD 发生的补体级联反应 SNP 的确定。由此可见，通过对与 AMD 发生的 SNP 关联分析，发现了 AMD 与补体因子 H 的关系，提供了 AMD 发病机制的重要线索，并提示补体途径可能是探索新药开发的靶标。

通过基因定位进行复杂疾病的遗传分析对于人类有效控制疾病和提高自身的健康水平将起到重要作用；同样，对于其他生物体的基因定位也具有重要的科学和应用价值。

## 8.4 真菌类生物的遗传分析

在孟德尔定律被重新发现后，利用真菌系统也同样证实了和豌豆一样的基因传递规律。之后，真菌被大量用作遗传学研究的材料来研究基因的克隆、表达和遗传修饰等，特别是酿酒酵母（*S. cerevisiae*）作为第一个完成基因组测序的真核生物，其基因组测序于1996年4月完成，更为遗传学基本原理的建立和确定提供了基础。

真菌是四大类真核生物（原生、植物、动物、真菌）之一，许多真菌非常适用于遗传学的研究是因为它们具有以下优点：①个体小，生长迅速，便于培养；②可以在确定成分的培养基上生长；③具有像高等生物那样的染色体，研究结果可在遗传学上广泛应用；④除无性繁殖外，还可进行有性繁殖，一次杂交可产生大量后代；⑤其无性世代是单倍体，没有显隐性，基因型直接在表型上反映出来；⑥单一减数分裂的产物保留在一个子囊中，一次只分析一个减数分裂的产物，而二倍体合子是两个不同减数分裂产生的配子相互结合的结果，只有通过测交实验才能分析减数分裂的结果。此外，由于真菌基因表达的特性，它也是用作基因表达和遗传操作的重要真核生物。

根据真菌子囊孢子的排列特点，对真菌的遗传分析分为顺序四分子分析和非顺序四分子分析。

### 8.4.1 顺序四分子分析

脉孢霉（*Neurospora crassa*）是进行遗传学研究的经典材料。它是一种丝状真菌，其单倍体世代是由多细胞菌丝体（mycelium）和分生孢子（conidium）所构成，由分生孢子萌发形成新的菌丝，这是它的无性世代。在一般情况下，它这样循环往复地通过有丝分裂进行无性繁殖，保持单倍体。脉孢霉的有性过程是由两个不同交配型（mating type）菌丝通过原生质的融合和异型核的结合而形成二倍体的合子（图2-25）。二倍体合子存在的时间很短，它们能迅速长成长形的子囊（ascus）。每个子囊中的核都进行两次减数分裂，产生出4个单倍体的细胞核，再经一次有丝分裂形成8个核，每个核被厚膜所包围形成子囊孢子（ascospores），因此每一子囊中的8个子囊孢子是单一减数分裂的产物（图8-9）。脉孢霉的合子在子囊内进行二次减数分裂所形成的4个子囊孢子叫四分子（tetrad），对四分子进行的遗传分析叫四分子分析（tetrad analysis）。由于脉孢霉的子囊很狭窄，以至分裂的纺锤体不能重叠，只能纵立于它的长轴之中，所以在子囊里面进行分裂的细胞核是严格按直线顺序排列的，因此，交配后的等位基因通过减数分裂所产生的细胞就呈现有规律的排列——顺序四分子（ordered tetrad）。利用这种单一减数分裂的产物能更为直接地证明分离规律，如用产生红色菌丝的正常脉孢霉菌种与产生白色菌丝的变种交配，两个分生孢子的单核结合成为二倍体的合子，在子囊中进行减数分裂和有丝分裂，生成8个单倍的子囊孢子，在子囊未破裂之前将各子囊中的子囊孢子按顺序一个个地在显微镜下用很细的针剥离出来，进行分别培养而获得每个孢子的菌丝，结果将会见到每个子囊中有4个孢子长出红色菌丝，另外4个孢子长出白色菌丝，呈1:1的比例（图8-9）。

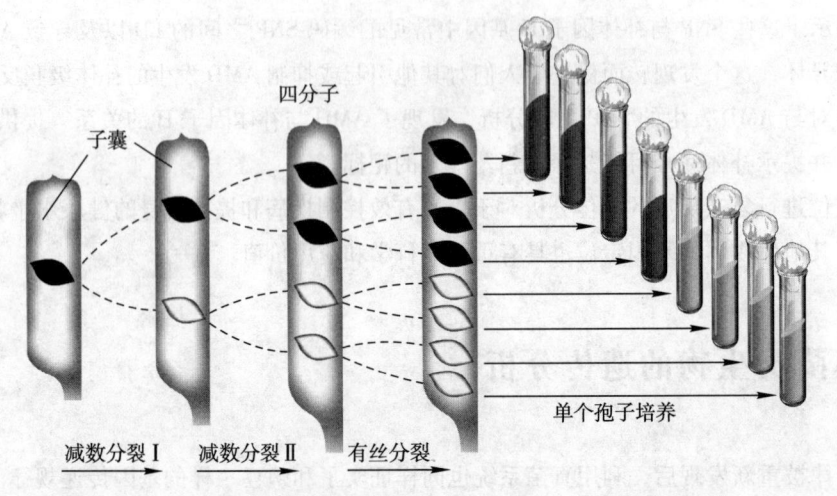

**图8-9　脉孢霉四分子的形成及利用四分子直接证明分离规律**

对顺序四分子的分析使我们能对减数分裂染色体移动所对应的位点——着丝粒及其邻近的基因进行作图。假设在同源染色体上有一对等位基因 A 和 a，如果在着丝点和这对等位基因之间没有发生过交换，那么在减数第一次分裂时 A 和 a 就完全分开进入了不同的两极；减数第二次分裂时，染色单体分开，进入四个孢子，进一步的有丝分裂形成 8 个子囊孢子，8 个子囊孢子呈 AAAAaaaa（或 aaaaAAAA）的排列方式（图 8-10）。在这种方式中，A 和 a 基因的分离发生在减数第一次分裂，我们将这种分离方式称为第一次分裂分离（first division segregation，$M_I$）。

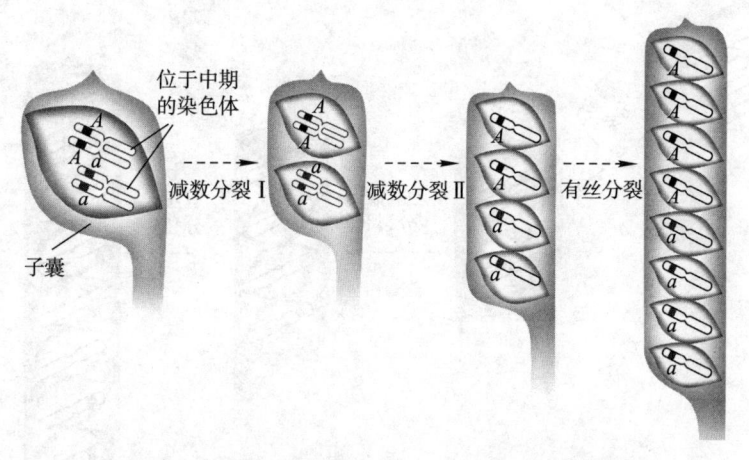

图 8-10 第一次分裂分离（$M_I$）四分子的形成

当非姐妹染色单体在着丝粒和基因座间发生交换时，在减数第一次分裂后，由于在这个过程中只有同源染色体的分离，因而等位基因 A 和 a 仍同时存在于同一核中，只有到减数第二次分裂时，A 和 a 才进入不同的核中，所以称这种情况为第二次分裂分离（second division segregation，$M_{II}$），由此得到的等位基因的排列模式 AAaaAAaa（或它的镜像排列 aaAAaaAA）称为 $M_{II}$ 模式（图 8-11）。这种模式的特征是在一半的四分子产物中发生了重组，这种交换型排列模式还有可能出现 AAaaaaAA（或 aaAAAAaa），这是由于纺锤体的随机趋向所致，"A 上 a 下"或"A 下 a 上"都是随机的，而且它们的频率也大致相当（图 8-12）。

我们知道，染色体上两个基因座之间的距离越远，则它们之间发生交换的频率越高，因此当第二次分裂分离的子囊数越多，则说明有关基因和着丝粒的距离越远。所以根据第二次分裂分离子囊的频数，就可以计算出某一基因和着丝粒间的距离，这一距离称为着丝粒距离（locus-to-centromere distance）。这种以着丝粒作为一个座位计算某一基因与着丝粒之间的距离（重组值）叫着丝粒作图（centromere mapping）。

下面来看看如何进行着丝粒作图。假设脉孢霉交配型 A 和 a 由一对等位基因 A 和 a 控制，交配型 A 与交配型 a 杂交，产生二倍体合子 Aa，图 8-12 显示了由合子产生四分孢子的各种不同方式。为示范起见，用 ● 代表 A 亲本染色体的着丝粒，○ 代表 a 亲本染色体的着丝粒（实际上着丝粒是没有表型差别的），在合子阶段仅染色体分开而着丝粒不分开，着丝粒直到减数第二次分裂前才发生分离，因此在孢子囊中上半部的孢子总是带有从同一个亲本来的着丝粒（在这里是●着丝粒）及另一半孢子总是带有从另一亲本来的着丝粒（在这里是○），或倒转即上半部是○着丝粒，下半部是●着丝粒。

如果在交配型位点与着丝粒之间没有交换，A 与 a 按第一次分裂分离的模式分开，结果产生 2∶2 的子囊孢子表型比（图 8-12A）。如果在交配型位点与着丝粒间发生了交换，A 与 a 的分离是按第二次分裂分离的模式进行的，并且所产生的 4 种子囊型的频率是相同的（图 8-12B），因为它们反映的只不过是二倍体合子在减数分裂中期 I 四个染色单体的四种可能的定向。这种 1∶1∶1∶1（AaAa 和 aAaA）及 1∶2∶1（AaaA 和 aAAa）的第二次分裂分离方式与 2∶2（AAaa 和 aaAA）的第一次分裂分离方式在顺序四分子中根据它们的排列是很容易区分的。

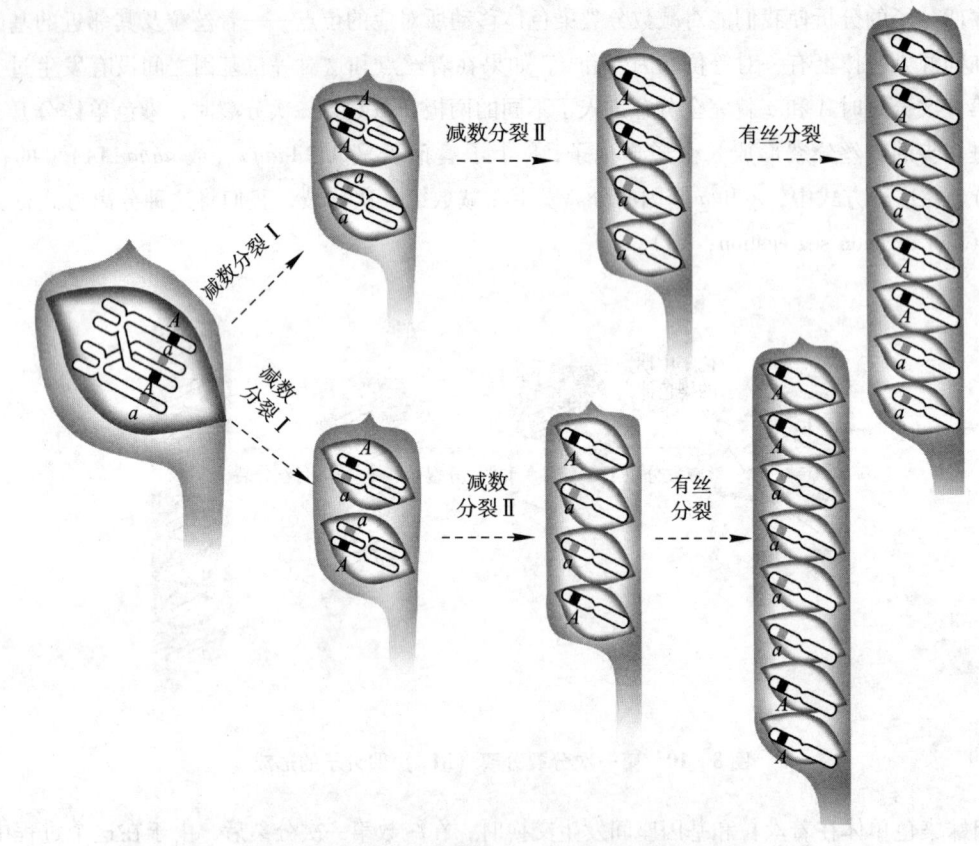

**图 8-11　第二次分裂分离（$M_{II}$）四分子的形成**

如果要确定基因与着丝粒之间的距离，就必须测定它们之间的交换频率。通过对顺序四分子的分析，我们能够数出显示对某一特定标记基因第二次分裂分离的子囊数，并计算它们之间的交换频率，从而确定基因与着丝粒间的距离。对于交配型位点来说，大约13%的子囊是第二次分裂分离的，但在这种情况下它不是一个直接的转换，那么如何将这一数值转变成为图距？如果我们将着丝粒当作一个基因标记，那么亲本类型就是●A和○a，重组类型就是●a和○A。在第一次分裂分离的子囊中（图8-12A），所有的孢子是亲本型的；而在第二次分裂分离的子囊中（图8-12B），半数是亲本的，半数是重组的，也就是说，每发生一次交换，一个子囊中只有半数孢子发生了重组。因此要转换这种四分孢子的数据成为交换值或重组值，必须将第二次分裂分离子囊的百分率除以2，因此交配型基因的着丝粒图距为6.5 mu（map unit）。用公式可表示为：

$$着丝粒与基因间的重组率 = (M_{II}子囊数或交换型子囊数/子囊总数) \times \frac{1}{2} \times 100\%$$

下面通过一个实例来进一步说明着丝粒作图。假设有两种不同接合型的脉孢霉菌株，一种是能合成赖氨酸的野生型菌株（记作+），该菌株成熟的子囊孢子呈黑色；另一种是赖氨酸缺陷型菌株（记作-），这种菌株的子囊孢子成熟后呈灰色。将这两种菌株进行杂交，根据黑色孢子和灰色孢子的排列次序，杂种子囊中减数分裂的产物共有6种子囊类型，计数结果见表8-5。

表8-4中，①和②、③和④、⑤和⑥子囊中子囊孢子的排列方式是互为镜像的，这说明减数分裂是一个交互过程。凡属第一次分裂分离的子囊，均是着丝粒和所研究的基因间未发生过交换的，是非交换型，如子囊型①和②，其基因座的分离方式为2∶2（图8-12A）。子囊型③、④、⑤和⑥均属于第二次分裂分离的子囊，它们在减数分裂后形成的子囊孢子的排列顺序是+-+-（或-+-+）（基因座的分离方式为1∶1∶1∶1）以及+--+（或-++-）（基因座的分离方式为1∶2∶1）（图8-12B）。由此可见，凡是第二次分裂分离的子囊，一定是在着丝粒与所研究的基因之间发生过交换的，故$M_{II}$型也称作交换型。

A. 无交换

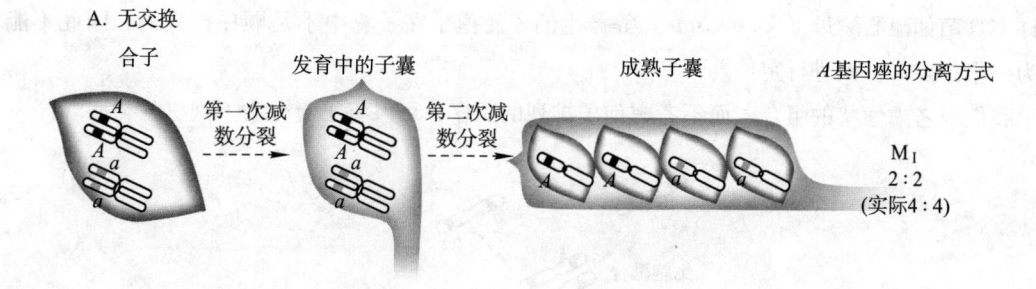

合子 → 第一次减数分裂 → 发育中的子囊 → 第二次减数分裂 → 成熟子囊 → A基因座的分离方式

$M_I$
2:2
(实际4:4)

B. 在A基因座与着丝粒间发生交换(4种方式)

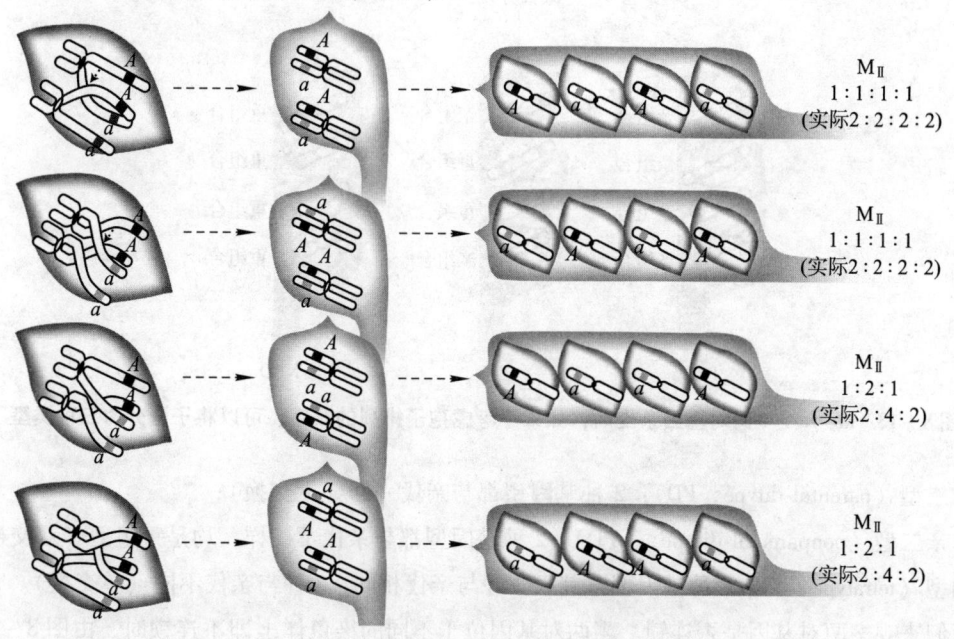

$M_{II}$
1:1:1:1
(实际2:2:2:2)

$M_{II}$
1:1:1:1
(实际2:2:2:2)

$M_{II}$
1:2:1
(实际2:4:2)

$M_{II}$
1:2:1
(实际2:4:2)

**图 8−12 脉孢霉交配型位点的着丝粒作图分析**

根据以上分析，合成赖氨酸的基因与着丝粒间的重组值为：

$$\frac{M_{II} \times \frac{1}{2}}{M_I + M_{II}} \times 100\% = \frac{(9+5+10+16) \times \frac{1}{2}}{105+129+9+5+10+16} = 7.3\%$$

即合成赖氨酸的基因与着丝粒间的图距为 7.3 cM。

表 8−5 脉孢霉 + × − 杂交子代的子囊分类统计

| | ① | ② | ③ | ④ | ⑤ | ⑥ |
|---|---|---|---|---|---|---|
| 子囊类型 | + | − | + | − | + | − |
| | + | − | + | − | + | − |
| | − | + | + | − | − | + |
| | − | + | − | + | + | − |
| 子囊数 | 105 | 129 | 9 | 5 | 10 | 16 |
| 分裂类型 | $M_I$ | $M_I$ | $M_{II}$ | $M_{II}$ | $M_{II}$ | $M_{II}$ |
| 是否交换型 | 非交换型 | | 交换型 | | | |

## 8.4.2 非顺序四分子分析

以上讲述的是脉孢霉一对基因的顺序四分子分析，通过着丝粒作图，可以确定基因与着丝粒间的距离。而许多真菌如酿酒酵母（S. cerevisiae）等产生的子囊孢子在子囊中不是顺序排列的，因此不能利用着丝粒作为一个位点对基因进行定位。

如果我们只考虑性状的组合，而不考虑孢子排列的顺序，可以将子囊分为下列三种类型（图8-13）：

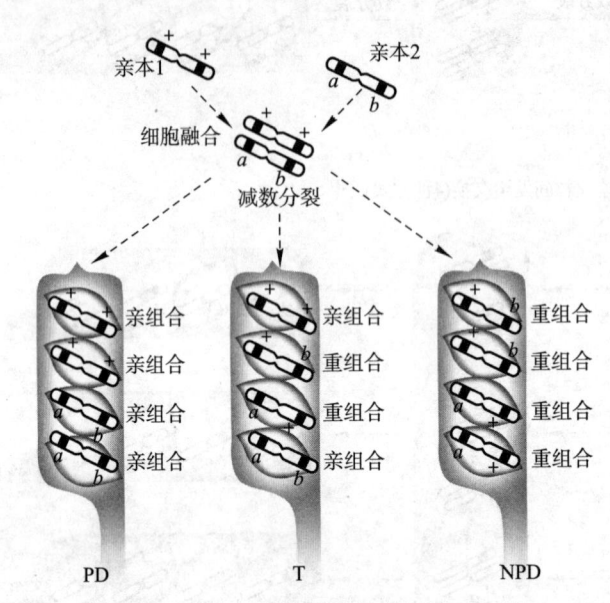

**图8-13** *ab* × ++两对基因杂交时，如果不考虑孢子排列的顺序，可以将子囊分为三种类型

（1）亲二型（parental-ditype，PD）：2种基因型都与亲代一样（无交换）；
（2）非亲二型（nonparental-ditype，NPD）：2种基因型都与亲代不一样，均是重组型（双交换）；
（3）四型（tetratype，T）：4种基因型，其中2种与亲代相同，2种与亲代不同（单交换）。

首先我们来观察两对基因是否连锁。当两对基因位于不同的染色体上即不连锁时，由图8-14可以看出：在没有交换时，亲二型（PD）和非亲二型（NPD）各占50%；在发生交换时产生四型（T），其中亲本类型和重组类型也都是各占50%。因此，总的来说，当两对基因位于不同的染色体上时，重组类型和亲本类型各占50%，符合自由组合规律。也就是说，当亲二型的频率与非亲二型的频率相等时（PD = NPD），我们可以说两个基因是自由组合的。

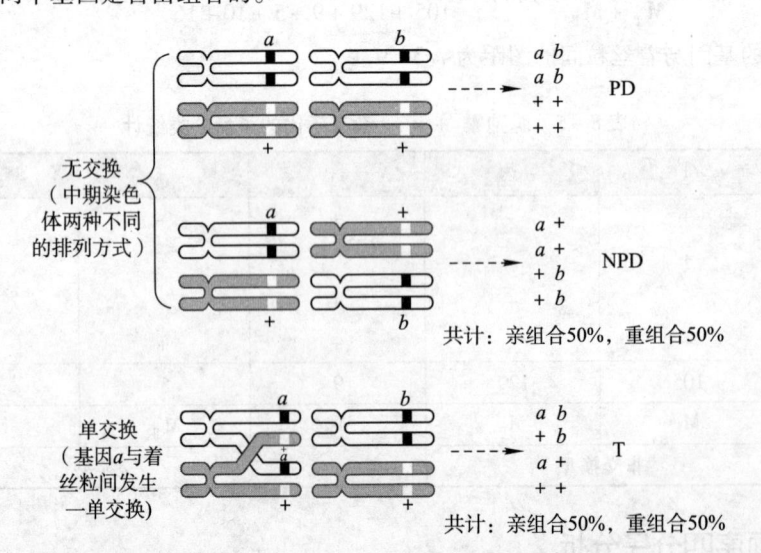

**图8-14** 当两对基因位于不同的染色体上时，不管是否发生交换，在后代四分孢子中亲本类型和重组类型都是各占50%，符合自由组合规律

当两对基因位于同一染色体上即它们连锁时，产生亲二型和非亲二型四分子的频率是不一样的。如果在两个基因之间没有交换，将产生 PD 型子囊（图 8-15A）；如果在两个基因之间发生一个单交换，将产生 T 型子囊（图 8-15B）；在两基因之间发生二线双交换，由于没有重组子代的产生，仍为 PD 型子囊（图 8-15C）；在两基因之间发生三线双交换，因涉及四条染色体中的三条，则会有两种不同的方式，2-3,4（或 1-3,4）三链双交换和 3-1,2（或 4-1,2）三链双交换，但都产生 T 型子囊（图 8-15D）；如果在两基因之间发生四线双交换，将产生 NPD 型子囊（图 8-15E）。综上，亲二型（PD）是通过非交换和二线双交换而产生的，非亲二型（NPD）仅仅通过四线双交换产生，而四线双交换只是四种可能的双交换之一（见图 8-15C，D，E），非常之少。因此，如果亲二型的频率远大于非亲二型的频率（即 PD≫NPD），我们可以说这两个基因是连锁的。

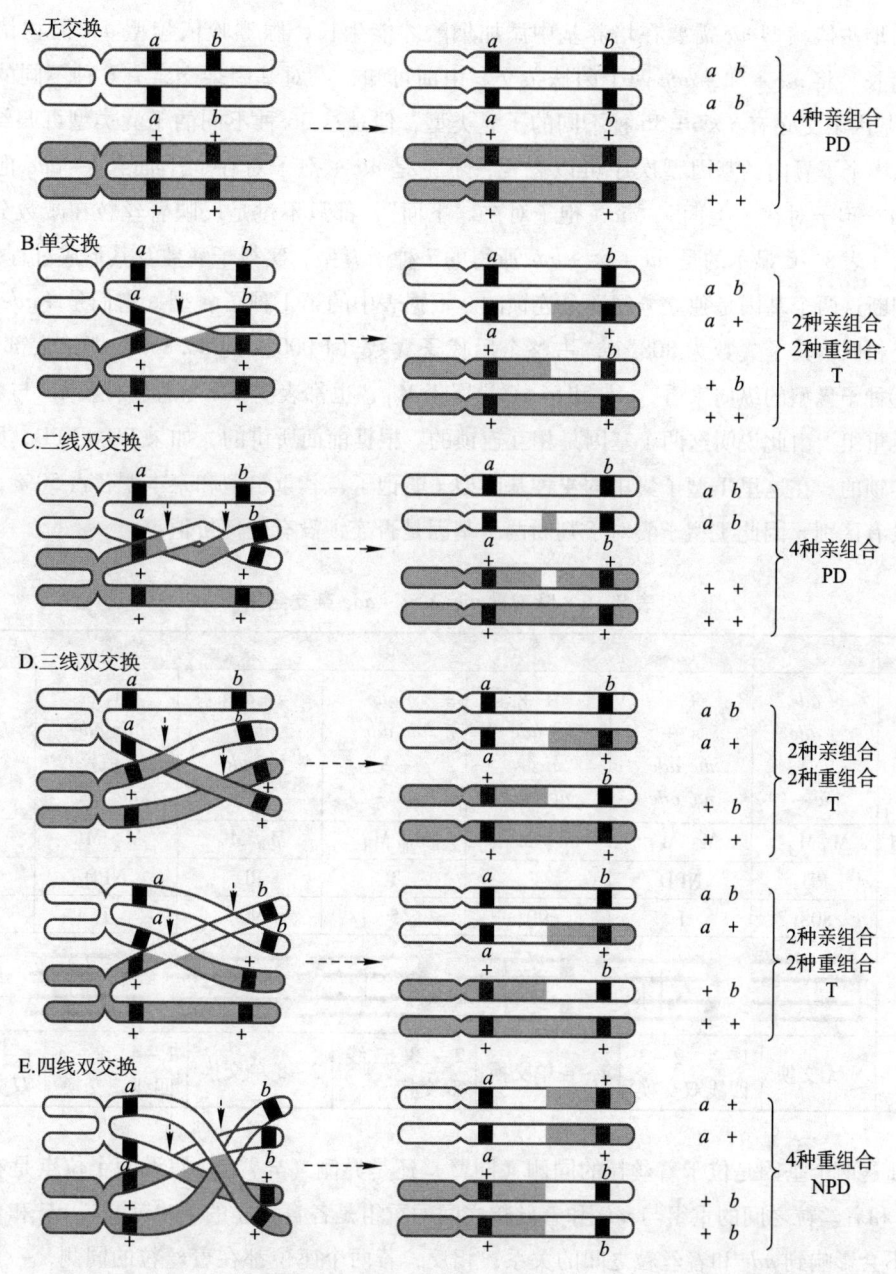

图 8-15　当两个基因位于同一染色体上时，在 ab × ++ 产生的子囊类型中，
亲二型和非亲二型四分子的频率不同

一旦我们知道两个基因是连锁的，以及知道每一种减数分裂四分子类型的相对数目，通过下述公式就可以算出这两个基因间的距离：

$$两基因间的距离 = （重组子数目/总后代数）\times 100$$

其中：重组子数目 $= \frac{1}{2}T + NPD$，非重组子数目（即亲本型数目）$= \frac{1}{2}T + PD$。譬如，在200个子囊中，有140个PD（亲二型）、48个T（四型）、12个NPD（非亲二型），则重组率为 $\left(\frac{1}{2}\times 48 + 12\right)/200 = 18\%$。

下面通过实例来说明如何综合利用顺序四分子分析和非顺序四分子分析对两个基因进行连锁分析和作图。

脉孢霉的烟酸依赖型 nic 需要在培养基中添加烟酸才能生长，腺嘌呤依赖型 ade 需在培养基中添加腺嘌呤才能生长。将 nic + 和 + ade 两个菌株杂交。由前可知，一对基因杂交，有6种不同的子囊型（表8–5），两对基因杂交必有 $6\times 6 = 36$ 种不同的子囊类型，但是这36种不同的子囊类型可归纳为7种基本子囊型，因为半个子囊内的基因型次序可以忽视，不论是 nic + 孢子对在"上面"，+ ade 孢子对在"下面"；还是 + ade 孢子对在"上面"，nic + 孢子对在"下面"，都只不过是反映着丝粒在减数分裂过程中的随机趋向而已。表8–6显示的是 nic + × + ade 所得的7种子囊型、实得子囊数及其形成过程。

(1) 先判断这两个基因是独立分配还是连锁的。根据表中的第①种子囊型，它们是 + ade 和 nic +，和两个亲本完全相同，其子囊数为808个，占整个后代子囊数（1 000）的80.8%，即绝大部分为亲组合；并且，从第①种子囊型的纵向来看，ade 和 nic 都是属于 $M_I$，也都表明 ade 与着丝粒及 nic 与着丝粒之间没有发生过交换重组。由此说明这两个基因是相互连锁的。根据前面所讲的，如果 PD≫NPD，则说明这两个基因之间是连锁的。在这里 T 型子囊中的4种基因型子囊孢子，其重组型和亲本型各占50%，与自由组合规律的结果没有区别，因此 T 型子囊对于判断两个基因是否连锁没有任何价值。

表8–6 脉孢霉 nic + × + ade 杂交结果

| 子囊型 | ① | ② | ③ | ④ | ⑤ | ⑥ | ⑦ |
|---|---|---|---|---|---|---|---|
| 基因型次序 | + ade<br>+ ade<br>nic +<br>nic + | + +<br>+ +<br>nic ade<br>nic ade | + +<br>+ ade<br>nic +<br>nic ade | + ade<br>nic ade<br>+ +<br>nic + | + ade<br>nic +<br>+ ade<br>nic + | + +<br>nic ade<br>+ ade<br>nic ade | + +<br>nic ade<br>+ ade<br>nic + |
| 分离发生时期 | $M_I\ M_I$ | $M_I\ M_I$ | $M_I\ M_{II}$ | $M_{II}\ M_I$ | $M_{II}\ M_{II}$ | $M_{II}\ M_{II}$ | $M_{II}\ M_{II}$ |
| 子囊类型 | PD | NPD | T | T | PD | NPD | T |
| 实得子囊数 | 808 | 1 | 90 | 5 | 90 | 1 | 5 |
| 四分子的形成过程 |  |  |  |  |  |  |  |
| 交换类型 | 无交换 | 1–4, 2–3<br>四线双交换 | 1–4 单交换 | 2–3 二线<br>双交换 | 2–3 单交换 | 1–4, 2–3<br>四线三交换 | 1–3, 2–3 三线<br>双交换 |

(2) 判断这两个基因是位于着丝粒的同侧（同臂）还是异侧（异臂）。假设两个位点是在着丝粒的两侧，那么 nic 和着丝粒之间的重组与 ade 和着丝粒之间的重组是各自独立的，也就是说 nic 和着丝粒之间发生一次重组不会影响到 ade 和着丝粒之间的关系；相反，若两个座位都在着丝粒的同侧，一旦离着丝粒近的那个基因和着丝粒之间发生了一次交换（非双交换），势必使另一基因和着丝粒也产生重组。从表8–6的资料来看，nic 和着丝粒之间产生重组的子囊（$M_{II}$）为④、⑤、⑥、⑦，共101个，其中⑤、⑥、⑦型

子囊共96个，同时也发生了 ade 和着丝粒之间的重组，表明这两个基因之间的交换是有密切关系的，也就是说，这两个基因是位于着丝粒的同臂。由此，我们可以得出如下结论：当两个连锁基因都处在 $M_{II}$ 状态下的 PD 和 NPD 子囊类型频率相差悬殊时，这两个基因位于着丝粒的同臂。

（3）具体计算基因 nic，ade 间及着丝粒（•）与基因间的重组值。

nic 和 ade 间的重组值 = $\left(\frac{1}{2}T + NPD\right)$/总子囊数 = $\left[\frac{1}{2}(90+5+5)+1+1\right]/1\,000 = 5.2\%$

nic 与着丝粒间的重组值 =（交换型子囊数/总子囊数）× $\frac{1}{2}$

=（$M_{II}$ 子囊数/总子囊数）× $\frac{1}{2}$ = $[(5+90+1+5)/1\,000] \times \frac{1}{2} = 5.05\%$

ade 与着丝粒间的重组值 =（交换型子囊数/总子囊数）× $\frac{1}{2}$

=（$M_{II}$ 子囊数/总子囊数）× $\frac{1}{2}$ = $[(90+90+1+5)/1\,000] \times \frac{1}{2} = 9.30\%$

从数据 nic 与着丝粒间及 ade 与着丝粒间的重组值，我们可以判断三者的顺序应该是：•—nic—ade。但 ade 与着丝粒间的距离并不等于 nic 与着丝粒间的距离与 nic 和 ade 间的距离之和，即 9.30≠5.2+5.05。这是因为我们在计算 ade 与着丝粒间的重组值时，是把所有第二次分裂分离的子囊数除以 2 倍的总子囊数得到的，这样的计算把少量的在 ade 与着丝粒间发生过双交换的子囊遗漏了。譬如说在子囊型④中，存在一个双交换（表 8-6），对于 +/ade 来说是 $M_I$，对于 +/nic 来说是 $M_{II}$，在计算 ade/nic 时，将这次重组算进去了，但在计算 ade 与着丝粒间的重组率时，则没有将这两次单交换（一次双交换）算进去，因而使得 ade 与着丝粒间重组值的估计偏低。所以，实际上 ade 与着丝粒间的图距应为 5.2+5.05=10.25 cM。

如果在一个杂交中有超过两个以上的基因连锁，最好是一次只考虑两个基因，然后再通过对四分子孢子类型进行分类（PD、NPD、T）来计算。

## 8.5 有丝分裂交换与基因定位

### 8.5.1 有丝分裂交换现象的发现

在正常情况下分裂分离和重组都是在减数分裂中发生的，但实验证据表明在有丝分裂中也可以发生交换，这叫做有丝分裂交换（mitotic crossing over）或体细胞交换（somatic crossing over）。1936 年，C. Stern 首次在果蝇的有丝分裂中发现了连锁基因的交换。在果蝇的 X 染色体上有两对连锁基因：y（黄体）对 $y^+$（灰体）隐性，sn（短的曲刚毛）对 $sn^+$（长的直刚毛）隐性。基因型为杂合体的雌果蝇 y+/sn+ 应表现出野生型的灰体直刚毛。将一个灰体曲刚毛 +sn/+sn 雌果蝇和一个黄体直刚毛 y+/Y 雄果蝇杂交，Stern 发现正如所预料的那样雌性后代为野生型，但在某些雌果蝇身上出现孪生斑（twin spots），即两块互相靠近而面积大小相当的斑点，一块为黄色，一块为曲刚毛，呈现镶嵌表型，在孪生斑的周围都是野生型表型（灰体直刚毛）（图 8-16A）。Stern 注意到，孪生斑的发生频率较高，并不是一种偶然事件，且孪生斑的两部分是相连的，他认为这种孪生斑一定是某种遗传事件的交互产物。但这种现象无法用体细胞突变等来解释，他认为最好的解释是由于体细胞在有丝分裂过程中发生了同源染色体间的交换而产生的。正如图 8-16B 所示，如果在互斥相排列基因型的杂合子位点和着丝粒之间发生一个有丝分裂交换，发生交换后的染色体在有丝分裂中，由于染色单体的随机定向，这样在其后代细胞中就会产生等位基因的纯合，从而出现所谓的孪生斑。

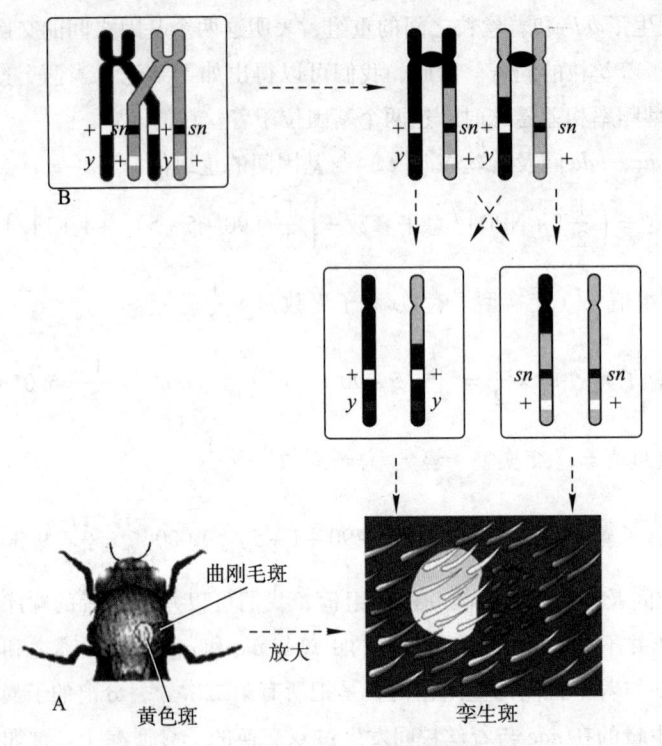

图 8-16 果蝇孪生斑及其产生的机制

体细胞交换发生在有丝分裂的中期之前,由同源染色体形成四分体,发生交换后再进入中期。如果这种交换发生在发育的早期,那么这两种纯合子后代细胞就会经历更多的细胞分裂,因而产生两种纯合子细胞克隆,即 Stern 所观察到的孪生斑。若交换发生在 sn 和 y 之间,则可能产生单个的黄色斑(图 8-17)。

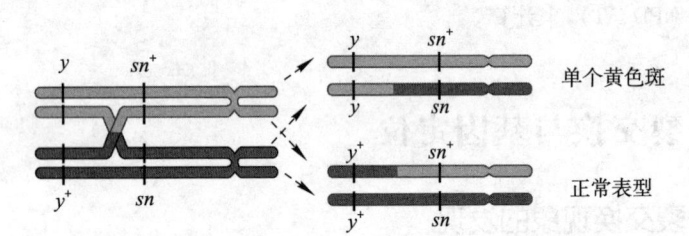

图 8-17 y 和 sn 之间发生交换产生单个黄色斑

同源染色体联会是染色体交换的前提,在减数分裂中同源染色体联会是一个必经的过程,因而减数分裂中染色体的交换是一个经常发生的事件,但多数生物的体细胞在有丝分裂过程中同源染色体不联会,因而染色体交换甚至同源染色体配对在有丝分裂中是不常见的,但通过 X 射线照射可以增加其发生的频率。

## 8.5.2 有丝分裂交换用于基因定位

有些生物如黑曲霉(*Aspergillus niger*)、酱油曲霉(*A. sojae*)、米曲霉(*A. oryzae*)等不进行有性生殖,因此通过有丝分裂交换对这类生物进行基因定位具有一定的价值。

有丝分裂交换定位的原理是依据体细胞同源染色体的交换使得染色体远侧的杂合基因纯合化的规律,然后推导基因的位置和距离。从图 8-18 可以看出,如交换发生在着丝粒和 a 之间,那么带来 a、b、c、d、e 五个基因的纯合化;交换如发生在 d 和 e 之间,那么只带来 e 的纯合化等。由此可见,离着丝粒越近的基因纯合化的机会越小,离着丝粒越远的基因则纯合化的机会越大(如 a 只有 1 次,而 e 则有 5 次)。现假设观察到 a、b、c、d、e 中任何一个基因是纯合子的个体共 300 个,分布如下:

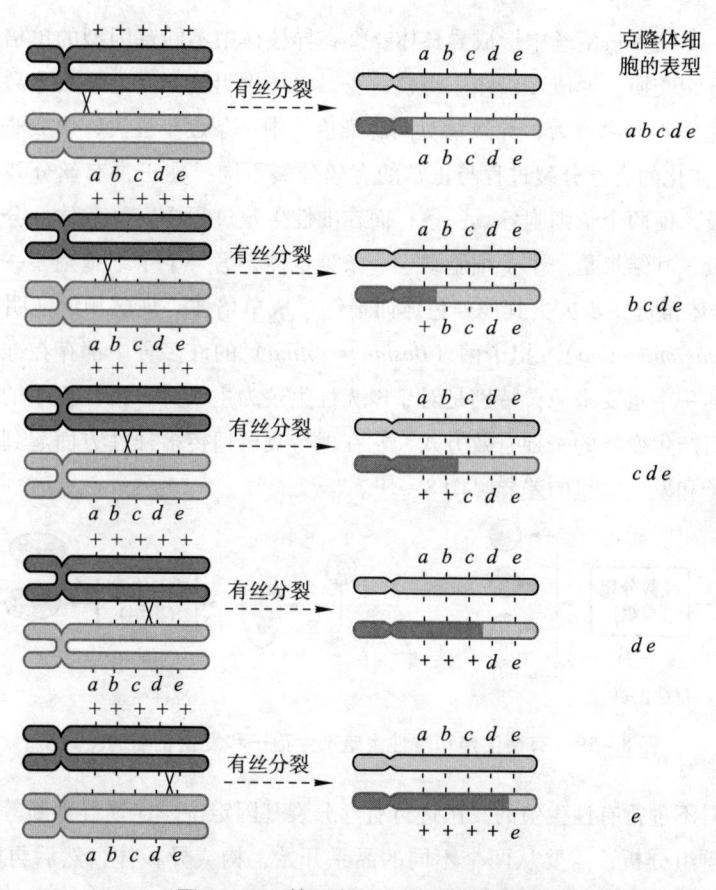

**图 8-18 基于有丝分裂交换的作图**

克隆体细胞表型仅显示突变克隆的后代表型

| a b c d e | b c d e | c d e | d e | e | 总数 |
|---|---|---|---|---|---|
| 100 | 60 | 75 | 40 | 25 | 300 |

当 $a$ 是纯合子的时候，$b$ 也是纯合子；但当 $b$ 是纯合子的时候，$a$ 却不是，这说明 $a$ 比 $b$ 更靠近着丝粒。分析所有克隆的表型后就会发现，$a$ 是最近的，$b$ 次之，再者是 $c$、$d$，最远的是 $e$。某个体细胞克隆所出现的频率反映了某个有丝分裂交换所发生的频率，根据这个频率可以计算有丝分裂图距（mitotic map distance）。在上面的例子中，在 $a$ 和 $b$ 之间发生交换产生 $bcde$ 的纯合子表型，因此 $a$ 和 $b$ 之间的重组值为 $60/300=20\%$，即 $a-b$ 之间的图距为 20 单位。依此可绘制出 $a$、$b$、$c$、$d$、$e$ 及与着丝粒间的有丝分裂染色体图：

```
●    33.3    a  20  b    25    c  13.3  d 8.3 e
```

构巢曲霉（A. nidulans）的菌丝是单倍体。如果把两个单倍体菌株混合培养，有时不同菌株的菌丝互相融合，两种类型的核处于同一细胞质中组成异核体（heterokaryon）。在异核体中，两个核大部分仍保持单倍体状态，并产生单核的分生孢子，但偶尔会发生融合形成二倍体核，这一过程称为二倍体化（diploidization），二倍体品系的曲霉长成菌丝后产生的分生孢子也是二倍体的。二倍体细胞在有丝分裂过程中，偶尔会发生同源染色体交换，导致连锁基因的重组。因为二倍体的核不稳定，最终通过有丝分裂产生单倍体核，此单倍体核含有来自两个单倍体亲本的等位基因的重组。由二倍体核形成单倍体核的过程称为单倍体化（haploidization）。在单倍体化过程中，两个同源染色体自由化时，类似减数分裂，然后随机分离，各趋向一极。这种不同于减数分裂而导致基因重组的系统称为准性生殖系统（parasexual system）。真菌的准性生殖过程是这样的：①在多核菌丝中形成异核体；②在异核体中不同基因型的单倍体核偶尔融合；③二倍体融合核进行有丝分裂交换，形成二倍体重组核；④二倍体重组核不经过减数分裂而经有丝分裂完成单倍体化（一再发生染色体不分离行为，导致每对同源染色体中一条逐步丢失，形成非整倍体或单倍体重组核）。准性生殖中单倍体化的有丝分裂过程与正常的有丝分裂不同，在正常有丝分裂中，一条染色体分裂为两条，分别趋向两极，使两个子细胞各具一条；而在准性生殖过程中，染色体一分为二时，往往产生不离开行为而趋向同一极，其结果是一个子细胞缺少一条染色体，另一个子细胞则多一条染色体，而出现非整倍体，$2n-1$ 非整倍体常进一步失去其他染色体而最终形成单倍体。现已相继证明在真菌子囊菌（Ascomycetes）、半知菌（Deuteromycotina）、担子菌（Basidiomycotina）的许多种中都存在准性生殖，因此准性生殖也是真菌遗传变异的一个重要来源，特别是对于以无性生殖为主或只有无性生殖的半知菌来说，准性生殖是真菌进行遗传重组产生变异的一种有效方式，它在保持真菌遗传多样性方面起到重要的作用。准性生殖和有性生殖产生孢子和发生重组的差异见图 8-19。

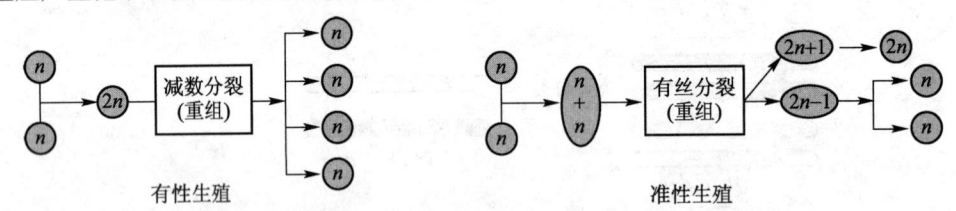

图 8-19 有性生殖和准性生殖产生孢子和发生重组的差异

通过准性生殖可对不进行有性生殖的真菌进行有丝分裂基因定位、连锁群判断等遗传学分析和重组育种。要进行有丝分裂重组分析，需要从两个不同的品系开始，构成异核体，然后再筛选出二倍体核杂合子。下面从构巢曲霉两个不同单倍体品系出发，看看如何进行有丝分裂重组分析。单倍体品系为：

品系 1： $w$　$ad^+$　$pro$　$pab^+$　$y^+$　$bio$

品系 2： $w^+$　$ad$　$pro^+$　$pab$　$y$　$bio^+$

这两个品系在基本培养基上都不能生长，但异核体由于基因的互补作用是可以生长的。$w$ 和 $y$ 两对等位基因都是控制无性孢子的颜色的（菌落颜色），$w$ 导致产生白色孢子，$y$ 导致产生黄色孢子。基因型 $w^+y^+$ 的品系是绿色的，$wy^+$ 品系为白色，$w^+y$ 品系为黄色，$wy$ 品系由于上位效应也是白色的（表 8-7）。因此，品系 1 是白色的，品系 2 是黄色的。异核体所产生的分生孢子与两个亲本所产生的孢子相同，因为这些单倍体在异核体中是各自分开的，因此，由异核体产生的分生孢子通常有黄色和白色孢子的混合。

表 8-7　用于曲霉实验中单倍体和二倍体的基因型与孢子颜色的关系

| 表型 | 绿色 | | | 黄色 | | 白色 | | |
|---|---|---|---|---|---|---|---|---|
| 基因型 单倍体 | $w^+y^+$ | | | $w^+y$ | | $wy^+$ | | $wy$ |
| 基因型 二倍体 | $w^+/w^+$ $y^+/y^+$ | $w^+/w$ $y^+/y^+$ | $w^+/w^+$ $y^+/y$ | $w^+/w$ $y^+/y$ | $w^+/w^+$ $y/y$ | $w/w$ $y^+/y^+$ | $w/w$ $y^+/y$ | $w/w$ $y/y$ |

两个单倍体核偶尔融合在一起形成二倍体菌株（$w\ ad^+\ pro\ pab\ y^+\ bio/w^+\ ad\ pro^+\ pab^+\ y\ bio^+$），由这种二倍体菌株所产生的分生孢子则都是绿色的，因为黄色和白色突变型对于野生型的绿色而言都是隐性的，所以孢子呈绿色（背景绿色，$w^+w/y^+y$）（图 8-20）。虽然二倍体比异核体较为稳定，不过这种稳定性也只是相对的，因为从大量二倍体分生孢子中也可以得到少数体细胞分离子（segregant），即重组体（由体细胞交换产生）和非整倍体或单倍体（由单倍体化产生），因此，从二倍体菌株中可见到少量的白色和黄色

的单倍体及二倍体区域（图 8-20）。单倍体和二倍体区域可通过检查孢子的大小来鉴定，二倍体孢子较单倍体孢子大。单倍体区域的产生都是单倍体化的结果。

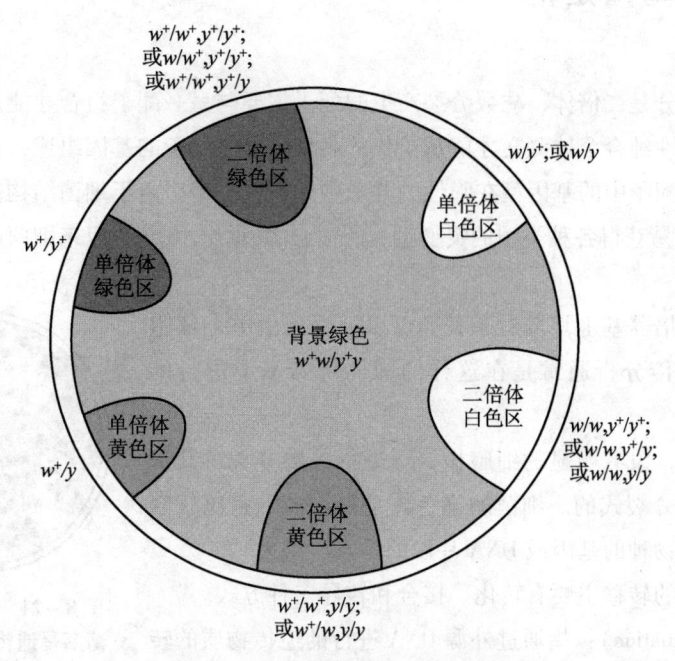

**图 8-20　构巢曲霉有丝分裂分析**

在二倍体（$w^+/w$，$y^+/y$）绿色菌落上，由于单倍体化和有丝分裂交换产生新的单倍体和二倍体基因型和不同颜色的区域

我们先来考虑单倍体白色区，通过鉴定后发现单倍体白色区中有一半的基因型是 $w\ ad^+\ pro\ pab^+\ y^+\ bio$，一半的基因型是 $w\ ad\ pro^+\ pab\ y\ bio^+$。这两组的后面 5 个基因都是亲本的性状，它们是按 1∶1 分离的，说明这 5 个基因是相互连锁的，同样也说明 $w$ 基因与这 5 个基因位于不同的染色体上，即 $w$ 基因与 5 个连锁基因是自由组合的。通过以上白色区域的分析，我们可以将这 6 个基因分成两组，但对于 5 个连锁基因的作图没有任何帮助。

为了对这些连锁基因进行作图，必须研究第二种类型的分离子——二倍体分离子（diploid segregants）。我们在前面已经讨论过，有丝分裂交换使得交换点远端的所有基因纯合化。假设我们检出二倍体黄色分生孢子（$y/y$），然后再分析其他基因的表型以确定分离子的基因型，如在 $y/y$ 的隐性纯合子中，有 5.5% 为 $pab$ 和 $pro$ 的纯合子，72% 是 $pab$ 纯合子，22.5% 为原养型，即 $pab^+\ pro^+\ ad^+$，由于在 $y/y$ 分离子中没有一个是需要腺苷酸的，因而可推断 $ad$ 位于染色体的另一臂上，因为发生在一个臂上的有丝分裂交换对另一臂上等位基因的分离是无效的，而在两臂同时发生有丝分裂交换是极其罕见的，又由于在 $y/y$ 分离子中，大部分也是 $bio^+$ 纯合子，故 $bio$ 在 $y$ 的后端。通过有丝分裂定位得到的构巢曲霉的部分染色体图为：

```
    w         ad    69   5.5  pro   72    pab  22.5   y    bio
    ├─────────┼─────┼────┼─────┼─────┼─────┼────┼─────┤
              (32)  (41)       (20)        (39)
```

染色体上面是有丝分裂定位数据，下面是减数分裂定位数据（构巢曲霉既可以进行准性生殖，也可以进行有性生殖），虽然两者定位数据相差甚远，但二者在顺序上是一致的。

## 8.6 细菌的基因定位

由于高等生物大部分是二倍体，减数分裂产生的配子需要与另一配子组合才能产生二倍体个体，只有从杂合二倍体个体与隐性纯合个体测交才能从子代的表型中推断配子的基因组成，也就是说，只有使每个来自杂合基因型品系的配子中的基因型在隐性的背景中才能被确定。由于细菌结构简单，世代周期短，通常 20 min 一代，而且容易获得各种类型的突变型，所以自 20 世纪 40 年代以来细菌已成为遗传学研究中最常用的实验材料。

当细菌在琼脂固体培养基上培养时，我们可以观察到由单个细胞长成的菌落，细菌的遗传分析通常是在这样的固体培养基上进行的（图 8-21）。

细菌属于原核生物，没有明显的细胞核，不进行减数分裂，其基因的传递方式是非减数分裂式的。细菌的染色体是裸露的，它比较容易接受带有相同或不同物种的基因或 DNA 片段的插入。

细菌之间遗传物质的转移主要有转化、接合和转导三种方式。

（1）转化（transformation）：指通过外源 DNA 进行的遗传物质的转移。可以分为自然转化（natural transformation，细菌自然吸收 DNA 的遗传转化）和工程转化（engineered transformation，通过人工改变使细菌吸收 DNA 的遗传转化）。

（2）接合（conjugation）：指由供体菌和受体菌之间的直接接触而导致遗传物质的单向转移。

（3）转导（transduction）：指由噬菌体所介导的 DNA 从供体菌到受体菌的转移。

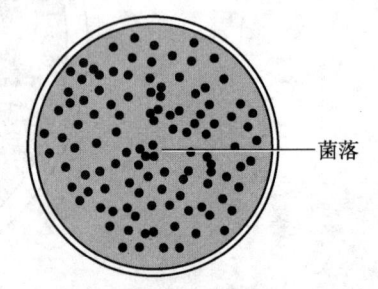

图 8-21 固体培养基上的细菌菌落是遗传学研究中的常用材料

### 8.6.1 转化与基因定位

自从 O. Avery 等于 1944 年发现肺炎双球菌的转化作用后（见 9.1），人们发现转化作用在细菌中是非常普遍的现象。但某些细菌如枯草杆菌（*Bacillus subtilis*）容易被转化，而另一些细菌如野生型大肠杆菌则不容易被转化，因为这些菌所产生的一些酶很容易将外来的 DNA 降解。后经科学家探索发现，用一些化学试剂处理后可增加细胞膜对 DNA 的渗透性或用高电压脉冲短暂作用于细胞也能显著提高转化效率。现在，在对菌株加以遗传改造的基础上，转化技术已广泛应用于基因工程和实验室基础研究。

不管是自然转化还是工程转化，在一次实验中只可能是一小部分细胞（约 1%）能够真正吸收外源 DNA。转化时供体细菌 DNA 断裂成小片段，这些片段的平均长度约为 20 000 个核苷酸对，当外源 DNA 一旦被不同遗传型组成的受体菌所吸收，外源 DNA 片段可以和染色体形成部分二倍体（partial diploid 或 merodiploid），也可能与受体菌染色体之间发生重组，从而使受体细胞发生稳定性的遗传转化。下面以枯草杆菌的自然转化为例说明转化的过程（图 8-22）：供体 DNA 片段带有野生型 $a^+$ 基因，在 DNA 的吸收过程中，双链 DNA 中的 1 条链被降解，因此最后在细胞内仅能发现 1 条完整的线状 DNA 链，这条单链与受体细胞内的环状染色体上的同源 DNA 配对，形成一个三链结构，在三链之间发生双交换从而发生重组，结果产生一重组受体染色体：在两个交换之间的区域，一条 DNA 链带有供体的 $a^+$ DNA 片段，另一条链带有受体的 $a$ DNA 片段（产生的另一条链被降解），在受体染色体复制一轮后，其中一个染色体的两条链都带有 $a^+$，即成为 $a^+$ 转化子，另一子代为 $a$ 非转化子，它们的频率是相同的。

由于在较低浓度范围内，DNA 浓度与转化频率成正比关系，因此，通过转化我们可以判断所转化的两个基因是连锁的还是独立遗传的（细菌染色体是一个环状的 DNA 分子，这里所讲的连锁和独立遗传是指

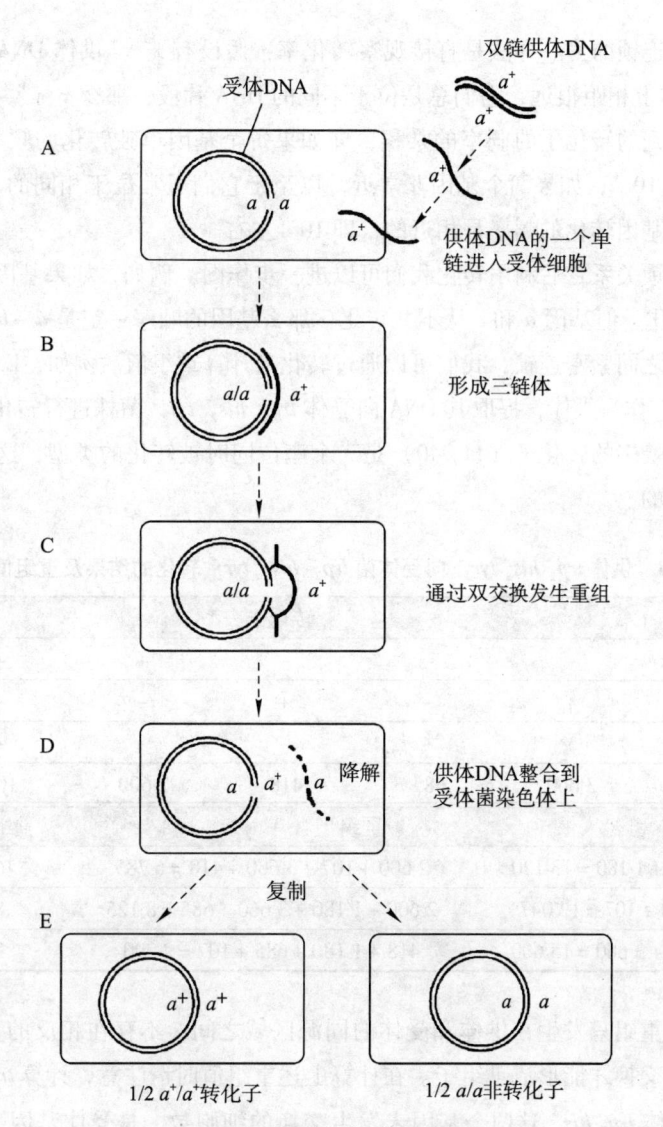

**图 8-22 细菌转化过程示意图**

基因间相隔距离远近的相对关系），其中一个可靠的证据是观察当 DNA 浓度降低时转化频率的改变：如果当 DNA 浓度下降时，$A$、$B$ 共转化（cotransformation）的频率下降和 $A$ 或 $B$ 转化频率下降程度相同，则说明 $A$ 和 $B$ 是连锁的；如果 $A$、$B$ 转化频率的下降远远超过 $A$ 或 $B$ 转化频率的下降程度，则说明 $A$ 和 $B$ 是不连锁的（图 8-23）。

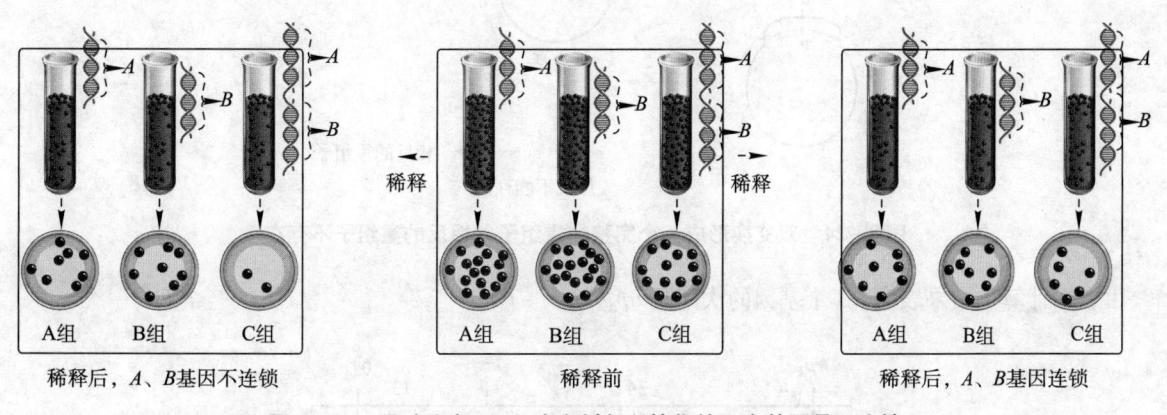

**图 8-23 通过改变 DNA 浓度判断所转化的两个基因是否连锁**

判断两个基因是否连锁的另一办法是直接观察转化率:假设有 $x^+y^+$ 供体 DNA 和 $xy$ 受体菌。如果 $x^+$ 和 $y^+$ 两个基因在染色体上相距很远,它们总是位于不同的 DNA 片段,那么 $x^+y^+$ 共转化的机会是用每个基因单独各转化一次所得到的转化子的概率的乘积,即如果每个基因单独转化的频率是 $10^{-3}$,那么获得 $x^+y^+$ 转化子的预期值应为 $10^{-6}$;如果两个基因非常近,以至于它们通常位于相同的 DNA 片段上,那么获得共转化的频率与用单个基因转化的频率是相近的,即 $10^{-3}$ 左右。

在确定了基因的连锁关系之后利用转化我们可以进一步作图。例如,如果基因 $a$ 和 $b$ 经常共转化,基因 $b$ 和 $c$ 也是经常共转化,但基因 $a$ 和 $c$ 从不共转化,那么基因的顺序一定是 $a-b-c$ 或 $c-b-a$。

如果已知几个基因之间紧密连锁,我们可以通过转化来计算重组值。例如,E. W. Nester 等用枯草杆菌的一个菌株 $trp_2^+ his_2^+ tyr_1^+$ 作为供体,提取其 DNA 向受体 $trp_2^- his_2^- tyr_1^-$ 菌株进行转化,结果如表 8-8 所示。从表中可以看出,数目最多的转化子(11 940)是 3 个座位同时被转化的类型,这说明所研究的 3 个座位在染色体上是紧密连锁的。

**图 8-5** 利用共转化进行细菌作图图示

表 8-8  供体 $trp_2^+ his_2^+ tyr_1^+$ 向受体菌 $trp_2^- his_2^- tyr_1^-$ 转化的结果及重组值的计算

| 基因 | 转化子表型 |
|---|---|
| $trp_2$ | +    −    −    −    +    +    + |
| $his_2$ | +    +    −    +    −    −    + |
| $tyr_1$ | +    +    +    −    −    +    − |
|  | 11 940   3 660   685   418   2 600   107   1 180 |

| 基因 | 亲本型(+ +) | 重组型(+ − 或 − +) | 重组值(重组子数/总数) |
|---|---|---|---|
| $trp_2 - his_2$ | 11 940 + 1 180 = 13 120 | 2 600 + 107 + 3 660 + 418 = 6 785 | 6 785/19 905 = 34% |
| $trp_2 - tyr_1$ | 11 940 + 107 = 12 047 | 2 600 + 1 180 + 3 660 + 685 = 8 125 | 8 125/20 172 = 40% |
| $his_2 - tyr_1$ | 11 940 + 3 660 = 15 600 | 418 + 1 180 + 685 + 107 = 2 390 | 2 390/17 990 = 13% |

细菌转化时,基因重组只发生在供体和受体的同源区域之间,不存在相反的重组子(图 8-24),而且只有双交换和偶数次交换才能形成重组子。在计算上述重组值时请注意,计算 $trp_2$ 和 $his_2$ 之间重组值时,685 个 $trp_2^- his_2^-$ 是与供体 $trp_2^+ his_2^+$ 这两个基因未发生交换的细胞数,是受体基因型,因此不能统计在内。同理,计算 $trp_2$ 和 $tyr_1$ 之间重组值时不能统计 418 个 $trp_2^- tyr_1^-$,计算 $his_2$ 和 $tyr_1$ 之间重组值时,则有 2 600 个 $his_2^- tyr_1^-$ 不能统计在内(表 8-8)。

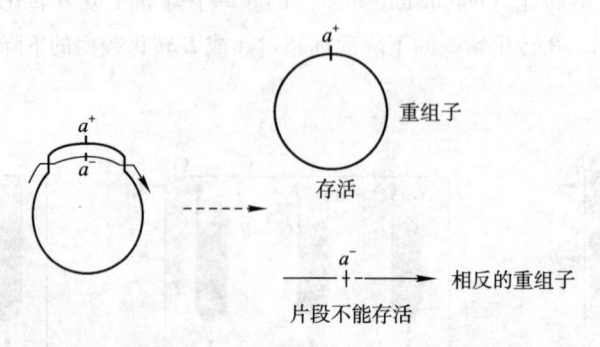

**图 8-24** 双交换形成一个完整的重组子,相反的重组子不存在

由表中计算的结果表明,3 个基因的次序是 $trp_2 - his_2 - tyr_1$:

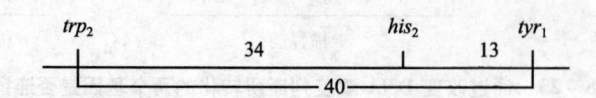

```
trp₂                    his₂    tyr₁
|—————— 34 ——————|— 13 —|
|————————— 40 —————————|
```

转化现已广义地被定义为将裸露的外源 DNA 转移到任何受体细胞的过程。转化除用于基因定位和基因图谱绘制外，还已广泛应用于基因克隆、外源基因表达、基因敲除和基因功能等的研究中，已成为分子遗传学的基本技术之一。

### 8.6.2 接合与遗传物质转移

1946 年，J. Lederberg 和 E. Tatum 发现不同品系的大肠杆菌间可以杂交并进行基因重组，人们开始注意大肠杆菌也存在"性别"差异。下面我们先来看看他们的实验：大肠杆菌 K12 的菌株 A 需要在培养基中补充甲硫氨酸 met 和生物素 bio，同时为链霉素敏感；菌株 B 需要在培养基中补充苏氨酸 thr、亮氨酸 leu 和硫胺素 thi，同时为抗链霉素突变型。这种必须在培养基中添加某些物质才能生长的细菌叫营养缺陷型（auxotroph），相对于缺陷型的野生型菌株则不需要添加任何附加物，叫原养型（prototroph）。对这几个性状而言，原养型菌株及 A、B 突变型菌株的基因型分别是：

$$原养型菌株：met^+ bio^+ thr^+ leu^+ thi^+；$$
$$A 菌株：met^- bio^- thr^+ leu^+ thi^+；$$
$$B 菌株：met^+ bio^+ thr^- leu^- thi^-。$$

若将菌株 A、B 分别涂在基本培养基上，则均不能产生任何菌落，若将 A 和 B 混合培养在含以上五种成分的培养基上几小时后，离心沉淀物，把沉淀物洗涤后涂布在基本培养基上，发现长出了少数菌落（野生型），频率为 $10^{-7}$（图 8-25 虚线框）。E. coli 许多生化突变型的回复突变频率也是 $10^{-7}$，那么这少数菌落是不是由于基因突变呢？答案是否定的，因为菌株 A 要回复突变成野生型，有 2 个基因需同时发生回复突变，其概率只有 $10^{-14}$；同理，对于菌株 B，3 个基因同时发生回复突变的概率只有 $10^{-21}$，这与重组子出现的频率相差太远。因此，这个结果表明在两个菌株间必定发生了遗传物质的交换。

为了证明这种遗传物质的交换是否需要细胞与细胞间的接触，B. Davis 设计了一种 U 型管，中间用过滤器隔开，过滤器的孔很小，细菌不能通过，但培养液和营养物质可以通过，在 U 型管的一臂添加菌株 A，另一臂添加菌株 B，然后在一端加压力或吸力，使培养液在两臂间流通，经几小时培养后，分别在固体培养基上涂平板，未见有菌落的出现，即没有产生重组子（图 8-25）。由此说明这种遗传交换不可能是由于细胞破碎产生的转化因子 DNA 或细胞分泌某些物质后产生的，而需要两个菌株间的直接接触。换句话说，大肠杆菌也有某种类型的交配系统，这种交配系统能够实行菌与菌之间遗传物质的交换，这一系统被称为接合（conjugation）。以上实验为接合的研究奠定了基础，那么在细菌中这种遗传物质的交换是单向的还是双向的，即是否存在像高等生物中雌雄性别差别呢？

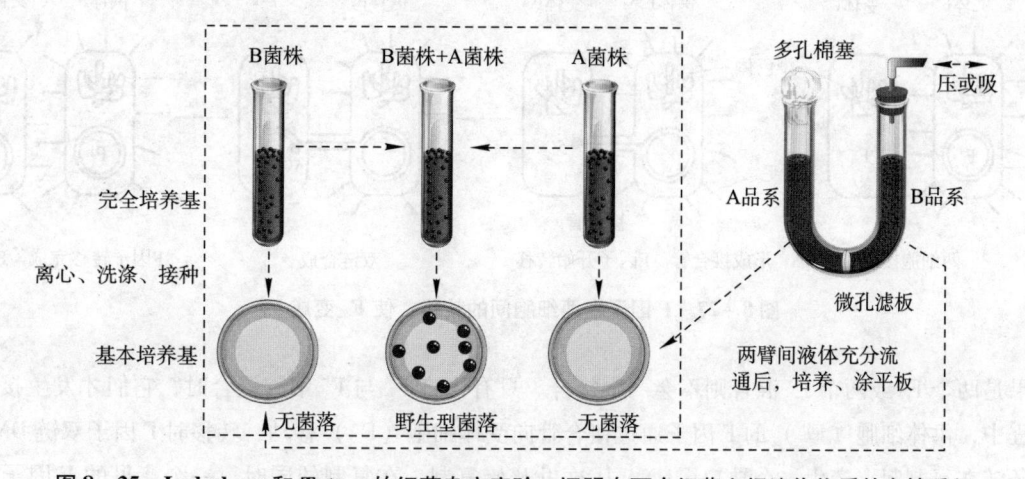

图 8-25 Lederberg 和 Tatum 的细菌杂交实验，证明在两个细菌之间遗传物质的有性重组

W. Hayes 在 1953 年做了这样一个杂交实验，他首先用高剂量的链霉素处理大肠杆菌 K12 的菌株 A 或菌株 B（用链霉素处理菌株可以阻碍细菌分裂，但并不杀死它们），把处理过的菌株 A 跟未处理过的菌株 B 混合，或反过来，发现结果大不相同：

处理过的菌株 B + 未处理的菌株 A　　　　处理过的菌株 A + 未处理的菌株 B
↓　　　　　　　　　　　　　　　　　　　↓
基本培养基上无存活菌落　　　　　　　　基本培养基上有存活的菌落

这个实验意味着这两个菌株在杂交中的作用是不一样的，即不是一个交互的过程，也就是说大肠杆菌中遗传物质的交换不是交互的，而是单向的。事实上，一个菌株（如 A）是供体（相当于雄性），而另一菌株（如 B）是受体（相当于雌性）。供体经链霉素处理后不能分裂，但仍能转移基因，而受体未经处理，接受转移过来的基因后，在基本培养基上形成菌落。至此，Hayes 认为细菌的接合是异宗配合（heterothallic）过程，两个亲本在杂交中所起的作用不同。

Hayes 进一步发现在两个菌之间遗传物质的转移是通过一种叫 F 的致育因子（F factor）所介导的，在大肠杆菌中并不是每个细胞中都有这种游离的 F 因子，只有供体细胞才含有 F 因子，这种菌株叫 $F^+$，受体细胞则不含有 F 因子，记作 $F^-$。在细菌分裂增殖中，$F^+$ 细菌产生 $F^+$ 细菌，$F^-$ 细菌产生 $F^-$ 细菌，但 $F^+$ 与 $F^-$ 混合培养时，可使 $F^-$ 变成 $F^+$。

F 因子又称为性因子（sex factor）或致育因子（fertility factor），它实际上是一种微小的质粒，一种封闭的环状 DNA 分子，全长约 94.5 kb，仅为大肠杆菌染色体长度的 2% 左右，每个细胞内含 1~3 个 F 因子。F 因子结构包含 3 个区域（图 8-26）：①复制起点或原点（O），这区含有转移的起点和 2 个复制起点，复制起点 oriT 是在染色体转移时进行滚环复制时的复制起点，oriV 是在营养时期，即游离在细胞质中独立复制时的复制起点；②致育基因区，这些基因使它具有感染性，其中一些基因是编码生成 F 纤毛（F pili）的蛋白质，即 $F^+$ 细胞表面的管状结构，称为接合管，F 纤毛与 $F^-$ 细胞表面的受体相结合，在两个细胞间形成细胞质桥（图 8-27）；③配对区，这一区中有 4 个插入序列（insertion sequence, IS），通过和宿主染色体上的 IS 进行同源重组或转座（transposition），F 因子可以整合到宿主的不同位点上，成为细菌染色体的一部分，由于宿主染色体上 IS 的方向不同，F 因子整合的方向也随之不同。

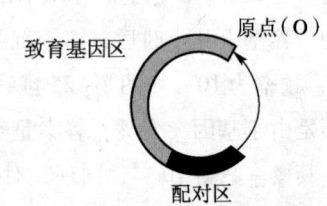

图 8-26 环状 F 因子示意图

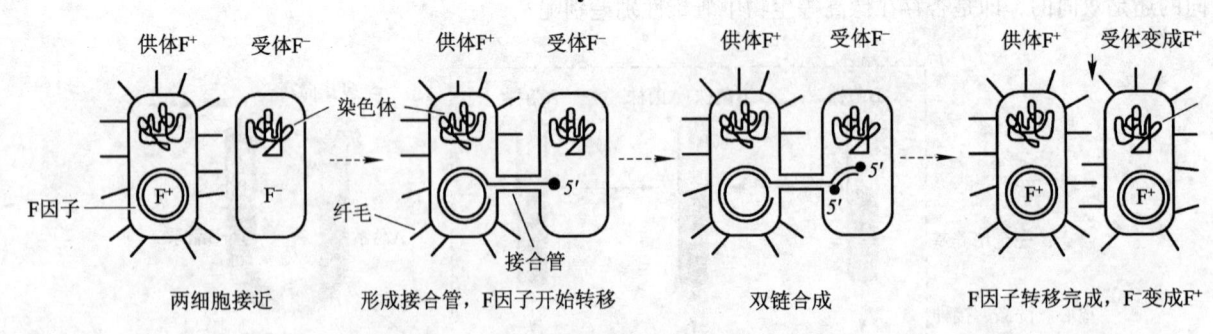

图 8-27 F 因子在两细胞间的转移，使 $F^-$ 变成 $F^+$

如果是两个 $F^+$ 或两个 $F^-$ 混合则不会产生接合。只有当将 $F^+$ 与 $F^-$ 细胞混合时，它们才发生接合。在接合过程中，供体细胞（$F^+$）的 F 因子通过接合管向受体细胞（$F^-$）移动，转移时 F 因子双链 DNA 分子中的一条链在复制起点产生一个缺口，DNA 从这里开始复制，在复制的同时，一个拷贝的 F 因子转移到

F⁻细胞，在F⁻细胞中合成另一条互补链（图8-27）。因此这种F因子的转移有一个极性问题，即复制起点总是最先转移，接着以某一特定的方向（顺时针或逆时针）转移F因子的其他部分，当完整的F因子被转移后，F⁻细胞即成为F⁺细胞。

### 8.6.3 高频重组和性导

从上面可以看出，在F⁺与F⁻的交配中，只有F因子的传递而细菌染色体很难发生转移。因此，尽管F因子转移的频率很高，但两者染色体之间重组的频率却很低，约为$10^{-6}$。因此，F⁺品系被称为低频重组（low frequency recombination，Lfr）品系。

尽管我们已经知道F因子可以从F⁺细胞转移到F⁻细胞，但是我们还是不能理解为什么两个细菌细胞通过接合能实现染色体上基因的重组。这个谜一直到W. Hayes和L. Cavalli-Sforza在独立的实验中从F⁺菌株中分离到一种新的供体菌株才得到解答。用这种菌株与F⁻菌株杂交获得了各种不同的染色体基因，出现重组子的频率很高，几乎比正常的F⁺×F⁻杂交高出1 000倍，这种菌株称为高频重组（high frequency recombination，Hfr）菌株。

高频重组菌株实际上是通过一种非常少见的单交换将F因子整合到细菌染色体上产生的（图8-28）。当F因子整合后，它自己就不能再自行复制了，而只能随宿主染色体的复制而复制。F因子虽然整合在宿主染色体上，但它仍然起作用，即Hfr细胞能够与F⁻细胞交配，所发生的过程与F⁺也是相似的（图8-29）：已整合的F因子的两条链中的一条链在原点处产生一个缺刻，从这缺刻的地方开始复制，在复制的同时，部分F因子首先转移到受体细胞，随着时间的进行，供体细菌的染色体开始也被转移到受体中，如果进入受体内的那段供体染色体上的基因与受体染色体基因存在差异，就能将重组子分离出来。这种重组是通过供体DNA与受体染色体DNA的一个双交换产生的，这个过程类似于转化。受体细胞通过复制将重组子传给后代细胞，而线性DNA片段则被降解。

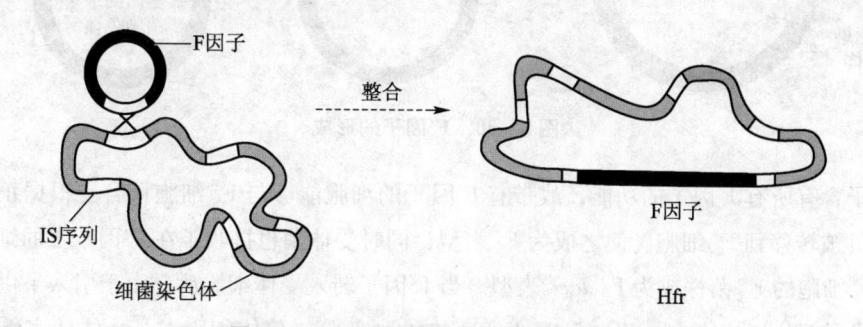

图8-28 F因子整合产生高频重组菌株

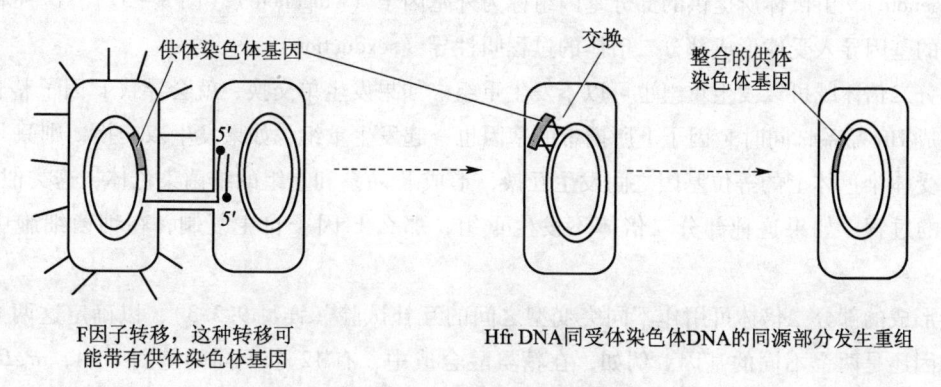

图8-29 Hfr×F⁻杂交中供体菌基因的转移

受体细胞要成为F⁺细胞，它必须接受一个完整的F因子拷贝。然而，在Hfr×F⁻的杂交中，仅一部分F因子被转移，其余部分位于供体染色体的末端而很难转移。也就是说，如果受体要获得完整的F因子，则必须将完整的供体染色体也完整地转移过去，发生这种情况的频率非常低，因为在最后一部分F因子转移之前很久，染色体就已经断裂了，所以在Hfr×F⁻的交配中，F⁻细胞几乎不可能获得F⁺的表型。

由于F⁺转变成为Hfr的频率很低，约为$10^{-4}$，因而我们就容易理解为什么在F⁺×F⁻杂交中，染色体基因的重组频率如此之低了。另外，由于在F⁺转变成为Hfr的同时，F因子也以很低的频率又从Hfr上分离出来成为F⁺细胞。在分离过程中，F因子形成一个环突出于Hfr染色体外，然后通过一个单交换（像整合一样），产生一个环状的寄主染色体和一个环状的F因子。有时F因子从Hfr染色体上分离出来时并不是很精确的，结果分离出来的这种F因子带有一小段宿主染色体，这种含有细菌基因组的F因子就叫做F'因子（F-prime factor）。F'因子的大小可以达到细菌染色体大小的四分之一。

F因子从Hfr染色体上分离出来使这些品系回复成F⁺状态，从而失去高频供体的能力，即不能将供体的DNA片段转移到受体细胞中，但不精确分离的结果产生了含有细菌基因组的F'因子。例如，在大肠杆菌中F因子插在$lac^+$区域的旁边（$lac^+$为一套降解乳糖所必需的基因），如果F因子分离出来时不很精确，那么与它相邻的$lac^+$基因也有可能被环化出去（图8-30），结果，从宿主染色体上环化出去新产生的质粒除F因子外还含有$lac^+$基因群，这种新产生的质粒就是F'因子（图8-30C）。F'因子的命名主要是根据其中所含的细菌基因来命名的，如带有$lac^+$区域的F'因子叫F'（$lac^+$）。

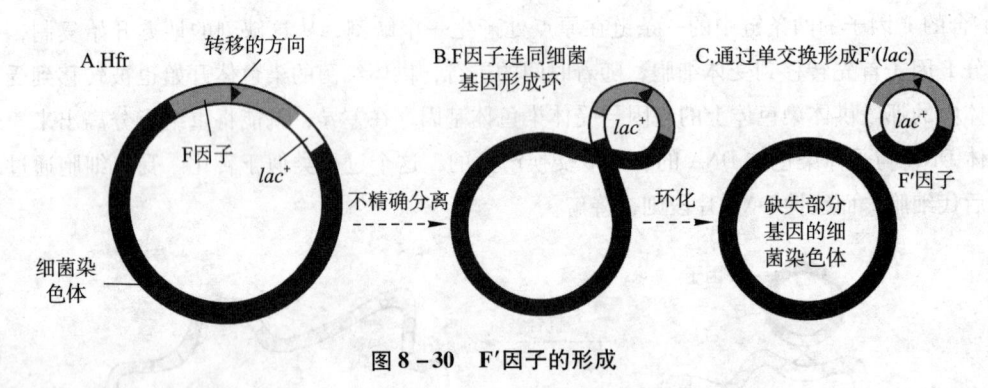

图8-30 F'因子的形成

由于F'因子含有所有F因子的功能，故带有F'因子的细胞能够与F⁻细胞接合。根据正常的接合，一个F'因子的拷贝被转移到F⁻细胞，使之成为F⁺表型，同时受体菌也接收了在F'因子上的细菌基因，这样就可能使得$lac^-$细胞的F⁻菌株成为F⁺ $lac^+$表型。当F'因子转入受体细胞后，由于引入了供体细胞的部分基因，从而构成了部分二倍体，即F'$lac^+$/F⁻$lac^-$。在这种部分二倍体细胞中，受体的完整基因组叫内基因子（endogenote），由供体所提供的部分基因组称为外基因子（exogenote）（图8-37）。这种利用F'因子将供体细胞的基因导入受体形成部分二倍体的过程叫性导（sexduction）。

这种部分二倍体既可以发生重组也可以不发生重组。如果发生单交换，就会导致F'因子整合到受体染色体上而形成Hfr品系，同时F'因子上所携带的基因也一起发生重组；如果发生双交换，则只是F'因子的细菌基因和受体染色体上的等位基因之间发生互换，形成F'品系和重组的细菌染色体，这类似于图8-28和图8-29的过程。如果这种部分二倍体不发生重组，那么F'因子自主复制，在细菌细胞中可以延续下去。

性导所形成的部分二倍体可用作不同突变型之间的互补试验（详见9.3.3），以确定这两个突变是属于同一个基因还是两个不同的基因。例如，在精氨酸合成中，有12个不同的基因$argA$、$argB$、$argC$等，它们的突变都会产生相同的表型——其生长依赖精氨酸，其中有4个基因在大肠杆菌的遗传学图谱中靠得很近，很难通过重组将它们分开。因此当发现两个精氨酸依赖突变型大肠杆菌时，我们就无法知道这两个突变型到底是由同一基因还是不同基因造成的。假设这两个突变型是由两个不同的基因 argB 和 argC 的突变造成的,实验前准备一个 F′ 因子,这个 F′ 因子与这两个基因中的一个是互补的,如 argB argC⁺,将带这个 F′ 因子的菌株分别与两个突变株接合,如果突变发生在 argC 基因,则由于 argC⁺ 基因产物可补充位于染色体上 argC 的缺陷,产生一个野生型表型,然而如果突变发生在 argB 基因,将不会产生互补,因而菌株 B 的生长仍需依赖精氨酸(图 8-31)。由此,当这种 F′ 因子分别导入两个突变株时,在缺乏精氨酸的情况下,一个菌株生长,另一个菌株不生长,这时我们可以说这两个突变株是由两个不同的基因突变引起的。这种互补可以通过精氨酸多步代谢途径来解释(图 8-31)。相反,如果两个突变株是由同一基因突变引起的,则要么两个都能生长(如 argC 突变),要么两个都不能生长(如 argB 突变)。

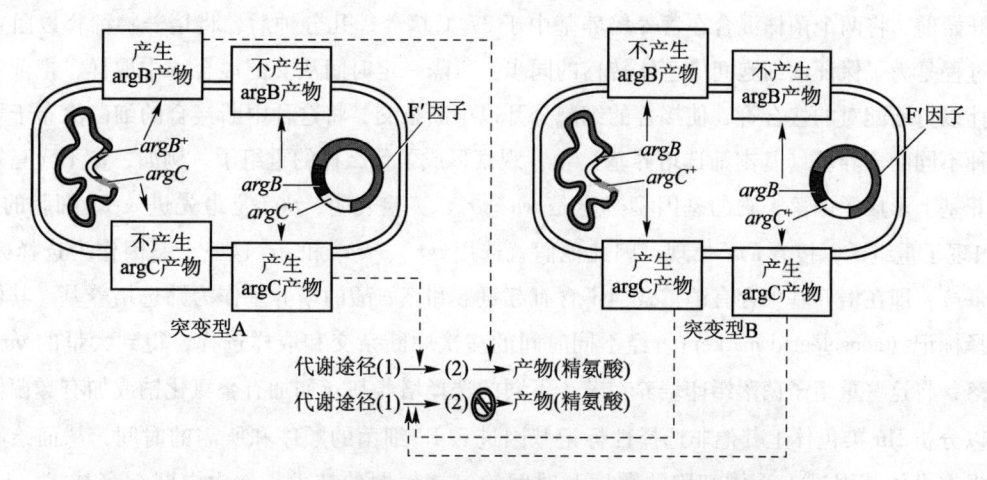

**图 8-31 利用性导所形成的部分二倍体进行互补试验**
突变型 A 由于互补产生野生型表型,突变型 B 则不互补仍为突变型表型

如果我们将含有性因子的细菌叫雄性菌株,那么我们现在已经知道有三种不同类型的雄性菌株,即含 F 因子的菌株、含 F′ 因子的菌株和 Hfr 菌株。现将它们的关系概述如下(图 8-32):F 因子通过简单的交换整合到细菌染色体上,形成 Hfr;反过来 F 因子从 Hfr 染色体上不准确环化出来,使 F 因子上带有部分细菌染色体 DNA,这时称作 F′ 因子。F 因子可由供体细胞进入 F⁻ 受体细胞使其成为 F⁺ 细胞,但供体染色体基本不转移;Hfr 能以高频率把细菌染色体转移到 F⁻ 细菌中,但在 Hfr × F⁻ 的交配中,F⁻ 细胞几乎不能获得 F⁺ 的表型;F′ 因子能使受体菌形成部分二倍体,在 F′ × F⁻ 的交配中,F⁻ 细胞成为 F⁺ 表型。

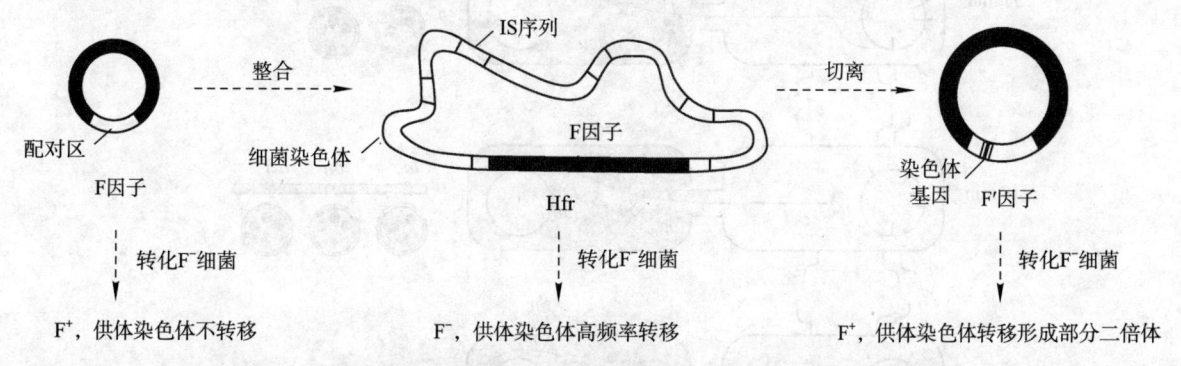

**图 8-32 F 因子、Hfr 和 F′ 因子的关系及转化 F⁻ 细胞后的表型总结图**

### 8.6.4 中断杂交作图

细菌的接合过程像转化一样,一个菌株起着供体的作用,另一菌株起着受体的作用。在这种情况下,

某一细菌是否是供体决定于是否有 F 因子整合到染色体上使之成为 Hfr 菌株。因此要进行制作遗传图的接合杂交实验，首先应该通过 $F^+ \times F^-$ 杂交，将 F 因子导入一个合适的供体菌，然后再从中筛选出一个 Hfr 菌株。F. Jacob 和 E. Wollman 在 1961 年研究了染色体基因从 Hfr 菌株转移到 $F^-$ 细胞的情况，杂交是这样的：

$$HfrH\ thr^+\ leu^+\ azi^r\ ton^r\ lac^+\ gal^+\ str^s \times F^-\ thr^-\ leu^-\ azi^s\ ton^s\ lac^-\ gal^-\ str^r$$

HfrH 菌株是原养型的，对链霉素敏感；$F^-$ 菌株带有链霉素抗性基因和一系列的突变基因：苏氨酸和亮氨酸依赖型（$thr^-$、$leu^-$），对叠氮化钠敏感（$azi^s$），对噬菌体 T1 的感染敏感（$ton^s$），不能利用乳糖（$lac^-$）或半乳糖（$gal^-$）作为碳源。

实验开始前，将两个菌株混合在营养培养基中于 37 ℃ 培养，几分钟后，将培养物稀释以阻止新的交配，这一过程是为了保证两细胞间染色体转移的同步。每隔一定时间从交配混合物中取样，把菌液放入搅拌器内搅拌以打断配对的接合管，使接合的细胞分开以中断杂交，将这种中断接合的细菌涂布于均含有链霉素的几种不同的培养基（基本筛选培养基）上，观察形成了什么样的重组子。例如，在不含亮氨酸的基本筛选培养基上形成了菌落，它的基因型必定是 $leu^+\ str^r$。实验表明，$thr^+$ 是最先进入 $F^-$ 细胞的，接合 9 min 时就出现了重组子，接着 $leu^+$ 出现。因此他们就选用 $thr^+$、$leu^+$ 和 $str^r$ 这三个基因作为选择标记（selected marker），即在培养基中含有链霉素但不含有苏氨酸和亮氨酸的培养基作为筛选培养基，其他的基因就是非选择标记（nonselected marker）。经不同时间的多次中断杂交和取样选择，得到大量 $thr^+\ leu^+\ str^r$ 重组子菌落，将这些重组子菌落影印培养在若干不同的选择培养基（如加有叠氮化钠或加有噬菌体 $T_1$ 等）上，就可以分析 Hfr 染色体上其他非选择性标记基因进入 $F^-$ 细菌的顺序和所需的时间，从而绘制出连锁图。这种根据供体基因进入受体细胞的顺序和时间绘制连锁图的技术，称为中断杂交技术（interrupted mating technigue）（图 8-33）。

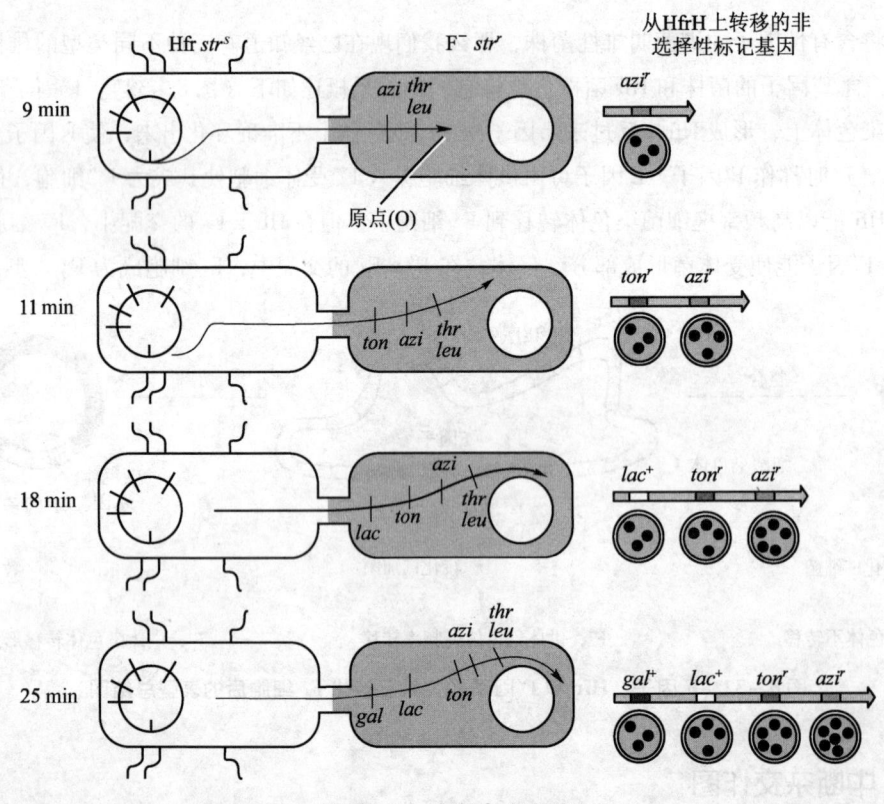

**图 8-33　中断杂交实验**

HfrH 的非选择性标记基因在不同的杂交时间进入 $F^-$ 受体细胞

结果发现，在两菌株混合后 8 min 时，还未见有供体菌的非选择性标记基因进入 F⁻ 细胞，在混合后 9 min 取样时，开始出现少量叠氮化钠抗性菌落，但此时受体菌对 T1 噬菌体还是敏感的，说明 *tonʳ* 基因尚未进入 F⁻ 细菌中，混合后 11、18 和 25 min 取样时，陆续出现对 T1 噬菌体有抗性、能利用乳糖（*lac*⁺）和半乳糖（*gal*⁺）的菌落（图 8-33）。

从 Hfr 菌株的基因在 F⁻ 细菌中出现开始，随着时间的推移，具有这一基因的菌落逐渐增加，直到某一百分数为止，而且某一基因出现的时间越早，它所达到的百分数也越高，但不可能达到 100%，这是因为这一频率反映的是这一基因和 *thr*⁺ *leu*⁺ 同时重组入受体染色体的频率，这和它与选择标记的距离有关，相距越近，同时重组的频率越高，相距越远，同时重组的频率就越低。例如，非选择标记中叠氮化钠抗性基因出现最早，在 24 min 时就达到大约 90% 的 F⁻ 菌落，这时这一频率趋于平衡，不再上升，因为还有 10% 只是在转移 *thr*⁺ *leu*⁺ 后就中断转移了；半乳糖发酵基因出现最迟，即使在混合后 60 min 时取样，也只有 30% 的菌落属于能利用型（图 8-34）。

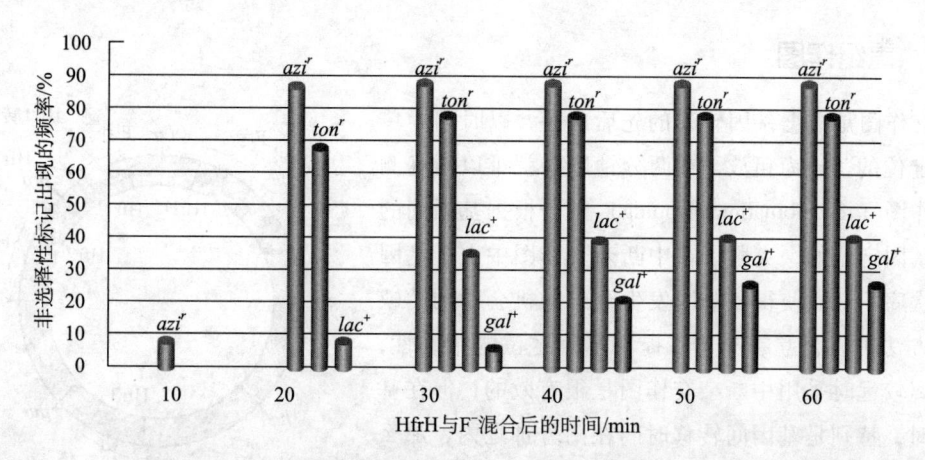

**图 8-34　HfrH 菌株各非选择性标记基因进入 F⁻ 细菌的时间不同，达到的最高频率也不同**

这些事实说明，从染色体的一端（原点）开始（见图 8-33），Hfr 细菌的基因按一定的时间顺序依次地出现在 F⁻ 细胞中，基因离原点越远，进入 F⁻ 细胞越迟，离原点较远的基因，可能在转移过程停止以前，仍未转移，因而斜率较低，达到的最高值也较小（见图 8-34）。

以上实验表明，Hfr 特定基因进入受体的时间与该基因在染色体上的排列顺序成正比关系。因此利用中断杂交技术，用杂交后 Hfr 基因在受体菌中出现的时间先后作为指标，就可以制作出连锁图（图 8-35）。根据这些数据，可以认为 Hfr 染色体是以直线的方式转移到 F⁻ 细胞的。如果让 Hfr × F⁻ 杂交继续进行，长达 2 h 后，发现某些 F⁻ 受体转变为 Hfr。换句话说，致育因子最后转移到受体，并使它们成为供体，但效率很低，是线性染色体的最后一个单位（图 8-35）。

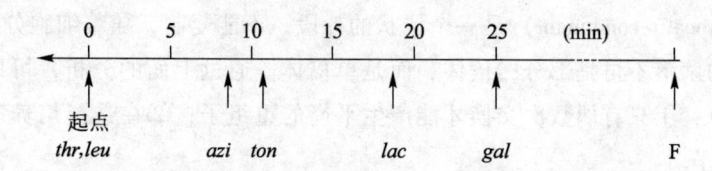

**图 8-35　根据中断杂交技术所作的部分 *E. coli* 连锁图，图距单位为 min**

同一个 Hfr 菌株的转移起始点以及基因的转移顺序在不同的实验中都是相同的，但是由于 F 因子能在很多地方整合到细菌染色体上，且由于 F 因子本身就决定了基因转移的方向，因此一个 F⁺ 品系可产生许多 Hfr 品系。用这些不同品系的 Hfr 菌株进行中断杂交实验，染色体的转移可以是以不同的方向和从不同的地方开始转移的，如 4 种 Hfr 菌株 HfrH、Hfr1、Hfr2 和 Hfr3 的基因转移顺序分别是：*thr-pro-lac-pur-gal-his-gly-thi*、*thr-thi-gly-his-gal-pur-lac-pro*、*pro-thr-thi-gly-his-gal-pur-lac*、*pur-lac-pro-thr-thi-gly-his-gal*。

从表面上看，4 种 Hfr 菌株的基因转移次序好像很乱，很难理解，但如果仔细比较，基因的排列是存在一定顺序的，我们可以将转移基因的邻接顺序排列成：

| HfrH | *thr—pro—lac—pur—gal—his—gly—thi* |
| Hfr1 | *pro—lac—pur—gal—his—gly—thi—thr* |
| Hfr2 | *lac—pur—gal—his—gly—thi—thr—pro* |
| Hfr3 | *gal—his—gly—thi—thr—pro—lac—pur* |

考虑到基因之间的重叠，从这些数据中我们能够作出的最简单图形是一个圆形（图 8 - 36），这是一个非常有意义的发现，因为这跟以前所有真核生物染色体的线状遗传图是不同的，大肠杆菌的遗传图谱是环形的（图 8 - 39）。这个图谱的信息为后来大肠杆菌的 DNA 测序提供了非常有用的指导。

### 8.6.5 重组作图

中断杂交作图是根据基因转移的先后次序，以时间为单位进行基因定位的，较为粗放，在两分钟以内就难以精确测定。而重组作图（recombination mapping）则是根据基因间的重组率进行基因定位的，克服了在中断杂交作图中由于基因转移的先后次序不一而使得各基因发生重组的机会不同的缺陷。这两种方法可以相互补充，以提高基因定位的精确性，如在基因距离较远时采用中断杂交作图是很有效的，但在基因距离较近时，特别是基因间转移时间在两分钟之内，那么仅用中断杂交实验进行基因定位就不那么精确可靠，不过它仍可为重组作图提供某些基因间的连锁关系及其先后次序的依据。

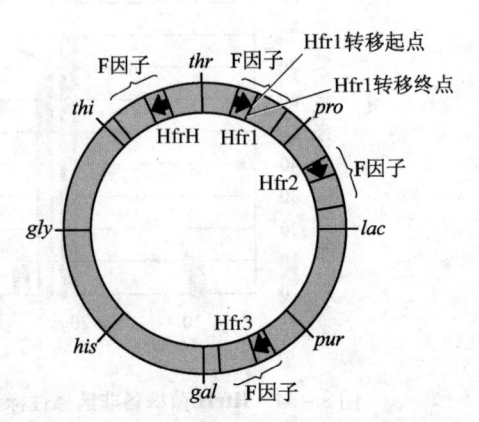

图 8 - 36 不同的 Hfr 菌株转移的起点和方向均不同

细菌重组作图的基本原理与真核生物的重组作图是相同的，即常用三点或两点实验。但二者之间还是存在许多不同之处：通过转化、转导及接合的细菌基因转移大部分只能使受体细胞转变成部分二倍体，即含有供体染色体片段和完整的受体染色体，因而细菌的重组通常发生在部分合子（半合子 merozygote）中，而不是发生在真核生物中的那种真正意义上的合子即二倍体细胞中；半合子的重组过程是通过一个双交换将供体染色体整合到受体基因组中，从而产生一个完整的重组子染色体，在供体染色体和受体染色体间的单交换不会产生结构完整的染色体，而在二倍体合子中重组的产生可以只通过一个单交换，且基因间的双交换往往无法观察到；在细菌半合子中的这种偶数次交换得到的重组子只有一种类型，因为相反的重组子（reciprocal recombinant）是一个线状的片段，不能复制，随着细胞分裂而被丢失，所以重组后 F⁻ 细胞所产生的菌落不再是部分二倍体，而是单倍体。通过上面的分析，可以看出细菌的重组有下列特点（图 8 - 37）：①只有偶数次交换才能产生平衡的重组子；②在选择培养基上只出现一种重组子，没有相反的重组子。

下面通过实例来说明如何进行细菌的重组作图。例如，根据中断杂交实验结果已知 *lac* 和 *ade* 两个基因是紧密连锁的，且对某一特定的 Hfr 供体来说，*lac*⁺ 先于 *ade*⁺ 进入受体细胞。将 Hfr *lac*⁺ *ade*⁺ *str*ˢ 供体菌与 F⁻ *lac*⁻ *ade*⁻ *str*ʳ 受体菌杂交，在混合 60 min 后，倒平板于含有链霉素而缺乏腺嘌呤的完全固体培养基上（在这种培养基上，Hfr 和 F⁻ 细胞都被杀死，因为一个是链霉素敏感的，另一个是腺嘌呤缺陷的）。在这种培养基上长出来的重组子应该都是 *ade*⁺ *str*ʳ，且 *lac*⁺ 一定已先进入了 F⁻ 细胞。Hfr *lac*⁺ *ade*⁺ 转入受体细胞后

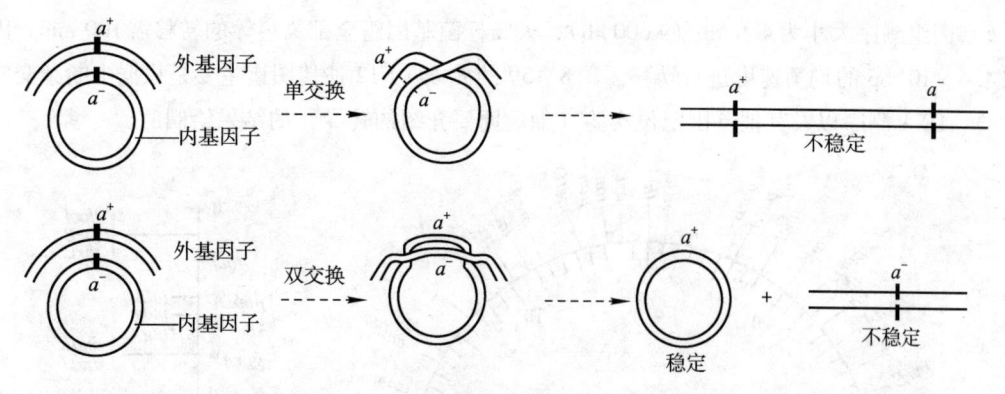

**图 8-37 细菌重组，示部分二倍体中外基因子和内基因子之间单交换或双交换的结果**

将会产生四种情况（图 8-38）：①$lac^+ ade^+$ 未整合到 F⁻ 基因组中，而是以片段的游离形式存在，由于它不能进行独立复制，因而在细胞分裂中被丢失；当然，F⁻ $lac^- ade^-$ 也可以说是亲组合，但由于它在缺乏腺嘌呤的培养基上不能生长，因而对于计算图距也是没有意义的。②如果在这两个基因之外发生双交换，而在 lac 和 ade 之间没有发生重组，则在缺乏腺嘌呤的培养基上表现为 F⁻ $lac^+ ade^+$；③表型为 $lac^+ ade^-$，这种类型在缺乏腺嘌呤的培养基上是不能生长的，无法筛选出来；④表型为 $lac^- ade^+$，它可以在缺乏腺嘌呤的培养基上生长。

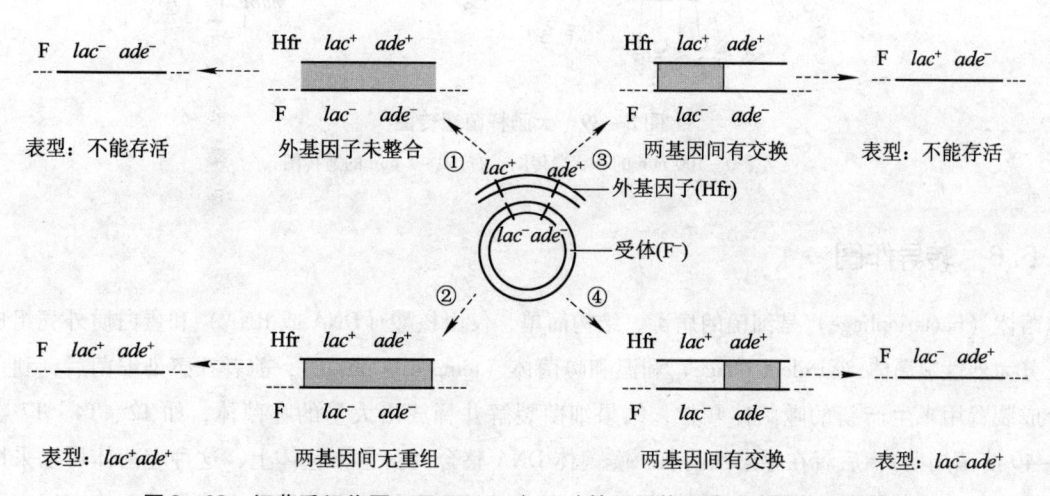

**图 8-38 细菌重组作图，示 Hfr $lac^+ ade^+$ 转入受体细胞后产生的 4 种情况**

在计算重组值时，我们可以这样考虑以上 4 种类型：第①种情况根本没有整合，不必考虑；第②种情况下，在 lac–ade 间未发生过交换，可认为是亲组合；第③种情况，一方面无法筛选，另一方面并不一定是由于在 lac–ade 间发生过交换，而很可能是 $lac^+$ 进入而 $ade^+$ 还未进入受体细胞，因而这种情况对计算基因间的图距没有意义；第④种情况是真正的重组子，因为这种情况的产生一定是内基因子和外基因子在这两个基因之间发生交换的结果。综上分析，lac–ade 两基因间的距离可用下式计算：

$$\frac{lac^- ade^+}{(lac^- ade^+)+(lac^+ ade^+)} \times 100 = \frac{lac^- ade^+}{ade^+} \times 100$$

由上求出 lac 和 ade 间的交换值为 22%。这里顺便交代一下 $lac^+$ 和 $lac^-$ 的鉴定，将细菌培养在加有曙红和美蓝的含乳糖培养基上，如能发酵乳糖，菌落呈紫红色的是 $lac^+$，如不能利用乳糖，菌落呈白色，则是 $lac^-$。

用重组频率（RF）所测得的基因间距离与用时间分钟（T）为单位以随意起点的中断杂交完成获得的基因间距离是基本相符的，1 个时间单位（1 min）相当于 20 cM，即 RF : T 约等于 20。1997 年完成的

*E. coli* K12 基因组测序大小为 4.6 Mb（4600 kb），大肠杆菌基因组全部染色体的转移需 100 min，因此，每分钟约以 $4.6 \times 10^4$ bp 的均衡速度进行转移。图 8-39 的 *E. coli* K12 遗传图谱主要是根据中断杂交实验、基因重组实验、DNA 测序以及其他基因定位实验（如后面要介绍的转导）的结果绘制的。

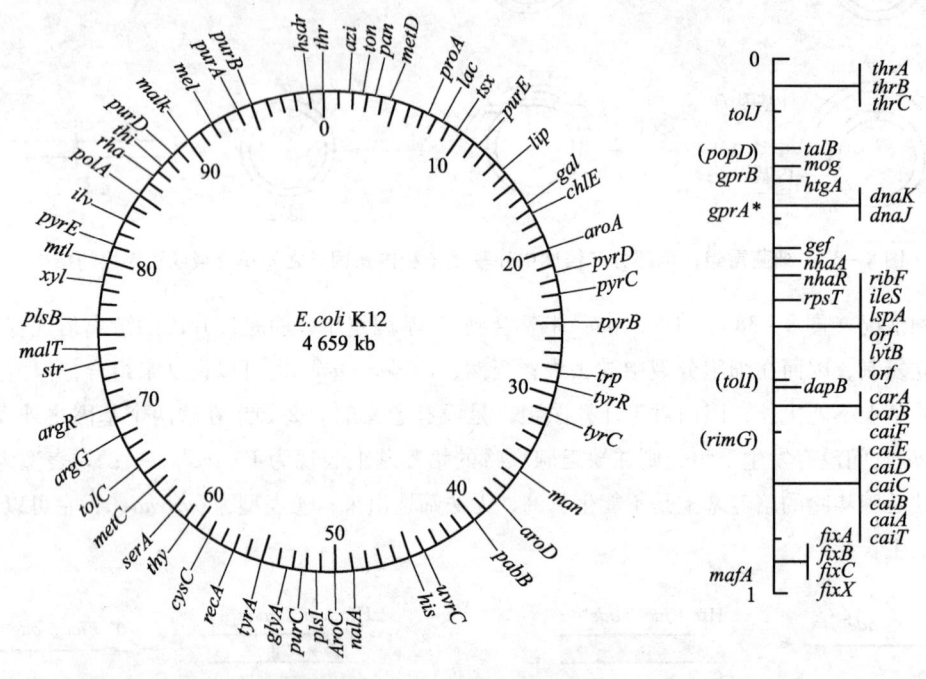

**图 8-39 大肠杆菌遗传图**

左：0~100 min 的环状遗传图；右：0~1 min 的遗传图

## 8.6.6 转导作图

噬菌体（bacteriophage）是细菌的病毒，结构简单，仅由核酸（DNA 或 RNA）和蛋白质外壳组成。噬菌体可分为烈性噬菌体（virulent phage）和温和噬菌体（temperate phage），前者在感染细菌后，利用宿主菌的合成装置用来生产新的噬菌体颗粒，结果细菌裂解并释放出大量的噬菌体，如 T2、T4、T7 噬菌体（图 8-40 溶菌周期）；后者在感染细菌后，噬菌体 DNA 整合到宿主染色体上，这种噬菌体可以采用两种增殖周期中的一种，其中一种是溶菌周期（lytic cycle），类似于烈性噬菌体的方式，噬菌体在宿主菌内迅速大量增殖，使菌体裂解，释放出噬菌体，另一种是所谓的溶原周期（lysogenic pathway），整合到宿主染色体上的噬菌体 DNA 处于一种休眠状态，它随宿主染色体的复制而复制，这种整合到宿主染色体中的噬菌体基因组称为原噬菌体（prophage），带有原噬菌体的细菌如大肠杆菌 K（λ）就称为溶原性细菌（lysogenic bacterium）（图 8-40）。虽然这种感染对细菌的生长没有影响，但是它对同一种噬菌体的感染有了免疫性，但偶尔也有少量这种原噬菌体复苏转变成为裂解周期，即复制噬菌体和溶解细菌，另外通过诱变剂如紫外线、丝裂霉素 C 等处理这种溶原性细菌可使其转变成裂解周期（图 8-40）。温和噬菌体如 λ 噬菌体和 P1 噬菌体。

1952 年，J. E. Lederberg 和他的学生 N. Zinder 为了试验在鼠伤寒沙门氏菌（*Salmonella typhimurium*）中是否也存在像大肠杆菌中的接合现象，进行了下列杂交试验：LT22 $phe^- \ trp^- \ tyr^- \ met^+ \ his^+ \times$ LT2 $phe^+ \ trp^+ \ tyr^+ \ met^- \ his^-$。结果发现，在基本培养基上以很低的频率（$10^{-5}$）出现了原养型重组菌株（$phe^+ \ trp^+ \ tyr^+ \ met^+ \ his^+$），这似乎和大肠杆菌中的接合重组情况相似，但当他们使用 U 型管装置时，仍然发现有原养型菌株的存在，显然这种重组与大肠杆菌中的接合重组不同，它们不需要细胞间的直接接触。进一步的实验证明在两个菌株之间传递遗传物质的因子是一种已知的沙门氏菌的温和噬菌体 P22，它可以在滤板之间自由移动。这一实验发现了与转化和接合作用不同的细菌遗传物质传递的第三种途径——转导。

转导是指利用噬菌体作为载体将遗传信息从一个细菌细胞转移和整合到另一个细菌细胞的过程，利用转导也可以制作细菌基因的精细图谱。由于温和噬菌体使它们感染的细菌溶原化，而不是杀死它们，因而温和噬菌体对遗传学作图更为有用。转导可分为两种类型：一种是普遍性转导（generalized transduction），指通过噬菌体可以转移细菌染色体上的任何基因，如 P22、P1；另一种是特异性转导（specialized transduction），这类噬菌体只转移细菌染色体的特定部分，如 λ 噬菌体。

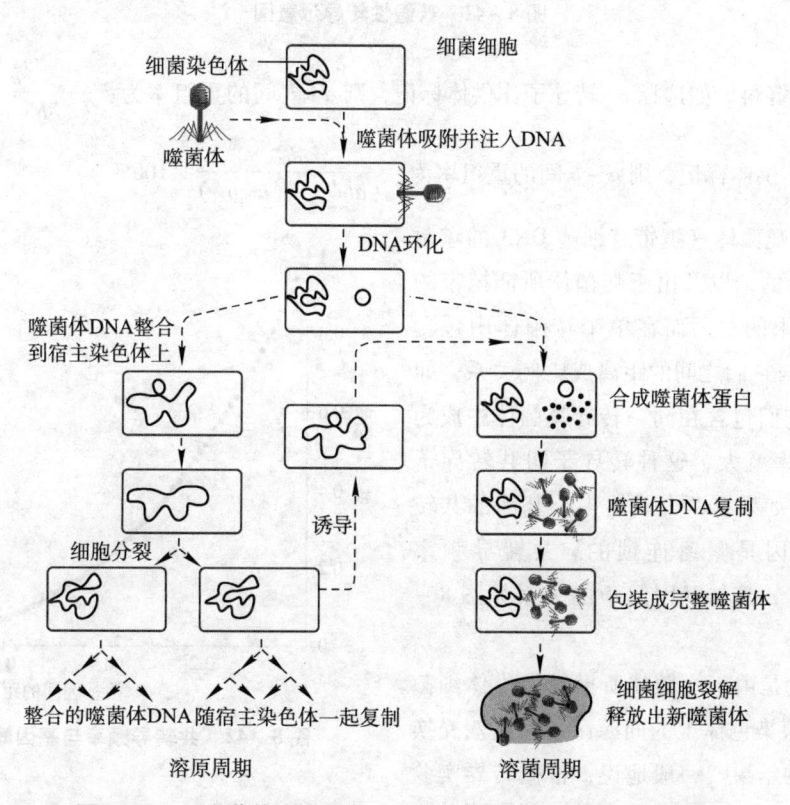

图 8-40　λ 噬菌体生活周期，示噬菌体的溶原周期和溶菌周期

**1. 普遍性转导及其作图**

在正常情况下，P1、P22 噬菌体感染 *E. coli* 细胞后进入溶原状态，但偶尔这种处于溶原状态的原噬菌体进入裂解周期，噬菌体编码的核酸酶将细菌染色体降解成小片段，在噬菌体开始包装形成颗粒时，因其包装不严格，偶尔错误地（1%～2%）把细菌染色体的片段组合到头部。由于噬菌体感染细菌的能力是由外壳蛋白决定的，所以这种含有细菌染色体的噬菌体或转导粒子（transducing particle）同样可以吸附到细菌细胞并注入它们的内容物，只不过其内容物包含了宿主细菌的部分基因，如对于一个含有 3 000 个基因的细菌，一个转导病毒颗粒可以包装进 30～60 个细菌基因。当转导噬菌体将内容物注入受体细胞后，形成一个部分二倍体，然后导入的基因通过重组，整合到宿主菌的染色体上（图 8-41）。因为由噬菌体错误包装及注入受体菌的供体菌 DNA 片段是随机的，因而对所转导的基因没有限制，故称这种转导为普遍性转导。

利用普遍性转导制作细菌遗传图，仅需要温和噬菌体和携带不同遗传标记的细菌菌株，采用两点或三点转导实验。实验的成功与否取决于能否筛选出含有供体标记的转导子（transductant），所谓转导子是指那些通过转导作用产生的表达外基因子的受体细胞。例如，从一个 $a^+b^+$ 供体到一个 $ab$ 受体的转导会产生下列不同类型的转导子，如 $a^+b$、$ab^+$、$a^+b^+$，如果筛选到其中一个作为供体标记，我们就能够获得这两

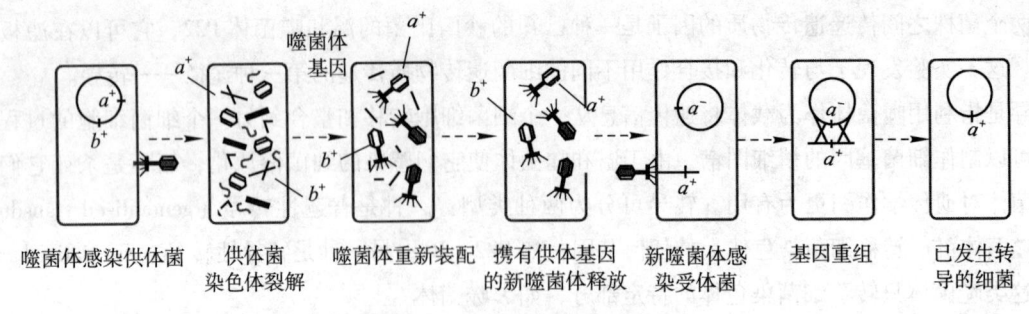

图 8-41 普遍性转导示意图

个基因之间的连锁资料。如选择 $a^+$ 转导子作供体标记，则 $a-b$ 间的重组率为：$\dfrac{a^+b}{(a^+b)+(a^+b^+)} \times 100\%$；

如选择 $b^+$ 转导子作供体标记，则 $a-b$ 间的重组率为：$\dfrac{ab^+}{(ab^+)+(a^+b^+)} \times 100\%$。

由于产生转导噬菌体（携带有细菌 DNA 的噬菌体）的比例是很少的，以及由于噬菌体所能携带的细菌 DNA 量是有限的，因而在单个噬菌体中包含 $a^+$ 或 $b^+$ 的机会就与它们之间的距离成比例关系，如果基因足够近，它们包含在同一转导噬菌体中成为 $a^+b^+$ 转导子的概率就大，这种转导子叫共转导子（cotransductant），如果有两个或更多个基因的共转导就表明这些基因是紧密连锁的。共转导频率 $c.f.=(a^+b^+)/a^+$，其与基因间距的关系如图 8-42 所示。

转导子的产生是由于噬菌体所携带的供体细菌染色体与受体细菌染色体上的同源区域发生双交换或其他偶数交换的结果。一般地说，根据转导实验构建的遗传图与依照接合实验作的遗传图是一致的，但前者更为精确。

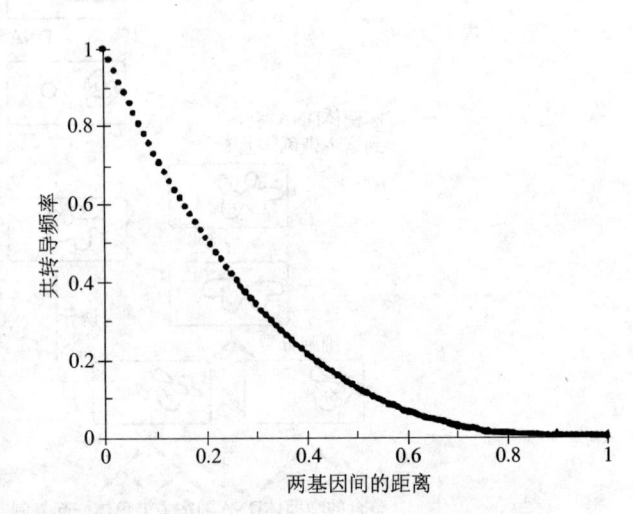

图 8-42 共转导频率与基因间距的相关性

**2. 特异性转导及其作图**

特异性转导又称局限性转导（restricted transduction）。与普遍性转导噬菌体不同，这类噬菌体仅能转导细菌染色体的某些特定部分。

温和噬菌体 λ 仅整合到宿主染色体的特定附着位点 attB 处而形成原噬菌体，attB 位点的一边是半乳糖操纵子 gal 基因，另一边是生物素合成基因 bio，attB 与位于 λDNA 上的叫 attP 的位点是同源的，通过单交换使 λDNA 整合到宿主染色体上（图 8-43）。

E. coli K12 是 λ 噬菌体特异溶原的大肠杆菌菌株。让我们集中注意 gal 基因，并且假设 λ 溶原的 K12 菌株是 $gal^+$，即它能利用半乳糖作为碳源。如果用紫外线照射等诱导原噬菌体裂解，裂解周期开始后，在 attB/attP 位点产生一个单交换，使噬菌体染色体环化出来，产生一个单独的环状 λ 染色体，但环化有两种情况（图 8-43）：一种是正常环化，即大多数情况下噬菌体染色体的分离是精确的，因而产生一个完整的 λ 染色体；另一种是非正常环化，即在少数情况下分离是不精确的，将 attB 附近的基因 $gal^+$ 或 $bio^+$ 等错误地环化出去，而将噬菌体本身的部分片段留在细菌染色体上。在局限性转导颗粒中，被包装的 DNA 总长度与噬菌体基因组长度相当，否则就难以包进噬菌体的头部外壳中，因此，在局限性转导颗粒中既然加进了一段细菌的 DNA，那么必然要减少相应长度的一段噬菌体自身的 DNA，所以这种转导噬菌体是有缺陷的（defective），因此用 λd gal 或 λd bio 表示，这里"gal"或"bio"指在这种噬菌体中所含的细菌基因，这过程类似于 F 因子不准确分离产生 F'因子的过程。λd gal 能够继续裂解宿主细胞，这是因为所有的 λ 基因都存在，只是部分在噬菌体染色体上，部分在细菌染色体上。

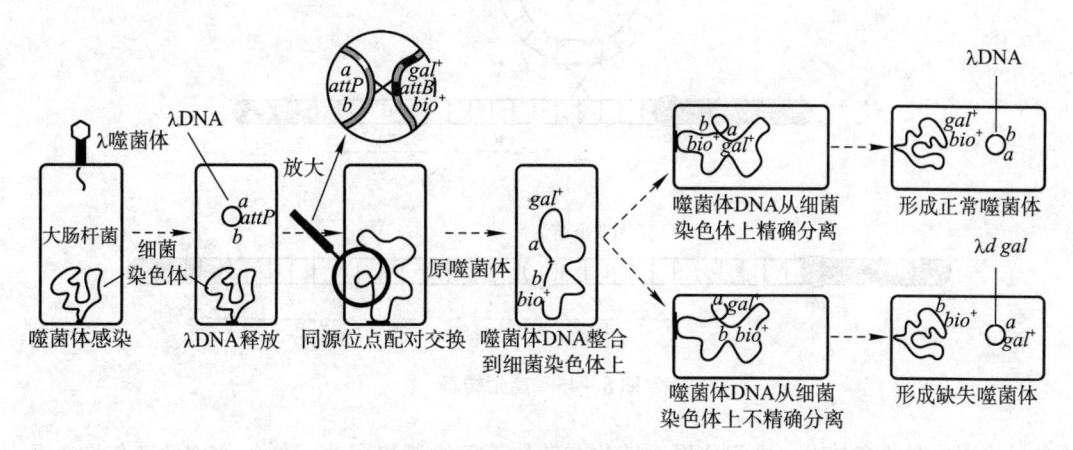

**图 8-43　λ 噬菌体的整合与切离**

由于很少发生这种不正常的环化现象，因此在溶菌产物中绝大部分是正常的噬菌体，而只有约 $10^{-5}$ 为转导噬菌体。由于 λd gal 常缺失尾部基因 J，多不能复制，菌株经诱导使细胞裂解后，在释放出的 $10^6$ 个噬菌体中只有 1 个 $gal^+$ 转导噬菌体感染受体，因此转导的频率较低（小于 $10^{-6}$），故称为低频转导（low-frequency transduction，LFT）。

正常的 λ 噬菌体基因组因其未携带有 $gal^+$ 或 $bio^+$ 基因，所以当它侵染 $gal^-$ 或 $bio^-$ E. coli 时，不能使其转导成野生型，因此虽然 λd $gal^+$ 产生的频率很低，但它还是可以被用于感染细菌以使 $gal^+$ 基因导入 $gal^-$ 受体菌中。λd $gal^+$ 侵染 $gal^-$ 菌株时可以通过两种不同的途径获得 $gal^+$ 转导子：一种是通过单交换整合形成部分二倍体，但这种转导子可因 λ 的切离、丢失而又回复成 $gal^-$ 品系，因而不稳定（图 8-44②）；另一种途径是通过 λ 携带的 $gal^+$ 和受体的基因 $gal^-$ 进行同源配对，经双交换，产生重组的转导子，这种转导子较为稳定（图 8-44①）。

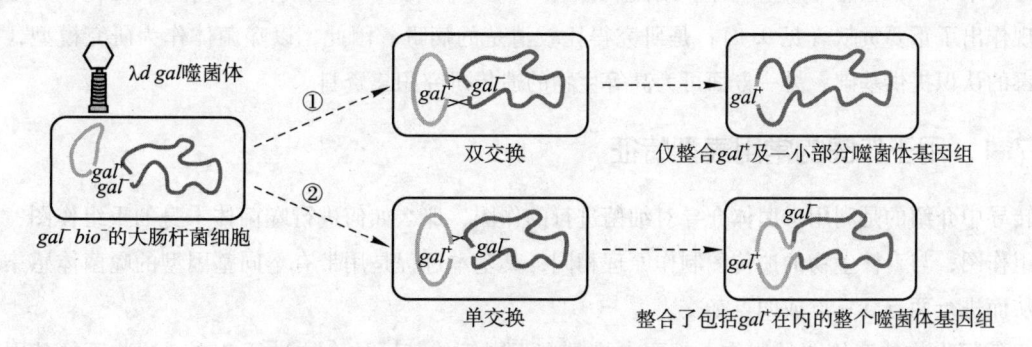

**图 8-44　λd $gal^+$ 噬菌体整合到受体菌中的两种方式**

当 λd $gal^+$ 感染 E. coli $gal^-$（λ）时，λd $gal^+$ 和已整合的正常的 λ 之间通过单交换进行同源重组可形成双重溶原（double lysogen）细菌（图 8-45）。双重溶原菌的染色体上含有一个正常的 λ 可提供给 λd $gal^+$ 复制所需的一切物质，因而这时 λ 和 λd $gal^+$ 都同步大量复制，直至细胞裂解释放出来，释放出来的 λd $gal^+$ 可感染 E. coli $gal^-$ 受体，从而进行转导。由于一个细胞能释放出比 LFT 多得多的 λd $gal^+$，转导频率较高，故称为高频转导（high-frequency transduction，HFT）。同样双重溶原转导子也是不稳定的。关于 λDNA 整合到 E. coli 染色体上及从 E. coli 基因组中切离下来的机制将在第 12 章中作详细介绍。

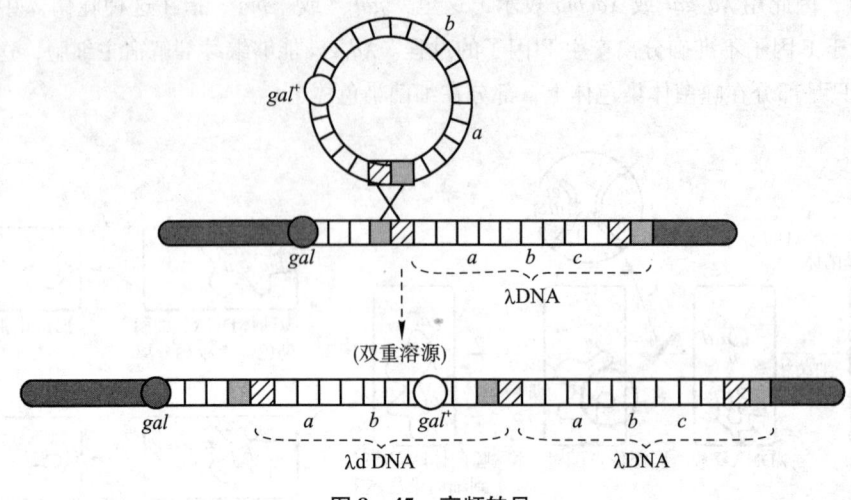

图 8-45　高频转导

总之，应用中断杂交技术、重组作图、转化和转导等已绘制出了非常详细的细菌遗传图，并且早在 1997 年就已完成了 *E. coli* 的基因组测序，目前已基本了解 *E. coli* 的功能基因。当然细菌是一个大的家族，许多成员在工农业生产和医学中具有重要作用，因此，深入对 *E. coli* 及其他细菌基因和基因组的研究有着重要的意义。

## 8.7　噬菌体的遗传分析与作图

以微生物为研究材料对于分子遗传学的发展起了重要的作用。病毒是最原始的生物，比细菌更为简单，没有细胞结构，不能进行自主分裂，只能在宿主细胞内以集团形式增殖。病毒按寄主可分为动物病毒、植物病毒、细菌病毒；按遗传物质可分为 RNA 病毒和 DNA 病毒。病毒的遗传物质也可以从一个个体传递到另一个个体，也能形成重组体。细菌病毒（bacterio-phage）即噬菌体（phage）曾对 DNA 是遗传物质的发现作出了重要贡献（见 9.1），是研究得比较清楚的病毒。因此，以噬菌体作为研究模型，一方面可对病毒的认识提供基础，另一方面可为高等生物的遗传研究积累资料。

### 8.7.1　用于作图的常用表型特征

在转导中介绍的是利用噬菌体介导对细菌进行的作图，那么如何进行噬菌体本身的重组作图？对噬菌体的重组作图，与真核生物的遗传图制作原理相同，其基本过程是用带有不同基因型的噬菌体感染同一宿主菌，从而进行两点、三点或四点杂交。

对于任何生物的遗传图的制作，都要求携带有不同等位基因的个体进行杂交，这些等位基因都会引起表型上的差异，如果蝇的红眼与白眼、豌豆的皱缩种子与饱满种子等。但是噬菌体不能提供这样明显的表型特征，因为单个的噬菌体只能在电镜下才可观察其形态，突变所引起的形态变化没有电镜是无法鉴别的。然而，突变影响到生活周期，会产生不同的噬菌斑（plaque），因此用于噬菌体遗传学研究的表型通常是基于噬菌体和宿主细菌细胞之间的相互作用及噬菌体生活周期的变化。常见的三种类型突变体对噬菌体的遗传学作图是非常有用的，它们是宿主范围突变型、噬菌斑形态突变型、温度敏感突变型。

宿主范围（host range，*h*）突变体指能感染某些菌株而对其他菌株不能感染的突变体。例如，野生型

$h^+$ T2 噬菌体能侵染和裂解 *E. coli* 菌株 B，但不能侵染 *E. coli* 菌株 B/2，所以把 T2 噬菌体接种到 B 和 B/2 的混合培养物时，噬菌斑是半透明的。突变型 $h$ 既能侵染菌株 B，也能侵染菌株 B/2，所以接种到 B 和 B/2 的混合培养物后，能够形成透明的噬菌斑（图 8-46）。

在有关噬菌斑形态（plaque morphology）突变体中，野生型 $r^+$ 噬菌体在侵染细菌后，形成小噬菌斑，直径约 1 mm，周边有朦胧的光环。从众多的野生型小噬菌斑中，偶尔会出现直径约 2 mm 的大噬菌斑，这是由称为快速溶菌（rapid lysis）的突变型噬菌体 $r$ 引起的，$r$ 噬菌体形成的噬菌斑不仅大，而且周缘清晰。

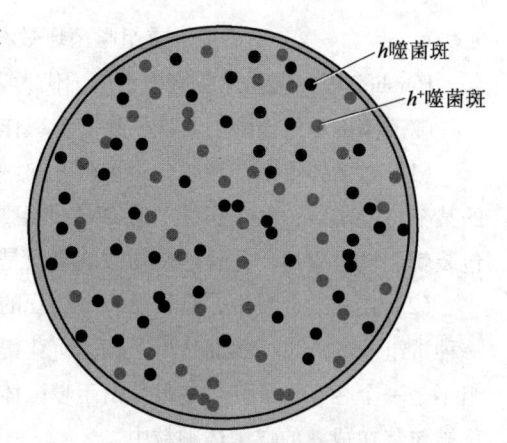

图 8-46　$h$ T2 和 $h^+$ T2 感染 *E. coli* 菌株 B 和 B/2 混合菌苔所产生的噬菌斑形态差异

第三对性状是有关温度敏感（temperature-sensitive，$ts$）的。在 30 ℃这种突变体能无限增殖，而在 40 ℃则表现为突变型，如 T4 温度敏感突变型，在 42℃时是致死的。

### 8.7.2　遗传重组与作图

1946 年，M. Delbrück 和 A. Hershey 各自独立地发表了噬菌体遗传重组的发现。Hershey 等用宿主范围突变型和噬菌斑形态突变型这两对性状进行杂交，两个亲本噬菌体的基因型分别是 $hr^+$ 和 $h^+r$，首先用它们同时感染菌株 B（噬菌体的浓度要高，使有高比例的细菌同时受到两种噬菌体的感染），为了检验两基因位点间发生重组的情况，把释放出来的噬菌体（子代噬菌体）接种在同时长有菌株 B 和 B/2 的混合培养物上，结果看到的不是 2 种而是 4 种噬菌斑（表 8-9，图 8-47）。

表 8-9　$hr^+ \times h^+r$ 中出现的 4 种噬菌斑

| 表型 | 推导的基因型 | 重组合或亲组合 |
| --- | --- | --- |
| 透明，小 | $h\,r^+$ | 亲组合 |
| 半透明，大 | $h^+r$ | 亲组合 |
| 半透明，小 | $h^+r^+$ | 重组合 |
| 透明，大 | $h\,r$ | 重组合 |

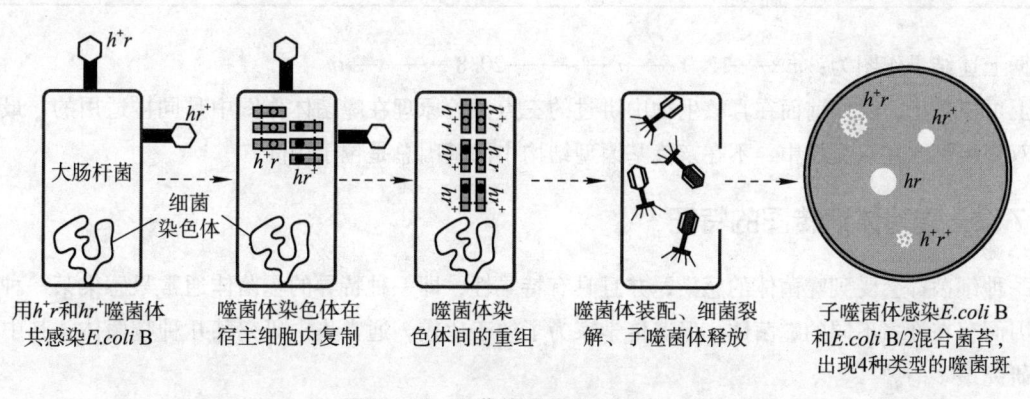

图 8-47　噬菌体遗传重组示意图

这两个位点之间的重组值可用下式进行计算：

重组值 = 重组噬菌斑数/总噬菌斑数 = $[(h^+r^+)+(hr)]$/总噬菌斑数

Hershey 等发现上述实验中重组子代为 2%，亲组合为 98%，即 $h$ 和 $r$ 两基因间的距离为 2 cM。

噬菌体的重组作图与真核生物的重组作图相比有它自己的特点：

（1）噬菌体重组与减数分裂重组不同。在性细胞的减数分裂中，染色体联会和交换是发生在细胞分裂的某个特定阶段；而在病毒中的 DNA 重组则没有这么严格和复杂，在噬菌体的任何阶段只要 DNA 没有被包装就能发生重组，并且遗传物质的交换是多次轮回进行的。

（2）在减数分裂中，重组是一个相互的事件，也就是说一个重组子的产生也有相对应的同样频率的另一种重组子的产生；然而从单个细胞所获得的溶菌产物中，相互重组子的数目并不相等，但这并不说明重组不是一个相互的事件，这只是由于噬菌体生活周期的特殊性所决定的，因为并不是所有的噬菌体染色体都被包装在成熟的噬菌体颗粒中。

（3）病毒是单倍体，因而由两点试验所得的 4 种噬菌斑或由三点试验所得的 8 种噬菌斑都可以直接统计。

下面以噬菌体三突变株通过三点试验制作遗传图的过程加以说明。T4 噬菌体小噬菌斑（$m$）、快速溶菌（$r$）和噬菌斑浑浊（$tu$）突变型与这三个标记都是野生型的噬菌体杂交（$m\ r\ tu \times +++$）的三点试验结果见表 8-10。

表 8-10 噬菌体 $m\ r\ tu \times +++$ 的三点杂交试验结果

| 类型 | 基因型 | 噬菌斑数 | % | 是否交换 $m-r$ | 是否交换 $r-tu$ | 是否交换 $m-tu$ |
|---|---|---|---|---|---|---|
| 亲本类型 | $m\ r\ tu$ | 3 467 | 69.6 | | | |
|  | $+++$ | 3 729 | | | | |
| 单交换型 | $m++$ | 520 | 9.6 | √ | | √ |
|  | $+r\ tu$ | 474 | | | | |
| 单交换型 | $m\ r+$ | 853 | 17.5 | | √ | √ |
|  | $++tu$ | 965 | | | | |
| 双交换型 | $m+tu$ | 162 | 3.3 | √ | √ | √√ |
|  | $+r+$ | 172 | | | | |

根据上述结果作图为：$m \longleftarrow 12.9 \longrightarrow r \longleftarrow 20.8 \longrightarrow tu$

由上可以看出，我们前面在真核生物中讲过的三点试验原理在噬菌体作图中是同样适用的，最少的基因型为双交换型，在双交换中，不在亲代基因型结构中的基因总是位于中间。

### 8.7.3 噬菌体遗传图的特征

每一种细菌都会受到噬菌体的感染，并且具有特异性，即一种特异的噬菌体通常只感染某一种特异的细菌，因而存在许多不同的噬菌体。但遗传学家为了便于比较，通常集中研究某几种噬菌体，其中 T 噬菌体就是研究最多的。

T 偶列噬菌体如 T2 和 T4 具有六角形的头部，其内含有双链 DNA 分子，它们的大部分基因是共同的，且功能相关的基因是成簇分布的。通过遗传重组实验发现，T 噬菌体的遗传图跟细菌的一样，也是环状的。然而，物理学的研究（如放射自显影及电子显微镜等）表明，噬菌体 DNA 是线状的。

为什么线性 DNA 却具有环状的遗传图？实验发现，从这些噬菌体中分离得到的 DNA 具有末端冗余（terminally redundant）并有环状排列的基因次序（circularly permuted）：染色体双链 DNA 的两端带有相同的碱基顺序，即它们是冗余的（如 ABCDEFG……WXYZABC）；然而每个染色体的末端是不同的，如一个染色体的顺序可能是 ABCDEFG……WXYZABC，而另一个染色体可能是 DEFGHI……XYZABCDEF 等。由于以上两个特征我们就不难理解由一个线性染色体产生环状遗传图的现象了。

带有线性的、末端冗余的、单个染色体的病毒是怎样产生各种不同末端冗余并有环状排列基因次序的染色体的子代的呢？这是由 DNA 复制和子代 DNA 分子包装到 T2 和 T4 噬菌体头部的特殊方式所决定的。在感染初期，线状的亲代 DNA 分子经过几轮 DNA 复制产生单位长度的、带有末端重复的子代分子，接着子代分子的重复末端之间重组，形成了很长的 T2 或 T4 基因组多联体（concatemers），即串联重复顺序，它们自身再进行复制而重组形成更长的多联体；感染后期，子代噬菌体的头部蛋白将这些多联体 DNA 分子包装起来，直到完全装满为止，每个噬菌体颗粒能包装多长的 DNA 分子取决于壳体本身，通常填满头部所需的 DNA 超过从 A 到 Z 的一套基因组，对在 Z 后面的基因仍有空间可以包装，于是又继续包装基因 A、B、C，至头部被装满时将 DNA 切断，由此可以看到这个病毒粒子是基因 A、B、C 冗余的，下一个病毒粒子将接着从 D 起始的 DNA 分子开始包装至 C，然后继续到 D、E、F，这个病毒是 D、E、F 冗余的，再下一个病毒粒子从 G 开始包装，冗余 G、H、I 基因等（图 8 – 48）。这种头部满装机制（headful mechanism）的特殊 DNA 包装方式就解释了噬菌体颗粒中基因的末端冗余和基因次序的环状排列：所有的子代病毒都携带有冗余 DNA 分子，及这种分子是不同基因冗余的。在其他动物病毒中也发现有类似的这种基因组结构。

有强有力的证据支持 T4 噬菌体的末端冗余 – 环状排列基因次序模型（terminally redundant-circularly permuted model）。例如，当用核酸外切酶处理 T4 DNA 时，产生相互互补的单链末端，然后这些末端自身折叠，杂交形成环状分子（图 8 – 49）。如果末端不是冗余的，末端就不会互补，因而也就不会产生环状的分子。这样说明 T4 DNA 是末端冗余的。对于环状排列基因次序的染色体，我们也可以从下面的观察中获得证明：当将不同的 T4 染色体混合，变性成单链，然后复性。在复性过程中，从不同分子来的单链 DNA 杂交。然而，由于这些链的冗余是不同的，因此两条链的冗余末端是不可能杂交的。这些不能杂交的单链在环状分子中就表现为一个尾巴。在电镜下

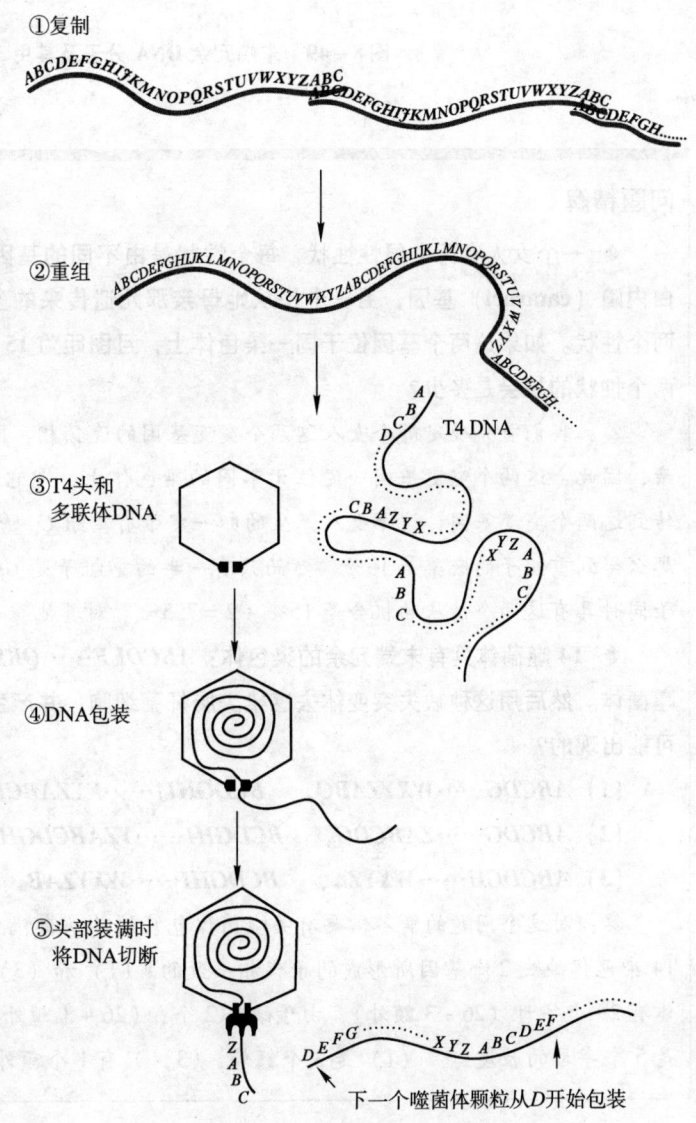

**图 8 – 48** 噬菌体多联体 DNA 的产生及包装

⊗ 8 – 6 带有末端冗余 DNA 分子的电镜鉴定图示

也确实观察到了这样的尾巴结构。如果所有 DNA 分子的末端都是相同序列的末端冗余，就不会出现这样的尾巴结构了。

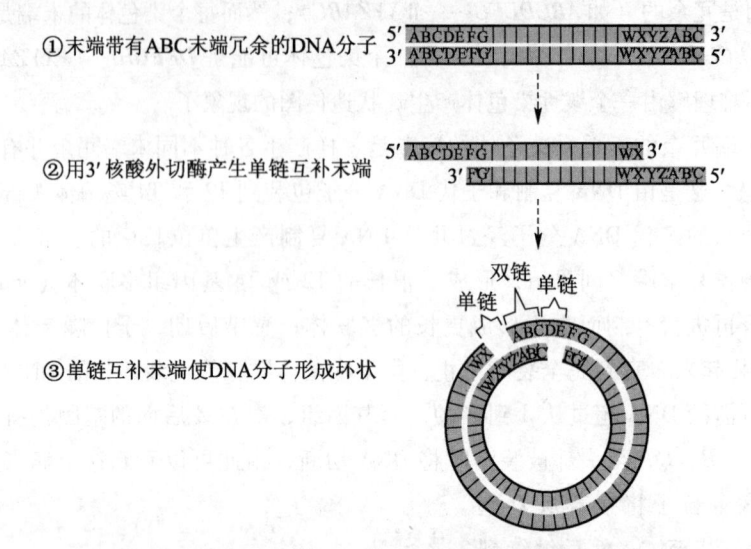

① 末端带有ABC末端冗余的DNA分子

② 用3′核酸外切酶产生单链互补末端

③ 单链互补末端使DNA分子形成环状

**图 8-49** 末端冗余 DNA 分子及其用 3′核酸外切酶的鉴定

---

**问题精解**

◆ 一个女人有两个显性性状，每个性状是由不同的基因所造成的：一个是从她父亲那儿遗传来的白内障（cataract）基因，另一个是从她母亲那儿遗传来的多指（polydactyly）基因。她的丈夫没有这两个性状。如果这两个基因位于同一染色体上，且图距为 15 cM。那么这对夫妇第一个孩子同时具有这两个性状的机会是多少？

答：我们首先确定那个女人这两个突变基因的连锁相，因为她的这两个基因分别来自她的父亲和母亲，因此，这两个突变基因一定位于不同的染色体上，即它们以互斥相排列：$Cp/cP$。如果她孩子要遗传到这两个突变基因，这个女人产生的卵一定带有重组 $C-P$ 的染色体。由于两基因间的距离是 15 cM，那么得到重组子的概率是15%。然而只有一半的重组子是 $CP$，另一半是 $cp$，所以，这对夫妇第一个孩子同时具有这两个性状的机会是 15% ÷ 2 = 7.5%。对其他孩子而言亦如此。

◆ T4 噬菌体具有末端冗余的染色体：*ABCDEF······QRSTUVWXYZABC*。实验产生了一 *EF* 缺失的噬菌体。然后用这种缺失突变体去感染大肠杆菌细胞，并产生子代噬菌体，在下面的子代群中哪些是不可能出现的？

（1）*ABCDG······WXYZABC*，　*BCDGHIJ······XYZABCD*，　*GHIJK······ABCDGHI*

（2）*ABCDG······ZABCDG*，　*BCDGHI······YZABCDGH*，　*GHIJK······BCDGHIJK*

（3）*ABCDGH······WXYZA*，　*BCDGHI······WXYZAB*，　*GHIJK······YZABCDG*

答：对这个问题的解答需要有关噬菌体包装的"头部满装机制"的知识。(2) 噬菌体群是唯一与 T4 染色体缺失 2 个基因所形成的子代相一致的。(1) 和 (3) 噬菌体群都是与预期不相符。冗余染色体有29个字母（26+3 额外），由于缺失 2 个，(26+3 额外) 就变成了 (24+5 额外)。因此，冗余将是 5 个字母的长度，但 (1) 是 3 个额外，(3) 只有 1 个额外。

◆ 在一个转化实验中，对两个具有不同基因型的菌株进行了大量的杂交，结果如下：

| 供体 | 受体 | 野生型（＋＋）转化子的频率 |
|---|---|---|
| $a^-b^+$ | $a^+b^-$ | 0.450 |
| $c^-b^+$ | $c^+b^-$ | 0.190 |
| $d^-b^+$ | $d^+b^-$ | 0.260 |

**假设 $b$ 基因位于末端，那么这四个基因的排列顺序如何？**

答：在每个杂交中，将野生型等位基因插入受体染色体需要两个交换，如下图所示。从表中可知，发生在 $a$ 和 $b$ 之间的交换比其他基因与 $b$ 之间的交换都多，因此 $a$ 离 $b$ 一定是最远的。因为 $c-b$ 间的重组频率较 $d-b$ 间的重组频率低，说明 $c$ 比 $d$ 更靠近 $b$。由于 $b$ 和 $c$ 间是 19 cM，$b$ 和 $d$ 相距 26 cM，以及 $a$ 和 $b$ 相距 45 cM，因此这四个基因的排列顺序为：

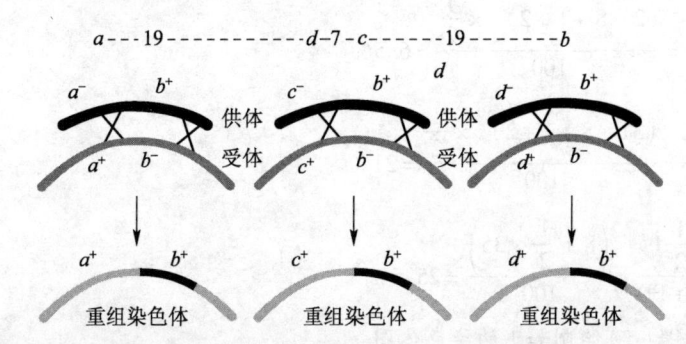

$$a\text{---}19\text{---------}d\text{-}7\text{-}c\text{------}19\text{------}b$$

◆ 一个需要腺嘌呤（*ad*）和色氨酸（*trp*）才能生长的脉孢霉品系与一个野生型品系杂交，产生下列四分子：

| (1) | (2) | (3) | (4) | (5) | (6) | (7) |
|---|---|---|---|---|---|---|
| *ad trp* | *ad* + | *ad trp* | *ad trp* | *ad trp* | *ad* + | *ad trp* |
| *ad trp* | *ad* + | *ad* + | + *trp* | + + | *ad* + | + + |
| + + | + *trp* | + *trp* | *ad* + | *ad* + | + *trp* | + *trp* |
| + + | + *trp* | + + | + *trp* | + + | + *trp* | *ad* + |
| 49 | 7 | 31 | 2 | 8 | 1 | 2 |

**请问这两个基因是否连锁，如果有连锁，画出包括着丝粒在内的连锁图。**

答：根据题目，杂交亲本为 *ad trp* × ＋＋。先将结果表进行分析整理成如下表：

| (1) | (2) | (3) | (4) | (5) | (6) | (7) |
|---|---|---|---|---|---|---|
| *ad trp* | *ad* + | *ad trp* | *ad trp* | *ad trp* | *ad* + | *ad trp* |
| *ad trp* | *ad* + | *ad* + | + *trp* | + + | *ad* + | + + |
| + + | + *trp* | + *trp* | *ad* + | *ad* + | + *trp* | + *trp* |
| + + | + *trp* | + + | + *trp* | + + | + *trp* | *ad* + |
| $M_I$  $M_I$ | $M_I$  $M_I$ | $M_I$  $M_{II}$ | $M_{II}$  $M_I$ | $M_{II}$  $M_{II}$ | $M_{II}$  $M_{II}$ | $M_{II}$  $M_{II}$ |
| PD | NPD | T | T | PD | NPD | T |
| 49 | 7 | 31 | 2 | 8 | 1 | 2 |

比较 PD（49+8）和 NPD（7+1）发现，PD≫NPD，说明这两个基因是连锁的。根据前面文中介绍的方法，由两个基因都在 $M_{II}$ 状态下的 PD 和 NPD 四分子类型出现的频率即可判断这两个基因是位于着丝粒的同臂还是异臂。如果 ad 和 trp 在异臂，则在 $M_{II}$ 状态下的 PD 与 NPD 的频率应相等，因为它们都是双交换的产物，且机会相等，如下图所示，图左表示第（5）种类型四分子的产生过程，图右为（6）的产生过程。根据题目，当两个基因都在 $M_{II}$ 的情况下，PD = 8 > NPD = 1，这说明 ad 和 trp 位于染色体的同臂。然后通过下列方法可进一步计算两基因与着丝粒及两基因间的距离。

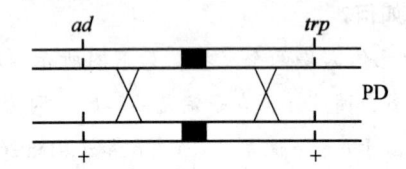

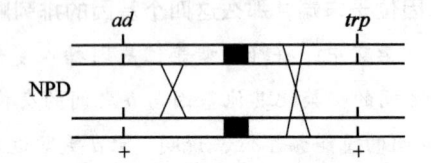

$$\bullet - ad = \frac{M_{II} \times \frac{1}{2}}{M_I + M_{II}} = \frac{(2+8+1+2) \times \frac{1}{2}}{100} = 6.5\%$$

$$\bullet - trp = \frac{M_{II} \times \frac{1}{2}}{M_I + M_{II}} = \frac{(31+8+1+2) \times \frac{1}{2}}{100} = 21\%$$

$$ad - trp = \frac{NPD + \frac{1}{2}T}{T + NPD + PD} = \frac{\left(8 + \frac{1}{2} \times 35\right)}{100} = 25.5\%$$

根据上面的计算结果，可绘制如下的染色体图：

从这里可以看出，着丝粒与 trp 间的距离被严重低估。在计算着丝粒与 trp 间的距离时，我们都是以 trp 在 $M_{II}$ 分离时所发生的一个单交换来计算的，用的公式是：$\frac{M_{II} \times \frac{1}{2}}{M_I + M_{II}}$。

从分析表格中我们可以看到，在第（2）种四分子类型中，它是 $M_I$，但发生了二次交换，即如下图 A 所示。因而这种类型的子囊应全计算在内，不用乘以 1/2。

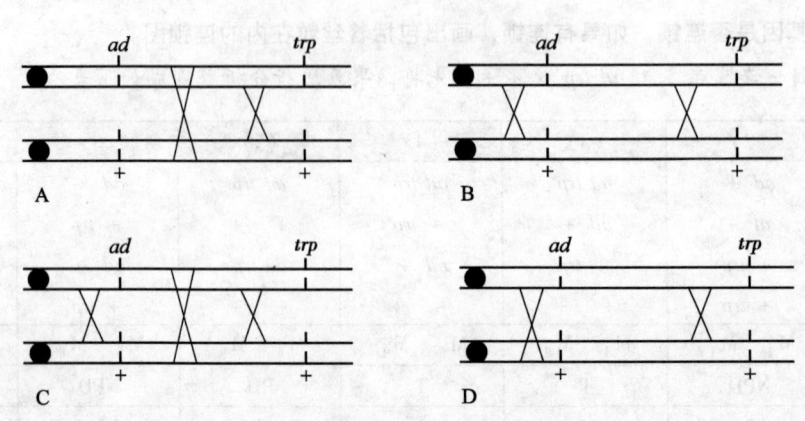

在第（4）种四分子类型中，是两次双交换（二线）的产物，即如上图 B 所示，因而这种类型的子

囊应全部计算在内,不用乘以1/2。同样(7)也是二次双交换的产物,只不过是三线双交换,如上图D所示,因而这种类型的子囊也应全部计算在内,不用乘以1/2。

第(6)种四分子类型是三交换的产物,即如上图C所示,因而在计算这种 trp 与着丝粒间的距离时应将全部子囊乘以3/2。

至于第(3)和(5)种子囊类型,都是通过单交换产生的,因此按正常计算,即子囊数乘以1/2。

所以,  $\bullet-trp = \dfrac{(2)+(3)\times\dfrac{1}{2}+(4)+(5)\times\dfrac{1}{2}+(6)\times\dfrac{3}{2}+(7)}{100}$

$= \dfrac{7+31\times\dfrac{1}{2}+2+8\times\dfrac{1}{2}+1\times\dfrac{3}{2}+2}{100} = 32\%$

因此校正后的 trp 与着丝粒间的距离为 32 cM,即等于 6.5 加上 25.5。

# 思考题

1. 利用中断杂交技术对5个高频重组菌株A、B、C、D、E进行了分析,将共10个基因(0、1、2、3、4、5、6、7、8、9)转移到 F⁻ 受体菌中,发现每个 Hfr 菌株以独特的顺序进行基因转移,实验结果见下表:

| Hfr 品系 | 转移顺序(先后顺序为从左到右) |
| --- | --- |
| A | 5 – 7 – 6 – 4 – 3 – 1 |
| B | 0 – 2 – 1 – 3 – 4 – 6 |
| C | 6 – 7 – 5 – 8 – 9 – 0 |
| D | 3 – 4 – 6 – 7 – 5 – 8 |
| E | 5 – 8 – 9 – 0 – 2 – 1 |

(1)画出这些基因在染色体图上的顺序。
(2)标明每个 Hfr 品系的转移方向及所包括的基因。

2. 一组基因型为 *AB/ab* 的植物与基因型为 *ab/ab* 的植物杂交,如果这两个座位相距 10 cM,则后代中有多少是 *AaBb* 型?

3. 人类体细胞基因 *N* 能导致指甲和髌骨的异常,称为指甲–髌骨综合征。一个有此症的 A 型血的人和一个正常的 O 型血的人结婚。所生孩子中有的是 A 型血的该病患者。假定没有亲缘关系,但都具有这种表型的孩子长大,并且互相通婚,生了孩子。则第二代的这些孩子中,表型的百分比如下:

      有综合征,  血型 A 66%
      正常,    血型 O 16%
      正常,    血型 A 9%
      有综合征,  血型 O 9%

分析数据,解释上述频率的差异。

4. 一个果蝇家系,体细胞的隐性等位基因 *a*、*b*、*c* 纯合,且这3个基因以 *a*、*b*、*c* 的顺序连锁。将这种雌性果蝇和野生型雄性果蝇杂交,$F_1$ 的杂合子之间相互杂交,得到 $F_2$ 如下:

| | | | |
|---|---|---|---|
| + | + | + | 1 364 |
| a | b | c | 365 |
| a | b | + | 87 |
| + | + | c | 84 |
| a | + | + | 47 |
| + | b | c | 44 |
| a | + | c | 5 |
| + | b | + | 4 |

(1) $a$ 与 $b$，$b$ 与 $c$ 间的重组频率是多少？

(2) 并发系数是多少？

5. 某种植物（二倍体）的 3 个基因座 $A$、$B$、$C$ 的连锁关系如下：

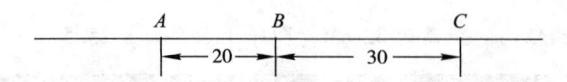

```
        A        B              C
        |--20---|------30------|
```

现有一亲本植株，其基因型为：$Abc/aBC$。

(1) 假设没有干涉，如果植物自交，后代中有多少是 $abc/abc$？

(2) 假设没有干涉，如果亲本植物与 $abc/abc$ 杂交，后代基因型如何？各基因型的频率是多少？

(3) 假定有 20% 的干涉，则问题（2）的结果又如何？

6. 通过共转化的方法可以确定某一突变芽孢杆菌中三个基因 $pilA$、$pilB$、$pilC$ 的顺序，下面是共转化的实验结果。请问基因顺序是怎样的？

| 实验 | 共转化基因 | 频率 |
|---|---|---|
| 1 | $pilA$ 和 $pilB$ | 0.12% |
| 2 | $pilA$ 和 $pilC$ | 0.9% |
| 3 | $pilB$ 和 $pilC$ | 0.78% |

7. 噬菌体双因子杂交后得到如下重组频率：$ab^+ \times a^+b$ 3.0%；$ac^+ \times a^+c$ 2.0%；$bc^+ \times b^+c$ 1.5%。问：

(1) $a$、$b$、$c$ 3 个突变在连锁图上的次序如何？为什么它们之间的距离不是累加的？

(2) 假定三因子杂交，$ab^+c \times a^+bc^+$，你预期哪两种类型的重组子频率最低？

(3) 计算从（2）所假定的三因子杂交中出现的各种重组类型的频率。

8. 人的色盲基因和血友病基因都在 X 染色体上，它们之间的重组频率大约是 10%。利用一无害基因与致病基因的连锁关系，可以做遗传诊断。这里给出的是某个家系的一部分。黑色的符号表示该个体有血友病，叉号表示该个体有色盲症。个体 III-4 和 III-5 的儿子有血友病的概率有多大？

9. 利用下列连锁数据构建这些位点的遗传连锁图。

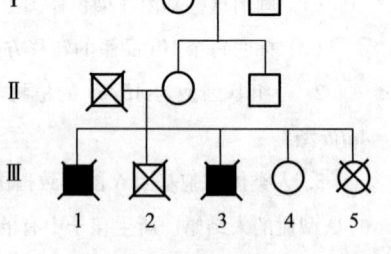

| 位点 | $a-b$ | $b-c$ | $a-c$ | $b-d$ | $a-d$ | $b-e$ | $a-e$ |
|---|---|---|---|---|---|---|---|
| 图距/cM | 10 | 6 | 16 | 13 | 3 | 2 | 8 |

10. 用 T4 病毒的两个品系感染大肠杆菌细胞，一个品系是小噬菌斑（$m$）、快速溶菌（$r$）和噬菌斑浑浊（$tu$）突变型；另一个品系对这 3 个标记都是野生型（+++）。把上述感染的溶菌产物涂平板，资料如下：

| 基因型 | | | 噬菌斑数 |
|---|---|---|---|
| m | r | tu | 3 467 |
| + | + | + | 3 729 |
| m | r | + | 853 |
| m | + | tu | 162 |
| m | + | + | 520 |
| + | r | tu | 474 |
| + | r | + | 172 |
| + | + | tu | 965 |
| 共计 | | | 10 342 |

（1）计算各基因间的连锁距离。

（2）你认为这三个基因的连锁顺序如何？

（3）这个杂交的并发系数是多少？它意味着什么？

11. 有两个 T4 的 r Ⅱ 突变体同时感染大肠杆菌后裂解，将其裂解液稀释成 $6\times10^7$ 感染 E. coli B 后做成平板，产生 18 个斑，另一种稀释度为 $2\times10^5$，感染 E. coli K，做平板得 14 个斑，请计算这两个基因之间的重组值。

12. 下面的资料是不同枯草芽孢杆菌菌株间的杂交实验结果，受体菌不能合成组氨酸（His），但对突变基因 ant、trp、ind 来说是野生型。三个供体菌分别带有其中的 1 个。实验所得到的供体和受体都是野生型转化子的记录如下：

| 供体 | 受体 | 野生型转化子（++）频率 |
|---|---|---|
| ant + | + his | 0.450 |
| trp + | + his | 0.190 |
| ind + | + his | 0.263 |

作出 4 个基因的连锁图。

13. 假定基因 a、b 相互连锁，且发生交换的比率是 20%。则：

（1）AB/AB 个体与 ab/ab 个体杂交，$F_1$ 的基因型如何？$F_1$ 会产生何种配子，比例是多少？若 $F_1$ 测交，后代中基因型及各自的比例如何？

（2）Ab/Ab × aB/aB，$F_1$ 产生何种配子，比例如何？$F_1$ 测交，后代的基因型及比例如何？

14. 带有不同等位基因 A 和 X 的两个个体杂交，$F_1$ 的表型为 AX。$F_1$ 与 aaxx 的个体测交得下列表型分布：

| 表型 | AX | Ax | aX | ax | 总数 |
|---|---|---|---|---|---|
| 数目 | 160 | 40 | 50 | 150 | 400 |

（1）这两个基因是连锁的吗？

（2）如果它们是连锁的，原始亲本的基因型是怎样的？

15. 一 aabbcc 的突变型果蝇与野生型 AABBCC 果蝇杂交得 $F_1$，$F_1$ 雄蝇与 aabbcc 雌蝇测交得下列结果。请问哪些基因是连锁的（如果有的话）？（提示：雄果蝇总是完全连锁的）。

| 表型 | ABC | ABc | AbC | Abc | aBC | aBc | abC | abc |
|---|---|---|---|---|---|---|---|---|
| 数目 | 200 | 0 | 200 | 0 | 0 | 200 | 0 | 200 |

16. 普遍性转导和特异性转导之间的区别是什么？

17. 脉孢霉中有如下杂交，试判断基因 a、b、c 的顺序及图距。

| 杂交 | $a^+b \times ab^+$ | $a^+c \times ac^+$ | $b^+c \times bc^+$ |
|---|---|---|---|
| 后代表型及其比例 | $a^+b$ 981<br>$ab^+$ 1 000<br>$a^+b^+$ 10<br>$ab$ 9 | $a^+c$ 850<br>$ac^+$ 853<br>$a^+c^+$ 149<br>$ac$ 148 | $b^+c$ 850<br>$bc^+$ 850<br>$b^+c^+$ 140<br>$bc$ 160 |
| 总数 | 2 000 | 2 000 | 2 000 |

18. *E. coli* 的 $F^-$、$F^+$、$F'$ 和 Hfr 品系之间的关系是怎样的？

19. 番茄中，高茎秆对矮茎秆是显性，茎秆高度与果实形状基因连锁，重组率为 20%。一高秆球形番茄与一矮秆梨形番茄杂交，其后代是：高秆球形 81，矮秆梨形 79，高秆梨形 22，矮秆球形 17。另一高秆球形与一矮秆梨形杂交，产生高秆梨形 21，矮秆球形 18，高秆球型 5，矮秆梨形 4。那么两株高秆球形亲本植株的基因型如何？若它俩杂交，其后代情况如何？

20. 如果 T2 噬菌体的 DNA 先被切成占整个染色体长度 1/4 或少于 1/4 的片段，在如下图的片段中，再用核酸外切酶处理，你预期这一片段是否能形成环？

```
      1 2 3 4 5 6 7 8 9 10 11 12
  ───────────────────────────────▶
  ◀───────────────────────────────
      1 2 3 4 5 6 7 8 9 10 11 12

            核酸外切酶处理

      1 2 3 4 5 6 7 8 9
  ───────────────────────▶
  ◀───────────────────────
          4 5 6 7 8 9 10 11 12
```

21. 大肠杆菌供体菌株为 $Hfr\ arg^-\ leu^+\ azi^S\ str^S$，受体菌株为 $F^-\ arg^+\ leu^-\ azi^R\ str^R$。为检出和收集重组体 $F^-\ arg^+\ leu^+\ azi^R$，请问，应用下列哪一种培养基可以完成这一任务？为什么其他培养基不可以？①基本培养基加链霉素；②基本培养基加叠氮化钠和亮氨酸；③基本培养基加叠氮化钠；④选择培养基中不加精氨酸和亮氨酸，加链霉素；⑤基本培养基加链霉素和叠氮化钠。

22. 已经在小鼠中克隆到一个功能基因，请设计实验寻找该基因在人类中的直系同源基因。

23. 在某一生物中，基因 *E*、*F*、*G* 位于同一染色体上。用三个基因是杂合的 $F_1$ 与三隐性个体进行测交，得到共计 1 000 个不同基因型的后代，具体如下：

| *EFG* | *EFg* | *EfG* | *Efg* | *eFG* | *eFg* | *efG* | *efg* |
|---|---|---|---|---|---|---|---|
| 73 | 348 | 2 | 96 | 110 | 2 | 306 | 63 |

请问：

（1）这三个基因之间的交换值为多少？三个基因的连锁图是怎样的？

（2）并发系数和干涉值是多少？

（3）如果干涉增加，子代表型频率有何变化？

（4）写出两个纯合亲本的基因型。

（5）如果 eG/Eg × eg/eg 杂交，子代的基因型是什么？其比例各是多少？

# 第 9 章

# 基因的分子基础与遗传学中心法则

James Dewey Watson（左）&
Francis Harry Compton Crick（右）

9.1 遗传物质本质研究的历史回顾
9.2 DNA 复制
9.3 基因功能与基因精细结构的发现
9.4 基因的分子结构
9.5 遗传信息的传递与表达
9.6 遗传学中心法则

科学史话

**内容提要**：DNA 或 RNA 是遗传物质的证明使遗传学的发展向前迈进了一大步，本章首先对遗传物质本质的发现进行了简要回顾并概述了基因概念的发展历程。

DNA 复制的高保真性是保障真实遗传的重要基础。DNA 复制过程需要多种酶的参与并受表观遗传调控。端粒酶的发现使得染色体复制过程中的末端隐缩问题得以解决。根据 DNA 性质所发明的 Southern 杂交、Northern 杂交和 PCR 技术等现已在遗传学和分子生物学等领域中广泛应用。

"一基因一酶"学说阐明了基因和酶之间的特殊关系。基因内重组的发现和互补试验为深入认识基因的功能单位（顺反子）提供了帮助。

随着遗传学的发展，基因概念不断更新，如断裂基因、重叠基因、RNA 基因等。遗传密码的解码对于基因功能的研究和基因工程的发展起到了重要的作用。蛋白质合成后往往需经一系列的修饰才能成为有活性的蛋白质。近年来对蛋白质内含子进行了大量的研究。蛋白质合成中可能发生错误但可被许多机制所抑制，如校正 tRNA 等。

阐明遗传信息流向的中心法则在不断接受挑战中得到完善和发展。对朊粒的深入研究使人们对蛋白质结构理论有了新的认识。

**重要概念**：半保留复制　冈崎片段　Southern 杂交　Northern 杂交　PCR　末端隐缩　内含子/外显子　断裂基因　重叠基因　RNA 基因　侧翼序列　启动子/终止子　增强子　沉默子　绝缘子　"一基因一酶"假说　顺反子　互补试验　转录　反转录　翻译　cDNA　遗传密码子　校正 tRNA　蛋白内含子　归巢内切酶　中心法则　朊粒

DNA 双螺旋结构的发现是生命科学领域中一个里程碑式的事件，从此，生命科学的研究进入了分子研究的水平，遗传学也由此进入了分子遗传学研究阶段。DNA 是储存遗传信息的主要大分子，遗传信息一方面通过生殖细胞在代与代之间传递，另一方面，在生物体的个体发育中，通过细胞分裂均等地分配到子细胞中，并通过 DNA 上的遗传信息表达出表现个体表型特征的蛋白质。由于人们对 DNA 和遗传信息的认识，基因概念也在不断发展。本章在对遗传物质本质的研究作简单历史回顾后，将围绕遗传学中心法则对基因在分子水平上的结构与功能及遗传信息流中的遗传学基本问题——遗传与变异的本质进行学习。

## 9.1 遗传物质本质研究的历史回顾

在前面的章节中，我们实际上已提示了基因的本质是 DNA，在这里我们还是想对遗传物质本质的发现作一下简单的回顾，一方面它可以使我们对整个学科的发展过程有一个全面的了解；另一方面，从中我们也将学到许多关于科学研究的思考与方法。

在 20 世纪初，人们不断地探索作为遗传物质应该具备的条件。从理论上考虑，首先，作为遗传物质，其化学组成应该能够编码许多不同特征的信息，譬如说有关于代谢的、生长的、发育的以及繁殖的等；其次，配子中只含有一半的信息，因此在配子中编码遗传信息的化学物质应该只有体细胞中的一半；再次，同一种生物，不论年龄大小，不论在身体的哪一组织，在一定条件下，每个细胞的遗传物质都应该是稳定的；最后，遗传物质应该能够准确复制，同时也允许它有小的改变。

不断积累的间接证据表明，遗传信息储存在 DNA 中。譬如，在同一生物的各种细胞中，DNA 在量上是恒定的，在质上也恒定；相反地，蛋白质在量上不恒定，在质上也不恒定。配子中的 DNA 含量正好是体细胞中的一半，而蛋白质则不符合这一条件；在各类生物中能改变 DNA 结构的化学物质都可引起突变等。现在，人们虽然非常清楚了遗传物质的本质，可前人却花了 20 世纪前 50 年的时间才确认 DNA 是遗传物质。下面是揭示遗传物质本质的 3 个著名实验。

**1. 肺炎双球菌转化实验**

关于 DNA 是遗传物质的主要证据首先来自肺炎双球菌（*Streptococcus pneumoniae*）转化实验。肺炎双球菌有许多不同的菌株，但只有光滑型（S）菌能引起人的肺炎和小鼠的败血症。每个 S 型菌株的细胞外面有多糖类的胶状荚膜包裹，这一结构使它具有感染性和表面光滑的特征。如果将 S 型菌株注射到小鼠体内，能引起小鼠死亡。粗糙型（R）菌株的外面没有多糖荚膜，在培养基上长成小的粗糙型菌落，不引起病症和死亡。

<small>9-1 Griffith 肺炎双球菌转化实验图解</small>

1928 年，F. Griffith 发现，将活的 S 型细菌热杀死后注入小鼠体内不会引起其死亡，而在热杀死的 S 型细菌中加入活的无毒的 R 型细菌的混合物后注射到小鼠体内，不仅使很多小鼠死亡，而且在它们的血液中有活的 S 型细菌存在。这个实验说明热杀死的 S 型细菌释放出了某种转化因子（transforming principle）到培养基中，然后被某些 R 型细菌吸收，从而使其转化为 S 型细菌。

在 Griffith 观察到上述现象的最初几年内，人们又发现灭活后的 S 型细菌抽提物也具有遗传转化的能力，并开展了转化因子化学本质的研究，但当时大部分生物化学家相信转化因子应该是蛋白质。经过十多年的研究后，O. Avery 和他的同事于 1944 年证明转化因子不是蛋白质而是 DNA。他们首先除去 S 型菌株中大量的细胞结构物质，接着用蛋白酶处理，然后与活的 R 型菌株混合并转化，仍能使小鼠致死，说明蛋白质不携带遗传物质；接下来他们用 DNase 处理 R 型菌株中的残留物，结果 R 型菌株不能被转化，这说明 DNA 是遗传物质的携带者。虽然 Avery 等的工作非常出色，但在当时还是受到怀疑，有人认为转化是由于核酸的不纯引起的，蛋白质才是真正的转化因子。确实，在当时分离的核酸成分中存在蛋白质的污染。直到 1949 年，蛋白质杂质降到仅为 0.02% 时，得到的高纯度 DNA 不仅仍可引起转化，而且 DNA 纯度越高，转化频率也越高，科学界才慢慢接受 DNA 是遗传信息载体的理论。但最终接受这一理论是在 1952 年 Hershey 和 Chase 发表他们的有关噬菌体实验的论文之后。

**2. 噬菌体感染实验**

1952 年，A. D. Hershey 和 M. Chase 用放射性同位素 $^{35}S$ 或 $^{32}P$ 分别标记蛋白质或 DNA，得到两组含有不同标记的细菌，然后用 T2 噬菌体分别去感染这两组标记细菌并收集子代噬菌体，这些噬菌体被 $^{35}S$ 标记或被 $^{32}P$ 标记。实验的第二步是用标记了的噬菌体去感染未标记的细菌，感染后培养 10 分钟，用搅拌器剧烈搅拌使吸附在细菌表面的噬菌体脱落下来，再离心分离，细菌在下面的沉淀中，而游离的噬菌体悬浮在上清液中。经同位素测定发现，用 $^{35}S$ 标记的噬菌体感染时，上清中 $^{35}S$ 的含量为 80%，沉淀中含量为 20%，表明宿主细胞内很少有同位素标记，大多数 $^{35}S$ 标记的噬菌体蛋白质附着在细菌的外面——感染噬菌体的外壳中，沉淀中的 20% 可能是由于少量的噬菌体经搅拌后仍吸附在细菌上所致；在用 $^{32}P$ 标记的噬菌体感染的细菌中，$^{32}P$ 在沉淀中含有 70%，上清中仅有 30%，表明在蛋白质外壳中很少有放射性同位素，而大多数的放射性标记在宿主细胞内，上清中约 30% 的 $^{32}P$ 可能是由于还有少部分噬菌体尚未将 DNA 注入细菌就被搅拌下来了。这个实验表明在感染时进入细菌的主要是 DNA，而大多数蛋白质留在细菌的外面，噬菌体将 DNA 注入细菌，留下跟原来一样的噬菌体外壳，可见在噬菌体的生活史中，只有 DNA 是连续物质，这进一步证明了 DNA 是遗传物质。Hershey 所处的时代和 Avery 有了明显的不同，这时许多研究者已开始注意到 DNA，因此 Hershey 的结论很快就得到了大家的承认。

图 9-2 Hershey-Chase 噬菌体感染实验图解

**3. 烟草花叶病毒重建实验**

大部分生物的遗传物质是 DNA，但随着对病毒的深入研究，人们发现很多病毒只含有 RNA 和蛋白质，而没有 DNA，烟草花叶病毒（tobacco mosaic virus，TMV）就是其中的一种。

烟草花叶病毒有一由 2 130 个相同的蛋白质亚基组成的圆筒状蛋白质外壳，内含一单链 RNA 分子，沿着内壁在蛋白质亚基间盘旋。将 TMV 放在水和苯酚中震荡，可以将病毒的蛋白质同 RNA 分开。1956 年，A. Gierer 和 G. Schramm 用提纯的 TMV RNA 接种烟草植株，结果出现了典型的病斑，而当用 RNase 处理 RNA 后，再感染植物时就观察不到病斑的出现，这个结果表明 RNA 是 TMV 的遗传物质。1957 年，H. Fraenkel-Conrat 和 B. Singer 通过病毒的重建进一步证实了 Gierer 等的上述结论。TMV 有很多株系，根据寄主植物的不同和在寄主植物叶片上形成的病斑差异可以对它们加以区别。Fraenkel-Conrat 等将两种不同的病毒株系的外壳蛋白和 RNA 分别分离开，然后再交互重组，即用 A 病毒的蛋白质外壳与 B 病毒的 RNA 混合，用 B 病毒的蛋白质外壳与 A 病毒的 RNA 混合形成杂种病毒。当用这两种杂种病毒感染烟草时，病斑总是跟 RNA 供体的病斑一样，而与蛋白质外壳供体的病斑不同。这一结果证明了在只有 RNA，而不具有 DNA 的病毒中，RNA 是遗传物质。

图 9-3 烟草花叶病毒重建实验图解

## 9.2 DNA 复制

在弄清楚 DNA 或 RNA 是遗传信息的携带者后，人们关心的问题是它们作为遗传物质具有什么样的结构特征？它们又是怎样实现其遗传物质的稳定和遗传信息传递的？从对 DNA 复制的研究中可以找到答案。事实上，自从发现 DNA 是生物遗传信息的主要物质基础后，对于 DNA 复制过程的研究就从未停止过。

### 9.2.1 DNA 的基本性质

1953 年，J. D. Watson 和 F. H. C. Crick 根据碱基互补配对的规律及对 DNA 分子的 X 射线衍射研究的结果，提出了著名的 DNA 双螺旋结构模型，其主要特点是：①一个 DNA 分子由两条多核苷酸链组成，两条链的走向是相反的，即一条从 5′ 到 3′，为 5′-3′-5′-3′-5′-3′，另一条是 3′-5′-3′-5′-3′-5′；②两条链向右互相盘绕成一个双螺旋结构；③每条链的内侧是碱基，两条链的碱基总是 A 与 T、G 与 C 配对，被氢键连接着；④各对碱基之间的距离为 0.34 nm，每转一圈长为 3.4 nm，包含 10 个碱基对，螺旋的直径为 2 nm。

DNA 双螺旋结构模型不仅解释了当时所知道的 DNA 的一切理化性质，还将结构和功能联系起来，大大推动了遗传学的发展，也使遗传学从经典遗传学向分子遗传学方向发展，具有划时代的意义。

维持 DNA 双螺旋的力主要是互补碱基对之间的氢键和由于大量邻近碱基对的堆集，使双螺旋结构内部形成一个强大的疏水区，使之与介质的水分子隔开，因此在生理条件下，DNA 从来不会自发地分开，但是在凡是破坏氢键和疏水作用因素的存在下，例如在加热、极端 pH、有机溶剂等的作用下，DNA 双螺旋区互补碱基对间的氢键被打开，使两条多核苷酸链分开成为两条单链，这种链分离的过程叫 DNA 变性（denaturation）。由于 DNA 分子中，A 与 T 配对的氢键数是 2 个，G 与 C 配对的氢键数是 3 个，所以 GC 含量越多，DNA 稳定性越高。变性后变成的单链 DNA，在适当条件下又能回复成为双链 DNA，这称为 DNA 复性（renaturation）或退火（annealing）。复性依赖于两条互补链之间专一性的碱基配对。

在分子生物学中常用的分子杂交（molecular hybridization）技术就是利用 DNA 的变性和复性性质进行的。所谓分子杂交是指用一条 DNA 单链与另一条被测 DNA 单链或 RNA 单链杂交形成双链，以测定某特异顺序是否存在的方法，它已成为遗传学、临床医学等应用最为普遍和重要的基本方法之一。常用的核酸分子杂交包括 Southern 杂交和 Northern 杂交，前者指 DNA/DNA 分子杂交，后者指 DNA/RNA（或者 RNA/RNA）分子杂交。Southern 杂交是 E. M. Southern 于 1975 年首先建立的，Northern 杂交是 G. R. Stark 于 1977 年首创的，Northern 杂交的取名是发明者将自己的分析方法与 Southern 杂交相对应的戏称。二者的方法大致相似，首先是提取某种生物的 DNA 或 RNA（或 mRNA），电泳分离后，将在琼脂糖胶中的电泳条带（DNA 或 RNA）转移到尼龙膜上，然后和已标记的 DNA 探针杂交（图 9-1）。Southern 杂交主要用于制作染色体的物理图谱、限制性片段长度多态性分析、转基因生物的分子鉴定等；Northern 杂交可以用于检测某基因表达的时空特异性。

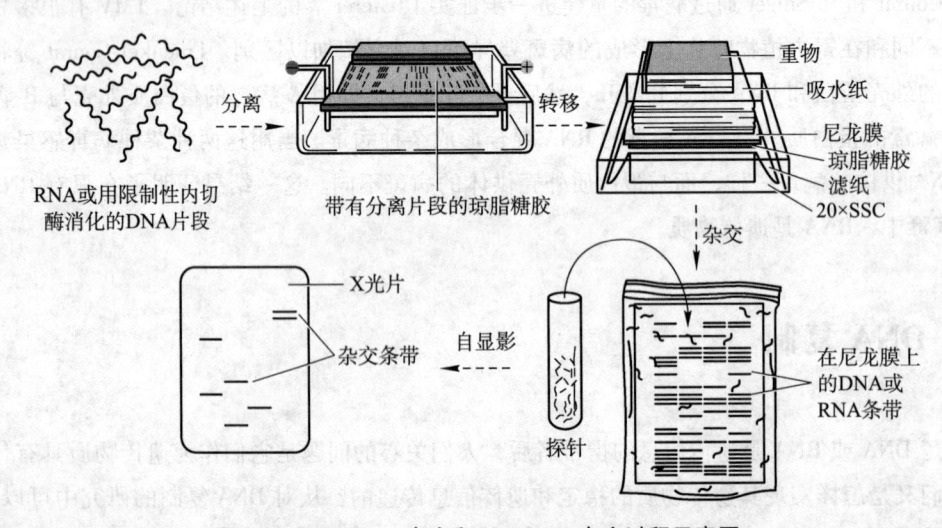

图 9-1 Southern 杂交和 Northern 杂交过程示意图

Southern 杂交的目标序列和探针都是 DNA，Northern 杂交的目标序列是 RNA，探针可以是 DNA 或 RNA

## 9.2.2 DNA 复制的特点

DNA 是遗传信息的载体。生物体要保持物种的延续，子代必须从亲代继承控制个体发育的遗传信息。生物体通过细胞分裂来实现物种的延续和个体数目的增殖。在细胞分裂过程中，如果 DNA 不复制，每个子代细胞中遗传物质的含量将随着连续不断的分裂循环而稀释甚至消失。所以，DNA 分子的复制在保持生物物种遗传的稳定性方面起着重要的作用。DNA 复制（replication）是指以原来的 DNA 分子为模板合成出相同 DNA 分子的过程。遗传信息通过亲代 DNA 分子的复制传递给子代。

**1. DNA 复制是半保留式的**

1953 年，当 Watson 和 Crick 提出这个模型时，就意识到这个模型中含有 DNA 的复制机制：DNA 的两条链是互补的，因此一条链可作为模板而决定另一条链的序列。例如，一条链的序列是 5′-CGATCCAGT-3′，那么另一条链的顺序就是 3′-GCTAGGTCA-5′。DNA 复制时，碱基对间的氢键断裂，两条核苷酸链的旋绕松开，碱基显露出来。核苷酸链上的碱基显露后，它们按照互补配对的要求，吸引带有互补碱基的核苷酸，然后在邻接的核苷酸间形成磷酸二酯链，这样一条新的互补的核苷酸链就出现了。当这一过程进行完毕，新形成的两个 DNA 分子一样，且也跟亲代分子一样。

DNA 复制时，原来的两条链虽然保持完整，但它们互相分开，作为新链合成的模板，各自进入子 DNA 分子中，这种复制方式叫做半保留复制（semi-conservative replication）。DNA 的这种半保留复制方式于 1958 年由 M. Meselson 和 F. Stahl 用一个设计很巧妙的实验得到了证明。

半保留复制是双链 DNA 普遍采用的复制机制，即使是单链 DNA 分子，在其复制过程中通常也要先形成双链的复制形式。半保留复制机制说明了 DNA 在代谢上的稳定性。

🎬 9-5
DNA 半保留复制的证明实验

**2. DNA 复制是双向的**

许多关于 DNA 的早期研究都是以细菌或噬菌体等简单生物进行的，即使今天仍然如此，因为细菌个体是缺乏细胞核的单细胞，生长容易，因而易于开展像 DNA 复制等分子机制的研究，其中大肠杆菌被首先用来确立 DNA 是怎样开始复制的。

1963 年，J. Cairns 用含有 $^3H$ - 胸腺嘧啶核苷的培养基（热培养基）培养大肠杆菌，DNA 复制时，放射性同位素掺入到 DNA 中。在热培养基中经过不同时间的培养使 DNA 经历不同次数的复制后，从细菌细胞中抽取 DNA，漂浮到膜上，经放射自显影后，在电子显微镜下进行观察。DNA 在热培养基中复制一次后，一条 DNA 链是旧的，没有放射性，另一条 DNA 链是新合成的，有放射性，所以在电子显微镜下是一个由小点构成的圆圈（图 9-2A）。当环形 DNA 双链在热培养基中进入第二次复制周期，可以看到一个眼球状的结构，两侧各有一个 Y 形复制叉，放射自显影图中三个区段的粒子密度不同，中间的弧形区段粒子密度最高，它代表两条新链，分别是在第一和第二复制周期中合成的，外圈的粒子密度较小，表示它是由一条非放射性的旧链和一条放射性新链组成（图 9-2B）。

A. DNA在热培养基中复制一次后　　B. 环形DNA双链在热培养基中进入第二次复制周期

　　放射自显影图　　解释图　　　　放射自显影图　　解释图

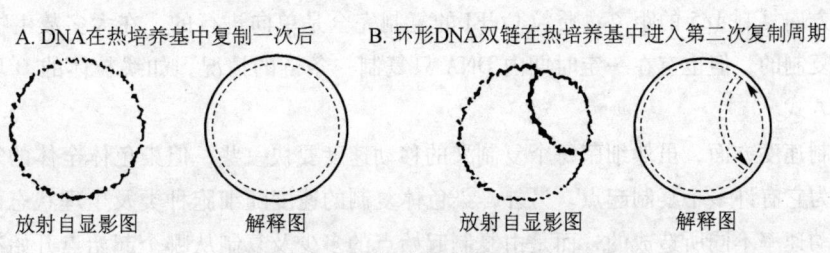

**图 9-2　通过放射自显影观察 DNA 的复制**
虚线条表示带有同位素标记的 DNA 链

*E. coli* DNA 复制时，眼球的大小可以不同，但每一分子的眼球状结构只有一个，可见 DNA 的复制是

从一点开始的。以后由很多体系用不同的实验手段获得的结果都证明，原核生物的复制是在 DNA 分子的称为复制起点（origin of replication，*ori*）的特定位点开始的。*E. coli* 的复制起点由一段叫 *oriC* 的 DNA 序列控制，这段序列长约 245 bp，其中有一个 9 bp 的共同序列 5′–TTAT（C/A）CA（C/A）A–3′。*E. coli* 和噬菌体的染色体 DNA 及质粒 DNA 都是独立复制的，这种基因组中能独立进行复制的单位叫复制子（replicon）。原核生物的染色体为单复制子，即只有一个复制起点。

仅从 Cairns 的实验我们无法知道复制是单向还是双向进行的。如果是单向复制，眼球状结构应该往一个方向扩展，如果是双向复制，眼球状结构应该是同时向两端扩展。1972 年，D. Prescotl 和 P. Kuempel 进行了下列实验：在含有 $^3$H–胸腺嘧啶核苷的培养基上培养 *E. coli*，使同位素掺入 DNA 上，在 DNA 上有低水平的 $^3$H（氚）存在，有刚好足够的 $^3$H 使 X–胶片曝光后可见到复制起点处的 DNA 痕迹（轻标记），然后，将这些细胞短时间曝露在一个很高浓度的 $^3$H–胸腺嘧啶核苷中（脉冲标记，重标记），将裂解的细胞曝露在感光乳胶后，发现在伸长的染色体的两端有两条短的高密度银粒的痕迹（图 9–3），对这一结果的唯一解释是 DNA 正在从原点出发同时向两个方向进行复制。这就证明了在 *E. coli* 中 DNA 的复制是双向的。

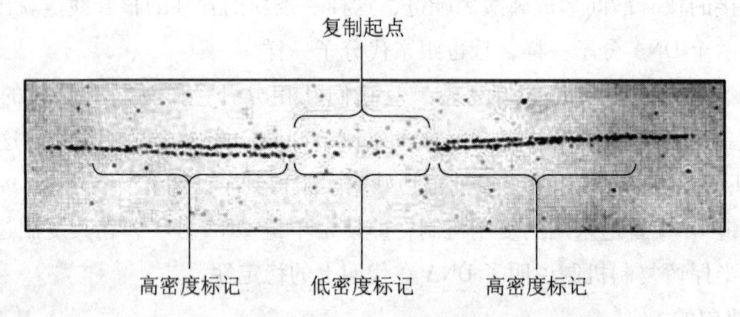

图 9–3  证明 DNA 双向复制的放射自显影图

高等生物的 DNA 是一个很大的分子，长度为 *E. coli* DNA 的数百倍，对真核生物 DNA 复制的研究表明，复制也是从特定的起点开始双向进行的。然而与原核生物不同的是，在真核生物的 DNA 分子内有多个起始点（图 9–4），也就是说高等生物的染色体是多复制子的。

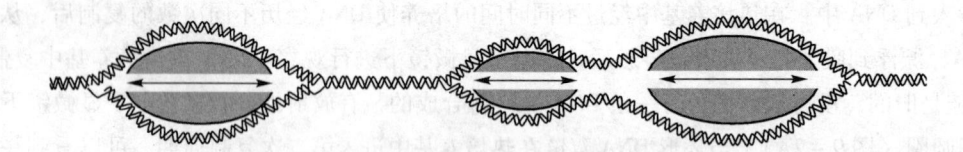

图 9–4  高等生物的 DNA 复制是从多个复制起点开始双向进行的

大多数生物体内 DNA 的复制都以双向等速方式进行，但也有例外的情况。例如，在枯草杆菌中，复制是从起点开始双向进行，但两个复制叉的移动是不对称的，在一个方向上移动染色体 1/5 的距离，然后停下来等另一个方向复制 4/5 的距离；质粒 ColEI 的复制完全是单向进行的。在大多数生物中，DNA 分子的两条链是同时复制的，但也有在一定时期内 DNA 只复制一条链的情况，如线粒体的 D 环复制和一些噬菌体的滚环复制方式。

在整体的复制速度方面，虽然细菌每个复制叉的移动速度要快一些，但染色体全体的复制速度还是高等生物的快，因为它有许多个复制起点。另外，染色体复制的速度随细胞种类及生理状态而异，但这不是由于复制叉的移动速率不同所造成的，而是由复制起始点的多少及复制从哪个起始点开始决定的，在一些生长缓慢的细胞中，每一染色体上复制起点的数目大大减少。

**3. DNA 复制需要许多酶的参与**

在 Watson 和 Crick 提出 DNA 分子模型后不久，A. Kornberg 于 1956 年从 *E. coli* 中发现了一种能催化

DNA 合成的酶，他最初发现的是 DNA 聚合酶 I（DNA polymerase I），该酶在细胞中含量最多，每细胞约有 400 个分子，以后其他学者又从细菌中分离到 DNA 聚合酶 II 和 III。开始人们以为聚合酶 I 是细菌中 DNA 复制的主要酶，后来发现该酶的突变株照样可以复制，才清楚它并不在 DNA 复制中起主要作用，它主要负责有关 DNA 的损伤修复。实际上，在 E. coli DNA 复制中起作用的是聚合酶 III，该酶在细胞中含量最少，每细胞 10~20 个分子。

2009 年，P. M. Burgers 发现高等哺乳动物的基因组编码 15 种不同的 DNA 聚合酶，分别参与不同的生物学过程，包括复制及各种不同的修复途径等，其中 B 族中的 DNA 聚合酶 α、ε、δ 主要参与基因组 DNA 的复制。DNA 聚合酶催化的 DNA 合成反应具有以下特点：①要求四种脱氧核苷三磷酸（dATP、dCTP、dGTP、dTTP），$Mg^{2+}$ 离子等；②需要提供合成互补链信息的 DNA 模板分子；③必须要有提供自由 3′-OH 基团作为新链合成起始点的引物；④每次在 DNA 的 3′-OH 末端加入一个核苷酸使 DNA 链由 5′向 3′方向延长。

DNA 聚合酶 III 只能以 5′→3′方向合成 DNA。我们知道，构成 DNA 的两条核苷酸链是逆向平行的，当复制叉向两侧推进时，如在起始点的一侧合成方向为 5′→3′，而在另一侧，合成方向必然为 3′→5′。为了解决这个矛盾，R. Okazaki 等人于 1968 年提出了 DNA 的不连续复制（discontinuous replication）模型。根据这个模型，3′→5′走向的长链 DNA 实际上是由许多 5′→3′方向合成的短链 DNA 片段连接而成的。他们用 $^3H$-脱氧胸苷标记的 T4 噬菌体感染大肠杆菌，然后通过碱性密度梯度离心法分离标记的 DNA 产物，发现在短时间内首先合成的是较短的 DNA 片段，接着出现较大的放射性标记的分子。最初出现的 DNA 片段长度为 1 000~2 000 个核苷酸，称为冈崎片段（Okazaki fragment）（图 9-5）。用 DNA 连接酶的温度敏感突变体进行实验，在连接酶不起作用的温度下，便有大量的 DNA 片段的积累。这些实验说明在 DNA 复制过程中首先合成较短的片段，然后再由 DNA 连接酶连接成大分子 DNA。

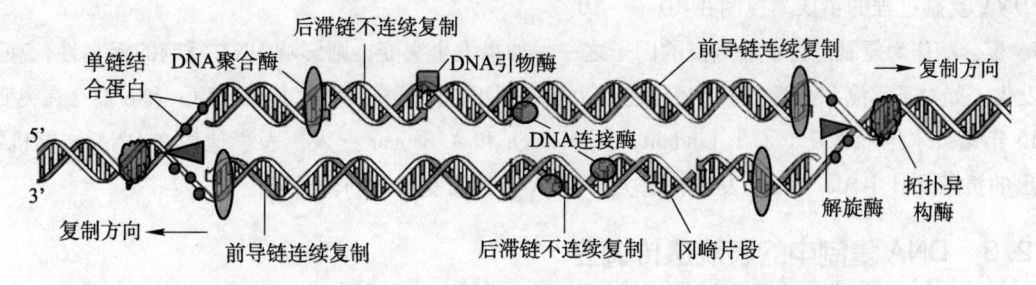

图 9-5 DNA 的双向半不连续复制及 DNA 复制需要许多酶的参与图示

Okazaki 等最初的实验不能断定 DNA 链的不连续合成只发生在一条链上，还是在两条链上都如此。在对冈崎片段进行测定时发现，冈崎片段的数量远超过新合成 DNA 的一半，似乎两条链都是不连续复制的。后来发现这是由于 DNA 聚合酶 III 不能区分尿嘧啶和胸腺嘧啶，使尿嘧啶取代胸腺嘧啶掺入 DNA，从而形成 A/U 对所造成的。错误掺入的尿嘧啶可被尿嘧啶 N-糖苷酶（uracil N-glycosylase）切除，产生无尿嘧啶的磷酸二酯键，在提取 DNA 时这种磷酸二酯键很容易被碱水解而断裂，从而形成一些较短的片段。这种情况下的冈崎片段应该称为尿嘧啶片段，它并不能反映不连续合成的真实情况。当用缺乏糖苷酶的大肠杆菌突变体（ung⁻）进行实验时，DNA 的尿嘧啶将不再被切除。此时，新合成的 DNA 大约有一半放射性标记出现于冈崎片段中，另一半直接进入大的片段。由此可见，当 DNA 复制时，一条链是连续的（前导链），另一条链是不连续的（后滞链），因此 DNA 的复制为半不连续复制（semidiscontinuous replication）（图 9-5）。

DNA 聚合酶的另一特征是无法在单链模板上从头合成新的 DNA 链，而需要 DNA 模板 3′端存在引物。对于不连续复制，每隔 1 000~2 000 bp 距离就需要一个新的引物，那么这些新的引物是什么呢？从新合成的冈崎片段上发现含有一短暂存在的小的 RNA 片段附着在 5′端，这一事实可以说明 DNA 复制时需要 RNA

引物，这些引物长 5~10 nt，现已知 RNA 引物的合成是由一种特殊的 RNA 合成酶——DNA 引物酶（primase）所催化的。所有细菌、真核细胞和许多病毒的引物都是由引物酶催化合成的。该酶在大肠杆菌中是由 *dnaG* 基因所编码的一条多肽链，相对分子质量为 $60 \times 10^3$，每个细胞中有 50~100 个分子，但在单链噬菌体 M13 DNA 和质粒 Col E1 DNA 复制时，引物的合成是由 RNA 聚合酶催化的。

这些冈崎片段是怎么连接的？原来因为 DNA 聚合酶 I 具有两种酶活性，一种是在 $5'\rightarrow 3'$ 方向降解多核苷酸链的核酸外切酶（exonuclease）活性，这一活性使冈崎片段上的 RNA 引物被切除；另一种是在同一方向合成 DNA 链的聚合酶活性，去除 RNA 引物后，再由这一活性填补留下的空隙。最后由 DNA 连接酶将邻接的冈崎片段连接起来。

除了 DNA 聚合酶、连接酶、引物酶外，DNA 复制还需要许多其他蛋白质的参与。如 DNA 双螺旋的两条链是相互缠绕的，必须在复制过程中解旋，这是由促旋酶（gyrase）完成的，它可把环状 DNA 的一种构型变为另一种构型；为了把 DNA 双链分开成为单链，需要解旋酶（helicase）的参与等（图 9-5）。

**4. DNA 复制的高保真性**

同卵双生子是由同一个受精卵在胚胎发育早期，卵裂球割裂成两团细胞发育而成。卵裂球割裂成两团细胞后，各自虽经历了几十亿次的有丝分裂，但二者的基因组仍是基本相同的，这说明 DNA 的复制具有高保真性。DNA 复制的这种高保真性是通过 DNA 聚合酶以及一系列错配修复过程共同实现的。除了严格的碱基配对规则外，DNA 聚合酶对保真性贡献最大。酶对底物 dNTPs 的甄别可以使错误率在 $10^{-5}$，而聚合酶本身的校对功能（proofreading）使错误率进一步降低 2 个数量级左右。当一个模板-引物 DNA 有一个末端错配时，DNA 聚合酶的 $3'\rightarrow 5'$ 核酸外切酶活性切下不配对的碱基，加上复制后的错配修复等机制（DNA 修复酶等）以及核糖核苷酸还原酶受到复杂的反馈调节从而使 4 种 dNTP 的合成平衡供应等，能够使整个 DNA 复制过程的错误率控制在 $10^{-10}$~$10^{-9}$。

DNA 聚合酶作为复制过程中最重要的因子之一，如果发生突变，则影响 DNA 复制的保真性，甚至导致癌症的发生，如对子宫癌和结肠癌患者癌细胞的大量基因组测序分析表明，其聚合酶 ε 和 δ 都存在突变。

2015 年诺贝尔化学奖授予了 T. Lindahl，P. Modrich 和 A. Sancar 三人，表彰他们在 DNA 修复机制研究中所做出的贡献，其中 Modrich 的发现就是关于 DNA 错配修复机制的。

### 9.2.3 DNA 复制中的表观遗传调控

DNA 复制是在"复制起点"的特异位点起始，在 DNA 聚合酶的作用下双向合成的。虽然复制起始点的 DNA 序列是必需的而且已经足够发动起始过程，但仍有明确的证据表明染色质结构对起始活性具有影响。染色体所处环境和染色质结构能影响起始点在复制起始时是否被活化。例如，将酿酒酵母的自主复制序列（autonomously replication sequence，ARS）克隆到质粒中后，其功能发生异常，并通常整合到其他的染色体位点；对于多细胞动物亦如此，ARS 被克隆或再引入时都表现为特征性的失活状态。以上研究暗示，这些生物的复制起始受表观遗传调控而非严格的 DNA 序列依赖。

所谓表观遗传调控是指影响基因活性（包括复制、转录等）而不涉及 DNA 序列改变的基因表达调控方式，其分子基础主要是针对 DNA 本身的修饰和对组蛋白的修饰，这在以后的章节中再详细论及。

在细胞生命活动的 DNA 复制、选择性基因沉默或基因表达过程中，包裹于染色质中的基因组 DNA 序列一般不会发生改变，但细胞核内的染色质结构可以发生高度动态变化，使一些特定基因组区域的转录活性呈现相应的改变。如在真核生物 DNA 半保留复制时，亲代核小体在复制叉之前打开，再重新组装，亲代组蛋白完整转移到子代分子的前导链，新合成的组蛋白与新合成的 DNA 链组装成新的核小体。又如，组蛋白修饰（见 10.4.4）在 DNA 复制过程中发挥重要的调控作用，H3 和 H4 乙酰化、甲基化水平的变化影响起始位点活性和复制起始过程；有研究发现，酵母细胞多个复制起始位点附近的染色质上都存在 H2

的泛素化修饰（H2Bub1）。总之，特定的组蛋白修饰在招募 DNA 复制起始复合物以及促进复制叉前面的核小体的打开，从而促进 DNA 解旋，起始 DNA 复制的过程中起着重要的作用。

DNA 甲基化（DNA methylation）是表观遗传信息载体的重要标记，它通常发生在 CpG 序列中的 C 上（见 10.4.2）。任何类型的细胞都有自己的甲基化格局，以便表达一套独特的蛋白去完成该细胞类型的特有功能，因此 DNA 甲基化的维持很重要，它能在亲代具有 5mC（5 号位甲基化的胞嘧啶）残基对面的新链 CpG 上被选择性地甲基化，非甲基化 CpG 二核苷酸仍保持非甲基化状态，这就保证了 DNA 甲基化信息能够忠实地从一个细胞传递到其后代细胞从而保证子代基因表达和表型的遗传。

在细胞分裂的 DNA 复制过程中，这种特有的甲基化格局是怎样传递给子代细胞的呢？研究表明，DNA 合成过程中并不伴随 DNA 的甲基化，新合成的 DNA 链是缺乏甲基化的。DNA 的甲基化修饰发生在 DNA 的复制之后，DNA 甲基转移酶（DNA methyltransferases，DNMT）能催化与旧链上已甲基化 CpG 相对应的新链 CpG 上的 C 的甲基化。DNMT 的这种将复制后半甲基化序列恢复成全甲基化序列的过程叫做维持甲基化（maintenance methylation），它与甲基化一个两条链上都没有甲基的修饰是不一样的，后者叫做全新甲基化（*de novo* methylation）（图 9-6）。

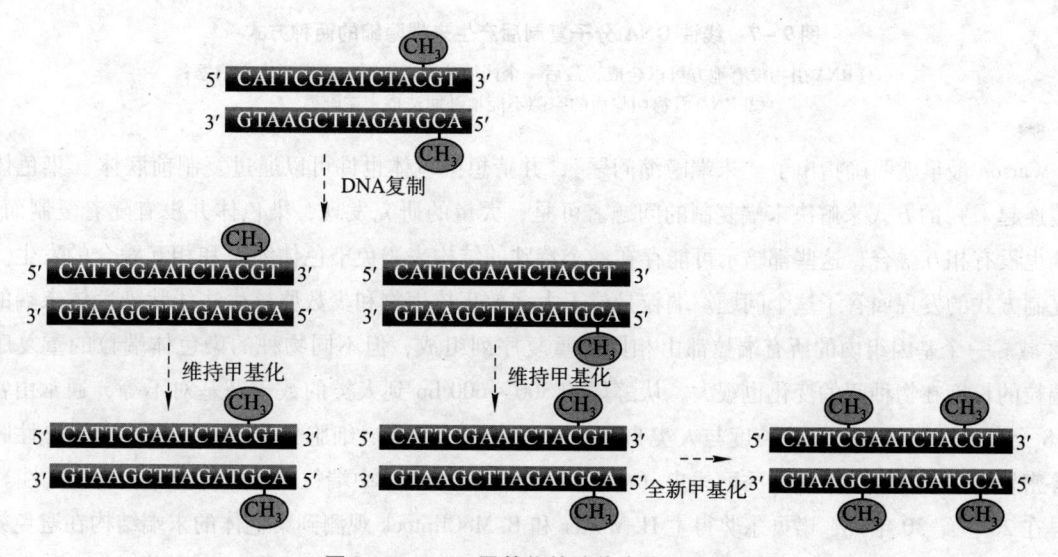

**图 9-6　DNA 甲基化的遗传方式示意图**
新合成的 DNA 链缺乏甲基化，DNA 的甲基化修饰发生在 DNA 复制之后

## 9.2.4　DNA 复制中的末端隐缩问题

端粒（telomere）位于真核生物染色体的末端，其长度随着细胞的分裂而缩短，当端粒短至特定长度时，染色体变得不稳定，容易发生融合、畸变，最终引起细胞的衰老和凋亡。因此，DNA 复制中的末端复制问题（end replication problem）即随着细胞分裂的进行端粒逐步缩短（末端隐缩，telomere shortening）的问题一直是 DNA 复制研究中关注的问题。

在以 DNA 链为模板复制 DNA 时，后滞链的合成需要一小段 RNA 作为引物，这可能通过以下两种方式导致新合成 DNA 链越来越短（图 9-7）：①由于 RNA 引物是在后滞链大约 200 bp 远的地方合成的，如果一个冈崎片段起始的地方离后滞链 3′端少于 200 bp，那么就没有引物合成的地方，也就不能合成最后一个冈崎片段，从而留下空隙；②在冈崎片段之间利用聚合酶 I 的活性之一可以用 5′端的冈崎片段作为引物填补 RNA 引物所留下的空隙，而对于 5′端引物的空隙将无法填补，因此，线性染色体 DNA 每复制一轮，RNA 引物降解后末端都将缩短一个 RNA 引物的长度。可事实上，随着细胞分裂，并没有发生越来越多 DNA 序列丢失，从而造成遗传信息不能完整传代的情况。

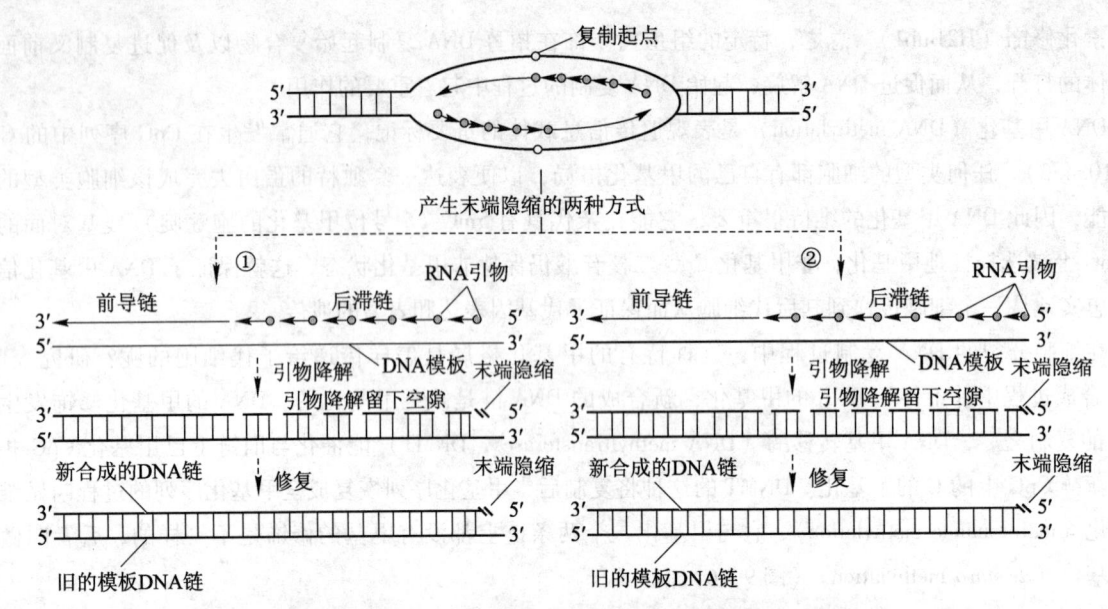

**图 9-7　线性 DNA 分子复制后产生末端隐缩的两种方式**
① RNA 引物没有地方可以合成，最后一个冈崎片段不能形成而造成末端隐缩；
② RNA 引物切除后的空隙不能填补而造成末端隐缩

　　J. Watson 最早就明确指出了"末端隐缩问题"，并猜想染色体也许可以通过复制前联体（染色体末端跟末端连起来）的方式来解决末端复制的问题。可是，大量的研究发现，染色体并没有随着复制而缩短，其末端也没有相互融合，这些都暗示可能存在一个特殊的结构来避免染色体缩短和相互融合的发生。端粒特殊复制方式的发现回答了这个问题。端粒是位于大多数真核生物和少数原核生物线状染色体末端的重复 DNA 区域。一个基因组内的所有端粒都由相同的重复序列组成，但不同物种的染色体端粒的重复序列各异。端粒的长度在物种间的变化也很大，从酵母的 300 ~ 600 bp 到人类的数千碱基对不等，通常由富含 G 的 6 ~ 8 个碱基重复组成。端粒长度与人类自身免疫性疾病、炎症、细胞分化、组织再生以及恶性肿瘤的发生等密切相关。有实验证明在秀丽线虫（*Caenorhabditis elegans*）中端粒的长度与寿命成正相关性。

　　早在 20 世纪 30 年代，诺贝尔奖得主 H. Muller 和 B. McClintock 观测到染色体的末端结构在避免染色体之间的融合中起了重要的作用，从而猜测它可能有保护染色体的作用。1978 年，E. H. Blackburn 发现四膜虫（*Tetrahymena thermophila*）的端粒含有许多重复的 CCCCAA 六碱基序列。与此同时，J. W. Szostak 在试图建构酿酒酵母（*S. cerevisiae*）人工线性染色体时发现，当环状质粒线性化转入酵母细胞后很快就被降解掉了。于是这两位科学家合作将四膜虫的 CCCCAA 序列偶联到线性质粒末端并导入酵母，结果发现这段端粒序列的加入使得线性质粒不再降解，从而证实了端粒对染色体的保护作用。

　　1984 年，Blackburn 实验室在报道酵母端粒序列的同时，发现了一个有趣的现象：带着四膜虫端粒 DNA 的人工染色体导入酵母细胞后，被加上了酵母的端粒序列而不是四膜虫的端粒序列。由于端粒是由重复序列组成的，当时人们普遍猜想同源重组是延伸端粒补偿染色体末端隐缩的机制。但同源重组只会复制出更多自身的序列，那么，在四膜虫的端粒上为什么加的是酵母的端粒序列而不是四膜虫端粒本身的序列呢？这一现象无法用同源重组来解释。

　　C. W. Greider 作为博士生于 1984 年加盟了 Blackburn 实验室。他用四膜虫的核抽提液与体外的端粒 DNA 进行温育，从测序胶的同位素曝光片上，端粒底物明显被重新加上了 DNA 碱基，而且每 6 个碱基形成一条很深的带，与四膜虫端粒重复基本单位为 6 个碱基正好吻合。这种酶活性不依赖于 DNA 模板，只对四膜虫和酵母的端粒 DNA 进行延伸，而对随机序列的 DNA 底物不延伸；并且该活性不依赖于 DNA 聚合酶。至此，他们证明了有一种特殊的酶来延伸端粒 DNA，即"端粒酶"（telomerase）。2009 年，诺贝尔奖授予了 E. H. Blackburn、C. W. Greider 和 J. W. Szostak 三位科学家，奖励他们在染色体端粒和端粒酶研究方面所作出的杰出贡献。

大多数多细胞真核生物的正常细胞，基本上没有端粒酶活性，而仅种系细胞、干细胞和某些白细胞有端粒酶活性。有研究表明，90%的人类肿瘤和98%的传代细胞系都有比较高的端粒酶活性，因此，它已成为重要的肿瘤细胞分子标记物。端粒酶是一种自身携带模板的反转录酶，由 RNA 和蛋白质组成。端粒酶RNA（telomerase RNA，TR）镶嵌在蛋白质内部，为端粒酶延长端粒序列提供模板，是端粒酶呈现活性所必需的亚基（图9-8）。TR 中含有一段与端粒重复序列互补配对的序列，其长度因物种不同变化很大，从四膜虫的 146 nt 到白色念珠菌（*Candida albicans*）的 1 544 nt 不等。近年来，关于端粒酶RNA组分的研究进展很快，已克隆了包括纤毛虫、鼠、酿酒酵母和人等在内的许多生物的端粒酶 RNA 基因。

各种生物端粒酶RNA组分 9-6

现在我们再回到有关 DNA 复制过程中染色体末端保护和末端隐缩的问题。在染色体 DNA 复制时，端粒的重复序列不是连续合成的，而是由端粒酶作用通过后滞链的合成方式延伸到染色体的末端的，由这种重复序列构成的染色体末端与一般的断裂染色体末端不同，它不会被各种酶降解，且相互之间不会融合，这样在平时可以把染色体末端"锁住"，避免出现松散的 DNA 与其他 DNA 分子发生重组而遭到破坏。另一方面，当端粒酶的催化亚基利用端粒酶自己的 RNA 亚基作为模板通过转位不断重复复制出足够长的端粒 DNA 时，引物酶复合物附着到它的末端合成 RNA 引物，并以延长了的亲链为模板，由 DNA 聚合酶继续合成后滞链，从而补偿在染色体复制过程中的末端隐缩，保证染色体的完整复制（图9-8）。然而，在后滞链最末端的重复序列 DNA 还是存在末端隐缩问题，其结果是末端同样不完整，因此，每次染色体复制，都会丢失部分端粒，如人细胞每分裂一次，端粒丢失 50~200 个碱基，但不会损失其他 DNA 序列。当端粒

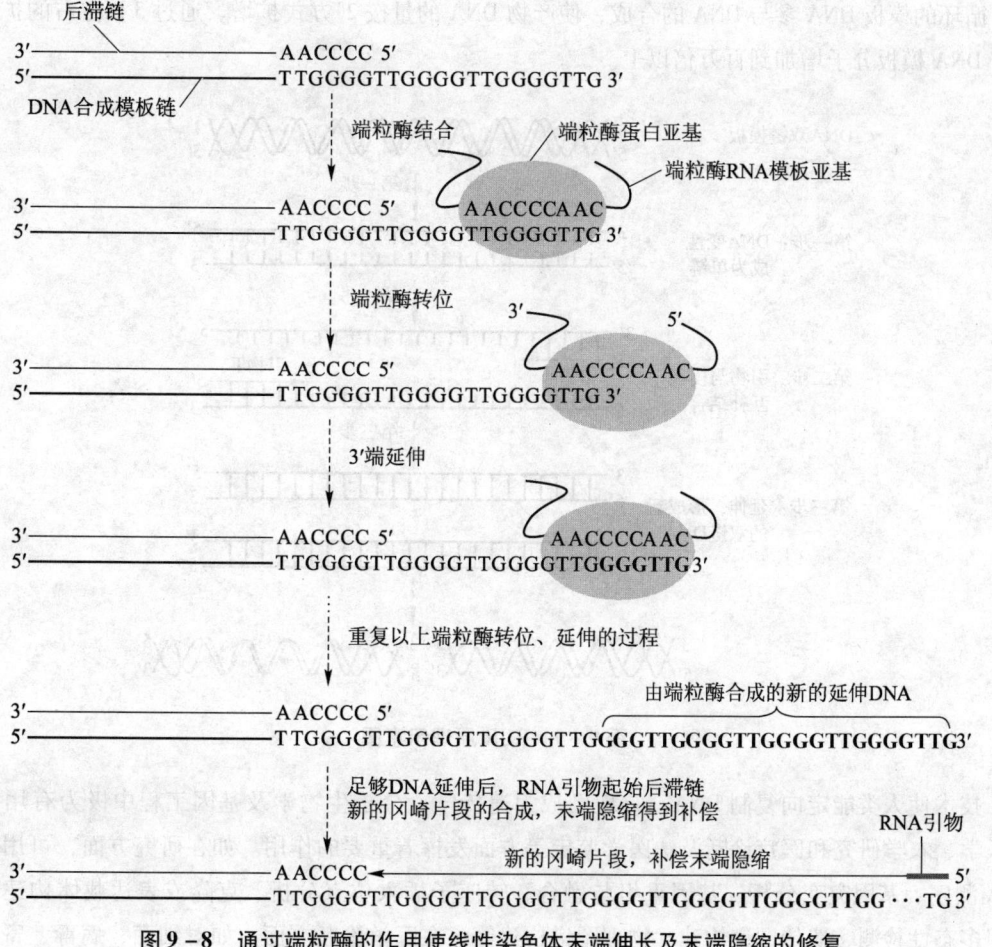

**图9-8 通过端粒酶的作用使线性染色体末端伸长及末端隐缩的修复**

缩短至一定程度，细胞停止分裂，进入静止状态。机体/细胞在电离辐射、环境污染物等的作用下，可使端粒缩短或发生结构变化，造成端粒失去功能。失去功能的端粒可引起复杂的遗传学效应，包括基因截断、杂合性缺失、染色体融合、基因表达异常、基因组不稳定、表型变异、形成肿瘤和衰老等。

### 9.2.5 定向DNA复制技术

DNA复制是遗传过程中保证遗传物质有规律传递和遗传信息稳定的基础，它虽然是一个纯理论问题，但利用它创造了巨大的商业价值，如在近代遗传学和分子生物学研究中非常有用的工具——聚合酶链反应（polymerase chain reaction，PCR）仪就是利用DNA的这种特性发明的。最初的设想由 H. G. Khorana 及其同事于1971年提出，但由于当时很难进行测序和合成寡核苷酸引物，且由于 H. O. Smith 等（1970年）已经发现了DNA限制性内切酶，体外克隆基因成为可能，故他们的早期设想没受到重视。直到1985年，美国 K. Mullis 等人根据DNA体内复制的类似原理，在试管中给DNA的体外合成提供合适的条件，才真正将体外无限扩增核酸片段的愿望变成了现实。耐热DNA聚合酶（Taq酶）的应用使得PCR实现了自动化。Mullis也因此项技术的发明于1993年获得诺贝尔奖。PCR的基本过程如下（图9-9）：首先设计一对已知序列的引物，其中在DNA 5′端的引物对应于上链DNA单链的序列，3′端的引物对应于下链DNA单链的序列，两个引物都按5′→3′方向相向配置；在含有引物、Taq酶、DNA合成底物4种dNTP的缓冲液中，通过高温（如94℃）变性使双链DNA变成单链DNA模板，降低温度（如55℃）复性，使引物与模板DNA配对，再在另一温度下（如72℃）利用DNA聚合酶使引物DNA延伸。在同一反应体系中不断重复高温变性、低温复性和DNA延伸的循环，使DNA产物重复合成，并且在重复过程中，前一循环的产物DNA可作为后一循环的模板DNA参与DNA的合成，使产物DNA的量按$2^n$方式扩增。通过3 h左右的扩增，PCR可使几个DNA模板分子增加到百万倍以上。

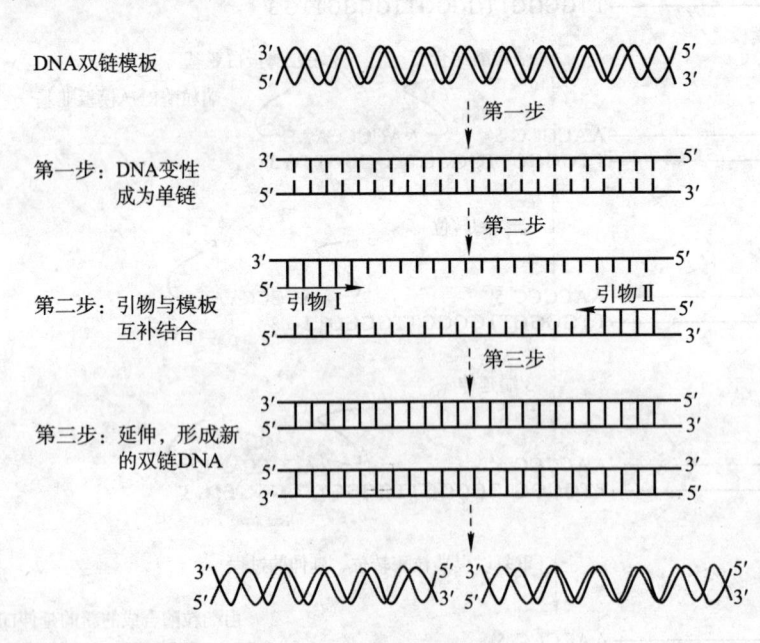

**图9-9 PCR原理示意图**

PCR技术使人类能定向复制DNA，它现已成为遗传学、分子生物学及基因工程中极为有用的研究手段，在医学、农学研究和医疗诊断及法医学鉴定等方面发挥着重要的作用。如在研究方面，可用于基因克隆、DNA测序、基因突变分析、基因重组与融合、转座子插入位点分析、克隆或表达载体构建、定点突变、基因多态性检测、遗传图谱构建、物理图谱构建等；在医学诊断方面，如对细菌、病毒、寄生虫等及人类遗传病和癌症的检测等；在农业方面，如植物病原的检测、品种的鉴定等；在基因工程方面，从基因克隆、载体构建到基因表达更是离不开 PCR 技术。

## 9.3 基因功能与基因精细结构的发现

### 9.3.1 一基因一酶假说

基因是怎样起作用的呢，也就是说基因在决定生物表型中的作用是什么呢？

早在 1902 年，英国医生 S. A. Garrod 在对人类一先天性代谢病——黑尿病（alcaptonuria）的研究中就已经形成蛋白质在决定生物表型中的作用这种初步的想法。这种病人表面上健康，不过他们的尿液在空气中放置一段时间后会变黑。尿液中变黑的东西是尿黑酸，尿黑酸本身是无色的，但在空气中氧化后就变成黑色。正常人的血液中有一种尿黑酸氧化酶，能把尿黑酸转变成乙酰乙酸，最后分解成 $CO_2$ 和水。黑尿病病人不能形成尿黑酸氧化酶，因此尿黑酸不能进一步被转变，直接在尿液中排泄出来。

从尿黑酸的代谢途径（图 9-10）可以看出，每一步都需要特定的酶，这些酶在正常人体中都能产生。Garrod 通过家系分析推断，黑尿病是由于一个隐性突变引起的，这个隐性突变阻断了尿黑酸的正常代谢途径。虽然 Garrod 在那个时代并不确切知道是哪个步骤被阻断了，但他正确地推测出了是由于一个酶的失常造成的。他第一个提出基因和酶之间的关系，认为基因是通过控制酶和其他蛋白质合成来控制细胞代谢的，一个基因的缺陷引起一种酶的变化，从而产生一种遗传性状。现在我们已经知道黑尿病是由于尿黑酸氧化酶基因的隐性突变造成的，它阻断了尿黑酸转变成乙酰乙酸的过程（图 9-10）。如果把黑尿病基因写作 $a$，那么黑尿病人的基因型是 $aa$，正常人的基因型是 $AA$ 或 $Aa$。

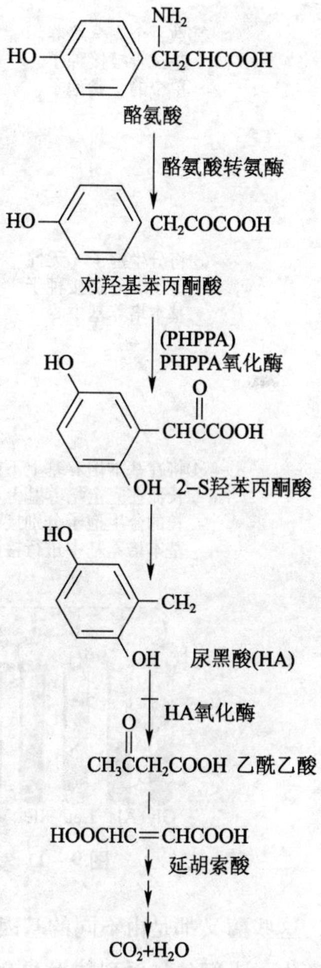

不幸的是，Garrod 的工作和孟德尔的发现一样被埋没了许多年，直到 1941 年，G. W. Beadle 和 E. L. Tatum 提出"一基因一酶"（one gene-one enzyme）概念才得到认识。Beadle 和 Tatum 利用脉孢霉（*N. crassa*）突变体充分证明了单个基因与单个酶之间的直接对应关系，他们的这一工作于 1958 年获得诺贝尔奖。

图 9-10 尿黑酸的代谢途径

野生型脉孢霉可以在仅含有无机盐、糖和维生素的基本培养基上生长。首先他们用 X 射线或紫外线照射脉孢霉的分生孢子，期望获得某些影响特殊代谢的突变型。然后他们将辐射过的孢子与另一相对交配型的野生型孢子杂交，这时获得的子代中有些不能在基本培养基上生长但可以在加有多种有机物的完全培养基上生长，然而有些孢子仅在加有了某一成分（如精氨酸）的培养基上才能生长，并且这种营养依赖是可以遗传的，这就暗示了控制精氨酸合成过程中某个步骤的基因有了缺陷，他们获得了许多这种单一缺陷的营养突变型（图 9-11）。接下来的工作是进行生化途径分析，逐一证明哪个突变型是由哪一个酶的缺陷造成的。这样他们得出结论认为一个基因的缺陷导致一个酶的缺陷，从而产生一个生长依赖突变型，即一基因一酶。

在有的情况下，不同的突变可引起相同的营养缺陷，如精氨酸的合成需经历许多步骤，要求一系列的

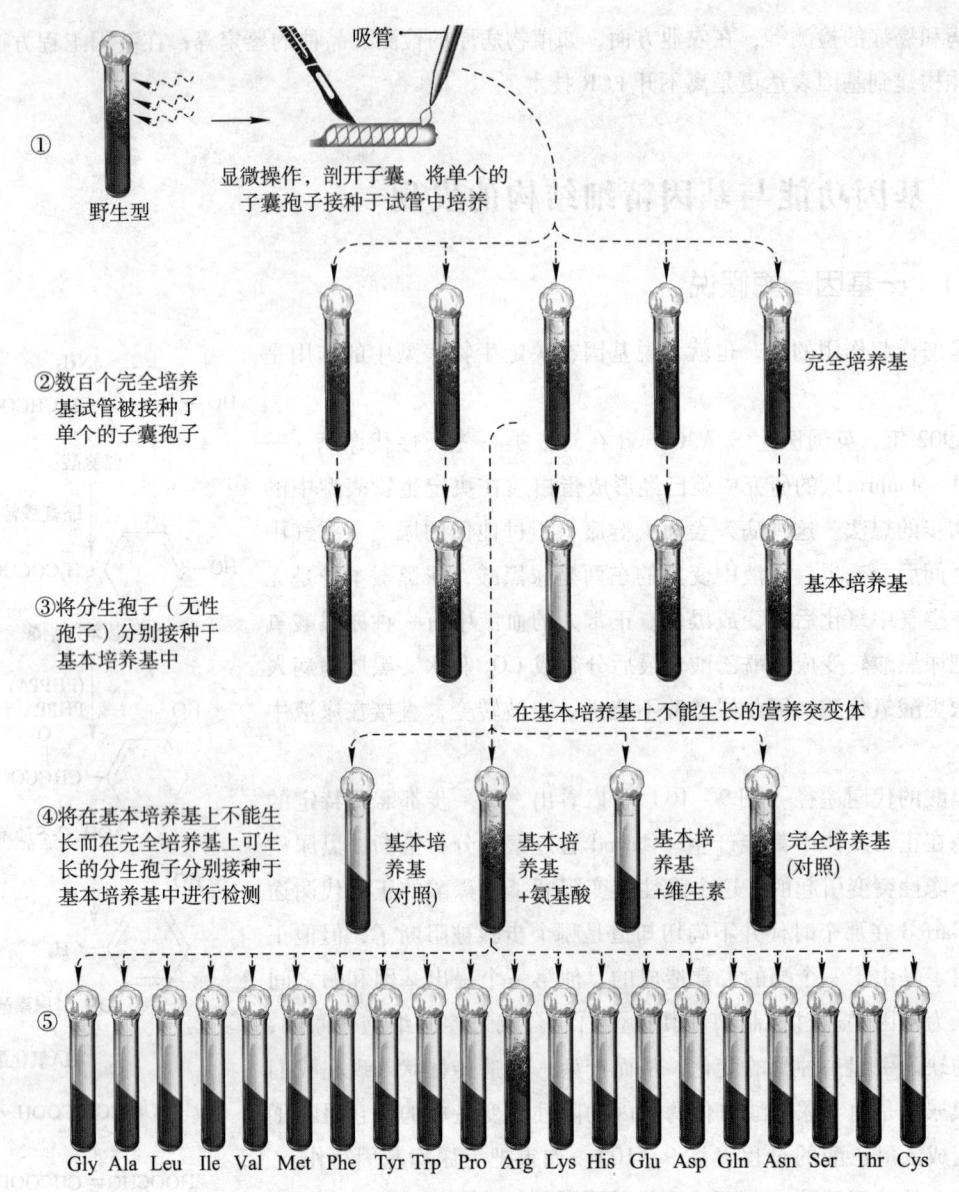

图 9-11 Beadle 和 Tatum 从脉孢霉中分离突变子囊孢子的实验过程

酶，这些酶又都是由不同的基因所编码的，因而这些基因中任何一个发生变化都会导致精氨酸依赖突变型的产生。人们从一系列精氨酸合成代谢突变品系中发现了 4 个突变位点 argE、argF、argG 和 argH，每个位点的缺陷型对鸟氨酸、瓜氨酸、精氨琥珀酸和精氨酸的反应是不同的（表 9-1），如对于 argE 品系只要添加了其中的任何一种氨基酸在基本培养基上都可使其生长，而对于 argH 品系仅在添加了精氨酸的培养基上才能生长等，这也可以说是一基因一酶。

表 9-1　精氨酸营养缺陷型对四种不同氨基酸的生长反应

| 菌株 | 在基本培养基中添加不同的氨基酸（+ 表示能生长，- 表示不能生长） ||||| 
|---|---|---|---|---|---|
|  | 不加 | 鸟氨酸 | 瓜氨酸 | 精氨琥珀酸 | 精氨酸 |
| 野生型 | + | + | + | + | + |
| argE | - | + | + | + | + |
| argF | - | - | + | + | + |
| argG | - | - | - | + | + |
| argH | - | - | - | - | + |

现已知道，这四个突变品系的四个突变位点分别位于 4 条不同的染色体上，精氨酸的生物合成途径如图 9-12 所示。

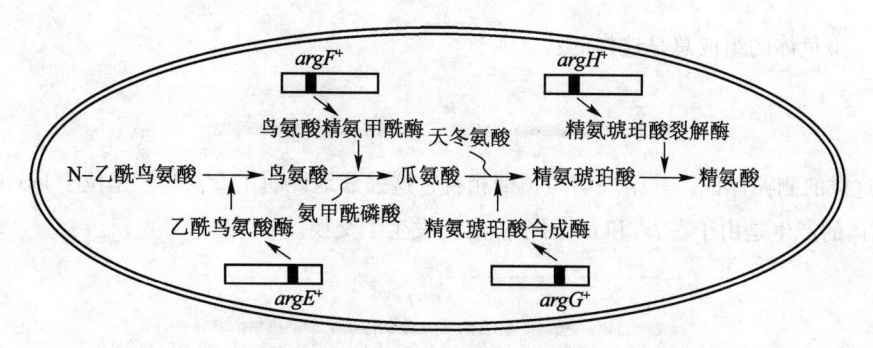

**图 9-12 精氨酸的生物合成途径**

"一基因一酶"学说首先阐明了基因是通过对酶的控制来决定生物的性状的。在 Beadle 和 Tatum 的工作后，人们从许多不同的生物中都发现很多酶的缺陷是由于单个基因的突变引起的。现在我们知道"一基因一酶说"并不很准确，因为基因所编码的蛋白的功能是多样的，不只是酶这种形式，再说许多酶是二聚体或四聚体，而其中的每一个亚单位可能并不是由一个基因决定的。例如，血红蛋白是脊椎动物血液中的一种蛋白质，它很容易与分子氧结合，将氧从肺部经血液循环带至身体的各个部分，血红蛋白分子由 4 个亚基组成，其中 2 个 α 多肽，2 个 β 多肽，因此需要 2 个基因来产生一个有功能的血红蛋白分子，这样将"一基因一酶"概念变成"一基因一多肽"概念就更为准确，但不管怎么说，其精髓是不变的。

### 9.3.2 基因内重组的发现

在经典遗传学中，基因被看做是决定性状的最小单位，是世代相传的遗传物质单位，同时它既是一个突变单位（如从 $A$ 突变成 $a$），又是一个重组单位（认为重组是整个基因与另一个完整基因之间发生重组），这就是经典遗传学中的三位（功能、突变和重组）一体（基因）的基因概念。

从前面有关染色体结构的改变可知，染色体断裂后重组可产生新的性状，这种"位置效应"表明，决定性状的并不是单个基因，而是一段染色体，否则就不会出现不同位置上发生断裂却破坏同一性状，以及重新连接后又会出现不同性状的现象。血红蛋白单个氨基酸的改变可导致其功能的改变更提示基因的突变只是部分位点的改变，而并不是整个基因发生了改变，等等。这些发现促使人们对基因的精细结构进行研究，并提出了顺反子（cistron）概念。顺反子是指编码一条多肽链的 DNA 序列，是通过互补试验所定义的一个遗传单位。下面通过对基因内重组现象的发现和研究，我们会发现基因并不是一个突变单位，也不是一个重组单位。

基因内重组现象是 C. P. Oliver 于 1940 年首次报道的。位于果蝇 X 染色体上 lozenge 位点的两个隐性等位基因 $lz^s$ 和 $lz^g$ 有着相似的眼的突变表型，杂合体（$lz^s/lz^g$）雌性表现为突变型。用 $lz^s/lz^g$ 雌蝇与 $lz^s Y$ 或 $lz^g Y$ 雄蝇交配，按常理在后代中应只有突变的表型，然而在大量的后代中发现有 0.2% 的个体具有正常的野生型眼表型。$lz^s Y$ 或 $lz^g Y$ 雄蝇的回复突变率大大低于 0.2%，因而不能用回复突变来解释。更进一步的实验结果表明，这些野生型个体具有一个野生型的 lozenge 等位基因（$lz^+$）。Oliver 认为这些野生型等位基因的产生是由于在 lozenge 位点内发生了交换的结果。

为了证明他的结论，Oliver 和他的学生 M. Green 首先想到利用非常靠近 lozenge 位点两侧的突变位点的突变型进行实验，这些突变位点标记被称为侧翼标记（flanking marker）。如果交换发生在 lozenge 位点内，就会产生一个侧翼标记发生重组的染色体，并且在野生型基因 $lz^+$ 附近出现固定的标记。假设在 $lz^s/lz^g$ 杂合体雌性 X 染色体的 lozenge 位点附近带有如下的侧翼标记：

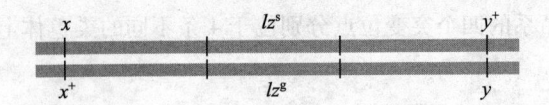

则野生型后代 X 染色体的组成总是这样的：

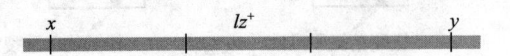

使用了许多对这样的侧翼标记，其结果均与预期相符，这强烈地说明了 $lz^s$ 和 $lz^g$ 是位于 lozenge 位点的不同位置，$lz^+$ 染色体的产生是由于在 $lz^s$ 和 $lz^g$ 两个点之间发生了交换。

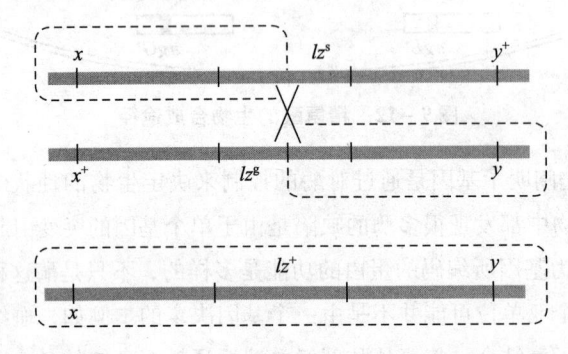

这一开创性的工作第一次说明基因并不是像念珠一样排列在染色体上的，这是基因走向现代概念的基础——基因是可分的，基因内含有突变和可被重组分离的位点。

在构巢曲霉（A. nidulans）中，曾经发现许多需要腺嘌呤的营养缺陷型，其中 $ad_{16}$ 和 $ad_8$ 两个缺陷型是在第一染色体上。这两缺陷型的杂合体（$ad_{16}/ad_8$）仍旧是缺陷型，这表明 $ad_{16}$ 和 $ad_8$ 是等位的。可是它们的后代中大约出现 0.14% 的野生型，这又表明 $ad_{16}$ 和 $ad_8$ 不是在同一染色体的同一位置上，二者之间可以发生交换。请注意，这交换是发生在二倍体菌丝的有丝分裂中，即是由于有丝分裂交换产生的（图 9-13）。

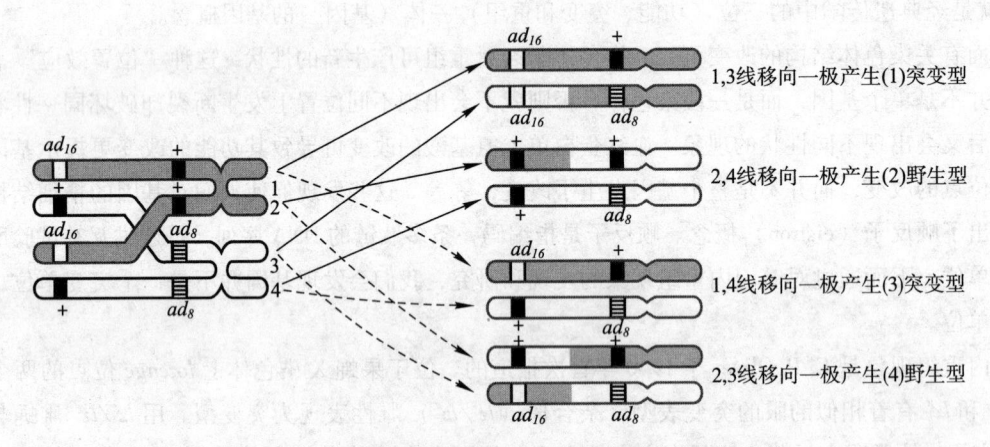

**图 9-13 构巢曲霉两个腺嘌呤突变位点间的体细胞交换**

如果我们把 $ad_{16}$ 和 $ad_8$ 看做是两个座位（loci）或基因，对图 9-13 中杂合体（1）是突变型及（2）和（4）是野生型都很容易理解，但对（3）是突变型就难于理解了。但是如果把 $ad_{16}$ 和 $ad_8$ 看作是一个作用单位——顺反子中的两个位点（site），那么这个现象就容易说明了。比较（3）和（4），二者的基因型相同，只是排列不同，（3）为反式排列（$ad_{16}+/+ad_8$），（4）为顺式排列（$ad_{16}ad_8/++$）。在反式杂合体（3）中，两个顺反子各有一个位点发生突变，没有一个顺反子具有形成正常表型所需的遗传信息，所以它的表型是突变型；而在顺式杂合子（4）中，一个顺反子的两个位点都发生突变，而另一顺反子正常，所以杂合体的表型是野生型。

由上可以看出，一个顺反子（功能单位）含有突变位点和重组交换位点，这从下面的互补试验中可以看得更加清楚。

### 9.3.3 顺反子与互补试验

我们知道，获得大量突变型是遗传学研究的基础。那么，采用什么样的方法去确定这些突变型之间的关系性质即它们是顺反子内突变还是不同顺反子的突变？重组测验和互补试验是其中的两个基本方法。通过重组测验可以以遗传距离的方式确定突变的空间关系，应用互补试验则可以确定有同一表型效应的两个突变型是等位的（属同一顺反子），还是非等位的（属不同顺反子），即它们的功能关系。互补试验（complementation test）又称为顺反试验（cis-trans test）。顺式是指两个突变位点位于同一条染色体上，反式则指两个突变位点位于不同的染色体上（图9-14）；互补是指两个隐性突变型可以互相弥补对方的缺陷，表现为野生型表型。如果反式时互补，说明两突变位点处于不同的顺反子中，如不互补，说明它们属于同一顺反子（图9-14）。在图9-13中，（3）是反式排列，两个位点不能互补，说明它们是属于同一顺反子。在已知两个突变型属于同一顺反子后，就可进一步用标准的重组作图法来判断是否属于同一位点：如有重组，表明这两突变型处于不同的位点，如测不出重组值，就把它们放在同一位点上。

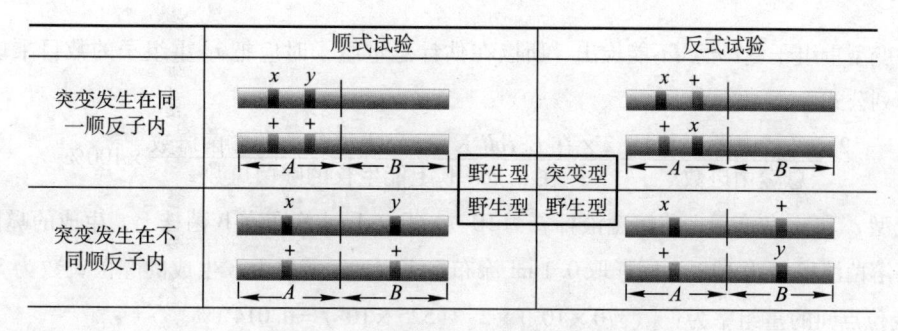

**图 9-14 互补试验结果分析示意图**

A，B 为两个不同的顺反子；x, y 为两个突变位点

S. Benzer 于 1953 年发现 T4 噬菌体 *rⅡ* 快速溶菌突变型，产生大而边缘清楚的噬菌斑，而野生型噬菌体（*rⅡ*⁺）的噬菌斑小而边缘模糊。突变型 *rⅡ* 能在 *E. coli* 菌株 B 上生长，形成大而边缘清楚的噬菌斑，但不能在 *E. coli* 菌株 K（λ）上生长，这里 K（λ）表示这种菌株带有噬菌体 λ，是溶原菌；野生型 *rⅡ*⁺ 在菌株 B 和 K（λ）上都能生长，所形成的噬菌斑都是小而边缘模糊的（表9-2）。

**表 9-2 T4 噬菌体突变型 *rⅡ* 和野生型 *rⅡ*⁺ 在不同菌株上的噬菌斑差别**

|  | *E. coli* B | *E. coli* K（λ） |
|---|---|---|
| T4 噬菌体 *rⅡ* | 大而边缘清楚 | 不能生长 |
| T4 噬菌体 *rⅡ*⁺ | 小而边缘模糊 | 小而边缘模糊 |

T4 噬菌体裂解 *E. coli* 时所需的酶是在 T4 DNA 的 *r* 区控制下合成的，其中分析得最为详细的是 *rⅡ* 区，*rⅡ* 有 3 000 多个突变型品系，它们都有相同的表型，那么这 3 000 多个突变型是否都是影响同一种遗传功能？也就是说它们是属于一个基因还是几个基因？通过重组测验和互补测验就可以解决这一问题。

用成对的 rⅡ 突变型品系对 E.coli B 进行共感染，形成噬菌斑后，收集溶菌液——子代噬菌体，然后把一部分溶菌液接种在 E.coli B 上，估计溶菌液中的病毒数，因为复感染的亲本突变型（$r^x$、$r^y$）及其重组子（$r^+$、$r^x r^y$）都能在 E.coli B 上生长；把另一部分溶菌液接种在 E.coli K（λ）上，可以估计野生型重组子（$r^+$）数，因为在 E.coli K 上只有 $r^+$ 重组子才能生长（图 9-15）。

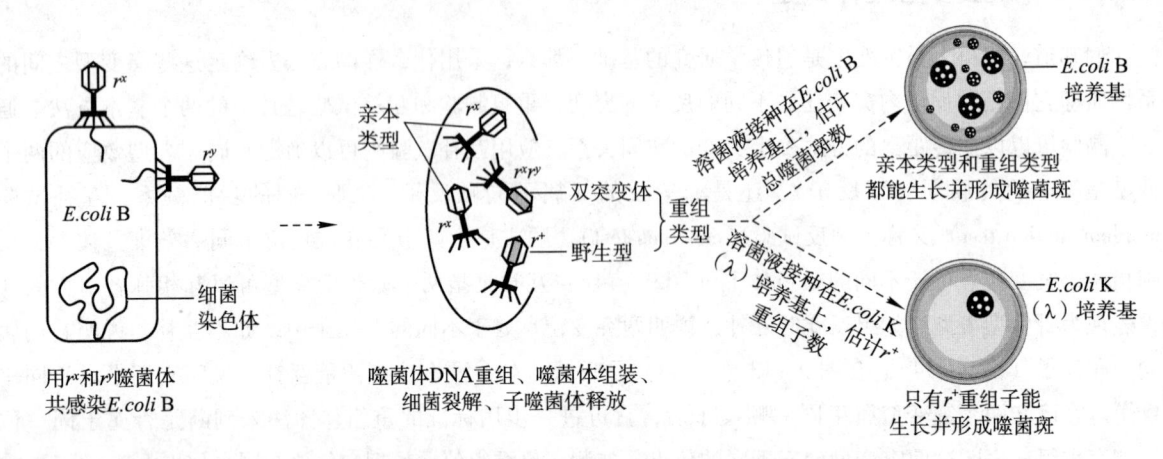

**图 9-15 两个 rⅡ 突变型杂交产生 rⅡ$^+$ 的筛选程序图**

因为双突变型重组子（$r^x r^y$）不能检出，所以在估计总重组子时应把 $r^+$ 重组子的数目乘以 2。重组值的计算可用下列公式：

$$\frac{2\times(r^+\text{噬菌斑数})}{\text{总噬菌斑数}}=\frac{2\times\text{在 }E.coli\text{ K}(\lambda)\text{上能生长的噬菌斑数}}{\text{在 }E.coli\text{ B 上能生长的噬菌斑数}}\times100\%$$

如将突变型 $r^x$ 和 $r^y$ 杂交后，将溶菌液稀释为 $10^{-6}$，取 0.1 ml 涂布在 B 菌株上，生成的噬菌斑数为 525 个；另一份将溶菌液稀释为 $10^{-2}$，同样取 0.1 ml 涂布在 K（λ）菌株上，生成的噬菌斑数为 370 个，则 $r^x$ 和 $r^y$ 两个突变位点间的重组率为：$[(370\times10^2)\times2]/(525\times10^6)=0.0141\%$。

通过上述方法观察到的 rⅡ 区两个突变位点的最小重组率为 0.02%，即 0.02 个图距单位，T4 的遗传图为 1 500 mu，基因组有 $1.65\times10^5$ bp，因此 0.02 个图距单位（即一个重组子）约相当于 2.2 bp[（0.02/1 500）$\times1.65\times10^5$]。由此可见，重组子的单位可小到约相当于一个核苷酸对。

Benzer 分析了 rⅡ 区域超过 2 400 个突变型，他注意到，rⅡ 突变型可以分成 A 和 B 两组。A 组的一个突变型和 B 组的一个突变型同时感染 E.coli K（λ），可以互补，即两个突变型同时感染 E.coli K（λ）时，可以共同在菌体内增殖，引起溶菌，释放原来的两个突变型。可是 A 组内的两个突变型，或 B 组内的两个突变型不能互补，同时，这两个区段中任一区段的突变不会影响另一区段的功能（图 9-16）。这说明 rⅡ 区中 A、B 两个区段是两个独立的遗传功能单位。Benzer 于 1955 年把通过顺反子效应（互补试验）而发现的遗传功能单位称为顺反子，这实际上就是编码一条多肽链的基因。有意义的是，所有 A 组突变型都在 rⅡ 区域的一边，是一个顺反子，所有 B 组突变型都在 rⅡ 区域的另一边，为另一顺反子。

Benzer 是第一个直接把"分子基因"概念引入遗传学的人。他是一个天才级的科学大师，在物理学、分子生物学和行为遗传学三个领域都做出了奠基性的成就。根据上面的顺反试验及果蝇 lozenge 基因内和构巢曲霉腺嘌呤营养缺陷型中的不同位点突变，我们更进一步清楚，如果把作用单位——顺反子看作一个基因，那么基因内的不同位点上可以发生突变，基因内的不同位点间可以发生重组。根据 Benzer 的分析，在 rⅡ 区的 A、B 两个顺反子中约有 400 个突变位点，每个突变位点都可以作为一个重组单位，因此遗传上的功能单位顺反子要比突变单位或重组单位大得多，这在基因概念上是一个大的突破。顺反子是一个功能水平上的基因，实际上我们可以把顺反子概念具体化为 DNA 分子的一段序列，它负责传递遗传信息，是

突变位点

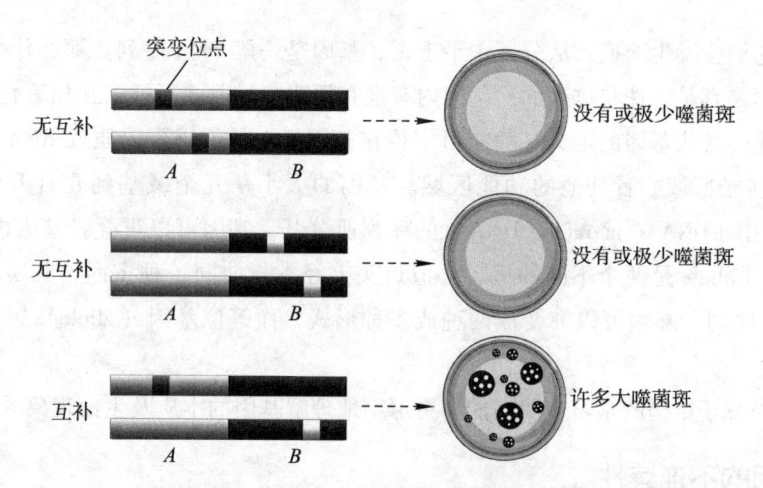

无互补 ————→ 没有或极少噬菌斑
$A$　　$B$

无互补 ————→ 没有或极少噬菌斑
$A$　　$B$

互补 ————→ 许多大噬菌斑
$A$　　$B$

图 9-16　T4 噬菌体 *rII* 区 *A*、*B* 两个顺反子突变型的互补试验结果

决定一条多肽链的完整的功能单位，但它又是可分的，一个顺反子可以包含一系列突变单位——突变子（muton），突变子是构成基因的 DNA 中的一个或若干个核苷酸；顺反子中的核苷酸也可以独自发生重组——重组子（recon）。

在现代遗传学概念中，基因和顺反子大部分时候是等价的：它是遗传功能单位、突变单位、重组单位，也是可表达遗传信息的单位，它包括编码区域的前后序列（侧翼序列）和基因中的间隔序列（内含子）。当然，现代基因概念中，如后面所述 RNA 基因不产生蛋白质，也是基因，但不能称为顺反子。在真核生物中，通常一个转录完毕的 mRNA 只编码一条多肽链，称为单顺反子；而在原核生物中，一个 mRNA 分子可能编码多个多肽链，这些多肽链对应的 DNA 片断则位于同一转录单位内，享用同一起点和终点，是多顺反子。

在第 2 章中，我们提到过拟等位基因的概念。由于拟等位基因紧密连锁很难发生交换，因此使用普通的等位基因检测方法（杂交分离）往往会误认为它们是等位基因，然而通过顺反位置效应的互补测验就能证明它们应该是突变部位不同的等位基因即拟等位基因。如黑腹果蝇显性突变型星眼（star, *S*）的杂合体 *S*/+（+表示野生型基因）具有较野生型稍小的复眼；隐性突变型拟星眼（asteroid, *ast*）纯合体 *ast/ast* 的复眼更小。这两个突变型基因都在唾腺细胞的第 2 染色体上占有两条并列的显著横纹。对这两个拟等位基因进行的顺反试验发现，顺式构型 + +/*S ast* 果蝇的复眼几乎跟野生型的一样，而反式构型 + *ast*/*S* + 的果蝇则具有较小的突变型复眼，而如果 *S* 和 *ast* 是等位基因就不会出现这种顺反差异。又如，原来认为人类的 Rh 血型至少由 10 个复等位基因控制，后来发现三个紧密连锁的基因 *D*、*C*、*E* 构成一个拟等位基因系列，它们之间也存在顺反位置效应，顺式杂合体 *Dce/DCE* 产生复合抗原 ce，反式杂合体 *DCe/DcE* 不产生 ce 抗原。在一个拟等位基因系列中，各个基因的位置是邻接着的且在功能上是密切相关的，它们可能是由一个原始基因通过一再扩增并发生突变而形成的。

## 9.4　基因的分子结构

基因是生物体遗传的基本单位，所有生物的活动和生存都依赖于基因。自 1909 年丹麦遗传学家 W. Johannsen 创立 "gene"（基因）一词取代孟德尔的遗传因子以来，人们对于基因的研究兴趣一天比一天高。但随着研究的不断深入，要给基因下一个准确的定义并不容易。现在我们已经知道基因是成对的，控制着不同的性状；基因位于染色体上，处于不同对染色体上的基因自由组合，而处于同源染色体上的基因则相互连锁，并且它们会发生交换；从分子水平上说，基因是一段 DNA 序列。那么什么样的 DNA 序列算是基因呢？基因是不是真是念珠状排列的？基因内有没有间隙？基因可不可以互相重叠？现代关于基因的研究回答了这些问题。现代基因的定义一般指可定位在基因组上的编码蛋白质或 RNA 的遗传单位，它们可以是调控区域、转录区域或者其他的功能区域。基因的大小从几个碱基到几百万个碱基不等，基因之间被一些称为基因间 DNA（intergenic DNA）的序列所分开，基因可以重叠，基因内部也可以分开等。在遗传学上，gene 与 allele 是两个不同的概念，但口头上经常指向同一种东西，其实基因（gene）是一段具有功能的 DNA 序列，基因可以突变成两种或多种形式，而等位基因（allele）则是指基因某一形式的变异体。

下面通过对基因分子结构的学习，我们能够更深刻地理解基因的本质及生命现象的复杂性。

### 9.4.1 基因的不连续性

1977 年，R. J. Roberts 实验室和 P. A. Sharp 实验室分别独立以腺病毒（adenovirus）mRNA 为探针与腺病毒 DNA 杂交，首次发现基因的 mRNA 序列被非编码序列隔开，称之为断裂基因（split gene）；1978 年，W. Gilbert 将这些编码序列和非编码序列分别称为外显子（exon）和内含子（intron）。随后在广泛生物类型的基因中都发现了内含子的存在。由于 Roberts 和 Sharp 对断裂基因的发现而共享了 1993 年的诺贝尔奖。

不同生物的基因组中，内含子的发生频率不同。如在真核生物核基因组中普遍存在，特别是在蛋白编码基因中几乎全部存在多个内含子，而原核生物的核基因组和真核生物的线粒体基因组中则很少存在，它们是一段连续编码的 DNA 序列。

原核生物的基因是一段连续编码的 DNA 序列，即基因编码蛋白质的序列是不间断的。而真核生物的基因结构则不同。1977 年，法国 P. Chambon 等和美国 P. Berget 等首次报道了真核生物的基因是不连续的，编码序列被非编码序列分隔开来。

外显子是基因中对应于 mRNA 序列的区域，而内含子在 mRNA 中是不存在的。一系列交替存在的外显子和内含子构成了断裂基因。断裂基因的两端起始和结束于外显子，即一个基因如果有 $n$ 个外显子，则相应的内含子有 $n-1$ 个。在不同基因中，基因的大小以及内含子的数目和长短相差很大。例如，鸡卵清蛋白基因全长大约有 7 700 bp，含有 8 个外显子和 7 个内含子；假肥大型肌营养不良（DMD）基因全长达 2 300 000 bp，含有 75 个外显子和 74 个内含子，内含子的平均长度有 35 000 bp，其中最长的达 400 kb。一般来说，高等真核生物的基因大多数都含有内含子，且内含子的核苷酸数量比外显子多 5~10 倍。

细胞是怎样从一个被内含子打断的编码序列产生一个成熟的 mRNA？在结构基因转录时，内含子与外显子序列全部被转录产生初级转录物（primary transcript），它是 mRNA 的前体（pre-mRNA），在细胞核内很不稳定，故又称为核不均一 RNA（hnRNA，heterogeneous nuclear RNA）。在初级转录产物的加工过程中内含子被切除，这种从最初转录物中除去内含子的过程叫 RNA 剪接（splicing）（图 9-17 虚线框内）。在每个外显子和内含子的接头区，都是一段高度保守的共有序列（consensus sequence），如大部分内含子的 5′端开始的两个核苷酸都是 GT，3′端末尾的两个核苷酸都是 AG（在 hnRNA 序列中则是 GU……AG），这种接头形式被称为 GT - AG 法则，是 RNA 剪接的信号。

断裂基因可通过 mRNA 与 DNA 的分子杂交而被发现，杂交后用电镜进行观察，如果基因中含有内含子，因为其 mRNA 中没有相应的序列，在所形成的 RNA-DNA 杂交双链的某一部位就会出现不能配对的单链环，这就是内含子。用这个方法还可以确定内含子在基因中的位置和大小（图 9-17）。目前，可通过一些生物信息学网站如 GenBank 查找或预测基因的内含子和外显子。

图 9-7 部分人类基因中内含子序列所占比例

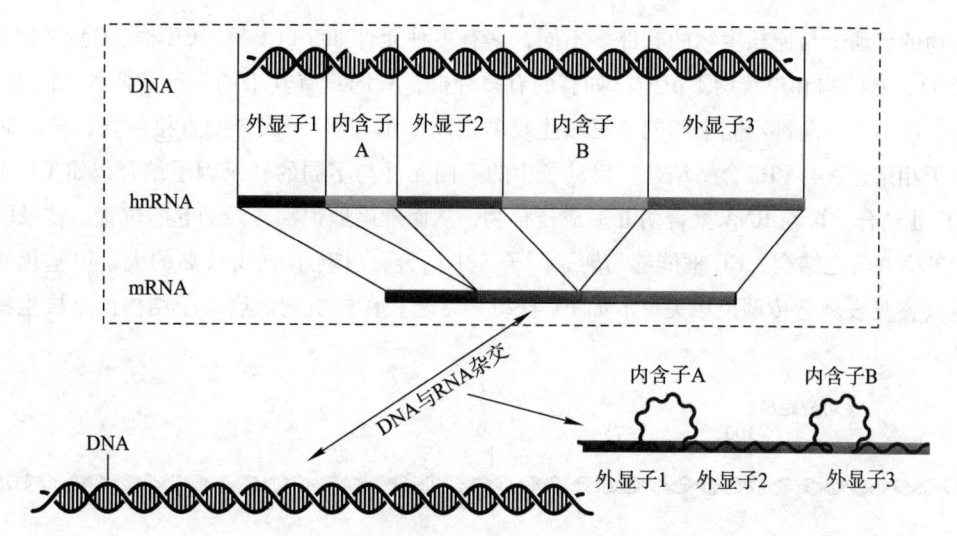

图 9-17 断裂基因的剪接及杂交鉴定示意图

### 9.4.2 基因的侧翼序列

每个基因的结构由很多元件构成,其中编码蛋白质或 RNA 的序列只是一小部分。在每个结构基因的第一个和最后一个外显子的外侧,都有一段不被转录的非编码区,称为侧翼序列(flanking sequence)(图 9-18),包括启动子、增强子、终止子等。侧翼序列虽然不被转录和翻译,但它含有基因调控序列,对基因的有效表达起着决定性的作用。

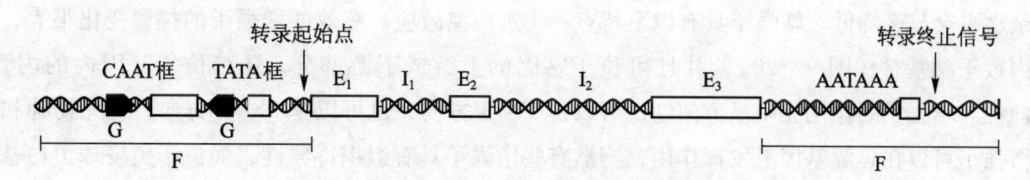

图 9-18 真核生物基因的结构图解
E:外显子;I:内含子;F:侧翼序列;G:GC 框

**1. 启动子(promoter)**

启动子是位于结构基因 5′端上游的一段特异的 DNA 序列,通常位于基因转录起点上游 100 bp 范围左右,是 RNA 聚合酶和其他与转录有关的转录因子(transcription factor)识别并结合形成转录复合物的部位,它决定了双链的转录链。

虽然原核生物不同基因的启动子有一定的结构差异,但都具有共同的特点(图 9-19),如 -35 序列、-10 序列结构都十分保守。-10 序列的中央位于转录起点上游约 10 bp 处,其保守序列为 TATAAT,它的碱基组成对转录的效率影响很大;-35 序列与 -10 序列相隔 16~19 bp,其保守序列为 TTGACA,-35 序列同 -10 序列之间核苷酸数目的变动会影响基因转录的活性。

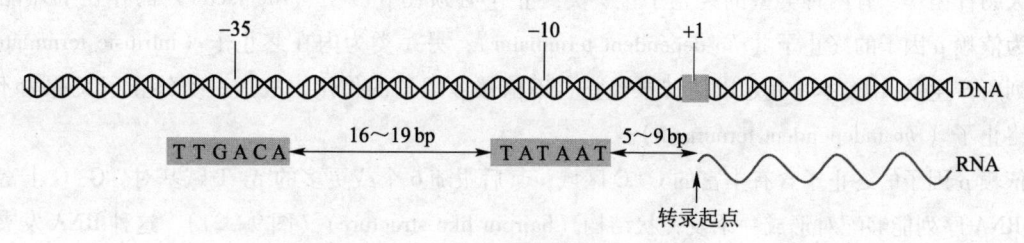

图 9-19 原核生物启动子结构的一般模式

真核生物的启动子与原核生物的有许多不同，它有多种元件如 TATA 框、GC 框、CAAT 框等（图 9-18、图 9-20），且结构和位置均不恒定。如有的有多种框，有的只有其中的一种或两种，随基因的不同，它们的位置、序列、方向都不完全相同。真核生物的启动子不与 RNA 聚合酶直接结合，转录时先和其他转录激活因子相结合，再和聚合酶结合。启动子中的不同元件与不同的转录因子结合，如 TATA 框能够与转录因子 TF Ⅱ结合，再与 RNA 聚合酶Ⅱ形成复合物，从而准确地识别转录的起始位置；转录因子 CTF 能够识别 CAAT 框并与之结合；GC 框能够与转录因子 SP1 结合；启动子中 CpG 岛的大量甲基化通常会抑制基因的表达（参见表观遗传调控相关章节如 10.4.2）。总之，真核生物的启动子结构比原核生物的更为复杂化。

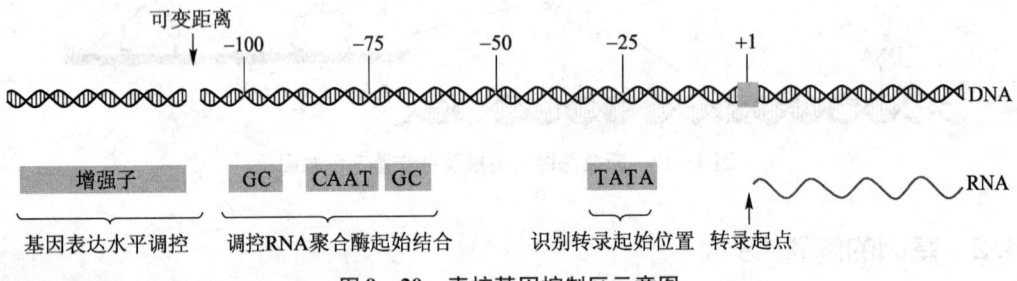

图 9-20　真核基因控制区示意图

### 2. 增强子（enhancer）和沉默子（silencer）

在真核生物中，对于基因的表达存在有远距离的调控元件，其中增强子就是较为常见的远端调控区。增强子是可以增强启动子发动转录作用，从而明显提高基因转录效率的一段 DNA 序列。如果缺少这一序列，转录水平会显著降低。增强子具有以下特点：①远距离效应。有效的增强子的位置变化很大，有时可以离基因数千碱基对（图 9-20），并且可位于基因的上游或下游部分，还可位于基因内的内含子区；②无方向性。增强子的作用无明显方向性，可以是 5′→3′方向，也可以是 3′→5′方向；③无物种和基因特异性。增强子可以在异源基因上发挥作用，当然有些增强子具有组织特异性，如位于免疫球蛋白基因内的增强子只有在 B 淋巴细胞中而不在其他组织中发挥作用；④顺式调节。增强子只调节位于同一染色体的靶基因，而对其他染色体上的基因没有作用。增强子与启动子不同，它一般与基因的结构框架之间缺乏固定的联系模式，相邻的基因之间可能无法区别彼此的增强子。有研究发现，增强子 DNA 序列的变异可导致精神疾病如注意力缺乏症、抑郁症、自闭症、精神分裂症等的产生。

具有与增强子相反作用的 DNA 序列叫沉默子。它和增强子一样，能对远隔 2~5 kb 的启动子发挥作用，且无论在靶启动子的上下游都可起作用。如果说增强子是正调控元件的话，那么沉默子则是负调控元件。

### 3. 终止子（terminator）

终止子是指在转录过程中，提供转录终止信号的序列。终止子和启动子不同，启动子由 DNA 序列提供信号，但真正起终止作用的不是 DNA 序列本身，而是转录生成的 RNA。

在大肠杆菌中，有两种类型的终止子：一类终止子必须在 ρ 因子（rho factor）的存在下才能终止转录，称为依赖 ρ 因子的终止子（rho-dependent terminator）；另一类为内在终止子（intrinsic terminator），终止子序列所产生的 RNA 本身就足以使转录终止，不依赖 ρ 因子的作用，故这一类终止子又称为不依赖 ρ 因子的终止子（rho-independent terminator）。

不依赖 ρ 因子的终止子含有丰富的 G:C 区域，其后跟随 6 个或更多的 A:T 碱基对。G:C 丰富区域所形成的 RNA 序列能够配对形成一个发夹状结构（hairpin-like structure）（图 9-21）。这种 RNA 发夹状结构在新生 RNA 链合成后立刻形成，并阻止 RNA 聚合酶沿 DNA 分子移动。发夹状结构并不能终止转录，新生的 RNA 链中可有多处发夹状结构，RNA 聚合酶在发夹状结构处的暂停只是为转录的终止提供了机会，如果没有终止子序列，聚合酶可以继续转录，而不发生转录的终止。发夹状结构后的多个连续的 U 可能为 RNA 聚合酶与模板的解离提供信号。RNA – DNA 间的 U∶A 结合力较弱，有利于 RNA 和 DNA 的解离。如果将 U 串缺失或缩短，尽管 RNA 聚合酶可以发生暂停，但不能使转录终止。DNA 上与 U 串对应的为富含 A∶T 碱基对的区域，这说明 A∶T 富含区在转录的终止中起着重要的作用。

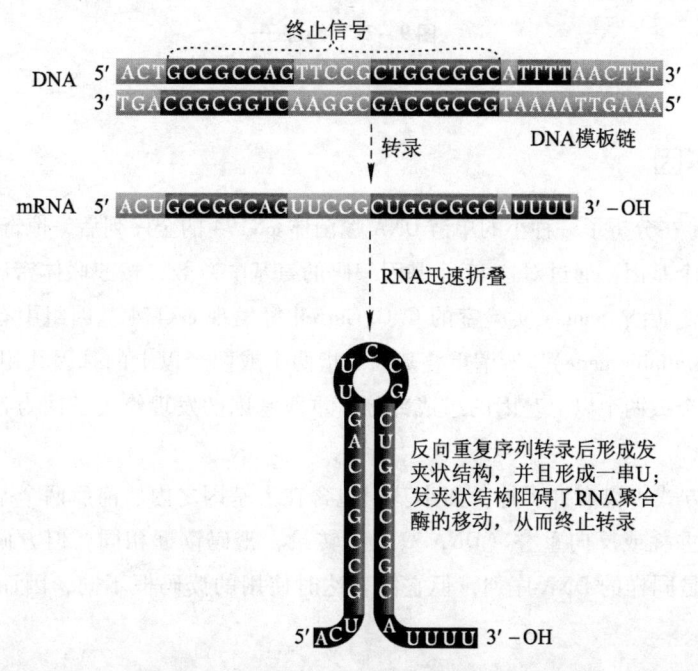

图 9 – 21  不依赖 ρ 因子的转录终止子结构

依赖 ρ 因子的转录终止机制目前还不是太清楚。依赖 ρ 因子的终止子序列长 50 ~ 90 bp，富含 C 残基而缺乏 G 残基。除此之外，不同的依赖 ρ 因子的终止序列之间没有共同的特征。ρ 因子结合到正在生长的 RNA 链上并沿 RNA 的 5′到 3′移动，好像是跟踪正在催化 RNA 链合成的 RNA 聚合酶分子。当 RNA 聚合酶在依赖 ρ 因子的转录终止序列处减速或停止下来的时候，ρ 因子追上 RNA 聚合酶并将新生的 RNA 链从模板 DNA 上解离下来，从而终止转录。

对真核生物终止子结构的了解较少，其终止不需要茎环结构。不同基因的转录由不同的 RNA 聚合酶（Ⅰ、Ⅱ、Ⅲ）负责，不同的 RNA 聚合酶有不同的终止子。

### 4. 绝缘子（insulator）

增强子或沉默子能使位于数千碱基对以外的启动子打开或关闭，那么什么机制阻止它们对位于同一染色体上相同区域的其他基因的启动子的不适当的激活或沉默呢？它就是绝缘子，也称为隔离子。绝缘子是一种长约几十到几百核苷酸对的调控序列，通常位于启动子同邻近基因的正调控元件（增强子）或负调控元件（沉默子）之间（图 9 – 22）。绝缘子本身对基因的表达既没有正效应，也没有负效应，它可以单独或同时具备以下两种功能特性：一是它位于增强子与启动子之间，阻断增强子对启动子的作用（enhancer blocking）；二是它位于活性基因与异染色质之间，防止异染色质的扩散作用所造成的基因失活，即屏障作用（barrier effect）。例如，T 淋巴细胞的 T 抗原受体（TCR）有 α/β、γ/δ 两种，编码 α 和 δ 链的基因位于 14 号染色体的邻近基因座中，调控 δ 链基因启动子活性的增强子与 α 链基因的启动子紧密邻接，对于一个 T 细胞只能二者择一，产生 α 或 δ。由于在 α 基因启动子和 δ 基因启动子之间有一个绝缘子，这样就保障了一个基因的激活不会影响到另一个基因的表达（图 9 – 22）。

图 9-22 绝缘子

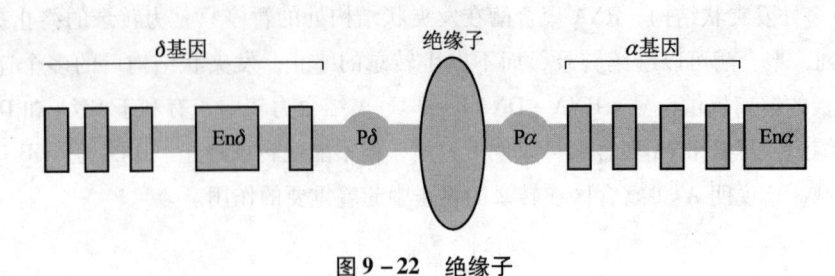

P：启动子；En：增强子

### 9.4.3 重叠基因

1977 年，F. Sanger 在分析了一种小的单链 DNA 噬菌体 φX174 的全序列后，惊奇地发现在只有 5 386 个核苷酸中却包含了 11 个基因，通过对这 11 个基因编码的氨基酸总数，按三联体密码子原则计算，其所需核苷酸数超过 5 386 个。后来 Sanger 实验室的 G. G. Garrell 等发现 φX174 基因组中有些密码是重读的，从而形成重叠基因（overlapping gene）。所谓重叠基因是指两个或两个以上的基因共用一段 DNA 序列，或者说一段 DNA 序列为两个或两个以上基因的组成部分。重叠基因的发现修正了认为各基因的核苷酸彼此分立的传统观念。

重叠基因的重叠方式可以有许多种，如小基因包含在大基因之内、前后两个基因的首尾重叠甚至三个基因重叠、操纵子重叠或反向重叠（DNA 双链都转录，密码读框相同，但方向不同）（图 9-23）。虽然这些基因使用的是同样的 DNA 序列，但它们表达时使用的读码框不同，因而表达出来的是不同的蛋白质。

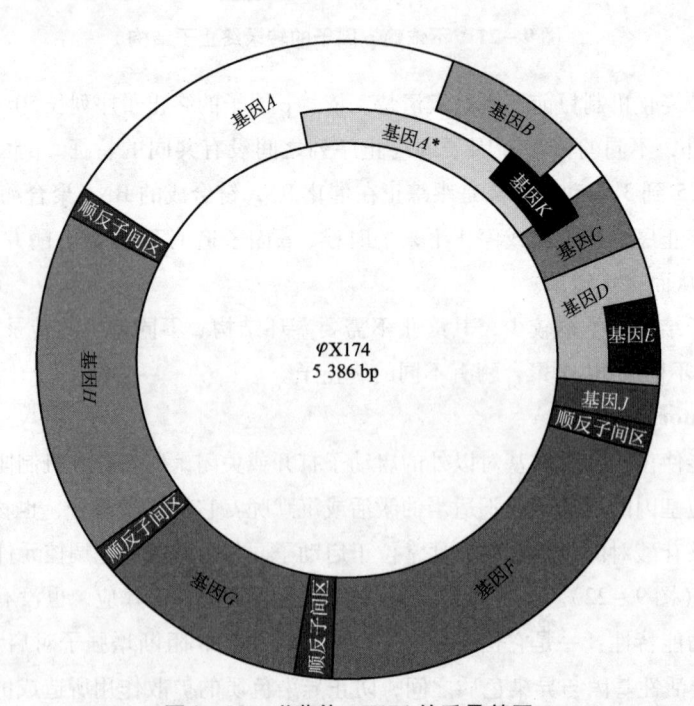

图 9-23 噬菌体 φX174 的重叠基因

在病毒和原核生物中，重叠基因是一种较为普遍的现象。1978 年，猴病毒 SV40 基因组全序列发表后，发现编码病毒外壳蛋白的三个基因 VP1、VP2 和 VP3 都有重叠部分。除此以外，在真核生物甚至高等真核生物包括人的基因组中也偶尔发现有重叠基因，如在真菌黄曲霉菌（Aspergillus flavus）中与黄曲霉毒素代

谢相关的调控基因 *aflR* 与 *aflJ* 即是部分反向重叠的。一般来说，真核生物的结构基因都由若干个外显子和内含子组成，但是外显子和内含子的关系并不是完全固定不变的，有时，同一条 DNA 链上的某一段 DNA 序列，当它作为编码某多肽链的基因时是外显子，而作为编码另一多肽链的基因时，则是内含子，结果是同一基因却可以转录为两种或两种以上的 mRNA。秀丽线虫全基因组序列分析表明，有的内含子序列中包含了 tRNA 基因，且 tRNA 基因的转录方向不一定与它所在基因的转录方向相同。

重叠基因对于那些具有有限遗传信息含量的生物如原核生物来说具有一定的适应意义，它们能够比一个序列一个产物（one sequence-one product）产生更多的基因产物，复制过程所需的时间和能量都将减少。但重叠基因也有不利的一面，在共同序列上发生的突变可能影响一个、两个甚至三个基因的功能。从这个意义上说，一个生物的重叠基因越多，它的适应性就越小，在进化中就越趋于保守。

### 9.4.4　RNA 基因

在某些情况下，RNA 只是从基因到蛋白质过程中的一个中间产物（mRNA）。然而，对于某些基因序列，RNA 就是其终产物，譬如说，具有酶功能的核酶（ribozyme）、具有调控功能的小分子 RNA（miRNA）、参与蛋白质合成的 tRNA 和 rRNA、参与 X 染色体失活的 *Xist* 基因产物等。产生这类非编码 RNA（non-coding RNA，ncRNA）的 DNA 序列叫做 RNA 基因（RNA gene）。基因组中可生产非编码 RNA 的 DNA 比例目前仍未明了，转录组及微阵列研究显示，在老鼠基因组中，可能有超过 30 000 个长 ncRNA。人类基因组计划揭示，人类基因组中编码蛋白质的基因只占序列的 2%，而 98% 是功能未知的非蛋白质编码序列，其中蕴藏着数量巨大的 RNA 基因。

RNA 是生物体内最重要的物质基础之一，RNA 基因可能在以下几个方面发挥重要作用：①作为细胞内蛋白质生物合成的主要参与者；②作为核酶在细胞中催化一些重要的反应，主要作用于初始转录产物的剪接加工；③参与基因表达的调控及生物的发育、进化、死亡等所有生命代谢过程。

mRNA 的末端也含有一些非翻译区域（untranslated regions，UTRs），虽然这些部分并不编码蛋白质，但 mRNA 并不归类于 ncRNA，因而不算作 RNA 基因。

### 9.4.5　基因概念的发展

从经典遗传学到分子遗传学和基因组遗传学，我们经历了从基因到基因组的基因研究过程。由于受孟德尔的影响，人们总是喜欢把基因当成一个单位并去注释它，这在某种程度上限制了我们对基因本质的认识。另一方面，在经典遗传学和分子遗传学阶段，通常是先获得一个基因，然后在基因组中寻找它的序列和位置，这时的基因好像是一个静态的名词，但随着基因组研究的深入特别是反向遗传学技术（详见 11.4）和生物信息学技术的发展，我们对基因的注解方法发生了根本的改变，从基因组到基因的方向使我们对基因概念的认识与以前有了很大的差别。此外，在以前被认为是"垃圾 DNA"的序列，由于被转录成占绝对优势的 ncRNA，因而被称为 RNA 基因，这些基因的功能非常重要，但它们的作用方式与编码基因有着根本的不同，这也是对基因定义产生疑惑的另一个重要原因。

基因概念的诞生已有 100 多年的历史，是现代遗传学的中心概念。对基因概念的不懈探索不断推动遗传学的发展，因此，回顾基因概念的发展，对我们认识遗传学的发展历程具有重要意义。下面我们简要回顾一下基因概念的发展历程。

最初的基因概念来自孟德尔的"遗传因子"，认为生物性状的遗传是由遗传因子所控制的，性状本身不能遗传，被遗传的是遗传因子。这些遗传因子互不融合、互不干扰、独立分离、自由组合、具有颗粒性，从而否定了混合遗传理论，是现代基因概念演变的重要基础。

1902 年，Sutton 和 Boveri 根据染色体在细胞分裂时的行为与遗传因子行为一致，提出遗传因子位于染色体上，即遗传的染色体学说。这为基因概念的发展提供了物质基础。

1909年，丹麦学者Johannsen提出以"gene"一词代替孟德尔的遗传因子，从此，基因一词一直沿用至今。

1910年，摩尔根等通过果蝇杂交实验，将某个特定的基因定位在特定的染色体上，证明基因在染色体上呈直线排列，并提出了遗传学的连锁与交换规律。这样更加夯实了基因概念的物质性。

1927年，Muller创新性地用X射线造成基因的人工突变，认为基因本质上是一种微小的粒子。在此基础上，Morgan及他的学生在他们的《基因论》中首次把基因的概念归纳为"三位一体"即：①基因可以复制，由一代传至另一代，在表型上有特定的功能，是功能单位；②基因与基因之间可以发生重组，产生各种与亲本不同的重组类型，但基因不能由交换再分，是交换单位；③基因可以发生突变，由一个野生型基因突变成它对应的突变型基因，是突变单位。

1940年，Oliver通过对果蝇X染色体上lozenge位点的研究，首次发现了基因内重组现象，说明基因是可分的。

1941年，Beadle和Tatum通过对粗糙脉孢菌营养缺陷型的研究，提出一基因一酶假说，认为基因控制酶的合成，基因与酶之间一一对应，基因通过酶控制一定的代谢过程，继而控制生物的性状，这是人们对基因功能认识的开始。其实，早在1902年Garrod的推测即黑尿病是由于基因的一个隐性突变和酶的失常造成的，已形成了基因功能的雏形设想。

至20世纪50年代，经Griffith、Avery、Hershey等人证明DNA是遗传物质，将基因概念落实到了具体的物质上，并明确在大多数生物中基因的化学本质是DNA，少数生物中为RNA。

1953年，Watson和Crick提出DNA双螺旋结构模型，对其分子结构、自我复制、相对稳定性、变异性以及其如何储存和传递遗传信息等问题进行了合理的解释，从此开启了分子遗传学时代。

1955年，Benzer以大肠杆菌T4噬菌体为材料，提出了基因的顺反子、突变子和重组子概念。一个顺反子为一个编码多肽的DNA片段，它的内部可以发生突变或重组，即包含着许多突变子和重组子。一个突变子或重组子可以小到只包含一个碱基对，由此进一步证明基因结构是可分的。

1958年，Crick提出遗传的中心法则，指明了遗传信息的流向（见9.6）。

1961年开始，M. W. Nirenberg和H. G. Khorana等人逐步搞清了基因以核苷酸三联体为一组编码氨基酸，并于1967年破译了全部64个遗传密码子，这样把核酸密码和蛋白质合成联系起来。至此，人们知道了基因上的碱基序列直接编码蛋白质中氨基酸序列的奥秘（见9.5）。

1961年，Jacob和Monod通过对大肠杆菌产生半乳糖苷酶过程的研究，提出了操纵子学说（见第10章），认为基因功能是可分的，有操纵基因、结构基因、启动子、调节基因等。也就是说，基因在功能上不仅有产生蛋白的结构基因，也有起调节结构基因功能活动的操纵基因、调节基因、启动子等（见10.2）。其实基因有时并不是一个单位，如基因的调节序列可能离编码序列很远甚至可以在不同的染色体上，通过各种调控机制后，DNA的遗传信息表达会发生很大的变化，由此开启了基因表达调控的研究。

20世纪50年代初，McClintock在玉米中发现某些遗传因子是可以转移的，后来在原核生物和真核生物中均发现有基因移动现象，并将这些可转移位置的成分称为跳跃基因，亦称转座因子（见第12章）。

20世纪70年代后期，人们发现绝大多数真核生物基因是不连续的，是断裂基因。1985年Gilbert提出基因是一个转录单位，从转录单位中要除掉内含子才能形成成熟的mRNA。

1978年，在噬菌体中发现基因重叠现象，现已发现重叠基因现象在高等生物中也有存在。

随着DNA体外重组技术和基因组研究的深入，人们对基因的结构和功能特征有了更多的认识，发现了假基因（13.2）、RNA基因、基因家族（13.2）、母源效应基因等基因的多元现象。

随着表观遗传学的发展，人们发现组蛋白共价修饰如乙酰化、甲基化、磷酸化、泛素化、糖基化、羧基化等"组蛋白密码"和 DNA 修饰如 DNA 甲基化等对基因表达的调控，极大地扩展了遗传密码的信息。DNA 中的遗传信息不只是存在于碱基序列中。组蛋白密码的提出告诉我们，作为功能单位的基因可能是由 DNA 与蛋白质组合而成，基因可能是 DNA 与蛋白质的结合体。因此，当今分子遗传学认为：基因是一段制造功能产物的完整染色体片段。很多表观遗传现象的发现，也使基因概念进一步扩展，如副突变（副诱变）基因（11.7）、印记基因（11.7）等，同样的基因在不同个体中有不同的表达。

总之，基因由最初的一个抽象名词，发展到物质的基因、DNA 的基因、基因组水平的基因和表观遗传学水平上的基因，基因已成为生物学甚至大众日常生活中最常用的词汇之一。随着对 DNA 储存信息和功能产物之间复杂关系的深入研究，对基因概念的不断修正甚至重新定义也是完全可能的。由于各学科的交叉融合及所采用的方法不同，未来对基因的定义将更具开放性和包容性，并且更注重动态过程的描述。但不管怎么说，基因作为遗传学研究的中心，它仍将像 20 世纪那样，继续在未来生物学特别是遗传学中发挥重要作用。

## 9.5 遗传信息的传递与表达

不同生物具有不同的结构和性状，它们是由基因决定的，是可遗传的，生物的这种遗传性状是由储存在 DNA 中的遗传信息通过一系列的步骤后转移到氨基酸序列中决定的。不同的基因决定了氨基酸在蛋白链中的排列顺序（一级结构）的不同。因为邻近的氨基酸不同，相互之间或相吸引，或相排斥，所以肽链倾向以一定的方式旋曲起来（二级结构），这种旋曲又倾向以一定方式相互靠拢、相互折叠，所以每种蛋白质各有它的立体形状（三级结构），由两个或更多个三级结构的蛋白质相互联系起来组成四级结构，这些蛋白质决定了细胞的表型，最终决定生物体的表型。因此可以说，生物表型是由遗传信息的传递和表达所决定的。

### 9.5.1 转录

一个基因的遗传信息转换成蛋白质的第一步是以 DNA 为模板在 RNA 聚合酶（RNA polymerase）的作用下合成 RNA，这个过程称为转录（transcription）。在体内，转录是基因表达的第一阶段并且是基因表达调节的主要阶段。

与蛋白质合成相关的 RNA 主要有四种：信使 RNA（messenger RNA，mRNA）、转运 RNA（transfer RNA，tRNA）、核糖体 RNA（ribosomal RNA，rRNA）和核小 RNA（small nuclear RNA，snRNA）。mRNA 中含有由 DNA 直接指导生产蛋白质的特殊信息；tRNA 和 rRNA 参与蛋白质的合成；而 snRNA 为一组仅存在于真核细胞核内的小分子 RNA，70~300 nt，它只存在于核质或核仁中，与有关蛋白结合为 SNP 参与内含子的剪切，调控基因编码蛋白的过程，甚至在保护遗传物质的完整性方面也扮演着特殊的角色。

真核生物和原核生物的转录过程是相似的，但由于真核生物有细胞核，而原核生物没有细胞核，因而也存在一些根本的差异。譬如，在真核生物中，在将 RNA 中的遗传信息转变成蛋白质之前，RNA 必须从细胞核转移到细胞质中。

与 DNA 复制不同，转录是一个不对称过程，RNA 合成时仅以 DNA 双链中的一条作为模板，这条链叫模板链（template strand），另一条链叫编码链（coding strand），它们是由启动子所决定的。RNA 的合成方向跟 DNA 合成方向一样，也是按 $5'→3'$ 方向进行的，这时作为模板的 DNA 链与由此合成的 RNA 链的方向是相反的，即转录时的 DNA 链是按 $3'→5'$ 方向读取的（图 9-24）。转录过程是连续的，每个 RNA 分子都是一个转录物（transcript），转录的第一个核苷酸定义为转录的 +1 位，对应 DNA 链的紧接着上游的核苷

酸为 –1 位，没有 0 位。新合成的 RNA 在开始时存在一段 8~9 bp 的 RNA–DNA 双链区。

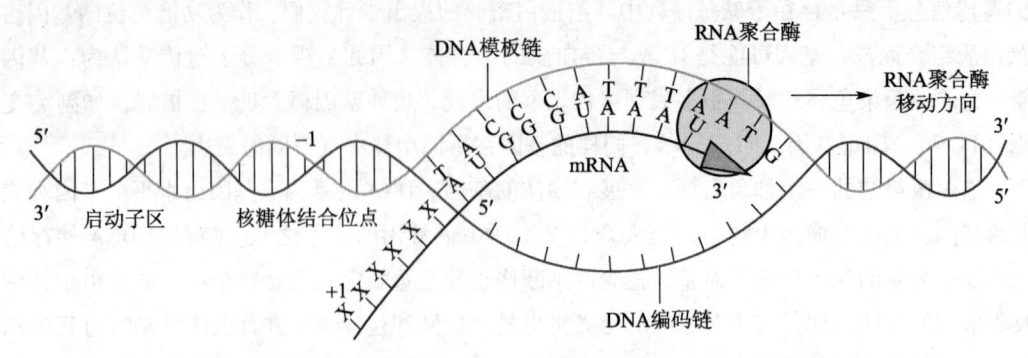

**图 9–24　RNA 合成的方向为 5′→3′，而读取 DNA 模板的方向则是 3′→5′**

转录即 RNA 的合成需要依赖 DNA 的 RNA 聚合酶。RNA 聚合酶与 DNA 聚合酶不同的是 RNA 聚合酶催化的 RNA 合成不需要引物（DNA 复制中需要由 DNA 引物酶转录产生的 RNA 引物）。在大多数原核生物中，各种类型的 RNA 都是由一种 RNA 聚合酶催化转录的，该酶在 E. coli 中研究得最为详细，全酶包括 6 个多肽（图 9–25），其中 5 个多肽（ααββ′ω）紧密结合在一起，构成核心酶（core enzyme），核心酶本身已能催化从 DNA 合成 RNA，但它不能鉴别基因的起始位点，只有 σ 因子能正确识别 DNA 上的启动子区。以 DNA 为模板合成 RNA 时，σ 因子正确地识别 DNA 上的启动子，核心酶随即与之结合。当 RNA 合成开始后，σ 因子被释放，RNA 的延伸由核心酶催化。RNA 转录到终止子，转录终止。启动子和终止子确定了转录的范围。

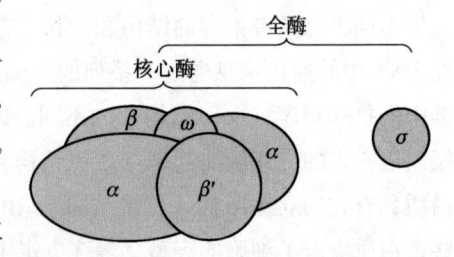

虽然在大部分原核生物中只有一种 RNA 聚合酶，但在高等真核类生物中，存在有三种不同的 RNA 聚合酶，并且不同类型的 RNA 是由不同的 RNA 聚合酶催化的（表 9–3）。

**图 9–25　原核生物 RNA 聚合酶的组成**

**表 9–3　真核生物 RNA 聚合酶及其功能**

| RNA 聚合酶种类 | 在细胞中的位置 | 转录产物 |
| --- | --- | --- |
| RNA 聚合酶 I | 核仁 | rRNA |
| RNA 聚合酶 II | 细胞核 | mRNA、snRNA |
| RNA 聚合酶 III | 细胞核 | tRNA、5S rRNA、snRNA |

在原核生物中，RNA 聚合酶仅要求 σ 因子结合到核心酶，然后全酶就能结合到启动子上，启动子的强弱决定了基因转录水平的高低。另外，RNA 聚合酶的活性受到超过 100 个蛋白因子的修饰。但在真核生物中，RNA 聚合酶不能直接识别启动子区，转录的起始要求复合蛋白结合位点和许多不同的转录因子，并且在真核生物中并不只是启动子调节 RNA 转录的数量，增强子序列也是许多转录因子的结合位点。

在细菌中，mRNA 的长度与转录后的 RNA 一样，可在真核生物中，核内初级 RNA 转录物（primary RNA transcript）要经过复杂的加工，才从核内转移到细胞质，在细胞质里指导蛋白质的合成。真核生物初级 RNA 转录物或 mRNA 前体的加工处理包括四个过程（图 9–26）：

（1）在 mRNA 的 5′端加上一个 7–甲基鸟苷（7-methylguanosine，$m^7G$）作为帽子，其鸟苷通过三磷酸键连接到第一个核苷酸上。所有真核类的 mRNA 都有这个帽子。mRNA 的加帽可以促进 mRNA 对核糖体的结合，从而发动翻译的起始。在真核生物中，帽子结构对于 mRNA 翻译蛋白质是必需的。在细菌的 mRNA 上没有这样的帽子结构。

(2) 5′端戴帽的同时，在 mRNA 前体的 3′端加上一条具有 25~250 个腺嘌呤脱氧核苷酸的序列，称为多聚 A（polyA）。在 RNA 聚合酶 II 催化下合成的 hnRNA（heterogeneous nuclear RNA）比实际的 mRNA 要长，一般转录终止于 polyA 尾 3′端的下游 1 000~2 000 核苷酸处，然后由核酸内切酶切除多余的核苷酸，最后在 polyA 聚合酶的作用下加上大约 200 个 A 的 polyA 尾。这条多聚 A 尾对 mRNA 的稳定性有一定的作用，而且是 mRNA 由细胞核进入细胞质所必需的结构。大多数真核 mRNA 前体含有多聚 A 尾，最突出的例外是组蛋白基因的 mRNA。在原核 mRNA 中有的也有多聚 A 尾，但较为少见。从细胞中纯化 mRNA 和合成 cDNA 时，人们就是利用了 mRNA 上的多聚 A 尾，用寡聚 dT 柱子与 mRNA 的 polyA 尾结合，达到分离 mRNA 的目的。

(3) 在 mRNA 帽子的 5′端，一般有 2~3 个核苷酸被甲基化。甲基化可以提高 mRNA 在蛋白质合成中的效能。

(4) 在真核生物初级 RNA 转录物中，有相当一部分是非编码序列（内含子），转录后被切除，同时把留下来的区段（外显子）按照一定顺序准确地连接起来，即 RNA 剪接（图 9-17，图 9-26）。核内小核糖核蛋白（small nuclear ribonucleoprotein，snRNP）通过 RNA-RNA 互补，可以识别内含子中特定的 RNA 序列，从而切掉内含子。snRNP 的形成是通过 snRNA 与约十种蛋白质结合后形成的。

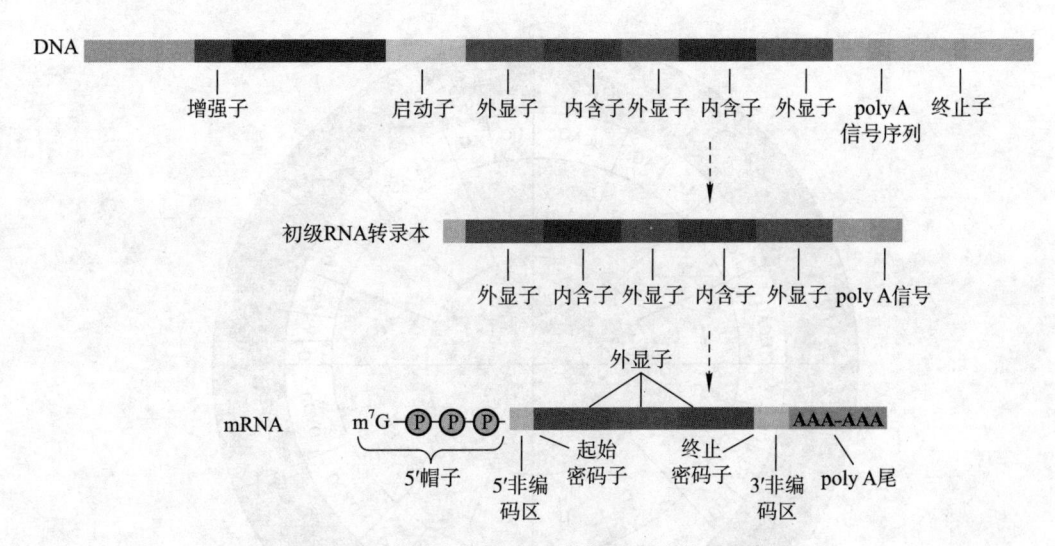

图 9-26 真核生物 mRNA 的转录及其加工示意图

RNA 前体在核内经过戴帽、加尾、甲基化和切除内含子等加工程序，最后成为成熟的 mRNA，然后转运至细胞质中指导蛋白质的合成。

以上讲的转录是指以 DNA 为模板合成 RNA 的过程。1970 年，H. M. Temin 等发现某些引起肿瘤的单链 RNA 病毒，能以病毒 RNA 为模板，反向地合成 DNA，然后以这段病毒 DNA 为模板，互补地合成 RNA。这种以 RNA 为模板合成 DNA 的过程叫反转录（reverse transcription），需反转录酶的催化，是 RNA 病毒的复制形式。这里顺便介绍一下在遗传学中经常用到的一个概念——cDNA（互补 DNA，complementary DNA），它是指在离体条件下，以转录产生的 mRNA 分子为模板，在反转录酶的作用下，先合成一条与 mRNA 序列互补的单链 DNA，再以单链 DNA 为模板合成另一条与其互补的单链 DNA，两条互补的单链 DNA 分子就组成一个双链 cDNA 分子。一个 cDNA 分子代表一个基因，但在真核生物中 cDNA 都比基因序列要短得多，因为真核基因在转录产生 mRNA 时，内含子序列被删除了，保留的只是编码序列即外显子。因此，在真核生物中 cDNA 与基因是不等的。

## 9.5.2 遗传密码

mRNA 是从 DNA 的一条链（模板链）转录的，所以形成的 mRNA 与这条 DNA 链的碱基顺序互补，而跟双链中的另一条 DNA 链（编码链）相同，只不过 DNA 中的胸腺嘧啶（T），在 RNA 中换为尿嘧啶（U）。这样，DNA 中所储存的遗传信息通过转录就正确无误地传递给了 mRNA，然后 mRNA 通过翻译（translation）将遗传信息变成编码蛋白质中的氨基酸顺序。也就是说，DNA 的核苷酸序列决定 mRNA 的核苷酸序列，后者再决定蛋白质中氨基酸的序列。

组成蛋白质的常见氨基酸有 20 种，但 RNA 只有 4 种不同的碱基，那么 RNA 是怎样把遗传信息转换成 20 种氨基酸，从而决定氨基酸的排列次序呢？G. Gamow 猜想应该由 3 个核苷酸编码一个氨基酸才能满足要求（$4^2 = 16 < 20$，$4^3 = 64 > 20$）。1961 年，M. W. Nirenberg 和 J. H. Matthaei 首先利用无细胞系统使多聚 U 序列产生了由苯丙氨酸组成的多肽，接着 S. Ochoa 实验室于 1962 和 1963 年分别报道了 AAA 编码赖氨酸和 CCC 编码脯氨酸。最后，H. G. Khorana 用两种或三种核苷酸重复组成的多核苷酸，如 GUGUGU……、AAGAAG……等做体外酶促合成实验，于 1966 年证明三个连续的 mRNA 碱基决定一个氨基酸并全部破译了所有的遗传密码。现在，这种三联体碱基称为遗传密码子（genetic codon）（图 9 – 27）。

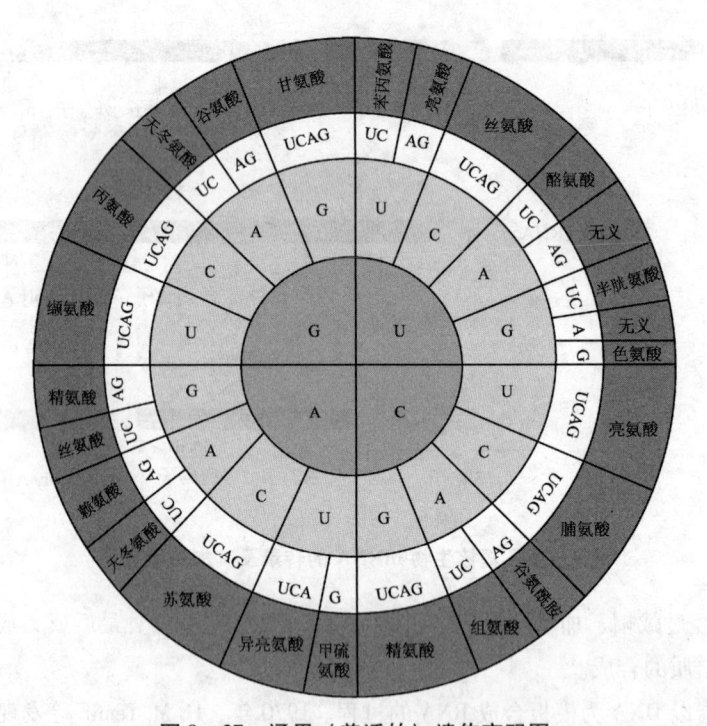

**图 9 – 27　通用（普适的）遗传密码图**
中间圆圈为 5′端的第一个碱基，最外圈为编码的相应氨基酸

三个相邻的核苷酸作为一个密码子，决定一个氨基酸，但 4 个碱基的各种可能组合数有 $4^3 = 64$ 个，对应 20 种氨基酸绰绰有余，所以对应一种氨基酸的密码子不一定只是一种。一种氨基酸有两种以上密码子的情况，叫做简并（degeneracy），代表同一种氨基酸的密码子称为同义密码子（synonyms）。从图 9 – 27 可以看出，除甲硫氨酸和色氨酸外，其他的氨基酸均有两种以上的密码子。密码子的简并性意味着第三位碱基的摆动可以不影响氨基酸的性质，其生物学意义在于它可以减少有害突变及在物种的稳定性上起重要作用。此外，UAA、UAG 和 UGA 是无义密码子（nonsense codons），这些密码子没有相对应的氨基酸，所以在这些密码子的地方，肽链合成停止，故这些密码子也叫终止密码子（stop codon）。

翻译时，mRNA 上的遗传密码是从 AUG 起读的，所以这个密码子充当多肽（从氨基端开始）的起始信号（start signal），AUG 是真核生物唯一的起始密码子（initiation codon），但在原核生物中，很少情况下，GUG 也被用作起始密码子。从细菌的实验知道，作为 mRNA 起始密码子的 AUG 或 GUG 都代表甲酰甲硫氨酸，合成多肽时，甲酰化的甲硫氨酸充当多肽链的起点，随后在合成过程中，或者把甲酰基分解掉，这样多肽的第一个氨基酸是甲硫氨酸，或者把甲酰甲硫氨酸分解掉，甚至把氨基端的前几个氨基酸都分解掉，这样肽链的第一个氨基酸可以是其他任何氨基酸。这样，虽然 mRNA 序列都是从 AUG 或 GUG 起读的，但合成后多肽的第一个氨基酸可以是各种氨基酸。在 mRNA 序列中间的 AUG 和 GUG 分别代表甲硫氨酸和缬氨酸（图 9-27）。

遗传密码在生物界中几乎是普遍通用的，这也正是基因工程具有巨大潜力的基础。但在简并密码子中，不同生物往往偏向于使用其中的一种，即不同生物有不同的偏爱密码子（prefer codon）。

### 9.5.3 核糖体和 tRNA

原核生物中，转录和翻译是同时进行的，即一边转录一边翻译。但在真核生物中，转录和翻译是两个完全独立的事件，转录发生在细胞核中，转录后的 mRNA 必须转移到细胞质中，在细胞质中进行翻译（图 9-28）。

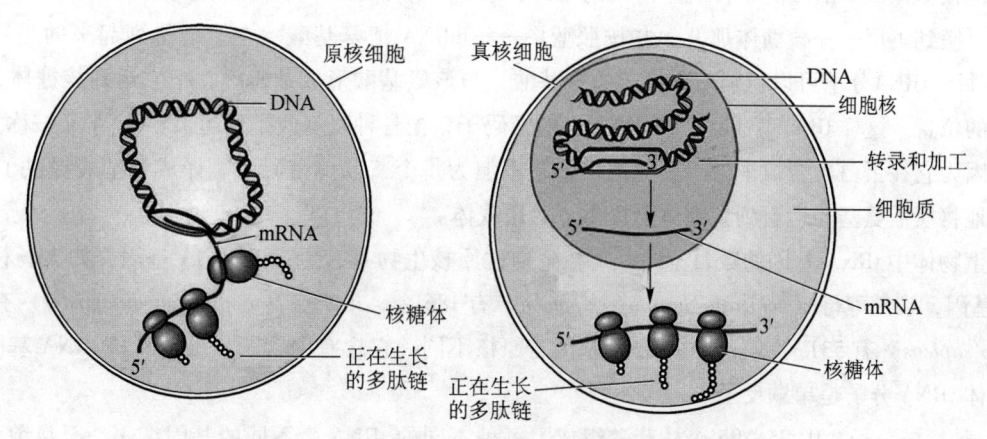

**图 9-28 原核细胞和真核细胞转录和翻译的比较**

无论在真核还是原核生物的蛋白质合成中，核糖体（ribosome）和 tRNA 在将遗传信息转换成蛋白质的过程中起着重要的作用。

核糖体由 rRNA 和核糖体蛋白质组成，rRNA 约占 37%，其余部分是蛋白质。核糖体按沉降系数分为两类：一类（70S）存在于线粒体、叶绿体以及细菌中；另一类（80S）存在于真核细胞的细胞质中。典型的原核细胞核糖体（70S）由 50S 和 30S 两个亚基组成，大肠杆菌核糖体的 30S 亚基含 S1~S21 共 21 种蛋白质和一种 16S rRNA 分子，50S 亚基含 L1~L34 共 34 种蛋白质和两种 rRNA 分子（23S rRNA 和 5S rRNA）。而真核细胞的核糖体（80S）由 60S 和 40S 两个亚基组成，在大亚基中，有大约 49 种蛋白质和三种 rRNA（28S rRNA、5S rRNA 和 5.8S rRNA），小亚基含有大约 33 种蛋白质和一种 18S rRNA。rRNA 是一种核酶（ribozyme），具有肽基转移酶活性，但关于它的催化机制目前还不清楚。

rRNA 分子像 mRNA 分子一样，也是从 DNA 模板上转录的。*E. coli* 的 23S、16S 和 5S rRNA 基因是紧密连锁的（图 9-29）。真核生物的 rRNA 基因除 5S rRNA 基因是单独的外，其余的也是成簇聚集在一起的。当转录时，先由 RNA 聚合酶转录出一个很长的 rRNA 前体（pre-rRNA），然后经由各种蛋白因子和 snoRNA 形成的剪切复合体切除中间的间隔序列，才形成成熟的 rRNA。绝大多数真核生物的 rRNA 基因与其他真核基因不同，没有内含子。

在原核生物和真核生物中，编码 rRNA 前体的基因都是多拷贝的，在 *E. coli* 中有 5~10 份，在真核生

图 9-29  *E. coli* 核糖体 RNA 基因是紧密连锁的

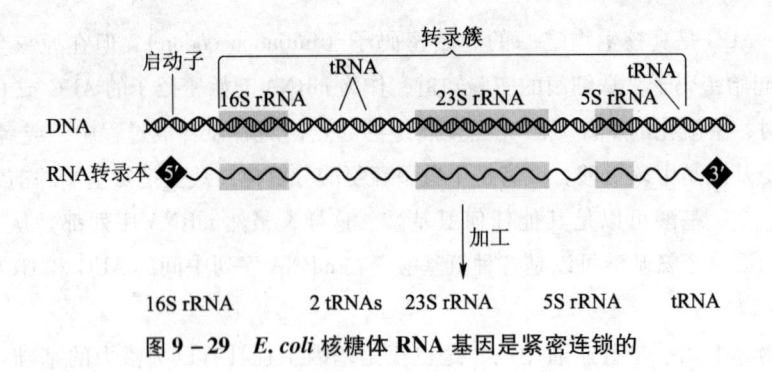

物中，rRNA 基因以 100 多个或更多个串联重复的形式大量存在于核仁组织中心（nucleolar organizer）。然而，有实验表明细胞生长的快慢似乎与核糖体 RNA 基因的拷贝数目并没有一致的关联。

多肽合成时，并不是一个 mRNA 分子上只有一个核糖体，而是若干个核糖体同时进行工作（图 9-28）。当一个核糖体附着到一个 mRNA 分子的起始点，沿 5′→3′方向在 mRNA 上运行并合成多肽时，另一核糖体又附着到 mRNA，开始翻译，这样很多核糖体同时翻译一个 mRNA 分子。

如果把核糖体比做活细胞中合成蛋白质的工厂，mRNA 分子是蓝图，那么把合成蛋白质的原料——20 种氨基酸，搬到工厂——核糖体那儿，并按照蓝图——mRNA 把氨基酸一个个地排列起来的是转运 RNA（tRNA）。每一 tRNA 分子可以识别一个特定的氨基酸，与该氨基酸形成共价键，把它运到核糖体，在那儿找到自己的位置。这样 tRNA 就能按照 mRNA 上的密码子，把各种氨基酸排列起来。tRNA 又被称为第二遗传密码，因为它在蛋白质合成中处于关键地位，它不但为每个三联体密码子翻译成氨基酸提供了接合体，还为准确地将所需氨基酸运送到核糖体上提供了运送载体。

不同生物体中 tRNA 基因的数目不同，真核生物比原核生物具有更多的 tRNA 基因，如大肠杆菌有 86 个 tRNA 基因，裂殖酵母（*Schizosaccharomyces pombe*）有 186 个，果蝇（*Drosophila melanogaster*）有 298 个，人（*Homo sapiens*）有 531 个等。真核 tRNA 基因与原核不同，它含有内含子，虽然真核 tRNA 基因成簇排列，但前体 tRNA 分子是单顺反子。

tRNA 是短链分子，由 75~95 个核苷酸组成。每种不同的 tRNA 由不同的基因编码，至目前为止，通过网站（http://lowelab.ucsc.edu/GtRNAdb/）可获得 83 个真核生物（eukarya）基因组、86 个古菌（archaea）基因组、629 个细菌（bacteria）基因组的 tRNA 序列。tRNA 的一个引人注目的特点就是除了 4 种普通碱基（A、U、C 和 G）外，还含有相当数目的稀有碱基，如假尿嘧啶核苷（ψ）、次黄嘌呤（I）、各种甲基化的嘌呤和嘧啶核苷、二氢尿嘧啶（D）和胸腺嘧啶核苷（T）等。绝大多数原核和真核细胞的一个 tRNA 分子有 10~15 个稀有碱基，这些碱基不可能是从 DNA 模板上直接转录而来，而是由于酶的作用将某些碱基置换而成。对于这些稀有碱基的功能还不十分清楚。tRNA 虽然也是单链，但它以发夹方式折叠，形成所谓的三叶草结构（clover-leaf structure）（二级结构）和倒 L 型结构（三级结构）（图 9-30）。

绝大多数 tRNA 分子有 15~16 个核苷酸为固定核苷酸，其种类和位置不变，其他的核苷酸为可变核苷酸。在三叶草结构中，最重要的部分是反密码子环（anticodon loop），每个 tRNA 的反密码子环中有 3 个碱基形成反密码子，与 mRNA 上的密码子互补。在核糖体上进行蛋白质合成时，反密码子与 mRNA 上相应的三联体密码子对合。由于有 64 种可能的密码子存在，因而在每个细胞中应该存在有 64 种不同的 tRNA，扣除 3 个终止密码子，应该还需要 61 种 tRNA。由于密码子的简并性，如 UCU、UCC、UCA、UCG 及 AGU、AGC 均可编码丝氨酸，这样，丝氨酸的 tRNA I 型的反密码子是 3′-AGU-5′，不仅与密码子 UCA 对合，而且也与 UCU、UCC 和 UCG 对合，Ⅲ型的反密码子 3′-UCG-5′，除与密码子 AGC 对合外，也与 AGU 对合，这样通过 2 种 tRNA 作媒介，就可以把 6 种不同的密码子都翻译为丝氨酸，使 tRNA 的种类得以减少。Crick 认识到这种情况，提出了"摆动假说"（wobble hypothesis），他认为反密码子 5′端的碱基并不一定总

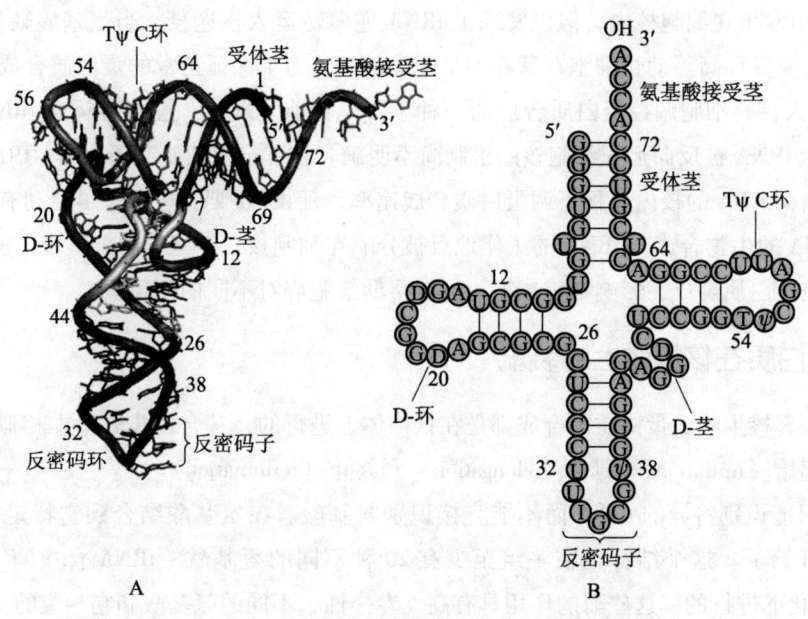

图 9-30 tRNA 的三级结构（A）和二级结构（B）

是跟密码子 3′端（第 3 位）碱基是互补的。虽然每一种生物的细胞中不一定有 61 种 tRNA，但一般至少有 40 种。总的来说，tRNA 的种类多于氨基酸的种类，在同一生物中携带相同氨基酸而反密码子不同的一组 tRNA 叫同工 tRNA（iso-accepting tRNAs）。

在 tRNA 三叶草结构中的另一重要部分是氨基酸臂（氨基酸接受茎）。大部分 tRNA 在转录后，由酶的作用在其 3′端加上 CCA—OH 尾（有些 tRNA 转录后本身即有 CCA 结构），3′端 A 残基上的—OH 可以在酶促下与氨基酸形成酯键，故称这部分结构为氨基酸臂。

长期以来，人们认为 tRNA 的转运是从细胞核到细胞质的单向核质运输过程，tRNA 在细胞质中只是遗传信息由 mRNA 向蛋白质传递过程中的中间体。然而，2008 年"tRNA 核质动态分布"（tRNA nuclear-cytoplasmic dynamics）概念的提出颠覆了这两个传统的观念（图 9-31）。2005 年，加拿大和日本的研究小组分别报道，在酵母细胞中，tRNA 不但被运出细胞核，还以主动运输的方式被运入核内。虽然高等动物中

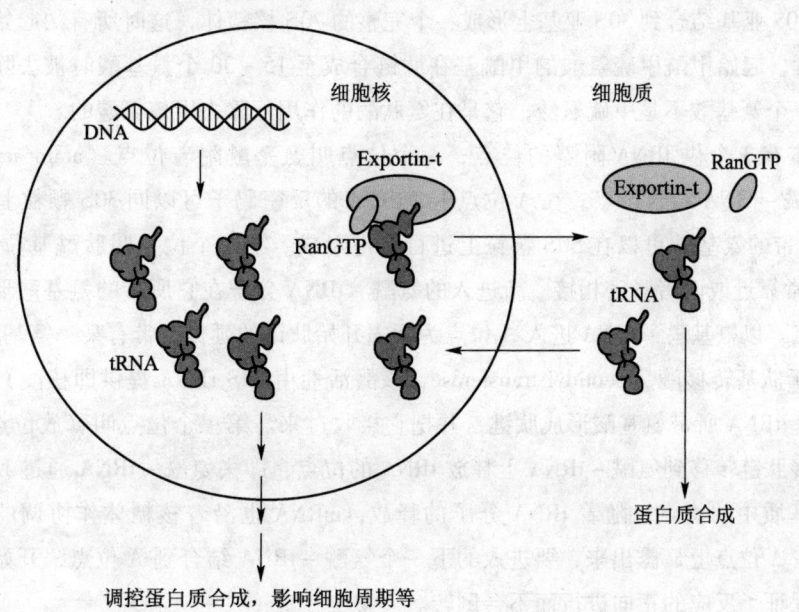

图 9-31 tRNA 核质动态分布示意图，示 tRNA 可在细胞核和细胞质之间来回迁移

tRNA 内含子的剪切发生在细胞核内,但仍发现了 tRNA 逆向转运入核途径,当氨基酸缺乏时,tRNA 被转运入核的现象尤其明显。高等动物细胞在营养不足的情况下,为了保证正常的蛋白质合成和防止错误的翻译,将 tRNA 转运入核是细胞调控蛋白质合成的一种手段。目前发现专一性负责运送 tRNA 出核的载体蛋白为 Exportin-t,但 tRNA 被反向运回细胞核的机制尚不明确。在酵母中的研究还表明,tRNA 核质浓度变化可以影响细胞周期,tRNA 的核内累积下调蛋白质合成速率,延长 G1 期,避免过早启动有丝分裂。由上可以看出,虽然 tRNA 的生物合成与 tRNA 的工作地点被分隔在细胞核、细胞质两个区域,但 tRNA 在核质间的流动主动地调控蛋白质合成,影响细胞周期,可以帮助细胞应对不同的环境压力。

#### 9.5.4 蛋白质在核糖体上的装配

无论原核还是真核生物,蛋白质的合成都是在核糖体上进行的,其合成步骤基本相似。翻译大体上可分为三个阶段:起始(initiation)、延伸(elongation)和终止(termination)。

模板 mRNA 只能识别特异的 tRNA 而不能直接识别氨基酸。在氨基酸结合到它特定的 tRNA 分子后,蛋白质的合成就开始了。这个结合是在一组至少有 20 种不同的氨基酰 - tRNA 合成酶(aminoacyl tRNA synthetases)的催化下进行的,这些酶的作用具有高度专一性,不同的氨基酸和它相应的 tRNA 的耦合是由不同的酶来催化的,例如苯丙氨酸 tRNA($tRNA^{phe}$)跟一个苯丙氨酸分子结合,形成苯丙氨酰 - tRNA(phe - tRNA)是由苯丙氨酸 - tRNA 合成酶所催化的,这个酶不会将其他的氨基酸结合到 $tRNA^{phe}$ 上。由此可以看出,每一合成酶必定有两个结合位置:一个位置识别氨基酸的侧基 R,因为氨基酸的不同是侧基 R 的不同;而另一个位置能与相应的 tRNA 分子结合。也就是说,每一种氨基酰合成酶只能识别一种氨基酸和一种相应的tRNA。

当氨基酸结合到正确的 tRNA 上,氨酰 - tRNA 通过反密码子环正确地识别出 mRNA 上的密码子,这一过程发生在核糖体上,由核糖体协调蛋白质的合成。合成开始时,在一些起始因子(initiation factor)——IF1、IF2 等的协助下,mRNA 编码区上游的一段称为核糖体结合位点(ribosome-binding site)的短序列先结合一个较小的核糖体亚基(30S),构成一个 30S - mRNA 起始复合体。在 mRNA 的核糖体结合位点,有一段序列是可译框架起始点的标志,即起始密码子,通常为 AUG(细菌中有时也用 GUG 和 UUG)。带有甲酰甲硫氨酸的tRNA进入起始复合体,认出起始密码子 AUG,tRNA 的反密码子 UAC 和起始密码子 AUG 相对合。较大的 50S 亚基结合到 30S 亚基上形成一个完整的 70S 核糖体,这时所有的起始因子都解离下来而不参与延伸过程。起始甲酰甲硫氨酸的甲酰基在肽链合成至 15~30 个氨基酸时被去除。如果最终所合成的蛋白质的第一个氨基酸不是甲硫氨酸,它是在氨肽酶的作用下除去甲硫氨酸的。

完整的核糖体有 3 个供 tRNA 附着的位点,一个位点叫氨基酰附着位点(aminoacyl attachment site,A),是新来的氨酰 - tRNA 结合位点。在 A 位点上,tRNA 的反密码子可以同 30S 颗粒上的 mRNA 密码子对合,而 tRNA 所带的氨基酸可以在 50S 颗粒上进行肽键形成。第二个位点叫肽酰基位点(peptidyl site,P),与 A 位点非常靠近或两者紧密相接。新进入的氨酰 - tRNA 分子在它所带的氨基酸形成肽键后,就从 A 位点移到 P 位点。以氨基酰 - tRNA 进入 A 位点为标志开始肽链的延伸,带有某一氨基酸的 tRNA 分子进入 A 位点后,由于肽基转移酶(peptidyl transferase,该酶活性由 23S rRNA 提供即核酶)的作用,其所带氨基酸跟 P 位点上 tRNA 所带氨基酸形成肽键,并把它接收过来。第三个位点叫释放位点(exit site,E),是延伸过程中的多肽链转移到氨酰 - tRNA 上释放 tRNA 的位点,即去氨酰 - tRNA 通过 E 位点被释放到核糖体外的细胞质基质中的位点。随着 tRNA 分子的释放,mRNA 也沿着核糖体作协调的行进,这样新的 mRNA 密码子就在 A 位点上显露出来,要进入的下一个氨酰 - tRNA 结合到 A 位点,开始肽键形成以及肽链延伸,这样就保证了反应的正向进行而不会倒转。

mRNA 上的每一密码子重复上述的步骤,直至终止密码子。因为没有一种 tRNA 具有和这三个密码子相对应的反密码子，所以这样的密码子在 mRNA 上出现，肽链的延伸就停止了。tRNA 本身不能识别终止密码子，而是由一种或几种蛋白质——释放因子 (release factors, RF) 来识别。

### 9.5.5 蛋白质合成中的错误

由于蛋白质决定生物的性状，制造蛋白质过程中所发生的小错误都可能导致深远的表型效应，因此蛋白翻译的保真度 (translational fidelity) 是维持细胞功能和形态正常的关键。在这个过程中，tRNA 转运氨基酸的过程是最为核心的步骤，tRNA 的两端都有可能发生错误，因此，蛋白质合成过程中有两个地方最有可能将氨基酸错误地装配。

第一个地方是由氨酰 – tRNA 合成酶将氨基酸结合到特定的 tRNA 上。氨酰 – tRNA 合成酶必须识别它特定的 tRNA 并将正确的氨基酸结合到这个 tRNA 上，合成酶识别正确的 tRNA 是通过与 tRNA 上的核苷酸序列的特异结合，特别是 D – 茎和受体茎 (acceptor stem)（见图 9 – 30）序列非常重要，单个核苷酸的变化可能引起 tRNA 的特异性发生改变。尽管在氨酰 – tRNA 合成酶和它特异的 tRNA 之间具有高度的特异性，但也偶尔会发生错误。幸运的是，许多出错的替代品属于类似结构的氨基酸，它们并不明显影响蛋白的活性，例如，一个异亮氨酸代替一个缬氨酸对蛋白质结构并没有明显的影响。在原核生物的 tRNA 氨酰化 (amino-acylation) 中，由氨酰 – tRNA 合成酶所引起的错误少于 $10^{-5}$。

蛋白质合成中第二个可能发生错误的地方是密码子和反密码子之间的互补。据估计每 100 个氨基酸中会发生 1 个错误。由于密码子和反密码子之间的识别仅是三联体中的两个，因而在许多情况下会产生识别错误，所以在推测当密码子 – 反密码子识别发生错误时，核糖体中存在有一种修正机制可以剔除不正确形成的蛋白质。这一假说从一 E. coli 的突变研究中得到证实，这是一种肽酰 – tRNA 水解酶 (peptidyl-tRNA hydrolase) 缺陷突变。这种酶能水解已结合到 tRNA 上的只是部分合成和可能不正确合成的蛋白质，通过这个酶对肽酰 – tRNA 的水解可使 tRNA 再循环和使部分合成的蛋白降解成氨基酸。如果一个细菌由于基因突变缺乏这种酶，细胞将迅速积累结合在 tRNA 上的部分合成的蛋白质并死亡。目前，还不清楚核糖体是怎样识别这些不正确配对的 tRNA 并将其从合成系统中剔除的。

mRNA 分子上密码子的突变可造成其所编码的蛋白质的结构变化，特别是无义突变（密码子变为终止密码子的突变）使翻译提前终止而产生无功能的截短蛋白，从而导致蛋白质及机体功能的丧失。然而，有些基因突变特别是无义突变可通过某些 tRNA 的突变特别是反密码子区的突变来抑制突变效应的产生，这类 tRNA 称为抑制型 tRNA 或校正 tRNA (suppressor tRNA)。校正 tRNA 的产生是由于编码 tRNA 的基因发生突变所引起的。例如，编码 tRNA 的野生型基因 *tyrT*，它的编码产物能识别 mRNA 中 UAC 密码子并将酪氨酸（Tyr）插入至多肽生长链，但该基因中的一个突变改变了 tRNA 中的反密码子，使得它识别 mRNA 中的终止密码子 UAG 并在该位置插入酪氨酸。这种可抑制终止子突变的 tRNA 叫无义抑制 tRNA (nonsense suppressor tRNA)。同样，校正 tRNA 也可抑制错义突变，如某一密码子发生错义突变，那些能识别突变密码子且携带野生密码子编码的氨基酸的 tRNA 就能抑制这种突变的效应。当然，如果抑制型 tRNA 所携带的氨基酸与野生型不同，也将会影响蛋白质的功能，不能使突变受到抑制。

tRNA 中除反密码子的突变可造成抑制型 tRNA 外，其他碱基的突变也有可能引起反密码子配对性质的变化。如一种 tRNA$^{Trp}$ 突变，其反密码子没有发生变化，而是 G24 变为 A，增加了双螺旋的稳定性，这样，除与正常的 UGG 配对外，tRNA 还能识别 UGA，这可能是由于 D – 环的变化引起了反密码环构象的变化所造成的。由此可见，抑制型 tRNA 与终止密码子间的识别并不只依赖于反密码子和密码子的序列，也受到 tRNA 分子内其他因素的影响。

图 9 – 8 E. coli 中的无义抑制 tRNA

在抑制突变体中，密码子可被校正 tRNA 识别，也可被正常的 tRNA 识别。因此，对于无义突变校正 tRNA 来说，它必须与释放因子竞争和终止密码子的结合，而对于错义突变校正 tRNA 来说，它要与正常

tRNA 竞争同终止密码子的结合。竞争的程度将影响对突变的抑制效果。因此，校正 tRNA 的效应不只依赖于反密码子与密码子序列的配对、tRNA 分子内其他突变的影响，也依赖于校正 tRNA 分子本身在细胞内的浓度及其与其他竞争因子的相对竞争力。此外，密码子的上下文序列也会影响抑制效率，即密码子在 mRNA 中的位置变化会影响抑制的效果。

需要注意的是，校正 tRNA 的突变抑制效率并不是 100% 的，各不相同。一方面是正如前面所说的，如果校正 tRNA 所携带的氨基酸与野生型不同，那么就不能使突变受到抑制；另一方面，如无义突变校正 tRNA 在抑制无义突变的同时，也会使 mRNA 分子中正常的终止密码子编码氨基酸，产生通读，从而改变或丧失蛋白质的功能；再者，一个基因的错义突变校正 tRNA 还可能会引起另一个基因的突变，这也是为什么目前还没有发现具有很强的错义突变校正 tRNA 的原因。

此外，有很多物质如红霉素、四环素、链霉素、新霉素、卡那霉素、氯霉素、5-甲基色氨酸、环己亚胺、白喉毒素、蓖麻蛋白和其他核糖体灭活蛋白等都可以影响蛋白质的生物合成。深入对阻断蛋白质合成的机制和物质的研究，对于生命现象的认识和各种抗生素的研制具有重要意义。

图 9-9 不同抗生素在蛋白质合成中的作用靶标及后果

### 9.5.6 蛋白质翻译后的修饰

从核糖体释放的新生肽链并不是一个具生物学功能的蛋白质分子，它必须经过翻译后修饰或加工（post-translational modification or processing）才具有生物学活性。翻译后修饰一词的含意是：通过一系列化学反应把一条新合成的肽链转换为功能性蛋白质，以使蛋白原（酶原）转变为蛋白质（酶）等的过程。蛋白质翻译后修饰作为蛋白质功能调节的一种重要方式，对蛋白质的结构和功能至关重要。据估计，人体内 50%~90% 的蛋白质发生了翻译后修饰。

生物体通过种类繁多的修饰直接调控蛋白质的活性，目前已确定的翻译后修饰方式超过 400 种，包括去甲硫氨酸的甲酰基、磷酸化、乙酰化、甲基化、羟基化、糖基化、二硫键形成、辅基联结以及肽键裂解等。蛋白质翻译后修饰，大大扩展了蛋白质的化学结构和功能，显著增加了蛋白质的多样性和复杂性，使可编码的蛋白质种类大大超过了 20 种天然氨基酸的组合限制。由此，蛋白质翻译后修饰极大地丰富了 DNA 的遗传信息量，如人类基因组中的编码基因只有 2 万个左右，但可表达的功能蛋白超过 20 万种。

不管是原核还是真核生物，N 端的甲硫氨酸往往在多肽链合成完毕之前就被切除。在大多数跨膜蛋白中，N 端有一 15~30 个氨基酸残基的信号肽，当这些蛋白转运跨膜后信号肽酶就会将信号肽切除，使其发挥正常功能。新合成的胰岛素前体——前胰岛素原（preproinsulin）必须先切除信号肽变成胰岛素原（proinsulin），再把多肽的中间部分切除，产生两条多肽链，然后由二硫键联结起来，才成为有活性的胰岛素（见 15.3.3）。不少多肽类激素和酶的前体必须经过加工才能成为活性分子，如血纤维蛋白质、胰蛋白酶原经切除部分肽段后才成为有活性的血纤维蛋白和胰蛋白酶。蛋白质还可添加各种化学基团，特别是糖类，结果很多蛋白质是糖蛋白，如在粗面内质网上合成的蛋白质在切除疏水性序列后，即被运到高尔基复合体，在那儿与糖类结合，就成为糖蛋白，然后被运到细胞外。在 mRNA 分子中，没有编码胱氨酸的密码子，但不少蛋白质分子中含有胱氨酸二硫键，二硫键是通过两个半胱氨酸的硫基氧化形成的。在少数情况下，合成的多肽的一端或两端存在修饰氨基酸，如微管蛋白的 α 链在酶的作用下，其 C 端能被酪氨酸修饰，N 端被乙酰化等。

目前，我们所掌握的蛋白质修饰过程还非常有限，真核细胞中存在的蛋白质修饰过程的大约 70% 我们还无法解释，包括未知的修饰种类、未知的修饰蛋白、未知的蛋白修饰位点等。

1990 年，R. Hirata 等在研究酿酒酵母（S. cerevisiae）液泡 $H^+$-ATPase 的相对分子质量为 $69 \times 10^3$ 的催化亚基基因 *VAM1* 时，第一次证实了蛋白质剪接（protein splicing）现象。*VAM1* 基因的开放读码框（ORF）

理论上应编码一相对分子质量为 $119\times10^3$ 的蛋白质，但实际上得到的却是 $69\times10^3$ 和 $50\times10^3$ 的两种蛋白质。研究后发现，$119\times10^3$ 的前体蛋白经蛋白质剪接，去除由 454 个氨基酸残基组成的内部肽段，两侧的保留肽段重新以肽键相连，形成相对分子质量为 $69\times10^3$ 的成熟亚基。

1994 年，F. B. Perler 首先提出蛋白质内含子（intein，又称内蛋白子）的概念，其涵义为蛋白质插入序列，前缀 "in-" 取自 intervening，后缀 "-tein" 取自 protein。上述 Kane 等所发现的 $50\times10^3$ 蛋白质即为第一个发现的蛋白质内含子。蛋白质内含子是前体蛋白中的一部分，它参与在蛋白水平上的自我剪接从而进行蛋白质翻译后的加工。与蛋白质内含子相对应的是蛋白质外显子（extein，又称外蛋白子）。内蛋白子和外蛋白子由一个 ORF 所编码，它们共同产生于一个 mRNA 分子，在产生前体蛋白后再去掉内蛋白子，余下的外蛋白子以肽键的方式连接在一起成为成熟的蛋白（图 9-32）。目前已共发现了至少 600 个蛋白质内含子，它们的基因分布在单细胞真核生物、细菌、古菌、噬菌体和病毒的基因组中，但在多细胞生物中没有发现蛋白质内含子。从现在的报道来看，古菌中的蛋白质内含子最多，真细菌中次之，真菌中最少，这一分布规律与 RNA 内含子刚好相反。内蛋白子具有高度保守的末端氨基酸：N 端常为 Cys 或 Ser，C 端总是 His-Asn。序列比较和结构分析表明，N 端大约 100 个氨基酸和 C 端大约 50 个氨基酸残基对自我剪切非常重要，在这两个自我剪切区域之间的连接区域大多具有核酸内切酶的特征（图 9-32）。少数内蛋白子不含核酸内切酶域，或含有的序列不具有核酸内切酶的特征。内蛋白子有两种存在状态：剪接反应前称为融合内蛋白子（fused intein），剪接反应后称为游离内蛋白子（free intein）。二者的一级结构相同但功能不同，前者可以自我催化蛋白质前体的剪接反应，后者可作为归巢内切酶（homing endonuclease）参与内蛋白子归巢（intein homing）。所谓内蛋白子归巢是这样的：归巢内切酶作用于内蛋白子基因的等位基因上，在不含内蛋白子的等位基因上剪切一个缺口，然后内蛋白子基因在重组酶、DNA 聚合酶、连接酶、分解酶的作用下，利用同源重组，将内蛋白子基因的拷贝转移到不含内蛋白子的等位基因上（图 9-33）。

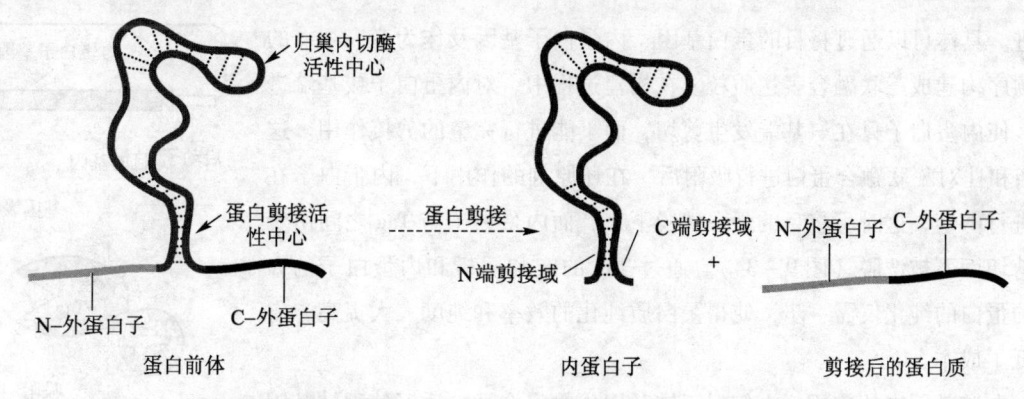

**图 9-32 前体蛋白通过内蛋白子的自我剪接成为成熟蛋白的过程**
深灰色部分为内蛋白子，浅灰色和黑色部分分别为 N 端和 C 端外蛋白子；内蛋白子具有两个活性中心。

蛋白质内含子和蛋白质外显子位于同一多肽链时发生的剪接作用称为顺式剪接（cis-splicing）（图 9-32）。与此相对，蛋白质内含子剪接结构域位于不同肽链时所介导的剪接作用称为反式剪接（trans-splicing）（图 9-35），如人们在研究 Synechocystis sp. PCC6803 菌的 DNA 聚合酶Ⅲ的 α 催化亚基时，发现一种断裂型蛋白质内含子（split intein）Ssp DnaE，编码该蛋白质内含子的 DNA 序列被分成两部分，分别由两个基因所编码，从而形成两个基因表达产物即 N-dnaE$_{1-123}$ 及 dnaE$_{124-1592}$αC，二者相遇后能够进行有效的剪接，形成成熟的 DNA 聚合酶Ⅲ的 α 催化亚基。

内蛋白子自发现以来引起了生物学家的普遍关注，大大丰富了基因表达和蛋白质翻译过程的理论。随着内蛋白子剪接机制研究的深入，内蛋白子的应用也越来越广泛，在蛋白质合成与纯化、多肽文库构建、突变体构建等蛋白质工程及其他生物技术领域甚至基因治疗等方面均显示出良好的应用前景。下面举两个

图 9-33 内蛋白子归巢示意图

HED：归巢内切酶结构域；N-Extein 和 C-Extein：N 端和 C 端外蛋白子；N-Int 和 C-Int：N 端和 C 端内蛋白子

例子说明内蛋白子的应用：

(1) 蛋白质的合成与纯化。传统的蛋白质生物合成与纯化是在目的蛋白的前面或后面加入特定的标签（Tag），形成融合蛋白，这些 Tag 有助于亲和层析，从而获得纯化的融合蛋白。但由于融合蛋白中含有 Tag，所以需要进一步处理将 Tag 从融合蛋白中裂解下来。内蛋白子的发现和应用，使蛋白质的合成与纯化得到改进。具体可以通过将目的蛋白基因、内蛋白子基因及作为亲和 Tag 的基因按顺序构建成三联融合表达质粒。在构建过程中，对内蛋白子羧基端进行改造，使内蛋白子只在氨基端发生剪切，而不能进行完整的剪接作用。这样 Tag 亲和柱对三联融合蛋白进行吸附后，在还原剂的作用下，内蛋白子在氨基端进行剪切，这时可将目的蛋白洗脱下来，而内蛋白子与 Tag 之间由于不发生剪切而不被洗脱（图 9-34）。通过 Tag 的亲和层析和内蛋白子的介导，目的蛋白的纯化仅需一步，使得蛋白质纯化的效率和纯度大大提高，省时且降低了成本。

(2) 在转基因中的应用。人们对于转基因生物安全性的质疑使得转基因技术的应用受到一定的限制，内蛋白子可能在这方面具有良好的应用前景。由于断裂蛋白质内含子具有反式剪接能力可以将两段基因产物连接形成有功能的蛋白，因此将目的基因分成两段分别与 N 端和 C 端的蛋白质内含子连接，转入动、植物细胞后，两个断裂的蛋白重新连接，使转基因发挥作用。因为单个片段没有功能，必须两个片段同时存在才能发挥作用，这样就大大降低了目的基因扩散的风险（图 9-35）。例如，利用天然分离的 Ssp DnaE 蛋白质内含子，先将抗除草剂基因割裂成两段，分别与分离的蛋白质内含子的两个片断构成融合基因，然后移到拟南芥中，在转基因拟南芥中可观察到完整的有活性的抗除草剂蛋白的存在。另外，我们已经知道植物的花粉中很少含有叶绿体或线粒体 DNA，如果将目的基因断开，与分离的蛋白质内含

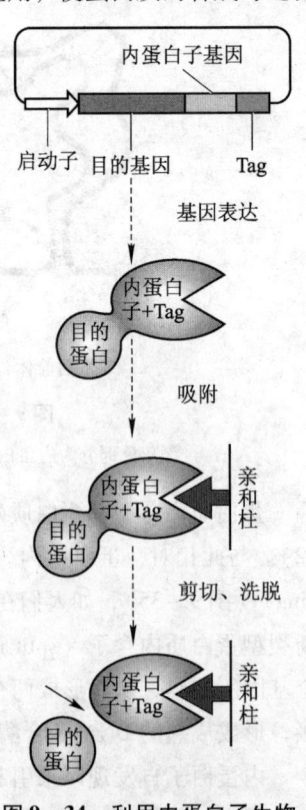

图 9-34 利用内蛋白子生物合成和纯化蛋白示意图

子融合后分别转移到叶绿体或线粒体基因组中，更是大大提高了转基因植物的安全性。研究者们通过在叶绿体中同时转入两个分别与分离的蛋白质内含子连接的融合基因，然后检测融合基因在叶绿体中的表达和剪接形成的重组蛋白，证实了反式剪接在叶绿体中是可以进行的。

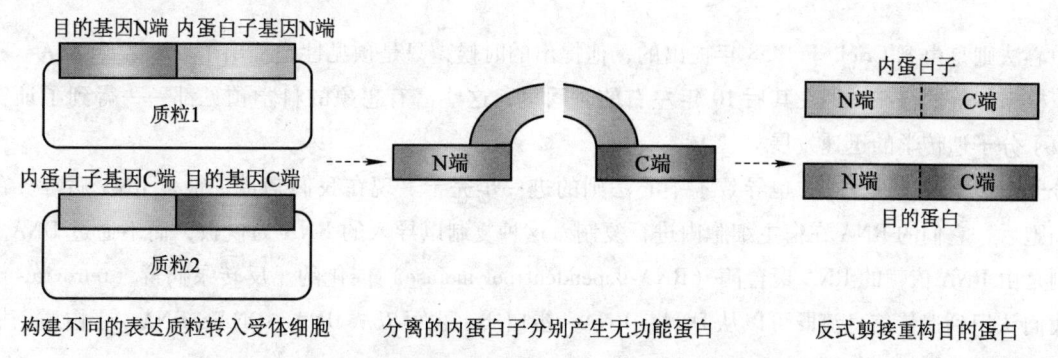

图 9-35　利用内蛋白子进行转基因研究可防止基因扩散

## 9.6　遗传学中心法则

遗传信息的流向可以分为两个方面：一是代与代之间的 DNA 传递；二是在生物体个体发育中，遗传信息从 DNA 到蛋白质的传递。DNA 通过半保留方式可以自我复制将遗传信息由亲代传给子代；在后代的个体发育中，DNA 以双链中的一条为模板，可以互补地合成 RNA，将 DNA 中的遗传信息传给 mRNA，然后 mRNA 以 3 个核苷酸决定一个氨基酸的方式，根据 mRNA 的核苷酸顺序合成多肽（蛋白质）。这就是遗传学中著名的中心法则（central dogma of genetics）（图 9-36），是现代生物学中最基本的规律之一。

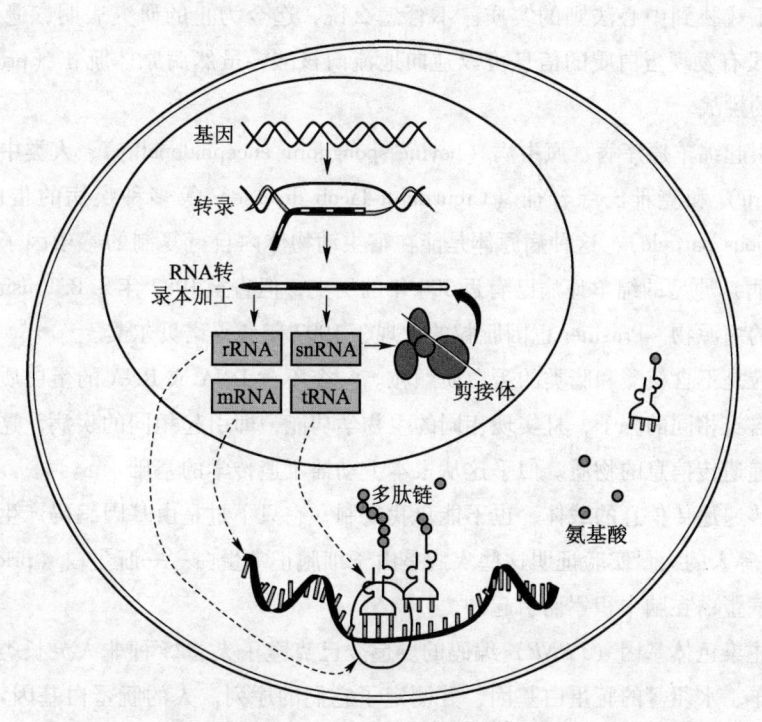

图 9-36　中心法则图解，示从 DNA 到 RNA 到蛋白质的全过程

中心法则即生物体中 DNA、RNA 和蛋白质的关系，用简图可概括为：

$$\text{复制} \circlearrowleft \text{DNA} \xrightarrow{\text{转录}} \text{RNA} \xrightarrow{\text{翻译}} \text{蛋白质}$$

中心法则是由 F. Crick 于 1958 年提出的，他提出的时候，只是预见性地提出了 mRNA、tRNA、三联体密码、核糖体等的存在，但在其后 10 年左右的时间里，这些富有想象的科学预见都一一得到了证实，从而导致了分子遗传学的迅速发展。

分子遗传学的迅速发展，也导致了中心法则的进一步完善。现在我们知道，很多 RNA 病毒，在感染宿主细胞后，它们的 RNA 在宿主细胞内进行复制。这种复制以导入的 RNA 为模板，而不通过 DNA。RNA 的复制是由 RNA 依赖的 RNA 聚合酶（RNA-dependent polymerase）催化的。反转录病毒（retrovirus）的发现使我们认识到遗传信息流既可以从 DNA→RNA→蛋白质，也可以从 RNA→DNA→RNA→蛋白质。根据上述发现，中心法则修改如下：

$$\text{复制} \circlearrowleft \text{DNA} \underset{\text{反转录}}{\overset{\text{转录}}{\rightleftarrows}} \text{RNA} \circlearrowright \xrightarrow{\text{翻译}} \text{蛋白质}$$

Crick 提出的中心法则的两大支柱是单程性和共线性。H. M. Temin 等人发现的反转录现象使单程性受到冲击，从而使得中心法则作出修改。随着分子遗传学的发展，首先由于基因内含子的发现，使 DNA 碱基序列与氨基酸序列的共线性（co-linearity）在真核生物中发生动摇。有人在离体实验中观察到，与核糖体相互作用的某些抗生素如链霉素和新霉素，能扰乱核糖体对信息的选择，接受单链 DNA 分子而不是 mRNA 作为模板，在单链 DNA 的指导下，把它的核苷酸顺序翻译成多肽的氨基酸顺序。此外，还有人发现，细胞核里的 DNA 还可以直接转移到细胞质的核糖体上，而不需要通过 RNA 即可控制蛋白质的合成。但这些都并没有真正威胁到中心法则的实质。不管怎么说，迄今为止的研究表明，遗传信息的流向是从 DNA 到蛋白质，还没有发现蛋白质的信息可以逆向地流向核酸，虽然病原体朊粒（prion）的行为曾对中心法则提出过严重的挑战。

朊粒是一类能引起绵羊瘙痒病、疯牛病（bovine spongiform encephalopathy）、人类中枢神经系统退化性疾病如库鲁病（Kuru）和克雅氏综合征（Crcutzfeldt-Jacob disease）等多种疾病的蛋白质性的传染粒子（proteinaceous infectious particle），这种病原体是能在宿主动物体内自行复制的感染因子。虽然作为传染性海绵脑病（朊病毒病）原型的绵羊瘙痒病已有近 300 年的历史，但直至 1982 年 S. B. Prusiner 首次提出朊粒假说人们才认识到它的病源物。Prusiner 也因朊粒的发现于 1997 年获得诺贝尔奖。

研究证明，朊粒是不含核酸和脂类的蛋白质颗粒。一个不含 DNA 或 RNA 的蛋白质分子能在受感染的宿主细胞内产生与自身相同的分子，且实现相同的生物学功能，即引起相同的疾病，这意味着这种蛋白质分子也是负载和传递遗传信息的物质。似乎这从根本上动摇了遗传学的基础。

其实朊粒不是传递遗传信息的载体，也不能自我复制，它只不过是由基因编码产生的一种正常蛋白质的异构体。Prusiner 等人的大量实验证明这些疾病是由于细胞正常蛋白——朊蛋白（prion protein，PrP）的错误折叠形成的致病蛋白在脑中积累而引起的。

朊蛋白是由宿主染色体基因（PRNP）编码的。迄今已克隆了人、25 种非人灵长类动物包括仓鼠、小鼠、大鼠、牛、绵羊、水貂等的朊蛋白基因，并测定了它们的序列。人的朊蛋白基因定位于 20 号染色体短臂上（20p13），小鼠的朊蛋白基因位于第 2 号染色体短臂上。

PrP 包括两种形式：正常型（the cellular or common form of prion protein，PrPC）和异常型（the pathogenic or scrapie form of prion protein, PrPSc)。

PrPC 的成熟蛋白由 209 个氨基酸组成, 含一对二硫键和 2 个 N 型复合寡糖链, 二硫键和糖基化残基都在 PrP 的 C 端, 以 α 螺旋结构为主 (40% 的 α-螺旋, 3% 的 β-折叠片)。PrPC 是细胞中 *PRNP* 基因的正常表达产物, 其正常功能尚不完全清楚, 它在细胞间黏附及胞内信号传导方面有重要作用。有学者发现, PrPC 蛋白功能丧失会引起突触丧失和神经元退化。但 *PRNP* 基因敲除的小鼠并没有表现出明显的表型差异。PrPSc 和 PrPC 具有相同的氨基酸序列, 它在 PrPCα 螺旋结构的地方有很高比例的 β 折叠 (43% 的 β-折叠片, 30% 的 α-螺旋)。特异的抗体只与 PrPSc 有血清反应, 而与 PrPC 无反应, 证明二者含有不同的构象表位。蛋白酶对 PrPSc 不起作用, 二者的糖基化比例和部位也不同, PrPSc 糖基化比例比 PrPC 低。

朊蛋白有独特的复制方式, 它是以构象异常的蛋白质分子为引子, 诱使正常的 PrPC 蛋白分子发生构象异常变化, 一旦这种蛋白质分子的构象由 α 螺旋转变为 β 折叠式, 那么它就变成了具有致病感染力的分子 (PrPSc)。由此可见, PrPC 分子与 PrPSc 分子在性质上的差异仅是由分子的构象不同造成的。这种构象上的差异使得传统的蛋白质结构理论, 即认为蛋白质的氨基酸序列惟一地决定其高级结构, 获得了新的补充。关于 PrPSc 分子的增殖方式, 目前有多种假说: 结对诱变假说认为 1 分子 PrPSc 与 1 分子 PrPC 结合, 可诱使 PrPC 的构象转变成 PrPSc 分子, 如此连锁反应不已, 产生许多 PrPSc 分子; 结晶假说认为 PrP 蛋白在有 PrPSc 分子的情况下形成结晶时, 晶格中的 PrPC 分子由 α 螺旋构象转变成 PrPSc 的 β 折叠构象。在非细胞系统中, PrP 蛋白也可形成具有抗水解酶性质的 PrPSc 蛋白。

家族性朊病 (familial prion disease) 发生在带有 *PRNP* 基因突变的家族中, 即使在控制传播的环境中, 带有 *PRNP* 基因突变的小鼠仍会患朊病。虽然现已鉴定出了许多不同的 *PRNP* 突变, 并且这些突变可发生在整个基因上, 但这些突变总是倾向于使 PrPC 转变为 PrPSc。

朊粒通过聚集使蛋白质发生变化而产生一种表型效应, 从而降低原有蛋白的活性。在某些真菌中也发现有显示朊粒行为的蛋白质, 不过它们对宿主并不致病。在酵母中发现的 PSI+ 和 URE3 是研究得最为清楚的两种真菌朊粒 (fungal prions)。由于由真菌朊粒所引起的感染表型在基因组不发生改变的情况下能够遗传, 编码真菌朊粒形成的信息不存在于 DNA 中, 而在蛋白质结构中, 因此认为真菌朊粒是表观遗传的。进一步的研究发现, PSI+ 是由于 Sup35 蛋白 (一种与翻译终止有关的重要蛋白) 错误折叠并自我繁殖的结果, 正常 Sup35 蛋白功能的丢失引起核糖体以很高的频率通读终止密码子, 导致其他基因中无义突变的抑制 (suppression of nonsense mutations)。在 PSI+ 酵母细胞中, Sup35 蛋白形成纤维状的聚集, 它能自我繁殖, 现在相信 PSI+ 细胞中的无义突变抑制是由于具功能的 Sup35 蛋白数量的减少所致。最新研究发现, 在能够形成朊粒的酵母细胞中, 只有 *FLO11* 基因受到调节, 而 *FLO11* 基因是酵母多细胞性 (multicellularity) 的关键, 该基因的表达可以使酵母从球状转变为纤维形态。*FLO11* 受到了表观遗传学调控, 同时也应答着环境压力。在环境压力下, 细胞会增加蛋白的错误折叠和朊粒的形成, 朊粒可能就是影响 *FLO11* 活性的表观遗传学开关。进一步的研究发现, 酵母细胞中含有转录因子 mot3 的朊粒形式 MOT3+, 而且一定浓度的乙醇环境 (类似天然发酵过程) 会大大增加 MOT3+ 的形成, 这种朊粒会引起需要 *FLO11* 表达的多细胞生长模式。当细胞改变代谢方式, 通过呼吸作用消耗周围的氧时, 这种朊粒就会转变为 mot3-, 酵母恢复到单细胞状态。这些研究结果表明, 连续的环境改变启动了可遗传的表观遗传学元件, 然后又将其关闭, 在这一过程中, 朊粒形式的蛋白驱动了酵母的多细胞性, 以帮助自身的生存。科学家们通过对真菌朊粒的研究也许能为揭示动物朊病和朊粒复制的机制以及解析人类疾病的机制提供帮助, 例如癌症中就包括蛋白错误折叠、表观遗传学改变、代谢异常等。

图 9-10 已鉴定的真菌朊粒

朊粒蛋白如 PrP、PSI+、MOT3+ 等的构象转变并无核酸活动的参与, 如果朊粒是通过与生物中心法则不同的信息流来增殖的, 一种情况是它需要先由朊粒蛋白翻译成 RNA 或 DNA, 然后再合成子代朊粒蛋白。然而, 这一过程需要逆翻译酶, 但到目前为止还从未发现过逆翻译酶; 另一种情况也可大胆设想朊粒的氨基酸序列可直接作为模板合成新的蛋白质分子,但这种蛋白质指导的蛋白质合成也还从未被发现过。

中心法则主要描述遗传信息如何在 DNA、RNA 和蛋白质之间流动,这种由 DNA→RNA→蛋白质的遗传信息流向是生物繁衍后代保持物种稳定的重要遗传信息流。中心法则提出半个多世纪以来,在不断的争论中获得完善。当然,随着研究的发展,像朊粒这样能自我复制的蛋白质会不会存储遗传信息,现在也不能过早地下结论。此外,越来越多的证据表明基因组特别是高等真核基因组中有相当一部分被转录成了"非编码"RNA(即 tRNA、rRNA、snoRNA、microRNA 等不编码蛋白质的 RNA),它们在生物体中的功能及与中心法则的关系也有待于进一步的清晰。还有表观遗传修饰在中心法则中应有怎样的体现也是我们需要思考的,如我们在后面要讨论的不同亲本来源的等位基因可能具有不同的功能的基因组印记,这种从基因到表型的遗传信息流不遵循孟德尔定律。当然,表观遗传学也补充了中心法则中忽略了的一些问题,如哪些因素决定了基因的正常转录和翻译,DNA 核酸序列并不是存储遗传信息的惟一载体等。此外,生物体中的蛋白质反过来作用于 DNA 或 RNA 调控基因的表达,这种信息的流向促使生物不断适应环境,不断进化,这也是生物发育和进化过程中不可或缺的信息流,那么环境因素作用于基因的过程应在中心法则中如何体现?J. D. Watson 说过:"你可以继承 DNA 序列以外的一些东西,这正是现代遗传学中让我们激动的地方"。因此,以上关于中心法则的表述肯定还将会得到进一步完善,不过它作为生物学的一个重要理论已经并且还将发挥重要的作用。

### 问题精解

◆ 在果蝇中,白眼(white)、樱桃眼(cherry)、朱红眼(vermilion)都是影响眼色的性连锁突变,这三个突变对野生型红眼基因来说都是隐性的。白眼雌蝇与朱红眼雄蝇杂交,产生白眼雄蝇和野生型红眼雌蝇;白眼雌蝇与樱桃眼雄蝇杂交,产生白眼雄蝇和淡樱桃眼雌蝇。根据这些结果,能否判断这三个影响眼色的突变是否是同一个基因的突变?如果是,是哪个基因突变?

答:对于等位性的互补测验,是将以反式构型的成对的突变放到共同的原生质中,确定反式杂合子是突变表型还是野生型表型。如果两个突变在同一基因上,反式杂合子中基因的两个拷贝都将产生缺陷型的基因产物,结果是突变表型。相反,如果两个突变在不同的基因上,两个突变将互补,因为每个基因的野生型拷贝将产生有功能的基因产物,结果反式杂合子将显示野生型表型。换句话说,如果反式杂合子是突变表型,突变在同一基因上;如果反式杂合子是野生型表型,则突变在不同的基因上。

因为题目中的几个突变是 X 性连锁的,因此后代里的所有雄蝇都将具有与亲代雌蝇相同的表型,它们是半合子(hemizygous),只有来自母亲的一条 X 染色体。相反,雌性后代是反式杂合子。在白眼雌蝇与朱红眼雄蝇的杂交中,子代雌蝇为野生型红眼,这说明白眼和朱红眼在不同的基因上(如下图左所示)。在白眼雌蝇与樱桃眼雄蝇的杂交中,子代雌蝇全是淡樱桃眼(突变表型),而无野生型的红眼,既然反式杂合子是突变表型,那么白眼和樱桃两个突变是在同一基因上(如下图右所示)。

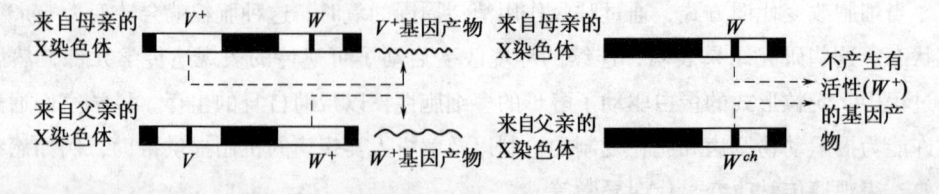

## 思考题

1. 红藻将遗传信息贮存在双链 DNA 中，从红藻细胞中提取 DNA 后分析发现，32% 是鸟嘌呤（G），据此，你可以确定胸腺嘧啶（T）的百分比吗？如果可以，是多少？如果不行，为什么？

2. 在 20 世纪早期，科学家为什么认为蛋白质而非 DNA 是遗传物质？

3. 大肠杆菌病毒 ΦX174 依靠单链 DNA 贮存遗传信息，从其中提取 DNA 后分析发现，21% 是鸟嘌呤（G）残基。据此，你可以确定胸腺嘧啶（T）残基的百分比吗？如果可以，是多少？如果不行，为什么？

4. 20 种常见氨基酸的平均相对分子质量约为 137。已知一种多肽的相对分子质量约为 65 760，假设这种多肽含有等量的 20 种氨基酸，试估算编码这种多肽的 mRNA 的长度。

5. 有两个果蝇突变品系，黑体（dark body）和黑檀体（ebony body）都是隐性突变，它们产生相似的体色表型——黑体。这两个突变品系的杂交结果如下：黑体×黑檀体→野生型灰体。请问它们是同一基因的两个突变等位基因，还是属于不同的等位基因呢？

6. 在书写 DNA 序列时，习惯的写法是从 5′到 3′，还是从 3′到 5′？

7. 下列叙述哪些是正确的？
(1) 在 RNA 的合成过程中，RNA 链沿 3′→5′方向延长。
(2) 转录是以半保留方式获得两条相同 DNA 链的过程。
(3) σ 因子指导真核生物的 hnRNA 到 mRNA 的转录后修饰。
(4) 沉默子对远距离的基因可以起作用。
(5) 细菌用 1 种 RNA 聚合酶转录所有的 RNA，而真核细胞则有 3 种不同的 RNA 聚合酶。
(6) 真核细胞中的 RNA 聚合酶仅在细胞核中有活性。
(7) 摇摆碱基位于密码子的第三位和反密码子的第一位。
(8) AUG 是蛋白合成的起始密码子，故所有蛋白 N 端的第一个氨基酸都是甲硫氨酸。

8. 假设你正在对从下水道中发现的一种新的噬菌体进行研究，你对它的 DNA 碱基组成进行了分析，结果如下：A = 22%，T = 28%，G = 20%，C = 30%。你怎样解释这些结果？

9. 人的 DNA 全长 $3 \times 10^9$ bp，假设一个冈崎片段的平均长度为 2 000 bp，那么人基因组中存在多少 RNA 引物酶起始点？

10. 果蝇突变体 $A$，$B$，$C$，$D$，$E$，$F$ 和 $G$ 都具有相同的表型——眼中缺少红色素。在互补测验中，逐对组合的结果如下表所示。"+"表示可以互补，"-"表示不可以互补。请问：

|   | $A$ | $B$ | $C$ | $D$ | $E$ | $F$ | $G$ |
|---|---|---|---|---|---|---|---|
| $G$ | + | - | + | + | + | + | - |
| $F$ | - | + | + | - | + | - |   |
| $E$ | + | + | - | + | - |   |   |
| $D$ | + | + | + | - |   |   |   |
| $C$ | + | + | - |   |   |   |   |
| $B$ | + | - |   |   |   |   |   |
| $A$ | - |   |   |   |   |   |   |

(1) 这些突变在几个基因中？
(2) 哪些突变在同一个基因中？

11. 脉孢霉的许多不同的营养缺陷型能在加有精氨酸的基本培养基上生长，其中一些也能在加有其他物质的基本培养基上生长（+号），实验结果如下表所示：

| 突变种类 | 生长反应 ||||| 
|---|---|---|---|---|---|
| | 基本培养基 | 谷氨半醛 | 鸟氨酸 | 瓜氨酸 | 精氨酸 |
| Arg-8，-9 | - | + | + | + | + |
| Arg-4，-5，-6，-7 | - | - | + | + | + |
| Arg-3，-12 | - | - | - | + | + |
| Arg-1，-10 | - | - | - | - | + |

（1）请问精氨酸合成的代谢途径是怎样的？

（2）在 Arg-12 突变中，可能有何种产物积累？

（3）已发现 Arg-1 突变也能利用精氨琥珀酸生长，但 Arg-10 突变只能利用精氨酸。这两个突变在精氨酸合成的代谢途径中，哪一个在前面？精氨琥珀酸是在哪一步合成的？

12. 请查阅文献，说明什么是报告基因及报告基因遗传学研究中的应用。

13. 测定噬菌体 T4 的 rII 突变型的各种配比关系在感染 E. coli 时的顺式和反式位置，并对每个细菌产生的噬菌体颗粒（裂解量）的平均数作了比较。6 个不同的 r 突变型 rU，rV，rW，rX，rY，rZ 的一组假设的结果如下：

| 顺式 | 裂解量 | 反式 | 裂解量 |
|---|---|---|---|
| rU rV /野生型 | 250 | rU/rV | 258 |
| rW rX /野生型 | 255 | rW/rX | 252 |
| rY rZ /野生型 | 245 | rY/rZ | 0 |
| rU rW /野生型 | 260 | rU/rW | 250 |
| rU rX /野生型 | 270 | rU/rX | 0 |
| rU rY /野生型 | 253 | rU/rY | 0 |
| rU rZ /野生型 | 250 | rU/rZ | 0 |
| rV rW /野生型 | 270 | rV/rW | 0 |
| rV rX /野生型 | 263 | rV/rX | 270 |
| rV rY /野生型 | 240 | rV/rY | 250 |
| rV rZ /野生型 | 274 | rV/rZ | 260 |
| rW rY /野生型 | 260 | rW/rY | 240 |
| rW rZ /野生型 | 250 | rW/rZ | 255 |

请问这 6 个不同的 r 突变型分属于几个不同的顺反子？哪几个突变型在一个顺反子？

14. 下列 DNA 序列中含有一个基因，由该序列转录成 mRNA，然后翻译成一个由 5 个氨基酸组成的多肽，那么哪一条链是模板链？

X 链：5′- CCGACTATGCCCTTTAAACGATAACCTATG -3′

Y 链：3′- GGCTGATACGGGAAATTTGCTATTGGATAC -5′

15. 假使一个基因决定一个多肽，那么为什么一个基因不一定决定一个性状？

16. 什么是蛋白质内含子？它和一般蛋白质的剪切加工有何不同？

17. 在果蝇中编码甲硫氨酸 – 色氨酸二肽序列的基因核苷酸序列是怎样的？
18. 蛋白质合成过程中有哪几个地方最容易发生错误？什么是校正 tRNA？
19. 朊粒是怎样产生的？为什么说它对中心法则曾产生过冲击？
20. 请列举实例说明拟等位基因和顺反遗传效应。
21. 如果在实验中得到 a1a1 和 a2a2 两种表型相同的果蝇突变品系，你如何判断 $a1$ 和 $a2$ 是同一基因的突变还是不同基因的突变？如果是同一基因突变，你如何判断是同一位点的突变还是不同位点的突变？

# 第 10 章

# 基因表达的调控机制

François Jacob（前）& Jacques Monod（后）

10.1 基因表达调控的多水平性
10.2 原核基因的表达调控
10.3 真核基因的表达调控
10.4 表观遗传调控和表观遗传学

科学史话

**内容提要**：在基因表达即产生 RNA 和蛋白质的过程中，基因的启动与关闭、活性的增加与减弱等都受到严格的遗传调控。基因表达调控是遗传信息转化为生物表型的重要中间环节，它可以发生在多水平上，包括转录前调控、转录调控和转录后调控。

原核生物基因功能通过操纵子调控，每个操纵子由一套紧密相邻的结构基因、启动子和操纵基因组成。本章以 *E. coli* 乳糖操纵子和色氨酸操纵子为例阐述了原核生物的基因表达调控。

真核生物特别是多细胞高等真核生物的基因表达调控比原核生物复杂得多。本章主要从染色质结构、DNA 结构、基因数目及其重排方式、调控序列和调控蛋白、非编码 RNA、选择性剪接、RNA 编辑、mRNA 稳定性、蛋白质修饰等多个方面对真核基因的表达调控进行了阐述。

表观遗传学是当今生命科学的研究热点。基因的表观遗传调控主要是影响 DNA 和染色质结构的变化，对表观遗传这种高层次的基因表达调控的研究，对于揭示基因组的功能和阐明生物的遗传机制将起到重要作用。本章主要以 DNA 甲基化、染色质重塑、组蛋白修饰、核糖开关等为例对表观遗传调控机制进行了介绍。

**重要概念**：基因表达调控 看家基因 操纵子 结构基因 操纵基因 弱化子 顺式作用元件 反式作用因子 染色质重塑 非编码 RNA RNA 干扰 反义 RNA 选择性剪接 RNA 编辑 表观遗传学 DNA 甲基化 组蛋白密码 核糖开关

DNA 将遗传信息转换成基因产物即 RNA 或蛋白质的过程就是基因表达。不同类型的细胞在不同的发育阶段需要不同的信息，我们很难想象，如果所有的基因都一样表达，所产生的个体会是怎样的情形。事实上，在一个典型的高等真核细胞中仅有 10%~20% 的基因表达。对于一些特化的细胞如脑细胞，由于它独特的功能、结构及酶系统，仅有某些基因表达。另外，由于生物环境的变化，生物在利用自然资源和应对生活环境等方面需要有更大的灵活性，从而更适应于自然选择。因而，对于每种生物来说，调控不同基因表达的机制就显得非常关键。所谓基因表达调控（regulation of gene expression）是指细胞控制各基因产物的量及产出的时间和表达的空间。

通过对两个差别很大的细胞如花粉管与根细胞的基因产物的检查，发现 95% 以上的蛋白质都是相同的，因此两细胞间的功能差异只由一小组基因控制。在生物体中，有一部分称为看家基因（housekeeping gene）的基因，负责合成一些与维持细胞生命及增殖所必需的一些蛋白质如组蛋白、核糖体蛋白、代谢酶、结构蛋白等。现在我们关注的是，那些控制细胞功能差异的小部分基因在细胞内是怎样调控的？基因表达调控的研究对于我们理解遗传的基本功能及遗传疾病的机制有着重要意义。

## 10.1 基因表达调控的多水平性

基因表达过程是基因通过转录和翻译而产生 RNA 或蛋白质产物的过程，在这一过程中，基因的启动与关闭、活性的增加与减弱等都受到严格的调控。在真核和原核细胞中，基因表达调控的机制是基本相似的，但由于这两类细胞的结构差异和生活环境差异，调控机制也存在很大差异。大多数真核细胞与个体的其他细胞相邻，相邻细胞可能具有不同的功能，而每个原核细胞则为一个自给的有机体（self-contained organism）。因此，真核细胞为了完成它特有的功能，必须在某个时期或某个部位合成某些特有的蛋白或产生某些特有的结构。由于原核细胞生活在多变的环境中，为了生存，它必须迅速地对环境的变化作出反应，打开或者关闭某些基因。譬如，虽然一个 E. coli 细胞能够利用不同的含碳化合物（如蔗糖、果糖、乳糖、半乳糖等）作为能源，但就某个 E. coli 细胞来说，它在某个时期经常只会遇到这种或那种碳源，这时，细胞为了节省能量，就打开那些利用有效碳源所必需的代谢酶基因，而将其他基因关闭掉。

在真核和原核细胞中，整个基因表达过程有许多地方受到调控，概括起来，这些调控点主要可以分成三个部分（图 10-1）：转录前调控（pre-transcriptional regulation）、转录调控（transcriptional regulation）和转录后调控（post-transcriptional regulation）。转录前调控主要是指染色质水平和 DNA 水平的调控，主要为表观遗传调控（epigenetic regulation），即转录前基因在染色质水平上的结构调整，当然表观遗传调控也作用于其他调控位点（详见 10.4）。转录调控是指以 DNA 为模板合成 RNA 的调控，所有的细胞都具有大量序列特异的 DNA 结合蛋白和小分子 RNA，这些蛋白质和小分子 RNA 能准确地识别并结合到特异的 DNA 序列上，在转录水平上起着开关的作用。转录后调控是指在 RNA 转录后对基因表达的调控，转录后调控主要包括：①RNA 加工调控，它仅在真核细胞中发生，由它控制初级转录物如何及何时进行剪接形成可用的 mRNA。例如，在不同类型的细胞中从同一基因产生的转录物可以通过选择内含子来产生不同的 mRNA。②翻译调控，通过该调控确立哪些 mRNA 翻译成蛋白质及什么时候翻译，例如通过特异的 mRNA 结合蛋白可以抑制翻译，或者通过位于 mRNA 末端的特异核苷酸序列加速核糖体的结合，从而促进翻译。③mRNA 降解调控，这可以影响到某些种类 mRNA 的稳定性。④蛋白质活性调控，可选择性地使某些特异的蛋白分子激活、失活、修改或区域化，从而影响到蛋白质怎样或何时起作用，例如，某些蛋白质只在某个特殊的发育阶段的某些细胞中起作用，而这些蛋白质对其他细胞有很大的影响，因而在这些细胞中必须将其失活或激活后立即将其定位到特殊的细胞结构中，否则会引起发育的不正常。

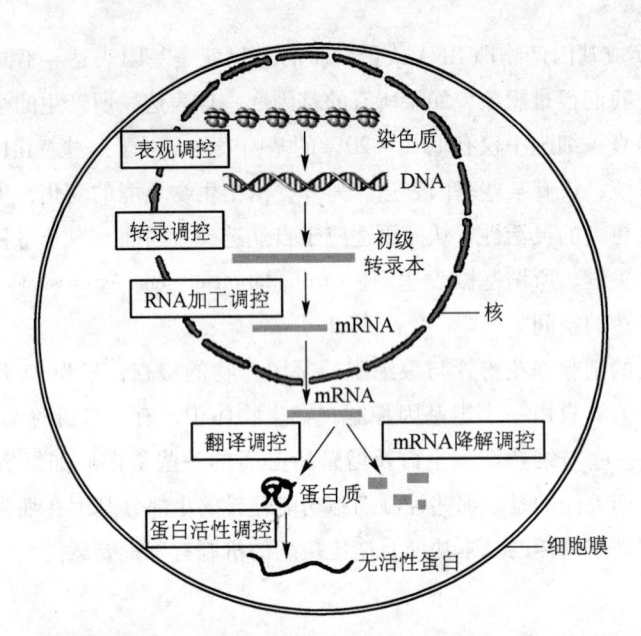

图 10-1　基因表达调控点示意图，主要包括转录前调控、转录调控和转录后调控

## 10.2　原核基因的表达调控

原核生物中，营养状态和环境因素对基因表达有着重要的影响。原核基因表达调控主要发生在转录水平上，通常采用一种所谓的"开-关"（on-off）活性调节机制来调控基因的表达，即当微生物的生长需要某些基因产物时，特定基因开启，当它们不需要时，这些基因关闭。参与 E. coli 转录调控最常见的蛋白质可能是 σ 因子（见 9.5.1），如当大肠杆菌面临高温环境时，σ 因子的数量会迅速增加。当然，原核生物除了转录水平的调控外，在其他水平上如 mRNA 加工、反义 RNA 调控、翻译和翻译后调控等也参与基因表达的调控。

根据原核生物在转录水平调控机制的不同，可分为负转录调控（negative transcription regulation）和正转录调控（positive transcription regulation），前者调节基因的产物是阻碍蛋白，起阻遏结构基因转录的作用；后者调节基因的产物是激活蛋白，起激活结构基因转录的作用。

根据通过代谢物来调节基因表达活性的作用方式，可以将原核生物的基因表达调控分为可诱导调节（inducible regulation）和可阻遏调节（repressible regulation）。前者是指相关基因在特殊代谢物或化合物的诱导作用下，基因由关闭状态变为工作状态，如乳糖分子；后者则指由于一些代谢物或化合物的积累而使基因表达由开启状态变成阻遏状态，如色氨酸。

操纵子属于典型的转录水平上的调控，下面以乳糖操纵子和色氨酸操纵子为例，对原核基因表达调控的特点进行介绍。

### 10.2.1　乳糖操纵子

F. Jacob 和 J. Monod 通过对 E. coli 乳糖代谢和大量影响乳糖代谢的突变型的多年的研究，于 1961 年提出了操纵子学说（operon theory）。这是理解基因表达调控的先驱工作。他们还根据基因调控模式预言了 mRNA 的存在，并由此启动了人们对遗传密码子的实验研究。

当 E. coli 细胞生长在葡萄糖和乳糖的混合培养基中时，它们首先利用葡萄糖，只有当葡萄糖完全消耗完后才利用乳糖，这是一种适应性，因为葡萄糖用作能源最为有效。当开始利用乳糖时，细菌的生长伴随一微弱的停止,在这过程中产生大量的β-半乳糖苷酶(β-galactosidase)。然而,如果将葡萄糖又加回到培养基中时,β-半乳糖苷酶的合成停止,随着细菌的分裂生长,酶的数量被逐步稀释(图10-2)。从这一现象可以看出,E. coli 能够对环境的变化作出反应,打开或关闭某一特定的基因。

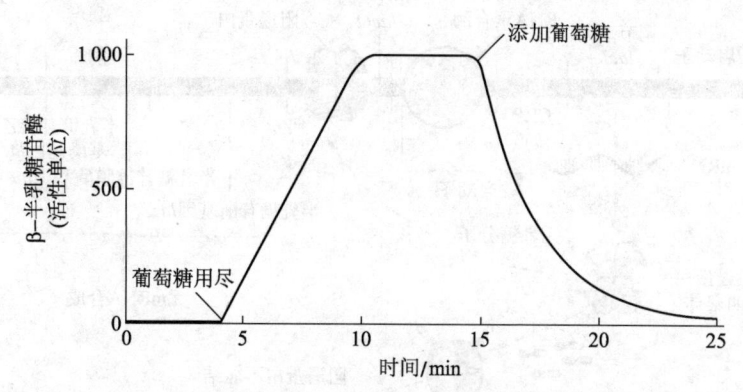

**图10-2  E. coli β-半乳糖苷酶的合成随环境中葡萄糖和乳糖含量的改变而变化**
当培养基中葡萄糖用尽而存在乳糖时,大量合成β-半乳糖苷酶;
当再次加回葡萄糖时,停止合成β-半乳糖苷酶

E. coli 细胞代谢乳糖需要两种酶:β-半乳糖苷酶和β-半乳糖苷透膜酶(β-galactoside permease)。但并不是每个细胞任何时候都能产生这两种酶,它们只是在以乳糖作为唯一碳源消耗时才产生。在不需要利用乳糖时就不合成这些酶,以节省能量。这种在有诱导物(如乳糖)存在时,被诱导表达的基因叫做诱导基因(inducing gene)。而其他一些基因总是能表达,且其合成速率不受环境变化或代谢状态的影响,叫做组成型基因(constitutive genes),如 tRNA 基因、rRNA 基因等。

Jacob 和 Monod 在研究不同诱导物对β-半乳糖苷酶的作用时,发现β-半乳糖苷透膜酶和乙酰转移酶的合成量总是与β-半乳糖苷酶的合成量成正比。后来通过遗传学实验分离出各种变异株,证明这3个酶是由连在一起的3个基因($z, y, a$)编码的。在他们分离的突变株中有一株特别令人感兴趣,这株细菌不管诱导物是否存在都可以大量合成这3种酶,他们把这一突变株称作组成型突变株。由此推断,这3个酶的合成是受一个共同的调节因子控制的。编码这个共同因子的基因称为调节基因(regulator gene),用 $i$ 表示。因此,野生型细菌的基因型是 $i^+z^+y^+a^+$,组成型突变株的基因型是 $i^-z^+y^+a^+$。那么 $i$ 是如何调节 $z$、$y$、$a$ 3个结构基因编码蛋白质(酶)的合成呢?

调节基因在机能上有活性(形成 mRNA)或者被抑制(不形成 mRNA),是由邻接于结构基因一端的操纵基因(operator gene)所控制的。在单一操纵基因控制下的这样一群邻接的结构基因总结构,被称为操纵子(operon)(图10-3),是基因表达的协同单位。操纵子的控制区包括操纵基因和启动子[包括 RNA 聚合酶结合位点和 cAMP 受体蛋白(cyclic AMP receptor protein,CRP)结合位点],其中 CRP 与 cAMP 的结合可促进 CRP 与 CRP 结合位点结合从而加速基因的转录。调节基因位于操纵子外面,lac 操纵子外的调节基因 lacI 能产生一种由360个氨基酸组成的阻遏物(repressor),其 mRNA 是在弱启动子控制下组成型表达的。有活性的阻遏蛋白为四聚体。当培养基中没有乳糖时,阻遏蛋白便与操纵基因相结合,阻断 RNA 聚合酶与操纵基因的结合,从而不能起始结构基因的转录,导致乳糖代谢所必需的酶不能合成(图10-3上半部分)。在 lacI⁻ 菌株中,阻碍蛋白是缺乏或失活的,故3种酶均能组成型表达。需注意的是,操纵基因是蛋白结合位点,它并不编码产物,从这个意义上说它并不是一个顺反子,这种类型的序列叫做顺式作用位点(cis-acting site),它仅影响邻近基因的表达。当培养基中的唯一碳源为乳糖时,乳糖进入细胞后即作为诱导物与阻遏蛋白结合,使阻遏物的构型改变,失去跟操纵基因结合的能力,这时 RNA 聚合酶便与启动基因结合,从而起始结构基因的 mRNA 转录和蛋白质合成过程(图10-3下半部分)。所产生的 3 种酶作用于乳糖，乳糖被分解后，阻遏物又发挥作用，酶的合成便又被停止。

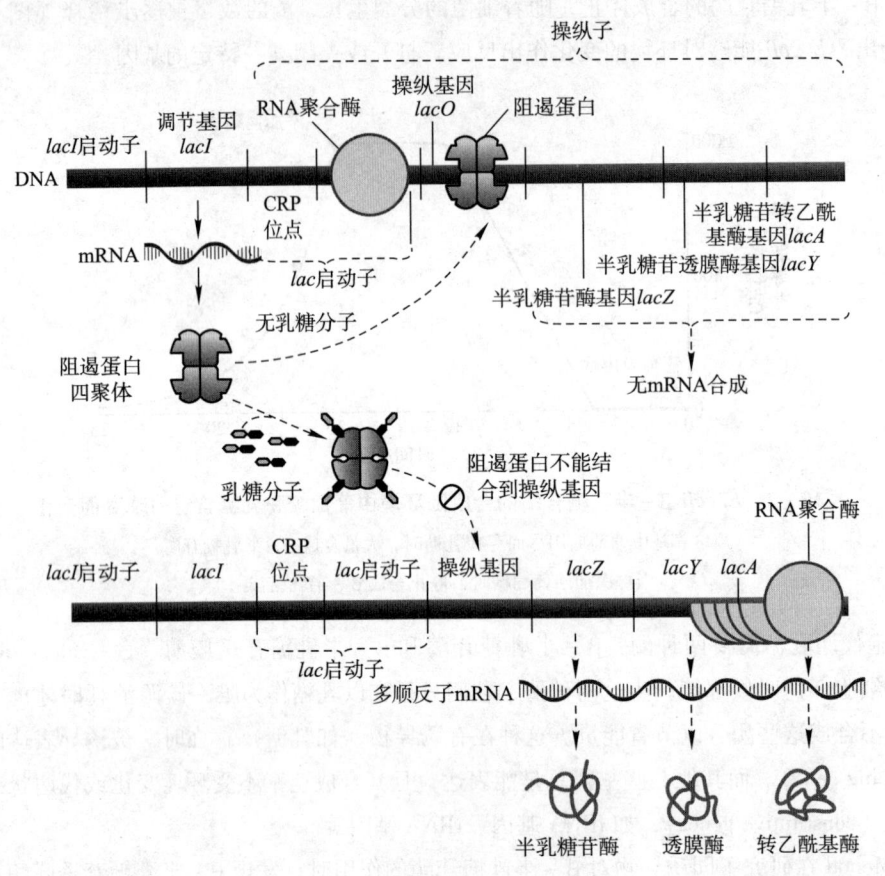

**图 10-3　乳糖操纵子的作用机制**

上半部分示无乳糖分子时，阻遏蛋白与操纵基因结合，从而阻止结构基因的转录；
下半部分示当乳糖分子存在时，乳糖分子与阻遏物结合，操纵子表达

正常情况下，$E.\ coli$ 细胞不合成 β-半乳糖苷酶，这时，阻碍物与操纵基因结合，操纵子受阻遏，处于关闭状态。由于阻碍物能通过细胞质扩散，因而编码阻碍物的调节基因不一定需要与操纵子相邻接。另外值得注意的是，当 $lacI$ 基因由弱启动子变成强启动子时，细胞内就很难产生足够的诱导物来克服阻遏状态，整个操纵子也就处于不可诱导的失灵状态。

阻遏蛋白与操纵基因的结合是如何阻止操纵子的转录呢？对操纵基因及其邻近部分序列的分析表明，操纵基因的位置在 -5～+21 bp，而 RNA 聚合酶的保护区域是 -48～+5 bp，也就是说，RNA 聚合酶和阻遏蛋白的结合位点是部分重叠的。这两种蛋白质中的任何一种与 DNA 结合后，就会阻止另一种蛋白与 DNA 的结合。在其他操纵子中也有类似的情况，阻遏蛋白与操纵基因的结合即会阻止 RNA 聚合酶与启动子的结合，从而抑制操纵子基因的表达。

阻遏蛋白上具两个结合位点即 DNA 结合位点和诱导物结合位点。用胰蛋白酶处理阻遏蛋白时，各亚基优先在第 59 位氨基酸残基处切断，形成含 59 个残基的氨基端片段和 301 个残基的羧基端片段。羧基端片段可以聚合成四聚体并能结合诱导物，但不能结合操纵基因，而氨基端片段则能结合操纵基因。

在本章开始的时候，我们讲到，当 $E.\ coli$ 生长在含有葡萄糖和乳糖的混合培养基上时，它首先利用葡萄糖而不利用乳糖，为什么会这样呢？这是由于还有一个调控系统加在乳糖操纵子（lactose operon）的"抑制物-操纵基因"系统之上，叫做分解代谢产物阻遏（catabolite repression），它允许细胞优先利用葡萄糖。

RNA 聚合酶在 *lac* 启动子起始 RNA 合成时需要另外一种叫做 cAMP 受体蛋白（CRP）的协助，CRP 能被单个 cAMP 分子所激活。只有当 CRP-cAMP 复合物结合到乳糖操纵子的 CRP 位点（见图 10-3），RNA 聚合酶才能起始 RNA 的合成。那么葡萄糖是怎样影响 β-半乳糖苷酶的合成的呢？

在 E. coli 中，cAMP 浓度受葡萄糖的调节。缺乏葡萄糖时，在腺苷酸环化酶的作用下，由 ATP 合成 cAMP，然后形成 CRP-cAMP 复合物，从而激活操纵子的转录；而葡萄糖的存在直接使腺苷酸环化酶失活，导致细胞中 cAMP 数量迅速减少，因此就不能形成 cAMP-CRP 复合物，也就不能激活乳糖操纵子。可以想象，如果 *CRP* 基因发生突变，*lac* 操纵子也将会一直无法激活或活性很低。

综上所述，乳糖操纵子的调节作用可归纳如下：正常情况下，无诱导物（乳糖）时，转录作用被调节基因 *i* 产生的阻遏蛋白所阻断；加入诱导物后，诱导物与阻遏蛋白形成复合物使其失活并从操纵基因上解离出来，基因开放，转录出多顺反子 mRNA，继而翻译出 3 种相关的酶。cAMP-CRP 复合物与 CRP 位点的结合创造了一个 RNA 聚合酶与启动子结合的条件，促进基因转录的起始。由上可见，在乳糖操纵子中既存在负转录调控的阻遏蛋白，也存在正转录调控的激活蛋白。cAMP-CRP 是一个正调节因子，CRP 可以使乳糖操纵子的转录功能提高 50 倍，它与作为负调节因子的阻遏蛋白表现相反的调节作用。

半乳糖、麦芽糖、阿拉伯糖、山梨醇等在降解过程中均转化生成葡萄糖，因此这些糖代谢相关酶的产生都是由可诱导的操纵子控制的，并且都受 cAMP-CRP 的调节。

### 10.2.2 色氨酸操纵子

与乳糖操纵子不同，色氨酸体系参与生物合成而不是生物降解，它不受葡萄糖或 cAMP-CRP 的调控。E. coli 色氨酸操纵子（tryptophan operon）负责调控色氨酸的生物合成，控制色氨酸生物合成代谢中有关酶的合成。在乳糖操纵子中，基因表达水平可能从无诱导状态的非常低水平到由乳糖诱导后的数百倍增加，基因表达水平由操纵基因和阻遏物控制。色氨酸操纵子与乳糖操纵子有明显的不同，色氨酸操纵子中有一个叫做弱化作用（attenuation）的次级基因表达调控机制，它是细菌辅助阻遏作用的一种精细调控，弱化机制的参与使基因表达调控达到更高一级的水平。

色氨酸操纵子的调节基因（*trpR*）远离操纵子（图 10-4 圆圈所示），编码一种 58 kD 的阻遏蛋白，但它并不能直接识别操纵基因并与之结合，只有当色氨酸过剩时，色氨酸作为共阻遏物（corepressor）活化阻遏蛋白后才能使其与 trp 操纵基因（*trpO*）结合，从而阻断基因的转录（图 10-4 上半部分）；当细胞内或周围环境中的色氨酸水平较低时，阻遏蛋白不与色氨酸结合形成复合物，这时色氨酸操纵子就能进行转录（图 10-4 下半部分）。这样细胞就只在它需要色氨酸的时候才制造色氨酸，这是色氨酸操纵子在第一水平上的调控。

在色氨酸存在的状态下，色氨酸操纵子的转录速率是很低的。然而，研究发现，在 *trpR* 突变缺乏阻遏蛋白的情况下（无论有无色氨酸，色氨酸操纵子都应该 100% 表达），即使添加色氨酸到培养基上，色氨酸生物合成酶的合成速率仍然达不到 100%，而只有 30% 左右（表 10-1），也就是说，阻遏物失活突变不能完全消除色氨酸对 trp 操纵子表达的影响，为什么？原来这是由于色氨酸操纵子中一段叫做弱化子（attenuator）的序列在起作用，即色氨酸操纵子在第二水平上的调控。

表 10-1 E. coli 菌株中调控基因 *trpR* 对色氨酸操纵子中结构基因表达的影响

| *trpR* 基因型 | 添加色氨酸时（%） | 无色氨酸时（%） |
| --- | --- | --- |
| *trpR*⁺ | 8 | 100 |
| *trpR*⁻ | 33 | 100 |

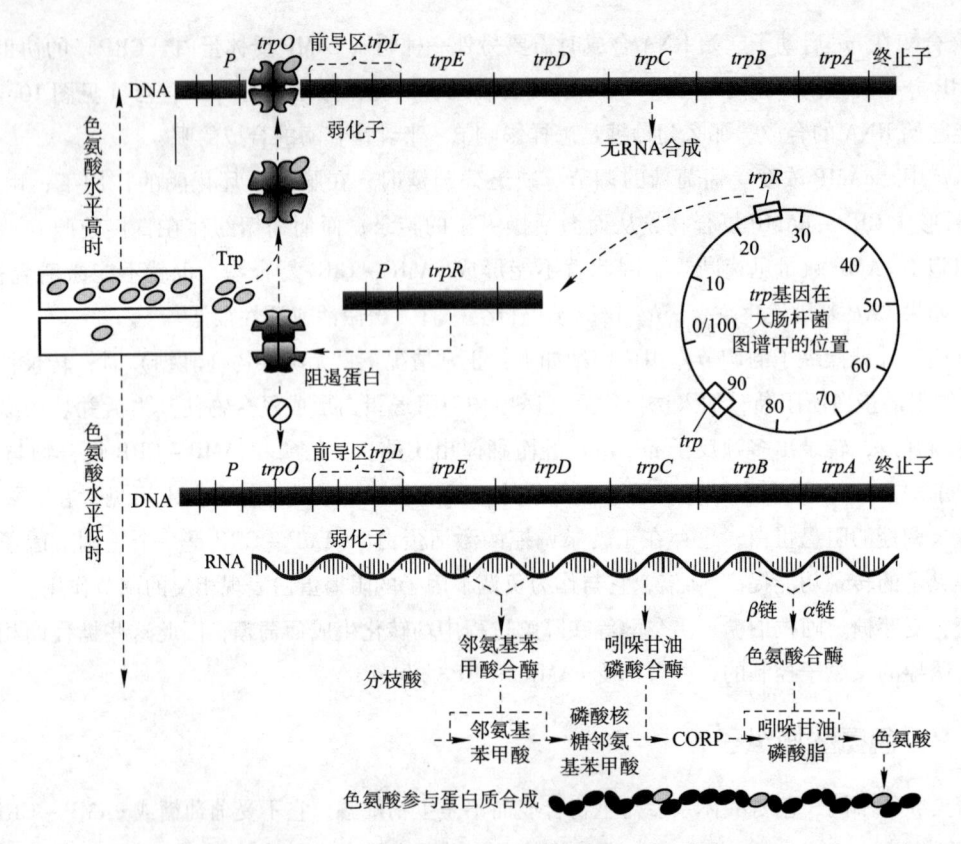

**图 10-4 色氨酸操纵子操纵色氨酸合成示意图**
色氨酸操纵子由5个结构基因 trpE、trpD、trpC、trpB、trpA 和启动子（P）、操纵子（trpO）、前导区（trpL）组成

Yanofsky 于 1978 年对多顺反子 trp 操纵子的 mRNA 测序后发现，在第一个结构基因（trpE）的 5'端有一个长 162 bp 的称为前导序列（leader sequence）或前导区（leader region）的序列（图 10-6 上面）。trp 启动子可以启动产生 2 种转录物：有时候是产生一种只有 140 个碱基左右的截短的 mRNA，即前导序列编码产物；另一些时候，转录继续前行产生一完整操纵子长度的转录物。为什么会这样呢？原来是由于转录是否过早终止取决于翻译机器是怎样阅读 RNA 前导序列的二级结构的。依据碱基互补，RNA 前导序列能够折叠成两种不同的稳定构形（图 10-5）。其中一种构形是产生两个茎环结构（①区和②区配对、③区和④区配对），③区和④区的配对形成转录终止子结构，转录终止，从而产生一截短的 RNA 分子（140 个左右碱基）；另一种构形是产生一个茎环结构（②区和③区配对），这种构形形成时，转录机器可以产生完整的全长转录物（约 7 kb）。

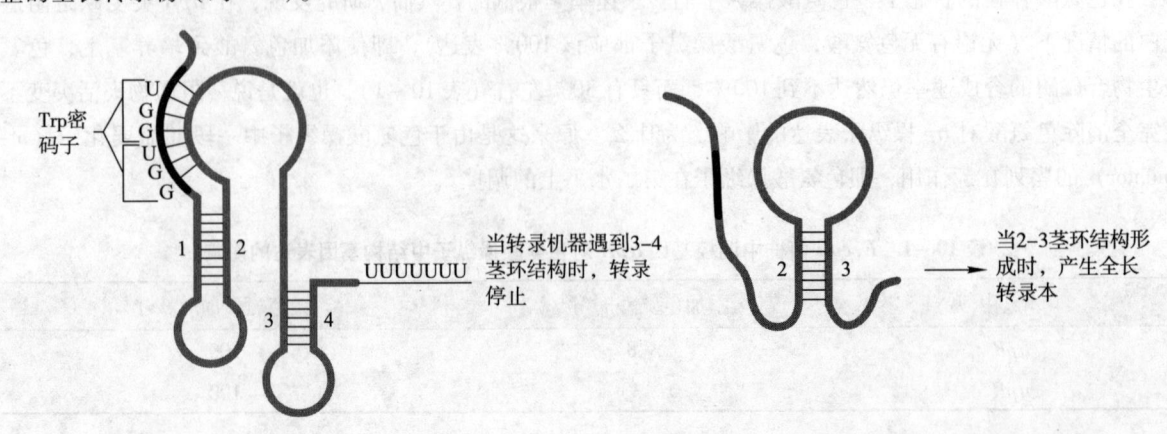

**图 10-5 trp 操纵子 RNA 前导序列折叠成两种不同的稳定构形**

前导 RNA 到底形成哪一种构形呢？这是由 RNA 前导序列中一个很短序列的早期翻译决定的。前导区转录物的第 27~29 位核苷酸构成起始密码子 AUG，第 68~70 位核苷酸构成终止密码子 UGA，意味着这一段 RNA 能翻译出一个 14 肽——前导肽 (leader peptide)（图 10-6）。在这个 14 肽中竟然有两个相邻的色氨酸（在 E. coli 的蛋白质中色氨酸属于稀有氨基酸，大约每 100 个氨基酸中才有一个），这两个相邻的色氨酸密码子对于 mRNA 的折叠有着关键的作用（图 10-5），由它们决定了下游的结构基因是否转录。虽然并未通过实验分离到这个 14 肽，但它可能确实存在，因为该 AUG 5′端有一个核糖体结合位点，并且发现前导肽编码区与 trpE 基因 5′端融合所产生的融合蛋白具有与前导肽同样的末端序列。

前导区的功能与 trpR 基因的作用方式（通过其基因产物以反式发生作用）不同，它并不是由于产生了某种基因产物而发挥作用的。当前导序列发生部分缺失或突变时，所产生的 mRNA 总是最高水平的，对 trp 操纵子的阻遏不起作用，Yanofsky 称控制这种现象的序列为弱化子。实验证明，当前导区第 123~150 位碱基发生缺失时，trp 基因的表达在无论 trpR 基因突变与否的细胞内均可提高 6~10 倍。弱化子序列包含③区和④区及 8 个 U 的前导 mRNA 序列（图 10-4，图 10-5，图 10-6），它实际上是一个转录暂停信号，弱化作用就是通过这个位于 mRNA 前导序列末端的位点来实现控制转录终止的，当负责搬运 Trp 的 tRNA$^{Trp}$ 存在时就会发生这种 trp 操纵子转录的提早终止。当发生这种提早终止（或叫弱化作用）时，RNA 聚合酶往往不能通过弱化子序列，而只产生一个 140 个左右核苷酸的片段（图 10-6）。在原核生物中转录和翻译是同时进行的，当 RNA 聚合酶刚转录出 trp mRNA 中的前导肽编码区，核糖体便立即结合上去翻译这一序列。当细胞中有足够色氨酸存在时，就有一定浓度的色氨酰-tRNA，核糖体便能顺利通过两个连续的色氨酸密码子而翻译出整个前导肽；在④区被转录前，核糖体就已到达②区，此时，核糖体占据了①区和②区（UGA 位于①区和②区之间），其结果是③区和④区配对，形成转录终止子结构，于是转录在弱化子处终

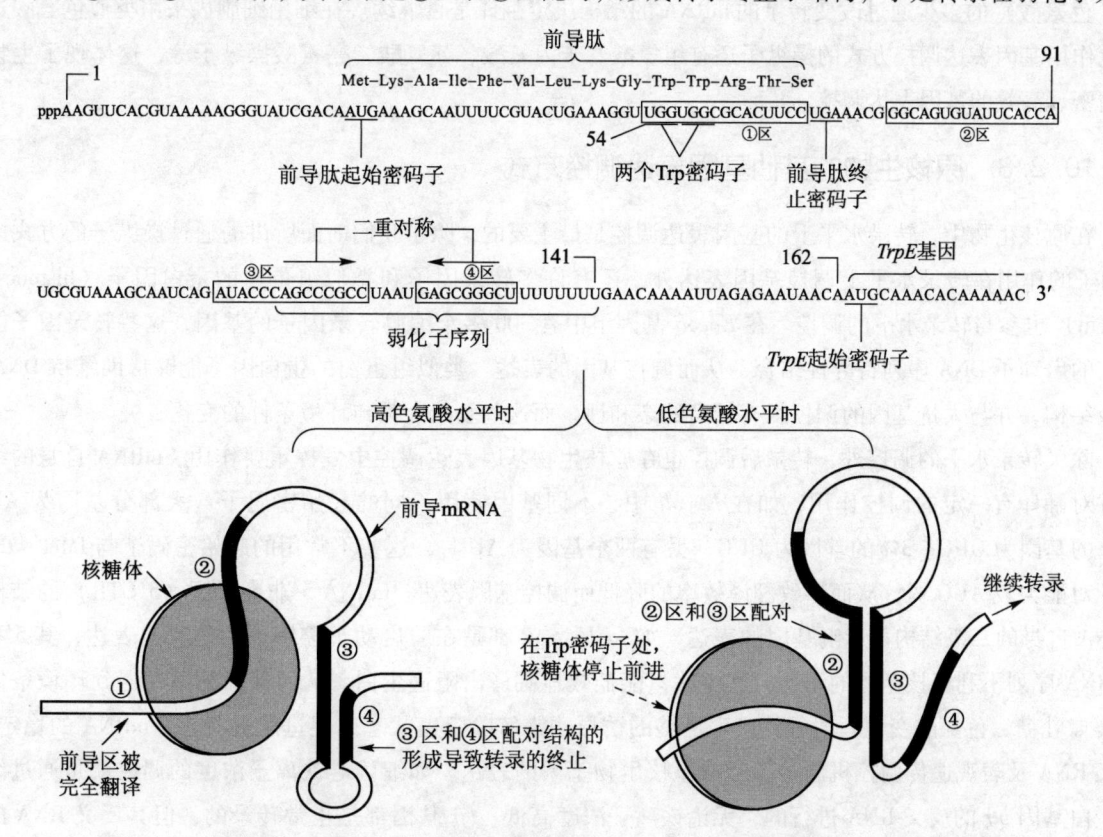

图 10-6 色氨酸操纵子 mRNA 前导区核苷酸序列 (162 nt) 及色氨酸合成的弱化子调控

方框为 trp 操纵子前导序列中的 4 个核苷酸互补配对区

止。在翻译过程中当色氨酸不足时，tRNA$^{Trp}$数目有限，翻译通过两个相邻色氨酸密码子的速度很慢，当④区被转录完成时，核糖体仍停留在两个色氨酸密码子处（①区），这时核糖体占据①区，因此，①区和②区不能形成发夹结构，这样由前面的 RNA 聚合酶转录所产生的②区和③区便可配对，②区和③区的配对就阻止了③区和④区配对，不能形成转录终止结构，RNA 聚合酶就可以越过弱化子转录至结构基因区，得到完整的 mRNA 分子（图 10-6）。由此可见，弱化子对 RNA 聚合酶的影响依赖于前导肽翻译中核糖体所处的位置，这种通过降低细菌操纵子转录效率并提前终止转录的弱化作用调控机制，其实质是通过前导肽基因的翻译来调节的。弱化作用是原核生物中独特的基因表达调控方式，因为在真核生物中转录和翻译在不同的空间进行，翻译机器直接影响转录结果的可能性很小甚至不存在。

那么我们是怎样知道这些 RNA 二级结构和前导 RNA 的翻译在色氨酸合成中起到这么重要的弱化作用的呢？下面的实验对弱化子模型提供了重要支持。第一，前面我们谈到，前导序列的删除或突变导致弱化作用的丧失，在不含有前导序列的 trpR$^-$ 突变株中，色氨酸操纵子的表达在有无色氨酸的培养基中没有差异。第二，减弱 RNA 茎环结构的突变可改变这种调控，并且可以通过能恢复碱基配对的第二个位点的突变来抵消其突变作用。第三，改变 RNA 终止子结构的突变可以增加转录的通读能力，从而加强操纵子表达。第四，翻译起始密码子 AUG 的突变引起了短转录物数量的增加，同时不能起始蛋白质的合成，有利于 trp mRNA 形成①-②和②-③结构，从而增加转录终止。第五，在有高色氨酸浓度的培养基中，色氨酰-tRNA 合成酶缺陷型大肠杆菌中 trp 操纵子结构基因表达的抑制程度不明显。

细菌通过弱化作用辅助了阻遏作用的不足，因为阻遏作用只是一个一级开关，只能使转录不起始，对于已经起始了的转录，则只能通过弱化作用使它中途停顿下来。阻遏作用的信号是细胞内色氨酸的多少，而弱化作用的信号则是细胞内载有色氨酸的 tRNA，它通过前导肽的翻译来控制转录的进行，根据信号分子（色氨酸）的多少通过改变转录的 mRNA 的结构决定翻译是否继续。在细菌细胞内采用类似色氨酸这种弱化作用基因表达调控方式的操纵子还有组氨酸、苯丙氨酸、苏氨酸、亮氨酸操纵子等，这体现了生物体内精密、高效的基因表达调控。

### 10.2.3 原核生物的其他基因表达调控方式

在原核生物中，转录水平上的基因表达调控是最主要的，除了我们前面所讲的通过操纵子的方式以及 σ 因子的作用在转录水平上调控基因表达外，还有许多转录因子和类似组蛋白的蛋白因子（histone-like protein）也参与转录水平的调控。在 E. coli 基因组中有 300 多个编码转录因子的基因，这些转录因子能与特定的启动子 DNA 序列特异性结合，从而调控基因的表达。类似组蛋白的蛋白因子能够帮助维持 DNA 的高级结构，并与大量基因的调控区有较高的亲和性，而这些基因大都与环境条件的变化有关。

除了转录水平的调控外，转录后调控也在原核生物基因表达调控中发挥重要作用。mRNA 自身的结构元件对翻译有一定的调控作用，如在 E. coli 中，不同基因使用不同的起始密码子（大部分基因为 AUG、14% 的基因为 GUG、3% 的基因为 UUG、另有两个基因为 AUU），这些不常用的起始密码子与 fMet-tRNA 的配对能力较 AUG 弱，从而导致翻译效率的降低而调控基因表达。mRNA 5′非翻译区（5′UTR）的结构和 mRNA 自身的二级结构都影响基因的表达，如 lacI、trpR 都是在弱启动子控制下的组成型表达，其 5′UTR 的 RNA 序列不利于核糖体的结合，这样就只能低效地翻译出阻遏蛋白，从而保证细菌在遇到环境条件变化（如乳糖、色氨酸变化）时很快产生足够的诱导物来解除阻遏状态或促进阻遏状态。mRNA 的稳定性、反义 RNA 及表观遗传调控机制等都影响原核生物基因的表达。如细菌对铁离子浓度的调控就是通过编码铁蛋白基因 bfr 的反义 RNA 进行的，无论铁离子浓度高低，bfr 基因都是正常转录的，但其反义 RNA 的转录却受到能感应铁离子浓度变化的 Fur 蛋白的调控，在铁离子浓度过低时，产生大量的反义 RNA，与 bfr mRNA 配对，从而阻止细菌铁蛋白基因的翻译。关于表观遗传调控机制如核糖开关，我们将在其后进一步阐述（见 10.4.5）。

## 10.3 真核基因的表达调控

真核生物特别是多细胞高等生物的基因组不仅比原核生物的大，而且结构复杂，DNA 与组蛋白组成染色体，具有各种重复序列，核结构又将基因的转录和翻译分隔在细胞的不同区域。在个体水平上，真核生物是由功能差别很大的不同组织器官构成的，这些都使真核基因的表达调控比原核基因的表达调控更为复杂多样。

真核生物基因表达的特点是细胞的全能性和基因表达的时空性（见第 14 章）。虽然同一个体每个细胞内的基因组序列是相同的，但在个体发育的不同阶段和不同组织器官的细胞中各种蛋白质的组成是不一样的，也就是说基因表达的种类和数量是不同的，如血红蛋白基因家族中的 α - 珠蛋白的基因和 β - 珠蛋白的基因都由许多成员组成，有些在胚胎前期表达，有些在胚胎后期表达，有些在成年后表达，这就是基因表达的时间性；大鼠肝细胞中有 10.9% 的基因转录，而在肾细胞和脾细胞中转录的基因只占 5.3% 和 4.8%，这就是基因表达的空间性。

从 10.1 中我们知道，基因的表达能在几个连续步骤的任何一步中以基因特有的方式受到调控，真核基因表达至少在下列几个水平上都可能存在调控机制：基因结构的活化→转录起始→转录过程→胞质转运→蛋白质合成→蛋白修饰和定位等。尽管如此，主要调控仍然在转录水平。真核生物的基因表达调控不同于 Jacob 和 Monod 的原核生物操纵子模型，虽然从上世纪 90 年代以来在真核生物线虫和果蝇中也发现了操纵子结构，但真核生物基因表达的操纵子模型并不普遍适用。真核生物基因基本上都是单顺反子的，有多种 RNA 聚合酶，且功能各不相同。另外，考虑到真核生物在基因水平、染色质水平和细胞水平上结构的复杂性，人们不再认为经典的操纵子学说亦普遍适用于真核生物。

### 10.3.1 染色质结构与基因表达调控

在真核生物中，DNA 包装成染色质的高度有序核蛋白复合物，它的结构在有潜在转录活性的状态（常染色质，euchromatin）和转录抑制的凝聚状态（异染色质，heterochromatin）之间转换。

真核生物染色体 DNA 与大量组蛋白（histone）和非组蛋白（nonhistone）结合。早在 1962 年，R. C. Huang 和 J. Booner 就曾指出组蛋白能抑制基因的转录活性，因为发现增加与 DNA 结合的组蛋白后，便降低了 DNA 的模板能量，抑制了基因的转录，当 DNA 与组蛋白以 1∶1 的克分子数结合时，抑制可达到最大限度；当 DNA 量增加时，阻抑作用可消除，转录便开始进行。这说明组蛋白的阻抑作用不是抑制 RNA 聚合酶，而是组蛋白与 DNA 相结合后，将 DNA 束缚住使其不能转录。每一个组蛋白分子 N 端含有很多赖氨酸和精氨酸，这些碱性 N 端区域与 DNA 磷酸基团有相互的静电吸引作用，使得组蛋白与 DNA 紧密结合在一起，这样组蛋白就抑制了基因的转录功能，因此组蛋白是作为负调控因子调控基因表达的。非活性的染色质要变成具活性的染色质，组蛋白的结构需要发生改变，即组蛋白被修饰，使其和 DNA 的结合由紧变松，这样 DNA 链才能和 RNA 聚合酶或调控蛋白相互作用。越来越多的研究表明，组蛋白在基因表达调控中起到重要的作用（见 10.4.3）。

非组蛋白是指在染色质上除组蛋白以外的各种蛋白质，大致包括以下三类蛋白质：①酶，包括 DNA 合成和修复过程中的各种酶以及核酸和蛋白修饰过程中的酶；②在染色质中起结构作用的蛋白质；③其他尚未明确功能的蛋白质。非组蛋白在不同组织细胞里的种类和数量都不相同，具有组织特异性，是细胞核中的可变成分。非组蛋白在细胞核中的种类达数百种之多，但每种在细胞中的含量很少，且所占质量比小于组蛋白。非组蛋白的功能涉及基因表达控制、高级结构维持、DNA 复制和 RNA 转录等。非组蛋白在 RNA 聚合酶的作用下能促进 DNA 的转录，因此，有人认为染色质中具有专一功能的非组蛋白在基因转录的选择性调控上起重要作用。

染色质的螺旋化程度也与 DNA 的转录活性有关。许多研究表明，活化与未活化基因的染色质结构明显不同，活化基因位于开放的染色质结构中并对 DNase I 高度敏感，而染色质紧密的超螺旋结构限制了转录因子对 DNA 的接近与结合，从而抑制基因的转录过程。如原癌基因 $c-fos$ 和 $c-myc$ 在诱导表达时，在基因活跃转录的数十分钟或数小时内，这些基因绝大部分分布在伸展状态染色质中，而一旦转录终止，这些基因又重新分布到非活化的压缩状态染色质中。基因的活化和转录需要染色质发生一系列重要的变化，如染色质去凝集、核小体变成开放式的疏松结构，使转录因子等更易于接近到核小体 DNA。这种染色质结构的变化叫做染色质重塑（chromatin remodeling）（见 10.4.3）。多年来在真核生物中的研究已经证实，起关键调节作用的转录因子表达模式的建立和维持需要染色质重塑，外界和细胞内部信号介导的染色质重塑调控基因的表达，并最终调控细胞的分化和生物个体的发育。应当指出的是，染色质状态的改变并不等于该处的基因一定被转录，而只是为转录创造了条件。

### 10.3.2 DNA 结构对基因表达的影响

通过对 DNA 结构的研究，人们认识到 DNA 并不是一个僵硬的分子，特别是在真核生物中，核基因组 DNA 是与蛋白质相结合，以染色质的形式存在于细胞核中的，在转录之前要发生一系列的染色质结构变化，这些变化就会影响到 DNA 构象的改变。就像编码蛋白质的信息是隐含在 DNA 的一级结构之中一样，使 DNA 大分子能够与某些外来分子结合、导致构象改变的信息也是携带在 DNA 大分子的一级结构序列之中的。也就是说，DNA 分子的核苷酸序列不仅带有编码信息，也带有构象信息。DNA 的结构与功能是紧密相关的，实验证明，某一基因表达与否及表达效率的高低既与 DNA 的一级结构有关，也与 DNA 的高级结构有关。

DNA 分子的两条链绕轴卷曲成双螺旋（二级结构），双螺旋再卷曲成超螺旋（三级结构），超螺旋还可以卷曲成更高级的结构。体外实验表明，只有把 DNA 卷曲成超螺旋才可以进行复制和转录。其中复制受超螺旋程度的影响不大，复制酶不管模板的超螺旋松紧度如何都可进行正常复制，而转录却不同，转录极易受到超螺旋松紧程度的影响。

癌细胞可以无休止地增殖，而衰老的细胞则生长缓慢或根本不能增殖。当分析这些细胞的 DNA 超螺旋度时发现，某些癌细胞的 DNA 比正常细胞 DNA 有更高的超螺旋度，而正常人体细胞 DNA 的超螺程度会随细胞年龄增加而下降。这些都表明 DNA 的超螺旋度有重要的生理功能，可能与基因表达有关。在任何细胞中，凡需表达的基因，其超螺旋度需恰好符合该段 DNA 解链的要求，允许 RNA 聚合酶与之结合并进行转录；而那些暂不需要表达的基因，则都以不适合解链的超螺旋度存在，因而不会被转录，也就是说 DNA 的解链和转录对超螺旋度有一定的要求，超螺旋度适合与否决定基因能否表达。

### 10.3.3 基因数目及其重排方式调控基因表达

在个体发育的某一阶段或细胞分化过程中急需某种蛋白质时，或者为了对抗某些环境因素时，细胞会以基因扩增的方式来调节基因的表达。例如，非洲爪蟾（Xenopus laevis）的卵母细胞在减数分裂 I 的粗线期时，细胞中 rDNA 的基因拷贝数由平时的 500 拷贝扩增为 $2\times 10^6$ 拷贝，拷贝数的急剧增加使得 rRNA 大量转录，以应对卵裂期和胚胎期大量蛋白质合成的需要，当胚胎期开始时，这些增加的 rDNA 便失去功能并逐渐消失。果蝇的卵壳蛋白基因在卵巢颗粒细胞中也发生类似的基因扩增现象。用氨甲蝶呤（通过抑制二氢叶酸还原酶而影响四氢叶酸的合成，进而阻断嘌呤环和脱氧胸苷的形成，抑制 RNA 和 DNA 的合成，产生细胞毒性）处理体外培养的细胞可产生并逐步提高对氨甲蝶呤的抗药性，这是由于细胞中二氢叶酸还原酶基因的扩增补偿了氨甲蝶呤对该酶的抑制作用。某些肿瘤细胞中的癌基因也会通过基因扩增的方式来提高活性，使细胞异常增殖。

除了基因扩增外，基因丢失也是 DNA 水平基因表达调控的一种形式。例如，有一种叫做小麦瘿蚊（*Phytophaga destructor*）的昆虫在卵裂时，卵的一端细胞保持完整基因组的全部 40 条染色体，并由这些细胞产生生殖细胞，而卵的另一端的细胞则只保留 8 条染色体；马蛔虫（*Ascaris megalocephala*）在前 4 次卵裂中，体细胞均有部分染色质消减。

染色体上基因的重排是 DNA 水平基因表达调控的又一种形式，也叫做体细胞重排（somatic recombination），是抗体多样性发生的机制之一。通过体细胞重排，淋巴细胞前体细胞中的 DNA 序列被剪接，形成重排的基因，从而产生抗体的高度多样性。哺乳动物产生免疫球蛋白的有关基因有 3 种：一种编码恒定区的蛋白质，一种编码可变区的蛋白质，第三种编码将它们连接起来的物质。这 3 种基因位于同一条染色体上但相距较远，在产生抗体的浆细胞中，这 3 种 DNA 序列通过重排而连接在一起，进而产生不同的抗体分子，以对抗自然界不同的抗原。在 3.1.1 中，我们谈到酵母细胞可通过基因重排改变基因表达从而使其交配型发生转换，这样可避免由于无性生殖所带来的遗传学风险。

### 10.3.4 调控序列和调控蛋白调控

转录调控是真核生物基因调控的最重要途径，大多是通过顺式作用元件（*cis*-acting elements）和反式作用因子（*trans*-acting factors）的复杂相互作用而实现的。顺式作用元件是指基因周围序列中能与转录因子特异结合而影响转录的 DNA 序列，是调控序列（regulatory sequence）中能结合调控蛋白的元件，主要包括起正调控作用的启动子、增强子和起负调控作用的沉默子等。这些调控序列距离基因或远或近，多数在基因的上游，也有的在下游。在高等真核细胞中一个基因的调控序列往往扩展达 50 kb 之长，其中常间以不被调控蛋白所识别的间隔区（spacer）（图 10-8）。顺式作用元件本身并不编码任何蛋白质，只是为反式作用因子提供作用位点。

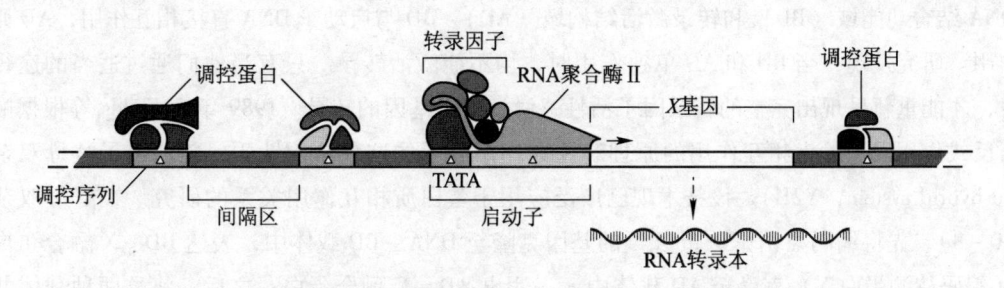

**图 10-7　基因调控区的顺式作用元件（Δ）及其反式作用因子示意图**

一个研究得比较清楚的有关真核生物中调控序列的例子是人胸苷激酶 1（thymidine kinase 1）基因（*tk 1*）。该基因能在多种真核细胞中表达，所以一般认为，*tk 1* 启动基因的序列在各种真核生物中都能发挥作用。在 *tk 1* 基因的 5′端侧翼序列中，在编码基因的 mRNA 转录起始点上游 -20 ~ -30 bp 的地方，有一 TATA 框序列，是 RNA 聚合酶的重要接触点，可使酶定位在 DNA 的正确位置而开始转录。当含 TATA 序列的片段改变时，mRNA 的转录从不正常的位置起始，而且转录水平下降。在转录起始点的 5′端侧翼区域的 -80 和 -70 位置之间，有 CAAT 框，当这段序列被改变后 mRNA 的形成量明显下降。在转录起始点再上游的地方，大约在 -100 bp 以远的位置，有些序列可以增强启动基因发动转录的作用，当这段序列不存在时，可大大地降低转录水平，这段序列实际上是增强子。

反式作用因子是指能直接或间接地识别或结合在各类顺式作用元件核心序列上的参与调控靶基因转录

效率的蛋白质或 RNA，这样的蛋白质也称为转录因子（transcription factor）。参与转录水平调节的反式作用因子通常可分为三大类：①具有识别启动子元件功能的基本转录因子；②能识别增强子或沉默子的转录调节因子；③不需要通过 DNA-蛋白质相互作用就参与转录调控的共调节因子。前两类反式作用因子通过 DNA-蛋白质相互作用调节转录活性，第三类的共调节因子无 DNA 结合活性，主要通过蛋白-蛋白相互作用调节转录活性。

真核生物的 3 种 RNA 聚合酶都不能直接结合 DNA 元件，需要其他因子的辅助才能启动转录。因此，真核生物的这些调控元件可被不同的转录因子及调控蛋白所识别和结合来调节转录。调控蛋白多达数千种，结合在基因上、下游的调控区，但在细胞中的含量不多。不同细胞类型或基因往往需要不同的调控蛋白。

许多调控蛋白起着正调控作用，称为基因活化蛋白（gene activator protein）。这种蛋白至少具有两个不同的功能区域，一个区域为识别特异 DNA 调控序列并与之结合的 DNA 结合域（DNA-binding domain，BD），另一个区域则是与启动子上的转录结构接触并加速转录启动的转录激活结构域（transcription-activating domain，AD）。一般地说，在转录因子装配到启动子上的过程中，总有某些步骤是缓慢的，这就需要上游的活化蛋白来逐一加速，所以就有许多活化蛋白结合在 DNA 的不同调控序列上。

但并非所有调控蛋白都是活化蛋白，有很多是基因抑制蛋白（gene repressor protein）。这些抑制蛋白不像原核生物的那样，直接与 RNA 聚合酶竞争 DNA 结合位点（操纵基因）。调控蛋白（包括抑制蛋白）的结合位点距 TATA box 甚远，它们根本不与 RNA 聚合酶或转录因子竞争结合。抑制蛋白发挥作用的机制大约有 3 种：①与活化蛋白竞争结合位点；②掩盖活化蛋白的活化表面；③直接地与转录因子相作用而起抑制作用。

有的调控蛋白并不直接与 DNA 接触，而先和配基结合被激活，如甾类受体蛋白与甾类激素等激素在细胞质内结合后，受体构象发生改变，形成二聚体，成为活化状态，然后进入细胞核，识别特殊的保守序列 GRE 并与之结合，从而激活其下游的启动子，使糖皮质激素调节基因开始转录。

细胞起始基因转录需要反式转录激活因子（或叫基因激活蛋白）的参与。我们知道，反式转录激活因子包含 DNA 结合功能域（BD）和转录激活结构域（AD）。BD 与启动子 DNA 直接相互作用，AD 则发挥激活转录作用。研究发现，当 BD 和 AD 单独作用时，均不能激活转录。只有当他们通过适当的途径在空间上接近时，才能重新呈现出完整的转录因子活性，激活下游基因的转录。1989 年 S. Fields 等根据顺式作用元件能与反式作用因子发生相互作用的原理和反式作用因子的这种结构性质，创造出了酵母双杂交体系（yeast two-hybrid system，Y2H）。该技术现已广泛应用于蛋白质相互作用关系的研究。在酵母双杂交系统中（图10-8），先将编码"诱饵"蛋白 X 的基因克隆至 DNA-BD 载体中，表达 BD-X 融合蛋白；将文库 DNA（编码待测蛋白 Y）克隆至 AD 载体中，表达出 AD-Y 融合蛋白；之后，将这两种载体共转化酵母细胞，一旦 X 与 Y 蛋白间有相互作用，则 BD 和 AD 也随之被牵拉靠近，恢复行使功能，激活报告基因的表达，从而筛选出相互作用的蛋白。

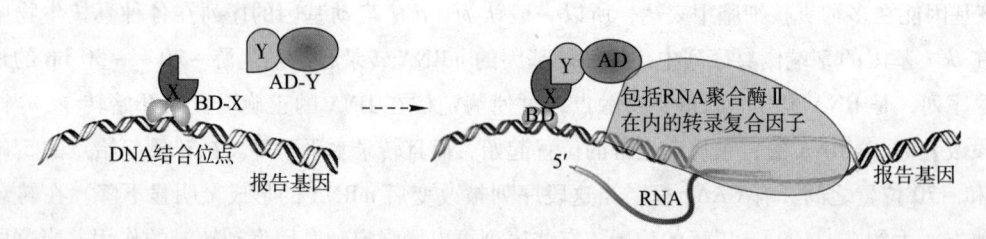

图 10-8　酵母双杂交体系示意图

### 10.3.5 非编码 RNA 调控

RNA 是三类重要生物大分子（DNA、RNA 和蛋白质）之一。根据 RNA 是否含有编码蛋白质信息可将其分为 mRNA 和非编码 RNA（noncoding RNA，ncRNA）。真核生物中 97% 的转录物为 ncRNA，它可以由它们自己的基因（RNA 基因）编码，也可以从 mRNA 的内含子等产生。ncRNA 大致可分为"看家 RNA"和"调控 RNA"两大类。"看家 RNA"一般属于组成型表达，对细胞的生存以及基本功能是必需的，主要有 rRNA、tRNA、snRNA、snoRNA 和端粒 RNA 等；"调控 RNA"一般在组织发育或细胞分化的特定阶段表达或者对外界环境应激表达。根据 ncRNA 长度，ncRNA 可分为小非编码 RNA 和长非编码 RNA（long noncoding RAN，lncRNA）。

ncRNA 在调控基因表达中扮演至关重要的角色。ncRNA 对基因表达的调控是多方面的，它参与 mRNA 稳定、翻译水平调节、蛋白质运输、RNA 加工和修饰及影响染色体结构等。

20~23 nt 长的 microRNA（miRNA）和经常由病毒 RNA 降解产生的及由内源编码产生的 20~25 nt 的小干扰 RNA（small interfering RNAs，siRNA），可通过 RNA 干扰（RNA interference，RNAi）机制抑制 mRNA 的转录或通过诱导其降解来调控基因表达。miRNA 的作用靶位不仅是 mRNA 的非编码区，也能与 mRNA 的编码区作用，一个 miRNA 可以有多个靶基因，多个 miRNA 也可以调节同一个基因。人类基因组中有上千种 miRNA 参与 RNA 介导的靶向编码基因表达的抑制，有约 30% 的人类基因受 miRNA 调控。在各种癌细胞中发现有 10% 的 miRNA 发生过表达或下调，称为微癌 RNA（oncomiRs）。有些 miRNA 和 siRNA 能够引起目标基因的甲基化，从而增强或减弱基因的转录活性。通过在蛋白层面上的作用研究发现，虽然 miRNA 能直接抑制数百个基因的转录，但更多的间接效应却能导致数千个基因的表达发生变化。然而，所观察到的很多变化在数量级上不到两倍，表明不管是直接还是间接，miRNA 都能充当"可变电阻器"来微调蛋白合成，以便在任何一个特定的时间都能与细胞的需求相匹配。

RNAi 是正常生物体内抑制特定基因表达的一种现象。1990 年初，科学家在向矮牵牛导入能使花卉变得更鲜艳的查尔酮基因后，结果却发现，一些花的颜色不但没有变鲜艳反而被"漂白"了。这种过度表达内源基因而引发基因沉默的现象当时被称为共阻遏（corepression）。1993 年 R. C. Lee 等在研究线虫发育缺陷时发现，基因 *lin-4* 通过转录生成的 RNA 调控其发育过程。1998 年 A. Z. Fire 等在向线虫中分别导入正义、反义和双链 RNA，结果发现双链 RNA（dsRNA）对 *par-1* 基因表达的沉默效果明显比单链 RNA 强，他们将这种双链 RNA 抑制基因表达的现象称为 RNA 干扰（RNA interference，RNAi），把引发 RNA 干扰现象的 RNA 分子称为 siRNA。由于 A. Z. Fire 和 C. C. Mello 在 RNA 干扰及基因沉默领域所作出的贡献，于 2006 年被授予诺贝尔奖。

当细胞中导入与内源性 mRNA 编码区同源的双链 RNA 时，该 mRNA 发生降解而导致基因表达的沉默。这种 RNA 干扰技术已经成为研究基因功能和基因表达调控机制的重要工具。外源导入或由转基因、病毒感染等各种方式引入的双链 RNA 被一个称为 Dicer 的酶（RNase Ⅲ 家族中特异识别双链 RNA 的一员）逐步切割为 21~23 nt 长的小分子干扰 RNA 片段（siRNAs）。siRNA 双链结合多种核酸酶从而形成所谓的 RNA 诱导沉默复合物（RNA-induced silencing complex，RISC）。激活的 RISC 通过碱基配对定位到同源 mRNA 转录物上，并在距离 siRNA 3′端 12 个碱基的位置切割 mRNA，从而完成 RNA 干扰的过程（图 10-9）。另外，有研究证明含有启动子区的 dsRNA 在生物体内同样被切割成 21~23 nt 长的片段，这种 dsRNA 可使内源相应的 DNA 序列甲基化，从而使启动子失去功能，使其下游基因沉默。

piRNA（Piwi-interacting RNA）是从哺乳动物生殖细胞中发现的一类与 PIWI 蛋白质相互作用的长度为 26~31 nt 的小分子单链 RNA。piRNA 的功能主要有：沉默基因转录过程、维持生殖系和干细胞功能、调节翻译和 mRNA 的稳定性。piRNA 与 siRNA 及 miRNA，均可通过一套相应的机制进行 RNA 干扰，在转录、

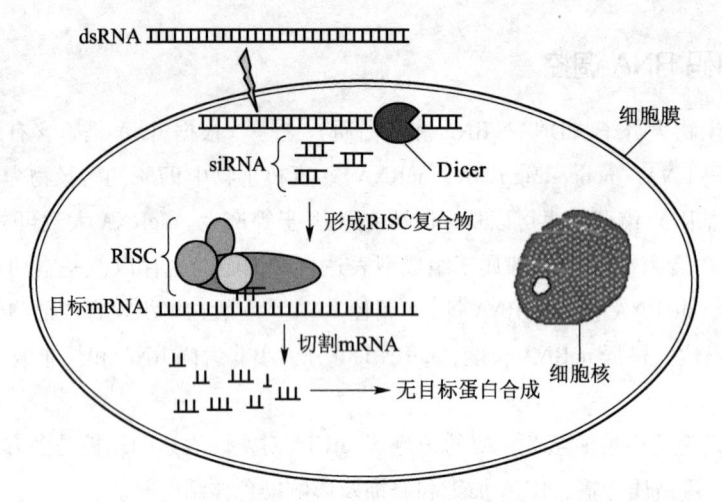

图 10-9　人工利用 RNA 干扰技术的机制

转录后甚至翻译水平对靶基因及蛋白进行调节。

反义 RNA（antisense RNA）是指与 mRNA 互补的 RNA 分子，它能与 mRNA 分子特异性地互补结合，从而抑制该 mRNA 的加工和翻译，如反义的 *Tsix* 转录产物在 *Xist* RNA 沉默 X 染色体失活的过程中起重要作用。反义 RNA 是反义基因（antisense gene）或基因的反义链（antisense strand）转录的产物，它不必具有和 mRNA 等长的核苷酸链，短的片段（如 50 个核苷酸）就能起到抑制加工和翻译，从而调控基因表达的作用。原核和真核细胞中均存在反义 RNA 的基因调控。

在真核生物中存在许多长度超过 200 nt 的长非编码 RNA，lncRNA 占 ncRNA 的 80%（反义 RNA 亦属此类），如我们在前面介绍过的 *Xist* RNA，从它自身合成位点开始诱发 H3 Lys-9 甲基化和异染色质的形成，使一条雌性哺乳动物的 X 染色体失活。有证据表明，人类基因组印记异常的 Prader-Willi 综合征疾病很可能是由于位于印记簇中的非编码 RNA 的缺失造成的（见 11.7.3）。早期认为原位调控是 lncRNA 作用的惟一机制，它通过招募形成染色质修饰复合物而沉默邻近基因转录，如 *Xist*，现代研究提示 lncRNA 存在远程调控。

此外还有，如端粒 RNA 对染色体的复制以及结构的维持都是必需的；mRNA 中的非翻译区域也含有调控其他基因的元件；smRNA（small modulatory RNA）是新近发现的在神经元分化过程中起着关键作用的小双链 RNA，它通过与转录因子 NRSF/REST 的相互作用，启动神经元特异基因的表达。

许多已解释或未解释的基因表达调控现象中都可能潜伏着 ncRNA 的作用，至于它本身如何被调控的问题，研究认为，至少部分 ncRNA 与编码蛋白质的 mRNA 一样，可以通过相同的机制被转录所调控。

### 10.3.6　选择性剪接

真核生物中，一个编码区包括多个内含子和外显子，一般情况下，在断裂基因初级转录物的剪接中，总是把所有的内含子剪掉，然后将外显子依次连接起来。因此，一种断裂基因只能产生一种成熟的 mRNA，合成一种多肽，这一过程称为组成型剪接（constitutive splicing）。但后来发现许多断裂基因在其转录物剪接中，通过不同的剪接方式从一个基因产生多种不同的多肽或蛋白质。生物体通过这种选择性剪接（alternative splicing）来调控基因的表达，产生不同的蛋白质以适应不同的环境需要，同时，在各类疾病发生和发展过程中，异常选择性剪接也起着重要的作用。

选择性剪接的原理是这样的：在某个组织里是利用某些外显子，而在另一组织里，可能选择另外一些外显子来组成成熟的 mRNA；或者，在不同发育阶段或不同组织中利用不同的启动子；甚至，某些内含子并不剔除而是被当做外显子，这样就可能产生完全不同的 mRNA 和蛋白质，甚至打破了内含子与外显子的界定，从而产生不同的蛋白质。选择性剪接实际上是在转录后水平上对基因表达的调控。

在 3.2.1 中，我们谈到果蝇性别决定关键基因 *sxl*，它有 11 个外显子，在 2 个启动子的作用下，通过选择性剪接可编码产生至少 21 种转录产物。事实上，在大部分高等真核生物中，基因通过这种选择性剪接方式产生多种蛋白质。例如，在小鼠淀粉酶基因中有两个启动子（其间相隔约 2 850 bp）及 4 个外显子。在唾腺细胞中，第一个启动子被使用，最终转录物（mRNA）中外显子 L 被剪切掉，留下 S、2 和 3 三个外显子；然而在肝细胞中，使用的是第二个启动子，因而外显子 S 被排除在外，结果肝细胞中的 mRNA 含有 L、2 和 3 三个外显子（图 10-10）。又如，大鼠肌细胞中两种不同形式肌钙蛋白 T（troponin T）α、β 的产生就是如此。基因中有 5 个外显子，但在每种肌钙蛋白中仅含有其中的 4 种（图 10-11）。

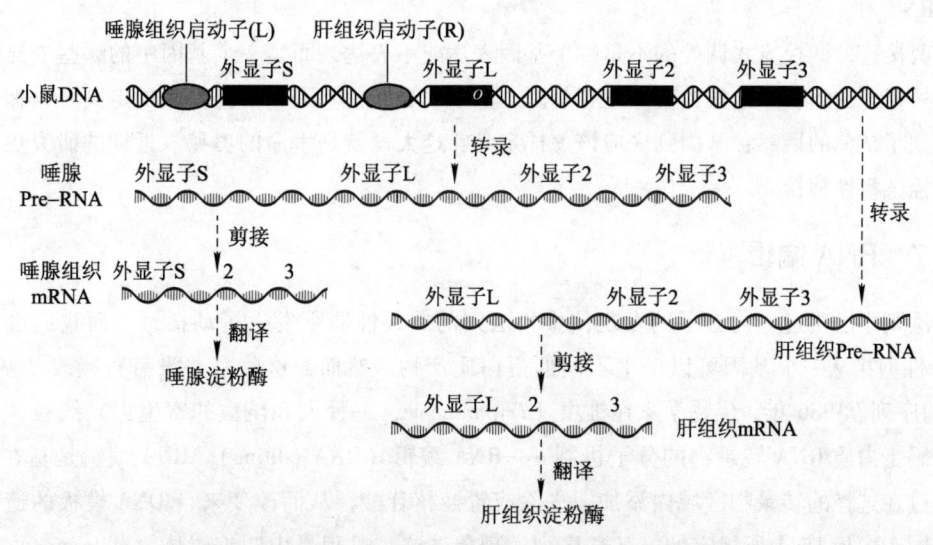

图 10-10 小鼠淀粉酶在不同组织中 mRNA 的选择性剪接

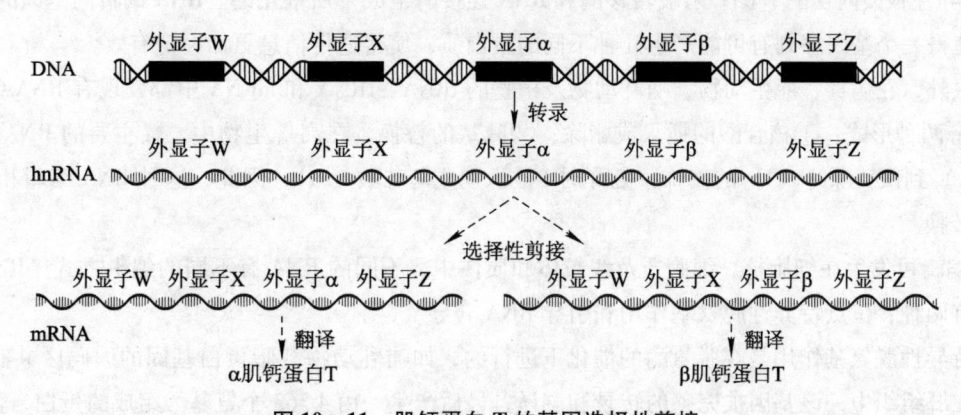

图 10-11 肌钙蛋白 T 的基因选择性剪接

RNA 是怎样进行选择性剪接的呢？不同剪切位点的选择是由于一些组织或基因特异的 SR 蛋白结合到正在延伸的 RNA 转录物上，从而为新的 mRNA 转录物选择了特异的剪切连接方式。SR 蛋白是以组织非常特异的方式表达的，如在某些组织里完全缺乏，而在另一些组织里却大量表达。Pre-mRNA 的剪接发生在由 4 个核小核糖核蛋白 snRNPs U1、U2、U4/U6、U5 和大约 100 多种非 snRNP 剪接因子组成的剪接体（spliceosome）中。在剪接体中，还存在着一类核小 RNA（small nuclear RNA，snRNA）参与剪接过程。snRNA 的长度在哺乳动物中约为 100~215 nt，共分 7 类，由于富含 U，故编号为 U1~U7，它们与 5′和 3′剪接点及分支点的多种保守碱基配对。剪接体的装配是选择性剪接的主要调节靶点，它涉及大量的剪接因子，这些剪接因子将调控选择性剪接的发生和影响选择性剪接的剪接方式。

选择性剪接是一种转录后加工的过程，通过这种加工明显地扩大了基因编码蛋白质的能力。通过选择性剪接一个基因可产生多种不同的多肽，打破了"一个基因，一条多肽"的概念。事实上，超过90%的人类基因通过选择性剪接，平均每个基因产生2~3种不同的转录物，从而大大扩展了20 000个左右人类基因的遗传信息。除了利用同一Pre-mRNA上的外显子发生剪接的顺式选择性剪接外，利用不同Pre-mRNA上的外显子剪接成为不同成熟mRNA的反式选择性剪接的发现使选择性剪接更加扑朔迷离。

选择性剪接可以是组成型的也可以是调节型的。所谓组成型选择性剪接（constitutive alternative splicing）是指前体mRNA通过选择性剪接总能生成多种不同的mRNA；调节型选择性剪接（regulative alternative splicing）是指前体mRNA在不同发育阶段、在不同环境下、在不同细胞或组织中经选择性剪接产生不同的成熟mRNA。

⊗ 10-3
表观遗传调控
选择性剪接

选择性剪接这种调控方式调控的不是哪个基因表达或不表达，而是一个基因中的哪些外显子表达或是不同基因中外显子的组合。这样，基因里有基因，基因本身变化基因，使得基因的定义变得似是而非，这又使我们回到了从前的疑惑：基因到底应该怎样定义？这大概就是生命的奥秘。近期的研究更表明，表观遗传因素调控选择性剪接。

### 10.3.7　RNA编辑

在中心法则中已讲过，内含子的发现使中心法则的共线性原则发生了动摇，上面我们也谈到，通过RNA的选择性剪接从一个基因可以产生不同的蛋白质产物。然而，这些都并没有直接改变基因（DNA）产物RNA的序列。1986年，生物学家在锥虫（Trypanosome，一种人和昆虫的寄生虫）线粒体内发现了一种能改变编码蛋白质RNA转录物的分子机制——RNA编辑（RNA editing）。RNA编辑是指在生成mRNA分子后，通过在选择的转录物区域内添加、去除或置换核苷酸，从而改变来自DNA模板的遗传信息，使其翻译成不同于模板DNA所规定的氨基酸序列的现象。这一过程是由叫编辑体（editosome）的酶复合体（由位点特异性核酸内切酶、UTP末端转移酶和RNA连接酶组成）所催化的。RNA编辑同基因的选择性剪接一样，使得一个基因序列有可能产生几种不同的蛋白质，使得遗传信息更加经济有效。

除锥虫外，在病毒、原生动物、哺乳动物及植物的tRNA、rRNA和mRNA中都发现有RNA编辑现象。RNA编辑有两种形式：①核苷酸的插入或删除；②碱基的替换。在高等生物中，最主要的RNA编辑是由腺嘌呤（A）到次黄嘌呤（I）的修饰，翻译时I被识别成鸟苷酸（G），因此，这种RNA编辑相当于发生A到G的转换。

RNA编辑可发生在细胞核、细胞质及线粒体和质体中，不同的RNA有不同的编辑方式。RNA编辑的方式主要有两种：位点特异性脱氨基作用和引导RNA介导。

位点特异性脱氨基作用是在脱氨酶的催化下进行的，如哺乳动物载脂蛋白基因的编码区共有4 563个密码子，在肝组织中，该基因被完整的转录和翻译，最后产生一由4 563个氨基酸组成的蛋白，但在肠中，第2153位的CAA密码子被编辑成UAA终止密码子，结果产生一截短的蛋白。这种C→U的编辑是由胞嘧啶脱氨酶所催化的。此外，又如谷氨酸受体蛋白mRNA中的A→I的编辑也属于位点特异性脱氨基作用，由腺嘌呤脱氨酶所催化。

下面以U插入或缺失为例说明引导RNA（guide RNA，gRNA）介导的RNA编辑过程（图9-13）：gRNA在初始转录本的插入或删除位点周围含有与之互补的区域，RNA编辑起始于gRNA与RNA初始转录本的配对，gRNA分子大小为14~51 nt，它允许A-U配对，新形成的双链区域然后被编辑体包裹，编辑体在mRNA第一个未配对的核苷酸处切断mRNA并插入碱基，然后沿mRNA的3'到5'方向进行下一个插入，反应完成后，gRNA从mRNA上解离下来，新的mRNA则用作翻译的模板，从而产生一种不同的蛋白。

RNA编辑是一复杂的过程，同一基因在不同组织中或编辑或不编辑，或以不同方式编辑。

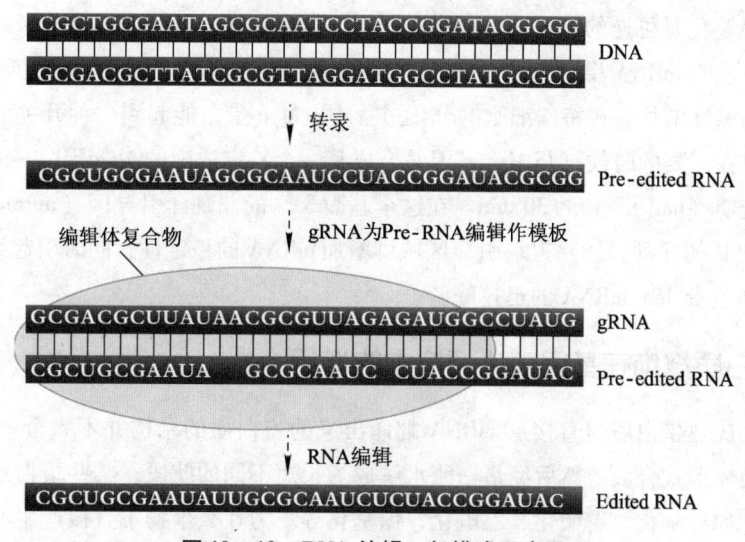

```
           CGCTGCGAATAGCGCAATCCTACCGGATACGCGG
                                                              DNA
           GCGACGCTTATCGCGTTAGGATGGCCTATGCGCC
                              ↓ 转录
           CGCUGCGAAUAGCGCAAUCCUACCGGAUACGCGG   Pre-edited RNA
                              ↓ gRNA为Pre-RNA编辑作模板
编辑体复合物
           GCGACGCUUAUAACGCGUUAGAGAUGGCCUAUG    gRNA
           CGCUGCGAAUA  GCGCAAUC  CUACCGGAUAC   Pre-edited RNA

                              ↓ RNA编辑
           CGCUGCGAAUAUUGCGCAAUCUCUACCGGAUAC    Edited RNA
```

图 10 – 12　**RNA 编辑一般模式示意图**

　　RNA 编辑除引起编码蛋白序列的改变外，还具有许多其他生物学功能，如引起 RNA 结构改变从而产生不同的蛋白结合位点；使 mRNA 能被通读；在一些转录物中可能创造生成起始密码子或终止密码子，是基因表达调控方式的补充；非编码区的 RNA 编辑可影响 RNA 的选择性剪接和细胞定位；可能造成 RNA 的降解；造成 RNA 复制错误从而引起病毒基因组的突变等。当然，RNA 编辑也可用于修复基因突变。然而，RNA 编辑并不偏离中心法则，因为 mRNA 及提供编辑信息的 gRNA 都来源于基因组中的遗传信息，并且通过 RNA 编辑获得新的基因产物，有利于生物进化。

## 10.3.8　mRNA 稳定性与基因表达调控

　　在细菌中，mRNA 的转换速度非常快，平均寿命仅 3 min 左右，这种 mRNA 的迅速转换使细菌能够适应环境的快速变化。相反，在真核生物中，由于细胞处于一个相对稳定的环境中，mRNA 较为稳定，其寿命长达数小时而不是几分钟，当然也有些真核 mRNA 的寿命较短，只有 30 min 或更短。寿命极长的 mRNA 可以长时期积累，经过一个静止期后，当需要的时候，它们才被激活。例如种子萌发时，甚而在没有 RNA 合成时，也能形成多聚核糖体及开始蛋白质合成，所以种子内一定储存有稳定的 mRNA 模板。莲子在 1 700 年以后仍能萌发，可见其 mRNA 可存活相当长的时间。mRNA 的稳定性除与转录后加工以及与其结合的蛋白质种类有关外，还与 mRNA 编码的蛋白质功能和其他多种因素有关。

　　mRNA 是由 RNA 酶（RNase）降解的。大多数细胞中含有 10 种以上的 RNase，但目前并不清楚哪些是降解 mRNA 的，哪些是降解其他 RNA 如 rRNA、tRNA 的。mRNA 上有几个不同的区域可作为降解的信号，如 5′端序列、内部二级结构、3′端序列及 polyA 尾等。一般地说，RNA 折叠成一特殊的三级结构，这种三级结构能够刺激或抑制 RNase 的消化。另外，可能还有一些蛋白质结合到 mRNA 上起到保护mRNA不被降解的作用。mRNA 的降解始于 3′端，位于该处的 polyA 先被水解，然后去除 5′端帽子，并通过核酸内切酶对 mRNA 进行消化。mRNA 一般在细胞质内降解，但无义突变 RNA 却在加工输出过程中在核内降解。

　　ncRNA 也参与 RNA 稳定性的调控，明显的证据就是我们前面谈到 siRNA 可以通过一系列的机制降解同源的 mRNA。研究发现，miRNA 同样可以以类似 RNAi 的机制剪切靶 mRNA，如 *miR* - 196 可在鼠胚胎中指导 *HOXB8* RNA 的降解。

　　研究发现，mRNA 中 6 - 甲基腺嘌呤（N6 - methyladenosine，m6A）修饰能够在转录水平上调控 RNA 的稳定性、定位、运输、剪切和翻译。m6A 是真核生物 mRNA 中最普遍和含量最丰富的一种 RNA 甲基化形式，出现频率为 3~5 个残基/mRNA，其修饰位点富集在终止密码子附近和 3′非翻译区。类似于 DNA 和蛋白质修饰，m6A 甲基化是可逆的，可在时间和空间上通过甲基转移酶和脱甲基酶来调控。

下面举一个例子说明 mRNA 稳定性对基因表达调控的影响。*Myc* 基因存在于所有动物中，Myc 蛋白的过量可能导致细胞的癌性增长。在特殊细胞的分化过程中，Myc 蛋白能起到一种开关的作用打开其他基因的表达，因而细胞只在需要的时候打开 *Myc* 基因并合成某一个特定浓度的 Myc 蛋白，因而 *Myc* mRNA 是相对不稳定的，其半衰期（half-life）约 30 min。在这个基因 3′端的非翻译引导区（untranslated leader region）含有较长的富含 A 和 U 的序列，删除 3′端引导区域可增加 mRNA 的稳定性，同时引起细胞的癌性增长，暗示这部分 mRNA 可能负责 *Myc* mRNA 的迅速降解。

### 10.3.9 蛋白质修饰在基因表达调控中的作用

生物体内的某些成熟蛋白质与直接从 mRNA 翻译出来的蛋白质的结构并不完全一样（见 9.5.6）。例如，某些蛋白质以前体形式合成，然后经蛋白酶水解成为长短不同的肽段，某些蛋白质则在翻译后再进行某些氨基酸的修饰，如羟基化、磷酸化、乙酰化、糖基化等。为什么生物不直接产生有功能的蛋白质而要采取翻译后加工呢？原因是多种多样的。例如，密码子只有 64 种，只能编码 20 种氨基酸，而已知修饰过的氨基酸不下 100 种，它们只能通过翻译后加工得到，而且它们又不是每一种蛋白质所必需的，因此通过翻译后加工更为经济合理。某些修饰则是为了活性表现区域化的需要，例如，高等动物的消化酶先以酶原形式翻译出来，到了需要表现活性的区域内才加工成为有活性的酶；酵母菌的分泌性蔗糖酶是糖基化的，而非分泌性的蔗糖酶是非糖基化的。不少蛋白质的磷酸化-脱磷酸化或乙酰化-脱乙酰化作用都起着调节作用。总之，生物在翻译后对蛋白质所起的某些修饰作用也是基因表达调控的一种方式，扩大了生物对环境的适应性。

## 10.4 表观遗传调控和表观遗传学

### 10.4.1 表观遗传学概述

多细胞有机体的细胞在遗传上是同质的，但在结构和功能上却是异质的，这是由于基因差异表达的结果。基因差异表达的正确与否可能影响到机体的正常发育和机体功能的正常发挥，它既受控于 DNA 序列，即传统意义上的遗传信息，同时也受制于表观遗传信息（epigenetic information）。DNA、组蛋白或染色体和 RNA 水平的修饰、ncRNA 等都会造成基因表达模式的改变，它发出的是何时、何地、以何种方式去使用遗传信息的指令，这就是表观遗传信息。研究表明，这种非 DNA 序列遗传信息改变产生的基因功能或表型变化同样可通过有丝分裂或减数分裂而保持，这叫做表观遗传（epigenetic inheritance）。

真核细胞的基因组 DNA 在细胞核内以染色质形式存在。染色质是一个动态的多级包装的蛋白质—DNA 复合物。染色质结构不仅对于巨大的 DNA 分子的包装起到重要作用，而且通过对其组分的修饰来调节基因的表达。表观遗传调控主要是在转录前，通过 DNA 修饰、组蛋白修饰、染色质重塑等方式对基因表达进行调控。在所有真核生物细胞中都存在这样一种高层次的基因表达调控，它是细胞分化的重要分子基础。当然，从上面真核基因表达调控的相关内容中也可以看出，表观遗传调控也作用于其他调控位点，如转录水平甚至翻译水平的调控。

表观遗传学（Epigenetics）在历史上被用于描述那些不能用经典遗传学解释的现象，目前普遍已接受的定义为"研究不涉及 DNA 碱基序列改变而基因的表达或细胞的表型却发生了稳定和可遗传变化的基因表达和调控的可遗传修饰"，即从遗传学发展出来的探索从基因演绎为表型的过程和机制的一门新兴学科，是遗传学的进一步发展。它具有三层含义：①可遗传的，即这类改变通过有丝分裂或减数分裂能在细胞或个体世代间遗传；②基因表达的改变；③没有 DNA 序列的变化或不能用序列变化来解释。表观遗传事件主要是通过不同的机制使得染色质结构发生变化从而造成基因表达的不同。广义上，DNA 甲基化、基因沉默、基因组印记、染色质重塑、RNA 剪接、RNA 编辑、RNA 干扰、X 染色体失活、组蛋白修饰、核糖开关等均属于表观遗传学的范畴。因此，除本节的部分内容外，表观遗传在本书的其他各个章节中均有涉及，请注意各部分内容之间的融会贯通。

现在的研究初步发现，表观修饰是可以遗传的，虽然对于其遗传机制的认识还非常有限。我们在 DNA 复制一节中已经清楚，DNA 甲基化可以在细胞分裂过程中延续到子代细胞，即当母细胞分裂产生子细胞时，母细胞染色质具有的特定 DNA 甲基化表观修饰会在子代细胞 DNA 的相同位置上重现。此外，虽然染色质修饰是一个动态的过程，但它也可以通过有丝分裂或减数分裂过程以"转录性记忆"的方式而保持下来。一般认为表观修饰的遗传是通过已经存在的标记招募相应甲基转移酶到染色质附近而实现的。比如细胞分裂时母细胞 H3K27me3（一种修饰的组蛋白）标记与 polycomb 抑制复合物（PRC）相互作用，新复制的 DNA 因为附近 PRC 的存在，被催化生成新的 H3K27me3，因此子细胞被打上同样的标记。当然，在后面的学习中，我们还会知道，当新生命诞生时，个体发育和成熟阶段所积累的表观修饰在配子发育阶段会重新编程，然而对于某些应答环境变化的表观遗传信息会抗拒重新编程而传递给下一代。

表观遗传调控及表观遗传学的研究才刚刚起步，许多问题并不清楚，但它已成为生命科学研究的前沿。对这种高层次基因表达调控的研究，对于揭示基因组的功能和阐明生物的遗传机制及拓展遗传学的研究内容和遗传学理论将起到重要的作用。我们相信，在今后相当长的一段时间内，表观遗传学研究将是遗传学研究中的重点，它对于揭示生命的本质和人类疾病的机制将具有极大的促进作用。

下面就基因表达调控中的一些表观遗传调控研究领域作一简要的介绍，以使大家对这一新兴学科的发展有一个基本的了解。

### 10.4.2 DNA 甲基化对基因表达的影响

在 DNA 复制一节中我们谈到，在 DNA 分子复制过程中，通过维持甲基化将未甲基化的新的子链甲基化，以保持子链与亲链有完全相同的甲基化形式，从而构成表观遗传学信息在细胞和个体间世代传递的机制。DNA 甲基化涉及遗传物质稳定、基因表达调控、X 染色体失活、转座子沉默等多个方面。DNA 甲基化在由转座子引起的突变以及染色体畸变等的生物防御过程中、生物个体发育及异常疾病产生中都起到极为重要的作用。

DNA 甲基化（DNA methylation）功能的本质是甲基化机制的建立、维持和去除甲基。DNA 甲基转移酶（DNA methyltransferase，DNMT）在调节基因甲基化过程中起着重要作用。DNA 甲基化的主要被修饰位点是胞嘧啶 C-5 位。在真核生物 DNA 中，5-甲基胞嘧啶（5-methylcytosine，mC）主要出现在 CpG 二核苷酸序列。哺乳动物基因组 DNA 中 3%~5% 的胞嘧啶是以 mC 的形式存在的，同时 70% 的 mC 参与了 CpG 序列的形成。

CpG 常成簇存在，人们将基因组中富含 CpG 的一段 DNA 序列称为 CpG 岛。CpG 岛主要位于基因的启动子和第一外显子区域。全基因组甲基化测序技术的发展可以使我们在全基因组范围内确定 DNA 甲基化的位置及其与基因调控间的关系，如对拟南芥全基因组 DNA 甲基化分析表明，着丝粒周围的异染色质、重复序列以及产生 siRNA 区域的 DNA 都高度甲基化。

许多资料证明，真核细胞基因 CG 序列上的甲基化对基因表达起着重要的作用，在原核生物中甲基化与非甲基化基因的转录活性相差 $10^3$ 倍，在真核生物中相差可达 $10^6$ 倍。一般认为，启动子的 DNA 甲基化可以抑制基因的表达，而基因本体的甲基化对基因表达影响不大。但也有人认为基因内的 DNA 甲基化能影响染色质结构和转录效率。越来越多的研究证明基因本体的甲基化与基因表达水平及选择性剪切有关。

成年珠蛋白基因在网织红细胞中是低甲基化的，而在其他细胞中是高甲基化的，据此有人认为甲基化作用可能是一种发育调节机制，正常胚胎发育过程中不同分化细胞的选择性基因活化主要决定于甲基化和染色体结构两因素的变动。我们在前面讨论的雌性哺乳动物细胞中一个 X 染色体处于失活状态成为 Barr 小体，就与 CpG 的高度甲基化有关，活性 X 染色体上的 *Xist* 基因总是甲基化的，而失活 X 染色体上的 *Xist* 是去甲基化的（见 3.5）。转座子（见 12.4）通常是高度甲基化的，甲基化的缺失会激活其转录并发生转座；而那些一直处于活性转录状态的看家基因则始终保持低水平的甲基化。

DNA 甲基化异常常导致疾病的发生。甲基化状态的改变是致癌作用的一个关键因素，它包括基因组整体甲基化水平降低和 CpG 岛局部甲基化程度的异常升高，这将导致基因组的不稳定（如染色体的不稳定、可移动遗传因子的激活、原癌基因的表达等）。需要注意的是，在使用 DNA 甲基转移酶抑制剂恢复肿瘤抑制基因的活性来治疗癌症时，可能在防止一些癌症发生的同时，也会造成基因组的不稳定并增加其他组织罹患癌症的风险。

在生物发育的某一阶段或细胞分化的某种状态下，原先处于甲基化状态的基因，也可以被诱导去甲基化（demethylation）而出现转录活性。DNA 的去甲基化由基因内部的片段及与其结合的因子所调控，如肌肉特异性 α-肌动蛋白基因的去甲基化仅发生在肌肉细胞，其去甲基过程依赖于其基因上游的调控区；IgGκ 链基因的去甲基化发生在 B 细胞，且依赖该基因的内源性 k 增强子及相邻的细胞核基质连接区（matrix attachment region，MAR）片段。亨廷顿病是一种常染色体显性遗传病，有近乎完全的外显率，从稍后的讨论中我们知道，遗传印记与 DNA 甲基化有关，亨廷顿病患者发病年龄与致病基因来自父亲还是母亲有关，等位基因来自父亲则发病年龄小，来自母亲则发病较迟，这就解释了基因印记不是一种突变，印记是可逆的，它只维持于个体的一生中，在下一代个体的配子形成时，旧的基因印记被清除，新的基因印记又发生。DNA 甲基化虽未改变核苷酸顺序及组成，但它是一类高于基因水平的基因调控机制，是将基因型与表型联系起来的一条纽带。

基因甲基化调控基因表达的可能机制目前有 3 种解释：第一种机制认为，DNA 甲基化直接干扰特异转录因子与各自启动子的识别位置结合。几种转录因子，如 AP-2、C-MYc/Myn、CARBE、E2F 和 NF-κB，能识别含 CpG 残基的序列，当 CpG 残基上的 C 被甲基化后，结合作用即被抑制。但相反，其他一些转录因子如 SP1 和 CTF 对结合位置上的甲基化不敏感。此外，还有许多因子在 DNA 的结合位点上不含 CpG 二核苷酸，DNA 甲基化对这些转录因子基本不起抑制作用，但这种情况并不十分普遍。第二种甲基化转录抑制机制，认为是通过在甲基化 DNA 上结合特异的转录阻遏物（或称甲基 CpG 结合蛋白）而起作用。这种蛋白质能与转录因子竞争甲基化 DNA 结合位点，从而阻止转录的进行。迄今为止，已经鉴定了两种这样的转录阻遏物，即 MeCP1 和 MeCP2（甲基胞嘧啶结合蛋白 1 和 2）。第三种甲基化抑制机制是影响染色质结构，认为 DNA 甲基化后与组蛋白结合更紧，使核小体结构更紧密，结果影响转录。将一些甲基化或非甲基化的基因模板显微注射入细胞核，发现甲基化的染色质装配成非活化状态，不具转录活性，这说明甲基化抑制转录仅在染色质装配后。

当然，生物的调控机制是多样化的，虽然在绝大多数真核生物中，DNA 甲基化普遍存在，但一些研究发现，在某些生物中是缺乏 DNA 甲基化的，如作者实验室发现黄曲霉就是这样的物种。此外，果蝇、面粉甲虫、酿酒酵母、粟酒裂殖酵母、线虫也缺乏 DNA 甲基化。

### 10.4.3 染色质重塑调控基因表达

在真核细胞中，大量组蛋白规律性地结合在遗传物质 DNA 上，形成以核小体为基本单位的染色质。染色质并不是被动参与细胞各种生理活动的，发生在染色质上的 DNA 复制、转录、修复、重组等都与染色质各个层次的结构以及这些结构的改变和修饰有着密切的关系。

染色质重塑（chromatin remodeling）是指导致核小体位置和结构发生变化，从而导致染色质结构发生改变的过程。染色质重塑包括多种变化，主要是紧缩的染色质丝在核小体连接处发生松动造成染色质的解压缩，从而暴露基因启动子区中的顺式作用元件，为反式作用因子的结合提供可能。

染色质重塑已经成为目前生物学中最重要和前沿的研究领域之一，在基因表达调控、细胞命运决定等过程中发挥着重要的作用。染色质重塑所产生的影响并不是针对个别基因，而是全局性调控许多基因的激活或抑制。染色体重塑主要有两种类型：一种是依赖ATP的物理修饰，另一种是共价化学修饰。前者通过ATP水解释放的能量而暂时改变核小体的构型，使DNA同组蛋白核心的结合变得松散；后者则对核心组蛋白N端尾部的共价修饰（见下面的组蛋白密码）进行催化，这种修饰直接影响核小体的结构，并为其他蛋白提供了与DNA作用的结合位点。此外，核小体滑动可能是染色质重组过程中的一种重要机制，它并不改变核小体结构，只改变核小体与DNA的结合位置。

染色质重塑过程是由染色质重塑因子复合物（chromatin remodeling complex）介导的，目前已知的这类复合物有三类：SWI-SNF家族、ISWI家族和Mi2家族。三者的共同特征是，都具有ATP酶活性和由数量众多的蛋白质分子组成（常超过10个亚基）。

染色质重塑是一个还没有被完全阐明的生物学过程，它不仅影响真核生物基因组的功能状态，调节基因转录，影响发育、分化等生物学过程，并且在肿瘤等人类疾病发生发展过程中扮演着重要的角色。

### 10.4.4 组蛋白修饰对基因表达的影响

在真核生物染色体的多级折叠过程中，DNA与组蛋白（H3、H4、H2A、H2B和H1）结合在一起（图10-13）。

从进化意义上说，组蛋白极端保守，结构和功能十分相似，似乎组蛋白沿DNA均匀分布所构成的系统不可能对成千上万个基因的表达进行特异调控。然而，每个组蛋白都有进化上保守的N端拖尾伸出核小体外，这些拖尾是许多信号转导通路的靶位点，从而导致翻译后修饰。这些修饰包括组蛋白磷酸化、乙酰化、甲基化、ADP-核糖基化和泛素化等。组蛋白翻译后修饰（HPTM）是染色质结构对基因表达调控的核心机制。组蛋白的修饰状态不仅控制着转录复合物的靠近，影响基因的表达活性，而且也有效地调节着染色质转录活跃或沉默状态的转换，并为其他蛋白因子与DNA的结合产生协同或拮抗效应，尤其是组蛋白乙酰化、甲基化修饰能为相关调控蛋白提供其在组蛋白上的附着位点，改变染色质的结构和活性。

组蛋白中被修饰氨基酸的种类、位置和修饰类型称为组蛋白密码（histone code）（图10-14）。组蛋白上能发生共价修饰的氨基酸残基称为修饰位点，其表示方法因修饰方式复杂也较为复杂，如H3K4me3表示组蛋白H3上的第4位氨基酸Lys上发生有3个甲基。需要注意的是，氨基端尾上往往有多个修饰位点，而单一位点上可发生多种共价修饰，不同位点上的不同修饰可能具有不同的作用。与DNA密码不同的是，组蛋白密码和它的解码机制在动物、植物和真菌类中是不同的。组蛋白修饰的最基本作用是调控基因表达。一般来说，组蛋白乙酰化中和了组蛋白尾巴的正电荷，降低了它与DNA的亲和性，从而能选择性地使某些染色质区域的结构从紧密变得松散，开放某些基因的转录并增强其表达水平；而组蛋白甲基化则可抑制基因表达，当然，各种组蛋白甲基化修饰在染色体上的分布和功能是不尽相同的。乙酰化修饰和甲基化修饰往往是相互排斥的。在细胞有丝分裂和凋亡过程中，磷酸化修饰能调控蛋白质复合体向染色质集结。通常认为，HPTM有3种机制影响基因组的调节和功能：①通过某种方式影响染色质的结构。②破坏染色质或组蛋白结合蛋白的结合。③通过提供不同的结合表面给某些效应蛋白，由这些招募来的蛋白决定激活或抑制转录。组蛋白密码假说认为，对特定的组蛋白残基而言，特定的修饰对这一组蛋白分子及其他组蛋白分子后续的修饰具有决定性作用，不同的组蛋白修饰组合可以动态地调控转录的状态。

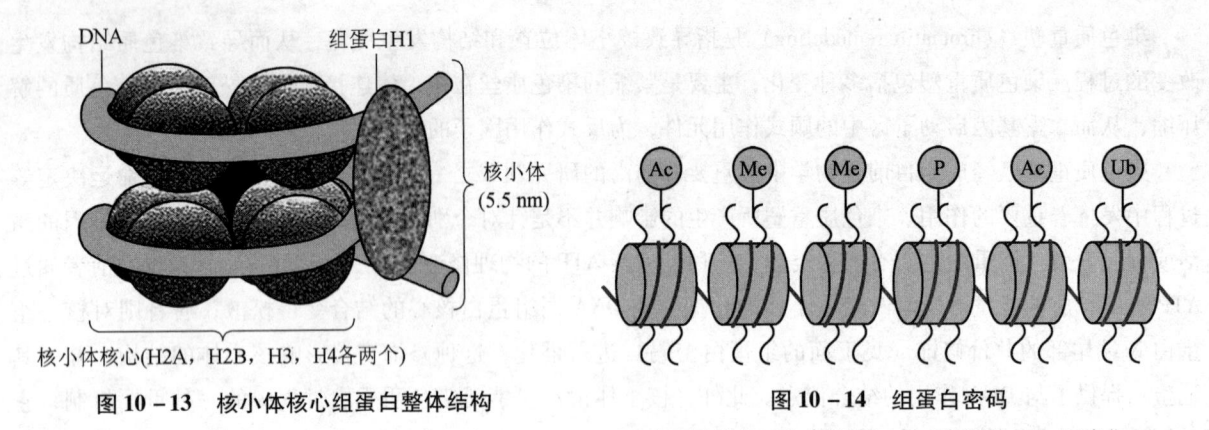

图 10-13　核小体核心组蛋白整体结构

图 10-14　组蛋白密码
Ac：乙酰化；Me：甲基化；P：磷酸化；Ub：泛素化

组蛋白密码的研究对在控制真核基因选择性表达的网络体系内进一步深入理解染色质结构、调控序列以及调控蛋白之间交互作用的内在机制，以及探讨表观遗传调控与不同生物学表型之间的关系有重要的意义，同时对药物开发也具有重要的战略意义，多种组蛋白修饰酶已成为相关疾病治疗的靶标，如组蛋白去乙酰酶（HDACs）抑制剂已应用于临床治疗多种肿瘤。

### 10.4.5　核糖开关调控基因表达

表观遗传学的内容可以分为两大类：一是基因选择性转录表达的调控，包括 DNA 甲基化、染色质重塑、组蛋白修饰、基因组印记、基因沉默、转座子激活等；二是基因转录后的调控，包括 ncRNA、miRNA、反义 RNA、RNA 编辑、核糖开关等。核糖开关（riboswitch）是 R. R. Breaker 等在 2002 年发现的一种全新的转录后调节机制。核糖开关是 mRNA 上的一段序列，它可以直接与小分子结合来影响相应基因的表达，而不需要任何蛋白质的参与。参与作用的小分子通常是所调控的酶所产生的代谢产物，如最早发现的焦磷酸硫胺素核糖开关位于大肠杆菌 mRNA 的 5'非翻译区（UTR），可以直接与维生素 $B_1$ 或其焦磷酸盐衍生物结合。这个 mRNA 编码维生素 $B_1$ 生物合成相关酶，这样大肠杆菌就可以通过感受焦磷酸硫胺素的含量来调节维生素 $B_1$ 的生物合成。

核糖开关可以位于 mRNA 的 5'端非翻译区，也可以位于前体 mRNA 的 3'UTR 和内含子区域。核糖开关由两个重要的功能域组成：沿着转录方向分别为适配子（aptamer）和表达模块（expression module）（图 10-15）。适配子可以与小分子配体结合，如编码天冬氨酸激酶 Ⅱ 的 mRNA 中的赖氨酸核糖开关，其适配子部分 L 盒可以专一性结合 L 型赖氨酸，从而终止该 mRNA 的转录，而该酶的作用正是将 L 型天冬氨酸转化为 L 型赖氨酸。适配子与小分子配体的结合具有特异性，如适配子 L 盒只能结合 L 型赖氨酸而不能识别 D 型赖氨酸，这种特异性对于调节细胞活动非常重要，可保证细胞对微环境作出快速、精确应答。表达模块可根据适配子结合小分子与否进行构象变化，从而调节基因的表达。配体的存在只是引发核糖开关发生构象重排的一个"扰动"，它可以从适配子-配体复合物中解离下来被重新利用。

核糖开关中含有大量的碱基互补区域，可形成多个茎环结构。适配子序列高度保守，并形成相近的二级结构，相对于适体而言，表达模块的变异性较大，没有相对保守的一级结构和二级结构。大多核糖开关结合小分子后会抑制基因的表达，但也有一些是启动基因表达的。

核糖开关主要在转录和翻译水平上调节基因的表达，如通过影响转录的起始、延伸和终止，或者通过控制核糖体与 mRNA 的结合，或者通过调节 mRNA 的稳定性来调控基因表达。在真核生物中，核糖开关还可以通过控制 mRNA 的剪切来调控基因表达。适配子 RNA 与小分子结合后，发生核糖开关的构象重排，进而引起适配子所在的 mRNA 转录终止，形成一个没有活性的短转录物，或是构象重排形成的 RNA 二级结构抑制翻译起始，从而抑制翻译（图 10-15）。通过比较发现，单顺反子多由翻译抑制来调节，而多顺反子则更可能通过转录终止来调控生物合成，当然，也有一些小分子代谢物可以同时在转录终止和翻译抑制两个水平上调控基因活动。

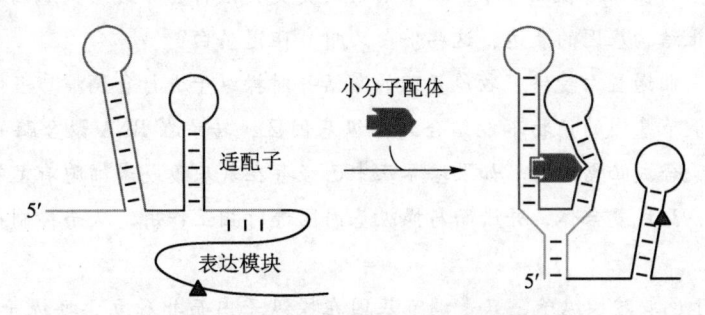

**图 10-15 核糖开关作用过程示意图**
左：缺乏小分子配体时，RNA 中的适配子区域折叠，蛋白合成的起始信号（三角形）暴露，基因表达；
右：小分子配体存在时，适配子与配体结合，表达模块区域折叠，结果蛋白质合成的起始信号位于发夹结构中，基因不表达

核糖开关除感受代谢物浓度变化而改变自身二级结构从而起到基因表达调控作用外，还可以感受离子浓度变化、温度变化等。例如，在单核增生性李斯特菌（*Listeria monocytogenes*）*pfrA* 基因 mRNA 的 5′UTR 中，存在一段热敏 RNA 发夹结构，当温度由 30℃ 升高到 37℃ 时，发夹结构打开并释放出核糖体结合位点，使 *pfrA* 基因的表达水平提高 5 倍。

位于 mRNA 非编码区的核糖开关是在基因表达调控中发展的一个重要概念，使得我们不得不重新关注 RNA 除开放阅读框（ORF）以外的更为重要的功能。作为 "RNA 世界" 的一部分，它与 miRNA 等其他 ncRNA 一样受到重视。目前已发现的天然核糖开关有 20 多种。随着研究的深入，人们意识到核糖开关可以作为人工合成配体型药物的作用靶点，基于 riboswitch 的新型抗菌药物的研发也是目前的研究热点之一；此外，人工构建的核糖开关在调控外源基因表达以及作为生物探测器部件等领域也将具有强大的应用潜力。

---

**问题精解**

◆ 假设一个大肠杆菌操纵子（*theo*）中的结构基因编码几种参与某一氨基酸合成的酶。它与乳糖操纵子不同，乳糖操纵子的调节基因（编码调节蛋白）是独立于操纵子之外的，而在假定的 *theo* 操纵子中，编码调节蛋白的基因存在于 *theo* 操纵子中。当终产物（氨基酸）存在时，这种氨基酸与调节蛋白结合成一复合体，该复合体结合到操纵子上，从而抑制操纵子的表达；当终产物缺乏时，调节蛋白不能结合到操纵基因上，转录则继续进行。假设有下列突变，并且都影响 *theo* 操纵子的调节作用：

（a）操纵基因区（operator region）发生突变；
（b）启动子区（promoter region）发生突变；
（c）调节基因（regulator gene）发生突变。

与乳糖操纵子在同等条件下的情况进行比对，请问在以上各种突变情况下，*theo* 操纵子是否会被活化还是抑制转录？如果在部分二倍体细胞（F′）中，野生型基因和突变基因一起出现时，情况又会怎样？

答：在原核生物中，操纵子的活性是由调节基因控制的，调节基因的产物可以和操纵子上的顺式作用控制元件——操纵基因相互作用。*theo* 操纵子受调节基因产物的负调控（negative regulation），同时调节基因产物又受终产物氨基酸的激活。

通过突变的效应可以区别结构基因和调节基因。某个结构基因发生突变,细胞中就不能合成这个基因的产物蛋白,但调节基因发生突变会影响到它所控制的所有结构基因的表达。从调节蛋白突变后的结果可以分析调节的类型。在 theo 操纵子中,调节蛋白的突变失活将会导致结构基因的组成型表达,表明调节蛋白的功能是阻止结构基因的表达,这些蛋白又叫"阻遏蛋白"。

在 theo 操纵子中,阻遏蛋白受终产物氨基酸的激活并对操纵子进行负调控。当培养基(或环境)中没有氨基酸产物时,调节基因的产物不能结合到操纵基因区,转录在 RNA 聚合酶的指导下可以正常进行,从而产生对氨基酸合成必需的酶。如果培养基中已经存在氨基酸或者细胞有足够的合成时,氨基酸就能结合到调节分子,形成复合体,并进而与操纵基因区进行相互作用,从而抑制操纵子内结构基因的转录。

theo 操纵子类似于色氨酸操纵子,只是调节基因在操纵子内而非独立于操纵子。在 theo 操纵子中,调节基因本身同样受终产物氨基酸存在与否的调节。

(a) 和乳糖操纵子一样,theo 操纵基因区的功能突变不能使阻遏蛋白复合体与之结合,因此,转录过程是组成型的。含野生型等位基因的 F' 质粒的存在也将毫无影响,因为它并不邻近结构基因,不存在与启动子的竞争关系。

(b) theo 启动子区的突变毫无疑问将抑制 RNA 聚合酶的结合,从而抑制转录,这在乳糖操纵子中同样可见,也与其他基因的启动子突变一样,不能启动基因的表达。F' 质粒中野生型等位基因的存在对基因表达并没有影响,因为启动子是调控相邻结构基因表达的元件。

(c) 和在乳糖操纵子中一样,theo 调节基因的突变,可能会要么抑制与代谢物(氨基酸)的结合,要么抑制与操作基因的结合,这跟突变发生所在的结构域有关。在这两种情况下,转录都是组成型的,因为在这两种情况下都会导致调节因子无法结合到操纵子上,因而转录是继续进行的。额外的野生型等位基因将恢复突变的功能,因为它可以产生正常的调节分子对操纵子的活性起作用。

◆ 视黄酸受体(retinoic acid receptor,RAR)是一种类似于类固醇激素受体的转录因子,与 RAR 结合的配基是视黄酸。myoD 基因的转录由视黄酸结合其受体而激活。如下图所示,a~m 为在 RAR 蛋白位点相对应的基因序列中插入两条不同的 12 碱基对寡核苷酸链,如果在 a~e 的相应位置插入寡核苷酸 1(TTAATTAATTAA),在 f~m 的相应位置插入寡核苷酸 2(CCGGCCGGCCGG)。之后,对每个突变蛋白检测视黄酸是否能与 DNA 结合,以及是否能激活 myoD 基因的转录。结果如下表所示。

$$NH_2 \overset{f \quad g \quad h \quad i \quad j \quad k \quad l \quad m}{\underset{a \quad b \quad c \quad d \quad e}{\rule{8cm}{0.4pt}}} COOH$$

| 突变位点 | 视黄酸结合能力 | DNA 结合能力 | 转录激活能力 |
|---|---|---|---|
| a | − | − | − |
| b | − | − | − |
| c | − | − | − |
| d | − | + | + |
| e | + | + | + |
| f | + | + | + |
| g | − | + | + |

续表

| 突变位点 | 视黄酸结合能力 | DNA 结合能力 | 转录激活能力 |
|---|---|---|---|
| h | + | + | − |
| i | + | − | − |
| j | + | − | − |
| k | − | + | + |
| l | − | + | + |
| m | + | + | + |

请问：

(1) 在 RAR 蛋白任一位点相对应的 DNA 序列上插入寡核苷酸 1 将导致什么结果？

(2) 在 RAR 蛋白任一位点相对应的 DNA 序列上插入寡核苷酸 2 将导致什么结果？

(3) 在上图中指出 RAR 蛋白三个结构域所在位置。

答：该题涉及蛋白质结构域的概念，并要求运用遗传密码来理解寡核苷酸插入对蛋白质功能的影响。许多蛋白质都可以被分为多个结构组成单元，即结构域。各结构域都有自己独特的生物学功能，通过基因工程的方法（如插入碱基）可以将结构域进行破坏，从而研究基因和蛋白的功能。

(1) 寡核苷酸 1 中含有终止密码子（UAA）。这意味着寡核苷酸 1 插入任意位置都将导致 RAR 蛋白的翻译终止，产生不完整的 RAR 蛋白，从而使 RAR 功能失常。

(2) 寡核苷酸 2 中不包含终止密码子，所以它只会使蛋白增加几个氨基酸。由于所插入的两个碱基序列都含有 12 个碱基，因此不会改变读码框，但会破坏插入位点的功能。

(3) 从以上数据可以看出，所有影响 DNA 结合的突变（a、b、c、i、j）在转录激活方面都存在缺陷，说明转录因子功能的发挥需要与 DNA 结合。因此，只能从那些没有 DNA 结合缺陷的突变中才能发现转录激活结构域。将寡核苷酸 1 插入 a、b、c 后将从该位点缩短蛋白序列，并导致视黄酸结合、DNA 结合及转录活性三方面的功能都受到损害。d 位点的突变，仍可观察到 DNA 结合和转录激活，因此可以推断蛋白的正常合成至少在 d 点以前的一段较远的距离。d 位点的缺失导致与视黄酸的结合受阻，而 e 位点却不会，这说明视黄酸结合的活性位点位于 e 之前。用寡核苷酸 2 作为插入序列，插入位点 g 和 h 导致转录失活，说明这个区域为转录结构域；在 i 和 j 的插入，破坏了与 DNA 的结合，说明这是 DNA 结合结构域；在 k 和 l 的插入，破坏了与视黄酸的结合，这是视黄酸结合结构域。由题中数据所得的最小结构域范围如下图所示。

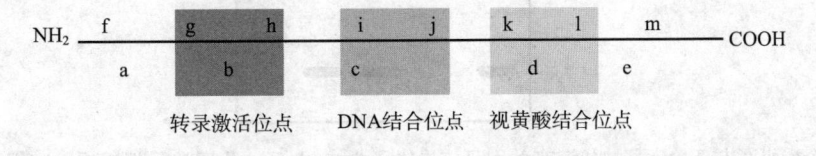

NH₂ —f— g h — i j — k l —m— COOH
         a    b    c    d    e
        转录激活位点  DNA结合位点  视黄酸结合位点

## 思 考 题

1. 发现一大肠杆菌突变株，不管乳糖存在与否，总是产生 β-半乳糖苷酶。这个突变株的基因型是怎样的？
2. 试述操纵子的定义及其组成。

3. 在 E. coli 的乳糖操纵子中，下述基因或位点的作用是怎样的？
   (1) 调节基因　　　　(2) 操纵基因　　　　(3) 启动子　　　　(4) 结构基因 lacZ

4. 从下列每种大肠杆菌的基因型中，预期 β-半乳糖苷酶的表达是组成型的、诱导型的还是不产生 β-半乳糖苷酶。（c 为组成型操纵子，s 为超抑制因子突变）
   (1) $lacI^+$，$lacP^+$，$lacO^+$，$lacZ^-$
   (2) $lacI^-$，$lacP^+$，$lacO^+$，$lacZ^+$
   (3) $lacI^s$，$lacP^+$，$lacO^c$，$lacZ^+$
   (4) $lacI^+$，$lacP^+$，$lacO^+$，$lacZ^-/lacI^-$，$lacP^+$，$lacO^+$，$lacZ^+$
   (5) $lacI^s$，$lacP^+$，$lacO^+$，$lacZ^-/lacI^s$，$lacP^+$，$lacO^+$，$lacZ^+$

5. 许多不编码蛋白质的调控基因，因其 DNA 序列较短而被称为"XX 子"，如启动基因被称为启动子，终止基因被称为终止子，弱化基因被称为弱化子，增强基因被称为增强子等，那么操纵基因能否被称为操纵子？沉默子是否就是沉默基因？

6. 比较原核生物和真核生物基因表达调控的特点。为什么真核生物的基因表达调控比原核生物的层次更多，范围更广？

7. 从基因表达调控的基础研究中，我们可以发现有许多研究已经获得广泛的应用，试通过查找文献列举一些应用的实例，如 RNAi、核糖开关、组蛋白修饰、调控序列、调控蛋白等。

8. 研究基因表达调控对动物、植物、微生物的生产及人类健康有何意义？

9. 为什么说弱化子是色氨酸操纵子在第二水平上的调控？

10. DNA 甲基化和核小体修饰是表观遗传的基础，试述它们是怎样调控基因表达的？

11. 试述核糖开关的基因表达调控过程。

12. 假如你正在研究一个基因，这个基因在受到 UV 照射后将合成一种蛋白质。你已克隆到这个基因并得到了该蛋白抗体。
    (1) 如果该蛋白的表达是由 UV 照射后开启转录来调节的，那么在受到 UV 照射前后，DNA 探针与从细胞中分离出来的 RNA 杂交的结果将如何（Northern analysis）？抗体与从细胞中分离出的蛋白相孵化的情况又如何（Western analysis）？
    (2) 如果该蛋白的表达由翻译水平调控，在 UV 照射前后的 Northern 和 Western 结果又将如何？

13. 假设你从老鼠脑下垂体的 mRNA 中分离得到一个 cDNA 克隆，并以此为探针，与从胚性心脏（EH），成年鼠心脏（AH），胚性脑垂体（EP），成年鼠脑垂体（AP）及睾丸（T）组织中提取的 RNAs 进行杂交，结果如下图所示。请问：(1) 基于与 AH RNA 的杂交结果，你对该基因能作出什么样的推测？(2) 解释睾丸（T）RNA 的检测结果。

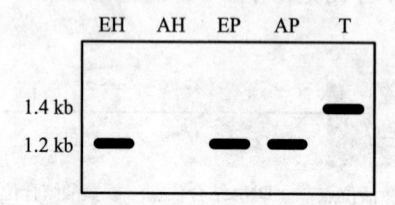

14. 假设有一个操纵子与 Tm 分子的代谢有关，且该操纵子由 a、b、c、d 四个元件组成。它们分别代表了一个调节基因、一个启动基因、一个操纵基因或一个结构基因，但具体排列次序未知。请根据下面的数据进行判断：(1) 该操纵子是诱导性的还是阻遏型的？(2) a、b、c 和 d 分别代表哪一个基因，为什么？（注：AE = 有活性的酶，IE = 无活性的酶，NE = 无酶）

| 基因型 | Tm 存在 | Tm 不存在 |
|---|---|---|
| a+b+c+d+ | AE | NE |
| a−b+c+d+ | AE | AE |
| a+b−c+d+ | NE | NE |
| a+b+c−d+ | IE | NE |
| a+b+c+d− | AE | AE |
| a−b+c+d+/F′a+b+c+d+ | AE | AE |
| a+b−c+d+/F′a+b+c+d+ | AE | NE |
| a+b+c−d+/F′a+b+c+d+ | AE + IE | NE |
| a+b+c+d−/F′a+b+c+d+ | AE | NE |

15. 如果在研究中发现了一个基因与肿瘤的发生相关，你如何判断这个基因是癌基因还是肿瘤抑制基因？

16. 请简要说明原核生物中 Trp（色氨酸）代谢在转录水平、转录 - 翻译水平和蛋白质水平的调控机理。

17. 表观遗传学研究可能引发下列新的伦理问题：（1）利用表观遗传信息预测未来疾病风险时，如何平衡分配个体的自主权责与社会公共机构的责任义务。（2）由谁负担预防和改善表观遗传损伤的代价及由谁承担表观遗传不良效应的责任。（3）社会如何保证公众公平与公正的身处某种"表观遗传环境"及并享有"表观遗传利益"。请问：你认为应该如何面对上述新的伦理问题？

# 第 11 章

# 基因突变和表观遗传变异

*Hermann Joseph Muller*

11.1 基因突变的类型
11.2 突变的分子基础
11.3 DNA 定点诱变
11.4 反向遗传学
11.5 诱变剂的检测
11.6 基因突变的防护与修复
11.7 基因突变的检出
11.8 表观遗传变异

科学史话

**内容提要**：基因突变是发生在遗传物质中的改变，它可以自发产生，也可以通过人工诱导发生，通过多种生物学方法可检测基因突变。通过对基因突变分子机制的研究使我们对生物体的变异机制和疾病的防治有更深入的认识。

原核和真核细胞中均存在多种基因突变修复系统，这些修复系统可恢复不同的 DNA 损伤，以保障遗传信息的准确性。人类某些类型的癌症与特异修复途径的缺陷有关。

通过定点突变技术可以对基因或基因组进行定点突变来研究基因的功能，随着人们对基因分子基础的认识和基因组数据的挖掘，目前遗传学研究更多地是采用从基因入手研究基因的表型效应，这种研究方法称为反向遗传学。目前已发展出许多反向遗传学研究技术。

在基因 DNA 序列不发生改变的情况下，基因表达亦可发生可遗传的改变，这种变化同样导致表型的改变，这称为表观遗传变异，如副突变、基因组印记、转基因沉默等。

**重要概念**：基因突变　碱基替换　移码（缺失/错义/无义/沉默/中性/回复/抑制因子/DNA 跳格）突变　突变率　脆性 X 染色体综合征　体外定点突变　反向遗传学　CRISPR/cas9　Ames 测验　直接（光/暗/切除/重组）修复　平衡致死系统　表观遗传变异　副突变　基因组印记　单亲二体　转基因沉默　表观等位基因

变异是生物界的普遍现象，是遗传学研究的两大对象（遗传与变异）之一。在前面相关章节的学习中，我们介绍了一些生物体产生变异的内容，如配子形成过程中非同源染色体间的自由组合，非姐妹染色单体间的交换，隐性基因的纯合、杂种优势的表现、多基因控制性状的环境影响、统称为染色体畸变的染色体结构和染色体数目改变等都可以产生不同于亲本性状的变异。

早在19世纪，达尔文（C. Darwin）和华莱士（A. R. Wallace）就对物种进化提出了著名的自然选择进化理论，但在当时，一方面对遗传机制尚不理解，另一方面对种群变异的本质也无法给出令人满意的解释。今天，从经典遗传学到分子遗传学，我们对遗传机制和变异发生的分子基础都有了深入的认识。本章将两个看似完全不同的变异——基因突变（gene mutation）和表观遗传变异（epigenetic variation）放在一起讨论，一方面是因为二者的结果都产生了可遗传的表型变异，另一方面是因为我们可以从不同类型的变异中看到生命遗传的复杂性。基因突变是由于遗传物质DNA序列的改变而导致的变异，表观遗传变异是一种既没有基因DNA突变也没有发生DNA重组的可遗传变异，是近年来遗传学的研究热点。

20世纪初期直至中叶，美国和苏联的生物学界围绕遗传的本质展开了一场旷日持久的辨论，最终以DNA遗传为基础的摩尔根学派获胜，这也是现代遗传学的基础，而很长一段时间在苏联、东欧和中国占统治地位的"获得性遗传"的米丘林学派则受到冷落。今天表观遗传学的研究结果使我们有理由相信不仅DNA基础所引起的基因突变可以引起表型改变，DNA序列不变时也可以引起表型的变化。

## 11.1 基因突变的类型

DNA碱基序列变化可以发生在两个水平上，一个是我们前面介绍过的染色体畸变，它们一般可在显微镜的分辨范围内观察到；另一种是基因突变或点突变（point mutation），指组成基因物质的DNA分子中核苷酸的改变，这种改变无法用显微镜直接观察，而只能通过化学反应或遗传学实验来证明。

遗传物质DNA或RNA发生改变可能造成生物体发生突变。基因突变在生物界是普遍的，它可在自然条件下发生，称为自发突变（spontaneous mutation），如我们在前面介绍的1910年摩尔根用果蝇的白眼性状证明了伴性遗传，并第一次将这一特定的基因定位在X染色体上，最初的那只白眼果蝇就是在培养瓶中从红眼果蝇自发突变产生的。自发突变的产生并不是没有原因的，自然界的各种辐射、环境中的化学物质、DNA的复制错误和修复能力缺陷、转座因子的作用等都能引起基因的自发突变。突变也可以在人工诱变下发生，如按照人为设计的条件，利用上述这些理化、生物因素，用实验的手段诱发基因突变，这类突变称为诱发突变（induced mutation）。这两种类型的突变在本质上并没有区别。

如果突变发生在体细胞中，这种突变顶多传给它的子代细胞而不会在生物体的下一代中表现，对于一个可遗传到下一代个体的突变，这种突变一定是发生在配子细胞或产生配子的细胞中。如将一个正在发育中的青蛙暴露在致畸物（teratogen）中可能会长出5条腿，但这种改变是不会遗传给它的子代的。当然在体细胞中突变细胞的数目达到一定程度时，就会对生物体自身产生严重的后果，譬如癌细胞。对于植物来说，体细胞突变有更大的机会传给它的下一代，如一个植物的突变体细胞可能发育成侧枝，而这个侧枝可能发育成花，由这种花所产生的精细胞或卵细胞就会带有突变，从而将突变传给下一代。至于微生物，区别体细胞和性细胞是没有必要的，例如脉孢霉可从无性孢子或菌丝片段长成完整个体，所以无性世代发生的突变也可以通过有性世代而遗传下去。

突变后出现的表型改变是多种多样的，如影响生物的形态结构、代谢过程、生活力，甚至导致个体死亡等。这里我们要强调的是，并非所有的突变对生物都是有害的，许多突变并没有危害性，在自然选择中是中性的，有些甚至是有益的。并且，没有突变就没有进化，可以说突变是遗传多样性和生物进化的源泉。

基因突变不只是 DNA 编码序列中的核苷酸发生改变，在启动子区、剪接部位、内含子和多腺苷酸化位置上的核苷酸发生改变，同样也会引起基因突变的表型。

根据 DNA 发生改变的情况，有下列突变方式可以改变基因的信息内容：

(1) 碱基替换 (base-pair substitution)：指一碱基对被另一碱基对代替，如 G/C 对替换成 A/T 对。碱基替换时，如果嘌呤由嘌呤代替，嘧啶由嘧啶代替，叫做转换 (transition)；而嘌呤由嘧啶代替，嘧啶由嘌呤代替，叫做颠换 (transversion)。

(2) 移码突变 (frameshift mutation)：增加或减少一个或几个碱基对（改变的碱基数不是 3 或 3 的倍数）所致，使得该位点后面的 RNA 序列发生移码，从而产生无功能的蛋白质。

(3) 缺失突变 (deletion mutation)：缺失大片段 DNA（从十几个到上万个碱基不等）。

当 DNA 发生转换和颠换时，可导致错义突变 (missense mutation)（图 11-1B）。发生错义突变时，密码子的改变产生一个与原来完全不同的氨基酸，如从亮氨酸改变为脯氨酸。有时错义突变被遗漏，因为它们产生的蛋白质产物仍具有部分活性，因而只是发生有限表型的改变。当碱基替换使 mRNA 上的密码子成为 UAG、UAA 或 UGA 时，这样就出现无义突变 (nonsense mutation)（图 11-1E）。如无义突变出现在基因中间，翻译进行到无义密码子时，肽链停止延伸，因而无义突变通常产生较明显的表型效应。当基因由于片段的缺失、插入或重排等使其编码的蛋白质失去功能所引起的突变，称为无效突变 (null mutation)，它既可以是合成无功能蛋白质的突变，也可以是使蛋白质无法合成的突变。当然并不是所有的突变都会引起细胞或生物体的表型改变。譬如，由于遗传密码的简并性，在 DNA 碱基替换突变中，虽然 DNA 组成改变了，某一密码子不同了，但仍编码同一氨基酸，蛋白质的结构并没有发生改变，这种突变叫做沉默突变 (silent mutation) 或同义突变（图 11-1C）；在另外一类碱基替换突变中，虽然产生了不同的氨基酸，但这个新氨基酸与原来的氨基酸有类似的结构和性质，因而并没有改变蛋白质的性质和功能，这样的突变叫做中性突变 (neutral mutation)（图 11-1D）。中性突变也可能是由于发生突变的氨基酸对蛋白质的功能并没有重要的作用，因而也就没有引起表型改变。

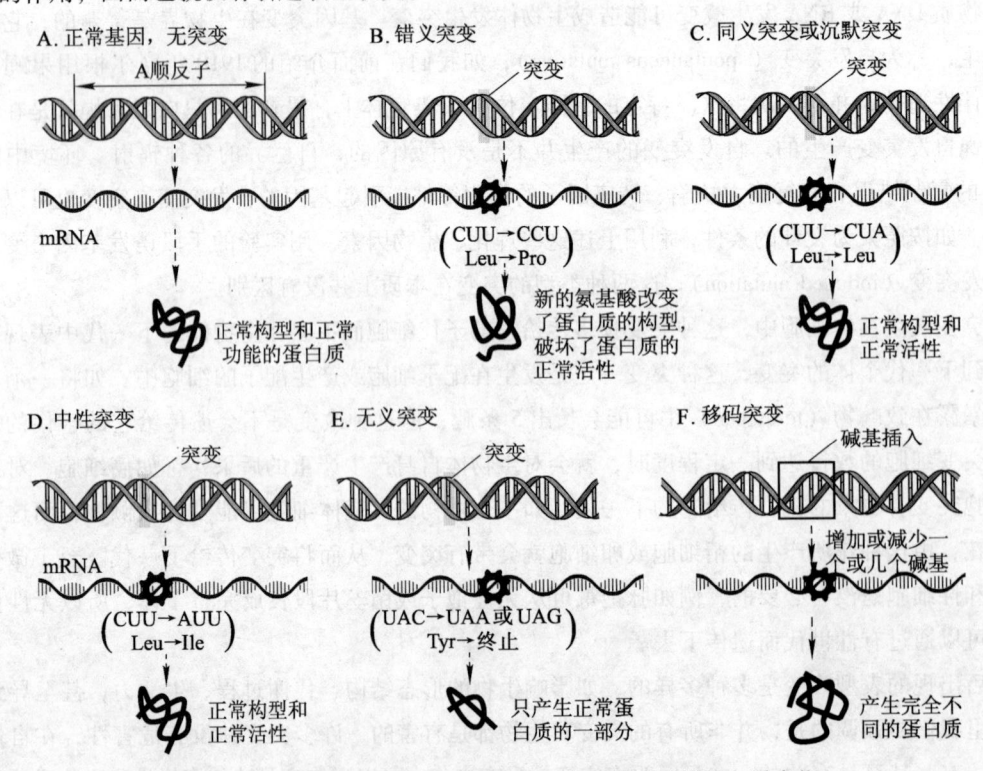

图 11-1 不同类型基因突变产生不同构型和活性的蛋白质产物

移码突变包括插入突变（insertion mutation）和缺失突变（图 11-1F）。插入或缺失 1 或 2 个碱基对将引起 mRNA 读码框的改变，因而引起蛋白序列的较大改变。另外，发生移码后，正常的翻译终止信号消失，所产生的突变蛋白被提前或推迟中止，因此，移码突变所产生的蛋白质都是失去活性的。

DNA 序列的改变可能引起所编码的 RNA 或蛋白质结构的改变，从而导致 RNA 或蛋白质功能的改变，并进而可能导致生物表型的改变。基因突变对蛋白质功能的影响有 4 种不同的效应，主要的是蛋白质功能的丧失，这点通常情况下是容易理解的，但要注意的是，蛋白质失去功能并不一定是蛋白质结构的变化，有时可能是蛋白质上的修饰如糖基化等的变化造成的。此外，还包括蛋白功能的获得、产生新特性功能的蛋白、产生异时或异位表达蛋白。蛋白功能的获得可能是由于基因本身表达的增加而导致蛋白质丰度的增加或是由于每个蛋白分子中的一个或几个正常功能增加所致；在某些基因突变中所引起的氨基酸序列变化可赋予蛋白质一种新的特性，而这并不改变其必需的正常功能，最典型的例子是镰状细胞贫血症（sickle cell desease），其中某个氨基酸被置换后并不影响镰状血红蛋白的运氧能力，但也不像正常血红蛋白，镰状血红蛋白链脱氧时会发生集聚，形成多聚纤维，降解红细胞，这种现象在任何其他血红蛋白突变中都未发现；异时或异位表达蛋白的基因突变主要是由于在基因调控区发生突变所引起，如癌症的产生大都是由于这类突变所引起的。

基因突变有时是可逆的，如果把从野生型表型改变为突变型表型，即从 $A \rightarrow a$ 的突变叫正向突变（forward mutation），则从突变型回复到野生型或假野生型（pseudo-wild type）表型，即从 $a \rightarrow A$ 的改变就叫做回复突变（reverse mutation 或 back mutation）。在回复突变中有时并不是精确地回复到原来的序列，而是第二个突变掩盖了原来突变型的表型，这样的回复突变叫做抑制因子突变（suppressor mutation）。抑制因子突变可以部分或全部地恢复基因产物的活性，它可以是发生在正向突变的同一基因或同一顺反子内（intragenic 或 intracistronic suppressor），也可以发生在正向突变的基因或顺反子外（extragenic 或 extracistronic suppressor）。譬如，如果突变发生在 A 顺反子，而抑制因子突变发生在 B 顺反子，这两个蛋白亚基必须相互结合才能产生一有功能的蛋白，B 顺反子的抑制突变补偿了 A 顺反子的突变，从而形成一部分或完全有功能的二聚体（图 11-2）。

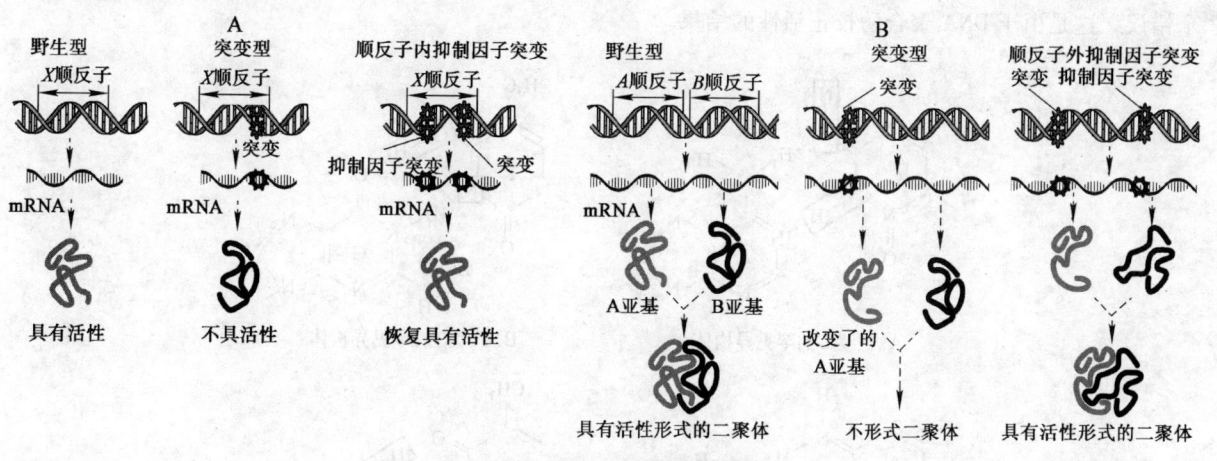

图 11-2 抑制因子突变示意图
A. 顺反子内抑制因子突变；B. 顺反子外抑制因子突变

## 11.2 突变的分子基础

要理解基因突变的机制，需要从 DNA 和蛋白质水平去分析。分子遗传学技术可以用于大片段 DNA 和基因组的测序,也可以用于检测突变引起的序列变化,这大大提高了人们对突变过程的认识,而且有助于了解突变基因位点(突变热点)的形成机制。

对突变分子机制的研究很多都是在细菌以及噬菌体中进行的,同时,对引起人类遗传病和导致动、植物性状改变的突变也已开展了大量的研究。

### 11.2.1 自发突变的分子基础

自发突变可能由于 DNA 复制错误、碱基的脱嘌呤作用(depurination)或脱氨基作用(deamination)、转座因子以及重组错误等多种原因引起。请注意,在诱发突变中许多突变也是以同样的方式发生的。

**1. DNA 复制错误引起的基因突变**

所有生物的 DNA 复制是一个非常精确的过程。我们知道原核生物 DNA 聚合酶具有 3′→5′ 外切核酸酶的活性,这一活性使 3′ 端不正确配对的核苷酸得以校读(proofreading)或切除。DNA 聚合酶的这一功能加上其他的修复机制,使得每 $10^{10}$ 个核苷酸中仅有 1 个会发生错误。如人类基因组的 $3 \times 10^9$ 碱基对中,每分裂 3 次才会有一次错误发生,并且这些突变中仅有一小部分是可见的,因为它们大部分发生在非基因区(如重复序列、基因间隙等)或为沉默突变,因而自发突变率相对是很低的。突变率(mutation rate)是指在单位时间内或一个世代中某种突变发生的概率,即每代每对核苷酸的突变概率数或每代每个基因的突变概率。上面讲到自发突变频率是相对非常低的,之所以说相对,是因为如果考虑一个个体发育,如人体由 $10^{14}$(100 万亿)个细胞组成,那么累计起来的突变也就不少了。

碱基本身存在着交替的化学结构,称为互变异构体(tautomers)。当碱基以它罕见形式出现时就可能和错误的碱基形成碱基对(图 11-3)。这种碱基化学结构的改变过程叫做互变异构移位(tautomeric shift)。在 DNA 复制时可能产生碱基的错配,如 A 和 C 配对(图 11-3C),当带有 A/C 错配的 DNA 重新复制时,产生的两条子链中,一条子链双螺旋在错配的位置上形成 G/C,另一条子链的双螺旋在相应位点将形成 A/T 对,这样就产生了碱基对的转换。图 11-4 表示由于互变异构移位所引起的从 G/C 到 A/T 的转换突变。据估计,每 $10^4$ 个碱基就会发生 1 个互变异构移位突变。前面讲了实际上 $10^{10}$ 个碱基中才有 1 个错误,这是由于 DNA 聚合酶校正活性的结果。

A. $C^*$ 为 C 的罕见异构体    B. $T^*$ 为 T 的罕见异构体

C. $A^*$ 为 A 的罕见异构体    D. $G^*$ 为 G 的罕见异构体

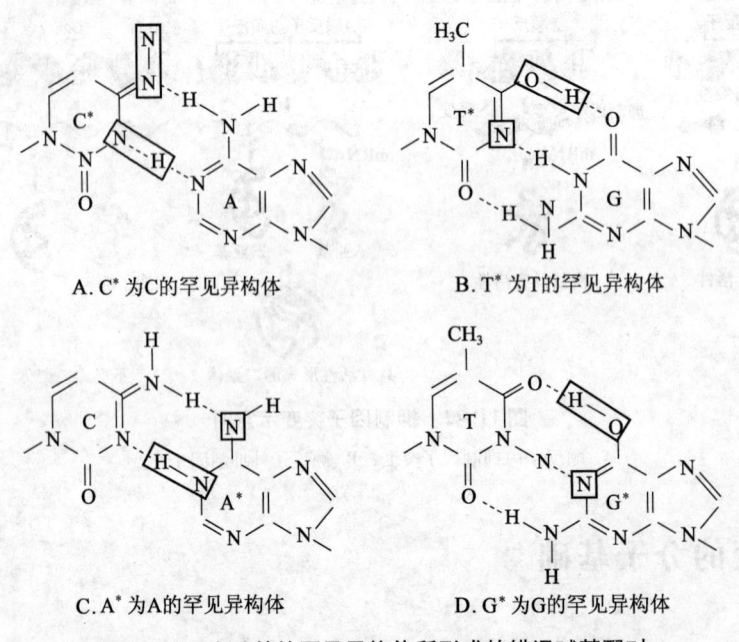

**图 11-3  由碱基的罕见异构体所形成的错误碱基配对**

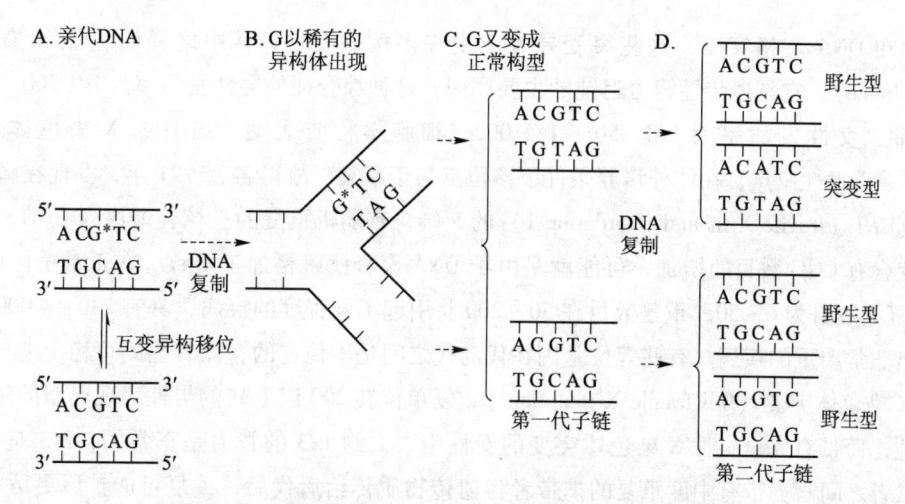

**图 11-4 在 DNA 复制中由于互变异构移位所产生的突变**

在 DNA 复制中发生的另一种错误形式是 DNA 环出或称为跳格（slippage），其结果导致移码突变、小的缺失或增加小的重复单位等。从图 11-5 可以看出，若是模板链的跳格，则会产生碱基对的缺失，若是新合成的链的跳格则会增加碱基对。当 DNA 中碱基的增减不是 3 的倍数时，跳格就会引起移码突变。

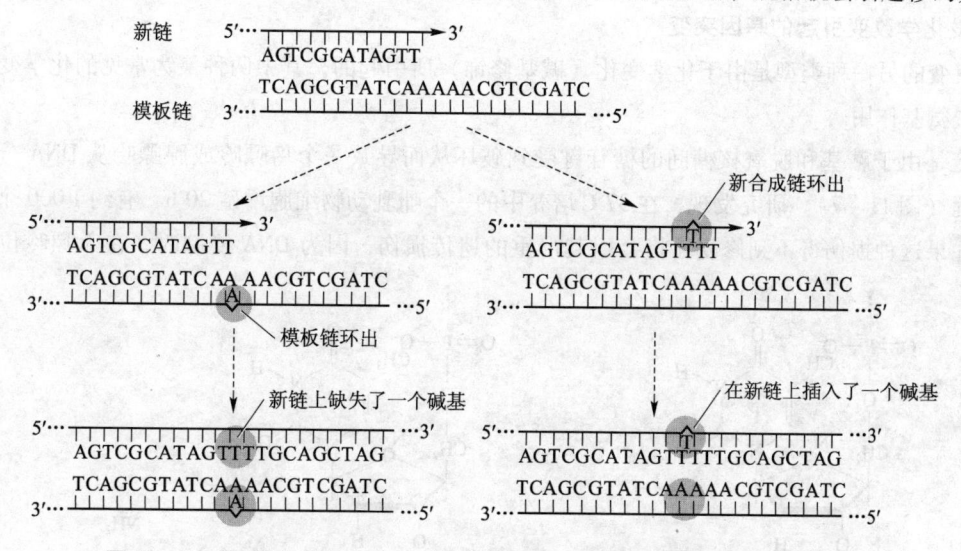

**图 11-5 在 DNA 复制中由于碱基的错误跳格自发产生碱基的插入和缺失**

在 *E. coli* 的 *lacI* 基因中，野生型是 4 碱基 CTGG 连续重复 3 次，但在某些突变型中是重复 4 次，有些突变型是重复 2 次，其发生的频率较其他位点高，称为突变热点（hot spots of mutation），它们是由于在 DNA 复制中发生跳格所引起的（图 11-6）。

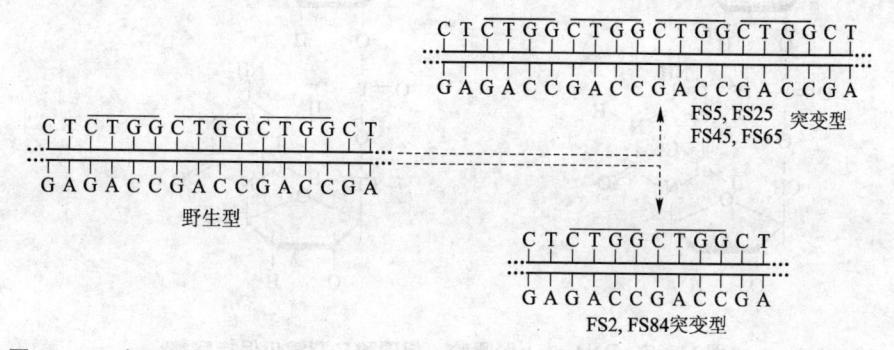

**图 11-6 由于 DNA 复制中跳格所引起 *E. coli* 中 *lacI* 基因中的 4 碱基 CTGG 热点突变**

人类也存在 DNA 跳格突变,这些突变导致产生许多疾病发生,其中之一叫脆性 X 染色体综合征 (fragile X syndrome),它是遗传性智力迟钝的主要原因。这种综合征的男性发病率为 1/1 200 ~ 1/2 500,并伴有大睾丸症,女性发病率为 1/1 650 ~ 1/5 000。细胞学检查表明,患者的 X 染色体长臂末端上 (Xq27.3) 有一个脆性位点,在体外培养条件下该位点易于断裂,故得名。1991 年,发现在脆性 X 染色体综合征基因 *FMR*1 (fragile X mental retardation 1) 的 5′端含有随机重复的三核苷酸序列 CGG,脆性 X 染色体综合征突变含有 CGG 数目的增加,可能就是由于 DNA 聚合酶跳格加工所致。在正常个体中,*FMR*1 基因中 CGG 重复的数目为 6 ~ 50,重复数目在 50 ~ 200 将引起不同程度的疾病,具有 230 ~ 4 000 个重复单位的个体表现出非常严重的疾病。有些等位基因在代与代之间是不稳定的,而有些则可稳定遗传,大多数带有完全脆性 X 染色体突变 (full fragile X mutation,重复单位在 200 以上) 的男性表现典型的生理和行为病症、智力迟钝,而带有完全脆性 X 染色体突变的女性中,大约 1/3 的智力是正常的,1/3 是智力迟钝的,另 1/3 介于二者之间。当带有中度重复的携带者将遗传物质传给后代后,重复可能扩展更厉害,形成 200 个以上的 CGG 重复序列,而变成完全脆性 X 染色体突变并伴有 CpG 岛的高度甲基化,使 *FMR*1 基因失去全部功能而无法制造正常蛋白。从这种脆性 X 染色体综合征特高频率的复制错误表明,在人类细胞中,当多于 50 个重复序列时,复制机制可能不是完全"忠实的"。另外,用 PCR 和测序方法对脆性 X 染色体综合征患者的检测表明,除了重复单位不同外,还存在缺失或点突变。

**2. 自发化学改变引起的基因突变**

自发突变的另一种类型是由于化学变化(碱基修饰)所引起的,其中两种最为常见的化学变化是碱基脱嘌呤和脱氨基作用。

脱嘌呤是由于碱基和脱氧核糖间的糖苷键受到破坏从而导致一个鸟嘌呤或腺嘌呤从 DNA 分子上脱落下来的过程(图 11-7)。研究发现,在 37℃ 培养中的一个哺乳动物细胞增殖 20 h,有约 1 000 个嘌呤自发地失去,如果这种损伤得不到修复,将会引起严重的遗传损伤,因为 DNA 复制时,在无嘌呤位点没有碱

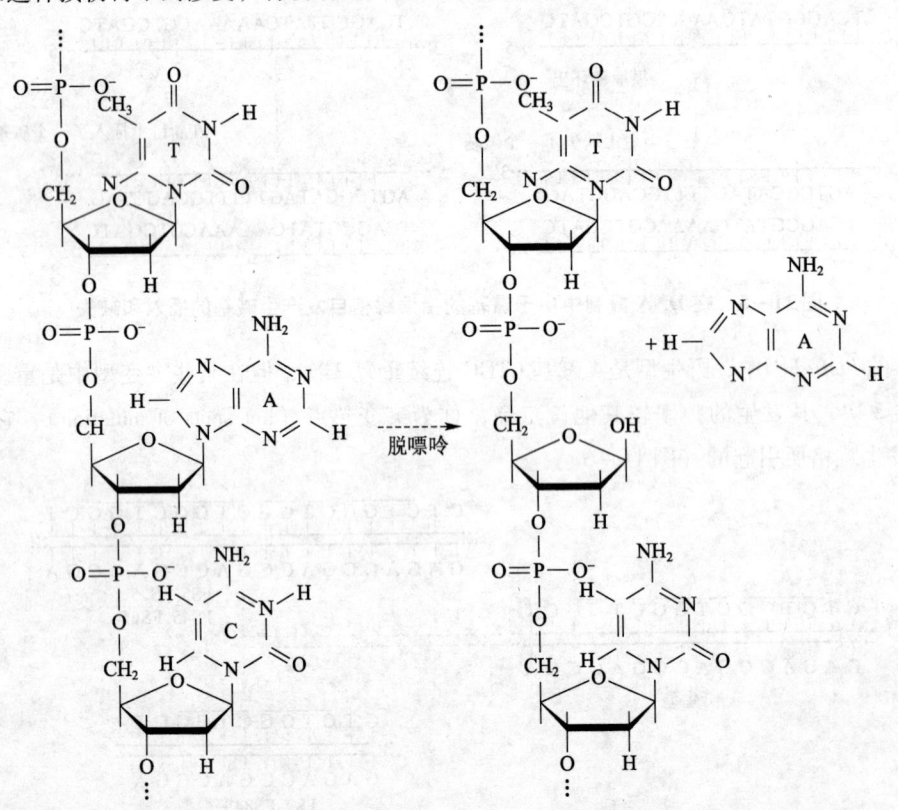

**图 11-7 DNA 链上脱嘌呤,但磷酸二酯键仍保持完整**

基特异地与之互补，而是随机地选择一个碱基插进去。黄曲霉毒素是一组主要由黄曲霉（*Aspergillus flavus*）和寄生曲霉（*A. parasiticus*）产生的具极强致癌性的次生代谢物，进入人体细胞后，它在 DNA 的鸟嘌呤 $N_7$ 位置上形成一个加合物，导致碱基和糖之间的糖苷键断裂，释放碱基而产生无嘌呤位点。

脱氨基作用是在 DNA 分子的一个碱基上脱掉氨基，通常是胞嘧啶和 5－甲基胞嘧啶（mC）脱氨基后分别变成尿嘧啶（U）和胸腺嘧啶（T）（图 11-8），其他的碱基并不发生脱氨基作用。胞嘧啶和 mC 脱氨基后引起 DNA 的严重损伤。"U" 并不是 DNA 中的一个正常碱基，修复系统会除去大部分由 C 脱氨基后所产生的 U，使序列中发生的突变减少到最低程度。如果 U 不被修复，在 DNA 的复制中它将和 A 配对，结果使原来的 C/G 对转变成 T/A 对，产生碱基转换突变。mC 是基因组中常见的一种经甲基化修饰的碱基，它经脱氨基后产生的是 T，mC 的脱氨基结果使 mC/G 转换成 T/A，由于 T 是 DNA 中的正常核苷酸，修复系统不能将其作为一个异常的碱基而识别，其错误的配对不能经常被修复。因此基因组中 mC 位点常常是突变热点，即在此位点发生突变的频率要比别处高得多。如在 *E. coli lacI* 基因（乳糖操纵子中的调节基因）的 55 个独立分离的 G/C 位点自发突变中，其中只有 11 个是由未甲基化的胞嘧啶引起的，而 44 个突变发生在该基因的 4 个 mC 位点［在细菌中，DNA 甲基化发生在 CC（A/T）GG 的第二个 C 上］。哺乳动物的 DNA 甲基化发生在 CpG 岛上，但其基因编码区中 CpG 序列的密度通常较低，这样可以减少自发突变的发生。

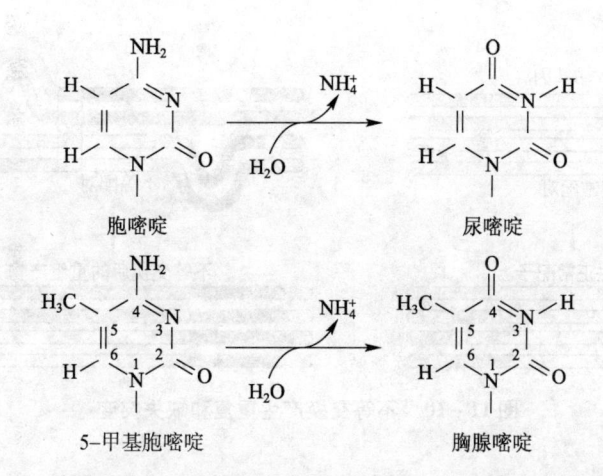

**图 11-8　胞嘧啶和 5－甲基胞嘧啶脱氨基后分别变成尿嘧啶和胸腺嘧啶**

### 3. 转座子和插入序列引起的基因突变

关于转座子（transposon）或插入序列（insertion sequence）的结构和功能将在 12.4 中阐述。它们在基因序列中的插入经常引起基因功能的失活（图 11-9），如果该基因编码一种重要的产物，那么这种突变就会引起一个突变表型的产生。实际上，现已知道在玉米、果蝇、*E. coli* 及其他一些生物中所产生的一些典型突变就是由于转座子或插入序列的插入所引起的。目前估计，在某些位点有 50%~80% 的突变是由于这些可移动序列的插入所造成的基因干扰所致。

基因组中转座子和插入序列的存在，使我们认为在基因组中应该存在对每一种基因突变进行保护的遗传机制的观点发生改变。令科学家们惊奇的是，对于每个物种来说，进化所产生的基因组带有它内在的机制使其产生突变，甚至有一定的突变率。当然这种新的突变机制对于自然选择会产生很大的影响，因而也影响到我们对进化过程的理解。

### 4. 不等交换所引起的基因突变

减数分裂过程中的重组错误也会产生自发突变。正常情况下，配对同源染色体间的交换是非常精确的，然而，当含有随机重复的染色体时，会在重复序列间发生错误配对。错配区（mispaired region）中所

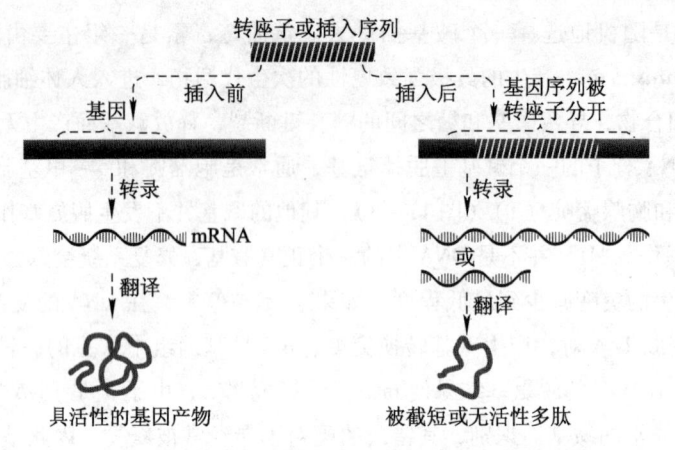

**图 11-9　转座子或插入序列引起基因突变的机制**

发生的重组叫做不等交换（unequal crossing over），这种不等交换会产生重复和缺失突变。如图 11-10 所示，如果基因 A 和基因 B 的绝大部分序列是同源的（如 97%），在减数分裂时，这两个基因就可能错配，如果在错配期间发生了一个交换，那么 B 基因就会从一个配子中缺失，而在另一个配子中会有两份 B 基因拷贝。

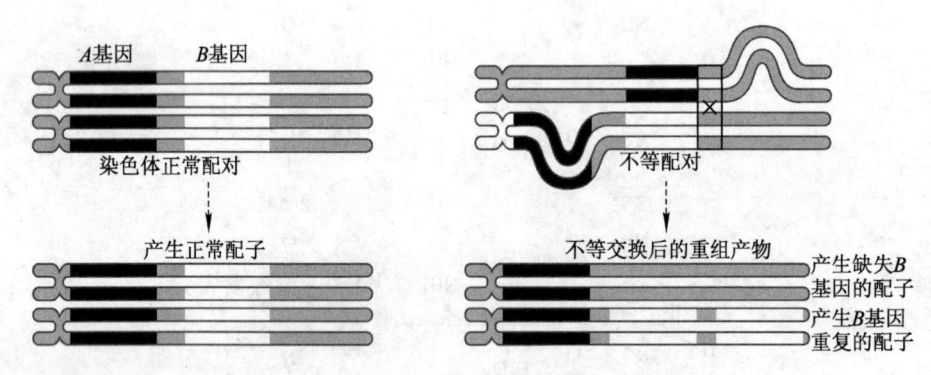

**图 11-10　不等交换产生重复和缺失突变**

### 11.2.2　诱发突变的分子基础

地球上所有的细胞都暴露在诱变剂（mutagens）之中，其中有些诱变剂是自然存在的，如真菌毒素、宇宙射线、紫外线等，而有些诱变剂则是非自然的，即由工农业污染和医疗射线产生或来自于人们所使用的化学药品等。诱变剂的使用可以增加突变的频率，常用的两类诱变剂是射线和化学物质。

**1. 射线诱发的突变**

在电磁波谱中比可见光的波长要短一些的部分构成了非离子射线（如紫外线）和离子射线（包括 X 射线、γ 射线以及宇宙射线）。由于当波长减小时能量增大，因此紫外线比可见光的能量要高一些，离子射线比非离子射线的能量大，γ 射线比 X 射线能量大（图 11-11）。离子射线能穿透组织，通过与原子碰撞并释放出电子，此电子再与其他原子碰撞释放更多的电子，使得高能辐射也能产生离子。沿着每个高能射线的轨迹能发现一串离子，它们能启动很多化学反应，其中包括突变。电离射线可诱导基因突变和染色体的断裂。H. J. Muller 因发现 X 射线能人为地诱发遗传突变而被授予 1964 年诺贝尔奖。

紫外线（ultraviolet，UV）虽没有足够的能量诱导离子化，但它能引起突变，这是因为 DNA 中的嘌呤和嘧啶有很强的吸收光的能力，特别是对波长为 254~260 nm 的 UV。这种波长的 UV 能通过 DNA 光化学变化初步诱导基因突变，使 DNA 合成延伸衰减。但幸运的是，UV 的穿透能力非常有限，对于多细胞生

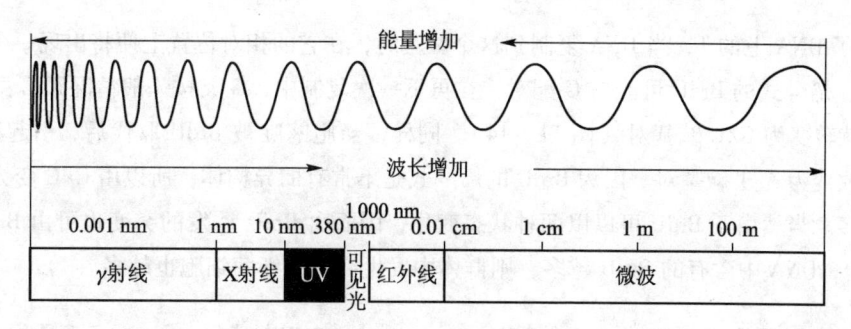

图 11-11 电磁波谱

物，它仅对表层细胞造成伤害。

UV 照射能引起很多变异，其中最明显的变异是引起 DNA 同一链上的两个嘧啶核苷酸共价联结，形成嘧啶二聚体，其中最常见的是胸腺嘧啶二聚体（T=T）（图 11-12），此外还有胞嘧啶二聚体（C=C）以及胸腺嘧啶和胞嘧啶二聚体（C=T）。

DNA 分子中嘧啶二聚体的形成将影响碱基的配对，不配对的二聚体结构在 DNA 螺旋结构上形成一个凸起，这对 DNA 分子好像是个"赘瘤"。二聚体不能作为模板指导互补链的合成，因为 DNA 聚合酶不能越过二聚体，DNA 聚合酶在二聚体之前停留下来，及在二聚体之后重新开始，所以在新合成的互补链上在二聚体处留下一个缺口。在大多数情况下，通过随意掺入几个碱基将链填补，结果新合成链上的碱基序列发生了改变，从而引起突变（图 11-12）。

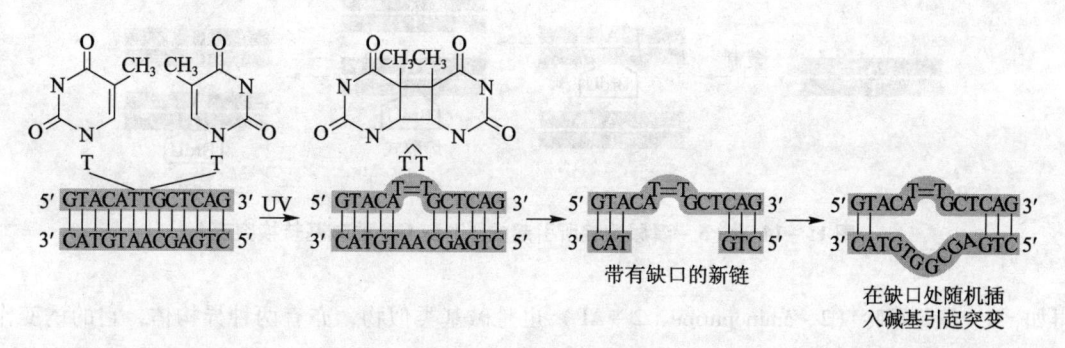

图 11-12 同一条 DNA 链上相邻的两个 T 经 UV 照射后形成二聚体 T=T，从而引起突变

**2. 化学物质诱发的突变**

不同化学诱变剂具有不同的作用方式：有些化合物模仿碱基的作用，在 DNA 复制中取代碱基，称为碱基类似物（base analogues）；有些则改变碱基的结构；还有一些则在 DNA 复制过程中直接诱导插入或缺失。大多数的化学诱变剂产生前突变损伤（premutational lesion），这种损伤能在复制前予以修复。然而，如果在损伤修复之前发生 DNA 复制，则会产生一个突变的碱基序列，从而形成可遗传的突变。

（1）碱基类似物诱发的突变：当一种化合物的分子结构很像天然化合物时，在某个化学反应中就可能取代天然化合物。在 DNA 复制中，少数碱基类似物可以代替某种天然碱基，引起配对错误，由一碱基对代替另一不同碱基对，从而引发基因突变。

例如，5-溴脱氧尿苷（5-bromodeoxyuridine，BrdU）跟胸腺嘧啶（T）的结构很相似，仅在第 5 个碳原子上由溴（Br）取代了 T 的甲基。BrdU 有两种异构体——酮式和烯醇式，可分别与 A 和 G 配对（图 11-13），这样在 DNA 复制中一旦掺入 BrdU 就会引起碱基的转换而产生突变。将 *E.coli* 培养在含有 BrdU 的培养液中，菌体一部分 DNA 中的 T 便为 BrdU 所取代。BrdU 能从一种结构转变为另一种结构，在 DNA 分子中它通常以酮式状态存在，这时它和 T 一样，也能与腺嘌呤（A）配对；但由于 5 位上溴的影响，BrdU 有时以烯醇式状态存在于 DNA 中取代胞嘧啶（C）的位置，这时它可以跟鸟嘌呤（G）配对。

如果 BrdU 取代了 DNA 上的 T，当 DNA 复制到这个碱基时，在它的相对位置上便将出现一个 A。而在下一次 DNA 复制时，烯醇式的 BrdU 可能与 G 配对，在再下一次复制中，G 又按一般情况跟 C 配对，这样原来的 A/T 碱基对就转变为 G/C 碱基对（图 11-14）。同样，当胞嘧啶被 BrdU 取代后，引起碱基对的改变，由 G/C 碱基对改变为 A/T 碱基对。因为 BrdU 的烯醇式是不常有的异构体，所以由 G/C 变为 A/T 要比 A/T 变为 G/C 少得多。当然由于 BrdU 可以以两种状态变化，因而由 BrdU 诱发的突变也可由 BrdU 来回复。尽管这样，一般地，DNA 中含有的 BrdU 越多，则群体中发生突变的细菌细胞也越多。

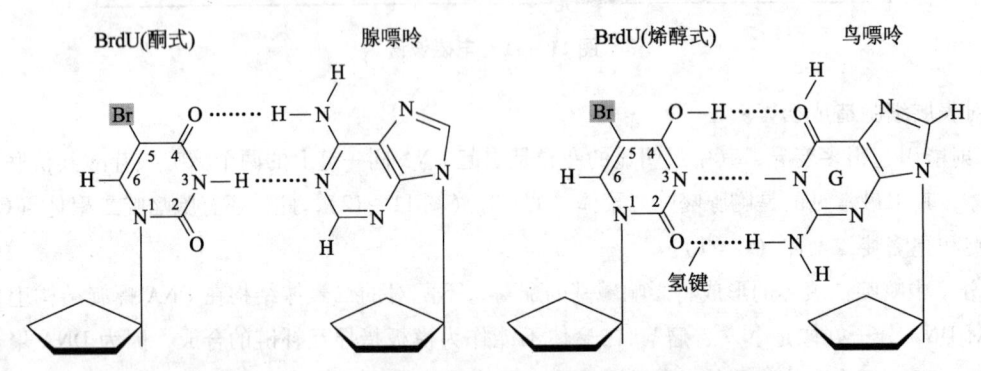

**图 11-13　5-溴尿嘧啶酮式和烯醇式与正常碱基的配对**

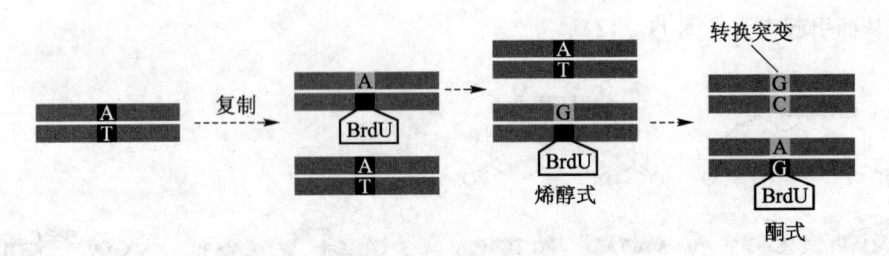

**图 11-14　由 5-溴尿嘧啶所引起的 AT 到 GC 的碱基转换突变**

再如，2-氨基嘌呤（2-aminopurine，2-AP）也是碱基类似物，亦有两种异构体，它的诱变作用也是引起碱基对的转换，其机制与 BrdU 相似。

用于治疗艾滋病的药物——叠氮胸苷（azidothymidine，AZT）也是一种碱基类似物。艾滋病病毒是一种反转录病毒，其遗传物质是 RNA，当病毒侵入细胞后通过反转录酶将基因组 RNA 反转录成一个 DNA 拷贝，这个 DNA 整合到宿主细胞的基因组 DNA 中，然后能进行一系列新的蛋白质合成，从而产生新的病毒。AZT 能作为 T 的类似物掺入 DNA 中。AZT 在病毒 RNA→DNA 的阶段是反转录酶的底物，但在细胞中却不是 DNA 聚合酶的合适底物。这样 AZT 的作用是一种选择性毒物，可以抑制病毒 DNA 的合成，从而阻断新病毒的产生。

（2）碱基修饰剂导致的突变：有的诱变剂并不是掺入 DNA 中，而是通过直接修饰碱基的化学结构，改变其性质而导致突变，如亚硝酸、羟胺、烷化剂等（图 11-15）。

亚硝酸（$HNO_2$）有氧化脱氨作用，它可使 G、C、A 脱去氨基分别成为黄嘌呤、U 和次黄嘌呤（H）。脱氨后生成的黄嘌呤、次黄嘌呤均跟 C 配对，U 跟 A 配对。在下一次 DNA 复制时，C 又按一般情况跟 G 配对，A 跟 T 配对，这样就由原来的 G/C 转换为 A/T，由原来的 A/T 转换为 G/C，使 DNA 分子中核苷酸排列次序发生变化。但脱氨后生成的黄嘌呤仍跟 C 配对，故这种改变不产生突变。

羟胺（$NH_2OH$）可特异地使 C 上的氨基氮羟基化，这种修饰过的 C 可与 A 配对形成氢键，从而引起 G/C 到 A/T 的转换。

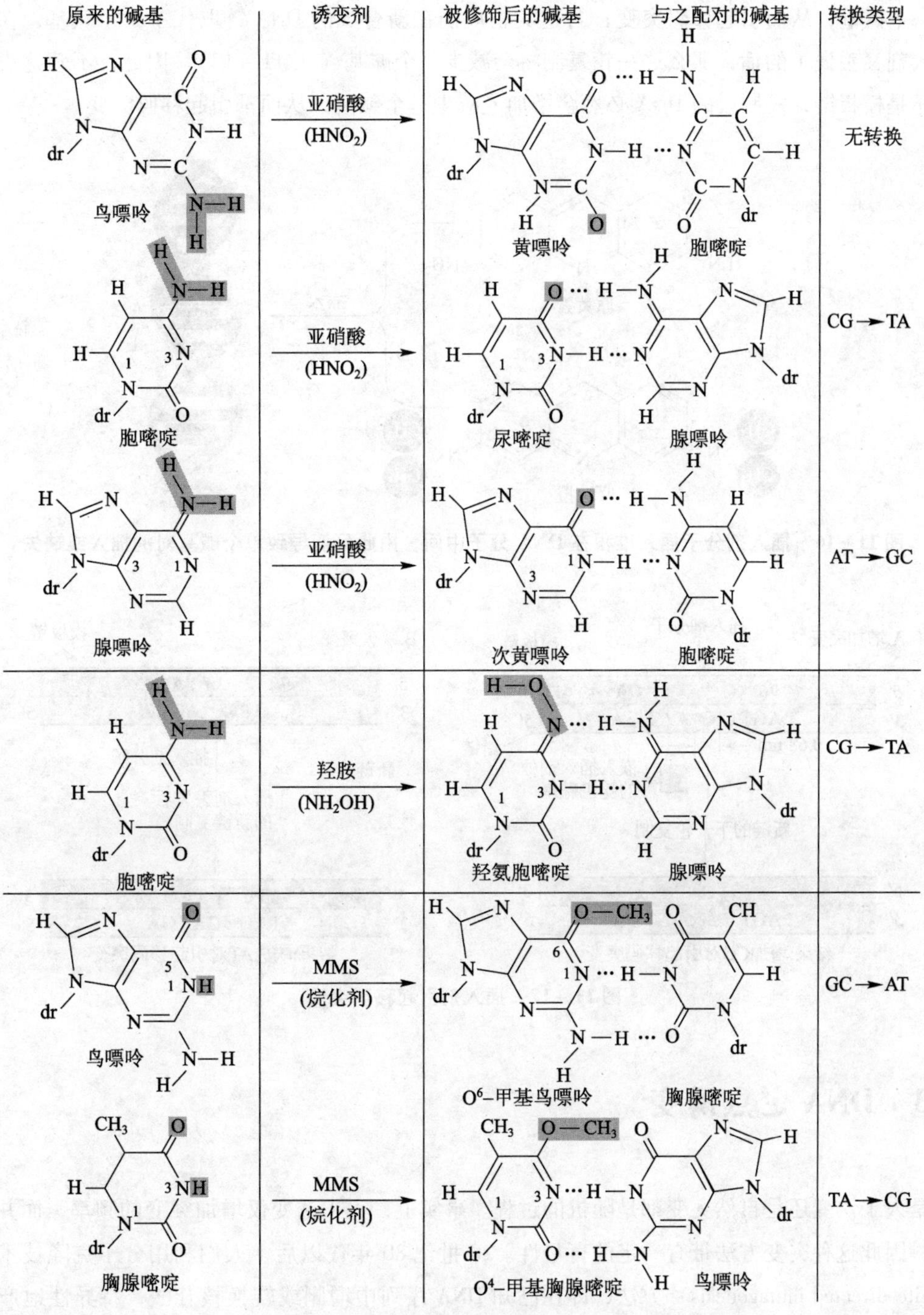

图 11-15  3 种碱基修饰剂的作用

烷化剂对很多生物有诱变作用。烷化剂包括的种类很多，如芥子气（NM）、甲基磺酸甲酯（MMS）、甲基磺酸乙酯（EMS）、亚硝基胍（NG）等。烷化剂的作用是使碱基烷基化，如 MMS 使 G 的第 6 位和 T 的第 4 位烷化，结果它们分别和 T、G 配对，导致原来的 G/C 对转换成 A/T 对，T/A 对转换成 C/G 对。

（3）DNA 插入剂诱发的突变：吖啶类染料是一类重要的诱变剂，这类化合物包括吖啶橙（acridine orange）、原黄素（proflavine）、黄素（acriflavine）等。这类试剂为一种平面分子，均含有吖啶环，其分子大小与碱基对大小差不多。它们通过插入到 DNA 双螺旋双链或单链的两个相邻碱基间，起到插入诱变的作用（图 11-16）。若这类物质插在 DNA 模板链，新链合成时必须要有一个碱基插在插入剂相应的位置上，以填补空缺，这个碱基不存在配对问题，是随机的，新合成链上一旦插入了一个碱基，那么下一轮复制必然会增加一个碱基,从而引起移码突变;若这类物质插在新合成的 DNA 链取代了一个碱基,在下一轮复制前该插入剂又丢失了的话,那么这一轮复制将会减少一个碱基(图 11 – 17)。因此,不管这类物质插入新合成链还是模板链,复制后的 DNA 必然会增加或减少一个碱基,从而都引起移码突变。

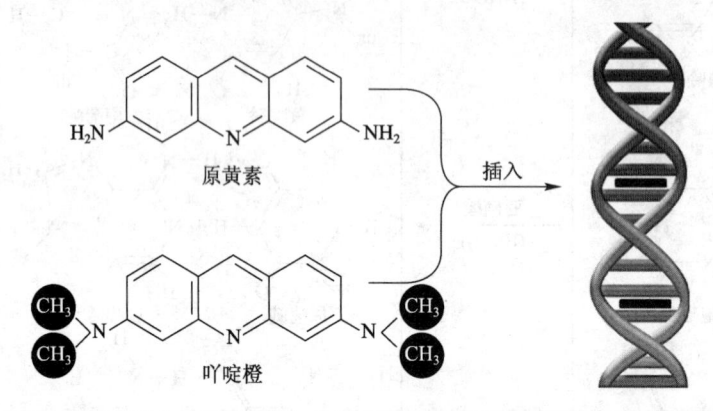

图 11 – 16 插入剂分子插入堆积在 DNA 分子中间,由此可能导致单个碱基对的插入或缺失

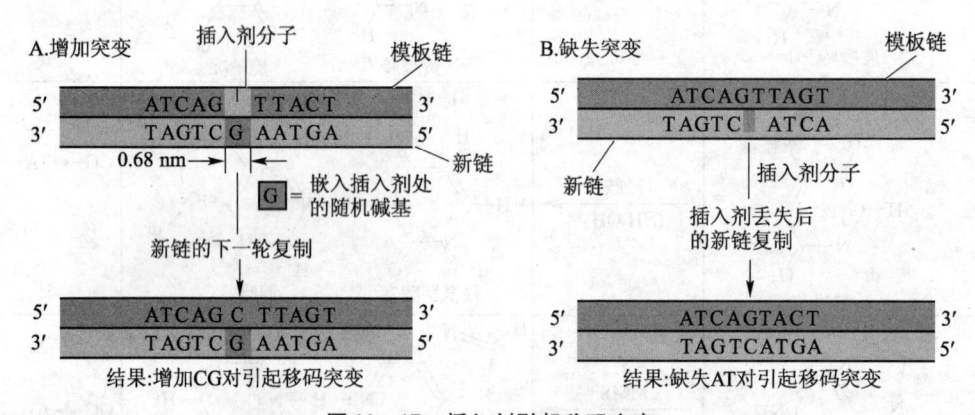

图 11 – 17 插入剂引起移码突变

## 11.3 DNA 定点诱变

无论是人工诱变还是自然突变都是随机的过程。事实上,人工诱变仅增加突变的频率,而并不改变突变的方向,因此这种突变方法带有一定的盲目性。20 世纪 80 年代以后,人们利用分子克隆技术建立了定点诱变(site-directed mutagenesis)方法,即在已知 DNA 序列中增删或转换核苷酸,特异性地产生实验所设计的突变。

定点诱变方法有多种,下面简要介绍其中的两种:

**1. 聚核苷酸单链模板介导的定点突变**

如果希望改变某 DNA 克隆的某一个特定碱基,可以首先人工合成一条包括要改变的靶碱基及其附近序列的寡核苷酸(一般 12～15 bp 长,使靶碱基置于其中央),这条寡核苷酸除了要替换的靶碱基外,其余的序列与野生型 DNA 分子的相应序列完全相同。将它与可分离出单链 DNA 的克隆载体如 pUC118、pUC119 或单链噬菌体 M13 所携带的 DNA 克隆的互补单链混合进行分子杂交,合成的寡核苷酸与载体上的单链退火,在 DNA 聚合酶的作用下合成完整的互补链,然后经 DNA 连接酶连接由 DNA 聚合酶所留下的单链缺口,将此双链环状 DNA 通过转化导入到大肠杆菌细胞中,通过 DNA 半保留复制后就可得大量子代

DNA 分子，在这些子代 DNA 中 50% 为带有原来序列的 DNA 分子，50% 为新的带有定点突变的 DNA 序列（图 11-18）。这两种类型的分子可通过第二次转化进行分离，突变基因可通过直接测序鉴定；最后通过等位基因替换（或其他）的方法将突变基因送回细胞内原来的基因组中，在生理条件下检测和研究突变效应。

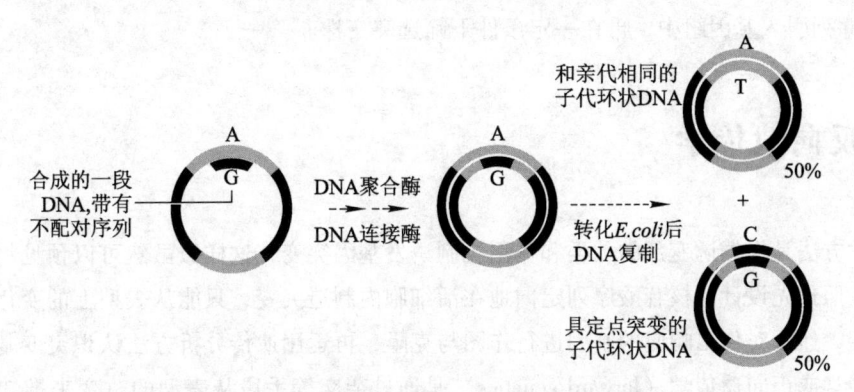

图 11-18 聚核苷酸单链模板介导的定点突变示意图

### 2. 基于 PCR 的体外定点突变

基于 PCR 的体外定点突变技术是基于以下事实：①可以通过在引物 5′ 端引入一段非模板依赖的寡核苷酸，通过 PCR 进而将这段寡核苷酸引入 PCR 扩增产物中；②引物与模板间的碱基配对要求并不十分严格，只要不是在 3′ 末位碱基，就可以人为地使某个点上的碱基误配，从而引入点突变。由上可以看出，这种点突变都是发生在引物中，因而这种变化只发生在 PCR 产物的末端。如果要在基因中间引入定点突变，可首先设置两个 PCR 反应体系（图 11-19）。在第一套 PCR 反应体系中，用引物 a 和引物 b 扩增出产物 AB，其中引物 b 引入了一个突变（用■表示）；在第二套 PCR 反应体系中，用引物 c 及引物 d 扩增出产物 CD，这里引物 c 和 d 处于等位位置，突变点位于两个引物的等位位置上，这两个点突变都分别反映到产物 AB 及 CD 中。将 PCR 产物 AB 和 CD 加到一起进行变性、复性，由于产物 AB 与产物 CD 有一段重叠的同源序列，这两段互为引物，互为模板，发生"重叠延伸"，就可产生带有中间突变碱基的全长产物 AD。用这种方法可以对一个基因内部的核苷酸序列进行定点突变。

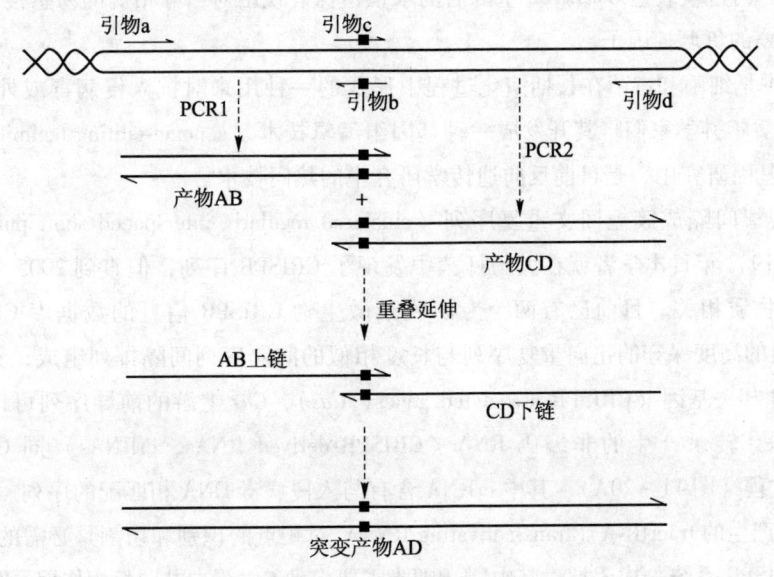

图 11-19 用重叠延伸 PCR 进行基因的定点突变

定点诱变技术是改造、优化基因的便捷方案，已成为探索启动子调节位点的有效手段和蛋白质工程的重要技术之一，通过该方法可以随心所欲地改变蛋白质的结构、理化性质和生物学功能。此外，通过定点诱变技术也可以将基因组中任何既定部位的核苷酸替换，或者使之缺失，或者插入另一段核苷酸，使基因组中的特定 DNA 序列发生突变。为达到这一目的，可以通过同源重组技术（见第 12 章）等将含有特定位点变异的 DNA 序列引入基因组中，再在一定条件下筛选突变株。

## 11.4　反向遗传学

传统遗传学方法是根据诱变剂的种类和作用机制诱发基因突变，这样做虽然可以预见将获得何种突变类型，但不能按照预先设计的核苷酸序列定向地在活细胞内制造突变，只能从表型上的变化去推知某基因发生了某种突变，然后对作出响应的基因进行作图与克隆，再运用遗传分析方法认识突变基因的性质和功能。即传统遗传学或正向遗传学（forward genetics）是通过杂交等手段从表型的改变来推知遗传基因的存在与变化的认知路线，它主要研究生物突变性状的遗传行为，如控制突变性状的基因数目及其在染色体上的位置，以及突变性状在后代中的传递规律等。而离体定向诱发突变是先对某个基因进行定向突变，然后用一定方法导入细胞或生物体，观察和分析其表型的变化，以探讨正常基因的功能，这样的遗传分析途径与经典遗传学的方法正好相反，称为反向遗传学（reverse genetics）。所谓反向遗传学就是指直接从生物的遗传物质入手，利用现代生物学理论与技术，通过核苷酸序列的改变（替换、缺失、插入等）、基因表达沉默等手段创造突变体并研究突变所造成的表型效应，进而阐述生命发生的本质现象与规律的过程。

与反向遗传学相关的研究技术称为反向遗传学技术（reverse genetic manipulation），主要包括基因敲除、RNAi、基因过表达、基因体外转录、基因定点突变和 DNA 重组表达等技术。随着基因组研究技术的不断发展与完善，反向遗传学几乎已融入当今生物研究的各个领域，广泛用于研究生命现象与本质。例如，我们通过敲除黄曲霉菌中一未知功能的 EST 序列，发现黄曲霉毒素的合成显著降低，说明该序列与黄曲霉毒素的合成是相关的；有人通过敲除小鼠体内胱硫醚 γ-裂解酶基因发现，$H_2S$ 是一种与 NO 类似的内皮源性血管舒张因子，进一步的研究确定了胱硫醚 γ-裂解酶是与钙离子、钙调蛋白结合成复合物后发挥生物活性的；在体内过量表达 *Oswrky*62 基因后的水稻植株表现出对白叶枯病的易感性，进一步研究发现 *Oswrky*62 是植物免疫的负调控因子。

💡 11-3
CRISPR 更多

CRISPR/Cas9 本是细菌和古菌在长期演化过程中形成的一种用来对抗入侵病毒或外源 DNA 的适应性免疫防御机制，2012 年科学家们将其开发成一种基因组编辑技术（genome-editing technique），现已被广泛应用到各类生物的基因研究中，是目前反向遗传学研究中的热门技术。

CRISPR 是"规律间隔成簇短回文重复序列（clustered regularly interspaced short palindromic repeats）"的简称。虽然早在 1987 年日本学者就在大肠杆菌中发现了 CRISPR 序列，但直到 2005 年以后才真正确立其与抵抗外源遗传物质相关。目前已有两个专门收录微生物 CRISPR 信息的数据库 CRISPdb 和 CRISPI。CRISPR 由一系列短的高度保守的正向重复序列与长度相似的间隔序列间隔排列组成，其位点附近存在一系列保守的 CRISPR 相关基因（CRISPR-associated genes，*Cas*），*Cas* 上游的前导序列可以作为启动子启动 CRISPR 序列的转录，转录产生的非编码 RNA（CRISPR-derived RNAs，crRNAs）同 Cas 蛋白共同参与 CRISPR 免疫防御过程（图 11-20A），其中 crRNA 含有与入侵病毒 DNA 相匹配的序列。此外，Cas 基因前面的 tracrRNA 基因产生的 tracrRNA（trans-activating RNA）对靶点的识别和切割是必需的。根据 CRISPR 相关蛋白的不同，CRISPR 系统分成 3 类，其中 I 类和 III 类需要多种 Cas 蛋白共同发挥作用，II 类系统只需要一种蛋白 Cas9。Cas9 含有 2 个核酸酶结构域：HNH 核酸酶结构域及 RuvC-like 结构域，前者可以切割与 crRNA 互补配对的 DNA 模板链，后者则可以切割另一条 DNA 链（图 11-20A）。Cas9 蛋白单独存在时处于非活性状态，但与 crRNA：tracrRNA 结合后，其三维结构发生剧烈变化，允许其与目标 DNA 结合并发挥作用。

CRISPR/Cas9 系统的工作原理是（图 11-20A）：crRNA 通过碱基配对与 tracrRNA 结合形成 tracrRNA/crRNA 复合物，此复合物引导核酸酶 Cas9 在与 crRNA 配对的序列靶位点处剪切双链 DNA，从而实现对基因组 DNA 序列的编辑。科学家们发现，将 tracrRNA 和 crRNA 整合为一个 RNA 转录物后，同样能引导 Cas9 蛋白识别靶序列并切断双链 DNA，于是将人工设计的这两种 RNA 表达为一条嵌合的引导 RNA（single guide RNA，sgRNA），同时将表达 sgRNA 的原件与表达 Cas9 的原件相连接成质粒，转染细胞，便能够对基因组中的目的基因进行定点切割（图 11-20C）。目前许多商业公司已开发出不同的 CRISPR/Cas9 载体构建试剂盒，只需要将根据基因组靶序列设计的 sgRNA 引物退火之后连接入线性 Cas9 载体中即可，操作简便，价格低廉。

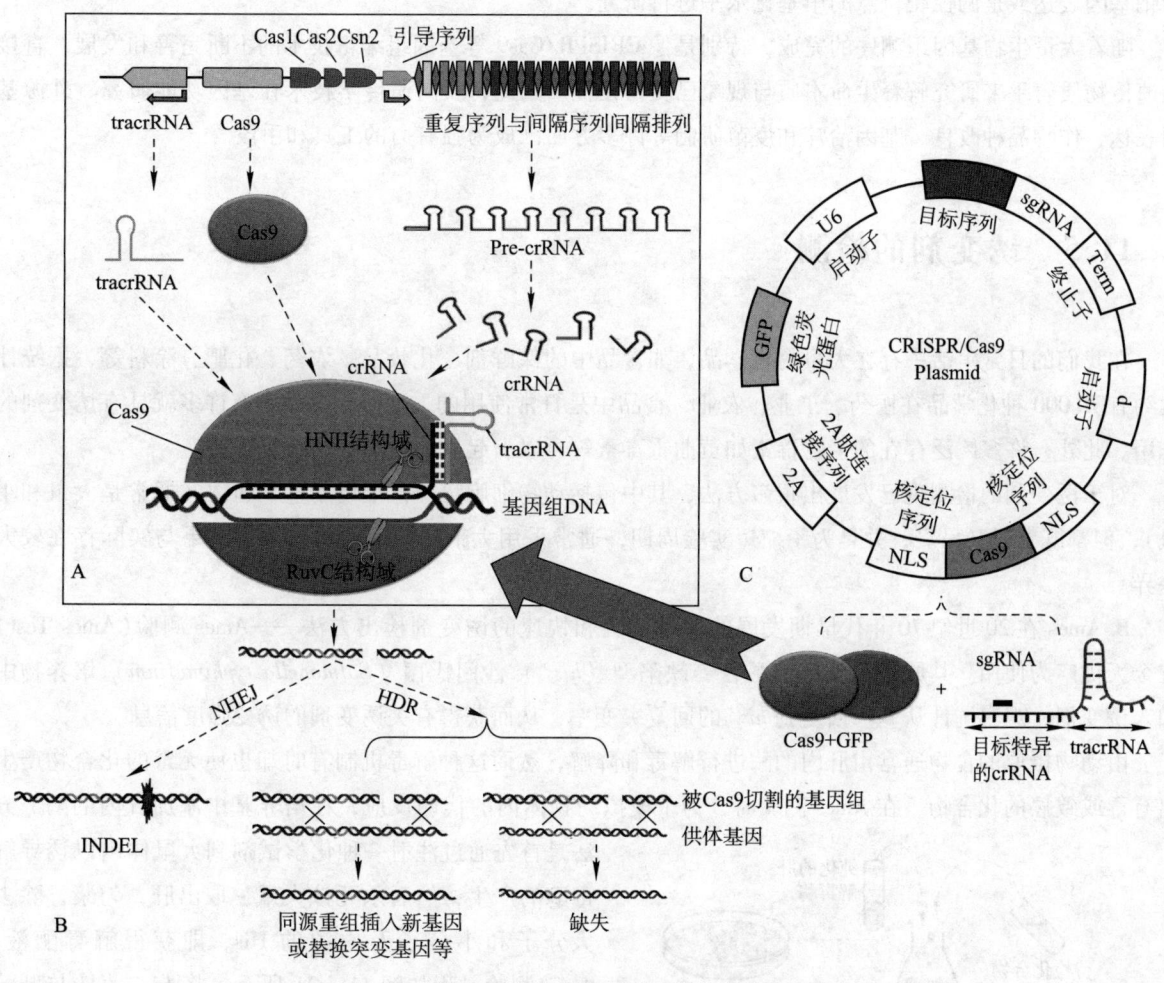

**图 11-20 CRISPR/Cas9 系统作用原理和应用示意图**

Cas9 蛋白形成 DNA 双链断裂后，细胞可通过两种方式对 DNA 进行修复：一种是不精确的非同源末端连接（non-homologous end joining，NHEJ）修复，另一种是精确的同源重组修复（homology-directed repair，HDR）。NHEJ 修复后形成随机多个碱基的插入或删除，造成目标 DNA 序列的 INDEL（insertion and deletion）效应，通过造成基因的移码突变从而实现基因敲除（knock-out）的目的；HDR 方式通过供体 DNA 与基因组 DNA 之间的重组，实现定点的单个碱基或者长片段的插入、删除或者突变，达到对基因精确编辑的目的或靶向插入外源基因（knock-in）（图 11-20B）。关于同源重组的更多知识请见 12.2.2。

CRISPR/Cas9 用在反向遗传学研究中，主要是对基因组 DNA 进行突变、引入外源基因或阻碍基因表达等。理论上基因组中每 8 个碱基就能找到一个可以用 CRISPR/Cas9 进行编辑的位置，可以说这一技术能对基因组中的任一基因进行操作。基于 Cas9 蛋白拥有巨大的改造潜力，CRISPR/Cas9 在反向遗传学研究中已开始发挥巨大的作用。如通过对 Cas9 蛋白的单个氨基酸突变（D10A），就能使其不切断 DNA 双链，而只是切开单链，这样可以大大降低切开双链后带来的非同源末端连接所造成的 DNA 变异风险；又如将 Cas9 蛋白突变使其失去 DNA 切割活性后，其同 gRNA 形成的核糖核蛋白复合物仍保留与靶点特异性结合的能力，而该复合物与基因结合后形成的空间位阻可以干扰转录延伸、RNA 聚合酶结合或转录调控因子结合，从而达到在转录水平抑制基因表达的目的，好像是使 CRIPSR/Cas9 变成了一种转录调节因子；再如将无核酸酶功能的 Cas9 蛋白与其他功能蛋白如转录激活因子或甲基化酶等融合，在 sgRNA 引导下，Cas9 能将这些融合蛋白或 RNA 带到任何特定的 dsDNA 序列处，从而对特定 DNA 序列上的这些蛋白质的作用如激活靶基因表达或是调控靶位点的甲基化水平进行研究。

随着大量生物基因组测序的完成，特别是像 CRISPR/Cas9 等基因组编辑技术的不断完善和发展，直接从遗传物质着手来研究解释生命本质与现象已变得便捷。因此，反向遗传学技术在基因功能研究、外源基因表达、作物品种改良、基因治疗和疫苗研制等许多方面已成为强有力的工具和手段。

## 11.5　诱变剂的检测

在我们的日常生活中存在大量的化学品，如食品中的保鲜剂、化妆品、农药、化肥、涂料等，据统计大约有 70 000 种化学品在医药、工业、农业、食品中是日常使用的，这些化学品中有许多就具有诱变剂的作用。此外，许多广泛存在的生物毒素如黄曲霉毒素等可以引起生物的突变及癌症等。

对于诱变剂的检测现已发展出很多方法，其中包括动物细胞培养甚至使用整个动物（通常是大鼠和小鼠），但都既费时又昂贵，并且为了缩短实验周期，通常采用大剂量，因而所得实验结果与实际存在较大差异。

B. Ames 在 20 世纪 70 年代早期发展的一种便宜和快速的诱变剂检出方法——Ames 测验（Ames Test）在今天仍广为使用。其原理是在组氨酸营养缺陷型（$his^-$）沙门氏菌（Salmonella typhimurium）培养物中加入诱变剂，观察统计从 $his^-$ 回复到 $his^+$ 的回复突变率，从而获得有关诱变剂的诱变强度信息。

由动物摄取的食物通常由肝内的酶进行解毒和降解，然而这种解毒机制有时却也使无毒的化合物产生出有毒或致癌的化合物。在 Ames 测验时，为了模拟动物体内的代谢反应，在培养基中添加肝内的酶。方法是首先通过注射一种化学试剂到大鼠体内以诱导解毒酶的产生，然后杀死该大鼠，取出肝，匀浆，除去大分子和小分子及内源的 His，即获得解毒酶液。Ames 测验过程如图 11-21 所示：将 $his^-$ 菌株与肝酶混合，加入待检化合物在缺乏 His 的培养基中培养。从培养所获得的菌落中可得知从 $his^-$ 到 $his^+$ 的回复突变。然后通过比较对照平板（未加诱变剂），就可以计算出回复突变的菌落数。比较不同诱变剂的回复突变菌落数，也就可以知道某种物质的致毒性。例如，在对 MMS 的测验中，扣除对照外共有 105 个回复突变菌落，而在加有黄曲霉素 B1（AFB1）的测验中，扣

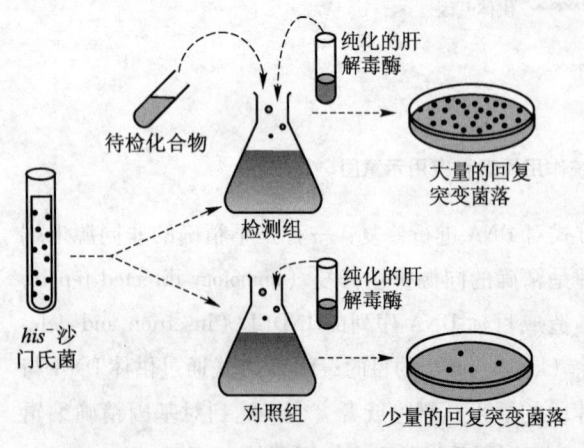

图 11-21　Ames 测验检测诱变剂的诱变强度信息

除对照外共有 1 200 000 个回复突变菌落,因此 AFB1 的致毒性是 MMS 的 11 500 倍。要注意的是,Ames 测验中所用的沙门氏细菌需经特殊突变,使它们的精确修复机制失活,同时,通过突变消除其野生型菌上具有的保护性脂多糖外衣。

1984 年由 O. Ostling 首先提出及其后 1988 年由 N. P. Singht 等进一步完善的单细胞凝胶电泳试验(single cell gel electropheresis,SCGE)或称彗星试验(comet assay)也是一种当前广泛应用的操作简便、敏感性高的检测哺乳类有核细胞 DNA 损伤和修复的方法。其原理是基于有核细胞的 DNA 相对分子质量很大,DNA 超螺旋结构附着在核基质中,用琼脂糖凝胶将细胞包埋在载玻片上,在裂解液的作用下,细胞各类膜结构被破坏,使胞内的 RNA、蛋白质及其他成分进入凝胶,继而扩散到裂解液中,唯独核 DNA 仍保持缠绕的环区附着在剩余的核骨架上,并停留在原位。如果被试物质没有引起细胞受损,电泳过程中核 DNA 因其相对分子质量大而停留在核基质中,经荧光染色后呈现圆形的荧光团,无拖尾现象。如果 DNA 链断裂,则断裂的 DNA 断片在电流作用下向阳极移动,成彗星状。

通过利用各种诱变物质诱导植物细胞组织产生变异的特性,可用来监测空气、水质和土壤的污染。主要方法有:①染色体畸变监测法。利用植物细胞如蚕豆和紫露草根尖细胞有丝分裂染色体的畸变来监测,常以 100 个细胞中染色体或染色单体的断裂数或微核数来表示,统计诱变剂对染色体损伤的程度。②表型(基因突变)监测法。如利用玉米花粉中的蜡质突变,玉米、大豆黄绿色籽苗突变及紫露草雄蕊毛从蓝色变粉红色突变来监测大气污染等;③紫露草微核监测法。利用紫露草花粉母细胞减数分裂具有高度同步性和分裂的不同时期对环境中各种诱变不同敏感性来监测,以微核率表示。

## 11.6 基因突变的防护与修复

DNA 结构改变的形式及引起结构改变的因素是多种多样的,但是作为遗传物质的 DNA 却能保持经常的稳定,因而生物体一定具有对诱变作用的防护能力及对 DNA 改变的修复能力。

### 11.6.1 DNA 损伤的防护机制

关于 DNA 对损伤的防护机制主要有以下几方面,对于其中的一些基本概念已经在相关章节中作了介绍,这里只是作个简要的总结。

(1) 密码的结构:遗传密码的简并性可以使突变的机会减少到最低程度。许多单个碱基的代换翻译出相同的氨基酸;此外,许多具有类似性质的氨基酸常有类似的密码子,即使发生氨基酸的代换,所产生的蛋白质也变化不大,不会对蛋白质的结构造成大的影响。

(2) 回复突变:某个座位遗传密码的回复突变可使突变型恢复成原来的野生型,尽管回复突变的频率比正突变的频率低得多。

(3) 抑制因子突变:包括基因间抑制和基因内抑制。由于另一座位上的突变掩盖了原来座位上的突变(但未恢复原来的密码顺序),使突变型恢复成野生型。

(4) 二倍体和多倍体:高等生物的二倍体和多倍体具有两套以上染色体组,每个基因都有几份,故能比单倍体和低等生物表现更强的保护作用。

(5) 致死和选择:如果防护机制未起作用,一个突变可能是致死的,在这种情况下,含有此突变的细胞将被选择所淘汰。

### 11.6.2 基因突变的修复

DNA 的复制过程和环境中的诱变因素都使 DNA 不断地遭到损伤,因此生物细胞有一系列的机制来校正受损的 DNA，以保持复制过程和复制后遗传物质的真实性。如果没有这些修复机制，生物的突变率将要高得多，并且对机体将造成巨大的影响，如癌症、提早成熟、早逝等。线粒体由于缺乏大部分的修复过程，因此其 DNA 突变的积累较核 DNA 快。

目前，关于修复机制大部分来自对微生物的研究结果，然而在所有生物中都可能存在类似的机制。下面对常见的三大类基因突变修复机制——直接修复、切除修复和重组修复加以说明。

**1. 直接修复（direct repair）**

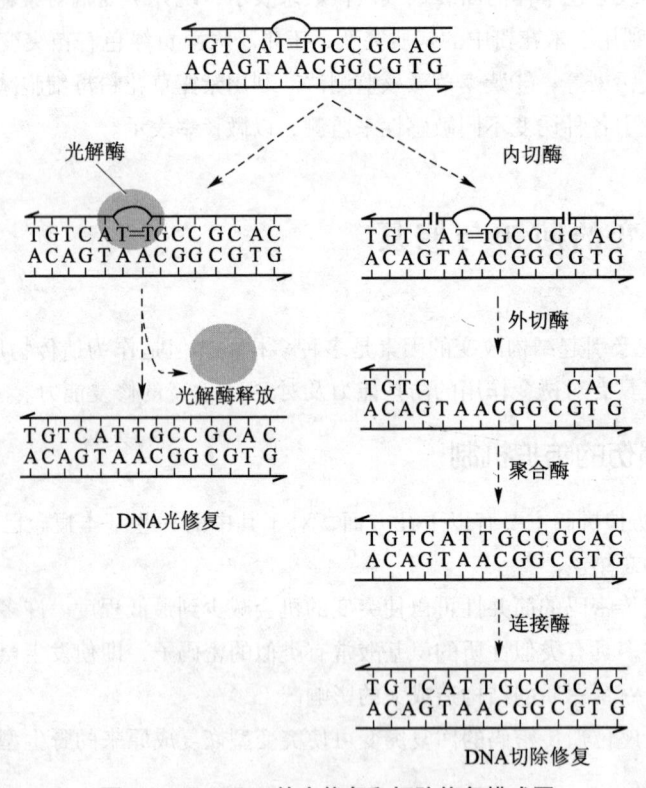

在 UV 的照射作用下，DNA 会以很高的频率形成嘧啶二聚体，如果使照射后的细菌处于黑暗条件下，杀死细菌的量与 UV 的照射剂量成正比；如果照射后让细菌暴露于可见光下，大量细菌就能存活下来。研究发现，在几乎所有的生物体内都存在一种叫做光解酶（photolyase）的特殊酶，在 E. coli 中它是由 phr 基因所编码，这种酶的合成受可见光的刺激会增加，并和嘧啶二聚体结合，形成酶-DNA 复合物，该酶利用可见光提供的能量，将二聚体切开成为单体，使 DNA 回复正常。这种经过解聚作用使突变回复正常的过程叫做光修复（light repair）或光复活作用（photoreactivation）（图 11-22）。光修复已在许多生物体内发现，但它主要是低等生物的一种修复形式。

图 11-22 DNA 的光修复和切除修复模式图

烷基转移酶（alkyltransferase）和甲基转移酶（methyltransferase）等也是与直接修复有关的酶，它们可以去掉加在 G 第 6 位氧原子上的烷基或甲基，但转移后酶就失去了活性，因此这种修复系统在烷基或甲基水平足够高时就会达到饱和。在原核生物中，DNA 聚合酶的 3′→5′外切酶活性可对复制中错误掺入的碱基进行校正，也属于直接修复的范围。

**2. 切除修复（excision repair）**

双链 DNA 的显著特点是在其两条链中均含有遗传信息，因此，即使其中一条链受到损伤，那么另一条链也具有合成一个新的 DNA 分子的必要信息。利用这种互补链的信息进行 DNA 修复的系统叫做切除修复。切除修复也可以修复由 UV 产生的二聚体突变，但这过程不需要光的存在，因而这个系统也称为暗修复（dark repair）。暗修复并不表示这种修复过程只在黑暗中进行，而只是说光不起任何作用。

切除修复一般分为4个步骤：第一步为切开，由一种修复内切酶识别DNA的损伤部位，并在损伤碱基两侧位点切割。内切酶的种类很多，不同的内切酶有相对的特异性。第二步，由外切酶切去两裂缺间的受损DNA。第三步，由DNA聚合酶修补缺口，在E. coli中是DNA聚合酶Ⅰ，哺乳动物中是DNA聚合酶β。它们从3′OH端起始合成一条新的DNA链，此新链取代原来含有损伤部分的DNA片段。第四步，在连接酶的作用下，将新合成的DNA片段和原有链含缺口的部分连接起来，从而完成修复过程（图11-22）。

在E. coli中，切除修复的关键酶由3个亚单位组成，分别由UvrA、UvrB、UvrC 3个基因编码，组成的酶称为ABC核酸内切酶。这3个亚单位的作用过程大致如下（图11-23）：UvrA蛋白识别受损伤的DNA，并和UvrB形成复合体，将其带到损伤位点

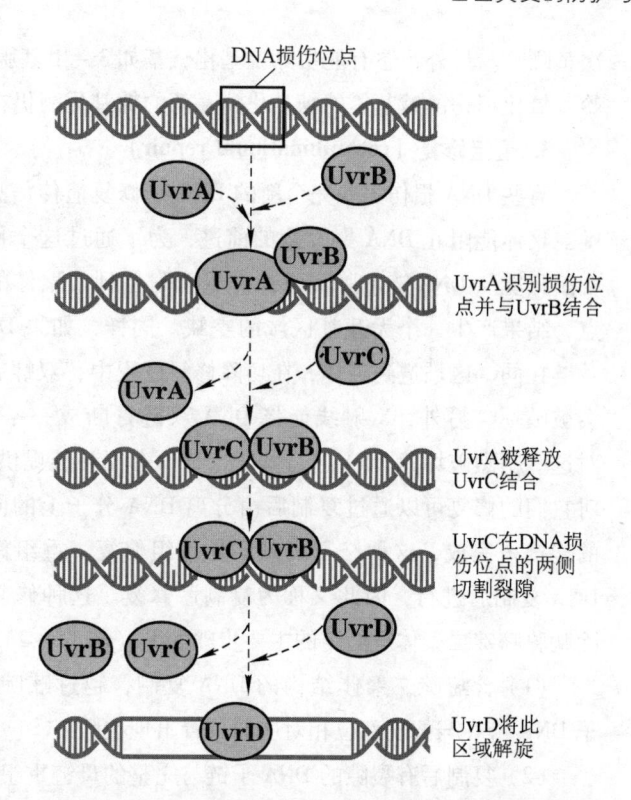

**图11-23 UvrABC核酸内切酶的作用过程**

后，UvrA脱离，然后UvrC与UvrB结合。UvrC和UvrB在损伤处两端各打开一个缺口，然后一条12个寡核苷酸的短链解旋并从DNA上脱落下来，这一步需要解旋酶Ⅱ的参与，缺失的一段由DNA聚合酶Ⅰ合成并由连接酶将其封口。

切除修复的关键特征是由核酸内切酶对损伤DNA链的两端进行切割，根据被切除的DNA片段的长短，可以分为短补丁修复（short patch repair）和长补丁修复（long patch repair）。绝大多数的切除修复为短补丁修复，如在真核生物中为25～30个核苷酸，原核生物如E. coli为12个核苷酸；少数为长补丁修复，切除的DNA大多在1 500个核苷酸左右，多的达9 000个核苷酸以上。

人类中有一种罕见的叫着色性干皮病（xeroderma pigmentosum，XP）的遗传病就是由于切除修复酶的缺陷所造成的，其机体内缺乏切除修复机制，患者暴露部分易发生色素沉着，皮肤萎缩，患皮肤癌的概率约高出正常人1 000倍，大部分患者在30岁前死于皮肤癌。由此可见，人类切除修复系统的主要功能之一是修复由UV照射所引起的损伤。

当某些损伤太微小，以致它们使DNA分子产生的变形小到不能被UvrABC普通切除修复系统或高等生物中的普通切除修复系统所识别，因此需要特异切除修复途径的参与，如DNA糖基化酶修复途径、AP核酸内切酶修复途径等。

（1）AP核酸内切酶修复途径：当单个嘌呤或嘧啶自发脱落后，这个无嘌呤（apurinic）或无嘧啶（apyrimidinic）位点叫AP位点，所有细胞都具有一种核酸内切酶能对AP位点进行修复。该酶通过剪切AP位点上的磷酸二酯键，断开DNA链，启动由外切酶、DNA聚合酶Ⅰ和DNA连接酶作用的切除修复过程。AP内切酶（AP endonuclease）是细胞所必需的，因为自发脱嘌呤作用在细胞内经常发生。

（2）DNA糖基化酶修复途径：DNA糖基化酶（DNA glycosylase）的作用并不是切开磷酸二酯键，而是切开N-糖苷键。受损碱基经DNA糖基化作用释放出被饰变了的碱基，产生一个无嘌呤或无嘧啶的AP位点，然后该位点再由AP内切酶修复途径修复。DNA糖基化酶有很多种，其中之一是尿苷-DNA糖基化酶，它可将由C脱氨基产生的U从DNA中切除；还有一种糖基化酶，可识别和切除A的脱氨基产物——

次黄嘌呤。另外，还有能切除烷基化碱基如3-甲基腺嘌呤、3-甲基鸟嘌呤和7-甲基鸟嘌呤等及开环嘌呤、氧化损伤的碱基等的糖基化酶。新的糖基化酶仍在不断发现之中。

**3. 重组修复（recombinational repair）**

有些 DNA 损伤需要完全新的 DNA 来修复遗传信息，如嘧啶二聚体能阻止 DNA 聚合酶的前进，为了通过这个位点，聚合酶只能从 DNA 链上脱离下来并重新附着到二聚体的下游位点，结果产生一个无互补区域的空缺。同样，如果 DNA 的两条链在同一区域遭到破坏，在切除修复过程中，双螺旋结构将会被破坏。另外，X 射线能将 DNA 双链打断成一平末端等。对这些剧烈破坏的 DNA 进行修复，是没有互补链提供信息的，对它们的修复可以通过复制后由分离 DNA 分子上的同源片段的连接来完成，这种修复机制叫做重组修复。重组修复是在 DNA 复制后进行，因此又称为复制后修复。这种修复并不切除胸腺嘧啶二聚体。修复的主要步骤如下（图 11-24）：

（1）含嘧啶二聚体结构的 DNA 复制，越过嘧啶二聚体，子 DNA 链在与损伤部位相对应的位置出现裂隙。

（2）复制后有裂隙的 DNA 子链与完整的母链重组。

（3）重组产生一没有损伤的野生型 DNA 分子和一带有两个损伤区域的分子。

重组修复中最重要的一步是重组，它所涉及的酶大多是细胞内正常遗传重组所需要的基因产物，但也有些基因的突变只影响其中的一个过程。因此，重组修复和正常的遗传重组并不完全一致。在 E. coli 中，重组修复需要 recA 基因。二倍体生物

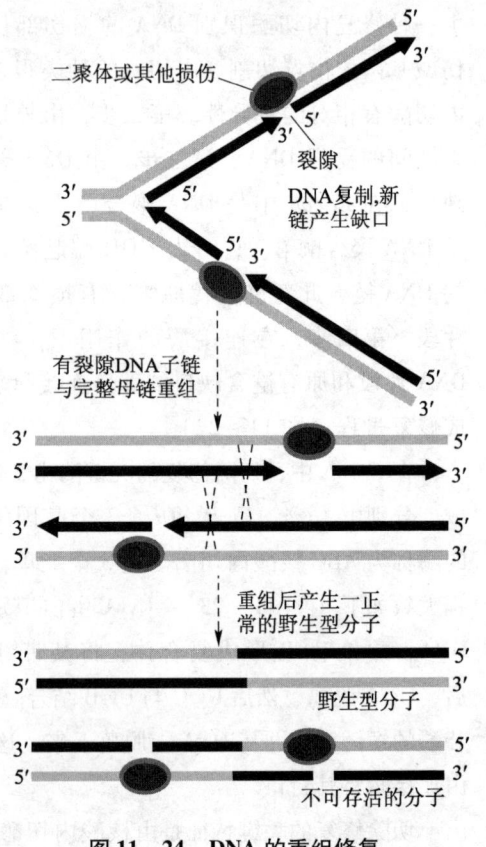

**图 11-24 DNA 的重组修复**

有同源染色体，细菌在新复制的 DNA 中携带相同的序列（在同一细胞中有两个拷贝），因此，它们对于产生一个正常的双链分子具有足够的信息。对于有效的重组修复，损伤区域应位于经重组的两个分离分子的不同部位，如分别位于两个链的两个二聚体，通过重组后产生一个正常的 DNA 分子和一个不可修复的 DNA 分子。

修复过程在生物体内普遍存在，是正常的生理过程，由紫外线、电离辐射和很多化学诱变剂所引起的损伤都可以得到修复。当然，不是任何 DNA 损伤都能被修复，否则生物就不会发生突变了。

## 11.7 基因突变的检出

发生突变以后怎样检出呢？在很多情况下，突变型具有特定的形态学表型，如分蘖多的水稻突变株、人的疾病等。但我们也注意到，具有形态学上表型变异的突变型不一定都是可遗传的变异，有些是由于环境条件导致的不遗传变异，而有些突变虽没有产生明显的表型变异，但它可能对进化具有重要作用。因此，发展基因突变检出方法对人类健康和重要生物学性状的研究具有重要意义。

### 11.7.1 传统遗传学检出方法

对于微生物突变可以采用选择培养基筛选，如细菌对抗生素抗性的获得，可使用正选择（positive selection），即在有抗生素存在下培养细菌，没有抗性的细胞（非突变细胞）将被杀死；对细菌中营养缺陷

型的筛选，可以使用负选择（negative selection），即利用突变型细胞失去的某些敏感性。在筛选营养缺陷型时，由于营养缺陷型只占细胞总数的很小比例，因此负选择往往采用青霉素富集法（图11-25）。对于病毒突变的检测可利用宿主范围、生长速度、噬菌斑大小和形态等性状进行。

❀ 11-4
青霉素富集法筛选的原理

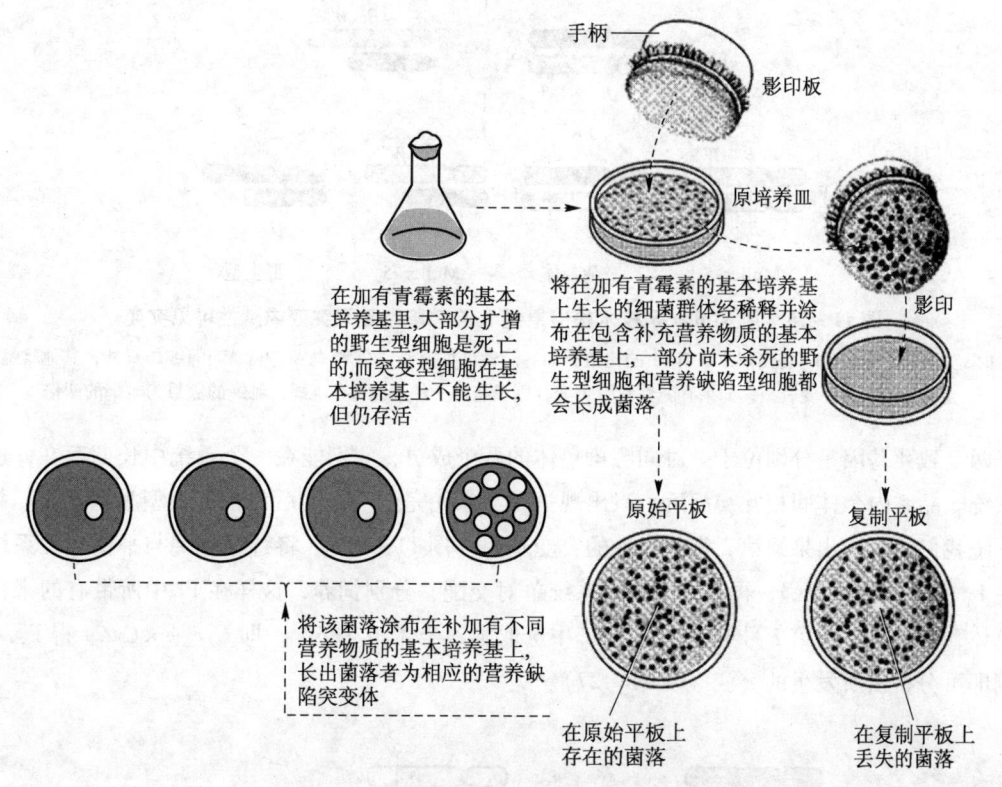

**图 11-25 通过青霉素富集筛选营养缺陷型**

同样的遗传筛选原理可应用于更高级的生物，但只有在能饲养与获得大量突变体的情况下才可行，例如果蝇、酵母、植物、培养的动物细胞等。但由于二倍性，这种筛选变得更复杂，为了辨别隐性突变，突变型需要通过传代获得突变纯合子或者在单倍的背景下进行研究（如使用非整数倍细胞系）。如为了检测玉米籽粒由非甜粒变为甜粒的突变，可用甜粒玉米纯种（*susu*）作母本，由诱变处理非甜粒玉米纯种（*SuSu*）的花粉作父本进行杂交，如果没有突变，授粉后的果穗应该完全结成非甜粒籽粒（*Susu*），如果有 *Su* 发生突变，则可检测到甜粒籽粒（*susu*）。

果蝇 Muller-5 品系和平衡致死系统分别可用于果蝇 X 染色体和常染色体上突变的检出。

Muller-5 品系的 X 染色体上带有 *B*（Bar，棒眼）和 $W^a$（apricot，杏色眼）基因，并且由于在 X 染色体存在一些倒位，使得 Muller-5 品系的 X 染色体与其他 X 染色体的交换受到抑制，从而不会发生重组。实验时，将待检雄蝇与 Muller-5 纯合雌蝇交配，得 $F_1$ 代后，雌雄单对交配，从 $F_2$ 代的分离情况即可检出 X 染色体上隐性突变特别是致死突变的发生（图11-26）。

平衡致死系统。果蝇第2染色体上的 *Cy*（curly，翻翅）基因对正常翅来说是显性的，但在致死作用上却是隐性的，纯合体 *CyCy* 才是致死的，同时由于在 *Cy* 所在的区段内有一大段倒位，使得重组受到抑制。在其同源染色体上的另一显性基因 *S*（star，星状眼）也是纯合致死的。从而：

$$\frac{Cy+}{++} \times \frac{++}{+S} \longrightarrow \frac{Cy+}{+S}（双显性）+ 其他类型（单一显性和野生型）$$

选择出双显性雌雄果蝇杂交，得：

$$\frac{Cy+}{+S} \times \frac{Cy+}{+S} \longrightarrow 只有 \frac{Cy+}{+S} 存活，而 \frac{Cy+}{Cy+} 和 \frac{+S}{+S} 均是致死的。$$

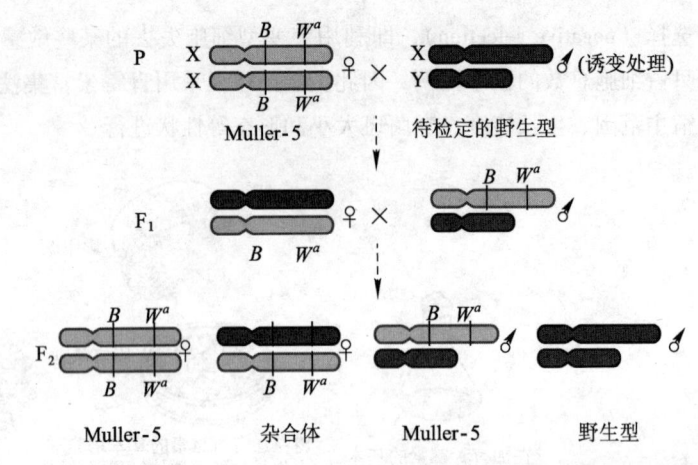

**图 11-26 用 Muller-5 技术检出果蝇 X 连锁隐性致死突变或隐性可见突变**

如果发生显性突变，$F_2$ 将出现 1:1:1:1 的比数；如有隐性可见突变，在 $F_2$ 雄蝇中除 Muller-5 雄蝇外，其他雄蝇会出现相应的突变表型；如果有隐性致死突变，则只有均一的 Muller-5 雄蝇，雌蝇的数目为雄蝇的两倍

由于两个致死基因是分别位于一对同源染色体的两个成员，它们能在一个系统中长期存在，这称为平衡致死系统。品系内个体间相互交配后，只出现一种与亲代完全一样的后代，其表型为星状眼、翻翅。利用这一系统我们可以检出果蝇第 2 染色体上的突变基因（图 11-27）。将待检雄蝇与平衡致死系统的雌蝇交配，在 $F_1$ 中选取翻翅雄蝇，再与平衡致死系统单对交配，分别饲养，这样在 $F_2$ 中所带有的来自待检雄蝇的染色体，都是同一条第 2 号染色体，在 $F_2$ 中选取翻翅个体相互交配，即 $Cy/+ \times Cy/+$ 得 $F_3$，从 $F_3$ 的表型比例即可分析出所发生的突变（图 11-27）。

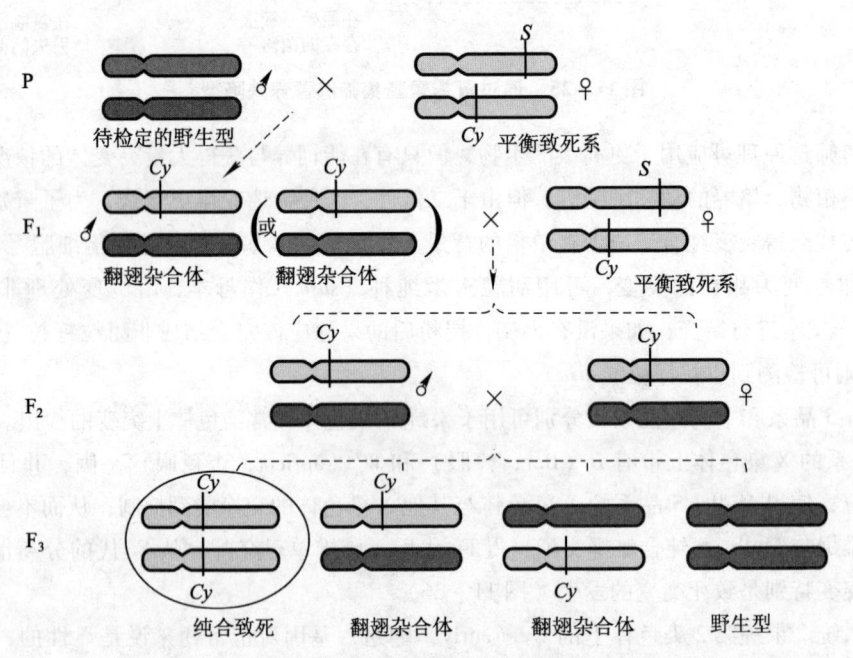

**图 11-27 用平衡致死系统检出果蝇常染色体上的基因突变**

在 $F_3$ 中，如待检第 2 染色体上不带有致死基因，则有 33% 的野生型；如果带有隐性可见突变，则有 33% 表现为突变型；如果带有隐性致死基因，则只有翻翅果蝇

### 11.7.2 分子遗传学检出方法

随着分子遗传学的发展，许多分子生物学手段已用于基因突变的检测。

**1. 单链构象异构多态性（single-stranded conformation polymorphism，SSCP）**

PCR-SSCP 是一种基于 PCR 的单链构象多态性分析技术，是 DNA 已知突变检测或未知变异分析中十分常用的技术之一，在对人遗传病致病基因突变类型的分析中应用尤为广泛，在临床分析中亦较多采用。该方法的基本原理是：经 PCR 扩增的 DNA 片段在变性剂（如甲酰胺）或低离子浓度下，经高温处理使之解链并保持在单链状态下，然后于一定浓度的非变性聚丙烯酰胺凝胶中电泳，当 DNA 发生碱基置换突变（点突变）时，会造成单链三级构象的改变，通过显色或显影在凝胶上显示出待测单链 DNA 与无突变参照片段的电泳迁移率的差别，即多态性，由此来检出突变。

单链 DNA 的三级结构会在不同物理条件下（如温度、离子强度等）发生改变，相应地，SSCP 的灵敏度就有赖于这些条件。为了检测到某一具体序列的变异，在具体操作时，需要对各种条件进行控制。通常认为 PCR-SSCP 技术的突变检测灵敏度较高，对于长度不超过 300 bp 的待测片段可达 80% 以上的检测率，随着待测片段的增长，该技术的灵敏度随之降低，对于超过 300 bp 的 PCR 产物可以先用限制性内切酶消化，然后再做 SSCP 检测。由于检测率无法达到 100%，所以没有新条带并不完全说明分析对象无突变，需用其他方法进一步验证。

**2. 毛细管电泳（capillary electrophoresis，CE）技术**

毛细管电泳技术泛指在散热效率高的极细毛细管内，在有或无凝胶的筛分机制和高强度电场的双重作用下，DNA 片段因离子表面积和分子形状的变异导致的迁移时间不同而检测突变的方法。通常，利用 CE 技术可以在 20 min 内分析完成数千个碱基的 DNA 片段。CE 是 20 世纪 90 年代初发展起来的，具有分辨率高、重现性好、灵敏度高、快速和易于实现自动化的特点，它可以同时处理多个样本，而且样本的需求量极少。目前，已有多种灵敏度很高的检测器为毛细管电泳提供质量保证，如紫外检测器（UV）、激光诱导荧光检测器（LIF）、能提供三维图谱的二极管阵列检测器（DAD）以及电化学检测器（ECD）。它在 DNA 点突变检测中的应用在临床诊断中具有十分重要的意义。利用 CE 可以对上述 PCR-SSCP 的产物进行快速检测。

**3. 等位基因特异寡核苷酸杂交（allele-specific oligonucleotide hybridization，ASOH）**

ASOH 是基于 PCR 具有获得很纯 DNA 片段样品的能力和分子杂交的原理而建立的突变检测方法。待测基因经 PCR 扩增后，分别与长为 15~20 bp 标记的野生型和突变型寡核苷酸（ASO）探针杂交，该 ASO 内部序列跨越差异部位。通过控制温度和盐浓度进行精确的杂交，使完全配对的 ASO 有效地与靶片段杂交，而带有一个错配核苷酸的 ASO 将不会杂交。根据靶基因与两探针结合的强弱就可以判断是否存在突变（图 11-28）。该技术已成为一种经典的基因诊断技术，如图 11-28 中，镰状细胞贫血症是由于 β 珠蛋白基因中的 A 转变成为 T 造成的，通过 ASO 可检测正常 DNA 和含有镰状细胞贫血症致病 DNA 之间的差别。在严格的杂交条件下，完全配对的 ASO 与目标 DNA 结合，而含有一个错配碱基的 ASO 将不会结合，这样就能明确区分两个 DNA 样品。该技术要求的杂交条件严格，否则会出现假阳性或假阴性结果。另外，阴性杂交结果不一定表明患者的整个基因序列没有突变，因为可能在该突变基因的其他位点上存在的突变用特定探针的 ASOH 无法检测出来。

**4. 大规模基因突变检测技术**

DNA 测序（DNA sequencing）是进行大规模检测的重要手段，并且是最准确的突变检出方法，如 2009 年一国际研究小组对相隔 13 代的两名男子的 Y 染色体上 10 149 085 个核苷酸进行测序，发现在所有的这些核苷酸中，仅有 4 处突变。此外，DNA 序列信息对 ASOH 探针和 PCR 引物等的设计至关重要。

某些基因的缺失突变具有明显的异质性，即在不同个体中缺失的片段不同，这时我们可设计多对引物检测该基因的不同区域，即用同一 PCR 体系扩增多个区域（多重 PCR），然后用琼脂糖凝胶电泳检测有无缺失的片段，若某一特异性的扩增产物带缺如或大小发生变化，则可判定为该片段含有缺失，该检测方法

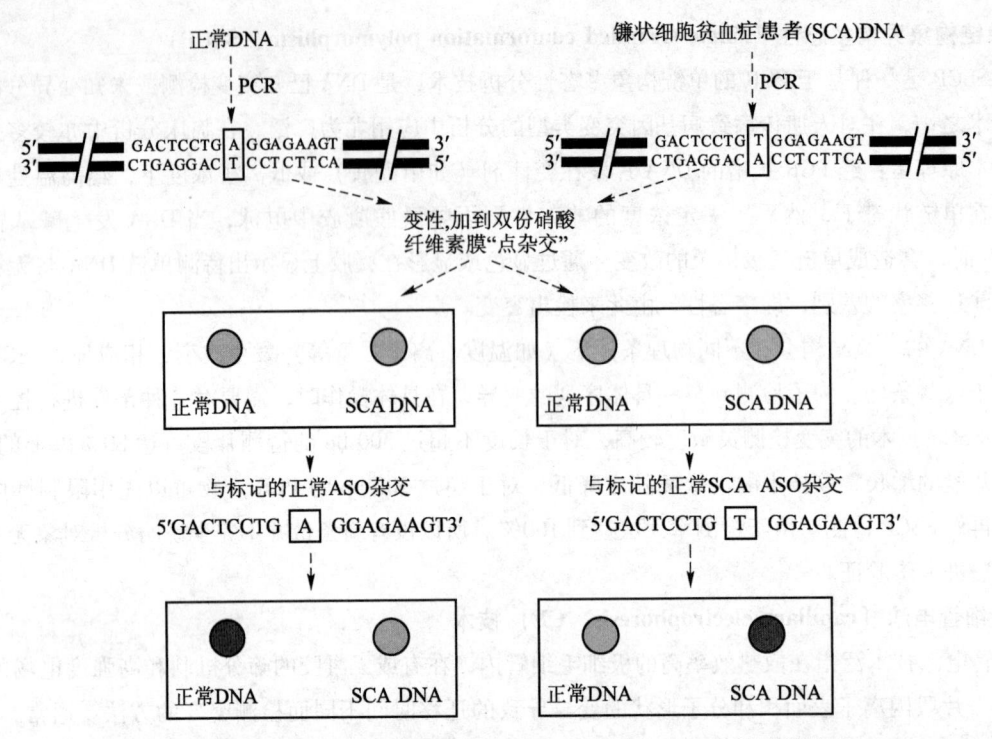

图 11-28  利用等位基因特异寡核苷酸杂交检测 DNA 中单碱基差异

能对已知基因（如某些疾病相关基因）的有无缺失突变进行快速检测。

DNA 微阵列（DNA microarray）又称 DNA 芯片（DNA chip），其技术主要原理是：在一块小硅片（1 cm² 或更大些）上进行微阵列分析，芯片上铺有密集的具有特定碱基序列的探针，制备待测目标 DNA 或 cDNA 后，切成长短不一的片段，经荧光化学物质标记后，注射到嵌有芯片的载片上，由于 DNA 和探针杂交的程度与荧光强度有关，因此通过激光扫描，即可根据荧光强弱测出被检测序列的变异。由于 DNA 突变须考察基因序列上的每一核苷酸，对于已知基因序列的突变，覆盖所有可能突变的系列化寡核苷酸探针的设计是必要的。

以上众多方法主要是针对 DNA 发生的突变进行检测，此外，还有多种从基因表达产物入手的基因突变间接检测方法，如蛋白截断实验（protein truncation test，PTT）等。PTT 法基于反转录聚合酶链反应（RT-PCR），利用一个包含 RNA 聚合酶启动子和真核生物翻译起始信号在内的上游 PCR 引物，这一经修饰的引物允许 PCR 产物进行转录和翻译，合成的多肽通过 SDS 聚丙烯酰胺凝胶电泳进行分析，蛋白质在大小上与野生型相异直接反映了一个突变影响目标蛋白质的长度。

随着计算机程序化分析的发展和大规模突变检测自动化设备的应用以及各种检测技术的优化和组合，基因突变检测将会变得更加快速和有效，人类对于基因组功能的认识也越深刻，在未来的临床处方或教科书中，完全可能列出相关病症的所有已知基因的多态性及其对基因产物的功能和健康状况的影响等信息，对人类健康的预测和疾病诊断有极大的帮助。

## 11.8  表观遗传变异

近一个世纪以来，人们一直认为基因决定着生物体的表型，因此，科学家们对基因突变的研究进行了大量的关注。然而，随着研究的不断深入，科学家们发现一些生命现象无法用基因决定表型来解释，它们既不符合经典遗传学的理论预期，如马、驴正反交后代的巨大差别，在同样环境中长大的基因组完全相同的同卵双生子在性格、健康等方面存在较大的差异，基因组印记中有些特征只是由一个亲本的基因来决定而源自另一亲本的基因却保持沉默等。

已有研究表明，基因组含有两类遗传信息，一类是传统意义上的即由 DNA 序列所提供的遗传信息，我们在前面谈到的染色体畸变、基因突变等导致表型的改变以及这种变异的代代相传，就是基于这一类遗传信息的；另一类为表观遗传信息，它提供了何时、何地、以何种方式去应用遗传信息的指令，这类信息是指在基因的 DNA 序列不发生改变的情况下，基因表达发生可遗传的变化，这种变化同样导致表型的改变，我们将这种改变称为表观遗传变异。对表观遗传变异规律进行研究的科学称为表观遗传学（详见 10.4.1），它已成为当今遗传学研究的前沿方向。

表观遗传学的主要研究内容包括 DNA 甲基化表观遗传学（DNA methylation based epigenetics）、染色质表观遗传学（chromatin based epigenetics）、基因表达的表观遗传调控（epigenetic regulation of gene expression）、表观遗传变异（epigenetic variation）、表观遗传基因沉默（epigenetic gene silencing）、细菌限制性基因修饰（restriction modification in bacteria）和表观遗传在进化中的作用（epigenetic role in evolution）等。这里不再赘述在前面不同章节中已学过的 DNA 甲基化、X 染色体失活、组蛋白密码等属于表观遗传变异范畴的内容，本节只就副突变、转基因沉默和基因组印记几个表观遗传变异现象进行介绍。

### 11.8.1 副突变

副突变（paramutation）是指一个等位基因可以使其同源基因的转录发生沉默且这种沉默状态可通过减数分裂在后代中遗传的遗传现象。它实际上是指在同一位点上的两个等位基因（allele）之间的一种相互作用，它导致由一个等位基因诱导的另一个等位基因发生可遗传的改变。

在孟德尔分离定律中，一对等位基因进入不同的配子，相互之间完全没有影响。而在副突变遗传现象中，亲代中的一个等位基因会在下代中影响另外一个等位基因的作用，尽管它们已经不在一起了。例如，玉米粒能够着色是由 $R$ 基因座控制的，$R^{st}$（一个引起玉米粒斑点的基因）或 $R^r$（无色基因）纯合子有着不同的表型，然而 $R^{st}/R^r$ 杂合子自交产生的 $R^r R^r$ 纯合子却具有 $R^{st}$ 表型，尽管其并不含有 $R^{st}$ 等位基因。这种影响可以持续数代，但表型不稳定，会在几代后回复成 $R^r$ 表型。在对小鼠的 $Kit$ 基因进行研究的过程中发现，在与无效突变体（null mutant）杂交之后，野生型表型没有得到充分表达，$Kit^+/Kit^+$ 基因型事实上是按预料中的频率生成的，但由于副突变，它们中大多数仍然有白点突变体表型。科学家们将能改变另一个等位基因的等位基因称为副诱变基因（paramutagenic allele），如 $R^{st}$，被改变的等位基因称为副突变基因（paramutable allele），如 $R^r$。副诱变等位基因的影响可持续许多代。一般来说，大多数位点的等位基因并不参与副突变，也就是说，大多数等位基因是中性（neutral）等位基因。

现已在植物如玉米、番茄、豌豆，真菌甚至哺乳动物如小鼠中发现了副突变现象。这种在不涉及 DNA 序列改变的情况下，通过对染色体的反式（trans-chromosomal）修饰而导致的表型上可遗传的变化的副突变现象不仅涉及内源性基因，也涉及转基因如经人工修饰的内源性基因或与内源性基因同源的外源 DNA，所以副突变的定义被衍生为同源序列之间的反式交互作用（trans-interaction）所产生的独特的可遗传的表型特征，包括两个内源性等位基因、一个转基因与一个内源基因、两个转基因之间的作用。

从上面可以看出，副突变具有 3 个主要特征：①新建立的表达形式即使在所发出指令的等位基因或基因序列没有传递的情况下仍能传给下一代；②已改变了的位点继续对其同源序列发出类似的指令；③受作用的等位基因的 DNA 序列没有发生改变，表明这种遗传指令和记忆是通过表观遗传机制实现的，因此，参与副突变的等位基因又统称为表观等位基因（epiallele）。

副突变现象的分子机制正在被逐步发现，它可能与其他表观遗传现象如基因沉默和基因组印记享有共同的机制。在玉米中，副突变似乎共有在拟南芥中的 RNA 指导的 DNA 甲基化途径（RNA-directed DNA-methylation pathway）。M. Alleman（2006）报道，在玉米中副突变是由 RNA 指导的，与副突变和转座子沉默相关的染色质状态的稳定性需要 *mop1*（mediator of paramutation 1）基因，该基因编码一种依赖 RNA 的 RNA 聚合酶（RNA-dependent RNA polymerase，RDRP），该酶能复制副诱变基因转录所产生的 RNA，一旦 RNA 达到某个临界水平，副突变基因的表达将受到抑制。副突变效应需要 *mop1* 基因的正常类型，而且 *mop1* 基因的突变会恢复被沉默的突变体（mutator）元件。副突变所产生的基因沉默属于转录水平上的基因沉默，但是由这种 RNA 聚合酶所产生的 RNA 是怎样引起副突变现象的确切机制还不清楚。

上面谈到，副突变不能缺少依赖 RNA 的 RNA 聚合酶，*mop1* 基因是必需的，它的突变会恢复被沉默的突变体元件，同时，携带 *mop1* 基因突变的生物体，还会随机地表现出多向性发育表型。因此，通过对副突变的深入研究和适当的育种，副突变能够产生巨大差异表型的等基因同胞（isogenic sibling）动植物，可以使我们培育出更好的动植物品种。同样，副突变的研究对于揭示人类复杂基因疾病的秘密具有重要意义。在孟德尔遗传情况下，后代从他们的父母那里继承基因，这些基因在孩子和父母的身上表现出同样的功能。然而，当产生副突变后，来自父母的一种基因指令下一代体内的其他基因表现出不同功能。即使子女没有从父母那里继承副突变基因，副突变还是会一样发生，父母那代基因的相互作用可以改变子女体内的某种基因的功能，导致产生一种意想不到的遗传模式，这对于与人类疾病相关的基因鉴定工作将变得更加错综复杂。

### 11.8.2 转基因沉默

传统育种技术主要是将具有优良性状或优良基因型的个体作为亲本，通过杂交，使两亲本的基因组发生重组和交换，再从后代中选出具有优良组合的基因型个体，这样可使原来的基因型增加新的基因或置换新的等位基因。体外重组 DNA 技术则是在 DNA 分子水平上，直接将目的基因或是具有调控功能的 DNA 片段导入生物体中，使之产生新的性状，这称为分子育种（molecular breeding）。导入的目的基因或 DNA 片段称为转基因（transgene）（见 12.5）。

研究发现，转基因在受体动植物中的表达不一定稳定，甚至出现不表达的情形，即出现所谓的转基因沉默（transgene silence）。它既不同于 DNA 突变引起的基因表达水平低下或丧失，也不同于转基因在有性世代分离和传递中的丢失，而是指利用遗传转化技术导入并稳定整合进受体细胞中的外源 DNA 由于受到各种因素的影响，在转基因生物的当代或后代中表达受到抑制的现象。这种现象在转基因动植物中普遍存在，它可以发生在染色体 DNA、转录和转录后 3 个不同的层次上，有不同的作用机制。

（1）甲基化作用：每一物种在长期进化过程中形成了各自独特的识别、代谢和调控方式，细胞中存在某种识别外源 DNA 插入序列并对其加以修饰的机制，转基因作为外源基因，它的入侵也会受到各种各样的排斥。从目前的报道来看，几乎所有转基因沉默现象都与转基因及其启动子的甲基化有关。

（2）位置效应：外源基因整合到宿主染色体上的位置很多是随机的。研究表明，转基因在宿主细胞基因组中的整合位点往往决定着转基因能否稳定表达，插入到转录活跃、甲基化程度低的常染色质区的转基因可能获得高表达，反之，插入到异染色质区或重复序列中的转基因可能导致表达沉默。

（3）重复序列、同源序列等诱导的基因沉默：重复序列诱导的基因沉默指多拷贝的外源基因以正向或反向串联形式整合在基因组上而导致的外源基因不同程度失活的现象。拷贝数越多，基因沉默现象越严重。这种现象的产生可能是由于重复序列间自发配对，甲基化酶特异性识别这种配对结构而使其甲基化，从而抑制表达，同时，重复序列间的相互配对也可能导致异染色质化的产生。内外源基因间的同源序列共抑制效应也可能产生转基因沉默，如上面讲的副突变效应。

（4）转录后水平基因沉默（post-transcriptional gene silence，PTGS）机制：关于 PTGS 有多种解释模型，

如 RNA 阈值模型认为，在细胞质中可能存在 mRNA 监控系统，监控系统能促使超量表达的 mRNA 降解，使细胞内转基因转录物不超过一个特定的阈值；异常 RNA（aRNA）模型认为，aRNA 一旦产生并进入细胞质后，就会激活依赖于 RNA 的 RNA 聚合酶（RDRP）活性，RDRP 再以 aRNA 为模板合成大量约 25 bp 的互补 RNA（cRNA），它们与同源的 mRNA 结合形成部分双链结构——dsRNA，而后被双链特异性的 RNase 识别、降解，同时，内源基因的同源转录产物也可能被 cRNA 结合并被降解；双链 RNA（dsRNA）模型认为，转基因沉默的原因在于外源基因插入受体基因组中的方向不同，导致正义 RNA 和反义 RNA 的合成，这些转录产物将形成 dsRNA，然后具有特异识别 dsRNA 的 Dicer 酶逐步切割降解 dsRNA 为 19～23 bp 的双链小干扰 RNA（siRNA），siRNA 作用于 mRNA 使转基因不能表达；未成熟翻译终止模型认为，转基因打乱了宿主细胞内密码子与相应 tRNA 的匹配，它在细胞内的优势表达将造成稀有 tRNA 的严重缺失，相应氨酰 tRNA 的缺失将造成翻译复合体中核糖体的空载，空载时间过长将引起相应 mRNA 的降解，从而造成相应转基因的沉默，降解 mRNA 片段依然与核糖体相连，此时核糖体 A 位处于空置状态，并随时准备接受稀有氨酰 tRNA，使细胞内稀有氨酰 tRNA 维持在一个非常低的水平（共抑制状态）。

### 11.8.3 基因组印记

基因组印记（genomic imprinting）是一种典型的由于基因表达的表观遗传调控所产生的、不同于孟德尔遗传的表观遗传现象。

孟德尔遗传规律认为等位基因不会因为位于不同亲代来源的染色体上而产生不同的效应。但公驴与母马杂交生成马骡，而公马与母驴杂交的后代称为驴骡，二者存在巨大的差别。这个现象表明，后代的遗传物质来源于不同性别亲本时，其表达功能是有差异的。随着研究的深入，越来越多的资料表明，来自父母双方的同源染色体或等位基因存在着功能上的差异，子代中来自不同性别亲体的同一染色体或基因，当发生改变时可以引起不同的表型，我们把这种现象称为基因组印记或遗传印记（genetic imprinting）。例如，胰岛素样生长因子 2 基因（insulin-like growth factor 2，*Igf2*）只是源自父亲的等位基因表达，而母源等位基因的表达则受到抑制；相反，胰岛素样生长因子 2 受体基因（*Igf2r*）则只是源自母亲的等位基因表达，父源等位基因则不表达；非编码 RNA *H19* 基因也只显示母源表达。

在鼠的卵子受精后，精子和卵子的原核在一段时间内仍保持分离状态，并能在显微镜下区分开来，因此可以通过实验将受精卵的一个原核（父源的或母源的）去除而代之以另一个原核。1980 年，B. M. Cattanach 等发现，具有两条母源 11 号染色体的小鼠在胚胎期比正常小鼠小，而具有两条父源 11 号染色体的小鼠在胚胎期比正常小鼠大。但是，这两种小鼠胚胎都死于发育阶段。1984 年，J. McGrath 等人用人工单性生殖（parthenogenetic）（孤雌生殖或孤雄生殖，gynogenetic 或 androgenetic）方法产生了两种特殊类型的小鼠胚胎：一种小鼠胚胎的全套染色体全部来自雄性亲本，另一种小鼠胚胎的全套染色体全部来自雌性亲本，但两类小鼠均在发育期死亡。上述实验结果说明，父系基因组与母系基因组含有胚胎发育所需的不同信息，小鼠的正常胚胎发育需要分别来自双亲的一整套染色体。有研究表明，父源的遗传信息对维持胎盘和胎膜十分必要，而母源的遗传信息对于受精卵的早期发育是关键的。

在人类中，Prader-Willi 综合征（Prader-Willi syndrome，PWS）与 Angelman 综合征（Angelman syndrome，AS）有不同的临床表现。但这两种不同临床表现的疾病具有相同的病因，即 15 号染色体长臂 q11-13 上有 5～6 Mb 的微缺失或典型的印迹基因异常甲基化。PWS 和 AS 是人类中报道的第一个印记疾病的例子，同时也是第一个证明表观遗传在人类疾病中起作用的明确证据来源。

图 11-5 PWS 与 AS 患者的临床表现

PWS 发生的遗传学异常包括（图 11-29）：①父源 15（q11-13）含 *SNRPN* 或 *IPW* 基因的区域缺失，占 70%～75%；②含有两个拷贝的母源性 15 号染色体而无父源性 15 号染色体，即母源性单亲二体（material uniparental disomy，mUPD），这两个母源性 15 号染色体均没有可发现的缺失，约占 25%；③1% 的患者虽有双亲的两条 15 号染色体且没有可发现的缺失，但在两条 15 号染色体关键区域的印迹基因（包括 *SNR-PN*、*NDN*、*ZNC*127 和 *IPW*）存在甲基化异常、功能缺失或基因上游的印记中心突变。

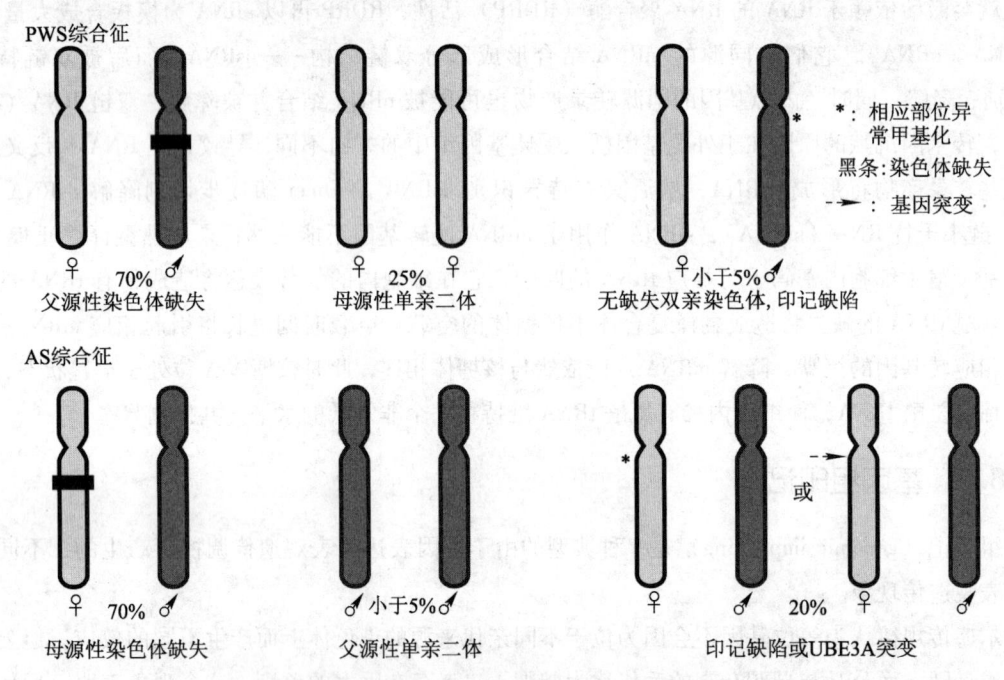

*：相应部位异常甲基化
黑条：染色体缺失
-→：基因突变

PWS 综合征
♀ 70% ♂ 父源性染色体缺失
♀ 25% ♀ 母源性单亲二体
♀ 小于5% ♂ 无缺失双亲染色体，印记缺陷

AS 综合征
♀ 70% ♂ 母源性染色体缺失
♂ 小于5% ♂ 父源性单亲二体
♀ 20% ♂ 印记缺陷或UBE3A突变

图 11-29　PWS 和 AS 综合征的遗传基础

AS 发生的遗传学异常包括（图 11-29）：①母源性 15（q11-13）含有 *UBE3A* 基因的染色体片段微缺失，占 70%；②父源性单亲二体（pUPD），约 5%；③*UBE3A* 基因突变或甲基化，造成基因不能翻译或翻译产物缺乏功能，占 20%。研究发现，95% 以上的患者为散发病例，但 *UBE3A* 基因突变的患儿其母亲约有 20% 可能带有相同突变。

从上面的分析可以看出，虽然发生 PWS 和 AS 的遗传学基础有多种，但大多数情况下（70% 以上），当患儿第 15 号染色体的缺失片段来自父亲，则表现为 PWS，若来自母亲，则表现为 AS，这说明父亲和母亲对染色体基因的遗传贡献不一定是相等的，即基因是差异性表达的。

基因组印记是一种表观遗传形式，其生化基础主要是 DNA 甲基化，它依据基因来自父本或母本的不同来调节基因的表达。15（q11-13）区域是基因组印记发生区域，因与上述两种疾病有关而称为 PWS-AS 印记区，包含 PWS 亚区和 AS 亚区。在 *SNRPN* 基因位点的启动子上游约 35 kb 区域存在一个印记中心（imprinting center，IC），其甲基化程度的改变可以调控该区域的包括 PWS 候选基因和 AS 候选基因的印记状态（图 11-30）。PWS 亚区较大，包含有多个父源表达的蛋白编码基因如 *NDN*、*SNRPN*、*IPW* 等以及父

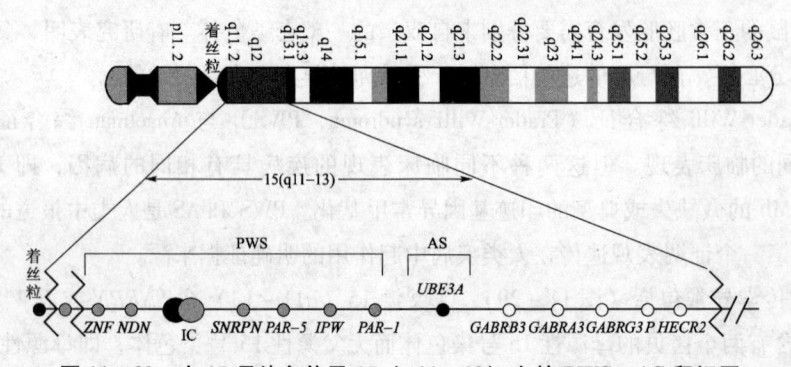

图 11-30　人 15 号染色体及 15（q11-13）上的 PWS-AS 印记区

源表达的 snoRNA 基因簇，它们在脑和中枢神经元中有表达，其功能可能是参与脑部特定 mRNA 的剪切。由于印记，上述 PWS 候选基因的母源等位基因在正常情况下高度甲基化而并不表达，基因组测序发现该位点的母源等位基因超过 96% 的 CpG 位点是甲基化的，但父源等位基因的 CpG 位点则是去甲基化的，可以表达（图 11-31）。在 AS 亚区的 UBE3A 基因（编码泛素蛋白连接酶 E6-AP）与 AS 综合征关系密切，UBE3A 基因在人体大多数组织中都有表达，但在人和小鼠的大脑中有基因印记，且甲基化模式（印记）在父源和母源染色体上不同，因而父源等位基因在神经组织中被沉默，而在大脑中具有记忆功能的海马区和神经元中母源等位基因是表达的，因此，母源 UBE3A 基因的突变、父系单亲二体以及印记突变都能阻止双等位基因的表达，导致功能性 E6-AP 靶蛋白数量过多，从而引起 AS（图 11-31）。进一步地，缺失母源 UBE3A 基因的杂合体小鼠（UBE3A+/-）呈 AS 特征也说明 UBE3A 基因与 AS 的相关性。

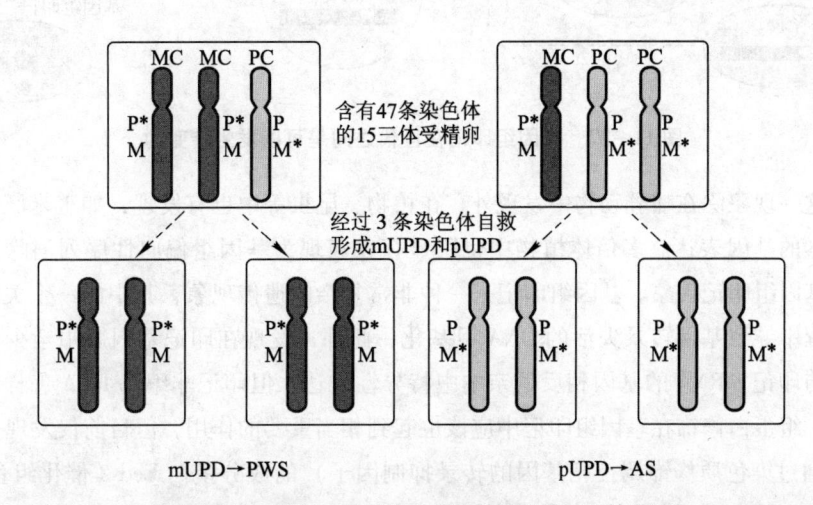

**图 11-31　单亲二体的发生及与 PWS 和 AS 的关系**

MC：母源染色体；PC：父源染色体；P 和 P*：分别为 PWS 印记亚区中表达的和沉默的基因模式；
M 和 M*：分别为 AS 印记亚区中 UBE3A 表达的和沉默的基因模式

　　PWS 和 AS 这两种病并不总是因为这些基因（与 PWS 有关的基因如 SNRPN、IPW 等，与 AS 有关的基因如 UBE3A）的缺失或突变而发生，它们也可以产生于另外的情况如单亲二体。

　　来自父母一方的染色体片段被另一方的同源部分取代，或者是一个个体的两条同源染色体都来自同一亲体的情况称为单亲二体（uniparental disomy，UPD）。UPD 在 PWS 和 AS 患者中出现的频率不同，通常归因于在卵细胞减数分裂时母源性染色体不分离所致。含有两条母源性染色体和一条父源性染色体的 15 三体合子中，父源性染色体丢失，形成母源性单亲二体（mUPD）；同样，父源性单亲二体（pUPD）的形成与其相似（图 11-31）（注：15 三体通常是致命的，但是缺失一条 15 号染色体可产生可存活的婴儿）。通过对单亲二体的表型效应分析，可将染色体区域分为印记区和非印记区，当某基因出现位点特异性差异时就称该基因被印记。当一个基因的两个等位基因都有功能时，该基因的 UPD 就不会有任何影响。但是，如果一个带有隐性缺陷或印记基因座的染色体发生 UPD 时，就可能观察到异常表型，如 mUPD 引起 PWS，pUPD 引起 AS（图 11-31）。

　　基因组印记是亲代起源的特异性基因表达。基因组印记一般发生在哺乳动物的配子形成期，即这时形成某些基因的差异性活化或失活，这样在不同的基因座上，仅是母源或父源的基因能被表达，这样一个个体表现出上代遗传下来的基因组印记的效应；但当该个体产生自身的配子时，上代的基因组印记将被消除，而打上自身的基因组印记。也就是说，基因组印记不是一种突变，也不是永久的变化，这种种系专一性基因修饰作用在代与代之间是可以发生转变的，这对于保障性别特异性基因组印记具有重要意义。目前认为，配子印记最可能的情况是，精子的配子印记产生于父源印记基因上，卵子的配子印记产生于母源印

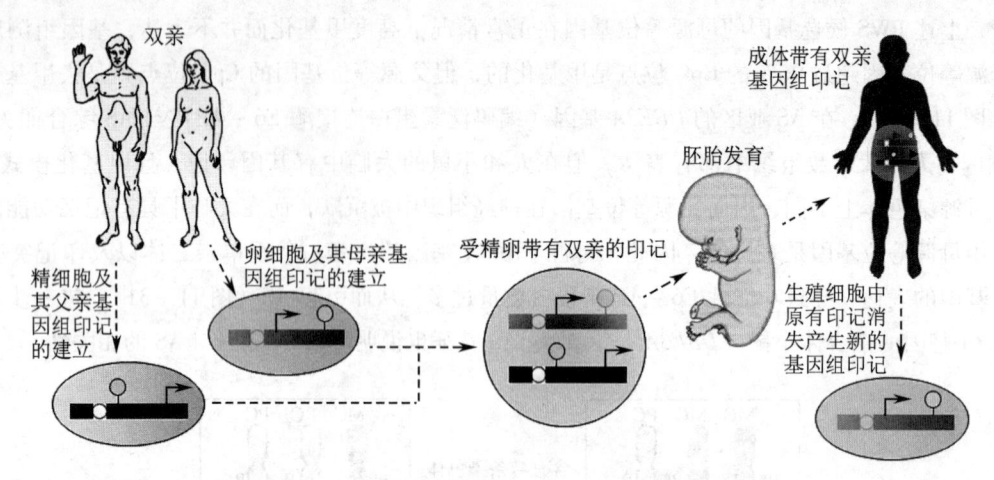

记基因上（图 11-32）。

**图 11-32 基因组印记在世代之间是可以发生转变的**

基因组印记这一现象除在哺乳动物中发现外，在植物、昆虫等中也有发现，如玉米胚乳中的某些特定基因只有源于母本的基因表达。多倍体植物中也明显存在表现为基因组偏向性序列消除、不均衡基因表达、基因沉默等基因组印记现象。基因组印记是一种非常复杂的遗传现象，其中的一个关键元素是涉及在雌雄配子形成过程中导致基因转录失活的 DNA 甲基化；此外，发现在印记基因簇中至少含有一个非编码 RNA，它一般在与印记 mRNA 的基因相反的亲本中特异性表达，但印记非编码 RNA 怎样行使基因沉默功能目前并不清楚；组蛋白修饰在基因组印记中应该也起到相当重要的作用，但目前仅发现一个 polycomb 蛋白复合体（一组通过染色质修饰调控靶基因的转录抑制因子）的成分蛋白 Eed（催化组蛋白 H3K27 甲基化）影响了一些父源抑制的基因，然而，该蛋白对于基因组印记的影响相对于 DNA 甲基化来说小得多。印记失活（imprinting off）的基因通常是高度甲基化的，印记的结果是相关基因只有一个拷贝的表达。因此，一个印记失活基因的活性等位基因（如 PWS 中的父源性等位基因）的缺失就导致这一区域的结构性单体性和功能无效体的产生；携带失活等位基因（如 PWS 中的母源性二体）同源染色体单亲二体也导致功能无效体的产生（图 11-31）。

印记基因遍布于整个基因组中，虽然有些印记基因是紧密连锁的，但却表现出不同的印记效应，如位于小鼠 7 号染色体远端的 *Igf2* 和 *H19* 两个基因是紧密连锁的，但 *Igf2* 是母源性印记失活基因，而 *H19* 则是父源性印记失活基因；17 号染色体上的 *Igf2r* 基因是父源性印记失活的，而其邻近的 *Mas* 基因则是母源性印记失活的；上面讲的 PWS 和 AS 印记也是如此。

基因组印记是一种基因转录调控机制，它对于生物体的正常发育有重要功能。自 1991 年在哺乳动物中发现第一批印记基因以来，基因组印记就成了研究热点。两套亲代基因组对于胚胎发育贡献不同的事实增加了我们对理解孟德尔遗传的难度。从上面关于 PWS 和 AS 的人类疾病可以看出，基因突变只是一个方面，影响基因调控的表观遗传变异可能起到更重要的作用。研究还发现，辅助生殖和衰老等过程中存在表观遗传调控的紊乱。到目前为止，我们对基因组印记的产生和作用机制的了解还非常有限，据估计，在哺乳动物基因组中，约有 1% 的基因属于印记基因，而我们现在所知道的印记基因还不到 10%。因此，加强对基因组印记的深入研究，对我们理解生命的本质及人类的一些重大疾病如癌症的机制和治疗有重要意义。

## 问题精解

◆ 链霉素通过抑制 tRNA$^{Met}$ 与核糖体 P 位点的结合及引起 mRNA 密码子的错读，可以杀死敏感的大肠杆菌。在敏感菌中，链霉素与核糖体 30S 亚基中的 S12 蛋白结合在一起。对链霉素的抗性是由于编码 S12 蛋白的基因发生突变所引起的，这个突变不能使蛋白与抗生素结合。1964 年，L. Gorini 和 E. Kataja 在添加有精氨酸或链霉素的基本培养基上分离了大肠杆菌的突变株，这种突变株在缺少链霉素的条件下，表现为典型的精氨酸缺陷突变。然而，在缺少精氨酸的条件下，它们是链霉素依赖的条件致死突变，也就是说，菌株只能在含有链霉素的培养基上生长，而在缺少链霉素的培养基上是不能生长的。怎样解释这一结果？

答：这一突变株是编码精氨酸合成酶基因的一个错义突变所引起的。在精氨酸存在时，酶不是必需的，但在精氨酸缺乏时，酶是生长所必需的（精氨酸是蛋白质合成中 20 种氨基酸之一）。

在细菌中，链霉素导致 mRNA 密码子的错读。当抗生素存在时，这种错读可使含有错义突变的密码子进行不确定翻译（translate ambiguously），允许错误的氨基酸的掺入。当链霉素存在于突变细菌的时候，氨基酸可以偶然插入突变位点，从而导致产生有活性的酶，这样，细胞虽然生长很慢但可以生长。在缺乏链霉素时，不发生错读，因此，所有突变的多肽是无活性的。

## 思考题

1. C. Yanofsky 分离了大量营养缺陷型突变的大肠杆菌，这些突变株只能在含有色氨酸的培养基上生长。怎样鉴定这种突变？如果这种特殊的营养缺陷型是由亚硝酸诱导的，那么使用 5-溴尿嘧啶处理能否使其回复到自养型？

2. 有些体细胞突变的植物可被应用于农业生产中，但在动物中为什么不能利用体细胞突变来繁育新品种？

3. 假设在一特殊的密码子中发生了一系列的自发突变，这些突变导致下列的氨基酸替换：

正常（色氨酸 Trp）→突变1（丝氨酸 Ser）→突变2（亮氨酸 Leu）→突变3（缬氨酸 Val）。请问野生型及每种突变型的密码子是什么？（使用遗传密码表）。

4. 转座子和插入序列通常引起所插入基因的突变，但是有时插入序列却增加基因的活性或使原来没有活性的基因活化。试提出对这种现象的合理解释。

5. 在高秆小麦田里突然出现一株矮化植株，怎样验证它是由于基因突变，还是由于环境影响产生的？

6. 在一些化学治疗中，目的是杀死侵入的病原体或者癌细胞而不杀死宿主细胞，因此必须要能区分靶细胞和宿主细胞。请问为什么利用叠氮胸苷（AZT）能用来治疗艾滋病。

7. 自发突变引起的因素有哪些？

8. Ames 测验的目的是什么？其原理是怎样的？

9. 什么是 AP 位点？试述 AP 核酸内切酶的修复途径。

10. 如果有一 AP 核酸内切酶缺陷的细菌突变菌株，但它仍有 DNA 糖基化酶活性。你预期这个突变株的自发突变率比野生型更高还是更低些？为什么？

11. 什么叫做反向遗传学？有哪些反向遗传学技术？

12. 请阐述反向遗传学与经典遗传学在研究手段和思路上的差别。

13. 为什么移码突变比错义突变对蛋白质正常功能的影响更大？

14. 什么是转基因沉默？试述转基因沉默的机制。

15. 什么是 DNA 芯片？怎样利用 DNA 芯片检测序列突变？

16. 什么叫做平衡致死系统?
17. 什么是基因组印记?基因组印记的机制是什么?
18. 试述基因突变与表观遗传变异的不同点。
19. 回答下列关于表观遗传变异的问题:
    (1) 下列选项中哪个是表观遗传过程:
        ① 突变    ② 碱基增加或减少    ③ 去甲基化    ④ 易位
    (2) 发生表观遗传变异时,DNA 碱基序列:
        ① 没有发生变化    ② 一定发生了甲基化
    (3) 下列描述错误的是:
        ① 在配子形成过程中重新建立表观遗传印记
        ② X 染色体的失活是完全随机的
        ③ 表观遗传不包括 DNA 序列的改变
        ④ X 染色体失活只发生在雌性个体中
20. 将 E. coli 培养在乳糖基本培养基上至密度达 $10^4$ 个 cell/ml,接种 1 ml 菌到 20 ml 富含葡萄糖的丰富培养基中,同时加入吖啶橙,培养 2 h,细胞刚好能分裂四次。将所有的细胞在含有 X - gal(半乳糖替代物,被半乳糖苷酶代谢呈现蓝色)和 IPTG(乳糖操纵子诱导物)的平板上培养,共得到 58 个白色菌落。将这 58 个菌的 lacZ 基因测序后确定共有 20 个独立的突变发生。请回答:

    培养完成时,lacZ 基因的突变频率是多少?

    LacZ 基因在每次分裂中的平均突变位点是多少?

    所发生的突变最有可能是什么类型的突变?

21. 实验室有 PCR 仪及相关试剂,有一段 DNA,还有电泳系统。请设计一个利用 PCR 及电泳技术的实验,来验证 DNA 聚合酶合成 DNA 时的方向性(不考虑对照实验)。

    DNA 序列:　　5' - TTAGTTTGCG……TCGGACGTACG - 3'

    　　　　　　　3' - AATCAAACGC……AGCCTGCATGC - 5'

22. 自 1990 年美国首例基因治疗至今,基因治疗似乎有可能成为人类"根治"疾病的"回春妙手"。然而,由于基因治疗自身在理论与技术安全上仍需进一步完善,及其在社会伦理上所面临的诸多疑问,其发展尚具有一定的不确定性和局限性。请对如何解决上述问题进行讨论并提出你的个人观点。

# 第 12 章

# 遗传重组

*Barbara McClintock*

12.1 遗传重组的类型
12.2 同源重组
12.3 位点专一性重组
12.4 异常重组——转座遗传因子
12.5 遗传重组的应用——基因工程

**内容提要**：遗传重组的结果引起 DNA 重排，其生物学意义在于它给自然选择提供了个体基因差异和遗传多样性。遗传重组分为三种类型：同源重组、位点专一性重组和异常重组。

同源重组是重组的普遍形式。基因转变是跟遗传重组密切相关的遗传学事件，其实质是由于对同源重组所产生的异源双链 DNA 的错配碱基进行修复所造成的。解释同源重组和基因转变的分子模型有 Holliday 模型、Meselson-Radding 和 Szostak 模型，所有模型都包括 DNA 链的切断、置换和连接等过程。

位点专一性重组实现了游离 λDNA 整合到细菌 DNA 中和 λ 原噬菌体 DNA 从细菌染色体 DNA 上切离的过程，二者均受严格的遗传学控制。

异常重组即转座是生物细胞中普遍存在的事实，由一种位于转座子内的基因所编码的转座酶所催化。本章对不同生物中的转座因子如玉米中的 *Ac-Ds*，原核生物中的 *IS*、*Tn*、*Mu*，果蝇中的 *P* 因子、*FB* 因子、*Copia* 因子以及人类中的转座子进行了介绍，并对转座的遗传学效应、转座的表观遗传调控及转座的应用进行了详细的分析。

基因工程是遗传重组的应用，已在工农业、环保、医药卫生等方面发挥重要作用。

**重要概念**：遗传重组 同源（位点专一性/异常）重组 基因转变 Holliday 模型 Meselson–Radding 模型 Szostak 模型 转座子 反转录转座子 *Ac-Ds* 系统 复合转座子 IS 转座噬菌体 杂种不育 P 因子 外显子改组 转座子标签法 基因工程 基因打靶

科学史话

一个个体的染色体与同种其他成员的染色体是不完全一样的，否则，独立分配和有性繁殖则只产生遗传上一样的个体。染色体上遗传差异的产生主要有三种机制：一是突变，包括基因突变和染色体结构及数目的改变，这分别在第 7 章和第 11 章中作了详细的讨论；二是遗传重组，这方面的内容在前面的有关章节中我们也讨论过它的主要特征，所谓遗传重组是指遗传物质的重排，其共有的特征是 DNA 双螺旋之间发生交换及产生新的组合；第三种是表观遗传变异，虽然它不引起 DNA 序列的改变，但由于 DNA 甲基化修饰和组蛋白修饰等引发染色质重塑，从而引起染色体上基因表达的遗传差异，这在第 10 章和第 11 章中已经学习。本章将主要对遗传重组过程的分子机制及其应用进行讨论。

减数分裂时染色体的自由组合、基因突变、遗传重组及表观遗传修饰的共同作用产生了物种个体间的遗传多样性。如果说突变对生物的存活产生影响，是生物的稀有现象的话，那么遗传重组和表观遗传修饰则是经常的现象，它们的存在确保了物种中代与代之间基因组的重排和基因表达活性的改变，是形成一个物种个体间遗传差异的主要原因，遗传重组可以说是生物特别是病毒及微生物进化的一种主要方式，可以认为遗传重组在引起病毒飞跃式突变中起了重要的作用。事实上，在微生物间由于转化、接合和转导引起的遗传重组发生的频率比基因突变高达一万倍。

## 12.1 遗传重组的类型

遗传重组（genetic recombination）又称基因重组，是指不同 DNA 链的断裂和连接而产生 DNA 片段的交换和重新组合，从而形成新的 DNA 分子的过程。因此，新的 DNA 分子中含有原来两个 DNA 分子的片段。严格说来，所有 DNA 均是重组 DNA。对原核生物如细菌来说，个体之间可以通过接合，或是经由病毒（噬菌体）的传送来交换彼此的基因，并且利用基因重组将这些基因组合到本身原有的遗传物质中；遗传工程是在试管中改变和连接 DNA 分子，是人为地引起基因组结构发生比较简单的改变；第 15 章将介绍的分子定向进化是人们模仿大自然在进化过程中进行的重组和突变，是对生物大分子进行的定向改造。

遗传重组是遗传的基本现象。无论高等真核生物，还是细菌、病毒都存在遗传重组现象。遗传重组不仅发生于代与代之间，即在减数分裂中发生，体细胞的基因组也可以发生重排，这能产生基因表达的改变，在一个个体的细胞之间产生遗传基因的多样性。另外，重组不只是在核基因之间发生，在叶绿体基因间、线粒体基因间也可发生重组。重组也见于噬菌体的整合过程和转座子的转座等及在上一章中谈到的突变修复的过程中等。由此可见，只要有 DNA 就会发生重组，这表明重组对物种的生存十分重要。

因发生的机制不同，重组可分为三种类型：同源重组（homologous recombination）、位点专一性重组（site-specific recombination）和异常重组（illegitimate recombination）。

**1. 同源重组**

同源重组又称普遍性重组（generalized recombination），是指发生在同源 DNA 序列之间的重组，它的发生依赖于大范围 DNA 同源序列的联会。重组过程中，两个染色体或 DNA 分子相互交换对等的部分（交互重组），如真核生物在减数分裂时期同源染色体的非姐妹染色单体之间所发生的重组。虽然细菌及某些低等真核生物的转化、细菌的转导、接合以及某些病毒的重组等均属于同源重组，但重组后的遗传物质并不是交互的，仅受体发生重组，供体并不发生改变，因而它们是单向重组。同源重组中负责 DNA 配对和重组的蛋白质因子并无碱基序列特异性，只要两条 DNA 序列相同或接近，重组就可以在此序列中的任何一点发生。当然也存在重组热点，即某类序列发生重组的概率高于其他序列。此外，真核生物的染色质状态对重组也有影响，如异染色质及其附近区域就很少发生重组。同源重组中除了利用 DNA 序列的同源性特异性识别重组对象外,还需要蛋白质的作用,如大肠杆菌的 RecA 蛋白,因此,细菌中的同源重组又称为依赖 RecA 重组(RecA dependent recombination)。

同源重组要求两个 DNA 分子的序列同源,同源区越长越有利,同源区太短,则难于发生重组。大肠杆菌活体重组,至少要求有 20~40 bp 是相同的;大肠杆菌与 λ 噬菌体或质粒重组,其同源区要求≥13 bp;枯草杆菌基因与质粒的重组,同源区的长短应≥70 bp;哺乳动物的同源区应长到 150 bp 以上。只要同源序列足够长,那么在即使仅相差 1 bp 的不同遗传标记之间,仍然可能发生重组。

**2. 位点专一性重组**

这类重组在原核生物中最为典型。它发生在特殊的序列对之间,这种重组依赖于小范围同源序列的联会。在重组对之间的短同源序列是供重组蛋白识别用的,它对同源性的要求不像同源重组那么重要,蛋白质和 DNA、蛋白质和蛋白质之间的作用更为关键。重组时发生精确的切割、连接反应,DNA 不失去、不合成。两个 DNA 分子并不交换对等的部分,有时是一个 DNA 分子整合到另一个 DNA 分子中,因此又将这种形式的重组称为整合式重组(integrative recombination)。例如,λ 噬菌体 DNA 通过其 *attP* 位点和大肠杆菌 DNA 的 *attB* 位点之间专一性重组而实现整合过程,在重组部分有一段 15 bp 的同源序列,这一同源序列是重组的必要条件,但不是充分条件,还须位点专一性的蛋白质因子参与催化。这些蛋白质因子不能催化其他任何两条不论是同源的还是非同源序列间的重组,这就保证了 λ 噬菌体 DNA 整合方式的专一性和高度保守性。这一重组不需要 RecA 蛋白质的参与。

**3. 异常重组**

异常重组是指不依赖于序列间的同源性而使一段 DNA 序列插入到另一段 DNA 中。在形成重组分子时往往是依赖于 DNA 复制而完成重组过程,因此又称为复制性重组(replicative recombination)。如转座子从染色体的一个区段转移到另一个区段或从一条染色体转移到另一染色体,这种转座作用既不依赖于转座子 DNA 序列与插入区段 DNA 序列之间的同源性,又不需要 RecA 蛋白参与作用,只依赖于转座区域 DNA 复制和转座有关的酶而完成重组。

## 12.2 同源重组

同源重组发生在 DNA 的同源序列之间,涉及参与重组的双方 DNA 分子的断裂与重接。进行同源重组必须具备下列基本条件:

(1) 在交换区具有相同或相似的序列:发生同源重组的两个区域的核苷酸序列必须相同或非常相似。同源重组常常只发生在两个 DNA 分子中的相同部位,但有时不同部位间也会发生重组,称为异位重组,这是因为在 DNA 分子的许多地方存在同样或类似的序列。异位重组可引起 DNA 序列的缺失、重复、倒位和其他 DNA 的重排等,但细胞中通常存在可以防止异位重组发生的特殊机制。

(2) 双链 DNA 分子间互补碱基配对:只有通过 DNA 单链之间的互补配对才可以使核酸序列相互识别。这种配对确保重组只发生在同样的基因座,即 DNA 分子的相同部位。在该部位两个双链 DNA 分子通过链之间互补碱基配对被维系在一起的过程称为联会(synapsis),所有同源重组都涉及联会。

(3) 重组酶:两条 DNA 双螺旋分子间断裂、修复、连接和重组体的释放是重组的中心环节,这些过程均是在酶的催化下进行的。

(4) 异源双链区的形成:重组过程的关键是单链间的相互交换。在两个配对的 DNA 双螺旋同源链的相互位点产生单链断裂,切口产生的游离末端可以移动,每条链都脱离其配对的链并交叉与另一双股螺旋中的互补链配对。这种被连接在一起的双链称为接合分子(joint molecule),由一个双链跨到另一双链的位点称为重组接点（recombination joint）。同源重组时，在两个 DNA 分子之间互补碱基配对的区域称为异源双链区（heteroduplex DNA）。

同源重组现象的发现，为 20 世纪 80 年代发展起来的基因打靶技术（gene targeting）奠定了坚实的理论基础。基因打靶即是利用同源重组将外源基因定点整合到靶细胞基因组上的某一确定位点，定向改变细胞或个体的遗传信息，以达到对基因组进行定点修饰的目的。它可以是对基因组进行基因敲除、引入基因突变或外源基因、或大片段删除基因组等。基因打靶技术的发展为发育生物学、分子遗传学、免疫学、分子医学、分子农学、合成生物学、基因工程等学科的研究提供了重要手段，其应用已涉及基因和基因组功能研究、生产具重要商业价值的转基因生物、异体器官移植和基因治疗等诸多方面。

关于同源重组的分子过程将在 12.2.2 中详细描述。下面先对与同源重组相关的另一遗传现象——基因转变作一介绍。

### 12.2.1 基因转变

关于重组现象，我们从四分子分析了解得最清楚，因为可以将每一减数分裂的产物分离出来并加以分析。虽然重组是一个非常准确的交互过程，在减数分裂的产物中大多数是交互的正常分离，但从大量的分析知道，有时也会出现不规则情况，从而产生少量的异常分离（abnormal segregation）。

在一个杂合体中，如果一染色体把基因 $A$ 交给它的同源染色体，则它的同源染色体必定把等位基因 $a$ 交回给它，所以在真菌中，一个座位上的两等位基因分离时，应该呈现 2:2 或 1:1:1:1 或 1:2:1 的分离（表 12-1）。可是，C. C. Lindegren（1953）在酿酒酵母（$S.\ cerevisiae$）中发现，有的子囊含有（$3A+1a$）或（$1A+3a$）的子囊孢子。以后在脉孢霉、子囊菌 $Ascobolus\ immersus$ 及果蝇中也发现这种现象。

表 12-1 脉孢霉一对等位基因 + × - 杂交子代正常分离结果

| 子囊类型 | (1) | (2) | (3) | (4) | (5) | (6) |
|---|---|---|---|---|---|---|
| | + | − | + | − | + | − |
| | + | − | + | − | − | + |
| | − | + | + | − | + | − |
| | − | + | − | + | + | + |

M. B. Mitchell（1955）对子囊菌中出现的异常分离现象进行了详细的分析。在 Mitchell 的杂交试验中，所用的基因是关于吡哆醇（pyridoxine，维生素 $B_6$）的合成的。带有这个基因的突变株需要在培养基上添加吡哆醇后才能生长，且对酸度（pH）敏感，改变酸度后（pH 从 5 改变成 5.8 或 6 以上），就无需添加了，这个突变基因称作 $pdxp$。在其非常邻近的位点上的另一突变基因 $pdx$，也是吡哆醇依赖型突变，但对酸度不敏感。

Mitchell 把两个脉孢霉（$N.\ crassa$）的吡哆醇突变株杂交，$+\ pdxp \times pdx\ +$，取得子一代子囊后，对 585 个可以完全萌发的子囊孢子进行鉴定。在正常情况下，由于重组，在出现完全野生型孢子对（+ +）的同时，也应出现对应的重组产物——双突变型孢子对（$pdx\ pdxp$）（图 12-1A）。但他发现 4 个例外子囊，出现了野生型的孢子对（+ +），如表 12-2 中第 1 子囊的第二孢子对、第 2 子囊的第三孢子对等，好像这两个位点间有了重组，可是预期重组后应该同时出现的双突变型（$pdx\ pdxp$）孢子对却没有发现（表 12-2，图 12-1B），好像 $pdxp$ 转变成了 $pdxp^+$（或 +）。这些不寻常的情况，好像是由于一个基因转变为它的等位基因，所以将这种情况称为基因转变（gene conversion）。图 12-1 中以 ⊕ 表示 $pdxp$ 基因发生了基因转变。这不可能是基因突变造成的，因为它们出现的频率比这些位点的正常突变率高很多。

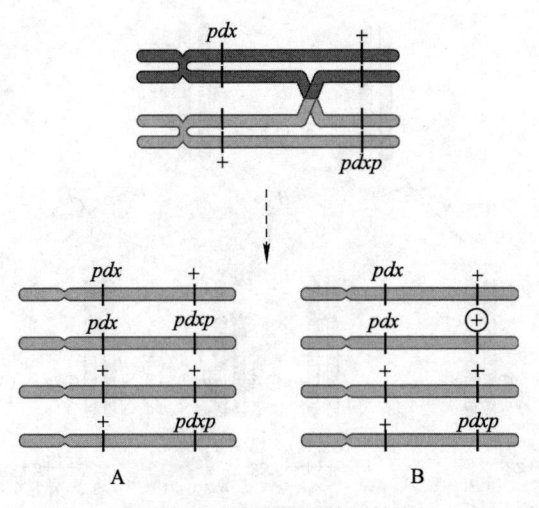

图 12-1 脉胞霉的基因转变
A：正常分离；B：发生基因转变

表 12-2 脉孢菌中 +pdxp × pdx+ 杂交，其中 4 个例外子囊的结果

| 孢子对 | 子囊 | | | |
|---|---|---|---|---|
| | 1 | 2 | 3 | 4 |
| 第一对 | + pdxp | pdx + | + + | pdx + |
| 第二对 | + + | pdx + | + pdxp | + pdxp |
| 第三对 | + pdxp | + + | pdx + | + + |
| 第四对 | pdx + | + pdxp | pdx + | pdx + |

E. Olive 等对粪生粪壳菌（Sordaria fimicola）中 g 座位进行广泛的研究后也发现有基因转变现象。$g^-$ 的子囊孢子为灰色，$g^+$ 的子囊孢子为黑色。$g^+ \times g^-$ 杂交，在所分析的 200 000 个子囊中，绝大部分属于正常的 $4g^+:4g^-$ 类型，但也发现有 0.06% 是 5:3 分离，0.05% 是 6:2 分离，还有 0.008% 是 3:1:1:3 或异常的 4:4 分离（图 12-2）。在异常的 4:4 子囊中，虽然也是有 4 个 $g^+$ 和 4 个 $g^-$，但排列方式特殊，一个孢子对中的两个孢子有着不同的基因型，而在正常情况下，它们应有相同的基因型，因为每一孢子对都是一次有丝分裂的产物。

基因转变往往伴有转换区外基因的重组，但区外基因的重组是正常的交互方式。虽然 pdxp 位点出现异常分离，而邻接的 pdx 位点仍显示正常的 2:2（或 4:4）分离（表 12-2，图 12-1B）。在粪生粪壳菌中，虽然 g/+ 这对等位基因表现不寻常的分离，但是邻近的基因 A/a 都呈现正常的分离。从粪生粪壳菌的基因转变资料可以看出，它有个重要的特点：即在有基因转变的子囊中，基因转变和遗传重组都发生在同样两个单体的子囊比例竟高达 90%。换句话说，基因转变跟遗传重组是有关的，这也是基因转变与基因突变的不同之处。

基因转变可以分为染色单体转变（chromatid conversion）和半染色单体转变（half-chromatid conversion）。减数分裂的 4 个产物中，只有一个产物发生基因转变的叫染色单体转变，如在上面的例子中，出现 6:2（或 2:6）的子囊类型；而在减数分裂的 4 个产物中，只有一个产物的一半或两个产物的各一半出现基因转变，称为半染色单体转变。在这种情况下，基因转变只影响半个染色单体，所以分离一定发生在减数分裂后的有丝分裂中，故又叫减数后分离（post-meiotic segregation），如在上面例子中，出现 5:3（3:5）或 3:1:1:3（异常 4:4）的子囊类型（图 12-2）。

我们知道一个染色单体相当于一个 DNA 分子，因而从上面的结果可以看出，转变可以影响一个 DNA 分子的双链，也可仅仅影响其中的一条链。

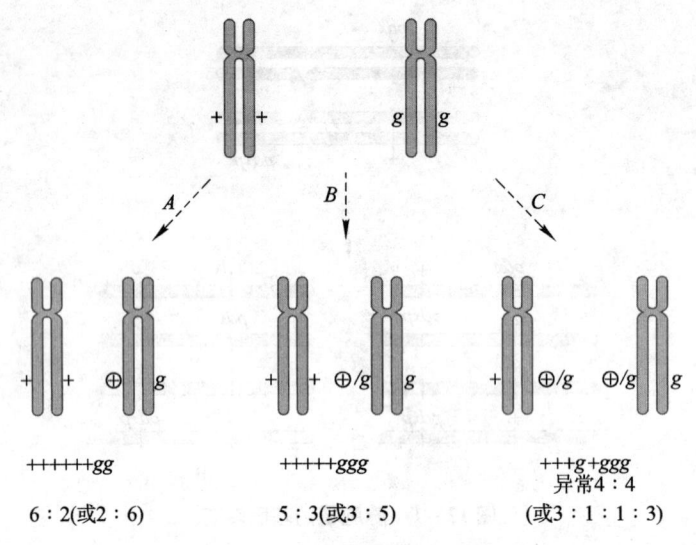

++++++gg　　　　　++++ggg　　　　　+++g+ggg
　　　　　　　　　　　　　　　　　　　　异常4∶4
6∶2(或2∶6)　　　5∶3(或3∶5)　　　(或3∶1∶1∶3)

图 12-2　粪生粪壳菌的基因转变

### 12.2.2　同源重组和基因转变的分子基础

从上述基因转变现象我们已经知道，基因转变往往伴随遗传重组。因此一个说明基因转变机制的理论（或模型）必须要求至少能说明一对孢子的表型不同，以及发生转变的基因两旁的基因常常同时发生重组这两个事实。因此，基因转变现象逐渐变成了研究重组机制的一个有用材料。

从真菌类四分子分析结果使人们进一步认识到，重组不仅有正常的交互方式，而且偶尔也有不规则的非交互方式，即所谓的基因转变。基因转变往往跟正常的互换有关，二者有相当多的机会影响到相同的两条非姐妹染色单体，也可影响半染色单体。为能够说明上述这些事实，一些学者提出了不同的重组模型，其中，R. Holliday 于 1964 年提出的杂合 DNA 模型（hybrid DNA model）受到多数学者的支持，以后又经一些学者和 Holliday 本人的修改，这个模型现又称为 Holliday 模型。它适用于原核类和真核类，既说明了同源重组过程，同时也解释了基因转变现象。根据这个模型（图 11-3），重组过程是这样的：

一对同源染色体有 4 个染色单体，每一染色单体是一条 DNA 双链，所以一对同源染色体有 4 条 DNA 双链。在晚偶线期和早粗线期染色体配对时，同源非姐妹染色单体的 DNA 分子配合在一起（图 12-3A）；核酸内切酶识别 DNA 分子上的相应断裂点，在断裂点的地方把磷酸二酯键切断，使两个非姐妹 DNA 分子各一条链断裂（图 12-3B）；两断链从断裂点脱开，螺旋局部放松，单链交换准备重接（图 12-3C）；在连接酶的作用下，断裂以交替方式跟另一断裂点相互联结，形成一个交联桥（cross-bridge），这结构又称 Holliday 中间体（Holliday intermediate）（图 12-3D）；交联桥不是静态的，可以靠拉链式活动沿着配对 DNA 分子向左右移动，其中互补碱基间形成的氢键从一条亲本链改为另一条亲本链，于是移动后在两个亲本 DNA 分子间留下较大片段的异源双链 DNA，这种结构又称为 Holliday 结构（图 12-3E、F，E、F 的结构是相同的）；随后交联桥的两臂环绕另外两臂旋转成为十字形（图 12-3G），链交换所形成的连接分子必须进行拆分，才能消除交联体并形成两个独立的双链分子，即形成 Holliday 结构的异构体（图 12-3H），这需要再产生两个切口，断开方向或沿东西轴或沿南北方向进行（图 12-3I）。如沿东西方向切断（切口发生在当初已切开的两条链），即上连、下连，则产生的两个异源双链的两侧基因为 AB 和 ab，仍保持亲代类型，如沿南北方向切割（切口发生在当初未切开的两条链），即左连、右连，那么原来的 4 条链就全被切开，这时两侧基因为 Ab 和 aB，产生两个重组类型。但不论哪种情况，在通过 Holliday 结构断裂所产生的亲本双链体或重组双链体中，都含有一个异源双链 DNA 区，有关的两核苷酸区段分别来自不同的亲本，从而由原来的 G-C、A-T 配对变为 G-A、C-T 非配对。

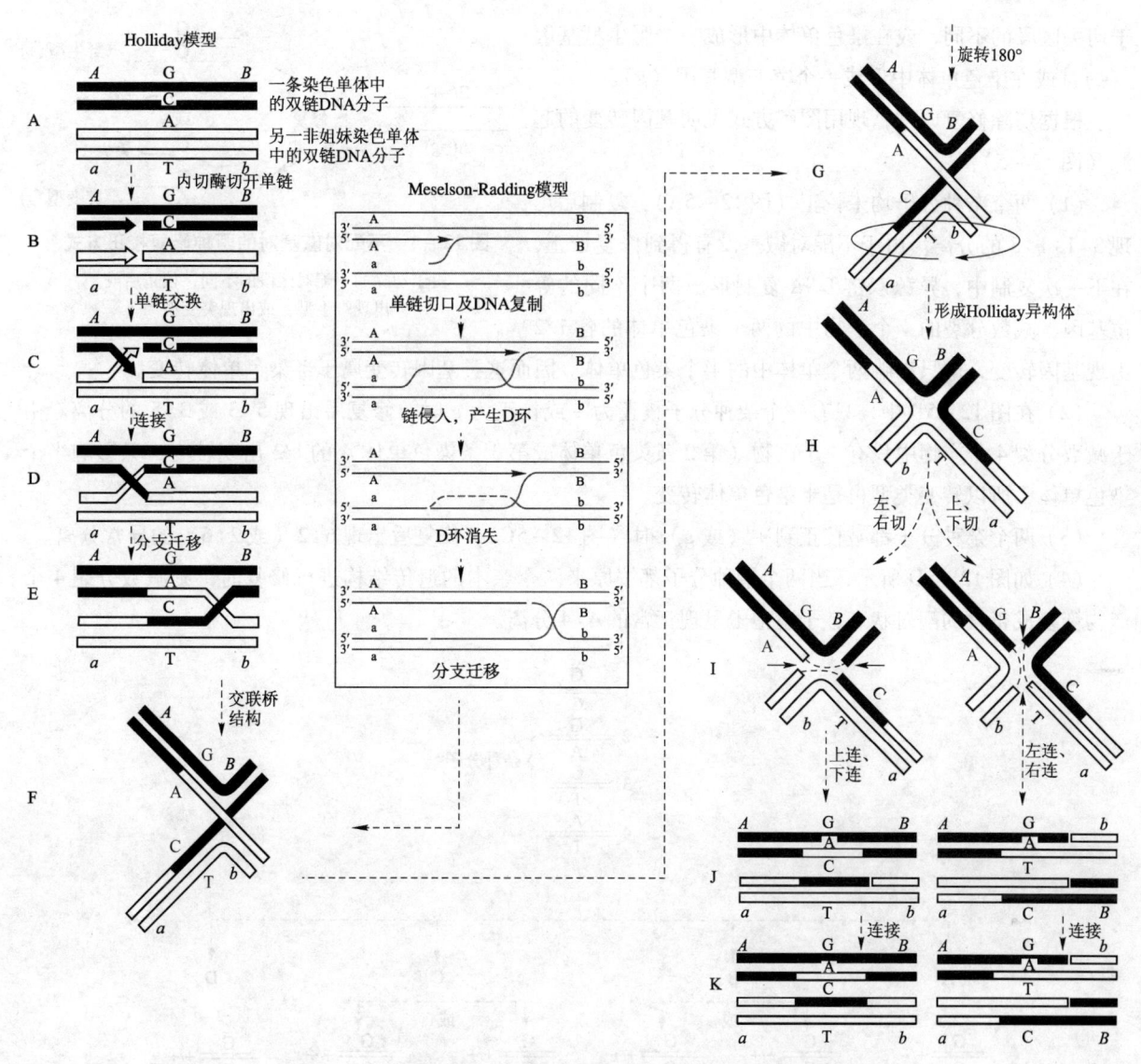

**图 12-3 同源重组的 Holliday 模型和 Meselson-Radding 模型**

为简略计，图中只显示 2 条染色单体；AB、ab 表示旁侧标记基因

Holliday 模型清楚地表明，在对称的异源双链区存在着不配对碱基（如 G/A、C/T）。这种异源 DNA 是不稳定的，细胞内的修复系统能够识别不配对碱基，并以其中一条链为模板进行切除修复。在上面的粪生粪壳菌杂交中，假设用于 $g^+ \times g^-$ 杂交的两亲本仅有一对碱基之差，如：

$$g^+ \text{ 或 } + \text{ 是 } \frac{\text{ACAGT}}{\text{TGTCA}}, \quad g^- \text{ 或 } g \text{ 是 } \frac{\text{ACATT}}{\text{TGTAA}}$$

则异源双链 DNA 区应为 $\frac{\text{ACAGT}}{\text{TGTAA}}$ 或 $\frac{\text{ACATT}}{\text{TGTCA}}$。

带有的不匹配碱基对（mismatch base pair）是 G/A 或 T/C，那么这样异源双链的不匹配部分如何修补，造成的结果如何呢？

不配对的核苷酸在 DNA 分子中造成歪斜，不配对的一小段首先由核酸外切酶（exonuclease）切除，留下单链缺口；然后在 DNA 聚合酶的作用下，以一条链为模板合成具有互补碱基的区段，填补缺口，再由连接酶作用，把新合成的短链以共价键连接上去，成为连续的核苷酸链，从而完成修复过程。在修复时，由于切除的不配对碱基区段的不同，可以有下列两种方式（图 12-4）：如对不相称碱基对 G/A 修复，由于切去区段的不同，或在染色单体中形成一个野生型基因（+），或在染色单体中形成一个突变型基因（g）。

根据切除修复原理，现用图解方式说明基因转变的起源（图12-5）：

(1) 两个杂种分子均未校正（图12-5A），复制后出现3∶1∶1∶3的分离。由于不配对碱基没有得到修复校正，在下一次复制中，异源双链DNA复制形成两个不同的等位基因，减数分裂的4个产物中的两个染色单体的各1/2出现基因转变，即只影响两个单体中的半个染色单体。因而这类基因转变属于半染色单体转变。

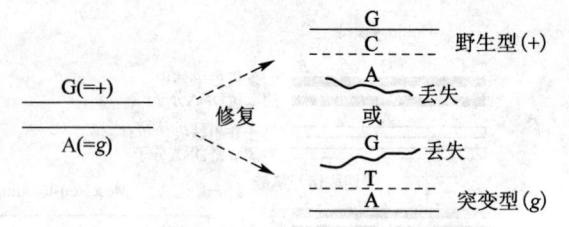

**图12-4 不配对碱基对的两种修复校正方式**
由于切除的不配对区段的不同，校正后或出现野生型，或出现突变型

(2) 在图12-5B中，只有一个杂种分子校正为+或校正为g时，修复后出现5∶3或3∶5的分离。由于减数分裂4个产物中只有一个产物（第2条染色单体或第3条染色单体）的1/2出现转变，只影响半个染色单体，所以转变类型也是半染色单体转变。

(3) 两个杂种分子都被校正到+（或g）时（图12-5C），修复后出现6∶2（或2∶6）的异常分离。

(4) 如图12-5D所示，当两个杂种分子都按原来两个亲本的遗传结构进行修复时，则减数分裂4个产物恢复成正常的配对状态，子囊孢子呈现正常的4∶4分离。

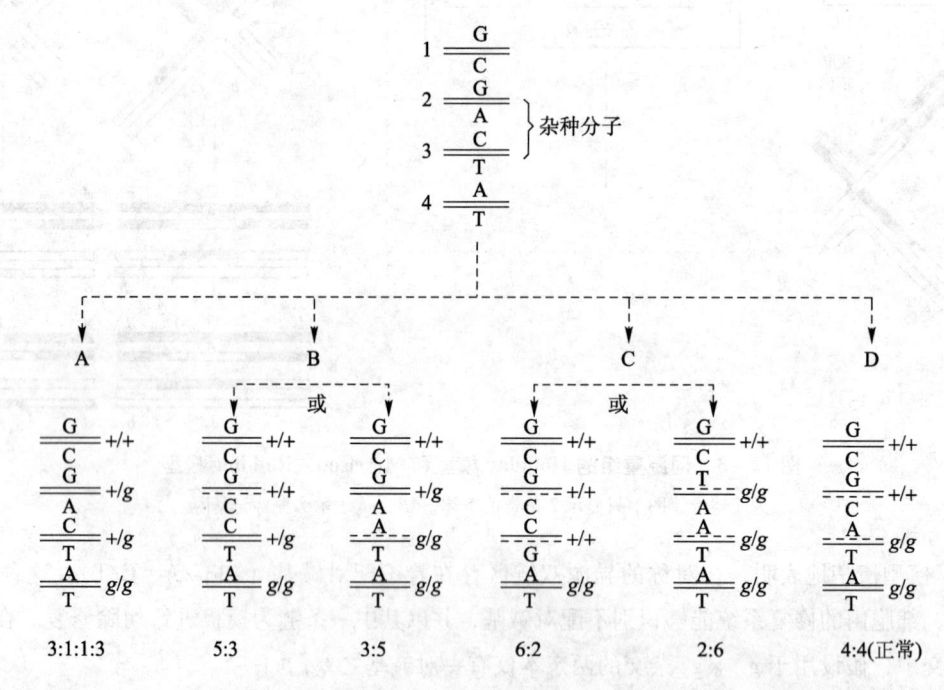

**图12-5 用遗传重组的Holliday模型说明基因转变的起源**
4个染色单体全部画出，虚线表示修复的DNA片段

切除修复系统识别异源双链DNA中错配的碱基对时，切除其中的一条链，使其恢复互补性。于是，使得代表一个等位基因的DNA链变成了代表另一个等位基因的序列。如果这种校正变化只发生在一个异源双链DNA上，就会产生5∶3（或3∶5）异常分离。如果两个异源双链以同样方式校正，就产生了2∶6（或6∶2）异常分离。所以基因转变实质上是异源双链DNA错配的核苷酸对，在修复校正过程中所发生的一个基因转变为它的等位基因的现象。

Holliday模型很好地解释上DNA链侵入、分支迁移和Holliday中间体拆分等同源重组的核心过程。从Holliday模型也可以清楚地看出，重组是一个酶促过程，DNA聚合酶、核酸内切酶、核酸外切酶和连接酶等都是 DNA 链的合成、切割、断链的切除和愈合及修复所必需的。

按照 Holliday 模型描述的重组过程，两个同源 DNA 分子需要在相同位置上同时切开一条单链，形成两个单链切口，进而在切口处发生单链交换，产生对称的杂合双链（图 12-3B、C、D）。而实际上，细胞中经常发生的是 DNA 分子单链断裂，断裂很少同时发生在两条（同源）DNA 分子中。因此，1975 年 M. Meselson 和 C. Radding 对 Holliday 模型进行了修改。根据 Meselson-Radding 模型（图 12-3 中间框内），只要在一条 DNA 分子上产生一个单链切口，原有链即可被自切口处 3′-OH 的新合成链逐步置换出来。随后，被置换出来的游离 DNA 单链可侵入另一条（同源）DNA 的双螺旋中，取代其同源单链并与其互补链配对，形成异源双链区。被置换的单链形成 D-环（displacement loop），D-环单链区随后被核酸酶切除。产生的单链末端交叉侵入相邻 DNA 双链中，DNA 自由末端在 DNA 连接酶的作用下共价连接形成 Holliday 结构。注意，此时只有一条 DNA 分子上含有异源双链区。此后，如果发生分支迁移，即可在两条双螺旋上均出现异源双链区。随后的过程与 Holliday 模型相同。与 Holliday 模型一样，异源双链区中的错误配对碱基在得到酶的修复中，可发生基因转变。

重组是一个复杂的分子变化过程。也有很多证据表明，重组可由双链断裂启动。据此，1983 年 J. W. Szostak 基于酵母减数分裂的重组启动需要双链切口的事实，提出了双链断裂重组模型（model of double-strand breaks recombination, DSB），现又称为 Szostak 模型。该模型描述的重组过程是这样的（图 12-6）：首先由核酸内切酶水解两条同源 DNA 分子中的一条 DNA 双链的磷酸二酯键，导致该 DNA 分子发生双链断裂（另一条 DNA 双链保持完整）；由核酸外切酶作用，扩大双链切口而产生具有 3′单链末端的空隙；断裂链的游离 3′端入侵到完整双链的同源染色体中形成异源双链，完整双链的一条链被取代，另一条链提供合成反应的遗传信息，产生 D-环；在 DNA 聚合酶的作用下，断裂的两条链分别以完整链为模板开始 DNA 合成，合成修复已切断的双链，将 D-环转变成双链 DNA；最后再通过断裂重接过程（DNA 连接酶作用）形成两个 Holliday 联结，完成重组。

总之，重组是遗传变异的重要来源，是杂交导致遗传多样性的重要原因，精准或全面的 DNA 重组机理还在逐步揭示中。

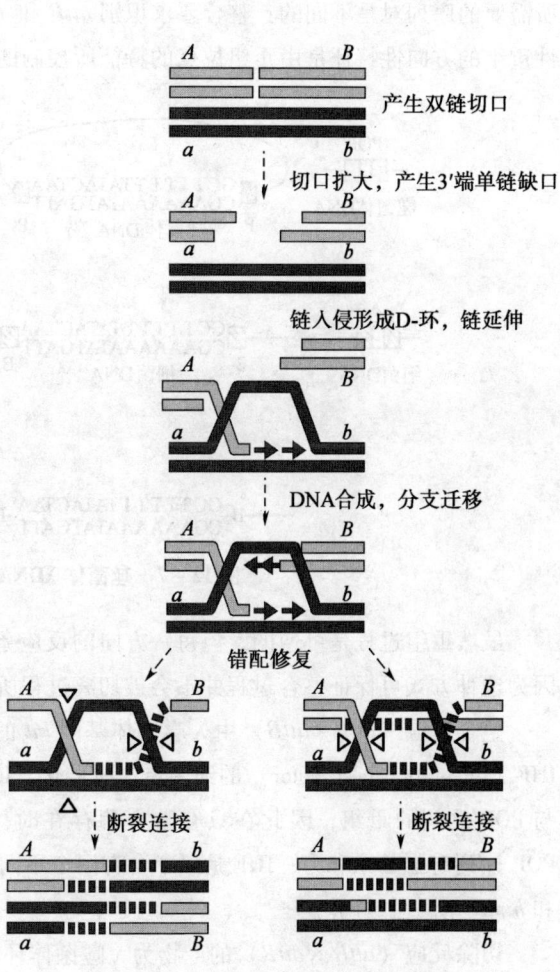

图 12-6 双链断裂重组模型示意图

## 12.3 位点专一性重组

位点专一性重组发生在 DNA 特殊序列对之间，这一重组形式最早在 λ 噬菌体遗传研究中被发现。

λ 噬菌体为了进入溶原状态，游离的 λDNA 必须整合到细菌 DNA 中去；而为了从溶原状态向裂解状态转化，原噬菌体 DNA 则必须从细菌染色体 DNA 上切离。这两种类型间的转换即整合和切离，都是通过

λDNA 和细菌 DNA 之间的位点专一性重组实现的,这些特定位点叫做附着点 (attachment site, att)。细菌染色体上的附着点被称为 attλ 或 attB,其长度约为 25 bp,位于 bio 和 gal 基因之间,由 B、O、B′ 三个序列组分。这一位点是从能阻止 λDNA 整合的突变体中鉴定的,当从大肠杆菌的染色体上去除 attλ 位点后,感染性 λ 噬菌体可以整合其 DNA 在染色体的其他部位而建立溶原状态,但其效率仅相当于存在 attλ 时的 0.1% 以下。λ 噬菌体的附着位点称为 attP,由 P、O 和 P′ 三个序列组成,长度为 240 bp。attB 和 attP 中两侧的 B、B′ 和 P、P′ 称为臂,其序列结构各不相同,但二者的 O 序列则完全一致,由 15 bp 组成,λDNA 的整合和切离都发生在这一序列中,因此 O 序列也称为核心序列 (core sequence) (图 12-7 碱基序列表示部分)。由于线状的 λDNA 在侵入细胞后不久就通过首尾黏性末端连接成环状,所以在 att 处的相互重组导致了整个 λDNA 整合进细菌染色体 DNA 中,在 λ 原噬菌体 DNA 的两边各有一个 att 位点,但这两个位点是重组产物,不同于原来的 attB 和 attP。原噬菌体位于这两个新的 att 位点之间,原噬菌体左边的位点 attL 由序列 BOP′ 组成,右边的 attR 由序列 POB′ 组成 (图 12-7 最下方)。上述位点的差异说明,整合和切除反应所需要的序列对是不同的:整合要求识别 attP 和 attB,但切离要求对 attL 和 attR 进行识别。因此位点特异性重组的方向性特征是由重组位点的特征所控制的。

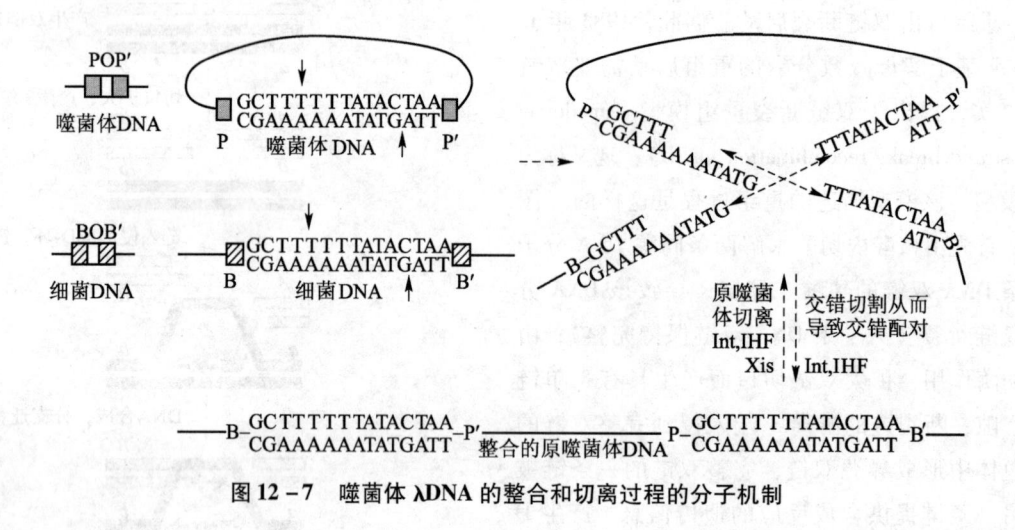

**图 12-7 噬菌体 λDNA 的整合和切离过程的分子机制**

虽然重组过程是可逆的,但每一方向的反应条件并不相同。这是噬菌体生命过程中的一个重要特征,因为这种方式可保证整合过程并不会被切离过程所立即逆转,反之亦然。

整合反应 (attP × attB) 由 λ 噬菌体基因 int 的产物整合酶 (integrase, Int) 和一种称为整合宿主因子 IHF (integration host factor) 的细菌蛋白所催化。Int 只能催化 BOB′ 和 POP′ 之间的重组,而不能催化 BOP′ 与 POB′ 之间的重组,因此在只有整合酶存在时,上述反应是不可逆的。Int 是一种 DNA 结合蛋白,对 POP′ 序列有强的亲和力;IHF 是一个含有两个不同亚单位的 20 kDa 的蛋白,此二亚单位分别为宿主的 himA 和 himD 基因所编码。

切除反应 (attL × attR) 的产物为 λ 噬菌体环状 DNA 和细菌染色体环状 DNA。切割后 λ 噬菌体和细菌的 att 位点分别恢复为 attP (POP′) 和 attB (BOB′)。催化切除反应除了 Int 和 IHF 外,还需要一种由 λ 噬菌体 xis 基因编码的叫做切除酶 Xis (excisionase) 的蛋白参加,Xis 和 Int 结合形成复合体,该复合体具有与 BOP′ 和 POB′ 结合的能力,促进二者之间相互作用和重组,Xis 和 Int 不能催化 BOB′ 和 POP′ 之间的重组。故在 Xis 大量存在时,切除作用是不可逆的。

λ 噬菌体的整合和切除反应受到严格的遗传学控制,当 λ 噬菌体进入溶原状态时,发生整合反应所需的 Int 蛋白质合成,xis 基因失活,无 Xis 蛋白,这样就保证了溶原化过程中 Int 蛋白起作用。而当切除反应发生时,xis 和 int 基因激活产生 Xis 和 Int 蛋白,催化切除反应。通过对 Int 和 Xis 蛋白数量的调控,使在病毒进入溶原状态时发生整合反应，而当原噬菌体进入裂解循环时，发生切除反应。

λDNA 的整合反应涉及 *attB* 和 *attP* 核心序列（O）中链的割裂与重接（图 12-7）。首先，在 *attP* 和 *attB* 位点上产生同样的交错切口，形成了 5′-OH 和 3′-P 末端，交错切口的 5′单链区长 7 个碱基。*attB* 和 *attP* 两个核心区的断裂完全相同，同位素标记试验证明，连接过程不需要任何新的 DNA 合成。在整合反应中，*attB* 和 *attP* 两个位点结合后，Int 蛋白具拓扑异构酶 I 活性，使两个 DNA 分子的每一个单链断裂，在一瞬间旋转以后仍然在 Int 作用下连接成半交叉，形成重组中间体，即 Holliday 结构。接着，另外两个单链通过相同的过程断裂重接，这样便完成了整合过程。

离体实验证明，λDNA 和宿主 DNA 位点特异性重组反应需要大量 Int 和 IHF 蛋白，每生成一个重组 DNA 分子需要 20~40 个 Int 分子和大约 70 个 IHF 分子。这种高比例表明，Int 和 IHF 蛋白很可能与维持重组过程的结构有关而不是起催化作用。

Int 和 IHF 以协同的方式与 *attP* 相结合（图 12-8），Int 的结合位点有 4 个，IHF 的结合位点有 3 个。Int 和 IHF 的结合点占据了 *attP* 区域的大部分核苷酸对。当 Int 和 IHF 与 *attP* 相结合时，它们形成一个称为整合体（intasome）的复合物，在整合体中所有的结合位点都被集中到此蛋白寡聚体的表面，此整合体的形成需要 *attP* 超螺旋。

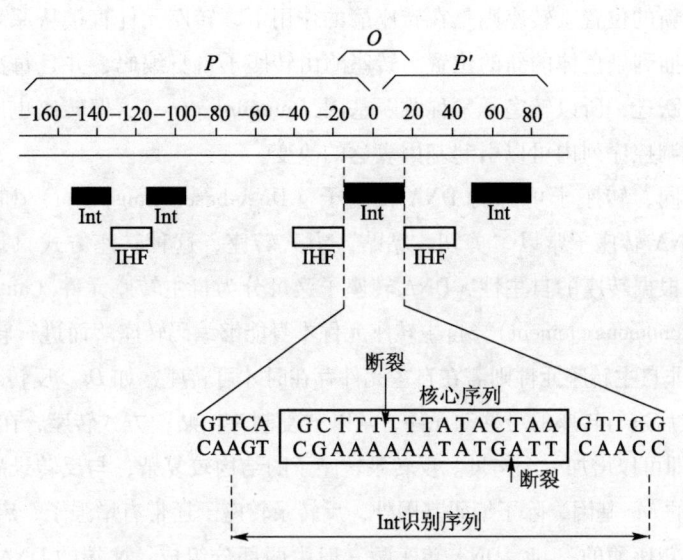

**图 12-8 噬菌体 *attP* 上 Int 和 IHF 的结合点**

*attB* 位点中只有一个 Int 结合位点，长约 15 bp，位于核心序列中。但 Int 并不与以游离形式存在于 DNA 上的 *attB* 直接结合，整合体是"捕获" *attB* 的中间体，大概是作为整合体中一部分的 Int 分子与 *attB* 的核心序列上的结合位点相结合。

根据这一模型，对 *attP* 和 *attB* 的初始识别并不直接依赖于 DNA 序列的同源性，但却依赖于 Int 蛋白能识别二者 *att* 序列的能力。依据整合体的结构，两个 *att* 位点按预定的方向被带到一起，接着发生链的交换反应，此时序列同源性则显示了其重要性。总之，λ 噬菌体侵入细菌细胞后是整合重组还是切除重组受到严格的基因调控。

在对位点特异性重组研究的基础上，自 20 世纪 80 年至今已逐步形成和完善了位点特异性重组技术，通过对 DNA 特定序列进行准确切割和重新连接，可在基因或基因组水平上对生物进行遗传改造。这种基因操作手段已被广泛应用于疾病模型、基因治疗和基因功能的研究等。

## 12.4 异常重组——转座遗传因子

异常重组发生在彼此同源性很小或没有同源性的 DNA 序列之间。这种重组可发生在 DNA 很多不同的位点，不需要对特异性序列进行识别的复杂系统或对 DNA 同源序列进行识别的机制，可能是最原始的重组类型。异常重组经常导致基因破坏而引起突变，与人类疾病、癌症发生和基因组进化有密切关系。

通常认为基因组是相对恒定的，这也是通过构建遗传图谱来鉴定已知基因的基因座的基本前提。但在基因组中，有些 DNA 序列可以移动到基因组内的其他位置，这类序列称为转座元件、转座因子（transposable element）或转座子（transposon）。一个转座子由基因组的一个位置移到另一个位置的过程称为转座（transposition）。由于转座元件在基因组内的移动和重组不依靠同源性，也不需要 RecA 等蛋白的参与，只依赖转座区域 DNA 的复制和转座酶而完成重组，因而转座过程称为异常重组。

转座与易位（translocation）是两个不同的概念。易位是指染色体发生断裂后，通过断端的重接使染色体断片连接在同一条染色体的新的位置，或是同另一条染色体的断端连接，此时染色体断片上的基因也随着染色体的重接而移到新的位置。转座则是在转座酶的作用下，转座元件直接从原来的位置上切离下来或是直接复制一份，然后插到染色体的新的位置。转座酶由转座子自身编码，并且每次移动时携带转座必需的基因一起在基因组内跃迁，所以转座子又称跳跃基因（jumping gene）。但转座也同易位一样，如果它们插入到一个结构基因或调控序列内可以引起基因表达的改变。

根据转座方式的不同，转座子可分为 DNA 转座子（DNA-based transposon）和反转录转座子（retrotransposon）两大类。DNA 转座子常以"剪切-粘贴"方式转座，这种转座方式只是导致转座子位置的移动，并不增加拷贝数。根据转座的自主性，DNA 转座子又可分为自主转座元件（autonomous element）和非自主转座元件（non-autonomous element），自主转座元件本身能够编码转座酶而进行转座，如 *Ac*、*Mu*、*Spm/En*、*Tam* 和 *dTph1* 等，非自主转座元件则需在自主元件存在时才可转座，如 *Ds*。反转录转座子是指通过 RNA 为中介，反转录成 DNA 后进行转座的可移动元件，常以"复制-粘贴"方式转座，在转座过程中编码反转录酶，每发生一次转座，即可以增加一个拷贝。反转录转座子的结构较复杂，与反转录病毒（retrovirus）类似，只是没有病毒感染必需的 *env* 基因，除了编码基因外，反转录转座子还带有增强子、启动子等调控元件。

转座子的转座需要转座酶的参与，DNA 转座酶一般由两部分组成：N 端的 DNA 结合域（DNA binding domain，DBD）和 C 端的催化功能域（catalysis domain）。转座酶活性负责识别转座子的末端和催化转座子移动到基因组的靶部位，只有转座子的末端可作为转座的底物。反转录转座子所编码的转座酶是 RNase 家族成员，它带有反转录病毒整合酶（retroviral integrase）活性。

### 12.4.1 *Ac-Ds* 系统

转座因子首先是由 B. McClintock 于 20 世纪 40 到 50 年代在玉米遗传学研究中发现的。玉米籽粒的颜色很不稳定，有时籽粒出现斑点，当时她提出一种全新的观点来说明这种现象。她认为遗传因子可以移动，从染色体的一个位置跳到另一位置，从一个染色体跳到另一染色体，并引起基因活性和功能的改变。这种能自发转移的遗传因子，现在通称为转座因子。但在当时，这一发现并未引起科学家们足够的重视。直到 1968 年，分子水平的研究在 *E. coli* 中证实了转座元件的存在，才引起科学家们的重视并对此进行了深入的研究。B. McClintock 本人也于 1983 年获得诺贝尔奖。

在"2.3.3 基因相互作用的机制"一节中我们曾谈到，玉米糊粉层颜色的控制涉及多对相关基因。假设 *A1*、*A2*、*R*、*Pr* 基因均为显性，则当 *C* 基因为野生型时，胚乳呈紫色，若 *C* 基因突变阻断了紫色素的合成，胚乳为白色。在胚乳发育过程中，若突变发生回复则导致产生斑点，回复突变发生得越早，产生的紫斑就越大，发生得越晚，则紫斑就越小。McClintock 认为突变基因 c（无色）是由一个称为解离因子（dissociator，Ds）的可移动"控制因子"（controlling element）（转座子）引起的，它能转座插入到基因 C 中。另一个可移动的控制因子是 Ac，称为激活因子（activator），它的存在可以激活 Ds 转座，也能使 Ds 从基因中转出，使突变基因回复。这就是 Ac-Ds 系统（图12-9）。

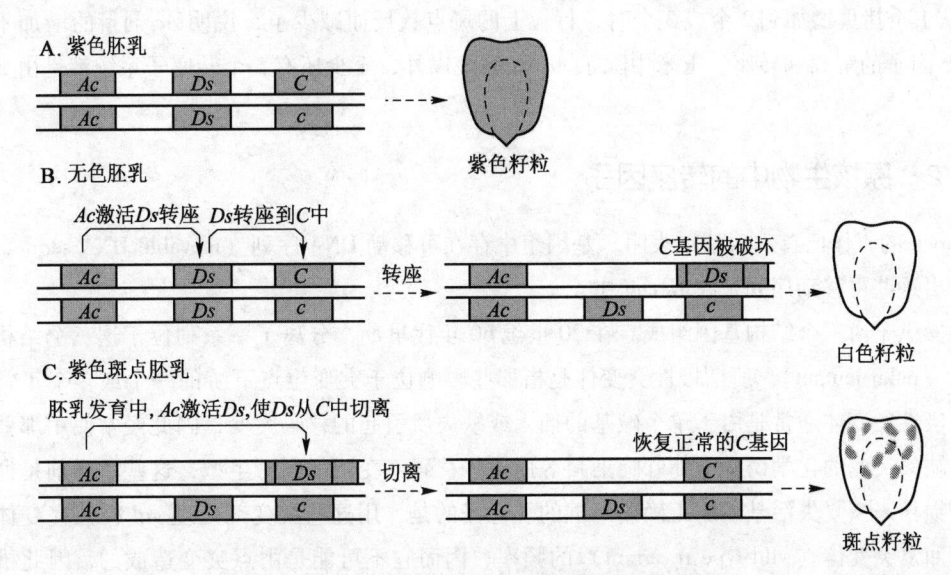

**图 12-9 玉米转座因子对胚乳颜色的影响**

Ac 和 Ds 这两个因子都位于玉米的第9号染色体短臂，在色素基因 C 的附近。Ac 因子全长4.5 kb，有5个外显子，其产物为转座酶（transposase），Ac 因子两端是长 11 bp 的反向重复序列（IR）；Ds 因子长 0.4~4 kb，它的中间（在转座酶基因中）有许多种长度不等的缺失，如 Ds9 只缺失 194 bp，而 Ds6 则缺失 2.5 kb，Ds 的两端也都有 11 bp 的反向重复序列。Ac 和 Ds 的末端反向重复几乎是一样的，只有一个不同之处：Ac 两端最外边的核苷酸是彼此不互补的 T/G，而 Ds 是互补的 T/A（图12-10）。这种反向末端结构对

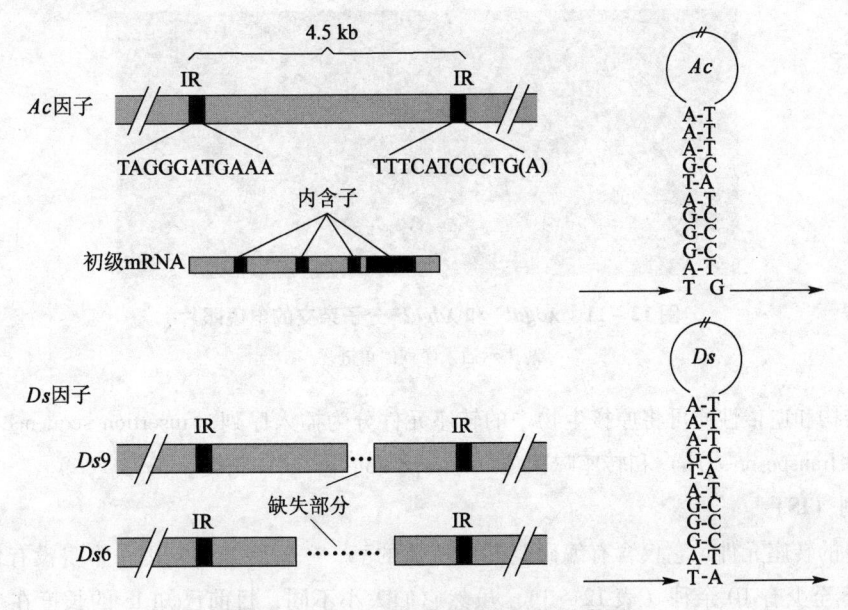

**图 12-10 Ac-Ds 转座因子结构示意图**

右边示 Ac 及 Ds 元件的单链 DNA 末端反向重复配对所形成的茎环结构，这种结构可能对转座有意义

于元件的割离和插入具有重要意义,如有些自主元件 *En/Spm* 缺乏这种结构会降低其割离频率,当然,也不能认为在转座过程中实际形成这种结构,也并非凡是具有这种结构就一定有转座功能。

由于缺失转座酶,*Ds* 因子不能自主移动,因此 *Ds* 因子是非自主移动的受体因子,而 *Ac* 则为自主移动的调节因子,*Ds* 转座依赖于 *Ac* 元件的存在。*Ac*、*Ds* 的转座属于非复制机制,即不是复制一份拷贝后将拷贝转移,而是直接从原来位置消失。

当 *Ac* 从 1 个拷贝增加到 2 个或 3 个时,籽粒上的斑点数反而减少了,说明 *Ac* 剂量的增加不是提前而是推迟了 *Ds* 因子的解离和转座。玉米中除了 *Ac-Ds* 系统以外,至少还有 5 个转座子系统都是由 2 个转座成分组成的。

### 12.4.2 原核生物中的转座因子

McClintock 的工作已首次清楚地表明,基因组中存在可移动 DNA 序列(movable DNA sequence),但首次分离和检出这些可移动序列是在 *E. coli* 中。

半乳糖操纵子由三个结构基因组成。在 20 世纪 60 年代早期,分离了一系列位于这三个结构基因中的极性突变体(polar mutant)。所谓极性突变体是指那些影响位于突变位点下游的一个或多个正常基因表达的突变体。极性突变体通常是由于单个碱基的插入或缺失所引起的移码突变,因此经常使用那些能引起高频率插入或缺失突变的化学诱变剂如吖啶染料等使这些移码突变回复到野生型,这些诱变剂是通过第二个位点的突变损伤来恢复失活基因的正确读码框的。奇怪的是,用这些突变剂处理 *gal* 极性突变体没能提高获得野生型回复突变体(wild-type revertant)的频率,因而它不可能是由点突变造成的,因此推断这些极性突变体可能是由于其他类型的插入或缺失引起的。以后的一系列实验证实,极性突变体是由于 DNA 的插入所引起的:①密度梯度离心实验:在转导过程中 λ 噬菌体可以将宿主菌的 DNA 整合到它自己的基因组中,分别将含有 *gal*⁺ 和 *gal*ᵐ(极性突变体)的 λ 噬菌体分离出来,同时加入到离心管中进行 CsCl 密度梯度离心,结果出现了两条带,λ*dgal*ᵐ 的密度大于 λ*dgal*⁺ 的密度,表明 λ*dgal*ᵐ 有可能具有小片断 DNA 的插入。②分子杂交实验:将 λ*dgal*ᵐ 和 λ*dgal*⁺ 进行分子杂交,在电镜下可以观察到在杂交链上有一个额外的单链茎环结构(图 12-11),说明 λ*dgal*ᵐ 中有额外 DNA 片段的存在。

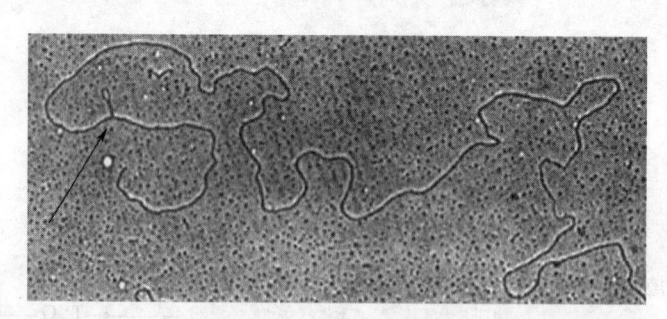

**图 12-11 λ*dgal*ᵐ 和 λ*dgal*⁺ 分子杂交的电镜照片**
箭头示插入序列的单链环

根据分子结构和遗传性质可将原核生物中的转座元件分为插入序列(insertion sequence,IS)、复合转座子(composite transposon,Tn)和转座噬菌体(transposable phage)三类。

**1. 插入序列(IS)**

IS 是最简单的转座元件,它仅含有编码其转座所需的酶——转座酶的基因,本身没有任何表型效应。目前,已知的 IS 至少有 10 余种(表 12-3)。虽然它们大小不同,目前已知 IS 的长度在 700~5 700 bp,但有某些共同的结构特征,如每种 IS 两端的核苷酸序列完全相同或相近,但方向相反,称为反向重复序列

(inverted repeat sequence，IR)，这种末端反向重复序列有几个到几十个核苷酸对，典型的为 15~25 bp。由于这种反向重复序列的存在，因此 IS（或带有 IS 的质粒）经变性和复性后，可以观察到茎环结构（图 12-12）。

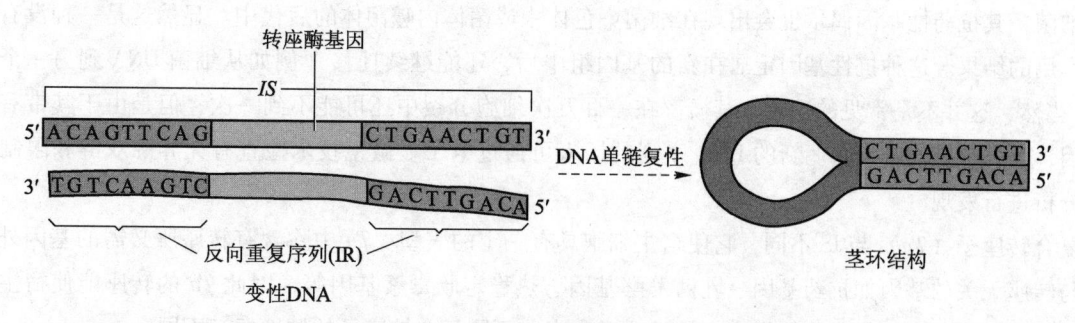

**图 12-12　IS 具有末端重复序列变性后复性成茎环结构**

IS 的转座过程是这样的：首先由转座酶交错切开宿主 DNA 上的靶位点，靶位点一般是随机的，然后插入 IS，即 IS 与宿主的单链末端相连，余下的缺口由 DNA 聚合酶和连接酶加以填补，结果使插入的 IS 两端形成短的正向重复序列（direct repeat sequence, DR）（图 12-13）。正向重复序列的长度因不同 IS 而异，但典型的长度介于 4~12 bp。IS 对靶位点的选择有三种形式：随机选择、热点选择和特异位点选择（表 12-3）。

**表 12-3　部分 IS 的结构特征和 Meselson-Radding 模型**

| IS | 长度/bp | IR 大小/bp | DR 大小/bp | 靶的选择 | 在 E. coli 中的拷贝数 |
|---|---|---|---|---|---|
| IS1 | 768 | 23 | 9 | 随机 | 5~8 |
| IS2 | 1 327 | 41 | 5 | 热点 | 5 |
| IS4 | 1 428 | 18 | 11 或 12 | $AAAN_{20}TTT$ | 1~2 |
| IS5 | 1 195 | 16 | 4 | 热点 | ? |
| IS10R | 1 329 | 22 | 9 | NGCTNAGCN | ? |
| IS903 | 1 057 | 18 | 9 | 随机 | ? |

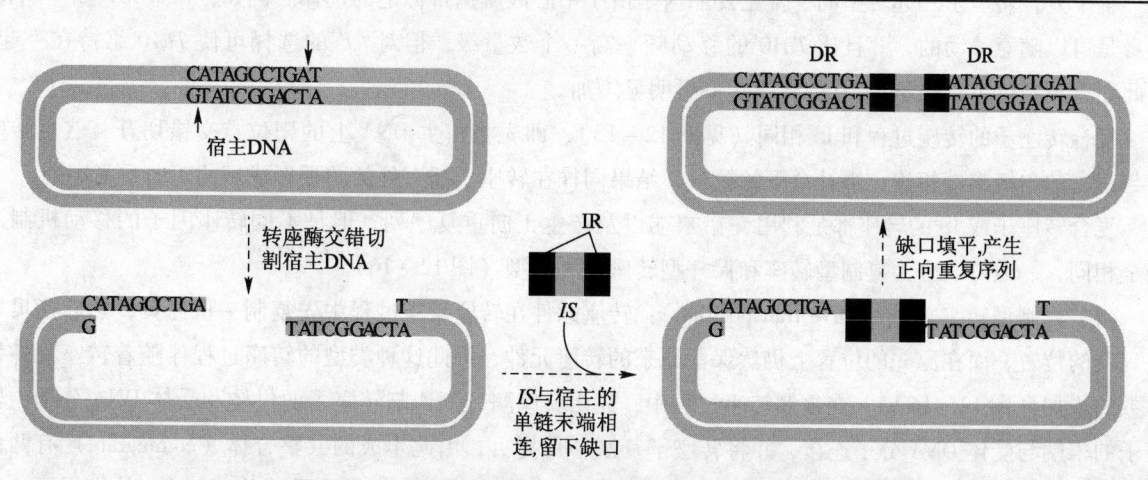

**图 12-13　由转座酶所介导的转座因子整合过程示意图**

IS 转座是罕见事件，与自发突变率处于同一数量级，为每代 $10^{-6}$~$10^{-7}$。插入的片段精确切离后，可使 IS 诱发的突变回复为野生型，但其概率很低，每代只有 $10^{-6}$~$10^{-10}$；发生不精确切离的结果可使插入附近的宿主基因发生缺失。

### 2. 复合转座子

细菌体内编码抗药性的基因存在于质粒中。质粒与细菌染色体之间几乎没有同源性，然而带有这样质粒的细菌，其抗药性基因偶尔也会出现在细菌染色体中或菌体内噬菌体的后代中。显然这是一种没有同源重组作用的结果。这种抗性基因定居在新的基因组中后，还能继续迁移（例如从细菌 DNA 到另一个质粒等）。当然，这并不是常见的现象，其概率在一百万次细胞分裂中还可能不到一次，但是由于其带有抗药性基因，很容易被检查出来。新的 DNA 序列的插入可通过电子显微镜技术检查有无异源双链和限制性内切酶分析进行发现。

复合转座子（$Tn$）与 IS 不同，它使宿主细胞具有一定的表型。$Tn$ 中除含有转座所必需的基因外，还含有与转座无关的基因如抗药基因、乳糖发酵基因、热稳定肠毒素基因等，因此 $Tn$ 的转座能使宿主菌获得有关基因的特性，可作为遗传标志而易被鉴定出来。不同复合转座子的抗性标记不同。

$Tn$ 转座子大小一般在 2 000~25 000 bp，在其两端常含有 IS 或 IS 的一部分。这提示转座子可能是由于在基因的两端各装上一个 IS 而形成的，后来整个装置就能像 IS 一样移动。在 $Tn$ 两侧的 IS 组件有的是相同的，有的不同；有的方向相同，有的方向相反；有的两侧组件均有功能如 $Tn9$（两个 IS1，同向）或 $Tn903$（两个 IS903，反向），有的仅一侧组件有功能如 $Tn5$ 或 $Tn10$（图 12-14、15）。一个功能性的 IS 结构单位能转座它本身或整个转座子。

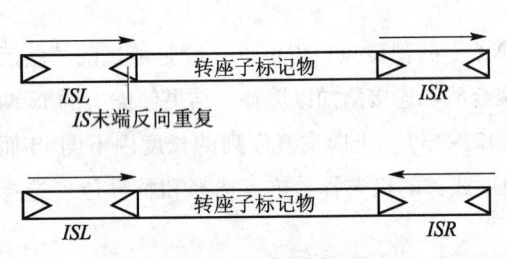

**图 12-14 复合转座子的结构**
$Tn$ 两侧的 IS 组件可以同向或反向，可以相同或不同

两个 IS 元件可使位于其间的任何序列转座，同时也可制造出新的转座子。如图 12-15 所示，如果 $Tn10$ 位于一个环状的复制子上，它的两个 IS 结构单位（两个取向相反的 $IS10$，$IS10$R 是转位所必需的，$IS10$L 的转位活性数为 $IS10$R 的 1%~10%）可以被认为是与原来 $Tn10$ 的四环素抗性基因（$tet^r$）相连，或是与环形结构的另一部分相连即产生新的转座子，只是 IS 的方向发生了内外颠倒（图 12-15），虽然 IS 的方向与中心区的相互方向发生了改变，但它们都可以发挥功能。对于复合转座子来说，随着中央序列的增长，转座频率会降低。

整个复合转座子一起转座的一个主要原因是由于中心区所携带标记的选择。例如，一个 $IS10$ 结构单位自身是可以随意移动的，并且比 $Tn10$ 的移动频率高一个数量级，但对 $tet^r$ 的选择可使 $Tn10$ 维持在一起，因此在选择条件下，完整 $Tn10$ 的转座频率可明显增加。

复合转座子的转座过程和 IS 相同（见图 12-13），即先将宿主 DNA 上的靶位点交错切开，然后转座子与宿主的单链末端相连，填补余下的缺口，结果同样在转座子插入处的两端形成短的正向重复序列。

复合转座子或 IS 的转座都是利用交错末端以及产生正向重复序列，但是不同转座因子的移动机制不完全相同，一般可以分为复制型转座和保守型转座两种类型（图 12-16）。

（1）复制型转座（replicative transposition）：转座元件在转座反应过程中先复制一份拷贝，然后拷贝转座到新的位置，而在原先的位置上仍然保留原来的转座元件，因此这种类型的转座过程伴随着转座元件拷贝数的增加（图 12-16A）。在复制转座过程中，先由转座酶分别切割转座子的供体和受体 DNA 分子，转座子的末端与受体 DNA 分子连接，并将转座子复制一份拷贝，由此生成的共整合体（cointegrate）有两份转座子拷贝。然后在这两份转座子拷贝间发生类似同源重组的反应，在解离酶（resolvase）的作用下，供体分子同受体分子分开，各带一份转座子拷贝。在第 3 章中我们谈到的酵母接合型 $a$ 和 $\alpha$ 的频繁相互转换就是通过转座而转换其接合型的，它是复制型转座。$HML\alpha$ 和 $HMRa$ 基因贮存了两种接合型等位基因，当转座给 $MAT$ 基因座时就发生了接合型的转换（见图 3-1）。

📀 12-2 复制型转座过程

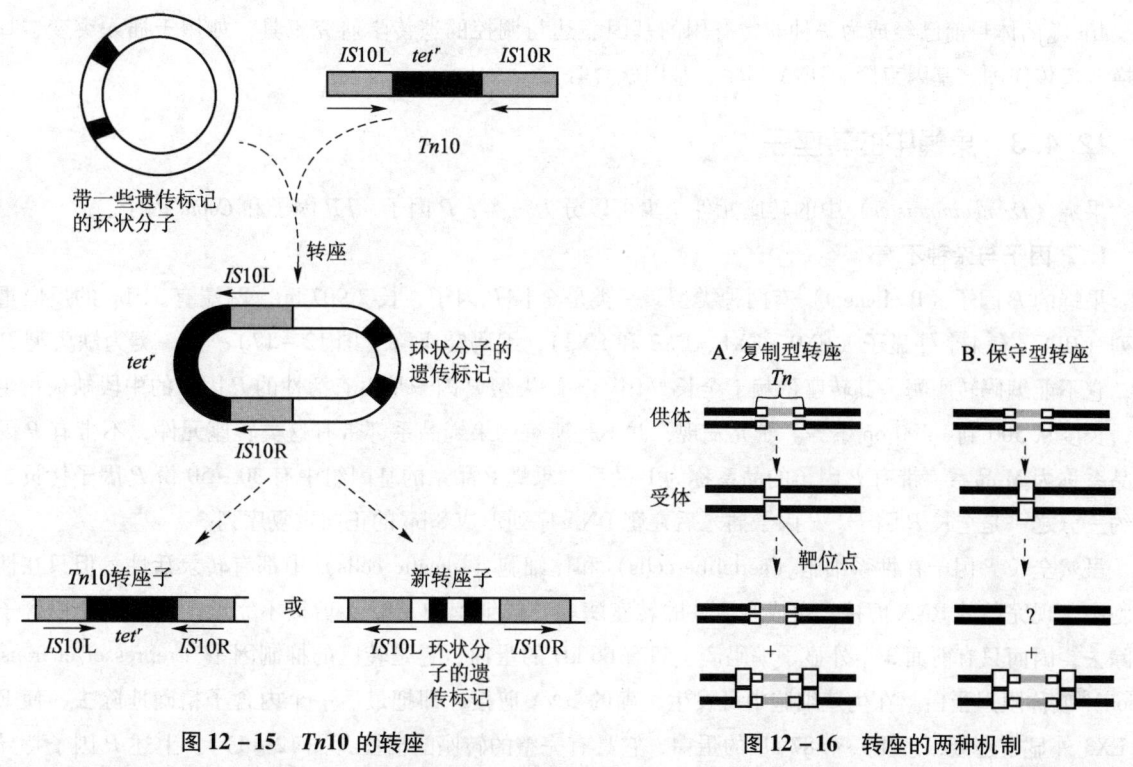

**图 12-15  Tn10 的转座**
当 Tn10 为环形分子的一部分时，IS10 能使环的任意一侧转座

**图 12-16  转座的两种机制**

(2) 保守型转座（conservative transposition）：保守型转座过程中转座元件从供体部位被切除并通过一系列过程插入到靶部位，这和 λ 噬菌体的整合机制十分相似，并且此类转座子的转座酶与 λ 整合酶家族有关。保守型转座的结果是原来位置上的转座元件丢失，而在新的位置上增加了转座元件（图 12-15B）。采用这种机制的转座子都比较大，而且转座的往往不只是转座元件本身，而是连同供体的一部分 DNA 一起转座。至于转座后的供体位点的情况目前还不十分清楚。

虽然一些转座子只利用一种类型的转座途径，但也有些转座子可能利用两种途径。

由于转座子可以进行无同源重组，这样就可将多种抗药性基因集中到一个质粒上，使宿主菌能抵抗多种抗生素，从而造成严重的医疗问题。在 20 世纪 40 年代，东京有一次痢疾流行，患者排泄物中的痢疾菌（*Shigella dysenteriae*）同时对青霉素、四环素、链霉素、氯霉素和磺胺等都有抗性，而且这些抗性能以紧密连锁方式一起遗传，甚而还可传递给其他肠道菌。研究发现，带有这些抗性的载体是一种质粒，很像 *E. coli* 中的 F 因子，也是一种能独立复制的环状 DNA 分子。因为这种质粒能够传递抗性基因，所以称为 R（resistance）质粒。R 质粒的中间有一对 IS，这是典型的复合转座子。

**3. 转座噬菌体**

通常每一种温和噬菌体应整合到宿主染色体的一定位置上，可是一种特殊的称为 *Mu*（mutator phage）的噬菌体，几乎可插入宿主染色体的任何位置上。另外，它的两端没有黏性末端，插入某基因中就会引起该基因突变。这些都说明它的整合方式不同于 λ 噬菌体，而类似于转座元件的作用。*Mu* 噬菌体为一 37 kb 的线状 DNA，两端各带一小段大肠杆菌的 DNA，这与该噬菌体插入大肠杆菌染色体上有关。距末端不远处也有类似于 IS 的序列，但位置不对称。靠近一端处存在与转座有关的 *A*、*B* 基因，它们分别编码相对分子质量 70 000 和 33 000 两种蛋白，在 *A*、*B* 与末端之间有一 *C* 区，对 *A*、*B* 有负调控作用。*Mu* 的转座频率比一般的转座子要高，它的两端携带宿主 DNA，而且每一个 *Mu* 所携带的宿主 DNA 各不相同。在转座过程中，它摆脱两端原有的细菌 DNA 而转座到新的位点上。

*Mu* 噬菌体目前已经成为一种非常有用的基因表达与调控的遗传学研究工具，如用于插入突变、基因置换、遗传作图、基因克隆、DNA 测序、基因融合等。

### 12.4.3 果蝇中的转座子

果蝇（*D. melanogaster*）中的转座元件至少可以分为三类：*P* 因子、*FB* 因子和 *Copia* 因子。

**1. *P* 因子与杂种不育**

果蝇的 *P* 因子（P element）有两种类型，一类是全长 *P* 因子，长 2 907 bp，两端有 31 bp 的反向重复序列（IR），有 4 个外显子（EX0、EX1、EX2 和 EX3），编码转座酶（图 12-17）；另一类为缺失型 *P* 因子，它不能编码转座酶，其转座依赖于全长 *P* 因子。缺失型 *P* 因子是由有活性的 *P* 因子的中段缺失衍生而来，长度从 500 到 1 400 bp 不等。研究发现，并不是所有的果蝇品系都带有这类转座元件，不带有 *P* 因子的品系称为 M 品系，带有 *P* 因子的品系称为 P 品系。果蝇 P 品系的基因组中有 30~50 份 *P* 因子拷贝，其中约三分之一是全长 *P* 因子。*P* 因子插入后在靶 DNA 序列形成 8 bp 的正向重复序列。

虽然全长 *P* 因子在性系细胞（germline cells）和体细胞（somatic cells）中都有转录活性，但只在性系细胞中实现完整的 RNA 剪接，生成有活性的转座酶。在体细胞中，RNA 剪接不完整，最后一个内含子未被除去，因而只有前面 3 个外显子编码产生只有 66 kD 的蛋白，它是转座的抑制因子（repressor of transposition）或称阻遏蛋白。在生殖细胞中可发生正确的 RNA 剪接，即把最后一个内含子精确地除去，使 EX2 和 EX3 外显子连接，产生一个 87 kD 的蛋白，它具有完整的转座酶活性（图 12-17）。上述 *P* 因子特异剪接方式的调控机制是由于在体细胞中的一种 97 kD 的蛋白结合在第 3 外显子（EX2）上，阻止这个内含子的剪接；而在生殖细胞中由于缺乏这个蛋白，因此可以剪接第 3 个内含子产生编码转座酶的 mRNA。当该内含子被人工去除后，结果转座酶基因在种系细胞和体细胞中都可以产生有功能的转座酶，导致 *P* 因子在所有组织中都是可以移动的。

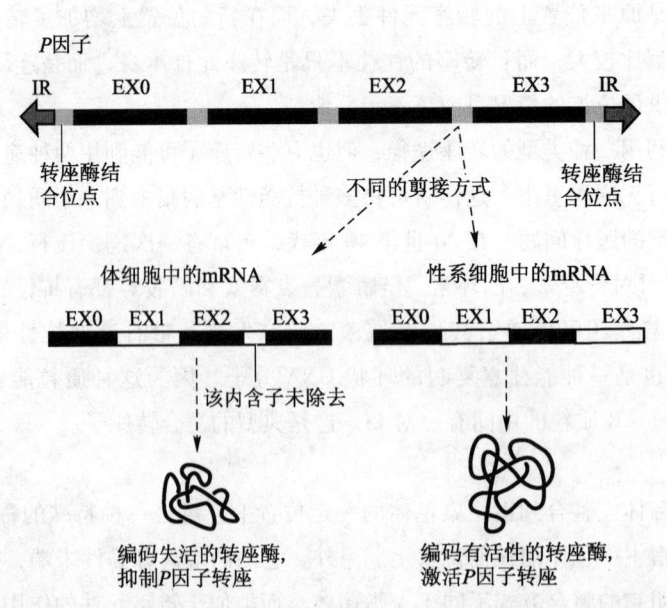

**图 12-17 果蝇 *P* 因子的结构及在体细胞和性系细胞的不同表达**

由于转座酶和抑制因子这两种蛋白质的存在，使得 *P* 因子调控产生一个有趣的现象。当 P 品系与 M 品系杂交产生 P-M 杂种时，如果 P 品系雄果蝇（带有全长或全长加缺失型 *P* 因子）和 M 品系雌果蝇（不含 *P* 因子或只含缺失型 *P* 因子）交配时，$F_1$ 代杂种具有正常的体细胞组织，但在生殖细胞迅速开始分裂时，由于发生大量的 *P* 因子转座，它们的性腺不能发育，导致 $F_1$ 劣育，这种情况称为杂种不育（hybrid dysgenesis)。然而，反交即 M 品系雄果蝇和 P 品系雌果蝇杂交，或者 P 品系的雌、雄果蝇杂交，都不会出现杂种不育现象，即 $F_1$ 代是正常可育的（图 12-18）。研究发现，果蝇的细胞质因子与 P 因子转座有关。P 品系雄果蝇和 M 品系雌果蝇交配产生劣育 $F_1$ 是因为 M 品系细胞质内缺失一个 66 kD 的转座阻遏蛋白，因此 P 品系雄性细胞核染色体上的 P 因子可自由转座，从而使得后代劣育。在受精卵的分化过程中，生殖细胞中的转座频率特别高，达到每细胞世代一次，如此高频率的转座使生殖腺中的许多基因失活并造成染色体重排，最终杂种子一代表现出生殖障碍。而在其他两组杂交中，由母本提供的正常细胞质因子都能抑制 P 因子的转座，从而后代可育（图 12-19）。

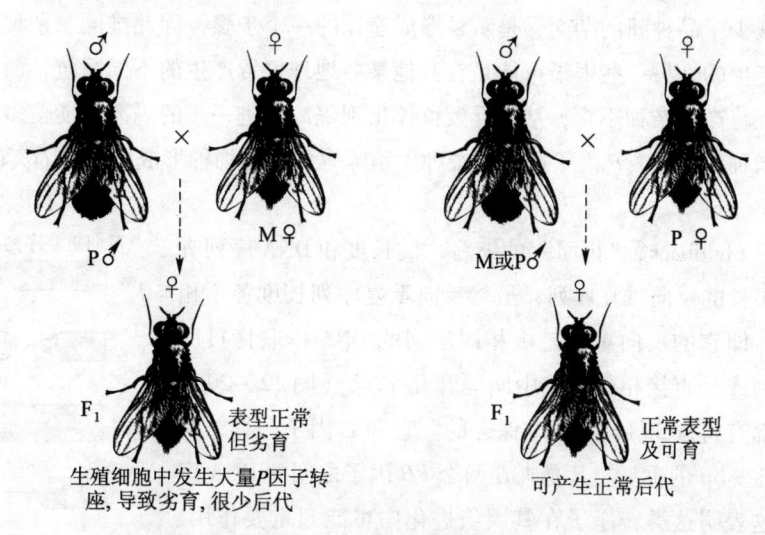

图 12-18 果蝇杂种不育仅发生在 P♂ × M♀ 中

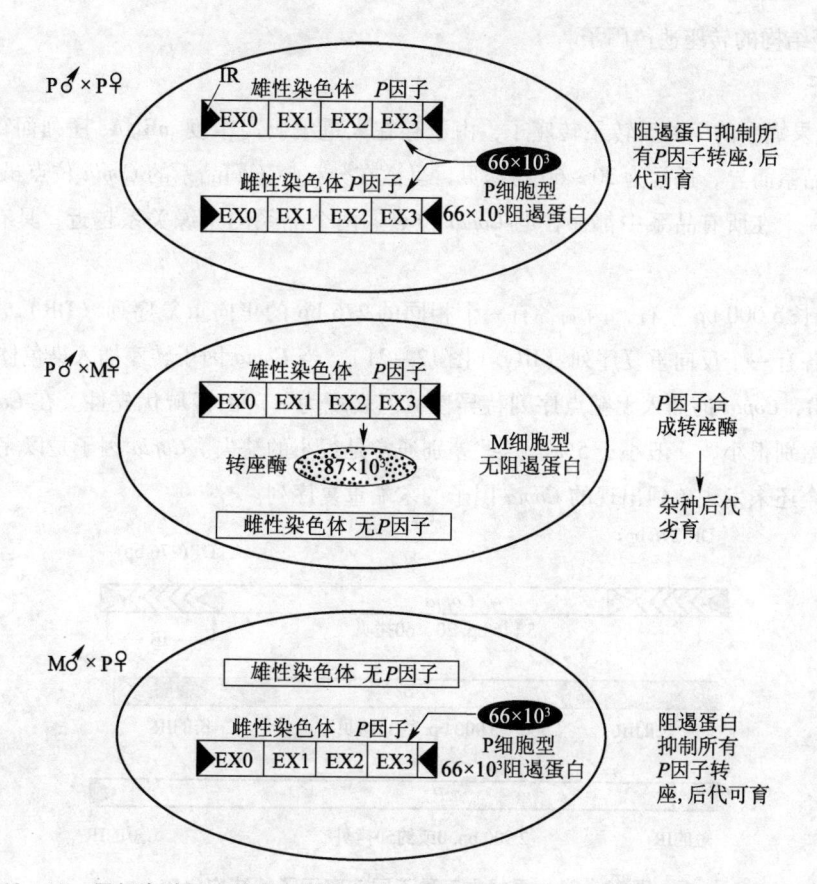

图 12-19 果蝇杂种不育取决于基因组中 P 因子和不同细胞型中阻遏蛋白的相互作用

杂种不育依赖于杂交的性别定向，表明细胞质和 P 因子同样重要，上述细胞质的贡献被描述为细胞型（cytotype）。含 P 因子的品系为 P 细胞型，不含 P 因子的品系为 M 细胞型。只有当含 P 因子的染色体出现在 M 细胞型中时，才会使杂种子代出现杂种不育，这是因为在 P 细胞型的卵细胞质中含有大量转座阻遏蛋白，从而抑制了 P 因子的转座，而在 M 细胞型的卵细胞质中不含有转座阻遏蛋白，P 因子可以转座。

P 因子数目在不同品系中有相当大的变异，有些果蝇中有多达 50 个 P 因子，而有些只有几个。更有意思的是，那些 1950 年以前在野外捕到的果蝇几乎都是 M 型，而最近 30 年捕到的几乎都是 P 型。有人认为新近的 P 型品系来自 P 因子家族在最近几十年中对 M 型果蝇群体的侵入。侵入因子可能起源于另一物种。由于杂种不育减少了品种间的杂交，是新种形成途径的一个步骤，因此推测，杂种不育系统是在某些地理位置通过转座产生的，另一些因子可能是在其他某些地理位置产生的不同系统，两个不同区域的属于两个不同系统的果蝇将产生杂种不育，从而导致群体出现隔离，进一步的隔离可能使多个杂种不育系统之间不能交配而形成新种。因此，P 因子造成的杂种生殖障碍可能是物种形成中生殖隔离的一种手段。

### 2. FB 因子

果蝇中 FB 因子（foldback，"折回"的缩写）的长度和 DNA 序列有很大变化。两端有很长的反向重复序列，虽然反向重复序列长度各不相同，但都是同源的，即它的反向重复是由相同序列的 DNA 串联拷贝所组成；反向重复序列或是直接相邻，或中间隔开几个 kb（图 12-20）。反向重复序列的端部有将近 30 bp 是高度保守的。它和 P 因子一样，在插入靶位点上会产生 9 bp 的重复。凡是夹在两个 FB 因子之间的 DNA 序列都可能被转座，这表明这类转座子在基因组进化中可能起重要作用。但究竟是什么赋予它们转座的能力还不清楚。近年来在拟南芥等中也发现了具有 FB 因子结构的转座遗传因子。

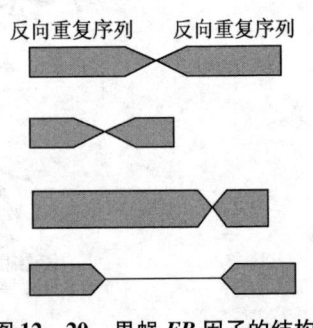

图 12-20 果蝇 FB 因子的结构

### 3. Copia 因子

Copia 因子是果蝇中的一种反转录转座子，由于存在大量编码高丰度 mRNAs 序列而得名。Copia 因子的拷贝数因果蝇品系而异，通常为 20~60 份拷贝，呈散在分布。不同品系的 Copia 位点虽有重叠，但多数不同，没有任何一个在所有品系中都存在的 Copia 位点。两个品系的亲缘关系越近，具有相同位点 Copia 的比例就越大。

Copia 因子全长 5 000 bp 左右，两端各有一个相同的 276 bp 的正向重复序列（DR），每个正向重复序列本身的两端还各有一个反向重复序列（IR）（图 12-21）。当 Copia 因子转座插入染色体时，在插入位点上产生 5 bp 的 DR，Copia 的插入无靶点序列特异性，但表现为一定的区域优先性。在 Copia 因子家族中，各个成员之间的差别很小，一般小于 5%，这些差别通常是很小的缺失。Copia 因子是以完整的结构存在于基因组中的，迄今还未发现单独出现的 Copia 因子的末端重复序列。

DR(276 bp)　　　　　　　　　　　　　　　　DR(276 bp)

Copia
5 146 bp, 20~60 拷贝　　IR

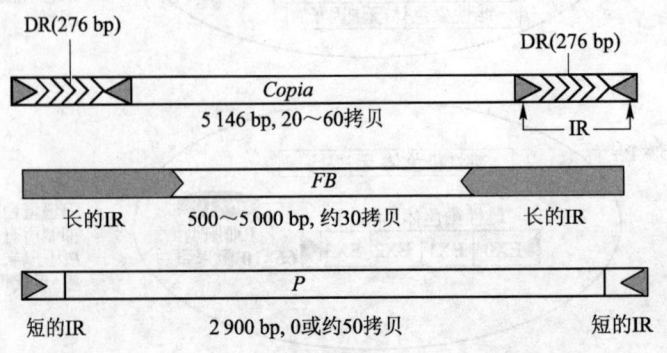

FB
长的 IR　　500~5 000 bp, 约 30 拷贝　　长的 IR

P
短的 IR　　2 900 bp, 0 或约 50 拷贝　　短的 IR

图 12-21 果蝇中三种不同转座因子的结构比较

下面顺便简要介绍一下反转录病毒的转座。反转录病毒的基因组是单链 RNA，它能编码生成反转录酶，反转录酶可将病毒 RNA 基因组反转录成 DNA，而后这种 DNA 整合到宿主的基因组内，这种插入的、经反转录生成的 DNA 称为前病毒 DNA（proviral DNA）。当宿主基因组转录时，前病毒 DNA 也随之被转录成 RNA，这时，RNA 或是作为 mRNA 翻译生成病毒的蛋白质，或是作为病毒 RNA 基因组被装配成新的病毒粒子，或是在反转录酶的作用下在细胞质内反转录成线状 DNA 分子并进入细胞核内，在整合酶的作用下，再次整合进宿主细胞基因组。因此，前病毒 DNA 也可以看做是转座元件，因为它们也可从一个位置转座到另一位置。事实上，反转录病毒在结构上有些地方像转座元件，如前病毒两端各有一长末端重复顺序（long terminal repeats，LTR），反转录病毒整合以后也使宿主染色体有一短段靶 DNA 顺序重复。

### 12.4.4　人类中的转座子

在人类基因组中约有 44% 的序列为转座子，虽然它们绝大部分在很早以前就失去了转座活性，但仍发现有一些转座子在相对近期的人类历史上发生过转座，其中反转录转座子已被证明是引起人类疾病的潜在病因。到目前为止，已鉴定出数十个引起人类疾病的转座子插入。因此，转座子在人类遗传学研究中具有重要的意义。

人类基因组中的转座子按照转座机制同样可以分为 2 类：DNA 转座子和反转录转座子。DNA 转座子较少，仅占人类基因组的 3% 左右，并且这些元件早在 3700 万年前就已经在灵长类家系中一直处于静止状态。

依据是否出现长末端重复序列（long terminal repeat，LTR），反转录转座子又可分为两类，LTR 反转录转座子及非 LTR 反转录转座子。前者最主要的成员是内源性反转录病毒，故也称为反转录病毒类转座子，在人类基因组中有超过 40 万条序列，约占人类基因组的 8%。在 2500 万年前，大多数人类内源性反转录转座子已插入人类基因组中，目前它们都只是在转座活跃时期留下的遗传化石。这里请注意，反转录病毒类转座子与反转录病毒的区别，反转录病毒的基因组被组装到病毒颗粒内，离开宿主细胞再去感染新的细胞，而反转录病毒类转座子只能移位到一个新的 DNA 位点，不会离开宿主细胞。

目前仍具有转座活性、活跃度最高的人类转座子是非 LTR 反转录转座子。非 LTR 反转录转座子包括 3 个不同家族：长散布元件（long interspersed nuclear elements，LINE）如 L1；短散布元件（short interspersed nuclear elements，SINE）如 *Alu* 元件；以及 SVA（SINE – VNRT – Alu）。非 LTR 反转录转座子约占人类基因组的三分之一，是人类基因组中最常见的转座子。

LINE 为可自主转座的反转录转座子，长度为 6 000 bp 左右，在人类基因组中有 85 万个。其中 L1 家族是最主要的转座子，有 3 000~5 000 个完整的 L1 元件和 50 万个没有转座活性的 5′ 截短的 L1 元件。完整的 L1 元件长约 6 400 bp。虽然只有一小部分完整的 L1 元件具有转座活性，但它与人类疾病密切相关，如在血友病 A 的凝血因子Ⅷ基因、进行性假肥大性肌营养不良基因（*DMD*）、癌致病基因 *APC* 和 *c – myc* 基因等中均发现有 1 或多个 L1 插入片段。此外，人类基因组中的其他两类 LINE 序列 L2 和 L3（均有超过 30 万个拷贝）都是没有转座活性的。曾经发现一个患血友病的男孩，他的凝血因子Ⅷ基因中有 2 个 LINE 插入，可是从他母亲的 X 染色体上却检测不到这个 LINE 的插入，进一步的研究发现，这个男孩的外祖父和外祖母的 22 号染色体上都带有该 LINE 序列，这意味着这个男孩的母亲在形成生殖细胞的时候这个可移动元件可能发生了从 22 号染色体到 X 染色体的转座。

SINE 是人类基因组中第二多的转座元件（50 万个或更多），其长度通常少于 500 bp，为非自主转座的反转录转座子（无反转座酶基因），但它能依赖 L1 或宿主中的反转座酶基因进行转座。人类基因组共有 3 个 SINE 家族：*Alu* 家族、*MIR* 家族和 *Ther2/MIR3* 家族，但只有 *Alu* 元件具转座活性。在一个报道的病例中，*Alu* 元件整合到了 *BRCA2* 基因中，使该抑癌基因失活从而导致了家族性乳腺癌的发生。此外，*Alu* 元件整合到基因中的报道还有 *factor IX* 基因（血友病）、*ChE* 基因（acholinesteasemia 病）、*NF1* 基因（多发性神经纤维瘤)等。关于 Alu 元件的结构详见 13.2.2。

SVA 是集合了许多不易分类的非 LTR 反转录转座子,主要由 SINE-R、VNTR、Alu-like 组成,故取名 SVA。代表了人类基因组中第二类非自主转座的反转录转座子,它也必须依赖 L1 进行转移,在人类基因组中只有约 3 000 个拷贝。活跃的 SVA 可导致产生转录变异体,新生儿的 SVA 反转录转座率约为 1/916,次于 Alu 序列(1/21)及 L1(1/212)。SVA 反转录转座主要发生于未分化或低分化细胞中,其介导的插入突变、选择性剪接、外显子重组及差异性甲基化等可导致 DNA 结构、转录及翻译等的改变,从而导致疾病的发生。目前已发现由 SVA 插入引起的人类疾病有 X-连锁无丙种球蛋白血症(BTK)、白血病(HLA-A)、福山型肌营养不良(FKTN)、遗传性红细胞增多症(SPTA1)等 8 种。

### 12.4.5 转座的遗传学效应

转座子在基因组中的转座通常会引起基因表达的改变,现已证明在果蝇所发生的自发突变中,一半以上是由于转座元件插入基因之中或者插入邻近某一基因所造成的。有些基因转录活性的增高或受抑制也往往是因为转座子转座所产生的效应。转座子的活动可以导致基因组发生从点突变到染色体重排的一系列变化。概括起来,转座元件转座所产生的遗传学效应有以下几个方面:

(1) 插入突变失活:这是转座的最直接效应,但转座也可以通过干扰宿主基因与其调控元件之间的关系或改变 DNA 的结构而影响基因的表达。一般说来,转座子的插入使插入区的基因失活是因为正常的转录和(或)翻译受到阻碍,例如上述玉米色素基因由于转座元件 Ds 的插入而失活就是这个原因。但偶尔也可由于插入而激活有关基因的转录,因为 Tn 也可能带有它们自身 DNA 转录所必需的启动子序列。另外,转座子插入靶序列后在受体 DNA 中形成 3~12 bp 的正向重复序列,在切离后可能留下一小段多余的靶位序列,从而导致编码突变甚至序列变异(图 12-22)。如果转座子插入到基因的调控区域,它可能改变基因表达的模板或基因表达的特异方式,从而引起癌变或发育的畸变等。

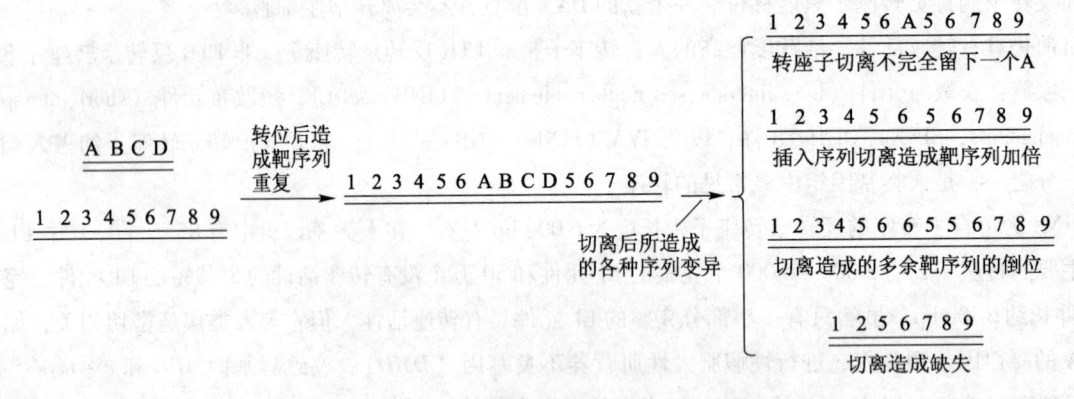

**图 12-22 转座子切离所造成的序列变异**

(2) 改变染色体结构:其中一种可能的机制是位于同一染色体上不同位置的两个同源转座子(homologous transposon)发生交换。如果两个反向转座子配对并交换,在它们之间的部分可能发生倒位;如果两个同向转座子配对并交换,在它们之间的部分可能作为一个环形 DNA 被切除从而发生缺失,这种现象称为染色体内异位交换(ectopic intrachromosomal exchange),即交换序列位于同一染色体上的不同位点(图 12-23)。这样的交换也可能发生在姐妹染色单体及同源染色体之间,称为染色体间异位交换(ectopic interchromosomal exchange)(图 12-24),染色体间异位交换导致重复和缺失的产生。

(3) 外显子改组:当两个转座子被同一转座酶识别而整合到染色体的邻近位置时,则位于它们之间的序列有可能被转座酶作用而转座,如果这段 DNA 序列中含有外显子,则被切离并可能插入另一基因中,

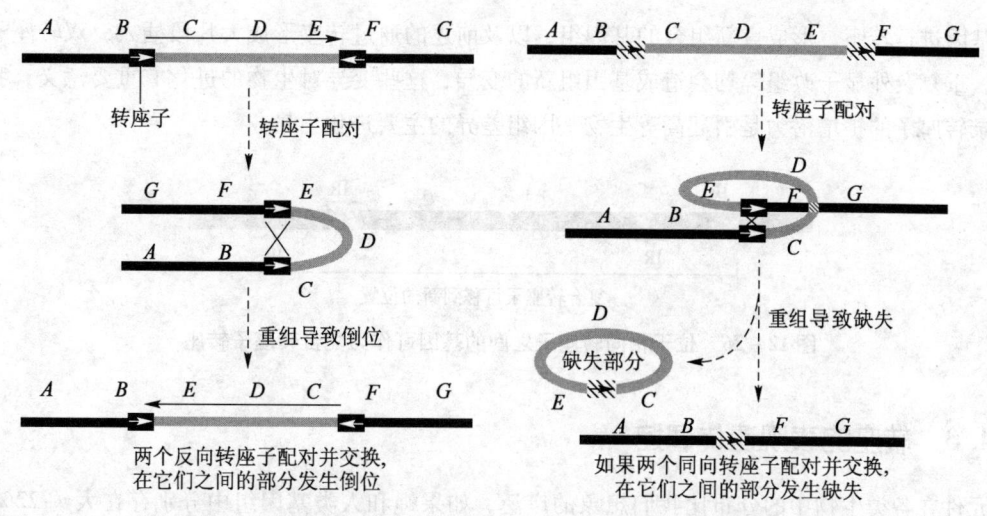

图 12-23 交换序列位于同一染色体上不同位点的染色体内异位交换

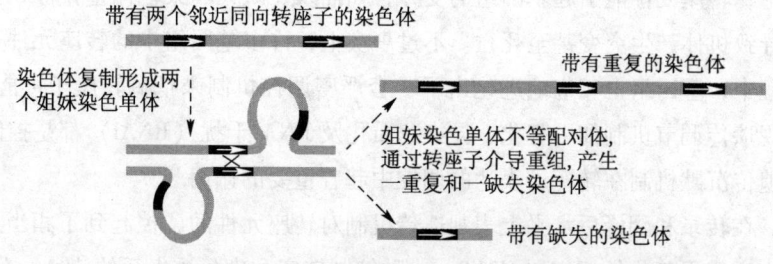

图 12-24 通过转座子介导的姐妹染色单体间的染色体间异位交换

这种效应称为外显子改组（exon shuffling）（图 12-25）。外显子改组将导致基因组中新基因的产生。如果转座子插入内含子区，有可能引起选择性剪接，从而产生新的蛋白，如 SVA 插入介导的选择性剪接导致 FKTN 基因编码的 fukutin 蛋白功能障碍。

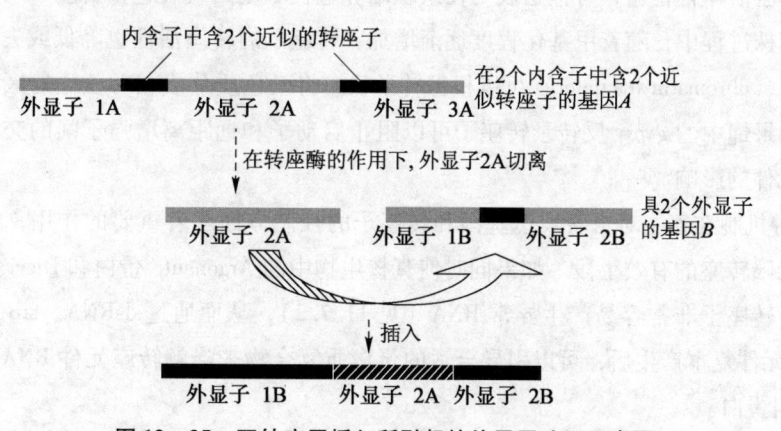

图 12-25 双转座子插入所引起的外显子改组示意图

（4）引起 DNA 甲基化：研究发现，转座子在宿主基因表达的表观遗传调控中扮演着积极的角色，如 SVA 插入到 X 染色体的 TAF1 基因的第 32 个内含子中，并伴有 SVA DNA 甲基化，从而导致 TAF1 mRNA 表达的减少，继而影响许多神经元基因的转录，从而引起 X 连锁的肌张力障碍-帕金森病。

（5）产生新的变异：如果同一转座子的两个拷贝位于同一染色体的邻近位置，转座酶识别外端的反向重复序列（IRs），这样，这两个重复之间的整个单位将作为一个复合转座子转座，将导致其间的基因（如 $w^+$）跳跃到新的位置上（图 12-26）。此外，由于转座子可以携带其他基因，包括自身的基因甚至宿主染色体上的基因进行转座，形成重新组合的基因组，以及前述的通过转座形成大片段插入，双转座子引起缺失、倒位、重复及外显子改组等均会造成基因组新的变异，这些变异对生物的进化有重要意义，我们可以认为反转录转座子的扩增潜力是引起高等生物基因组差异的主要进化力量。

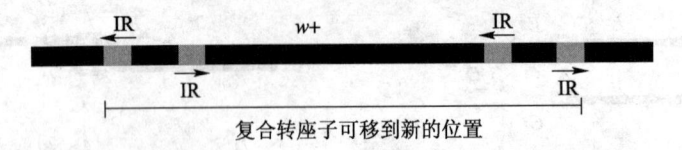

图 12-26　位于相同转座子之间的基因可作为复合转座子转座

### 12.4.6　转座的表观遗传调控

转座元件在各类生物中的分布比我们想象的广泛，如果蝇和人类基因组中分别存在大约 22% 和 44% 的转座子，在拟南芥、水稻和玉米基因组中转座子分别约占 14%、35% 和 60%。

我们也已经知道，转座元件能引起基因组的变异，如插入、缺失和染色体重排等，从而引起基因和基因组功能的破坏，导致机体产生突变甚至死亡。不过事实上，许多基因组中的转座元件是沉默的。在长期与转座子共生的过程中，基因组也相应地进化出了一套严密调控机制来抵御转座子可能造成突变的移动。大量研究表明，表观遗传调节机制如甲基化、异染色质化及 RNA 干扰（RNAi）都是控制转座子过度移动的防卫手段，表观遗传沉默机制在转座子表达的调控中起着重要的作用。

大量研究表明，在转录和翻译后水平上表观遗传机制对转座元件的调控起到了相当重要的作用。与转座子相连的核小体上富含甲基化的组氨酸 H3K9，一种抑制转座和染色质失活的信号。在玉米和拟南芥中，转座元件簇生于异染色质区域，那里的 DNA 常被超甲基化；果蝇中发现，携带胞嘧啶甲基化的 27 条序列中有 5 条含有重复 DNA，4 条含有转座子，说明胞嘧啶甲基化是使转座子沉默的一条途径；玉米 Ac 转座子启动子或转座酶结合位点甲基化程度的增加会降低其转座酶的转录及转座子的转座频率；在植物组织培养过程中转座子的激活非常普遍，有报道表明在组织培养过程中基因组（包括转座子成分）的甲基化程度降低，而在再生植株过程中，随着甲基化程度逐渐增加，转座子的转座活性也降低或失活。此外，转座子作为染色质隔绝子（chromatin insulator）可以根据转录状态将染色质分成相对独立的区域，将异染色质和常染色质分开，如果蝇中的 *gypsy* 反转录转座子可以阻止启动子和远距离增强子间的交流，还能缓冲基因组中其他转基因元件的影响。

RNA 干扰这种机制在寄主对自身表达基因和转座子的控制方面起着重要的作用，对于有活性的转座子，它是控制其无限转座的有效手段。如果同时使真核生物中的 Argonaute 蛋白和 Dicer 蛋白突变，可以激活转座子的活性。转座子非常容易产生异常 RNA（见 11.7.2），从而通过 dsRNA、siRNA 引发沉默。siRNA 从异常的转座元件复本产生后，可以引导合适的蛋白质复合物来降解转座元件 RNA、甲基化转座元件 RNA 及其相应的组蛋白。

转座子的沉默对基因组完整性的保持非常重要。沉默一旦启动，有机体可以通过表观遗传方式"记忆"并保持转座子世代沉默，即使在启动机制消失的情况下亦如此；然而，在许多情况下这一状况也会发生改变，基因组的某些区域，在启动机制消失后转座子会"再度觉醒"。总之，转座子沉默的调控机制相当复杂，各调控因子间的关系尚不明了，并且由于转座子在位置、序列等方面的差异，沉默机制也不完全相同。基因组（包括转座元件）的表观遗传学前景可能比想象的更加微妙和有趣，其中隐含有更多的生物学意义有待于我们去揭开。通过转座子沉默与激活机理的研究，也将为我们进行动植物育种提供新的理论依据。

## 12.4.7 转座子的利用

自 20 世纪 50 年代 McClintock 在玉米中首先发现 DNA 转座子以来，人们除了对转座子本身所产生的遗传学效应及对生物起源和进化等理论问题进行了大量的研究外，转座子已成为遗传学研究中的一个非常有用的工具，转座子的运用极大地促进了遗传学和基因组学的研究。利用转座子特有的转座功能，将带有标记的转座子插入目的基因或基因组，产生了转座子标签技术、转座子定点杂交技术、转座子基因打靶技术和非病毒载体基因增补技术等。人们利用这些技术，可以确定基因组的功能、基因组间的功能差异和克隆功能基因；通过改变目的基因的活性可获得转基因生物；通过阻断毒力基因可获得基因疫苗；通过促进基因整合进行基因治疗等。

几乎每一种生物都存在转座子，如果利用生物自身的转座子来研究本生物的基因，不仅简便，而且有相对少的生物安全性问题。另一方面，生物基因组大部分是由转座子构成，研究转座子就是研究基因组。

利用转座子转座引起基因突变从而造成表型改变的原理所进行的基因克隆方法——转座子标签法（transposon tagging）是最早也是最常见的应用之一。当利用转基因技术将转座子导入受体细胞中，以转座子 DNA 为探针，与感兴趣的表型变异株的基因文库进行杂交，就可以筛选出带此转座子的克隆，它必定含有与转座子邻接的突变基因的部分序列，再以此序列为探针，就可以从野生型基因文库中克隆出完整的基因。从理论上讲，利用转座子标签法可以分离出任何可引起表型变化的失活基因。另一方面，通过突变或沉默目的基因后，体外引入该基因完成恢复试验，这种基于转座子介导恢复表型的方法能够验证基因与表型的关系即基因的功能。

利用转座子介导的转基因技术除了可以干扰基因，达到克隆基因和研究基因功能的目的外，通过引入一个体内不存在的基因，将携带转座酶基因和标记基因、目的基因的质粒导入受体细胞，即可获得带有新引入基因的新的转基因生物，达到培育动植物新品种的目的。

转座子大量散布在基因组中，同时又具有重复末端和转座酶等，因而可以基于转座子的这些特点开发一些新的分子标记。随着许多生物全基因组测序的完成，大量转座子被发现和鉴定，给基于转座子序列的分子标记开发提供了极大的便利。

转座子的作用原理可以应用于物种种群结构和系统发生关系的分析，转座子插入位置的多样性为数量性状位点图谱技术提供了大量染色体标记的信息，在亲缘关系相近的物种中，可以根据不同类型转座子的数量、移动和分布来研究物种间的进化关系，因此，利用转座子信息对于分析物种的进化关系具有重要作用。随着全基因组测序工作在许多物种中的完成，对于转座子在推动基因组进化方面的研究将会随之深入和系统化。同时，利用转座子开发的应用技术亦会更加成熟和完善。

## 12.5 遗传重组的应用——基因工程

基因工程（gene engineering）是指在基因水平上的遗传工程（genetic engineering）。"genetic engineering"的概念最初是由 J. Williamson（1908—2006）在他于 1951 年出版的科幻小说 *Dragon's Island* 里提出的，但 20 世纪 70 年代就诞生了真正的基因工程而不是科幻了，现在它已是生物工程的重要组成部分，并且对国民经济和人类健康作出了重要贡献。

基因工程是以分子遗传学为理论基础，以分子生物学和微生物学等现代方法为手段，利用 DNA 重组技术将不同来源的基因与载体 DNA 在体外进行重组，然后将这种重组 DNA 分子导入受体细胞，并使之在受体细胞内重组、增殖和表达，用以改变生物原有的生物学和遗传特性，获得新品种或生产新产品。同时，基因工程技术为基因结构与功能的研究提供了有力的手段。

基因工程一般包括以下五个步骤（图12-27）：

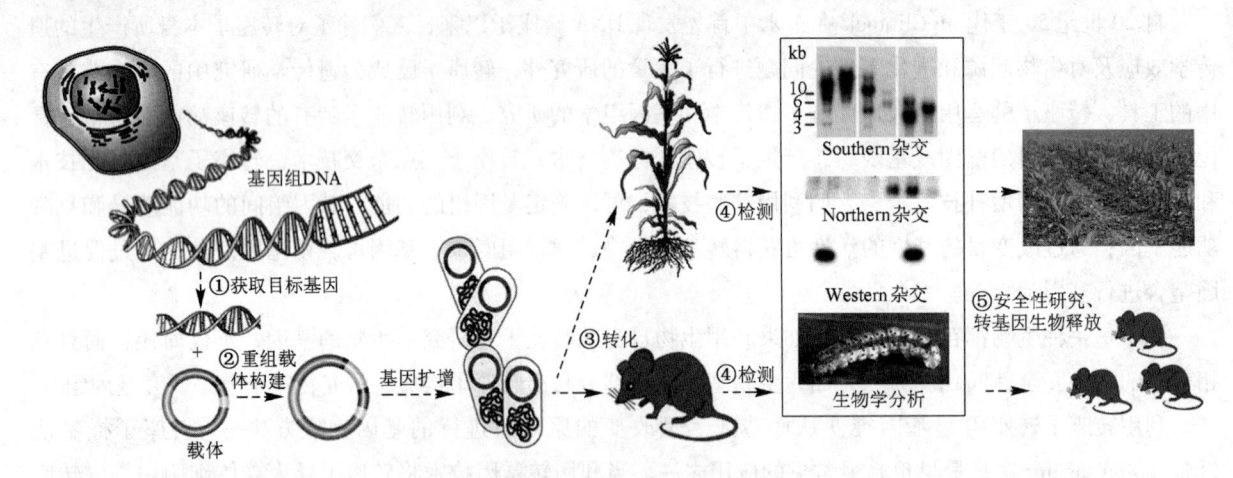

图12-27 基因工程过程示意图

第一步：获取目的基因或DNA片段，如植物的抗病（抗病毒、抗细菌）基因、种子的贮藏蛋白基因、用于药物的人基因、用于改良生物性状的基因及进行各种研究的DNA片段都是目的基因。目前获取目的基因的途径有许多，如从构建的基因文库中调取和筛选，通过化学方法合成已知核苷酸序列，通过反转录酶以mRNA为模板合成，通过基因组序列和生物信息学分析及PCR等方法均可获得。

第二步：基因表达载体的构建。通过限制性内切酶和DNA连接酶等分子生物学工具酶的作用，使质粒与目的基因片段连接，形成一个重组DNA分子，这种分子中含有筛选标记基因及能使目标基因在特定受体细胞中表达的元件如启动子和终止子等。

第三步：将目的基因导入受体细胞。由于受体生物学特征的不同及基因工程目的的不同，外源基因导入的方法也不一样，如基因枪法、电击法、显微注射法、化学物质介导法等直接转移或是借鉴细菌如土壤农杆菌或病毒侵染细胞的生物途径等。目的基因进入受体细胞后，将整合到受体基因组中，目的基因与受体基因组整合的过程，实际上是不同来源的DNA重新组合的过程。

第四步：目的基因的检测与鉴定。目的基因导入受体细胞后，需要通过检测其是否稳定遗传和表达。首先，要检测转基因生物染色体的DNA上是否插入了目的基因，这可采用Southern印迹技术，该方法还可以鉴定外源基因在基因组中的拷贝数；其次，还需要检测目的基因是否转录出了mRNA，检测方法是Northern印迹技术；对于目的基因是否翻译成蛋白质的检测可采用Western印迹技术；最后，通过生物学实验证实转基因生物的生物学性质或所生产蛋白的生物学功能。

第五步：对基因工程生物的生态安全性和消费安全性进行评估。由于转基因生物与其他生物一样具有可遗传、易扩散的特性，我们在大力发展转基因技术的同时，必须高度重视对转基因生物的生物安全技术研究。

基因工程的一个重要特征是能够跨越天然物种的屏障，把来自任何一种生物的基因放置到与原来生物毫无亲缘关系的受体生物中。基因工程对人类已产生多方面的影响：

（1）在农作物方面：病虫害是降低农作物产量的主要原因之一，同时，由于化学农药的长期和大量使用已经产生出许多严重的问题，用基因工程方法培育出的能抗病虫害，减少农药施用且对人、畜食用安全的作物则不仅能提高种植的经济效益，而且能有效地保护人类的生存环境，如苏云金杆菌中的毒蛋白基因（$Bt$）用于抗虫已被转入烟草、番茄、马铃薯、玉米及棉花等多种植物中并获得良好效果。每年杂草造成的经济损失占农作物总产值的10%~20%。除草剂的使用除选择性较差外，还存在环境污染问题，而利用基因工程技术将抵抗除草剂基因转移到植物中，获得抗除草剂植物，这是基因工程应用非常成功的事例。基因工程在培育高产、抗旱、抗寒、固氮、高营养转基因作物方面的应用前景也相当广阔。

(2) 在转基因动物育种方面：动物基因工程研究主要集中在改良动物的经济性状和通过转基因动物进行药物或蛋白质的生产等，先后已培育出转基因猪、羊、牛和鱼等，为动物育种开辟了一条全新的途径。2015年11月美国FDA正式批准转基因三文鱼用于人类消费，这是第一种获得食用许可的基因工程动物。带有人体基因的转基因猪有望解决人体移植动物器官的排斥问题。利用转基因动物生产出大量人类所需的血红蛋白、白蛋白等药物也是基因工程重要的应用方向。

(3) 在工业及环境保护方面：基因重组技术为解决人类目前面临的与人类前途生死攸关的环境保护问题提供了可能性，通过基因重组，人们可以根据需要将某种微生物的基因转移到另一种微生物中，创造一些对有害物质分解能力更强、更能适应环境要求的新菌种；通过基因工程制成的DNA探针能够十分灵敏地检测环境中的病毒、细菌等污染；利用转基因微生物可分解植物的纤维素和木质素等木材工业中常见的废弃物，进而生产工业用的原料如乙醇等石油化工产品。

(4) 在医药卫生领域：自1982年利用基因重组技术生产第一个基因工程药物——重组人胰岛素在美国上市以来，基因重组药物的发展很快，每年平均有3~4个新药或疫苗问世。应用基因重组技术将一些靶酶的活性中心或受体的配体、亚基等在微生物中大量表达，可解决药物来源不足的问题，如治疗糖尿病的特效药胰岛素，如只依靠从猪、牛等动物的胰腺中提取，100 kg胰腺只能提取4~5 g的胰岛素，而将合成的胰岛素基因导入大肠杆菌，每100 L培养液就能生产出这个数量。目前，白细胞介素、生长激素、干扰素、乙肝疫苗等通过基因工程已实现了工业化生产。随着基因工程技术的发展，建立在基因水平上的药物筛选模型大量出现，为发现新药提供了重要手段。同时，利用基因工程技术可改进药物生产工艺，如针对抗生素发酵过程中供氧受限且能源消耗量大的问题，将血红蛋白基因克隆进入菌种，可提高对缺氧环境的耐受力，减少限制供氧因素对药物生产工艺的影响并节约能量等。

(5) 在基因治疗方面：基因治疗是通过转基因技术将外源基因插入患者相应的受体细胞中，用其制造的产物治疗某种疾病的一种治疗手段，其实质是利用基因工程技术向有缺陷的细胞补充具有相应功能的基因，以纠正其基因缺陷，达到治疗目的。世界上第一例基因治疗是1990年美国针对一名四岁女孩患有遗传性腺嘌呤核苷脱氨酶（ADA）缺陷而实施的。目前，已知的人类遗传病有数千种，因此基因治疗有着良好的发展前景。目前对ADA缺乏症、乙型血友病、糖尿病等病的基因治疗已取得了长足的进展，并已扩大到肿瘤、心血管系统疾病、神经系统疾病等的治疗。

---

## 问题精解

◆ 将果蝇野生型白眼基因（$W^+$，表型为红眼）插入到一个不完整$P$因子中，这个不完整$P$因子是在一个质粒上，将这个带有不完整$P$因子的质粒与另一带有完整$P$因子的质粒混合，混合物小心注入一个null突变（无效突变）纯合子（$W^-W^-$）的果蝇胚中，这个注射胚所发育成的成体是白眼的，但当它们与未注射的白眼果蝇（$W^-W^-$）杂交时，有些后代是红眼的。请解释这些红眼子代的来源。

答：在注射胚的种系细胞中，完整的$P$因子可以产生转座酶，转座酶可使$P$因子转座。该转座酶也可作用于另一质粒上的不完整$P$因子。如果这个不完整的$P$因子通过转座酶使其从质粒转座到注射胚的染色体上，从这个胚发育成的果蝇的种系细胞中就将带有一个野生型白眼基因（$W^+$）的拷贝。结果，这样一只遗传转化的果蝇将具有如下的种系基因型（germ-line genotype）：$[W^-/W^-, P(W^+)]$ 或 $[W^-/Y, P(W^+)]$，这里$P(W^+)$表示含有$W^+$基因的不完整$P$因子，$P(W^+)$可以插入到任何染色体上。如果转化果蝇与非注射的白眼果蝇（$W^-/W^-$）交配，其后代中有些个体将遗传$P（W^+）$，由于它带有野生型白眼基因（$W^+$），因此$P（W^+）$的插入将引起红眼性状的发育。所以，这里红眼后代的出现是由于通过转化使位于不完整$P$因子中的$W^+$基因随同转移的结果。在这个题目中需要注意的是，$P$因子的转移只限于种系细胞中，因此，这个不完整$P$因子不会转座到体细胞如最终形成眼色的那些细胞的染色体上，因此注射胚发育成的个体的基因型仍是$W^-W^-$，都表现为白眼。

## 思考题

1. 遗传重组有哪几种主要的形式？
2. λ噬菌体整合到 E. coli 中是在一特殊的位点，这对于 E. coli 有什么进化上的意义？
3. 为什么开始时有许多科学家怀疑 McClintock 的发现？
4. 假设你分离到一个 IS 突变体，该突变体不能转座。对这种转座能力的丧失，请提出可能的遗传学上的理由。
5. 什么是 Holliday 模型？为什么这种模型能被广泛接受？
6. 试述保守型转座和复制型转座的基本差别。
7. 什么是 Ac-Ds 因子？试述 Ac 和 Ds 的差异。
8. 你认为 Ds 元件和 Ac 元件哪一个首先进化？为什么？
9. 什么是基因转变？它包括哪几种类型？
10. 什么是杂种不育？
11. 在果蝇的体细胞中不产生有活性的 P 因子转座酶，这对果蝇来说有何适应意义？
12. 在果蝇中，为什么♂P×♀M不育，而P×P和♂M×♀P可育？
13. 下列说法哪些是正确的：
    （1）转座要求供体和受体位点间有同源性。
    （2）Copia 元件不被转录。
    （3）Ds 元件是自主转座元件。
    （4）转座酶可以识别整合位点周围足够多的序列，因此转座子不整合到基因的中间，因为破坏基因对细胞是致死的。
    （5）转座子的准确切离是指将插入的原转座子准确地从 DNA 序列上切除的过程。
    （6）基因转变是指在基因修复过程中，由一个基因转变为另一非等位基因的现象。
14. 基因治疗分为"医学目的"和"非医学目的"两种，前者以治病为目的，而后者自诩可"提高智力"、"性别设计"、"健康设计"、"体貌设计"等。请回答：你是否接受通过"后天设计"将自己从"大众版"治疗成为"增强版"？不同版本可否分"好坏"？这种"增强设计"是否有悖于"生命伦理"？

# 第13章

# 基因组水平上的遗传学

*Frederick Sanger, Francis Sellers Collins & John Craig Venter*

13.1 基因组及基因组学的概念
13.2 基因组的序列组织
13.3 基因组测序及人类基因组计划
13.4 生物信息学和数据库在基因组研究中的应用
13.5 染色体外基因组
13.6 基因组多态性
13.7 表观基因组学

**内容提要**：基因组学的研究内容是基因组的结构与功能，生物信息学和数据库在基因组学的发展中起重要作用。

就细菌和噬菌体而言，基因组是指单个染色体上所含的全部DNA分子及其遗传信息；而二倍体真核生物的基因组则是指维持配子或配子体正常功能的最基本的一套染色体DNA及其所携带的全部遗传信息。一个基因组中DNA的含量称为生物体的C值，它与生物体的结构或组成的复杂性并不一定有直接的相关性，这称为C值悖理。

大量物种基因组测序的完成使人们从传统的遗传学研究发展为基因组学水平上的研究。人类基因组计划对生命科学研究及人类社会发展产生了多方面的导向性意义。一系列组学研究，在整体层次上从DNA、RNA、蛋白质、表观遗传修饰及表型等不同水平上进一步发展和深化了对遗传学核心命题"基因型＋环境＝表型"的研究。

原核基因组绝大部分为单一序列，而真核基因组含有大量重复DNA序列。重复序列和假基因具有基因表达调控作用并对生物进化具重要意义。反映基因组多态性的DNA分子标记已在遗传学中得到广泛应用。

染色体外基因组具有自己的特点。细胞器的半自主性体现在其中的基因与核基因相互依存、共同作用的关系。

基因组和表观基因组研究将给科学家们展示遗传学不断发展的巨大潜力。

**重要概念**：基因组 C值 C值悖理 基因组学 结构基因（功能基因/蛋白质/转录物/环境基因/宏基因）组学 基因家族 假基因 重复序列 可变数目串联重复 DNA指纹 人类基因组计划 染色体外基因组 分子标记 RFLP SNP cSNP 小卫星DNA 微卫星DNA 单体型 HapMap 表观基因组学 基因组多态性

科学史话

自从上个世纪孟德尔遗传规律被重新发现以来，人们对基因开展了大量的研究，特别是20世纪中期，DNA双螺旋结构的发现，人类从分子遗传学的水平上逐步了解了基因的结构和功能，并在遗传中心法则的基础上，对基因与表型的关系进行了深入的研究，且自1970年代起，发展了以遗传工程为首的一系列生物技术，对人类社会产生了巨大的影响。

但是，人们在研究中发现，把一种生物学功能与一种或几种基因相对应起来的研究方法，并不能很好地阐明生物学功能内在的、真实的基因机制，其主要原因有两个：一是生物基因组所蕴含的数以万计的基因通过这样的方法只有极小部分能被克隆或鉴定，对于与复杂生物学功能相关的基因可能只能知道其中一部分，按照这种传统的研究模式，不能从整体上搞清生物学功能的基因机理；二是这些相关基因是通过相互作用实现生物学功能的，虽然上世纪的生物技术创造出了伟大的成果，但这种孤立的研究不可能全面了解基因间的相互作用，因此，进一步的发展就必然受到限制。于此，人们认识到应从基因组水平上研究遗传学。

近30年来，随着大量有机体全基因组序列测定工作的完成，人们对于基因组序列的诠释将不再局限于识别基因和它们所编码的蛋白质，非编码DNA序列也参与了复制、染色体配对、重组和基因调控等过程，通过比较基因组学分析揭示了各种生物复杂行为的起源如人语言的获得、生物进化的多样性机制等，特别是随着基因组研究与表观遗传调控机制研究的结合，人们逐步形成了一个从整体角度认识各种生命活动的思维方式。本章主要对遗传学在基因组水平上的体现和发展进行了阐述。

## 13.1 基因组及基因组学的概念

### 13.1.1 基因组及基因组学

"Genome"（基因组）一词由 H. Winkler 于1920年提出，原意为 GENE 与 chromosOME 的组合，表示一个物种配子中染色体的总和。现在"基因组"一词更常指细胞或生物体的全套遗传物质。就细菌和噬菌体而言，它们的基因组是指单个染色体上所含的全部 DNA 分子及其遗传信息；而二倍体真核生物的基因组则是指维持配子或配子体正常功能的最基本的一套染色体 DNA 及其所携带的全部遗传信息。在这里注重遗传信息，主要是因为随着基因组的深入研究，人们发现在一个生物体或细胞中除了含有基因的编码序列外，还存在大量的非编码序列，这些非编码序列同样包含着遗传信息。另外，在任一组织与细胞（除单倍体配子外）中提取的 DNA，或以这些 DNA 制备的文库，都称为"基因组 DNA"，这里实际上是指二倍体细胞的 DNA。

基因组大小通常以一个基因组中的 DNA 含量来表示，称为生物体的 C 值（C value），即单倍体染色体中的 DNA 总量。每种生物各有其特定的 C 值，不同物种之间的 C 值差异很大（表13-1），C 值最小的是支原体（mycoplasma），小于 $10^6$ bp；C 值最大的是某些显花植物和两栖动物，可达 $10^{11}$ bp。从原核生物到真核生物，其基因组大小和 DNA 含量是随着生物进化复杂程度的增加而稳步上升的，随着生物结构和功能复杂程度的增加，C 值也越大，这是因为较复杂的生物需要更多的基因数目和基因产物。

表13-1 几种代表生物的基因组大小

| 物种 | C 值（$\times 10^9$ bp） | 物种 | C 值（$\times 10^9$ bp） |
| --- | --- | --- | --- |
| 人（Homo sapiens） | 3.3 | 烟草（Nicotiana tabacum） | 4.5 |
| 小鼠（Mus musculus） | 3.3 | 脉孢菌属（Neurospora） | 0.06 |
| 果蝇（Drosophila melanogaster） | 0.17 | 大肠杆菌（Escherichia coli） | 0.004 7 |

尽管 C 值大小随着生物复杂程度的增加而增加，在结构与功能相似的同一类生物中，以至亲缘关系很近的物种之间，它们的 C 值差异仍可达 10 倍乃至上百倍。如人的 C 值只有 $10^9$ bp，而肺鱼的 C 值则为 $10^{11}$ bp 数量级，居然比人高出 100 倍，很难设想肺鱼的结构和功能比人类更复杂；果蝇的基因组是蝗虫基因组的 1/25；小麦基因组是水稻基因组的 40 倍。由此表明，C 值的大小并不能完全说明生物进化的程度与遗传复杂性的高低，也就是说，C 值和它进化复杂性之间并没有严格的对应关系，这种现象称为 C 值悖理（C value paradox）。C 值悖理表现在两个方面：一个方面是一些物种之间的复杂性变化范围并不大，但是 C 值却有很大的变化范围，或低级生物的 C 值较高级生物的 C 值还要大得多；另一方面是与预期编码蛋白质的基因数目相比，基因组 DNA 含量过多。C 值悖理现象使人们认识到真核生物基因组中必然存在大量的不编码基因产物的 DNA 序列。一般而言，愈是简单的生物，基因组中不编码蛋白质的 DNA 序列愈少，它们的结构基因的数目愈接近于相应 DNA 含量所估计的基因数，如在大肠杆菌基因组中除控制区外，都是编码蛋白质的结构基因的 DNA 序列。然而在真核生物中的情况就完全不同了，因为结构基因中含有内含子，其基因的平均长度比原核生物增加了数倍，即使按此大小的基因进行推算，哺乳动物的基因组也应有 400 000 ~ 600 000 个基因，这显然是不对的。

那么非结构基因的 DNA 序列的结构与功能又如何？基因组 DNA 的 C 值巨大差异在生物学功能和进化中又有什么样的意义？这些问题随着基因组学（genomics）的发展将逐步得到解决。"基因组学"一词是美国 H. Roderick 于 1986 年提出来的，它是近二十多年来随着基因组计划的发展而逐步发展起来的一门新兴学科，其主要研究内容是生物基因组的结构与功能。基因组学又分为两个部分：结构基因组学（structural genomics）和功能基因组学（functional genomics）。前者主要研究基因和基因组的结构、基因组作图和基因定位等，后者则着重研究不同序列结构的功能、基因的相互作用、基因表达及其调控等。结构是功能的基础，在已完成大量基因组测序的今天，功能基因组学已成为基因组学研究的重点。

## 13.1.2 "组学"开创遗传学研究新纪元

从中心法则可知，DNA、RNA、蛋白质是遗传的三大物质基础。基因的表达首先就是基因的转录，而不同类型的细胞、同一类型细胞的不同发育阶段或在不同生理状态下，所产生的转录物种类或数量是不同的，因此随着基因组学的发展，出现了研究某一细胞或组织里基因组转录产生的全部转录物的种类、结构和功能的转录物组学（transcriptomics）。基因表达的最终产物是蛋白质，蛋白质是表型的主要决定者，于是 1994 年科学家又提出了以研究细胞或组织内全部蛋白质（即蛋白质组，proteome）的组成及其活动规律的蛋白质组学（proteomics）概念。最后，由于蛋白质通过各种作用方式体现生物的性状，即表型，因此也就诞生了以研究生物体整个表型形成的机制为主的表型组学（phenomics）。

基因组学、转录物组学、蛋白质组学及表型组学等一系列新学科的出现都与遗传学密切相关，它们是在整体层次上从 DNA、RNA、蛋白质及表型水平上进一步发展研究遗传学的中心命题：基因型 + 环境 = 表型。因此，所有这些新学科的发展都离不开遗传学，譬如说离开了遗传学对所有具体基因的结构与功能的研究，对基因组的整体阐明是不可能的。当然，遗传学的发展也依赖于这些相关学科的发展，如迄今为止关于疾病的遗传研究大多是从单个基因入手的，但随着基因组研究的进展，现正在描绘在某一疾病发病时或在某个发育阶段中多个基因位点甚至整个基因组的状态。

噬菌体 ΦX174 是第一个完全测序的基因组（5 386 bp），测序完成于 1977 年；1995 年，第一个自由生活物种嗜血流感菌（*Haemophilus influenzae*，1.8 Mb）测序完成，从那时起，基因组测序工作迅速展开；2003 年，人类基因组计划的完成为基因组学研究揭开了新的一页。目前，有许多物种的基因组序列测定已经完成，以组学（-omics）构成的学科在生命科学界不断诞生。如营养科学与基因组学的结合发展出所谓的营养基因组学（nutrigenomics），它是研究食物或营养物质对细胞、组织或生物体的转录组、蛋白质组和代谢组产生影响的一门学科；为了深入研究环境-基因、基因-基因交互作用，将环境科学与基因组计划交叉融合，致力于研究遗传变异如何影响机体对环境因素响应的学科称环境基因组学（environmental genomics）；由于通过现有的分离培养方法获得的微生物仅占环境微生物总体的1%左右，绝大部分微生物还不能纯培养，因此，人们将利用非培养的分子生物学技术、方法和手段对生境中全部微小生物遗传物质的总和（宏基因组，metagenome）进行系统研究，即分析微生物在环境中的基因组集合，研究其群落结构与生态功能等的学科称宏基因组学（metagenomics）；以研究癌基因组不稳定性、癌易感基因的筛查与鉴定、基因表达谱与临床表型的关系、发现癌标记物等为重点的在基因组水平上癌症发生发展过程中各种结构和功能变化的分支学科称癌基因组学（oncogenomics）；研究人类基因组信息与药物反应之间的关系，利用基因组学信息解答不同个体对同一药物反应上存在差异的原因的学科称药物基因组学（pharmacogenomics）；分析有毒化合物如毒素对基因组中基因突变和基因表达变化的影响称毒理基因组学（toxicogenomics），等等。如今，日益庞大及复杂的各种组学数据不断地被载入公共数据库，组学已经成为与生命科学、医学、农学等研究不可分割的内容，对遗传学的发展起到了极大的促进作用，可以说，组学开创了遗传学研究的新纪元。

## 13.2 基因组的序列组织

### 13.2.1 基因组的复杂性

真核生物基因组DNA C值的巨大差异使人们想到是否C值愈大的物种就含有更多的基因？或是基因数目并未增加而是含有大量非编码序列？如果基因数目随着C值的增大而增加，那么编码这些结构基因的单一DNA序列的数量也应随之增加。通过复性动力学分析，发现在高等生物中存在大量重复序列，这也就部分解释了C值悖理现象：同一类生物中C值的差异主要反映在对基因组复杂性没有贡献的重复顺序DNA的含量差异。当将重复顺序DNA考虑在内时，在有类似复杂性的物种间仍存在基因组大小的不一致性，特别是在一群单细胞有机体间进行比较时。例如，酿酒酵母中的C值大约为$1.35 \times 10^7$ bp，而裂殖酵母的C值接近$2 \times 10^7$ bp。这两种有机体有类似的结构复杂性和较少的重复顺序DNA，差异在于非编码的单一顺序DNA之间的不同，如基因间DNA片段和内含子：裂殖酵母基因的40%有内含子，而酿酒酵母只有不到4%的基因有内含子。在更高等的真核生物中，基因间区域和内含子更大，内含子数量更多，使基因的平均大小和基因间距离增加。在酿酒酵母中约96%的基因是没有内含子的，而到了哺乳动物，则绝大部分基因（94%）由一个以上内含子所分割，且基因中的内含子数目大为增加。

根据DNA复性实验，真核DNA可被分为三种类型：单一序列（unique sequence）、中度重复（moderately repetitive）序列和高度重复（highly repetitive）序列。

（1）单一序列是指在基因组中只有一个或几个拷贝的DNA序列，也叫非重复序列（nonrepetitive sequence），为慢复性组分。细菌基因组的绝大部分是单一序列DNA，代表基因和调节元件。真核生物的大多数结构基因在单倍体中都是单一序列DNA，在人类基因组中，单一序列约占总DNA量的50%。大多数单一序列DNA在真核生物中不编码蛋白质，编码的序列只占百分之几，不编码的单一序列的功能尚不清楚。单一序列中储存了巨大的遗传信息，编码许多重要的蛋白质，并在表达时常有两步放大作用，如蚕的丝心蛋白单拷贝基因能够合成高达$10^4$的mRNA分子，每个mRNA分子又可合成$10^5$个蛋白质分子，这充分说明单拷贝基因的高度表达能力。

（2）中度重复序列指在每个基因组中出现10至数万（小于$10^5$）个拷贝的DNA序列，对应于中间复性组分。大多数与单拷贝基因间隔排列，少数在基因组中成串排列在一个区域，一般代表高度保守的多基因家族的分散重复顺序（功能基因或假基因）和转座因子。根据重复序列的长度，中度重复序列分为短散布片段（short interspersed segment，SINES）和长散布片段（long interspersed segment，LINES）。SINES的平均长度为300~500 bp，如后面讲的Alu家族；LINES的长度大于1 000 bp，平均长度为3 500~5 000 bp，如KpnⅠ家族。中度重复序列在基因组中所占的比例在不同物种间相差很大，一般占10%~40%，在人基因组中约为12%。大多数中度重复序列不编码蛋白质，有些是编码蛋白质的基因如人的珠蛋白（血红蛋白）基因、组蛋白基因等或编码rRNA、tRNA的基因等。基因组中存在大量重复序列对于组蛋白编码有其重要意义，在DNA复制时，组蛋白的需要量成倍增加，而且往往在DNA合成一小段后就需要组蛋白与其结合，这要求在较短时间内合成大量组蛋白，大量组蛋白基因的存在就解决了这一问题。中度重复序列一般具有种的特异性，可以用于物种的分子鉴定。

（3）高度重复序列是指存在大量拷贝的序列，可达$10^6$以上，对应于快复性组分。一般作为随机重复顺序被发现。高度重复序列在基因组中所占的比例不同物种间相差很大，一般占10%~60%，在人基因组中约为20%。通常这些序列的长度为6~200 bp，如卫星DNA等。这些重复序列大部分集中在异染色质区，特别是在着丝粒和端粒附近。因序列简单、缺乏转录所必需的启动子，故没有转录能力，然而DNA复制能力却和单一序列一样。大多数高等真核生物DNA都有20%以上的高度重复序列，而且数目变化很大，这类序列的多少对C值的影响可能最大。一般认为，大多数重复序列是过剩的DNA，但其中某些重复序列具有特殊的功能，如调节基因的表达，增强同源染色体之间的配对和重组，维持染色体结构的稳定性，调节mRNA前体的加工过程，参与DNA复制等。

在各类生物中，基因组的复杂性相差很大。原核生物含有完全不重复的DNA，低等真核生物大部分DNA是非重复的；在动物细胞中，接近50%的基因组DNA是中度或高度重复的；在植物和两栖动物中，中度或高度重复序列占80%。

### 13.2.2 基因家族

基因家族（gene family）是指真核生物基因组中来源相同、结构相似、功能相关的一组基因。基因家族成员在染色体上的分布有不同的形式，一个基因家族的成员在特殊的染色体区域上可以成簇存在，中间常以中度重复序列相间隔；同一基因家族的成员在整个染色体上也可以广泛地分布，甚至可存在于不同的染色体上。根据家族成员的分布形式，可把不同的基因家族分为成簇的基因家族（clustered gene family）以及散布的基因家族（interspersed gene family）。

**1. 成簇的基因家族**

一个基因家族的各成员紧密成簇地排列在某一染色体上组成大段的串联重复单位，从而形成一个基因簇（gene cluster）。它们是同一个祖先基因扩增的产物。也有一些基因家族的成员在染色体上的排列并不是十分紧密的，中间可能包含一些无关的序列，但总体来说，它们分布在染色体上相对集中的区域。通常，基因簇内各序列间的同源性大于基因簇间的序列同源性。在人类基因组中有几个大的基因簇，例如，编码免疫球蛋白重链和轻链的基因复合体，以及编码人类主要组织相容性复合体（MHC）的HLA基因簇等。在成簇的多基因家族中偶尔分散的成员称为孤独基因（orphon）。

**2. 散布的基因家族**

有些基因编码一组密切相关的蛋白质，但这些成员的序列并不相同，且这些不同的成员成簇地分布在不同染色体上，它们也组成一个基因家族。如血红蛋白基因家族，由α珠蛋白基因簇和β珠蛋白基因簇组成，α珠蛋白基因簇由5个相关基因组成，集中分布在第16号染色体短臂末端到1区2带之间的50 kb范围内（16pter-p12）；β珠蛋白基因簇由6个基因组成，分布在第11号染色体短臂1区5带（11p15）的28 kb范围内。α和β基因簇的共同特点是每个基因都有两个内含子，虽然各成员中内含子长度不同，但位置相似，而且不同的珠蛋白基因在顺序编排上具有高度一致性，这些都强有力地表明，它们是由5亿年前一个祖先珠蛋白基因经过重复和变异产生的一组基因，属于一个基因家族。

人类的 *Alu* 家族（*Alu* family）是十分典型的散布的基因家族，它是人体基因组中含量最丰富的高度重复顺序家族，至少占人体基因组的5%，在单倍体人基因组中重复达50万次。每个成员的长度约300 bp，在这些300 bp 的序列中含有一个限制性内切酶 *Alu* Ⅰ 的特异性识别序列 AGCT，可将这些300 bp 的序列切割成两个片段——170 bp 和130 bp，说明这是一类长度和性质相似的重复序列，因此被称为 *Alu* 家族。*Alu* 家族各个成员之间有很大的同源性，从 *Alu* 家族序列的长度和重复频率上看，*Alu* 序列更像高度重复序列。研究表明，*Alu* DNA 可以被转录，因为在核不均一 RNA（heterogeneous nuclear RNA，hnRNA，mRNA 的前体）中有部分序列和 *Alu* 家族成员的核苷酸顺序相对应。由此人们推测，高度保守的脊椎动物 *RMSA*-1（regulator of mitotic spindle assembly）基因，在300万~500万年前，其上的 *Alu* 序列转录形成 RNA 分子，再经反转录酶的作用形成 cDNA，然后又重新插入基因组中，所以 *Alu* 家族可能是由于其一再反转录扩增而来。此外，*Alu* 序列两侧的正向重复序列和在大肠杆菌中所发现的转座因子两侧正向序列相似（图13-1），据此人们推测 *Alu* 可能原是基因组中的转座因子，这也较好地解释了 *Alu* 家族在整个基因组中含量如此丰富、分布如此广泛的原因。*Alu* 家族的某些成员能在体外由 RNA 聚合酶Ⅲ转录成核小 RNA（small nuclear RNA，snRNA，参与 hnRNA 的剪接）。由于 *Alu* 序列转录后在 RNA 加工过程中又被切除，并且 *Alu* 序列中有一个14 bp 区域与某些病毒（如 SV40）的复制起始位点附近的序列几乎相同，因此推测 *Alu* 序列的功能可能与转录调节、hnRNA 加工以及 DNA 复制起始有关。*Alu* 转录产物可能在蛋白质分泌方面具有重要作用。由于 *Alu* 序列具有物种特异性，因此利用某种生物的 *Alu* 序列制备的探针可以用于鉴定样品中是否含有该物种的 DNA。*Alu* 序列的转座也可能导致疾病的发生（见12.4.4）。

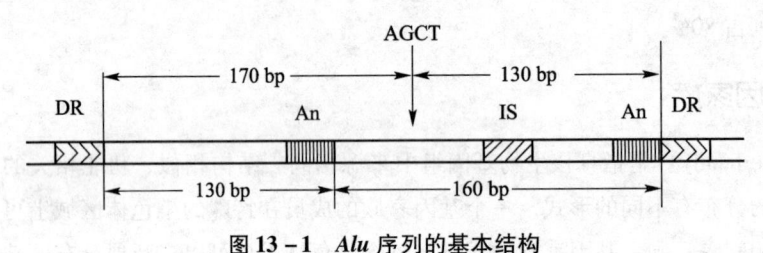

图13-1 *Alu* 序列的基本结构

DR：顺向重复；An：多聚腺苷；IS：插入序列

### 3. 假基因

无论是在成簇的基因家族还是在散布的基因家族中都包括没有生物功能的假基因。所谓假基因（pseudogene），是指在多基因家族中，那些在结构和 DNA 序列上与有功能的基因具有相似性，但并不产生具有功能的基因产物的成员。假基因与有功能基因同源，原来可能是有功能的基因，由于缺失、倒位或突变等原因使该基因失去活性而成为无功能基因。假基因常用希腊字母 ψ 表示。根据起源和结构的不同，假基因分为两类（图13-2）：①未加工的假基因（nonprocessed pseudogene），也称为常规假基因（conventional pseudogene），是通过基因组 DNA 复制产生的，经常位于相同基因的有功能拷贝附近，它们与有功能的同源基因有类似的结构，可以包括内含子和调节元件，偶尔未加工的假基因可以通过一个有利的突变重新激活。②加工的假基因（processed pseudogene），也称为反转录假基因（retropseudogene），是通过对 mRNA 的反转录和获得的 cDNA 的随机整合而产生的，它们经常是分散的。加工的假基因结构对应于起源基因的转录单位，缺乏内含子和侧翼序列，因为缺乏侧翼序列，加工的假基因一般不表达；如果它们偶尔整合在内源性启动子附近，并受它的控制，则可以表达，如人类编码丙酮酸氢化酶的基因被认为是这种方式产生的。RNA 聚合酶Ⅲ有内在的启动子，所以其加工的假基因可以表达，如人类高度重复 *Alu* 元件就是表达的 RNA 聚合酶Ⅲ加工的假基因。

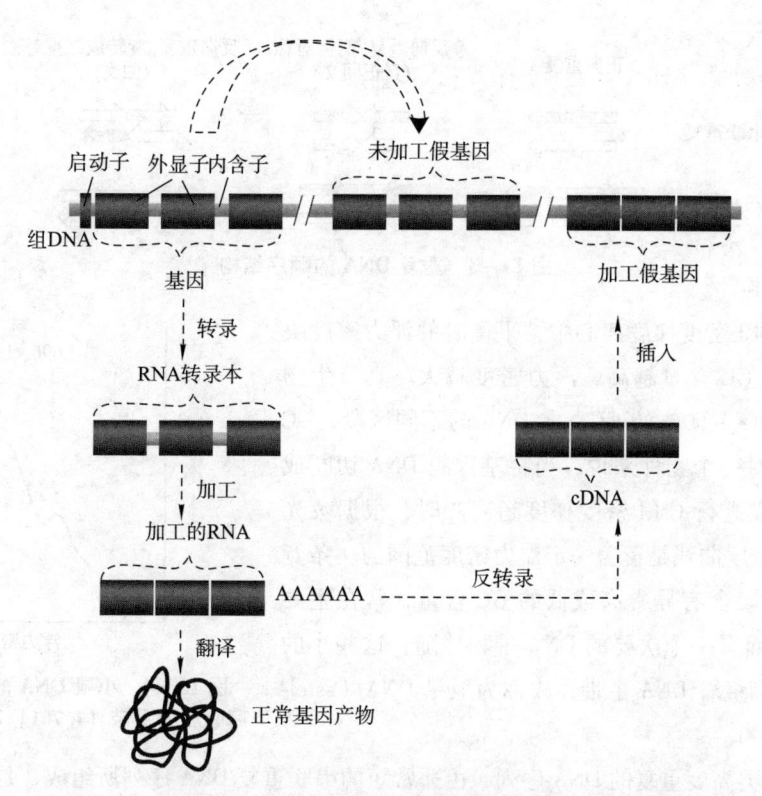

图 13-2 加工的假基因和未加工的假基因的产生过程示意图

基因组中假基因的数目几乎与基因数目相等，在过去的几十年中，它一直被认为是分子化石，是进化中基因突变的遗迹。2003 年，S. Hirotsune 等人将果蝇的 *sex-lethal* 基因转移到小鼠体内时发现，虽然大多数小鼠表型正常，但有一个品系的小鼠在出生后很短时间内就由于多个器官的缺陷或衰竭而全部死亡，进一步的研究发现，*sex-lethal* 基因插入到了假基因 *makorin*1-*p*1 中。*makorin*1-*p*1 是 *makorin*1 基因的假基因，*makorin*1 基因是一个古老而普遍存在于线虫、果蝇和哺乳动物中进化保守的基因，编码一种 RNA 结合蛋白，且母本和父本的 *makorin*1 基因都能被转录，而 *makorin*1-*p*1 mRNA 仅包括 *makorin*1 mRNA 的 5′端的 700 个核苷酸，且仅父本的拷贝能表达。正常情况下，*makorin*1 mRNA 能够在整个动物体中表达，但当父本的 *makorin*1-*p*1 假基因被断裂，*makorin*1 基因在胚胎中的表达就显著减少并贯穿于出生发育阶段，这表明假基因 *makorin*1-*p*1 是 *makorin*1 高水平正常表达所需求的。Hirotsune 等的实验表明由于 *sex-lethal* 基因的插入破坏了 *makorin*1-*p*1 假基因，导致 *makorin*1 基因不能转录，从而影响那个品系小鼠的存活。将 *makorin*1-*p*1 敲除，*makorin*1 基因将被关闭。这一系列的研究表明假基因在基因表达调控中有着重要的作用。*makorin*1-*p*1 的作用机制可能与它的非编码 RNA 有关，而并非假基因本身。

### 13.2.3 重复序列 DNA

重复序列 DNA 是由特定大小序列（repeat unit，重复单位），以特定拷贝数在空间上以特殊的方式所组成。前面我们已经讲了，根据核酸序列的变性-复性热力学性质，重复序列可分为单一序列、中度重复序列和高度重复序列。此外，根据结构，重复序列可分为三种组织形式：第一种是串联重复（tandem repeat），在单个重复单位间没有间隔；第二种是不完善重复（hyphenated repeat），被小间隔分离，但还是成群排列；第三种是分散重复（dispersed repeat），重复单位散布在整个基因组中，主要起源于各种转座子。单个重复顺序间可以是相同方向（正向重复）或者是相反方向（反向重复）（图 13-3）。串联重复 DNA 中最简单的结构是重复单位只有一个核苷酸，称为同聚体（homopolymer），也有二核苷酸、三核苷酸等串联重复及大重复单位的串联重复。

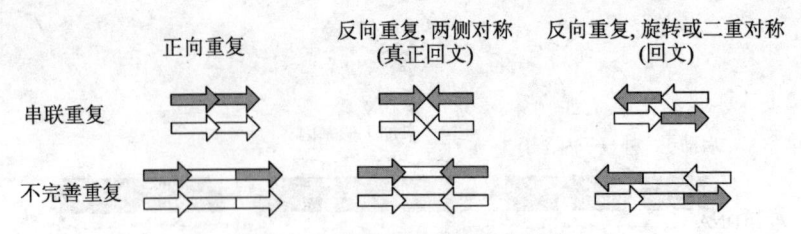

|  | 正向重复 | 反向重复,两侧对称<br>(真正回文) | 反向重复,旋转或二重对称<br>(回文) |
|---|---|---|---|
| 串联重复 | | | |
| 不完善重复 | | | |

图 13-3 重复 DNA 的顺序结构

各种 DNA 在 CsCl 密度梯度离心中，平衡时的浮力密度决定于它的 GC 含量，GC 含量越高，浮力密度越大。真核生物的 DNA 一般含有 30%~50% 的 GC，在 DNA 的不同区段，GC 含量约相差 10%。对一个物种来说，当将基因组 DNA 切断成数百个碱基对的片段进行 CsCl 密度梯度超离心时，根据荧光强度分析，其浮力密度曲线是覆盖一定浮力密度范围的一条宽带，但有些 DNA 片段含有异常高或低的 GC 含量，常在主要 DNA 带的前面或后面有一个次要的 DNA 带相伴随，这些小的区带就像卫星一样围绕着 DNA 主带，故称为卫星 DNA（satellite DNA）（图 13-4）。

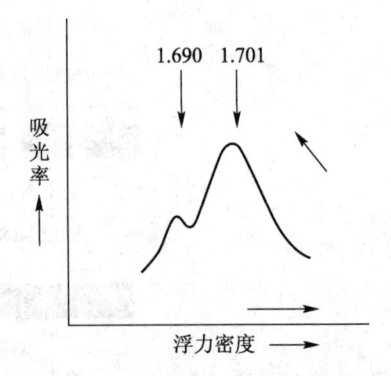

图 13-4 小鼠 DNA 的 CsCl 密度梯度离心后的主带（1.701）和卫星带（1.690）

卫星 DNA 是一类高度重复的 DNA 序列，由非常短的串联重复 DNA 序列所组成，是高等真核基因组中重复程度最高的成分。卫星 DNA 具有串联集中分布的特点，多位于着丝点的异染色质区，可能在染色体功能中起作用，重复频率为 $10^6 \sim 10^8$。另外，也有一些高度重复序列的碱基组成与总体 DNA 的碱基组成差异不大，接近于平均值，不能通过浮力密度梯度离心法分离，因而也称这些高度重复序列为隐蔽卫星 DNA（cryptic satellite DNA）。隐蔽卫星 DNA 可通过限制性作图等方法鉴定。无论是隐蔽卫星 DNA 还是卫星 DNA，都属于高度重复序列。卫星 DNA 重复单位的长短不一，如牛的卫星 DNA 是 1 400 bp，某些猴的卫星 DNA 是 172 bp 等，但卫星 DNA 通常重复单位较大。由于卫星 DNA 一般分布在染色体的异染色质区，难以采用分子杂交或 PCR 的方法揭示其多态性，因而它不适于作为基因组的指纹分析或遗传图的分子标记。

在非编码的高度串联重复 DNA 中，除卫星 DNA 外，根据重复单位核苷酸的多少，还有小卫星 DNA（minisatellite DNA）和微卫星 DNA（microsatellite DNA）。小卫星 DNA 由 11~60 bp 的串联重复序列组成，总长度可达数百至数千个碱基对，位于靠近染色体末端的区域，也可分散在核基因组的多个位置上，一般没有转录活性，在不同个体间串联重复的数目存在差异，当用某种限制性内切酶对某基因组进行切割时，如果在重复序列中没有切点，而在重复序列的两侧有切点的话，则从不同个体中切割下来的片段将由于所包含的重复序列的数目不同而出现长度的变化。因此，由小卫星 DNA 组成的染色体座位具有丰富的多态性，这种多态性称为 VNTR 序列（variable number of tandem repeats，数目可变串联重复）。当将人的总 DNA 用限制性内切酶切成不同长度的片断（各种 VNTR 上都没有酶切位点）后，以 VNTRs 中的特异序列为探针进行 Southern 杂交，即可发现阳性片断的长度各不相同。这是由于不同个体的这种串联重复的数目和位置都不相同所致。这种具有高度个体特异性的 VNTR 的 Southern 杂交带谱就是人们常说

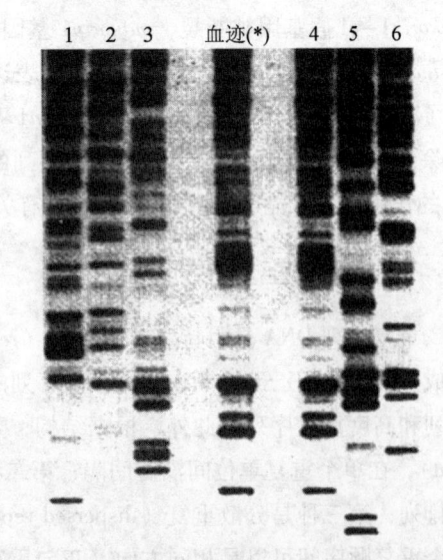

图 13-5 人类 DNA 指纹

犯罪嫌疑人血迹（*）和各种来源血液的指纹比较，其中标本 4 的 DNA 指纹和犯罪嫌疑人的相同

的 DNA 指纹（图 13-5），它可用于亲子鉴定、法医鉴定等。

微卫星 DNA 又称为短的串联重复序列（short tandem repeat，STR），是由更简单的重复单位（1～5 bp）组成的小序列，分散于基因组中，大多数重复单位是二核苷酸，如（CA）$_n$，也有少量含有三核苷酸和四核苷酸的重复单位，它们有高度的多态性，分布在整个基因组的不同位置，是理想的遗传标记。这种高度多态性同时也说明，重复序列是生物基因组 DNA 进化的一个重要来源。

### 13.2.4 重复序列的遗传学功能

重复序列曾一度被认为是冗余的或"无用的"DNA（junk DNA）分子，是进化的痕迹。随着基因组研究的深入，发现重复序列含有大量的遗传信息，它们是基因调控网络的组成部分，与各种信号分子、顺式表达元件共同调节基因的表达，具有显著的生物学功能。

（1）重复序列含有遗传调控信息。有些重复序列是组成开放阅读框的一部分，如一些呈高度重复排列的基因如 rRNA 基因、tRNA 基因、组蛋白基因等，这样的重复排列方式可以实现快速、大量表达出蛋白产物的目的，从而满足机体的需要；DNA、RNA 的复制以及它们在细胞中的定位、运动等，往往受重复序列的引导，如很多细菌和病毒的复制起点都有同向重复、回文及简单重复序列；在人类基因组中，有 5.3% 的启动子包含 SINE，1.6% 的启动子包含 LINE，这些重复序列调控着基因的复制、转录和翻译，如位于基因非翻译区（untranslated regions，UTRs）5′端重复序列的变异可以通过影响转录和翻译而起到调节基因表达的作用，位于内含子处的重复序列的扩展或缩减，可以影响基因转录、mRNA 的剪切或 mRNA 向胞质的输出，位于 UTR 区或内含子的三碱基重复，还能诱导异染色质样的基因沉默；重复序列也影响核酸碱基的错配更正和损伤修复，如大肠杆菌、流感细菌中的双链错配及损伤修复起始位点都是重复序列；重复序列还可以形成核酸的高级构象，进而进行各种表观遗传修饰，如很多 DNA 甲基化位点就与串联重复相关；卫星 DNA 成簇的分布在染色体着丝粒附近，可能与遗传密切相关的染色体减数分裂时染色体的配对有关。

（2）促使核酸包装成各种高级结构。有研究表明，非编码区重复序列中 A 和 T 的比例越高，DNA 双螺旋越不稳定。重复序列能够特异性结合一些蛋白，从而使核酸序列形成二级、三级甚至更高级结构。真核生物的异染色质化区域无一例外地都是高度重复和散在重复序列，它们往往位于异染色质的末端，是形成常染色质和异染色质的基础信号。

（3）通过染色体的异染色质化而关闭基因的表达。重复序列的一段转录成 RNA，在 Dicer 酶的作用下，生成小干扰 RNA（siRNA），siRNA 和 Ago1 结合，重新作用于染色体的重复序列，并且通过招募相关蛋白而最终导致相应的组蛋白去乙酰化和 DNA 甲基化，再进一步的蔓延使得重复序列所在区间的转录活性关闭，从而引起基因沉默（gene silencing）。

（4）重复序列的进化意义。在物种进化过程中，遗传物质不断地进行着自我复制，同时相互之间进行着水平交换和垂直交换，这样极大地扩增和丰富了遗传信息；同时，重复序列也是形成新基因和产生进化的动力，如人类有 45% 的序列是散在重复序列，说明人类基因组的一半是通过转座子而来的，转座子的扩增一方面给遗传信息的自我扩增提供了重要的动力，另一方面可导致基因突变或新基因的产生。重复序列发生重组和碱基突变的频率远高于非重复区域的事实，一方面说明它在基因组复制、重组和变异时，对保证重要编码基因的相对稳定和维持正常的生命活动具有重要作用，另一方面也为遗传变异和新基因的产生提供了空间。这充分反映了重复序列在遗传与变异这一人类致力于解释的生命奥秘中起着重要的作用。

（5）重复序列与疾病发生存在密切关联。重复序列可以存在于基因的外显子、内含子及间隔区，当位于蛋白质编码区或周边区的重复序列发生扩展或减缩时，将会因为发生移码突变、转录滑移并延长 mRNA 的生成等，而使基因丧失功能而导致疾病的发生。在约 30% 的结肠肿瘤患者中，肿瘤细胞基因组序列中（CA）n 重复序列在长度上与正常细胞相比存在显著差异；三碱基串联重复序列至少与 16 种遗传疾病的发生有关，其发病的机理是由于位于基因编码区的这些三碱基重复序列的扩展造成的。如（CAG）$_n$ 的异常扩展与亨廷顿舞蹈症（Huntington's disease）有关、（CTG）$_n$ 与强直性肌营养不良（myotonicdystrophy）有关、（CGG）$_n$ 与脆性 X 染色体综合征（fragile X syndrome）有关（详见 11.2.1）、（GAA）$_n$ 与弗里德赖希共济失调（Friedreich's ataxia，FRDA）有关等。

由于重复序列在代与代之间的传递是相对保守的，因此利用重复序列可以提供许多重要的遗传信息，如用于疾病诊断，前面谈到的基于 Southern 杂交的小卫星 DNA 指纹图谱技术即是利用重复序列的遗传性。在分子遗传学中，分子标记是 DNA 多态性研究与开发的重要内容，而重复序列如微卫星等作为一类稳定而常规化的遗传标记已在包括亲子鉴定、动植物家系分析、遗传多样性、遗传连锁作图、疾病连锁分析等方面得到大量应用，其中基于微卫星重复序列的遗传标记——间简单重复序列（inter simple sequence repeat，ISSR）技术已成为一种常用的遗传标记技术（13.6）。

### 13.2.5 非编码 DNA

非编码 DNA（non-coding DNA）是指基因组中非制造蛋白质指令的 DNA 序列。在高等生物基因组中，非蛋白质编码序列的组成比例很高，如人类基因组中编码基因包含的 DNA 序列只占基因组总 DNA 序列的 2% 左右。由于非编码区的序列多含有一些假基因、转座元件及大量的内含子和重复序列，其潜在的功能一直为研究者们所忽视。长期以来，对非编码区的一个主要研究方向是对调控元件的研究。因为在非编码区，只有一小部分已被证实为有用成分，能帮助基因开启和关闭以调控基因的表达，即调控 DNA，大部分非编码 DNA 的功能仍不清楚。多年来，人们一直将基因组中非编码序列认为是生物进化过程中形成的垃圾成分。然而，大规模转录组学的研究发现，基因组中绝大部分 DNA 在细胞活动过程中都是被转录成 RNA 的，如人类基因组 DNA 有 93% 以上都被转录成 RNA，小鼠基因组的转录部分也达到 63% 以上。如此大量的 RNA 究竟有什么功能呢？这正是后基因组时代的研究重点。

根据 RNA 片段长度的不同，基因组中转录的 RNA 分子可分为短片段 RNA（short RNA）和长片段 RNA（long RNA）。长片段 RNA 主要指 mRNA 前体（hnRNA）、mRNA 和一些不编码任何蛋白质的长的单链或双链 RNA 片段。短片段 RNA 也称为内源性小 RNA（endogenous small noncoding RNA，snRNA），主要包括反式剪切前导 RNA（trans-splicing leader RNA，SLRNA）、microRNA（miRNA）、内源性小干扰 RNA（endogenous small interfering RNA，siRNA）、piwi 蛋白质结合 RNA（piwiRNA，piRNA）和一些编码寡肽的小 mRNA 分子等。这些 snRNA 主要通过影响 mRNA 的成熟过程及稳定性进而调节转录因子或其他功能蛋白质的表达和发挥转录后的基因调控功能（post-transcriptional gene regulation）。下面就几种研究得比较深入的 snRNA 作一简单介绍，以使大家对非编码 DNA 的作用有所了解。

（1）SLRNA（spliced-leader RNA）：很多真核生物 mRNA 的成熟过程通过顺式（cis-）和反式（trans-）两种剪接方式完成。顺式剪接是将同一 mRNA 前体中的内含子序列剪切掉，使对应于外显子的 RNA 序列连接起来，进而形成一个完整读码框的过程。反式剪接是由两个分立的 pre-mRNA 分子中的外显子连接成为成熟的剪接产物的过程。在锥虫和线虫中首先被发现的经典反式剪接是通过两种独立的基因产物即 SLRNA 和 pre-mRNA（分别从基因组的不同序列转录而来），由一系列的磷酸转酯反应，直接将两个外显子剪接在一起的过程（图 13-6）。SLRNA 是一种小分子 RNA，长度为 45~150 bp，一般由 5′端的迷你外显子即 SL 和 3′端的 SLRNA 内含子组成。很多真核生物都存在 mRNA 的反式剪切过程。例如，锥虫的初始 mRNA 分子的 5′端均不完整，缺少正常的 UTR（包括甲基化的帽状结构）序列和起始密码子等，而这些 UTR 需要由散在于基因组中的 SLRNA 基因转录后，经过一系列的修饰再连接到各个 mRNA 的 5′端。在日本血吸虫的基因组中含有 55 个散在分布的 SLRNA 基因，这些 RNA 在转录后由 RNA 剪切复合物剪切成长为 36 nt 和 54 nt 的两个 RNA 片段，前一个 SL 片段被连接到 mRNA 上。SL 反式剪接现已在低等真核生物锥虫、吸虫、绦虫、线虫、刺胞动物和脊索动物中被陆续发现，但目前并未在高等真核生物中发现 SLRNA，不过它们同样存在 mRNA 的反式剪接。

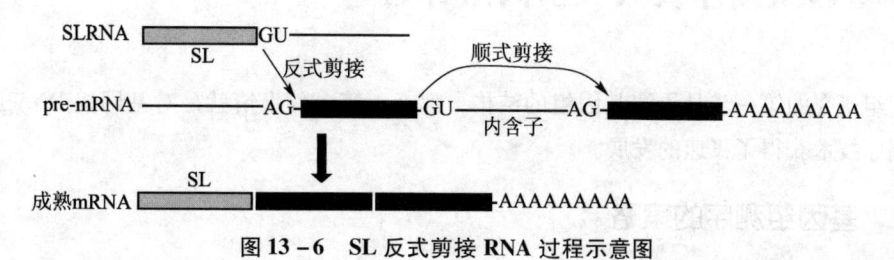

**图 13-6　SL 反式剪接 RNA 过程示意图**

（2）siRNA（small interfering RNA）：A. Fire 等于 1998 年报道的短（23 bp 左右）双链 RNA 即干扰 RNA（iRNA）分子可以抑制功能蛋白质的表达，是通过外源性 RNA 分子的作用实现的。2004 年，人们发现在基因组中的一些区域存在编码类似 iRNA 的分子，这些内源性 iRNA 被称为内源性 siRNA。siRNA 是在细胞内形成的双链 RNA 分子，其来源有以下几种：①由转座子转录而来，是内源性 siRNA 的主要来源。两个序列相同的转座子基因从相反方向转录后的单链 RNA 可形成互补的双链 RNA，它再经 Dicer RNA 酶剪切成 20~23 bp 的双链 RNA；②从自然形成的 mRNA 反义链产生。有些基因在基因组中呈现串联性复制，当两个基因同时转录后，其中一条转录产物是另一条转录产物的反义链，正义链与反义链在 5′端形成部分互补双链，该互补区经过 Dicer 处理后形成 siRNA。③同一个基因从两侧同时转录形成。有些基因在两侧各有一个启动子，在两个启动子同时发挥作用的情况下，产生的正义链和反义链进而形成双链 RNA 分子，进入 siRNA 的形成程序。

（3）miRNA（microRNA）：它和 siRNA 在结构和长度上基本没有区别，都约为 22 nt，两者的不同主要在以下几个方面：①siRNA 来源于 RNA 酶对其他基因转录产物的处理过程，即在生物体的基因组中并没有编码 siRNA 的基因，却含有编码 miRNA 的基因；②siRNA 可以在细胞核和细胞质内发挥作用，调节基因的转录过程，而 miRNA 主要在细胞质内发挥作用，其功能是抑制 mRNA 的翻译过程或影响 mRNA 的稳定性；③siRNA 是双链 RNA，而 miRNA 是一条 RNA 分子折叠后形成的发卡结构；④miRNA 主要在发育过程中起作用，调节内源基因的表达，而 siRNA 不参与生物生长，是 RNAi 的产物，其原始作用是抑制转座子活性和病毒感染。miRNA 基因在基因组中的分布主要包括基因内（intragenic）和基因间（intergenic）两种。基因内分布的 miRNA 基因是指分布在编码蛋白质基因内含子内的 miRNA 基因，这些 miRNA 的表达完全受所在蛋白质编码基因的调控；而处于基因间分布的 miRNA 基因实际上是独立存在的基因，这些基因含有自己的调控序列，基因间的 miRNA 基因多以基因簇的形式存在，很多基因受同一个调控序列控制。miRNA 基因的转录过程类似于编码蛋白质基因的转录过程，在细胞核内转录完成后，同样在 5′端修饰成甲基化的帽状结构及在 3′端修饰成 polyA 末端，整个序列 1 000 bp 左右，带有 1 到数个茎环结构，这时称为 pri-miRNA。与蛋白质编码基因不同的是，miRNA 在修饰完成后形成典型的发卡结构，该发卡结构在细胞核内被 Drosha 酶降解成大约 70 bp 的 pre-miRNA，pre-miRNA 为单一发夹结构，它被运输出核后由 Dicer 酶进一步降解成 23 nt 左右的单链成熟 miRNA（见 10.3.5）。

关于 miRNA、siRNA、piRNA 对基因表达调控的作用已在第 10 章中作了介绍。

基因的正常表达离不开调控元件包括小分子 RNA 的参与，某些调控元件的异常会导致临床表现和相应基因编码区的疾病。对非编码 DNA 的研究表明，非编码区调控元件及其转录的 RNA 数量都是非常丰富的，这将对遗传性疾病如帕金森症和精神失常等的治疗有深远意义。

## 13.3 基因组测序及人类基因组计划

开展基因组研究的第一步是弄清基因组的结构,那么,第一件事情就是对基因组 DNA 进行测序。目前,基因组测序技术获得了飞速的发展。

### 13.3.1 基因组测序的策略

F. Sanger 等(1977)发明的双脱氧链末端终止法和 A. M. Maxam 与 W. Gilbert(1977)发明的化学降解法是目前公认的两种最有效最基本的 DNA 序列分析方法,也是基因组测序的基础,特别是 Sanger 双脱氧末端终止法,以此为基础发展出了全自动测序技术。虽然这两种方法在原理上差异很大,但都是根据核苷酸在某一固定位点开始,随机在某一个特定的碱基处终止,产生 A、T、C、G 四组不同长度的一系列核苷酸,然后通过变性聚丙烯酰胺凝胶电泳(polyacrylamide gel electrophoresis, PAGE; PAGE 能将长度仅相差一个核苷酸的单链 DNA 分子区分开)进行检测,从而获得 DNA 序列。

🖱 13-1
DNA 测序的基本方法

根据现有 DNA 测序技术,每次反应只能测定几百至 1 000 bp 左右长度的 DNA 片段,而一般一条染色体的长度对于这个长度来说如同天文数字,因而必须采取将基因组 DNA 分割成一定大小的片段,然后分别对这些片段进行测序的策略。在基因组水平上,全基因组鸟枪法(shot-gun)和逐步克隆测定法(clone by clone)是目前广泛应用的两种测序策略(图 13-7)。

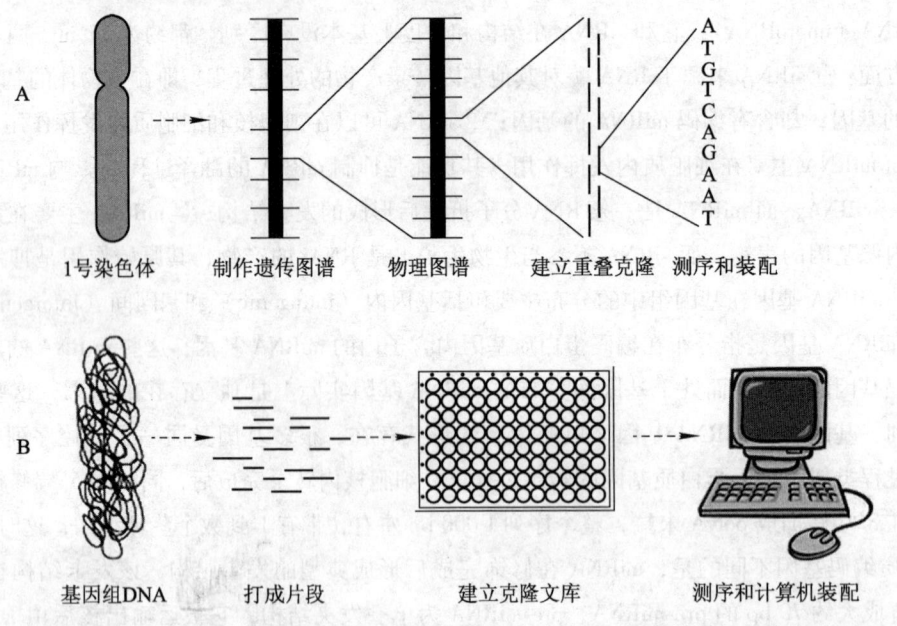

图 13-7 两种基因组测序策略——逐步克隆测定法(A)和全基因组鸟枪法(B)

全基因组鸟枪法测序策略是采用限制性内切酶、超声波处理或 DNA 酶 I 降解等直接将全部基因组 DNA 打成小片断,收集这些随机小片段,并将它们全部连接到合适的测序载体上进行随机测序,最后,利用高性能计算机根据重叠区将小片段整合出大分子 DNA 序列,拼接成完整的基因组。该法省去了制作物理图谱的繁杂过程,因此,它以经济、快速、高效的优势逐渐成为基因组测序的主导策略,特别是对于小的单分子基因组如细菌和小基因组(<10 Mb)可直接用鸟枪法测序。

但对于大基因组,重复序列复杂,用鸟枪法进行测序组装容易出错,因此,先将基因组 DNA 分解成若干个较大的 DNA 片段，构建基因组克隆文库（YAC、BAC、PAC、Cosmid、噬菌体、质粒），文库覆盖整个基因组，从中挑选出一组重叠效率较高的克隆群，再对每一个选定的克隆进行鸟枪法测序，这就是逐步克隆测序法。

### 13.3.2 人类基因组计划简介

人类基因组计划（human genome project，HGP）是测定组成人类染色体（指单倍体）中所包含的 30 亿个核苷酸序列的碱基组成，从而绘制出人类基因组图谱，辨识并呈现其上的所有基因及其序列，进而破译人类遗传信息。HGP 与曼哈顿原子弹计划和阿波罗登月计划一起被称为 20 世纪三大科学工程。

1985 年 5 月，美国能源部提出了测定人类基因组全序列的动议；1988 年，美国成立"国家人类基因组研究中心"，J. D. Watson 和 F. S. Collins 分别出任第一任和第二任主任；美国国会批准"人类基因组计划"于 1990 年 10 月 1 日正式启动，先后有包括中国在内的 6 个国家参与了这一计划；1998 年，J. C. Venter 创建的 Celera Genomics 公司独立开展人类基因组测序，大大促进了 HGP 的完成。2003 年，HGP 宣告完成，其中，2001 年人类基因组工作草图的发表被认为是人类基因组计划的里程碑。

13-2 Sanger、Collins 和 Venter 简介

13-3 人类基因组研究大事记

"人类基因组计划"所采取的策略是"基因组学"的策略。正如诺贝尔奖获得者 R. Dulbecco 在他的后来被称为《人类基因组计划标书》的论文（*Science*，1986）中写的：既然大家都知道基因的重要性，那我们就只有两种选择：一是"零敲碎打"（piecemeal approach），大家都"个体作业"去研究自己"喜欢"的、认为重要的基因；另一种选择则是从整体上来搞清楚人类的整个基因组，集中力量先认识人类的所有基因。现在看来，后一种选择是正确的。

HGP 吸引了全球包括数学、物理、化学、计算机、材料等不同学科的精英，基因组测序的成功除了促进生命科学和医学的发展外，还促进了包括各种组学在内的一大批学科和技术的发展，不断推动了 DNA 测序技术、生物芯片技术等技术的发展。此外，还催生了许多其他的大的生物学计划，比如旨在发现人类基因组中普遍存在的不同位点的国际 HapMap 计划及目标在于找出人类基因组中功能元件的 ENCODE 计划等。

HGP 完成后，人们逐步认识到，HGP 的完成仅为今后全面认识人基因组的功能提供了一个结构基础，对诸如"基因"、"基因调控"这样的基本概念比从前想象的要复杂得多，而对于所有基因的功能的认识即后基因组计划将花费更多的时间。例如，对于所谓的垃圾 DNA 在基因组的进化、每个个体的差异性以及许多其他方面所扮演的角色的认识，目前正是世界上许多实验室着力研究的目标，这也是为什么基因组多样性计划、功能基因组学、比较基因组学、环境基因组学和药物基因组学等纷纷登台的原因。

### 13.3.3 人类基因组计划的影响

如果说 H. Gray 的第一张人体解剖图解开了人体之谜，奠定了现代医学的基础，那么，人类基因组计划所形成的人类第二张解剖图将起到揭示人类基因组之谜的作用，带来了生物学和医学新的飞跃。人类基因组研究的目的，不是为了单纯地积累数据，而是要揭示大量数据中所蕴藏的内在规律，从而更好地认识和保护生命体。

基因组计划研究及其应用不仅是生物学领域内的革命，同时也极大地推动了生命科学不断增强的生产力和影响力。已有的和潜在的对基因组研究的应用使政府能对分子药物应用、废弃物管理、环境保护、生物技术、能源及风险评估等方面的需求作出分析。通过对基因组多样性和表达调控网络的研究，揭示进化、发育和脑功能的奥秘。人类基因组计划对生命科学研究及人类社会发展的导向性意义，正如杨焕明教授所说的，可以用规模化、序列化、信息化、产业化、医学化及人文化来归纳。①规模化：HGP 的完成带动了基因组学的迅速发展，从此，人们可以从整个基因组规模去认识、研究一个物种的所有基因及通过比

较基因组学研究多个物种的基因，使得传统的遗传学研究模式和研究规模发生了根本的变化，人类作为最重要的模式生物，将为其他所有物种的深入研究提供思路；②序列化：HGP 的完成及大批生物基因组序列的测定促使生命科学和医学发展成以序列为基础的学科，宏基因组学的发展将对人类认识和利用微生物世界作出重要贡献；③信息化：HGP 促使了生物信息学的诞生，生物信息学已显著地改变了遗传学、分子生物学、发育生物学、免疫学、微生物学的实践，而且可能带来结构生物学、药物学和医学的重大革命，它在改变整个生命科学的研究方式，比较基因组学在使人们对生物进化的认识和个体化医学的发展中起到了革命性的作用；④医学化：HGP 之所以引人注目，首先来自于人们对健康的关注，HGP 后已鉴定和克隆了许多与疾病有关的基因，许多遗传病的基因诊断技术已经建立，许多基因产品已投入生产，它将对人类自身的健康和医学产生深远的影响；⑤产业化：生物产业与信息产业将成为 21 世纪世界各国国民经济的支柱产业，由 HGP 所发展起来的战略与技术使生物资源由原先的群体种质资源（野生与优质品种的种质）转变为序列化与信息性资源；利用基因，人们可以改良果蔬品种，提高农作物的品质；⑥人文化：人类基因组序列的揭秘使得人类在伦理、心理、社会结构、行为、法律，甚至和平等各方面都受到挑战。隐私权问题、合理使用遗传信息问题、围绕遗传学研究的伦理问题、专业和公共教育问题、就业和保险问题，以及遗传学与基因组学对各种哲学、神学、法学、伦理学及种族概念的相互作用问题等都将变成大众关心和敏感的问题，从而使得人们的观念发生根本的改变。

在未来，随着基因组研究的不断广泛和深入，将有更多的新基因和新的 SNPs（单核苷酸多态性）被发现和鉴定，对占整个基因组序列绝大多数的非编码 DNA 的功能将逐步得到认识，更多疑难杂症的机制和治疗方案将获得发展，新的药物设计方案将不断诞生，生命的起源和进化将从序列中得到阐明，基因组水平上生命网络将得以建立，从基因型到表型的认识将使遗传学达到一个新的高度。总之，当前生命科学研究这样一个相当有活力的时代得益于人类基因组计划的研究。

## 13.4 生物信息学和数据库在基因组研究中的应用

基因组学的快速发展诞生了海量 DNA 序列数据，如何整理、分析和比较这些海量数据以及发现所隐含的各种规律并指导生物学研究和实验，是基因组学研究的重要任务之一，而生物信息学是目前最为有效的手段。

生物信息学（Bioinformatics）是生命科学、计算机科学、信息科学和数学等学科交汇融合而形成的一门交叉学科，其主要研究对象之一是 DNA 序列数据。生物信息学的主要应用有：比较 DNA 序列，包括识别基因、寻找基因调控区域、识别结构序列如染色体中的端粒序列等在内的基因组注释，预测基因编码的氨基酸序列和基因功能，以及基于序列信息推断 DNA 序列与生物体间的进化关系等。

高通量 DNA 测序技术的发展几乎与互联网的扩展是同步的。随着基因组数据的积累，很多 DNA 序列数据库可以在线免费获得，其中三大最主要的 DNA 序列数据库分别是：美国国立生物技术信息中心（National Center for Biotechnology Information，NCBI）的 GenBank 数据库、欧洲生物信息学研究所（European Bioinformatics Institute，EBI）的 European Nucleotide Archive（ENA）数据库和日本国立遗传学研究院的 DNA Data Bank of Japan（DDBJ）数据库。其中以 GenBank 最大，且 NCBI 网站上还提供用于序列对比的 BLAST 工具和查看基因所在染色体中位置的 MapViewer 工具等。此外，还有许多其他的数据库，如 KEGG 数据库（全基因组及代谢途径数据库）、Genevestigator 数据库（基因表达数据库）、ChromDB 数据库（染色质结合蛋白数据库，列出了与表观遗传相关的 DNA 甲基化酶、组蛋白、组蛋白修饰酶等的信息）。这些网络共享数据库的资源包括：基因信息（遗传图、分子标记和 QTL）、基因组信息（DNA 序列、基因模型和控制元件）、基因表达数据（ESTs、cDNA 序列和转录组）、功能分析数据（蛋白组及代谢组数据），以及在线分析工具等。

尽管基因组研究产生了大量的 DNA 序列信息，但在被解析之前，这些序列信息基本上是没有意义的。因此，在基因组测序和汇总后，科学家们面对的任务是通过识别基因调控序列和基因组中能引起兴趣的序列来绘制基因图谱，这个过程叫注释（annotation）。注释依赖生物信息学和能够分析识别基因序列的软件工具而进行。最基本的序列注释方法是将新的基因组 DNA 序列与各个数据库中储存的已知序列进行对比。NCBI 提供的 BLAST 工具（Basic Local Alignment Search Tool）是一种流行的应用软件，它提供了核酸和蛋白序列之间所有可能的比对方式，如通过 BLAST，我们可以将基因组 DNA 中的一个片段与数据库如 GenBank 中的全部序列进行比对，快速地找到两段序列之间的同源序列并对比对区域进行打分以确定同源性的高低。BLAST 搜索引擎将询问序列与数据库中所有序列比较后分析并计算出一个叫标识值（identity value）的匹配得分，该标识值由匹配序列碱基数除以序列碱基总数得到。缺口意味着两段序列有缺失碱基，缺失部分在标识值的计算中会被忽略。BLAST 报告中还会提供一个"期望"值即 E 值（E value），即全部匹配序列中所含的由于偶然情况所出现的匹配预期，代表两条序列不相关的可能性。期望值为一个大于 0 的正数，期望值数值越小，序列相似性就越高，通常 E 值小于 1.0 才被认为相似度高。

这种注释方法的最主要限制在于，只有与之相似的基因序列信息已经存在于数据库中，这种方法才是可行的。值得庆幸的是，通过生物信息学软件可以查到基因组中基因的标志性特征，这些特征也同样可以用于鉴定基因。我们在第 9 章中已经讨论了一个原核生物或真核生物基因所具有的一些特征，例如，TATA box、GC box 和 CAAT box 序列都常出现在真核生物基因的启动子区，启动子和增强子等特定序列标记出了基因起始部位的调控区域，内含子和外显子之间的剪接位点也包含了可确定的序列（大多数内含子以 GT 开头，AG 结尾），在基因末端也有一些定义明确的序列，如序列的聚腺苷酸化就是作为 mRNA 转录产物的 3′端加 poly A 尾的信号标志等。

此外，编码蛋白的基因一般含有一个或几个开放读码框（ORFs），ORFs 通常以 ATG 开头（在 mRNA 中对应为 AUG）并以终止序列 TAA、TAG 或 TGA（在 mRNA 中对应的终止密码子是 UAA、UAG 和 UGA）结尾，每 3 个核苷酸翻译成一个氨基酸。根据三联体密码子编码原则，我们可以对特定 ORF 的编码情况进行研究，这通常是对靠近启动子的三联体起始序列——蛋白编码序列的关键标志进行检查。然而，即使在没有找到启动子序列的情况下，也能用 ORF 来确定一个基因，通过一些生物信息学软件分析，以 ATG 开始到终止序列结束的 ORF 就可以很清楚地指出一个基因的编码区域。

在真核生物基因组中查找 ORFs 要比在原核生物基因组中更为复杂。首先，由于内含子，使得大多数真核生物基因组中的 ORFs 并不是连续的。其次，真核生物的基因大多分散较开，会导致在基因簇间找到错误 ORFs 的概率增大。虽然如此，用于真核生物基因组 ORFs 分析软件还是十分有效的。除了已经提及的那些特征外，这些软件还能将 ORFs 翻译成可能的多肽序列，作为预测基因编码多肽序列的一种手段。

总之，通过数据库和生物信息学分析，科学家能够更好地研究新的基因组序列及其功能，解读序列在生物体中的角色，进而理解生命的本质。当然，生物信息学的分析结果虽然能提供基因组结构与功能有价值的信息，但是在生物体中的实际作用还得依靠功能基因组学的实验研究。

## 13.5 染色体外基因组

前面所介绍的基因组都是指位于核内染色体上的基因组合和遗传信息，这是生物体的主要基因组。另外，还有一些基因存在于染色体之外，这类基因称为染色体外基因（extrachromosomal gene），如原核生物的质粒（包括 F 因子等）、真核生物的线粒体基因和叶绿体基因等。这类基因的传递不符合孟德尔的分离和自由组合定律，是非孟德尔遗传（non-Mendelian inheritance）（详见第 6 章核外遗传分析）。

### 13.5.1 质粒

质粒（plasmid）是细菌中染色体之外的很小的环状 DNA 分子，其上常带有一些如抗生素抗性基因等特殊基因，它可以自主复制。另外，有些质粒除独立外，还能够整合进细菌染色体，也能从整合位置上切离下来成为游离于染色体外的 DNA 分子（如 F 因子）。

大部分质粒是环状双链 DNA 分子，但在链霉菌属（*Streptomyces*）和梭状芽孢杆菌属（*Clostridium*）中也已发现有单链环状质粒，以及在包柔氏螺旋体（*Borrelia hermsii*）细菌中分离出线状双链 DNA 质粒。除 DNA 质粒外，也还存在 RNA 质粒，如类病毒中的单链环状 RNA 质粒。质粒的大小很不相同，最小的长约 1 kb，最大的可达 250 kb。质粒在宿主细胞中的拷贝数也不尽相同，主要取决于质粒和宿主细胞的遗传组成。根据细胞内质粒拷贝数的多少，质粒可分为两种类型：一种是松弛型质粒（relaxed plasmid），它们可独立于宿主染色体的复制而自行增殖，一个宿主细胞中有 10 份以上的拷贝；另一种是严紧型质粒（stringent plasmid），它们随宿主染色体同步复制，所以每个宿主细胞中只有一份或很少的几份拷贝。质粒尤其是松弛型质粒经过结构改造，现已成为基因工程中的常用载体。

根据质粒所携带的基因以及赋予宿主细胞的特点，质粒可以分成五种不同的类型：①抗性质粒（resistance plasmid，R 质粒），带有抗性基因，可使宿主菌对某些抗生素或药物产生抗性，R 质粒可通过感染的形式在不同种的细菌中传播；②致育因子（fertility plasmid，F 因子），可通过接合在供体菌和受体菌间传递遗传物质；③Col 质粒，带有编码大肠杆菌素（colicin）的基因，大肠杆菌素可杀死其他细菌；④降解质粒（degradative plasmid），编码一种特殊的蛋白，它可使宿主菌代谢特殊的分子如甲苯等；⑤侵入性质粒（virulence plasmid），可使宿主菌致病，如现经改造作为植物转化载体的 Ti 质粒原来可使植物致瘤。但一种质粒提供的表型并不反映质粒分子本身的任何内在特性，同一质粒可能提供多种不同的表型。

### 13.5.2 线粒体基因组

真核生物有两类细胞器能携带遗传物质，即线粒体和叶绿体。植物细胞既有线粒体又有叶绿体，而大多数动物细胞只有线粒体。

线粒体有自己的基因组，编码细胞器的一些蛋白质。线粒体 DNA 是 1960 年被发现的，一般都是环状 DNA 分子。通常在一个细胞中有许多线粒体，每个线粒体中有其基因组的许多拷贝，所以每个细胞中有许多线粒体基因组。在整个细胞周期中，都可以进行线粒体 DNA（mitochondrial DNA，mtDNA）分子的复制和线粒体的分裂，并且是独立于核基因组复制（限于 S 期）和细胞分裂的。有趣的是，究竟哪个 mtDNA 分子复制似乎是随机的，结果，在一个细胞周期中，某些 mtDNA 分子复制了很多次，而另一些则根本没有复制。

细胞器基因组和核基因组在结构组织、稳定性、基因表达和调节机制等方面表现出根本的差异，利用鉴定核 DNA 和线粒体 DNA 在结构和功能上区别的多种技术，大大促进了对细胞器基因组分子水平的描绘，这些技术包括利用不同抗生素选择性抑制核基因或线粒体基因的表达，分离细胞器中的转录物和蛋白，细胞器 DNA 和 RNA 的体外表达，连锁作图，限制性内切酶图谱，杂交分析和测序等。上千种动物的线粒体基因组全序列已被分析（http：//www.bch.umontreal.ca）。

mtDNA 是研究种群遗传学和分子系统学最常用的分子标记。线粒体基因组极其多样化，其大小和结构组成在不同分类群中表现出极大的不同。在动物线粒体基因组中，孑遗疟虫（*Plasmodium reichenowi*）的最小，仅为 5 966 bp；领鞭毛虫（*Monosiga brevicollis*）的最大，达 76 568 bp；人、鼠、牛都是 16.5 kb。动物的 mtDNA 一般不含内含子，几乎每一对核苷酸都参与基因组成，且有许多基因序列是重叠的。动物线粒体基因组大小变异的原因主要有：控制区串联重复元件的变异、基因重复、基因重叠与基因间隔区大小的差异，以及基因的缺失和增加等。酵母线粒体基因组很大，酿酒酵母（S. cerevisiae）为 84 kb，每个细胞有 22 个线粒体，每个线粒体有 4 个拷贝的基因组。植物线粒体 DNA 一般比较大且其大小表现出令人难以置信的多样性，最小的 100 kb 左右，而台东苏铁（Cycas taitungensis）的长达 414 903 bp，大部分由非编码的 DNA 序列组成，且有许多短的同源序列，通过同源序列之间的 DNA 重组可产生较小的亚基因组环状 DNA（图 13-8），与完整的主基因组共存于细胞内，因此植物线粒体基因组相当复杂，故迄今在互联网上公开的植物线粒体基因组序列很少。酵母和植物的线粒体基因中含有内含子。与核 DNA 相比，线粒体 DNA 的总量只相当于核 DNA 的 1% 不到。有意思的是，mtDNA 分子的大小与其所编码基因的多少并没有关系，如高等植物的线粒体基因组较大，但它所编码的基因并不比别的生物的多。

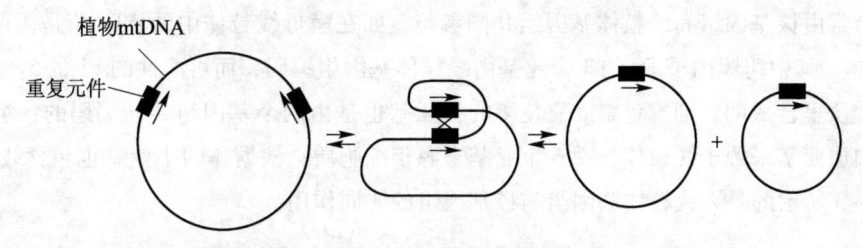

**图 13-8　植物 mtDNA 的分子内重组**

大多数人体细胞中至少有 1 000 个 mtDNA 分子，分布于几百个线粒体中。每个 mtDNA 的总长度为 16 569 bp，编码 37 个基因，包括编码 2 个 rRNA 基因，22 个 tRNA 基因，13 个氧化磷酸化过程中的蛋白编码基因（图 13-9），基因排列紧凑（无间隔序列和内含子）。人线粒体 DNA 的两条链以相同的速率从各自单一的启动子区开始转录，产生两个不同的巨大 RNA 分子，各含有一条 DNA 单链（L 链和 H 链）的全部拷贝，H 链产生 2 个 rRNA、14 个 tRNA 和 12 个含有 polyA 的 RNA，L 链则仅产生 8 个 tRNA 和 1 个含有 polyA 的 RNA，L 链的其余 90% 只是另一链所合成的编码序列的互补成分而不含有用的信息，最后被降解。

在人线粒体基因组中仅 22 种 tRNA 分子用于线粒体的蛋白质合成，常见的密码子-反密码子配对规则在人类线粒体中显得比较宽松，线粒体基因组的许多 tRNA 可以识别密码子中第三位置上 4 个核苷酸中的任何一个并与之配对。从对线粒体基因序列与相对应的蛋白质的氨基酸序列的比较表明，和酵母线粒体基因组的情况类同，也有 4 个密码子的含义在人类线粒体基因组中与核基因组中是不相同的（表 13-2）。这种差异提示线粒体的遗传密码中可能出现遗传的随机漂变，推测由线粒体基因组编码的极少数蛋白质能容忍个别含义不同的密码而产生偶然的变化，而这种变化在核基因组中将改变许多蛋白质的功能从而导致细胞受损。

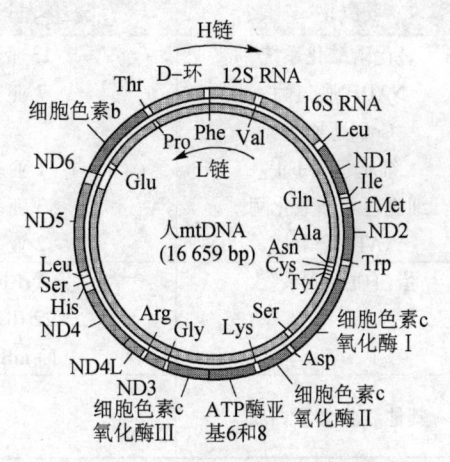

**图 13-9　人线粒体 DNA 基因组**

内圈基因由 L 链转录，外圈基因由 H 链转录，箭头示转录方向；氨基酸代表 tRNA 基因；ND1-6 均为 NADH 脱氢酶亚基；D-环与 DNA 复制起始有关

细胞器膜不允许核酸分子通过，因此核基因和线粒体基因二者表达所需的 RNA 均由自身提供，线粒体 DNA 可编码 tRNA 和 rRNA。虽然 mtDNA 可编码自身所需的一些蛋白质，但它并不编码全部所需的蛋白质，核基因组编码约 1 500 种线粒体蛋白质的大部分，在细胞质中合成后输入到线粒体，如线粒体所用的 RNA 聚合酶、氨酰 tRNA 合酶和核糖体蛋白质均由核基因编码。尽管这些蛋白质是由核基因编码，但蛋白

表 13-2　线粒体与细胞质翻译系统中密码子差异的比较

| mRNA 密码子 | 编码的氨基酸 ||||
|---|---|---|---|---|
| | 细胞质 | 线粒体 |||
| | | 人类 | 酵母 | 果蝇 |
| CUU, CUC, CUA, CUG | 亮氨酸 | 亮氨酸 | 苏氨酸 | 亮氨酸 |
| AUA | 异亮氨酸 | 甲硫氨酸 | 甲硫氨酸 | 甲硫氨酸 |
| UGA | 终止密码子 | 色氨酸 | 色氨酸 | 色氨酸 |
| AGA, AGG | 精氨酸 | 终止密码子 | 精氨酸 | 丝氨酸 |

质合成系统的蛋白质组分却是细胞器专用的，它们不同于细胞质中合成系统的蛋白质成分。线粒体其他蛋白质的合成也常常由核基因组和线粒体基因组共同参与，如在酵母线粒体中的 ATP 酶是由两个单位 F0 和 F1 组成的复合体，其中跨膜因子 F0 的 3 个亚基由线粒体基因组编码，而可溶性的 F1 的 5 个亚基是由核基因组编码在细胞质里合成的；细胞色素 c 氧化酶的各亚基也是由两个基因组共同编码的；细胞色素 bc1 复合物的 1 个蛋白质亚基来源于线粒体，而 6 个亚基来源于细胞质；核糖体的小亚基也包含线粒体编码的蛋白质等。表 13-3 所示的是人线粒体基因组与核基因组的协同作用。

表 13-3　人线粒体基因组与核基因组的协同作用

| 产物 | 线粒体基因组编码 | 核基因组编码 |
|---|---|---|
| 氧化磷酸化系统 | 13 亚基 | >80 亚基 |
| NADH 脱氢酶 | 7 亚基 | >41 亚基 |
| CoQ 还原酶 | | 4 亚基 |
| 细胞色素 bc1 | 1 亚基 | 10 亚基 |
| 细胞色素 c 氧化酶 | 3 亚基 | 10 亚基 |
| ATP 合酶 | 2 亚基 | 14 亚基 |
| 蛋白质合成系统 | 2 rRNA<br>22 tRNA<br>13 mRNA | 所有线粒体<br>核糖体蛋白（约 70） |
| 其他线粒体蛋白质 | | 所有线粒体蛋白，如 DNA 聚合酶、RNA 聚合酶、其他酶、结构蛋白和转运蛋白等 |

线粒体基因组的突变率约为核 DNA 的 10 倍。线粒体基因的突变或缺失也会造成人类的疾病，其中以神经肌肉疾病为主，包括脑病、肌病、共济失调、视网膜变性和眼外肌功能丧失等。例如，在 ATP6 基因与线粒体的非编码区 D-环之间的缺失引起人原发性心肌病。目前，已确定了与疾病相关的 100 多种 mtDNA 重排以及 100 多种点突变。有人指出，衰老可能同 mtDNA 损伤的积累有关。

### 13.5.3　叶绿体基因组

叶绿体（chloroplast）是一种只存在于绿色植物中的细胞器，主要负责光合作用。叶绿体基因组的研究对揭示植物光合作用机制和代谢调控及在利用叶绿体功能等方面具有重要意义。从 1986 年首次获得烟草（Nicotiana tabacum）和地钱（Marchantia polymorpha）叶绿体基因组的完整序列以来，叶绿体基因组数据库迅速增加，目前已经公布的叶绿体基因组数据超过 150 组，许多作物如水稻（Oriza sativa）、小麦（Triticum aestivum）、玉米（Zea mays）、大豆（Glycine max）等的叶绿体基因组序列已测定。叶绿体基因组与线粒体基因组有很多相似的方面。叶绿体 DNA（chloroplast DNA，cpDNA）一般为裸露的环状双链 DNA

分子，极少数如伞藻（Acetabularia）为线状。cpDNA 的大小差别也比较大，一般在 120～160 kb，相当于噬菌体基因组的大小；但在藻类中，叶绿体基因组的大小可分布在 85～292 kb，小的只有 37 kb，而在某些绿藻如 Acetabularia 属中，cpDNA 约达 2 000 kb。一个细胞中 cpDNA 分子的数目一方面取决于叶绿体的数目，另一方面取决于一个叶绿体中的 cpDNA 分子数。如在一个衣藻（Chlamydomonas einhardtii，一种单细胞藻）细胞中仅有一个叶绿体，大约含有 100 个拷贝的 cpDNA；而在另一些单细胞藻中，虽然每个叶绿体中只含有 40 个拷贝的 cpDNA，但每个细胞中有 15 个叶绿体。通常，一个叶绿体中有一个到几十个叶绿体基因组。

由地钱、烟草、水稻等高等植物叶绿体全序列分析表明，cpDNA 基因组具有下列特点（图 13-10）：基因组均含有两个 10～24 kb 长的序列相同但方向相反的反向重复 DNA 序列（inverted repeat region A and B，IR$_A$ 和 IR$_B$）、一个短的单拷贝序列（short single copy sequence，SSC）以及一个长的单拷贝序列（long single copy sequence，LSC）；cpDNA 启动子和原核生物的相似，有的基因产生单顺反子 mRNA，有的产生多顺反子 mRNA；虽然 cpDNA 大小各异，但基因组成是相似的，且所有基因的数目几乎是相同的，其大部分产物是类囊体的成分或和氧化还原反应有关；和原核生物 tRNA 不同，叶绿体 tRNA 基因中含有内含子，最长可达 2 526 bp。cpDNA 中的 GC 含量与核 DNA 及 mtDNA 有很大不同，因此可用 CsCl 密度梯度离心来分离。另外，cpDNA 中不含 5-甲基胞嘧啶，这也是鉴定 cpDNA 及其纯度的特定指标。

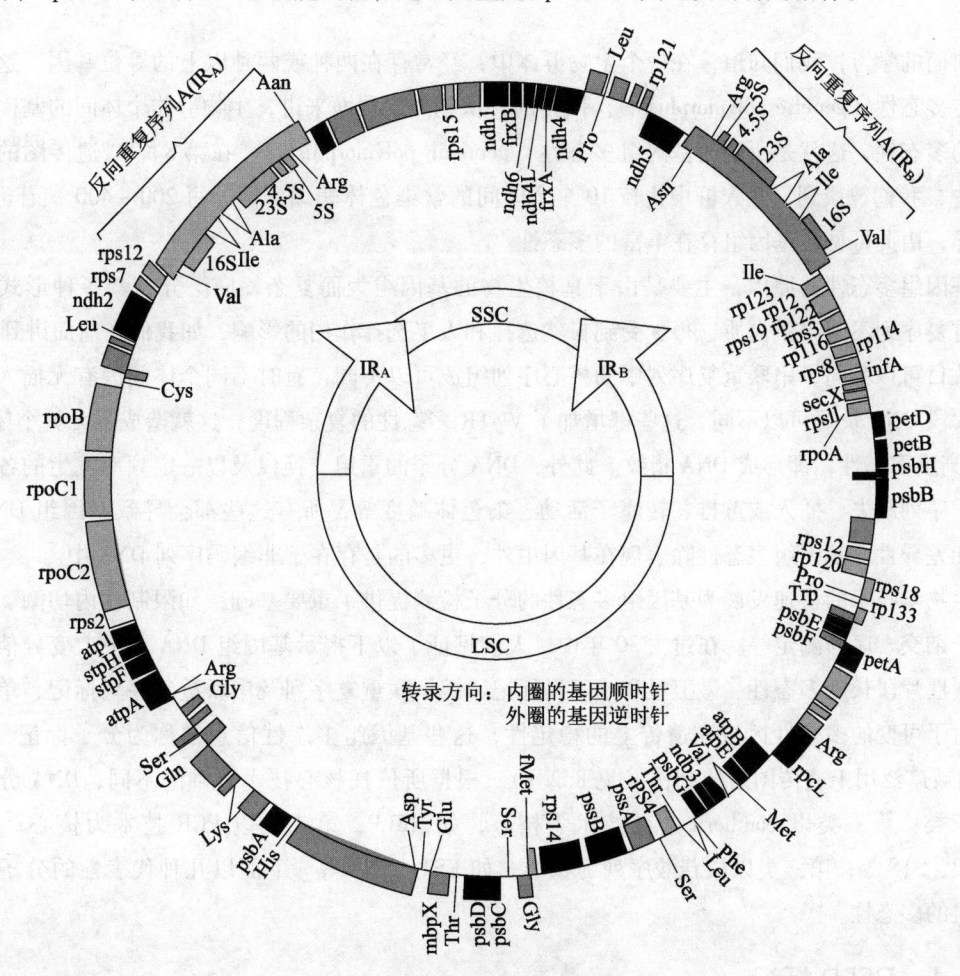

**图 13-10 叶绿体基因组结构**

内圈为基因组结构示意图；外圈为地钱的叶绿体基因组图谱，大小为 121 024 bp

rpo：RNA 聚合酶；rbs：核酮糖二磷酸羧化酶；rps：小亚基核糖体蛋白；psa：光合系统 I；rpl 和 secx：大亚基核糖体蛋白；psb：光合系统 II；4.5S，5S，16S，23S：不同大小的 rRNA；pet：细胞色素 b/f 复合物；ndh：NADH 还原酶；atp：ATP 合成酶；mpb：叶绿体透性酶；infA：启动因子 A；frx：铁硫蛋白；各种氨基酸缩写指相应的 tRNA 基因叶绿体基因组中的基因数目多于线粒体基因组中的，它们编码蛋白质合成所需的各种 tRNA 和 rRNA 以及大约 50 多种蛋白质，其中包括 RNA 聚合酶、核糖体蛋白、1，5－二磷酸核酮糖羟化酶（RuBP 酶）的大亚基等。但叶绿体中所用的绝大部分多肽由核基因组编码产生，然后再转运至叶绿体中。核/细胞质整合的程度非常高，在某些时候很多叶绿体编码的蛋白质和核编码的蛋白质相互缔合发生作用，即在某些复合物中，一部分亚基由细胞器基因组编码而另一部分亚基由核基因组编码，例如在一些植物中，核酮糖－1，5－二磷酸羧化酶－加氧酶（RuBisCO）二聚体的大亚基是由叶绿体基因编码而小亚基则由核基因编码。在叶绿体中也有只由一个基因组编码的蛋白质。在已鉴定了的叶绿体基因中，45 个基因的产物为 RNA，27 个基因的产物是与基因表达有关的蛋白质，18 个基因编码类囊体膜的蛋白质，还有 10 个基因的产物与电子传递功能有关。叶绿体使用的密码子是未修饰的普适的遗传密码。

从上述分析可知，叶绿体本身是一个半自主的细胞器，因此对叶绿体基因组的深入研究有助于理解细胞核基因组与叶绿体基因组之间的相互调节作用。利用不同物种光系统之间的差别，通过转化提高作物的光能吸收和转化效率，进一步提高作物产量，这些领域都为叶绿体基因组的研究创造了更大的拓展空间。

## 13.6 基因组多态性

通过前面的学习，我们知道，在一个生物群体中，经常存在两种或两种以上的等位基因，这叫基因多态性或遗传多态性（genetic polymorphism）。同样的，从基因组层面来讲，生物群体个体间的基因组序列也存在这样的多态性，这就是所谓的基因组多态性（genomic polymorphism）。在第 8 章"遗传图的制作和基因定位"中，我们曾谈到，在人群中比较 10 个个体间的常染色体非编码区，每 200～400 核苷酸中就有 1 个存在差异，由此可见，基因组存在丰富的多态性。

产生基因组多态性的原因，主要是由于真核生物的基因组大而复杂，广泛分布着各种形式的重复序列，这些重复序列不编码蛋白质，很少受到自然选择和人工选择作用的影响，如我们在前面讲到的 VNTR，串联重复数目可以不同，串联重复序列中的核心序列组成可以不同，有时不同个体间因有无插入小片段及插入的小片段 DNA 长短可以不同，这些都增加了 VNTR 多态性的复杂程度，这就造成了无关个体之间 VN-TR 变异的高度多态性，即形成 DNA 指纹。此外，DNA 分子的重组交换以及以一定频率发生的各种变异如碱基突变、序列缺失、插入或重排、转座子活动、染色体畸变等，所有这些都会导致基因组 DNA 组成上的特异性和差异性。基因组多态性除表现在基因中外，更多的是存在于非编码序列 DNA 中。

分子生物学技术的快速发展为基因组多态性的分子检测提供了重要基础，如限制性内切酶、聚合酶链反应、分子杂交、序列测定等。在过去 30 年中，人们见证了以下揭示基因组 DNA 水平上变异信息的发展过程：限制性片段长度多态性、微卫星和小卫星标记、短串联重复序列及串联重复序列标记、单核苷酸多态性等。由于可变的多态性区域在遗传上的稳定性，这些基因组多态性信息被称为分子标记（molecular marker）而被广泛用于遗传图谱的制作（见 8.2.1）。根据所依托核心技术基础的不同，DNA 分子标记大致可分为三类：第一类以 Southern 杂交技术为核心，如 RFLP；第二类以 PCR 技术为核心，如 RAPD、SSR、AFLP、STS 等；第三类以核苷酸序列为核心，如 EST、SNP 等。下面以几种代表性的分子标记为例说明基因组的多态性。

### 13.6.1 RFLP 标记

限制性片段长度多态性（restriction fragment length polymorphism，RFLP）是第一代 DNA 标记，由 D. Botstein 等人于 1980 年提出。RFLP 是指用限制性内切酶切割不同个体的 DNA 时，会产生长度不同的

DNA 片段，因为酶切位点的变化（点突变或部分 DNA 片段的缺失、插入、倒位而引起酶切位点缺失或获得）使得酶切后的 DNA 片段长度发生了改变。酶切位点的改变产生不同长度的 DNA 片段，可以用来鉴定和区分不同的个体。例如，某个位点 a 是一个同源染色体上的多样性区域，包含这一位点 a 在内的 DNA 片段有 3 个 MboI 酶切位点 GATC（图 13-11）。在人群中一些个体的同源染色体上有 3 个 MboI 酶切位点，而另一些个体中，由于变异只有两个酶切位点。假若 3 个切点间的物理距离分别为 200 和 350 bp，MboI 酶切这些区域时，对有 3 个酶切位点的个体来说可产生 200 和 350 bp 两个片段，而对于消失了中间酶切位点的个体来说，则只有 550 bp 一个片段。这种变化引起的多态性标记就是 RFLP。

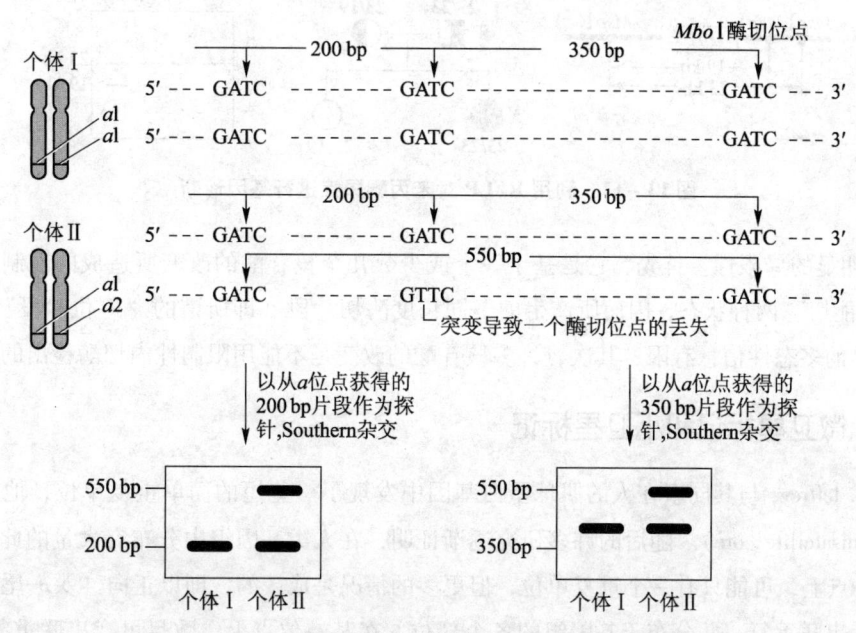

**图 13-11 两个个体中某位点酶切变化所导致的 RFLP 差异**

对 RFLP 的检测可用 Southern 杂交（见图 9-5）。如果已知多态性位点周围的 DNA 序列，则可用 PCR 快速地进行 RFLP 分析（图 13-12）。首先用在多态性位点两侧的引物对不同个体的基因组 DNA 进行 PCR 扩增，然后用相应限制性内切酶（这里是 MboI）消化，凝胶电泳后即可判断其多态性。

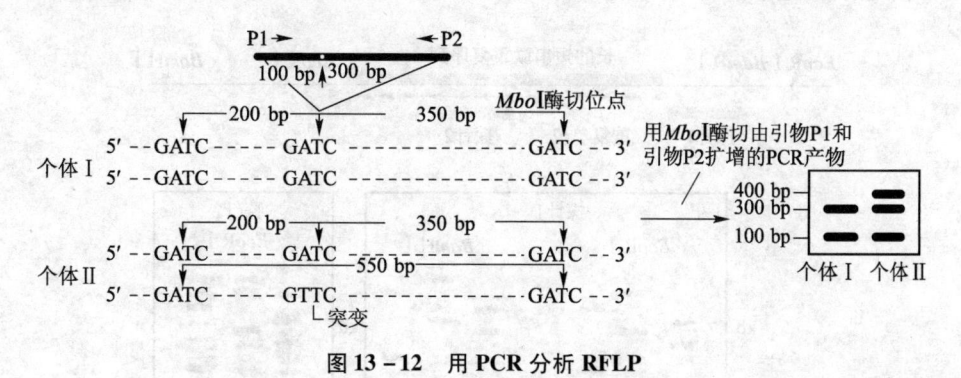

**图 13-12 用 PCR 分析 RFLP**

利用 RFLP 可以对致病基因的遗传方式进行分析。苯丙酮尿症是由于苯丙氨酸羟化酶（phenylalanine hydroxylase，PH）基因异常引起的，为常染色体隐性遗传。应用 MspI，以分离到的 ph cDNA 为探针，对人群进行 RFLP 分析，知道有些人只有一条杂交带，长度为 23 kb，另一些人也只有一条杂交带，但长度为 19 kb（图 13-13）。一个个体的两条染色体上各含有两个 MspI 位点的人对 23 kb 这条带是纯合体，两条染色体各含有 3 个 MspI 位点的人对 19 kb 这条带是纯合体；而一个体的一条染色体上有两个 MspI 酶切位点，另一染色体上有 3 个 *Msp* I 酶切位点，则这一个体是 23 kb 与 19 kb 杂合体。在一家系中，父亲是 23 kb 纯合体，母亲是 23/19 kb 杂合体，他们的一个患儿是 23 kb 纯合体，表明致病基因与 23 kb DNA 相连锁，而正常 *ph* 基因与 19 kb 相连锁。现在又怀孕了，其胎儿为 23/19 kb 杂合体，其 19 kb RF（限制性片段）来自母亲，此 RF 与正常基因相连，而另一 23 kb RF 来自父亲，此 RF 可能与突变基因相连，也可能与正常基因相连。胎儿已有一正常基因相连的 19 kb RF，所以隐性纯合体的可能性可以排除，所以该胎儿的 *ph* 位点的基因型应是 +/+ 或 +/-，表型将是正常的（图 13-13）。

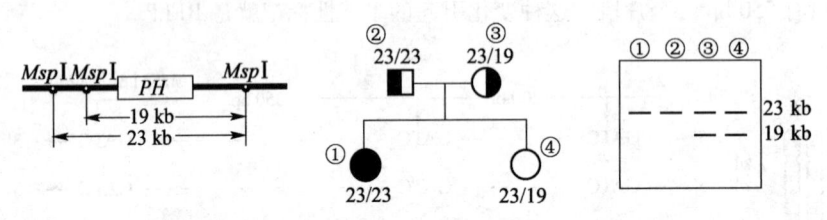

图 13-13 利用 RFLP 对苯丙酮尿症进行基因诊断

RFLP 存在明显的局限性。首先，它是基于一个或少数几个核苷酸的改变所造成的限制性酶切位点的"能切"与"不能切"两种状态，因而所产生的不同长度酶切片段（即所谓的"等位片段"）一般也只有 2~3 个，能提供的多态性信息有限；其次，许多核苷酸的改变是不能用限制性内切酶检出的。

### 13.6.2 微卫星标记和小卫星标记

1985 年，A. Jeffreys 与其同事在人的肌球蛋白基因中发现了一些短的简单重复单位，他们称之为"小卫星中心"（minisatellite core）。随后的许多研究逐渐证明，在人类基因组中分布有大量的此类长度的多态性标记，在某一点上，可能只有一个重复单位，但更多的情况是成簇的，即以正向（头—尾）或反向（头—头或尾—尾）串联重复，并分布于基因组的各个部位。在某一位点上，数目可变串联重复（VNTR，重复单位为 6~12 个核苷酸）可提供不同长度的片段。图 13-14 显示的是一例 VNTR 多态性，对于所检测的 3 个个体在这个基因座都呈现杂合性（AB，CD，EF）。探针 1 是位于此特殊 VNTR 多态性旁的在基因组中独有的 DNA 片段，是目前较常用的一类探针，利用它进行 DNA 印迹只能检测此一位点。除探针 1 能检出独有的 VNTR 外，探针 2 是根据 VNTR 多态性本身的串联重复序列设计的，因为同样的串联重复序列散布

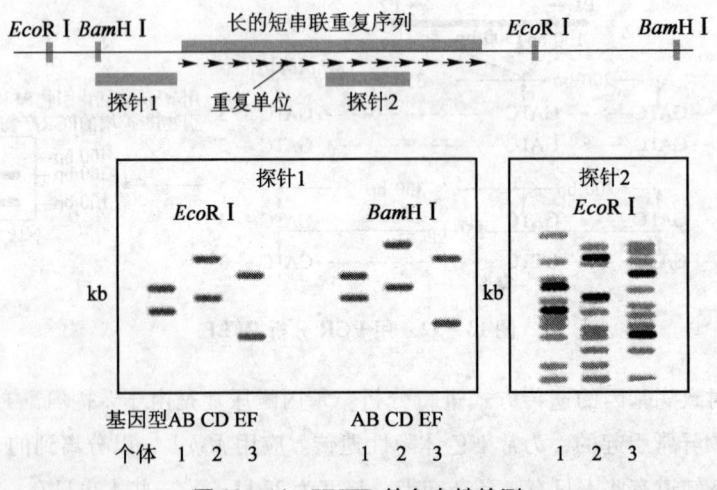

图 13-14 VNTR 的多态性检测

利用 *Eco*R I 和 *Bam*H I 两个限制性酶和探针 1 证明所有三个个体都是杂合子；
探针 2 对应于串联重复区域，检出许多相关的 VNTR，因此产生更为复杂和高度多态的图谱

于基因组中，因此探针2在DNA印迹中将从这些众多多态性中检测到许多谱带，利用探针2这样的探针检测到的复杂谱带同时显示出许多多态基因座，因此在两个个体中很少一样，这就是我们前面所说的"DNA指纹"。

1989年，另一类被称作微卫星标记（microsatellite marker）的系统被发现和建立，它们的重复单位长度为2~6个核苷酸，又被称作"短串联重复"（short tandem repeats，STR）或"简单重复序列"（simple sequence repeats，SSR）。STR有三个突出的优点：一是高度多态性，由于（CA）$_n$等简短重复不受进化的选择，因而在同一位点中数目变化很大，在人群中因重复次数不同而产生等位片段，可形成多达几十种的等位片段（多态性）；二是作为遗传标记的高频率性，这样的位点在基因组中出现的频率很高，且广泛分布于染色体的几乎所有区域，在哺乳动物中，几乎每个基因都存在一个微卫星标记；三是由于重复序列两侧的特异性单拷贝序列可作为其在基因组中定"点"的标记，可采用PCR技术使操作实现自动化。由于微卫星标记在基因组中分布较广、数目多，且符合孟德尔遗传规律，因而可以为连锁分析提供足够多的遗传信息，加之可利用相对容易的PCR及电泳等手段进行检测，使得这一系统成为在基因定位研究中应用最多的标记系统。事实上，在人类和哺乳动物的DNA分子连锁图谱中，微卫星成为取代RFLP的第二代分子标记而被广泛使用。

微卫星分子标记是在PCR基础上发展起来的，通过PCR获得不同的STR条带后，可以用基因型概念对其遗传规律进行分析。图13-15显示的是利用凝胶电泳检测的一个微卫星标记。父亲的基因型为$a_2a_2$纯合子，母亲的基因型为$a_1a_3$杂合子，而儿子是另一种类型的杂合子，基因型为$a_1a_2$。

```
父亲                                                                              基因型
…GTCGTACGTGACACACACACACACACACACAGTACGATACGT…      [(CA)10]42 bp
…GTCGTACGTGACACACACACACACACACACAGTACGATACGT…      [(CA)10]42 bp    $a_2a_2$
母亲
…GTCGTACGTGACACACACACACACACACACACAGTACGATACGT… [(CA)12]46 bp
…GTCGTACGTGACACACACACACACACAGTACGATACGT…          [(CA)9]40 bp     $a_1a_3$
孩子
…GTCGTRCGTGACACACACACACACACACACAGTACGATACGT…     [(CA)10]42 bp
…GTAGTCGTRCGTGACACACACACACACACACAGTACGATACGT…    [(CA)9]40 bp      $a_1a_2$
```

**PCR产物的凝胶电泳结果**

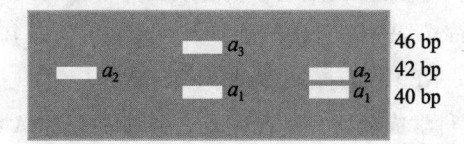

| | $a_3$ | | 46 bp |
| $a_2$ | | $a_2$ | 42 bp |
| | $a_1$ | $a_1$ | 40 bp |

**图13-15 某个CA二核苷酸重复的微卫星在一个家系中的PCR检测结果**

### 13.6.3 SNP标记

1996年，美国E. S. Lander提出了被称为"第三代DNA遗传标记"的单核苷酸多态性标记（single nucleotide polymorphism，SNP），其主要不同点在于不再以"长度"的差异作为检测手段，而直接以序列的变异作为标记。我们知道，在一个群体中，基因组内某一基因座上可以有两个或两个以上的等位基因，这是等位基因的多态性。同样，在基因组内某一特定核苷酸位置上，也可以有不同的核苷酸。基因组中单核苷酸的置换使得群体中基因组的某些位点上存在差别，如同等位基因那样可以有两种或两种以上的不同核苷酸。SNP就是指基因组内特定核苷酸位置上存在两种或两种以上不同的核苷酸。人类的所有群体中大约存在一千万个SNP位点，其中稀有SNP位点的频率至少为1%，低于1%则视为点突变。相邻SNPs的等位位

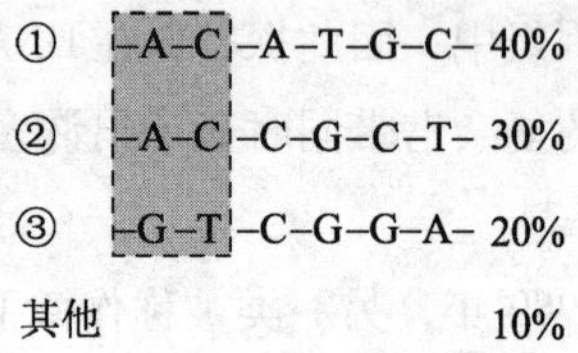

点倾向于以一个整体遗传给后代，也就是说，对于所有那些在某一位点是 A 而不是 G 的人来说，该位点周围染色体区域上的 SNPs 状况很可能是一致的。这些变异连锁的区域组成单体型，即指位于染色体上某一区域的一组相关联的 SNP 等位位点，用以取代术语等位基因。假设在一段含有 6 个 SNP 位点的区域中，有 3 种常见的单体型，它们在人群中的频率分别为：单体型①为 40%，单体型②为 30%，单体型③为 20%，其他单体型类型加起来共占 10%（图 13-16）。第一个 SNP 位点为 A 或 G ［标签 SNP（tag SNP）为 A/G］，第二个 SNP 位点为 C 或 T（标签 SNP 为 C/T），对于单体型的这两个 SNP 位点来说，理论上有 4 种可能：A-C，A-T，G-C 和 G-T，但实际上只有 A-C 和 G-T 是常见的（图 13-16 虚线框），也就是说，这些 SNP 相互之间是高度相关的。

① -A-C- -A-T-G-C- 40%
② -A-C- -C-G-C-T- 30%
③ -G-T- -C-G-G-A- 20%
其他　　　　　　　 10%

图 13-16　SNP 和单体型解释图

基因组 DNA 双链的某个核苷酸位点上，当一条链上的核苷酸发生置换时，其互补链的对应位点上同样也发生核苷酸置换，此时只计为出现一个单核苷酸多态。基因组中单核苷酸的缺失、插入与重复则不属于 SNP。人类基因组中可有以下四种方式的置换：C↔T（G↔A），C↔A（G↔T），C↔G（G↔C）和 A↔T（T↔A），因此理论上 SNPs 可有两种、三种以及四种的多态形式。但实际上在人类基因组中，由于三等位型和四等位型很少而几乎无法检出，所以 SNP 一般为二等位型多态标记（biallelic marker），如一个 SNP 可能把 DNA 序列 AAGGCT 改变为 TAGGCT。SNP 几乎遍布于整个人类基因组，平均 1 000 bp 就有 1 个 SNP，总数可达 300 万个，这意味着每一个碱基都有 0.1% 的杂合可能性，人类基因组中大约 90% 的遗传变异都是以 SNP 的形式存在的。大多数染色体区域只有少数几个常见的单体型（每个具有至少 5% 的频率），它们代表了一个群体中人与人之间的大部分多态性。一个染色体区域可以有很多 SNP 位点，但只用少数几个标签 SNPs 就能够提供该区域内大多数的遗传多态模式。约 10% 的 SNP 被选为高密度人类基因组图谱即单体型图谱的遗传标记。

虽然 SNP 既能在编码基因也能在非编码基因中发生（在编码基因中出现的叫 cSNP），但基因组内不同位点的杂合性存在差异，如基因的编码序列由于选择压力，杂合的可能性要小一些，而在 HLA 的某些非编码区内，杂合性可达 5%~10%。cSNP 在遗传性疾病研究中具有重要意义，因为它有可能直接影响蛋白质的结构或表达水平，因而可能代表某些疾病遗传机理中的某些作用因素。cSNP 又可分为两种：一种是同义 cSNP（synonymous cSNP），即 SNP 所致的编码序列的改变并不影响其所翻译的蛋白质的氨基酸序列；另一种是非同义 cSNP（non-synonymous cSNP），指碱基序列的改变可使以其为蓝本翻译的蛋白质序列发生改变，从而影响了蛋白质的功能。cSNP 中约有一半为非同义 cSNP。

人类基因组计划所带动的最大科学成就之一是在完成人类基因组 DNA 测序之后，于 2005 年完成了人类基因组单体型图（haplotype map，HapMap）计划。HapMap 的目标是测算贯穿在基因组中的几百万个 SNP 之间的连锁程度（LD），以便更精细地绘制出人类基因组图谱。在关联研究中，研究人员将患者的单体型与健康人的单体型相比较，如果某一种单体型在患者中经常出现，影响该疾病的基因可能就存在于这个单体型内部或附近。此外，利用 HapMap 可以更多地了解诸如癌症、自体免疫疾病、中风、心脏病、糖尿病、忧郁症和哮喘等由多个遗传变异位点与环境因子共同作用产生的常见疾病和人类基因之间的关系。

由于 SNP 标记的基础是各种形式的单碱基突变，理论上任何用于单碱基突变或多态性检测的技术都可用于 SNP 标记的检测，如 RFLP、等位基因特异的寡核苷酸杂交、寡核苷酸连接分析（OLA）、单链构象多态性（SSCP）、序列分析、微阵列 DNA 芯片等。目前，可供利用的公开 SNP 的网上资源有很多，主要包括：①由美国国立卫生研究院（NIH）提供的主要与癌症和肿瘤相关的候选 SNP 数据库（http://cgap.nci.nih.gov/GAI）；②由 NIH 开辟的适于生物医学研究的 dbSNP 多态性数据库（http://www.ncbi.nlm.nih.gov/SNP）；③德国 HGBAS 网站提供的人类 SNP 数据库（http://hgbas.cgr.ki.sei）等；

④日本 JSTSNP 数据库（http：//snp. ims. utolkyo. ac. jp）等。这些数据库极大地促进了遗传图谱的构建和性状基因的鉴定，如在利用群体遗传学中的连锁不平衡原理进行高密度图谱构建和关联分析时，SNP 标记发挥着重要的作用，通过 SNP 标记的连锁不平衡作图法现已鉴定了许多生物性状（如人类疾病）的基因。

## 13.7　表观基因组学

　　一个群体中的生物共享一个基因库，一个个体不同组织器官的细胞共享同一套基因组，不可否认，基因对生命具有非常重要的作用，基因的异常通常会导致变异的发生甚至生命的异常。同时我们也已知道，生物个体间由于基因组的多态性而表现出明显的生物多样性。那么，同一个体不同组织器官为什么会表现出拥有截然不同的细胞形态和生理功能呢？生命活动作为开放的复杂系统，从来就不是完全由基因决定的，表观遗传学的研究为我们打开了一扇大门。染色质上广泛存在的表观遗传修饰，不但在分化发育过程的细胞谱系建立和维持中起到关键作用，而且与 DNA 复制、修复以及人类疾病密切相关。表观遗传学使人们认识到，同基因组的序列一样，基因组的修饰也包含有遗传信息。

　　近年来，基于基因组学和表观遗传学所形成的表观基因组学（Epigenomics）研究已成为后基因组时代的一个重要研究领域。表观基因组学是建立在对基因组了解的基础上，在全基因组水平（genome-wide scale）上对表观遗传学改变的研究，即研究非 DNA 序列改变的化学修饰所导致的基因表达水平的变化，如 DNA 甲基化修饰、组蛋白修饰、染色体重塑等与基因表达的关系。由此可见，表观基因组学的主要目的是探索表观遗传修饰在生物系统中如何工作的信息。表观基因组学的研究成果将帮助我们更好地理解基因的作用及环境因素在调节基因表达中的作用，使我们对生命现象及人类健康有更深入的了解，为发育及肿瘤等疾病的深入研究提供新的诠释依据及为药物研发挖掘新的靶标。

　　我们知道，在只有一个基因组的多细胞个体中具有多种表观基因组，这反映生命不同时期、不同环境影响、不同健康状态下的个体细胞类型及其属性的多样性。目前，我们对表观遗传修饰在编码基因中的调控作用已经有了肯定的认识，这一点已从癌症的研究中得到充分证明，使原来从鉴别与遗传性相关的单基因变异的前基因组时代转变到了目前已确定表观遗传学在癌症发生、形成和发展过程起重要作用的后基因组时代。例如，基因组总体甲基化水平降低导致一些在正常情况下受到抑制的基因如致癌基因被激活，导致细胞癌变，进而导致癌症的产生；又如，H4K20 的三甲基化是癌症中的一个普遍现象等。

　　在基因组的非编码 DNA 中具有大量的调控序列，如启动子、增强子、沉默子等。这些调控序列一方面具有它们自己一些固有的序列特征如启动子的 TATA 盒等，另一方面它们通常还存在特异的表观遗传修饰特征。如启动子区的 CpG 岛过度甲基化会使抑癌基因沉默；有研究发现，启动子区域通常伴随着 H3K4me3、H3ac 和 H4ac 的富集以及 H3K4me1 的缺失，这些修饰类型的组合方式与启动子激活或抑制状态存在密切关联；增强子区域表现为 H3K4me1、H3K4me2、H3ac 和 H4ac 的富集以及 H3K4me1 的缺失。更有研究显示，基因组中增强子的功能和机制具有较大的变异性，这些变异性表现在表观遗传修饰模式的不同，提示增强子可能会对应多种表观遗传修饰特征。近几年发展出了一批基于表观遗传组学数据鉴定 DNA 调控元件的方法，并且已在基因组注释研究中发挥了重要作用。

　　早在人类基因组计划没有完成以前，英国、德国和法国的科学家于 1999 年就成立了一个研究表观基因组的机构——人类表观基因组协会（Human Epigenome Consortium，HEC，http：//www. epigenome. org）。该协会于 2003 年 10 月正式宣布开始实施人类表观基因组计划（HumanEpigenome Project，HEP），其目的是绘制出不同组织类型和疾病状态下的人类基因组甲基化可变位点（methylation variable position，MVP）图谱，为人们在表观基因组水平上对 DNA 甲基化进行精确定量分析提供表观遗传学标记（epigenetic markers）及为探寻与人类发育和疾病相关的表观遗传变异提供蓝图。2004 年，欧洲又成立了表观遗传学研究的国际性协作组织（Epigenome Network of Excellence，Epigenome NoE，http：//www.epigenome-noe.net/），其目的主要是为研究者提供表观遗传学信息资源，将人和模式生物的表观遗传学研究提高到更高层次的综合水平。2015 年完成了第一张人类表观基因组图谱。从表观遗传现象的认识到对表观遗传学的深入研究和人类表观基因组计划的实施，一套体系完整的表观遗传学学科蓝图已经展现在世人的面前，表观基因组学的深入研究可能将改变人类对遗传学的认识。

---

**问题精解**

◆ 假设有一对扩增微卫星标记的 PCR 引物，你想利用这对引物证明显性遗传病多囊肾（polycystic kidney）的发生与扩增带之间的对应关系。在一个家系中，你发现患者都对应有一条 830 bp 大小的 PCR 产物电泳带。为了进一步研究，你又检查了另一些显示该病的家系，在 1 933 个成员中有 867 个患者同时也显示 830 bp 标记条带，另外，2 个患者不显示该带，3 个正常者却带有该带。你应该怎样解释这些结果？并请利用这些数据计算多囊肾基因与这一微卫星标记间的遗传距离。

答：从上述家系调查结果来看，患者都对应有一条 830 bp 大小的 PCR 产物电泳带，说明 830 bp 标记是与多囊肾基因紧密连锁的。遗传图距可根据群体中遗传标记与目标基因间的交换频率来计算。在这个例子中，共检查了 1 933 例，其中约 1/2 是患病的，这符合由显性基因所引起疾病的遗传特征。另 5 例（2 例带基因但无标记，3 例不患病却带有标记）是由于交换的结果，因此重组率为 5/1 933 = 0.26 cM。

◆ 叶绿体转化正在成为继核转化之后的又一个非常有效的基因工程新技术，请问与核转基因技术相比，叶绿体转化具有哪些明显的优势？

答：叶绿体遗传转化的优势主要表现在以下几个方面：①叶绿体基因组有大量的拷贝数，表达的目的蛋白占可溶性蛋白的比例可以高达 46.1%，所以它非常适合外源基因的表达；②外源基因可以定位整合，且可多基因同时转化，提高转化效率；③可以直接表达来自原核的功能基因；④没有载体序列、位置效应和多效性；⑤没有核转化中经常出现的基因沉默现象；⑥传统的核转化材料，通过花粉漂移可能存在潜在风险，而叶绿体转化是母性遗传，理论上不可能通过花粉传播，可有效控制花粉漂移造成的基因污染，环境安全性高，虽然有实验证明叶绿体转化不是绝对安全，但外源基因通过叶绿体转化体系漂移的频率极低，如 S. Ruf 等研究表明，用叶绿体转化材料为父本提供花粉，用雄性不育系作为母本，理论上杂交后代不应该含有父本叶绿体的基因，但是通过后代大量筛选，发现有极低水平的父本基因泄露，其中基因进入到 $F_1$ 后代子叶中的频率是 $1.58 \times 10^{-5}$，而进入到顶端分生组织的频率是 $2.86 \times 10^{-6}$；⑦在叶绿体中表达某些产物具有核表达所没有的优势。例如，霍乱毒素 B 亚基可以作为疫苗抗原和黏膜载体来输送蛋白质，核转基因植株表达后，生长受到严重抑制，但叶绿体转化的植株，尽管表达量高出 500~4 000 倍，但表型没有任何异常。从以上叶绿体遗传转化的优势可以看出，深入对叶绿体基因组的研究具有重要的应用价值。

---

**思考题**

1. 一个生物体有 8 条染色体，每条染色体含有 $1 \times 10^7$ bp DNA，该生物的基因组中含有 22% 的重复 DNA，假设每个基因的平均大小为 $8 \times 10^3$ bp，试估计该生物的单拷贝基因数目。

2. 一个线状 DNA 用限制性内切酶消化后的琼脂糖电泳图如下所示，请构建该 DNA 序列的限制酶图。

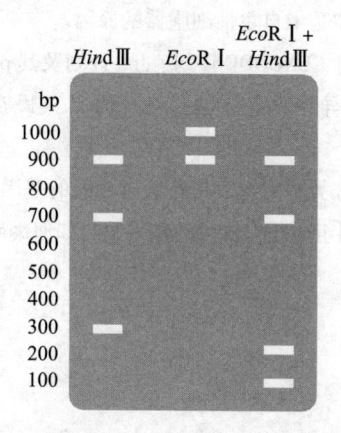

3. 根据下面的家系及其 RFLP 遗传方式，解释该性状的遗传方式及其 RFLP 与该性状的关系。

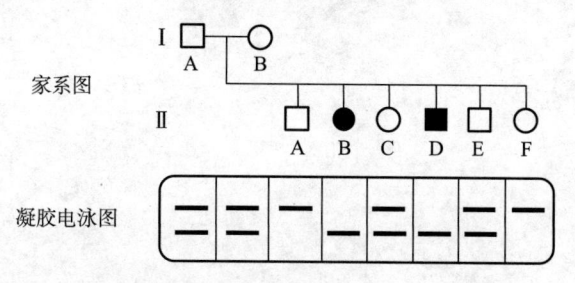

4. 一个线状 DNA 分子用两种限制性内切酶酶切，结果如下：

BamH I　　8.0，7.5，4.5，2.9 kb

Bgl II　　13，6，3.9 kb

BamH I ＋ Bgl II　　7.5，6，3.5，2.9，2，1 kb

请画出这个线状 DNA 的限制酶图谱（restriction map）。

5. 如何解释 C 值悖理？

6. 某种双链 DNA 分子长 120 kb。内切酶 E1 对该 DNA 分子有一切点，但经 E1 充分酶切后仍为 120 kb 的分子，用内切酶 E2 去切也得到同样的结果，但内切酶 E3 却能将该 DNA 切成 40 和 80 kb 两个片段。当同时用 E1 和 E3 酶切时，得到 10、30 和 80 kb 三个片段。用 E2 和 E3 同时酶切时，得到 30、40 和 50 kb 三个片段。同时用 E1 和 E2 酶切时，则得到 40 和 80 kb 两个片段。请根据以上结果制定这三种内切酶对该 DNA 分子的酶切图谱。

7. 有哪些类型的 DNA 标记？分子标记有什么作用？

8. 什么是基因组学和表观基因组学？

9. 人类基因组计划包括哪些内容，有什么意义？它对遗传学和人类社会将产生什么样的影响？

10. 什么是单一序列？编码序列是否都是单一序列？

11. 什么是未加工的假基因和加工的假基因？假基因是否真的没有生物学功能？

12. 下列叙述哪些是正确的？

（1）内含子经常可以被翻译。

（2）高等真核生物的 DNA 大部分是不编码蛋白质的。

（3）所有高等真核生物的启动子中都有 TATA 盒结构。

（4）假基因不被转录和翻译。

（5）高等真核生物体内的所有细胞具有几乎相同的一套基因。

（6）RNA 分子通常不能被运到细胞器中。

13. 真核生物的基因簇也是连锁在一起的，它和原核生物的操纵子有何不同？

14. 线粒体基因组具有哪些特征？它的突变为什么也会使人类产生疾病？

15. 从分子水平上阐述线粒体或叶绿体是半自主性细胞器的原因。

16. 查阅文献资料，请问 HapMap 计划、ENCODE 计划、Jim 计划及其 proteome 计划与人类基因组计划有何联系？

17. 利用 Y 染色体或线粒体 DNA 的特异性片段作为标记，追踪人类民族或家族的亲缘关系的原理是什么？各有何优缺点？

18. 人类基因组计划完成以后，发现人类基因组中具有编码功能的基因数目仅仅只有 2 万个左右，但是人体蛋白质的种类超过了 10 万种。请解释人类基因组中相对较少的基因数目如何编码种类如此之多的蛋白质？

# 第 14 章

# 发育的遗传控制

*Edworrd Butts Lewis, Christiane Nüsslein-Volhard & Eric Francis Wieschaus*

14.1 真核生物的细胞全能性
14.2 细胞命运定向
14.3 表观遗传对发育的调控
14.4 线虫是细胞命运定向研究的模式生物
14.5 胚胎发育的基因基础
14.6 发育遗传学的新兴模式动物——斑马鱼

科学史话

**内容提要**：大多数情况下，分化和发育并不引起基因组中遗传信息的丢失，这一点从植物细胞培养和动物核移植实验的成功得到了充分的证明。

真核生物发育过程中形成各种特化细胞类型的胚细胞通过一系列的细胞命运定向，形成特殊的细胞类型，每一步这种细胞定向是由调控基因和某些特殊基因的激活和（或）失活所调控的。现代发育遗传的研究表明，不同物种中控制发育的基因间具有大量相似性，表观遗传信息对于建立和维持那些决定细胞命运的基因表达程序的确定性和稳定性具有重要意义。调整型发育和镶嵌型发育两种胚胎模式形成方式是相对而言的，对于不同生物之间，一些生物的胚胎细胞分化以"镶嵌型"占优势，而另一些生物则以"调整型"占优势，对于任何特定生物，胚胎发育过程中这两种机制均起作用。

果蝇和线虫是研究发育遗传控制的模式生物。线虫的发育是程序化的，从卵到成体每个细胞的命运及它们沿着一定的程序在特定时间的分裂和迁移都已十分清楚，是进行细胞命运定向和发育研究的极好材料。果蝇早期胚胎发育由三类不同的基因调控：母源效应基因、分节基因和同源异型基因。母源效应基因产物对胚胎发育具重要作用；分节基因的主要功能是在囊胚期形成分隔及极性，包括裂隙基因、配对规则基因和体节极性基因；同源异型基因的主要功能是决定每一体节形态的分化。模式生物的发育遗传学研究表明，许多发育相关的遗传调机制在生物界是相同的。

**重要概念**：发育遗传学　细胞（核）全能性　（脱）分化　细胞命运定向　干细胞　调整型发育　镶嵌型发育　自主特化　条件特化　合胞特化　母源效应基因　分节基因　同源异型基因　同源异型框　同源异型结构域

从一个受精卵经过多次细胞分裂，分化形成由各种组织系统组成的生物体，这些不同的组织系统执行许多不同的功能，表现出和亲代极其相似的遗传性状，这是基因组编码生物体整个发育过程的潜在计划的反映。如何按照潜在计划的模式形成（pattern formation）精确地执行发育程序，构建复杂的形态，这是发育遗传学所要解决的主要目标之一。所谓发育遗传学（developmental genetics）就是关于对调节发育过程的基因表达的研究。大多数发育遗传研究的主要任务是鉴定调节某一特定发育过程的基因及研究这些基因是如何控制发育过程的。

在过去的 30 年中，基因组研究提供了大量克隆的基因，这些基因已能引入胚胎或受精卵，了解这些基因的功能，或观察这些基因对表型的直接效应。许多这些工作都是在模式生物，特别是在果蝇和线虫中获得的，这些模式生物的研究成功激发了人们对其他生物如小鼠或水稻、玉米、拟南芥等的发育遗传学研究。通过这些研究表明，许多控制发育的遗传机制对所有物种都是共同的，在模式生物中所取得的发育遗传研究结果可以直接应用到还未完全了解或正在治疗的人类疾病中。今天，由于分子遗传学和表观遗传学技术的广泛应用，发育遗传学已成为最激动人心的领域之一，也是遗传学中发展最快的领域之一。这些研究已经揭示了包括人在内的大部分生物的基本发育原理的遗传学基础。

## 14.1 真核生物的细胞全能性

基因是如何打开和关闭以调控多细胞生物体的发育的，这是一个非常庞大而复杂的主题，它涉及发育生物学、胚胎学和遗传学等多学科。一个受精卵可以发育成各种类型的细胞，说明它具有全能性（totipotency），但是一个生物体是由许多不同特征的细胞所组成的，也就是说，在受精卵的分裂过程中产生了细胞的分化。所谓细胞分化（cell differentiation）是指一个生物的细胞之间在形态结构、生理机能和生化特性上发生稳定差异的过程。虽然在整个个体的发育过程中都发生细胞的分化，但以胚胎期最为活跃。从分子水平上看，细胞分化意味着优先合成某些特异性蛋白质。我们知道，蛋白质的合成是受基因的控制的，因此，细胞分化归根结底是由 DNA 的特异性和活动决定的。

那么在一个分化了的细胞中，是否具有与未分化的细胞同样的遗传信息，即一个分化的细胞是否具有全能性，能够脱分化而成为一个完整的生物体呢？

### 14.1.1 植物细胞的全能性

在自然界，从一个植物的体细胞并不能长成一个完整的植株，但植物组织培养的大量事实证明，即使是一个高度分化的细胞也具有全能性。例如，胡萝卜根韧皮部的单个细胞或烟草茎髓部的单个细胞在适当条件下都能脱分化（dedifferentiation）并形成完整植株（图 14-1）；用花药培养法得到的单倍体植株进一步说明，具备一套染色体的基因组就具备了细胞的全能性。以上事实说明植物细胞本身无论分化与否都具有发育成完整个体所需的遗传信息，但其表达则取决于环境条件。植物细胞的全能性现被广泛应用于植物细胞工程和基因工程，大量转基因植物的获得就是得益于植物细胞具有全能性。

### 14.1.2 动物细胞的全能性

全能性在动物中不像在植物中那样普遍和明显。虽然有些高度分化的动物体能再生新的组织和器官，如海星可再生失去的臂、壁虎可再生掉下的尾巴、人可再生部分切除的肝等，但能进行再生的动物组织和器官，就目前所知在数目和种类上都是有限的。

动物单个细胞的全能性又如何呢？受精卵是绝对具有全能性的，可以发育成动物的完整个体，但在受

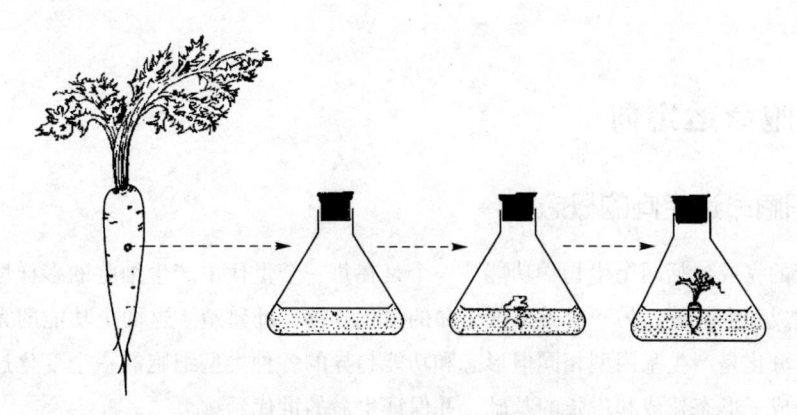

**图 14-1　从胡萝卜根韧皮部的单个细胞经组织培养可培育出完整植株**

精卵的发育过程中，新分裂出的细胞的全能性会不断下降，在哺乳动物中，受精卵只是最初几次分裂产生的细胞具有全能性。

因为蛙卵比较大，又是体外发育的，所以是进行核移植试验、测定个体发育中核全能性的好材料。1950 年，R. Briggs 和 T. King 用很细的玻璃吸管插入未受精的蛙卵，把核吸出产生无核蛙卵，然后从已分化的蛙胚细胞取得核，并注入无核卵中。他们发现，一个去核的卵得到一个体细胞的核后可以分裂，而且还发现从蛙的囊胚（blastula）细胞中分离的核仍是全能的，但从原肠胚（gastrula）阶段（囊胚期后的一个发育阶段）的胚取得的核移到去核卵中就不能完成正常的发育了。

1962 年，J. Gurdon 在非洲爪蟾（*Xenopus laevis*）中也成功地进行了这个实验。他从高度分化的蝌蚪（原肠胚很久以后的发育阶段）肠细胞中吸取细胞核，注射到未受精卵中，这个未受精卵本身的核已用 UV 照射使其被破坏了。他发现，除了一些没有细胞分裂或不正常胚发育的情况外，有 1%～2% 的卵发育成了正常的蛙，且这些蛙具有生育能力。这说明高度分化了的肠细胞的核仍然是全能的，植入的核可以去分化，又重新分化（redifferentiation），导致一个完整和正常的个体发育，其遗传物质的信息量基本上没有出现不可逆的变化。Gurdon 所移植的核是带有遗传标记的，因此可以观察到任何发育上的改变。非洲爪蟾有一种叫 *O-nu* 的突变体，它的核仁组织区是缺失的。*O-nu*/*O-nu* 纯合体的细胞核中没有核仁。由于核仁组织区中通常含有 rRNA 基因，因而这种纯合体不能制造它们自己的核糖体，因此这种基因型的个体最终是不能存活的。+/*O-nu* 杂合体的个体可以以正常方式发育，它的每个细胞核中有一个核仁，在+/+ 个体的每个细胞核中有两个核仁。在显微镜下很容易区分细胞核中是一个还是两个核仁。Gurdon 使用只有一个核仁的 +/*O-nu* 杂合体蝌蚪作为移植核的供体，具有两个核仁的 +/+ 卵作为受体。核移植后发育成的正常蛙个体的基因型是 +/*O-nu*。

1963 年，我国胚胎学家童第周教授也成功地获得了亚洲鲤鱼的核移植实验。

1997 年，"多莉"羊（Dolly）的诞生是生命科学中一次划时代的重大突破，它第一次证明哺乳动物已分化的体细胞核在移植后，可在去核卵母细胞质的调节和控制下正常发育到成体。该实验用取自一只 6 岁成年羊的乳腺细胞的核移植到另一只母羊的去核卵细胞中，共移植了 277 个卵，经体外培养后，再移植到假孕母羊的子宫内，最后产下了唯一的"多莉"。多莉的诞生及其正常的生育能力充分表明动物细胞核具有全能性。自多莉诞生后，许多哺乳动物如山羊、牛、猪、马、狗、猫、猴、鹿、兔、小鼠等已克隆。

以上动植物的实验充分说明，在大多数情况下分化和发育并不引起基因组中遗传信息的丢失。由于在一个有机体的整个生活周期中基因组 DNA 是恒定的，因此，分化和发育一定是由于影响基因表达的调节过程所引起的。

## 14.2 细胞命运定向

### 14.2.1 细胞命运定向的概念

一个个体发育的完成包括两个生物学功能：一个是在每一个世代中产生细胞的多样性和有序性，包括细胞分化、形态建成和生长等；另一个是保证生命的世代延续，即繁殖。这两个功能的完成都是通过细胞的分化来实现的。分化是产生基因型相同但形态和功能趋异的各种类型细胞的一个变化过程。分化产生了细胞的多样性，构成了形态建成和生长的基础，并保证生命的世代延续。

由于起始的胚性细胞（embryonic cell）具有全能性，因此它能够产生生物体的所有细胞类型，当这些细胞分裂的时候，它们的有丝分裂后代仍然具有能够形成许多不同类型细胞的潜力。然而，当发育一步步向下进行时，细胞形成许多不同类型细胞的潜力逐渐受到限制，最终，它们只能产生一种特殊类型的细胞（图14-2），这是由于每种细胞命运定向（cell fate decision，简称细胞定向）的结果，这种定向限制了这些细胞及其有丝分裂后代的全能性潜力，使其只发育成它原有潜力的一部分。

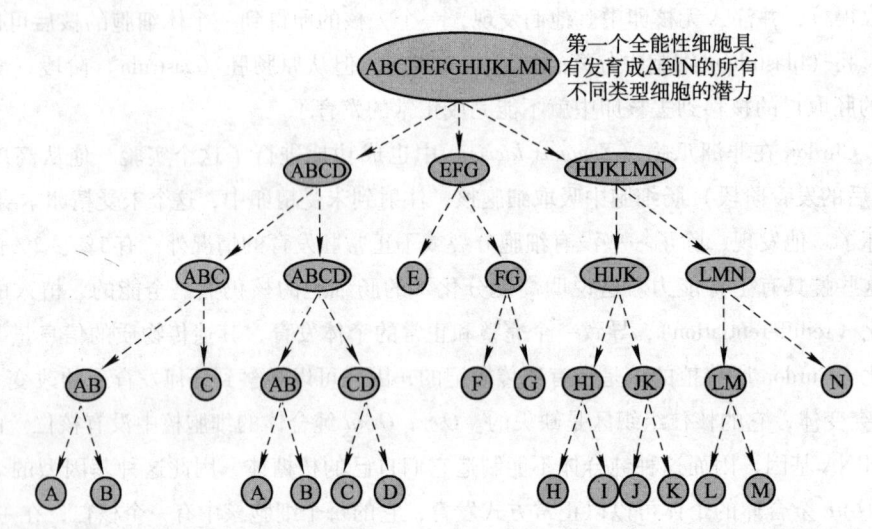

图14-2 发育中的细胞命运图解，每次细胞命运定向限定细胞发育成不同细胞的潜力

在出现真正的形态和功能分化之前，细胞将分化成什么类型，具有什么功能就已经被"定向"。细胞定向可以分成两个阶段：特化（specification）和决定（determination）。所谓"特化"，是指细胞或组织在一个中性环境中，例如，在一个周围没有其他细胞或组织影响的体外培养环境中，细胞仍按原先被指定的命运自主地进行分化。所谓"决定"，则是指细胞或组织即使处在胚胎的另一区域中，仍不受周围其他细胞或组织的影响，按原先指定的命运自主地进行分化。决定意味着原先定向的发育命运是不可改变的。举个例子来说，假设在早期发育中一个细胞定向将使其发育成为神经细胞，如果发育过程正常，这个细胞的所有有丝分裂后代将只形成神经结构；然而，如果我们在实验条件下干预使其改变发育，如将这个细胞的有丝分裂后代转移到一个非神经组织或放在一个组织培养的环境或强迫它进行多余的细胞分裂，若它仍然保持神经结构，那么我们认为这个发育成神经的细胞命运定向是不可改变的，这就是决定；然而，如果在实验过程中，这个细胞转变或关闭了它的命运，使其成为非神经的结构，那么这种细胞定向就叫特化。很少的细胞命运决定可以在实验条件下测试，因此，我们在这里所讲的细胞命运定向都是指没有特殊决定的。

由于发育是一个逐步的过程，一个细胞可能被定向，也可能仍然是多能的。例如，一个定向成为神经的细胞可能产生各种不同类型的神经细胞，因此需要通过另外的细胞定向才能定向形成某种特定的神经细胞。随着发育的进程，细胞定向限制那个细胞的有丝分裂子裔，以便它们只能形成某些类型的神经细胞，之后的定向将进一步限定细胞直到最后每个细胞形成一种特定的细胞类型，其中有些细胞定向可能是决定型的，另外一些可能还有发生逆转的潜力即是特化型的。事实上，除了生殖细胞和干细胞外，所有细胞都要经历特化和决定两个阶段，直至最终的发育命运。

已经定向形成某种细胞类型的细胞，它最终将产生那种细胞类型所特有的特化结构，这个过程就叫细胞分化。例如，已经定向形成红细胞的细胞会产生大量的血红蛋白，并且不再进行任何细胞分裂，这种类型的细胞叫做终末分化（terminal differentiation），许多终末分化的细胞通常不再分裂，且最终被降解。然而并不是所有的分化都是终末的，有些细胞分化成为某种细胞类型，而这种细胞类型的正常功能就包括分裂能力而产生其他的细胞，例如干细胞。

所谓干细胞（stem cell）是指一类具有自我更新、高度增殖和多向分化潜能的细胞。根据分化阶段的不同，干细胞大致可分为胚胎干细胞（embryonic stem cell, ESC）和成体干细胞（adult stem cell, ASC）。胚胎干细胞主要包括由受精卵分裂发育成囊胚时的内层细胞团，以及从早期胎儿生殖嵴分离得到的胚胎生殖嵴细胞，这两种细胞均可分化为各种类型的体细胞，甚至可独立地产生完整的机体；成体干细胞存在于成体的各种组织中，参与组织更新、创伤修复等过程，它能进行"横向分化"，即由一种组织的成体干细胞分化成其他组织细胞。例如，人的血液中就含有能够连续分裂和产生不同类型血细胞的成体干细胞，一个更特化的例子是造血干细胞（hematopoietic stem cell），它产生红细胞、血小板细胞（platelet cell）和其他类型的细胞（图14-3）。目前研究较多的成体干细胞有：神经干细胞、造血干细胞、间充质干细胞、表皮干细胞、肝干细胞、胰腺干细胞、心肌干细胞、视网膜干细胞、角膜干细胞等。尽管利用人类干细胞克隆完整人类个体是违背伦理并被各国所禁止的，但利用它直接产生特异的细胞类型来修复损伤的组织和器官，已成为再生医学的目标。因此，深入对干细胞的研究，可为发育遗传学、生殖医学、再生医学等领域的发展作出重要贡献。

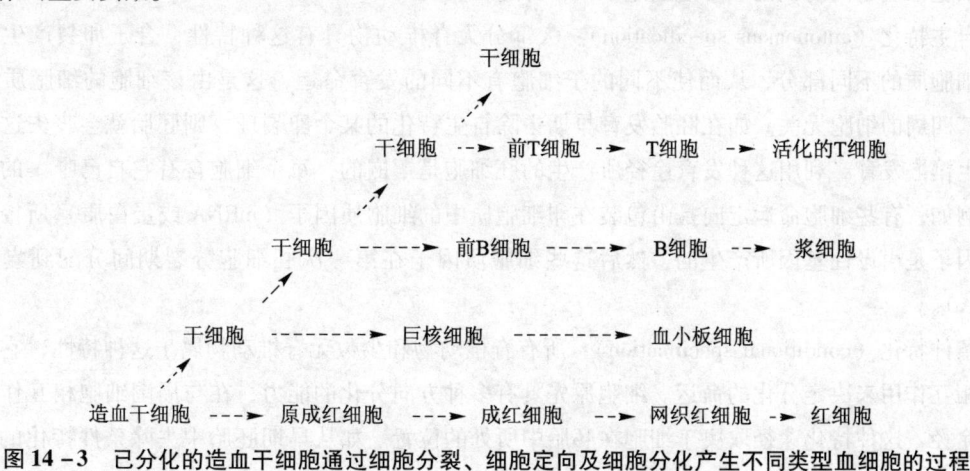

```
                                    干细胞
                                      ↗
             干细胞 ---→ 前T细胞 --→ T细胞 --→ 活化的T细胞
                ↗
             干细胞 ------ 前B细胞 ------ B细胞 --- 浆细胞
                ↗
             干细胞 ---------→ 巨核细胞          血小板细胞
                ↗
          造血干细胞 --→ 原成红细胞 ---→ 成红细胞 --→ 网织红细胞 --→ 红细胞
```

图14-3　已分化的造血干细胞通过细胞分裂、细胞定向及细胞分化产生不同类型血细胞的过程

## 14.2.2　控制细胞命运定向的机制

1934年，Morgan就指出，所有的细胞定向都是由一系列不同基因的活动所控制的。他推测在发育的每一步，每个细胞中有一套特殊的调控基因，这套基因决定着细胞的类型和行为。他同时推测这些基因的产物与其他细胞的基因产物相互作用，这种相互作用又反馈到细胞核使某些基因打开或关闭，这种相互作用产生一套新的活化基因并使之产生一种新的细胞类型。Morgan的这一顺序基因活动（sequential gene action）和基因产物相互作用的概念现已被广泛接受。通过前面的学习，我们已经知道，基因表达的调控是

多水平的,并且发育可塑性的丢失与基因表达的表观遗传调控密切相关。

不同生物有着不同的发育方式或细胞命运定向。有些生物如水螅、水母、海胆和脊椎动物,在胚胎发育早期,细胞的功能类似,特化的过程是动态的,细胞程序化的时间很长,相应地,这些物种的发育调整能力也持续较长的时间,这种发育方式称为调整型发育(regulative development)。在调整型发育中,决定主要依赖于细胞间的相互作用,胚胎细胞的位置可以发生移动和重排,如果将胚胎的一部分移除,则其余的类似细胞会填补空缺。而有些生物如海鞘、线虫和缠螺的决定都发生得很早,因此,损伤胚胎的调节能力很低,奠基者细胞(founder cell)的移除不能被替代或由其他细胞重编程而补偿,胚胎某些部分的每个细胞的命运已定向,这称为镶嵌型发育(mosaic development),实验表明这些动物卵子中的发育决定因子是镶嵌分布的。在镶嵌型发育中,如果使胚胎的一部分失去,则这部分的结构最终空缺。然而,进一步分析发现,即使在那些镶嵌型发育的胚胎中也存在细胞间的相互作用,只是这种作用发生得很早,因此,这些物种的胚胎发育是首先从更多的调整型发育向更多的镶嵌型发育进行的,并且不同物种中显示"镶嵌型"和"调整型"发育的差别几乎是渐进的。从上面可以看出,"镶嵌型"和"调整型"两种胚胎发育模式是相对而言的,对于不同生物之间,一些生物的胚胎细胞分化以"镶嵌型"占优势,而另一些生物则以"调整型"占优势。另外,对于任何特定生物,胚胎发育过程中这两种机制均起作用。

镶嵌发育机制和调整发育机制具有根本的差异,其中一个重要差异在于控制细胞命运的分子的功能不同。一种镶嵌的细胞质决定因子(mosaic cytoplasmic determinant)对于一种细胞命运是特异的,但相反,调整发育的位置信息分子(positional information molecule)对于任何特殊命运都不是特异的,且一个位置信息系统在发育过程中可被重复用来控制几种不同的细胞命运。在实验操作中,一个细胞中位置信息分子浓度的改变将改变细胞的发育命运,但改变一种细胞质决定因子的浓度不会改变细胞的命运。这两个系统的另外一个差异是,在镶嵌发育中,一个细胞命运的决定与相邻的细胞无关,然而在调整发育系统中,细胞之间的通讯是该系统的一个基本部分。

控制细胞命运定向的机制通常是通过下列3种途径实现的:

(1)自主特化(autonomous specification):大部分无脊椎动物具有这种特性,合子卵裂产生的子细胞获得合子细胞质的不同部分,从而使不同的子细胞有不同的发育命运,这是由该细胞的细胞质成分决定的,而与其四周的细胞无关。如在胚胎发育早期去除自主特化的某个卵裂球,则胚胎就会丧失这种类型的细胞,产生镶嵌发育。利用这种发育途径所产生的胚细胞是镶嵌的,每个细胞含有它自己唯一的一套细胞质因子。例如,有些细胞命运定向是由包装在卵细胞质中的细胞质因子(mRNA或蛋白质)所控制的,这些细胞质因子是由母性基因所产生的,然后这些细胞质因子在第一次胚细胞分裂期间分配到囊胚层细胞(图14-4A)。

(2)条件特化(conditional specification):所有脊椎动物和少数无脊椎动物属于这种特性,它通过与周围细胞的相互作用来决定分化的命运。细胞原先具有多种方向分化的能力,在与周围细胞相互作用后限定了其分化途径。这种特化途径取决于细胞在胚胎中所处的位置。如从早期胚胎中去除条件特化的细胞,其他细胞将会发挥被去除细胞的作用,即呈现调整发育模式。在调整发育模式中,例如,母性基因组可能在卵中包装了蛋白质或mRNA,这些蛋白质或mRNA在胚中就形成了位置信息分子梯度,这种分子梯度控制细胞命运定向(图14-4B)。植入前诊断(pre-implantation diagnosis)的成功表明,人的早期发育属于调整式发育。所谓植入前诊断就是在进行体外受精时,当受精卵发育到8细胞阶段(第3天),用活组织显微操作针吸取发育胚泡的某些细胞作核型检查或特异基因序列的分子诊断,判断胚胎是否遗传了双亲的致病基因或发生了染色体畸变等,最后,将诊断为正常胚胎的由其余7个细胞组成的胚胎植入母体。

(3)合胞特化(syncytial specification):这是大部分昆虫纲无脊椎动物的特性。在合胞体胚层(syncytial blastoderm)生成细胞膜分隔细胞核之前的分化主要由母体的细胞质相互作用所决定(即为自主特化),

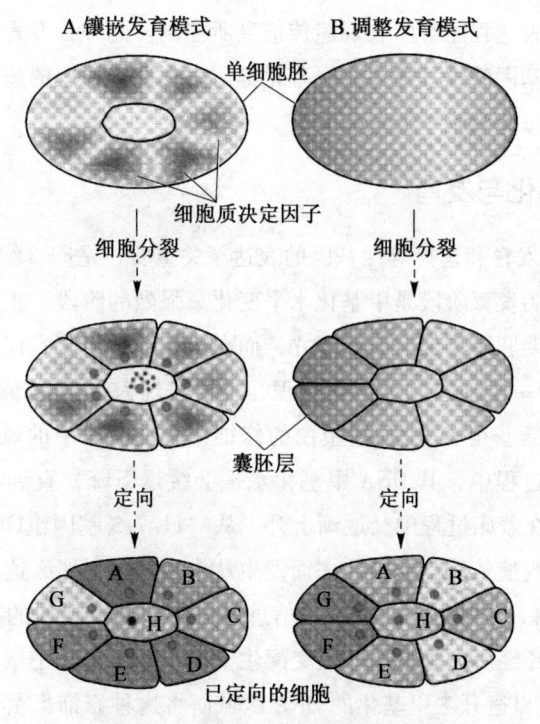

**图14-4 镶嵌发育和调整发育图解**

在一个镶嵌发育的胚中，起始的细胞命运定向由细胞质决定因子所控制，这些细胞质决定因子储存在母亲的卵细胞质中；在一个调整发育的胚中，起始的细胞命运定向由信号分子的梯度所控制，这个梯度或浓度是胚中细胞位置的一种功能，由此决定细胞的命运

即细胞的命运是在形成细胞之前就已被定向了，而在形成细胞后则主要为条件特化。

理解控制细胞定向的遗传机制有非常重要的意义。目前，人类基本上没有能力再生由意外事故或疾病所损伤的组织或器官，然而，在个体的细胞中是存在直接由细胞形成这些组织或器官的遗传程序（genetic program）的。如果这些遗传程序能被重新激活，细胞就能重新产生新的组织或器官，这对再生医学的研究具有重要价值。

## 14.3 表观遗传对发育的调控

在大多数生物体中，发育开始于精子和卵子融合成受精卵。卵或卵母细胞为胚胎的发育提供了三种可以继承的信息：①母源性继承信息，包括可以决定早期发育过程的母源RNA和母源蛋白质等；②遗传信息，包括母源核基因组和核外（如线粒体）基因组；③表观遗传信息，包括DNA甲基化和染色体修饰等。当然，胚胎发育的另一半遗传信息来自于精子。毫无疑问，经典遗传信息对于生物体的发育至关重要。然而，在发育和分化过程中，DNA序列一般不会发生改变，除非突变或是像免疫系统中发生的正常序列变化，但是在受精卵分裂产生的后代细胞中或是在特异性组织和器官中基因的表达是非常不同的。目前，有大量研究表明，表观遗传信息对于建立和维持那些决定细胞命运的基因表达程序的确定性和稳定性具有重要意义。胚胎发育是遗传信息和环境因素相互作用而产生特异表型的编程过程，具有非常强的可塑性。因此，对胚胎发育编程中的表观遗传修饰的深入研究，对于阐明影响出生缺陷发生的遗传和环境因素作用、对生物发育机制的认识及提高动物克隆和胚胎体外培养效率等有积极的作用。

发育决定和表观遗传基因调控是相互依赖的，如在发育过程中，细胞间的信号传递会激发一些特殊的基因表达程序，而这种基因表达程序可为表观遗传信息所控制。此外，发育过程中还会建立起新的表观遗传事件，如生殖细胞中印记基因的甲基化或去甲基化等，表观遗传标记的建立或消除反过来又可以决定新的基因表达程序，进而影响每个细胞对发育的反应。

### 14.3.1 DNA 甲基化与发育

DNA 甲基化对正常胚胎发育和选择等位基因的表达至关重要，是卵母细胞向胚胎转化过程中的一个关键事件。配子形成和早期胚胎发育阶段是甲基化水平变化最强烈的阶段。正常情况下，哺乳动物的甲基化模式在生殖细胞发育期或早期胚胎形成时就已建立，而在成体细胞中基本保持不变。胚胎发育时，基因组的非印记 DNA 甲基化经历了一个动态的重编程过程，主要表现为受精后雄原核基因组迅速去甲基化，在随后的细胞分裂过程中又重新获得 DNA 和组蛋白的修饰；而受精卵中的雌原核基因组则维持其甲基化，但随后在早期胚胎细胞分裂过程中，其 DNA 甲基化水平会缓慢下降，直到与父源基因同步化，囊胚期总甲基化水平降低到 15%，但在着床过程中又逐渐上升。从"11.7.3 基因组印记"中已经知道，在生殖细胞的成熟过程中，绝大多数表观遗传修饰会被抹去而发生从头甲基化，那么这种重置机制会不会删除相应的"环境记忆"呢？近年来发现，在哺乳动物中环境信息是可传递到下一代的，如高脂饮食的小鼠其后代的代谢也受到了影响，有过惊吓经历的雄鼠与雌鼠交配生下的小鼠比正常小鼠更胆怯等。令人兴奋的是，研究人员发现有一部分 DNA 可以避开去甲基化的 DNA 区域而将这种修饰保留下来，也许这是将环境影响遗传给子代的机制之一。Jiang 等（2013）以斑马鱼为模型发现，子代胚胎选择性地继承父本而抛弃母本的 DNA 甲基化图谱，这是对认为早期胚胎发育主要是由卵子决定的传统观念的冲击。形成精子的细胞与形成卵子的细胞相比，DNA 去甲基化发生得更为频繁，也就意味着在表观遗传学修饰的遗传方面来自父方的作用可能更大。现有大量研究表明，印记基因在胚胎发育、胚胎生长和胎盘功能中发挥着重要的作用，其甲基化模式一旦受到干扰，基因印记就无法得到精确的传递，最终表现出胎儿生长和发育的严重缺陷。核移植实验也表明，基因印迹的获得与否与 DNA 甲基化变化高度一致，至少在卵母细胞中是如此。

由于 DNA 的甲基化对胚胎分化和发育至关重要，因此 DNA 甲基转移酶（Dnmt）与胚胎发育就存在密切的关系。Dnmt1 是 DNA 复制中保持甲基化模式所必需的，该酶的突变可导致全基因组范围内的去甲基化并导致胚胎死亡。Dnmt3a 和 Dnmt3b 是从头甲基化酶，对未甲基化和半甲基化 CpG 二核苷酸起作用，很显然该酶是建立新的甲基化模式所必需的，在胚胎细胞或一些新生细胞生长发育阶段开始起作用。正常甲基化模式的建立需要 Dnmt3 和 Dnmt1 的共同作用，Dnmt1 是 Dnmt3 启动 CpG 核苷酸重新甲基化的保证，而 Dnmt3 使甲基化水平提高到正常需要水平。

目前发现，饮食和环境是在胚胎（胎儿）发育编程中影响表观遗传修饰的重要因素。膳食中的甲基供体及辅助因子如叶酸、胆碱和维生素 $B_{12}$ 参与了机体 S-腺苷甲硫氨酸底物的甲基化，通过影响 DNA 甲基化而改变基因表达。环境因素主要有金属离子、药物及环境污染物等，如锌参与甲基化合物的生成与调节以及 Dnmt 和 HDAC 等修饰酶的构成；小鼠产前暴露于己烯雌酚导致其肝重量增加和核糖体基因高甲基化；在胚胎期或新生期经己烯雌酚处理，雄性小鼠的附睾中发现多个位点发生不同程度的基因组 DNA 甲基化改变。

X 染色体失活是哺乳动物性染色体基因剂量平衡的一种补偿机制，DNA 甲基化在其中扮演重要角色。在 X 染色体失活早期需要 DNA 甲基化来保护不失活的 X 染色体，之后 DNA 甲基化则主要负责维持另一条 X 染色体的失活状态。由此可见，甲基化在性别分化中的作用亦是非常重要的。

### 14.3.2 组蛋白修饰与发育

组蛋白修饰作为另一层次的表观遗传修饰，主要通过影响组蛋白与 DNA 的亲和性而改变染色质的状态从而调控基因的表达。在胚胎发育过程中,保证胚胎正常发育所需的特异基因的正确激活或抑制决定于染色体的状态。核移植实验也显示,体细胞克隆需要染色质结构的显著性重构才能保证重构胚的正常发育,如果组蛋白发生异常乙酰化,引起染色质异常重构,则引起特定的基因转录模式发生改变,进而导致核移植重构胚的发育异常。*Hox* 基因编码对胚胎发育起重要作用的转录因子,近年来的研究发现,通过组蛋白去甲基化酶移除 *Hox* 启动子区的组蛋白赖氨酸甲基化抑制标记,这是 *Hox* 在全能胚胎干细胞中沉默而在胚胎形成时却快速活化的原因之一。

此外,大量研究表明,miRNA、长非编码 RNA 在细胞分化、组织发生过程中也起着重要的作用。

调控表观遗传修饰的基因若发生突变可导致疾病或发育异常,如我们前面谈到的基因组印记异常所导致的 Prader-Willi 综合征和 Angelman 综合征。在发育编程早期受到异常表观遗传修饰的影响可能导致一些常见的成年疾病如代谢综合征,且错误修饰随年龄增加在体内不断累积使受累程度也逐渐加重。研究发现,DNA 甲基化酶 *Dnmt3b* 基因的突变可引起免疫系统缺陷和发育畸形;*MeCP2* 基因的突变使甲基化 DNA 识别异常,引发 Rett 综合征。由此可见,表观遗传对发育的影响是深远的。

## 14.4 线虫是细胞命运定向研究的模式生物

由于分子遗传学的发展,发育过程中的很多问题得到了解决,从而建立了动物发育分子基础的一般轮廓。同对其他生物学现象的研究一样,某些系统对于研究发育遗传学更为有利。对果蝇和线虫两种无脊椎动物发育模式的研究,为其他一些生物中相似发育问题的阐明提供了很大的帮助。许多研究表明,线虫和果蝇的发育基因绝大部分可以在其他动物身上找到,相应的基因也有相应的发育功能,这说明动物发育的基本机制是保守的,并不因为外表体型的演变而发生实质性的改变。

秀丽线虫(*Caenorhabditis elegans*)是一种生长在土壤中的很小的蠕虫,成体长仅 1 mm,身体透明,以大肠杆菌为食,易在实验室的培养基上生长,一个世代(即从卵到卵的周期)仅 3 天。野生型线虫胚胎发育中细胞分裂和细胞系的形成具有高度的程序性,使得对其发育进行遗传学分析非常方便。线虫是一个染色体数目少的二倍体,$2n=12$(一对性染色体和 5 对常染色体),这种蠕虫大部分是 XX 型,是可以自体受精的两性体(hermaphrodites),大约每 500 个蠕虫有 1 个是 XO 型的雄体,这是由于染色体不分离的结果。线虫的基因组很小,仅有 $9.7\times10^7$ bp,是大肠杆菌基因组的 20 倍,与果蝇基因组大小相当,约为人类基因组的 3%。基因组包含编码蛋白质的基因数为 19 141 个,编码 tRNA 的基因数为 877 个。在真核生物中,基因都是产生单顺反子 mRNA,唯有线虫与原核生物相似,有 25% 左右的基因产生多顺反子 mRNA。基因组中的非重复序列高达 83%,与 *E. coli* 的 100% 相近,而高等真核生物都在 50% 以下。线虫的这些特点都较接近原核生物,这反映其在进化中的地位较为原始。

每条线虫在发育过程中共有 1 090 个体细胞,但 131 个细胞在发育过程中进入编程性死亡(programmed cell death,PCD),因此每个成体仅由 959 个体细胞组成。雄性线虫另有 2 000 个性细胞,两性个体则另有 1 000 个性细胞。从卵到成体每个细胞的命运以及它们沿着一定的程序在特定时间的分裂和迁移目前已十分清楚,因此,它已成为研究细胞命运定向的模式生物。

线虫的生活周期包括:1 个在卵中的胚胎发育阶段,在这一阶段中,受精卵分裂至 558 个细胞,在卵壳内形成一条线虫;4 个幼虫阶段和 1 个成虫阶段(图 14-5)。幼虫与成虫整体上相似,但缺少性腺及附属结构。

受精卵的前五次分裂已建立了前后轴和背腹轴。它的分裂方式类似于干细胞,即呈不对称分裂,这种分裂的结果是每次分裂产生一个分化的子细胞,这些子细胞统称为奠基者细胞(founder cell)。不同奠基

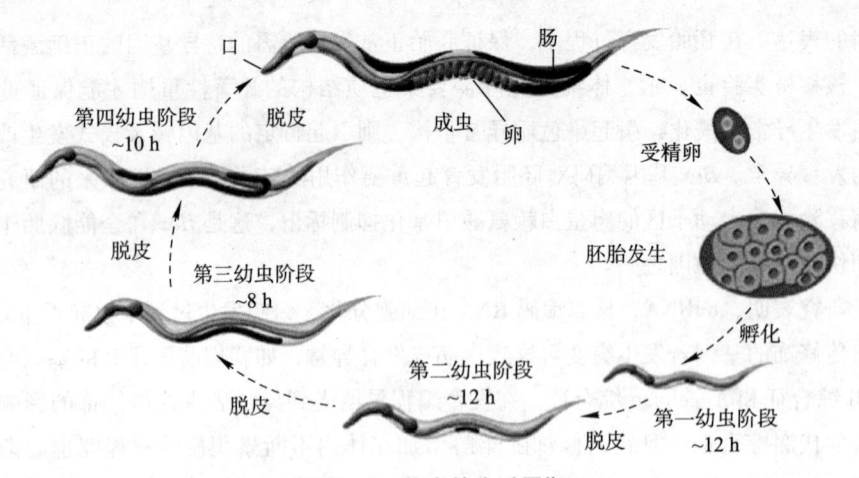

图 14-5 线虫的生活周期

者细胞产生具有不同生物学功能的子细胞，形成不同的组织和器官，如胚胎中分裂产生的 6 个奠基者细胞（AB、MS、E、C、D 和 Q）将为幼虫中的 6 个主要的细胞系提供前体；产生的另一个细胞仍是干细胞，如 P1、P2、P3、P4（图 14-6），每种 P 细胞经过 1~8 次细胞分裂建立一个不变的细胞谱系。线虫胚胎在第一次卵裂后就产生了有各自发育方向的细胞，说明其基因的选择性表达从卵裂一开始就已经体现出来。例如，尽管 EMS 和 P2 都是 P1 的子细胞，但 EMS 的分裂要比 P2 早几分钟，这种细胞分裂的时间是由遗传所严格控制的。研究表明，这种细胞分化和细胞不对称分裂与细胞质的分配有关，不均一物质成了基因表达的控制物。现以分化产生体细胞的 P1~P4 细胞谱系为例说明。在线虫的卵细胞里有一组种系颗粒（germ line granule）或称 P 颗粒（P granule），在卵受精后，当原核在合子中迁移时，原本随机分布的 P 颗粒开始集中在合子的精子进入端，即合子的后端。这一端在不对称分裂时，形成 P1 细胞，所以 P 颗粒只进入 P1，并分散在 P1 细胞质内。P1 开始有丝分裂时，P 颗粒再次向细胞后端集中，进入由这一端形成的 P2 细胞。按同样的方式，P 颗粒进入 P3 和 P4 细胞，P4 细胞有丝分裂的后代细胞分化成精子和卵。细胞质颗粒移动和集中的机制还不清楚，但 P 颗粒的行为已知是由 par 基因控制的。已发现有 6 种 par 基因（par-1，par-2…par-6），它们编码 6 种不同的蛋白，对 par 突变体胚胎蛋白定位分析表明，不同的 PAR 蛋白间存在着相互调节作用，某些 PAR 蛋白可能调节其他 PAR 蛋白在细胞中的正确定位。如细胞前端的 PAR 蛋白是阻止细胞后端的 PAR 蛋白向前端移动的必要条件之一，这些基因发生突变会造成细胞内的微丝（mi-

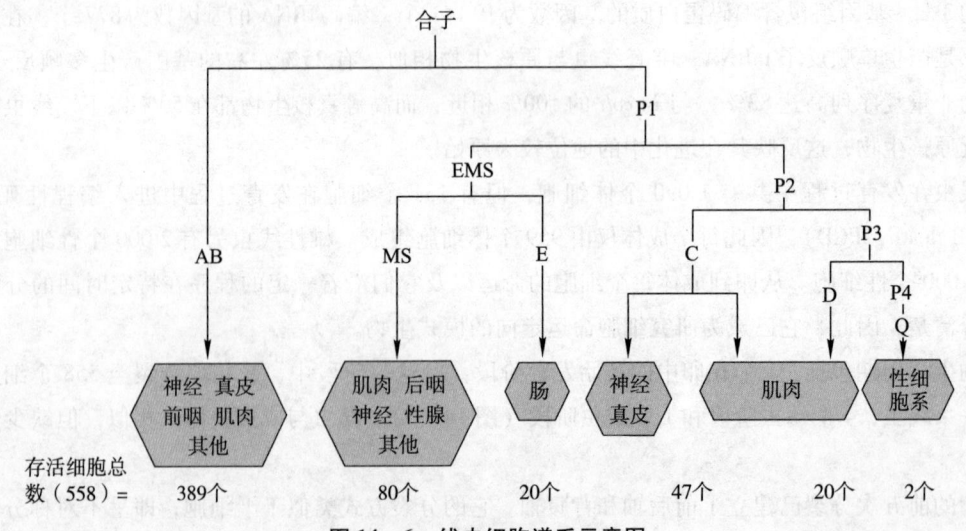

图 14-6 线虫细胞谱系示意图

crofilament）分布出现异常，使 P 颗粒不会向细胞后端集中，这种突变型的胚胎早期卵裂变得对称且同步，P 颗粒也不再集中在 P1～P4，而分布在其他细胞中。在后端，PAR-1 的分布在一定程度上依赖于 PAR-2。目前，对于 PAR 蛋白如何调节细胞极性尚不清楚，如 PAR 蛋白自身如何形成和维持在细胞中的不均等分布，PAR 蛋白的不均等分布又与细胞的不对称分裂有何相关性等。此外，还发现与细胞不对称分裂相关的一个新蛋白 aPKC（atypical protein kinase C）在细胞前端富集。虽然 PAR-5 在细胞中均有分布，但它是维持细胞前端与后端 PAR 领域所必需的。

在各个幼虫阶段都含有将要形成成体结构的胚胎细胞，即母细胞（blast cell）。线虫细胞分裂的方式是十分恒定的，对于每个个体的绝大多数细胞来说，每个细胞分裂的时间、位置和方向都是相同的，在每个个体中各个细胞具有相同的命运。这就意味着在线虫中细胞谱系（cell lineage）——产生一种特殊细胞的细胞分裂途径——是决定细胞命运的主要因素。若从第一次分裂开始，杀死某些细胞，存活下来的其他细胞不能完全取代它们。分裂的过程是按"计划"进行的，细胞命运也是事先就已确定好的，线虫的这种发育方式表现为典型的镶嵌型发育。

## 14.5 胚胎发育的基因基础

生物的雌雄配子通过受精作用形成合子（受精卵）。动物的发育实际上在卵细胞受精以前就已经开始了，雌性合成关键性物质并将其汇集在卵细胞中，以作为营养供应和控制受精卵的发育，然后在严格的遗传控制下进行卵裂、细胞分化、器官发生和形态建成等过程。

发育的分子基础是通过特殊的基因表达调控来描述每种类型细胞的分化的。E. B. Lewis、C. Nusslein-Volhard 和 E. F. Wieschaus 因发现果蝇体节发育在早期胚胎发育中受基因调控而获得 1995 年的诺贝尔奖，并指出这一发现适合哺乳动物和人类的胚胎发育及先天性畸形的发生。与发育调控有关的基因可通过突变来鉴别，在果蝇中，体节是作为身体的一部分来进行分析的，在成蝇中能找到它的相应部分。通过果蝇突变的研究发现，有三组基因控制其发育，即母源效应基因、分节基因和同源异型基因。母源效应基因为母源细胞中表达的基因，分节基因和同源异型基因属于合子基因（zygotic gene）。

🎧 14-1 Lewis、Nusslein-Volhard 和 Wieschaus 简介

### 14.5.1 母源效应基因

早期对果蝇的研究证实，当卵母细胞中的某些基因发生突变或缺失时，即使精子提供一份正常的野生型基因并正常表达，胚胎也无法正常发育。例如，一种被称为 bicoid（*bcd*）基因的突变型果蝇胚胎，其头部无法发育，而是发育成尾部-腹部-尾部结构。这表明，这些基因在受精后才表达的蛋白质不能代替其在受精前表达的蛋白质的作用，尤其是对胚胎发育的影响，它们的表现呈现明显的母体效应，这些基因即被称作母源效应基因（maternal effect gene）。关于母源效应基因，在第 6 章母体影响一节中已有初步认识。

在果蝇胚胎发育中，母源效应基因决定未来胚胎的前后轴和背腹轴，它们之间的协作决定未来胚胎外、中、内胚层的命运和分节的命运。通过雌性不育突变可以鉴别出母源效应基因，这种突变体并不影响母体本身的发育，但影响后代的产生，带有这种突变的卵不能发育为成蝇，其胚能通过缺陷的表皮模式而被识别并在早期发育中死亡。目前已鉴定出 30 个左右的母体基因与模式形成有关。其中如果蝇胚胎出现腹背极化涉及 11 个基因，当卵母细胞的这 11 个基因中的任何一个基因发生突变或缺失时，即使精子可提供一份正常的野生型基因，胚胎也无法正常发育。在受精后，这 11 个基因的正常产物对胚胎发育已不起作用。更进一步的实验表明，从囊胚出现细胞化（cellularization）之前的早期野生型囊胚中抽取细胞质，

注入与背部生成有关的 11 个基因的突变型胚胎，可以部分地或完全地使突变胚胎恢复正常发育。此外，不同突变型胚胎的 mRNA，可以相互地使背部化基因（dorsalizing gene）突变引起的缺陷恢复正常发育。这表明，这 11 种或更多种背部化基因各自产生不同的基因产物，作用于形成腹背极性的复杂的分子机构，而且这些产物在功能上是可以互补的。这里需要补充说明一点的是，dorsal 系统控制腹部发育，包括中胚层和神经胚胚层的发育，这个系统的命名是由于其突变的效应是"背部化"而不是"腹部化"。dorsal 组的很多基因若发生突变将会使腹部不能产生其特有的结构，而在腹侧形成背部结构。

母源效应基因的突变将导致额外产生或丢失头、尾、背部或腹部结构。另外，如果要使背部基因（dorsal gene）突变纯合子的胚胎中的腹部突变结构恢复正常，必须把野生型胚胎的细胞质注入突变胚胎的腹面一侧方才有效；更有趣的是，当把野生型细胞质注入上述胚胎的后端腹区时，可以使呼吸管恢复正常发育；如注入中腹区，则使头部的感觉器官恢复正常发育。这些实验说明，果蝇的成熟卵中存在背腹轴的位置信息梯度和前后轴的位置信息梯度。腹部极性的缺陷，不影响前后轴的梯度信息，所以，两个梯度是各自独立的。母源效应基因 bcd 纯合体 bcd/bcd 雌性的卵子将发育成缺少头和胸的胚胎而死亡，这表明野生型基因产物是头和胸发育所必需的。在 bcd/+ 雌性的卵子中，基因产物呈浓度梯度分布，即卵子（和早期胚）前端浓度高，至一半长度时降低。果蝇胚胎后端结构生成的 nos（nanos）基因也是母源效应基因，nos mRNA 在卵巢内产生后运送到卵内，并停留在卵的后端，如果母体缺失 nos 基因，则胚胎不会生成腹部。

研究证实，母源效应基因在哺乳动物胚胎发育中同样起着关键的作用。从卵母细胞向胚胎的转化必须依靠卵子发生过程中所积累起来的母源效应基因转录产物及其蛋白质，随着发育的推进，胚胎自身合子基因组开始转录、表达，并对胚胎的发育发挥作用，即从母性调节（maternal regulation）转为合子调节（zygotic regulation）。小鼠大量的胚胎基因组活动始于 2 细胞期，而人类始于 4~8 细胞期。到目前为止，仍只有少数几种哺乳动物的母源效应基因被鉴别出来，对其作用机制的认识还不深入。如 Mater 基因（maternal antigen that embryos require）在卵母细胞特异表达，主要位于卵母细胞的胞浆中，少部分位于其线粒体及核仁中。Mater⁻/⁻ 雌鼠有正常的卵子发生、卵母细胞成熟和排卵，受精正常，但其胚胎发育停滞在 2 细胞期，而 Mater⁻/⁻ 雄鼠无明显的生育异常。

母源效应基因异常可能是造成不孕的原因之一，如临床上部分患者卵巢发育、卵母细胞成熟正常，在人工助孕周期中也能获取一定数量形态正常的卵，但却出现不明原因的受精失败、卵裂异常、胚胎早期生长停滞等，这可能是由于母源效应基因在受精、胚胎的早期发育等过程中起重要作用所致。

### 14.5.2 分节基因

动物在胚胎发育过程中都有一个非常显著的发育特征即分节（segmentation），它们能够沿身体前后轴按照时空顺序形成一定数目的重复性结构。自果蝇中发现分节基因（segmentation gene）开始，脊椎动物的分节尤其是体节发生（somitogenesis）机制的研究获得了很大的进展。

对果蝇发育突变型的研究表明，基本体节的建立是由两种事件完成的：一种是分节基因的功能，将胚盘分成线状系列的多数相似的分节单位；另一种是同源异型基因的作用，将某一区域确定为一个结构域。

对某一区域内有活性的分节基因及其突变的研究表明，这些基因与另一些基因的相互作用以"发育级联"方式将胚胎再逐渐区分为较小的区。分节基因可分为三类：裂隙基因（gap gene）、成对规则基因（pair rule gene）和分节极性基因（segment polarity gene）（图 14-7），这些基因的突变会改变分节的规则，导致产生很多或全部不正常的体节。分节畸形的严重后果是使突变体胚胎死亡，一般在变成成体之前的各个发育阶段中死亡。可能有约 30 个座位涉及体节的形成，如裂隙基因有 kruppel（kr）、knirps（kni）、hunchback（hb）、giant（gt）、tailless（tll）、huckebein（hkb）等，成对规则基因有 hairy（h）、runt (*run*)、even-skipped（*eve*）、fushitarazu（*ftz*）、odd-paired（*opa*）、odd-skipped（*sdd*）、sloppy-paired（*slp*）、paired（*prd*）等，分节极性基因有 engrailed（*en*）、wingless（*wg*）、cubitus interruptus（*ci*）、fused（*fu*）、hedgehog（*hh*）、armadillo（*arm*）、patched（*ptc*）、gooseberry（*gsb*）等。

裂隙基因首先对母源效应基因产物起反应，裂隙基因产物的作用是建立几个相对大的区，如果裂隙基因发生突变，则会使胚胎体节图式出现裂隙。裂隙基因是在胚胎中转录的第一批基因，其中 *hb* 基因是受 *bcd* 基因调控而转录表达的第一个合子基因。在早期胚胎发育中，*bcd* 基因产物 bicoid 蛋白作用于合子的两个裂隙基因——*hb* 基因和 *kr* 基因，该蛋白特异地结合于 *hb* 基因旁边的 DNA 部位，借此激活其转录，导致头和胸节的形成。然而，该蛋白对 *kr* 基因则有相反的效应而抑制其表达，*kr* 基因只在 bicoid 蛋白很少或缺失的区域才表达。

继裂隙基因后，成对规则基因和分节极性基因表达而形成一系列沿胚胎长轴重复的型。成对规则基因突变的结果是每隔一个体节就缺失一部分，所涉及的体节可能是偶数个的，也可能是奇数个的，这一组有 8 个成对规则基因。已知

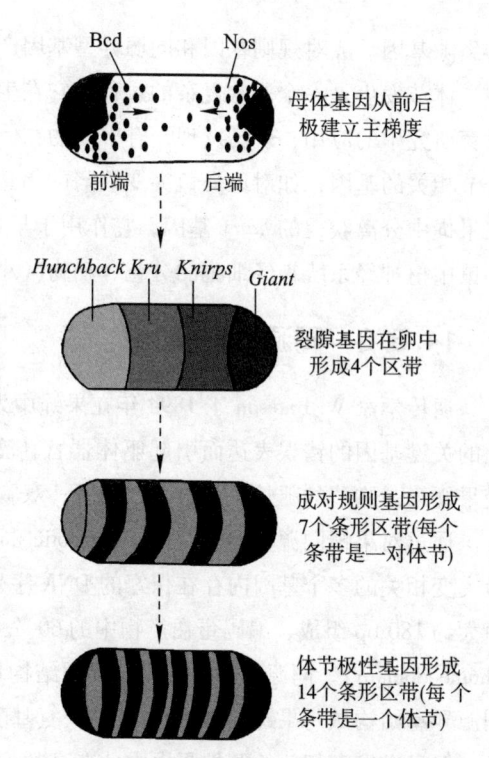

图 14-7 母体基因和分节基因逐渐作用于胚胎，使形成的限制区域逐步增加

有 3 个基因是初级成对规则基因（primary pair rule gene）：*hairy*、*even skipped* 和 *runt*，它们直接受裂隙基因的蛋白质所调控。初级成对规则基因则调控次级成对规则基因（secondary pair rule gene）的活性。次级成对规则基因 *ftz*（fushi tarazu，日语，"太少的体节"之意）早在第 14 次卵裂时，Ftz mRNA 和蛋白质就已遍布胚胎的分节部分，该基因表达后，与体节生成有关的其他基因的产物也开始出现和积累。突变纯合子 *ftz/ftz* 的体节只有正常的一半，这是由于 7 个相关体节（偶数体节）的细胞死亡而被清除的结果。

体节极性基因（segment polarity gene）的转录图式受成对规则基因所调控，这类基因的功能是保持每一体节中的某些重复结构，这一组基因有 16 个。当这类基因发生突变后，会使每一体节的一部分结构缺失，而被该体节的另一部分的镜像结构所替代。如 *engrail* 基因是保持前后体节间的分界的，它的突变型胚胎则前后体节融合为一，即每一体节的后半部被后一体节的前半部的重复结构所替代。

这三组基因在发育中相继表达，它们在卵中形成的限制区域逐步增加（图 14-7）。母体基因从前、后端建立了梯度，这种梯度激活或抑制了裂隙基因。裂隙基因在第 11 次核分裂时最早被转录，它们将胚胎分成 4 个区带。裂隙基因调节稍晚一点转录的成对规则基因。它们的靶区域被限制为成对的体节。成对基因依次调节在第 13 次核分裂时表达的体节极性基因，成对规则基因的靶位点是单个的体节。

很多的母体基因、裂隙基因和成对规则基因都是转录调节物。它们的作用可以是激活，也可以是抑制。在某些情况下，特定的蛋白可以活化某种靶基因，而抑制另一些靶基因，这取决于其浓度和竞争能力。这类基因不但相互调节，也调节下一组基因。

上面提到"发育级联"调控方式的概念。从上面可以看到，在果蝇的发育中，"级联"反应是由母源效应基因开始启动的，它控制裂隙基因的激活；裂隙基因间相互作用控制它们自身的转录，并作为一组基因控制着成对规则基因表达的图式；成对规则基因之间的相互作用生成了躯干的重复体节，同时又控制着体节极性基因表达的图式；成对规则基因和裂隙基因之间也有相互作用，调控着另一类基因——同源异型基因的活性，以决定每一体节的结构。在细胞囊胚期（cellular blastoderm stage）结束时，每一体节原基通

过裂隙基因、成对规则基因和同源异型基因产物的独特组合，产生了一个个各具特征的体节。

体节发生是一个非常复杂的过程，它在生物发育过程中占有非常重要的地位。随着遗传学方法在胚胎发育研究中的应用，现已发现，脊椎动物在体节发生过程中有大量的基因表达，现已分离出相当一部分与分节相关的基因，如对斑马鱼突变缺陷的筛选确认了 50 多个在正常体节发生过程中所必需的基因；首先在果蝇中分离获得的 hairy 基因，它作用于早期胚胎分节以及几种细胞类型的命运决定，它同样也作用于小鼠中枢神经系统神经细胞的分化、动物（小鼠、鸡、鱼类、蛙等）中胚层分节和体节边缘形成。

### 14.5.3 同源异型基因

遗传学家 W. Bateson 于 1894 年在果蝇中发现同源异型现象（homeosis），即由于突变或某一与发育有关的关键基因的错误表达而引起躯体器官转变成另一器官的现象。例如，果蝇的触角基因（antp）突变，使果蝇第二胸节的腿长在头触角的位置；双胸基因（biothrax）突变，使果蝇后胸发育成前胸。

通过对果蝇同源异型突变体（homeotic mutant）和体节突变体的杂交分析发现，与同源异型突变及体节突变相关的多个基因内存在保守的 DNA 序列，这些序列称为同源异型框（homeobox）。同源异型框序列由大约 180 bp 组成，编码蛋白产物中的 60 个氨基酸。由同源异型框编码的多肽序列称为同源异型结构域（homeodomain）。同源异型框和同源异型结构域序列在进化过程中是高度保守的，例如，一些人和小鼠的同源异型结构域与果蝇的 Antp 只有一个氨基酸的差异（1/60）。同源异型结构域广泛存在于真核生物蛋白中，但只在发育相关的调控蛋白中才有高的保守性，这种相似性表明，至少有一些发育的遗传机制在动物界是广泛存在的。

含有同源异型框的基因称为同源异型基因或型形成基因（homeotic genes，Hox）。各种动物具有不同的 Hox 基因数目，如果蝇有 8 个，人类有 40 多个。Hox 基因决定动物体节发生的顺序、部位，使器官发生在正确的位置上，属于调控基因。已发现的 Hox 基因的产物基本上都是转录因子，由同源异型结构域所形成的 α 螺旋 - 转角 - α 螺旋的立体构型可与特异 DNA 片段中的主沟相互作用从而启动基因的表达。

体节极性基因控制每一体节的式样，包括极性，同源异型基因则决定各体节的特点。同源异型基因本身受上述三类分节基因的调节。同源异型基因并不重新产生一种模式，而仅修饰由一些基因如体节极性基因所决定的细胞命运。这种修饰是通过控制在特殊部位发挥功能的整套基因的打开和关闭进行的。实际上，体节极性基因是在同源异型基因表达达到高峰时起作用的。由于同源异型基因突变而使其正常功能受到破坏时，各区确定的命运则与其位置不相应，同源异型基因突变可导致大的结构性畸变，例如在长触角的位置长出了腿（图 14-8）。

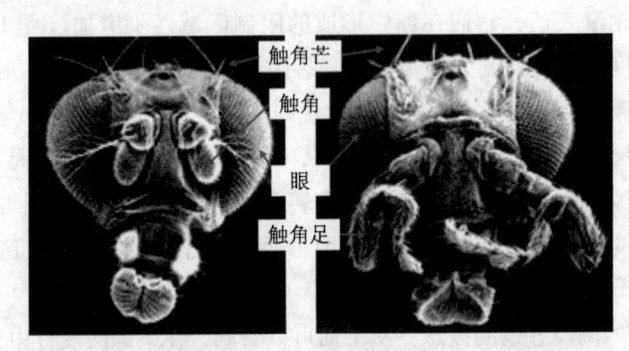

图 14-8 正常果蝇（左）和同源异型触角足突变体果蝇（右）

研究表明，果蝇第三染色体上有两个区段包含了大部分同源异型基因（图 14-9），一个区段是触角足复合体（antennapedia complex，ANT-C），含有 5 个同源异型基因，它们是负责头部体节特化的 lab（labial，唇）和 dfd（deformed，畸形）基因，负责胸节特化的 scr（sex comb reduced，性梳减少）和 antp （antennapedia，触角足）基因，以及只在成蝇中起作用的 pb（proboscipdia，鼻足）基因，该基因突变的结果是使果蝇唇嘴部的触角转变成腿。另一个区段是双胸复合体（bithorax complex，BX-C），包含 3 个同源异型基因，控制着果蝇的胸节和 8 个腹节的发育。这 3 个基因是负责第二胸节特征结构发育的 ubx（ultra-bithorax，超双胸）基因，控制腹节结构生成的 abdA（abdominal A，腹 A）和 abdB（abdominal B，腹 B）基因。$ubx^-$、$abdA^-$ 和 $abdB^-$ 三个点突变产生的致死表型，同缺失整个 BX-C 的表型是相同的。BX-C 和 ANT-C 是两个巨大的复合体，统称为 HOM-C。

发育中的哺乳动物胚胎的前后轴与果蝇一样，也是由同源异型基因特化的。在人和小鼠的基因组中有 4 个 HOM-C 复合体，分别位于 4 条染色体上，小鼠的称为 HoxA、HoxB、HoxC 和 HoxD，人的称为 HOXA、HOXB、HOXC 和 HOXD。果蝇和哺乳动物的同源异型基因在染色体上的排列次序十分相似，而且基因表达的图式也是相同的。例如，与果蝇 lab、pb 和 dfd 基因同源的哺乳动物同源异型基因，也同样是在胚胎前端表达；而与果蝇 abdB 同源的哺乳动物基因则在后端表达。哺乳动物中的同源异型基因复合体可能是由于其祖先 ANT-C/BX-C 复合体重复而来。但是，果蝇和哺乳动物的同源异型基因之间并不存在一一对应关系，这很可能是二者在进化趋异后独自发生基因重复，最后在基因复合体中出现了互不相同的基因。果蝇和哺乳动物中，同源异型基因在基因簇中排列顺序相同，这些基因同系物在胚胎的前后轴间也以相似的顺序进行表达，现在已知脊椎动物中有果蝇 abdB 型的 15 个同源基因（图 14-9）。果蝇和脊椎动物的身体结构完全不同，它们是在 5 亿年前趋异进化的，因此很难想象它们的躯体规划（body plan）同样由同源异型基因决定。

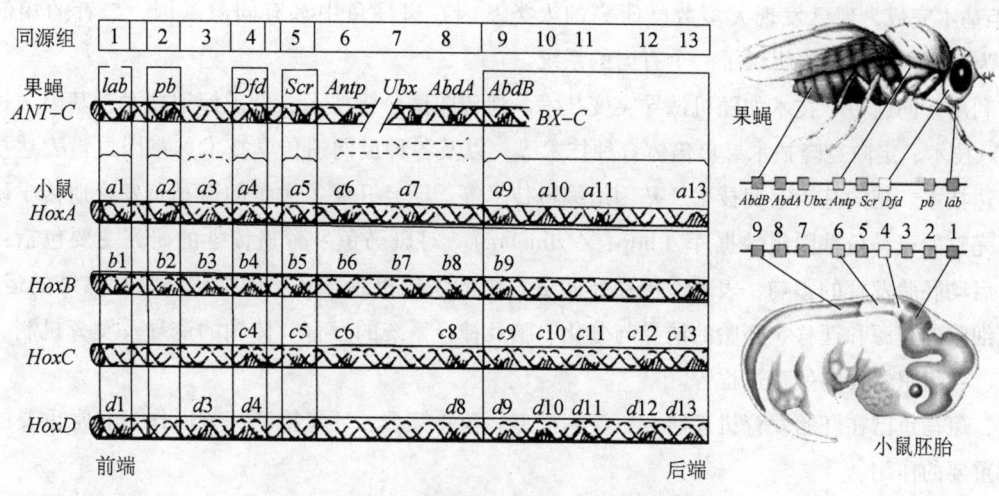

**图 14-9　同源异型基因的进化保守性比较**

虽然在人类基因组内已定位有 40 余个 HOX 基因，但很少发现突变型，这可能是由于突变的致死效应。分子生物学研究表明，人的 HOXD4 基因的调控序列可使果蝇的同源基因 Df 在果蝇胚胎头部专一性地表达，意味着它可能与 Df 基因有相似的功能。此外，近年来还发现一些人体疾病与 HOX 基因密切相关，如 HOX 基因与肛门直肠畸形的发生关系密切，HOX 基因在卵巢癌中被活化等。

Hox 基因体系首次发现于果蝇中，是发育生物学研究中的范例。Hox 基因的发现使发育生物学在分子水平上前进了一大步，为我们最终揭示生物发育和细胞分化的基因调控机制提供了线索，它使单纯的发育生物学研究领域延伸到了遗传学、细胞生物学，甚至医学等各个领域。

植物中首次克隆到的同源异型框基因是从玉米中获得的 KNOTTED1（KN1）基因，目前已从多种植物中克隆了上百种同源异型框基因。然而植物的同源异型框基因与动物的明显不同，动物的同源异型框基因一般能产生明显的同源异型突变，而绝大多数植物的同源异型框基因则不产生明显的同源异型突变。植物的同源异型框基因几乎参与到植物个体发育的各个过程，如维持植物基本形态、负责植物顶-基轴的建立、在植物胚胎发育中启动或调控发育过程的其他基因从而决定植物不同部位的细胞命运等。

## 14.6 发育遗传学的新兴模式动物——斑马鱼

自1981年美国遗传学家 G. Streisinger 建立斑马鱼纯合品系及一系列突变和胚胎发育规律的研究以来，斑马鱼（*Danio rerio*）近年已迅速发展成为一种广泛用做发育遗传学研究的新型模式脊椎动物。

斑马鱼作为发育遗传学研究的一种重要模式动物，其显著优势在于：①体型小、饲养成本低、产卵量高、性成熟周期短。成鱼体长仅4~6 cm，从受精卵发育至性成熟仅需2~3个月，成鱼常年产卵且产卵量大，繁殖期可持续12个月以上，每周可产卵200~400枚，鱼卵易收集。②体外受精，胚胎在母体外发育且通体透明，可以在显微镜下直接观察胚胎发育过程。③受精卵在24 h后其主要的组织器官（脑室、耳、眼、心血管、体节等）原基已经基本形成，适用于整体成像和实时活体观察，较易筛选出特定组织器官发育和行为异常突变体。④已经成功应用化学诱变、基因插入等手段获得斑马鱼大量突变体，增加了基因组文库来源。⑤其神经系统、心血管系统、视觉系统以及内脏器官等与人类相应系统具有相似的发育机制与特点，这提示斑马鱼可以作为人类发育研究的良好模型。⑥诱导产生单倍体后代的可能性较大，因此可以暴露出隐性基因决定的胚胎表型，也可以快速培育成二倍体斑马鱼的同基因品系。⑦其基因组测序及组装于2002年基本完成，现已发现大多数已研究的人类基因在斑马鱼中都有同源基因，二者的相似度高于87%，这为解析人类基因组提供了一个有力的系统。

目前利用正向遗传学技术如随机诱导突变技术、遗传图谱分析技术、分子标记技术、基因表达序列标签（EST）技术、定向克隆技术、单倍体育种技术等，以及各种反向遗传学技术如基因过量表达技术、阻断基因表达技术、靶向基因突变技术、基因组编辑技术等，已经开展了大量的斑马鱼发育遗传学研究，并已建立了完整的斑马鱼基因组数据库（http://zfin.org）。对斑马鱼发育遗传学的研究主要包括：母源效应基因对启动胚胎发育的影响、表观遗传在胚胎发育中的调控机制、胚胎中细胞迁移和黏结的运动机制、原始生殖细胞的起源和迁移、胚胎的诱导与分化、脑及神经系统的发育、体轴的诱导及发育机制、左右不对称发育、各组织器官的发育过程等。

目前，斑马鱼已在胚胎发育机理研究、疾病模型、药物筛选、环境检测等方面作为非常重要的模式生物在发挥重要的作用。

---

**问题精解**

◆ 果蝇 dorsal（*dl*）基因的产物腹部成形素（ventral morphogen）通过它在核中的高浓度对胚盘的腹面发生作用，使果蝇胚的腹部结构形成。然而，如果位于胚腹表面的一种受体被激活，那么 Dorsal 蛋白就只能进入这些腹部的核中。这个受体是由 Toll（*Tl*）基因编码的。Toll 受体的细胞外配基很可能是由 Spatzle（*spz*）基因编码的，然而这种配基能以天然的和修饰的两种状态存在，其中修饰的状态对于 Toll 受体的激活是必需的。从天然的状态转换成修饰的状态需要3个基因即 snake（*snk*）、easter（*ea*）、gastrulation defective（*gd*，原肠胚形成缺陷）的产物的作用。所有这3个基因的产物都是丝氨酸蛋白酶，它们都能使其他蛋白的多肽链在某些丝氨酸位点断裂。利用这些资料，画出最终引起 Dorsal 蛋白去诱导果蝇胚中腹部结构形成的发育途径。

答：发育途径可用下图表示：

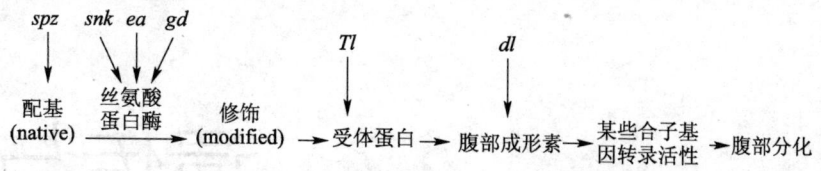

```
        spz  snk ea gd              Tl              dl
         ↓    ↓↓↓                   ↓               ↓
        配基  丝氨酸    修饰
       (native) 蛋白酶 (modified) → 受体蛋白 → 腹部成形素 → 某些合子基 → 腹部分化
                                                          因转录活性
```

  spz 基因的产物通过由 snk、ea、gd 三个基因所产生的丝氨酸蛋白酶的修饰，修饰后的配基能激活 Toll 受体蛋白，但这种激活是限制在胚的腹面，至于为什么有这样的定位活性目前还不清楚。当 Toll 受体蛋白被激活时，它转换成一个信号进入胚的细胞质中，这个信号最终引起腹部成形素进入位于胚腹面的核中，在这里，它作为一个转录因子调节包括有关腹部命运分化在内的合子基因的表达。

◆ 你怎样发现在果蝇中的某个基因是否与轴的形成有关的？

  答：果蝇中形成轴的基因（axis forming gene）有两个重要的特征可用来实验。第一个是，这些基因的突变产生使胚的某个区域改变或消失的母体效应表型（maternal effect phenotype），因此，一个实验是分离这个基因的突变体，产生这个突变的雌性纯合体，检查由这些轴形成不正常的雌蝇所产生的胚。第二个是，轴形成基因在母体中是有活性的，而在胚中却没有活性。因此，第二个实验可以用探针与由这个基因所产生的 mRNA 进行杂交，来确定这个基因在母细胞的卵子发生过程中是否转录。

# 思考题

1. 细胞全能性与细胞核全能性是同一概念吗？动物和植物细胞都具有全能性吗？
2. 请从植物细胞、动物细胞和微生物细胞理解细胞全能性的概念。
3. 克隆绵羊的成功有什么意义？
4. 什么是细胞命运定向？细胞命运定向有几种方式？
5. 一种昆虫（Otopteryx volitans）的胚胎发育为镶嵌发育模式。如果将从一个卵的头部区域的细胞质移植到另一个卵的腹部区域，你预期会产生什么样的结果？
6. 试述线虫和果蝇胚胎发育中的一种相同的地方和一种不同的地方。
7. 什么是母源效应基因、分节基因和同源异型基因？它们在果蝇发育中各有什么作用？
8. 果蝇有哪两个发育控制的复合座位，它们包含了大部分的同源异型基因？
9. 下列哪种说法是不正确的：
（1）通过果蝇和线虫发育模式的研究，对阐明其他生物相似的发育问题是有帮助的。
（2）野生型线虫胚胎发育中细胞分裂和细胞系的形成具有高度的程序性。
（3）线虫恒定的细胞谱系发育模式对进行发育研究没有用处。
（4）同源异型基因在人类基因组中同样存在。
10. 胚胎发育受表观遗传调控吗？表现在哪些方面？
11. 细胞命运定向可分哪两个阶段？它们有什么区别？
12. 什么是镶嵌型发育和调整型发育？

# 第 15 章

# 遗传与进化

Charles Robert Darwin

15.1 物种形成机制
15.2 进化理论
15.3 分子进化
15.4 分子系统学与分子系统树
15.5 分子定向进化

科学史话

**内容提要**：Wallace 和 Darwin 的自然选择学说深深地影响着人们对生物进化的认识，但对其具体作用机制的理解是自从孟德尔定律被重新发现之后，特别是随着分子遗传学和基因组学的发展，人们对于变异（突变）的起源、物种的形成和进化机制等才有了更多的认识。

自然选择同其他进化因子如突变、迁移、遗传漂变等一起导致了进化歧化和物种的形成。物种形成过程最重要的特征是生殖隔离机制的产生。

生物进化的主要理论有拉马克获得性状遗传学说、达尔文自然选择学说以及分子进化中性学说，三者间并不对立而是存在一定内在联系。

分子进化如多基因家族进化、内含子起源、序列进化等是一个非常广泛的研究领域，它包括对进化过程中基因组序列、结构和功能改变的研究以及这些改变对形态学、生理学、行为和机体进化及其他进化方面的影响等。

不同物种中分子间的核苷酸或氨基酸的差异能被用来建立分子种系发生。基于分子差异所建立的进化系统树通常与常规分类方法所建立的种系发生树基本一致，但序列进化速率并不总是与形态、行为和机体进化等方面相对应。

分子定向进化是实验室内模仿自然进化的形式，定向选择出具有特定性质的基因、蛋白质、RNA 甚至物种的一种手段。

**重要概念**：生殖隔离　物种形成基因　分子进化　分子定向进化　分子系统树　分子钟　获得性状遗传学说　自然选择学说　分子进化的中性学说

遗传学是对生物上下代或上下几代的遗传与变异规律的研究，而进化论是对成千上万代生物的遗传与变异规律的研究。地球上的生物经历了一个由简单到复杂、由低级到高级的长期历史发展过程，遗传学的研究历来就是研究进化论的基础，它不仅为生物进化理论提供证据，更重要的是，它解释了生物进化的历史过程。

在19世纪中期，A. R. Wallace和C. R. Darwin提出了自然选择的生物进化理论，但由于当时人们缺乏相应的遗传学知识，对其中的机理没有办法解释。孟德尔定律被重新发现后，特别是随着分子遗传学、基因组学和群体遗传学的发展，科学家们引入基因和等位基因的概念，对变异（突变）的起源、遗传的机理、物种的形成和进化机制等都有了更多的认识。

在第5章中，我们已经讨论了群体的概念及进化因子如自然选择、突变、迁移、遗传漂变等对群体基因频率的影响及其对进化歧化和物种形成的影响。本章将从物种形成机制、生物进化理论和分子进化三个方面对进化遗传学进行介绍。

## 15.1 物种形成机制

在5.1中我们已经谈到在遗传学中生物学"种"的概念，对于有性生殖生物而言，物种是一个具有共同基因库、与其他类群之间存在生殖隔离的生物自然集群。也就是说，如果两个种群之间不能交配或即使能交配而不能形成有活力和可育的后代，则它们代表两个不同的物种。物种形成过程最重要的特征就是在之前可以相互交配的群体之间进化出阻止遗传交换/基因流的隔离机制，因此，物种形成的研究主要是探讨各种生殖隔离机制的形成和进化过程。

物种形成是由遗传变异与生态环境共同作用的结果。传统观点认为地理隔离是物种形成的决定因素，然而近期的研究表明，在基因流存在条件下的物种形成可能是自然界普遍存在的模式。与此同时，物种形成的遗传学机制认为，这一过程涉及一些隔离关键基因或位点区域的分化选择。此外，自然杂交所导致的谱系融合也认为是物种形成的一种重要的方式。下面就四种在物种形成中的关键因素加以说明。

地理隔离（geographical isolation）：传统观点认为，地理隔离如高山、海洋、距离等使物种彼此间无基因交流的机会，是种间最重要的隔离机制。地理隔离后，基因流被阻断，突变、迁移和选择对各环境中的生物产生不同的调节作用，结果导致同一物种不同种群间在遗传、生理和形态上彼此出现差异，从而出现种群分化。调节作用的程度取决于种群所处环境差异的大小、种群间基因流的强弱和随机因素的作用。当隔离达到一定程度，则会使各孤立种群间的育性降低，最终产生生殖隔离，并导致新物种的形成。当然，虽然通过地理隔离使不同自然区域的种群彼此间无法相遇而不能交配，但如果没有形成生殖隔离或后代仍是可育的，它们还是属于同一物种。

生殖隔离（reproductive isolation）：生殖隔离是生物种群间阻止杂交或使杂交后代不育的一种生物学特性，是物种形成和保持物种完整性的主要标志。近代研究发现，物种是适应于不同环境的产物，生殖隔离是差异适应和遗传漂变的副产品，而不是物种形成的前提。生殖隔离机制主要分为两大类：合子前隔离（pre-zygotic isolation）和合子后隔离（post-zygotic isolation）。合子前隔离包括生理结构差异、时间隔离、行为隔离和性选择隔离等，是一种更为经济的隔离机制，如有两种蟾蜍 *Bufo americanus* 和 *Bufo fowleri*，在实验室条件下是可以成功交配并产下可育后代的，但在自然状态下，虽然有地理上的重叠，它们也不发生交配，这是因为前者的交配期是早夏，而后者是晚夏；合子后隔离包括杂种无法存活、不育或繁殖力下降等，这可能涉及发育相关的一系列基因的表达问题，如马和驴的杂交后代（骡或驴骡）不育。由于受到气候波动和地质环境变迁的影响，自然界不同物种的种群经常会发生分布区和范围的改变，相互之间可能发生二次接触导致基因流的发生。在这种基因流存在情况下，生殖隔离机制的形成主要依赖于已适应性分化了的隔离关键基因或又称物种形成基因的作用。一般来说，由于受到分化选择的影响，隔离关键基因的基因流水平降低，同时个别基因位点的加速分化导致了杂交后代个体适合度的严重降低，最终导致物种间产生完整的生殖隔离。

谱系融合（lineage fusion）：除了谱系分裂（lineage split）外，很大一部分物种形成事件归因于谱系融合。有研究表明，至少有25%的植物种类和10%的动物种类在其进化过程中经历了与其他物种杂交的过程。因此，自然杂交也是物种形成的一种重要的方式。杂种物种形成有两种主要形式：异源多倍体杂种物种形成和同倍体杂种物种形成。其中，异源多倍体杂种在物种形成中占主导地位，许多野生植物类群和重要的农作物如小麦、棉花、烟草、大豆、玉米等均为异源多倍体，因为异源多倍体杂交物种一旦出现就会与亲本种产生生殖隔离。

物种形成基因（speciation gene）：大部分学者认为，种群间没有完全的地理隔离或空间隔离，种群间存在一定程度基因流条件下的物种形成是自然界普遍发生的一种模式。生殖隔离的形成以及最终物种的形成是一个逐步的过程，是以一个个或一组组基因的逐步分化为基础的。一些基于 QTLs 分析的研究发现，基因组中少数的主效位点在物种形成中起着关键作用，并且这些位点往往受到自然选择的作用，这就是所谓的物种形成基因（speciation genes），其等位基因可能存在着不同的适应性。例如，果蝇的 Acp26Aa 基因的编码产物从雄性精液中传递到雌性体内，在交配后的第1天，该基因产物促使雌性排卵。如果这个基因出现足够大的差异而使雌性果蝇不及时排卵，就可能造成生殖隔离。对该基因编码区的置换率在 *D. melanogaster*/*D. simulans* 和 *D. yakuba*/*D. teissieri* 之间的比较发现，核苷酸的有义置换率比同义置换率要大，在有些情况下这一比值几乎达到2，表明正选择可能作用于该基因座位，并且正在造成物种之间的分化。又如，植物 S - 基因座（S - locus）可在自交亲和物种和自交不亲和物种的杂交过程中造成花粉排斥的不对等性；在剑尾鱼（*Xiphophorus helleri*）的 X 染色体上有一个杂种不能存活基因（黑色素瘤受体激酶基因 Xmrk - 2），该基因的表达与鱼类的物种分化存在明显相关性。虽然在种群分化的初期，种群间的个体仍能进行交配并保持持续的基因流，但由于杂交个体持有的某些物种形成基因在特定环境下出现适合度下降，从而导致繁殖力下降甚至被淘汰，逐渐形成生殖隔离机制而成为不同的物种，这就是著名的华莱士效应（Wallace effect）。随着变异的累积和对环境的适应，一些性状的分化已经足以使不同群体进行区分，如皮毛颜色、肌肉力量、个体大小等，而这时基因组中的其他基因座上并未或较少产生分化。目前广泛一致的认识是，在物种形成过程中，适应不同环境的种群中的基因差别只是整个基因组中的一小部分，物种形成相关基因的基因流所发生的时间和频率也明显区别于中性进化基因。随着高通量测序技术的发展，将从基因组水平上为寻找适应性进化相关基因及位点的变异提供更有力的证据。

## 15.2　进化理论

生物进化是生物随着时间的推移，在分子、形态、生理、行为和生态等方面发生变化和多样性的过程。在20世纪，遗传学获得了长足的发展，如在基因突变、基因型与表型、转录与翻译、群体与基因库、遗传变异与进化速率、突变速率与进化、染色体畸变、分子进化、基因组进化、基因流动、随机遗传漂变、奠基者效应与瓶颈效应、多态性与平衡选择、表观遗传变异等方面的研究均取得了一批有价值的成果，现代的进化理论将遗传学研究所取得的成果与自然选择理论结合了起来。现在人们一方面已经接受基因型和基因的变化是生物所有变化的基础的观点，基因突变和重组产生的遗传变异为进化提供了原材料；另一方面人们认识到，虽然生命物质明显的存在形式是个体，但进化中的基本单位不是个体而是群体，种群是生物进化的基本单位，生物进化的实质是种群基因频率的改变，进化是由群体基因组成的变化所造成的；第三，人们认识到变异（突变与重组）、自然选择和隔离是物种形成及生物进化的三个基本环节，在这个过程中，突变和基因重组产生生物进化的原材料，自然选择使种群的基因频率定向改变并决定生物进化的方向，隔离是新物种形成的重要条件，通过三者之间的综合作用，种群产生分化，最终导致新物种形成。

关于生物进化历来是生物学家感兴趣的问题，曾提出过许多理论，其中主要的有三个：拉马克的获得性状遗传学说、达尔文的自然选择学说，以及20世纪60年代后期提出的中性学说。

### 15.2.1 拉马克获得性状遗传学说

最早的比较完整的进化学说是由法国博物学家和哲学家拉马克（J. B. Lamarck）提出的，他的《动物学哲学》(1809) 比达尔文的《物种起源》(1859) 早50年。他认为生物的种（species）不是恒定不变的类群，而是由以前存在的种衍生而来的。他观察到，在生物的个体发育中，因为环境的不同，生物个体有相应的变异，而跟环境相适应。例如，年幼的树木在茂密的森林中，为了争取阳光，就长得高高的；多数鸟类善于飞翔，胸肌就发达了。于是他提出了用进废退学说（theory of use and disuse）或叫获得性状遗传学说（theory of the inheritance of acquired characters）。这个学说的内容包括以下几点：

(1) 生物生长的环境，使它产生某些欲求。
(2) 生物改变旧的器官，或产生新的痕迹器官（rudimentary organ），以适应这些欲求。
(3) 若继续使用这些痕迹器官，使这些器官的体积增大、功能增进，但不用时可以退化或消失。
(4) 环境引起的性状改变是会遗传的，从而把这些改变了的性状传递给下一代。

他认为环境的改变是物种变化的原因，最著名的例子是长颈鹿的进化。长颈鹿是最高的哺乳动物，头颈特别长，但是它同人和其他哺乳动物一样，也只有7个颈椎，只是每个颈椎非常长而已。拉马克学说认为长颈鹿的长颈，是因为其祖先在非洲热带草类稀少的情况下，不断伸长脖颈贪食较高树叶所致，一代一代下去，长头颈的遗传特性继续加强并遗传下来，终于进化成现代的长颈鹿。相反，洞穴生活的鼹鼠，黑暗中眼睛长期不用，就一步步退化，最后成盲目了，生下的后代依然盲目；爬行类的蛇，因为腹部贴地爬行，身子一代代伸拉变长，四条腿一代代退化，最后消失了。

拉马克学说认为获得性遗传是生物进化的主要动力。然而，在20世纪后期，由于对基因研究的深入，认为基因通过蛋白质决定生物的性状，生物的形态最终由DNA的顺序决定。上一代生物的生殖细胞中的DNA通过减数分裂和受精过程传给下一代，而上一代后天获得的性状不会影响生殖细胞中的DNA顺序，所以后天获得的性状不会遗传到下一代，换言之，获得的性状是不能遗传的。但近年来随着对表观遗传学研究的深入，获得性遗传日益获得实验的支持。M. Meaney按照母鼠对幼鼠的舔舐和整理毛发的频密程度把母鼠分为粗心妈妈和细心妈妈两类，然后让它们抚养初生幼鼠（包括亲生和非亲生子女）。实验通过对幼鼠神经系统发育至关重要的糖皮质激素受体（glucocorticoid receptor）基因上的第一外显子的甲基化程度检测发现，细心妈妈照顾下的小鼠的这段基因会去甲基化，从而使得这个基因得到表达，相反，粗心妈妈照料下的小鼠的这段基因的去甲基化过程非常缓慢，而且去甲基化的程度最终也非常低，因此基因的表达量就大大减少。这种去甲基化过程和结果的区别是长久性的，最终造成两类小老鼠的神经发育有很大的差异。这个实验表明，外界环境刺激会导致基因表观修饰的长久变化。当然，生物进化是一个复杂的过程，虽然甲基化可以长久地影响基因的表达，那么如果这种影响只是对当代而言而不遗传给后代的话，这对于进化来说是没有用的，但是近年来随着一些表观遗传标记保护机制逐渐被发现，比如小鼠中一种叫stella的蛋白质能够有效地保护卵子中的部分基因的甲基化标记，从而使这种标记能从上一代传到下一代，拉马克的这一学说可能重新受到重视。

### 15.2.2 达尔文自然选择学说

达尔文（C. R. Darwin）的自然选择学说（theory of natural selection）是19世纪中期提出的，后经不断修正和完善，尤其是在现代遗传学基础上发展起来的自然选择学说，可以说是当今进化学说的主流。下面将要介绍的达尔文进化学说已是由许多学者根据染色体学说、群体遗传学、分子遗传学、物种生物学及古生物学等提出的现代新达尔文主义的观点：

(1) 生物个体是有变异的。生物个体的变异，至少有一部分是由于遗传上的差异。现代遗传学充分证明，每一性状的个体差异（表型差异）都是由基因型差异与环境差异两方面造成的，只不过二者在造成表型差异中所起的作用有着不同的比重而已。基因型差异的产生是由于基因的突变和重组所造成的，但突变是更加基本的，因为如果没有突变而成不同的等位基因，那就谈不上任何重组，所以突变是最初始的原材料；虽然地球上存在千差万别的物种，但都是过去生存物种的后代，都渊源于同一祖先。现代遗传学的发展证明，一切生物都使用共同的遗传密码，这是分子水平上的证据。

(2) 自然选择。生物体的繁育潜力一般总是大大超过它们的繁育率的。例如，一条鲱鱼约产卵30万粒，一株烟草约结种子36万粒，而实际上能够发育成成体的是很少的一部分，许多生殖细胞得不到发育的机会，许多胚胎和幼体在未达到性成熟以前就因养料缺乏、天敌和其他不利自然条件而死亡，只有其中少数其性状跟环境比较相适应的个体存活下来，这就是达尔文的"适者生存"原则。另一方面，个体的性状不同，个体对环境的适应能力和程度存在差别，适合度高的个体留下较多的后代，适合度低的个体留下较少的后代，而适合度的差异至少一部分是由遗传差异决定的，这样一代一代下去，群体的遗传组成自然而然地趋向更高的适合度，这个过程叫做自然选择。但环境条件不能永久保持不变，因此生物的适应性总是相对的。生物体不断地遇到新的环境条件，自然选择不断地使群体的遗传组成作相应的变化，建立新的适应关系，这就是生物进化中最基本的过程，也即自然选择在生物进化中起的主导作用。

(3) 生物界通过自然选择而得到多种新的性状，其中有些性状或性状组合特别有发展前途，是生物适应方式的基本革新。如陆生植物中维管束组织的发展、种子生殖、脊椎动物的内骨骼、体温调节机制、胎生与哺乳等，主要是这些基本革新造成生物体的从简单到复杂、从低等到高等的进化过程。但另一方面，地球表面的环境是多样的，生物适应环境的方式也是多种多样的，所以通过多样化的自然选择过程，就形成了生物的多样性。

根据达尔文的进化论，即生物由于个体间基因型的不同，因而总是存在差异，通过自然选择的作用，使适合值高的个体得以生存和大量繁殖。长颈鹿群体中不同个体的颈项长短不可能是一致的，总是有长有短，在食物充裕的环境下，颈项长短对觅食和生存没有多大影响，可是在食物短缺时，颈项长的在觅食时就有优势，这些头颈长的个体就会留下更多的后代，成为群体中的主体，而颈项短的在严酷的自然选择压力下被淘汰。经过一代代自然选择保留了头颈长的个体，就出现了今天所见的长颈鹿的进化。

拉马克主义（Lamarckism）较为直观，而达尔文主义（Darwinism）较为复杂。从孟德尔遗传到现代基因的遗传机制、群体遗传学中基因频率的变化等现代遗传学理论使得达尔文主义更具有科学基础。但也正如上面所分析的，拉马克的获得性遗传也许会成为达尔文自然选择学说的补充。虽然表观遗传研究的历史还不长，很多机制仍不清楚，对获得性遗传还需要更多的证据，但我们仍有理由相信将获得性遗传整合到现有的进化理论架构之中，会使人类对生物进化的认识更加全面。

### 15.2.3 分子进化的中性学说

由于分子生物学和分子遗传学的发展，使得估计进化过程中氨基酸替换的速率和模式成为可能，更进一步地可将氨基酸替换的速率外推到生物的整个基因组中。结果表明，在进化过程中，生物大分子突变的积累速率比人们以前所想象的要高得多。在由大约 140 个氨基酸组成的血红蛋白分子中，在 $10^7$ 年内发生了一个氨基酸替换，将这种替换速率应用于所有的 DNA，则哺乳动物的碱基替换速率为大约每两年发生一个核苷酸替换，如此高的替换速率不可能是由于自然选择所引起的。另外，多种研究揭示，在许多生物中存在着丰富的蛋白质和酶的多态性变异，这种变异性也比以前假定的要高得多，如通过电泳分析发现人类及果蝇群体中，在所研究的座位中大约有 1/3 是多态性的，而且个体的平均杂合座位比例大约是 10%，并且电泳能够察觉的变异不到总变异的一半。更进一步地说，蛋白质分子中氨基酸替换率和 DNA 中核苷酸的替换率是相对恒定的，这种恒定性也不可能由自然选择所引起，因为选择学说认为替换速率是随选择压力的变化而改变的。

上述这些研究进展促使人们对基因内部结构的分子水平上的进化机制进行研究。1968 年，日本学者木村（M. Kimura）等人根据氨基酸和核苷酸的置换速率，以及这样的置换造成蛋白质、核酸的改变并不影响生物大分子功能的事实，提出了分子进化的中性突变随机漂变学说（neutral mutation random drift theory），简称中性学说（neutral theory）。该学说认为：生物大分子层次上的大量进化改变以及物种中的大多数变异不是由自然选择作用于有利突变而引起的，而是在连续的突变压之下由选择上呈中性或近中性的突变等位基因的随机漂变固定所造成的。概括地说，进化是"中性突变"在自然群体中随机遗传漂变的结果。

这个学说的要点如下：

（1）突变大多是"中性"的。进化中的 DNA 或蛋白质的变化只有一小部分是适应性的，大部分是中性突变，这种突变不影响核酸、蛋白质的功能，对个体生存和生殖并不重要，选择对它们没有作用，只是随物种而随机漂移着，然后在群体中固定下来。中性突变如同同义突变、同功突变（如同工酶）、非同功性突变（没有功能的 DNA 序列发生突变，如高度重复序列中的核苷酸置换和基因间的 DNA 序列的置换）。

（2）分子进化的主角是中性突变而不是有利突变。中性突变率即核苷酸和氨基酸的替换率是恒定的，所以蛋白质的进化表现与时间呈直线关系，这样，可根据不同物种同一蛋白质分子的差别来估计物种进化的历史，推测生物的系统发育。此外，还可根据恒定的氨基酸替换速度，对不同系统发育事件的实际年代作出大致的估计，即所谓的进化分子钟。

（3）分子进化是由分子本身的突变率决定的，随机漂变在进化中起主导作用。分子本身的突变率不是由选择压力造成的，中性学说的本质并不是强调分子的突变型是严格意义上的选择中性，而在于它们的命运在很大程度上是由随机遗传漂变所决定的。也就是说，在分子进化过程中，选择作用是微不足道的，随机遗传漂变才是起主导作用的。遗传漂变使中性突变在群体中依靠机会自由结合，并在群体中传播，从而推动物种的进化。所以生物进化是偶然的、随机的。

最后要强调一点的是，不能将自然选择理论和中性理论处于对立的状态来理解生物进化。近来的不少研究发现大多数群体内选择过程与随机过程同时起作用，而且，二者都影响自然群体内基因频率的实际分布。在考虑自然选择时，必须将表型水平和分子水平区别对待，表型水平包括由基因型决定的形态、生理、生化等表型性状，分子水平则是指 DNA 和蛋白质中核苷酸或氨基酸的序列。中性学说是对分子水平的进化进行阐述，而自然选择对分子水平的作用则仍在争议中。

关于以上三种主要进化学说，表面看上去似乎它们是相互对立的，但其实它们有着内在的联系。事实上，这些发现者本人并不否定其他理论，如木村一再声明，他并不反对达尔文的自然选择学说，他反对的只是选择万能主义和自然选择学说在表型进化中的绝对正确性，而分子水平上的进化则主要是那些中性突变的随机固定所造成的；达尔文本人也并不反对拉马克，他甚至还赞同拉马克的用进废退、获得性遗传的观点。进化基因组学和表观基因组学等学科的发展，对于生物类群间的系统发育关系和进化历史的重建，深化人们对生物进化的认识具有积极的作用，人们对于生物进化的认识也将更加全面和深入。

## 15.3 分子进化

在最初的生物进化研究中,主要采用比较观察的方法,其证据偏重于形态方面。随着遗传学的兴起和迅速发展,进化研究逐渐转向对进化机制的研究,采用的方法主要是经典群体遗传学方法。随着分子遗传学的发展及分子生物学技术如基因组学研究、基因克隆技术、分子杂交技术、计算机软件科学等的建立,近年来人们已将这些技术应用于群体遗传学,来研究群体中的遗传变异和生物的种系发生。随着基因组研究所产生的海量数据和比较基因组学的发展,我们可以洞察分子进化的过程,发现在分子进化过程中,有些分子水平上的进化改变是中性的,而有些进化改变则对分子获得新的结构与功能起到了重要的作用。本节将主要探讨在过去数亿年中基因组的变化即分子进化。

进化的起点首先应该是发生在分子水平上。分子进化(molecular evolution)是一个非常广泛的研究领域,它包括对进化过程中基因组序列、结构和功能改变的研究。前面我们谈到过,细菌通过分子进化发展出 CRISPR 免疫系统以对抗病毒的入侵(见 11.4)。下面我们以人免疫系统与 AIDS 病毒之间抗争的过程简略地扫描一下分子进化的作用。

众所周知,当人体感染病毒和细菌时,人体的免疫系统便会立即反击,对病毒产生特异的免疫反应。人的特异免疫反应依赖于免疫系统的细胞多样性,这包括 $10^{12}$ 个循环使用的白细胞或分裂成 T 细胞和 B 细胞的淋巴细胞。淋巴细胞群体具有合成大量多样化的细胞表面免疫受体群用以识别外来抗原。在免疫系统细胞中的基因重排使得相对较少的基因能产生大量多样化的受体。

虽然淋巴细胞群体携带大量多样化的免疫受体,但是每个淋巴细胞只合成一种类型。然而,这种每个细胞一种免疫受体的机制在免疫响应特异性的贡献中是关键的。当一种类型受体的多个拷贝遇到外来抗原决定簇时,二者间的相互作用就会引发这种淋巴细胞的分裂和分化。免疫反应的第一步就是这些少量被选择的淋巴细胞的快速扩增和分化,它们变成遗传一致的细胞克隆。每一个扩增的克隆中包括能存活 40 年的记忆细胞(memory cells)和效应细胞(effector cells),由效应细胞执行免疫反应。效应细胞包括结合到抗原决定簇的效应 T 细胞和分泌抗体的效应 B 细胞。随着免疫反应的进行,有些效应 B 细胞改变它们的膜受体,产生进一步的多样化。这种改变了的受体使得抗原-抗体间的结合更紧密,这种高亲和力的结合进一步驱动那些已改变了受体的淋巴细胞的扩增(选择性扩增)。最终,这些分化的效应细胞参与免疫反应从而破坏携带抗原决定簇的病原体。由此可见,具有特异免疫反应系统的产生是一个令人惊讶的分子进化事例,淋巴细胞在几周时间内就能发生多样化成为许多变异体,以及针对抗原决定簇选择少数变异体去扩增。

HIV 对于人类免疫系统是一个不可小觑的对手,因为它专门攻击人体的免疫系统,它通过选择能够获得比人免疫系统本身还要快得多的多样化和扩增,通过变异可以逃避免疫系统的进攻,通过扩增使之以多胜少。HIV 是一种反转录病毒,病毒合成它自己的反转录酶,感染细胞(包括淋巴细胞)将病毒 DNA 整合到基因组中。在 RNA 基因组通过反转录为 DNA 时,HIV 易发生错误,每 5 000 个核苷酸病毒 cDNA 中有差不多 1 个突变。HIV 基因组大约 10 kb,因此每个复制的病毒平均就带有 2 个突变。据测定,HIV 感染者体内每天至少产生 $10^8$ 变异病毒,同一个体内不同病毒之间的差异可达 10%~15%。虽然有一些新的抗原决定簇可能被多样化淋巴细胞中的其他细胞所识别,但随后的病毒变异又可能及时地改变病毒靶标。更有研究发现,HIV 感染细胞后能够分泌一种叫 Nef 的蛋白,该蛋白可入侵 B 细胞内以阻止其分泌抗体,这一过程虽不会对人体免疫系统的完整性造成大的影响,但可导致 HIV 的复制扩散。

毕竟人的免疫系统在短期内的进化是有限的,而病毒的进化速度可以快得多,因此各类微生物性疾病的发生可能对人类的健康造成大的威胁。

从上面的人免疫系统与 HIV 之间的抗争过程分析可以看出分子进化在生物生存和进化过程中的作用轮廓。本节我们将进一步以多基因家族进化、内含子起源和序列进化为主对分子进化的机制和作用进行了解。

### 15.3.1　多基因家族进化

我们在第 13 章中对真核生物中的基因家族进行了介绍。在进化过程中，基因家族如编码 rRNA 的基因或编码组蛋白的基因都是从共同的祖先基因通过重复（duplication）和歧化（divergence）进化而来的，它们具有相同或相关的功能。虽然如此，但它们在发育过程中并不总是同时表达的，不同的成员可能在不同的发育阶段和（或）不同的组织中表达，如有些血红蛋白基因家族成员在成体中表达，而另一些则只在胎儿期表达，这一事实说明在基因调控水平发生了进化歧化（evolutionary divergence）。

在足够时间的进化过程中，基因家族中某些成员的 DNA 序列可能歧化为可编码一种具有新功能的蛋白。例如，乳清蛋白基因与溶菌酶基因属于同一个家族，前者编码催化乳糖合成酶的一个亚基，后者编码的溶菌酶能降解某些细菌细胞壁的多糖化合物，但它们具有一个共同的特点就是都作用于碳水化合物。

产生基因重复的主要机制之一是由于不等交换（unequal crossing over），当染色体的两个相邻区域含有相似的 DNA 序列时就有可能发生不等交换。在减数分裂过程中，如果在偶尔发生了同源染色体间错误配对的区域发生了遗传交换或重组，将会产生非交互的染色体产物，从而导致一个基因的全部或部分重复和缺失（图 11-10）。如地中海贫血（thalassemia）是由于不能产生有功能的 α 或 β 珠蛋白所引起的疾病，引起这种疾病的许多突变是由于 α 或 β 珠蛋白基因家族间的不等交换所致。例如，在一种 α-地中海贫血（α-thal-2L）中，突变等位基因很可能是由于不等交换使一段包含整个 α2 基因在内的 42 kb DNA 缺失所致。大量地中海贫血等位基因是不等交换的产物这一事实意味着不等交换并不是一种罕见的现象，不等交换在基因重复以及由此导致的多基因家族进化中可能起着重要的作用。

基因重复的结果是产生两个相同的基因，在选择压力的作用下，这两个基因中的一个继续保持其原先的序列，发挥其原有的生物学功能；第二份拷贝则可能积累随机发生的突变，虽然大多数基因会因突变的不利效应而失去功能，形成假基因，但偶尔也有一些基因因此而获得新的功能。

下面以珠蛋白多基因家族为例说明进化中的基因重复现象。珠蛋白是一个多基因家族，在人类的第 16 号染色体上发现了 7 个类 α 珠蛋白基因，在第 11 号染色体上发现了 6 个类 β 珠蛋白基因，在动物甚至植物中也发现了珠蛋白基因，表明这是一个非常古老的基因家族。在多种动物中几乎所有有功能的珠蛋白基因结构都相同，由 3 个外显子组成。但在各种动物中珠蛋白基因的数量和次序是不同的。由于所有珠蛋白基因的结构和顺序都是相似的，因此它们存在着一个祖先珠蛋白基因（多半和现在的肌红蛋白基因相关）。在约 5 亿年前，祖先珠蛋白基因经重复和歧化产生了原始的 α 珠蛋白基因和 β 珠蛋白基因，再追溯至 8 亿年前，这个祖先珠蛋白基因本身也是通过基因重复而产生的；它的另一份拷贝进化为现今的肌红蛋白（myoglobin）基因，肌红蛋白基因的组成和珠蛋白基因相似，其主要功能同珠蛋白一样也是贮存氧，因此我们可以将三个外显子结构看成是它们共同的祖先（图 15-1）。植物的豆血红蛋白（leghemoglobin）基因和珠蛋白基因相关，它与肌红蛋白很相似，植物豆血红蛋白基因存在着很多原始的类型，它比肌红蛋白基因多一个内含子。

某些原始的鱼类只有单个类型的珠蛋白链（图 15-1），因此它们必然是在珠蛋白基因倍增并分化成 α 和 β 基因之前就从进化路线上歧化了出来，这个时间大约在 5 亿年前。在某些两栖动物中含有 α 和 β 连锁的珠蛋白基因，这是由祖先珠蛋白基因重复后经突变形成的。后来进一步重复，在哺乳动物和鸟类中形成了各自独立的 α 珠蛋白家族和 β 珠蛋白家族。哺乳类和鸟类从爬行类祖先歧化出来的时间大约在 2.7 亿年

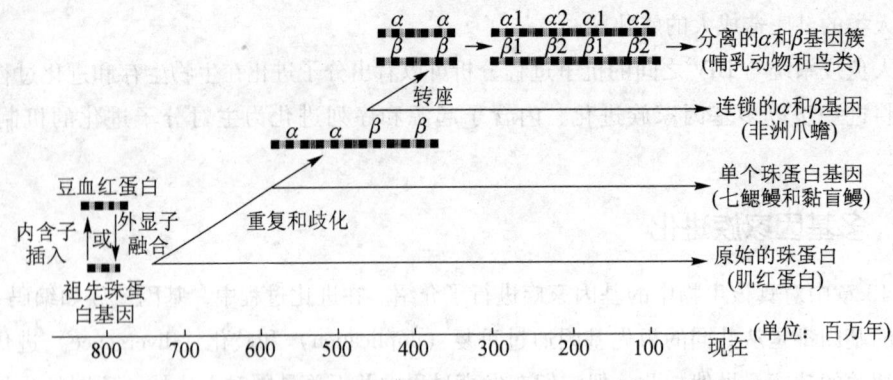

**图 15-1　哺乳动物珠蛋白基因家族通过一系列重复、转座和突变
在 4 亿~5 亿年前由单一祖先基因进化而来**

(引自 A. G. Atherly, et al., 1999)

前，而爬行类从两栖类祖先歧化出来的时间大约在 3.5 亿年前，这样，从 3.5 亿年前到 2.7 亿年前的这段时间可以定为 α 基因和 β 基因失去连锁的时间。α 基因和 β 基因的分离可能是转座作用造成的。

重复在进化中是经常发生的，事实上，珠蛋白基因的拷贝数在某些人类群体中是有变化的，例如大部分人在 16 号染色体上有 2 个 α 基因（α1 和 α2），但有些个体在此染色体上只有 1 个，而另一些个体有 3 个甚至 4 个 α 珠蛋白基因。这表明在多基因家族中基因的重复和缺失是恒定的进行过程。此外，重复也可以通过转座而产生。

从原理上讲，基因重复对生物的适应意义可能十分重要，但也可能没有本质的好处。在有些例子中，具有某个基因的更多产物更有益，这时基因重复很可能对适应是一种有益的改变，因而受到自然选择的青睐，例如，当真核生物染色体复制时，需要大量 DNA 结合组蛋白的迅速合成，因此，多拷贝的组蛋白编码基因成为所有真核基因组的特征就并不奇怪。需要大量和基本基因产物的多拷贝基因的另一个例子是编码 rRNA 和 tRNA 的基因。然而，在许多例子中，大量的特殊基因产物并没有或很少有适应性方面的利用价值，例如，有些种具有两份拷贝的前胰岛素原（preproinsulin）基因，而另一些种则只有一份拷贝，但是并没有显示它与分泌过量水平的胰岛素有明显联系。在这类例子中，基因重复很可能对适应性来说是中性或近中性的，这类重复基因的最终命运取决于随机遗传漂变。

有趣的是，即使开始时基因重复在适应性方面是中性的，但在进化过程中它可能获得适应性方面的意义。因为重复基因的拷贝中只有一个拷贝是保持正常功能所必需的，这样，其他的拷贝就被解放出来积累新的可能有适应性的突变。正因为这个原因，许多分子进化学家相信基因重复在新基因功能进化中是一个关键的过程。我们很难想象到，如果没有重复这样的过程，脊椎动物珠蛋白在进化过程中功能和发育上就不会有这样大的差异。

### 15.3.2　内含子的起源

内含子是基因和基因组结构中又一个激发分子进化学家兴趣的特征。关于内含子的起源主要有两种理论：第一种认为编码蛋白基因一开始就是不连续结构的，现有原核生物和少数低等真核生物，由于它们需要进行快速的 DNA 复制从而进行快速的细胞分裂，所以失去了内含子序列，而绝大多数真核生物没有必要进行快速的 DNA 复制和细胞分裂，内含子序列得以保存；第二种理论认为早先的蛋白编码基因是连续的 DNA 序列，随后内含子相继插入。但究竟谁先出现，是基因还是内含子？对于这一问题还没有直接的答案，实际上可能是以上两种假设的结合。我们相信，随着大量基因组序列信息的释放，人们对于内含子的起源、进化和生物学功能的认识会更加深入。

## 1. 内含子的先起源假说

1977年的诺贝尔奖获得者 W. Gilbert 提出，真核生物的基因是通过在内含子序列中的重组，将外显子带到一起，然后由外显子的集合产生的。以这种方式，编码以前蛋白质功能的那些序列可能并列成为在新的组合中编码其他功能的序列，这样就加速了复杂蛋白进化的速率（图 15-2）。

外显子改组假说（exon shuffling hypothesis）受到至少两个重要发现的支持：第一个是发现在许多基因中，内含子将编码不同功能域和（或）结构域（domain）的 DNA 序列分割开，这里"域"是指与一种特殊结构或功能相关联的复杂蛋白序列区域。例如，乙醇脱氢酶的作用是通过催化将乙醇-OH 基团上的一个氢原子去除，并将其传给辅因子 $NAD^+$，该酶的活性位点由一个 $NAD^+$ 结合域和一个乙醇结合域所组成。至少对一些复杂蛋白的观察表明，DNA 的编码域之间相互是被内含子所分离的，这与根据 W. Gilbert 所推测获得的结构是一致的。第二个对 Gilbert 假设支持的发现是，在许多情况下，二个非常相关的基因含有不同数目的内含子，并且已经发现其共同的祖先基因至少含有与后代基因同样多的内含子并和内含子处于相同的位置。概括地说，这些观察对这一论点是支持的，至少对于某些基因家族是如此，即内含子的出现是一非常早的事件，并且内含子的丢失可能是一个普遍的进化现象。

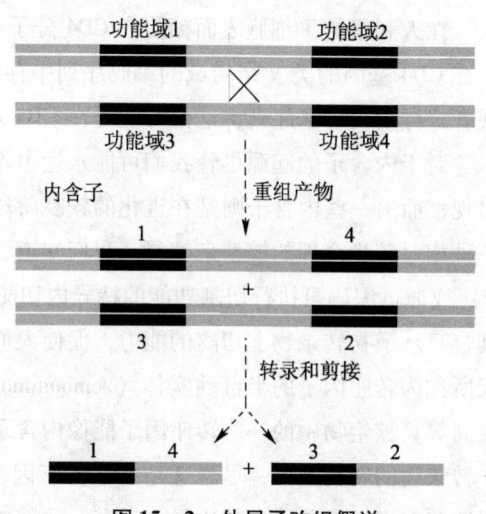

**图 15-2 外显子改组假说**
在以前进化的功能域间的内含子重组，可能导致具有新酶功能的新的蛋白域的重组

## 2. 内含子的后起源假说

尽管内含子可能是一些真核基因在一开始就有的组成成分，但仍有证据表明，在许多基因家族中，内含子是在后来的进化过程中获得的。例如，丝氨酸蛋白酶（serine protease）基因家族是由多个相关基因组成的，根据 DNA 序列的相似性可将这些相关基因分成几个组（图 15-3）。所有的丝氨酸蛋白酶基因在类蛋白酶（protease-like）编码区都共有两个内含子，然而，当沿着家族进化树往前走时，在不同的基因中出现了新的独一无二的内含子。例如，tPA 和 uPA 基因都有一个在基因家族别的成员中没有的内含子，并且这个内含子在亲缘关系更远的胰蛋白酶基因家族的祖先如凝血酶中是不存在的。另外，胰凝乳蛋白酶基因和弹性蛋白酶基因各自有 2 个和 3 个独特的内含子，这些内含子是在别的基因家族成员中所没有的，且也不出现在胰蛋白酶基因家族的祖先中。内含子模式如此极度的变化最有可能是，在丝氨酸蛋白酶基因家族的进化过程中，由于内含子的获得而产生的。因此，尽管在真核基因中一些内含子出现非常古远，但另一

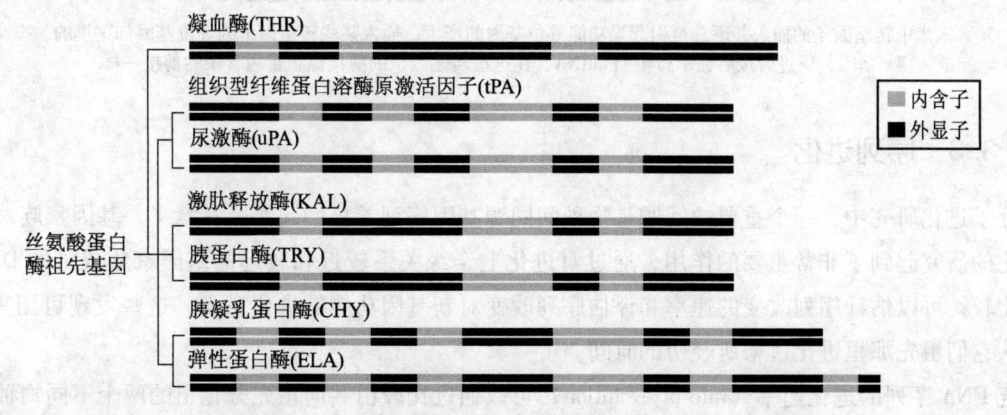

**图 15-3 丝氨酸蛋白酶基因家族中类蛋白酶部分的编码区域**
丝氨酸蛋白酶基因家族树是根据 DNA 序列推测的，在基因家族的许多成员中在同一位置上存在内含子

些内含子可能在进化过程中相对较近才获得。

在人和鼠的 T 细胞表面糖蛋白 CD4 分子中，有一段免疫球蛋白分子中的类 V 结构域（V-like domain），而在 CD4 基因的类 V 结构域的编码序列中存在一个内含子，可是在含类 V 结构域的其他成员中至今未发现有这样的内含子序列，这很可能是在 CD4 基因进化的过程中，这一内含子序列插入到类 V 结构域中。

对于内含子的起源尽管我们可能永远也不会获得一个完整的答案，但实际上很可能是一些内含子较早出现，而另一些内含子则是在进化的较晚阶段才获得的。对于那些可能在进化较晚中获得的内含子，可用一种相对较为合理的模型来解释。我们知道，某些类型的内含子可通过自体催化活性（autocatalytic activity）或通过编码可执行切割功能的特异内切酶，使内含子自身从 RNA 转录物切离下来。内含子的这种控制其自身从最初转录物上切离的能力，促使人们提出以下假设：至少一些内含子可能是从一些类似于我们今天所称为转座因子的半自动实体（semiautonomous entity）进化而来的。有一些证据对这一假设是支持的。在高等真核生物中的一些转座因子能像内含子一样起作用。例如，在玉米中已经鉴定出一些可产生正常大小转录物的突变基因，尽管这是由于转座因子插在它们的外显子中所引起的（图 15-4）。目前，已经发现这些玉米转座因子在其边界上带有一致剪接序列（consensus splice sequence），这些一致剪接序列允许转座因子序列在 RNA 加工阶段被剪切出来。因此，在效果上这些被插入转座因子的等位基因的成熟 mRNA 与野生型基因是难以分辨的。转座因子起内含子作用的其他例子在果蝇中也有报道。这些发现增加了这一假设即至少一些新近获得的内含子可能是从转座因子进化而来的可信度。

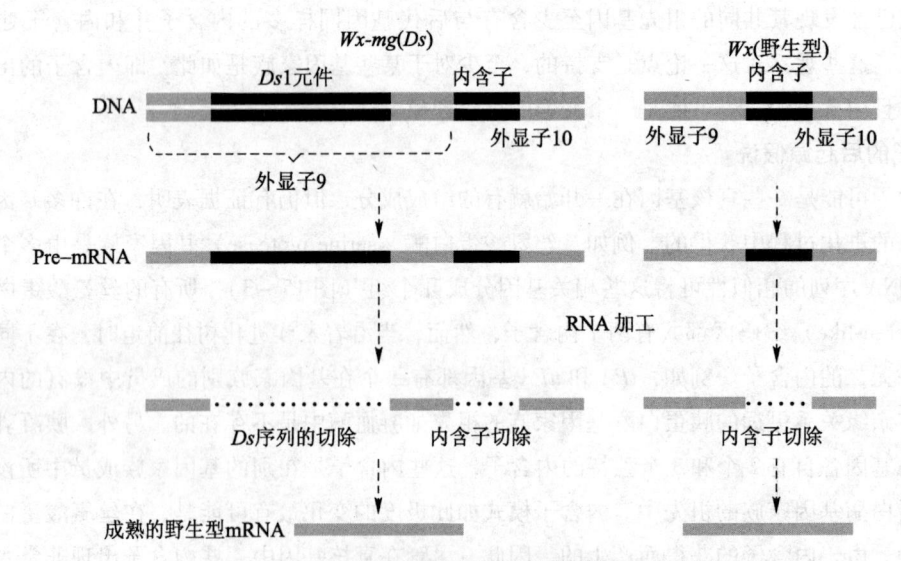

**图 15-4 Ds 元件从前 mRNA 中被剪接加工的过程**

玉米中转座因子的插入并不总是引起无功能等位基因的产生，插入某些转座因子的等位基因如这里的 Wx 基因，通过剪接后显示野生型 mRNA，在这里转座因子的剪接像正常内含子的剪接一样

### 15.3.3 序列进化

在分子进化研究中，一个重要的问题是物种间同源基因序列差异的起源及其意义。基因家族对于 DNA 序列进化的研究起到了非常重要的作用，通过对进化上亲缘关系较近和较远的基因家族成员的 DNA 序列改变的比较，可以估计序列改变的速率和评估序列改变对新基因功能的进化意义，这些发现可用来估计现代物种从它们祖先那里进化过来所经历的时间。

特定 DNA 序列的进化速率（rate of evolution）可以通过比较由共同祖先分化出的两个不同物种的 DNA 序列来加以探讨。假设共同的祖先有一单个的 DNA 序列，两种生物都是由这种共同祖先演化而产生的，它们的 DNA 序列经历了独立的进化改变，产生了我们现在所见到的差异。例如，大部分哺乳动物是在 6 500 万年前由一个共同的祖先进化而来。现以一个特殊的 DNA 序列为例，如小鼠和人类的生长激素基因，二者的序列相差 20 个核苷酸，由于小鼠和人进化路线的分离，这 20 个核苷酸在过去的 6 500 万年的进化过程中一定发生了改变。为了计算这个基因的进化速率，首先需要估算该基因中核苷酸替换的数目，这些替换最终导致产生了我们所观察到的 20 个核苷酸差异，有许多不同的数学方法可用来估算这个数目，这个数目通常用每个核苷酸位点的核苷酸替换数表示，因此进化速率不受所比较的序列长度的影响。将每个核苷酸位点的核苷酸取代值除以两个物种分开进化的年数，就得到进化速率。在生长激素基因的例子中，进化速率为每年每个位点取代 $4 \times 10^{-9}$ 个核苷酸。

### 1. 基因不同区域的进化速率不同

对为数众多基因的核苷酸序列的研究揭示，由于基因不同区域所承受的进化压力不同，其进化速率也不同。胰岛素基因家族是说明进化过程中核苷酸序列改变的一个典型例子。图 15-5 列出了鼠 I 型、鼠 II 型、人和鸡的前胰岛素原基因编码 C 端的一个区域的核苷酸序列比较，正如所预期的，在这四个基因中一些位点上的核苷酸是完全相同的，但大多数位点在不同的基因中是不同的。这四种基因的核苷酸差异是在大约 3 亿年前从同一祖先分枝后逐步固定下来的。

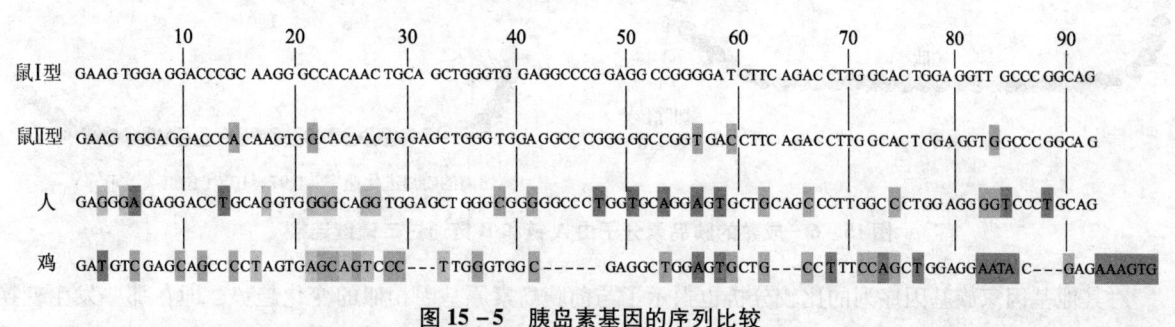

```
            10           20           30           40           50           60           70           80           90
鼠I型  GAAG TGGA GGACCCGC AAGG GCCACAAC TGCA GCTGGGTG GAGGCCCG GAGG CCGGGGA T CTTC AGAC CTTG GCAC TGGA GGTT GCCC GGCAG
鼠II型 GAAG TGGA GGACCCA CAAGTG GCACA ACTG GAGCTGGG TGGAGGCC CGGG GGCCGGT GAC CTTC AGAC CTTG GCAC TGGA GGT GGCCC GGCA G
人     GAGGGA GAGG ACCT GCA GGT GTG GGG CAGG TGGA GCT GGG CGGGGCCC TGGTG CAGG AGT GCAGC CCTT GCTG AGG GGT CCCT GCAG
鸡     GAT GTC GAG CAGC CCT AGT GAGC AGTC CCC---T TGGGTGG C-----GAGGC TGGAGTGCTG---CCT TTCCAGCT GGAGG AATA C---GAGAAAGTG
```

**图 15-5 胰岛素基因的序列比较**

标记核苷酸为与鼠 I 型比较不一致者，------代表缺失

对于一组编码相同功能的蛋白质基因如脊椎动物的前胰岛素原基因来说，下面的推测似乎是合理的，即核苷酸替代后对功能没有或很小影响的位点的变化率比替代后对功能产生不利影响的位点的变化率要高。自然选择将对这些具有不利影响的位点改变发生作用，并使其从群体中消除，结果，我们无法看到这些改变。表 15-1 概括了在进化过程中，人、鼠和鸡前胰岛素原基因中核苷酸替换的百分率。替换的百分率是在基因的不同区域中分别计算的，这样就容易将那些与功能有关的核苷酸差异区分出来。与预期一致，核苷酸在功能不重要的位点容易发生改变，在不影响氨基酸序列发生变化的核苷酸位点改变（如第三位碱基或沉默突变）的百分率比那些导致新氨基酸产生的核苷酸位点的改变高得多；非编码的内含子序列中的核苷酸位点的改变频率要高于外显子中的改变。

**表 15-1 胰岛素基因家族中不同区段的核苷酸替换百分率比较**

| 基因比较方式 | 替换位点 A 肽和 B 肽 | 替换位点 C 肽 | 沉默位点 A 肽和 B 肽 | 沉默位点 C 肽 |
|---|---|---|---|---|
| 鼠 I 型/鼠 II 型 | 1.8 | 3.2 | 32 | 18 |
| 人/鼠 | 5.2 | 21 | 76 | 110 |
| 人/鸡 | 8 | 63 | 122 | 140 |
| 鼠/鸡 | 10.7 | 49.4 | 64 | 150 |

另一个有趣和有价值的对比是在前胰岛素原基因中编码不同功能的不同区域间的核苷酸变化的比较。胰岛素原是通过对前胰岛素原多肽链的前24个氨基酸（称为前区，preregion）进行蛋白酶剪切所产生的。胰岛素原由A、B、C三个区域组成，其中以后成为成熟胰岛素两条链的A区和B区由一个称为C-肽的中间肽连接起来（图15-6）。C-肽的一个重要功能是将多肽的A区和B区连到一起，以便使它们能够形成适当的二硫键。二硫键形成后，C-肽通过酶切移去，形成成熟的胰岛素蛋白。基于以上资料，我们很容易意识到C-肽的精确氨基酸序列与A肽和B肽的精确氨基酸序列的重要性是不一样的。从表15-1我们发现这一推测是正确的，即在前胰岛素原基因中C-编码区的核苷酸替换率比A编码区和B编码区的核苷酸替换率要高。

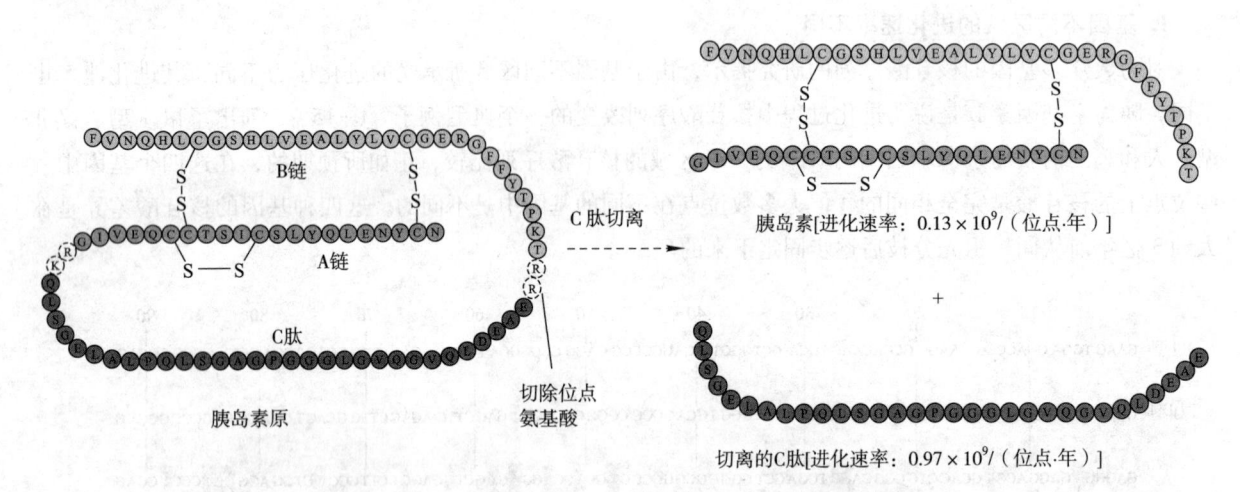

**图15-6 成熟的胰岛素分子由A链和B链通过二硫键连接**

对其他基因家族基因序列的比较分析也揭示了与前胰岛素原基因相似的变化趋势，即在那些发生变换后产生较小或没有功能上影响的位点，核苷酸的替换率明显偏高。

在一个典型的真核生物基因中，部分核苷酸为编码序列，将决定蛋白质中的氨基酸序列；另一部分核苷酸是非编码序列，包括内含子、5'-非翻译区（5'UTR）和3'-非翻译区（3'UTR），它们只转录而不翻译；以及5'和3'的非转录侧翼序列（flanking sequence）。另外，由于突变所产生的假基因也属于非编码序列，即使在一个有功能基因的编码序列中也不是所有核苷酸的取代都能使蛋白质的氨基酸序列发生相应的改变，实际上许多发生在密码子第三位上的突变对蛋白质的氨基酸序列并不起作用，因为这种突变产生的是同义密码子。

表15-2进一步说明了哺乳动物基因的不同部分的进化速率是不同的。在有功能的基因中，最高的进化速率是在编码序列中的同义突变，约5倍于非同义突变的进化速率。最低的进化速率见于编码序列中的错义突变，这些突变会改变蛋白质中氨基酸的序列。同义和错义突变可能以相同的频率发生，但在编码序列中发生的错义突变常因不利于适应而被自然选择所淘汰，相反，同义突变不造成损害，因此得以保留。

从表15-2中也可以看出，功能基因3'侧翼区的进化速率也很高，与同义突变相似，目前尚不知3'侧翼区的序列对氨基酸序列有何作用，且它通常对基因的表达影响不大，发生在此区的大部分突变将不会被自然选择所淘汰。发生在内含子的改变率也很高，但不如同义突变及3'侧翼区那么高。虽然内含子序列一般并不编码蛋白质，但它必须经过剪接才能形成成熟的mRNA，进而翻译成有功能的蛋白质，内含子中的少数序列对合适的剪接是重要的，这包括内含子5'和3'端的一致序列以及内部引导序列（internal guide sequence，内含子中能与剪接点边界序列配对的区域），结果，内含子中不是所有的变化都能被保留，在一些位点的进化速率同样受到了选择的约束，因此其进化速率比同义突变及3'侧翼区的略低，但比编码区仍然高得多。

表 15-2  哺乳动物基因 DNA 序列中不同部分的相对进化速率

| 序列 | 进化速率 |
| --- | --- |
| 功能基因 | |
|     5′侧翼区 | 2.36 |
|     引导序列 | 1.74 |
|     编码序列-同义突变 | 4.65 |
|     编码序列-错义突变 | 0.88 |
|     内含子 | 3.70 |
|     拖尾序列 | 1.88 |
|     3′侧翼序列 | 4.46 |
| 假基因 | 4.85 |

5′侧翼区的进化速率并不高，虽然此区既不转录也不翻译，但它含有基因的启动子，因此它对于基因的表达十分重要。已知这一区域包括高度保守的多核苷酸和重要的一致序列如 TATA 框等，一致序列的突变可能会妨碍基因的转录，这样对生物的适应不利，自然选择会淘汰这些突变而使该区的进化速率保持在较低的水平上。

前导区和拖尾区的进化速率比 5′侧翼区的还要低。虽然这两个区域都不翻译，但它们转录，并为 mRNA 的加工以及为核糖体附着到 mRNA 上提供信号，因此，在这两个区中核苷酸的取代是有限的。

假基因的进化速率最高，例如人类的珠蛋白假基因，其核苷酸的变化率是有功能珠蛋白基因编码序列的 10 倍。这是由于这些假基因不再编码蛋白质，这些基因的改变并不影响人的适应性，因此也不会被自然选择所淘汰。如果某段序列有很高的进化速率，那就意味着此序列可能没有功能。

虽然在编码序列中同义突变的进化速率要比错义突变的高得多，但还是比假基因要低。这表明同义突变的适应性也并不完全相同，自然选择可能对它们的偏爱也不同。这一假说通过发现编码序列中同义密码子的使用率不同而得到支持。如亮氨酸有 6 个不同的密码子（UUA、UUG、CUU、CUC、CUA 和 CUG），但在细菌中 CUG 的使用率达 60%，在酵母中有 80% 是用 UUG。由于同义密码子对于特定氨基酸来说都是一样的，那么必然是选择对某些密码子有所偏爱。某些同义密码子与携带相同氨基酸的不同 tRNA 配对，因此，同义突变虽没有改变氨基酸，但它可能改变了 tRNA 对 mRNA 的识别。对不同 tRNA 的研究表明，细胞中同工受体 tRNA（isoacceptor tRNAs，接受同一氨基酸的不同 tRNA）的数量是不同的，而最丰富的 tRNA 是和最常用密码子配对的。选择的偏爱可能是由于某些密码子相应的 tRNA 更为丰富。另外，产生同义突变后的密码子与反密码子，由于碱基配对的改变，它们的结合能量也可能发生了改变，这也可能受到自然选择的作用。

**2. 在基因产生新功能的进化过程中进化速率的变化**

在进化过程中，如果某个基因的替换率非常高，它就可能进化成为一个新功能的基因。α-乳清蛋白是乳糖合成系统中的一个组成成分。通常认为对应于 α-乳清蛋白序列的基因是从溶菌酶基因的祖先进化而来的，然而，至今没有在非哺乳类的脊椎动物中发现乳清蛋白，这一事实使人们提出如下假设：乳清蛋白是通过在哺乳动物进化起始时所发生的基因重复从溶菌酶进化而来的（约 1.75 亿年前）。如果这样，我们就能计算出乳清蛋白基因进化的平均速率，并将它与假设的重复事件发生之前的脊椎动物中的溶菌酶进化的平均速率进行比较。结果表明，乳清蛋白基因在它从现代溶菌酶祖先中将其功能分枝出来的那段时间里的进化速率异常之快。一旦进化到了乳清蛋白的功能，在这个蛋白家族中的替换速率就明显降低，并以一恒定的平均速率进化。这些发现表明，在蛋白质进化过程的不同阶段，蛋白质进化的动力学可能发生改变（图15-7）。在蛋白质获得新功能的过程中，氨基酸替换的速率（或编码DNA序列的替换速率）是较高的，并受到正选择的控制。相反，一旦蛋白质获得其基本功能的构型后，自然选择的作用可能主要是通过降低有害突变来维持蛋白质功能的完整性。在蛋白质进化的较后阶段，绝大部分序列的替换是那些对已建立的蛋白质功能没有大的影响的替换。

**3. 蛋白质序列进化速率的比较**

从上述分析可知，一旦建立了新的蛋白质功能，蛋白质的进化速率就变得缓慢并且恒定。因此，对于功能上同源的蛋白质群来说，氨基酸的替换速率是恒定的，但是不同蛋白质群间的进化速率是不同的。例如，细胞色素c（cytochrome c）是真核生物线粒体中一种与细胞呼吸有关的蛋白质，在氧化代谢中起转移电子的作用，分布非常广泛，它在过去的一亿年中进化速率非常慢，而其他一些蛋白如血红蛋白、纤维蛋白肽（fibrinopeptide）的进化速度就要快得多（图15-8）。为什么会这样呢？这可能是因为血红蛋白或纤维蛋白肽中存在有较多的部位可以调整，而不影响它们的功能。例如，凝血时血纤维蛋白原切掉血纤维蛋白肽，转变为血纤维蛋白，血纤维蛋白肽似乎没有任何功能，于是，几乎任何氨基酸都能被其他的氨基酸所取代。而对于那些保持其功能需要具有严格氨基酸特异性的蛋白质来说，进化速率自然减慢，组蛋白的进化速率比细胞色素c还要慢得多，因为它可以替换的部位更少。

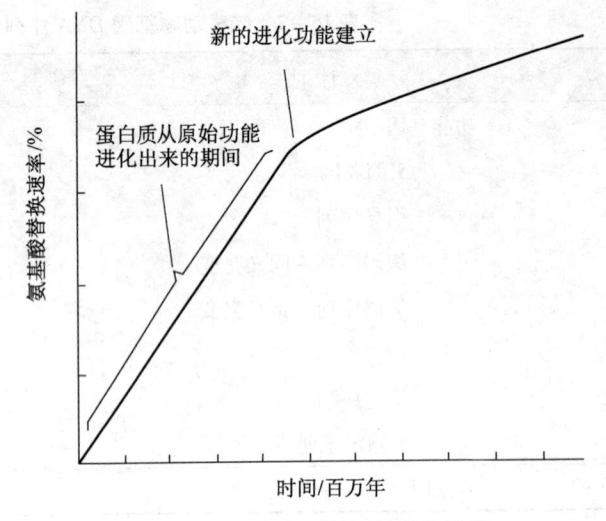

**图15-7　一个假设基因的进化速率**

（引自 A. G. Atherly, et al., 1999）

在一个基因中当蛋白质产物进化为一个新功能蛋白时，在起始时其核苷酸替换速率可能是高的，当新功能获得后，核苷酸替换速率下降；在进化为一个新功能的过程中，定向选择可以加速氨基酸的替换

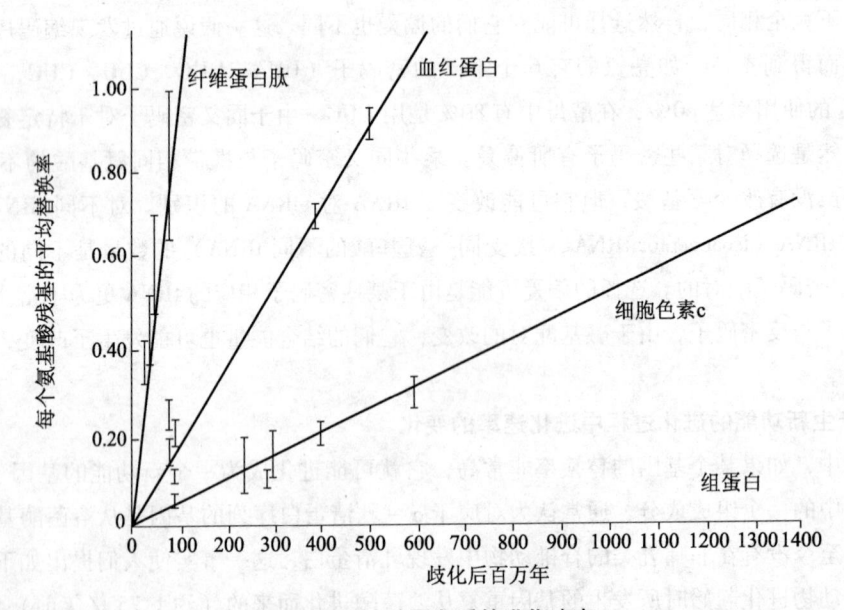

**图15-8　4种蛋白质的进化速率**

细胞色素c是在电子传递过程中作为电子的携带者，是带有特殊功能的一种基本蛋白。在具生物学活性的构型中，细胞色素c蛋白将含铁的辅基——血红素基（heme group）包围，血红素基中的铁对于细胞色素c的生物学功能是重要的，在电子传递过程中，铁被还原或被氧化。细胞色素c蛋白可以被想象成是

一个一层细胞厚的壳绕在血红素基的周围。细胞色素 c 分子的三维结构以及与血红素基的构型关系对它所具有的功能是关键的。我们可以预期细胞色素 c 中破坏其分子内部完整性的氨基酸替换将会受到自然选择的淘汰，与这个预期相一致的是，在所有物种的细胞色素 c 中，内部疏水的氨基酸群是高度保守的。

我们可以进一步假设，当作用于细胞色素 c 分子表面的氨基酸替换的选择压稍微小一些的时候的情形，事实上，这种情况是存在的，这种选择压不仅作用于细胞色素 c 表面位置的氨基酸，也对大多数其他蛋白表面位置的氨基酸产生作用。表面位置所能忍受的替换程度在不同蛋白质间是不同的，它依赖于表面位置氨基酸构型是否对蛋白质的功能起关键作用。例如，一个蛋白质如果与位于外表面的其他蛋白质或分子结合或相互作用，它对氨基酸替换的耐受力就比那些没有相互作用的蛋白质的更弱。

细胞色素 c 分子要求与细胞色素氧化酶（cytochrome oxidase）和细胞色素还原酶（cytochrome reductase）相互作用，后两者都是大分子复合物，为了适应这种结合的能力，细胞色素 c 分子的表面有相对严格的结构要求，特别是对表面电荷基团的分布和芳香族残基的位置。对于那些不结合其他分子（如纤维蛋白肽）或仅结合小分子如氧的蛋白质（如血红蛋白），对表面结构的保守性要求就不是很严格。与这种预期相一致，血红蛋白和纤维蛋白肽的替换率比细胞色素 c 要高（图 15-8）。

## 15.4 分子系统学与分子系统树

在漫长的进化过程中，基因组不断地积累突变，如果比较基因组间核苷酸序列或不同物种同源蛋白质氨基酸序列之间的差异，就可能推断出基因组的共同祖先及进化的年代。如两个基因组间的核苷酸序列差异较小，说明它们之间发生歧化的时间较近，反之，则歧化出现在更远的时期。在三个或更多个基因组间进行两两比较，就有可能了解这些基因组彼此之间的亲缘程度和在进化上的关系。例如，在不影响细胞色素 c 正常功能的前提下，进化中由于基因突变使在不同物种中细胞色素 c 的许多氨基酸出现了差异，氨基酸顺序分析表明，在所比较的 21 种生物的细胞色素 c 中有 18 个氨基酸序列在所有蛋白质中是完全相同的，但在其他位置随着种的不同而差异各别，如人和黑猩猩的所有 104 个氨基酸完全一样，人和猕猴的只有一个氨基酸的差异（第 66 位），人和狗的有 11 个氨基酸的差异，而人和酵母菌的氨基酸顺序相差较远，有 44 个不同。从这里可以看出，随着亲缘关系的距离，氨基酸差异的数量表现出一定的相关性。细胞色素 c 分子的这种氨基酸序列的差异性及功能与部分序列的相同性，绝不是一种偶然现象，有理由认为它们是由同一基因突变的产物。这使得我们有可能从分子水平上来研究进化的速率。

种系发生（phylogenesis）研究的目标大多数是要构建树状的分枝图，以描述所研究的生物之间的亲缘关系和进化关系。如果我们了解了基因组间在分子水平上的进化关系，就可以画出以生物大分子 DNA 或蛋白质为依据的种系发生树（phylogenetic tree）或分子系统树（molecular system tree）。例如，根据上面不同细胞色素 c 的氨基酸差异，就可能估测各类生物相互分化的大致时间以及分子进化树（图 15-9）。依据此原理，分别计算出原核生物与真核生物的分化比动物和植物的分化早 1.5~2 倍时间，动物和植物的分化约在 12 亿年前，原核生物与真核生物的分化约在 20 亿年前，这些估算和化石记录十分相符。

通过比较三个或更多个基因组或同源蛋白质序列，了解这些基因组或蛋白质彼此之间的亲缘程度和在进化上的关系，这就是分子系统学（molecular phylogenetics）。

分子系统学的提出要比 DNA 测序早几十年，它是在物种分类的传统方法如林奈分类纲要的基础上衍生出来的，如早在 1904 年 G. H. F. Nuttall 就采用免疫学实验以确定人类与其他灵长类动物之间的进化关系。虽然如此，直到 20 世纪 60 年代末蛋白质测序成为常规方法及 70 年代 DNA 快速测序技术的建立，以分子为基础的系统进化学研究才逐步大规模展开。在 DNA 快速测序方法出现之前，分子进化的研究几乎

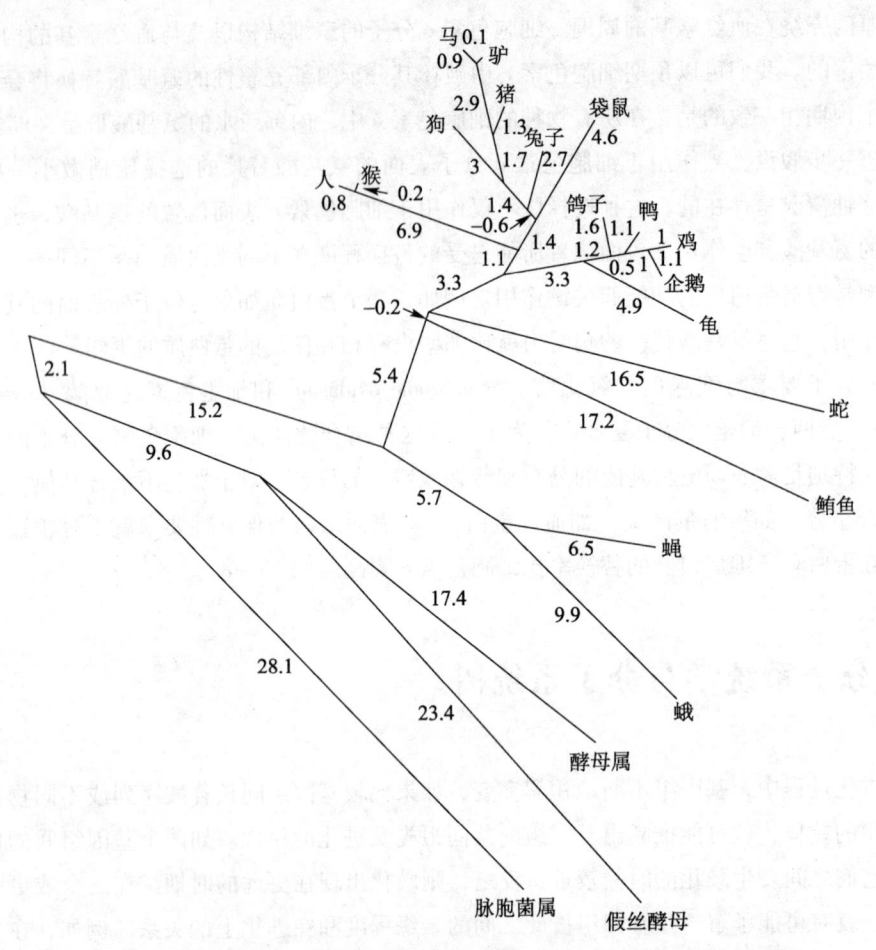

**图 15-9 基于细胞色素 c 氨基酸差异所绘制的 20 种生物种系发生图**
图中数字为分枝所需核苷酸替换的最低数目

全都是基于蛋白质氨基酸序列的数据。但今天，以 DNA 为基础的分子系统学研究已占据主导地位，主要是因为 DNA 比蛋白质含有更多的进化信息，如同义突变只影响 DNA 序列而不影响蛋白质序列。另外，它还包含基因组的编码区和非编码区的变异信息等。还有，DNA 测序和分析技术也较蛋白质分析技术容易得多。除 DNA 测序外，DNA 分子标记如 AFLP、RFLP、SSR、SNP 等都可应用于分子系统学的研究。尽管如此，氨基酸序列数据依然有用，因为氨基酸序列相对保守，它们能为亲缘关系较远的物种进化或基因进化提供有效信息；在研究 DNA 序列核苷酸的替代变化的同时，也需要对应的氨基酸序列来进行校正；另外，由于核苷酸序列的替代包含同义替代、非同义替代以及密码偏好等复杂因素，核苷酸序列的替代研究较复杂，而氨基酸替代不存在这些问题，替代数学模型会相对简单。

使用蛋白质或 DNA 序列的数据来建立种系发生，受到所研究的蛋白质或基因进化速率的限制。序列改变的速率并不总是与在种系发生中种的分离时期相关联，这很可能是由于所观察到有显著关联的蛋白质或基因间的氨基酸或核苷酸差异被低估所致。事实上，观察到的替换数目并不是真实地反映了实际的改变，因为在进化过程中有一些替换发生了回复突变。例如，假设对确定在同一核苷酸位置上带有 G 的两个有明显关联的基因时，你可能推测在进化过程中这个位置没有发生改变，但事实上 G 可能曾经被 C 取代过，只不过是后来又回复到了 G。

随着时间的推移，回复突变替换的可能性也增加，因此，在亲缘关系较远的物种的进化过程中，实际替换数被低估的可能性增大，这种情况在蛋白质或基因以较快速率进化时尤为突出。例如，由于纤维蛋白肽基因的进化速率很快，因此对存在于蛇和人中的纤维蛋白肽分子间的替换差别数目不可能反映实际替换的精确数目，这可能是在它们相互分开进化的 3 亿年中，人和蛇的纤维蛋白肽基因之间至少有一些回复突变被固定下来。虽然统计学的校正可以减少这种误差，但是最好的办法是不采用进化较快的蛋白质或 DNA 序列来评估亲缘关系较远的种间系统发生关系。

同样的，对于进化慢的 DNA 序列或蛋白质如细胞色素 c，也不适合于建立亲缘关系较近的种如灵长类间的进化关系。在这种情况下，细胞色素 c 在分子结构上是完全相同的，它们不能提供有用的信息。对于建立像灵长类这类亲缘关系较近的种间的种系发生关系，一个进化速率更快的蛋白质家族如哺乳动物的碳酸酐酶（carbonic anhydrase）更为有用。

近年来，通过利用进化速率非常快的分子如脊椎动物线粒体 DNA（mtDNA），成功地建立了同种或近亲种生物群间的系统发生关系。尽管线粒体基因组在各类真核生物中变化很大，但都具有相同的功能。多细胞动物的线粒体基因组十分细小和致密，绝大部分的大小都在 15.7～19.5 kb 范围内。基因组中没有或有很少间隔序列，基因中没有内含子。与脊椎动物的核基因组相比，线粒体 DNA 的进化速率快约 10 倍，约为 $6 \times 10^{-8}$ 替换/（位点·年），它的进化速率之所以快是因为线粒体中存在易错复制系统（error prone replication process）以及修复系统的效率低或没有修复系统。线粒体 DNA 的高进化率使它对于确定亲缘关系非常近的种甚至更近的地理种或亚种间的进化关系特别有用。大量的 mtDNA 研究结果显示，至少在某些例子中，传统的分类方法可能是不准确的。如根据传统的分类方法，红狼（Canis rufus，red wolf）是一个单独的狼种，但根据 mtDNA 分析，它实际上是灰狼（Canis chanco，gray wolf）与郊狼（Canis latrans，coyote，产于北美大草原的一种小狼）的杂种。

关于分子系统树的构建，过去人们常用形态和生理特征辅以化石证据来构建生物进化树，然而，由于形态和生理特征的进化式样极其复杂，加上化石资料不够完整，因而所构建的进化树往往存在不少争议，难以反映复杂生物进化历史的全貌。随着大量序列的测定和分析程序的完善，在现代系统发生研究中，生物大分子尤其是序列成为研究的重点。人们相继建立了 DNA 与蛋白质序列进化模型及分析方法，既能定量地描述和预测不同分子随时间变异的模式，也可以区分遗传和环境因素对基因变异的影响。

序列比对是构建分子系统进化树的必要前提。通过比较核苷酸和氨基酸的序列，可获得用于构建系统进化树的数据。比对序列时首先要考虑的是序列是否同源，只有是同源的，才可能肯定它们是由共同的祖先序列衍生而来，才具备进行系统进化研究的基础；如果没有同源性，也就没有共同祖先，虽然完全错误的数据也可以产生一个树型图，但这种树型图是没有生物学意义的。一旦确定两个序列确实同源，下一步就是比较同源的核苷酸或氨基酸。对有些序列来说，这一工作可能比较简单，但并非总是如此，在有点突变、插入、缺失累积时，可能造成序列相当不一致。比对的所有研究都是借助于专门设计的软件包在计算机上进行的，几乎不存在用手工就可以转换成系统进化树的简单序列。Clustal 是进行比对最流行和最易于使用的软件包，它通常与 NJplot 联合使用。其他软件包还有 PAUP、PHYLIP 等。

序列被正确比对后即可以尝试构建系统进化树。目前有 3 种主要的建树方法，它们分别是距离矩阵法（distance matrix method）、最大简约法（maximum parsimony，MP）和最大似然法（maximum likelihood，ML）。这些不同建树方法之间的主要差别在于如何将多重序列比对的结果转换成数字信息。关于这些方法的具体原理和算法请参阅相关书籍。

进行系统进化研究的目的有两个：第一是推断出所比较的 DNA 或蛋白质序列间进化关系的模式，通过进化树的拓扑结构进行揭示；第二是找出祖先序列趋异成为现代序列的时间。早在 1962 年，E. Zuckerkandl 和 L. Pauling 在对比了不同生物系统的同一血红蛋白分子的氨基酸序列后，发现其中的氨基酸随着时间的推移而几乎以一恒定的速度相互置换着，即氨基酸在单位时间以同样的速度进行置换。后来，许多学者对若干代表性蛋白质的分析，以及通过直接对比基因的碱基排列顺序，证实了分子进化速度的恒定性大致成立。这就是所谓分子钟（molecular clock）的概念。然而，不同物种甚至同一物种内的生物钟也是有变化的，即不存在通用的分子钟,这可能与物种间的传代周期不同有关。因此,根据序列的变化推断物种的歧化时间,必须对分子钟进行校正。图 15-1 和图 15-8 分别表示了不同蛋白质基因的进化时间。

分子系统学的研究为揭示人类起源、迁徙模式以及与其他灵长类间的进化关系提供了重要的工具,同时对生命的起源和导致人类重要疾病的病原体如 HIV、SARS、朊粒等的起源和进化关系的认识作出了重要的贡献。随着海量基因组、转录组、蛋白组等数据的产生,该领域将有更好的前景。

## 15.5 分子定向进化

分子定向进化 (molecular directed evolution) 是指在体外模拟自然进化机制(随机突变、基因重组、选择),使基因发生大量变异,并定向选择出人们所期望得到的具有特定性质的基因、蛋白质、RNA 甚至物种,从而在较短时间内完成漫长的自然进化过程。

分子定向进化的实质是达尔文进化论在人为控制条件下的分子水平上的延伸和应用。其思想是 S. Spiegelman 等人于 1967 年提出的,当时定向进化的对象是 RNA,他们将病毒 RNA 分子转移到含有适于病毒 RNA 复制介质的试管中,产生修饰的子代,通过 70 次转移后,RNA 合成的速率提高了大约一个数量级。定向进化可以在活细胞中进行(活体进化,in vivo evolution)或者在体外进行(体外进化,in vitro evolution)。定向进化的优越性在于研究者不需要知道所进行的进化活动的机制。

定向进化与自然进化二者有明显的不同:首先,进化的动力不同。自然进化的驱动力是保守突变,而定向进化中非保守取代可明显改进蛋白质的功能;其次,进化的方向不同。定向进化是使进化过程定向进行,主要是蛋白质突变的适应积累过程;第三,进化的速度不同。自然进化是自发出现的一个非常缓慢的过程,需几百万年,而定向进化只需几年、几月,甚至几天;第四,定向进化的目标往往超越生物学意义的要求,它研究的是某一性质或性质组合的变化,探索所希望的蛋白质在顺序空间的可及性,寻求人类在农业、工业、医药等领域所需要的特性,而在自然环境中可能并不需要这样的功能。

我们可以把分子定向进化看做是突变加筛选的重复循环。一个典型的定向进化实验包括三步:①首先从单个基因或一群相关的家族基因作为起始,通过突变和(或)重组创建分子多样性,最基本的策略是随机突变,采用的技术通常是将易错 PCR 或 DNA 改组产生的突变引入目的基因;②对该多样性突变库的基因产物进行筛选;③对筛选获得的变异体进行扩增,通过 DNA 测序进行突变分析。三个步骤合起来为一轮,通常需要进行多轮实验,利用上一轮中获得的那些编码改进功能产物的基因继续下一轮进化,重复以上过程直到获得具有目标性状的蛋白质或 RNA(图 15-10)。自 20 世纪 90 年代至今,已建立了多种定向进化的方法,如易错 PCR、DNA 改组(DNA shuffling)、DNA 家族改组(DNA family shuffling)、外显子改组(exon shuffling)、全基因组改组(genome shuffling)等,极大地推动了分子定向进化的研究特别是蛋白酶分子进化的研究。如有人利用易错 PCR 策略定向进化枯草杆菌蛋白酶 E 获得催化活性提高 256 倍的突变体;有人以多种人 α-干扰素基因为底物进行 DNA 改组,经两轮改组筛选后得到的大多数突变体的活性较野生型提高了 285 000 倍;DNA 改组技术的发明者 W. P. C. Stemmer 以 β-内酰胺酶基因为试验对象,运用 DNA 改组,经过三轮筛选和两次回交得到一新菌株,其头孢噻肟(cefotaxime)的最低抑制浓度是原始菌株的 32 000 倍;大麦 α-淀粉酶通过三轮易错 PCR 和 DNA 改组,突变体的总活力比野生型提高了 1 000 倍,等等。总之,通过分子定向进化,出现了一系列具有重要工业意义或商业价值的基因和酶,分子定向进化技术正在工业、农业、食品业、环境保护和药物开发等领域显示其生命力,有着广阔的应用价值。

15-4 分子定向进化常用方法

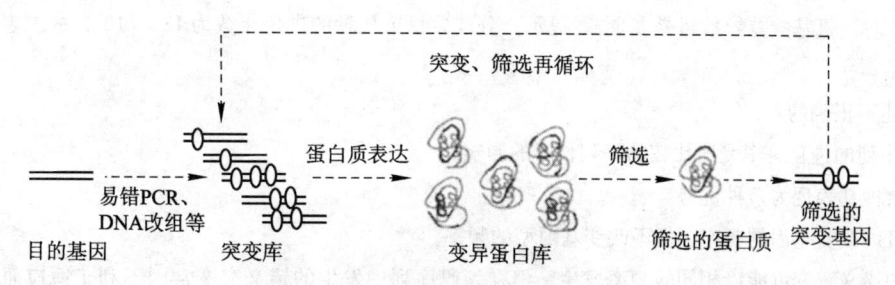

图 15-10 分子定向进化的基本步骤

### 问题精解

◆ 在某一野生群体中出现了一株特别大的植物，其个体是同一群体中其他个体的两倍。该种植物通常是自花受粉或杂交繁殖的。请问这一巨型植物的产生只是偶然的一个变异还是它可能是一个新种？说明你判断的理由？

答：物种的重要特征是不同物种之间一般不能交配，即使交配成功，也不能产生可育的后代。所谓物种形成（speciation）是指从一个种内产生出另一个新种的过程。物种形成包括三个环节：通过突变以及基因重组产生物种形成的原料；通过自然选择获得物种间的区别特征；通过生殖隔离正式形成物种。物种的形成可以是在一个遗传上连续的群体内首先通过种内异化，再经过相当长时间的异化积累而最终在群体内产生生殖隔离而形成，也可以是从母群体中突然产生即通过染色体畸变或其他机制在较短时间内产生与母群基因交流阻断的生殖隔离而产生。

在高等植物中，多倍体化是物种形成的最普遍机制之一，只需经过一两代就能产生新物种。多倍体化的结果通常是产生更大的植物体包括茎粗、叶大、花大、果实大和种子大等。题目中所说的巨型植物可能就是由于多倍体化的结果。测试这一新的变异体是否是一个新的物种，可以通过以下两种方式：一是，用这一巨型植物与正常大小的植物进行杂交，观察能否产生可存活和可育的后代。如果不能，说明这两种不同类型的植物间出现了生殖隔离，是一新种。二是，从细胞学上检查这种巨型植物的染色体组成，如果与同一群体中的正常大小个体相比，存在两倍的染色体数目，这可能是一个自发产生的四倍体，如果是同源四倍体，则由于它与正常二倍体个体杂交所产生的三倍体植物是不育的（减数分裂时染色体不配对），如果是异源四倍体，则不会产生后代，都说明这是一新种；如果巨型植物与正常大小植物的染色体数目只相差一两个并且存在生殖隔离，就进一步观察它自己能不能繁殖，如果能，也说明这是一个新种了，如果不能则说明这只是一个偶然的变异，还不能成为一个新种。

### 思考题

1. 在物种形成过程中，会发生什么样的遗传改变？
2. 什么是生殖隔离？试述生殖隔离在物种形成中的作用。
3. 试述生物进化的主要理论。
4. 试述多于一个基因拷贝可能对选择不一定有利的情况。
5. 试述多基因家族的可能的适应优越性。
6. 一种蛋白质由 120 个氨基酸组成，进化速率为 $0.5 \times 10^{-9}$ 个核苷酸替换/（位点·年），两个物种在 $180 \times 10^6$ 年前从共同祖先分歧。假设从共同祖先分化出两个系谱，并且相同氨基酸在一个谱系中只发生一次变化。比较这两个物种的这种蛋白质时，氨基酸差异数目是多少？（提示：分歧后每个物种的进化年数为 $180 \times 10^6$，故二者的总进化年数为 $2 \times 180 \times 10^6$）。

7. 下列描述不正确的是：

（1）DNA 序列的进化速率受所比较的序列长度的影响。

（2）所有杂种都表现为杂种优势。

（3）近交可以改变基因的频率，但不改变基因型的频率。

（4）同义和错义突变可能以相同的频率发生，但在编码序列中发生的错义突变常因不利于适应而被自然选择所淘汰。

8. 试论人类 ABO 血型的遗传控制及其进化过程，并由此说明遗传、进化的生化基础。

# 主要参考书目

Allis C D, Jenuwein T, Reinberg D, Caparros M. （朱冰，孙方霖主译）. 表观遗传学. 北京：科学出版社，2009

Atherly A G, Girton J R, McDonald J F. The Science of Genetics. Fort Worth：Saunders College Publishing, 1999

Dale J W, Park S F. （王凤阳等译）. 细菌分子遗传学（原书第五版）. 北京：科学出版社，2013

Esteller M. DNA methylation, epigenetics and metastasis. New York：Springer, 2005

Hartwell L H, Hood L, Goldberg M L, Reynolds A E, Silver L M, Veres R C. Genetics：from gene to genome. New York：McGraw-Hill, 2000

J. D. 沃森，T. A. 贝克，S. P. 贝尔等. （杨焕明，等译）. 基因的分子生物学. 北京：科学出版社，2005

King R C, Mulligan P K, Stansfield W D. A Dictionary of Genetics. 8th Edition. New York：Oxford University Press, 2013

Klug W S, Cummings M R, Spencer C A, Palladino M A. Essentials of Genetics. 8th Edition. London：Pearson Education Inc.，2013

Lewis R. Human Genetics：Concepts and Applications. 5th Edition. New York：McGraw-Hill, 2003

Nussbaum R L, McInnes R R, Willard H F, Hamosh A. （张咸宁，左伋，祁鸣主译）. 医学遗传学. 北京：北京大学医学出版社，2009

Ringo J. Fundamental Genetics. New York：Cambridge University Press, 2004

Russell P J. Genetics. 3rd Edition. New York：Harper Collins Publishers, 1992

R. M. 特怀曼（陈淳、徐沁，等译）. 高级分子生物学要义. 北京：科学出版社，2000

Snustad D P, Simmons M J. （赵寿元，乔守怡，吴超群，杨金水，顾惠娟译）. 遗传学原理（第3版）. 北京：高等教育出版社，2011

戴灼华，王亚馥. 遗传学. 3版. 北京：高等教育出版社，2016

贺林. 解码生命——人类基因组计划和后基因组计划. 北京：科学出版社，2000

李振刚. 分子遗传学. 3版. 北京：科学出版社，2010

刘祖洞. 遗传学. 上、下册. 北京：高等教育出版社，1990

刘祖洞，乔守怡，吴燕华，赵寿元. 遗传学. 3版. 北京：高等教育出版社，2013

全国科学技术名词审定委员会. 遗传学名词. 北京：科学出版社，2006

徐晋麟，赵耕春. 基础遗传学. 北京：高等教育出版社，2009

薛京伦. 表观遗传学——原理、技术与实践. 上海：上海科学技术出版社，2006

杨保胜，李刚. 医学遗传学. 北京：高等教育出版社，2014

杨金水. 基因组学. 3版. 北京：高等教育出版社，2013

张飞雄，李雅轩. 普通遗传学. 3版. 北京：科学出版社，2015

赵寿元，乔守怡. 现代遗传学. 2版. 北京：高等教育出版社，2008

朱玉贤，李毅，郑晓峰，郭红卫. 现代分子生物学. 4版. 北京：高等教育出版社，2013

# 索 引

6-甲基腺嘌呤 …………… 271
18-三体 ……………… 148, 149
21-三体 ………… 142, 148, 149
Ac-Ds 系统 ………………… 326
AFLP ……… 86, 160, 362, 404
Alu 家族 ………… 335, 347, 348
Ames 测验 ………………… 298
Angelman 综合征
　　　　　……… 142, 309, 379
AP 位点 …………………… 301
Barr 小体 ………………… 274
cAMP 受体蛋白 ……………… 257
CCR5 ………………………… 96
cDNA ……………………… 237
Copia 因子 ………… 332, 334
CRISPR/Cas9 ……………… 296
cSNP ……………………… 366
C 值 ………………………… 344
C 值悖理 …………… 345, 346
DNA 复制 ………… 211, 213
DNA 甲基化 … 217, 273, 307, 378
DNA 聚合酶 ……………… 215
DNA 芯片 ………………… 306
DNA 序列多态性 …………… 113
DNA 指纹 …………… 6, 351
DNA 转座子 ……………… 326
Duchenne 型肌营养不良症 … 59
EST …………………………… 362
FB 因子 …………… 332, 334
F'因子 …………………… 188
F 因子 …………………… 186, 358
HapMap …………………… 355
HIV ………………… 96, 394
Holliday 模型 …………… 320
LOD 值 …………………… 162

LTR 反转录转座子 ………… 335
Lyon 假说 ………………… 63
Meselson-Radding 模型 …… 323
microRNA ………………… 267
miRNA …………………… 353
Muller-5 品系 …………… 303
Northern 杂交 …………… 212
OMIM ……………………… 17
PCR ……………………… 362
piRNA …………………… 267
Prader-Willi 综合征 … 309, 379
P 因子 …………………… 332
QTL ………………………… 86
RAPD ……………………… 362
RFLP ……………………… 362
RNA 编辑 ………… 270, 273
RNA 干扰 ………… 267, 273
RNA 基因 ………………… 233
RNA 剪接 ………… 228, 273
RNA 指导的 DNA 甲基化
　　途径 ………………… 308
rRNA ……………………… 239
siRNA …………………… 353
SLRNA …………………… 352
smRNA …………………… 268
SNP ……………………… 362
Southern 杂交 …… 212, 362
SVA ……………………… 335
sxl 基因 …………………… 51
Szostak 模型 …………… 323
tRNA 核质动态分布 ……… 241
VNTR …………… 164, 350, 364
Xist ……………… 65, 268
XY 型性别决定 …………… 50
X 染色体失活 …… 273, 307, 378

X 失活中心 ………………… 65
ZW 型性别决定 …………… 55
σ 因子 …………… 236, 262
ρ 因子 ……………………… 230

## A
癌基因组学 ……………… 346
艾滋病病毒 ……………… 292
暗修复 …………………… 300

## B
巴氏小体 ………………… 63
白化病 …………… 15, 17
白内障 …………………… 202
白血病 …………………… 336
摆动假说 ………………… 240
半保留复制 ……………… 213
半不连续复制 …………… 215
半合子 …………………… 148
半染色单体转变 ………… 319
半乳糖血症 ……………… 17
伴性遗传 ………………… 59
孢子体 …………………… 33
保守型转座 ……………… 331
背部基因 ………………… 382
苯丙酮尿症 ………… 17, 96
苯硫脲（PTC）尝味能力
　　缺乏 ……………… 108
臂间倒位 ………………… 137
臂内倒位 ………………… 137
编程性死亡 ……………… 379
编辑体 …………………… 270
编码链 …………………… 235
变异 ………………………… 2
标准差 …………………… 78

表观基因组学 …………… 367
表观遗传 ………………… 272
表观遗传变异 … 283, 307, 316
表观遗传调控
　　… 216, 255, 273, 338
表观遗传信息 …… 272, 307
表观遗传学 …… 3, 272, 307
表观遗传学标记 ………… 367
表现度 …………………… 71
表型 ……………………… 14
表型多态性 ……………… 113
表型组学 ………………… 345
并发系数 ………………… 157
补偿性别决定机制 ……… 49
不等交换 ………… 290, 395
不完全连锁 ……………… 40
不完全外显 ……………… 71
不完全显性 ……………… 21
部分二倍体 ……………… 182
部分合子 ………………… 192

## C
蚕豆病 …………………… 162
操纵基因 ………………… 257
操纵子 …………………… 257
操纵子学说 ……………… 256
侧翼序列 ………………… 229
测交 ……………………… 13
插入突变 ………………… 285
插入序列 ………… 186, 289, 328
长补丁修复 ……………… 301
长非编码 RNA …………… 267
长散布元件 ……………… 335
常染色体 ………………… 48
常染色质 ………………… 263

| 常染色质区 | 54 |
| --- | --- |
| 超显性 | 22 |
| 超显性假说 | 88 |
| 沉默突变 | 284 |
| 沉默子 | 230 |
| 成对规则基因 | 382 |
| 成骨不全 | 71 |
| 成体干细胞 | 375 |
| 重叠基因 | 232 |
| 重复 | 133, 135 |
| 重复序列 DNA | 349 |
| 重新分化 | 373 |
| 重组 | 41 |
| 重组合 | 15 |
| 重组修复 | 302 |
| 重组抑制因子 | 138 |
| 重组值 | 41 |
| 重组子 | 227 |
| 重组作图 | 192 |
| 初级转录物 | 228 |
| 纯合体 | 14 |
| 纯种 | 14 |
| 从性遗传 | 61 |
| 脆性 X 染色体综合征 | 288, 352 |
| 错义突变 | 284 |

## D

| 达尔文主义 | 392 |
| --- | --- |
| 单倍体 | 143, 144 |
| 单倍体化 | 179 |
| 单倍型 | 164 |
| 单复制子 | 214 |
| 单核苷酸多态性标记 | 365 |
| 单极纺锤体 | 49 |
| 单链构象异构多态性 | 305 |
| 单亲二体 | 311 |
| 单亲遗传 | 118 |
| 单体 | 147 |
| 单体型 | 164, 366 |
| 单体型图 | 366 |
| 单向易位 | 140 |
| 单性生殖 | 309 |
| 单一序列 | 346 |
| 蛋白截断实验 | 306 |
| 蛋白质多态性 | 113 |

| 蛋白质剪接 | 244 |
| --- | --- |
| 蛋白质内含子 | 245 |
| 蛋白质外显子 | 245 |
| 蛋白质修饰 | 272 |
| 蛋白质组 | 345 |
| 倒位 | 133, 137 |
| 等臂染色体 | 150 |
| 等基因同胞 | 308 |
| 等位基因 | 15, 228, 307 |
| 等位基因关联 | 165 |
| 等位基因频率 | 94 |
| 等位基因特异寡核苷酸杂交 | 305 |
| 低频重组 | 187 |
| 低频转导 | 197 |
| 地理隔离 | 389 |
| 地中海贫血 | 395 |
| 第一次分裂分离 | 171 |
| 第二次分裂分离 | 171 |
| 点突变 | 283 |
| 奠基者细胞 | 379 |
| 奠基者效应 | 107 |
| 定点诱变 | 294 |
| 定位克隆 | 168 |
| 毒理基因组学 | 346 |
| 端粒酶 | 31, 218, 219 |
| 短补丁修复 | 301 |
| 短的串联重复序列 | 351 |
| 短散布元件 | 335 |
| 断裂点效应 | 134 |
| 断裂基因 | 228 |
| 断裂型蛋白质内含子 | 245 |
| 多倍体 | 143, 145 |
| 多复制子 | 214 |
| 多基因家族进化 | 395 |
| 多聚 A | 237 |
| 多囊肾病 | 17 |
| 多指 | 202 |

## E

| 二倍体 | 143 |
| --- | --- |
| 二倍体分离子 | 181 |
| 二倍体化 | 179 |

## F

| 发育遗传学 | 372 |
| --- | --- |

| 翻译后修饰 | 244 |
| --- | --- |
| 反密码子环 | 240 |
| 反式剪接 | 245 |
| 反式剪切前导 RNA | 352 |
| 反式作用因子 | 265 |
| 反向遗传学 | 296 |
| 反义 RNA | 268 |
| 反义基因 | 268 |
| 反转录 | 237 |
| 反转录病毒 | 248, 326 |
| 反转录转座子 | 326 |
| 泛生论 | 3 |
| 方差 | 77 |
| 非 LTR 反转录转座子 | 335 |
| 非编码 DNA | 352 |
| 非编码 RNA | 233, 267 |
| 非重组区 | 54 |
| 非翻译区域 | 233 |
| 非加性基因 | 75, 76 |
| 非孟德尔遗传 | 118, 358 |
| 非亲二型 | 174 |
| 非顺序四分子分析 | 173 |
| 非随机交配 | 108 |
| 非同义 cSNP | 366 |
| 非选择标记 | 190 |
| 非整倍体 | 143, 147 |
| 非自主转座元件 | 326 |
| 非组蛋白 | 31, 263 |
| 费城染色体 | 150 |
| 分化 | 374 |
| 分节 | 382 |
| 分节基因 | 382 |
| 分节极性基因 | 382 |
| 分解代谢产物阻遏 | 258 |
| 分离负荷 | 110 |
| 分子标记 | 159, 362 |
| 分子定向进化 | 406 |
| 分子进化 | 394 |
| 分子进化的中性学说 | 392 |
| 分子系统树 | 403 |
| 分子系统学 | 403 |
| 分子育种 | 308 |
| 分子杂交 | 212 |
| 分子钟 | 405 |
| 疯牛病 | 248 |

| 父系遗传 | 119 |
| --- | --- |
| 父源性单亲二体 | 310, 311 |
| 负干涉 | 157 |
| 负选择 | 303 |
| 负转录调控 | 256 |
| 复等位基因 | 24, 56, 97, 113, 227 |
| 复合转座子 | 328, 330 |
| 复制分离 | 118 |
| 复制型转座 | 330 |
| 复制性重组 | 317 |
| 复制子 | 214 |
| 副突变 | 235, 307, 308 |
| 副突变基因 | 307 |
| 副诱变基因 | 307 |

## G

| 干扰 RNA | 353 |
| --- | --- |
| 干涉 | 157 |
| 干细胞 | 375 |
| 感染遗传 | 123 |
| 冈崎片段 | 215 |
| 高度重复序列 | 347 |
| 高频重组 | 187 |
| 高频转导 | 197 |
| 睾丸决定因子 | 54 |
| 隔离关键基因 | 389, 390 |
| 工业黑化现象 | 100 |
| 功能基因组学 | 345 |
| 共济失调与毛细血管扩张综合征 | 169 |
| 共显性 | 21 |
| 共转化 | 183 |
| 孤雌生殖 | 309 |
| 孤独基因 | 347 |
| 孤雄生殖 | 309 |
| 光修复 | 300 |
| 广义遗传力 | 79 |
| 归巢内切酶 | 245 |

## H

| 哈迪 - 温伯格定律 | 95 |
| --- | --- |
| 合胞特化 | 376 |
| 合子调节 | 382 |
| 合子基因 | 381 |

| | | | |
|---|---|---|---|
| 核-质互作不育型 …… 125 | 基因活化蛋白 …… 266 | 交换抑制突变 …… 138 | 连锁平衡 …… 164 |
| 核不均一RNA …… 228,348 | 基因家族 …… 347 | 交换值 …… 41 | 连锁群 …… 158 |
| 核不育型 …… 124 | 基因库 …… 94 | 交配型 …… 33,170 | 连锁相 …… 163 |
| 核酶 …… 233,239 | 基因连锁图 …… 158 | 交配型位点 …… 48 | 连锁遗传 …… 12,39 |
| 核内初级RNA转录物 …… 236 | 基因流 …… 108 | 校正tRNA …… 243 | 镰状细胞贫血症 …… 22,285 |
| 核内小核糖核蛋白 …… 237 | 基因论 …… 12 | 酵母双杂交体系 …… 266 | 两点测交 …… 155 |
| 核全能性 …… 373 | 基因内重组 …… 223 | 接合 …… 182,185 | 两性体 …… 379 |
| 核糖开关 …… 273,276 | 基因频率 …… 94 | 结构基因组学 …… 345 | 烈性噬菌体 …… 194 |
| 核糖体 …… 239 | 基因突变 …… 283 | 进化理论 …… 390 | 裂隙基因 …… 382 |
| 核糖体RNA …… 235 | 基因图 …… 155 | 进化歧化 …… 395 | 邻近式分离 …… 140 |
| 核外遗传 …… 118 | 基因型 …… 14 | 进化速率 …… 398,399 | 孪生斑 …… 177 |
| 核小RNA …… 235,269 | 基因型频率 …… 94 | 近交 …… 109 | 罗伯逊易位 …… 141,149 |
| 核心酶 …… 236 | 基因型性别决定系统 …… 48 | 近交衰退 …… 109 | |
| 核型 …… 152 | 基因抑制蛋白 …… 266 | 近交系数 …… 110 | **M** |
| 黑尿病 …… 17,221 | 基因治疗 …… 341 | 经验风险衍生曲线 …… 72 | 慢性骨髓性白血病 …… 150 |
| 痕迹器官 …… 391 | 基因转变 …… 318 | 精神分裂症 …… 85 | 猫叫综合征 …… 135 |
| 亨廷顿舞蹈症 …… 17,22,352 | 基因组 …… 2,42,70,164, | 距离矩阵法 …… 405 | 毛细管电泳 …… 305 |
| 红绿色盲 …… 17,59,162 | 335,344 | 聚合酶链反应 …… 220 | 孟德尔群体 …… 94 |
| 宏基因组学 …… 346 | 基因组编辑技术 …… 296 | 决定 …… 374 | 模板链 …… 235 |
| 后基因组 …… 7 | 基因组多态性 …… 362 | 绝缘子 …… 231 | 末端缺失 …… 134 |
| 互变异构移位 …… 286 | 基因组学 …… 345 | | 末端冗余 …… 201 |
| 互补试验 …… 225 | 基因组印记 …… 273,309 | **K** | 末端冗余-环状排列基因 |
| 互补作用 …… 26 | 极性突变体 …… 328 | 卡巴粒 …… 123 | 次序模型 …… 201 |
| 互作遗传方差 …… 81 | 剂量补偿效应 …… 62 | 看家RNA …… 267 | 末端隐缩 …… 217 |
| 花斑位置效应 …… 137 | 剂量效应 …… 136 | 看家基因 …… 255 | 母体效应表型 …… 387 |
| 环境基因组学 …… 346 | 加性基因 …… 75,76 | 抗维生素D佝偻病 …… 17,59 | 母体影响 …… 128 |
| 环境性别决定系统 …… 48 | 加性遗传方差 …… 81 | 抗性质粒 …… 358 | 母性调节 …… 382 |
| 环状排列的基因次序 …… 201 | 家系分析法 …… 162 | 颗粒式遗传 …… 30 | 母源效应基因 …… 130,381 |
| 环状染色体 …… 150 | 家族性朊病 …… 249 | 可诱导调节 …… 256 | 母源性单亲二体 …… 309,311 |
| 回复突变 …… 285 | 假常染色体区 …… 54 | 可阻遏调节 …… 256 | |
| 回交 …… 13 | 假基因 …… 348 | 克隆 …… 373 | **N** |
| 彗星试验 …… 299 | 假连锁现象 …… 140 | 克隆基因定位法 …… 167 | 男性特异区 …… 54 |
| 获得性状遗传学说 …… 391 | 假显性 …… 134 | 克氏综合征 …… 63,150 | 囊性纤维化 …… 17,168 |
| | 假野生型 …… 285 | 克雅氏综合征 …… 248 | 囊性纤维化跨膜转运调节 |
| **J** | 剪接体 …… 269 | | 因子 …… 168 |
| 肌钙蛋白T …… 269 | 减数第一次分裂 …… 32 | **L** | 内蛋白子归巢 …… 245 |
| 基因 …… 227,228,233 | 减数第二次分裂 …… 32 | 拉马克主义 …… 392 | 内含子 …… 228,396 |
| 基因表达 …… 255 | 减数分裂 …… 32 | 莱昂化 …… 63 | 内基因子 …… 188 |
| 基因表达调控 …… 255 | 减数后分离 …… 319 | 莱特效应 …… 106 | 拟等位基因 …… 25,227 |
| 基因沉默 …… 273 | 碱基类似物 …… 291 | 老年性黄斑变性 …… 169 | 鸟枪法 …… 354 |
| 基因重组 …… 316 | 碱基替换 …… 284 | 类病毒 …… 123 | 尿嘧啶N-糖苷酶 …… 215 |
| 基因打靶技术 …… 318 | 降解质粒 …… 358 | 理想群体 …… 96 | |
| 基因的叠加作用 …… 29 | 交叉遗传 …… 59 | 连锁 …… 155 | **P** |
| 基因定位 …… 155,162,177,182 | 交换 …… 41 | 连锁不平衡 …… 165,367 | 胚胎干细胞 …… 375 |
| 基因工程 …… 5,6,118,239,339 | 交换抑制 …… 138 | 连锁分析法 …… 162 | 胚性细胞 …… 374 |

索 引

| 配子体 | 33 |
| 偏爱密码子 | 239 |
| 平衡致死系 | 139 |
| 平衡致死系统 | 304 |
| 平均适合度 | 101 |
| 平均数 | 77 |
| 平均数的标准误 | 78 |
| 平均显性度 | 83 |
| 瓶颈效应 | 107 |
| 葡糖-6-磷酸脱氢酶缺乏症 | 17 |
| 普遍性重组 | 316 |
| 普遍性转导 | 195 |
| 谱系分裂 | 390 |
| 谱系融合 | 390 |

## Q

| 启动子 | 229 |
| 起始密码子 | 239 |
| 迁移 | 108 |
| 迁移压力 | 108 |
| 前病毒 DNA | 335 |
| 前突变损伤 | 291 |
| 嵌合体 | 65, 150 |
| 嵌镶显性 | 22 |
| 强直性肌营养不良 | 352 |
| 切除修复 | 300 |
| 侵入性质粒 | 358 |
| 亲代 | 12 |
| 亲二型 | 174 |
| 亲组合 | 15 |
| 青霉素富集法 | 303 |
| 取样误差 | 106 |
| 全基因组扫描 | 164 |
| 全能性 | 372 |
| 全新甲基化 | 217 |
| 缺失 | 133 |
| 缺失纯合体 | 134 |
| 缺失突变 | 284 |
| 缺失杂合体 | 134 |
| 缺体 | 147 |
| 群体 | 94 |
| 群体的遗传多态性 | 112 |
| 群体分化 | 112 |
| 群体遗传学 | 94 |

## R

| 染色单体 | 31 |
| 染色单体干涉 | 158 |
| 染色单体转变 | 319 |
| 染色体 | 31 |
| 染色体病 | 148 |
| 染色体重排 | 133 |
| 染色体断裂综合征 | 150 |
| 染色体多态性 | 113 |
| 染色体干涉 | 158 |
| 染色体畸变 | 133, 283 |
| 染色体间异位交换 | 336 |
| 染色体间重组 | 42 |
| 染色体内重组 | 42 |
| 染色体内异位交换 | 336 |
| 染色体内易位 | 140 |
| 染色体图 | 158 |
| 染色体外基因子 | 357 |
| 染色体周史 | 33 |
| 染色体组 | 143 |
| 染色质 | 31 |
| 染色质重塑 | 264, 273, 275 |
| 染色质隔绝子 | 338 |
| 人白细胞抗原 | 165 |
| 人类基因组计划 | 355 |
| 溶原性细菌 | 194 |
| 融合内蛋白子 | 245 |
| 乳糖操纵子 | 256, 258 |
| 软骨发育不全 | 100 |
| 朊粒 | 123, 248 |
| 弱化子 | 259 |
| 弱化作用 | 259 |

## S

| 三点测交 | 156 |
| 三极纺锤体 | 147 |
| 三体 | 148 |
| 三叶草结构 | 240 |
| 色氨酸操纵子 | 259 |
| 色素失调症 | 60 |
| 上位方差 | 81 |
| 上位基因 | 25 |
| 上位效应 | 25 |
| 上位性假说 | 89 |

| 肾上腺脑白质营养不良 | 85 |
| 生物信息学 | 356 |
| 生殖隔离 | 389 |
| 视网膜母细胞瘤 | 23, 169 |
| 适合度 | 101 |
| 适合度检验 | 20 |
| 噬菌斑 | 198 |
| 噬菌体 | 194, 198, 200, 211, 225, 232, 323, 345 |
| 数量性状 | 70, 74 |
| 数量性状基因座 | 86 |
| 数量遗传学 | 70 |
| 双重溶原 | 197 |
| 双重性别 | 53 |
| 双亲遗传 | 119 |
| 顺反试验 | 225 |
| 顺反子 | 223 |
| 顺式剪接 | 245 |
| 顺式作用位点 | 257 |
| 顺式作用元件 | 265 |
| 顺序四分子 | 170 |
| 四分子分析 | 170 |
| 四型 | 174 |
| 松弛型质粒 | 358 |
| 宿主范围 | 198 |
| 随机交配 | 95 |
| 随机遗传漂变 | 105 |

## T

| 唐氏综合征 | 149 |
| 特化 | 374 |
| 特纳氏综合征 | 63, 150 |
| 特异性转导 | 195, 196 |
| 体节发生 | 382 |
| 体节极性基因 | 383 |
| 体细胞重排 | 265 |
| 体细胞交换 | 177 |
| 体细胞遗传学 | 165 |
| 体细胞杂交 | 165 |
| 条件特化 | 376 |
| 跳格 | 287 |
| 跳跃基因 | 326 |
| 调节基因 | 257 |
| 调节型选择性剪接 | 270 |
| 调控 RNA | 267 |

| 调控序列 | 265 |
| 调整型发育 | 376 |
| 同工 tRNA | 241 |
| 同工受体 tRNA | 401 |
| 同卵孪生子 | 85 |
| 同配性别 | 50 |
| 同义 cSNP | 366 |
| 同义密码子 | 238 |
| 同义突变 | 284 |
| 同源重组 | 316, 317 |
| 同源多倍体 | 145 |
| 同源染色体 | 31 |
| 同源异型基因 | 384 |
| 同源异型结构域 | 384 |
| 同源异型框 | 384 |
| 同源异型突变体 | 384 |
| 同源异型现象 | 384 |
| 头部满装机制 | 201 |
| 突变 | 316 |
| 突变负荷 | 110 |
| 突变率 | 286 |
| 突变热点 | 287 |
| 突变子 | 227 |
| 图位克隆 | 168 |
| 脱氨基 | 289 |
| 脱氨基作用 | 286 |
| 脱分化 | 372 |
| 脱嘌呤 | 286, 288 |

## W

| 外基因子 | 188 |
| 外显率 | 71 |
| 外显子 | 228 |
| 外显子改组 | 336, 337, 397 |
| 外祖父法 | 162 |
| 完全连锁 | 39 |
| 完全外显 | 71 |
| 完全显性 | 21 |
| 微癌 RNA | 267 |
| 微卫星 | 364 |
| 微卫星 DNA | 350 |
| 微卫星标记 | 365 |
| 维持甲基化 | 217 |
| 卫星 DNA | 350 |
| 位点专一性重组 | 316, 323 |

| 索引词 | 页码 |
|---|---|
| 位置效应 | 134, 137, 308 |
| 位置效应花斑 | 137 |
| 温度敏感 | 199 |
| 温和噬菌体 | 194 |
| 稳定位置效应 | 137 |
| 无汗性外胚层发育不良症 | 17, 64 |
| 无效突变体 | 307 |
| 无义密码子 | 238 |
| 无义突变 | 284 |
| 无义抑制 tRNA | 243 |
| 物理图谱 | 160 |
| 物种形成 | 389 |
| 物种形成基因 | 390 |

## X

| 索引词 | 页码 |
|---|---|
| 细胞分化 | 372, 375 |
| 细胞化 | 381 |
| 细胞命运定向 | 374 |
| 细胞谱系 | 381 |
| 细胞质遗传 | 118 |
| 细胞周期 | 32 |
| 细胞自主性性别决定 | 55 |
| 狭义遗传力 | 79 |
| 下位基因 | 25 |
| 先天性全身多毛症 | 60 |
| 显性假说 | 88 |
| 显性上位 | 28 |
| 显性性状 | 14 |
| 显性遗传方差 | 81 |
| 现实遗传力 | 84 |
| 限性遗传 | 60 |
| 线粒体 DNA | 358 |
| 线粒体遗传 | 120 |
| 相对适合值 | 101 |
| 相关系数 | 78 |
| 相互易位 | 140 |
| 相间式分离 | 140 |
| 镶嵌型发育 | 376 |
| 小非编码 RNA | 267 |
| 小分子 RNA | 233 |
| 小干扰 RNA | 267, 309 |
| 小卫星 | 364 |
| 小卫星 DNA | 350 |
| 小卫星中心 | 364 |
| 协方差 | 78 |
| 信使 RNA | 235 |
| 型形成基因 | 384 |
| 性别决定 | 48 |
| 性别决定基因 SRY | 54 |
| 性别决定位点 | 49 |
| 性别转换基因 tra | 52 |
| 性导 | 188 |
| 性反转 | 58 |
| 性反转综合征 | 58 |
| 性染色体 | 48 |
| 性染色体-常染色体平衡决定系统 | 50 |
| 性染色体性别决定系统 | 48 |
| 性相关遗传 | 59 |
| 性指数 | 50 |
| 雄激素源性秃发 | 61 |
| 雄性不育 | 124 |
| 序列进化 | 398 |
| 选择标记 | 190 |
| 选择系数 | 102 |
| 选择性剪接 | 268 |
| 血小板细胞 | 375 |
| 血友病 | 17, 59, 98, 335 |

## Y

| 索引词 | 页码 |
|---|---|
| 烟草花叶病毒 | 211 |
| 严紧型质粒 | 358 |
| 药物基因组学 | 346 |
| 叶绿体 DNA | 360 |
| 叶绿体遗传 | 118 |
| 一倍体 | 143 |
| 一基因一酶 | 221 |
| 一因多效 | 25 |
| 一致剪接序列 | 398 |
| 依赖 RecA 重组 | 317 |
| 移码突变 | 284 |
| 遗传 | 2 |
| 遗传标记 | 159, 162 |
| 遗传病 | 17 |
| 遗传重组 | 316 |
| 遗传单位 | 2 |
| 遗传的染色体学说 | 12, 34 |
| 遗传多态性 | 362 |
| 遗传工程 | 339 |
| 遗传力 | 79 |
| 遗传连锁图 | 155 |
| 遗传伦理学 | 8 |
| 遗传密码 | 238 |
| 遗传漂变 | 105 |
| 遗传平衡定律 | 95 |
| 遗传瓶颈 | 122 |
| 遗传歧化 | 112 |
| 遗传趋异 | 102 |
| 遗传图 | 158 |
| 遗传图谱 | 160 |
| 遗传信息 | 2 |
| 遗传性椭圆形红细胞增多症 | 164 |
| 遗传学 | 2 |
| 遗传一致性 | 102 |
| 遗传因子 | 12, 14 |
| 遗传印记 | 309 |
| 异常重组 | 316, 326 |
| 异核体 | 179 |
| 异配性别 | 50 |
| 异染色质 | 263 |
| 异染色质区 | 54 |
| 异位重组 | 317 |
| 异源多倍体 | 145, 147 |
| 异宗配合 | 186 |
| 抑制基因 | 28 |
| 抑制因子突变 | 285 |
| 易错复制系统 | 405 |
| 易位 | 133, 140, 326 |
| 引导 RNA | 270 |
| 隐蔽卫星 DNA | 350 |
| 隐性上位 | 29 |
| 隐性性状 | 14 |
| 印记中心 | 310 |
| 荧光原位杂交技术 | 167 |
| 营养基因组学 | 345 |
| 营养缺陷型 | 185 |
| 永久杂种 | 139 |
| 用进废退学说 | 391 |
| 优生学 | 7, 103, 115 |
| 优势对数记分法 | 164 |
| 游离内蛋白子 | 245 |
| 有丝分裂 | 32 |
| 有丝分裂交换 | 177 |
| 有丝分裂图距 | 179 |
| 有效群体大小 | 106, 114 |
| 诱变剂 | 290 |
| 诱导基因 | 257 |
| 诱发突变 | 283 |
| 育种值 | 81 |
| 原噬菌体 | 194 |
| 原位杂交法 | 167 |
| 原养型 | 185 |
| 远交 | 109 |

## Z

| 索引词 | 页码 |
|---|---|
| 杂合体 | 14 |
| 杂合优势 | 103 |
| 杂合子优势 | 89 |
| 杂交 | 109 |
| 杂种不育 | 332 |
| 杂种基因 | 134 |
| 杂种劣势 | 88 |
| 杂种优势 | 88 |
| 增强子 | 230 |
| 真菌朊粒 | 249 |
| 整倍体 | 143, 144 |
| 整合式重组 | 317 |
| 正反交 | 13 |
| 正向突变 | 285 |
| 正向遗传学 | 296 |
| 正选择 | 302 |
| 正转录调控 | 256 |
| 直接修复 | 300 |
| 植入前诊断 | 376 |
| 质粒 | 358 |
| 质量性状 | 70, 74 |
| 致死基因 | 22 |
| 致育因子 | 358 |
| 中度重复序列 | 346 |
| 中断杂交技术 | 190 |
| 中断杂交作图 | 189 |
| 中间缺失 | 134 |
| 中心法则 | 247 |
| 中性突变 | 284 |
| 中性学说 | 393 |
| 终末分化 | 375 |
| 终止密码子 | 238 |
| 终止子 | 230 |

| | | | |
|---|---|---|---|
| 种系发生 …… 403 | 转录调控 …… 255 | 准性生殖系统 …… 179 | 自主转座元件 …… 326 |
| 种系发生树 …… 403 | 转录后调控 …… 255 | 着色性干皮病 …… 169, 301 | 组成型基因 …… 257 |
| 逐步克隆测定法 …… 354 | 转录后水平基因沉默 …… 308 | 着丝粒距离 …… 171 | 组成型剪接 …… 268 |
| 主效基因 …… 86 | 转录前调控 …… 255 | 着丝粒融合 …… 141 | 组成型选择性剪接 …… 270 |
| 转导 …… 182 | 转录物组学 …… 345 | 自发突变 …… 283 | 组蛋白 …… 31, 263, 275 |
| 转导子 …… 195 | 转录因子 …… 229, 266 | 自毁容貌综合征 …… 67 | 组蛋白密码 …… 275, 307 |
| 转导作图 …… 194 | 转运 RNA …… 235, 240 | 自交 …… 13 | 组蛋白修饰 …… 216, 273, 378 |
| 转化 …… 182 | 转座 …… 186, 326 | 自交不亲和 …… 24, 109, 390 | 组学 …… 345 |
| 转基因 …… 308, 339, 368 | 转座噬菌体 …… 328, 331 | 自然选择 …… 100, 392 | 最大简约法 …… 405 |
| 转基因沉默 …… 308 | 转座子 …… 274, 289, 326 | 自然选择学说 …… 392 | 最大似然法 …… 405 |
| 转录 …… 235 | 转座子标签法 …… 339 | 自主特化 …… 376 | |

## 郑重声明

高等教育出版社依法对本书享有专有出版权。任何未经许可的复制、销售行为均违反《中华人民共和国著作权法》，其行为人将承担相应的民事责任和行政责任；构成犯罪的，将被依法追究刑事责任。为了维护市场秩序，保护读者的合法权益，避免读者误用盗版书造成不良后果，我社将配合行政执法部门和司法机关对违法犯罪的单位和个人进行严厉打击。社会各界人士如发现上述侵权行为，希望及时举报，本社将奖励举报有功人员。

反盗版举报电话　（010）58581999　58582371　58582488
反盗版举报传真　（010）82086060
反盗版举报邮箱　dd@hep.com.cn
通信地址　北京市西城区德外大街4号　高等教育出版社法律事务与版权管理部
邮政编码　100120

**防伪查询说明**

用户购书后刮开封底防伪涂层，利用手机微信等软件扫描二维码，会跳转至防伪查询网页，获得所购图书详细信息。也可将防伪二维码下的20位密码按从左到右、从上到下的顺序发送短信至106695881280，免费查询所购图书真伪。

**反盗版短信举报**

编辑短信"JB,图书名称,出版社,购买地点"发送至10669588128

**防伪客服电话**

（010）58582300